Zugangscode

Nutzungsdauer 24 Monate

UVB7Q3V2

https://www.pearson-studium.de/mylab/tm2

Technische Mechanik 2
Festigkeitslehre

10., aktualisierte Auflage

Russell C. Hibbeler

Pearson

Bibliografische Information Der Deutschen Nationalbibliothek
Die Deutsche Nationalbibliothek verzeichnet diese Publikation in der Deutschen Nationalbibliografie; detaillierte bibliografische Daten sind im Internet über *http://dnb.dnb.de* abrufbar.

Der Umwelt zuliebe verzichten wir auf Einschweißfolie.

10 9 8 7 6 5 4 3 2 1

25 24 23 22 21

ISBN 978-3-86894-409-9 (Buch)
ISBN 978-3-86326-304-1 (E-Book)

Zugangscode einlösbar bis 31.03.2025

St.-Martin-Straße 82, D-81541 München

www.pearson.de
A part of Pearson plc worldwide

Programmleitung: Birger Peil, bpeil@pearson.de
Übersetzung: Dipl.-Phys. Nicoleta Radu-Jürgens,
Dipl.-Ing. Frank Jürgens, Radebeul, Dipl.-Ing. Frank Langenau
Fachlektorat: Prof. Dr.-Ing. Dr.h.c. Jörg Wauer und Prof. Dr.-Ing. Wolfgang Seemann,
Karlsruher Institut für Technologie (KIT)
Korrektorat: Katharina Pieper
Coverabbildung: © VTT Studio, Shutterstock
Herstellung: Philipp Burkart, pburkart@pearson.de
Satz: Gerhard Alfes, mediaService, Siegen (www.mediaservice.tv)
Druck und Verarbeitung: Neografia, a.s., Martin-Priekopa

Printed in Slovakia

Inhaltsverzeichnis

Kapitel 15 Energiemethoden 611

Register 683

Anhänge (Die Anhänge finden Sie als Download auf MyLab | Festigkeitslehre)

Einleitung

ÜBERBLICK

Vorwort zur deutschen Neuauflage

Die dreibändige englischsprachige Ausgabe von Hibbeler zur Technischen Mechanik gehört zu den klassischen Lehrbüchern dieses Sektors und ist bereits seit vielen Jahren in ständig wiederkehrenden hohen Auflagen auf dem Markt etabliert.

Ergänzungen und Erweiterungen

Die vorliegende deutsche Neuauflage zur Festigkeitslehre orientiert sich mit der Abfolge der Kapitel insbesondere an der deutschen Vorgängerauflage, aber auch an Verbesserungen der englischsprachigen 10. Auflage. Das erfolgreich eingeführte deutschsprachige Konzept mit der Übernahme bewährter Inhalte aus dem englischsprachigen Original sowie der aufwändigen Verbesserung, sämtliche durchgerechneten Beispiele auf der Basis von Größengleichungen zu bearbeiten und erst ganz zum Schluss auf Zahlenwertgleichungen überzugehen, wurde konsequent beibehalten, natürlich auch bei den neuen Beispielen, die in der Neuauflage hinzu gekommen sind.

Neu in der deutschen Ausgabe

Daneben ist die deutsche Neuauflage in Anlehnung an die englischsprachige zehnte Auflage durch eine kompakte Zusammenfassung der einzelnen Kapitel optimiert worden, wobei einige Kapitel durch maßvolle Kürzungen von Ballast befreit wurden, ohne eigentliche Substanz zu reduzieren. Die vermittelten Kenntnisse genügen nach wie vor voll und ganz dem Curriculum deutschsprachiger Diplom- aber auch Bachelor- und Masterstudiengänge in den Ingenieurwissenschaften. Aber auch zum Nachschlagen in der Praxis über die Grundlagen der Festigkeitslehre bleiben keine Wünsche offen.

Trotz größter Sorgfalt bei der Erstellung und Übersetzung der Aufgaben, kann es leider hin und wieder zu fehlerhaften Angaben bei den Ergebnissen kommen. Der Verlag ist dankbar für jeden Hinweis, den Sie unter *info@pearson.de* einreichen können.

Karlsruhe

Jörg Wauer und *Wolfgang Seemann*

Prof. Dr.-Ing. Dr. h.c. Jörg Wauer
Institut für Technische Mechanik
Fakultät für Maschinenbau
Karlsruher Institut für Technologie (KIT)

Prof. Dr.-Ing. W. Seemann
Institut für Technische Mechanik
Fakultät für Maschinenbau
Karlsruher Institut für Technologie (KIT)

Zum Inhalt

Wichtigstes Anliegen des Buches bleibt wie bei der Vorgängerauflage eine klare und gründliche Darstellung von Theorie und Anwendung der Festigkeitslehre. Sämtliche eingegangenen Kommentare und Vorschläge sind in dieser Neuauflage berücksichtigt.

Kapitelfolge

Kapitel 1 beginnt mit einer Wiederholung der wesentlichen Konzepte der Statik, gefolgt von einer Definition der Normal- und der Schubspannung, einer Diskussion der Normalspannung in axial belasteten stabförmigen Bauteilen sowie der mittleren Schubspannung infolge reiner Abscherung. In *Kapitel 2* werden Dehnungen und Gleitungen als Verzerrungsmaße eingeführt, und in *Kapitel 3* findet sich eine Diskussion von wichtigen mechanischen Materialeigenschaften. *Kapitel 4* befasst sich ergänzend zu Kapitel 1 mit der Berechnung der Verformung von schlanken Stäben unter der einfachsten Grundbeanspruchung Zug/Druck. Es werden statisch unbestimmt gelagerte Bauteile untersucht sowie thermische Spannungen und Spannungskonzentrationen diskutiert. Im Vordergrund steht linear-elastisches Materialverhalten, aber auch plastische Verformungen und die dabei auftretenden Restspannungen werden exemplarisch angesprochen. Das neue *Kapitel 5* übernimmt ein bisher in der Statik abgehandeltes Thema, die für Biegung und Torsion wichtige Berechnung von so genannten Flächenträgheitsmomenten. Die *Kapitel 6, 7* und *8* befassen sich im Einzelnen mit den für die Ingenieurpraxis so wichtigen Standardbeanspruchungen Torsion und Biegung schlanker Träger. Es werden sowohl Spannungen als auch Verformungen ausführlich diskutiert, ebenso werden wieder statisch unbestimmt gelagerte Bauteile behandelt. Bei Torsion werden nicht nur kreisförmige, sondern auch andere Vollquerschnitte und dünnwandige, geschlossene Hohlprofile in die Betrachtungen einbezogen. Bei Biegung wird auch der kompliziertere Fall der schiefen Biegung betrachtet, Verbundträger und gekrümmte Balken werden angesprochen. Das wichtige Thema über Spannungskonzentrationen bleibt durchgängig erhalten. Querkraftschub zusammen mit den Begriffen Schubfluss und Schubmittelpunkt, insbesondere für dünnwandige Träger, ist Gegenstand der Diskussion in *Kapitel 9*. *Kapitel 10* stellt die Grundlagen des ebenen und des räumlichen Spannungszustandes einschließlich dessen Transformation in gedrehten Achsen mit der Ermittlung der Hauptnormal- und der Hauptschubspannungen vor. Auch auf den Mohr'schen Spannungskreis wird eingegangen. In analoger Weise wird in *Kapitel 11* der allgemeine Verzerrungszustand eines belasteten Körpers einschließlich Mohr'scher Verzerrungskreis behandelt, und es wird das allgemeine Hooke'sche Materialgesetz präsentiert. In *Kapitel 12* erfolgt eine teilweise Wiederholung des in den vorhergehenden Kapiteln behandelten Stoffes, wobei der resultierende Spannungszustand infolge kombinierter Belastungen diskutiert und auch ein Ausblick in komplexere Bauteilgeometrien und entsprechende Belastungen gegeben wird, wie sie bei dünn- und dickwandigen Behältern, bei Schrumpfverbindungen und rotierenden Scheiben auftreten. *Kapitel 13* enthält eine Einführung in die Dimensionierung von Bauteilen auf der Basis so genannter Versagenshypothesen und konkretisiert die erarbeiteten Grundlagen für Balken und Wellen. *Kapitel 14* beinhaltet die Berechnung der kritischen Last von schlanken Stäben unter axialem Druck samt Dimensionierung. Schließlich werden in *Kapitel 15* verschiedene Energiemethoden mit Anwendungen auf Stoßbelastungen und die Berechnung von Verformungen, insbesondere Durchbiegungen, und auf statisch unbestimmt gelagerte Träger betrachtet.

(*) Abschnitte mit weiterführenden Themen – mit einem Stern (*) gekennzeichnet – können bei ausreichender Zeit in die Lehrveranstaltungen eingegliedert werden. Der Lehrstoff stellt in jedem Falle eine geeignete Nachschlagequelle für die grundlegenden Prinzipien der Festigkeitslehre dar, soweit diese in anderen Lehrveranstaltungen benötigt werden. Ebenso kann er auch als Grundlage für die Ausarbeitung besonderer Projektaufgaben dienen.

Einige Lehrkräfte bevorzugen zuerst die Einführung des allgemeinen räumlichen Spannungs- und Verzerrungszustandes, bevor sie spezielle Anwendungen für Zug/Druck, Torsion, Biegung und Schub von stabartigen Bauteilen diskutieren. Eine mögliche Variante beginnt zunächst mit der Behandlung der Spannung und ihrer Transformation, Kapitel 1 und 10, gefolgt von Dehnung, Gleitung und allgemeinem Verzerrungszustand einschließlich Materialgesetz, Kapitel 2, 3 und 11. Die Diskussion des Stoffes und die Aufgabenbeispiele sind thematisch so angeordnet, dass dies möglich ist. Zudem wurden die Aufgaben so strukturiert, dass der Lehrstoff ohne vorherige Kenntnis der dazwischenliegenden Kapitel vermittelt werden kann. Die Kapitel 4 bis 9 können dann ohne Unterbrechung der kontinuierlichen Wissensvermittlung behandelt werden.

Hinweise zur Buchstruktur

Aufbau Der Inhalt der Kapitel wird wie bisher in thematisch abgegrenzten Abschnitten dargelegt. Es findet sich darin eine ausführliche Erklärung der verwendeten Prinzipien und Methoden, gefolgt von anschaulichen, ausführlich durchgerechneten Beispielen mit erklärenden Illustrationen. Eine Vielzahl von Übungsaufgaben zum eigenständigen Rechnen findet sich bei der E-Book-Version am Ende des Kapitels, bei der Druckversion in MyLab.

Kapitelinhalt Jedes Kapitel beginnt mit der fotografisch untermauerten Darstellung einer praktischen Anwendung des Themas. Im Kasten „Lernziele“ werden die Inhalte des Kapitels aufgelistet und es wird ein allgemeiner Überblick gegeben. Die Themen innerhalb der Abschnitte sind weiter unterteilt und mit fest gedruckten Stichworten gekennzeichnet. So wird eine strukturierte Einführung für neue Definitionen und Begriffe gegeben, die nachgeschlagen und wiederholt werden können. Wichtige Textpassagen des jeweiligen Kapitels werden als bequemes Hilfsmittel für die Wiederholung des Lehrstoffes in Fettdruck hervorgehoben.

Lösungswege

Diese in fast allen Buchabschnitten zu findende einzigartige Rubrik gegen Ende der meisten Abschnitte bringt eine zusammenfassende Darstellung des eigentlichen Lösungsweges für die anschließend zu behandelnden Beispiele, der eine logische und systematische Methode zur Umsetzung der theoretischen Grundlagen darstellt.

Wichtige Punkte

Diese Rubrik zum Abschluss vieler Abschnitte ist eine Wiederholung und Zusammenfassung der wichtigsten Begriffe und hebt jene Punkte hervor, die bei der Anwendung der Theorie zur Lösung von Aufgaben beherrscht werden sollten.

Beispielaufgaben

In den Beispielaufgaben wird die Methodik des vorgestellten Lösungsweges zu deren Lösung eingesetzt, der Rechengang wird so bei steigendem Schwierigkeitsgrad erläutert und geübt. Werden die entsprechenden Grundsätze beherrscht, kann natürlich eine abgewandelte, eigene Methodik entwickelt werden. Alle Beispielaufgaben sind kurz und in einem leicht verständlichen Stil gehalten, durchgängig wird das SI-Einheitensystem verwendet. Zur Unterstützung des didaktischen Konzepts werden häufig fotografische Illustrationen benutzt, welche die Anwendung der Gesetze der Festigkeitslehre in der realen Welt erläutern. Es wird gezeigt, wie Ingenieure ein ideales Modell zur Berechnung aufstellen und dann für dieses Modell den Festigkeitsnachweis für den betreffenden Lastfall einer Lösung zuführen. Sie helfen, das Interesse am Inhalt zu wecken, dienen dem Verständnis der Beispiele und unterstützen das Lösen von zahlreichen Übungsaufgaben.

Die Aufgaben finden sie im E-Book am Ende der Kapitel und die Lösungen in Anhang D. Bei der gedruckten Ausgabe finden sie die Aufgaben und Lösungen im MyLab | Festigkeitslehre.

Die Breite dieser Übungsaufgaben ist einzigartig. Viele veranschaulichen realistische Situationen der Praxis, einige beziehen sich sogar auf industrielle Produkte. Die Lösungen der Übungsaufgaben finden sich beim E-Book am Ende des Buchs, bei der Druckversion sind sie im MyLab | Festigkeitslehre zu finden. Ausgenommen davon sind die Lösungen der mit einem farbig ausgefüllten Quadrat (■) gekennzeichneten Aufgaben. Die durch einen farbigen Stern (*) gekennzeichneten Aufgaben erfordern Rechnerunterstützung mittels Taschenrechner oder gar PC. Die einzusetzenden numerischen Verfahren müssen an dieser Stelle bekannt sein.

Neu in dieser Auflage: Interaktive Arbeitsblätter mit Aufgaben und Schritt-für-Schritt-Lösungen mit Herleitungen

Didaktisches Konzept »Learn a little … do a little«, interaktive Arbeitsblätter und Festigkeitslehre-Klausurtrainer

Aus der psychologischen Lerntheorie ist bekannt, dass das Erlernen und Anwenden von neuem Wissen ein komplexer Vorgang ist. Zur vertieften Aneignung und sicheren Beherrschung weiterer Inhalte ist das selbstständige Durchführen/Anwenden des Gelernten unerlässlich. Auf diesem Umstand basiert unser didaktisches Konzept **Learn a little … do a little**, das mit dem schrittweisen Durcharbeiten des Buches einhergeht. Konkret sind viele Beispiele mit digitalen Arbeitsblättern im MyLab |

Festigkeitslehre verlinkt. Im Verbund mit diesen digitalen Arbeitsblättern und dem zum Buch gehörigen **Festigkeitslehre-Klausurtrainer** bietet dieses Buch eine didaktisch einzigartige Möglichkeit, die komplexen Inhalte in kleinen Einheiten (hier ausgewählte Beispiele im Buch) zu erlernen (**Learn a little**) und parallel dazu gleich mithilfe der interaktiven Arbeitsblätter mit anderen Zahlenwerten und Schritt-für-Schritt-Lösungen zu vertiefen und einzuüben (**... do a little**). Ein schneller Lernfortschritt ist damit garantiert. In den digitalen Arbeitsblättern kann der/die Studierende die Aufgaben zunächst selbstständig bearbeiten und sich dann die korrekten Lösungen Schritt für Schritt anzeigen lassen, um sie mit seinen Lösungswegen und Ergebnissen zu vergleichen. Die Beispiele bieten die Möglichkeit, sich **beliebig** viele andere Aufgaben gleichen Typs generieren zu lassen, d. h., wenn die Lösung zu einer Aufgabe nicht auf Anhieb gefunden wurde, können weitere Versuche mit neuen Zahlenwerten gestartet werden.

Aus dem eText direkt abrufbar sind die weiteren Textaufgaben und Lösungswege.

Learn a little...do a little – Pearson-Festigkeitslehre-Klausurtrainer

Ebenfalls direkt aus dem **MyLab | Festigkeitslehre** können Sie den **Festigkeitslehre-Klausurtrainer** aufrufen. Dieses Tool ermöglicht Ihnen die Zusammenstellung einer Klausur, basierend auf den Beispielen der **digitalen Arbeitsblätter.** Es gibt vielfältige Einstellungsmöglichkeiten, wie Schwierigkeitsgrad, Anzahl der Aufgaben, Kapitelauswahl. Sie können Ihre Werte eingeben und sich diese mit den richtigen Lösungen vergleichen lassen. Außerdem bekommen Sie eine Auswertung, welches Kapitel Sie eventuell besser noch wiederholen sollten. **Nutzen Sie diese Möglichkeit auf jeden Fall, ob alleine, im Team oder in der Vorlesung, dann kann die Festigkeitslehre-Klausur kommen.**

MyLab | Festigkeitslehre

Zugangsdaten zu Festigkeitslehre | MyLab vorne im Buch

Für den bewährten Festigkeitslehre-Klassiker Hibbeler gibt es jetzt auch das **MyLab | Festigkeitslehre.** Diese interaktive Lernplattform von Pearson wurde für den Einsatz auf PC, Laptop und Tablet (iOS und Android) entwickelt. **Die Zugangsdaten sind vorne im Buch. Die Nutzungsdauer beträgt ab Registrierung 24 Monate.**

Was bietet MyLab | Festigkeitslehre?

- **Lernen to go – das ganz persönliche Lehrbuch als eText:** Greifen Sie auf alle Inhalte bequem von Ihrem PC, Mac, iOS- oder Android-unterstützten mobilen Endgerät zu, kommentieren Sie, was Ihnen wichtig ist, und setzen Sie Lesezeichen – arbeiten Sie mit *„dem Hibbeler"*, wann und wo immer Sie wollen.

- **Arbeitsblätter:** Dies sind die oben erwähnten digitalen *Learn a little...do a little*-Arbeitsblätter, die Sie beim Lernen und Einüben wichtiger Lehrinhalte unterstützen.
- **Lösungen:** Ebenfalls enthalten sind Aufgaben als PDF und die ausgewählten Lösungen der weiteren Aufgaben, jedoch nicht die Lösungen der mit einem farbigen Stern (*) gekennzeichneten Aufgaben.
- **Videos:** Eine exklusive, auf das Lehrbuch abgestimmte Videoserie führt Beispielrechnungen ausgewählter Aufgaben vor (O-Ton Englisch).
- **Pearson-Festigkeitslehre-Klausurtrainer:** Nutzen Sie den oben beschriebenen Klausurtrainer, um Ihren Wissensstand zu überprüfen und eventuelle Lücken aufdecken zu können.

Das starke Plus für Dozentinnen und Dozenten:

- **Kursbegleitende Plattform:** Nutzen Sie die Möglichkeit, eigene Skripte und Inhalte hochzuladen und zusammen mit bestehendem Material mit MyLab | Festigkeitslehre eine effiziente Plattform für Ihre Studierenden zu schaffen.

Für weitere Informationen und Ihren persönlichen Dozenten/-innen-Code wenden Sie sich bitte an den für Sie zuständigen Dozenten/-innen-Betreuer bei Pearson Deutschland (Kontakte unter http://www.pearson-studium.de/dozenten).

Spannung

1

ÜBERBLICK

In den Schrauben dieses Stahlfachwerkes treten Spannungen auf. Im vorliegenden Kapitel werden wir erörtern, wie Ingenieure diese Verbindungen und ihre Befestigungsmittel dimensionieren.

Lernziele

In diesem Kapitel werden wir einige der wesentlichen Prinzipien der Statik wiederholen und darstellen, wie sie angewendet werden, um die resultierenden inneren Beanspruchungen in einem Bauteil zu bestimmen. Im Anschluss folgen die Einführung der Begriffe von Normal- und Schubspannung sowie konkrete Anwendungen der Spannungsanalyse bei der Auslegung von Bauteilen, die einer Axiallast oder reiner Abscherung ausgesetzt sind.

1.1 Einleitung

Die ***Festigkeitslehre*** ist ein Teilgebiet der Technischen Mechanik, welche die Beziehung zwischen den an einem verformbaren Körper einwirkenden äußeren Lasten und den innerhalb eines Körpers auftretenden inneren Beanspruchungen untersucht. Das Fachgebiet umfasst auch die Berechnung der Deformationen eines Körpers; es untersucht die Stabilität eines Körpers, wenn dieser äußeren Kräften ausgesetzt ist.

Bei der Auslegung eines Tragwerks oder einer Maschine ist es zunächst notwendig, die Prinzipien der Statik anzuwenden, um sowohl alle von außen auf die einzelnen Bauteile einwirkenden Kräfte (und Momente) als auch alle innerhalb der verschiedenen Bauelemente auftretenden resultierenden inneren Beanspruchungen zu bestimmen. Die notwendigen Abmessungen der Bauteile, ihre Verformung und ihre Stabilität hängen nicht nur von den inneren Beanspruchungen, sondern auch von der Art des Werkstoffes ab, aus dem diese einzelnen Komponenten bestehen. Infolgedessen sind ein detailliertes Verständnis und die genaue Bestimmung des Werkstoffverhaltens von grundlegender Bedeutung, um die notwendigen Grundgleichungen, die in der Festigkeitslehre Anwendung finden, zu entwickeln. Der Leser soll erkennen, dass viele Formeln und Auslegungsregeln, die in Konstruktionsrichtlinien und in der Praxis Anwendung finden, auf den Grundlagen der Festigkeitslehre beruhen. Aus diesem Grund ist das Verstehen der Grundprinzipien dieses Faches sehr wichtig.

Historische Entwicklung Die Anfänge der Festigkeitslehre gehen zurück auf das frühe 17. Jahrhundert, als Galileo Experimente zur Untersuchung der Effekte einer Lasteinwirkung an Stäben und Balken aus unterschiedlichen Materialien durchführte. Allerdings wurde es für ein genaues Verständnis notwendig, zuverlässige experimentelle Beschreibungen der mechanischen Eigenschaften der Werkstoffe bereitzustellen. Die entsprechende Methodik wurde zu Beginn des 18. Jahrhunderts entscheidend verbessert. Zu dieser Zeit wurden in diesem Fachgebiet sowohl experimentelle als auch theoretische Untersuchungen hauptsächlich in Frankreich durch solch prominente Vertreter wie Saint-

Venant, Poisson, Lamé und Navier durchgeführt. Weil ihre Arbeiten auf der Anwendung der Technischen Mechanik auf die Materialeigenschaften von Festkörpern beruhten, nannten sie diese Studien „Festigkeit der Werkstoffe". Heutzutage wird das Gebiet allerdings im Allgemeinen als „Mechanik verformbarer Körper" oder einfach „Festigkeitslehre" bezeichnet. Im Laufe der Jahre, während derer viele der grundlegenden Probleme der Festigkeitslehre gelöst wurden, ergab sich die Notwendigkeit, moderne mathematische und computerbasierte Berechnungsmethoden einzuführen, um auch komplexere Probleme zu lösen. Im Ergebnis weitete sich das Fachgebiet auf andere Bereiche der Technischen Mechanik aus, wie zum Beispiel auf die Elastizitäts- und Plastizitätstheorie. Die Forschung in diesen Gebieten dauert an, nicht nur um den Anforderungen zur Lösung moderner Konstruktionsprobleme Rechnung zu tragen, sondern auch um weitere Anwendungen sowie die Grenzen zu bewerten, auf denen die Grundtheorien der Festigkeitslehre beruhen.

1.2 Gleichgewicht eines verformbaren Körpers

Weil die Statik eine bedeutende Rolle sowohl für die Entwicklung als auch für die Anwendung der Festigkeitslehre spielt, ist es sehr wichtig, ein gutes Verständnis der grundsätzlichen Zusammenhänge der Statik zu haben. Aus diesem Grund behandeln wir hier einige der Grundprinzipien der Statik, die im gesamten weiteren Text verwendet werden.

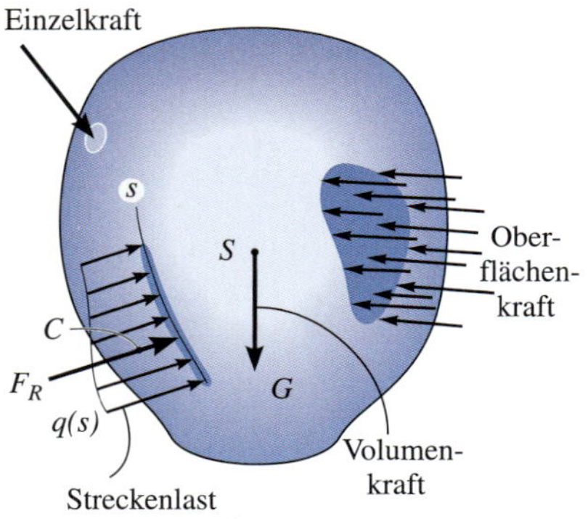

Abbildung 1.1

Äußere Belastung Ein Körper kann unterschiedlichen Arten äußerer Lasten ausgesetzt sein. Allerdings kann jede dieser Kraftverteilungen entweder als Oberflächenkraft oder als Volumenkraft klassifiziert werden, Abbildung 1.1.

Oberflächenkräfte. Wie der Name schon impliziert, haben ***Oberflächenkräfte*** ihre Ursache im direkten Kontakt eines Körpers mit der Oberfläche eines anderen. In all diesen Fällen werden die Kräfte über die *Kontaktfläche* zwischen den Körpern verteilt. Falls diese Fläche klein im Vergleich zur gesamten Oberfläche des Körpers ist, kann die Oberflächenkraft als so genannte ***Einzelkraft*** *idealisiert* werden, die an einem *Punkt* des Körpers wirkt. Zum Beispiel kann die Kraft vom Boden auf die Räder eines Fahrrades als Einzelkraft betrachtet werden, wenn man die Belastung des Fahrrads untersucht. Falls die Oberflächenkraft entlang einer schmalen, länglichen Fläche einwirkt, kann diese Belastung als ***Streckenlast*** $q(s)$ *idealisiert* werden. Dabei wird die Belastung derart in Betracht gezogen, als ob sie eine Intensität von Kraft/Länge entlang der schmalen Fläche gäbe; sie wird grafisch als eine Folge von Pfeilen entlang der Strecke s dargestellt. ***Die resultierende Kraft F_R von $q(s)$ ist bei senkrecht zur Oberfläche angreifenden Streckenlasten äquivalent zur Fläche unterhalb der Streckenlast, und diese Resultierende greift im Flächenschwerpunkt C an.*** Die Belastung entlang eines Trägers ist ein typisches Beispiel, wo solch eine Idealisierung angewendet wird.

Volumenkraft. Eine ***Volumenkraft*** liegt vor, wenn ein Körper auf einen anderen ohne direkten physischen Kontakt zwischen beiden einwirkt.

Beispiele sind Effekte, die durch die Wirkung der Erdanziehungskraft oder eines elektromagnetischen Feldes auftreten. Obwohl Volumenkräfte jedes einzelne, den Körper bildende Teilchen beeinflussen, werden diese Kräfte normalerweise durch eine einzelne, konzentriert am Körper angreifende Kraft repräsentiert. Im Falle der Gravitationskraft wird diese Einzelkraft ***Gewicht*** eines Körpers genannt. Sie greift in dessen Schwerpunkt an.

Auflagerreaktionen Oberflächenkräfte, die an den Auflagern oder Kontaktpunkten zwischen den Körpern entstehen, nennt man ***Lager- oder Auflagerreaktionen***. Für zweidimensionale Probleme, d.h. für Körper, die ebenen Kräftesystemen ausgesetzt sind, sind die am häufigsten anzutreffenden Lagerarten in Tabelle 1.1 dargestellt. Beachten Sie genau das Symbol, welches das jeweilige Auflager repräsentiert, sowie die Art der Reaktionskräfte, die es auf die Bauteile ausübt. Im Allgemeinen kann man die Art der Lagerreaktion bestimmen, in dem man sich die miteinander verbundenen Bauteile als in eine bestimmte Richtung verschoben oder verdreht vorstellt. ***Falls das Auflager eine Verschiebung in eine vorgegebene Richtung verhindert, kann an diesem Bauelement in dieser Richtung eine Kraft auftreten. Wenn in gleicher Weise eine Drehung verhindert wird, muss entsprechend ein Moment ausgeübt werden.*** Zum Beispiel kann ein Rollenlager nur eine Verschiebung in Kontaktrichtung normal zur Unterlage verhindern. Damit übt dieser Lagertyp eine Normalkraft F auf das Bauteil am Kontaktpunkt aus. Weil das Bauteil um den Lagerpunkt frei drehbar ist, kann vom Lager auf das Bauteil kein Moment wirken.

Viele Maschinenelemente sind über Drehgelenke verbunden, die an der Verbindungsstelle eine freie Drehung ermöglichen. Diese Gelenke üben eine Kraft auf die Bauteile aus, aber kein Moment.

Tabelle 1.1

Lager	Lagerreaktion	Lager- oder Gelenkart	Lager- oder Gelenkreaktion
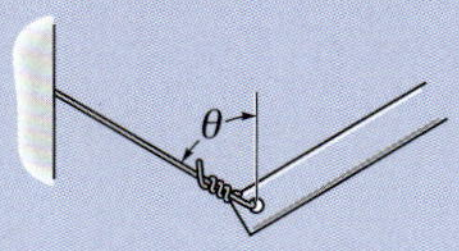 Seil	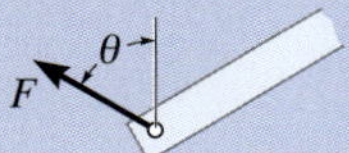 Eine Unbekannte: F d.h. *Lager 1-wertig*	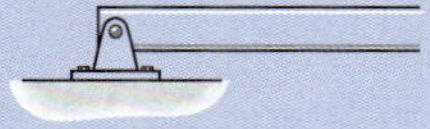 Unverschiebbares Gelenklager	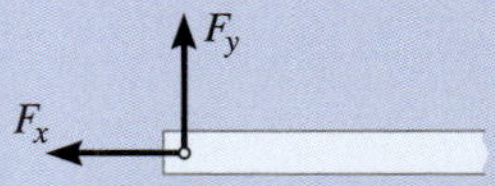 Zwei Unbekannte: F_x, F_y d.h. *Lager 2-wertig*
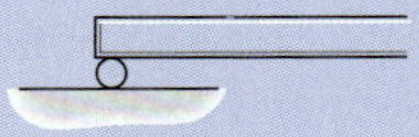 Rollenlager	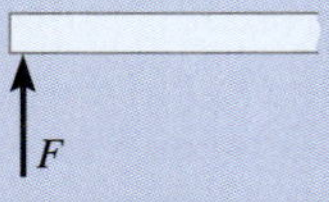 Eine Unbekannte: F d.h. *Lager 1-wertig*	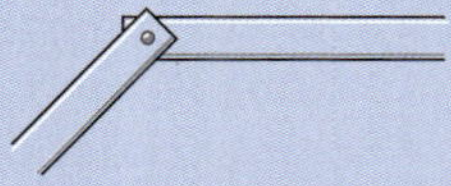 Verbindungsgelenk	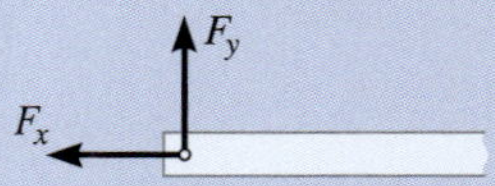 Zwei Unbekannte: F_x, F_y d.h. *Gelenk 2-wertig*
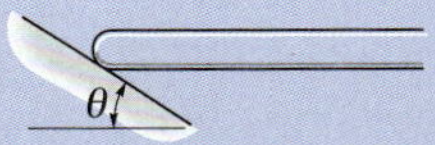 Glattes Auflager	 Eine Unbekannte: F d.h. *Lager 1-wertig*	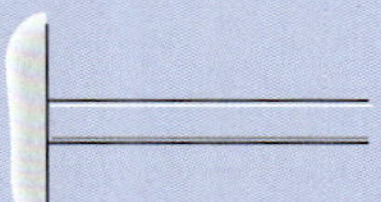 Einspannung	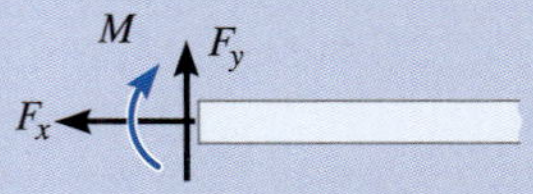 Drei Unbekannte: F_x, F_y, M d.h. *Lager 3-wertig*

Gleichgewichtsbedingungen Die Gleichgewichtslage eines Körpers erfordert sowohl das ***Gleichgewicht der Kräfte***, damit ein Verschieben oder eine beschleunigte Bewegung entlang einer geraden oder gekrümmten Bahn vermieden wird, als auch das ***Gleichgewicht der Momente***, zur Vermeidung einer Rotation des Körpers. Diese Gleichgewichtsbedingungen können mathematisch durch folgende Vektorgleichungen ausgedrückt werden:

$$\sum \mathbf{F} = \mathbf{0} \qquad \sum \mathbf{M}_O = \mathbf{0} \tag{1.1}$$

Dabei bezeichnet $\sum \mathbf{F}$ die Summe aller Kräfte, die am Körper angreifen, und $\sum \mathbf{M}_O$ ist die Summe der Momente von allen Kräften um irgendeinen Punkt O, entweder auf oder außerhalb des Körpers, und weiterer freier Momente. Wenn ein x,y,z-Koordinatensystem mit dem Ursprung O eingeführt wird, können Kraft- und Momentenvektoren in ihre Komponenten entlang der Koordinatenachsen zerlegt werden. Die beiden Gleichungen (1.1) können dann durch sechs skalare Gleichungen in den zugehörigen Koordinaten ausgedrückt werden:

$$\begin{array}{lll} \sum F_x = 0 & \sum F_y = 0 & \sum F_z = 0 \\ \sum M_x = 0 & \sum M_y = 0 & \sum M_z = 0 \end{array} \tag{1.2}$$

Oft kann die Belastung eines Körpers als ein System von *ebenen Kräften* dargestellt werden. Wenn das der Fall ist und die Kräfte in der x,y-Ebene liegen, können die Gleichgewichtsbedingungen eines Körpers durch lediglich drei skalare Gleichungen ausgedrückt werden:

$$\begin{array}{l} \sum F_x = 0 \\ \sum F_y = 0 \\ \sum M_z = 0 \end{array} \tag{1.3}$$

Wenn Punkt O der Ursprung des Koordinatensystems ist, sind in diesem Fall die Momente in Richtung der z-Achse gerichtet, die senkrecht auf der Ebene steht.

Die erfolgreiche Anwendung der Gleichgewichtsbedingungen erfordert eine vollständige Erfassung aller bekannten und unbekannten Kräfte, die *an* dem Körper angreifen. ***Der beste Weg, diese Kräfte zu berücksichtigen, ist das Zeichnen eines so genannten Freikörperbildes.*** Wird dieses Freikörperbild korrekt erstellt, können augenscheinlich die Effekte aller einbezogenen Kräfte und Momente bei der Aufstellung der Gleichgewichtsbedingungen berücksichtigt werden.

Schnittgrößen Eine der wichtigsten Anwendungen der Statik bei der Analyse von Problemen der Festigkeitslehre ist die Aufgabe, die Beanspruchung, d.h. die resultierende Kraft und das resultierende Moment im Innern eines Körpers, zu bestimmen. Diese Schnittgrößen sind notwendig, um den Körper zusammenzuhalten, wenn er äußeren Belastungen ausgesetzt ist. Schauen Sie sich zum Beispiel den Körper in Abbildung 1.2a an, der sich im Gleichgewichtszustand durch vier äußere Kräfte befindet[1]. Damit man die *innere Beanspruchung* ermitteln kann, die in einem bestimmten Bereich des Körpers vorliegt, muss die *Methode des Freischneidens* angewendet werden. Das erfordert die gedankliche Zerlegung in zwei Teile durch einen geeigneten „Schnitt" an der Stelle, an der die innere Beanspruchung bestimmt werden soll. Die zwei Teile des Körpers werden dann getrennt, und man fertigt ein Freikörperbild von einem der Teile an, siehe Abbildung 1.2b. Hier kann man sehen, dass es tatsächlich eine Verteilung der inneren Kräfte gibt, die an der „exponierten" Schnittfläche angreifen. Diese Kräfte an der Schnittfläche des unteren Teils repräsentieren die Wirkung des oberen Teils des Körpers auf das gegenüberliegende untere Teilstück.

Obwohl die exakte Verteilung der inneren Kräfte *unbekannt* sein wird, dürfen wir die Gleichgewichtsbedingungen anwenden, um die äußeren Kräfte auf dem Körper *zu der resultierenden inneren Kraft und dem resultierenden inneren Moment,* $\mathbf{F}_R$ und $\mathbf{M}_{R_O}$ *an jedem beliebigen Punkt O* der Schnittfläche in Beziehung zu setzen, Abbildung 1.2c. Bei der Anwendung beachten Sie bitte, dass $\mathbf{F}_R$ am Punkt *O* der Schnittfläche angreift, obwohl der berechnete Wert *nicht* von der Lage dieses Punktes abhängt. Andererseits ist $\mathbf{M}_{R_O}$ aber tatsächlich davon abhängig, weil die Hebelarme von *O* zu den Wirkungslinien der äußeren Kräfte im Freikörperbild reichen. Es wird in späteren Abschnitten des Textes gezeigt, dass für den Punkt *O* am häufigsten der *Schwerpunkt* der Schnittfläche gewählt wird, und auch wir werden dies im Folgenden tun, es sei denn, es wird ausdrücklich auf eine andere Lage von *O* hingewiesen. Des Weiteren wird der zu betrachtende Schnitt im Allgemeinen *senkrecht* zur Längsachse des Trägers durchgeführt, wenn das Bauelement lang und schmal ist wie im Falle eines Stabes oder eines Balkens. Die Schnittfläche wird dann als ***Schnittufer*** bezeichnet.

Räumliche Probleme. Wir werden an späterer Stelle im Text zeigen, wie wir die resultierenden inneren Größen $\mathbf{F}_R$ und $\mathbf{M}_{R_O}$ mit der flächenhaften *Kraftverteilung* an der Schnittfläche in Beziehung setzen und dadurch Gleichungen entwickeln, die für die eigentliche Dimensionierung benutzt werden können.

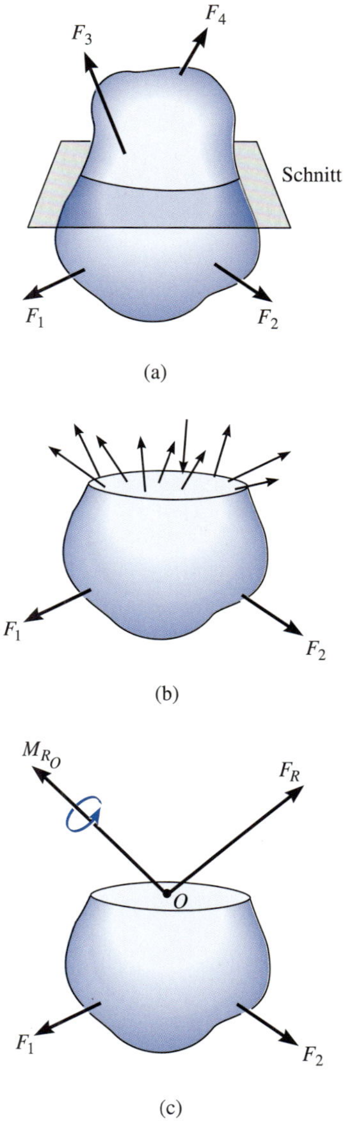

Abbildung 1.2

1 Die Gewichtskraft des Körpers ist nicht dargestellt, denn es wird angenommen, dass sie klein und somit vernachlässigbar im Vergleich zu den anderen Kräften ist.

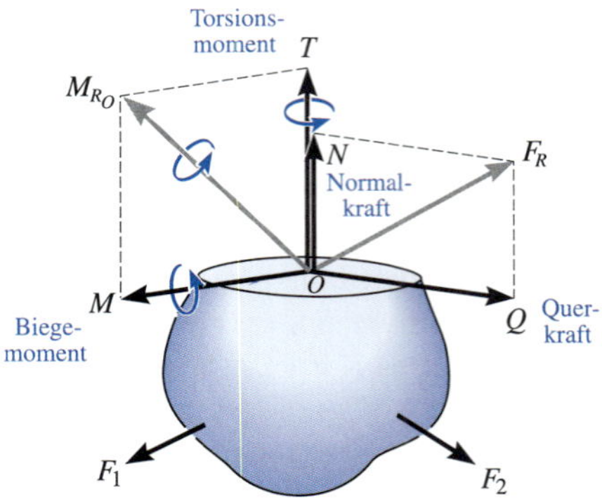

(d)

Abbildung 1.2

Allerdings müssen für diese Vorgehensweise die Komponenten von $\mathbf{F}_R$ und $\mathbf{M}_{R_O}$, die sowohl normal, d.h. senkrecht zur Schnittfläche, als auch in der Schnittfläche wirken, in Betracht gezogen werden, siehe Abbildung 1.2d. Es können vier unterschiedliche Arten von resultierenden Schnittgrößen definiert werden:

Normalkraft, N. Diese Kraft wirkt senkrecht zur Schnittfläche. Sie liegt vor, wenn äußere Belastungen derart wirken, dass die Tendenz einer Zug- oder Druckbelastung auf die beiden Teile des Körpers entsteht.

Querkraft, Q. Diese Kraft liegt in der Schnittebene. Sie wird durch äußere Belastungen hervorgerufen, bei denen die beiden Teile des Körpers dazu tendieren, sich entlang der Schnittflächen gegeneinander zu verschieben.

Torsionsmoment oder Verdrillmoment, T. Diese Beanspruchung entsteht, wenn äußere Belastungen so wirken, dass die Teile dazu tendieren, sich gegeneinander zu verdrehen.

Biegemoment, M. Das Biegemoment wird durch externe Belastungen verursacht, die so wirken, dass der Körper die Tendenz hat, sich um eine Achse, die in der Schnittfläche liegt, zu verbiegen.

Beachten Sie bitte in diesem Text, dass die grafische Darstellung eines Moments bzw. Drehmoments in dreidimensionalen Skizzen als Vektorpfeil mit zugehörigem Drehsinn angegeben ist. Mit Hilfe der Rechte-Hand-Regel zeigt der Daumen in die Richtung der Pfeilspitze des Vektors und die Finger geben die Tendenz der Drehung an (Torsion oder Biegung). Man beachte ferner, dass in Abbildungen Vektoren in der Regel nicht in Fettdruck bezeichnet werden. Wie in der Technischen Mechanik üblich, legt der Pfeil den Richtungssinn fest und das betreffende Formelzeichen in Kursivdruck ist die Koordinate des Vektors, die positiv oder negativ sein kann. Mit Hilfe eines x,y,z-Koordinatensystems kann (bei statisch bestimmter Lagerung) jede der oben angegebenen Schnittgrößen unmittelbar aus den sechs skalaren Gleichgewichtsbedingungen, die für jedes Teil des Körpers anwendbar sind, bestimmt werden.

Ebene Belastungen. Falls für den Körper ein *ebenes Kräftesystem* vorliegt, Abbildung 1.3a, dann existieren am betreffenden Schnittufer lediglich eine Normalkraft, eine Querkraft in der Ebene und ein Biegemoment senkrecht zur Ebene, Abbildung 1.3b. Wenn wir *x*-, *y*-, *z*-Koordinatenachsen mit dem Ursprung in Punkt *O*, wie im linken Teil dargestellt, verwenden, dann kann für **N** eine direkte Lösung durch Anwendung von $\sum F_x = 0$ gefunden werden, **Q** erhält man über $\sum F_y = 0$. Schließlich kann das Biegemoment $\mathbf{M}_O$ direkt durch das Momentengleichgewicht um Punkt *O* (*z*-Achse), $\sum M_O = 0$, bestimmt werden, da dann die Momente von **N** und **Q** in der Momentenbilanz verschwinden.

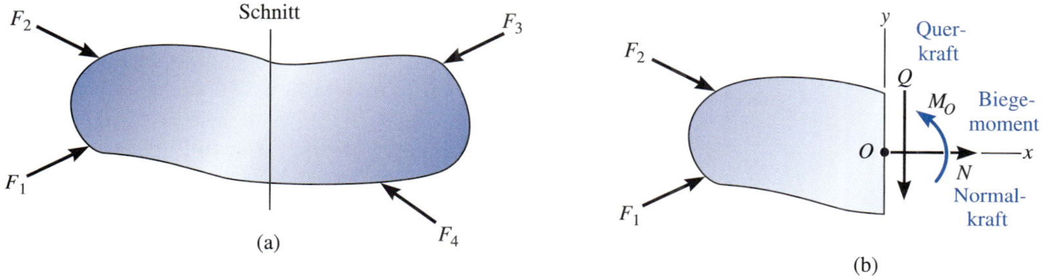

Abbildung 1.3

Wichtige Punkte zur Lösung von Aufgaben

- *Die Festigkeitslehre* untersucht die Beziehung zwischen den äußeren Belastungen eines Bauteils und den Schnittgrößen, den Repräsentanten der inneren Beanspruchung in Form von Spannungen und Verzerrungen.
- Äußere Kräfte können auf einen Körper als *verteilte* bzw. *konzentrierte Oberflächenlasten* oder als *Volumenkräfte*, die im gesamten Volumen verteilt sind, auf einen Körper einwirken.
- Streckenlasten ergeben eine *resultierende Kraft*, deren Betrag bei orthogonaler Wirkungsrichtung gleich der *Fläche* unterhalb der Streckenlast ist und deren *Angriffspunkt* im *Schwerpunkt* dieser Fläche liegt.
- Im Auflager wirkt eine *Kraft* in eine bestimmte Richtung des von ihm gestützten Bauteils, wenn es eine *Verschiebung* des Bauteils in Richtung der Kraft *verhindert*, und es wirkt ein *Moment* auf das Bauteil, wenn es dessen *Rotation verhindert*.
- Die Gleichgewichtsbedingungen $\sum \mathbf{F} = \mathbf{0}$ und $\sum \mathbf{M} = \mathbf{0}$ müssen erfüllt sein, um zu verhindern, dass ein Körper beschleunigt translatorisch oder rotatorisch bewegt wird.
- Bei Anwendung der Gleichgewichtsbedingungen ist es wichtig, zuerst ein Freikörperbild zu zeichnen, um keinen Term in den Gleichungen zu übersehen.
- Um die resultierenden Schnittgrößen im Innern eines Bauteils zu bestimmen, die an der Schnittfläche eines frei geschnittenen Körpers angreifen, wird die Methode des Freischneidens benutzt. Im Allgemeinen bestehen die Schnittgrößen aus Normalkraft, Querkraft, Torsionsmoment und Biegemoment.

Zur Auslegung der einzelnen Bauteile dieses Rahmentragwerkes für ein Gebäude ist es zunächst notwendig, die inneren Beanspruchungen an verschiedenen Punkten entlang der Trägerachsen zu ermitteln.

Lösungsweg

Die Methode des Freischneidens wird benutzt, um die resultierenden *Schnittgrößen im Körperinnern* in einem Punkt zu bestimmen, der auf der Schnittfläche des freigeschnittenen Körpers liegt. Die Ermittlung dieser Schnittgrößen erfordert im Rahmen der Schnittmethode die folgenden Schritte:

Auflagerreaktionen

- Zuerst entscheidet man, welcher der beiden Teilkörper betrachtet werden soll. Falls der betreffende Teilkörper ein Lager zur Umgebung oder eine Verbindung zu einem anderen Körper hat, ist es *vor* der Anwendung des Schnittprinzips notwendig, die Reaktionskräfte, die an dem ausgewählten Teilkörper angreifen, zu bestimmen. Zeichnen Sie das Freikörperbild für den kompletten Körper und stellen Sie dann die erforderlichen Gleichgewichtsbedingungen auf, um die Auflagerreaktionen zu bestimmen.

Freikörperbild

- Belassen Sie alle am Gesamtkörper angreifenden äußeren Streckenlasten, Kräftepaare, Momente und Kräfte an ihren Angriffspunkten. Machen Sie dann einen gedanklichen Schnitt durch jenen Punkt des Körpers, an dem die resultierenden inneren Schnittgrößen bestimmt werden sollen.
- Falls der Körper ein schlankes Bauteil eines Tragwerkes oder eines mechanischen Gerätes darstellt, führt man den Schnitt oft senkrecht zur Längsachse des Trägers aus.
- Zeichnen Sie ein Freikörperbild für einen der „freigeschnittenen" Teilkörper und geben Sie die unbekannten Schnittgrößen N, Q, M und T am Schnittufer an. Diese Schnittgrößen werden im Normalfall so angenommen, dass sie im Schwerpunkt der Schnittfläche wirken.
- Stellen Sie ein x,y,z-Koordinatensystem mit dem Ursprung im Schnittflächenschwerpunkt auf und zerlegen Sie die Resultierenden in die Komponenten entlang der Koordinatenachsen.
- Falls das Bauteil einem ebenen Kräftesystem ausgesetzt ist, dann wirken nur N, Q und M am Schnittflächenschwerpunkt.

Gleichgewichtsbedingungen

- Das Momentengleichgewicht um jede Koordinatenachse sollte an der Schnittfläche bezüglich des Angriffspunktes der resultierenden Schnittgrößen angewendet werden. Damit treten die unbekannten Kräfte N und Q in diesen Gleichungen nicht auf, und dies gestattet eine direkte Lösung für M (und T).
- Wenn die Lösung der skalaren Gleichgewichtsbedingungen einen negativen Wert für die betreffenden Schnittgrößen ergibt, ist deren tatsächlicher Richtungssinn entgegengesetzt zu dem, der im Freikörperbild angenommenen und gezeichnet wurde.

Die nachfolgenden Beispiele illustrieren diese Prozedur und ermöglichen gleichzeitig eine Wiederholung einiger der wesentlichen Prinzipien der Statik.

Beispiel 1.1

Bestimmen Sie die Schnittgrößen, die im Querschnitt des Trägers bei C auftreten, Abbildung 1.4a.

$q_A = 270\ \mathrm{N/m}$, $a = 3\ \mathrm{m}$, $b = 6\ \mathrm{m}$

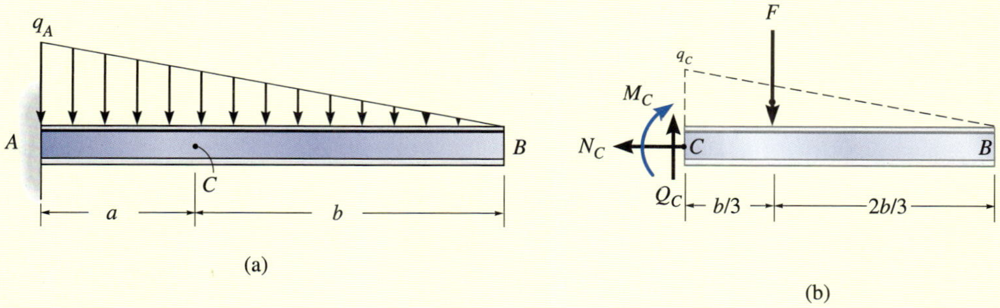

Lösung

Auflagerreaktionen Das Problem kann unmittelbar durch Betrachtung von Segment CB des Trägers gelöst werden, denn die Lagerreaktionen bei A müssen dann nicht berechnet werden.

Freikörperbild Ein gedanklicher Schnitt senkrecht zur Längsachse des Trägers ergibt ein Freikörperbild des Segmentes CB, wie in Abbildung 1.4b dargestellt. Es ist wichtig, die Lastverteilung, wie sie am Träger auftritt, exakt so beizubehalten, *bis* ein Schnitt gemacht wurde. Erst dann sollte die Streckenlast durch eine einzelne resultierende Kraft ersetzt werden. Erkennen Sie, dass die Größe der Streckenlast bei C mit dem Strahlensatz einfach ermittelt werden kann, Abbildung 1.4a: $q_C/b = q_A/(a+b)$, d.h. $q_C = q_A b/(a+b)$. Die Größe der Resultierenden der Streckenlast ist gleich der Fläche unterhalb der Streckenlast (Dreieck) und greift im Schwerpunkt dieser Fläche an. Demzufolge ist $F = q_C b/2$, die bei $b/3$ rechts von C angreift, wie in Abbildung 1.4b gezeigt.

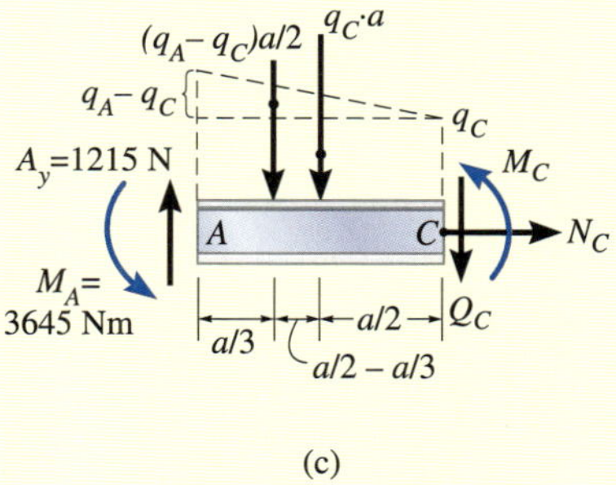

Abbildung 1.4

Gleichgewichtsbedingungen Beim Anwenden der Gleichgewichtsbedingungen erhalten wir

$$\sum F_x = 0 \qquad -N_C = 0$$

$$N_C = 0$$

$$\sum F_y = 0 \qquad Q_C - F = 0$$

$$Q_C = F = q_A b^2/[2(a+b)] = 540\ \mathrm{N}$$

$$\sum M_C = 0 \qquad -M_C - F\,b/3 = 0$$

$$M_C = -Fb/3 = -q_A b^3/[6(a+b)] = -1080\ \mathrm{Nm}$$

Das negative Vorzeichen zeigt an, dass M_C entgegengesetzt zur im Freikörperbild dargestellten Richtung wirkt. Versuchen Sie das Problem für das Segment AC zu lösen, indem Sie zuerst die Auflagerreaktionen in A, dargestellt in Abbildung 1.4c, bestimmen.

Beispiel 1.2

Bestimmen Sie die resultierenden Schnittgrößen, die im Querschnitt C der Maschinenwelle angreifen, Abbildung 1.5a. Die Welle wird durch reibungsfreie Radiallager in A und B gestützt. Die Lager können nur Vertikalkräfte auf die Welle ausüben.

$q_0 = 800$ N/m, $F = 225$ N, $a = 200$ mm, $b = 50$ mm, $c = 100$ mm

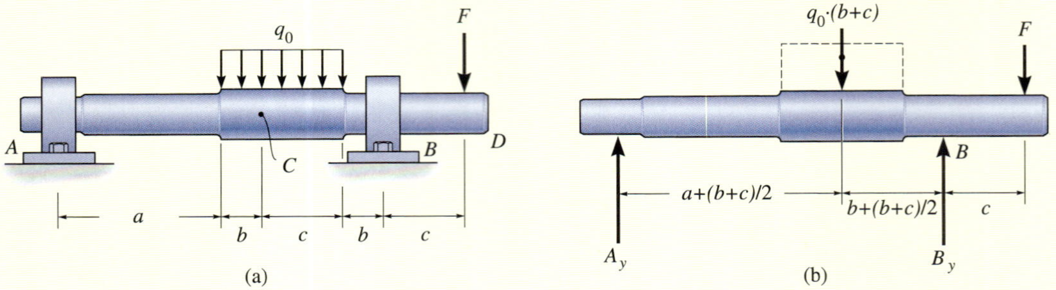

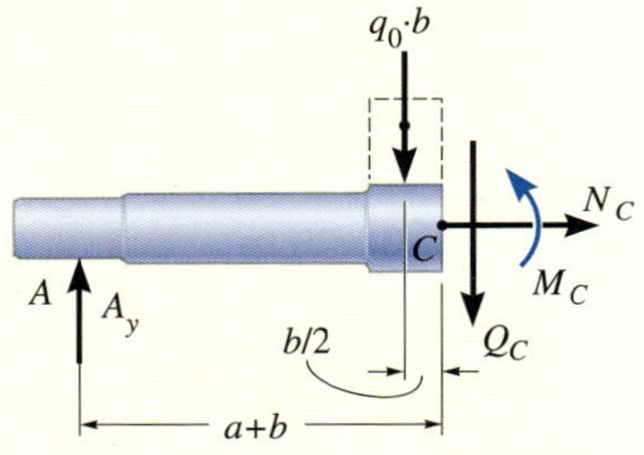

(c)

Abbildung 1.5

Lösung

Wir lösen das Problem, indem wir das Teilstück AC der Welle wählen.

Lagerreaktionen Ein Freikörperbild der ganzen Welle zeigt Abbildung 1.5b. Da das Segment AC betrachtet werden soll, braucht man nur die Lagerreaktionen bei A zu bestimmen. Warum?

$$\sum M_B = 0; \quad -A_y\,(a + 2b + c) + q_0\,(b + c)[b + (b + c)\,/\,2] - Fc = 0$$

$$A_y = [\,q_0\,(b + c)[b + (b + c)\,/\,2] - Fc]/(a + 2b + c) = -18{,}75\ \text{N}$$

Das negative Vorzeichen für A_y gibt an, dass A_y *entgegen gesetzt* zur dargestellten Richtung im Freikörperbild wirkt.

Freikörperbild Das Ausführen eines Schnittes durch C senkrecht zur Wellenachse ergibt ein Freikörperbild des Segments AC, wie in Abbildung 1.5c dargestellt.

Gleichgewichtsbedingungen

$$\sum F_x = 0; \quad N_C = 0$$

$$\sum F_y = 0; \quad A_y - q_0 b - Q_C = 0$$

$$Q_C = A_y - q_0 b = -18{,}75\,\text{N} - 800\,\text{N/m}\,(0{,}05\,\text{m}) = -58{,}75\,\text{N}$$

$$\sum M_C = 0; \quad M_C + (q_0 b)\left(\frac{b}{2}\right) - A_y\,(a + b) = 0$$

$$M_C = -(q_0 b)\left(\frac{b}{2}\right) + A_y\,(a + b)$$

$$M_C = -\left[(800\,\text{N/m})(0{,}05\,\text{m})\right]\left(\frac{0{,}05\,\text{m}}{2}\right) - (18{,}75\,\text{N})(0{,}25\,\text{m})$$

$$M_C = -5{,}69\ \text{Nm}$$

Was bedeuten die negativen Vorzeichen für Q_C und M_C? Zur Übung berechnen Sie die Lagerreaktion bei B und versuchen Sie, die gleichen Resultate zu erzielen, indem Sie das Segment CBD der Welle wählen.

Beispiel 1.3

Der in Abbildung 1.6a gezeigte Kranausleger hebt den Motor der Masse m. Bestimmen Sie die resultierenden Schnittgrößen, die im Querschnitt des Auslegers bei Punkt E wirken.

$m = 500$ kg, $l = 1$ m, $h = 1{,}5$ m

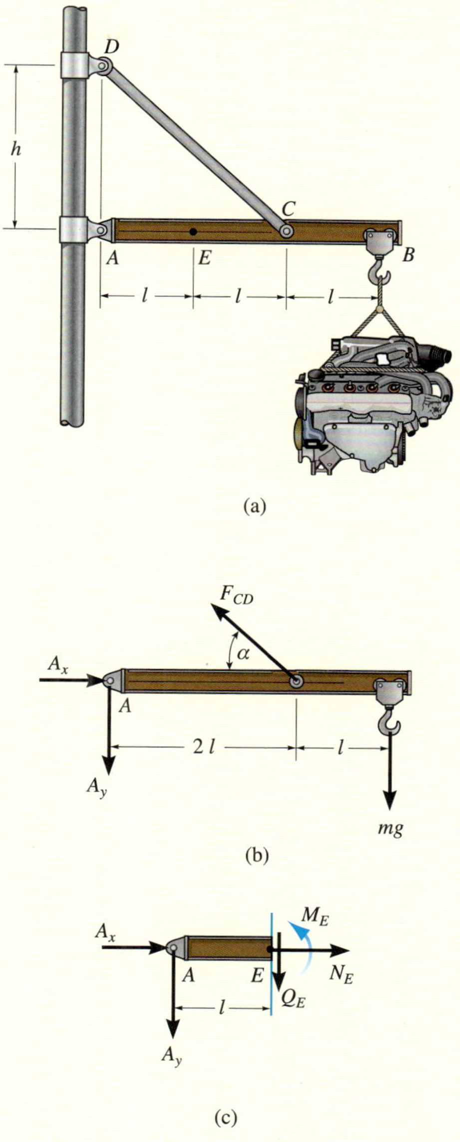

Abbildung 1.6

Lösung

Auflagerreaktionen Zur Schnittgrößenberechnung wollen wir Segment AE des Auslegers betrachten, sodass wir zuerst die Gelenkreaktionen in A ermitteln müssen. Beachten Sie, dass es sich bei Bauteil CD um eine Pendelstütze handelt. Abbildung 1.6b zeigt das Freikörperbild des Auslegers AB. Als Gleichgewichtsbedingungen erhalten wir

$$\sum M_A = 0; \qquad F_{CD} \sin\alpha (2l) - mg(3l) = 0$$

$$F_{CD} = \frac{3mg}{2\sin\alpha} = 12{,}26 \text{ kN}$$

$$\sum F_x = 0; \qquad A_x - F_{CD} \cos\alpha = 0$$

$$A_x = F_{CD} \cos\alpha = \frac{3mg}{2\tan\alpha} = 9{,}81 \text{ kN}$$

$$\sum F_y = 0; \qquad -A_y + F_{CD} \sin\alpha - mg = 0$$

$$A_y = F_{CD} \sin\alpha - mg = \frac{mg}{2} = 2{,}45 \text{ kN}$$

Freikörperbild Abbildung 1.6c zeigt das Freikörperbild von Segment AE.

Gleichgewichtsbedingungen Die Gleichgewichtsbedingungen lauten

$$\sum F_x = 0; \qquad N_E + A_x = 0$$

$$N_E = -A_x = -9{,}81 \text{ kN}$$

$$\sum F_y = 0; \qquad -Q_E - A_y = 0$$

$$Q_E = -A_y = -2{,}45 \text{ kN}$$

$$\sum M_E = 0; \qquad M_E + A_y \cdot l = 0$$

$$M_E = -A_y \cdot l = -2{,}45 \text{ kNm}$$

Beispiel 1.4

Der Lastenaufzug in Abbildung 1.7a besteht aus dem Träger AB, Zugrollen, dem Seil und dem Motor. Bestimmen Sie die resultierenden Schnittgrößen, die im Schnitt bei C angreifen, wenn der Motor eine Last G mit konstanter Geschwindigkeit hebt. Vernachlässigen Sie das Gewicht der Zugrollen und des Trägers.

$a = 0{,}5$ m, $r = 0{,}125$ m, $G = 2000$ N

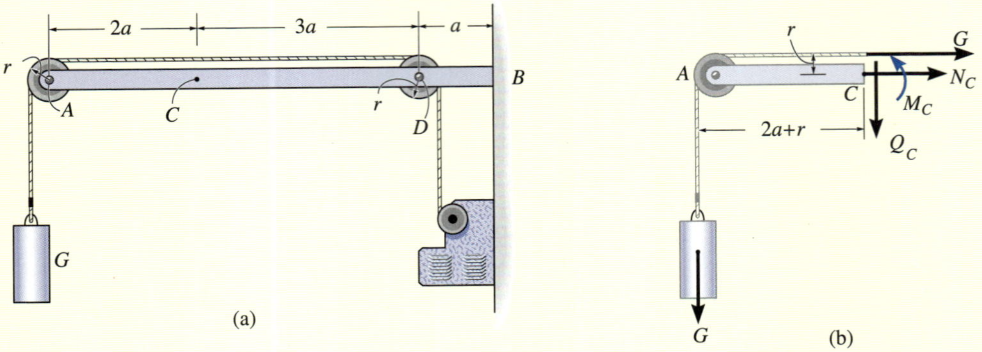

Abbildung 1.7

Lösung

Die direkteste Methode zur Lösung der Aufgabe besteht darin, sowohl das Seil als auch den Träger in C zu schneiden und dann das ganze linke Segment zu betrachten.

Freikörperbild Siehe Abbildung 1.7b.

Gleichgewichtsbedingungen

$\sum F_x = 0;$ $\quad N_C + G = 0$

$$N_C = -G = -2000 \text{ N}$$

$\sum F_y = 0;$ $\quad -G - Q_C = 0$

$$Q_C = -G = -2000 \text{ N}$$

$\sum M_C = 0;$ $\quad G(2a + r) - Gr + M_C = 0$

$$M_C = Gr - G(2a + r) = G(r - 2a - r) = -G2a$$

$$M_C = -(2000\,\text{N})(2)0{,}5\,\text{m} = -2000 \text{ Nm}$$

Versuchen Sie zur Übung die gleichen Ergebnisse zu erhalten, indem Sie lediglich das Trägersegment AC betrachten, d.h. entfernen Sie die Rolle bei A vom Träger und zeigen Sie, wie die Seilkraftkomponenten der Rolle direkt auf das Trägersegment AC wirken. Die Aufgabe kann weiterhin bearbeitet werden, indem zuerst die Lagerreaktionen bei B ($B_x = 0$, $B_y = 4000$ N, $M_B = 7000$ Nm) ermittelt werden und dann das Segment CB betrachtet wird.

Beispiel 1.5 Bestimmen Sie die im Schnitt bei G wirkenden resultierenden Schnittgrößen des in Abbildung 1.8a dargestellten Holzträgers. Nehmen Sie an, dass die Verbindungen in den Punkten A, B, C, D und E reibungsfreie Gelenke sind.

$F = 1500$ N, $q_D = 600$ N/m, $a = 1$ m

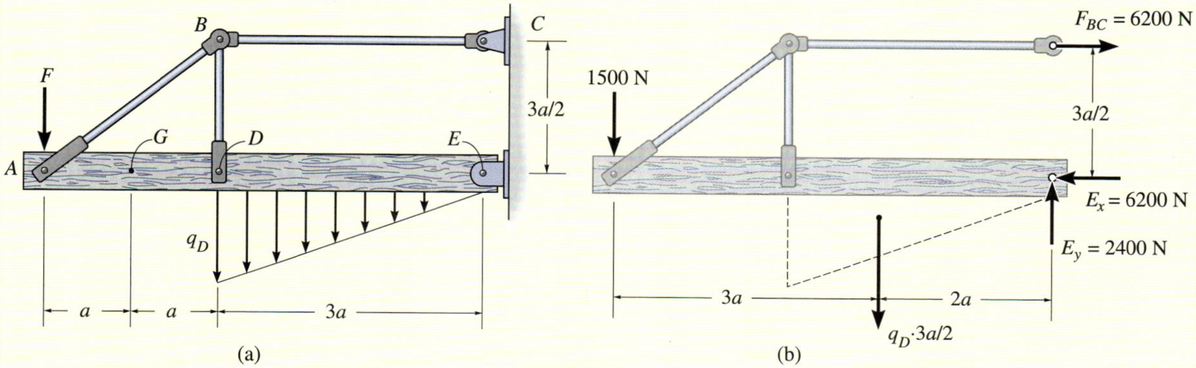

Abbildung 1.8

Lösung

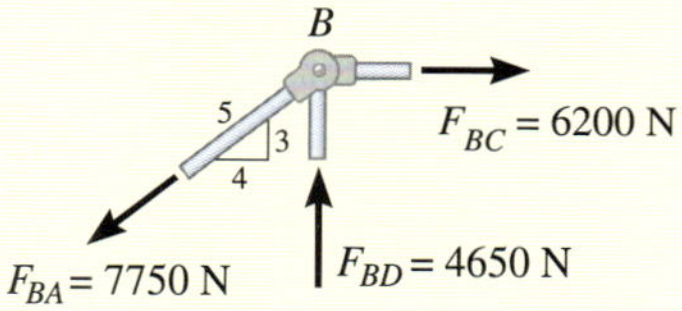

Lagerreaktionen Hier werden wir das Segment AG für die Analyse betrachten. Ein Freikörperbild für das *gesamte* Tragwerk ist in Abbildung 1.8b dargestellt. Überprüfen Sie die berechneten Reaktionskräfte bei E und C. Achten Sie besonders darauf, dass BC eine Pendelstütze (ein so genanntes *Zweikraftsystem*) ist, da nur Kräfte in B und C auf diesen Träger wirken. Aus diesem Grund darf die Reaktionskraft bei C, wie in Abbildung 1.8b dargestellt, nur horizontal wirken.

Weil BA und BD auch Pendelstützen sind, ergibt sich das Freikörperbild des Gelenks der Verbindungsstelle B, Abbildung 1.8c. Überprüfen Sie wieder die Größe der berechneten Kräfte F_{BA} und F_{BD}.

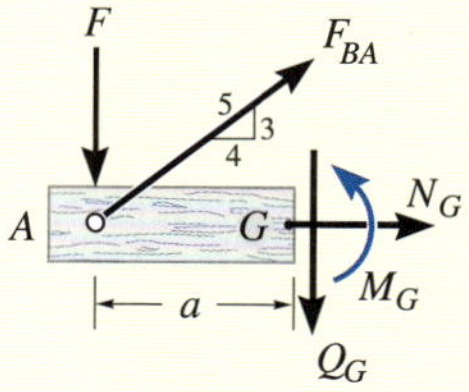

Freikörperbild Zusammen mit dem Ergebnis für F_{BA} ist die linke Schnitthälfte AG des Trägers in Abbildung 1.8d dargestellt.

Gleichgewichtsbedingungen Bei Anwendung der Gleichgewichtsbedingungen für das Segment AG erhalten wir

$$\sum F_x = 0; \qquad F_{BA}\left(\frac{4}{5}\right) + N_G = 0$$

$$N_G = -F_{BA}\left(\frac{4}{5}\right) = -(7750\,\text{N})\left(\frac{4}{5}\right) = -6200\ \text{N}$$

$$\sum F_y = 0; \qquad -F + F_{BA}\left(\frac{3}{5}\right) - Q_G = 0$$

$$Q_G = -F + F_{BA}\left(\frac{3}{5}\right) = -(1500\,\text{N}) + (7750\,\text{N})\left(\frac{3}{5}\right) = 3150\ \text{N}$$

$$\sum M_G = 0; \qquad M_G - F_{BA}\left(\frac{3}{5}\right)a + F\,a = 0$$

$$M_G = F_{BA}\left(\frac{3}{5}\right)a - F\,a = a\left(F_{BA}\frac{3}{5} - F\right)$$

$$M_G = (1\,\mathrm{m})\left[(7750\,\mathrm{N})\left(\frac{3}{5}\right) - (1500\,\mathrm{N})\right] = 3150\ \mathrm{Nm}$$

Ermitteln Sie zur Übung die gleichen Ergebnisse, indem Sie das Segment GE betrachten.

Beispiel 1.6

Bestimmen Sie die Schnittreaktionen, die im Schnitt des Rohres bei B, Abbildung 1.9a, auftreten. Das Rohr hat eine Masse pro Länge $\bar{m}_R$ und ist sowohl einer Vertikalkraft F_A als auch einem Moment M_A am Ende A ausgesetzt. Das Rohr ist bei C in der Wand eingespannt.

$a = 0{,}25$ m, $\bar{m}_R = 2$ kg/m, $F_A = 50$ N, $M_A = 70$ Nm, $g = 9{,}81$ m/s^2

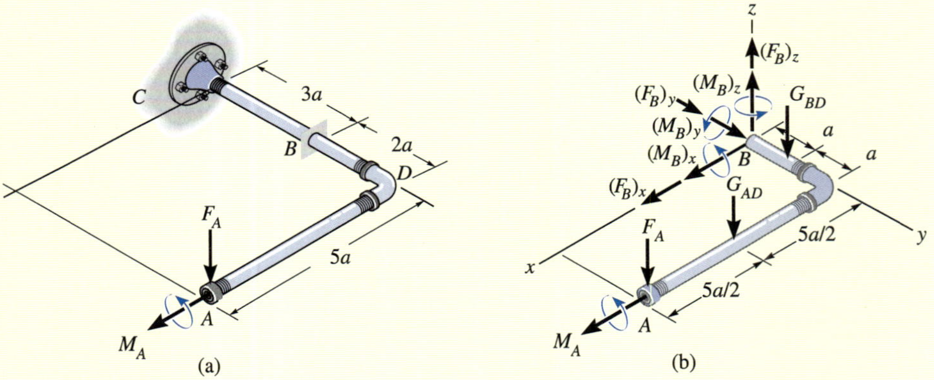

Abbildung 1.9

Lösung

Die Aufgabe kann durch Betrachtung des Segments AB gelöst werden, wodurch die Lagerreaktionen bei C *nicht* mit einbezogen werden.

Freikörperbild. Die x-, y-, z-Achsen werden durch B gelegt; das Freikörperbild des Segments AB ist in Abbildung 1.9b dargestellt. Es wird angenommen, dass die Schnittkräfte und die Komponenten des resultierenden Moments am Schnitt in die positiven Koordinatenrichtungen weisen und durch den *Schwerpunkt* der Schnittfläche bei B gehen. Das Gewicht jedes Rohrsegments wird wie folgt berechnet:

$$G_{BD} = g\bar{m}_R 2a = \left(9{,}81\frac{\mathrm{m}}{\mathrm{s}^2}\right)\left(2\frac{\mathrm{kg}}{\mathrm{m}}\right)2(0{,}25\,\mathrm{m}) = 9{,}81\ \mathrm{N}$$

$$G_{AD} = g\bar{m}_R 5a = \left(9{,}81\frac{\mathrm{m}}{\mathrm{s}^2}\right)\left(2\frac{\mathrm{kg}}{\mathrm{m}}\right)5(0{,}25\,\mathrm{m}) = 24{,}525\ \mathrm{N}$$

Diese Kräfte wirken im Schwerpunkt eines jeden Segments.

Gleichgewichtsbedingungen Bei Anwendung der sechs skalaren Gleichgewichtsbedingungen erhalten wir[2]

$$\sum F_x = 0\,; \qquad (F_B)_x = 0$$

$$\sum F_y = 0\,; \qquad (F_B)_y = 0$$

$$\sum F_z = 0\,; \qquad (F_B)_z - G_{BD} - G_{AD} - F_A = 0$$

$$(F_B)_z = G_{BD} + G_{AD} + F_A = 9{,}81\,\text{N} + 24{,}525\,\text{N} + 50\,\text{N}$$

$$(F_B)_z = 84{,}3\ \text{N}$$

$$\sum (M_B)_x = 0; \qquad (M_B)_x + M_A - F_A 2a - G_{AD} 2a - G_{BD} a = 0$$

$$(M_B)_x = a(2F_A + 2G_{AD} + G_{BD}) - M_A$$

$$(M_B)_x = (50\,\text{N})(2)(0{,}25\,\text{m}) + (24{,}525\,\text{N})(2)(0{,}25\,\text{m}) + (9{,}81\,\text{N})(0{,}25\,\text{m}) - 70\,\text{Nm}$$

$$(M_B)_x = -30{,}3\ \text{Nm}$$

$$\sum (M_B)_y = 0; \qquad (M_B)_y + G_{AD}\left(\frac{5}{2}a\right) + F_A 5a = 0$$

$$(M_B)_y = -G_{AD}\left(\frac{5}{2}a\right) - F_A 5a$$

$$(M_B)_y = -(24{,}525\,\text{N})\left(\frac{5}{2}\right)(0{,}25\,\text{m}) - (50\,\text{N})(5)(0{,}25\,\text{m})$$

$$(M_B)_y = -77{,}8\ \text{Nm}$$

$$\sum (M_B)_z = 0\,; \qquad (M_B)_z = 0$$

Was bedeuten die negativen Vorzeichen für $(M_B)_x$ und $(M_B)_y$? Beachten Sie, dass die Normalkraft $N_B = (F_B)_y = 0$ ist, während die Querkraft

$$Q_B = \sqrt{(F_B)_x^2 + (F_B)_z^2} = \sqrt{(0)^2 + (84{,}3)^2}\ \text{N} = 84{,}3\,\text{N}$$

ist. Des Weiteren ist das Torsionsmoment $T_B = (M_B)_y = -77{,}8$ Nm und das Biegemoment

$$M_B = \sqrt{(M_B)_x^2 + (M_B)_z^2} = \sqrt{(30{,}3)^2 + (0)^2}\ \text{Nm} = 30{,}3\ \text{Nm}.$$

2 Die *Größe* eines jeden Moments um eine Achse ist gleich der Größe jeder Kraft multipliziert mit dem senkrechten Abstand von dieser Achse zur Wirkungslinie der Kraft. Die *Richtung* der Momente ist durch die Rechte-Hand-Regel festgelegt, mit positiv gerichteten Momenten (Daumen) entlang der positiven Koordinatenachsen.

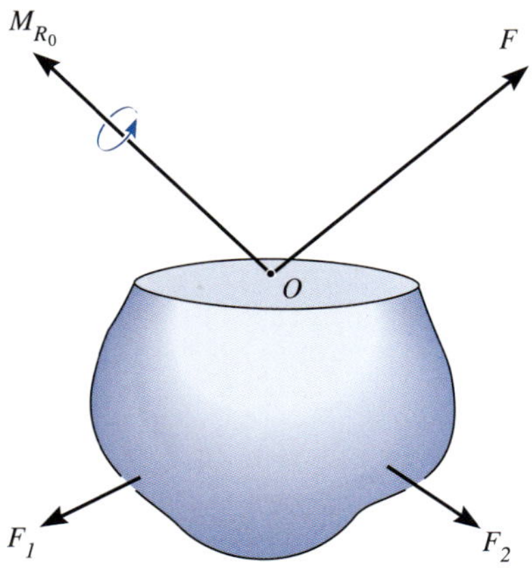

Abbildung 1.10

1.3 Spannung

In Abschnitt 1.2 wurde erläutert, dass die Kraft und das Moment, die an einem bestimmten Punkt des Schnittufers eines Körpers (Abbildung 1.10) angreifen, die resultierenden Größen der über die gesamte Schnittfläche wirkenden tatsächlichen Kraftverteilung repräsentieren (Abbildung 1.11a). Die Kenntnis der Verteilung der Schnittkräfte hat eine grundlegende Bedeutung in der Festigkeitslehre. Zur Lösung dieses Problems ist es notwendig, den Begriff der *Spannung* einzuführen.

Stellen Sie sich die Schnittfläche aufgeteilt in viele kleine Flächenelemente vor, wie zum Beispiel das Element ΔA in Abbildung 1.11a. Wenn wir die Größe von ΔA immer weiter verkleinern, müssen wir zwei Annahmen hinsichtlich der Eigenschaften des Materials treffen. Wir werden das Material als stetig ansehen, d.h. es besteht eher aus einem ***Kontinuum*** oder einer gleichmäßigen Verteilung von Materie ohne Leerstellen als einer Zusammensetzung von einer begrenzten Anzahl von Atomen oder Molekülen. Des Weiteren soll das Material ***kohäsiv*** sein, d.h. alle Teile sind homogen miteinander verbunden, es gibt keine Lücken, Risse oder Klaffungen. In Abbildung 1.11a ist eine typische endliche, allerdings sehr kleine Kraft $\Delta\mathbf{F}$ dargestellt, die an dem zugehörigen Flächenelement ΔA angreift. Diese Kraft hat wie alle anderen eine eindeutige Wirkrichtung, allerdings werden wir diese Kraft in der folgenden Problemdiskussion durch ihre drei Komponenten $\Delta\mathbf{F}_x$, $\Delta\mathbf{F}_y$ und $\Delta\mathbf{F}_z$ ersetzen, die tangential bzw. normal zur Fläche angesetzt werden. Strebt das Flächenelement ΔA im Grenzübergang gegen null, gilt das Gleiche auch für die Kraft $\Delta\mathbf{F}$ und ihre Komponenten, allerdings wird sich der Quotient aus Kraft und Fläche im Allgemeinen einem endlichen Grenzwert nähern. Dieser Quotient wird Spannung genannt und beschreibt bekanntermaßen die Größe der inneren Kraft in einem Punkt der zugehörigen Schnittfläche.

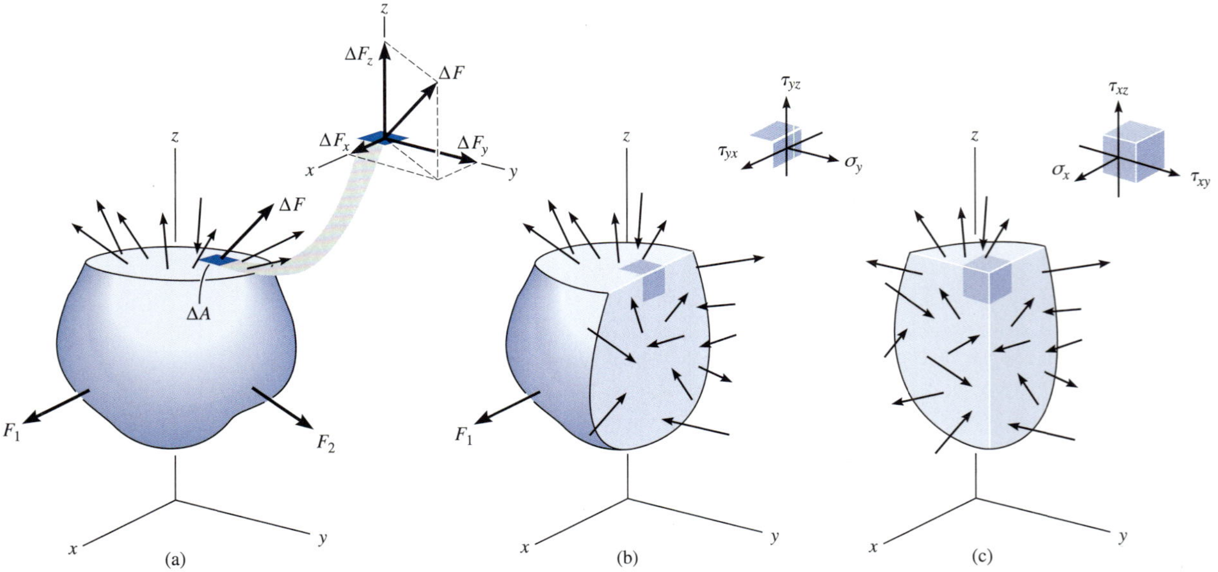

Abbildung 1.11

Normalspannung Die *Größe* der Kraft pro Flächeneinheit, die in einer Richtung normal zu ΔA angreift, wird als **Normalspannung** σ definiert. Weil $\Delta \mathbf{F}_z$ in Normalenrichtung zur Fläche wirkt, gilt

$$\sigma_z = \lim_{\Delta A \to 0} \frac{\Delta F_z}{\Delta A} \tag{1.4}$$

Wenn die Normalkraft oder -spannung an dem Flächenelement ΔA „zieht", wie in Abbildung 1.11a dargestellt, spricht man von Zugspannung, hingegen wenn die Spannung auf das Element ΔA „drückt", wird sie Druckspannung genannt.

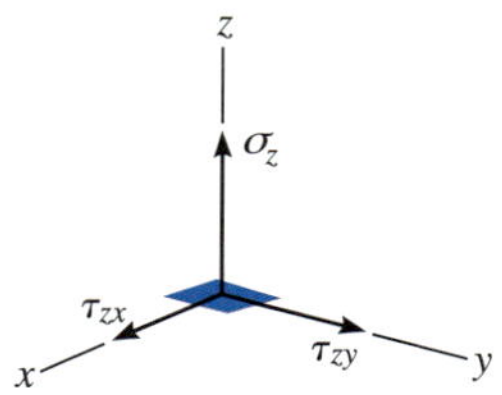

Abbildung 1.12

Schubspannung Die Größe der Kraft pro Flächeneinheit, die tangential zu ΔA angreift, wird ***Schubspannung*** τ genannt. Hier sind die Koordinaten der Schubspannung

$$\tau_{zx} = \lim_{\Delta A \to 0} \frac{\Delta F_x}{\Delta A} \qquad \tau_{zy} = \lim_{\Delta A \to 0} \frac{\Delta F_y}{\Delta A} \tag{1.5}$$

Beachten Sie bitte, dass die Indexschreibweise z in σ_z als Referenz für die Richtung der äußeren Flächennormalen benutzt wird. Diese Normale bestimmt damit die Orientierung des Flächenelements ΔA, Abbildung 1.12. Zwei Indizes werden für die Schubspannungskoordinaten τ_{zx} und τ_{zy} verwendet. Die z-Achse (erster Index) definiert die Orientierung der Fläche, x und y (zweiter Index) beziehen sich auf den Richtungssinn für die Schubspannungen.

Allgemeiner Spannungszustand Wird ein Körper außerdem parallel zur x-z-Ebene (Abbildung 1.11b) und zur y-z-Ebene (Abbildung 1.11c) geschnitten, können wir ein kubisches Volumenelement aus dem Material „herausschneiden", das es erlaubt, den resultierenden ***Spannungszustand*** zu beschreiben, der am gewählten Punkt vorliegt (Abbildung 1.13). Der Spannungszustand wird dann durch drei Koordinaten an jeder Seite des Elements charakterisiert. Die Spannungskoordinaten beschreiben den Spannungszustand an diesem Punkt lediglich für das Volumenelement, das entlang der x-, y-, z-Achsen ausgerichtet ist. Wird der Körper so aufgeteilt, dass der ausgeschnittene Würfel eine andere Orientierung erhält, dann muss der Spannungszustand durch eine andere Gruppe von Spannungskoordinaten definiert werden.

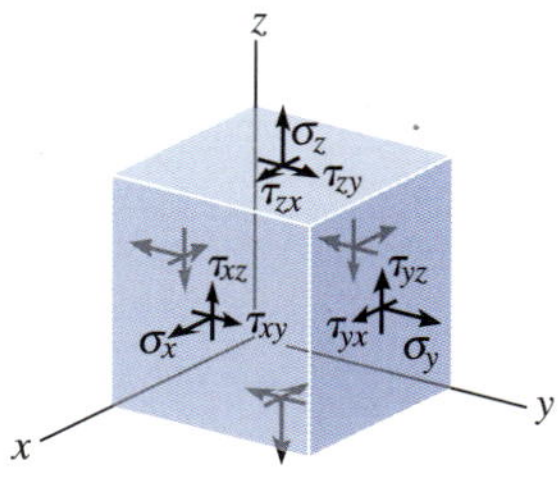

Allgemeiner Spannungszustand

Abbildung 1.13

Einheiten. Im „International Standard" oder SI-System werden die Größen der Normal- und der Schubspannung in der Einheit Newton pro Quadratmeter (N/m^2) angegeben. Diese Einheit, Pascal genannt ($1\ Pa = 1\ N/m^2$), ist vergleichsweise klein. In den Ingenieurwissenschaften werden deshalb Präfixe verwendet, um größere, realistischere Werte der Spannung darzustellen, wie z.B. Kilo- (10^3), symbolisiert durch k, Mega- (10^6), symbolisiert durch M, oder Giga- (10^9), symbolisiert durch G[3].

3 Manchmal wird die Spannung in der Einheit N/mm^2 angegeben, wobei $1\ mm = 10^{-3}\ m$ ist. Allerdings sind im SI-System keine Präfixe im Zähler eines Bruches erlaubt, deshalb ist es besser, die geeignete äquivalente Einheit $1\ N/mm^2 = 1\ MN/m^2 = 1\ MPa$ zu nutzen.

1.4 Mittlere Normalspannung in einem axial belasteten Stab

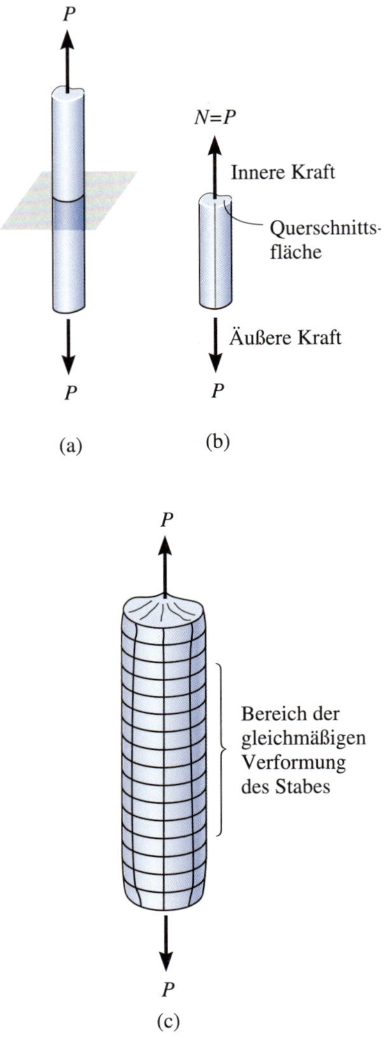

Abbildung 1.14

Häufig haben Träger oder mechanische Bauteile eine längliche, schlanke Bauform. Oft sind sie axialen Belastungen ausgesetzt, die gewöhnlich an den Enden des Bauteils angreifen. Ausleger, Hängevorrichtungen und Schrauben sind typische Beispiele. In diesem Abschnitt werden wir die mittlere Spannungsverteilung bestimmen, die an der Schnittstelle eines axial belasteten Stabes allgemeiner Form auftritt, wie in Abbildung 1.14a dargestellt. Dieser Schnitt definiert die ***Querschnittsfläche*** des Stabes. Ist diese Querschnittfläche konstant, wird der Stab als prismatisch bzw. zylindrisch bezeichnet. Wenn wir das Gewicht des Stabes vernachlässigen und der Schnitt so wie angegeben ausgeführt wird, dann muss für den Gleichgewichtszustand des unteren Segments (Abbildung 1.14b) die innere Schnittkraft N, die an der Schnittfläche wirkt, gleich in der Größe sein und entgegengesetzte Wirkrichtung haben, jedoch auf derselben Wirkungslinie liegen wie die äußere Kraft P, die auf den unteren Teil des Stabes einwirkt.

Annahmen. Bevor wir die mittlere Spannungsverteilung bestimmen, die über die Querschnittsfläche des Stabes wirkt, ist es notwendig, zwei vereinfachende Annahmen zu treffen, welche die Materialcharakterisierung und die spezielle Einwirkung der Belastung angehen.

1. Es ist erforderlich, dass der Stab vor und nach der Lasteinwirkung gerade bleibt und genauso sollte der Querschnitt während der Deformation eben bleiben. In der Realität trifft diese Annahme in Strenge natürlich nicht zu; der Stab verändert während dieser Zeit sein Volumen und seine Form. Im einfachsten Fall deformieren sich auf dem Stab aufgetragene horizontale und vertikale Gitternetzlinien gleichmäßig, wenn der Stab einer Last ausgesetzt ist (Abbildung 1.14c). Wir werden hier nicht die Bereiche in der Nähe der Stabenden betrachten, wo die Wirkung äußerer Lasten zu lokalen Verzerrungen führen kann. Deshalb werden wir uns nur auf die Spannungsverteilung im mittleren Bereich des Stabes konzentrieren.

2. Damit der Stab tatsächlich eine gleichmäßige Deformation erfährt, ist es erforderlich, dass die Normalkraft N entlang der Mittel- bzw. Schwerpunktachse des Querschnitts angreift; das Material muss homogen und isotrop sein. ***Homogenes Material*** besitzt einheitliche physikalische und mechanische Eigenschaften über das gesamte Volumen, ***isotropes Material*** hat gleiche Eigenschaften in allen Richtungen. Viele Konstruktionswerkstoffe sind angenähert homogen und isotrop wie hier angenommen. Stahl z.B. enthält Tausende von zufällig orientierten Kristallen in jedem Kubikmillimeter seines Volumens, und aufgrund der Tatsache, dass die meisten ingenieurspezifischen Probleme eine physikalische Dimension erreichen, die wesentlich über die eines einzelnen Kristalls hinausgeht, kann die oben getroffene Annahme hinsichtlich der Materialzusammensetzung als realistisch angesehen werden. Allerdings sollte erwähnt werden, dass Stahl z.B. durch Kaltwalzen anisotrop werden kann. ***Anisotrope Werkstoffe*** besitzen unterschiedliche

Eigenschaften in verschiedenen Richtungen, und obwohl dies der Fall ist, kann es sein, dass der Stab sich bei axialer Belastung gleichmäßig verformt, wenn nämlich die Anisotropie entlang der Stabachse ausgerichtet ist. Zum Beispiel ist Bauholz aufgrund seiner Maserung oder Holzfasern ein homogener und anisotroper Konstruktionswerkstoff. Sind die Fasern in Längsrichtung des Stabes angeordnet, ist er für die folgende Vorgehensweise ebenfalls geeignet.

Mittlere Normalspannungsverteilung Angenommen, der Stab wird wie angegeben gleichförmig normal deformiert, dann ist die Deformation das Resultat einer konstanten Normalspannung σ, Abbildung 1.14d. Im Ergebnis ist jedes Flächenelement ΔA im Querschnitt der Kraft $\Delta F = \sigma\Delta A$ ausgesetzt und die Summe dieser Kräfte, die über den gesamten Querschnitt wirken, muss gleich der resultierenden Kraft N am Schnittufer sein. Wenn wir den Grenzübergang $\Delta A \to dA$ und demzufolge $\Delta F \to dF$ ausführen, dann erhalten wir, vorausgesetzt σ ist *konstant*, folgendes Ergebnis:

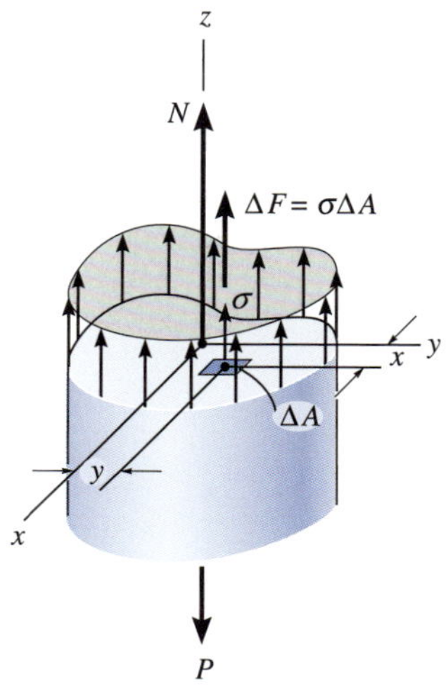

(d)
Abbildung 1.14

$$F_{Rz} = \sum F_z; \qquad N = \int dF = \int_A \sigma \, dA$$

$$N = \sigma A$$

$$\sigma = \frac{N}{A} \tag{1.6}$$

Dabei sind

σ = mittlere Normalspannung in einem beliebigen Punkt der Querschnittsfläche

N = Schnittkraft, die am *Schwerpunkt der Querschnittsfläche* angreift. N wird unter Verwendung der Schnittmethode und der Gleichgewichtsbedingungen bestimmt.

A = Querschnittsfläche des Stabes

Die innere Schnittkraft N muss durch den Schwerpunkt des Querschnittes hindurchgehen, denn die gleichförmige Spannungsverteilung erzeugt Null-Momente um alle x- und y-Achsen, die durch diesen Punkt verlaufen (Abbildung 1.14d). Die Momentenbilanzen liefern nämlich

$$(M_R)_x = \sum M_x; \qquad 0 = \int_{(A)} y \, dF = \int_A y \sigma \, dA = \sigma \int_A y \, dA$$

$$(M_R)_y = \sum M_y; \qquad 0 = -\int_{(A)} x \, dF = -\int_A x \sigma \, dA = -\sigma \int_A x \, dA$$

und diese Gleichungen sind in der Tat identisch erfüllt, denn aufgrund der Definition des Schwerpunktes gilt

$\int y \, dA = 0$ und $\int x \, dA = 0$ (siehe Anhang A der begleitenden Webseite)

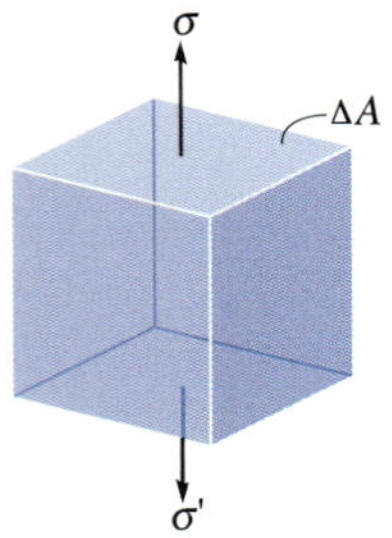

Abbildung 1.15

Gleichgewicht Es ist offensichtlich, dass an jedem beliebigen Volumenelement, das sich an einem beliebigen Punkt des Querschnitts eines axial belasteten Stabes befindet, lediglich eine Normalspannung existiert. Falls wir das vertikale Gleichgewicht des Elements betrachten (Abbildung 1.15), lautet die Gleichgewichtsbedingung

$$\sum F_z = 0; \qquad \sigma(\Delta A) - \sigma'(\Delta A) = 0$$
$$\sigma = \sigma'$$

Mit anderen Worten: Die beiden Normalspannungen am Element müssen in der Größe gleich, aber entgegengesetzt in der Richtung sein. Dies bezeichnet man als *einachsigen Spannungszustand*.

Das vorangegangene Berechnungsverfahren findet bei Bauteilen Anwendung, die entweder Zug oder Druck ausgesetzt sind, wie in Abbildung 1.16 gezeigt. Wenn man das Ergebnis grafisch interpretiert, entspricht der Betrag der inneren Schnittkraft N dem ***Volumen*** unterhalb der Spannungsverteilung, d.h. $N = \sigma A$ (Volumen = Höhe x Grundfläche). Des Weiteren geht die ***Resultierende*** als Konsequenz des Momentengleichgewichts ***durch den Schwerpunkt dieses Volumens***.

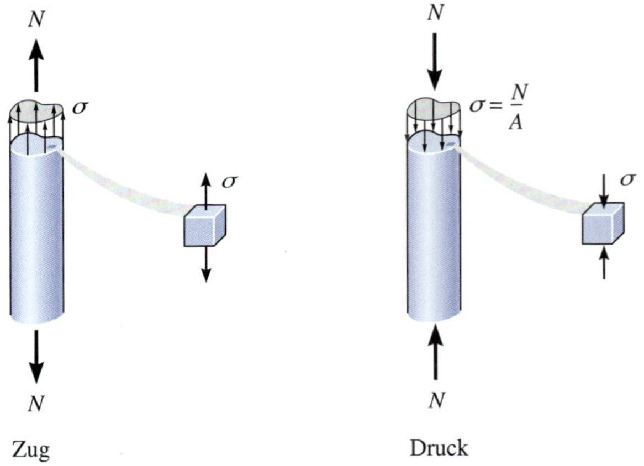

Abbildung 1.16

Obwohl wir das Berechnungsverfahren für prismatische bzw. zylindrische Stäbe entwickelt haben, kann man die Annahme etwas abschwächen, um auch solche Stäbe einzubeziehen, die eine leichte Verjüngung aufweisen. Zum Beispiel kann mit Hilfe eines exakteren Berechnungsverfahrens der Elastizitätstheorie gezeigt werden, dass für einen konischen Stab mit einem rechtwinkligen Querschnitt und einem Winkel von 15° zwischen den gegenüberliegenden Seiten die mittlere Normalspannung, berechnet über $\sigma = N/A$, nur um 2,2% geringer ist als der Wert aus der Elastizitätstheorie.

Maximale mittlere Normalspannung In unserer Rechnung waren sowohl die innere Schnittkraft N als auch die Querschnittsfläche A entlang der Längsachse des Stabes konstant. Deshalb ist die Normalspannung $\sigma = N/A$ über die Stablänge ebenfalls konstant. Allerdings kann der Stab gelegentlich verschiedenen äußeren Kräften entlang seiner Achse ausgesetzt sein, oder es kann eine Änderung der Querschnittsfläche auftreten. Im Ergebnis kann die Normalspannung innerhalb des Stabes von einem Abschnitt zum nächsten unterschiedlich sein, und falls die maximale mittlere Normalspannung bestimmt werden soll, ist es wichtig, die Stelle zu finden, wo das Verhältnis N/A sein Maximum hat. Dazu ist es erforderlich, die innere Kraft N in verschiedenen Schnitten entlang des Stabes zu bestimmen. Dabei kann es hilfreich sein, den Verlauf in Form einer ***Axial- oder Normalkraftlinie*** darzustellen. Im Einzelnen ist dieses Diagramm die grafische Darstellung der Normalkraft N als Funktion der Koordinate x entlang des Stabes. Gemäß Konvention ist N positiv, wenn diese im Bauteil eine Zugspannung bewirkt, und negativ bei Erzeugung einer Druckspannung. Ist die innere Beanspruchung über die gesamte Stablänge einmal bekannt, kann das maximale Verhältnis von N/A einfach ermittelt werden.

Wichtige Punkte zur Lösung von Aufgaben

- Wenn ein Körper, auf den eine äußere Last einwirkt, geschnitten wird, gibt es eine Verteilung der Kraft über die gesamte Schnittfläche, so dass jedes Segment des Körpers im Gleichgewicht gehalten wird. Die Intensität dieser inneren Kraft in einem beliebigen Punkt im Körper wird als Spannung bezeichnet.
- Spannung ist der Grenzwert der Kraft pro Flächeneinheit, wenn die Größe der Fläche gegen null geht. Für diese Definition wird das Material in seinen Eigenschaften als stetig und kohäsiv betrachtet.
- Im Allgemeinen gibt es sechs unabhängige Koordinaten der Spannung in jedem beliebigen Punkt innerhalb eines Körpers, und zwar die Normalspannungen σ_x, σ_y, σ_z und die Schubspannungen τ_{xy}, τ_{yz}, τ_{xz} (Gleichheit zugeordneter Schubspannungen: $\tau_{xy} = \tau_{yx}$, $\tau_{xz} = \tau_{zx}$, $\tau_{yz} = \tau_{zy}$, siehe Seite 48).
- Die Größe dieser Spannungen hängt von der Art der Lasteinwirkung auf den Körper sowie der Orientierung des Volumenelements in diesem Punkt ab (siehe Seite 35).
- Wenn ein prismatischer Stab aus einem homogenen und isotropen Werkstoff besteht und auf ihn eine Axiallast einwirkt, die durch den Schwerpunkt der Querschnittsfläche geht, dann ist der Stab *nur einer Normalspannung* ausgesetzt. Es wird angenommen, dass diese Spannung nach Mittelung gleichförmig über die Querschnittsfläche verteilt ist.

Dieser Stahlzuganker dient zur Aufhängung eines Teils einer Treppe und wird deshalb einer Zugspannung ausgesetzt.

Lösungsweg

Die Gleichung $\sigma = N/A$ ergibt die *mittlere* Normalspannung in der Querschnittsfläche eines Bauteils, wenn der Schnitt einer inneren resultierenden Normalkraft N ausgesetzt ist. Für axial belastete Bauteile erfordert die Anwendung dieser Gleichung die folgenden Schritte:

Innere Beanspruchung

- Schneiden Sie das Bauteil rechtwinklig zu seiner Längsachse an dem Punkt, wo die Normalspannung bestimmt werden soll, und nutzen Sie das Freikörperbild eines der beiden Teilkörper sowie die Gleichgewichtsbedingungen, um die innere Normalkraft N am Schnitt zu bestimmen.

Mittlere Normalspannung

- Bestimmen Sie die Querschnittsfläche am Schnitt und berechnen Sie die mittlere Normalspannung $\sigma = N/A$.
- Es wird nahe gelegt, dass man zeigt, wie σ an einem kleinen Volumenelement des Materials wirkt, das sich in dem Punkt des Schnittes befindet, an dem die Spannung berechnet wird. Dazu zeichnet man σ an jener Stirnfläche des Volumenelements ein, die mit der Schnittfläche A übereinstimmt. So wirkt σ *in derselben Richtung* wie die innere Kraft N, weil die gesamte Normalspannung an diesem Querschnitt in diese Richtung wirkt und damit auch die Resultierende.

Beispiel 1.7

Der Querschnitt der Stange in Abbildung 1.17a hat eine konstante Höhe a und eine konstante Breite b. Bestimmen Sie die maximale mittlere Normalspannung in der Stange, wenn sie der dargestellten Belastung ausgesetzt ist.

$F_A = 12$ kN, $F_B = 9$ kN, $F_C = 4$ kN, $F_D = 22$ kN, $a = 35$ mm, $b = 10$ mm

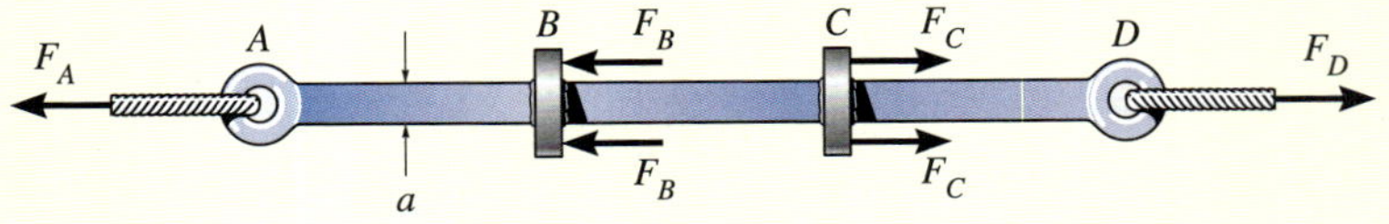

(a)

Abbildung 1.17

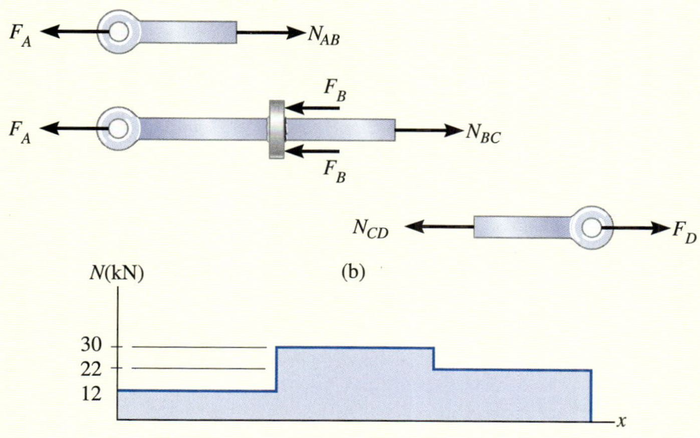

(c)

Abbildung 1.17

Lösung

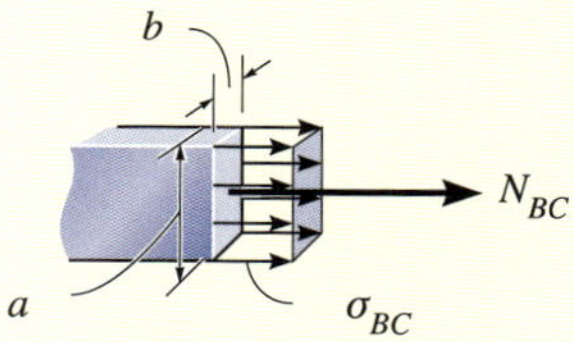

(d)

Die Freikörperbilder der Stabsegmente sind in Abbildung 1.17b gezeigt. Von den jeweiligen Gleichgewichtsbedingungen sind nur die Kräftegleichgewichte in x-Richtung relevant:

$$\sum(F_x)_{AB} = 0; \quad N_{AB} - F_A = 0$$

$$N_{AB} = F_A = 12 \text{ kN}$$

$$\sum(F_x)_{BC} = 0; \quad N_{BC} - F_A - F_B - F_B = 0$$

$$N_{BC} = F_A + F_B + F_B = 30 \text{ kN}$$

$$\sum(F_x)_{CD} = 0; \quad -N_{CD} + F_D = 0$$

$$N_{CD} = F_D = 22 \text{ kN}$$

Schnittgrößen Wie oben nachgewiesen, sind die Normalkräfte in den Bereichen AB, BC und CD konstant, haben allerdings unterschiedliche Größe. Die Normalkraftlinie, welche die Ergebnisse darstellt, zeigt Abbildung 1.17c. Es ist offensichtlich, dass die höchste Beanspruchung im Bereich BC auftritt, mit $N_{BC} = 30$ kN. Weil die Querschnittsfläche der Stange *konstant* ist, tritt die höchste mittlere Normalspannung auch in diesem Bereich der Stange auf.

Mittlere Normalspannung Durch Anwendung von Gleichung (1.6) erhalten wir

$$\sigma_{BC} = \frac{N_{BC}}{A} = \frac{N_{BC}}{ab} = \frac{30\left(10^3\right)\text{N}}{(0{,}035\,\text{m})(0{,}010\,\text{m})} = 85{,}7\,\text{MPa}$$

Die Spannungsverteilung, die an einem beliebigen Schnittufer der Stange im Bereich BC auftritt, zeigt Abbildung 1.17d. Das grafisch dargestellte Volumen der Spannungsverteilung ist der Normalkraft äquivalent, d.h. $N_{BC} = \sigma_{BC}\, ab = (85{,}7 \text{ MPa})(35 \text{ mm})(10 \text{ mm}) = 30 \text{ kN}$.

Beispiel 1.8

Die Lampe der Masse m wird durch die beiden Stangen AB und BC gehalten wie in Abbildung 1.18a dargestellt. Unter der Annahme, dass AB einen Durchmesser d_{AB} und BC einen Durchmesser d_{BC} hat, bestimmen Sie die mittlere Normalspannung in jeder Stange.

$\alpha = 60°$, $g = 9{,}81\ \text{m/s}^2$, $\tan\beta = 3/4$, $m = 80\ \text{kg}$, $d_{AB} = 10\ \text{mm}$, $d_{BC} = 8\ \text{mm}$

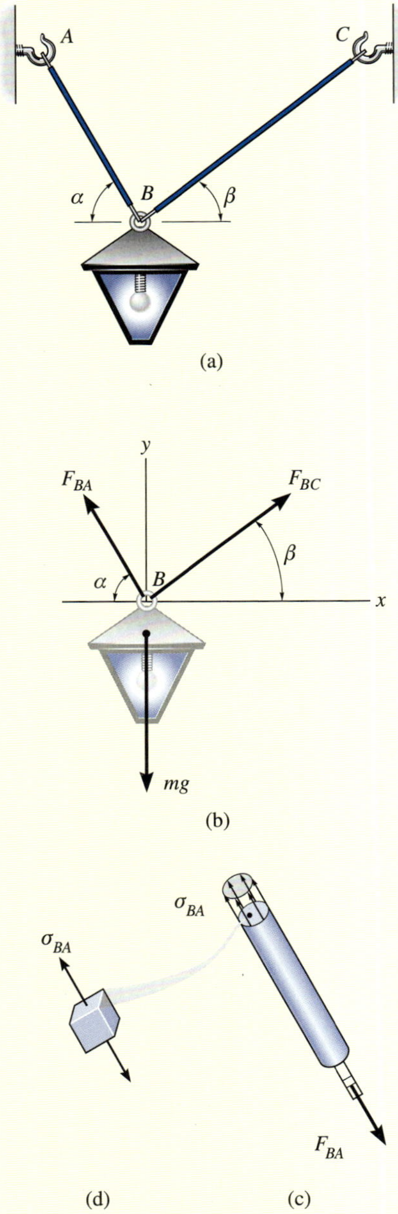

Abbildung 1.18

Lösung

Schnittgrößen Zunächst müssen wir die Axialkraft in jeder Stange bestimmen. Ein Freikörperbild der Lampe ist in Abbildung 1.18b dargestellt. Die Anwendung der Gleichgewichtsbedingungen der freigeschnittenen Lampe ergibt

$$\sum F_x = 0; \qquad F_{BC}\cos\beta - F_{BA}\cos\alpha = 0$$

$$F_{BC} = F_{BA}\frac{\cos\alpha}{\cos\beta}$$

$$\sum F_y = 0; \qquad F_{BC}\sin\beta + F_{BA}\sin\alpha - mg = 0$$

$$mg = F_{BC}\sin\beta + F_{BA}\sin\alpha = F_{BA}\cos\alpha\tan\beta + F_{BA}\sin\alpha$$

$$mg = F_{BA}\left(\tan\beta\cos\alpha + \sin\alpha\right)$$

$$F_{BA} = \frac{mg}{\tan\beta\cos\alpha + \sin\alpha} = \frac{784{,}8\,\text{N}}{0{,}375 + 0{,}867} = 632{,}4\ \text{N}$$

und weiter

$$F_{BC} = F_{BA}\frac{\cos\alpha}{\cos\beta} = (632{,}4\,\text{N})(0{,}5)/0{,}8$$

$$F_{BC} = 395{,}2\,\text{N}$$

Gemäß Newtons drittem Axiom, dass eine Kraft eine Reaktionskraft gleicher Größe, aber entgegengesetzter Richtung hervorruft, erzeugen diese Kräfte eine Zugwirkung in den Stangen über die gesamte Länge.

Mittlere Normalspannung Durch Anwenden der Gleichung (1.6) erhalten wir

$$\sigma_{BC} = \frac{N_{BC}}{A_{BC}} = \frac{F_{BC}}{\pi r^2} = \frac{395{,}2\,\text{N}}{\pi(0{,}004\,\text{m})^2} = 7{,}86\,\text{MPa}$$

$$\sigma_{BA} = \frac{N_{BA}}{A_{BA}} = \frac{F_{BA}}{\pi r^2} = \frac{632{,}4\,\text{N}}{\pi(0{,}005\,\text{m})^2} = 8{,}05\,\text{MPa}$$

Die Verteilung der mittleren Normalspannung über den Querschnitt der Stange AB zeigt Abbildung 1.18c. In einem beliebigen Punkt dieses Querschnitts steht ein Volumenelement des Materials unter einer Spannung, wie Abbildung 1.18d darstellt.

Beispiel 1.9 Das Gussteil, Abbildung 1.19a, besteht aus Stahl und hat ein spezifisches Gewicht γ_{St}. Bestimmen Sie die mittlere Druckspannung, die in den Punkten A und B wirkt.

$l_1 = 800$ mm, $l_2 = 200$ mm, $l_3 = 100$ mm, $r = 200$ mm, $\gamma_{St} = 80$ kN/m^3

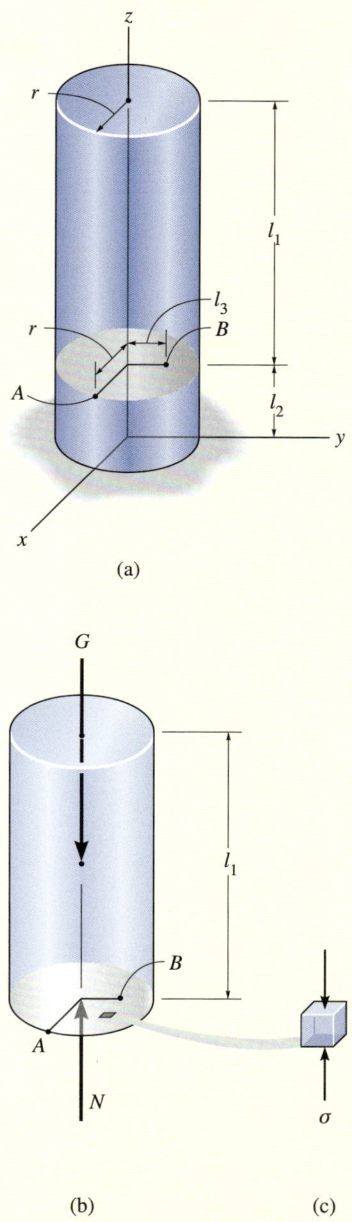

Abbildung 1.19

Lösung

Schnittgrößen Ein Freikörperbild des oberen Segmentes des Gusskörpers mit dem Schnitt durch die Punkte A und B ist in Abbildung 1.19b dargestellt. Das Gewicht dieses Segments wird durch $G_{St} = \gamma_{St}\, V_{St}$ bestimmt. Somit erhält man die innere Normalkraft N am Schnitt wie folgt:

$$\sum F_z = 0; \qquad N - G_{St} = 0$$

$$N = G_{St}$$

$$N = \gamma_{St}\left(\pi\, r^2 l_1\right)$$

$$N = 8{,}042 \text{ kN}$$

Mittlere Druckspannung Die Querschnittsfläche im betrachteten Schnitt ist $A = \pi\, r^2$, so dass sich die mittlere Druckspannung zu

$$\sigma = \frac{N}{A} = \frac{\gamma_{St}\left(\pi r^2 l_1\right)}{\pi r^2} = \gamma_{St} \cdot l_1$$

$$\sigma = 64{,}0 \text{ kN/m}^2$$

ergibt.

Die Spannung, dargestellt an dem Volumenelement in Abbildung 1.19c, ist repräsentativ für die Bedingungen in jedem der Punkte A oder B. Achten Sie darauf, dass die Spannung an der unteren Stirnfläche des Elements *nach oben gerichtet* ist, denn diese Stirnfläche bildet einen Teil der unteren Oberfläche der Schnittfläche. An dieser Oberfläche drückt die Schnittkraft N nach oben.

Beispiel 1.10

Das Bauteil AC, dargestellt in Abbildung 1.20a, ist einer Vertikalkraft F ausgesetzt. Bestimmen Sie die Position x dieser Kraft so, dass die mittlere Druckspannung an dem glatten Auflager C gleich der mittleren Zugspannung im Zuganker AB wird. Der Zuganker hat eine Querschnittsfläche von A_{AB}; die Kontaktfläche bei C ist A_C.

$l = 200$ mm, $F = 3$ kN, $A_C = 650$ mm², $A_{AB} = 400$ mm²

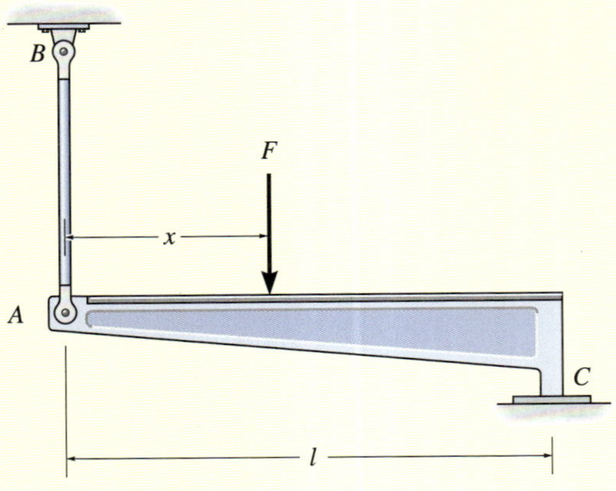

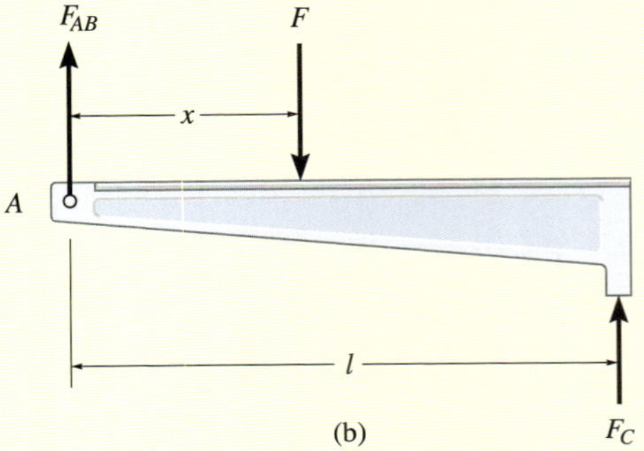

Abbildung 1.20

Lösung

Schnittgrößen Die Kräfte bei A und C können in Beziehung gesetzt werden, indem man das Freikörperbild des Bauteils AC, Abbildung 1.20b, betrachtet. Es gibt drei Unbekannte, und zwar F_{AB}, F_C und x.

$$\sum F_y = 0 \qquad F_{AB} + F_C - F = 0$$

$$F_{AB} = F - F_C \tag{1}$$

$$\sum M_A = 0 \qquad -F\,x + F_C\,l = 0$$

$$F\,x = F_C\,l \tag{2}$$

Mittlere Normalspannung Es kann eine dritte Gleichung gemäß der Forderung aufgestellt werden, dass die Zugspannung im Stab AB und die Druckspannung bei C betragsmäßig gleich groß sein sollen, d.h.

$$\sigma = \frac{F_{AB}}{A_{AB}} = \frac{F_C}{A_C}$$

$$F_C = \frac{(F_{AB})(A_C)}{A_{AB}}$$

Durch Einsetzen von F_C in Gleichung (1) erhalten wir

$$F_{AB} = F - \frac{A_C}{A_{AB}} F_{AB}$$

$$F_{AB} = \frac{F}{1+\frac{A_C}{A_{AB}}} = 1143\,\mathrm{N}$$

und weiter

$$F_C = F - F_{AB} = F - \frac{F}{1+\frac{A_C}{A_{AB}}}$$

$$F_C = F\left(1 - \frac{1}{1+\frac{A_C}{A_{AB}}}\right) = 1857\,\mathrm{N}$$

Die Position der einwirkenden Last wird über Gleichung (2) bestimmt:

$$F\,x = F_C\,l \qquad x = \frac{F_C\,l}{F} = \frac{(1857\mathrm{N})(200\,\mathrm{mm})}{3000\,\mathrm{N}} = 123{,}8\ \mathrm{mm}$$

1.5 Mittlere Schubspannung

Die Schubspannung wurde bereits in Abschnitt 1.3 als jene Spannungskomponente eingeführt, die *in der Ebene* der Schnittfläche wirkt. Zur Verdeutlichung, wie diese Spannungsart entsteht, betrachten wir die Wirkung, wenn eine Kraft F auf den Plattenstreifen, wie in Abbildung 1.21a dargestellt, ausgeübt wird. Wenn wir annehmen, dass die Auflager starr sind und die Kraft F groß genug ist, wird sich dadurch das Bauteil verformen und im Weiteren entlang der Ebenen AB und CD abscheren. Ein Freikörperbild des Mittelstücks ohne Lagerung, Abbildung 1.21b, lässt erkennen, dass die Scherkraft $Q = F/2$ an jedem Schnitt wirken muss, damit sich das Segment im Gleichgewicht befindet.

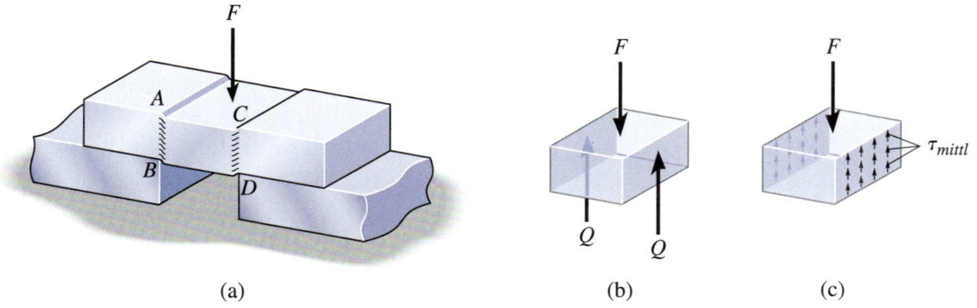

Abbildung 1.21

Die mittlere Schubspannung, die über jede Schnittfläche verteilt ist und die diese Scherkraft erzeugt, wird definiert durch

$$\tau_{mittl} = \frac{Q}{A} \tag{1.7}$$

Hierbei sind

τ_{mittl} = mittlere Schubspannung am Schnitt, von der angenommen wird, dass sie in jedem Punkt des Schnittes gleich groß ist

Q = innere resultierende Querkraft am Schnitt, bestimmt aus den Gleichgewichtsbedingungen

A = Schnittfläche

Die mittleren Schubspannungen sind, wie in Abbildung 1.21c dargestellt, auf beide Schnittflächen aufgeteilt. Beachten Sie, dass τ_{mittl} *dieselbe Richtung* wie Q besitzt, denn die Schubspannungen müssen entsprechende Kräfte erzeugen, die alle zur inneren resultierenden Querkraft Q am Schnitt beitragen.

Der in Abbildung 1.21a diskutierte Belastungsfall ist ein Beispiel ***einfacher oder reiner Abscherung***, weil sie durch direkte Einwirkung der angreifenden Kraft F verursacht wird. Diese Art von Abscherung tritt bei verschiedenen Arten von einfachen Verbindungen auf, bei denen Schrauben, Niete, Schweißverbindungen o.Ä. verwendet werden. Allerdings ist bei allen diesen Fällen die Anwendung der Gleichung (1.7) eine *Näherungslösung*. Eine präzisere Untersuchung der Schubspannungsverteilung über den kritischen Schnitt offenbart häufig, dass im Werkstoff viel höhere Schubspannungen auftreten, als mit der Gleichung (1.7) vorhergesagt. Obwohl dies so sein kann, ist die Anwendung der Gleichung (1.7) für viele Probleme in der ingenieurtechnischen Konstruktion und Berechnung eine akzeptable Variante. Zum Beispiel erlauben Auslegungsvorschriften ihren Gebrauch, wenn man Dimensionierungsgrößen für Verbindungselemente wie z.B. Schrauben betrachtet oder die Anpresskraft von Verbindungen ermitteln will, die Scherkräften unterliegen. In diesem Zusammenhang treten in der Praxis oft zwei Arten von Scherung auf, die besondere Betrachtung verdienen.

Einschnittige Scherung. Die Stahl- und Holzverbindungen, dargestellt in Abbildung 1.22a bzw. Abbildung 1.22c, sind Beispiele für so genannte ***einschnittige Scherverbindungen*** und besitzen *eine Überlappung*. Wir werden hier die Annahme treffen, dass die Bauteile dünn sind und dass die Verschraubung in Abbildung 1.22a nicht zu fest angezogen ist, so dass Reibung zwischen den Teilen vernachlässigt werden kann. Das Freischneiden führt zu solchen Freikörperbildern, wie sie in Abbildung 1.22b bzw. Abbildung 1.22d dargestellt sind. Weil die Teile dünn sind, können wir das durch die Kraft F verursachte Moment vernachlässigen. Somit sind für das Gleichgewicht die Querschnittsfläche der Schraube in Abbildung 1.22b und die Verbindungsfläche zwischen den Teilen in

Abbildung 1.22d lediglich der Einzelscherkraft $Q = F$ ausgesetzt. Diese Kraft wird in Gleichung (1.7) benutzt, um die mittlere Schubspannung, die an dem gekennzeichneten Schnitt in Abbildung 1.22d wirkt, zu bestimmen.

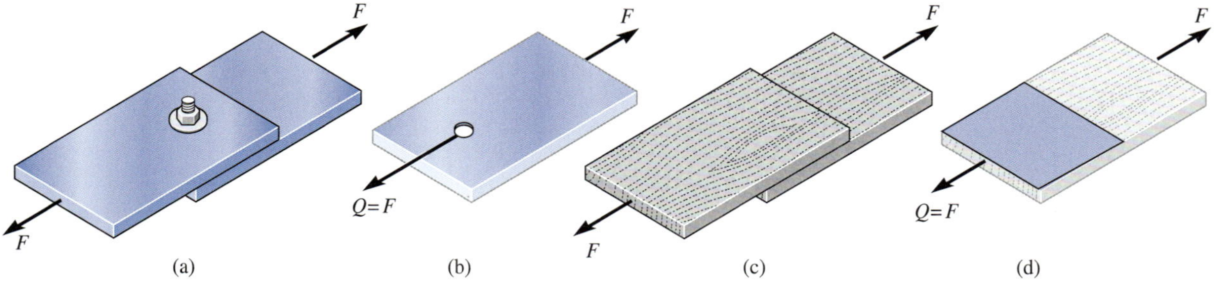

Abbildung 1.22

Zweischnittige Scherung. Wenn die Verbindung wie in Abbildung 1.23a oder Abbildung 1.23c konstruiert ist, müssen zwei Scheroberflächen berücksichtigt werden. Diese Arten der Verbindung besitzen *zwei Überlappungen*. Wenn alle Einzelteile freigeschnitten werden, ergeben sich Freikörperbilder des Mittelteiles gemäß Abbildung 1.23b und Abbildung 1.23d. Eine ***zweischnittige Scherung*** ist hier offensichtlich. In konsequenter Weise wirkt $Q = F/2$ an jeder der Schnittflächen. Diese Scherungsart muss berücksichtigt werden, wenn wir $\tau_{mittl} = Q/A$ anwenden.

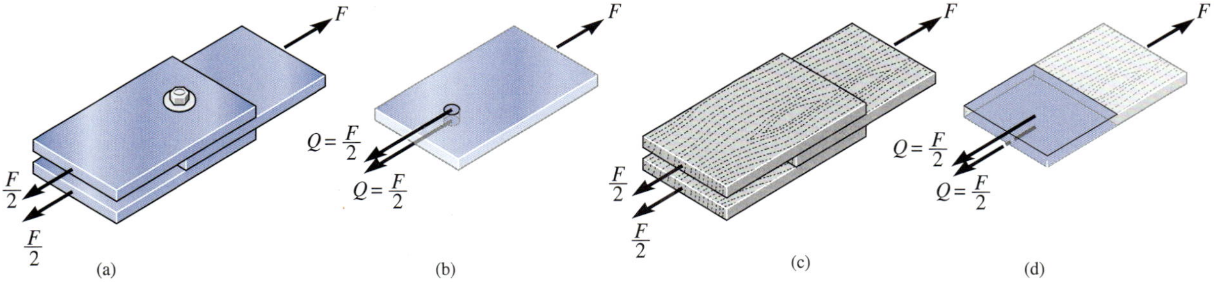

Abbildung 1.23

Der Gelenkbolzen an diesem Traktor ist einer zweischnittigen Scherung ausgesetzt.

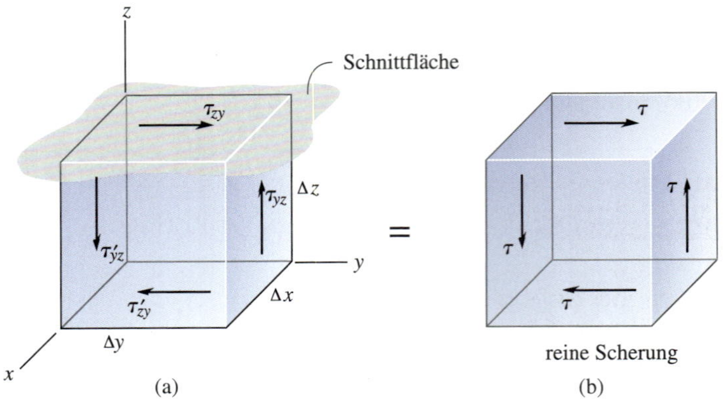

Abbildung 1.24

Gleichgewichtszustand. Betrachten wir nun ein Volumenelement des Materials, das in einem beliebigen Punkt der Schnittfläche, an der eine Schubspannung wirkt, herausgenommen wird, siehe Abbildung 1.24a. Wenn wir das Kräftegleichgewicht in *y*-Richtung berücksichtigen, dann ergibt sich

$$\sum F_y = 0; \qquad \overbrace{\underbrace{\tau_{zy}}_{\text{Spannung}}\,\underbrace{(\Delta x \Delta y)}_{\text{Fläche}}}^{\text{Kraft}} - \tau'_{zy}(\Delta x \Delta y) = 0 \qquad \tau_{zy} = \tau'_{zy}$$

In ähnlicher Weise ergibt das Kräftegleichgewicht in *z*-Richtung $\tau_{yz} = \tau'_{yz}$. Nehmen wir noch die Momentenbilanz um die *x*-Achse dazu:

$$\sum M_x = 0; \qquad \overbrace{-\overbrace{\underbrace{\tau_{zy}}_{\text{Spannung}}\,\underbrace{(\Delta x \Delta y)}_{\text{Fläche}}}^{\text{Kraft}}\,\underbrace{\Delta z}_{\text{Hebelarm}}}^{\text{Moment}} + \tau_{yz}(\Delta x \Delta z)\Delta y = 0 \qquad \tau_{zy} = \tau_{yz}$$

so dass insgesamt

$$\tau_{zy} = \tau'_{zy} = \tau_{yz} = \tau'_{yz} = \tau$$

folgt. Mit anderen Worten, das Kräfte- und Momentengleichgewicht erfordert, dass die Schubspannung an der oberen Begrenzungsfläche des Elements von weiteren Schubspannungen, die an den anderen drei Seiten auftreten, siehe Abbildung 1.24b begleitet ist. ***Alle vier Schubspannungen sind gleich groß und an den jeweils sich gegenüberliegenden Ecken des Elements an einer Ecke aufeinander zu bzw. an der anderen Ecke voneinander weg gerichtet.*** Diesen Sachverhalt bezeichnet man als das *Gesetz von der Gleichheit zugeordneter Schubspannungen.* Unter den Bedingungen, die in Abbildung 1.24 dargestellt sind, ist das Material einer reinen Scherung ausgesetzt.

Obwohl wir hier den Fall einer einfachen, durch direkte Einwirkung einer Last verursachten Scherung betrachtet haben, werden wir in späteren Kapiteln zeigen, dass eine Schubspannung auch *indirekt* infolge der Wirkung anderer Belastungen erzeugt werden kann.

Wichtige Punkte zur Lösung von Aufgaben

- Wenn zwei *dünne* Teile miteinander verbunden werden, kann die äußere Belastung eine Scherung des Materials bei vernachlässigbarer Biegung verursachen. In diesem Fall ist für die ingenieurmäßige Berechnung im Allgemeinen die Annahme ausreichend, dass eine mittlere Schubspannung über die gesamte Querschnittsfläche wirkt.
- Häufig sind Verbindungselemente wie Schrauben oder Niete Scherbeanspruchungen ausgesetzt. Die Größe der Scherkraft ist am Verbindungselement in jener Ebene am größten, die durch die miteinander verbundenen Oberflächen hindurchgeht. Ein sorgfältig gezeichnetes Freikörperbild eines Elements der Verbindung ermöglicht das Ablesen des Betrags und der Richtung dieser Kraft.

Lösungsweg

Die Gleichung $\tau_{mittl} = Q/A$ wird angewendet, um lediglich die mittlere Schubspannung im Material zu berechnen. Die Anwendung erfordert die folgenden Schritte:

Schnittgröße

- Schneiden Sie das Bauteil an der Stelle, an der die mittlere Schubspannung ermittelt werden soll.
- Zeichnen Sie das erforderliche Freikörperbild und berechnen Sie die innere Querkraft Q, die in diesem Schnitt notwendigerweise wirkt, um das Teil im Gleichgewicht zu halten.

Mittlere Schubspannung

- Ermitteln Sie die Schnittfläche A und berechnen Sie die mittlere Schubspannung $\tau_{mittl} = Q/A$.
- Es ist günstig, τ_{mittl} an einem kleinen Volumenelement des Materials darzustellen, das sich in dem Punkt der Schnittfläche befindet, an dem die Schubspannung bestimmt werden soll. Dazu zeichnet man zuerst τ_{mittl} an jene Begrenzungsfläche des Volumenelements, die genau in der Schnittfläche A liegt. Die Schubspannung wirkt in dieselbe Richtung wie Q. Die Schubspannungen an den drei angrenzenden Ebenen können in ihren entsprechenden Wirkrichtungen gemäß dem in Abbildung 1.24 dargestellten Schema eingezeichnet werden.

Beispiel 1.11

Der Kragträger in Abbildung 1.25a besitzt einen quadratischen Querschnitt mit der Seitenlänge c. Er wird durch eine Axialkraft F entlang der Flächenschwerpunktachse belastet. Bestimmen Sie die mittlere Normalspannung und die mittlere Schubspannung, die im Träger (a) in der Schnittebene a-a und (b) der Schnittebene b-b wirken.

$c = 40$ mm, $\alpha = 60°$, $F = 800$ N

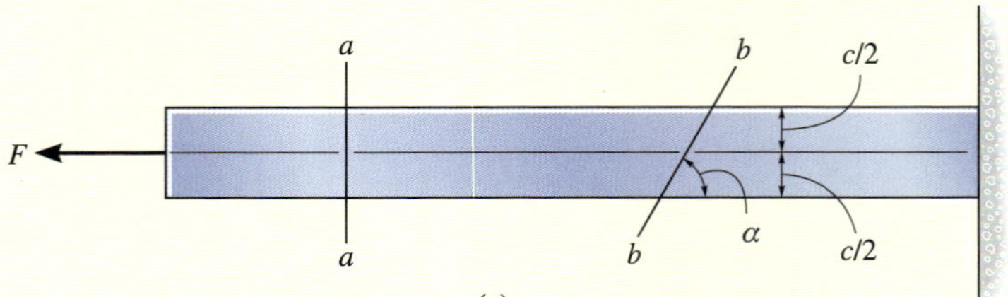

(a)

Abbildung 1.25

(b)

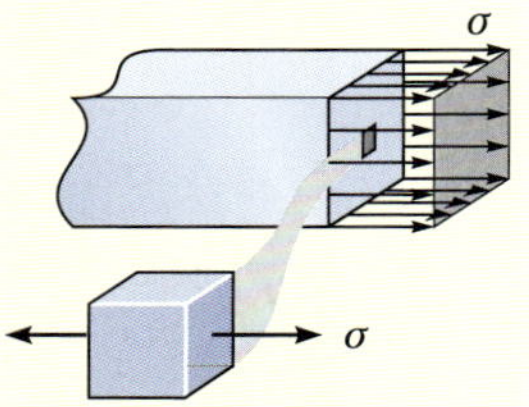

(c)

Lösung

Teil (a)

Schnittgrößen Der Kragträger wird gemäß Abbildung 1.25b entlang a-a geschnitten, so dass die Schnittgröße lediglich aus einer Normalkraft der Größe $N = 800$ N besteht.

Mittlere Spannung Die mittlere Normalspannung wird mit Gleichung (1.6) ermittelt:

$$\sigma = \frac{N}{A} = \frac{F}{c^2} = \frac{800\,\mathrm{N}}{(0{,}04\,\mathrm{m})(0{,}04\,\mathrm{m})}$$

$$\sigma = 500\ \mathrm{kPa}$$

An diesem Schnittufer existiert keine Schubspannung, weil die Querkraft Q dort null ist:

$$\tau_{mittl} = 0$$

Die Verteilung der mittleren Normalspannung über den Querschnitt stellt Abbildung 1.25c dar.

Teil (b)

Schnittgrößen Legt man den Schnitt b-b durch den Träger, sieht das Freikörperbild des linken Segments wie in Abbildung 1.25d dargestellt aus. Hier wirken sowohl die Normalkraft $\bar{N}$ als auch die Querkraft $\bar{Q}$ an der Schnittfläche. Mit Hilfe eines x,y,z-Koordinatensystems erhalten wir

$$\sum F_x = 0; \qquad -F + \bar{N}\sin\alpha + \bar{Q}\cos\alpha = 0 \qquad (1)$$

$$\sum F_y = 0; \qquad \bar{Q}\sin\alpha - \bar{N}\cos\alpha = 0 \qquad (2)$$

oder direkter durch Verwendung der x'-, y'-Achsen:

$$\sum F_{x'} = 0; \qquad \bar{N} - F\cos(90° - \alpha) = 0 \qquad (3)$$

$$\sum F_{y'} = 0; \qquad \bar{Q} - F\sin(90° - \alpha) = 0 \qquad (4)$$

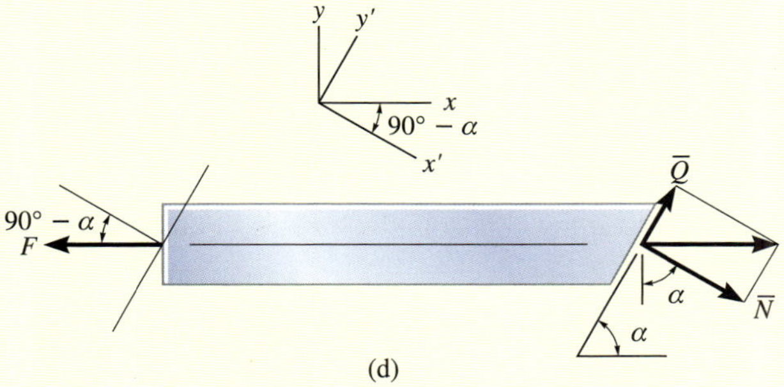

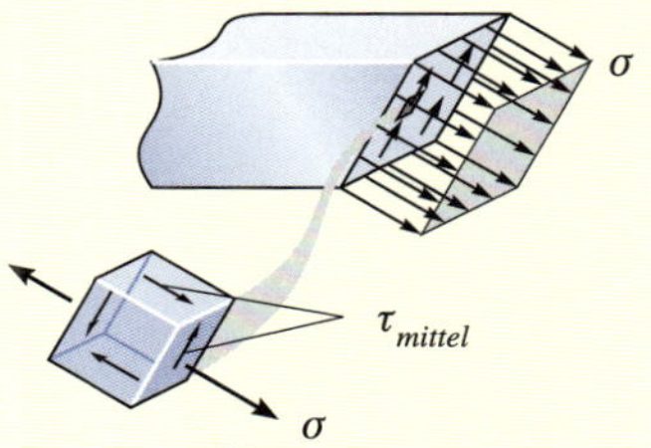

Abbildung 1.25

Durch Lösen z.B. des Gleichungssystems der Gleichungen (3) und (4) erhält man mit $\beta = 90° - \alpha$

$$\bar{N} = F\cos\beta = (800\,\text{N})(0,866) = 692{,}8\ \text{N}$$

$$\bar{Q} = F\sin\beta = (800\,\text{N})(0,5) = 400\ \text{N}$$

Mittlere Spannung In diesem Fall hat die Schnittfläche die Breite $c' = c/\sin\alpha = 46{,}19$ mm und die Tiefe $c = 40$ mm, siehe Abbildung 1.25a. Somit ergibt sich die Normalspannung als

$$\bar{\sigma} = \frac{\bar{N}}{A} = \frac{\bar{N}}{c'c} = \frac{692{,}8\,\text{N}}{(0{,}04\,\text{m})(0{,}04619\,\text{m})} = 375\ \text{kPa}$$

und die mittlere Schubspannung ist

$$\bar{\tau}_{mittl} = \frac{\bar{Q}}{A} = \frac{\bar{Q}}{c'c} = \frac{400\text{N}}{(0{,}04\,\text{m})(0{,}04619\,\text{m})} = 217\ \text{kPa}$$

Die Spannungsverteilung zeigt Abbildung 1.25e.

Beispiel 1.12

Die in Abbildung 1.26a gezeigte Holzverbindung hat die Tiefe t. Sie ist durch die äußere Kraft P belastet. Bestimmen Sie die mittlere Schubspannung, die entlang der Scherebenen a-a und b-b auftritt. Stellen Sie für jede Ebene den Spannungszustand an einem Volumenelement des Materials dar.

$t = 150$ mm, $c = 100$ mm, $d = 125$ mm, $P = 6$ kN

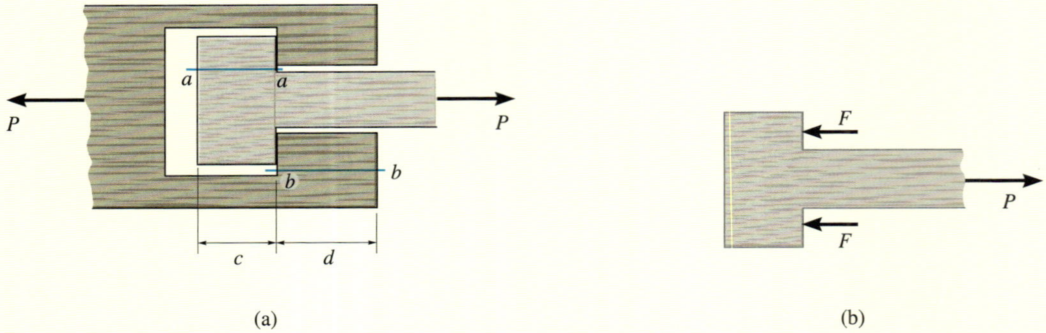

Abbildung 1.26

Lösung

Innere Kräfte Gemäß dem Freikörperbild des inneren Bauteils in Abbildung 1.26b ergibt sich

$$\sum F_x = 0 \qquad P - F - F = 0 \qquad F = P/2 = 3 \text{ kN}$$

Betrachten Sie nun das Gleichgewicht der durch die Schnitte a-a und b-b entstehenden Teilkörper, die in den Abbildungen 1.26c und 1.26d gezeigt sind.

$$\sum F_x = 0 \qquad Q_a - F = 0 \qquad Q_a = F = 3 \text{ kN}$$

$$\sum F_x = 0 \qquad F - Q_b = 0 \qquad Q_b = F = 3 \text{ kN}$$

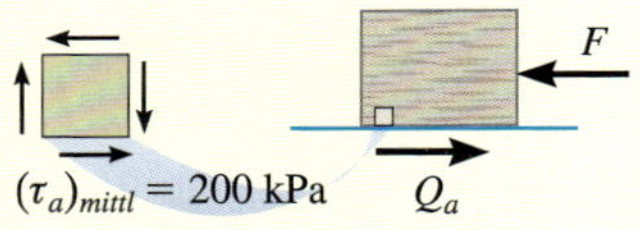

(c)

Mittlere Schubspannung

$$(\tau_a)_{mittl} = \frac{Q_a}{A_a} = \frac{Q_a}{ct} = \frac{3(10^3)\text{N}}{(0{,}1 \text{ m})(0{,}15 \text{ m})} = 200 \text{ kPa}$$

$$(\tau_b)_{mittl} = \frac{Q_b}{A_b} = \frac{Q_b}{dt} = \frac{3(10^3)\text{N}}{(0{,}125 \text{ m})(0{,}15 \text{ m})} = 160 \text{ kPa}$$

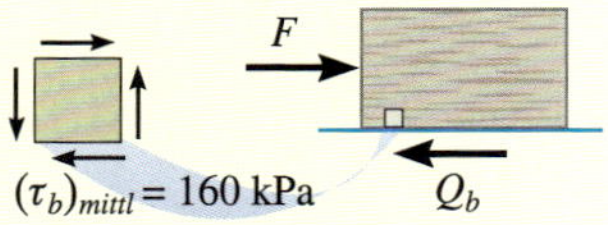

(d)

Der Spannungszustand der durch die Schnitte a-a und b-b entstandenen Volumenelemente ist in den Abbildungen 1.26c und 1.26d gezeigt.

Beispiel 1.13 Die Holzstütze in Abbildung 1.27a wird durch einen Stahlstift mit dem Durchmesser d_1 gehalten, der selbst in der Wand befestigt ist. Für den Fall, dass die Stütze eine Vertikallast F trägt, berechnen Sie die mittlere Schubspannung im Stift an der Wand und die mittlere Schubspannung entlang der beiden gekennzeichneten Ebenen der Stütze, von denen eine mit $abcd$ bezeichnet ist.

$b_1 = 20$ mm, $h = 40$ mm, $F = 5$ kN, $d_1 = 10$ mm

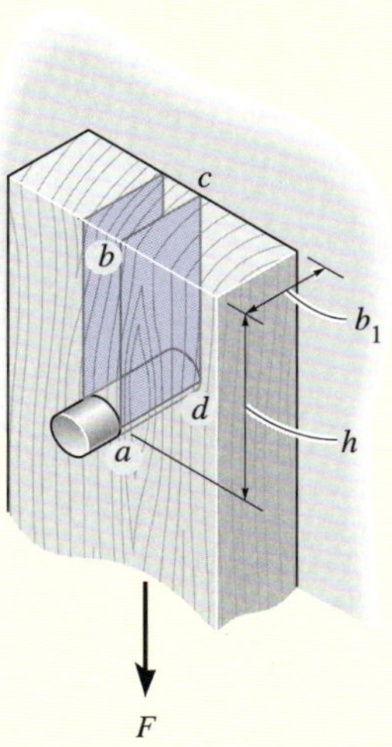

(a)

Lösung

Querkraft Wie im Freikörperbild des Stiftes in Abbildung 1.27b dargestellt, wirkt am Stift eine Querkraft $Q = F$ an der Verbindung zur Wand. Ein Freikörperbild des geschnittenen Segments der Stütze, das in Kontakt zu dem Stift steht, zeigt Abbildung 1.27c. Hier beträgt die Querkraft in den Schnittebenen $\bar{Q} = F/2$.

Mittlere Schubspannung Für den Stift ist

$$Q = F = 5000\,\text{N}$$

$$\tau_{mittl} = \frac{Q}{A} = \frac{F}{\pi(d_1/2)^2} = \frac{5000\,\text{N}}{\pi(0{,}005\,\text{m})^2} = 63{,}7\ \text{MPa}$$

und für die Stütze gilt

$$\bar{Q} = \frac{F}{2} = 2500\,\text{N}$$

$$\tau_{mittl} = \frac{\bar{Q}_1}{A} = \frac{\bar{Q}_1}{b_1 h} = \frac{2500\,\text{N}}{(0{,}02\,\text{m})(0{,}04\,\text{m})} = 3{,}12\ \text{MPa}$$

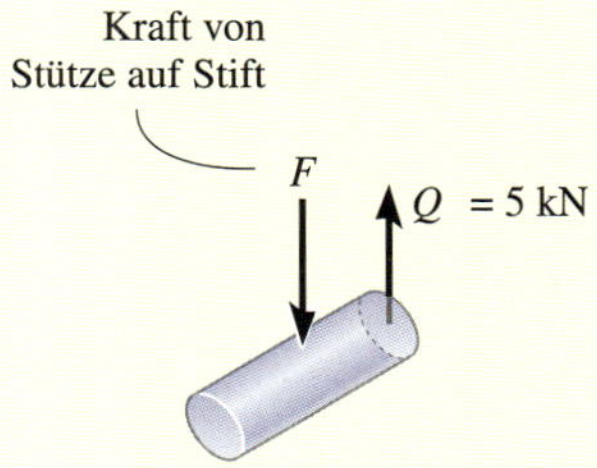

(b)

Die Verteilung der mittleren Schubspannung an dem geschnittenen Stift sowie am Mittelteil der Stütze sind in Abbildung 1.27d bzw. Abbildung 1.27e dargestellt. Dazu ist jeweils ein typisches, von einem Punkt der Oberfläche des Schnittes genommenes Volumenelement des Materials abgebildet. Achten Sie besonders darauf, wie die Schubspannung an jeder der gekennzeichneten Begrenzungsflächen dieser Elemente wirken muss.

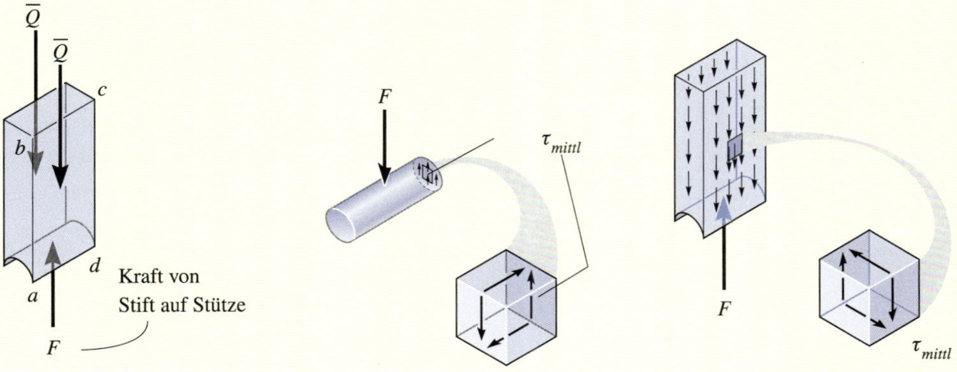

(c) (d) (e)

Abbildung 1.27

Beispiel 1.14

Die geneigte Strebe in Abbildung 1.28a ist einer Druckkraft F ausgesetzt. Bestimmen Sie die mittlere Druckspannung entlang der glatten durch AB und BC definierten Kontaktflächen sowie die mittlere Schubspannung entlang der durch EDB definierten Horizontalfläche.

$a = 25$ mm, $b = 40$ mm, $c = 75$ mm, $d = 50$ mm, $F = 3000$ N, $\tan\alpha = 4/3$

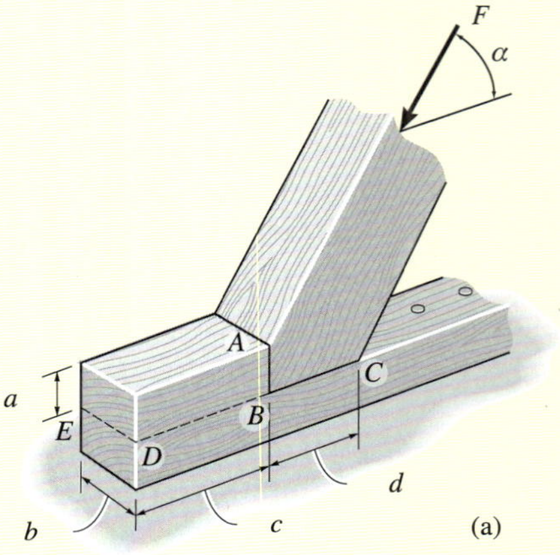

Abbildung 1.28

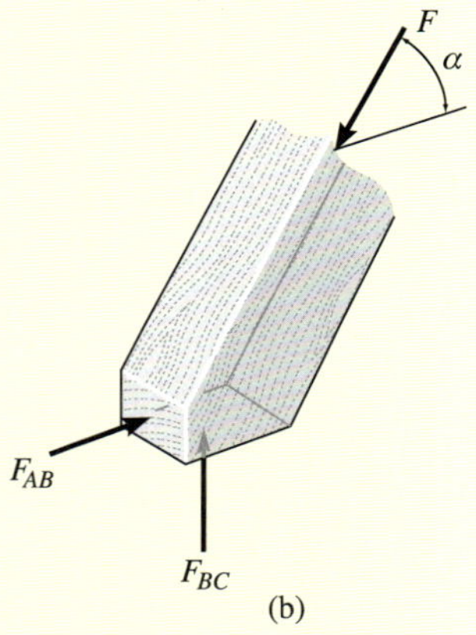

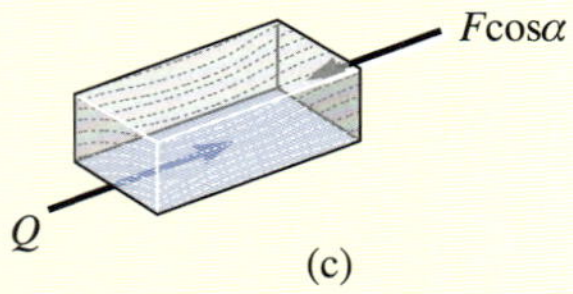

Lösung

Schnittgrößen Das Freikörperbild der geneigten Strebe ist in Abbildung 1.28b dargestellt. Die Druckkräfte, die an den Kontaktflächen auftreten, berechnen sich aus dem horizontalen und dem vertikalen Kräftegleichgewicht:

$$\sum F_x = 0; \qquad F_{AB} - F\cos\alpha = 0$$

$$F_{AB} = F\cos\alpha = 1800 \text{ N}$$

$$\sum F_y = 0; \qquad F_{BC} - F\sin\alpha = 0$$

$$F_{BC} = F\sin\alpha = 2400 \text{ N}$$

Aus dem Freikörperbild des oberen Segments des unteren Trägers, Abbildung 1.28c, errechnet sich die Querkraft, die an der geschnittenen Horizontalebene EBD wirkt:

$$\sum F_x = 0; \qquad Q - F\cos\alpha = 0$$

$$Q = F\cos\alpha = 1800 \text{ N}$$

Mittlere Spannungen Die mittleren Druckspannungen entlang den Horizontal- und Vertikalebenen der geneigten Strebe ergeben sich zu

$$\sigma_{AB} = \frac{F_{AB}}{A_{AB}} = \frac{F_{AB}}{ab} = \frac{1800\,\text{N}}{(25\,\text{mm})(40\,\text{mm})} = 1{,}80\ \text{N/mm}^2$$

$$\sigma_{BC} = \frac{F_{BC}}{A_{BC}} = \frac{F_{BC}}{bd} = \frac{2400\,\text{N}}{(40\,\text{mm})(50\,\text{mm})} = 1{,}20\ \text{N/mm}^2$$

Diese Spannungsverteilungen sind in Abbildung 1.28d dargestellt.

Die in der Horizontalebene *EBD* wirkende mittlere Schubspannung ist

$$\tau_{mittl} = \frac{Q}{A_{EB}} = \frac{Q}{bc} = \frac{1800\,\text{N}}{(40\,\text{mm})(75\,\text{mm})} = 0{,}60\ \text{N/mm}^2$$

Diese Spannungsverteilung über der Schnittfläche ist in Abbildung 1.28e dargestellt.

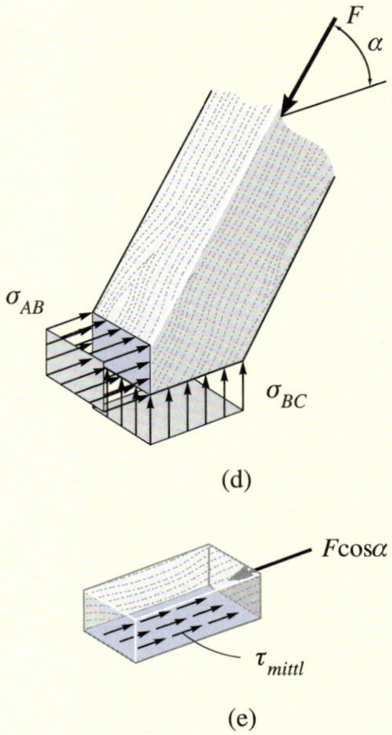

Abbildung 1.28

1.6 Zulässige Spannungen

Ein Ingenieur, der für die *Auslegung* von Tragwerken und mechanischen Bauteilen verantwortlich ist, muss die Spannung im Werkstoff auf ein sicheres Maß begrenzen. Auch sollte ein aktuell verwendetes Tragsystem oder eine Maschine gelegentlich geprüft werden, damit man weiß, welche zusätzlichen Lasten seine Bauelemente bzw. Bauteile aushalten. Somit ist es erforderlich, Berechnungen durchzuführen, die eine sichere Bemessung ohne Überschreitung der zulässigen Spannungen nach sich ziehen.

Zur Gewährleistung der Sicherheit muss man eine zulässige Spannung vorsehen, welche die aufgebrachte äußere Last auf einen Wert beschränkt, der kleiner ist als der Wert jener Last, die das Tragelement gerade noch aushält. Dafür gibt es verschiedene Gründe. Zum Beispiel kann die Last, für die ein Bauteil ausgelegt ist, von der tatsächlich einwirkenden Last abweichen. Die beabsichtigten Abmessungen eines Tragwerks oder einer Maschine können aufgrund von Fertigungsfehlern oder Fehlern im Zusammenbau der Einzelteile ungenau sein. Es können unbekannte Vibrationen, Stöße oder zufällige Belastungen auftreten, die bei der Dimensionierung möglicherweise nicht berücksichtigt wurden. Korrosion durch Umwelteinflüsse oder Verwitterung verschlechtern die Materialeigenschaften zunehmend während seiner Einsatzzeit. Schließlich können einige Werkstoffe, wie z.B. Holz, Beton oder faserverstärkte Verbundwerkstoffe, eine hohe Streuung in ihren mechanischen Eigenschaften aufweisen.

Bei der Auslegung von Kränen und Seilen, die dem Transport schwerer Lasten dienen, müssen angemessene Sicherheitsfaktoren berücksichtigt werden.

Eine Methode, die zulässige Beanspruchung für die Dimensionierung oder die Berechnung eines Bauteils zu bestimmen, ist, den so genannten Sicherheitsfaktor einzuführen. Der *Sicherheitsfaktor S* ist das Verhältnis der Versagensbelastung P_{vers} geteilt durch die zulässige Belastung P_{zul}. Dabei wird P_{vers} durch Experimente an Werkstoffproben ermittelt. Der Sicherheitsfaktor wird hier auf einer Erfahrungsbasis ausgewählt, so dass die oben erwähnten Unsicherheiten mit berücksichtigt sind, wenn ein Bauteil unter ähnlichen Last- und geometrischen Bedingungen eingesetzt wird. Mathematisch ausgedrückt heißt dies

$$S = \frac{P_{vers}}{P_{zul}} \tag{1.8}$$

Wenn die am Bauteil wirkende Last den dadurch im Bauteil auftretenden Spannungen *proportional* ist wie im Fall der Anwendung von $\sigma = N/A$ und $\tau_{mittl} = Q/A$, dann können wir den Sicherheitsfaktor als das Verhältnis von Versagensspannung σ_{vers} (oder τ_{vers}) und zulässiger Spannung σ_{zul} (oder τ_{zul}) ausdrücken[4], d.h.

$$S = \frac{\sigma_{vers}}{\sigma_{zul}} \tag{1.9}$$

oder

$$S = \frac{\tau_{vers}}{\tau_{zul}} \tag{1.10}$$

In jeder dieser Gleichungen wird der Sicherheitsfaktor S größer als 1 gewählt, um ein potentielles Versagen zu vermeiden. Die spezifischen Werte hängen von den verwendeten Materialarten sowie dem beabsichtigten Gebrauch des Tragwerks oder der Maschine ab. Zum Beispiel kann der Sicherheitsfaktor zur Auslegung von Flugzeug- oder Raumfahrtkomponenten sehr nahe bei 1 liegen, um das Gewicht der Transportmittel zu reduzieren. Auf der anderen Seite kann der Sicherheitsfaktor für Komponenten eines Kernkraftwerkes bei einem Wert von 3 liegen aufgrund von Unsicherheiten in der Belastung oder beim Werkstoffverhalten. Aber im Allgemeinen sind der Sicherheitsfaktor und somit die zulässigen Belastungen oder Spannungen für Tragwerke bzw. mechanische Bauteile gut standardisiert. Diese Werte, zu finden in Dimensionierungsvorschriften und Konstruktionsnormen, sind dazu da, einen Kompromiss zwischen der Gewährleistung der Sicherheit und einer vernünftigen wirtschaftlichen Lösung herzustellen.

4 In einigen Fällen, z.B. schlanken Druckstäben, ist die äußere Last *nicht* immer direkt proportional zur Spannung, und deshalb kann nur Gleichung (1.8) angewendet werden, um den Sicherheitsfaktor zu bestimmen, siehe *Kapitel 14*.

1.7 Dimensionierung von einfachen Bauteilen

Aufgrund von vereinfachenden Annahmen hinsichtlich des Materialverhaltens können die Gleichungen $\sigma = N/A$ und $\tau_{mittl} = Q/A$ häufig zur Berechnung oder zur Auslegung einer einfachen Verbindung oder eines mechanischen Bauteils verwendet werden. Im speziellen Fall, wenn ein Bauteil einer *Normalkraft* am Schnitt ausgesetzt ist, ermittelt man die erforderliche Querschnittfläche an der Schnittstelle aus

$$A = \frac{N}{\sigma_{zul}} \tag{1.11}$$

Auf der anderen Seite wird die erforderliche Querschnittsfläche an der Schnittstelle in dem Fall, dass dort eine Schubspannung wirkt, gemäß

$$A = \frac{Q}{\tau_{zul}} \tag{1.12}$$

berechnet.

Wie bereits in Abschnitt 1.6 diskutiert, wird die in jeder dieser Gleichungen verwendete zulässige Spannung entweder durch Einführung eines Sicherheitsfaktors für eine bereits berechnete Normal- oder Schubspannung oder durch Auswahl der Spannung direkt aus geeigneten Dimensionierungsnormen ermittelt.

Wir werden im Folgenden vier Arten von einfachen Problemen diskutieren, für die obige Gleichungen zur Auslegung angewendet werden können.

Querschnittsfläche eines Zugankers Die Querschnittsfläche eines einer Zugkraft ausgesetzten prismatischen Bauteils kann berechnet werden unter der *Voraussetzung*, dass die Kraft eine Wirkungslinie hat, die durch den Schwerpunkt des Querschnitts geht. Betrachten Sie z.B. den Stab in Abbildung 1.29a. Am mittleren Schnitt *a-a* ist die Spannungsverteilung über den gesamten Querschnitt in guter Näherung konstant und die erforderliche Fläche *A* wird wie in Abbildung 1.29b dargestellt bestimmt.

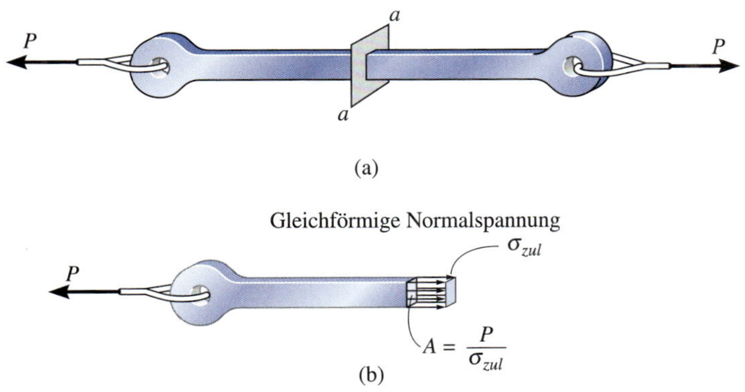

Abbildung 1.29

Querschnittsfläche einer auf Schub beanspruchten Verbindung Häufig werden Schrauben, Bolzen oder Niete verwendet, um Platten, Bretter oder verschiedene Bauteile miteinander zu verbinden. Betrachten Sie z.B. die Überlappungsverbindung in Abbildung 1.30a. Bei loser Schraube oder unbekannter Klemmkraft kann man sicher annehmen, dass die Reibungskraft *zwischen* den Platten vernachlässigbar ist. Dies ist als Ergebnis im Freikörperbild in Abbildung 1.30b für einen Schnitt dargestellt, der durch die Platten und durch die Schraube geht.

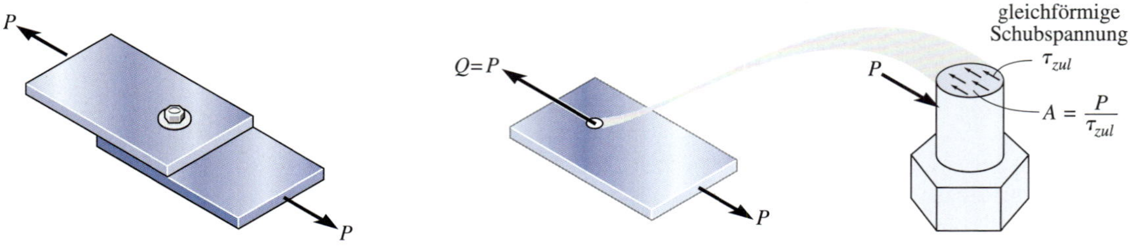

(a) (b) (c)

Abbildung 1.30

Erforderliche Auflagerfläche Eine Normalspannung, die durch Druckbelastung zwischen Kontaktflächen erzeugt wird, nennt man ***Flächenpressung.*** Wird die Spannung zu groß, kann es zum Bruch oder lokaler Deformation an einer oder beiden Oberflächen kommen. Deshalb ist es erforderlich, die notwendige Tragfläche unter Verwendung der zulässigen Spannung für das Material zu ermitteln, um ein Versagen zu vermeiden. Zum Beispiel wird die Fläche A der Säulengrundplatte B in Abbildung 1.31 aus der zulässigen Flächenpressung des Betons unter Verwendung von $A = N/(\sigma_B)_{zul}$ bestimmt.

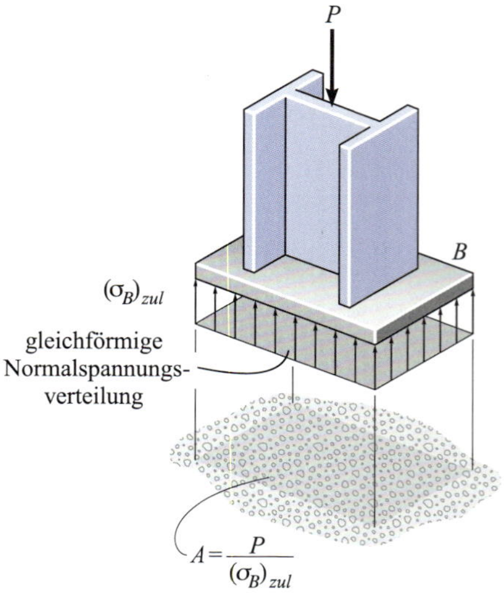

Abbildung 1.31

Dies legt natürlich nahe, dass die zulässige Druckspannung des Betons kleiner als die des Grundplattenmaterials ist. Außerdem wird angenommen, dass die Flächenpressung gleichmäßig zwischen der Platte und dem Beton, wie in der Abbildung gezeigt, verteilt ist.

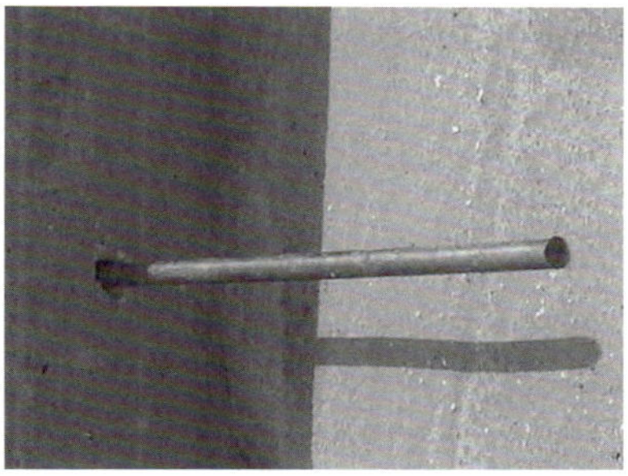

Erforderliche Scherwiderstandsfläche, verursacht bei axialer Belastung Gelegentlich werden Stäbe oder andere Bauteile derart eingespannt, dass eine Schubspannung erzeugt wird, selbst wenn das Bauteil einer axial wirkenden Kraft ausgesetzt ist. Ein Beispiel dafür könnte ein in Beton eingegossener Stahlträger sein, der wie in Abbildung 1.32a dargestellt belastet wird. Das Freikörperbild dieses Stabes, Abbildung 1.32b, zeigt, dass die *Schubspannung* über die gesamte Kontaktfläche des Stabes mit dem Beton verteilt ist. Diese Fläche ist $(\pi d)l$, wobei d den Durchmesser des Stabes und l die Länge der Einbettung repräsentieren. Obwohl die tatsächliche Schubspannungsverteilung entlang des Stabes schwierig zu ermitteln ist, können wir bei der Annahme, dass sie gleichmäßig ist, die Relation $A = Q/\tau_{zul}$ zur Berechnung von l anwenden, sofern wir d und τ_{zul} kennen, siehe Abbildung 1.32b.

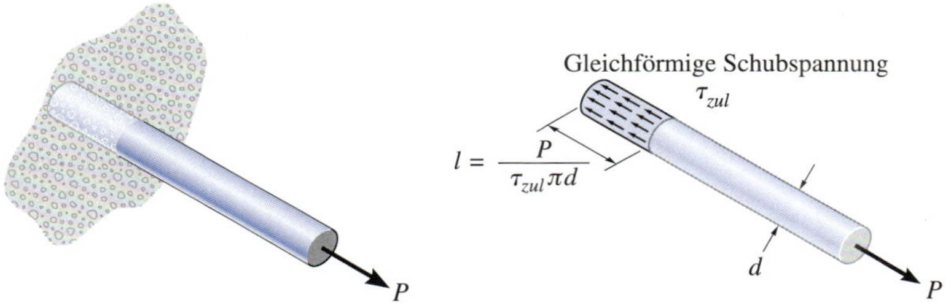

Abbildung 1.32

Wichtige Punkte zur Lösung von Aufgaben

- Die Auslegung eines Bauteils unter Belastung beruht auf der Wahl einer zulässigen Spannung, die eine Lastaufnahme im sicheren Bereich ermöglicht. Es gibt eine Menge von unbekannten Faktoren, welche die tatsächliche Spannung in einem Bauteil beeinflussen können. Um die zulässige Belastung zu erhalten, die ein Bauteil aufnehmen kann, wird ein *Sicherheitsfaktor* eingeführt, dessen Größe vom Einsatzgebiet abhängt.
- Die vier in diesem Abschnitt illustrierten Fälle repräsentieren nur eine Auswahl der vielfältigen Anwendungsfälle der Formeln zur Berechnung der mittleren Normal- und Schubspannung zum Zwecke der Dimensionierung und Berechnung in den Ingenieurwissenschaften. Wann immer diese Gleichungen angewendet werden, ist es allerdings wichtig, dass klar ist, dass eine *gleichmäßig verteilte* oder mittlere Spannungsverteilung angenommen wurde.

Lösungsweg

Zur Lösung der Aufgabenstellungen unter Verwendung der Gleichungen für die Normal- und Schubspannung sollte zuerst die Schnittstelle, an der die kritische Spannung auftritt, sorgfältig betrachtet werden. Ist der Schnitt ausgeführt, so muss alsdann das Bauteil derart ausgelegt werden, dass genügend Fläche zur Verfügung steht, um die auftretende Kraft aufzunehmen. Die Ermittlung dieser Fläche erfordert die folgenden Schritte:

Schnittgrößen

- Schneiden Sie das Bauteil an der betreffenden Stelle und zeichnen Sie ein Freikörperbild eines der beiden Teilkörper. Dann wird die innere Schnittkraft an diesem Schnittufer aus den Gleichgewichtsbedingungen bestimmt.

Erforderliche Fläche

- Unter der Voraussetzung, dass die zulässige Spannung bekannt oder ermittelbar ist, wird die zur Lastaufnahme erforderliche Fläche an diesem Schnitt dann aus $A = N/\sigma_{zul}$ oder $A = Q/\tau_{zul}$ berechnet.

Beispiel 1.15

Die zwei Bauteile sind miteinander durch ein Gelenk bei B verbunden, wie in Abbildung 1.33a dargestellt. Die Draufsichten der Gelenkverbindungen bei A und B sind ebenfalls abgebildet. Bestimmen Sie den notwendigen Durchmesser in Millimetern der Gelenke A und B sowie den zur Lastaufnahme erforderlichen Durchmesser des Stabes CB, wenn die Gelenke eine zulässige Schubspannung von τ_{zul} und der Stab eine zulässige Zugspannung von $(\sigma_Z)_{zul}$ haben. In Millimeter gemessen, sind nur ganzzahlige Durchmesser verfügbar.

$a = 1$ m, $F = 6$ kN, $\tau_{zul} = 90$ MPa, $\tan\alpha = 3/4$, $(\sigma_Z)_{zul} = 115$ MPa

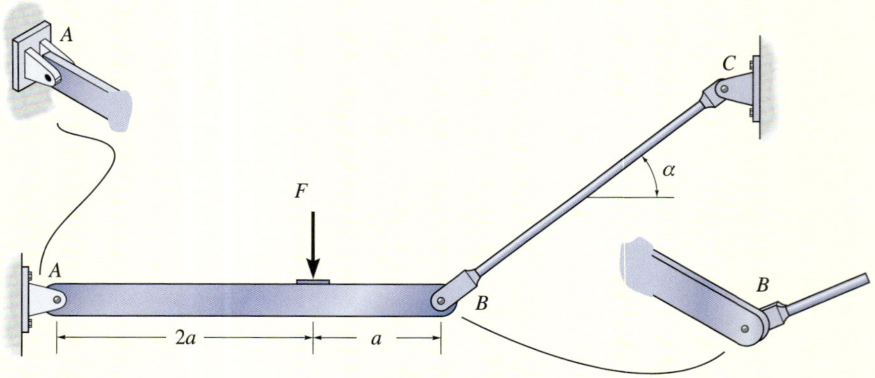

(a)

Abbildung 1.33

Lösung

Mit der Erkenntnis, dass BC eine Pendelstütze ist, zeigt Abbildung 1.33b das Freikörperbild des Bauteils AB mit den berechneten Reaktionen bei A und B. Führen Sie zur Übung diese Berechnungen durch und beachten Sie, dass die *resultierende Kraft* bei A zur Auslegung des Gelenkstiftes A verwendet wird, denn dies ist die Scherkraft, die der Gelenkbolzen aushalten muss.

Es ergibt sich

$$F_A = 5{,}7\ \text{kN},\ F_{Ay} = 2\ \text{kN},\ F_{Ax} = 5{,}33\ \text{kN},\ F_B = 6{,}67\ \text{kN},\ \beta = 20{,}6°$$

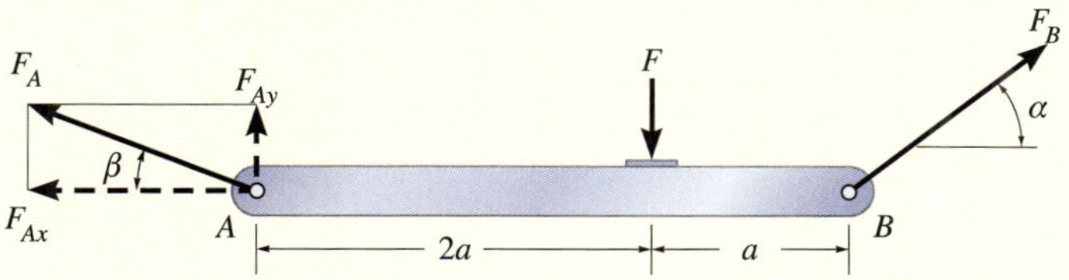

(b)

Abbildung 1.33

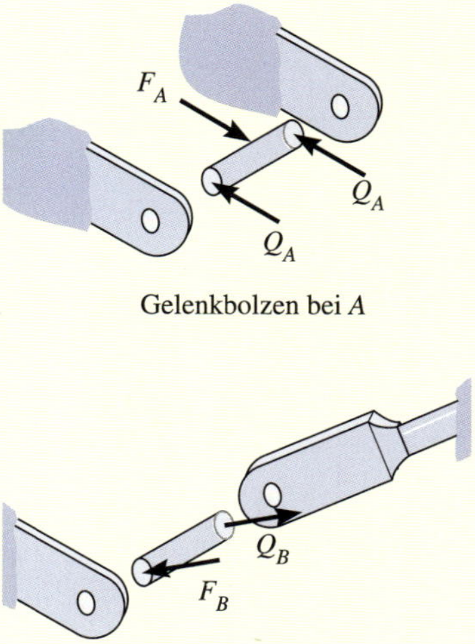

Gelenkbolzen bei A

Gelenkbolzen bei B

(c)

Durchmesser der Gelenkbolzen Aus Abbildung 1.33a und den Freikörperbildern der Schnitte von jedem der Gelenke in Kontakt mit Bauteil AB, Abbildung 1.33c, kann man ersehen, dass der Gelenkbolzen A einer zweischnittigen Scherung ausgesetzt ist, während beim Gelenkbolzen B nur eine einschnittige Scherung auftritt. Somit ist

$$Q_A = F_A/2 = 2{,}85\ \text{kN} \qquad Q_B = F_B = 6{,}67\ \text{kN}$$

$$A_A = \pi\left(\frac{d_A^2}{4}\right) = \frac{Q_A}{\tau_{zul}} \qquad d_A = \sqrt{\frac{4Q_A}{\tau_{zul}\pi}} = 6{,}3\ \text{mm}$$

$$A_B = \pi\left(\frac{d_B^2}{4}\right) = \frac{Q_B}{\tau_{zul}} \qquad d_B = \sqrt{\frac{4Q_B}{\tau_{zul}\pi}} = 9{,}7\ \text{mm}$$

Obwohl diese Werte den *kleinsten* zulässigen Bolzendurchmesser repräsentieren, muss eine herstellbare bzw. verfügbare Gelenkbolzengröße gewählt werden. Wir wählen die nächst größere ganze Zahl in Millimetern:

$$d_A = 7\ \text{mm} \qquad d_B = 10\ \text{mm}$$

Stabdurchmesser Der erforderliche Durchmesser des Stabes BC folgt aus

$$N = F_B \qquad N = 6{,}67\ \text{kN}$$

$$A_{BC} = \pi\frac{d_{BC}^2}{4} = \frac{N}{(\sigma_Z)_{zul}} \qquad A_{BC} = 58 \cdot 10^{-6}\ \text{m}^2$$

$$d_{BC} = \sqrt{\frac{4N}{(\sigma_Z)_{zul}\,\pi}} \qquad d_{BC} = 8{,}59\ \text{mm}$$

d.h. wir wählen $d_{BC} = 9$ mm

Beispiel 1.16

Der Winkelhebel ist einer Belastung ausgesetzt, wie in Abbildung 1.34a dargestellt. Bestimmen Sie den erforderlichen Durchmesser des Stahlbolzens bei C, wenn die zulässige Schubspannung für Stahl τ_{zul} ist. Beachten Sie im Bild, dass der Gelenkbolzen einer zweischnittigen Scherung ausgesetzt ist. Die Durchmesser sind in 5-mm-Schritten verfügbar.

$a = 50$ mm, $b = 75$ mm, $c = 200$ mm, $F_1 = 15$ kN, $F_2 = 25$ kN, $\tan\alpha = 3/4$, $\tau_{zul} = 55$ MPa

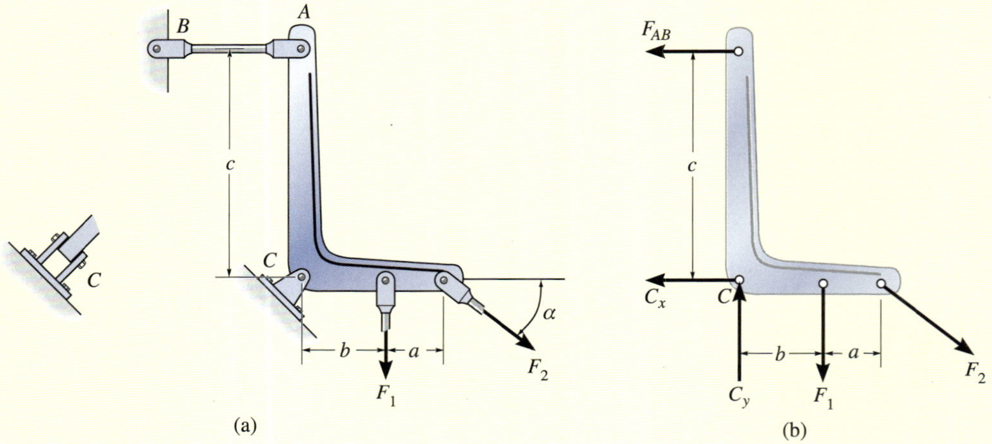

Abbildung 1.34

Lösung

Innere Querkraft Ein Freikörperbild des Hebels ist in Abbildung 1.34b dargestellt. Als Gleichgewichtsbedingungen erhalten wir

$$\sum M_C = 0 \qquad F_{AB}c - F_1 b - F_2(a+b)\sin\alpha = 0$$

$$F_{AB} = \frac{F_1 b + F_2(a+b)\sin\alpha}{c}$$

$$F_{AB} = \frac{(15\,\text{kN})(0{,}075\,\text{m}) + \frac{3}{5}(25\,\text{kN})(0{,}05\,\text{m} + 0{,}075\,\text{m})}{0{,}2\,\text{m}}$$

$$F_{AB} = 15\text{ kN}$$

$$\sum F_x = 0; \qquad -F_{AB} - C_x + F_2\cos\alpha = 0$$

$$C_x = F_2\cos\alpha - F_{AB} = \frac{4}{5}(25\,\text{kN}) - 15\,\text{kN} = 5\text{ kN}$$

$$\sum F_y = 0; \qquad C_y - F_1 - F_2\sin\alpha = 0$$

$$C_y = F_1 + F_2\sin\alpha = 15\,\text{kN} + \frac{3}{5}(25\,\text{kN}) = 30\text{ kN}$$

Das Gelenk bei C hält der resultierenden Kraft bei C stand. Deshalb ist

$$F_C^2 = C_x^2 + C_y^2 \qquad F_C = \sqrt{C_x^2 + C_y^2}$$

$$F_C = \sqrt{(5\,\text{kN})^2 + (30\,\text{kN})^2} = 30{,}41\ \text{kN}$$

Weil der Gelenkbolzen einer zweischnittigen Scherung unterworfen ist, wirkt eine Querkraft von $Q = F_C/2$, siehe Abbildung 1.34c.

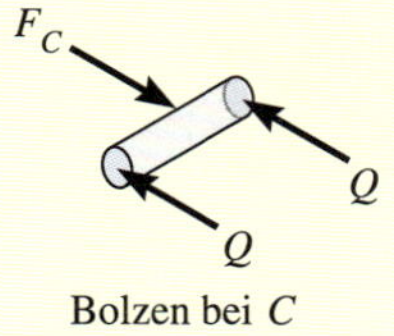

(c)

Abbildung 1.34

Erforderliche Fläche Wir haben

$$A = \pi \frac{d^2}{4} = \frac{Q}{\tau_{zul}} \qquad d = \sqrt{\frac{4Q}{\tau_{zul}\pi}} = 18{,}8\ \text{mm}$$

Wir wählen einen Gelenkbolzen mit einem Durchmesser von $d = 20\ \text{mm}$.

Beispiel 1.17 Die Stange wird an ihrem Ende durch eine fest verbundene Kreisscheibe gelagert, siehe Abbildung 1.35a. Bestimmen Sie den kleinsten erforderlichen Durchmesser d der Stange sowie die erforderliche Minimaldicke der Scheibe zur Aufnahme einer Last P, wenn die Stange durch ein Loch mit dem Durchmesser D hindurchgeht. Die zulässige Normalspannung für die Stange ist σ_{zul}, die zulässige Schubspannung für die Scheibe τ_{zul}.
$D = 40\ \text{mm}$, $P = 20\ \text{kN}$, $\sigma_{zul} = 60\ \text{MPa}$, $\tau_{zul} = 35\ \text{MPa}$

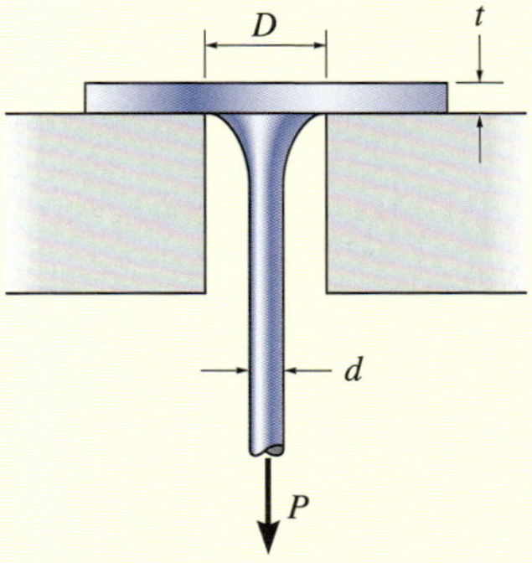

(a)

Lösung

Stangendurchmesser Die Axiallast ist laut Vorgabe $N = P$. Somit ergibt sich die erforderliche Querschnittsfläche der Stange zu

$$A = \pi \frac{d^2}{4} = \frac{P}{\sigma_{zul}}$$

Somit ist

$$d = \sqrt{\frac{4P}{\sigma_{zul}\pi}} = 20{,}6\ \text{mm}$$

Scheibendicke Wie im Freikörperbild des Mittelabschnittes der Scheibe, Abbildung 1.35b, dargestellt, muss das Material an der Ausschnittstelle einer Schubspannung standhalten, um ein Durchrutschen der Scheibe durch das Loch zu vermeiden. Wenn wir annehmen, dass die Schubspannung über den Querschnitt gleichmäßig verteilt ist, erhalten wir aufgrund von $Q = P$ die Relation

$$A = \pi D t = \frac{Q}{\tau_{zul}}$$

$$t = \frac{P}{\tau_{zul}\pi D} = 4{,}55\ \text{mm}$$

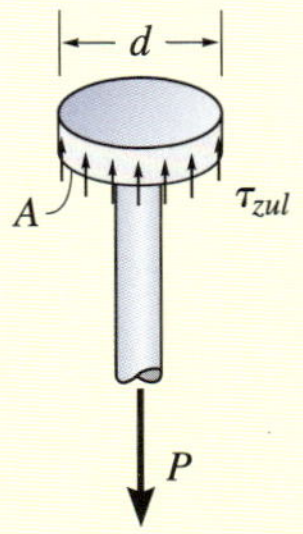

(b)

Abbildung 1.35

Beispiel 1.18

Einer Axialbelastung der Welle, siehe Abbildung 1.36a, wird durch die Manschette C bei B entgegengewirkt. Bestimmen Sie den größten Wert von P für die beiden Axiallasten bei E und F derart, dass die Spannung in der Manschette die zulässige Flächenpressung bei C von $(\sigma_L)_{zul}$ und die mittlere Normalspannung in der Welle eine zulässige Zugspannung von $(\sigma_Z)_{zul}$ nicht überschreitet.

$a = 20$ mm, $b = 80$ mm, $c = 60$ mm, $(\sigma_L)_{zul} = 75$ MPa, $(\sigma_Z)_{zul} = 55$ MPa

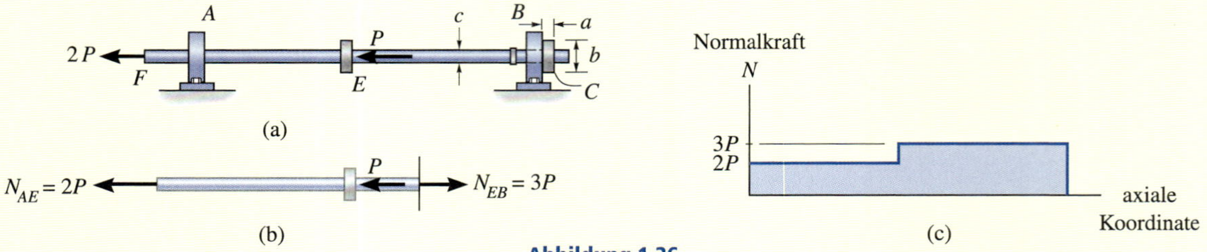

Abbildung 1.36

Lösung

Wir bestimmen P für jede mögliche Versagensbedingung, um die Aufgabe zu lösen. Danach wählen wir den *kleinsten* Wert. Warum?

Normalspannung Bei Anwendung der Schnittmethode ist die Axiallast innerhalb des Bereichs AE der Welle $2P$, während die größte Axiallast $3P$ innerhalb des Bereichs EB auftritt, siehe Abbildung 1.36b. Die Änderung der inneren Beanspruchung ist deutlich dem Normalkraftverlauf, Abbildung 1.36c, zu entnehmen. Weil die Querschnittsfläche für die gesamte Welle konstant ist, wird der Bereich EC durch die maximale mittlere Normalspannung beansprucht. Unter Anwendung von Gleichung (1.11) erhalten wir

$$(\sigma_Z)_{zul} = \frac{N_{max}}{A} = \frac{3P}{\pi\left(\frac{c}{2}\right)^2}$$

$$P = \frac{\pi\left(\frac{c}{2}\right)^2 (\sigma_Z)_{zul}}{3} = \frac{\pi(0{,}03\,\mathrm{m})^2\, 55(10^6)\,\mathrm{N/m^2}}{3} = 51{,}8\ \mathrm{kN}$$

Lagerspannung Wie im Freikörperbild in Abbildung 1.36d dargestellt, muss die Manschette C einer Belastung von $3P$ standhalten, die über die Lagerfläche von $A_L = \frac{\pi b^2}{4} - \frac{\pi c^2}{4}$ wirkt. Somit ist

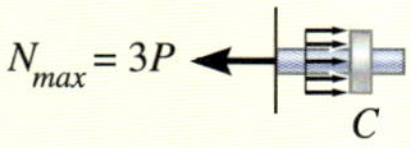

(d)

$$A_L = \frac{N_{max}}{\sigma_{zul}} = \frac{3P}{(\sigma_L)_{zul}} \qquad P = \frac{A_L(\sigma_L)_{zul}}{3} = \frac{\pi\left(\frac{b^2}{4} - \frac{c^2}{4}\right)(\sigma_L)_{zul}}{3} = 55{,}0\ \mathrm{kN}$$

Durch Vergleich erhält man die größte Last, welche die Welle aufnehmen kann, $P = 51{,}8$ kN, denn jede größere Last würde die zulässige Normalspannung in der Welle überschreiten.

Beispiel 1.19 Der starre Träger AB, Abbildung 1.37a, ist durch eine Stahlstange AC mit einem Durchmesser d_S und einen Aluminiumblock mit einer Querschnittsfläche A_B gelagert. Die Gelenkbolzen bei A und C mit dem Durchmesser d_G sind einer einschnittigen Scherung ausgesetzt. Bestimmen Sie die größte Last P, die auf den Träger wirken kann, wenn die Versagensspannungen für Stahl $(\sigma_{St})_{vers}$ und Aluminium $(\sigma_{Al})_{vers}$ betragen, sowie die Versagens-Schubspannung für jeden Gelenkbolzen τ_{vers} ist. Verwenden Sie den Sicherheitsfaktor $S = 2$.

$a = 0{,}75$ m, $c = 2$ m, $d_S = 20$ mm, $A_B = 1800$ mm², $d_G = 18$ mm, $(\sigma_{St})_{vers} = 680$ MPa, $(\sigma_{Al})_{vers} = 70$ MPa, $\tau_{vers} = 900$ MPa

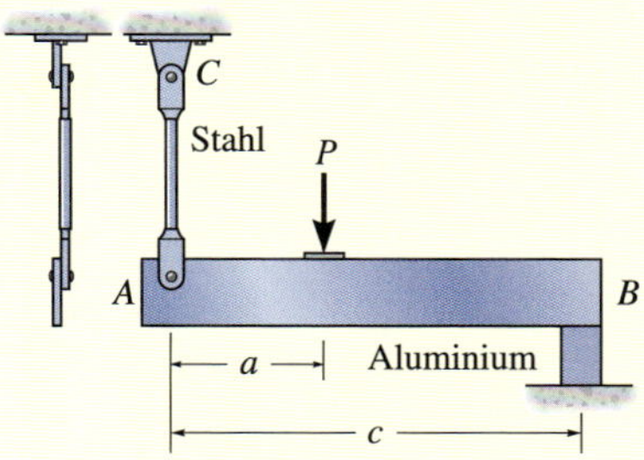

(a)

Lösung

Bei Anwendung der Gleichungen (1.9) und (1.10) sind die zulässigen Spannungen

$$(\sigma_{St})_{zul} = \frac{(\sigma_{St})_{vers}}{S} = \frac{680\,\text{MPa}}{2} = 340 \text{ MPa}$$

$$(\sigma_{Al})_{zul} = \frac{(\sigma_{Al})_{vers}}{S} = \frac{70\,\text{MPa}}{2} = 35 \text{ MPa}$$

$$\tau_{zul} = \frac{\tau_{vers}}{2} = \frac{900\,\text{MPa}}{2} = 450 \text{ MPa}$$

Das Freikörperbild für den Träger ist in Abbildung 1.37b dargestellt. Es gibt drei Unbekannte. Wir werden die Gleichgewichtsbedingungen derart aufstellen, dass damit F_{AC} und F_B in Abhängigkeit von der Last P ausgedrückt werden können. Wir erhalten

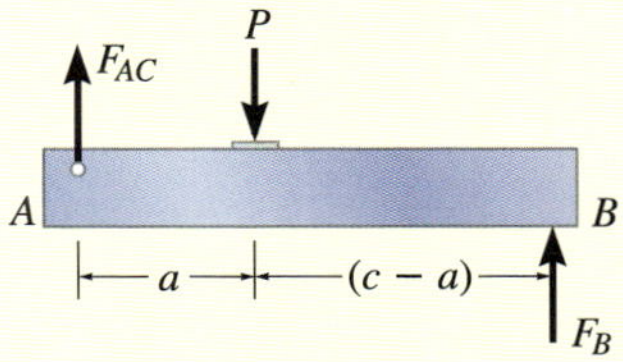

(b)

Abbildung 1.37

$$\sum M_B = 0 \qquad P(c-a) - F_{AC}c = 0 \tag{1}$$

$$\sum M_A = 0 \qquad F_B c - Pa = 0 \tag{2}$$

Wir werden nun jeweils den Wert von P ermitteln, der die zulässige Spannung in der Stange, dem Block bzw. den Gelenkbolzen hervorruft.

Stange AC Die maximale Stangenkraft ist

$$F_{AC} = (\sigma_{St})_{zul} A_{AC} = (\sigma_{St})_{zul} \pi \left(\frac{d_S}{2}\right)^2$$

$$= 340(10^6)\,\text{N/m}^2\left[\pi(0{,}01\,\text{m})^2\right] = 106{,}8\,\text{kN}$$

Wir verwenden Gleichung (1) und erhalten

$$P = \frac{F_{AC}c}{(c-a)} = \frac{(106{,}8\,\text{kN})(2\,\text{m})}{(2\,\text{m} - 0{,}75\,\text{m})} = 171\ \text{kN}$$

Block B In diesem Fall ist

$$F_B = (\sigma_{Al})_{zul}\, A_B = 35(10^6)\,\text{N/m}^2\left[1800(10^{-6})\,\text{m}^2\right] = 63\ \text{kN}$$

Mit Gleichung (2) ist

$$P = \frac{F_B c}{a} = \frac{(63{,}0\,\text{kN})(2\,\text{m})}{0{,}75\,\text{m}} = 168\ \text{kN}$$

Gelenk A oder C Hier ist

$$Q = F_{AC} = \tau_{zul} A = \tau_{zul} \pi \left(\frac{d_G}{2}\right)^2$$

$$= 450(10^6)\,\text{N/m}^2\left[\pi(0{,}009\,\text{m})^2\right] = 114{,}5\,\text{kN}$$

Mit Gleichung (1) ist

$$P = \frac{Qc}{c-a} = \frac{(114{,}5\,\text{kN})(2\,\text{m})}{(2\,\text{m} - 0{,}75\,\text{m})} = 183{,}2\ \text{kN}$$

Der *kleinste Wert* von P (168 kN) ist derjenige, der in dem Aluminiumblock die zulässige Normalspannung hervorruft. Somit ist die maximal erlaubte Kraft

$$P = 168\ \text{kN}$$

ZUSAMMENFASSUNG

Die inneren Schnittgrößen in einem Körper setzen sich aus einer Normalkraft, einer Querkraft, einem Biegemoment und einem Torsionsmoment zusammen. Sie stellen die Resultierenden der dort über den Querschnitt auftretenden Normal- und Schubspannungsverteilung dar. Um diese Resultierenden zu erhalten, verwenden Sie die Schnittmethode und stellen die Gleichgewichtsbedingungen auf:

$$\sum F_x = 0 \qquad \sum F_y = 0 \qquad \sum F_z = 0$$

$$\sum M_x = 0 \qquad \sum M_y = 0 \qquad \sum M_z = 0$$

siehe Abschnitt 1.2

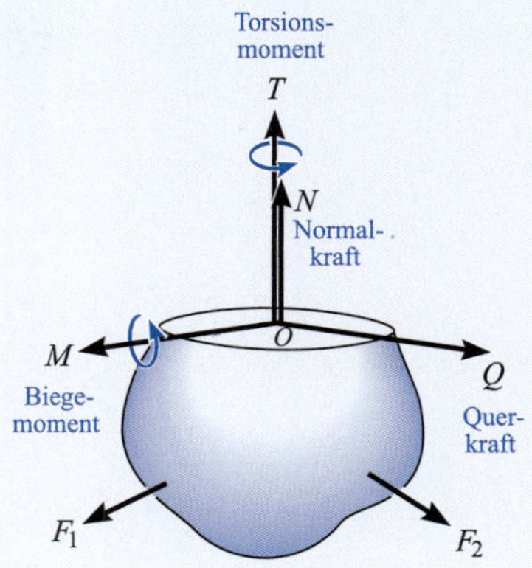

Wenn ein Stab aus einem homogenen und isotropen Werkstoff besteht und auf ihn äußere Axiallasten einwirken, die durch den Schwerpunkt der Querschnittsfläche gehen, tritt in dem Stab eine gleichförmige Normalspannungsverteilung über den Querschnitt auf. Diese mittlere Normalspannung lässt sich aus

$$\sigma = \frac{N}{A}$$

siehe Abschnitt 1.4

berechnen, wobei N die innere Normalkraft im Querschnitt ist.

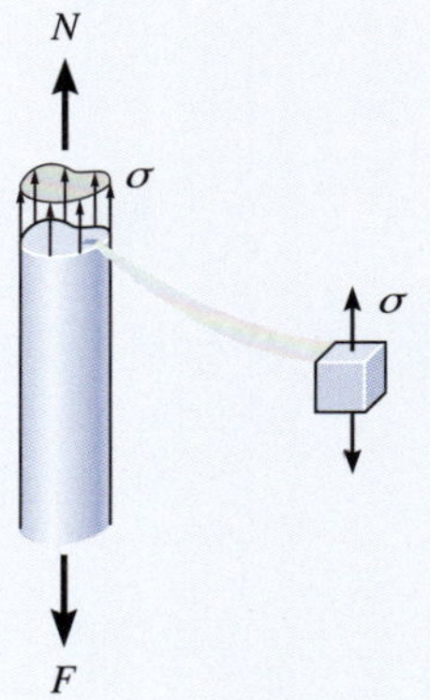

Die mittlere Schubspannung kann man über

$$\tau_{mittl} = \frac{Q}{A}$$

siehe Abschnitt 1.5

berechnen, wobei Q die Querkraft an der Querschnittsfläche A ist. Diese Formel verwendet man häufig, um die mittlere Schubspannung in Halterungen oder Verbindungselementen zu berechnen.

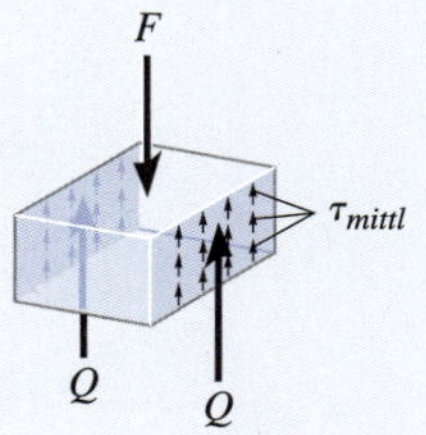

Die Konstruktion einer einfachen Verbindung setzt voraus, dass die mittlere Spannung an einer beliebigen Schnittfläche die zulässige Spannungen σ_{zul} bzw. τ_{zul} nicht überschreitet. Diese Werte gehen aus Vorschriften hervor und gelten als sicher auf der Basis von Experimenten oder durch Erfahrung. Manchmal wird ein Sicherheitsfaktor angegeben, wenn die maximale Spannung bekannt ist:

$$S = \frac{\sigma_{vers}}{\sigma_{zul}} = \frac{\tau_{vers}}{\tau_{zul}}$$

siehe Abschnitt 1.6

Verformung und Verzerrung

2

ÜBERBLICK

Wenn die Verschraubung eine Druckbeanspruchung der transparenten Kunststoffplatten hervorruft, ergeben sich im Plattenmaterial Verzerrungen, die unter polarisiertem Licht als Farbenspektrum erscheinen. Diese Verzerrungen können mit den im Material auftretenden Spannungen verknüpft werden.

Lernziele

Im Ingenieurwesen wird die Verformung eines Körpers mit Hilfe der Begriffe Dehnung (Längenänderung) und Gleitung (Winkeländerung) charakterisiert, die im Oberbegriff Verzerrung zusammengefasst werden. In diesem Kapitel werden wir diese Größen definieren und zeigen, wie sie für unterschiedliche Problemstellungen bestimmt werden können.

2.1 Verformung

Wenn auf einen Körper eine Kraft einwirkt, hat er das Bestreben seine Form und seine Größe zu ändern. Diese Änderungen werden als *Verformung* (auch *Deformation*) bezeichnet, und sie können entweder eindeutig sichtbar sein oder praktisch unbemerkt bleiben, wenn man nicht entsprechend genaue Messinstrumente einsetzt. Zum Beispiel erfährt ein Gummiband eine sehr starke Verformung, wenn es auseinander gezogen wird. Andererseits treten lediglich geringe Verformungen an den Tragwerksteilen eines Gebäudes auf, wenn es durch darin laufende Menschen belastet wird. Außerdem kann sich ein Körper infolge Temperaturänderungen verformen. Ein typisches Beispiel ist die thermische Ausdehnung oder Kontraktion eines Daches durch den Einfluss des Wetters.

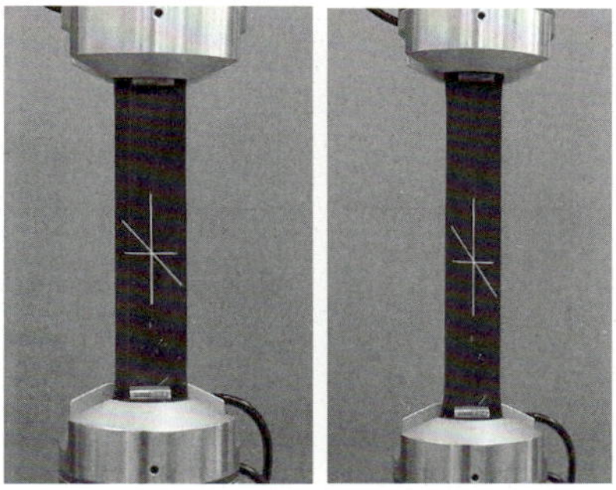

Beachten Sie die Anordnung der drei unterschiedlichen Liniensegmente auf der Gummimembran vor und nach der Zugbeanspruchung. Die vertikale Linie verlängert sich, die horizontale verkürzt sich und die schräge Linie ändert sowohl ihre Länge als auch ihren Neigungswinkel (dreht sich).

In einem allgemeinen Sinne ist die Verformung eines Körpers über das gesamte Volumen nicht gleichmäßig und deshalb kann innerhalb des Körpers die Geometrieänderung eines Liniensegments in Längsrichtung unterschiedlich sein. Ein Teil der Linie kann sich zum Beispiel verlängern, ein anderer Teil aber gleichzeitig verkürzen. Bei Betrachtung immer kürzerer Liniensegmente bleiben diese näherungsweise gerade, so dass bei der Untersuchung der Verformungen in einem allgemeinen Sinne ein infinitesimal kurzes Linienelement an einem Punkt betrachtet wird. Man erkennt, dass sich bei dieser Vorgehensweise jedes in dem Körper angeordnete Liniensegment von einem Punkt zu einem anderen um einen differenziell kleinen Betrag ändert. Zudem hängen diese Änderungen auch von der Ausrichtung des Liniensegments im jeweiligen Punkt ab. Zum Beispiel kann sich ein Liniensegment ausdehnen, wenn es in der einen Richtung orientiert ist, während es sich bei einer Orientierung in eine andere Richtung zusammenzieht.

2.2 Verzerrung

Zur Beschreibung der Verformung durch Änderungen der Länge der Linienelemente sowie der Änderungen der Winkel untereinander werden wir den Begriff Verzerrung einführen. Verzerrungsmessungen werden in der Praxis im Rahmen experimenteller Untersuchungen durchgeführt. Wenn man die Ergebnisse einmal erhalten hat, wird im nächsten Abschnitt gezeigt, wie sie mit den Beanspruchungen oder Spannungen zusammenhängen, die innerhalb des Körpers auftreten.

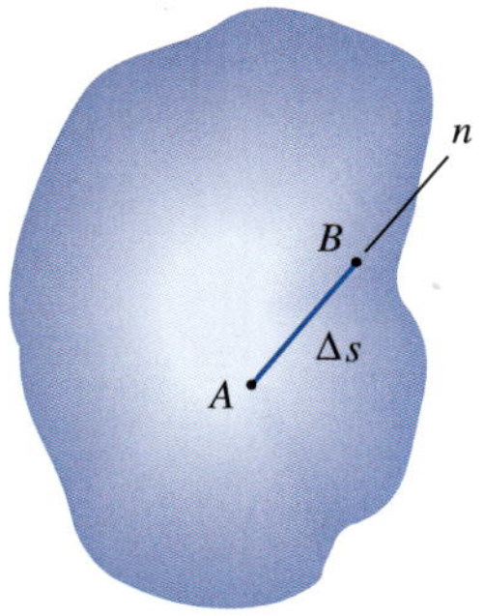

Unverformter Körper

(a)

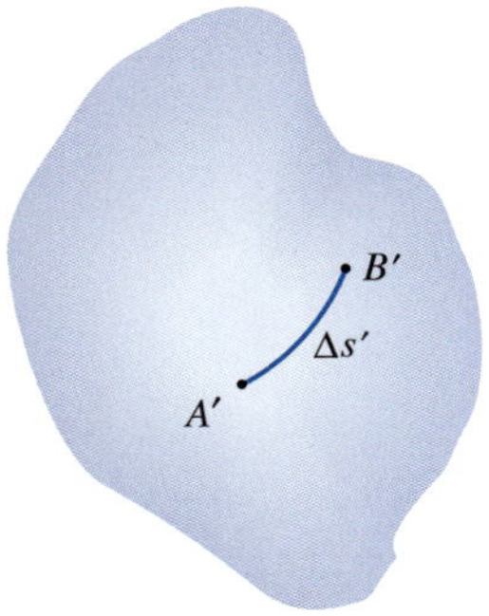

Verformter Körper

(b)

Abbildung 2.1

Dehnung Die Längenänderung eines Linienelements pro Längeneinheit wird als Normalverzerrung oder Dehnung bezeichnet. Zur formalen Definition der Normalverzerrung betrachten Sie die Strecke AB, die innerhalb des verformten Körpers enthalten ist, siehe Abbildung 2.1a. Diese Strecke liegt auf der n-Achse und hat eine Ursprungslänge Δs. Nach der Verformung haben sich die Punkte A und B nach A' und B' verschoben und die Strecke wird eine Kurve mit der Länge $\Delta s'$, siehe Abbildung 2.1b. Die Längenänderung ist demzufolge $\Delta s' - \Delta s$. Wenn wir die *mittlere Dehnung* unter Verwendung des Symbols ϵ_{mittl} definieren, erhalten wir

$$\epsilon_{mittl} = \frac{\Delta s' - \Delta s}{\Delta s} \tag{2.1}$$

Nähern wir den Punkt B immer weiter an Punkt A an, dann wird die Länge der Strecke immer kürzer, so dass $\Delta s \to 0$ geht. Dies bedeutet, dass sich auch B' immer weiter an A' annähert, so dass $\Delta s' \to 0$ strebt. In der Konsequenz ist damit die Dehnung im *Punkt A* in Richtung n durch einen Grenzübergang bestimmt:

$$\epsilon = \lim_{B \to A} \frac{\Delta s' - \Delta s}{\Delta s} \tag{2.2}$$

Wenn die Dehnung bekannt ist, können wir diese Gleichung verwenden, um die Endlänge eines *kleinen* Linienelements in Richtung seiner Verformung n näherungsweise zu erhalten:

$$\Delta s' \approx (1 + \epsilon)\Delta s \tag{2.3}$$

Somit wird sich die Ursprungslinie ausdehnen, wenn ϵ positiv ist, und sich zusammenziehen, wenn ϵ negativ ist.

Einheiten Beachten Sie, dass die Dehnung eine *dimensionslose Größe* ist, denn sie ist das Verhältnis von zwei Längen. Dessen ungeachtet ist es allgemeine Praxis, sie in der Art eines Verhältnisses von Längeneinheiten anzugeben. Im SI-System sind dies die Grundeinheiten Meter/Meter (m/m). Gewöhnlich sind auf diese Weise ermittelte Zahlenwerte für die meisten technischen Anwendungen sehr klein, weshalb die Einheit der Dehnung dann besser Mikrometer pro Meter (μm/m) ist, wobei $1\ \mu m = 10^{-6}$ m gilt. Manchmal wird die Dehnung bei experimentellen

Arbeiten in Prozent ausgedrückt, z.B. 0,001 m/m = 0,1%. Zum Beispiel kann eine Normaldehnung von $480(10^{-6})$ als 480 µm/m oder 0,048% angegeben werden.

Gleitung Die Winkeländerung, die zwischen zwei ursprünglich *senkrecht* aufeinander stehenden Liniensegmenten auftritt, wird *Gleitung oder Scherung* genannt. Dieser Winkel wird mit γ gekennzeichnet und in Radiant (rad) gemessen. Zur Darstellung, wo diese Winkeländerung herrührt, betrachten wir die Liniensegmente AB und AC, die vom selben Punkt A in einem Körper ausgehen und entlang den senkrecht zueinander stehenden n- bzw. t-Achsen verlaufen, siehe Abbildung 2.2a. Nach der Verformung haben sich die Enden der Linien verschoben, die Linien selbst haben sich gekrümmt, so dass bei A' zwischen ihnen der Winkel θ' ist, Abbildung 2.2b. Somit definieren wir als Gleitung im Punkt A, der den n- und t- Achsen zugeordnet ist,

$$\gamma_{nt} = \frac{\pi}{2} - \lim_{\substack{B' \to A' \text{ entlang } n \\ C' \to A' \text{ entlang } t}} \theta' \tag{2.4}$$

Beachten Sie, dass für θ' kleiner als $\pi/2$ die Gleitung positiv ist, während für θ' größer als $\pi/2$ die Gleitung negativ ist.

Kartesische Verzerrungskoordinaten Mit Hilfe der eingeführten Definitionen von Dehnung und Gleitung werden wir nun zeigen, wie man sie anwendet, um die Deformation eines Körpers allgemein zu beschreiben, siehe Abbildung 2.3a. Dazu stellen wir uns den Körper in kleine Elemente aufgeteilt vor, wie zum Beispiel das in Abbildung 2.3b dargestellte Element. Dieses Element ist rechtwinklig, hat die undeformierten Abmessungen Δx, Δy und Δz und liegt in der Nachbarschaft eines Punktes im Körper, Abbildung 2.3a. Mit der Annahme, dass die Dimensionen des Elements sehr klein sind, stellt die deformierte Form des Elements ein Parallelepiped dar, Abbildung 2.3c, denn die sehr kleinen Linienelemente bleiben nach der Deformation des Körpers ungefähr gerade.

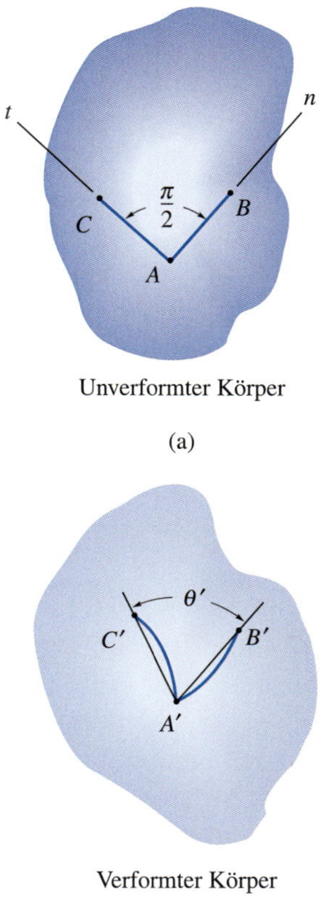

Abbildung 2.2

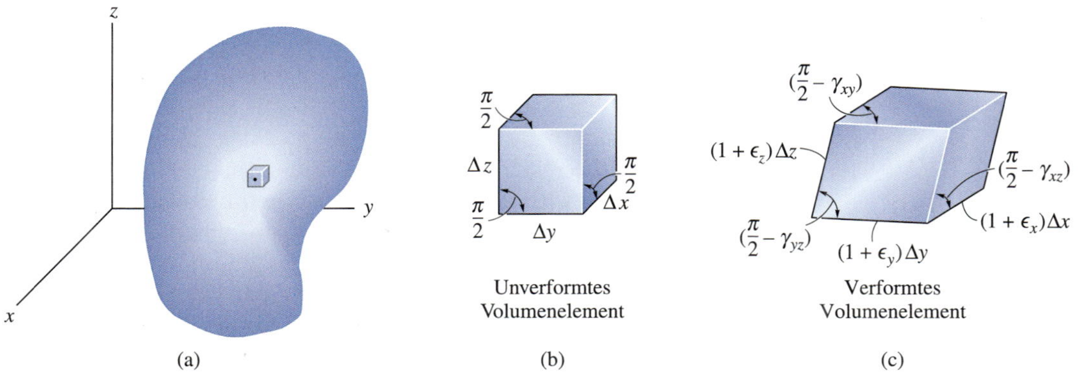

Abbildung 2.3

Damit diese deformierte Form entsteht, müssen wir zuerst untersuchen, wie die Dehnung die Seitenlängen des rechtwinkligen Elements ändert, und anschließend, wie die Gleitung die rechten Winkel jeder Seite ändert. Somit sind unter Nutzung der Gleichung (2.3), $\Delta s' \approx (1+\epsilon)\Delta s$, mit Bezug auf die ursprünglichen Elementlängen Δx, Δy und Δz die aktuellen Seitenlängen des Parallelepipeds näherungsweise über

$$\left(1+\epsilon_x\right)\Delta x,\quad \left(1+\epsilon_y\right)\Delta y \quad \text{und} \quad \left(1+\epsilon_z\right)\Delta z$$

gegeben.

Die aktuellen Winkel zwischen den Seiten, ursprünglich rechte Winkel der Seiten mit den Längen Δx, Δy und Δz, sind näherungsweise

$$\frac{\pi}{2}-\gamma_{xy},\quad \frac{\pi}{2}-\gamma_{yz} \quad \text{und} \quad \frac{\pi}{2}-\gamma_{xz}$$

Das Gummilager unter diesem Betonbrückenträger unterliegt sowohl Dehnungen als auch Gleitungen. Die Dehnung wird durch das Gewicht und die Brückenlasten auf den Träger verursacht, die Gleitung durch die horizontale Bewegung des Trägers aufgrund von Temperaturänderungen.

Beachten Sie insbesondere, dass die *Dehnung eine Änderung des Volumens* des rechtwinkligen Elements bedingt, während die *Gleitung eine Änderung der Form (ohne Volumenänderung)* hervorruft. Natürlich treten beide Effekte während der Deformation gleichzeitig auf.

Zusammenfassend erfordert die Bestimmung des Verzerrungszustandes an einem Punkt des Körpers die Festlegung von drei Dehnungen, ϵ_x, ϵ_y und ϵ_z, sowie drei Gleitungen γ_{xy}, γ_{yz} und γ_{xz}. Diese Verzerrungen beschreiben die Deformation eines in einem Punkt gelegenen Volumenelements eines Materials vollständig, dessen Seiten ursprünglich parallel zu den x-, y-, z-Achsen ausgerichtet waren. Sind diese Verzerrungen in allen Punkten des Körpers erst einmal definiert, kann dann die deformierte Form des Körpers beschrieben werden. Es sollte auch erwähnt werden, dass bei Kenntnis des Verzerrungszustandes in einem Körperpunkt, definiert durch seine sechs Koordinaten, die Bestimmung der Verzerrungen eines Volumenelements anderer Orientierung beliebiger Richtung in diesem Punkt möglich ist. Das wird in *Kapitel 11* erörtert.

Verzerrungen bei kleinen Verformungen Die meisten ingenieurtechnischen Auslegungen umfassen Anwendungen, für die nur *kleine Deformationen* erlaubt sind. Zum Beispiel sind in der Praxis fast alle Tragwerke und Maschinen sehr steif und die Deformationen während ihres Gebrauchs entsprechend klein. Auch wenn die Durchbiegung eines Bauteils wie z.B. für eine dünne Platte oder einen schlanken Stab sehr groß sein kann, ist unter Umständen das Material, aus dem diese bestehen, nur sehr kleinen Deformationen ausgesetzt. Wir werden deshalb hier annehmen, dass innerhalb des Körpers vorliegenden Deformationen infinitesimal klein und damit die auftretenden *Dehnungen* innerhalb des Materials *sehr klein* sind, d.h. es gilt $\epsilon \ll 1$. Diese auf der Größe der Verzerrung basierende Annahme findet in der Technik breite praktische Anwendung und wird oft als *Theorie kleiner Verzerrungen* bezeichnet. Zum Beispiel erlaubt diese es, in guter Näherung $\sin\theta = \theta$, $\cos\theta = 1$ und $\tan\theta = \theta$ zu setzen, vorausgesetzt, θ ist sehr klein.

Wichtige Punkte zur Lösung von Aufgaben

- Äußere Lasten verursachen bei materiellen Körpern eine Verformung. Demzufolge erfahren die Punkte im Körper eine *Verschiebung*, und es kommt zu *Längen- und Winkeländerungen*.
- Die *Dehnung* ist ein Maß der Verlängerung oder Verkürzung eines kleinen Linienelements in dem Körper, die *Gleitung* dagegen ist ein Maß für die Änderung des Winkels, der zwischen zwei ursprünglich senkrecht aufeinander stehenden Linienelementen vorliegt.
- Der Verzerrungszustand in einem Punkt wird durch sechs Verzerrungskoordinaten charakterisiert: drei Dehnungen, ϵ_x, ϵ_y, ϵ_z, und drei Gleitungen, γ_{xy}, γ_{yz}, γ_{xz}. Diese Größen hängen von der Orientierung der Liniensegmente und ihrer Position im Körper ab.
- Verzerrungen sind geometrische Größen, die durch experimentelle Untersuchungen gemessen werden. Sind diese erst einmal bekannt, können danach die Spannungen im Körper aus den verknüpfenden Materialgesetzen ermittelt werden.
- Bei den meisten Konstruktionswerkstoffen treten nur kleine Verzerrungen auf; somit sind Dehnung und Gleitung sehr klein. Diese Annahmen der „Theorie kleiner Verzerrungen" erlauben beispielsweise eine vereinfachte Berechnung der Dehnung, weil Näherungen erster Ordnung hinsichtlich ihrer Größe getroffen werden können.

Beispiel 2.1

Der in Abbildung 2.4 dargestellte dünne Stab ist einer Temperaturerhöhung entlang seiner Achse ausgesetzt, die eine Dehnung im Stab $\epsilon_z = \epsilon_0\,(z/l)^{1/2}$ hervorruft. Bestimmen Sie (a) die Verschiebung des Endes B des Stabes aufgrund der Temperaturerhöhung und (b) die mittlere Normaldehnung im Stab.

$l = 200$ mm, $\epsilon_0 = 10(10^{-3})$

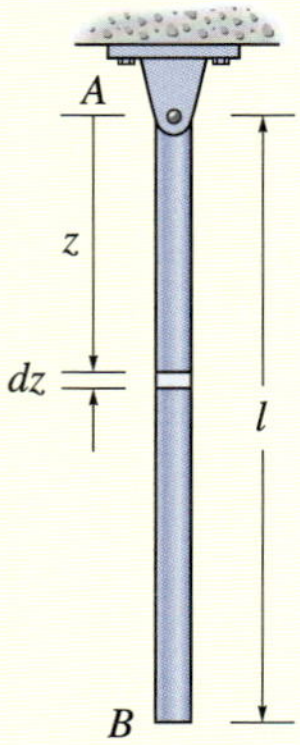

Abbildung 2.4

Lösung

Teil (a) Weil die Dehnung in jedem Punkt entlang des Stabes angegeben ist, hat ein sich an der Position z befindliches, differenzielles Element dz, Abbildung 2.4, eine Verformungslänge, die aus Gleichung (2.3) ermittelt werden kann:

$$dz' = (1+\epsilon_z)\,dz$$

Die Summation aller verformten Längenelemente führt zur gesamten Länge nach der Verformung, d.h.

$$z' = \int_0^l \left(1+\epsilon_0\sqrt{\frac{z}{l}}\right)dz = \left[z + \frac{\epsilon_0}{l^{1/2}}\frac{2}{3}z^{\frac{3}{2}}\right]_0^l$$

$$z' = \left[l + \frac{2}{3}\epsilon_0 l\right]$$

$$z' = 0{,}20133 \text{ m}$$

Die Verschiebung des Stabendes ist deshalb

$$\Delta_B = z' - l = 0{,}20133 \text{ m} - 0{,}2 \text{ m} = 0{,}00133 \text{ m} = 1{,}33 \text{ mm}$$

Teil (b) Die mittlere Dehnung in dem Stab wird aus Gleichung (2.1) ermittelt, wobei man davon ausgeht, dass der Stab oder das „Längenelement" eine ursprüngliche Länge von 200 mm und eine Längenänderung von $1{,}33$ mm hat. Somit ist

$$\epsilon_{mittl} = \frac{\Delta s' - \Delta s}{\Delta s} = \frac{201{,}33\,\text{mm} - 200\,\text{mm}}{200\,\text{mm}} = \frac{1{,}33\,\text{mm}}{200\,\text{mm}}$$

$$\epsilon_{mittl} = 0{,}00665 \text{ mm/mm}$$

Beispiel 2.2 Eine Kraft, die am Griff des Hebels angreift, dargestellt in Abbildung 2.5a, verursacht eine Verdrehung des Hebels im Uhrzeigersinn um den Winkel von $\theta = 0{,}002$ rad. Bestimmen Sie die mittlere Dehnung, die in dem Draht BC auftritt.

$h = 0{,}5$ m, $l = 1$ m, $\theta = 0{,}002$ rad

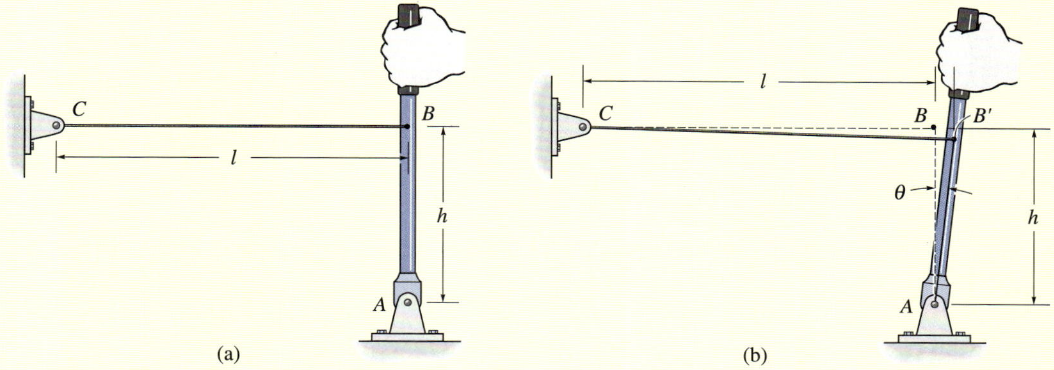

Abbildung 2.5

Lösung

Weil $\theta = 0{,}002$ rad sehr klein ist, beträgt die Verlängerung des Drahtes CB, Abbildung 2.5b, $BB' = \theta h = (0{,}002\ \text{rad})(0{,}5\ \text{m}) = 0{,}001\ \text{m}$. Die mittlere Dehnung ist demnach

$$\epsilon_{mittl} = \frac{BB'}{CB} = \frac{0{,}001\,\text{m}}{1\,\text{m}}$$

$$\epsilon_{mittl} = 0{,}001\ \text{m/m}$$

Beispiel 2.3

Die Platte verformt sich wie gestrichelt dargestellt, siehe Abbildung 2.6a. Bestimmen Sie (a) die mittlere Dehnung entlang der Seite AB und (b) die mittlere Gleitung in der Platte relativ zu den x- und y-Achsen, wenn im deformierten Zustand die horizontalen Linien auf der Platte horizontal bleiben und ihre Länge nicht ändern.

$b = 300$ mm, $h = 250$ mm, $b_x = 3$ mm, $h_y = 2$ mm

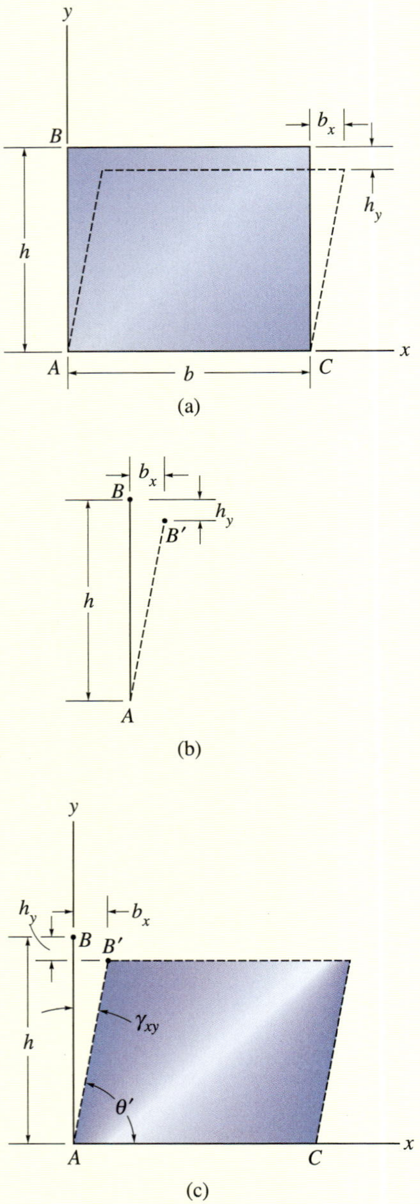

Abbildung 2.6

Lösung

Teil (a) Die Strecke AB, ursprünglich auf der y-Achse, wird nach der Deformation die Strecke AB', wie in Abbildung 2.6b dargestellt. Die aktuelle Streckenlänge ist

$$(AB')^2 = \left(h - h_y\right)^2 + \left(b_x\right)^2$$

$$AB' = \sqrt{\left(h - h_y\right)^2 + \left(b_x\right)^2} = \sqrt{\left(250\,\text{mm} - 2\,\text{mm}\right)^2 + \left(3\,\text{mm}\right)^2}$$

$$AB' = 248{,}018 \text{ mm}$$

Die mittlere Dehnung für AB ist demzufolge

$$\left(\epsilon_{AB}\right)_{mittl} = \frac{AB' - AB}{AB} = \frac{248{,}018\,\text{mm} - 250\,\text{mm}}{250\,\text{mm}}$$

$$\left(\epsilon_{AB}\right)_{mittl} = -7{,}93(10^{-3}) \text{ mm/mm}$$

Das negative Vorzeichen zeigt an, dass die Dehnung eine Kontraktion von AB verursacht.

Teil (b) Wie in Abbildung 2.6c angegeben, ändert sich der ursprüngliche 90°-Winkel BAC zwischen den von den x-, y-Achsen gebildeten Plattenseiten zu θ' infolge der Verschiebung von B nach B'. Weil $\gamma_{xy} = \pi/2 - \theta'$ gilt, ist γ_{xy} dann der in der Abbildung dargestellte Winkel. Somit ist

$$\gamma_{xy} = \arctan\left(\frac{b_x}{h - h_y}\right) = \arctan\left(\frac{3\,\text{mm}}{250\,\text{mm} - 2\,\text{mm}}\right) = 0{,}01209$$

$$\gamma_{xy} = 0{,}0121 \text{ rad}$$

Beispiel 2.4 Die in Abbildung 2.7a dargestellte Platte wird durch starre horizontale Führungen oben (AD) und unten (BC) gehalten. Bestimmen Sie (a) die mittlere Dehnung entlang der Diagonalen AC und (b) die Gleitung bei E in Bezug zu den x-, y-Achsen, wenn die rechte Seite CD gleichmäßig horizontal um b verschoben wird.

$a = 150$ mm, $b = 2$ mm, $\theta = 90°$

Abbildung 2.7

Lösung

Teil (a) Bei der Plattendeformation ändert sich die Diagonale AC zu AC', siehe Abbildung 2.7b. Die Längen der Diagonalen AC und AC' kann man mit Hilfe des Satzes von Pythagoras ermitteln. Wir erhalten

$$AC^2 = a^2 + a^2$$

$$AC = \sqrt{2(a^2)} = \sqrt{2(150\,\text{mm})^2} = 212{,}1 \text{ mm}$$

$$(AC')^2 = a^2 + (a+b)^2$$

$$AC' = \sqrt{(a)^2 + (a+b)^2} = \sqrt{(150\,\text{mm})^2 + (150\,\text{mm} + 2\,\text{mm})^2}$$

$$AC' = 213{,}55 \text{ mm}$$

Folglich ist die mittlere Dehnung entlang der Diagonalen

$$(\epsilon_{AC})_{mittl} = \frac{AC' - AC}{AC} = \frac{213{,}55\,\text{mm} - 212{,}13\,\text{mm}}{212{,}13\,\text{mm}}$$

$$(\epsilon_{AC})_{mittl} = 0{,}00669 \text{ mm/mm}$$

Teil (b) Zur Ermittlung der Gleitung bei E in Bezug zu den x- und y-Achsen ist es zunächst erforderlich, den Winkel θ' zu bestimmen, der den Winkel zwischen diesen Achsen nach der Deformation festlegt, siehe Abbildung 2.7b. Wir erhalten somit

$$\tan\left(\frac{\theta'}{2}\right) = \frac{\frac{a}{2} + \frac{b}{2}}{\frac{a}{2}} = \frac{75\,\text{mm} + 1\,\text{mm}}{75\,\text{mm}} = 1{,}01333 \qquad \frac{\theta'}{2} = 45{,}38°$$

$$\theta' = 90{,}759°\frac{\pi}{180°} = 1{,}58404 \text{ rad}$$

Bei Verwendung der Gleichung (2.4) ist die Gleitung bei E folglich

$$\gamma_{xy} = \frac{\pi}{2} - \theta' = 1{,}570796 - 1{,}58404 = -0{,}0132 \text{ rad}$$

Entsprechend der Vorzeichenkonvention zeigt das negative Vorzeichen an, dass der Winkel θ' *größer als* 90° ist. Beachten Sie, dass im Falle von horizontalen bzw. vertikalen Bezugsachsen durch E aufgrund der vorliegenden Deformation im Punkt E $\gamma_{xy} = 0$ wäre.

Mechanische Materialeigenschaften

3

ÜBERBLICK

Erdbeben und die damit verbundenen horizontalen Bodenverschiebungen können in den Stützpfeilern von Brücken derart extreme Spannungen hervorrufen, dass sie brechen. Die Materialeigenschaften von Beton und Stahlarmierung müssen bekannt sein, damit Ingenieure die Pfeiler so bemessen können, dass ein Versagen vermieden wird.

Lernziele

Nachdem wir die grundlegenden Begriffe der Spannung und der Verzerrung eingeführt haben, werden wir in diesem Kapitel zeigen, wie für ein bestimmtes Material die Normalspannung mit der Dehnung verknüpft werden kann und zwar mit Hilfe von experimentellen Methoden als so genanntes Spannungs-Dehnungs-Diagramm. Das in diesem Diagramm beschriebene Verhalten wird danach für häufig im Ingenieurwesen verwendete Werkstoffe erörtert. Zudem werden mechanische Eigenschaften und andere Testverfahren diskutiert, die mit der Entwicklung der Festigkeitslehre in Beziehung stehen.

3.1 Zug- und Druckversuch

Die Festigkeit eines Materials hängt von seiner Fähigkeit ab, einer äußeren Belastung ohne bleibende Verformung oder Versagen zu widerstehen. Diese Eigenschaft ist vom Material selbst abhängig und muss durch Experimente bestimmt werden. Eines der wichtigsten Testverfahren, die in dieser Hinsicht durchgeführt werden, ist der **Zugversuch**. Obwohl viele wichtige mechanische Materialeigenschaften mit diesem Versuch ermittelt werden können, wird er vorrangig zur Ermittlung der Beziehung zwischen der mittleren Normalspannung und der mittleren Dehnung in vielen Konstruktionswerkstoffen wie Metallen, Keramiken, Polymeren und Verbundmaterialien eingesetzt. Für die Durchführung eines Zug- oder Druckversuchs wird eine Materialprobe in eine „Standard"-Form und -Größe gebracht. Vor dem Versuch bringt man zwei kleine Messmarken über der Länge des Probekörpers an. Diese Marken befinden sich in einem gewissen Abstand von den jeweiligen Enden des Probekörpers, denn die Spannungssituation ist an den Enden aufgrund der Einspannung in der Greifvorrichtung, wo die Kraft einwirkt, recht komplex. Es werden sowohl der Ausgangsquerschnitt A_0 als auch die **Messstrecke** L_0 zwischen den Markierungen der Probe gemessen. Ein Metall-Probekörper, der in einem Zugversuch eingesetzt wird, kann z.B. einen Ausgangsdurchmesser $d_0 = 13$ mm und eine Messstrecke $L_0 = 50$ mm haben, Abbildung 3.1. Damit eine Axiallast ohne Verbiegung der Probe einwirken kann, sind die Enden gewöhnlich in Kugelgelenken gelagert.

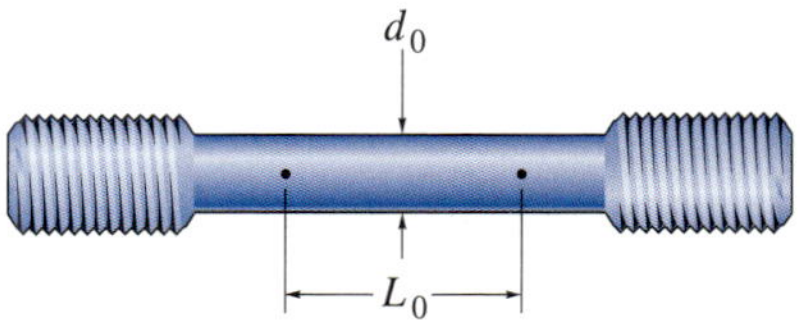

Abbildung 3.1

Typischer Stahl-Probekörper mit aufgeklebten Dehnmessstreifen

Es wird dann eine Versuchsanordnung, dargestellt in Abbildung 3.2, verwendet, um den Probekörper mit einer sehr langsamen, konstanten Rate zu strecken, bis der Zeitpunkt des Bruchs erreicht ist. Die Messvorrichtung zeigt die Last an, die für diese gleichmäßige Verlängerung notwendig ist.

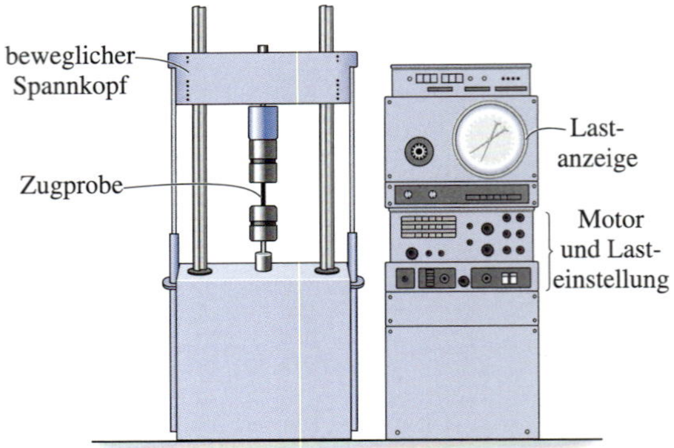

Abbildung 3.2

Während eines Messintervalls werden die Daten der momentan wirkenden Last P von der Anzeige abgelesen oder digital aufgezeichnet. Genauso kann die Längenänderung $\delta = L - L_0$ zwischen den Messmarken des Probekörpers entweder mit Hilfe einer Schublehre oder einem mechanischen bzw. optischen Gerät, dem *Extensometer* oder *Dehnungsmesser*, gemessen werden. Dieser Wert δ wird dann verwendet, um die mittlere Dehnung im Probekörper zu berechnen. Manchmal wird diese Messung allerdings gar nicht durchgeführt, denn es ist auch möglich, die Dehnung *direkt* mittels eines elektrischen *Dehnmessstreifens* zu ermitteln, der so aussieht, wie in Abbildung 3.3 dargestellt. Die Arbeitsweise basiert auf der Änderung des elektrischen Widerstandes eines sehr dünnen Drahtes oder eines Stückchens Metallfolie, wenn diese gedehnt werden. Wichtig ist dabei, dass der Messstreifen in der maßgebenden Richtung auf dem Probekörper möglichst fest aufgeklebt wird. Wenn der Kleber im Verhältnis zum Messstreifen sehr fest ist, dann ist der Messstreifen im Prinzip integraler Bestandteil des Probekörpers, so dass der Draht des Messstreifens und der Probekörper derselben Dehnung unterliegen. Durch die Messung des elektrischen Widerstands des Drahtes kann der Messstreifen so kalibriert werden, dass die Werte für die Dehnung direkt ablesbar sind.

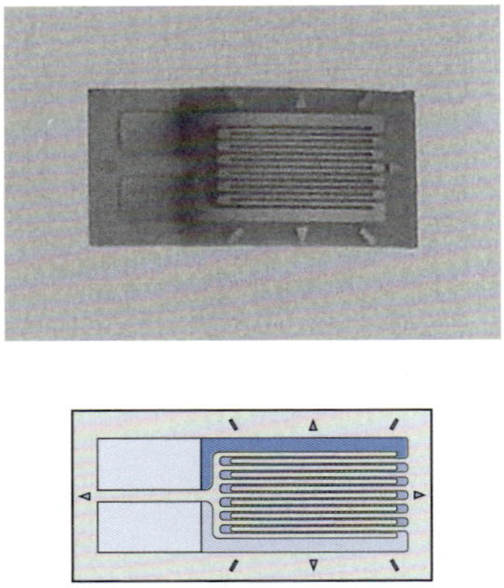

Elektrischer Dehnungsmessstreifen

Abbildung 3.3

3.2 Spannungs-Dehnungs-Diagramm

Aus den Daten eines Zugversuchs ist es möglich, verschiedene Werte der Spannung und der damit in Zusammenhang stehenden Dehnung in dem Probekörper zu berechnen und die Ergebnisse grafisch darzustellen. Die resultierende Kurve wird *Spannungs-Dehnungs-Diagramm* genannt. Es gibt zwei Arten, wie man es gewöhnlich aufzeichnet.

Konventionelles Spannungs-Dehnungs-Diagramm Mit Hilfe der aufgezeichneten Daten können wir die *Nominalspannung* durch Division der aufgebrachten Last P durch die *ursprüngliche* Querschnittsfläche A_0 bestimmen. Bei dieser Rechnung wird angenommen, dass die Spannung über dem Querschnitt und im Bereich zwischen den Messpunkten konstant ist. Wir erhalten

$$\sigma = \frac{P}{A_0} \tag{3.1}$$

Entsprechend wird die *Nominaldehnung* direkt aus den Messwerten des Dehnmessstreifens oder durch Division der Messlängenänderung δ der Probe durch die Ausgangsmesslänge L_0 gewonnen. Hier nimmt man an, dass die Dehnung im Bereich zwischen den Messpunkten konstant ist. Somit ist

$$\epsilon = \frac{\delta}{L_0} \tag{3.2}$$

Wenn man die korrespondierenden Werte für σ und ϵ mit der Ordinate für die Spannung und der Abszisse für die Dehnung grafisch darstellt, wird die resultierende Kurve bzw. der Graph konventionelles *Spannungs-Dehnungs-Diagramm* genannt. Dieses Diagramm ist für das Ingenieurwesen von großer Bedeutung, denn es stellt ein geeignetes Hilfsmittel zur Verfügung, Daten über die Zug- oder Druckfestigkeit eines Materials *ohne* Berücksichtigung seiner Geometrie zu erhalten. Beachten Sie jedoch, dass keine zwei Spannungs-Dehnungs-Diagramme für ein einziges Material einander genau gleichen, denn die Ergebnisse sind abhängig von solchen Variablen wie Werkstoffzusammensetzung, mikroskopisch kleinen Unregelmäßigkeiten, Herstellungsmethode, Belastungsgrad, sowie der Temperatur während des Versuchszeitraumes.

Wir werden nun die Merkmale einer konventionellen Spannungs-Dehnungs-Kurve für Stahl diskutieren, einem häufig verwendeten Material zur Herstellung von Tragwerksteilen bzw. von Maschinenelementen. Unter Anwendung der oben beschriebenen Methode ist das charakteristische Spannungs-Dehnungs-Diagramm für einen Stahlprobekörper in Abbildung 3.4 dargestellt. Aus dieser Kurve können wir vier unterschiedliche Arten ablesen, wie sich das Material abhängig von der Größe der eingeprägten Dehnung verhält.

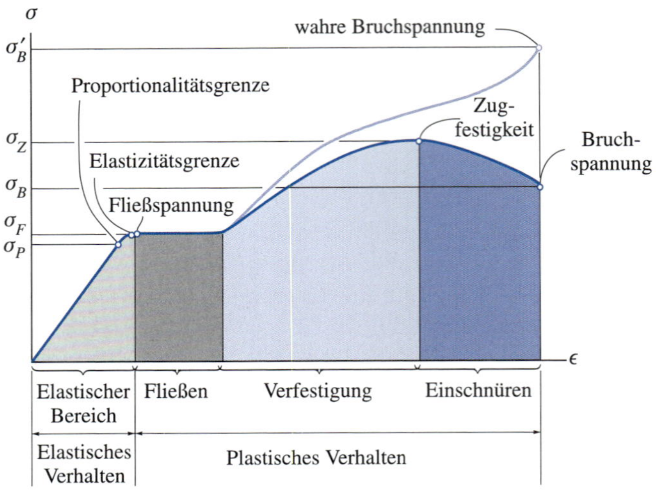

Konventionelles und wahres Spannungs-Dehnungs-Diagramm
für duktiles Material (Stahl), nicht maßstabstreu

Abbildung 3.4

Elastisches Verhalten. Elastisches Verhalten eines Materials tritt auf, wenn die Dehnungen der Probe innerhalb des linken Bereichs, Abbildung 3.4, bleiben. Es ist ersichtlich, dass der Kurvenverlauf tatsächlich eine *Gerade* über fast den gesamten Bereich ist, so dass die Spannung dort *proportional* zur Dehnung ist. Mit anderen Worten, das Material ist *linear elastisch*. Die obere Spannungsgrenze für diesen linearen Zusammenhang wird Proportionalitätsgrenze σ_P genannt. Geht die Spannung leicht über die **Proportionalitätsgrenze** hinaus, dann reagiert das Material noch elastisch, allerdings krümmt sich die Kurve leicht und wird flacher, wie abgebildet. Das setzt sich fort, bis die Spannung die **Elastizitätsgrenze** erreicht. Bis zum Erreichen dieses Punktes geht der Probekörper wieder in seine Ausgangsform zurück, wenn die Belastung weggenommen wird. Die Elastizitätsgrenze wird für Stahl jedoch gewöhnlich selten ermittelt, denn diese befindet sich sehr nahe an der Proportionalitätsgrenze und ist deshalb eher schwer festzustellen.

Fließen. Eine leichte Steigerung der Spannung über die Elastizitätsgrenze hinaus führt zu Fehlern im Material und verursacht eine *bleibende Deformation*. Dieses Verhalten wird **Fließen** genannt und wird durch den zweiten schattierten Bereich der Kurve repräsentiert. Die Spannung, die das Fließen verursacht, wird **Fließgrenze** oder **Streckgrenze** σ_F genannt, die auftretende Deformation heißt **plastische oder bleibende Verformung**. Obwohl nicht in Abbildung 3.4 dargestellt, wird die Fließgrenze für kohlenstoffarme bzw. heiß gewalzte Stähle oft durch zwei Werte charakterisiert. Die **obere Fließgrenze** wird zuerst erreicht, gefolgt durch eine plötzliche Abnahme der Lastaufnahmekapazität bis zur **unteren Fließgrenze**. Ist dieser Punkt jedoch einmal erreicht, wird der Probekörper *ohne Erhöhung der Belastung* weiter gedehnt, siehe Abbildung 3.4. Beachten Sie, dass die Darstellung nicht maßstabstreu ist.

In einer realen Darstellung wären die induzierten Dehnungen aufgrund des Fließens 10- bis 40-mal größer gegenüber den erzeugten Dehnungen bis zur Elastizitätsgrenze. Dieser Zustand, in dem sich das Material dann befindet, wird als **ideal-plastisch** bezeichnet.

Verfestigung. Am Ende des Fließens kann die Last weiter erhöht werden. Dies führt zu einer Kurve, die beständig ansteigt, allerdings immer flacher wird, bis sie eine Maximalspannung erreicht, die als **Zugfestigkeit** σ_Z bezeichnet wird. Der Anstieg der Kurve in dieser Form wird Verfestigung genannt, in der Abbildung 3.4 als dritter Bereich erkennbar. Während der gesamten Versuchszeit, in der die Probe gestreckt wird, verkleinert sich die Querschnittsfläche. Diese Verkleinerung der Fläche geschieht ziemlich gleichmäßig, selbst bis zu dem Dehnungswert, der mit der Zugfestigkeit korrespondiert.

Einschnürung. Am Zugfestigkeitspunkt beginnt sich die Querschnittsfläche anstatt über ihre gesamte Länge in einem *lokalen* Bereich der Probe zu verkleinern. Dieses Phänomen wird durch Gleitebenen verursacht, die sich innerhalb des Materials ausbilden. Die tatsächlich erzeugten Dehnungen werden durch Schubspannungen verursacht (siehe *Kapitel 11.7*). Demzufolge bildet sich bei weiterer Streckung in diesem Bereich allmählich eine Einschnürung der Probe aus, siehe Abbildung 3.5a. Die kleinere Fläche kann nur eine beständig kleiner werdende Belastung aufnehmen, denn die Querschnittsfläche vermindert sich in diesem Bereich immer weiter. Somit verläuft die Kurve des Spannungs-Dehnungs-Diagramms zunehmend nach unten, bis die Probe bei der **Bruchspannung** σ_B bricht, siehe der ganz rechts liegende Bereich in Abbildung 3.4.

Typisches Einschnürmuster, das sich an diesem Stahlprobekörper kurz vor dem Bruch ausbildete.

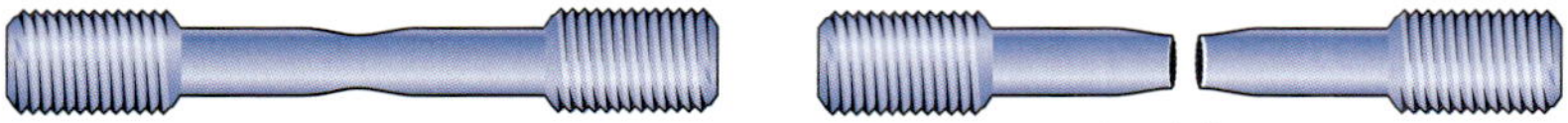

Abbildung 3.5

Wahres Spannungs-Dehnungs-Diagramm Anstatt zur Berechnung der (Bemessungs-) Spannung und Dehnung immer die *ursprüngliche* Querschnittsfläche und Länge des Probekörpers zu verwenden, hätten wir auch die *tatsächliche* Querschnittsfläche und Probekörperlänge in jedem *Messpunkt* nehmen können. Die aus diesen Messungen berechneten Werte der Spannung und Dehnung werden *wahre Spannung* und *wahre Dehnung* bezeichnet; die grafische Darstellung ihrer Abhängigkeit wird das **wahre Spannungs-Dehnungs-Diagramm** genannt. Wenn dieses Diagramm erstellt wird, hat es die in Abbildung 3.4 durch die dünnere Linie dargestellte Form. Beachten Sie, dass sowohl das konventionelle als auch das wahre σ-ϵ-Diagramm praktisch übereinander liegen, wenn die Dehnung klein ist. Die Unterschiede zwischen den Diagrammen werden erst im Bereich der Verfestigung sichtbar, in dem der Wert der Dehnung einen höheren Einfluss hat. Insbesondere gibt es eine starke Abweichung im Einschnür-Bereich. Hier ist aus dem konventionellen σ-ϵ-Diagramm erkennbar, dass die Probe *tatsächlich* eine *abnehmende Belastung* aufnimmt, denn A_0 ist bei der Berechnung der Bemessungsspannung konstant, $\sigma = P/A_0$. Wie dem wahren σ-ϵ-Diagramm zu entnehmen ist, nimmt die tatsächliche Fläche A innerhalb des Einschnürbereichs jedoch bis zum Bruch bei σ_B stärker ab als die Last, d.h. das Material erfährt eine *steigende Spannung*, denn $\sigma = P/A$.

Obwohl das wahre und das konventionelle Spannungs-Dehnungs-Diagramm unterschiedlich sind, erfolgt die Mehrzahl der konstruktiven Bemessungen innerhalb des elastischen Bereichs mit Hilfe des konventionellen Spannungs-Dehnungs-Diagramms, denn die Verformung des Materials ist dort im Allgemeinen nicht sehr groß. Vorausgesetzt, das Material ist wie die meisten Metalle „steif", bleibt die Dehnung bis zur Elastizitätsgrenze klein. Der Fehler bei der Anwendung der konventionellen Werte von σ und ϵ bleibt im Vergleich mit den wahren Werten sehr klein (ca. 0,1%). Das ist einer der Hauptgründe für die Anwendung des konventionellen Spannungs-Dehnungs-Diagramms.

Die erläuterten Konzepte können wie in Abbildung 3.6 zusammengefasst werden, die ein aktuelles konventionelles Spannungs-Dehnungs-Diagramm für eine unlegierte Stahlprobe zeigt. Zur Hervorhebung der Details wurde der elastische Bereich der Kurve in heller Farbe und in einem stark gespreizten Dehnungsmaßstab, auch in heller Farbe, dargestellt. Bei Beobachtung des Verhaltens wird unter steigender Last die Proportionalitätsgrenze bei $\sigma_P = 240$ MPa erreicht, wobei $\epsilon_P = 0{,}0012$ mm/mm ist. Diese wird gefolgt durch die obere Streckgrenze $(\sigma_F)_o = 262$ MPa, dann unmittelbar durch die untere Streckgrenze $(\sigma_F)_u = 248$ MPa. Das Ende des Fließens ist erreicht bei $\epsilon_F = 0{,}030$ mm/mm, das ist das 25-fache der Dehnung an der Proportionalitätsgrenze! Weitergehend wird die Probe verfestigt, bis die Zugfestigkeit erreicht wird, $\sigma_Z = 435$ MPa, dann beginnt die Einschnürphase bis zum Materialbruch bei $\sigma_B = 324$ MPa. Die Dehnung $\epsilon_B = 0{,}380$ mm/mm beim Bruch ist 317mal größer als ϵ_P!

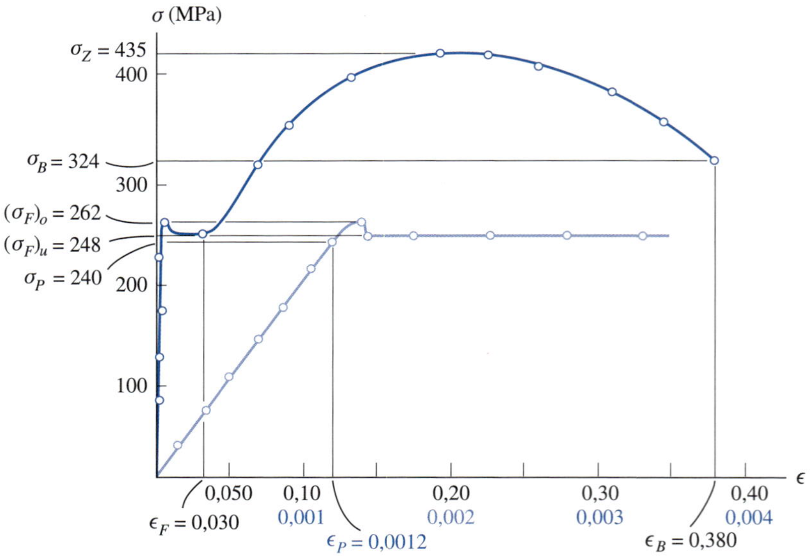

Spannungs-Dehnungs-Diagramm für unlegierten Stahl

Abbildung 3.6

3.3 Spannungs-Dehnungs-Verhalten von duktilen und spröden Materialien

Werkstoffe können abhängig von ihren Spannungs-Dehnungs-Eigenschaften entweder als duktil oder spröde klassifiziert werden.

Zähe Materialien Jedes Material, das vor seinem Bruch stark gedehnt werden kann, nennt man **zäh** oder **duktil**. Unlegierter Stahl ist, wie bereits erörtert, ein typisches derartiges Material. Ingenieure wählen für den Entwurf häufig duktile Werkstoffe aus, denn diese sind in der Lage, Stöße oder Energie zu absorbieren und wenn sie überlastet werden, zeigen sie gewöhnlich eine starke Deformation bevor sie endgültig versagen.

Eine Möglichkeit, die Zähigkeit eines Materials zu bestimmen, ist die Dokumentation seiner prozentualen Dehnung oder prozentualen Flächenverkleinerung zum Zeitpunkt des Bruchs. Die **prozentuale Dehnung** ist die Bruchdehnung der Probe, ausgedrückt in Prozent. Somit ergibt sich, wenn die Ausgangs-Messstreckenlänge der Probe L_0 und die Länge zum Zeitpunkt des Bruchs L_B ist, die Beziehung

$$\textit{prozentuale Dehnung} = \frac{L_B - L_0}{L_0}(100\%) \qquad (3.3)$$

Wie in Abbildung 3.6 zu sehen, wäre dieser Wert für unlegierten Stahl 38% mit $\epsilon_B = 0{,}380$.

Die **prozentuale Verkleinerung der Fläche** ist eine andere Möglichkeit, die Duktilität zu charakterisieren. Sie ist als

$$\textit{prozentuale Flächenreduktion} = \frac{A_0 - A_B}{A_0}(100\%) \qquad (3.4)$$

definiert.

Hierbei ist A_0 die Ausgangs-Querschnittsfläche der Probe und A_B ist die Bruchfläche. Unlegierter Stahl hat typischerweise einen Wert von 60%.

Neben Stahl können auch andere Metalle, wie z.B. Messing, Molybdän, und Zink ähnlich duktiles Spannungs-Dehnungs-Verhalten aufweisen, wobei sie das elastische Spannungs-Dehnungs-Verhalten, Fließen bei konstanter Spannung, Verfestigung und schließlich die Einschnürungsphase bis zum Bruch durchlaufen. Allerdings *tritt* die Phase des ausgeprägten Fließens bei den meisten Metallen jenseits des elastischen Bereiches *nicht auf*. Ein Metall, für das dieses Verhalten zutrifft, ist Aluminium. Tatsächlich besitzt dieses Metall keine gut erkennbare Fließgrenze, und daher ist es üblich, eine **Fließfestigkeit** für Aluminium unter Nutzung einer grafischen Methode, der sog. **Offset-Methode,** festzulegen. Normalerweise wird eine 0,2%-Dehnung (0,002 mm/mm) zugrunde gelegt. Ab diesem

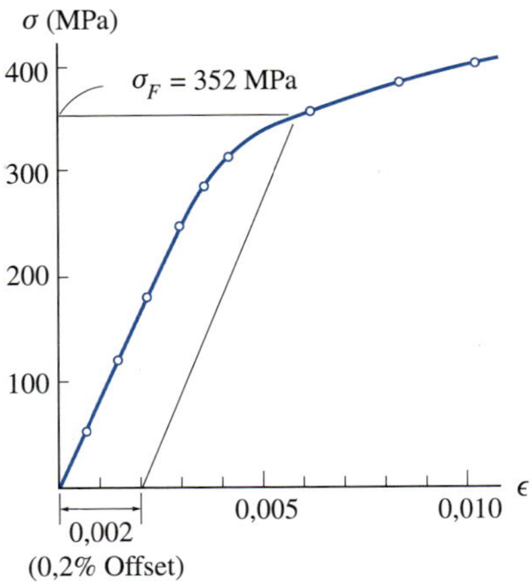

Fließfestigkeit für eine Aluminiumlegierung

Abbildung 3.7

Punkt der ϵ-Achse wird eine Linie parallel zum linearen Kurvenverlauf des ursprünglichen Spannungs-Dehnungs-Diagramms eingezeichnet. Der Punkt, wo diese Linie die Kurve schneidet, definiert die Fließfestigkeit. Ein Beispiel dieses grafischen Verfahrens zur Bestimmung der Fließfestigkeit für eine Aluminiumlegierung zeigt Abbildung 3.7. Aus der Kurve ist zu entnehmen, dass die Fließfestigkeit $\sigma_F = 352$ MPa beträgt.

Beachten Sie, dass die Fließfestigkeit keine physikalische Eigenschaft des Materials ist, sondern die Spannung darstellt, die eine *festgelegte* bleibende Dehnung im Material verursacht. In diesem Lehrbuch werden wir jedoch annehmen, dass die Fließfestigkeit, die Elastizitätsgrenze und die Proportionalitätsgrenze alle *zusammenfallen*, es sei denn, dies wird ausdrücklich anders angegeben. Eine Ausnahme macht natürlicher Gummi, der tatsächlich keine Proportionalitätsgrenze aufweist, denn Spannung und Dehnung stehen in *keiner* linearen Beziehung miteinander, siehe Abbildung 3.8. Stattdessen zeigt das Material, das als Polymer bekannt ist, ein *nichtlineares elastisches Verhalten.*

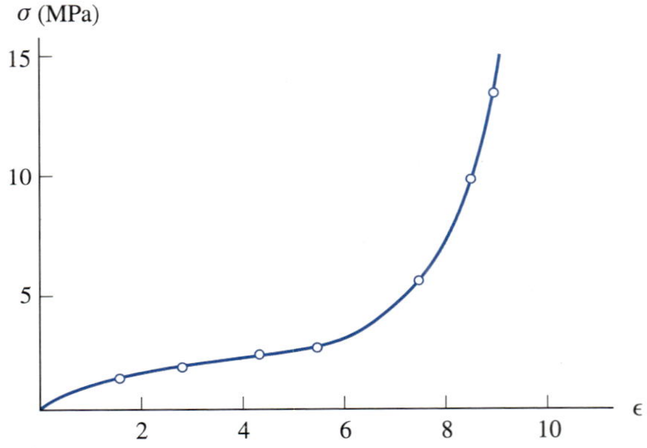

σ-ϵ-Diagramm für Naturgummi

Abbildung 3.8

Holz ist ein Werkstoff, der sich häufig leicht duktil verhält, und somit wird er gewöhnlich nur für die Aufnahme von Lasten im elastischen Bereich ausgelegt. Die Festigkeitseigenschaften von Holz variieren von Typ zu Typ sehr stark und hängen zudem auch noch vom Feuchtigkeitsgehalt, dem Alter, der Größe und der Anordnung der Astknoten ab. Weil Holz ein Fasermaterial ist, unterscheiden sich seine Festigkeitseigenschaften sehr stark, wenn es entweder parallel oder senkrecht zur Maserung belastet wird. Besonders leicht splittert Holz, wenn es senkrecht zur Maserung auf Zug belastet wird. Deshalb belastet man Holzbauteile konsequenterweise gezielt auf Zug parallel zur Maserung.

Spröde Materialien Werkstoffe, die wenig oder kein Fließen vor dem Bruch aufweisen, werden als ***spröde Materialien*** bezeichnet. Ein Beispiel ist Grauguss, der bei Zugbeanspruchung ein Spannungs-Dehnungs-Diagramm hat, wie in Abbildung 3.9 durch den Anteil *AB* des Kurvenverlaufs dargestellt. Hier fand der Bruch bei $\sigma_B = 152$ MPa statt, verursacht durch eine Störstelle oder einen mikroskopisch kleinen Riss, der sich dann sehr rasch über die gesamte Probe ausweitete, bis es zum vollständigen Bruch kam. Bei dieser Art des Versagens haben spröde Materialien demzufolge keine ausgeprägte zugverursachte Bruchspannung, denn das Auftreten der ersten Risse beginnt in der Probe eher zufällig. Dagegen kann eine mittlere Bruchspannung aus einer beobachteten Reihe von Versuchen allgemein angegeben werden. Ein typisches Versagensbild eines auf Zug beanspruchten Probekörpers stellt Abbildung 3.10a dar.

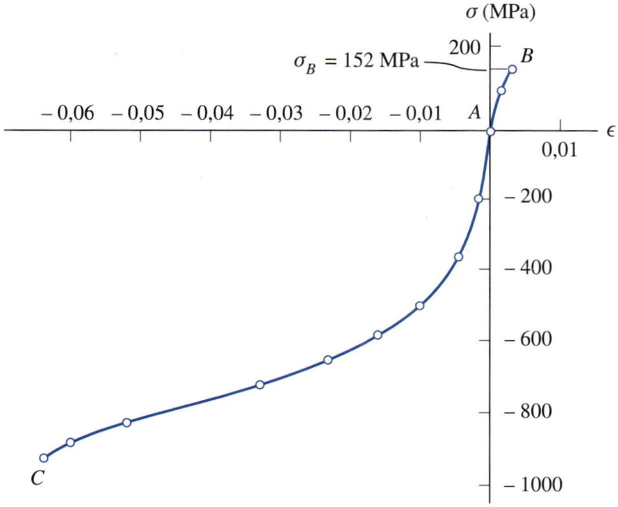

σ-ϵ-Diagramm für Grauguss

Abbildung 3.9

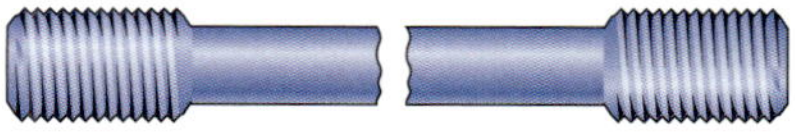

Versagen eines spröden Materials durch Zugbeanspruchung

(a)

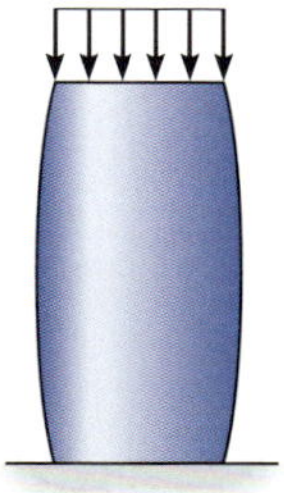

Druck verursacht ein Ausbauchen des Materials

(b)

Abbildung 3.10

Im Vergleich zum Verhalten bei Zugbeanspruchung zeigen spröde Materialien, wie z.B. Grauguss, einen wesentlich höheren Widerstand bei axialer Druckbeanspruchung, wie aus dem Bereich *AC* der Kurve ersichtlich ist, Abbildung 3.9. In diesem Fall neigen alle Risse oder Störstellen in der Probe dazu, sich zu schließen. Bei einer Belastungserhöhung baucht sich das Material allgemein aus und erhält bei einer Erhöhung der Dehnung das Aussehen eines Fasses, Abbildung 3.10b.

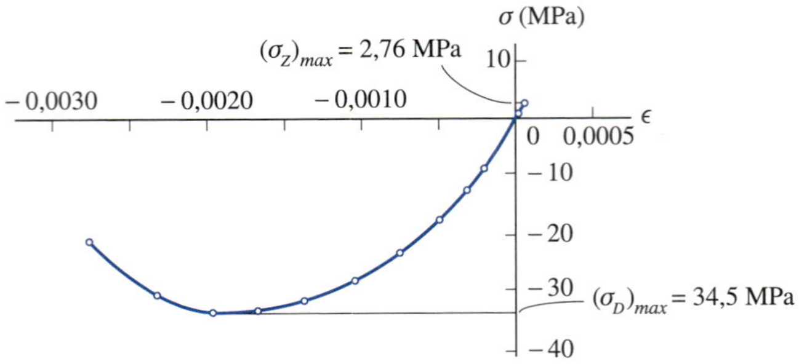

σ-ϵ-Diagramm für eine typische Betonmischung

Abbildung 3.11

Genauso wie Grauguss wird Beton als sprödes Material klassifiziert, denn seine Festigkeit bei Zugbeanspruchung ist ebenfalls recht klein. Die charakteristischen Eigenschaften seines Spannungs-Dehnungs-Diagramms hängen hauptsächlich von der Betonmischung (Wasser, Sand, Kies, Zement), sowie von Zeit und Temperatur der Aushärtung ab. Ein typisches Beispiel eines „vollständigen" Spannungs-Dehnungs-Diagramms für Beton zeigt Abbildung 3.11. Ersichtlich ist seine maximale Druckfestigkeit 12,5-mal größer als seine Zugfestigkeit: $(\sigma_D)_{max} = 34{,}5$ MPa gegenüber $(\sigma_Z)_{max} = 2{,}76$ MPa. Aus diesem Grund wird Beton bei der Auslegung zur Aufnahme von Zugspannungen fast immer mit Eisenstangen oder -stäben verstärkt.

Stahl verliert bei Erwärmung rasch seine Festigkeit. Aus diesem Grund stellen Konstrukteure häufig die Forderung auf, dass Haupttragelemente aus Feuerschutzgründen isoliert werden.

Es kann allgemein festgehalten werden, dass die meisten Werkstoffe sowohl duktiles als auch sprödes Verhalten zeigen können. Zum Beispiel zeigt Stahl ein sprödes Verhalten, wenn er einen hohen Kohlenstoffanteil besitzt und er wird duktil, wenn der Kohlenstoffanteil niedrig ist. Zudem werden die Werkstoffe bei niedrigen Temperaturen härter und spröder, während sie bei einer Temperaturerhöhung weicher und duktiler werden. Dieser Effekt ist für einen bestimmten Kunststoff (Metacrylat) in Abbildung 3.12 dargestellt.

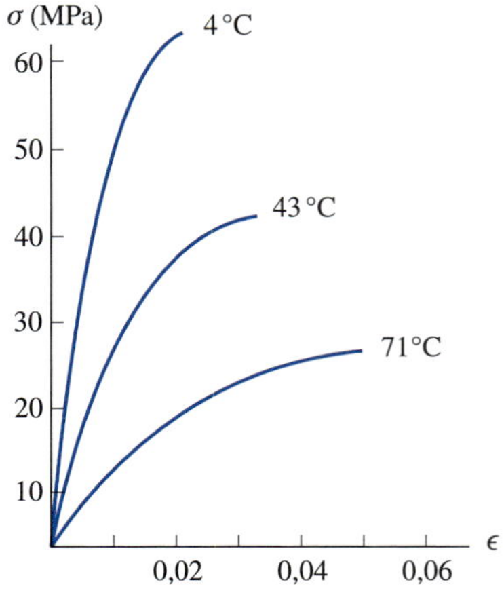

σ-ϵ-Diagramm für Metacrylat-Kunststoff

Abbildung 3.12

3.4 Hooke'sches Gesetz

Wie im vorigen Abschnitt erläutert, zeigen die Spannungs-Dehnungs-Diagramme für die meisten Materialien eine *lineare Abhängigkeit* zwischen Spannung und Dehnung innerhalb des elastischen Bereichs. Demzufolge verursacht eine Erhöhung der Spannung eine proportionale Steigerung der Dehnung. Diese Tatsache wurde 1676 durch Robert Hooke mit Hilfe von Federn entdeckt und ist als das *Hooke'sche* Gesetz bekannt. Das Hooke'sche Gesetz kann mathematisch wie folgt ausgedrückt werden:

$$\sigma = E\,\epsilon \tag{3.5}$$

Hierbei repräsentiert E eine Proportionalitätskonstante, den **Elastizitätsmodul** (im Englischen auch **Young's Modulus** genannt, nach Thomas Young, der eine Berechnung der Konstanten 1807 veröffentlichte).

Gleichung (3.5) repräsentiert tatsächlich die Gesetzmäßigkeit des *linearen Startbereichs* des Spannungs-Dehnungs-Diagramms bis zur Proportionalitätsgrenze. Zudem repräsentiert der Elastizitätsmodul die *Steigung* der Kurve. Da die Dehnung dimensionslos ist, besitzt E, gemäß Gleichung (3.5), die Einheit einer Spannung, z.B. Pa oder N/m². Als Berechnungsbeispiel sei hier das Spannungs-Dehnungs-Diagramm für Stahl angeführt, dargestellt in Abbildung 3.6. Hierbei sind $\sigma_P = 240$ MPa und $\epsilon_P = 0{,}0012$ mm/mm, so dass sich

$$E = \frac{\sigma_P}{\epsilon_P} = \frac{240\,\text{MPa}}{0{,}0012\,\text{mm/mm}} = 200\,\text{GPa}$$

ergibt.

Wie man in Abbildung 3.13 sieht, hängt die Proportionalitätsgrenze für eine spezielle Stahlsorte von deren Legierungsgehalt ab. Die meisten Stahlsorten, vom weichsten Walzstahl bis zum härtesten Werkzeugstahl, haben allerdings ungefähr denselben Elastizitätsmodul, allgemein an-gegeben mit $E_{St} = 210$ GPa. Werte von E für andere Konstruktionswerkstoffe sind oft in ingenieurtechnischen Richtlinien und Nachschlagewerken tabelliert. Repräsentative Werte finden Sie auch auf der letzten Seite des Buches. Es sollte weiterhin beachtet werden, dass der Elastizitätsmodul eine mechanische Eigenschaft ist, welche die *Steifigkeit* eines Materials charakterisiert. Sehr steife Werkstoffe, wie z.B. Stahl, besitzen große E-Werte [$E_{St} = 210$ GPa], schwammige Materialien dagegen, wie z.B. Gummi, weisen niedrige Werte auf [$E_G = 0{,}70$ MPa].

Der Elastizitätsmodul ist eine der wichtigsten mechanischen Werkstoffgrößen, die bei der Formulierung von Gleichungen benutzt werden. Man muss sich allerdings immer bewusst sein, dass E nur dann angewendet

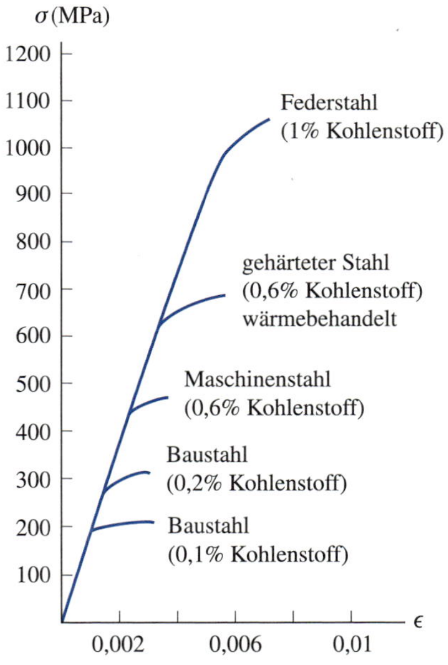

Abbildung 3.13

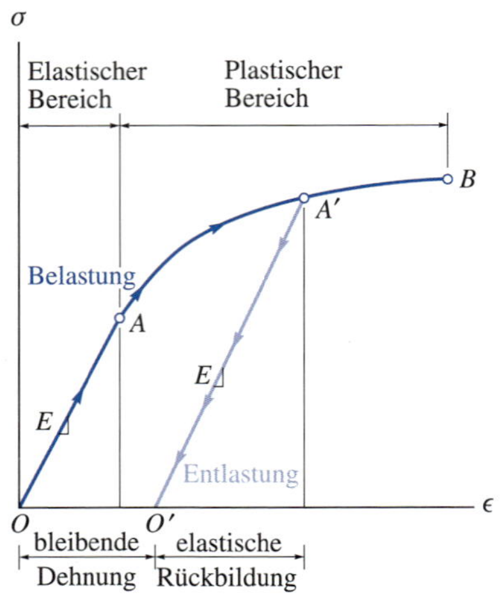

(a)

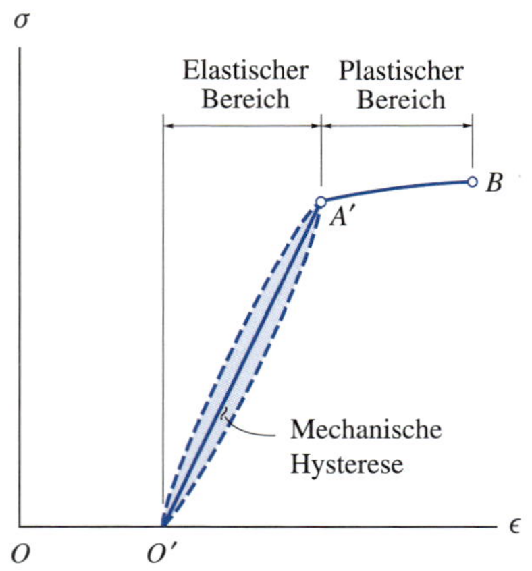

(b)

Abbildung 3.14

werden kann, wenn das Material ein *linear-elastisches* Verhalten aufweist. Wenn die Spannung im Material größer als der Wert der Proportionalitätsgrenze ist, ergibt sich kein gerader Kurvenverlauf des Spannungs-Dehnungs-Diagramms mehr und Gleichung (3.5) ist nicht mehr gültig.

Verfestigung Wenn man einen Probekörper eines elastischen Materials, z.B. Stahl, bis in den *plastischen Bereich* hinein belastet und dann wieder entlastet, bildet sich die elastische Dehnung zurück, wenn das Material in seinen Gleichgewichtszustand zurückkehrt. Die plastische Dehnung bleibt jedoch erhalten und infolgedessen erfährt das Material eine bleibende Verformung. Zum Beispiel springt ein (plastisch) gebogener Draht (elastisch) etwas zurück, wenn die Belastung weggenommen wird. Er wird aber nicht vollständig in seinen Ausgangszustand zurückkehren. Dieses Verhalten kann man im Spannungs-Dehnungs-Diagramm anschaulich illustrieren, Abbildung 3.14a. Dabei wird die Probe über die Fließgrenze A hinaus bis zum Punkt A' belastet. Zur *elastischen* Streckung der Probe müssen zwischenatomare Kräfte überwunden werden. Dieselben Kräfte ziehen die Atome wieder zurück, wenn die Belastung endet, Abbildung 3.14a. Natürlich bleibt der Elastizitätsmodul E gleich groß und deshalb ist die Steigung der Strecke $O'A'$ gleich derjenigen der Strecke OA.

Bringt man die Belastung erneut auf, dann werden die Atome in dem Material wieder soweit gegenseitig verschoben, bis das Fließen bei oder nahe von A' auftritt. Der Spannungs-Dehnungs-Verlauf setzt sich entlang derselben Route wie vorher fort, Abbildung 3.14b. Man sollte aber beachten, dass dieses neue Spannungs-Dehnungs-Diagramm, definiert durch $O'A'B$, jetzt eine *höhere* Fließgrenze hat (A'), ein Ergebnis der Verfestigung. Mit anderen Worten, das Material besitzt jetzt einen größeren elastischen Bereich. Aber es ist *weniger duktil*, d.h. der plastische Bereich ist kleiner, als er im Ausgangszustand war.

In Wahrheit kann allerdings etwas Wärme oder Energie verloren gehen, wenn der Probekörper von A' ausgehend entlastet und dann wieder bis zum gleichen Spannungszustand belastet wird. Dadurch treten leicht veränderte Verformungspfade A' bis O' und O' bis A' während eines sorgfältig gemessenen Belastungszyklus auf. Diesen Sachverhalt stellen die gestrichelten Kurven in Abbildung 3.14b dar. Die gefärbte Fläche zwischen den Kurven repräsentiert die Verlustenergie und wird **mechanische Hysterese** genannt. Sie ist immer dann wichtig, wenn Materialien ausgewählt worden sind, die als Dämpfer für vibrierende Tragwerkskomponenten oder mechanische Geräte dienen sollen, obwohl diese Effekte im weiteren nicht betrachtet werden.

3.5 Formänderungsenergie

Wird ein Werkstoff durch eine äußere Belastung verformt, dann neigt er dazu, *im Inneren* über das gesamte Volumen Energie zu speichern. Diese Energie steht mit der Dehnung in Beziehung und wird deshalb als **Formänderungsenergie** bezeichnet. Wenn zum Beispiel auf eine Zugversuchsprobe eine axiale Belastung einwirkt, dann herrscht in einem Volumenelement ein einachsiger Spannungszustand. Wird die Unterseite des Elements festgehalten und die Oberseite um $\epsilon\,\Delta z$ nach oben verschoben, ergeben die Spannungen an Ober- und Unterseite jeweils eine Kraft $\Delta N = \sigma \Delta A = \sigma(\Delta x\ \Delta y)$. Per Definition wird die *Arbeit* aus dem Produkt von Kraft und Verschiebungsweg in Richtung der Kraft bestimmt. Die an dem Element durch die Kraft verrichtete Arbeit ist gleich der mittleren Größe der Kraft $(\Delta F/2)$ mal der Verschiebung $\epsilon\,\Delta z$, wenn der Zusammenhang zwischen Dehnung und Spannung linear ist, denn dann steigert sich die Kraft während der Verschiebung gleichmäßig von null bis zum Endwert ΔF, wenn die Verschiebung $\epsilon\,\Delta z$ erreicht ist. Diese „äußere Arbeit“ ist unter der Annahme, dass keine Energie in Form von Wärme verloren geht, gleich der „inneren Arbeit“ oder Formänderungsenergie, die in dem Element gespeichert wird. Somit ist die Formänderungsenergie $\Delta U = (\Delta F/2)\,\epsilon\,\Delta z = (\sigma\,\Delta x\,\Delta y/2)\,\epsilon\,\Delta z$. Weil das Volumen des Elements $\Delta V = \Delta x\,\Delta y\,\Delta z$ ist, beträgt $\Delta U = \sigma\,\epsilon\,\Delta V/2$.

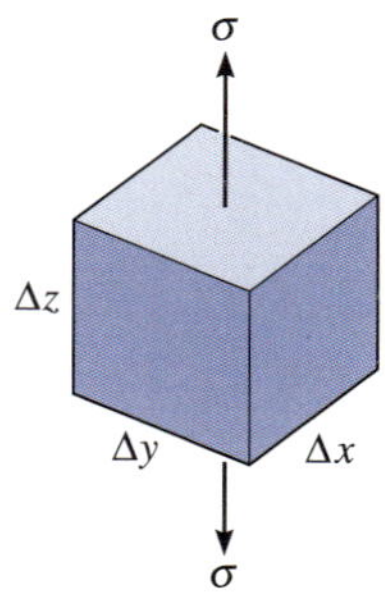

Abbildung 3.15

Es ist manchmal hilfreich, die Formänderungsenergie pro Volumeneinheit des Materials zu formulieren. Sie wird **Formänderungsenergiedichte** genannt und kann als

$$u = \frac{\Delta U}{\Delta V} = \frac{1}{2}\sigma\,\epsilon \qquad (3.6)$$

ausgedrückt werden.

Im Si-System ist die Einheit Joule pro Kubikmeter (J/m^3). Da *linear elastisches* Verhalten vorausgesetzt wurde, gilt mit dem Hooke'schen Gesetz $\sigma = E\epsilon$. Damit können wir die Formänderungsenergie über die Spannung gemäß

$$u = \frac{1}{2}\frac{\sigma^2}{E} \qquad (3.7)$$

ausdrücken.

Spezifische Verformungsarbeit bis zur Proportionalitätsgrenze Für den besonderen Fall, dass die Spannung die Proportionalitätsgrenze erreicht, wird die Formänderungsenergiedichte, wie in den Gleichungen (3.6) oder (3.7) berechnet, **spezifische Formänderungsenergie bis zur Proportionalitätsgrenze** genannt:

$$u_E = \frac{1}{2}\sigma_P \epsilon_P = \frac{1}{2}\frac{\sigma_P^2}{E} \tag{3.8}$$

Achten Sie in der Darstellung des Spannungs-Dehnungs-Diagramms, Abbildung 3.16a, darauf, dass u_E der gekennzeichneten *Dreiecksfläche* unter der Kurve entspricht. Physikalisch bedeutet die spezifische Formänderungsarbeit die Fähigkeit eines Werkstoffes, Energie ohne dauernden Schaden zu speichern.

Spezifische Bruchenergie Eine weitere wichtige Eigenschaft eines Materials ist seine Bruchenergie u_B. Diese Größe repräsentiert die gesamte Fläche unter der Kurve des Spannungs-Dehnungs-Diagramms, Abbildung 3.16b und repräsentiert somit die Formänderungsenergiedichte des Materials unmittelbar, bevor es bricht. Diese Eigenschaft wird relevant, wenn man Bauteile auslegt, die spontan und zufällig überlastet werden. Materialien mit einer hohen spezifischen Bruchenergie verformen sich aufgrund einer Überlastung sehr stark. Allerdings sind diese Betrachtungen den Materialien mit einem niedrigen Wert von u_B vorzuziehen, denn diese Materialien können ohne Vorwarnung plötzlich versagen. Metalllegierungen können ihre Bruchenergie auch ändern. Beispielsweise zeigen die Spannungs-Dehnungs-Diagramme in Abbildung 3.17, wie sich durch Änderung des Kohlenstoffgehaltes in Stahl der Wert der beiden Kenngrößen ändern kann.

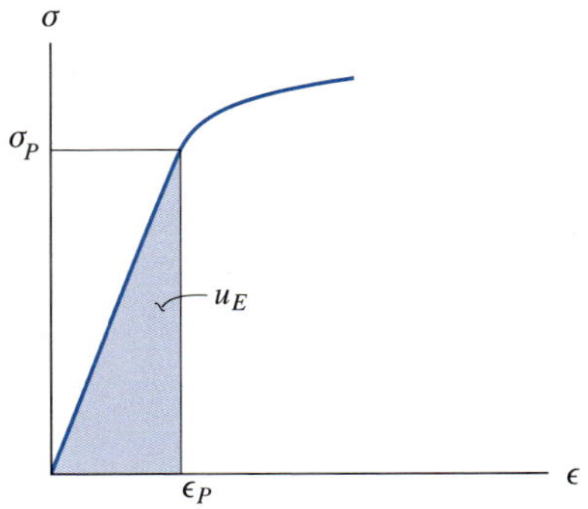

spezifische Verformungsarbeit bis zur Proportionalitätsgrenze u_E

(a)

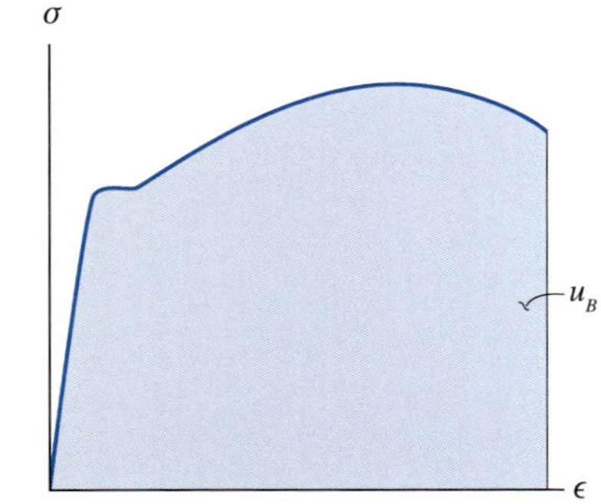

Bruchenergie u_B

(b)

Abbildung 3.16

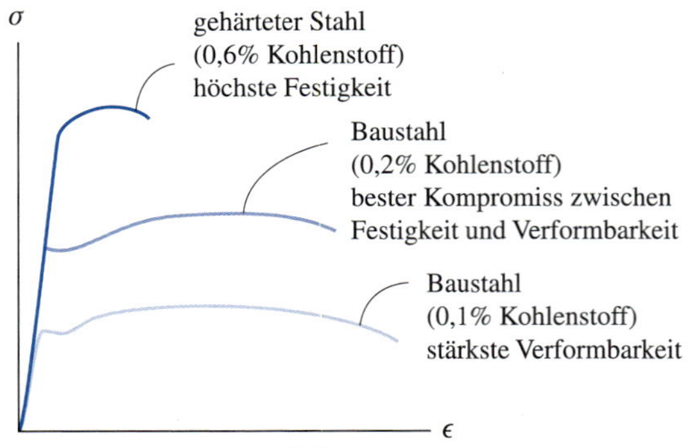

Abbildung 3.17

Wichtige Punkte zur Lösung von Aufgaben

- Das *konventionelle Spannungs-Dehnungs-Diagramm* ist im Ingenieurwesen wichtig, denn es stellt ein Hilfsmittel zur Verfügung, Daten über die Zug- bzw. Druckfestigkeit eines Materials zu erhalten, ohne dessen physikalische Größe oder Form zu berücksichtigen.
- Die *konventionellen Spannungen und Dehnungen* werden mit Hilfe der Ausgangsquerschnittsfläche und der ursprünglichen Messlänge der Probe berechnet.
- Ein zähes Material, wie zum Beispiel unlegierter Stahl oder Nylon zeigt vier unterscheidbare Muster von Belastungsverhalten und zwar: *elastisches Verhalten, Fließen, Verfestigung* und *Einschnüren*.
- Ein Material ist *linear elastisch*, wenn die Spannung direkt proportional zur Dehnung innerhalb des elastischen Bereiches ist. Dies wird *Hooke'sches Gesetz* genannt; die Steigung der Kurve wird *Elastizitätsmodul* E bezeichnet.
- Wichtige Punkte auf der Kurve des Spannungs-Dehnungs-Diagramms sind die *Proportionalitätsgrenze, die Elastizitätsgrenze, die Fließ- bzw. Streckgrenze, die Zugfestigkeit* und die *Bruchspannung*.
- Die *Duktilität* eines Materials kann durch die *prozentuale Dehnung* oder die *prozentuale Flächenverkleinerung* des Probekörpers festgelegt werden.
- Besitzt ein Material keinen eindeutigen Fließpunkt, dann kann man eine *Fließfestigkeit* mit Hilfe einer grafischen Methode, der sogenannten *Offset-Methode*, festlegen.
- *Spröde Materialien*, wie z.B. Grauguss, zeigen ein sehr geringes oder gar kein Fließverhalten und zerbrechen abrupt.
- Die *Verfestigung* wird ausgenutzt, um einen höheren Fließpunkt für ein Material zu erhalten. Dies wird erreicht, indem man ein Material über die elastische Grenze hinaus dehnt und danach das Material entlastet. Der Elastizitätsmodul bleibt gleich, allerdings *vermindert sich* die Duktilität des Materials.
- Die *Formänderungsenergie* ist eine Energieform, die in einem Material aufgrund von Deformationen gespeichert wird. Die entsprechende Energie pro Volumeneinheit wird mit *Formänderungsenergiedichte* bezeichnet. Bei der Messung bis zur Proportionalitätsgrenze bezieht man sich auf die so genannte *elastische Formänderungsenergie*, bei der Messung bis zur Bruchgrenze auf die *spezifische Bruchenergie*.

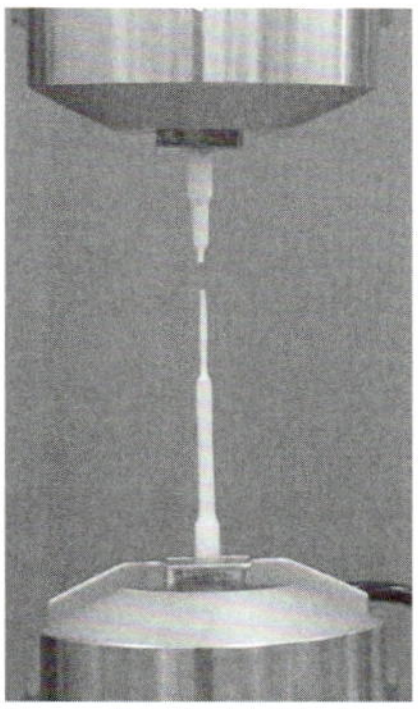

Diese Probe aus Nylon zeigt einen hohen Grad an Zähigkeit, wie man an der starken Einschnürung erkennen kann, die kurz vor dem Zerreißen auftrat.

Beispiel 3.1

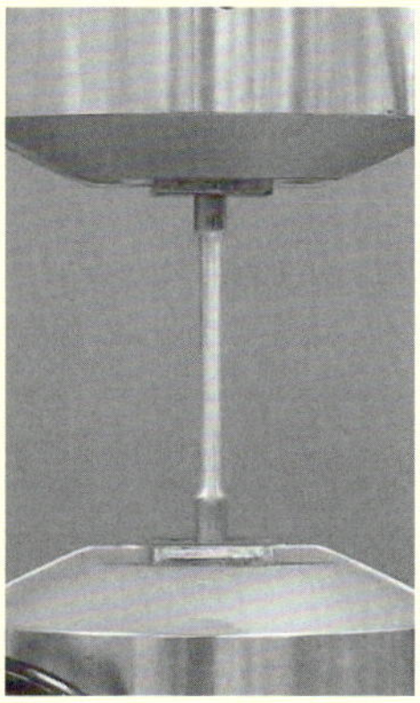

Ein Zugversuch für eine Stahllegierung ergibt das in Abbildung 3.18 dargestellte Spannungs-Dehnungs-Diagramm. Bestimmen Sie den Elastizitätsmodul und die Fließfestigkeit bei einer bleibenden Dehnung von $0{,}2\%$. Ermitteln Sie in der grafischen Darstellung die Zugfestigkeit und die Bruchspannung.

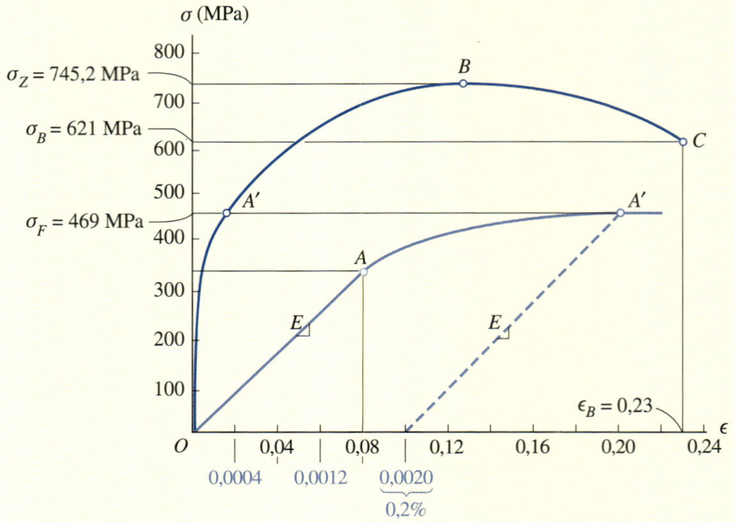

Abbildung 3.18

Lösung

Elastizitätsmodul Wir müssen die *Steigung* des anfänglichen, linearen Verlaufs der Kurve berechnen. Mit Hilfe der vergrößerten, farblichen Darstellung der Kurve und des Maßstabs erstreckt sich diese Linie von Punkt O bis zu dem geschätzten Punkt A, der näherungsweise die Koordinaten ($0{,}0016$ mm/mm; 345 MPa) besitzt. Demzufolge ist

$$E = \frac{\sigma}{\epsilon} = \frac{345\,\text{MPa}}{0{,}0016\,\text{mm/mm}} = 216\ \text{GPa}$$

Beachten Sie, dass die Funktion der Geraden OA somit $\sigma = 215(10^9)\ \text{Pa}\ \epsilon$ ist.

Fließfestigkeit Für eine bleibende Dehnung von $0{,}2\%$ beginnen wir bei einer Dehnung von $0{,}2\%$ oder $0{,}0020$ mm/mm und verlängern grafisch eine (gestrichelte) Linie parallel zu OA, bis sie die σ-ϵ-Kurve bei A' schneidet. Die Fließfestigkeit ist ungefähr

$$\sigma_F = 469\ \text{MPa}$$

Zugfestigkeit Diese ist durch den höchsten Punkt der σ-ϵ-Kurve, Punkt B in Abbildung 3.18, definiert:

$$\sigma_Z = 745{,}2\ \text{MPa}$$

Bruchspannung Wenn man den Probekörper bis zum Maximum von $\epsilon_B = 0{,}23$ mm/mm dehnt, dann bricht er am Punkt C. Somit ist

$$\sigma_B = 621\ \text{MPa}.$$

Beispiel 3.2 Das Spannungs-Dehnungs-Diagramm für eine Aluminiumlegierung, die zur Herstellung von Flugzeugteilen verwendet wird, ist in Abbildung 3.19 dargestellt. Bestimmen Sie die in der Probe auftretende bleibende Dehnung bei Entlastung, wenn diese Probe einer Spannung σ_B ausgesetzt wird. Bestimmen Sie auch die spezifische Formänderungsenergie vor und nach Einwirken der Belastung.

$\sigma_A = 450$ MPa, $\sigma_B = 600$ MPa, $\epsilon_A = 0{,}006$ mm/mm, $\epsilon_{OD} = 0{,}023$ mm/mm

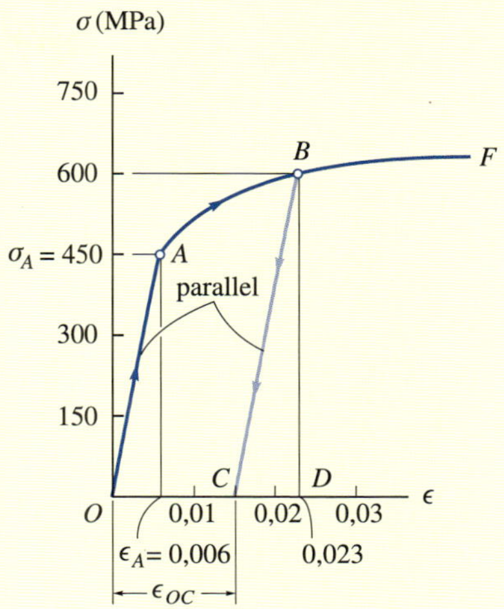

Abbildung 3.19

Lösung

Bleibende Dehnung Wird die Probe der Belastung ausgesetzt, dann wird sie bis zum Punkt B auf dem σ-ϵ-Diagramm verfestigt, Abbildung 3.19. Die Dehnung beträgt in diesem Punkt $\epsilon_{OD} \approx 0{,}023$ mm/mm. Bei Entlastung verhält sich das Material gemäß dem Verlauf der geraden Linie BC, parallel zu OA. Weil beide Geraden die gleiche Steigung haben, kann die Dehnung im Punkt C analytisch bestimmt werden. Die Steigung der Geraden OA ist der Elastizitätsmodul, d.h.

$$E = \frac{\sigma_A}{\epsilon_A} = \frac{450\,\text{MPa}}{0{,}006\,\text{mm/mm}} = 75{,}0\ \text{GPa}$$

Aus dem Dreieck CBD erhalten wir

$$E = \frac{\sigma_B}{\epsilon_{CD}} \qquad \epsilon_{CD} = \frac{\sigma_B}{E} = \frac{600\left(10^6\right)\text{Pa}}{75\left(10^9\right)\text{Pa}} = 0{,}008\ \text{mm/mm}$$

Diese Dehnung repräsentiert den Betrag der zurück gewonnenen elastischen Dehnung. Die bleibende Dehnung, ϵ_{OC} ist demzufolge

$$\epsilon_{OC} = \epsilon_{OD} - \epsilon_{CD} = 0{,}023\ \text{mm/mm} - 0{,}008\ \text{mm/mm} = 0{,}015\ \text{mm/mm}$$

Hinweis: Wenn die Messmarken im Ausgangszustand 50 mm auseinander waren, dann haben diese Markierungen *nach der Entlastung* einen Abstand von 50 mm + (0,015)(50 mm) = 50,75 mm.

Spezifische Formänderungsenergie bis zur Proportionalitätsgrenze Durch Anwendung der Gleichung (3.8) erhalten wir[1]

$$(u_E)_{Start} = \frac{1}{2}\sigma_{P1}\epsilon_{P1} = \frac{1}{2}\sigma_A\epsilon_A = \frac{1}{2}(450\,\text{MPa})(0{,}006\,\text{mm/mm}) = 1{,}35\ \text{MJ/m}^3$$

$$(u_E)_{Ende} = \frac{1}{2}\sigma_{P2}\epsilon_{P2} = \frac{1}{2}\sigma_B\epsilon_{CD} = \frac{1}{2}(600\,\text{MPa})(0{,}008\,\text{mm/mm}) = 2{,}40\ \text{MJ/m}^3$$

Im Vergleich hat der Effekt der Verfestigung des Materials eine Erhöhung der spezifischen Formänderungsenergie verursacht. Beachten Sie jedoch, dass die spezifische Zähigkeitsenergie für das Material vermindert wurde, denn die Fläche unterhalb der Ausgangskurve $OABF$ ist größer als die Fläche unter der Kurve CBF.

1 Die Arbeit wird im SI-System in Joule angegeben, wobei 1 J = 1 Nm ist.

Beispiel 3.3

Eine Aluminiumwelle, dargestellt in Abbildung 3.20a, hat einen kreisförmigen Querschnitt und ist einer axialen Last P ausgesetzt. Bestimmen Sie näherungsweise die Verlängerung der Welle unter Verwendung des Spannungs-Dehnungs-Diagramms in Abbildung 3.20b, wenn die Last aufgebracht wird. Wie groß ist die bleibende Dehnung der Welle nach der Entlastung?

$P = 10$ kN, $E_{Al} = 70$ GPa, $a = 600$ mm, $b = 400$ mm, $d_1 = 20$ mm, $d_2 = 15$ mm

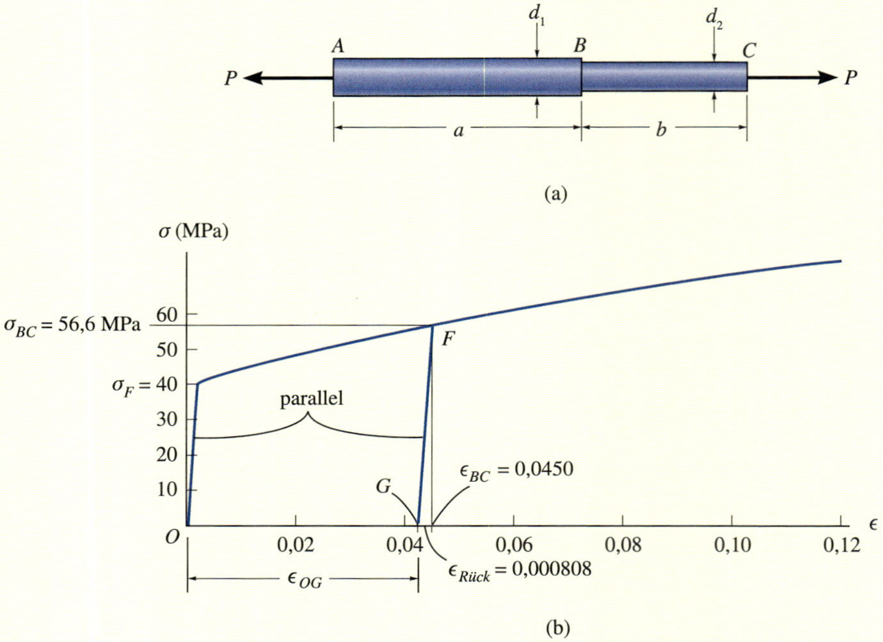

Abbildung 3.20

Lösung

Für die Berechnung werden wir die lokalen Deformationen am Punkt des Lastangriffs vernachlässigen, gleichfalls dort, wo die Querschnittsflächen der Welle sich plötzlich ändern (diese Effekte werden in den *Abschnitten 4.1 und 4.7* diskutiert). Über den mittleren Bereich beider Segmente sind die Normalspannung und die Deformation gleichmäßig. Für die Verformungsanalyse der Welle müssen wir die Dehnung ermitteln. Dies geschieht zuerst durch die Berechnung der Spannung, danach nutzen wir das Spannungs-Dehnungs-Diagramm, um die Dehnung zu erhalten. Die Normalspannung innerhalb eines jeden Segmentes ist

$$\sigma_{AB} = \frac{P}{A_1} = \frac{4P}{\pi d_1^2} = \frac{4}{\pi}\frac{10\left(10^3\right)\mathrm{N}}{\left(0{,}02\,\mathrm{m}\right)^2} = 31{,}83\ \mathrm{MPa}$$

$$\sigma_{BC} = \frac{P}{A_2} = \frac{4P}{\pi d_2^2} = \frac{4}{\pi}\frac{10\left(10^3\right)\mathrm{N}}{\left(0{,}015\,\mathrm{m}\right)^2} = 56{,}59\ \mathrm{MPa}$$

Aus dem Spannungs-Dehnungs-Diagramm kann man entnehmen, dass das Material im Bereich AB elastisch gedehnt wird, denn $\sigma_F = 40\ \text{MPa} > \sigma_{AB} = 31{,}83\ \text{MPa}$. Mit Hilfe des Hooke'schen Gesetzes ist

$$\epsilon_{AB} = \frac{\sigma_{AB}}{E_{Al}} = \frac{31{,}83(10^6\ \text{Pa})}{70(10^9\ \text{Pa})} = 0{,}0004547\ \text{mm/mm}$$

Das Material wird innerhalb des Bereichs BC plastisch gedehnt, denn $\sigma_F = 40\ \text{MPa} < 56{,}59\ \text{MPa}$. Aus der Kurve kann man sehen, dass sich für $\sigma_{BC} = 56{,}59\ \text{MPa}$ eine Dehnung

$$\epsilon_{BC} = 0{,}0450\ \text{mm/mm}$$

ergibt.

Die Verlängerung der Welle ist demzufolge näherungsweise

$$\delta = \sum \epsilon L = \epsilon_{AB}\, a + \epsilon_{BC}\, b$$

$$\delta = 0{,}0004547\ (600\ \text{mm}) + 0{,}045\ (400\ \text{mm}) = 18{,}3\ \text{mm}$$

Bei Wegnahme der Last P erreicht das Segment AB wieder seine ursprüngliche Länge. Warum? Andererseits wird sich das Material im Segment BC entlang der Strecke FG elastisch entspannen, Abbildung 3.20b. Da die Steigung von FG unverändert E_{Al} ist, wird die elastische Dehnungsreduktion

$$\epsilon_{Rück} = \frac{\sigma_{BC}}{E_{Al}} = \frac{56{,}59(10^6)\text{Pa}}{70(10^9)\text{Pa}} = 0{,}000808\ \text{mm/mm}$$

Die bleibende plastische Dehnung in Segment BC ist dann

$$\epsilon_{OG} = \epsilon_{BC} - \epsilon_{Rück} = 0{,}0450\ \text{mm/mm} - 0{,}000808\ \text{mm/mm}$$

$$\epsilon_{OG} = 0{,}0442\ \text{mm/mm}$$

Deshalb bleibt die Welle bei der Entlastung um den Betrag

$$\delta' = \epsilon_{OG}\, b = 0{,}0442\ (400\ \text{mm}) = 17{,}7\ \text{mm}$$

verlängert.

3.6 Querkontraktionszahl

Wenn auf einen Körper eine axiale Zugkraft wirkt, dann verlängert er sich nicht nur, sondern er wird in Querrichtung außerdem dünner. Man kann zum Beispiel bei der Verlängerung eines Gummibandes feststellen, dass sich sowohl die Dicke als auch die Breite des Bandes vermindern. In gleicher Weise verursachen am Körper wirkende Druckkräfte eine Verkürzung in Richtung der Kraftwirkung, quer dazu jedoch eine Ausdehnung. Diese zwei Fälle sind in Abbildung 3.21 für einen Stab mit dem Ausgangsradius r und der Länge L illustriert.

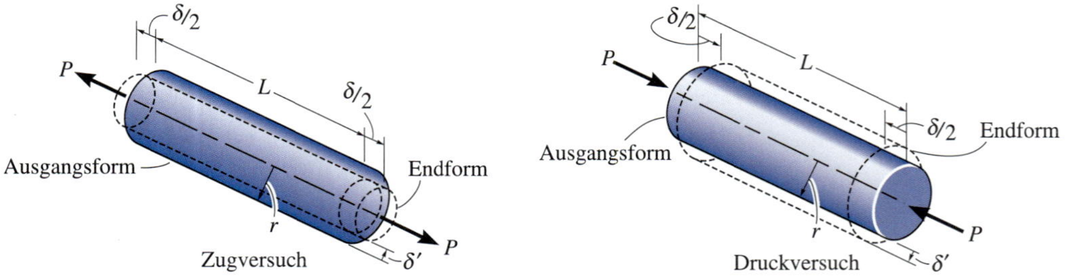

Abbildung 3.21

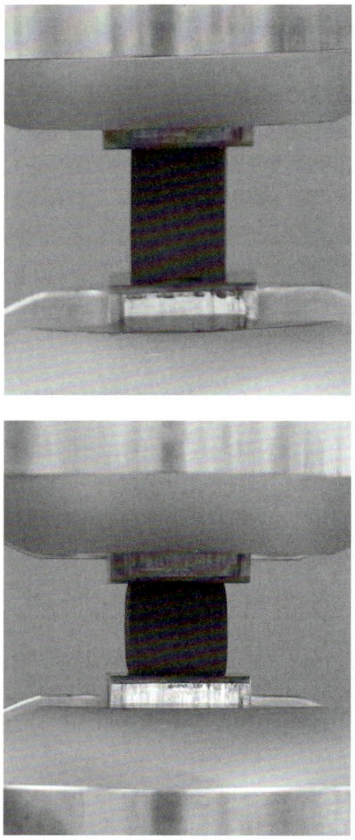

Bei Stauchung dieses zylindrischen Gummiblocks (negative Dehnung) vergrößert sich der Durchmesser (positive Dehnung). Das Verhältnis beider Dehnungen ist konstant.

Wird der Stab durch die Kraft P belastet, dann ändert sich seine Länge um den Betrag δ und sein Radius um δ'. Die Dehnungen in Längs- bzw. axialer Richtung, sowie in Quer- bzw. radialer Richtung sind wie folgt definiert:

$$\epsilon_{axial} = \frac{\delta}{L} \quad \text{und} \quad \epsilon_{radial} = \frac{\delta'}{r}$$

Im frühen 19. Jahrhundert erkannte der französische Wissenschaftler S.D. Poisson, dass innerhalb des *elastischen Bereichs* das Verhältnis dieser beiden Dehnungen eine *Konstante* ergibt, denn die Deformationen δ und δ' verhalten sich proportional. Diese Konstante wird ν genannt. Ihr numerischer Wert ist für ein bestimmtes Material eindeutig, wenn es sowohl *homogen* als auch *isotrop* ist. Mathematisch ausgedrückt gilt

$$\nu = -\frac{\epsilon_{radial}}{\epsilon_{axial}} \tag{3.9}$$

Das negative Vorzeichen bedeutet, dass eine Verlängerung (positive Dehnung) eine Querkontraktion (negative Dehnung) und umgekehrt verursacht. Beachten Sie, dass die Querdehnung für ein isotropes Material in allen Quer- (bzw. radialen) Richtungen *gleich* ist. Zudem wird diese Dehnung nur durch eine Längs- bzw. Axialkraft verursacht, d.h. diese Dehnung liegt vor, obwohl keine Kraft oder Spannung in Querrichtung wirkt, um das Material in dieser Richtung zu dehnen.

Die Querkontraktionszahl ist dimensionslos; für die meisten nicht porösen Festkörper liegt dieser Wert im Allgemeinen zwischen 1/3 und 1/4. Typische Werte für ν sind für gebräuchliche Werkstoffe auf der letzten Seite des Buches aufgelistet. Ein idealer Werkstoff, der bei Längenänderung keine Querdehnung aufweist, besitzt die Querkontraktionszahl $\nu = 0$.

Weiterhin werden wir in *Abschnitt 11.6* sehen, dass der maximal mögliche Wert für die Querkontraktionszahl 0,5 ist. Deshalb gilt $0 \leq \nu \leq 0{,}5$.

Beispiel 3.4 Ein Stab aus Stahl hat die in Abbildung 3.22 dargestellten Abmessungen. Bestimmen Sie die Längenänderung und die Änderungen der Abmessungen des Querschnitts, wenn die Axialkraft P auf den Stab wirkt.

$a = 1{,}5$ m, $b = 100$ mm, $c = 50$ mm, $P = 80$ kN

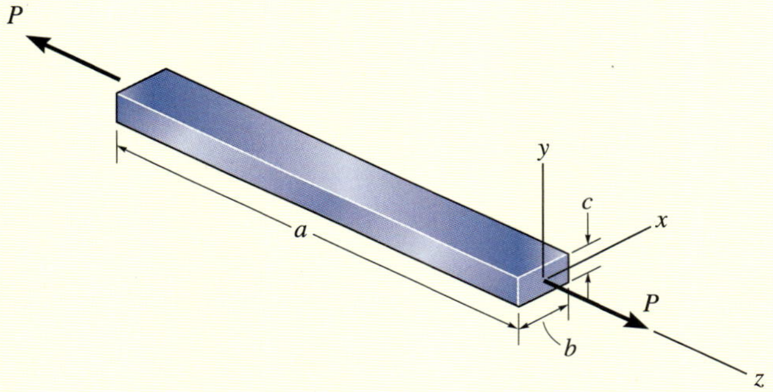

Abbildung 3.22

Lösung

Die Normalspannung im Stab ist

$$\sigma_z = \frac{P}{A} = \frac{P}{bc} = \frac{80(10^3)\,\text{N}}{(0{,}1\,\text{m})(0{,}05\,\text{m})} = 16{,}0\ (10^6)\ \text{Pa}$$

Aus der Tabelle der letzten Buchseite entnehmen wir für Stahl $E_{St} = 200$ GPa. Damit ist die Dehnung in z-Richtung

$$\epsilon_z = \frac{\sigma_z}{E_{St}} = \frac{16{,}0(10^6)\,\text{Pa}}{200(10^9)\,\text{Pa}} = 80\ (10^{-6})\ \text{mm/mm}$$

Die Verlängerung des Stabes ist demzufolge

$$\delta_z = \epsilon_z\, a = [80(10^{-6})]\ (1{,}5\ \text{m}) = 120\ \mu\text{m}$$

Bei Verwendung der Gleichung (3.9) ergeben sich die Querkontraktionen sowohl in x- als auch in y-Richtung (mit $\nu_{St} = 0{,}32$ – zu finden auf der letzten Buchseite) zu

$$\epsilon_x = \epsilon_y = -\nu_{St}\, \epsilon_z = -0{,}32[80(10^{-6})] = -25{,}6\ \mu\text{m/m}$$

Somit sind die Änderungen der Querschnittsabmessungen

$$\delta_x = \epsilon_x\, b = -[25{,}6(10^{-6})](0{,}1\ \text{m}) = -2{,}56\ \mu\text{m}$$

$$\delta_y = \epsilon_y\, c = -[25{,}6(10^{-6})](0{,}05\ \text{m}) = -1{,}28\ \mu\text{m}$$

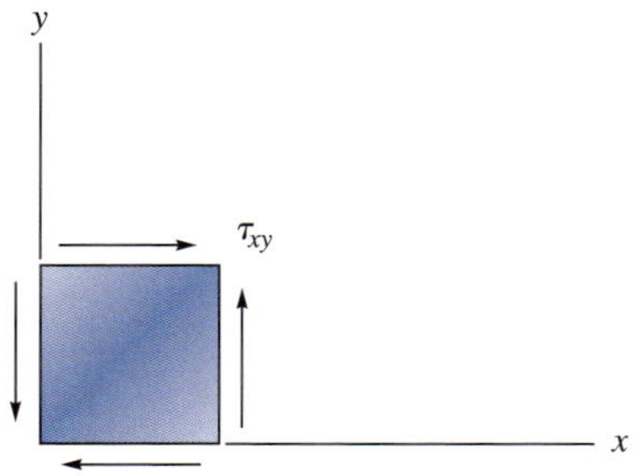

(a)

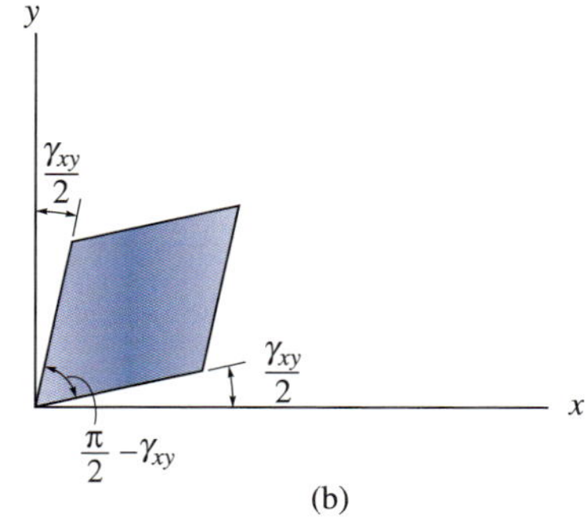

(b)

Abbildung 3.23

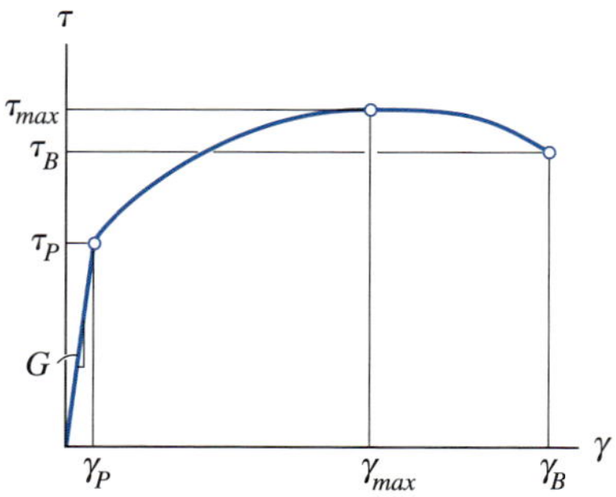

Abbildung 3.24

3.7 Schubspannungs-Gleitungs-Diagramm

In *Abschnitt 1.5* wurde gezeigt, dass für ein Element eines Materials, das einer *reinen Schubspannung* unterliegt, das Gleichgewicht verlangt, dass gleich große Schubspannungen an den vier Seiten des Elements auftreten müssen. Diese Spannungen müssen entweder zu den diagonal gegenüberliegenden Ecken hin oder davon weggerichtet sein, Abbildung 3.23a. Bei einem *homogenen* und *isotropen* Material deformiert zudem die Schubspannung das Element gleichmäßig, Abbildung 3.23b. Wie in *Abschnitt 2.2* bereits erwähnt, gibt die Gleitung γ_{xy} die Winkelverformung des Elements in Relation zur Ausgangsposition der Seiten entlang der *x*- und *y*-Achsen an.

Ein einer Schubspannung unterworfenes Material kann in einem Labor untersucht werden, indem man Probekörper in Form dünner, zylindrischer Rohre verwendet und diese einer Torsionsbeanspruchung aussetzt. Wenn das angreifende Moment und der resultierende Verdrehwinkel gemessen werden, dann können die Daten mit Methoden, die wir in Kapitel 6 noch erläutern, zur Bestimmung der Schubspannung und der Gleitung verwendet, sowie ein Schubspannungs-Gleitungs-Diagramm gezeichnet werden. Ein Beispiel eines derartigen Diagramms ist für ein duktiles Material in Abbildung 3.24 dargestellt.

Wie beim Zugversuch zeigt das durch eine Schubspannung belastete Material ein linear-elastisches Verhalten und es besitzt eine definierte *Proportionalitätsgrenze* τ_P. Genauso tritt eine Verfestigung auf, bis die maximale Schubspannung τ_{max} erreicht wird. Und schließlich beginnt das Material seine Schubfestigkeit zu verlieren, bis es einen Punkt erreicht, wo es bricht, τ_B.

Für die meisten Konstruktionswerkstoffe wie das gerade beschriebene Material ist das elastische Verhalten linear, und deshalb kann das Hooke'sche Gesetz für Schub als

$$\tau = G\gamma \qquad (3.10)$$

angeschrieben werden.

Hierbei wird *G* als **Schubmodul** oder **Gleitmodul** bezeichnet. Sein Wert kann als Steigung der anfänglichen Gerade des τ-γ-Diagramms angegeben werden, d.h. $G = \tau_P / \gamma_P$. Typische Werte für gebräuchliche Werkstoffe sind auf der letzten Seite des Buches angegeben. Beachten Sie, dass die Maßeinheiten für *G gleich* denen für *E* sind (z.B. Pa), denn der Gleitwinkel γ wird in der dimensionslosen Einheit Radiant gemessen.

In *Abschnitt 11.6* wird gezeigt, dass die drei Materialkonstanten *E*, ν und *G* nicht unabhängig von einander sind und über die Gleichung

$$G = \frac{E}{2(1+\nu)} \qquad (3.11)$$

in Beziehung stehen.

Vorausgesetzt *E* und *G* sind bekannt, dann kann der Wert von ν eher über diese Gleichung als durch experimentelle Messung bestimmt werden. Beispielsweise ist für den Fall von Stahl $E_{St} = 200$ GPa und $G_{St} = 76$ GPa und damit folgt aus Gleichung (3.11) $\nu_{St} = 0{,}32$.

Beispiel 3.5 Ein Probekörper aus Titan wird auf Torsion untersucht; das dazugehörige Schubspannungs-Gleitungs-Diagramm ist in Abbildung 3.25a dargestellt. Bestimmen Sie den Schubmodul G, die Proportionalitätsgrenze und die maximale Schubspannung. Bestimmen Sie auch die maximale Strecke d, um welche die Oberseite des Blocks aus gleichem Material, Abbildung 3.25b, horizontal verschoben werden kann, damit es sich bei Einwirkung der Querkraft Q elastisch verhält. Welchen Wert muss Q annehmen, damit diese Verschiebung verursacht wird?

$a = 100$ mm, $b = 75$ mm, $c = 50$ mm, $\tau_P = 360$ MPa, $\gamma_P = 0{,}008$ rad

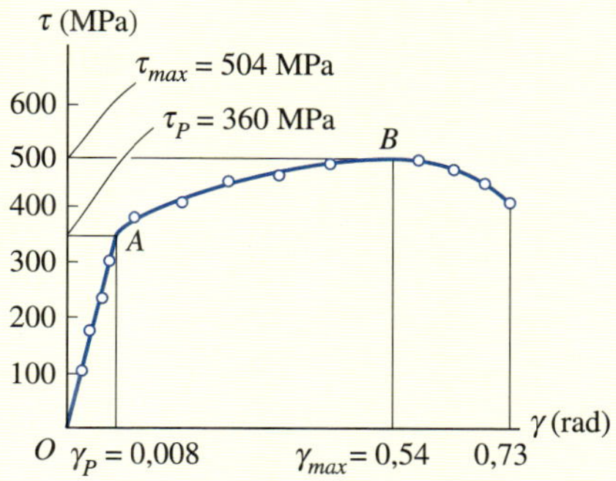

(a)

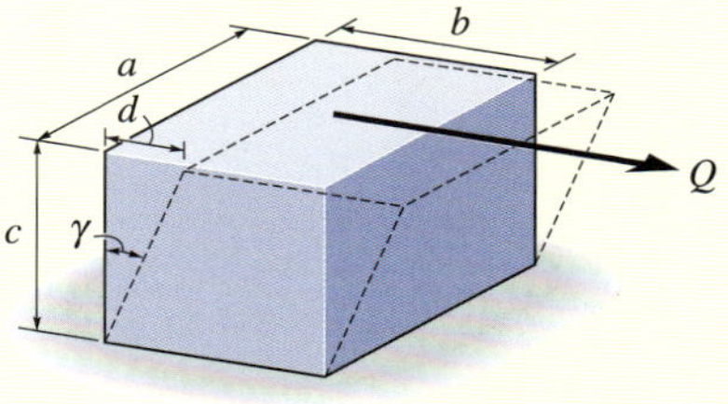

(b)

Abbildung 3.25

Lösung

Schubmodul Dieser Wert stellt die Steigung der Geraden OA des τ-γ-Diagramms dar. Die Koordinaten von Punkt A sind (τ_P, γ_P). Somit ist

$$G = \frac{\tau_P}{\gamma_P} = \frac{360\,\text{MPa}}{0{,}008\,\text{rad}} = 45(10^3)\ \text{MPa}$$

Die lineare Funktion der Strecke OA ist demzufolge $\tau = 45(10^9)\ \text{Pa}\,\gamma$, was gleichzeitig das Hooke'sche Gesetz für Schub darstellt.

Proportionalitätsgrenze Die Kontrolle ergibt, dass der geradlinige Verlauf der Kurve bei Punkt A aufhört. Somit ist

$$\tau_P = 360\ \text{MPa}$$

Maximale Schubspannung Dieser Wert gibt die maximale Schubspannung bei Punkt B an. Aus der Kurve ist

$$\tau_{max} = 504\ \text{MPa}$$

abzulesen.

Maximale elastische Verschiebung und Querkraft Aufgrund der maximalen elastischen Gleitung von $\gamma_P = 0{,}008$ rad (ein sehr kleiner Winkel) wird die Oberseite des Blocks, Abbildung 3.25b, horizontal verschoben:

$$\tan\gamma_P \approx \gamma_P = \frac{d}{c}$$

$$d = c\gamma_P = (50\,\text{mm})(0{,}008\,\text{rad}) = 0{,}4\ \text{mm}$$

Die zugehörige mittlere Schubspannung im Block ist $\tau_m = 360$ MPa. Somit ist die für die Verschiebung notwendige Querkraft

$$\tau_m = \frac{Q}{A}$$

$$Q = \tau_m A = \tau_m ba = 360\,\text{MPa}(75\,\text{mm})(100\,\text{mm}) = 2700\ \text{kN}$$

Beispiel 3.6

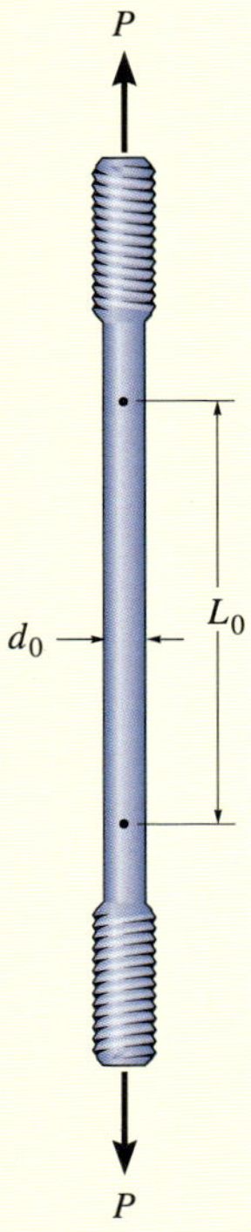

Abbildung 3.26

Ein Probekörper aus Aluminium, Abbildung 3.26, hat einen Durchmesser d_0 und eine Messlänge L_0. Bestimmen Sie den Elastizitätsmodul, wenn eine Kraft P die Messlänge um δ vergrößert. Bestimmen Sie weiterhin, um welchen Betrag die Kraft P den Durchmesser der Probe verkleinert.

$P = 165$ kN, $d_0 = 25$ mm, $L_0 = 250$ mm, $\delta = 1{,}20$ mm, $G_{Al} = 26$ GPa, $\sigma_F = 440$ MPa

Lösung

Elastizitätsmodul Die mittlere Normalspannung im Probekörper ist

$$\sigma = \frac{P}{A} = \frac{P}{\left(\frac{\pi}{4}\right)d_0^2} = \frac{165(10^3)\,\mathrm{N}}{\left(\frac{\pi}{4}\right)(0{,}025\,\mathrm{m})^2} = 336{,}1\ \mathrm{MPa}$$

und die Dehnung ist dann

$$\epsilon_L = \frac{\delta}{L} = \frac{1{,}20\,\mathrm{mm}}{250\,\mathrm{mm}} = 0{,}00480\ \mathrm{mm/mm}$$

Weil $\sigma < \sigma_F = 440$ MPa ist, verhält sich das Material elastisch. Der Elastizitätsmodul ist

$$E_{Al} = \frac{\sigma}{\epsilon} = \frac{336(10^6)\,\mathrm{Pa}}{0{,}00480} = 70{,}0\ \mathrm{GPa}$$

Verkleinerung des Durchmessers Zuerst bestimmen wir die Querkontraktionszahl für das Material unter Verwendung von Gleichung (3.11):

$$G = \frac{E}{2(1+\nu)} \qquad (1+\nu) = \frac{E}{2G}$$

$$\nu = \left(\frac{E}{2G}\right) - 1 = \left(\frac{70(10^9)\,\mathrm{Pa}}{(2)26(10^9)\,\mathrm{Pa}}\right) - 1 = 0{,}346$$

Weil $\epsilon_L = 0{,}00480$ mm/mm ist, ergibt sich ϵ_Q mit Hilfe der Gleichung (3.9) zu

$$\nu = -\frac{\epsilon_Q}{\epsilon_L}$$

$$\epsilon_Q = -\nu\epsilon_L = -(0{,}346)(0{,}0048\,\mathrm{mm/mm}) = -0{,}00166\ \mathrm{mm/mm}$$

Die Änderung des Durchmessers ist damit

$$\delta' = d_0\,\epsilon_Q = (25\ \mathrm{mm})\,(-0{,}00166\ \mathrm{mm/mm}) = -0{,}0415\ \mathrm{mm}$$

3.8 Werkstoffversagen aufgrund von Kriechen und Ermüdung

Die mechanischen Eigenschaften eines Werkstoffes wurden bis hierher für eine statische bzw. langsam aufgebrachte Belastung bei konstanter Temperatur diskutiert. In manchen Fällen muss ein Bauteil allerdings unter Bedingungen eingesetzt werden, bei denen es über einen langen Zeitraum Lasten bei erhöhten Temperaturen aushalten muss, oder bei denen die Lasten wiederholt bzw. zyklisch auftreten. Diese Effekte werden wir in diesem Band nicht ausführlich behandeln, obwohl wir kurz erwähnen, wie man die Festigkeit eines Materials für diese Bedingungen bestimmt, weil ihnen bei der Bemessung durchaus besondere Beachtung geschenkt werden muss.

Kriechen Wenn ein Material über einen langen Zeitraum eine Last trägt, kann es sich fortwährend verformen, bis ein plötzlicher Bruch auftritt oder sein Gebrauch stark beeinträchtigt wird. Diese zeitabhängige, fortschreitende Deformation ist als *Kriechen* bekannt. Im Normalfall berücksichtigt man Kriechen, wenn Metalle und keramische Werkstoffe als Tragsystem oder mechanische Bauteile für höhere Temperaturbelastungen eingesetzt werden. Für einige Materialien, z.B. Polymere und Komposite (einschließlich Holz oder Beton), ist die Temperatur jedoch *nicht* der ausschlaggebende Faktor, und daher kann Kriechen genau genommen auch durch eine reine Langzeitbelastung auftreten. Als typischen Fall beachten wir die Tatsache, dass ein Gummiband nicht in seine Ausgangsform zurückgeht, nachdem es von einer gestreckten Position entspannt wird, in der es für einen langen Zeitraum gehalten wurde. Im Allgemeinen spielen deshalb *Spannung und/oder Temperatur* eine wesentliche Rolle bei der *Kriechgeschwindigkeit*.

Die Langzeitwirkung der Kabellast verursachte eine Deformation des Mastes aufgrund von Kriechen.

Für praktische Anwendungen, bei denen Kriechen ein wichtiger Faktor ist, legt man gewöhnlich ein Material für einen angenommenen Zeitraum derart aus, dass es einer festgelegten Kriechbeanspruchung widersteht. In dieser Hinsicht ist die sogenannte *Kriechfestigkeit* eine wichtige mechanische Eigenschaft, die für die Bemessung von kriechbeanspruchten Bauteilen verwendet wird. Dieser Wert repräsentiert die höchste Ausgangsspannung, die ein Material in einem festgelegten Zeitraum aushält, ohne einen bestimmten Betrag an Kriechdehnung zu erreichen. Die Kriechfestigkeit ist temperaturabhängig. Somit müssen für die Auslegung eine bestimmte Temperatur, Belastungsdauer und zulässige Kriechdehnung definiert werden. Zum Beispiel kann für Stahlschrauben und -rohre eine Kriechdehnung von 0,1% pro Jahr vorgeschlagen werden sowie 0,25% pro Jahr für die Bleiummantelung von Kabeln.

Für die Bestimmung der zulässigen Kriechfestigkeit existieren für die einzelnen Werkstoffe verschiedene Methoden. Eine der einfachsten Methoden umfasst den gleichzeitigen Test von verschiedenen Proben bei einer konstanten Temperatur, wobei jede Probe einer unterschiedlich großen Axialspannung ausgesetzt wird. Durch Messung der Zeitdauer, die für das Auftreten der zulässigen Dehnung oder der Bruchdehnung für jede Probe nötig ist, kann eine Dehnungs-Zeit-Kurve aufgenommen werden. Gewöhnlich gehen diese Versuche bis zu einer Zeit von 1000 h. Ein Beispiel dieser Ergebnisse ist für Edelstahl bei einer Temperatur von 650° C und vorgegebener Kriechdehnung von 1% in Abbildung 3.27 dargestellt. Wie erwähnt, besitzt dieses Material eine Fließfestigkeit von 276 MPa bei Raumtemperatur (0,2% Dehnung), die Fließfestigkeit nach 1000 h wurde mit $\sigma = 138$ MPa ermittelt.

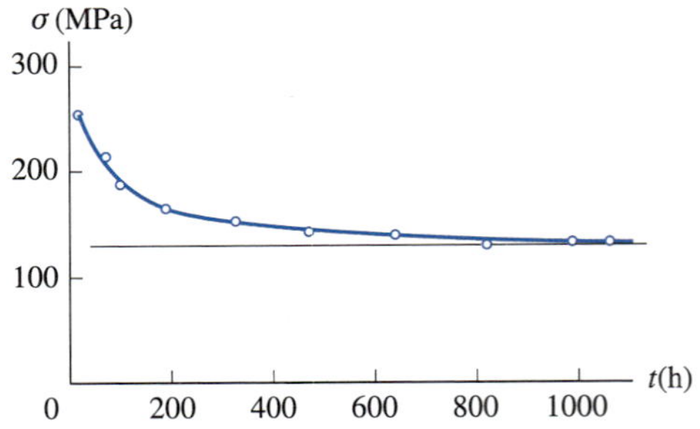

σ-t-Diagramm für Edelstahl
bei 650°C und Kriechdehnung 1%

Abbildung 3.27

Allgemein *sinkt* die Kriechfestigkeit für *höhere Temperaturen* oder für *höhere, einwirkende Spannungen*. Für längere Zeitspannen müssen die Kurven extrapoliert werden. Dieses Verfahren erfordert gewöhnlich ein gewisses Maß an Erfahrung zum Kriechverhalten, sowie zusätzliches Wissen hinsichtlich der Kriecheigenschaften des verwendeten Materials. Nachdem die Kriechfestigkeit eines Materials bestimmt wurde, wird noch ein Sicherheitsfaktor eingeführt, um die entsprechende zulässige Spannung für die Auslegung zu erhalten.

Ermüdung Ständig wiederkehrende *zyklische Änderungen* von Spannung und Dehnung, denen ein Metall ausgesetzt ist, verursachen einen Bruch der inneren Struktur und führen schließlich zum Versagen. Dieses Verhalten wird als *Ermüdung* bezeichnet und ist gemeinhin verantwortlich für einen hohen Prozentsatz von Ausfällen in Verbindungsstäben und Kurbelwellen von Motoren, Dampf- oder Gasturbinenschaufeln, Verbindungselementen oder Trägern für Brücken, Eisenbahnrädern und -achsen, sowie anderen Teilen, die zyklisch belastet werden. In all diesen Fällen tritt der Bruch bei einer Spannung auf, die *geringer* ist als die Fließspannung des Materials.

Die Art des Versagens ist augenscheinlich das Ergebnis der Tatsache, dass es mikroskopisch kleine Bereiche gibt, im allgemeinen an der Oberfläche des Bauteils, in denen die lokale Spannung *wesentlich größer* ist als die über den gesamten Querschnitt gemittelte Spannung. Bei einem zyklischen Auftreten dieser höheren Spannung kommt es zur Bildung von winzigen Rissen. Das Auftreten dieser Risse verursacht eine weitere Spannungserhöhung an den Rissspitzen bzw. -grenzen, was wiederum zu einer zusätzlichen Rissausbreitung im Material bei weiter zyk-

Die Dimensionierung von Riesenrädern erfordert eine sorgsame Berücksichtigung der Beanspruchungsfälle, die eine Materialermüdung verursachen können.

lisch auftretender Spannung führt. Allmählich wird der Querschnitt des Bauteils soweit reduziert, dass er der Belastung nicht mehr standhält und folglich kommt es zu einem plötzlichen Versagen. Selbst wenn das Material als duktil bekannt ist, verhält es sich, als wäre es *spröde*.

Für die Festlegung einer ausreichenden Festigkeit für ein metallisches Material unter wiederholter Lasteinwirkung ist es notwendig, eine Grenze zu bestimmen, unterhalb derer für eine Belastung mit einer bestimmten Zyklenzahl kein Ausfall feststellbar ist. Diese Spannungsgrenze wird *Ermüdungsgrenze* genannt. Man nutzt zu ihrer Bestimmung eine spezielle Versuchsanordnung, wobei jedes Stück einer Probenserie einer festgelegten Maximalspannung ausgesetzt wird und diese zudem so lange zyklisch verändert wird, bis das Material versagt. Die Ergebnisse werden als Funktion grafisch dargestellt, mit der Spannung S (oder σ) als Ordinate und der Zyklenzahl bis zum Ausfall N als Abszisse. Diese grafische Funktion wird *Wöhler-Kurve*, im Englischen *S-N-Diagramm* genannt. In den meisten Fällen werden die Werte in einem logarithmischen Maßstab aufgetragen, denn sie sind gewöhnlich sehr groß.

Für zwei gebräuchliche metallische Werkstoffe sind Beispiele von *S-N*-Diagrammen in Abbildung 3.28 dargestellt. Die Ermündungsgrenze ist jene Spannung, wo die *S-N*-Kurve horizontal bzw. asymptotisch verläuft. Wie bereits erwähnt, gibt es einen gut definierten Wert von $(S_{el})_{St} = 186$ MPa für Stahl. Für Aluminium ist die Ermüdungsgrenze nicht ausdrücklich definiert und daher wird sie normalerweise als Spannung mit einer Grenze von 500 Millionen Zyklen mit $(S_{el})_{Al} = 131$ MPa angegeben. Typische Werte für die Ermüdungsgrenze sind für eine Vielzahl von Werkstoffen im Allgemeinen in Nachschlagewerken aufgeführt.

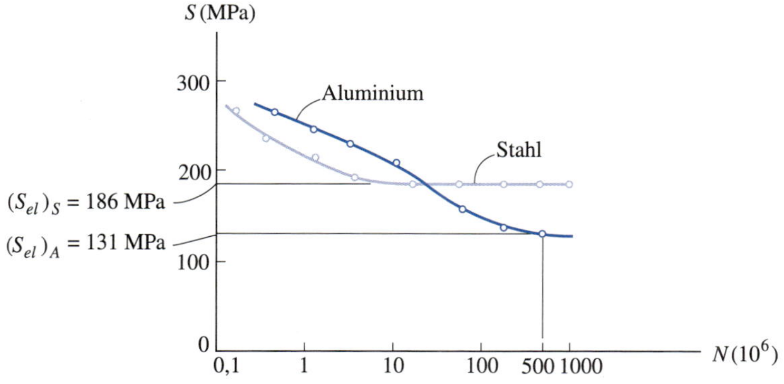

S-N-Diagramm (Wöhler-Kurve) für Stahl- und Aluminiumlegierungen (*N*-Achse hat eine logarithmische Skalierung)

Abbildung 3.28

Nach der Bestimmung der Ermüdungsgrenze wird häufig angenommen, dass für jede Spannung unterhalb dieses Wertes der Ermüdungszeitraum unbegrenzt ist, und daher wird der Zyklenzahl bis zum Ausfall keine weitere Beachtung geschenkt.

Wichtige Punkte zur Lösung von Aufgaben

- Die *Querkontraktionszahl* ν ist ein Maß der Querdehnung eines homogenen und isotropen Materials im Verhältnis zu seiner Längsdehnung. Diese Dehnungen haben im Allgemeinen ein unterschiedliches Vorzeichen, d.h. falls die Dehnung eine Verlängerung repräsentiert, entspricht die Querdehnung einer Verkürzung.
- Das *Schubspannungs-Gleitungs-Diagramm* ist die grafische Darstellung der Schubspannung als Funktion der Gleitung. Wenn ein Material homogen, isotrop und auch linear-elastisch ist, dann wird die Steigung dieser Kurve innerhalb des elastischen Bereiches als Schubmodul oder Gleitmodul G bezeichnet.
- Es gibt eine mathematische Beziehung zwischen G, E und ν.
- *Kriechen* ist eine mit der Zeit fortschreitende Deformation, wobei die Spannung und/oder die Temperatur eine wichtige Rolle spielen. Bauteile werden so bemessen, dass sie Kriecheffekten aufgrund ihrer Kriechfestigkeit widerstehen. Die Kriechfestigkeit ist die höchste Ausgangsspannung, die ein Material während einer festgelegten Zeitdauer standhält, ohne eine bestimmte Kriechdehnung zu überschreiten.
- Ermüdung tritt in metallischen Werkstoffen auf, wenn die Spannungen oder die Dehnungen in zyklischen Abständen wiederkehren. Bauteile werden so ausgelegt, dass sie der Ermüdung widerstehen, indem sichergestellt wird, dass sie eine *Ermüdungsgrenze* nicht überschreiten. Dieser Wert wird einem S-N-Diagramm (*Wöhler*-Kurve) entnommen und definiert die Maximalspannung, die ein Bauteil standhält, wenn es einer festgelegten Anzahl von Belastungszyklen ausgesetzt ist.

ZUSAMMENFASSUNG

Eines der wichtigsten Testverfahren für die Werkstofffestigkeit ist der Zugversuch. Die beim Dehnen einer Stabprobe bekannter Größe gewonnenen Ergebnisse werden in einem Diagramm als Normalspannung auf der vertikalen Achse und Normaldehnung auf der horizontalen Achse aufgetragen.

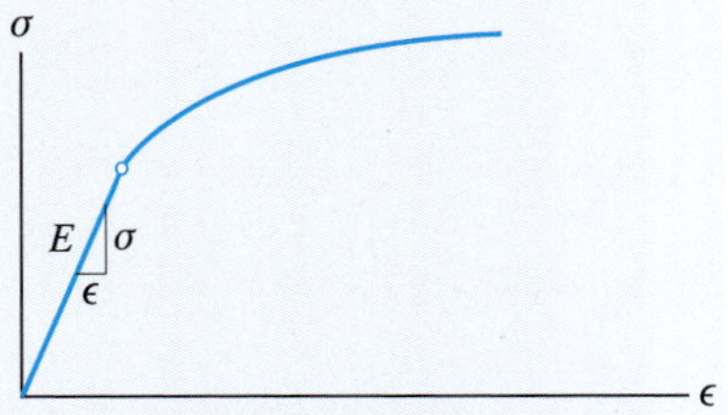

Zähes Material

Viele technische Werkstoffe zeigen anfangs elastisches Verhalten, wobei die Spannung proportional zur Dehnung ist, wie sie das Hooke'sche Gesetz

$$\sigma = E\,\epsilon$$ *siehe Abschnitt 3.4*

definiert. Hier repräsentiert der sogenannte Elastizitätsmodul E die Steigung dieser Geraden im Spannungs-Dehnungs-Diagramm.

Wenn man den Werkstoff über die Fließgrenze hinaus beansprucht, tritt eine permanente Verformung auf. Insbesondere hat Stahl einen Fließbereich, in dem das Material bei Zunahme der Dehnung keine Zunahme der Spannung zeigt. Der Bereich der Verfestigung verursacht weiteres Fließen des Materials mit einer entsprechenden Zunahme der Spannung. Am Zugfestigkeitspunkt schließlich beginnt sich ein lokalisierter Bereich der Probe zu verkleinern und bildet eine Einschnürung. Daran anschließend tritt der Bruch auf.

siehe Abschnitt 3.2

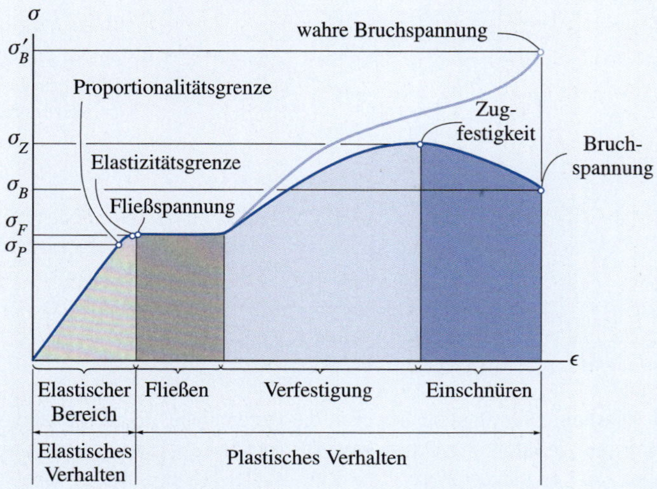

Konventionelles und wahres Spannungs-Dehnungs-Diagramm
für duktiles Material (Stahl), nicht maßstabsgerecht

Zähe Werkstoffe wie zum Beispiel die meisten Metalle zeigen sowohl elastisches als auch plastisches Verhalten. Holz verhält sich leicht duktil. Die Duktilität gibt man normalerweise durch die Bruchdehnung, ausgedrückt in Prozent oder durch die prozentuale Verringerung der Querschnittsfläche an:

$$\text{prozentuale Dehnung} = \frac{L_B - L_0}{L_0}(100\%)$$

$$\text{proz. Flächenreduktion} = \frac{A_0 - A_B}{A_0}(100\%)$$

siehe Abschnitt 3.3

Spröde Werkstoffe zeigen ein sehr geringes oder gar kein Fließverhalten und brechen abrupt. Typische Beispiele sind Gusseisen, Beton und Glas.

siehe Abschnitt 3.3

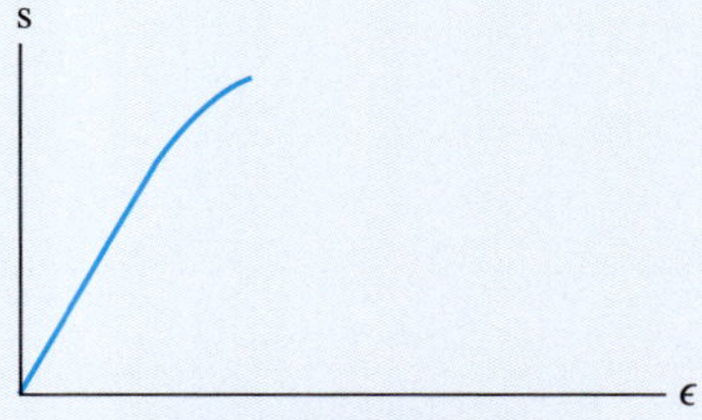

Sprödes Material

Die Fließgrenze eines Werkstoffes bei A lässt sich durch Verfestigung erhöhen. Dazu belastet man das Material, sodass die Spannung größer als die Fließspannung ist, und entlastet es dann. Die höhere Spannung A' wird zur neuen Fließgrenze des Werkstoffes.

siehe Abschnitt 3.3

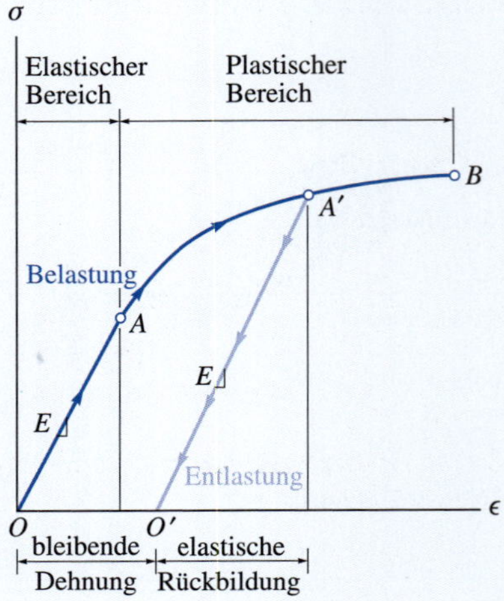

Bei Belastung eines Bauteils bewirken die Verformungen, dass Formänderungsenergie im Werkstoff gespeichert wird. Die Formänderungsenergie pro Volumeneinheit oder Formänderungsenergiedichte ist der Fläche unter der Spannungs-Dehnungs-Kurve äquivalent. Dieser Bereich bis zur Fließgrenze ist die sogenannte spezifische Verformungsenergie bis zur Proportionalitätsgrenze. Den gesamten Bereich unter dem Spannungs-Dehnungs-Diagramm bezeichnet man als spezifische Bruchenergie.

siehe Abschnitt 3.5

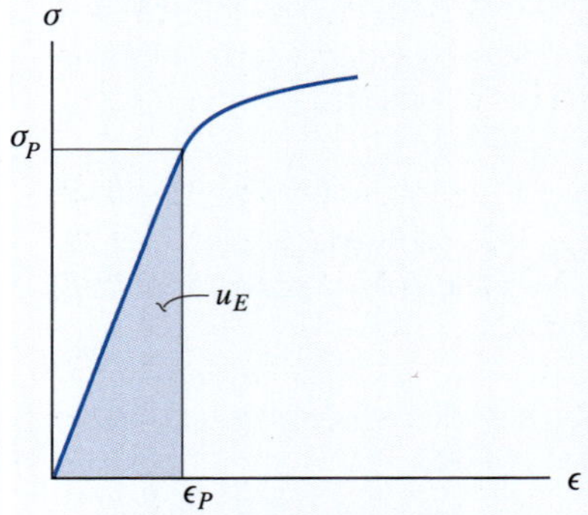

spezifische Verformungsarbeit bis zur Proportionalitätsgrenze u_E

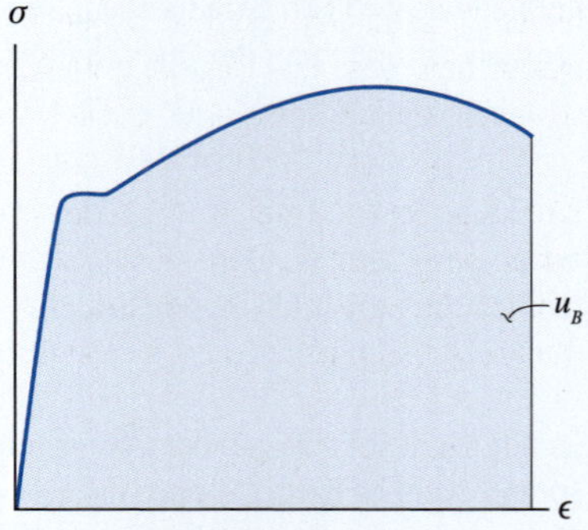

Bruchenergie u_B

Die Querkontraktionszahl

$$\nu = -\frac{\epsilon_{radial}}{\epsilon_{axial}}$$

siehe Abschnitt 3.6

ist eine dimensionslose Materialeigenschaft, die das Verhältnis von radialer Dehnung zu axialer Dehnung angibt. Der Wertebereich umfasst $0 \leq \nu \leq 0{,}5$.

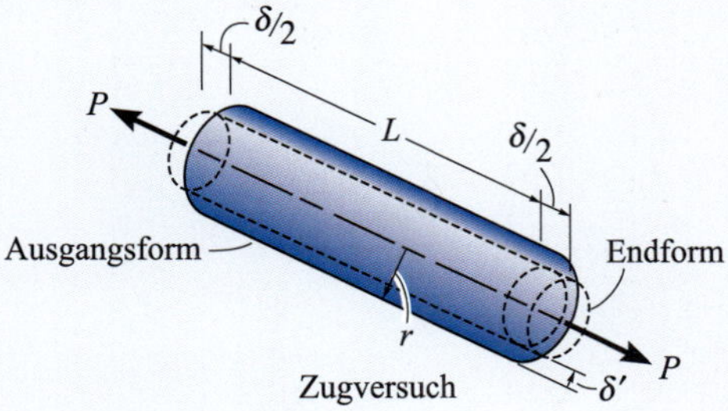

Für einen Werkstoff lassen sich auch Schubspannungs-Gleitungs-Diagramme erstellen. Innerhalb des elastischen Bereichs gilt

$$\tau = G\gamma$$

wobei G der Schubmodul (oder Gleitmodul) ist, der sich aus dem Anstieg der Geraden ergibt. Den Wert von G erhält man aus der Beziehung

$$G = \frac{E}{2(1+\nu)}$$

siehe Abschnitt 3.7

die zwischen G, E und ν besteht.

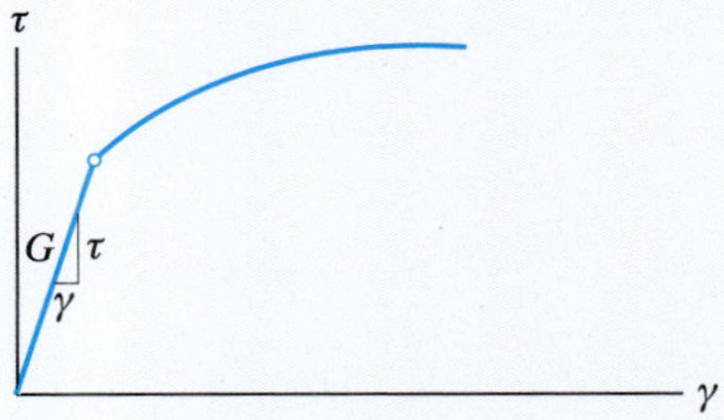

Sind Werkstoffe über lange Zeiträume im Einsatz, spielen Kriecherscheinungen eine zunehmend wichtige Rolle. Kriechen ist eine zeitabhängige Deformation, die bei hohen Belastungen und/oder hohen Temperaturen auftritt. Die Konstruktion ist so auszulegen, dass die Spannung im Material eine zulässige Spannung nicht überschreitet. Maßgebend hierfür ist die Kriechfestigkeit des Materials.

Ermüdung kann auftreten, wenn das Material einer großen Anzahl von Belastungszyklen ausgesetzt ist. Dabei bilden sich winzige Risse, die zu einem Sprödbruch führen. Um Ermüdung zu verhindern, darf die Spannung im Material eine bestimmte Dauer- oder Ermüdungsgrenze nicht überschreiten.

siehe Abschnitt 3.8

Zug/Druck

4

ÜBERBLICK

Die Kette zum Halten eines Bohrgestänges, das am Flaschenzugblock eines Bohrturms hängt, ist extrem hohen Beanspruchungen und axialen Verformungen ausgesetzt.

Lernziele

In Kapitel 1 haben wir eine Methode zur Bestimmung der Normalspannung in axial belasteten Bauteilen entwickelt. In diesem Kapitel werden wir diskutieren, wie man die Verformung dieser Bauteile ermittelt; zudem leiten wir eine Methode her, wie man die Lagerreaktionen erhält, wenn die Reaktionskräfte nicht eindeutig aus den Gleichgewichtsbedingungen hervorgehen. Einflüsse von thermischen Spannungen, Spannungskonzentrationen, inelastischen Verformungen und Restspannungen werden wir ebenso behandeln.

4.1 Saint-Venant'sches Prinzip

In den vorangegangenen Kapiteln haben wir die Begriffe der *Spannung* als Hilfsmittel zur Abschätzung der Kraftverteilung innerhalb eines Körpers sowie der *Verzerrung* als Hilfsmittel zur Abschätzung der Verformungen eingeführt. Wir haben weiterhin gezeigt, dass die mathematische Beziehung zwischen Spannung und Verzerrung vom Werkstoff abhängt, aus dem der Körper besteht. Insbesondere findet das Hooke'sche Gesetz Anwendung, wenn das Material sich linear-elastisch verhält und eine Proportionalität zwischen Spannung und Verzerrung existiert. Mit Hilfe dieser Vorstellung diskutieren wir die elastische Verformung eines prismatischen bzw. zylindrischen Stabes, wenn er an einem Ende durch eine Kraft P entlang der Schwerpunktsachse belastet wird, siehe Abbildung 4.1a. Am anderen Ende ist der Stab fest eingespannt und die Kraft wird über ein durch ein Loch geführtes Seil in den Stab eingeleitet.

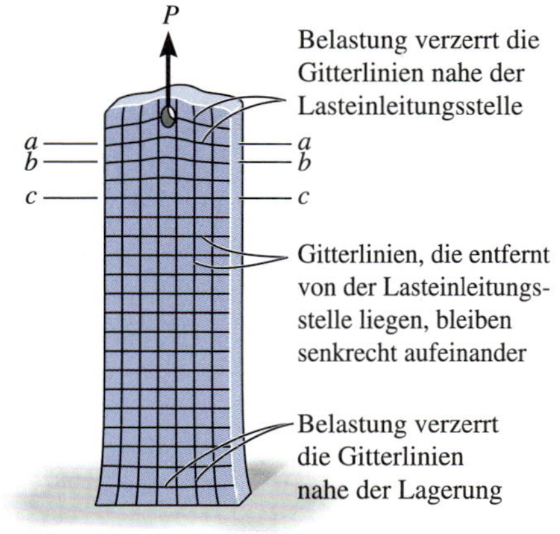

(a)

Abbildung 4.1

Aufgrund der äußeren Belastung verformt sich der Stab, und die ursprünglich horizontalen und vertikalen auf dem Stab eingezeichneten Gitterlinien verzerren sich, siehe Abbildung 4.1a. Achten Sie auf die *lokalen Deformationen*, die an beiden Enden auftreten. Mit zunehmender Entfernung von den Stabenden *nehmen* im mittleren Bereich des Stabes die Ungleichmäßigkeiten der Verformung immer mehr *ab*, bis die Verformung schließlich gleichmäßig wird, so dass keine Winkeländerungen (Gleitungen) mehr auftreten.

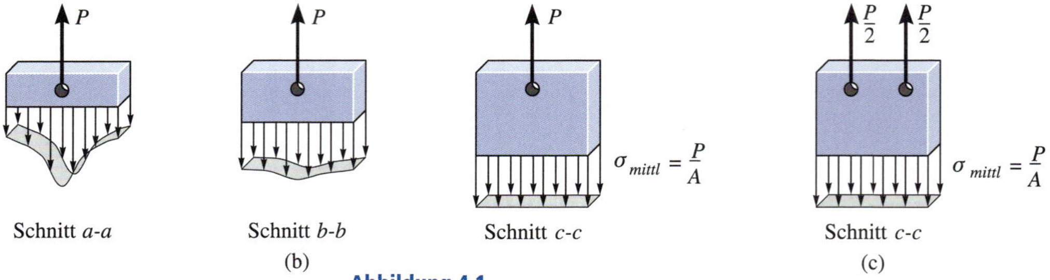

Abbildung 4.1

Aufgrund der Tatsache, dass die Verzerrung mit der Spannung im Stab in Beziehung steht, können wir feststellen, dass sich die Spannung immer gleichmäßiger über die Querschnittsfläche verteilt, je weiter der Schnitt vom Punkt des Lastangriffs entfernt ist. Achten Sie beispielsweise auf die Änderung des Profils der Spannungsverteilung in den Schnitten *a-a*, *b-b* und *c-c*. Die unterschiedlichen Profile sind alle in Abbildung 4.1b dargestellt. Ein Vergleich zeigt, dass die Spannung bei Schnitt *c-c, der genügend weit vom Ende entfernt ist,* einen *fast* einheitlichen Wert erreicht. Mit anderen Worten, der Schnitt *c-c* ist vom Angriffspunkt von *P* weit genug entfernt, so dass die von *P* verursachte lokale Verformung *verschwindet*. Die minimale Entfernung vom Stabende, wo dies auftritt, kann mit Hilfe eines mathematischen Berechnungsverfahrens auf Grundlage der Elastizitätstheorie ermittelt werden.

Als eine *allgemeine Regel*, die auch für viele andere Belastungsfälle und Bauteilgeometrien anwendbar ist, können wir diese Entfernung als mindestens gleich groß wie die *größte Abmessung* des belasteten Querschnittes ansehen. Somit sollte im Fall des Stabes in Abbildung 4.1b der Schnitt *c-c* eine Entfernung haben, die mindestens der Breite (nicht der Dicke) des Stabes entspricht.[1] Diese Regel basiert auf *experimentellen Beobachtungen des Materialverhaltens*; nur in speziellen Fällen, wie hier diskutiert, kann dies auch mathematisch verifiziert werden. Allerdings sollte erwähnt werden, dass diese Regel nicht für alle Bauteilformen und Belastungsfälle anwendbar ist. Zum Beispiel können in Bauteilen aus dünnwandigen Elementen, die einer starke Durchbiegungen verursachenden Belastung ausgesetzt sind, lokale Spannungen und Deformationen erzeugt werden, die noch in beachtlicher Entfernung vom Lastangriffspunkt einen Einfluss ausüben.

1 Bei dieser Position des Schnittes *c-c* prognostiziert die Elastizitätstheorie eine Maximalspannung mit $\sigma_{max} = 1{,}02\ \sigma_{mittl}$.

Ein ähnlicher Effekt tritt an der Einspannstelle des Stabes auf. Eigentlich würde sich der Stab dort aufgrund der Querkontraktion zusammenziehen. Diese Verformung in Querrichtung wird aber durch die Einspannung verhindert. Auch diese Störung klingt mit zunehmender Entfernung von der Einspannstelle ab, bis die Spannungsverteilung über den Querschnitt gleichmäßig wird. Die Größe der durch die Spannung an der Einspannstelle übertragenen Kraft ist gleich der äußeren Last *P*.

Die Tatsache, dass sich Spannung und Deformation in dieser Art und Weise verhalten, wird ***Saint-Venant'sches Prinzip*** genannt, nach dem französischen Wissenschaftler Barré de Saint-Venant, der den Effekt 1855 zum ersten Mal bemerkte. Im Wesentlichen sagt es aus, dass die Spannung und die Verzerrung, die in genügender Entfernung von der Lastangriffsstelle auftreten, gleich groß jener Spannung und Verzerrung sind, die bei *jeder* am Körper *wirkenden Belastung* an der Schnittstelle eine gleich große, statisch äquivalente Schnittreaktion hervorrufen. Wenn zum Beispiel zwei symmetrisch angreifende Lasten $P/2$ auf den Körper einwirken, Abbildung 4.1c, dann wird die Spannungsverteilung am Schnitt *c-c*, der genügend weit von den Lasteinleitungspunkten entfernt liegt, gleichmäßig sein und deshalb äquivalent zu $\sigma_{mittl} = P/A$ wie vorher.

Zusammenfassend können wir sagen, dass wir die komplexen Spannungsverteilungen, die sich an den Lastangriffspunkten oder an den Lagerungen tatsächlich herausbilden, bei der Betrachtung der Spannungsverteilung eines Körpers bei *genügend weit* vom Lastangriffspunkt *entfernten* Schnitten nicht zu berücksichtigen brauchen. Das Saint-Venant'sche Prinzip behauptet, dass die aufgrund der äußeren Belastung des Körpers verursachten lokalen Effekte mit zunehmender Entfernung von der Belastungsstelle immer weiter abnehmen, bis sie praktisch verschwinden. Die Spannungsverteilung in diesen Bereichen bleibt *unverändert*, wenn die resultierenden Schnittgrößen bei anderer äußerer Belastung unverändert bleiben.

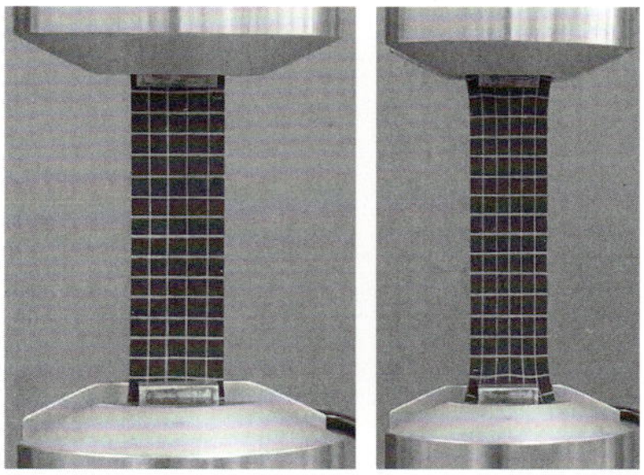

Achten Sie darauf, wie sich die Gitterlinien auf der Gummimembran nach der Streckung verzerren. Die lokalen Störungen im Gitter klingen wie erwartet sehr schnell ab. Dies ist auf das Saint-Venant'sche Prinzip zurückzuführen.

4.2 Elastische Verformung eines axial belasteten Bauteils

Mit Hilfe des Hooke'schen Gesetzes und der Definitionen für Spannung und Dehnung werden wir im Folgenden eine Gleichung entwickeln, die dazu verwendet werden kann, die elastische Verformung eines Bauteils zu bestimmen, das axialen Beanspruchungen ausgesetzt ist. Zur Verallgemeinerung dieser Herleitung betrachten wir den Stab in Abbildung 4.2a, der eine sich über die Länge *L allmählich* ändernde Querschnittsfläche besitzt.

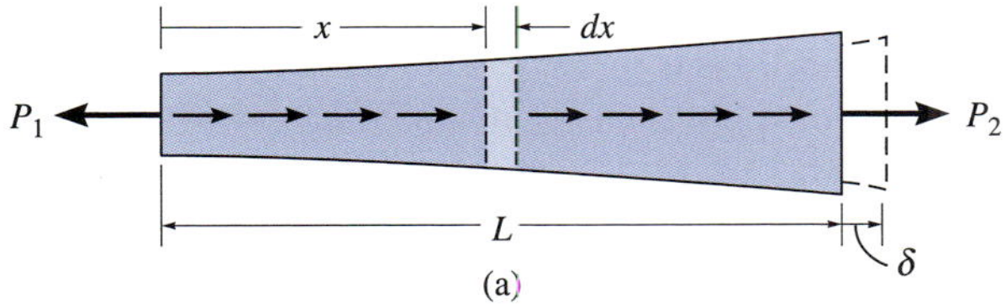

Abbildung 4.2

An den Stabenden wirken Einzelkräfte und entlang des Stabes eine ortsveränderliche axiale Streckenlast q. Diese Streckenlast könnte z.B. das Gewicht eines vertikalen Stabes oder an der Staboberfläche wirkende Reibungskräfte sein. Gesucht ist die ***relative Verschiebung*** δ eines Stabendes bezüglich des anderen Endes infolge dieser Belastung. In der folgenden Berechnung werden wir ***lokale Verformungen*** vernachlässigen, die an den Angriffspunkten der Einzelkräfte oder plötzlichen Querschnittsänderungen auftreten. Wie in Abschnitt 4.1 bereits erwähnt, treten sie lediglich innerhalb kleiner Bereiche der Stablänge auf. Sie werden deshalb nur einen untergeordneten Einfluss auf das Endergebnis haben. Über den größten Teil seiner Länge dehnt sich der Stab derart, dass die Normalspannung über den Querschnitt gleichverteilt ist.

Mit Hilfe der Methode des Freischneidens wird ein differenziell kleines Stabelement der Länge dx und der Querschnittsfläche $A(x)$ an einer beliebigen Stelle x vom Rest des Stabes isoliert. Das Freikörperbild dieses Elements zeigt Abbildung 4.2b. Die resultierende innere ***Normalkraft*** wird durch $N(x)$ repräsentiert, denn die äußere Belastung wird durch eine Änderung entlang der Stablänge verursacht. Diese Normalkraft $N(x)$ verformt das Element zu der gestrichelt gekennzeichneten Form; demzufolge ist die Verschiebung eines Endes des Elements in Bezug auf das andere Ende $d\delta$. Die Spannung und die Dehnung in dem Element sind durch

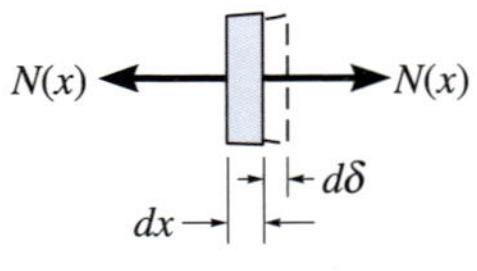

Abbildung 4.2

$$\sigma = \frac{N(x)}{A(x)} \quad \text{und} \quad \epsilon = \frac{d\delta}{dx}$$

gegeben.

Falls diese Größen die Proportionalitätsgrenze nicht überschreiten, können wir sie mit dem Hooke'schen Gesetz in Beziehung setzen, d.h. $\sigma = E\,\epsilon$

$$\frac{N(x)}{A(x)} = E\left(\frac{d\delta}{dx}\right), \text{ d.h. } d\delta = \frac{N(x)dx}{A(x)E}$$

Für den Stab der Länge L müssen wir diesen Ausdruck integrieren, um die geforderte Verschiebung zu erhalten. Dies ergibt

$$\delta = \int_0^L \frac{N(x)}{A(x)E}dx \tag{4.1}$$

wobei

δ = gegenseitige Verschiebung der Stabenden
L = ursprüngliche Länge des Stabes
$N(x)$ = Normalkraft am Schnitt an der Stelle x
$A(x)$ = Querschnittsfläche des Stabes, ausgedrückt als Funktion von x
E = Elastizitätsmodul des Materials

Konstante Last und Querschnittsfläche In vielen Fällen hat der Stab eine konstante Querschnittsfläche A und das Material ist homogen, so dass E konstant ist. Wenn zudem eine konstante äußere Kraft P an jedem Ende wirkt, Abbildung 4.3, dann ist die Normalkraft N über die Stablänge gleichfalls konstant: $N = P$. Somit führt die Integration der Gleichung (4.1) zu folgendem Resultat:

$$\delta = \frac{PL}{AE} \tag{4.2}$$

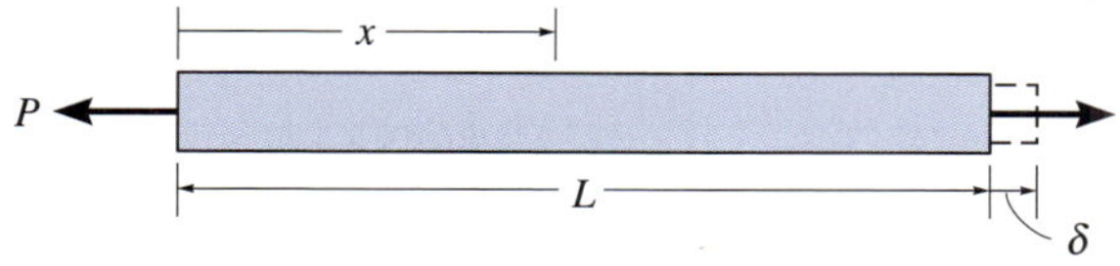

Abbildung 4.3

Wenn der Stab verschiedenen Axialkräften ausgesetzt ist oder die Querschnittsfläche bzw. der Elastizitätsmodul sich von einem Bereich des Stabes zum nächsten abrupt ändert, dann kann Gleichung (4.2) auf jedes Segment des Stabes angewandt werden, für das diese Größen alle *konstant* sind. Die Verschiebung des einen Stabendes in Bezug zu seinem anderen Ende kann man durch *algebraische Addition* der Verschiebungen eines jeden Segments erhalten. Im allgemeinen Fall ergibt dies

$$\delta = \sum \frac{NL}{AE} \tag{4.3}$$

Die vertikale Verschiebung der oberen Endpunkte dieser Gebäudestützen hängt von der Dachlast und der Belastung des eingefügten Zwischengeschosses ab.

Vorzeichenkonvention Für die Anwendung von Gleichung (4.3) müssen wir eine Vorzeichenkonvention für die innere Normalkraft und die Verschiebung eines Stabendes in Bezug zu seinem anderen Ende vereinbaren. Dafür werden sowohl die Kraft als auch die Verschiebung als positiv angenommen, wenn sie eine Zugspannung bzw. eine Verlängerung verursachen, Abbildung 4.4; andererseits bedingt eine negative Kraft oder Verschiebung eine Druckspannung bzw. eine Verkürzung.

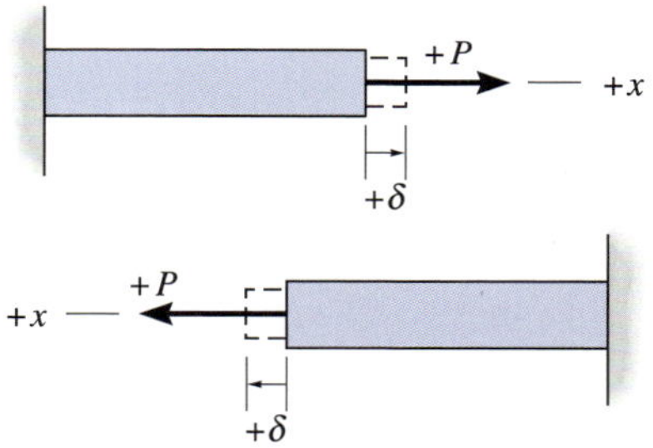

Positive Vorzeichenvereinbarung für P und δ

Abbildung 4.4

Betrachten Sie zum Beispiel den Stab in Abbildung 4.5a mit den gegebenen äußeren Lasten $P_A = 5$ kN, $P_B = 8$ kN, $P_C = 4$ kN und $P_D = 7$ kN. Die *inneren Normalkräfte* „N“ werden durch Freischneiden für jedes Segment ermittelt, Abbildung 4.5b. Sie sind $N_{AB} = P_A = 5$ kN, $N_{BC} = -(P_B - P_A) = -3$ kN und $N_{CD} = -P_D = -7$ kN. Der Verlauf der Normalkraft ist in einem Normalkraft-Diagramm für den Stab dargestellt, Abbildung 4.5c. Durch Anwendung der Gleichung (4.3) erhalten wir die Verschiebung des Endes A in Bezug zum Endpunkt D:

$$\delta_{A/D} = \sum \frac{NL}{AE} = \frac{N_{AB}L_{AB}}{AE} + \frac{N_{BC}L_{BC}}{AE} + \frac{N_{CD}L_{CD}}{AE}$$
$$= \frac{(5\,\text{kN})L_{AB}}{AE} + \frac{(-3\,\text{kN})L_{BC}}{AE} + \frac{(-7\,\text{kN})L_{CD}}{AE}$$

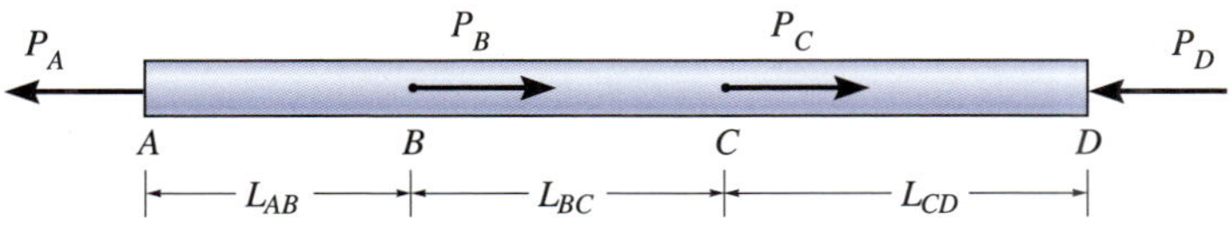

(a)

Abbildung 4.5

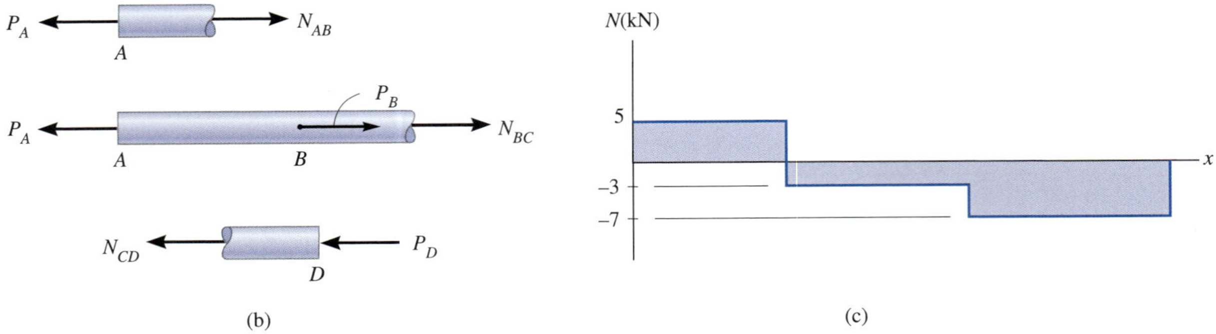

Abbildung 4.5

Werden noch die anderen Stabdaten eingesetzt und es ergibt sich ein positives Ergebnis, bedeutet dies, dass sich Endpunkt A vom Endpunkt D wegbewegt (der Stab streckt sich). Andererseits zeigt ein negatives Ergebnis an, dass sich A zu D hinbewegt (der Stab wird gestaucht). Die tief gestellte doppelte Indizierung verwendet man hier, um eine relative Verschiebung zu kennzeichnen ($\delta_{A/D}$); ist die Verschiebung dagegen relativ zu einem *fixen Punkt* zu bestimmen, dann verwendet man nur einen tief gestellten Index. Befindet sich zum Beispiel D an einer festen Einspannung, dann wird die Verschiebung einfach mit δ_A bezeichnet.

Wichtige Punkte zur Lösung von Aufgaben

- Das *Saint-Venant'sche Prinzip* sagt aus, dass sowohl lokale Deformationen als auch lokale Spannungen, die innerhalb der Bereiche des Lastangriffs oder an den Lagerungen auftreten, in genügend weiter Entfernung von diesen Bereichen immer gleichmäßiger werden.
- Die Verschiebung eines axial belasteten Bauteils wird bestimmt, indem man die wirkende Normalkraft mit der Spannung über $\sigma = N/A$ und mit der Dehnung über $\epsilon = d\delta/dx$ in Beziehung setzt. Zum Schluss werden diese beiden Gleichungen über das Hooke'sche Gesetz $\sigma = E\epsilon$ miteinander verknüpft, woraus Gleichung (4.1) folgt.
- Da für die Herleitung der Verschiebungsgleichung das Hooke'sche Gesetz verwendet wurde, ist es wesentlich, dass die Belastungen kein Fließen des Materials verursachen, das Material homogen ist und sich linear-elastisch verhält.

Lösungsweg

Die relative Verschiebung zwischen zwei Punkten A und B eines axial belasteten Bauteils kann durch Verwendung der Gleichung (4.1) oder (4.2) bestimmt werden. Die Auswertung erfordert die folgenden Schritte:

Innere Normalkraft

- Wenden Sie die Methode des Freischneidens an, um die innere Normalkraft N in dem Bauteil zu bestimmen.
- Wenn sich diese Kraft über die Länge des Bauteils ändert, sollte ein Schnitt an einer beliebigen Position x ausgehend von einem Ende des Bauteils gemacht und die Kraft als Funktion von x, d.h. $N(x)$, ausgedrückt werden.
- Wenn mehrere *konstante äußere Kräfte* an dem Bauteil wirken, dann muss die innere Normalkraft in jedem Bauteil*segment* zwischen zwei äußeren Kräften bestimmt werden.
- Für jedes Segment ist die *Normalkraft als Zugkraft* anzunehmen. Ein positives Ergebnis bedeutet, dass das betrachtete Stabsegment auch tatsächlich auf Zug beansprucht wird. Ist das Ergebnis dagegen negativ, liegt in dem betreffenden Bereich Druckbeanspruchung vor. Zur Erleichterung können die Ergebnisse der inneren Beanspruchung grafisch durch Zeichnen eines Normalkraftdiagramms dargestellt werden.

Verschiebung

- Wenn sich die Querschnittsfläche eines Bauteils entlang der Achse ändert, muss diese Fläche als Funktion ihrer Position x beschrieben werden, d.h. $A(x)$.
- Wenn sich Querschnittsfläche, Elastizitätsmodul oder die innere Beanspruchung *plötzlich ändert*, dann sollte Gleichung (4.2) für jedes Segment angewendet werden, für das diese Größen konstant sind.
- Achten Sie beim Einsetzen der Daten in die Gleichungen (4.1) bis (4.3) auf das richtige Vorzeichen für N; Zugbeanspruchungen sind positiv und Druckbeanspruchungen negativ. Wenn bei jedem Segment das Resultat *positiv* ist, dann zeigt dies eine Verlängerung des Segments an; ist es *negativ*, dann bedeutet dies eine Verkürzung.

Beispiel 4.1

Der abgesetzte Stahlstab, dargestellt in Abbildung 4.6a, besteht aus zwei Segmenten, AB und BD, mit den Querschnittsflächen A_{AB} und A_{BD}. Bestimmen Sie die vertikale Verschiebung des Endes A und die Verschiebung von B relativ zu C.

$A_{AB} = 600\ \text{mm}^2$, $A_{BD} = 1200\ \text{mm}^2$, $P_A = 75\ \text{kN}$, $P_B = 20\ \text{kN}$, $P_C = 40\ \text{kN}$, $l = 0{,}5\ \text{m}$

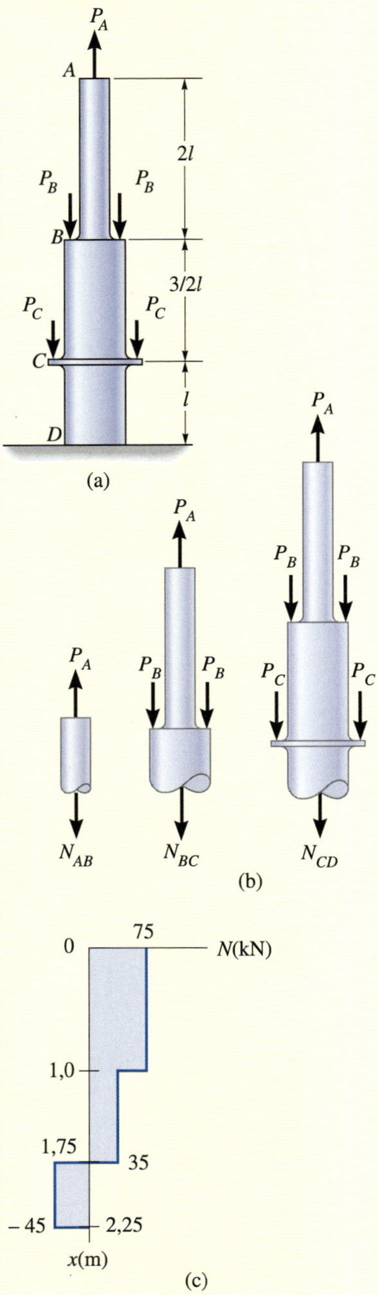

Abbildung 4.6

Lösung

Normalkräfte Infolge der äußeren Lasteinwirkungen sind die inneren Normalkräfte in den Bereichen AB, BC und CD unterschiedlich groß. Diese Kräfte erhält man durch die Methode des Freischneidens über ein vertikales Kräftegleichgewicht, siehe Abbildung 4.6b. Der Verlauf ist in Abbildung 4.6c grafisch dargestellt.

$P_A - N_{AB} = 0$, d.h. $\qquad N_{AB} = P_A = 75\ \text{kN}$

$P_A - 2P_B - N_{BC} = 0$, d.h. $\qquad N_{BC} = P_A - 2P_B = 35\ \text{kN}$

$P_A - 2P_B - 2P_C - N_{CD} = 0$, d.h. $\qquad N_{CD} = P_A - 2P_B - 2P_C = -45\ \text{kN}$

Verschiebung Aus der hinteren Einbandseite entnehmen wir $E_{St} = 210(10^3)\ \text{MPa}$. Bei Anwendung der Vorzeichenkonvention, d.h. Zugkräfte sind positiv und Druckkräfte negativ, ergibt sich die vertikale Verschiebung von A relativ zur festen Einspannung D als

$$\delta_A = \sum \frac{NL}{AE} = \frac{N_{AB} 2l}{A_{AB} E_{St}} + \frac{N_{BC}}{A_{BD} E_{St}} \frac{3l}{2} + \frac{N_{CD} l}{A_{BD} E_{St}}$$

$$\delta_A = \frac{(+75\,\text{kN})(1\,\text{m})}{(0{,}0006\,\text{m}^2)(210)(10^6)\,\text{kN/m}^2} + \frac{(+35\,\text{kN})(0{,}75\,\text{m})}{(0{,}0012\,\text{m}^2)(210)(10^6)\,\text{kN/m}^2}$$
$$+ \frac{(-45\,\text{kN})(0{,}5\,\text{m})}{(0{,}0012\,\text{m}^2)(210)(10^6)\,\text{kN/m}^2}$$
$$= 0{,}595\,\text{mm} + 0{,}104\,\text{mm} - 0{,}089\,\text{mm}$$

$$\delta_A = 0{,}61\ \text{mm}$$

Das Ergebnis ist positiv; also verlängert sich der Stab, und somit ist die Verschiebung bei A nach oben gerichtet. Mit Hilfe der Gleichung (4.2) zwischen den Punkten B und C erhalten wir

$$\delta_{B/C} = \frac{N_{BC}}{A_{BC} E_{St}} \frac{3l}{2} = \frac{(+35\,\text{kN})(0{,}75\,\text{m})}{(0{,}0012\,\text{m}^2)(210)(10^6)\,\text{kN/m}^2}$$

$$\delta_{B/C} = +\,0{,}104\ \text{mm}$$

Auch das Segment BC verlängert sich, denn das Ergebnis ist positiv.

Beispiel 4.2 Die Vorrichtung in Abbildung 4.7a besteht aus einem Aluminiumrohr AB mit der Querschnittsfläche A_{Al}. Eine Stahlstange mit dem Durchmesser d ist bei B mit dem Rohr verbunden und wird durch das Rohr hindurchgeführt. Bestimmen Sie die Verschiebung des Endes C der Stange, wenn an ihrem Ende C eine Zugkraft P wirkt.

$P = 80$ kN, $l_1 = 600$ mm, $l_2 = 400$ mm, $d_{St} = 10$ mm, $A_{Al} = 400$ mm^2, $E_{St} = 200$ GPa, $E_{Al} = 70$ GPa

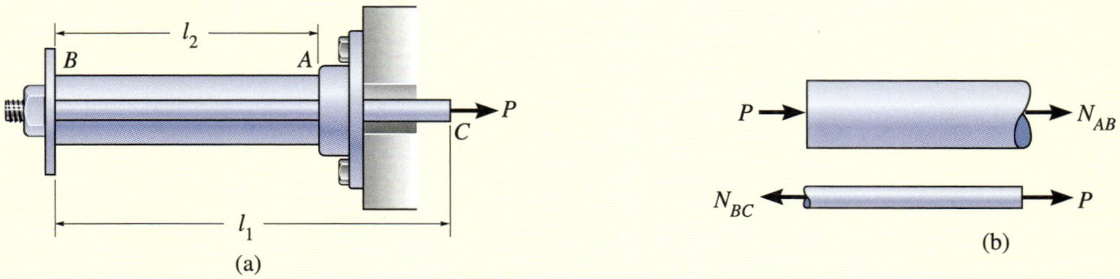

Abbildung 4.7

Lösung

Normalkräfte Das Freikörperbild des Rohres und der Stange, Abbildung 4.7b, gibt an, dass die Stange auf Zug, $N_{BC} = P = 80$ kN, beansprucht ist und das Rohr auf Druck: $N_{AB} = -P_B = -P = -80$ kN.

Verschiebung Wir bestimmen zuerst die Verschiebung des Endes C relativ zu B. Wir erhalten

$$\delta_{C/B} = \frac{N_{BC} l_1}{A_{St} E_{St}} = \frac{N_{BC} l_1}{\pi r_{St}^2 E_{St}} = \frac{(80\,\text{kN})(0{,}6\,\text{m})}{\pi (0{,}005\,\text{m})^2 (200)(10^6)\,\text{kN/m}^2}$$

$$\delta_{C/B} = +3{,}056\ \text{mm}$$

Das positive Vorzeichen gibt an, dass sich das Ende C gegenüber B *nach rechts* verschiebt, weil die Stange sich verlängert.

Die Verschiebung des Endes B in Bezug auf die *feste* Einspannung A ist

$$\delta_B = \frac{N_{AB} l_2}{A_{Al} E_{Al}} = \frac{(-80\,\text{kN})(0{,}4\,\text{m})}{(0{,}0004\,\text{m}^2)(70)(10^6)\,\text{kN/m}^2}$$

$$\delta_B = -1{,}143\ \text{mm}$$

Hier weist das negative Vorzeichen darauf hin, dass das Rohr sich verkürzt und B sich gegenüber A nach *rechts* verschiebt.

Weil eine positive Verschiebung von B relativ zu A nach links gerichtet ist, eine positive Verschiebung von C relativ zu B aber nach rechts, ergibt sich die Gesamtverschiebung von C relativ zu A wie folgt:

$$\delta_C = \delta_{CB} - \delta_B = 1{,}143\ \text{mm} + 3{,}056\ \text{mm}$$

$$\delta_C = 4{,}20\ \text{mm}$$

Beispiel 4.3

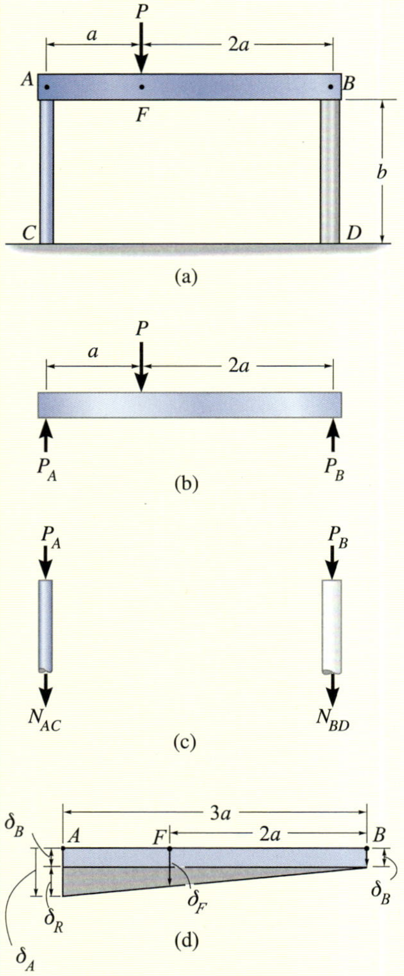

Abbildung 4.8

Der starre Balken AB ist auf zwei Pfosten, AC und BD, gelagert, Abbildung 4.8a. AC besteht aus Stahl und hat den Durchmesser d_{St}, BD besteht aus Aluminium und hat den Durchmesser d_{Al}. Bestimmen Sie die Verschiebung von Punkt F auf AB, wenn dort eine Vertikallast P angreift.

$P = 90$ kN, $d_{St} = 20$ mm, $d_{Al} = 40$ mm, $E_{St} = 200$ GPa, $E_{Al} = 70$ GPa, $a = 200$ mm, $b = 300$ mm

Lösung

Normalkräfte Die an den oberen Enden der Pfosten wirkenden Druckkräfte werden aus dem Kräftegleichgewicht des Balkens AB bestimmt, Abbildung 4.8b. Diese sind betragsmäßig gleich den inneren Kräften in jedem Pfosten, Abbildung 4.8c.

$$\sum F_V = 0 \qquad P_A + P_B - P = 0$$

$$\sum M_A = 0 \qquad P\,a - P_B\,3a = 0$$

$$P\,a = P_B\,3a$$

$$P_B = \frac{Pa}{3a} = \frac{(90\,\text{kN})(0{,}2\,\text{m})}{(0{,}6\,\text{m})} = 30\text{ kN}$$

$$P_A = P - P_B = 90\text{ kN} - 30\text{ kN} = 60\text{ kN}$$

$$N_{AC} = -P_A = -60\text{ kN}$$

$$N_{BD} = -P_B = -30\text{ kN}$$

Verschiebung Die Verschiebung des oberen Endes von jedem der Pfosten ist

Pfosten AC:

$$\delta_A = \frac{N_{AC}b}{A_{St}E_{St}} = \frac{N_{AC}b}{\pi r_{St}^2 E_{St}} = \frac{(-60\,\text{kN})(0{,}3\,\text{m})}{\pi(0{,}010\,\text{m})^2(200)(10^6)\,\text{kN/m}^2}$$

$$\delta_A = -0{,}286\text{ mm}$$

Pfosten BD:

$$\delta_B = \frac{N_{BD}b}{A_{Al}E_{Al}} = \frac{N_{BD}b}{\pi r_{Al}^2 E_{Al}} = \frac{(-30\,\text{kN})(0{,}3\,\text{m})}{\pi(0{,}020\,\text{m})^2(70)(10^6)\,\text{kN/m}^2}$$

$$\delta_B = -0{,}102\text{ mm}$$

In Abbildung 4.8d sehen Sie ein Diagramm, das die Verschiebung der Mittellinie AFB des Balkens darstellt. Über den Strahlensatz kann die Verschiebung des Punktes F deshalb wie folgt berechnet werden:

$$\delta_F = \delta_A + (\delta_B - \delta_A)\frac{a}{3a}$$

$$\delta_F = -0{,}286\text{ mm} + (-0{,}102\text{ mm} + 0{,}286\text{ mm})\ 1/3$$

$$\delta_F = -0{,}225\text{ mm}$$

Das negative Vorzeichen zeigt an, dass der Punkt F sich nach unten verschiebt.

Beispiel 4.4 Ein Bauteil in Gestalt eines Kegels besteht aus einem Material mit dem spezifischen Gewicht γ und dem Elastizitätsmodul E. Die Abmessungen sind in Abbildung 4.9a angegeben. Bestimmen Sie, wie weit die Kegelspitze aufgrund der eigenen Gewichtskraft verschoben wird, wenn der Kegel in vertikaler Position aufgehängt wird.

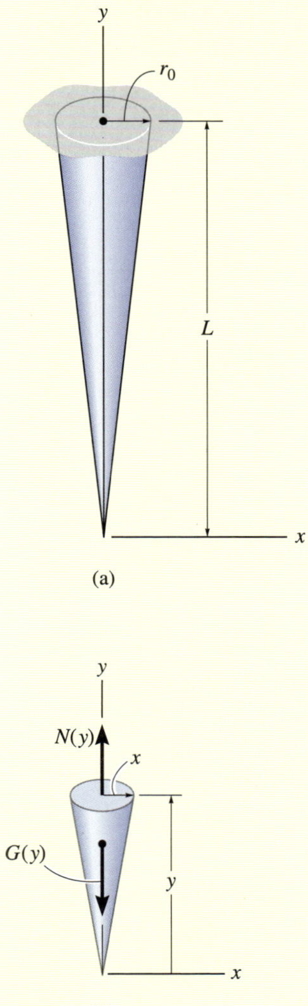

Abbildung 4.9

Lösung

Normalkräfte Die innere Normalkraft ändert sich über die Länge des Bauteils, denn sie ist abhängig vom Gewicht $G(y)$ eines Bauteilsegments unterhalb eines jeden Schnittes, Abbildung 4.9b. Zur Berechnung der Verschiebung müssen wir somit Gleichung (4.1) anwenden. Beim Schnitt, der sich im Abstand y vom unteren Ende befindet, ist der Radius x des Kegels als Funktion von y durch eine Proportionalität ermittelbar:

$$\frac{x}{y} = \frac{r_0}{L} \qquad x = \frac{r_0}{L} y$$

Das Volumen eines Kegels mit dem Radius x der Grundfläche und der Höhe y ist

$$V = \frac{\pi}{3} y x^2 = \frac{\pi r_0^2}{3L^2} y^3$$

Weil $G = \gamma V$ gilt, wird die Normalkraft am Schnitt

$$\sum F_y = 0 \qquad N(y) - G(y) = 0$$

$$N(y) = \frac{\gamma \pi r_0^2}{3L^2} y^3$$

Verschiebung Die Querschnittsfläche ist gleichfalls eine Funktion der Position y, Abbildung 4.9b. Wir erhalten

$$A(y) = \pi x^2 = \frac{\pi r_0^2}{L^2} y^2$$

Die Anwendung der Gleichung (4.1) zwischen den Grenzen $y = 0$ und $y = L$ ergibt

$$\delta = \int_0^L \frac{N(y)}{A(y)E} dy = \int_0^L \frac{\left[\left(\frac{\gamma \pi r_0^2}{3L^2}\right) y^3\right]}{\left[\left(\frac{\pi r_0^2}{L^2}\right) y^2\right] E} dy = \frac{\gamma}{3E} \int_0^L y\,dy$$

$$\delta = \frac{\gamma}{3E} \left[\frac{1}{2} y^2\right]_0^L$$

$$\delta = \frac{\gamma L^2}{6E}$$

Zur partiellen Kontrolle dieses Ergebnisses achten Sie darauf, wie Variablen und ihre Einheiten nach dem Kürzen wie erwartet auf eine Verschiebung mit einer Längeneinheit führen.

4.3 Prinzip der Superposition

Das Prinzip der Superposition wird oft benutzt, die Spannung oder die Verschiebung an einem bestimmten Punkt eines Bauteils zu bestimmen, wenn dieses einer komplizierten Belastung ausgesetzt ist. Nach Aufteilung der zusammengesetzten Belastung in ihre Bestandteile sagt das ***Prinzip der Superposition*** aus, dass die resultierende Spannung oder Verschiebung an einem Punkt dadurch bestimmt werden kann, dass zunächst die Spannung oder die Verschiebung ermittelt wird, die durch jeden *separat* auf das Bauteil wirkenden Lastanteil verursacht wird. Die resultierende Spannung oder Verschiebung wird dann bestimmt durch die algebraische Addition aller Beiträge der Anteile.

Folgende Bedingungen müssen bei der Anwendung des Prinzips der Superposition erfüllt sein:

1. *Die resultierende Beanspruchung muss in einer linearen Beziehung zur Spannung oder Verschiebung stehen, die ermittelt werden soll.* Zum Beispiel implizieren die Gleichungen $\sigma = N/A$ und $\delta = NL/AE$ eine lineare Abhängigkeit zwischen N und σ oder δ.

2. *Die Beanspruchung darf die ursprüngliche Geometrie oder Konfiguration des Bauteils nicht signifikant ändern.* Wenn signifikante Änderungen auftreten, dann ändern sich auch die Richtung und die Position der einwirkenden Kräfte bzw. ihre Hebelarme, und schließlich führt die Anwendung der Gleichgewichtsbedingungen zu anderen Ergebnissen. Betrachten Sie zum Beispiel den dünnen Stab in Abbildung 4.10a, auf den eine Last P einwirkt. In Abbildung 4.10b wird P durch seine beiden Anteile P_1 und P_2 ersetzt. Wenn P die gesamte sehr große Durchbiegung des Stabes wie dargestellt verursacht, dann ist das Moment der Last Pd um die Einspannung nicht gleich der Summe der Momente der Lastkomponenten: $Pd \neq P_1 d_1 + P_2 d_2$, denn $d_1 \neq d_2 \neq d$.

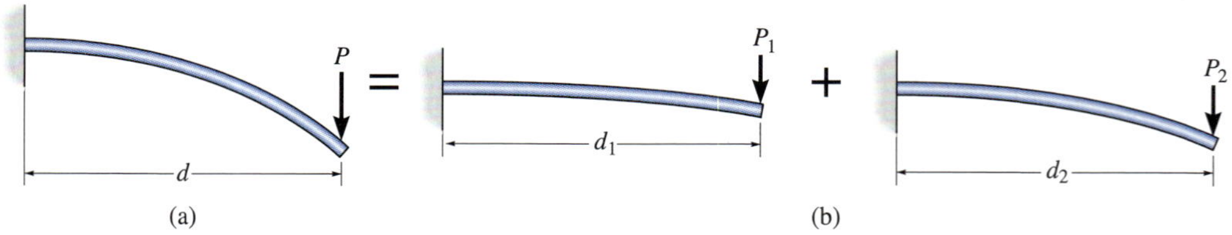

Abbildung 4.10

Die meisten Gleichungen, die eine Schnittgröße, Spannung und Verschiebung beinhalten und die in diesem Buch hergeleitet wurden, besitzen zwischen ihren Größen lineare Abhängigkeiten. Zudem wird bei den zu betrachtenden Bauteilen oder Körpern vorausgesetzt, dass die äußeren Belastungen eine so kleine Verformung erzeugen, dass die Änderung der Belastungsposition und -richtung nicht signifikant und somit vernachlässigbar ist. Eine Ausnahme dieser Regel wird allerdings in *Kapitel 14* diskutiert. Dabei handelt es sich um eine schlanke Stütze, die eine Axiallast aufnimmt, die gleich der kritischen Knicklast ist. Es wird dort noch gezeigt, dass im Falle einer nur leichten Belastungssteigerung die Stütze zu einer starken seitlichen Verbiegung gezwungen wird, selbst wenn das Material linear-elastisch bleibt. Diese Biegungen, die mit den Komponenten einer axialen Belastung in Beziehung stehen, kann man nicht überlagern.

4.4 Statisch unbestimmt gelagerte, axial belastete Bauteile

Wird ein Stab an nur einem Ende fest eingespannt und dann axial belastet, dann ist die Gleichgewichtsbedingung in axialer Richtung des Stabes *ausreichend*, um die Lagerreaktion an der festen Einspannung zu ermitteln. Ein Problem wie dieses, bei dem die Lagerreaktionen genau aus den Gleichgewichtsbedingungen bestimmt werden können, wird als ***statisch bestimmt*** bezeichnet. Wenn man den Stab jedoch an beiden Enden einspannt, wie in Abbildung 4.11a zu sehen, dann treten zwei unbekannte axiale Reaktionen auf, Abbildung 4.11b, und das Kräftegleichgewicht lautet

$$\sum F = 0; \qquad F_B + F_A - P = 0$$

In diesem Fall wird der Stab ***statisch unbestimmt*** genannt, denn die Gleichgewichtsbedingungen reichen nicht aus, alle Reaktionen zu ermitteln.

Zur Aufstellung einer zusätzlichen, für die Lösung notwendigen Gleichung ist es erforderlich, die Geometrie der Verformung zu berücksichtigen. Eine derartige Gleichung, welche die Randbedingungen der Verschiebung festlegt, wird ***Kompatibilität, Verträglichkeitsbedingung*** oder ***kinematische Bedingung*** genannt. Eine geeignete Kompatibilitätsbedingung fordert im vorliegenden Fall, dass die relative Verschiebung des einen Endes des Stabes in Bezug zum anderen Ende gleich null wird, denn die Endeinspannungen sind starr. Somit können wir schreiben:

$$\delta_{A/B} = 0$$

Diese Gleichung kann hinsichtlich der wirkenden Lagerreaktionen mit Hilfe der zugehörigen ***Last-Verschiebungsbeziehung*** ausgedrückt werden, die vom Materialverhalten abhängt. Wenn zum Beispiel linearelastisches Verhalten vorliegt, kann $\delta = NL/AE$ angewendet werden. Mit der Erkenntnis, dass die innere Normalkraft in Segment AC durch $+F_A$ und in Segment CB durch $-F_B$ gegeben ist, kann die Kompatibilitätsgleichung wie folgt geschrieben werden:

$$\frac{F_A L_{AC}}{AE} - \frac{F_B L_{CB}}{AE} = 0$$

Unter der Annahme, dass die Dehnsteifigkeit AE konstant ist, können wir nunmehr zwei Gleichungen benutzen, um die zwei Lagerreaktionen zu bestimmen:

$$F_A = P\left(\frac{L_{CB}}{L}\right) \quad \text{und} \quad F_B = P\left(\frac{L_{AC}}{L}\right)$$

Beide Resultate sind positiv; somit sind die Lagerkräfte im Freikörperbild richtig dargestellt.

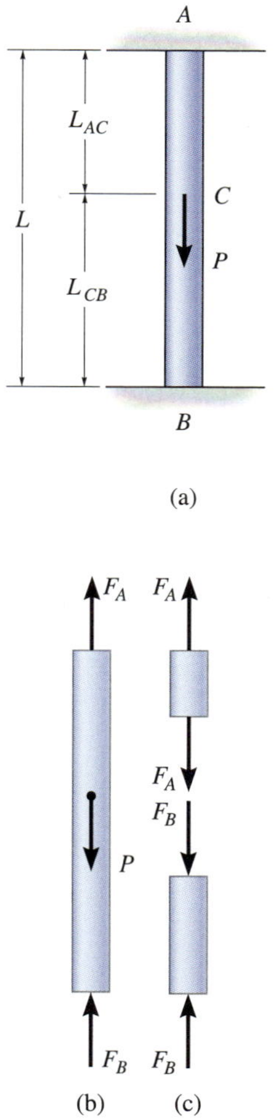

Abbildung 4.11

Wichtige Punkte zur Lösung von Aufgaben

- Das *Prinzip der Superposition* wird manchmal angewandt, um Spannungs- und Verschiebungsprobleme zu vereinfachen, die komplizierte Belastungsfälle darstellen. Dies geschieht durch Zerlegen des allgemeinen Lastfalls in mehrere einfache Lastfälle mit anschließender algebraischer Addition der Ergebnisse für die einfachen Lastfälle.
- Die Superposition erfordert es, dass die äußeren Lasten bzw. inneren Schnittgrößen in linearer Beziehung zu Spannung oder Verschiebung stehen und dass die Lasten die ursprüngliche Geometrie des Bauteils nicht signifikant verändern.
- Ein Bauteil ist *statisch unbestimmt* gelagert, wenn die Gleichgewichtsbedingungen nicht ausreichen, alle Lagerreaktionen des Bauteils zu bestimmen.
- *Kompatibilitätsbedingungen* spezifizieren Bedingungen für die Verschiebungen, die an den Auflagern oder anderen Punkten des Bauteils auftreten.

Die meisten Betonstützen sind mit Stahlstangen verstärkt, und weil diese beiden Materialien bei der Aufnahme der Lasten zusammenwirken, ist die Stütze (innerlich) statisch unbestimmt.

Lösungsweg

Die unbekannten Lagerreaktionen bei statisch unbestimmten Aufgaben werden durch die Erfüllung der Gleichgewichtsbedingungen, der Kompatibilität und der Kraft-Verschiebungsrelationen des Bauteils bestimmt.

Gleichgewicht

- Zeichnen Sie ein Freikörperbild des Bauteils, damit Sie alle Kräfte, die daran wirken, erfassen.
- Die Aufgabe kann als statisch unbestimmt eingeordnet werden, wenn die Anzahl der unbekannten Reaktionen im Freikörperbild größer ist als die Anzahl der zur Verfügung stehenden Gleichgewichtsbedingungen.
- Stellen Sie die Gleichgewichtsbedingungen des Bauteils auf.

Kompatibilität

- Zeichnen Sie ein Verschiebungsbild für die Aufstellung der Kompatibilitätsgleichungen, um die Art und Weise zu bestimmen, wie das Bauteil sich dehnt bzw. staucht, wenn es äußerlich belastet wird.
- Drücken Sie die Kompatibilitätsbedingungen in Bezug auf die Verschiebungen aus, die durch die Kräfte verursacht werden.
- Verwenden Sie eine Last-Verschiebungsbeziehung, z.B. $\delta = NL/AE$, um die unbekannten Verschiebungen zu den unbekannten Reaktionen in Beziehung zu setzen.
- Lösen Sie die Gleichgewichtsbedingungen und die Kompatibilitätsgleichungen für die unbekannten Reaktionskräfte. Falls eine der Größen einen negativen Wert aufweist, zeigt dies an, dass die Kraft entgegengesetzt zur im Freikörperbild angenommenen Richtung wirkt.

Beispiel 4.5 Der in Abbildung 4.12a dargestellte Stahlstab hat den Durchmesser d. Er ist in der Wand bei A fest eingespannt. Vor der Belastung existiert zwischen der Wand B' und dem Stab eine Lücke δ_0. Bestimmen Sie die Reaktionen bei A und B', wenn der Stab mit einer Axialkraft P wie angegeben belastet wird. Vernachlässigen Sie die Größe des Bundes bei C.

$P = 20$ kN, $d = 5$ mm, $l_{AC} = 400$ mm, $l_{CB} = 800$ mm, $E_{St} = 200$ GPa, $\delta_0 = 1$ mm

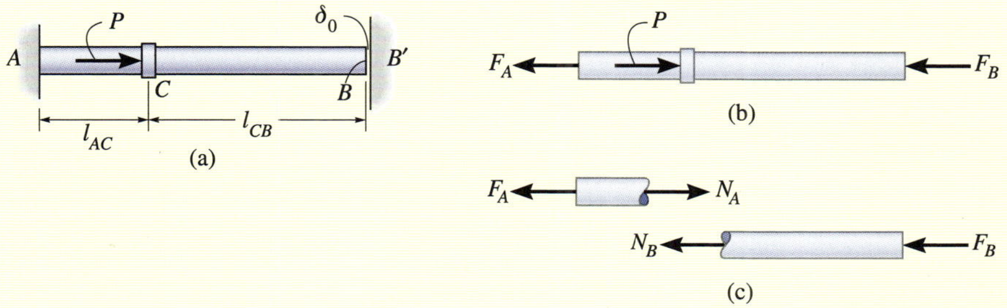

Abbildung 4.12

Lösung

Gleichgewicht Wie im Freikörperbild in Abbildung 4.12b dargestellt, nehmen wir an, dass die Kraft P groß genug ist, um das Stabende B an die Wand bei B' zu pressen. Das Problem ist statisch unbestimmt, denn es gibt zwei Unbekannte, aber nur eine Gleichgewichtsbedingung. Diese lautet

$$\sum F_x = 0; \qquad -F_A - F_B + P = 0$$

$$F_B = P - F_A \qquad (1)$$

Für die Normalkräfte ergibt sich

$$N_A = F_A$$

$$N_B = -F_B$$

Kompatibilität Die Belastung erzwingt eine Verschiebung des Punktes B nach B'. Demzufolge ist die Kompatibilitätsbedingung für den Stab

$$\delta_{B/A} = \delta_0$$

Die Verschiebung kann man hinsichtlich der unbekannten Lagerreaktionen mit Hilfe der Last-Verschiebungsbeziehung, Gleichung (4.2), angewendet auf die Segmente AC und CB, ausdrücken, (Abbildung 4.12c):

$$\delta_{B/A} = \frac{F_A l_{AC}}{AE} - \frac{F_B l_{CB}}{AE} = \delta_0 \qquad \frac{F_A l_{AC}}{AE} = \delta_0 + \frac{F_B l_{CB}}{AE}$$

$$F_A = \frac{\delta_0 AE}{l_{AC}} + \frac{F_B l_{CB} AE}{l_{AC} AE} = \frac{\delta_0 AE}{l_{AC}} + \frac{F_B l_{CB}}{l_{AC}} \qquad (2)$$

Durch Einsetzen in Gleichung (1) ergibt sich

$$F_B = P - F_A = P - \left(\frac{\delta_0 AE}{l_{AC}} + \frac{F_B l_{CB}}{l_{AC}} \right)$$

$$F_B \left(1 + \frac{l_{CB}}{l_{AC}} \right) = P - \frac{\delta_0 AE}{l_{AC}}$$

$$F_B = \frac{\left(P - \frac{\delta_0 AE}{l_{AC}} \right)}{\left(1 + \frac{l_{CB}}{l_{AC}} \right)}$$

$$= \frac{20\,\text{kN} - \left(\frac{(0{,}001\,\text{m})\pi(0{,}0025\,\text{m})^2(200)(10^6)\,\text{kN/m}^2}{0{,}4\,\text{m}} \right)}{\left(1 + \frac{0{,}8\,\text{m}}{0{,}4\,\text{m}} \right)}$$

$$F_B = 3{,}39\ \text{kN}$$

und weiter

$$F_A = P - F_B = 20\ \text{kN} - 3{,}39\ \text{kN}$$

$$F_A = 16{,}61\ \text{kN}$$

Weil das Ergebnis für F_B positiv ist, hat das Ende B tatsächlich wie angenommen Kontakt bei B'. Ein negatives Ergebnis würde darauf hindeuten, dass bei B eine Zugkraft am Stab wirken würde. Da bei B nur eine Druckkraft übertragen werden kann, wäre die Annahme $\delta_0 = \delta_B$ dann falsch. In diesem Fall wäre das Problem also statisch bestimmt.

Beispiel 4.6

Der Aluminiumpfosten, Abbildung 4.13a, wurde mit einem Messingkern verstärkt. Bestimmen Sie die mittlere Normalspannung im Aluminium und im Messing, wenn die Baugruppe eine resultierende, an dem starren Deckel angreifende Druckkraft P aufnimmt.

$P = 45$ kN, $r_1 = 50$ mm, $r_2 = 25$ mm, $l = 0{,}5$ m, $E_{Al} = 70$ GPa, $E_{Me} = 105$ GPa

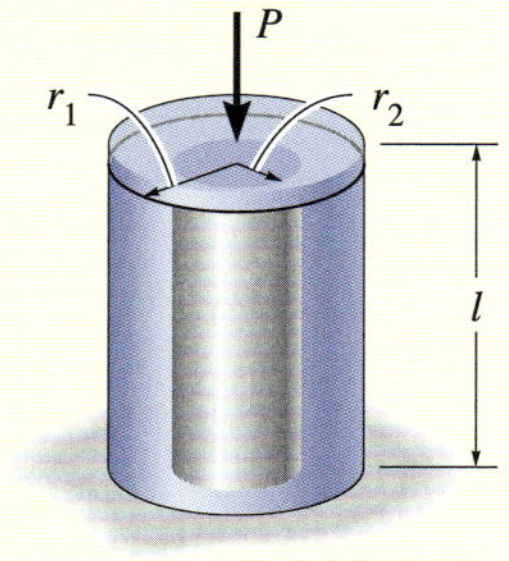

(a)

Abbildung 4.13

Lösung

Gleichgewicht Das Freikörperbild des Pfostens ist in Abbildung 4.13b dargestellt. Hierbei setzt sich die resultierende Axialkraft am Boden aus den unbekannten Anteilen $F_{Al} = N_{Al}$ bzw. $F_{Me} = N_{Me}$ im Aluminium bzw. Messing zusammen. Das Problem ist (innerlich) statisch unbestimmt. Warum?

Die Gleichgewichtsbedingung der Vertikalkräfte ergibt

$$\sum F_y = 0\,; \qquad -N_{Al} - N_{Me} - P = 0 \tag{1}$$

Kompatibilität Der starre Deckel oben auf dem Pfosten erzwingt, dass sich Aluminium und Messing um denselben Betrag verschieben. Damit ist

$$\delta_{Al} = \delta_{Me}$$

Mit Hilfe der Last-Verschiebungsrelation ergibt sich somit

$$\frac{N_{Al}l}{A_{Al}E_{Al}} = \frac{N_{Me}l}{A_{Me}E_{Me}}$$

$$N_{Al} = \left(\frac{A_{Al}}{A_{Me}}\right)\left(\frac{E_{Al}}{E_{Me}}\right)N_{Me} = \left(\frac{\pi\left(r_1^2 - r_2^2\right)}{\pi r_2^2}\right)\left(\frac{E_{Al}}{E_{Me}}\right)N_{Me}$$

$$N_{Al} = \left(\frac{(0{,}05\,\text{m})^2 - (0{,}025\,\text{m})^2}{(0{,}025\,\text{m})^2}\right)\left(\frac{70\,\text{GPa}}{105\,\text{GPa}}\right)N_{Me}$$

$$N_{Al} = 2\,N_{Me} \tag{2}$$

Durch Einsetzen des Zwischenergebnisses von Gleichung (2) in (1) ergibt sich somit

$$N_{Me} = -P - 2\,N_{Me}$$

d.h. $N_{Me} = -P/3$

$$N_{Me} = -15\text{ kN}$$

$$N_{Al} = -30\text{ kN}$$

Beide Resultate sind negativ, die Normalkräfte sind damit tatsächlich Druckkräfte. Die mittleren Normalspannungen in Aluminium und Messing sind demzufolge

$$\sigma_{Al} = \frac{N_{Al}}{A_{Al}} = \frac{N_{Al}}{\pi\left(r_1^2 - r_2^2\right)} = \frac{-30\,\text{kN}}{\pi\left[(0{,}05\,\text{m})^2 - (0{,}025\,\text{m})^2\right]}$$

$$\sigma_{Al} = -5{,}09\text{ MPa}$$

$$\sigma_{Me} = \frac{N_{Me}}{A_{Me}} = \frac{N_{Me}}{\pi r_2^2} = \frac{15\,\text{kN}}{\pi(0{,}025\,\text{m})^2}$$

$$\sigma_{Me} = -7{,}64\text{ MPa}$$

Die Spannungsverteilungen sind in Abbildung 4.13c dargestellt.

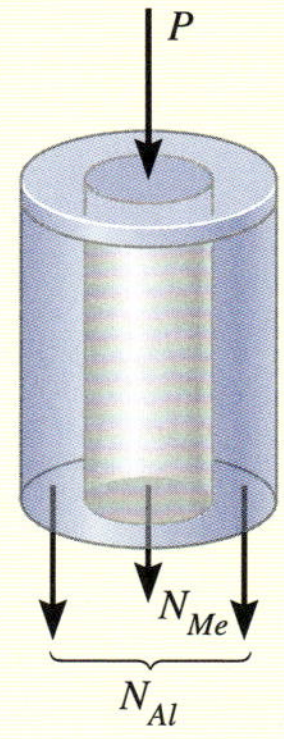

(b)

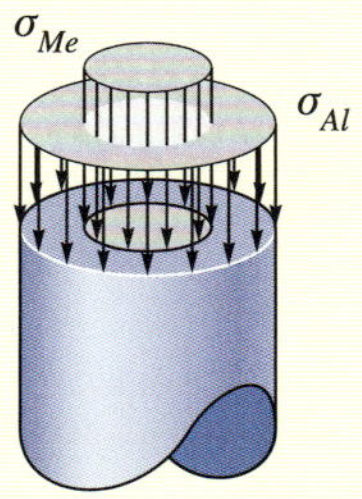

(c)

Abbildung 4.13

Beispiel 4.7

Die drei Stahlstäbe, Abbildung 4.14a, sind über Gelenke mit einem *starren* Träger verbunden. Bestimmen Sie die Reaktionskräfte in jedem Stab, wenn an dem Träger eine Last P angreift. Die Stäbe AB und EF haben jeweils die Querschnittsfläche A_1, der Stab CD hat die Querschnittsfläche A_2.

$P = 15$ kN, $l = 0{,}5$ m, $a = 0{,}2$ m, $A_1 = 25$ mm², $A_2 = 15$ mm²

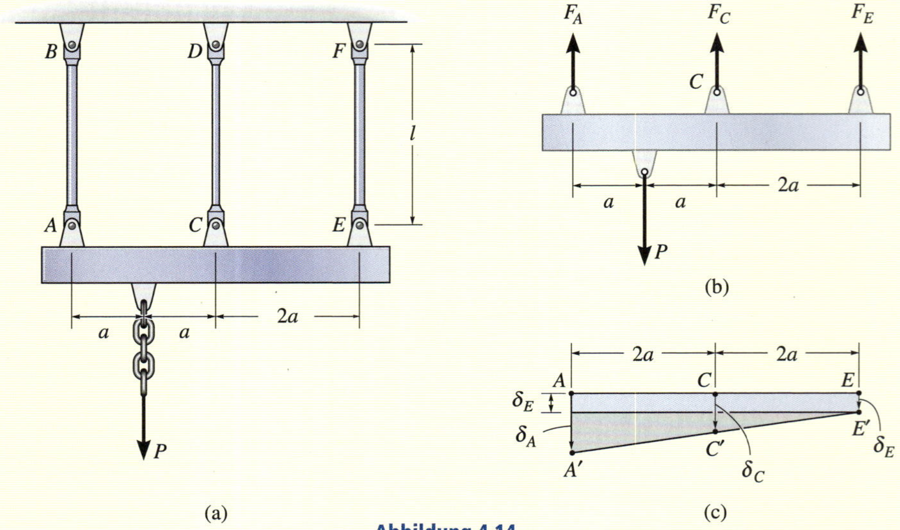

Abbildung 4.14

Lösung

Gleichgewicht Das Freikörperbild des starren Trägers ist in Abbildung 4.14b dargestellt. Das Problem ist statisch unbestimmt, denn es gibt drei Unbekannte, aber nur zwei Gleichgewichtsbedingungen. Diese Gleichungen sind

$$\sum F_y = 0; \qquad F_A + F_C + F_E - P = 0 \tag{1}$$

$$\sum M_C = 0; \qquad P\,a - F_A\,2a + F_E\,2a = 0 \tag{2}$$

Kompatibilität Die äußere Belastung verursacht eine Neigung der Linie ACE in die Position $A'C'E'$, Abbildung 4.14c. Die Verschiebungen der Punkte A, C und E können über den Strahlensatz in Beziehung gesetzt werden. Somit ist die Kompatibilitätsgleichung für diese Verschiebungen

$$\frac{\delta_A - \delta_E}{4a} = \frac{\delta_C - \delta_E}{2a}$$

$$\delta_C - \delta_E = (\delta_A - \delta_E)\frac{2a}{4a} = \frac{1}{2}\delta_A - \frac{1}{2}\delta_E$$

$$\delta_C = \frac{1}{2}\delta_A + \frac{1}{2}\delta_E$$

Mit Hilfe der Last-Verschiebungsrelation, Gleichung (4.2), erhalten wir mit $N_{AB} = F_A$, $N_{CB} = F_C$ und $N_{EF} = F_E$ die Beziehung

$$F_C \frac{l}{A_2 E} = \frac{1}{2} F_A \frac{l}{A_1 E} + \frac{1}{2} F_E \frac{l}{A_1 E} = \frac{1}{2} \frac{l}{A_1 E} (F_A + F_E)$$

$$F_C = \frac{1}{2} \frac{A_2}{A_1} (F_A + F_E) \qquad (3)$$

Das Auflösen der Gleichungen (1) bis (3) führt über

$$F_A + A_2/2A_1 \, F_A + A_2/2A_1 \, F_E + F_E - P = 0$$

$$F_A = \frac{P}{1 + \frac{A_2}{2A_1}} - F_E \qquad (4)$$

nach Einsetzen von (4) in (2)

$$Pa - \left(\frac{P}{1 + \frac{A_2}{2A_1}} - F_E \right) 2a + F_E 2a = 0$$

auf

$$F_E = \frac{P}{4} \left(\frac{2}{1 + \frac{A_2}{2A_1}} - 1 \right) \qquad F_E = 2{,}02 \text{ kN}$$

und zurück in (4) $\qquad F_A = 9{,}52 \text{ kN}$

und schließlich in (3) $\qquad F_C = 3{,}46 \text{ kN}$

Beispiel 4.8

Die in Abbildung 4.15a dargestellte Schraube besteht aus einer Aluminiumlegierung und sie ist derart festgezogen, dass sie eine zylindrische Hülse aus einer Magnesiumlegierung zusammendrückt. Die Hülse hat einen äußeren Radius r_1, und es wird angenommen, dass sowohl der innere Radius der Hülse als auch der Schraubenradius durch r_2 gegeben sind. Die Unterlegscheiben auf der Hülse oben und unten werden als starr betrachtet und haben eine vernachlässigbare Dicke. Zu Beginn wird die Mutter leicht angezogen, danach wird sie mit Hilfe eines Schraubenschlüssels eine halbe Drehung weiter angezogen. Bestimmen Sie die Spannung in der Schraube, wenn diese eine Gewindesteigung h pro Umdrehung besitzt.

$r_1 = 10$ mm, $r_2 = 5$ mm, $l = 60$ mm, $E_{Mg} = 45$ GPa, $E_{Al} = 75$ GPa, $h = 1$ mm

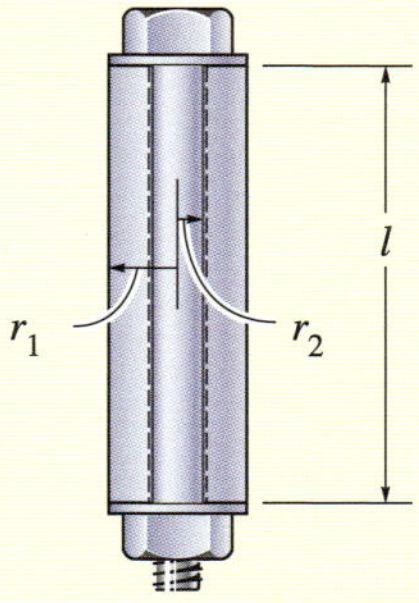

(a)

Abbildung 4.15

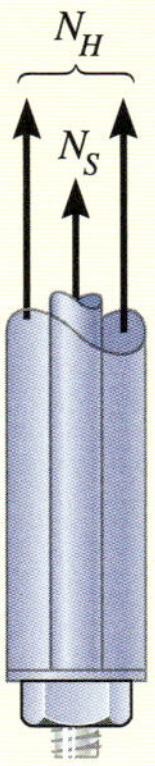

(b)

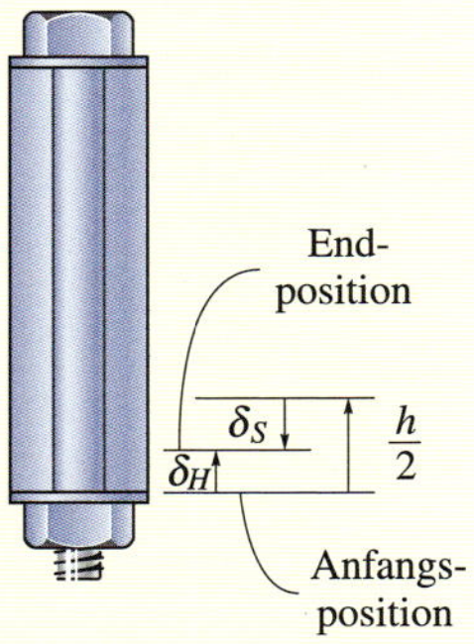

(c)

Abbildung 4.15

Lösung

Gleichgewicht Wir betrachten das Freikörperbild eines Abschnittes der Schraube und der Hülse, Abbildung 4.15b, um die Normalkraft N_S mit der Normalkraft der Hülse N_H in Beziehung zu setzen. Die Gleichgewichtsbedingung ist

$$\sum F_y = 0; \qquad N_S + N_H = 0 \tag{1}$$

Das Problem ist statisch unbestimmt, denn in dieser Gleichung gibt es zwei Unbekannte.

Kompatibilität Wenn die Mutter auf der Schraube angezogen wird, dann verkürzt sich die Hülse um den Betrag von δ_H und die Schraube verlängert sich um δ_S, Abbildung 4.15c. Bei einer halben Drehung der Mutter wird eine Strecke von $h/2$ entlang der Schraube zurückgelegt. Demzufolge ist die Kompatibilitätsgleichung der Verschiebung $h/2 = \delta_S - \delta_H$

Die Einbeziehung der Elastizitätsmodule E_{Mg} und E_{Al} sowie die Anwendung der Gleichung (4.2) führt auf

$$\frac{1}{2}h = \frac{N_S l}{A_S E_{Al}} - \frac{N_H l}{A_H E_{Mg}} \qquad N_H = \left(\frac{A_H E_{Mg}}{A_S E_{Al}}\right) N_S - \frac{1}{2}\frac{h}{l} A_H E_{Mg} = n_0 N_S - k_0$$

so dass sich nach Einsetzen in Gleichung (1)

$$N_S + n_0 N_S - k_0 = 0 \qquad N_S = \frac{k_0}{1+n_0}$$

mit

$$k_0 = \frac{h/_2\, \pi\left(r_1^2 - r_2^2\right) E_{Mg}}{l}$$

$$= \frac{(0{,}5\,\text{mm})\,\pi\left[(0{,}01\,\text{m})^2 - (0{,}005\,\text{m})^2\right](45)\left(10^6\right)\text{kN/m}^2}{60\,\text{mm}} = 88{,}36\,\text{kN}$$

$$n_0 = \left(\frac{\pi\left(r_1^2 - r_2^2\right)}{\pi r_2^2}\right)\left(\frac{E_{Mg}}{E_{Al}}\right) = \left(\frac{(0{,}01\,\text{m})^2 - (0{,}005\,\text{m})^2}{(0{,}005\,\text{m})^2}\right)\frac{45\,\text{GPa}}{75\,\text{GPa}} = 1{,}8$$

ergibt. Daraus folgt

$$N_S = \frac{88{,}36\,\text{kN}}{1+1{,}8} \qquad\qquad N_S = -N_H = 31{,}56\ \text{kN}$$

Die Spannungen in der Schraube und der Hülse sind demzufolge

$$\sigma_S = \frac{N_S}{A_S} = \frac{31{,}56\,\text{kN}}{\pi(0{,}005\,\text{m})^2} \qquad\qquad \sigma_S = 401{,}8\ \text{MPa}$$

$$\sigma_H = \frac{N_H}{A_H} = \frac{-31{,}56\,\text{kN}}{\pi\left[(0{,}01\,\text{m})^2 - (0{,}005\,\text{m})^2\right]} \qquad\qquad \sigma_H = -133{,}9\ \text{MPa}$$

Diese Spannungen sind geringer als die für die Materialien angegebenen Fließspannungen $(\sigma_F)_{Al} = 414$ MPa und $(\sigma_F)_{Mg} = 152$ MPa (letzte Buchseite), und damit ist eine „elastische" Analyse tatsächlich zulässig.

4.5 Kraftgrößen-Verfahren für statisch unbestimmt gelagerte, axial belastete Bauteile

Neben der Superpositionsmethode mit kinematischen Kompatibilitätsgleichungen es ist auch möglich, statisch unbestimmte Probleme durch Aufstellen von Kompatibilitätsgleichungen unter Anwendung der Superposition aller im Freikörperbild wirkenden Kräfte zu lösen. Diese Lösungsmethode wird oft als ***Kraftgrößenverfahren*** bezeichnet. Zur Verdeutlichung betrachten wir wieder den Stab in Abbildung 4.16a. Für die Aufstellung der erforderlichen Kompatibilitätsgleichung wählen wir zunächst eine der beiden Einspannungen als „redundant" aus und entfernen ihre Wirkung zeitweise von dem Stab. Der hier verwendete Begriff ***redundant*** gibt an, dass das Lager nicht notwendig ist, um den Stab in einem stabilen Gleichgewicht zu halten. Somit ist der Stab bei Entfernen des Lagers statisch bestimmt. In diesem Beispiel wählen wir die Einspannung B als redundant. Bei Anwendung des Prinzips der Superposition setzt sich das allgemeine Stabproblem in Abbildung 4.16a aus zwei anderen additiv zusammen (siehe Abbildung 4.16b und Abbildung 4.16c): Das erste Teilproblem besteht aus dem bei A statisch bestimmt gelagerten Stab unter der Last P, während das zweite Teilproblem den genauso gelagerten Stab, jedoch unter der unbekannten Kraft F_B, darstellt.

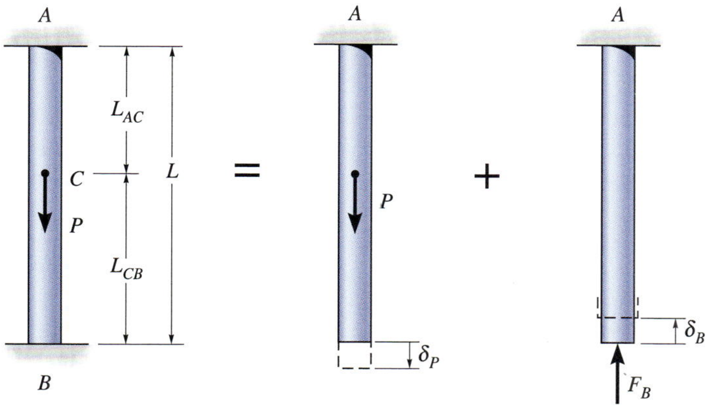

Keine Verschiebung bei B

(a)

Verschiebung bei B, wenn die redundante Kraft bei B entfernt wird

(b)

Verschiebung bei B, wenn ausschließlich die redundante Kraft bei B wirkt

(c)

Abbildung 4.16

Wenn die Last P eine Verschiebung des Punktes B um den Betrag δ_P nach *unten* verursacht, dann muss die Reaktionskraft F_B das Ende B des Stabes um den entsprechenden Betrag δ_B nach *oben* verschieben, und zwar in der Weise, dass insgesamt keine Verschiebung bei B auftritt, wenn die beiden Belastungen überlagert werden. Somit ist

$$0 = \delta_P - \delta_B$$

Diese Gleichung repräsentiert die Kompatibilitätsgleichung für die Verschiebungen am Punkt B, für die wir angenommen haben, dass positive Verschiebungen in Richtung der eingezeichneten Kräfte gezählt wurden.

Durch die Anwendung der Last-Verschiebungsrelation auf jedes Einzelproblem erhalten wir $\delta_P = PL_{AC}/AE$ und $\delta_B = F_B L/AE$. Folglich ist

$$0 = \frac{PL_{AC}}{AE} - \frac{F_B L}{AE} \qquad F_B = P\left(\frac{L_{AC}}{L}\right)$$

Aus dem Freikörperbild des Stabes, Abbildung 4.17b, kann die Reaktion bei A jetzt aus der Gleichgewichtsbedingung bestimmt werden:

$$\sum F_y = 0; \qquad F_B + F_A - P = 0$$

$$P\left(\frac{L_{AC}}{L}\right) + F_A - P = 0$$

Es gilt $L_{CB} = L - L_{AC}$; damit ist

$$F_A = P\left(\frac{L_{CB}}{L}\right)$$

Diese Ergebnisse entsprechen genau jenen, die wir bereits in Abschnitt 4.4 erhalten hatten, mit dem Unterschied, dass wir hier die Kompatibilitätsbedingung anwenden *und danach* erst die Gleichgewichtsbedingung, um die Lösung zu erhalten. Beachten Sie zudem, dass hier das Prinzip der Superposition genutzt werden konnte, denn die Verschiebung und die Belastung stehen in linearer Beziehung zueinander ($\delta = PL/AE$), was natürlich unterstellt, dass das Material sich linear-elastisch verhält.

In diesem einfachen Fall ergaben sich die Richtungen der Verschiebungen direkt aus der Anschauung. Dies ist nicht immer der Fall. Bei komplizierten Bauteilen oder Belastungen ist es deshalb vorteilhaft, gemäß der bereits kennen gelernten Vorzeichenkonvention die Normalkräfte als Zugkräfte und demzufolge die Verschiebungen als Stabverlängerungen anzunehmen. Falls diese Annahmen falsch sind, drückt sich dies durch negative Vorzeichen in den Ergebnissen aus.

Lösungsweg

Das Kraftgrößen-Verfahren erfordert die folgenden Schritte:

Kompatibilität

- Wählen Sie eines der Lager als redundant und stellen Sie die Kompatibilitätsgleichung auf. Dazu wird die bekannte Verschiebung am redundanten Lager (im Allgemeinen null) gleich jener Verschiebung am Lager gesetzt, die *ausschließlich* durch äußere, an dem Bauteil angreifende Belastungen verursacht wird, *plus* die (vektorielle) Verschiebung am Lager, die *ausschließlich* auf die redundante, am Bauteil wirkende Reaktionskraft zurückgeht.
- Drücken Sie die äußere Belastung und die redundanten Verschiebungen hinsichtlich der Belastungen mit Hilfe einer Last-Verschiebungsrelation aus, z.B. $\delta = Pl/AE$.
- Die Kompatibilitätsgleichung kann dann für die Lösung der redundanten Kraft verwendet werden.
- Falls das System mehrfach statisch unbestimmt ist, sind mehrere Kompatibilitätsbedingungen aufzustellen. Dann werden an jedem Lager die Verschiebungen aufgrund der äußeren Belastungen und dann die Verschiebungen aufgrund aller redundanten Lagerkräfte bestimmt und in die Kompatibilitätsbedingungen eingesetzt.

Gleichgewicht

- Zeichnen Sie ein Freikörperbild und stellen Sie die entsprechenden Gleichgewichtsbedingungen für das Bauteil mit Hilfe des Ergebnisses für die redundante Kraft auf. Lösen Sie die Gleichungen zur Bestimmung der verbliebenen Reaktionskräfte.

Beispiel 4.9

Der Stahlstab, dargestellt in Abbildung 4.17a, hat den Durchmesser d. Er ist bei A in der Wand fest eingespannt, und vor der Belastung gibt es zwischen der Wand B' und dem Stab eine Lücke δ_0. Bestimmen Sie die Reaktionen bei A und B'.

$P = 20$ kN, $\delta_0 = 1$ mm, $a = 200$ mm, $d = 5$ mm

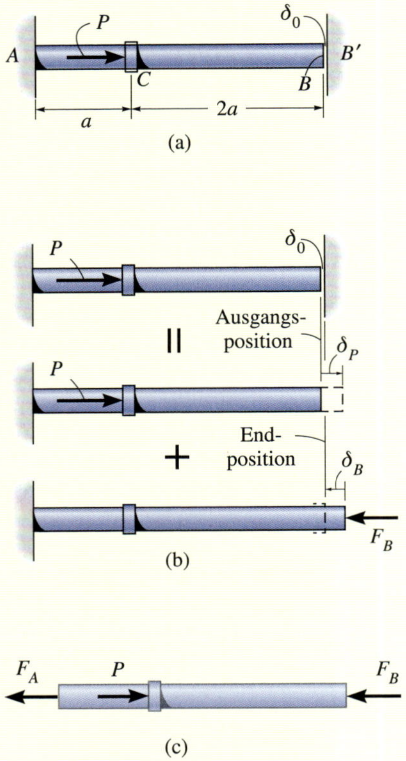

Abbildung 4.17

Lösung

Kompatibilität Hier betrachten wir das Lager bei B' als redundant. Durch Anwendung des Prinzips der Superposition, Abbildung 4.17b, erhalten wir

$$\delta_P - \delta_B = \delta_0 \qquad (1)$$

Die Verschiebungen δ_P und δ_B werden aus Gleichung (4.2) bestimmt:

$$\delta_P = \frac{Pa}{AE} = \frac{Pa}{\pi r^2 E} = \frac{20(10^3)\,\mathrm{N}(0{,}4\,\mathrm{m})}{\pi(0{,}0025\,\mathrm{m})^2(200)(10^9)\,\mathrm{N/m^2}}$$

$$\delta_P = 0{,}002037 \text{ m} = 2{,}037 \text{ mm}$$

$$\delta_B = \frac{F_B 3a}{AE} = \frac{3a}{\pi r^2 E} F_B = \frac{3(0{,}4\,\mathrm{m})}{\pi(0{,}0025\,\mathrm{m})^2(200)(10^9)\,\mathrm{N/m^2}} F_B$$

$$\delta_B = k\,F_B$$

Durch Einsetzen in Gleichung (1) erhalten wir

$$\delta_0 = \delta_P - k\,F_B$$

$$F_B = \frac{\delta_P - \delta_0}{k} = \frac{0{,}002037\,\mathrm{m} - 0{,}001\,\mathrm{m}}{0{,}3056(10^{-6})\,\mathrm{m/N}}$$

$$F_B = 3{,}39 \text{ kN}$$

Gleichgewicht Aus dem Freikörperbild, Abbildung 4.17c, ergibt sich die Gleichgewichtsbedingung

$$\sum F_x = 0; \qquad P - F_A - F_B = 0$$

$$F_A = P - F_B$$

$$F_A = 20 \text{ kN} - 3{,}34 \text{ kN}$$

$$F_A = 16{,}6 \text{ kN}$$

4.6 Thermische Spannungen

Eine Änderung der Temperatur kann eine Änderung der Abmessungen in einem Werkstoff hervorrufen. Bei einer Temperaturerhöhung dehnt sich das Material im Allgemeinen aus, hingegen verkürzt es sich bei einer Temperaturerniedrigung. Normalerweise steht diese Verlängerung oder Verkürzung mit der auftretenden Temperaturerhöhung oder -erniedrigung in einer linearen Beziehung. Für diesen Fall und bei einem Material, das zudem homogen und isotrop ist, wurde über Experimente herausgefunden, dass die Verformung eines Bauteils mit der Länge L mit Hilfe der folgenden Formel berechnet werden kann:

$$\delta_T = \alpha \Delta T L \tag{4.4}$$

Die auftretenden Größen sind wie folgt erklärt:

α = ein Materialparameter, der als thermischer Ausdehnungskoeffizient bezeichnet wird. Die Einheiten werden als Ausdehnung pro Grad Temperaturänderung angegeben. Dies sind 1/°C (Celsius) oder 1/K (Kelvin) im SI-System. Typische Werte sind auf der letzten Buchseite aufgeführt.

ΔT = die Temperaturänderung des Bauteils gegenüber der Ausgangstemperatur

L = die Ausgangslänge des Bauteils

δ_T = die Längenänderung des Bauteils

Die meisten Straßenbrücken sind mit Dehnungsfugen ausgestattet, um die thermisch verursachten Bewegungen der Fahrbahn auszugleichen und somit thermische Spannungen zu vermeiden.

Wenn sich die Temperatur über die Länge des Bauteils ändert, d.h. $\Delta T = \Delta T(x)$, oder wenn sich α über die Länge ändert, dann ist Gleichung (4.4) für jedes Element der Länge dx anwendbar. In diesem Fall ist die resultierende Längenänderung des Bauteils

$$\delta_T = \int_0^L \alpha \Delta T \, dx \tag{4.5}$$

Die Änderung der Länge eines *statisch bestimmt gelagerten* Bauteils kann sofort aus Gleichung (4.4) oder (4.5) berechnet werden, denn das Bauteil kann sich frei ausdehnen bzw. zusammenziehen, wenn es eine Temperaturänderung erfährt.

Im Falle eines *statisch unbestimmt gelagerten* Bauteils können dagegen die Verschiebungen durch Lager behindert werden, wobei eine ***thermische Spannung*** erzeugt wird, die in der Bemessung zu berücksichtigen ist. Berechnungen dieser thermischen Spannungen können mit Hilfe der in den vorigen Abschnitten behandelten Methoden erfolgen. Die folgenden Beispiele illustrieren einige Anwendungen.

Beispiel 4.10

Der in Abbildung 4.18a dargestellte Stahlstab ist so gefertigt, dass er bei einer Temperatur T_1 gerade zwischen die beiden starren Wände passt. Bestimmen Sie die mittlere thermische Normalspannung, die in dem Stab erzeugt wird, wenn die Temperatur auf T_2 steigt.

$T_1 = 30°\text{C}$, $T_2 = 60°\text{C}$, $l = 1\ \text{m}$, $a = b = 10\ \text{mm}$

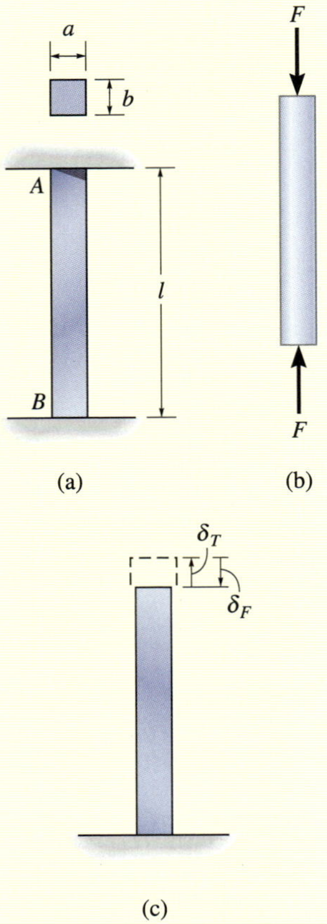

Abbildung 4.18

Lösung

Gleichgewicht Das Freikörperbild des Stabes ist in Abbildung 4.18b dargestellt. Es gibt keine äußere Belastung; deshalb ist die Kraft bei A gleich, aber entgegengesetzt wirkend zu der Kraft bei B, d.h.

$$\sum F_y = 0; \qquad F_A - F_B = 0$$

$$F_A = F_B = F$$

Das Problem ist statisch unbestimmt, denn die Kraft kann man aus der Gleichgewichtsbedingung nicht ermitteln.

Kompatibilität Weil $\delta_{A/B} = 0$ gilt, wirkt der bei A auftretenden thermischen Verschiebung δ_T eine Kraft F entgegen, Abbildung 4.18c, die zur Rückstellung δ_F in die Ausgangsposition erforderlich ist:

$$\delta_{A/B} = 0 = \delta_T - \delta_F$$

Durch Anwendung der thermischen und der Last-Verschiebungsrelationen erhalten wir

$$0 = \alpha \Delta T L - \frac{FL}{AE}$$

Somit ergibt sich mit den Daten der letzten Buchseite

$$F = \alpha \Delta T A E = \alpha (T_2 - T_1)\,(ab)\,E$$
$$= [\,12(10^{-6})/°\text{C}](60°\text{C} - 30°\text{C})(0{,}010\ \text{m})^2[200(10^6)\ \text{kPa}]$$

$$F = 7{,}2\ \text{kN}$$

Anhand der Größe dieser Kraft sollte deutlich werden, dass Änderungen der Temperatur große Reaktionskräfte in statisch unbestimmten Tragwerken verursachen können.

Da F auch die innere Axialkraft innerhalb des Stabes repräsentiert, wird die mittlere normale Druckspannung somit wie folgt berechnet:

$$\sigma = \frac{N}{A} = \frac{-F}{A} = \frac{-7{,}2\left(10^{-3}\right)\text{MN}}{\left(0{,}01\,\text{m}\right)^2}$$

$$\sigma = -72\ \text{MPa}$$

Beispiel 4.11 Ein Rohr aus Aluminium mit einem Querschnitt A_H wird als Hülse für die Stahlschraube mit der Querschnittsfläche A_S verwendet, Abbildung 4.19a. Bei einer Temperatur T_1 hält die Mutter die Baugruppe in einer passenden Position derart, dass die Axialkraft in der Schraube vernachlässigbar ist. Bestimmen Sie die mittlere Normalspannung in der Schraube und der Hülse, wenn die Temperatur auf T_2 ansteigt.

$A_H = 600\ \text{mm}^2$, $A_S = 400\ \text{mm}^2$, $T_1 = 15°\text{C}$, $T_2 = 80°\text{C}$, $l = 150\ \text{mm}$

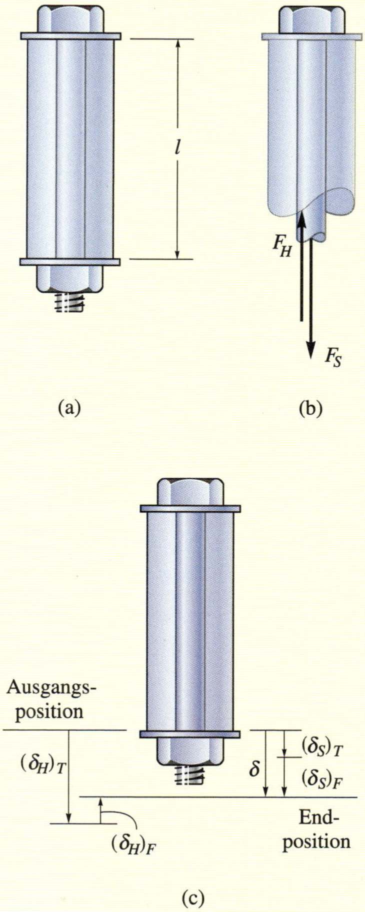

Abbildung 4.19

Lösung

Gleichgewicht Das Freikörperbild eines geschnittenen Teils der Gruppe ist in Abbildung 4.19b dargestellt. Die Kräfte F_S und F_H entstehen, weil die Hülse einen größeren thermischen Ausdehnungskoeffizient als die Schraube hat und deshalb dehnt sich die Hülse bei einer Temperaturerhöhung auch mehr aus. Das Problem ist statisch unbestimmt, denn die Kräfte können aus der Gleichgewichtsbedingung allein nicht ermittelt werden. Diese lautet hier

$$\sum F_y = 0\,; \qquad F_S - F_H = 0$$

$$F_S = F_H \qquad (1)$$

Für die Normalkräfte ergibt sich

$$N_S = F_S$$

$$N_H = -F_H$$

Kompatibilität Die Temperaturerhöhung verursacht eine Verlängerung der Hülse und der Schraube $(\delta_H)_T$ und $(\delta_S)_T$, Abbildung 4.19c. Allerdings verlängern die redundanten Kräfte die Schraube und verkürzen die Hülse, was in der Rechnung durch unterschiedliche Vorzeichen bei der Normalkraft zum Ausdruck kommen wird. Somit erreicht die Baugruppe eine Endposition, die nicht die gleiche wie die Ausgangsposition ist. Demzufolge wird die Kompatibilitätsbedingung

$$\delta = (\delta_S)_T + (\delta_S)_F = (\delta_H)_T - (\delta_H)_F$$

Durch Anwendung der Gleichung (4.2) und (4.4) und mit Hilfe der mechanischen Eigenschaften aus der *Tabelle der letzten Buchseite* erhalten wir

$$\alpha_{St}\left(T_2 - T_1\right)l + \frac{F_S l}{A_S E_{St}} = \alpha_H \left(T_2 - T_1\right)l - \frac{F_H l}{A_H E_{Al}} \qquad (2)$$

$$k_1 + F_S n_1 = k_2 - F_H n_2$$

mit

$$k_1 = \alpha_{St}\left(T_2 - T_1\right) l \qquad k_1 = 1{,}17(10^{-4})\ \text{m}$$

$$k_2 = \alpha_{Al}\left(T_2 - T_1\right) l \qquad k_2 = 2{,}2425(10^{-4})\ \text{m}$$

$$n_1 = \frac{l}{A_s E_{St}} \qquad n_1 = 1{,}875(10^{-9})\ \text{m/N}$$

$$n_2 = \frac{l}{A_H E_{Al}} \qquad n_2 = 3{,}4199\ (10^{-9})\ \text{m/N}$$

Umgestellt nach F_H, erhält man

$$F_H = \frac{k_2 - k_1}{n_2} - \frac{n_1}{n_2} F_S$$

und eingesetzt in (1):

$$F_S = \frac{k_2 - k_1}{n_2} - \frac{n_1}{n_2} F_S$$

Aufgelöst nach F_S folgt

$$F_S = \frac{\dfrac{k_2 - k_1}{n_2}}{1 + \dfrac{n_1}{n_2}} = \frac{31{,}36\,\text{kN}}{1{,}548}$$

$$F_S = F_H = 20{,}26\ \text{kN}$$

Die mittlere Normalspannung in der Schraube und der Hülse ist damit

$$\sigma_S = \frac{N_S}{A_S} = \frac{20{,}26\,\text{kN}}{400\left(10^{-6}\right)\text{m}^2} \qquad \sigma_S = 50{,}6\ \text{MPa}$$

$$\sigma_H = \frac{N_H}{A_H} = \frac{-20{,}26\,\text{kN}}{600\left(10^{-6}\right)\text{m}^2} \qquad \sigma_H = -33{,}8\ \text{MPa}$$

Weil ein linear-elastisches Materialverhalten in dieser Berechnung angenommen wurde, sollten die ermittelten Spannungen noch geprüft werden, um sicherzustellen, dass die Proportionalitätsgrenzen für die Materialien nicht überschritten werden.

Beispiel 4.12 Der starre Balken, Abbildung 4.20a, ist an den oberen Enden der drei Pfosten aus Stahl und Aluminium befestigt. Die Pfosten habe alle die Länge l, wenn der Balken nicht belastet wird und die Temperatur T_1 beträgt. Bestimmen Sie die Kraft in jedem Pfosten, wenn auf den Balken eine gleichförmige Streckenlast q wirkt und die Temperatur auf T_2 steigt.

$q = 150$ kN/m, $T_1 = 20°$C, $T_2 = 80°$C, $l = 250$ mm, $d_{St} = 40$ mm, $d_{Al} = 60$ mm, $s = 300$ mm

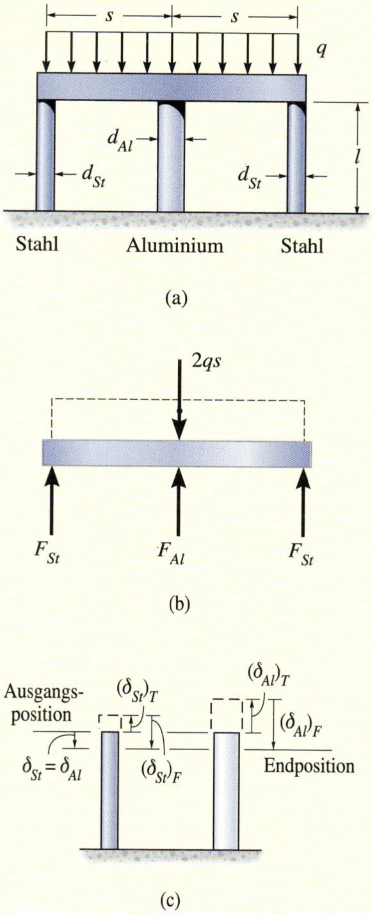

Abbildung 4.20

Lösung

Gleichgewicht Das Freikörperbild ist in Abbildung 4.20b dargestellt. Das Momentengleichgewicht um die Mitte des Balkens zeigt, dass die Kräfte in den Stahlpfosten gleich sind. Das Kräftegleichgewicht in vertikaler Richtung führt auf

$$\sum F_y = 0\,; \qquad 2\,F_{St} + F_{Al} - 2\,qs = 0 \tag{1}$$

Kompatibilität Aufgrund der Belastung, der Geometrie und der Symmetrie des Systems bezüglich der Materialeigenschaften wird das obere Ende jedes Pfostens um den gleichen Betrag verschoben. Somit ist

$$\delta_{St} = \delta_{Al} \tag{2}$$

Die Endposition der Oberseite jedes Pfostens ist gleich seiner Verschiebung infolge des Temperaturanstiegs plus seiner Verschiebung infolge der inneren axialen Druckkraft, Abbildung 4.20c. Somit erhalten wir für einen Stahl- und den Aluminiumpfosten die folgenden Gleichungen, wenn die Verschiebungen δ_{St} und δ_{Al} nach unten positiv angenommen werden und $(\delta_{St})_F$ sowie $(\delta_{Al})_F$ die Verschiebungen aufgrund einer Druckkraft (negative Normalkraft) bezeichnen:

$$\delta_{St} = -(\delta_{St})_T + (\delta_{St})_F \qquad \delta_{Al} = -(\delta_{Al})_T + (\delta_{Al})_F$$

Unter Verwendung der Gleichung (2) ergibt sich

$$-(\delta_{St})_T + (\delta_{St})_F = -(\delta_{Al})_T + (\delta_{Al})_F$$

Mit Hilfe der Gleichungen (4.2) und (4.4) und den Materialeigenschaften der letzten Buchseite führt dies auf die Größengleichungen:

$$-\left[\alpha_{St}\left(T_2 - T_1\right)l\right] + F_{St}\frac{l}{A_{St}E_{St}} = -\left[\alpha_{Al}\left(T_2 - T_1\right)l\right] + F_{Al}\frac{l}{A_{Al}E_{Al}}$$

$$-k_{St} + F_{St}n_{St} = -k_{Al} + F_{Al}n_{Al}$$

mit

$$k_{St} = \alpha_{St}(T_2 - T_1)l = 1{,}8(10^{-4})\,\mathrm{m}$$

$$n_{St} = \frac{l}{A_{St}E_{St}} = 9{,}947(10^{-10})\,\mathrm{m/N}$$

$$k_{Al} = \alpha_{Al}(T_2 - T_1)l = 3{,}45(10^{-4})\,\mathrm{m}$$

$$n_{Al} = \frac{l}{A_{Al}E_{Al}} = 1{,}2095(10^{-9})\,\mathrm{m/N}$$

Als Zwischenbilanz erhält man

$$F_{St} = \frac{k_{St} - k_{Al}}{n_{St}} + F_{Al}\frac{n_{Al}}{n_{St}} \tag{3}$$

Einsetzen der Gleichung (3) in (1) führt auf

$$2\left(\frac{k_{St} - k_{Al}}{n_{St}} + F_{Al}\frac{n_{Al}}{n_{St}}\right) + F_{Al} - 2qs = 0$$

woraus

$$F_{Al} = \frac{2qs - 2\dfrac{k_{St} - k_{Al}}{n_{St}}}{1 + 2\dfrac{n_{Al}}{n_{St}}} = \frac{(2qs + 331{,}8\,\mathrm{kN})}{3{,}432} = 122{,}9\,\mathrm{kN}$$

folgt. Aus (3) lässt sich abschließend F_{St} berechnen:

$$F_{St} = -16{,}4\ \mathrm{kN}$$

Der negative Wert für F_{St} weist darauf hin, dass diese Kraft entgegengesetzt zur eingezeichneten Richtung in Abbildung 4.20b wirkt. Mit anderen Worten, die Stahlpfosten stehen unter Zug, der Aluminiumpfosten dagegen unter Druck.

4.7 Spannungskonzentrationen

In Abschnitt 4.1 wurde dargelegt, dass bei Aufbringen einer Axialkraft an einem Bauteil eine recht komplexe Spannungsverteilung innerhalb der lokalen Umgebung des Lastangriffspunktes auftritt. Typische Spannungsverteilungen dazu sind in Abbildung 4.21 dargestellt. Diese Komplikationen entstehen nicht nur in der Nähe der Einleitung von Einzelkräften, sondern sie kommen auch in Abschnitten vor, in denen sich die Querschnittsfläche des Bauteils ändert. Betrachten Sie zum Beispiel den Stab in Abbildung 4.21a, auf den eine Axialkraft P wirkt. Hier ist erkennbar, dass sich die horizontalen und die vertikalen Gitternetzlinien um das Loch in Stabmitte verändern. Die maximale Normalspannung im Stab tritt im Schnitt *a-a* auf, der durch die *kleinste* Querschnittsfläche des Stabes gelegt wurde. Vorausgesetzt das Material hat ein linear-elastisches Verhalten, dann kann die an diesem Schnitt wirkende Spannungsverteilung entweder durch mathematische Berechnungsverfahren der Elastizitätstheorie oder experimentell durch Messung der Dehnung normal zum Schnitt *a-a* ermittelt werden, wobei die Spannung über das Hooke'sche Gesetz $\sigma = E\epsilon$ berechnet wird. Ungeachtet dessen, welche Methode man anwendet, ergibt sich eine Spannungsverteilung gemäß der Darstellung in Abbildung 4.21b. In ähnlicher Weise gibt es bei einer sprunghaften Verkleinerung des Querschnitts im Stab (z.B. bei Schulterkehlen wie in Abbildung 4.22a) wieder eine maximale Normalspannung, die im Stab an der kleinsten Querschnittsfläche im Schnitt *a-a* auftritt. Die Spannungsverteilung in diesem Schnitt hat einen Verlauf wie in der Darstellung in Abbildung 4.22b.

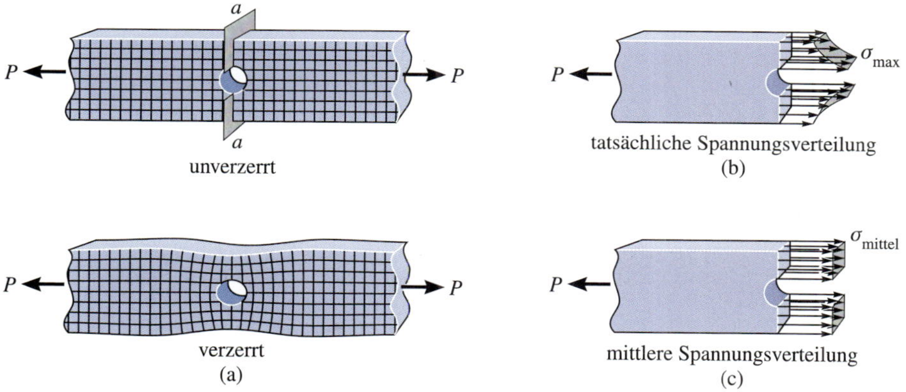

Abbildung 4.21

In beiden Fällen fordert das Gleichgewicht der Kräfte, dass die Größe der durch die Spannungsverteilung erzeugten resultierenden Normalkraft N gleich P sein muss, d.h.

$$N = P = \int_A \sigma \, dA \tag{4.6}$$

Wie in Abschnitt 4.1 bereits dargelegt, repräsentiert das Integral *grafisch* das Volumen unter jeder der in Abbildung 4.21b oder Abbildung 4.22b dargestellten Spannungsverteilungsflächen. Zusätzlich fordert (bei der vorliegenden Symmetrie der Querschnitte) das Momentengleichgewicht, dass sich jede Spannungsverteilung über den Querschnitt symmetrisch ausbildet, so dass P durch den *Schwerpunkt* dieser *Volumina* (= Schwerpunkt der betreffenden Querschnittsfläche) geht.

Spannungskonzentrationen entstehen oft an scharfen Kanten von Schwermaschinen. Ingenieure können diesen Effekt durch an diese Kanten angeschweißte Versteifungen abmildern.

In der ingenieurtechnischen Praxis muss die tatsächliche Spannungsverteilung allerdings *nicht* bestimmt werden. Stattdessen muss lediglich die *Maximalspannung* an den kritischen Schnitten bekannt sein und das Bauteil so bemessen werden, dass es dieser Spannung widersteht, wenn eine Last P in axialer Richtung angreift. In Fällen, wo sich der Querschnitt eines Bauteils ändert, wie z.B. oben diskutiert, können spezifische Werte der maximalen Normalspannung am kritischen Schnitt durch experimentelle Untersuchungen oder erweiterte mathematische Methoden der Elastizitätstheorie bestimmt werden. Die Ergebnisse dieser Untersuchungen werden gewöhnlich in grafischer Form mit Hilfe des ***Kerbspannungsfaktors*** K festgehalten. Wir definieren K als das Verhältnis der Maximalspannung zur mittleren Spannung, die am kleineren Querschnitt wirkt, d.h.

$$K = \frac{\sigma_{max}}{\sigma_{mittl}} \tag{4.7}$$

Wenn K bekannt ist und die mittlere Normalspannung aus $\sigma_{mittl} = P/A$ berechnet wurde, wobei A die Querschnittsfläche im kritischen Schnitt darstellt, Abbildung 4.21c und Abbildung 4.22c, dann ist aus Gleichung (4.7) die Maximalspannung im betreffenden Querschnitt $\sigma_{max} = K\,(P/A)$.

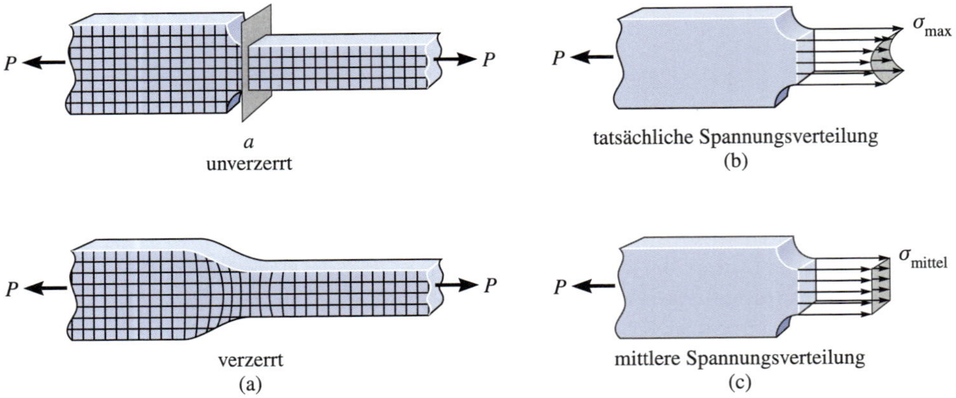

Abbildung 4.22

Die spezifischen Werte von K sind allgemein in grafischer Form in Handbüchern aufgeführt, die sich mit der Spannungsanalyse auseinander setzen. Beispiele dieser Kurven sind in Abbildung 4.24 und Abbildung 4.25 dargestellt[2]. Beachten Sie insbesondere, dass K unabhängig von den Materialeigenschaften des Stabes ist. Der Kerbsspannungsfaktor hängt vielmehr ausschließlich von der *Geometrie* des Stabes und der Art seiner Diskontinuität ab. Sobald die Abmessung der Diskontinuität sich *verkleinert*, vergrößert sich entsprechend die Spannungs-

2 Siehe: Lipson, C., und Juvinall, R.C.: Handbook of Stress and Strength. Macmillan 1963

konzentration. Wenn zum Beispiel in einem Stab eine abrupte Änderung des Querschnittes auftritt, wurde theoretisch ermittelt, dass eine scharfe Kante, Abbildung 4.23a, einen Spannungskonzentrationsfaktor größer 3 generiert. Mit anderen Worten, die maximale Normalspannung ist drei Mal höher als die mittlere Normalspannung am kleinsten Querschnitt. Man kann dies allerdings durch Einführung einer Auskehlung auf z.B. 1,5 reduzieren, Abbildung 4.23b. Eine weitere Reduzierung ist möglich mit Hilfe kleiner Einkerbungen oder Löcher, die in der Übergangszone platziert werden, Abbildung 4.23c und Abbildung 4.23d. In all diesen Fällen helfen solche Gestaltungen, die Spannungsspitzen an den Kanten zu reduzieren, so dass sowohl die Dehnung als auch die Spannung sich gleichmäßiger über den Stabquerschnitt verteilen.

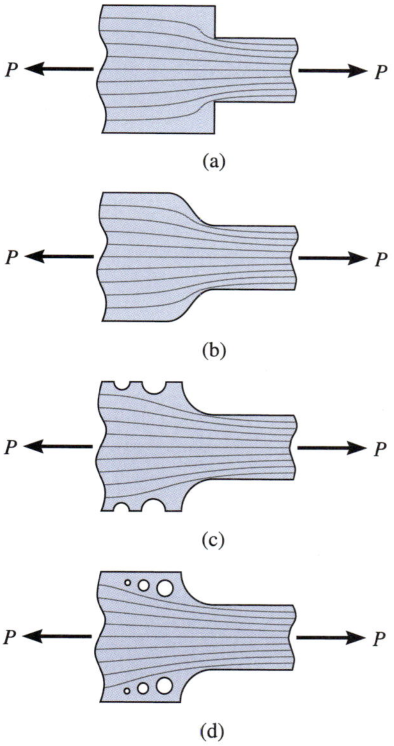

Abbildung 4.23

Die in Abbildung 4.24 und Abbildung 4.25 angegebenen Kerbspannungsfaktoren wurden auf der Grundlage einer statischen Belastung mit der Annahme bestimmt, dass die Spannung im Material die Proportionalitätsgrenze nicht übersteigt. Wenn das Material *sehr spröde* ist, kann sich die Proportionalitätsgrenze durchaus dicht an der Bruchspannung befinden und so kann für dieses Material das Versagen *am* Ort der Spannungskonzentration beginnen, wenn die Proportionalitätsgrenze erreicht wird. Grundsätzlich beginnt sich dort ein Riss zu bilden, womit eine höhere Spannungskonzentration an der *Spitze* dieses Risses einhergeht. Dies wiederum führt zu einem Rissfortschritt über den

Das Reißen des Betons trat an allen Ecken dieser Gussplatte aufgrund der Schrumpfung beim Aushärten auf. Diese Spannungskonzentrationen können vermieden werden, wenn man das Loch kreisförmig ausbildet.

den gesamten Querschnitt und endet mit einem plötzlichen Bruch. Aus diesem Grund ist es sehr wichtig, Kerbspannungssfaktoren bei der Dimensionierung spröder Materialien zu berücksichtigen. Wenn das Material andererseits duktil ist und einer statischen Belastung unterliegt, verzichten die Konstrukteure üblicherweise auf die Einführung von Kerbspannungssfaktoren, denn jede Spannung, die über die Proportionalitätsgrenze hinausgeht, führt nicht direkt zu einem Riss. Stattdessen hat das Material eine gewisse Festigkeitsreserve aufgrund des Fließens und der Verfestigung. Im nächsten Abschnitt werden wir Auswirkungen diskutieren, die von diesem Phänomen herrühren.

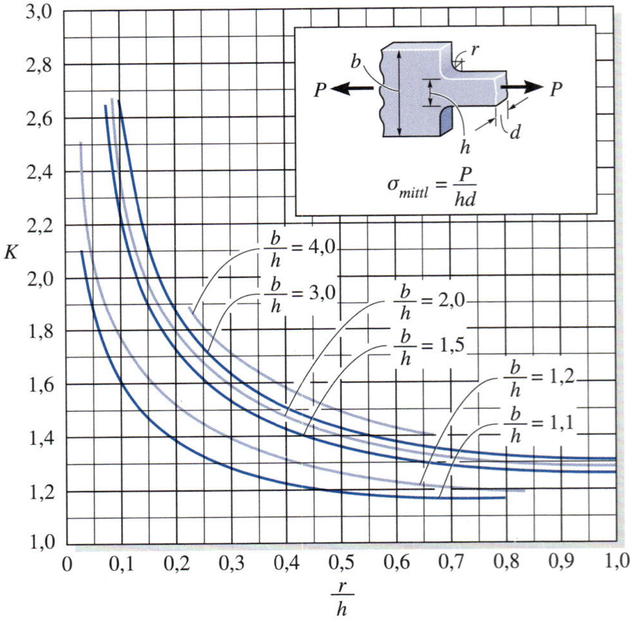

Abbildung 4.24

Spannungskonzentrationen sind auch die Ursache für viele Versagensfälle von Tragwerksteilen oder Maschinenelementen, die Belastungen, die zur *Ermüdung* des Materials führen, ausgesetzt sind. In diesen Fällen verursacht die Spannungskonzentration Risse im Material, wenn die Spannung über die Ermüdungsgrenze hinausgeht, unabhängig davon, ob das Material duktil ist oder nicht. Hier bleibt das Material *lokal* an der Spitze des Risses in einem *spröden Stadium* und somit wachsen die Risse weiter an, bis schließlich der endgültige Bruch auftritt. Deswegen suchen Ingenieure bei der Auslegung solcher Bauteile nach Wegen, die Größe eines durch Ermüdung erzeugten Schadens zu begrenzen.

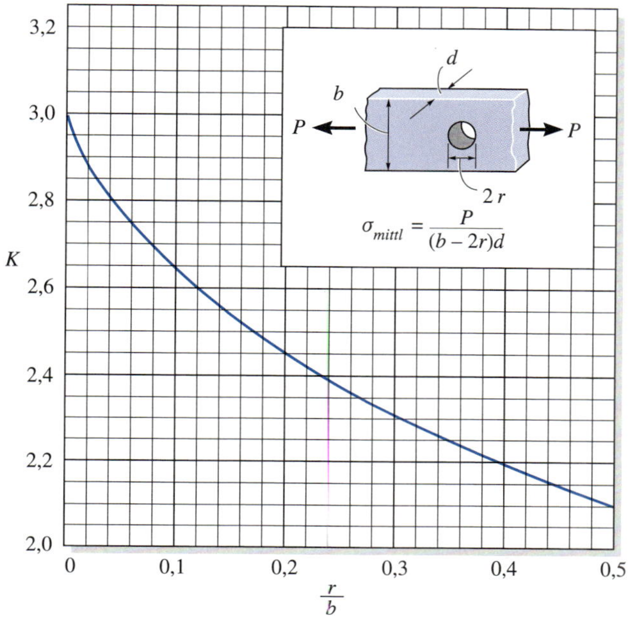

Abbildung 4.25

Wichtige Punkte zur Lösung von Aufgaben

- *Spannungskonzentrationen* treten an Stellen auf, an denen sich die Querschnittsfläche plötzlich ändert. Je ausgeprägter diese Änderung ist, desto größer ist die Spannungskonzentration.
- Für die Dimensionierung oder die Berechnung ist es lediglich notwendig, die an der kleinsten Querschnittsfläche auftretende Maximalspannung zu bestimmen. Dies geschieht mit Hilfe des Kerbspannungsfaktors K, der experimentell ermittelt wird und nur von der Geometrie des Probekörpers abhängt.
- Im Allgemeinen werden die Spannungskonzentrationen bei der Auslegung eines duktilen Probekörpers, der einer statischen Belastung unterliegt, nicht berücksichtigt. Wenn das Material jedoch spröde ist oder Belastungen unterliegt, die zur Ermüdung des Materials führen, dann sind auftretende Spannungskonzentrationen wichtig.

Beispiel 4.13

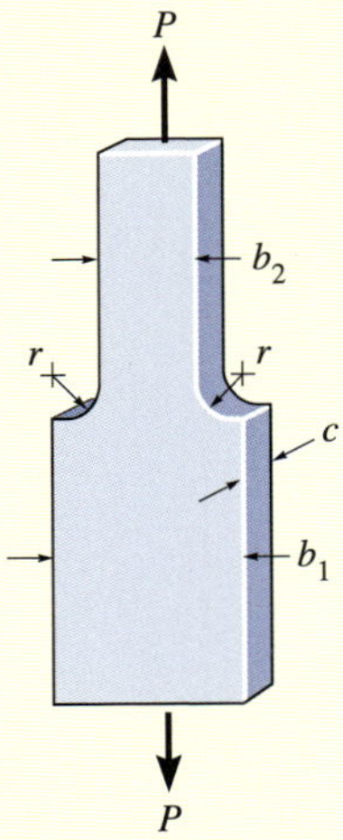

Abbildung 4.26

Ein Stahlstab hat die in Abbildung 4.26 angegebenen Abmessungen. Bestimmen Sie bei einer zulässigen Spannung σ_{zul} die größte Axialkraft P, die der Stab aushalten kann.

$\sigma_{zul} = 115$ MPa, $b_1 = 40$ mm, $b_2 = 20$ mm, $c = 10$ mm, $r = 10$ mm

Lösung

Aufgrund der Querschnittsänderung kann der Kerbspannungssfaktor mit Hilfe des Kurvenverlaufs in Abbildung 4.24 ermittelt werden. Die Berechnung der erforderlichen geometrischen Parameter führt auf

$$\frac{r}{h} = \frac{r}{b_2} = 0{,}50$$

$$\frac{b}{h} = \frac{b_1}{b_2} = 2$$

Somit ergibt sich aus der Kurve

$$K = 1{,}4$$

Die Berechnung der mittleren Normalspannung im kleinsten Querschnitt führt auf

$$\sigma_{mittl} = \frac{P}{A} = \frac{P}{b_2 c}$$

Die Anwendung der Gleichung (4.7) mit $\sigma_{zul} = \sigma_{max}$ liefert

$$\sigma_{zul} = K\,\sigma_{mittl}$$

$$\sigma_{zul} = \frac{KP}{b_2 c}$$

$$P = \sigma_{zul}\frac{b_2\,c}{K} = \frac{115\,\text{N/mm}^2 \cdot 20\,\text{mm} \cdot 10\,\text{mm}}{1{,}4}$$

$$P = 16{,}43\ \text{kN}$$

Beispiel 4.14 Der Stahlstab, Abbildung 4.27, wird einer axialen Belastung P ausgesetzt. Bestimmen Sie die maximale Normalspannung, die im Streifen vorliegt, sowie die Verschiebung von einem Ende des Stabes in Bezug zu seinem anderen Ende. Der verwendete Stahl hat eine Fließspannung von σ_F und den Elastizitätsmodul E_{St}.

$P = 80$ kN, $h_1 = 40$ mm, $h_2 = 20$ mm, $l_1 = 300$ mm, $l_2 = 800$ mm, $d = 10$ mm, $r = 6$ mm, $\sigma_F = 700$ MPa, $E_{St} = 200$ GPa

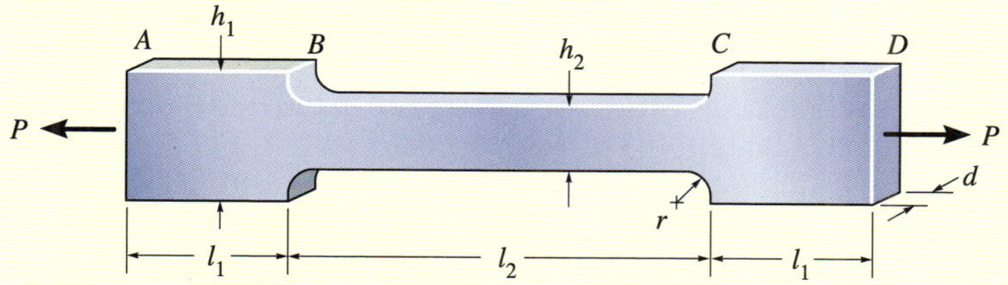

Abbildung 4.27

Lösung

Maximale Normalspannung Offensichtlich tritt die maximale Normalspannung am kleineren Querschnitt auf, wo die Querschnittsverengung beginnt, d.h. bei B oder C. Der Kerbspannungsfaktor wird aus der Abbildung 4.24 bestimmt. Wir erhalten

$$\frac{r}{h} = \frac{r}{h_2} = \frac{6\,\text{mm}}{20\,\text{mm}} = 0{,}3$$

$$\frac{b}{h} = \frac{h_1}{h_2} = 2$$

Somit ist $K = 1{,}6$.

Die Maximalspannung ist demzufolge

$$\sigma_{max} = K\frac{P}{A} = K\frac{P}{h_2 d} = 1{,}6\left[\frac{80 \cdot 10^3\,\text{N}}{(0{,}02\,\text{m})(0{,}01\,\text{m})}\right] = 640\ \text{MPa}$$

Beachten Sie, dass das Material elastisch bleibt, denn $640\ \text{MPa} < \sigma_F = 700\ \text{MPa}$.

Verschiebung Hier werden wir die lokalen Deformationen, die in der Nähe der aufgebrachten Last und der plötzlichen Querschnittsänderung auftreten, nicht betrachten (Saint-Venant-Prinzip). Wir erhalten

$$\delta_{A/D} = \sum\frac{PL}{AE_{St}} = 2\left(\frac{Pl_1}{h_1 d E_{St}}\right) + \frac{Pl_2}{h_2 B E_{St}}$$

$$\delta_{A/D} = 2\left[\frac{80 \cdot 10^3\,\text{N}(0{,}3\,\text{m})}{(0{,}04\,\text{m})(0{,}01\,\text{m})(200)(10^9)\,\text{N/m}^2}\right] + \frac{80 \cdot 10^3\,\text{N}(0{,}8\,\text{m})}{(0{,}02\,\text{m})(0{,}01\text{m})(200)(10^9)\,\text{N/m}^2}$$

$$\delta_{A/D} = 2{,}2\ \text{mm}$$

*4.8 Inelastische axiale Verformung

Das Versagen dieses Rohres bei Zugbelastung trat an seiner kleinsten Querschnittsfläche durch das Loch auf. Beachten Sie das Fließen des Materials in der Nachbarschaft der Bruchfläche, bevor es zerbrach.

Bis hierher haben wir nur Belastungen betrachtet, die ein elastisches Verhalten des Bauteilwerkstoffes bedingen. Manchmal muss jedoch ein Bauteil derart ausgelegt werden, dass eine äußere Belastung ein Fließen und dadurch eine dauernde Deformation des Materials verursacht. Solche Bauteile bestehen häufig aus hoch duktilen Metallen, wie z.B. weich geglühter kohlenstoffarmer Stahl mit einem Spannungs-Dehnungs-Diagramm, das dem in *Abbildung 3.6* ähnlich ist und wofür wir *die Modellannahme*, wie in Abbildung 4.28b dargestellt, *treffen können*. Ein Material, das dieses Verhalten zeigt, wird als *elastisch/ideal-plastisch* oder *elastoplastisch* bezeichnet.

Zur physikalischen Illustration dieses Materialverhaltens betrachten wir den Stab in Abbildung 4.28a unter der Last *P*. Wenn diese Belastung eine *elastische Spannung* $\sigma = \sigma_1$ im Stab hervorruft, dann muss unter Anwendung der Gleichung (4.6) für *Gleichgewicht* $P = \int \sigma_1 \cdot dA = \sigma_1 A$ gelten. Weiterhin verursacht die Spannung σ_1 eine Dehnung ϵ_1 des Stabes, wie im Spannungs-Dehnungs-Diagramm, Abbildung 4.28b, angegeben. Wenn P nun auf P_p in der Weise steigt, dass das Material zu fließen beginnt, $\sigma = \sigma_F$, dann gilt wieder $P_p = \int \sigma_F \cdot dA = \sigma_F A$. Die Belastung P_p wird *plastische Belastung* genannt, denn sie repräsentiert die Maximalbelastung, die ein elastoplastisches Material aufnehmen kann. Die Dehnungen dagegen sind in diesem Fall *nicht* eindeutig definiert. Stattdessen, wenn σ_F erreicht wird, erfährt der Stab *zuerst* eine Fließdehnung ϵ_F, Abbildung 4.28b. Danach *setzt sich der Fließvorgang* (oder die Ausdehnung) *fort*, so dass nacheinander die Dehnungen ϵ_2, dann ϵ_3 usw. auftreten. Weil sich das „Modell“ ideal-plastisch verhält, schreitet die Dehnung unaufhörlich ohne weitere Lasterhöhung fort. In der Realität wird sich das Material natürlich nach einigem Fließen verfestigen, so dass die erreichte Zusatzfestigkeit jede weitere Dehnung *verhindert*. Demzufolge ist jede Dimensionierung, die auf diesem Verhalten beruht, sicher, denn die Verfestigung schafft das Potential für das Material, eine *zusätzliche* Belastung aufzunehmen, wenn dies notwendig ist.

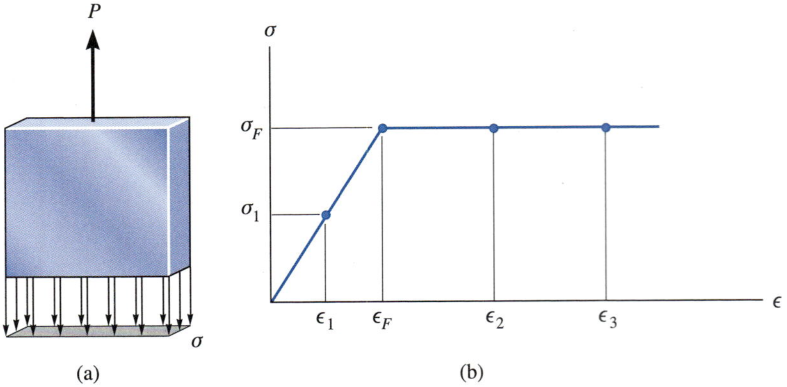

Abbildung 4.28

Betrachten wir nun den Fall eines Stabes mit einem durchgehenden Loch, wie in Abbildung 4.29a dargestellt. Wird die Größe von P erhöht, tritt eine Spannungskonzentration in der Nähe des Loches im Schnitt a-a auf. Diese Spannungen erreichen einen Maximalwert, z.B. $\sigma_{max} = \sigma_1$, und haben eine entsprechende elastische Dehnung ϵ_1 gemäß Abbildung 4.29b zur Folge. Die Spannungen und die korrespondierenden Dehnungen an anderen Punkten entlang des Querschnittes sind kleiner, wie man anhand der dargestellten Spannungsverteilung in Abbildung 4.29c sehen kann. Wie erwartet, muss im Gleichgewicht $P = \int \sigma \, dA$ sein. Mit anderen Worten, P entspricht im geometrischen Sinne dem „Volumen", das die Spannungsverteilung umschließt. Wird die Belastung nun auf P' erhöht, so dass $\sigma_{max} = \sigma_F$ wird, dann beginnt das Material am Loch zu fließen, bis die Gleichgewichtsbedingung $P' = \int \sigma \, dA$ erfüllt ist, Abbildung 4.29d. Wie man sieht, wird so ein geometrisch *größeres* „Volumen" im Vergleich zu dem in Abbildung 4.29c erzeugt. Eine weitere Belastungserhöhung verursacht ein allmähliches Fließen des Materials über den *gesamten Querschnitt*, bis *keine größere Belastung mehr* vom Stab aufgenommen werden kann. Diese *plastische Belastung* P_p ist in Abbildung 4.29e dargestellt. Sie kann aus der zugehörigen Gleichgewichtsbedingung wie folgt berechnet werden:

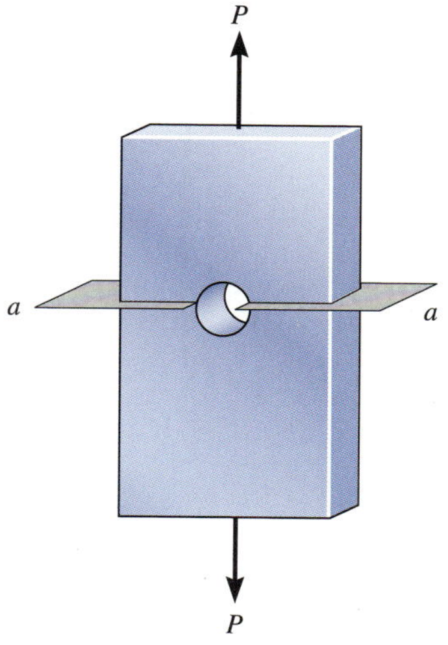

(a)

$$P_p = \int_A \sigma_F \, dA = \sigma_F A \tag{4.8}$$

Hierbei ist σ_F die Fließspannung und A die Querschnittsfläche im Schnitt a-a.

Die folgenden Beispiele illustrieren numerisch, wie diese Überlegungen auch auf andere Problemstellungen angewendet werden können, bei denen sich das Material elastoplastisch verhält.

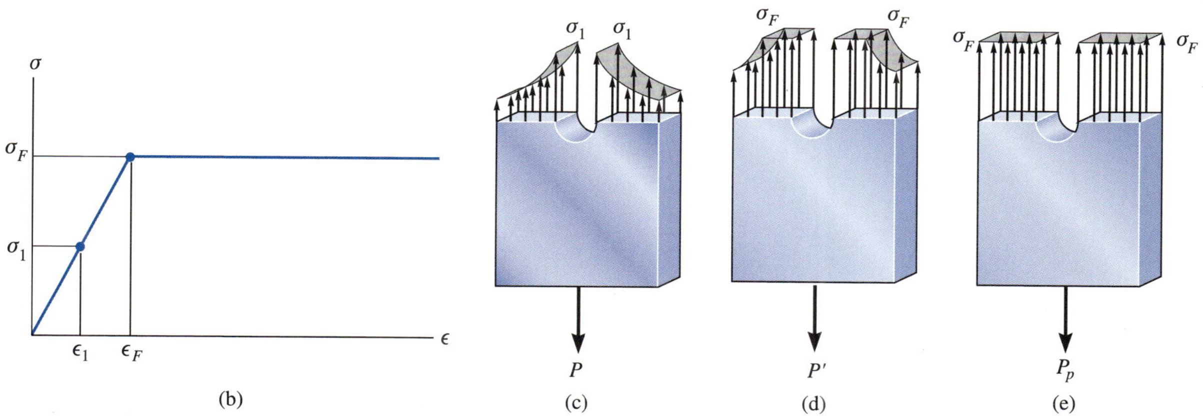

Abbildung 4.29

Das Thema „Inelastische Verformung" wird im vorliegenden Buch exemplarisch am Beispiel Zug/Druck abgehandelt. Für Torsion, *Kapitel 6*, und Biegung, *Kapitel 7*, wird auf die begleitende Companion Website verwiesen.

Beispiel 4.15

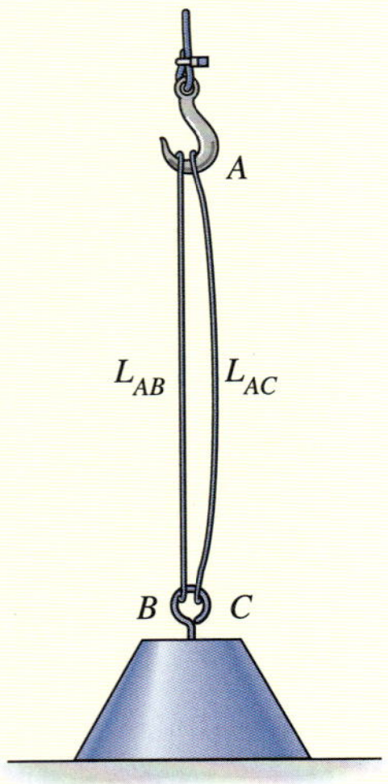

(a)

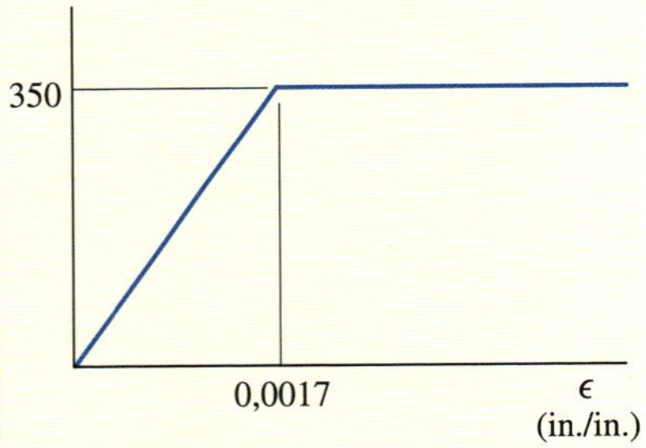

(b)

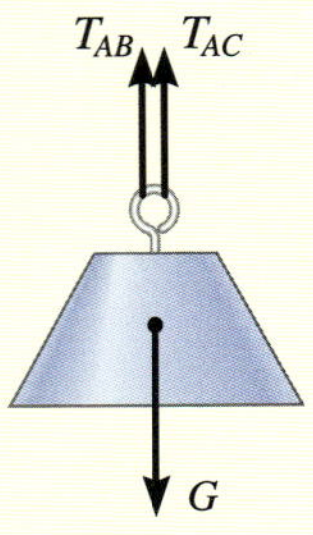

(c)

Zwei Stahlseile werden benutzt, um das Gewicht G zu heben, Abbildung 4.30a. Das Seil AB hat die ungedehnte Länge L_{AB} und Seil AC die ungedehnte Länge L_{AC}. Bestimmen Sie die Kraft in jedem Seil und seine Verlängerung, wenn jedes Seil den Querschnitt A hat und der Stahl als elastisch/ideal-plastisch betrachtet werden kann. Das σ-ϵ-Diagramm ist in Abbildung 4.30b dargestellt.

$G = 15$ kN, $L_{AB} = 5{,}0$ m, $L_{AC} = 5{,}0075$ m, $A = 30$ mm^2

Lösung

Wie man sieht, beginnt das Seil AB das Gewicht zu tragen, wenn der Haken hochgezogen wird. Wenn sich das Seil aber um mehr als die Differenz $L_{AC} - L_{AB}$ verlängert hat, verteilt sich die Belastung auf beide Seile. Für diesen Fall muss die Dehnung in Seil AB folgende Größe erreicht haben:

$$\epsilon_{AB} = \frac{L_{AC} - L_{AB}}{L_{AB}} = \frac{5{,}0075\,\text{m} - 5\,\text{m}}{5\,\text{m}} = 0{,}0015$$

Das ist weniger als die maximale elastische Dehnung $\epsilon_F = 0{,}0017$, Abbildung 4.30b. Weiterhin kann die Spannung im Seil AB beim Eintreten dieses Falls aus Abbildung 4.30b bestimmt werden:

$$\frac{\epsilon_F}{\sigma_F} = \frac{\epsilon_{AB}}{\sigma_{AB}}$$

$$\sigma_{AB} = \frac{\epsilon_{AB}\,\sigma_F}{\epsilon_F} = \frac{0{,}0015(350)\,\text{MPa}}{0{,}0017} = 308{,}82\ \text{MPa}$$

Die Kraft im Seil AB ist demzufolge

$$F_{AB} = \sigma_{AB} A = (308{,}82\ \text{mm}^2)(30\ \text{mm}^2) = 9264{,}6\ \text{N} = 9{,}26\ \text{kN}$$

Da die zu hebende Last 15 kN beträgt, können wir davon ausgehen, dass beide Seile die Last aufnehmen.

Wenn die Last erst einmal gehalten wird, dann hängt die Spannung in den Seilen von der korrespondierenden Dehnung ab. Es gibt drei Möglichkeiten, im Einzelnen:

- Die Dehnungen in beiden Seilen sind elastisch,
- das Seil AB wird plastisch gedehnt, während das Seil AC elastisch gedehnt wird, oder
- beide Seile werden plastisch gedehnt.

Wir beginnen mit der ersten Annahme, dass beide Seile *elastisch* bleiben. Das Freikörperbild des angehängten Gewichts, Abbildung 4.30c, macht deutlich, dass das Problem statisch unbestimmt ist. Die Gleichgewichtsbedingung lautet nämlich

$$\sum F_y = 0; \qquad T_{AB} + T_{AC} - G = 0 \tag{1}$$

Weil das Seil AC um $L_{AC} - L_{AB}$ länger als AB ist, erfordert gemäß Abbildung 4.30d die Kompatibilitätsbedingung der Verschiebung beider Enden C und D, dass

$$\delta_{AB} = 0{,}0075\ \text{m} + \delta_{AC} \tag{2}$$

gilt.

Der Elastizitätsmodul, Abbildung 4.30b, ist $E_{St} = \sigma_F / \epsilon_F = 350\ \text{MPa}/0{,}0017 = 205{,}9\ (10^3)\ \text{MPa}$. Da dies eine linear-elastische Berechnung ist, muss die Last-Verschiebungsrelation $\delta = PL/AE$ sein; damit ist

$$\frac{T_{AB}L_{AB}}{AE_{St}} = (L_{AC} - L_{AB}) + \frac{T_{AC}L_{AC}}{AE_{St}} \qquad (3)$$

$$T_{AB} = \frac{(L_{AC} - L_{AB})AE_{St}}{L_{AB}} + \frac{L_{AC}}{L_{AB}}T_{AC} = 9{,}2655\ \text{kN} + 1{,}0015\ T_{AC}$$

Einsetzen in (1) ergibt

$$\frac{(L_{AC} - L_{AB})AE_{St}}{L_{AB}} + \frac{L_{AC}}{L_{AB}}T_{AC} + T_{AC} = G$$

$$T_{AC} = \frac{G - \dfrac{(L_{AC} - L_{AB})AE_{St}}{L_{AB}}}{1 + \dfrac{L_{AC}}{L_{AB}}} = \frac{15\,\text{kN} - 9{,}2655\,\text{kN}}{2{,}0015} = 2{,}865\ \text{kN}$$

Aus (1) erhält man

$$T_{AB} = G - T_{AC} = 15\ \text{kN} - 2{,}865\ \text{kN} = 12{,}135\ \text{kN}$$

Die Spannung im Seil AB ist damit

$$\sigma_{AB} = \frac{T_{AB}}{A} = \frac{12{,}135(10^3)\,\text{N}}{30\,\text{mm}^2} = 404{,}5\ \text{MPa}$$

Diese Spannung ist größer als die zulässige maximale elastische Spannung ($\sigma_F = 350\ \text{MPa}$). Damit wird das Seil AB plastisch gedehnt und hält also nur eine Maximalbelastung von

$$T_{AB} = \sigma_F A = 350\ \text{MPa}\ (30\ \text{mm}^2) = 10{,}5\ \text{kN}$$

aus. Aus Gleichung (1) erhalten wir die zweite Seilkraft

$$T_{AC} = G - T_{AB} = 15\ \text{kN} - 10{,}5\ \text{kN} = 4{,}5\ \text{kN}$$

Beachten Sie, dass das Seil AC elastisch bleibt, denn die Spannung darin ist

$$\sigma_{AC} = \frac{T_{AC}}{A} = 4{,}5(10^3)\ \text{N}/30\ \text{mm}^2 = 150\ \text{MPa} < 350\ \text{MPa}.$$

Die korrespondierende elastische Dehnung bestimmt man aus Abbildung 4.30b gemäß.

$$\frac{\epsilon_{AC}}{\sigma_{AC}} = \frac{\epsilon_F}{\sigma_F}$$

$$\epsilon_{AC} = \frac{\epsilon_F\,\sigma_{AC}}{\sigma_F} = \frac{0{,}0017(150)\,\text{MPa}}{350\,\text{MPa}} = 0{,}000729$$

Die Verlängerung von AC ist demzufolge

$$\delta_{AC} = \epsilon_{AC}L_{AC} = (0{,}000729)(5{,}0075\ \text{m}) = 0{,}00365\ \text{m}$$

und mit Gleichung (2) ist die Verlängerung von AB schließlich

$$\delta_{AB} = 0{,}0075\ \text{m} + \delta_{AC} = 0{,}0075\ \text{m} + 0{,}00365\ \text{m} = 0{,}01115\ \text{m}$$

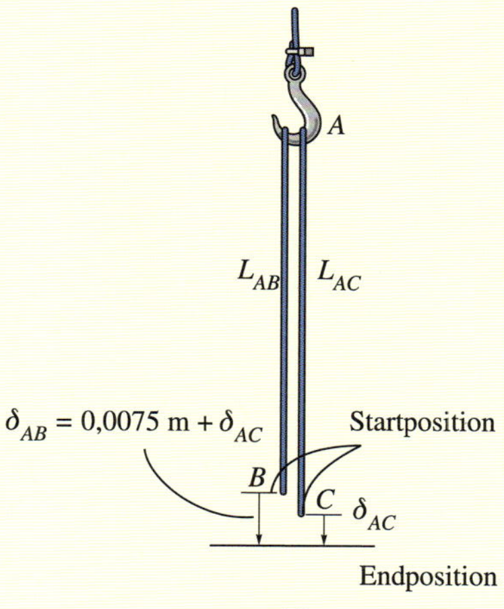

(d)

Abbildung 4.30

Beispiel 4.16

Der Stab in Abbildung 4.31a besteht aus Stahl und wird als elastisch/ideal-plastisch mit der Fließspannung σ_F angesehen. Bestimmen Sie (a) den Maximalwert der einwirkenden Last P, ohne dass der Stahl zu fließen beginnt, und (b) den Maximalwert P, den der Stab aufnehmen kann. Stellen Sie die Spannungsverteilung am kritischen Schnitt in einer Skizze dar.

$\sigma_F = 250$ MPa, $h_1 = 40$ mm, $r = 4$ mm

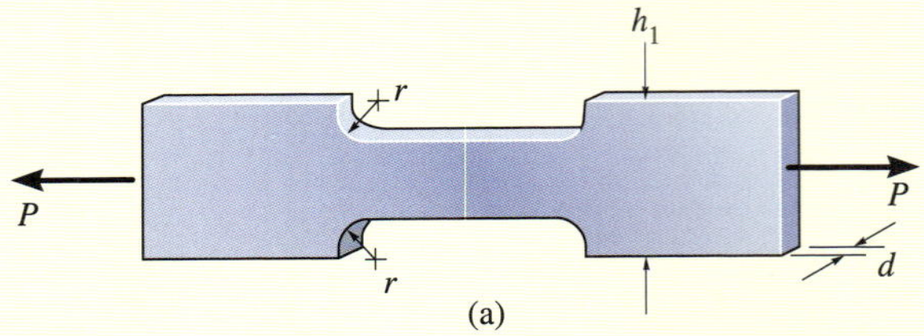

(a)

Lösung

Teil (a) Bei einem elastischen Materialverhalten müssen wir den Kernspannungsfaktor aus Abbildung 4.24 bestimmen, der ausschließlich für die vorliegende Geometrie eindeutig gültig ist:

$$\frac{r}{h_2} = \frac{r}{h_1 - 2r} = \frac{4\,\text{mm}}{40\,\text{mm} - 8\,\text{mm}} = 0{,}125$$

$$\frac{b}{h_2} = \frac{h_1}{h_1 - 2r} = \frac{40\,\text{mm}}{40\,\text{mm} - 8\,\text{mm}} = 1{,}25$$

$$K = 1{,}75$$

Die Maximalbelastung, die noch kein Fließen auslöst, tritt bei $\sigma_{max} = \sigma_F$ auf. Die mittlere Normalspannung ist $\sigma_{mittl} = P/A$. Mit Hilfe der Gleichung (4.7) erhalten wir

$$\sigma_{max} = K\sigma_{mittl}\,;$$

$$\sigma_F = K\left(\frac{P_F}{A}\right)$$

$$P_F = \frac{\sigma_F A}{K} = \frac{\sigma_F\, d\, h_2}{K} = \frac{250 \cdot 10^3\,\text{kPa}\,(0{,}032\,\text{m})(0{,}002\,\text{m})}{1{,}75} = 9{,}14\ \text{kN}$$

Diese Belastung wurde anhand des *kleinsten* Querschnitts berechnet. Die resultierende Spannungsverteilung ist in Abbildung 4.31b dargestellt.

(b)

Teil (b) Die maximal durch den Stab aufnehmbare Last lässt das *gesamte Material* am kleinsten Querschnitt fließen. Demzufolge ändert sich bei entsprechender Erhöhung der Last P auf die *plastische Belastung* P_p allmählich die Spannungsverteilung vom elastischen Zustand, dargestellt in Abbildung 4.31b, zum plastischen Zustand, Abbildung 4.31c.

(c)

Abbildung 4.31

$$\sigma_F = \frac{P_p}{A}$$

$$P_p = \sigma_F h_2 d = 250\left(10^3\right)\text{kPa}\,(0{,}032\,\text{m})(0{,}002\,\text{m}) = 16{,}0\ \text{kN}$$

*4.9 Restspannungen

Wenn ein axial belastetes Bauteil oder eine Gruppe von Bauteilen ein statisch unbestimmtes System darstellt, das sowohl Zug- als auch Druckkräfte aufnehmen kann, dann erzeugen sehr große äußere Belastungen, die ein Fließen des Materials hervorrufen, nach deren Entlastung so genannte *Restspannungen* in den Bauteilen. Der Grund dafür liegt in der elastischen Entspannung des Materials nach der Entlastung. Betrachten Sie zum Beispiel einen prismatischen Stab, der aus elastoplastischem Material besteht und ein Spannungs-Dehnungs-Diagramm *OAB* aufweist, wie in Abbildung 4.32 dargestellt. Wenn eine axiale Beanspruchung eine Fließspannung σ_F und eine korrespondierende Dehnung ϵ_C in dem Material hervorruft, dann wird das Material *nach der Entlastung* elastisch reagieren und der Linie *CD* folgen, um etwas von der elastoplastischen Dehnung zurückzugewinnen. Eine vollständige Rückkehr zu einer Nullspannung bei Punkt O' erfolgt nur, wenn das Bauteil ein statisch bestimmtes System darstellt, denn die Lagerreaktionen für das Bauteil müssen null ergeben, wenn die Belastung entfernt wird. Unter diesen Umständen wird das Bauteil im Allgemeinen verformt bleiben, da eine Dehnung $\epsilon_{O'}$ im Bauteil zurückbleibt. Wenn das Bauteil *statisch unbestimmt* gelagert ist, sind im Allgemeinen die Dehnungen nach der Entlastung nicht in allen Bereichen dieselben. Aufgrund der Kompatibilitätsbedingungen, die nach wie vor erfüllt sein müssen, sind Lagerreaktionen notwendig, welche bleibende ***Restspannungen*** in Form eines so genannten *Eigenspannungszustands* hervorrufen.

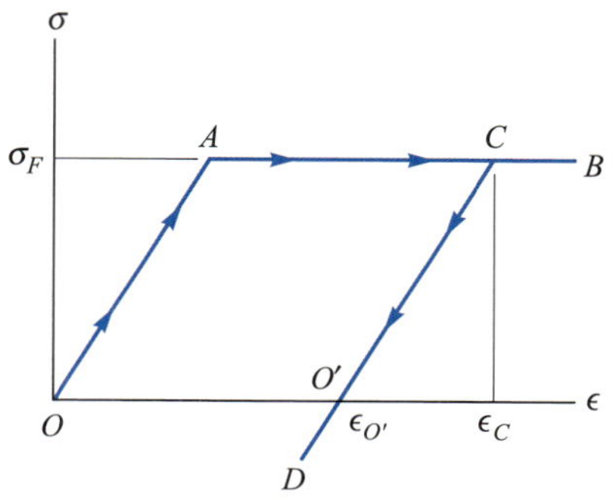

Abbildung 4.32

Um ein Problem dieser Art zu lösen, kann der komplette Kreislauf der Be- und Entlastung des Bauteils als die *Superposition* einer positiven Last (Belastung) und einer negativen Last (Entlastung) angesehen werden. Die Belastung von *O* bis *C* resultiert in einer plastischen Spannungsverteilung, andererseits führt die Entlastung entlang *CD* für sich nur zu einer elastischen Spannungsverteilung. Die Superposition erfordert die gegenseitige Kompensation aller Kräfte; allerdings gilt dies nicht für die Spannungsverteilungen, so dass Restspannungen zurückbleiben.

Das folgende Beispiel illustriert diese Methode mit Zahlenwerten.

Abschließend wird festgestellt, dass das Thema „Restspannungen" für Torsion, *Kapitel 6*, und Biegung, *Kapitel 7*, auf der begleitenden Companion Website diskutiert wird.

Beispiel 4.17

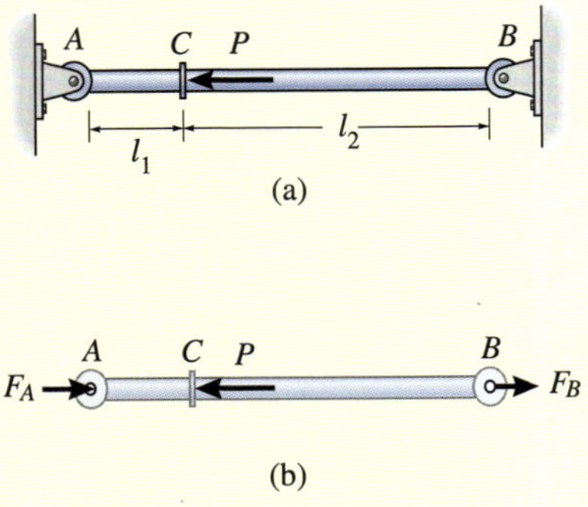

Abbildung 4.33

Der in Abbildung 4.33a dargestellte Stab hat einen Radius r und besteht aus einem elastisch/ideal-plastischen Material mit den Werten σ_F und E, Abbildung 4.33c. Bestimmen Sie die Restspannung im Stab und die *bleibende Verschiebung* der Manschette des Bundes, wenn eine Kraft P auf den Stab wirkt und dann wieder entfernt wird.

$P = 60$ kN, $\sigma_F = 420$ MPa, $E = 70$ GPa, $l_{AC} = 100$ mm, $l_{CB} = 300$ mm, $r = 5$ mm

Lösung

Das Freikörperbild des Stabes ist in Abbildung 4.33b dargestellt. Offensichtlich ist der Stab statisch unbestimmt gelagert. Die Einwirkung der Last P wird eine von drei Möglichkeiten hervorrufen, und zwar:

- Die beiden Segmente AC und CB werden elastisch verformt,
- AC wird plastisch, während CB elastisch verformt wird, oder
- beide werden plastisch verformt[3].

Eine Berechnung für den rein elastischen Fall, ähnlich der in Abschnitt 4.4 diskutierten Variante, führt auf $F_A = 45$ kN und $F_B = 15$ kN an den Lagern. Das ergibt allerdings eine Spannung von

$$\sigma_{AC} = \frac{-F_A}{A} = \frac{-F_A}{\pi r^2} = \frac{-45\,\text{kN}}{\pi(0{,}005\,\text{m})^2} = -573 \text{ MPa (Druck)}$$

$$|\sigma_{AC}| > \sigma_F = 420 \text{ MPa}$$

in Segment AC und

$$\sigma_{CB} = \frac{F_B}{A} = \frac{F_B}{\pi r^2} = \frac{15\,\text{kN}}{\pi(0{,}005\,\text{m})^2} = 191 \text{ MPa (Zug)}$$

in Segment CB. Da das Material im Segment AC fließt, nehmen wir an, dass AC plastisch wird, während CB elastisch bleibt.
In diesem Fall ist die maximal übertragene Kraft in AC

$$(F_A)_F = \sigma_F A = 420(10^3)\text{ kN/m}^2\,[\pi(0{,}005\text{ m})^2] = 33{,}0\text{ kN}$$

und die Gleichgewichtsbedingung des Stabes, Abbildung 4.33b, liefert

$$F_B = P - F_A = 60\text{ kN} - 33{,}0\text{ kN} = 27{,}0\text{ kN}$$

Die Spannung in den Segmenten des Stabes ist damit

$$|\sigma_{AC}| = \sigma_F = 420 \text{ MPa (Druck)}$$

$$\sigma_{CB} = \frac{F_B}{A} = \frac{F_B}{\pi r^2} = \frac{27{,}0\,\text{kN}}{\pi(0{,}005\,\text{m})^2} = 344 \text{ MPa (Zug)} < 420 \text{ MPa}$$

d.h. ein konsistentes Ergebnis.

3 Die Möglichkeit, dass CB vor AC plastisch wird, kann nicht vorkommen, denn wenn sich der Punkt C verschiebt, ist die *Dehnung* in AC immer größer (denn AC ist kürzer) als die Dehnung in CB.

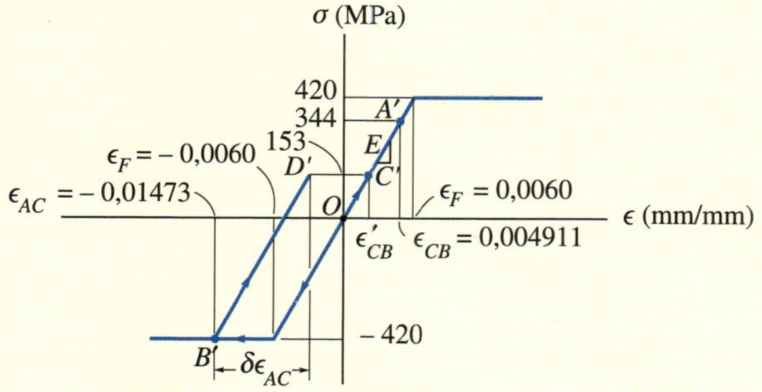

(c)

Abbildung 4.33

Restspannungen Zur Ermittlung der Restspannung ist es notwendig, die Dehnung in jedem Segment aufgrund der Belastung zu kennen. Weil CB elastisch reagiert, folgt

$$\delta_C = \frac{F_B l_{CB}}{AE} = \frac{F_B l_{CB}}{\pi r^2 E} = \frac{(27{,}0\,\text{kN})(0{,}300\,\text{m})}{\pi(0{,}005\,\text{m})^2(70)(10^6)\,\text{kN/m}^2} = 0{,}001473\ \text{m}$$

Somit ist

$$\epsilon_{CB} = \frac{\delta_C}{l_{CB}} = \frac{0{,}001473\,\text{m}}{0{,}300\,\text{m}} = +\,0{,}004911$$

Weil δ_C schon bekannt ist, kann man auch die Dehnung von AC bestimmen:

$$\epsilon_{AC} = \frac{-\delta_C}{l_{AC}} = \frac{-0{,}001473\,\text{m}}{0{,}100\,\text{m}} = -\,0{,}01473$$

Deshalb entspricht das Spannungs-Dehnungs-Verhalten für das Material in Segment CB infolge der einwirkenden Kraft P dem Pfad von O nach A', Abbildung 4.33c, das Spannungs-Dehnungs-Verhalten für das Material in Segment AC jenem von O nach B'. Wenn P in die entgegengesetzte Richtung wirken würde, das heißt, wenn insgesamt entlastet wird, dann tritt eine elastische Reaktion auf und eine entgegengesetzte Kraft von $F_A = 45$ kN und $F_B = 15$ kN muss in jedem Segment wirken. Wie vorher bereits berechnet wurde, erzeugen diese Kräfte Spannungen $\sigma_{AC} = 573$ MPa (Druck) und $\sigma_{CB} = 191$ MPa (Zug) und demzufolge ist die verbleibende Restspannung in jedem Bauteil

$$(\sigma_{AC})_r = -\,420\ \text{MPa} + 573\ \text{MPa} = 153\ \text{MPa}$$

$$(\sigma_{CB})_r = 344\ \text{MPa} - 191\ \text{MPa} = 153\ \text{MPa}$$

Die Zugspannung ist für beide Segmente *gleich*, wie zu erwarten. Beachten Sie auch, dass sich das Spannungs-Dehnungs-Verhalten für das Segment AC in Abbildung 4.33c von B' nach D' verändert, während das Spannungs-Dehnungs-Verhalten für das Material in Segment CB von A' nach C' verläuft.

Bleibende Verschiebung Aus Abbildung 4.33c ist ersichtlich, dass sich die Restdehnung in CB als

$$\epsilon'_{CB} = \frac{\sigma}{E} = \frac{153 \cdot 10^6 \text{Pa}}{70 \cdot 10^9 \text{Pa}} = 0{,}002185$$

ergibt.

Die bleibende Verschiebung von C ist demnach

$$\delta_C = \epsilon'_{CB} l_{CB} = 0{,}002185 \text{ (300 mm)} = 0{,}656 \text{ mm}$$

Wir können dieses Ergebnis auch durch die Bestimmung der Restdehnung ϵ'_{AC} in AC erhalten, Abbildung 4.33c. Da die Strecke $B'D'$ die Steigung E besitzt, gilt

$$\delta\epsilon_{AC} = \frac{\delta\sigma_{AC}}{E} = \frac{(420+153)10^6 \text{ Pa}}{70(10^9)\text{Pa}} = 0{,}008185$$

Deshalb ist

$$\epsilon'_{AC} = \epsilon_{AC} + \delta\epsilon_{AC} = -0{,}01473 + 0{,}008185 = -0{,}006555$$

Schließlich ergibt sich

$$\delta_C = \epsilon'_{AC} l_{AC} = -0{,}006555 \text{ (100 mm)} = -0{,}656 \text{ mm}$$

ZUSAMMENFASSUNG

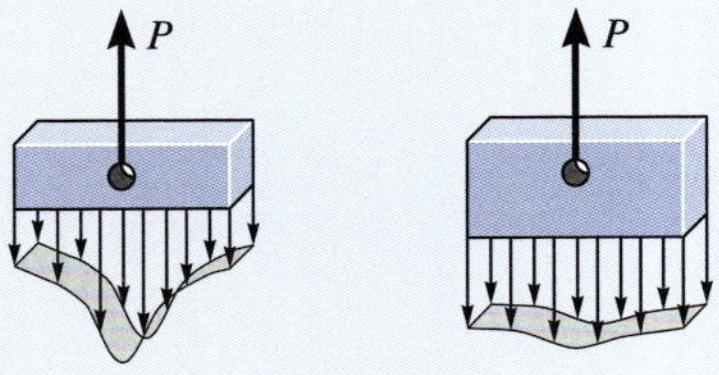

Schnitt *a-a* Schnitt *b-b*

Wenn die äußere Belastung in einem Körperpunkt konzentriert ist, entsteht eine Spannungsverteilung im Körper, die umso gleichförmiger ist, je weiter der Schnitt von der Lasteinleitungsstelle entfernt ist. Diesen Sachverhalt bezeichnet man als Prinzip von Saint-Venant.

siehe Abschnitt 4.1

Die gegenseitige Verschiebung der Enden eines axial belasteten Stabes berechnet sich gemäß

$$\delta = \int_0^L \frac{N(x)}{A(x)E} dx$$

siehe Abschnitt 4.2

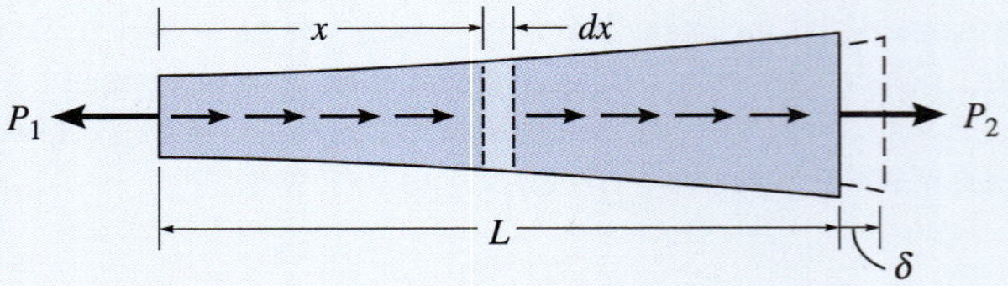

Wenn eine Reihe konzentrierter axialer Kräfte an einem stabförmigen Bauteil angreift und die Dehnsteifigkeit AE für den Stab konstant ist, gilt

$$\delta = \sum \frac{NL}{AE}$$ *siehe Abschnitt 4.2*

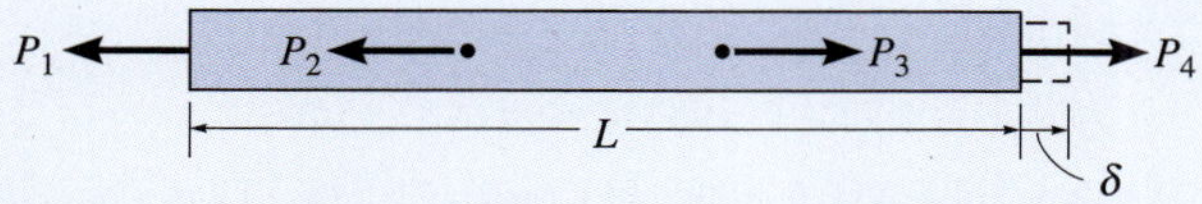

Für die Anwendung der Gleichung ist es erforderlich, eine Vorzeichenkonvention für die innere Normalkraft N und die Verschiebung δ zu vereinbaren. Sie werden positiv angenommen, wenn sie Zug bzw. eine Verlängerung hervorrufen. Außerdem darf das Material nicht fließen, sondern muss linear elastisch bleiben.

Eine Superposition von Spannung und Verschiebung ist möglich, sofern die Werkstoffe linear elastisch bleiben und die Beanspruchung keine signifikanten Änderungen der Bauteilgeometrie hervorruft.

siehe Abschnitt 4.3

Die Auflagerreaktionen eines statisch unbestimmt gelagerten, axial belasteten Stabes lassen sich mittels Gleichgewichts- und Verträglichkeitsbedingungen ermitteln, welche die Verschiebung an den Auflagern spezifizieren. Diese Verschiebungen können mit den Normalkräften über eine Kraft-Verschiebungs-beziehung, z.B.

$$\delta = NL/AE$$ *siehe Abschnitte 4.4 und 4.5*

verknüpft werden.

Bei einem Bauteil aus einem Material, das homogen und isotrop ist, kann eine Temperaturänderung zu einer Längenänderung

$$\delta = \alpha \Delta T L$$ *siehe Abschnitt 4.6*

Des Bauteils führen. Wenn das Bauteil in seiner Ausdehnung behindert ist, erzeugt diese Änderung eine thermische Spannung im Bauteil.

Löcher und scharfe Übergänge an einem Querschnitt erzeugen Spannungskonzentrationen. Für die Konstruktion eines Bauteils aus einem spröden Werkstoff erhält man den Spannungskonzentrationsfaktor K aus einem Diagramm, das durch Experimente ermittelt wird. Dieser Wert ist dann mit der mittleren Spannung zu multiplizieren,

$$\sigma_{max} = K\sigma_{mittl}$$ *siehe Abschnitt 4.7*

um die maximale Spannung im betreffenden Querschnitt zu erhalten.

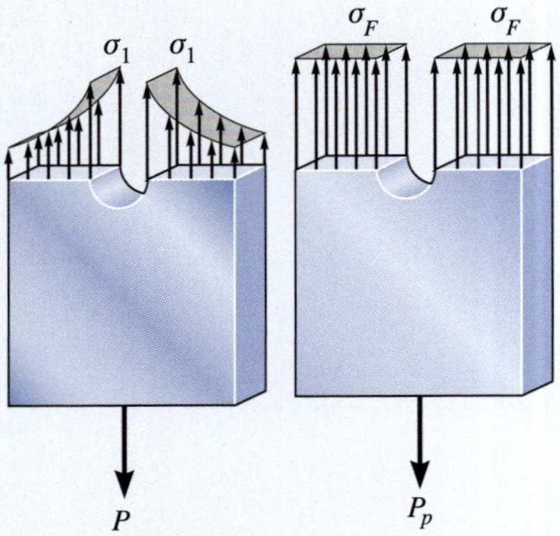

Führt die Belastung in einem Stab, der aus zähem Material besteht, zum Fließen des Materials, lässt sich die hervorgerufene Spannungsverteilung aus der Dehnungsverteilung und dem Spannungs-Dehnungsdiagramm ermitteln. Nimmt man ein perfekt plastisches Material an, führt Fließen zum Angleichen der Spannungsverteilung am Querschnitt eines Loches oder eines Übergangs, bis sie gleichförmig wird.

siehe Abschnitt 4.8

Wenn ein Bauteil Zwangsbedingungen unterliegt und eine äußere Belastung Fließen hervorruft, bleibt nach der Entlastung eine Restspannung im Bauteil zurück.

siehe Abschnitt 4.9

Flächenträgheitsmoment

5

ÜBERBLICK

Zur Dimensionierung von Bauteilen wie Träger oder Pfeiler bei Biegebeanspruchung muss das axiale Trägheitsmoment der Querschnittsfläche berechnet werden. In diesem Kapitel wird die Berechnung des axialen Flächenträgheitsmoments gezeigt.

Lernziele

- Entwicklung einer Methode zur Bestimmung des Flächenträgheitsmoments
- Einführung des Deviationsmoments und Bestimmung der maximalen und minimalen axialen Flächenträgheitsmomente

5.1 Definition des axialen Flächenträgheitsmoments

In der Statik haben wir den Flächenschwerpunkt durch Betrachten des Flächenmoments 1. Grades um eine Achse ermittelt, siehe zur Erinnerung *Anhang A* der begleitenden Webseite. Zur Berechnung müssen wir ein Integral der Form $\int x\, dA$ bestimmen. Das entsprechende axiale Flächenmoment zweiten Grades, $\int x^2\, dA$, ist das Flächen*trägheitsmoment*. Der Begriff *Trägheitsmoment*, wie er hier verwendet wird, ist eigentlich unpassend; er wird jedoch aufgrund der Ähnlichkeit mit Integralen der gleichen Form, die sich auf die Masse beziehen, so verwendet.

Das axiale Flächenträgheitsmoment tritt immer dann auf, wenn die Normalspannung σ (sigma), d.h. die Kraft pro Flächeneinheit, die am Querschnitt eines elastischen Trägers angreift, mit einem äußeren Moment **M**, das den Träger biegt, in Beziehung gesetzt wird, siehe insbesondere *Kapitel 7*. Dort wird gezeigt, dass die Spannung im Träger linear mit dem Abstand zur Achse durch den Flächenschwerpunkt C des Trägerquerschnittes zunimmt: d.h. $\sigma = kz$, Abbildung 5.1. Der Betrag der Kraft auf das Flächenelement dA in der Abbildung ist also $dF = \sigma\; dA = kz\, dA$. Der Angriffspunkt dieser Kraft liegt im Abstand z von der y-Achse, die Momentenwirkung um die y-Achse ist $dM = dF\, z = kz^2\, dA$. Das resultierende Moment der gesamten Spannungsverteilung ist gleich dem äußeren Moment **M**; d.h. es gilt

$$M = k\int_A z^2\, dA.$$

In diesem Fall gibt das Integral also das Flächenträgheitsmoment um die y-Achse wieder. Integrale dieser Art tauchen in Formeln der Festigkeitslehre, der Baumechanik, der Fluidmechanik und der Maschinenkonstruktionslehre auf. Ein Ingenieur sollte mit den entsprechenden Lösungsverfahren vertraut sein. Eine ähnliche Größe, das polare Flächenträgheitsmoment, tritt bei der Torsion von Wellen auf, siehe insbesondere *Kapitel 6*.

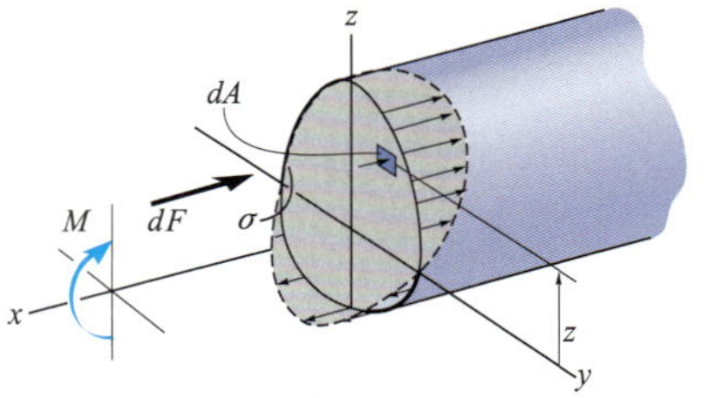

Abbildung 5.1

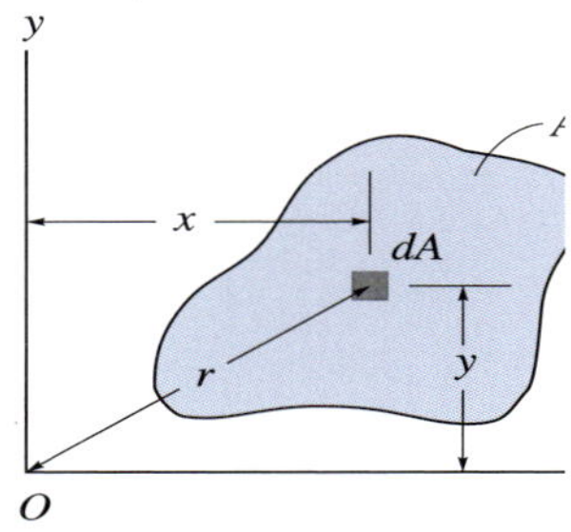

Abbildung 5.2

Axiales Flächenträgheitsmoment Betrachten wir die Fläche A in Abbildung 5.2, die in der x-y-Ebene liegt. Die Trägheitsmomente der differenziellen ebenen Fläche dA um die x- und die y-Achse sind definiert als $dI_x = y^2\, dA$ bzw. $dI_y = x^2\, dA$. Für die gesamte Fläche werden die *Trägheitsmomente* durch Integration bestimmt, d.h.

$$I_x = \int_A y^2\, dA \qquad I_y = \int_A x^2\, dA \tag{5.1}$$

Das Moment 2. Grades von dA kann auch bezüglich des Ursprungs O (bzw. der z-Achse) bestimmt werden, Abbildung 5.2. Dieses wird polares Flächenträgheitsmoment $dI_O = r^2\, dA$ genannt; r ist der Abstand vom Pol (Ursprung des Koordinatensystems) zum Element dA. Für die gesamte Fläche beträgt das *polare Trägheitsmoment*

$$I_O = \int_A r^2\, dA = I_x + I_y \tag{5.2}$$

Die angegebene Beziehung zwischen I_O und I_x, I_y ist richtig, weil $r^2 = x^2 + y^2$ gilt, Abbildung 5.2.

Den Formeln ist zu entnehmen, dass I_O und I_x, I_y *immer positiv* sind, denn sie beinhalten das Produkt aus Abstand zum Quadrat und Fläche. Damit geht in die Dimension für Trägheitsmomente die Länge in der vierten Potenz ein, d.h. m^4 oder mm^4.

5.2 Satz von Huygens-Steiner für Flächenträgheitsmomente

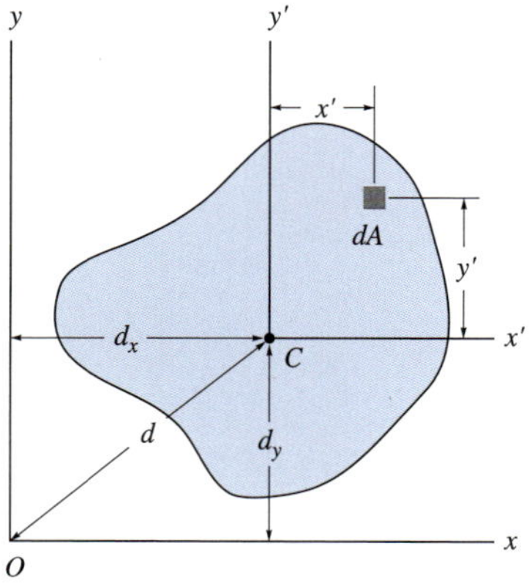

Abbildung 5.3

Ist das Flächenträgheitsmoment um eine Achse durch den Flächenschwerpunkt bekannt – das ist häufig der Fall – kann das Flächenträgheitsmoment um eine parallel verschobene Achse mit dem *Satz von Huygens-Steiner* bestimmt werden. Zur Ableitung dieses Satzes betrachten wir die Bestimmung des Trägheitsmoments der blau unterlegten Fläche, Abbildung 5.3, um die x-Achse. In diesem Fall liegt das differenzielle Element dA in beliebigem Abstand y' von der *Flächenschwerpunktachse* x' und der *feste Abstand* zwischen den parallelen Achsen x und x' ist d_y. Das Trägheitsmoment von dA um die x-Achse ist: $dI_x = (y' + d_y)^2\, dA$, somit gilt für die gesamte Fläche

$$I_x = \int_A (y' + d_y)^2\, dA$$
$$= \int_A y'^2\, dA + 2d_y \int_A y'\, dA + d_y^2 \int_A dA$$

Das erste Integral beschreibt das Flächenträgheitsmoment $\bar{I}_{x'}$ um die Flächenschwerpunktachse. Das zweite Integral ist gleich null, denn die Achse x' geht durch den Flächenschwerpunkt C und dafür gilt $\int y'\, dA = \bar{y} \int dA = 0$, denn $\bar{y} = 0$.

Das dritte Integral beschreibt die Gesamtfläche A, das Endergebnis ist somit

$$I_x = \overline{I}_{x'} + Ad_y^{\,2} \tag{5.3}$$

Eine ähnliche Gleichung kann für I_y formuliert werden, d.h.

$$I_y = \overline{I}_{y'} + Ad_x^{\,2} \tag{5.4}$$

Für das polare Flächenträgheitsmoment um eine Achse senkrecht zur x-y-Ebene durch den Ursprung O (z-Achse), Abbildung 5.3, erhalten wir schließlich

$$I_O = \overline{I}_C + Ad^2 \tag{5.5}$$

Diese drei Gleichungen besagen, dass *die Flächenträgheitsmomente um eine Achse gleich dem Flächenträgheitsmoment um eine parallele Achse durch den Schwerpunkt dieser Fläche plus dem Produkt aus Fläche und Quadrat des senkrechten Abstandes zwischen den Achsen (als so genannte Steiner´sche Ergänzung) sind.*

5.3 Trägheitsradius einer Fläche

Der *Trägheitsradius* einer ebenen Fläche hat die Dimension einer Länge und wird häufig anstatt der Flächenträgheitsmomente zur Auslegung von Trägern in der Baumechanik benutzt. Sind Flächen und Flächenträgheitsmomente *bekannt*, werden die Trägheitsradien aus folgenden Gleichungen bestimmt:

$$k_x = \sqrt{\frac{I_x}{A}} \qquad k_y = \sqrt{\frac{I_y}{A}} \qquad k_O = \sqrt{\frac{I_O}{A}} \tag{5.6}$$

Diese Gleichungen sind leicht zu merken, denn die Gleichungsform ist ähnlich der, die zur Bestimmung des Trägheitsmoments einer differenziellen Fläche um eine Achse dient. So gilt z.B. $I_x = k_x^{\,2} A$, während für eine differenzielle Fläche $dI_x = y^2\, dA$ zu nehmen ist.

5.4 Flächenträgheitsmomente durch Integration

Werden die Begrenzungslinien ebener Flächen durch mathematische Funktionen beschrieben, können zur Bestimmung der Flächenträgheitsmomente die Gleichungen (5.1) integriert werden. Hat das für die Integration ausgewählte Flächenelement in zwei Richtungen differenzielle Ausdehnungen, wie das in Abbildung 5.2, ist eine doppelte Integration zur Ermittlung des Trägheitsmoments erforderlich. Meist ist es jedoch einfacher, ein Element mit einer differenziellen Ausdehnung oder Dicke in nur einer Richtung zu wählen und eine einfache Integration durchzuführen.

Lösungsweg

- Wird zur Bestimmung des Flächenträgheitsmoments um eine Achse eine Integration durchgeführt, muss ein differenzielles Element dA gewählt werden.
- Meist ist dieses Element rechteckig und hat eine endliche Länge und differenzielle Breite.
- Das Element sollte so liegen, dass es die Begrenzungslinien der Fläche in einem *allgemeinen Punkt* (x, y) trifft. Es gibt zwei mögliche Lagen des Elements bezüglich der Achse, um die das Flächenträgheitsmoment ermittelt werden soll.

Fall 1

- Die *Länge* des Elementes kann *parallel* zur Achse ausgerichtet sein. Dies gilt, wenn I_y für die Fläche mit dem rechteckigen Element in Abbildung 5.4 bestimmt wird. In diesem Fall kann Gleichung (5.1), $I_y = \int x^2\, dA$, direkt angewendet werden, denn das Element hat die infinitesimale Dicke dx und somit haben *alle Teile* des Elementes den *gleichen* Hebelarm x von der y-Achse.[1]

Fall 2

- Die *Länge* des Elementes kann *senkrecht* zur Achse ausgerichtet sein. Gleichung (5.1) ist dann *nicht anwendbar*, denn die Teile des Elements haben *nicht* den gleichen Hebelarm von der Achse. Wenn z.B. das rechteckige Element in Abbildung 5.4 zur Bestimmung von I_x für die Fläche benutzt wird, muss zunächst das Trägheitsmoment des *Elements* um eine horizontale Achse durch den Flächenschwerpunkt des Elements und dann das Trägheitsmoment des *Elements* um die x-Achse mit dem Satz von Huygens-Steiner bestimmt werden. Integration dieses Teilergebnisses ergibt I_x.

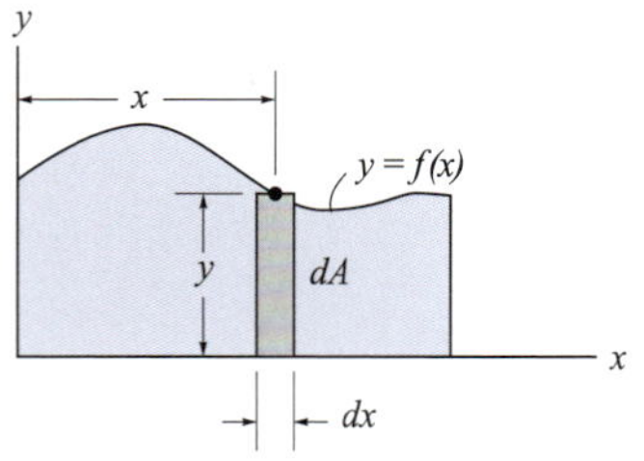

Abbildung 5.4

1 Für das Element $dA = dx\, dy$, Abbildung 5.2, eignen sich die Hebelarme y und x zur Aufstellung der Gleichungen für I_x und I_y (Gleichung (5.1)), denn das *gesamte* Element liegt aufgrund seiner infinitesimalen Ausdehnung in den gegebenen senkrechten Abständen y und x von der x- bzw. y-Achse.

Beispiel 5.1 Ermitteln Sie das Trägheitsmoment für die rechteckige Fläche in Abbildung 5.5 bezüglich a) der Flächenschwerpunktachse x', b) der Achse x_b entlang der unteren Kante des Rechtecks und c) des Ursprungs oder der z'-Achse, die senkrecht auf der x'-y'-Achse steht und durch den Flächenschwerpunkt C geht.

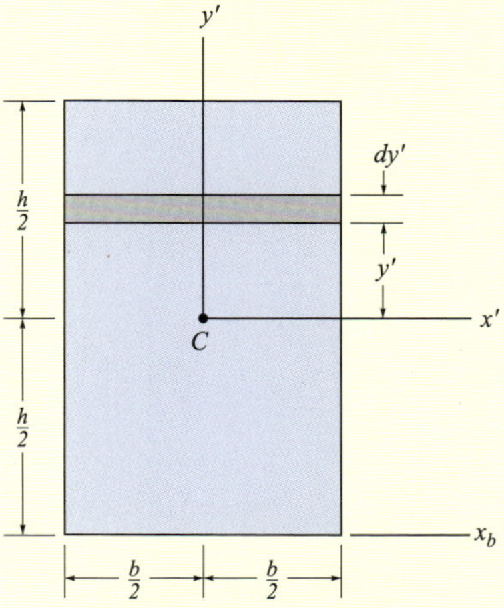

Abbildung 5.5

Lösung

Teilaufgabe a) Für die Integration wird das differenzielle Element in Abbildung 5.5 gewählt. Aufgrund seiner Lage und Ausrichtung befindet sich das *gesamte Element* im Abstand y' von der x'-Achse. Wir müssen von $y' = -h/2$ bis $y' = h/2$ integrieren. Mit $dA = b\,dy'$ erhalten wir

$$\bar{I}_{x'} = \int_A y'^2\,dA = \int_{-h/2}^{h/2} y'^2(b\,dy') = b\int_{-h/2}^{h/2} y'^2\,dy'$$
$$= \frac{1}{12}bh^3$$

Teilaufgabe b) Das Trägheitsmoment um eine Achse durch die Basis des Rechtecks können wir mit dem Ergebnis aus Aufgabe a) und dem Satz von Huygens-Steiner, Gleichung (5.3), bestimmen:

$$I_{x_b} = \bar{I}_{x'} + Ad_y^{\,2}$$
$$= \frac{1}{12}bh^3 + bh\left(\frac{h}{2}\right)^2 = \frac{1}{3}bh^3$$

Teilaufgabe c) Zur Ermittlung des polaren Flächenträgheitsmoments bezüglich Punkt C ist es zweckmäßig, zunächst $\bar{I}_{y'}$ zu bestimmen. Dazu vertauschen wir im Ergebnis aus Teilaufgabe a) die Längen b und h:

$$\bar{I}_{y'} = \frac{1}{12}hb^3$$

Mit Gleichung (5.2) ergibt sich für das polare Flächenträgheitsmoment bezüglich C somit

$$\bar{I}_C = \bar{I}_{x'} + \bar{I}_{y'} = \frac{1}{12}bh(h^2 + b^2)$$

Beispiel 5.2

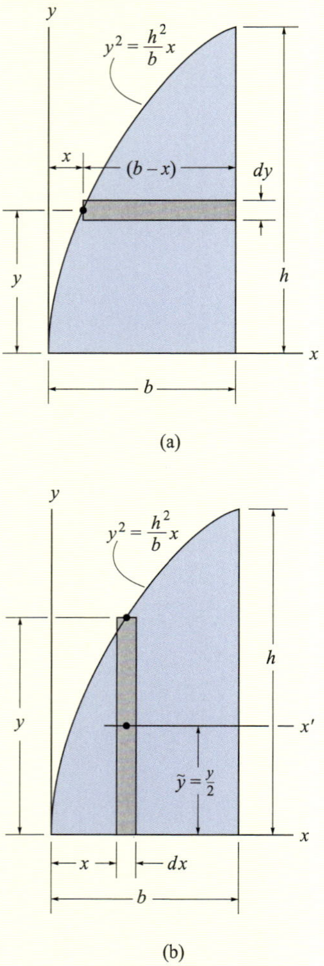

Abbildung 5.6

Ermitteln Sie das Trägheitsmoment der farbig unterlegten Fläche in Abbildung 5.6a um die x-Achse.

$b = 100$ mm, $h = 200$ mm

Lösung I *(Fall 1)*

Für die Integration wird ein differenzielles Element der Fläche *parallel* zur x-Achse, siehe Abbildung 5.6a, gewählt. Das Element hat die Dicke dy und reicht von einem *allgemeinen Punkt* (x, y) der Kurve bis zur vertikalen Begrenzung der Fläche bei $x = b$. Somit hat es die Fläche $dA = (b - x)\,dy$. Alle Teile des Elements liegen zudem im gleichen Abstand y von der x-Achse. Die Integration bezüglich y von $y = 0$ bis $y = h$ ergibt

$$I_x = \int_A y^2\,dA = \int_A y^2(b-x)\,dy$$

$$= \int_0^h y^2\left(b - \frac{by^2}{h^2}\right)dy = b\int_0^h y^2\,dy - \frac{b}{h^2}\int_0^h y^4\,dy$$

$$= b\cdot\frac{h^3}{3} - \frac{b}{h^2}\cdot\frac{h^5}{5} = \frac{2}{15}bh^3 = 107\cdot 10^6\ \text{mm}^4$$

Lösung II *(Fall 2)*

Für die Integration wird ein differenzielles Element der Fläche *parallel* zur y-Achse, siehe Abbildung 5.6b, gewählt. Es reicht von der x-Achse bis zu einem *beliebigen Punkt* (x, y) der Kurve. In diesem Fall liegen die Teile des Elements *nicht* alle im gleichen Abstand von der x-Achse. Daher muss das *Trägheitsmoment des Elements* bezüglich dieser Achse mit dem Satz von Huygens-Steiner bestimmt werden. Für ein Rechteck mit der Basis b und der Höhe h wurde das Trägheitsmoment um die Schwerpunktsachse in *Aufgabe a) des Beispiels 5.1* bestimmt. Dort wurde gefunden, dass $\bar{I}_{x'} = \frac{1}{12}bh^3$ ist. Für das differenzielle Element in Abbildung 5.6b gilt $b = dx$ und $h = y$, also erhält man $\bar{I}_{x'} = \frac{1}{12}dx\,y^3$. Der Flächenschwerpunkt des Elements liegt im Abstand $\tilde{y} = y/2$ von der x-Achse, das Trägheitsmoment des Elements bezüglich dieser Achse ist

$$dI_x = d\bar{I}_{x'} + dA\tilde{y}^2 = \frac{1}{12}dx\,y^3 + y\,dx\left(\frac{y}{2}\right)^2 = \frac{1}{3}y^3dx$$

Dieses Ergebnis kann auch aus *Aufgabe (b) des Beispiels 5.1* hergeleitet werden. Integration bezüglich x von $x = 0$ bis $x = b$ ergibt

$$I_x = \int dI_x = \int_A \frac{1}{3}y^3\,dx = \int_0^b \frac{1}{3}\left(\frac{h^2}{b}x\right)^{3/2}dx = \frac{1}{3}\left(\frac{h^2}{b}\right)^{3/2}\int_0^b x^{3/2}dx$$

$$= \frac{2}{15}\left(\frac{h^2}{b}\right)^{3/2}\cdot b^{5/2} = \frac{2}{15}bh^3 = 107\cdot 10^6\ \text{mm}^4$$

Beispiel 5.3 Ermitteln Sie das Trägheitsmoment der Kreisfläche in Abbildung 5.7a bezüglich der x-Achse.

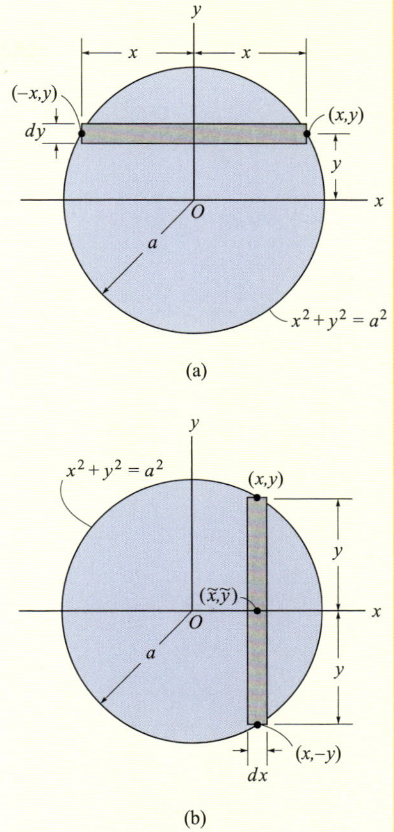

Abbildung 5.7

Lösung I *(Fall 1)*

Mit dem differenziellen Element aus Abbildung 5.7a und $dA = 2x\,dy$ haben wir

$$I_x = \int_A y^2\,dA = \int_A y^2 \cdot 2x\,dy$$

$$= \int_{-a}^{a} y^2 \cdot 2\sqrt{a^2 - y^2}\,dy = \frac{\pi a^4}{4}$$

Lösung II *(Fall 2)*

Wird das differenzielle Element aus Abbildung 5.7b gewählt, liegt der Flächenschwerpunkt des Elements zufällig auf der x-Achse. Mit Gleichung (5.3) für $dy = 0$ und mit der Gleichung $\overline{I}_{x'} = \frac{1}{12}bh^3$ für ein Rechteck erhalten wir

$$dI_x = \frac{1}{12}dx\,(2y)^3$$

$$= \frac{2}{3}y^3\,dx$$

Integration bezüglich x ergibt

$$I_x = \int_{-a}^{a} \frac{2}{3}(a^2 - x^2)^{3/2}\,dx = \frac{\pi a^4}{4}$$

Beispiel 5.4

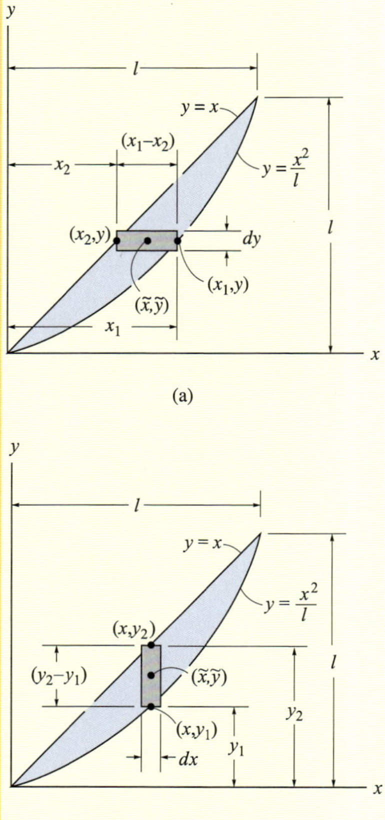

Abbildung 5.8

Ermitteln Sie das Trägheitsmoment der hellblau unterlegten Fläche in Abbildung 5.8a um die x-Achse.

$l = 1\ \mathrm{m}$

Lösung I *(Fall 1)*

Für die Integration wird das differenzielle Element gewählt, das *parallel* zur x-Achse liegt, siehe Abbildung 5.8a. Das Element reicht vom *allgemeinen Punkt* (x_2, y) zum Punkt (x_1, y) der Kurven, hat also die Fläche $dA = (x_1 - x_2)\,dy$. Da alle Teile des Elements im gleichen Abstand y von der x-Achse liegen, erhalten wir

$$I_x = \int_A y^2\,dA = \int_0^l y^2 (x_1 - x_2)\,dy = \int_0^l y^2 (\sqrt{ly} - y)\,dy$$

$$= \left(\frac{2}{7}\sqrt{l}\,y^{7/2} - \frac{1}{4}y^4\right)\Bigg|_0^l = \frac{2}{7}l^4 - \frac{1}{4}l^4 = \frac{1}{28}l^4 = 0{,}0357\ \mathrm{m}^4$$

Lösung II *(Fall 2)*

Ein differenzielles Element *parallel* zur y-Achse ist in Abbildung 5.8b dargestellt. Es liegt zwischen den *allgemeinen Punkten* (x, y_2) und (x, y_1) der Kurven. Da *nicht* alle Punkte des Elements im gleichen Abstand von der x-Achse liegen, wird zunächst mit dem Satz von Huygens-Steiner das Trägheitsmoment des *Elements* bezüglich der x-Achse mit $\bar{I}_{x'} = \frac{1}{12}bh^3$ ermittelt. Dann wird dieses Ergebnis integriert und I_x bestimmt. Im Einzelnen ergibt sich

$$dI_x = d\bar{I}_{x'} + dA\tilde{y}^2 = \frac{1}{12}dx\,(y_2 - y_1)^3 + (y_2 - y_1)\,dx\left(y_1 + \frac{y_2 - y_1}{2}\right)^2$$

$$= \frac{1}{3}(y_2^{\,3} - y_1^{\,3})\,dx = \frac{1}{3}\left(x^3 - \frac{x^6}{l^3}\right)dx$$

$$I_x = \frac{1}{3}\int_0^l \left(x^3 - \frac{x^6}{l^3}\right)dx = \left(\frac{1}{12}x^4 - \frac{1}{21}\frac{x^7}{l^3}\right)\Bigg|_0^l = \frac{1}{28}l^4 = 0{,}0357\ \mathrm{m}^4$$

Ein Vergleich zeigt, dass Lösung I weniger rechenaufwändig ist. Falls also ein Integral mit einem bestimmten Flächenelement schwierig zu berechnen ist, kann man versuchen, die Aufgabe auch mit einem anders ausgerichteten Element zu lösen.

5.5 Axiale Flächenträgheitsmomente für zusammengesetzte Flächen

Oft setzt sich eine Querschnittsfläche aus mehreren „einfacheren" Teilflächen oder Formen, wie Halbkreisen, Rechtecken und Dreiecken, zusammen. Sind die Trägheitsmomente dieser Teilflächen bekannt oder können sie bezüglich einer gemeinsamen Achse ermittelt werden, dann ist das Trägheitsmoment der zusammengesetzten Fläche gleich der *algebraischen Summe* der Trägheitsmomente aller seiner Teilflächen.

Träger haben unterschiedliche Querschnittsformen. Ihre Flächenträgheitsmomente müssen zur Bestimmung der Beanspruchung in den Trägern vorab berechnet werden.

Lösungsweg

Das Trägheitsmoment einer zusammengesetzten Fläche bezüglich einer Referenzachse wird folgendermaßen ermittelt:

Teilflächen

- Unterteilen Sie skizzenhaft die Gesamtfläche in ihre Teilflächen und geben Sie den senkrechten Abstand der *Flächenschwerpunkte* dieser Bestandteile zur Referenzachse an.

Satz von Huygens-Steiner

- Das Trägheitsmoment aller Bestandteile sollte zunächst um die jeweilige Schwerpunktachse, die parallel zur Referenzachse liegt, ermittelt werden.
- Fällt die Schwerpunktachse nicht mit der Referenzachse zusammen, wird das Trägheitsmoment der Teilfläche bezüglich der Referenzachse mit dem Satz von Huygens-Steiner, $I = \bar{I} + Ad^2$, ermittelt.

Addition

- Das Trägheitsmoment der gesamten Fläche bezüglich der Referenzachse wird durch Aufsummieren der Ergebnisse für ihre Bestandteile ermittelt.
- Hat eine Teilfläche ein „Loch", wird das Trägheitsmoment durch „Subtraktion" des Trägheitsmoments des Lochs vom Trägheitsmoment der gesamten Teilfläche einschließlich des Lochs bestimmt.

Beispiel 5.5

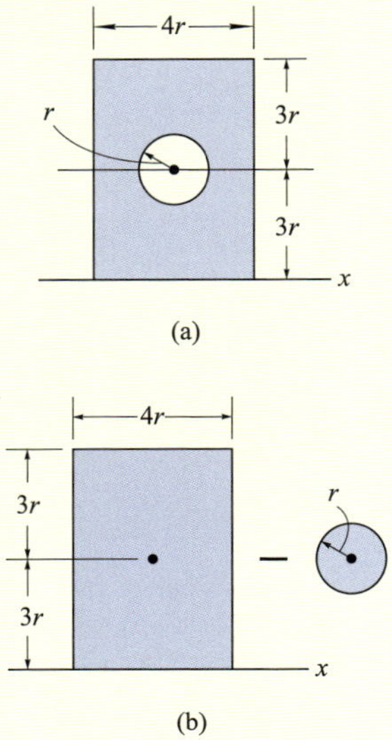

Abbildung 5.9

Berechnen Sie das Trägheitsmoment der Fläche in Abbildung 5.9a um die x-Achse.

$r = 25$ mm

Lösung

Teilflächen Die resultierende Fläche erhält man durch *Subtraktion* des Kreises vom Rechteck in Abbildung 5.9b. Die Flächenschwerpunkte der Teilflächen sind im Bild dargestellt.

Satz von Huygens-Steiner Die Flächenträgheitsmomente um die x-Achse werden mit Hilfe des Satzes von Huygens-Steiner und den Werten aus der Tabelle am Ende des Buches ermittelt.

Kreis

$$\begin{aligned} I_{Kx} &= \overline{I}_{x'} + Ad_y^{\,2} \\ &= \frac{1}{4}\pi r^4 + \pi r^2 (3r)^2 = \frac{37}{4}\pi r^4 \\ &= 11{,}4 \cdot 10^6 \text{ mm}^4 \end{aligned}$$

Rechteck

$$\begin{aligned} I_{Rx} &= \overline{I}_{x'} + Ad_y^{\,2} \\ &= \frac{1}{12} 4r \cdot (6r)^3 + 4r \cdot 6r \cdot (3r)^2 = 288 r^4 \\ &= 112{,}5 \cdot 10^6 \text{ mm}^4 \end{aligned}$$

Addition Das Trägheitsmoment der zusammengesetzten Fläche ist also

$$\begin{aligned} I_x &= I_{Rx} - I_{Kx} = \left(288 - \frac{37}{4}\pi\right) r^4 \\ &= 101{,}1 \cdot 10^6 \text{ mm}^4 \end{aligned}$$

Beispiel 5.6 Bestimmen Sie die Trägheitsmomente der Querschnittsfläche des Trägers in Abbildung 5.10a bezüglich der x- und y-Schwerpunktachse.
$d = 100$ mm, $b = 600$ mm, $h = 400$ mm

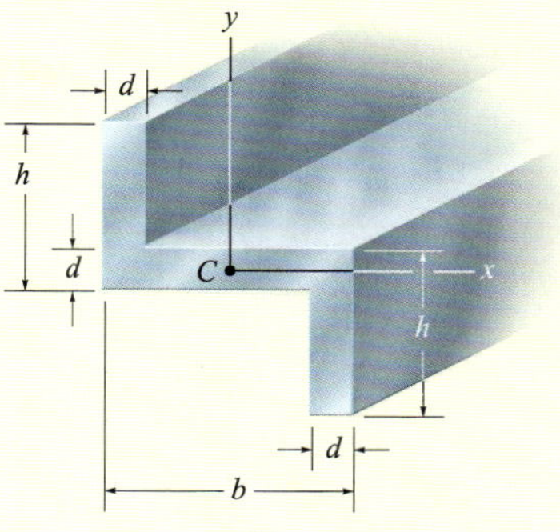

(a)

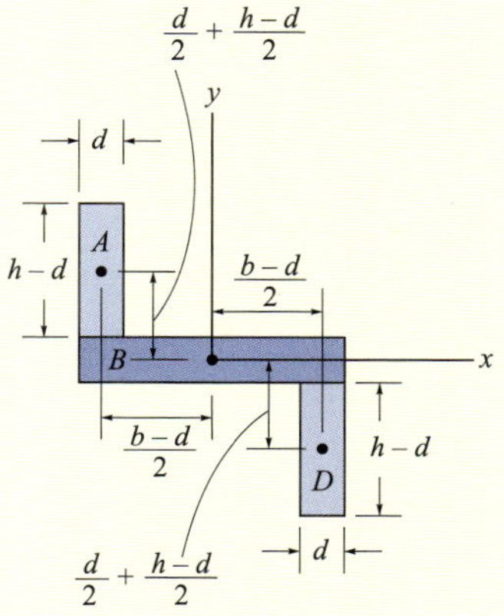

(b)

Abbildung 5.10

Lösung

Teilflächen Die Querschnittsfläche besteht aus drei rechteckigen Teilflächen A, B und D, siehe Abbildung 5.10b. Für die Berechnung werden die Flächenschwerpunkte dieser Rechtecke in die Abbildung eingetragen.

Satz von Huygens-Steiner Laut Tabelle am Ende des Buches bzw. *Beispiel 5.1* ist das Trägheitsmoment eines Rechteckes bezüglich der Schwerpunktachse $\bar{I} = \frac{1}{12}bh^3$. Mit dem Satz von Huygens-Steiner für die Rechtecke A und D rechnen wir wie folgt:

Rechteck A

$$I_{Ax} = \bar{I}_{x'} + Ad_y{}^2 = \frac{1}{12}d(h-d)^3 + d(h-d)\left(\frac{h-d}{2} + \frac{d}{2}\right)^2$$
$$= \frac{1}{12}100\text{ mm}\cdot(300\text{ mm})^3 + 100\text{ mm}\cdot 300\text{ mm}\cdot(200\text{ mm})^2$$
$$= 1{,}425\cdot 10^9\text{ mm}^4$$

$$I_{Ay} = \bar{I}_{y'} + Ad_x{}^2 = \frac{1}{12}(h-d)d^3 + d(h-d)\left(\frac{b-d}{2}\right)^2$$
$$= \frac{1}{12}300\text{ mm}\cdot(100\text{ mm})^3 + 100\text{ mm}\cdot 300\text{ mm}\cdot(250\text{ mm})^2$$
$$= 1{,}9\cdot 10^9\text{ mm}^4$$

Rechteck B

$$I_{Bx} = \frac{1}{12}bd^3 = \frac{1}{12}600\text{ mm}\cdot(100\text{ mm})^3 = 0{,}05\cdot 10^9\text{ mm}^4$$
$$I_{By} = \frac{1}{12}db^3 = \frac{1}{12}100\text{ mm}\cdot(600\text{ mm})^3 = 1{,}8\cdot 10^9\text{ mm}^4$$

Rechteck D Aus Symmetriegründen ist das Flächenträgheitsmoment des Rechtecks D gleich dem des Rechtecks A:

$$I_{Dx} = I_{Ax}$$
$$I_{Dy} = I_{Ay}$$

Addition Die Trägheitsmomente für die gesamte Querschnittsfläche betragen also

$$I_x = I_{Ax} + I_{Bx} + I_{Dx}$$
$$= (1{,}425 + 0{,}05 + 1{,}425)\cdot 10^9\text{ mm}^4 = 2{,}90\cdot 10^9\text{ mm}^4$$
$$I_y = I_{Ay} + I_{By} + I_{Dy}$$
$$= (1{,}9 + 1{,}8 + 1{,}9)\cdot 10^9\text{ mm}^4 = 5{,}60\cdot 10^9\text{ mm}^4$$

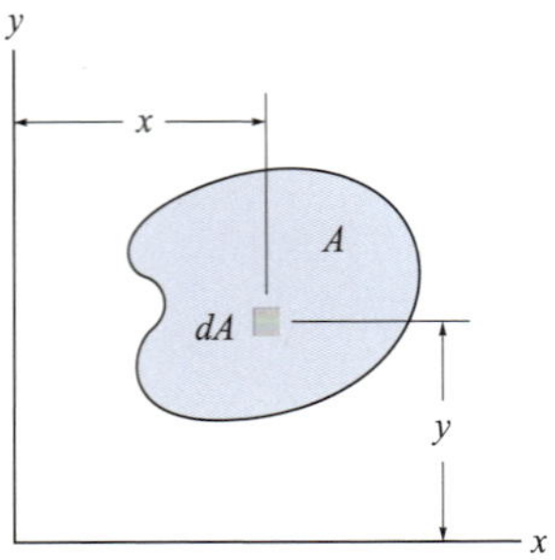

Abbildung 5.11

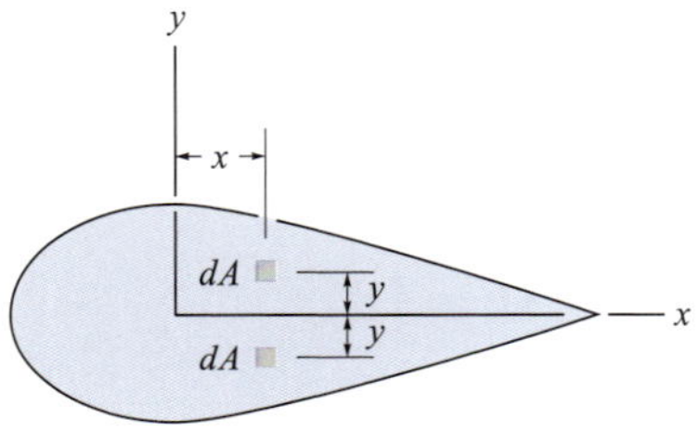

Abbildung 5.12

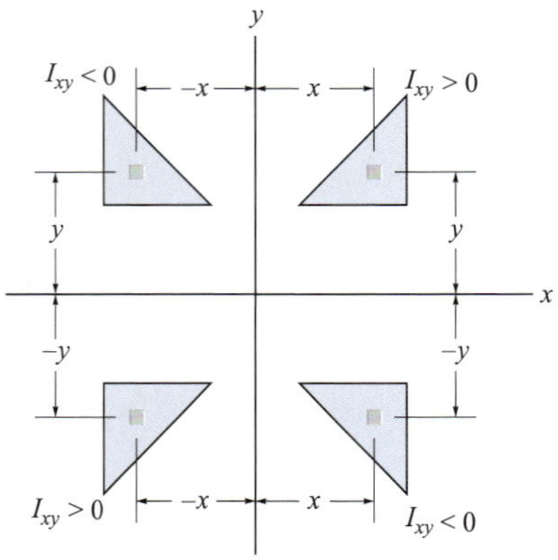

Abbildung 5.13

5.6 Deviationsmoment einer Fläche

Das Trägheitsmoment einer Fläche ist im Allgemeinen für jede Achse, um die es berechnet wird, verschieden. Zuweilen muss man für eine konstruktive Auslegung von Bauteilen die Richtung der Achsen kennen, für die das Flächenträgheitsmoment maximal bzw. minimal wird. Das entsprechende Verfahren wird in *Abschnitt 5.7* diskutiert. Dazu muss man allerdings zunächst für bestimmte x- und y-Achsen neben den axialen Flächenträgheitsmomenten das so genannte *Deviationsmoment* der Fläche (auch *biaxiales Flächenmoment 2. Grades* genannt) berechnen.

Das *Deviationsmoment* eines Flächenelementes dA in Punkt (x, y), siehe Abbildung 5.11, wird als $dI_{xy} = xy\, dA$ definiert.[2] Somit ist das *Deviationsmoment* für die gesamte Fläche A

$$I_{xy} = \int_A xy\, dA \qquad (5.7)$$

Hat das ausgewählte Flächenelement eine differenzielle Ausdehnung in zwei Richtungen, wie in Abbildung 5.11 gezeigt, muss zur Bestimmung von I_{xy} wieder eine doppelte Integration durchgeführt werden. Meist ist es jedoch auch hier einfacher, ein Element mit einer differenziellen Ausdehnung in nur einer Richtung zu wählen, denn dann muss nur eine einfache Integration durchgeführt werden (siehe *Beispiel 5.7*).

Wie das axiale Trägheitsmoment hat das Deviationsmoment die Dimension „Länge^4", d.h. m^4 oder mm^4. Die Koordinaten x und y können negativ sein, während das Flächenelement immer positiv ist; das Deviationsmoment kann damit positiv, negativ oder null sein, je nach Lage und Orientierung der Koordinatenachsen. Das Deviationsmoment I_{xy} für eine Fläche ist z.B. *null*, wenn die x- oder die y-Achse eine *Symmetrie*achse der Fläche ist. Zum Nachweis betrachten wir die blau unterlegte Fläche in Abbildung 5.12. Dort gibt es für jedes Element dA in Punkt (x, y) ein entsprechendes Element dA in $(x, -y)$. Die Deviationsmomente für diese Elemente sind $xy\, dA$ bzw. $-xy\, dA$. Somit heben sich die Beiträge bei einer Aufsummierung oder Integration paarweise gegenseitig auf und das Deviationsmoment für die gesamte Fläche wird insgesamt gleich null. Aus der Definition von I_{xy} folgt außerdem, dass das „Vorzeichen" dieser Größe vom Quadranten abhängt, in dem die Fläche liegt. Wie in Abbildung 5.13 gezeigt, ändert sich das Vorzeichen von I_{xy}, wenn die Fläche von einem Quadranten in einen anderen gedreht wird.

2 Manche Autoren verwenden innerhalb der Definition auch ein Minuszeichen, woraus sich im Weiteren teilweise Vorzeichenunterschiede ergeben.

Satz von Huygens-Steiner Betrachten wir die blau unterlegte Fläche in Abbildung 5.14, in der x' und y' Achsen sind, die durch den Flächenschwerpunkt gehen, und x und y die entsprechenden parallelen Achsen wiedergeben. Das Deviationsmoment von dA bezüglich der x- und y-Achse ist $dI_{xy} = (x' + d_x)(y' + d_y)\, dA$, somit gilt für die gesamte Fläche

$$I_{xy} = \int_A (x'+d_x)(y'+d_y)\, dA$$
$$= \int_A x'y'\, dA + d_x \int_A y'\, dA + d_y \int_A x'\, dA + d_x d_y \int_A dA$$

Der erste Term auf der rechten Seite des Gleichheitszeichen ist das Deviationsmoment der Fläche bezüglich der Schwerpunktachsen, $\bar{I}_{x'y'}$. Die Integrale des zweiten und dritten Terms sind null, denn es handelt sich um die statischen Momente der Fläche bezüglich der Schwerpunktachsen. Das vierte Integral gibt die Gesamtfläche A wieder. Damit erhalten wir

$$I_{xy} = \bar{I}_{x'y'} + A d_x d_y \tag{5.8}$$

Diese Gleichung ist ähnlich dem Satz von Huygens-Steiner für axiale Flächenträgheitsmomente. Insbesondere müssen die *Vorzeichen* für d_x und d_y bei Anwendung von Gleichung (5.8) beachtet werden. In *Beispiel 5.8* wird gezeigt, dass der Satz von Huygens-Steiner für die Bestimmung des Deviationsmoments einer *zusammengesetzten Fläche* bezüglich der x-, y-Achsen von Bedeutung ist.

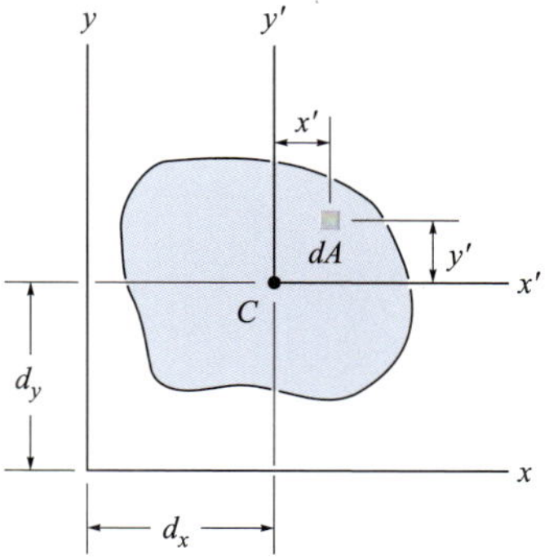

Abbildung 5.14

Beispiel 5.7

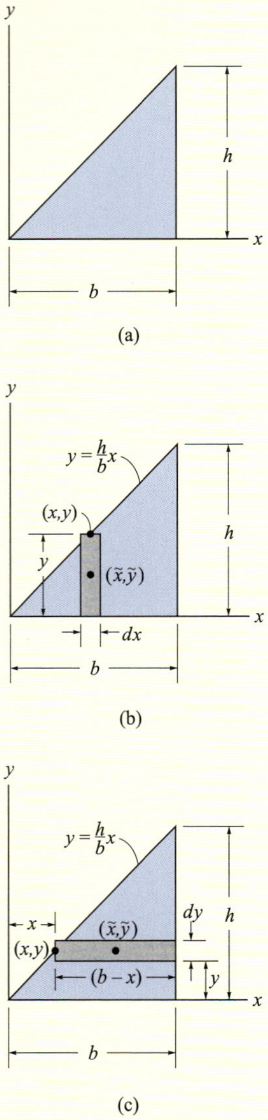

Abbildung 5.15

Bestimmen Sie das Deviationsmoment I_{xy} des Dreiecks in Abbildung 5.15a.

Lösung I

Das differenzielle Element der Dicke dx aus Abbildung 5.15b hat die Fläche $dA = y\,dx$. Das Deviationsmoment des Elements bezüglich der x- und y-Achse wird mit dem Satz von Huygens-Steiner bestimmt:

$$dI_{xy} = d\bar{I}_{x'y'} + dA\tilde{x}\tilde{y}$$

wobei $(\tilde{x},\tilde{y})$ die Lage des Flächenschwerpunktes des Elementes, d.h. den Ursprung der x'- und y'-Achse, angibt. Aus Symmetriegründen gilt $d\bar{I}_{x'y'} = 0$ und $\tilde{x} = x, \tilde{y} = y/2$, somit ergibt sich

$$\begin{aligned} dI_{xy} &= 0 + y\,dx\,x\frac{y}{2} = \frac{h}{b}x\,dx\,x\frac{h}{2b}x \\ &= \frac{h^2}{2b^2}x^3\,dx \end{aligned}$$

Wir integrieren bezüglich x von $x = 0$ bis $x = b$:

$$I_{xy} = \frac{h^2}{2b^2}\int_0^b x^3\,dx = \frac{b^2h^2}{8}$$

Lösung II

Das differenzielle Element der Dicke dy aus Abbildung 5.15c und der Fläche $dA = (b - x)\,dy$ kann ebenfalls benutzt werden. Der Flächenschwerpunkt liegt im Punkt $\tilde{x} = x + (b-x)/2 = (b+x)/2$, $\tilde{y} = y$. Das Deviationsmoment des Elements ist somit

$$\begin{aligned} dI_{xy} &= d\bar{I}_{x'y'} + dA\tilde{x}\tilde{y} \\ &= 0 + (b-x)\,dy\left(\frac{b+x}{2}\right)y \\ &= \left(b - \frac{b}{h}y\right)dy\left(\frac{b+(b/h)y}{2}\right)y = \frac{1}{2}y\left(b^2 - \frac{b^2}{h^2}y^2\right)dy \end{aligned}$$

Wir integrieren bezüglich y von $y = 0$ bis $y = h$:

$$I_{xy} = \frac{1}{2}\int_0^h y\left(b^2 - \frac{b^2}{h^2}y^2\right)dy = \frac{b^2h^2}{8}$$

Beispiel 5.8 Bestimmen Sie das biaxiale Trägheitsmoment der Querschnittsfläche des Trägers in Abbildung 5.16a bezüglich der x- und y-Schwerpunktachsen.

$d = 100$ mm, $b = 600$ mm, $h = 400$ mm

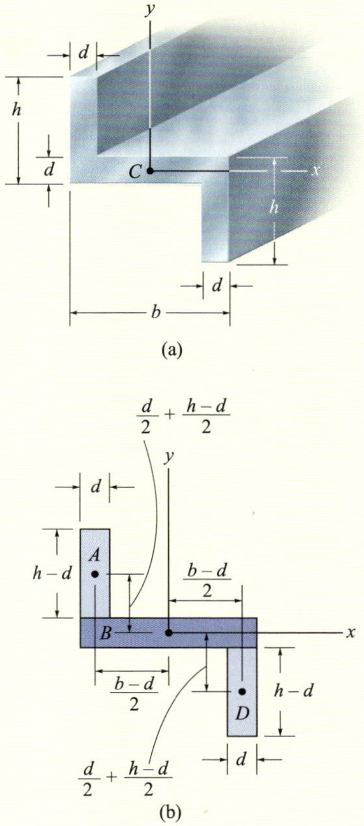

Abbildung 5.16

Lösung

Wie in *Beispiel 5.6* besteht die Querschnittsfläche aus drei rechteckigen Flächen A, B und D, siehe Abbildung 5.16b. Die Koordinaten der Flächenschwerpunkte dieser Rechtecke sind in die Abbildung eingetragen. Aufgrund der Symmetrie ist das Deviationsmoment *jedes Rechtecks* bezüglich der durch den Teilflächenschwerpunkt gehenden x'- und y'-Achsen gleich *null*. Mit dem Satz von Huygens-Steiner ergibt sich für die einzelnen Rechtecke:

Rechteck A

$$\begin{aligned} I_{Axy} &= \bar{I}_{x'y'} + A d_x d_y \\ &= 0 + (h-d)d\left(-\frac{b-d}{2}\right)\left(\frac{h-d}{2}+\frac{d}{2}\right) \\ &= 0 + 300 \text{ mm} \cdot 100 \text{ mm} \cdot (-250 \text{ mm}) \cdot 200 \text{ mm} \\ &= -1{,}5 \cdot 10^9 \text{ mm}^4 \end{aligned}$$

Rechteck B

$$\begin{aligned} I_{Bxy} &= \bar{I}_{x'y'} + A d_x d_y \\ &= 0 + 0 = 0 \end{aligned}$$

Rechteck D

$$\begin{aligned} I_{Dxy} &= \bar{I}_{x'y'} + A d_x d_y \\ &= 0 + (h-d)d\left(\frac{b-d}{2}\right)\left(-\frac{h-d}{2}-\frac{d}{2}\right) \\ &= I_{Axy} \end{aligned}$$

Das Deviationsmoment für die gesamte Querschnittsfläche ist also

$$\begin{aligned} I_{xy} &= I_{Axy} + I_{Bxy} + I_{Dxy} \\ &= (-1{,}5 + 0 - 1{,}5) \cdot 10^9 \text{ mm}^4 = -3 \cdot 10^9 \text{ mm}^4 \end{aligned}$$

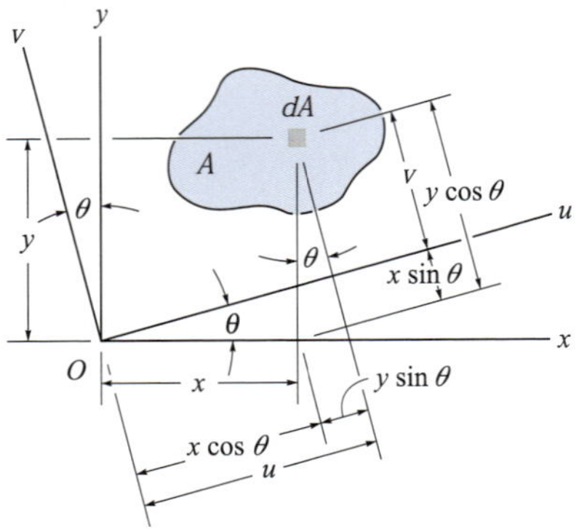

Abbildung 5.17

5.7 Flächenträgheitsmomente um gedrehte Achsen

Bei der konstruktiven Auslegung müssen zuweilen die axialen Trägheitsmomente und die Deviationsmomente I_u, I_v und I_{uv} für eine Fläche bezüglich gedrehter u- und v-Achsen berechnet werden, wenn die Werte I_x, I_y und I_{xy} für die ursprünglichen Achsen x, y sowie der Drehwinkel θ *bekannt* sind. Dazu werden *Transformationsgleichungen* verwendet, welche die x- und y-Achsen mit den u- und v-Achsen in Beziehung setzen. Gemäß Abbildung 5.17 sind diese Gleichungen

$$u = x\cos\theta + y\sin\theta$$

$$v = y\cos\theta - x\sin\theta$$

Mit diesen Gleichungen ergibt sich für die Trägheits- und Deviationsmomente von dA bezüglich der u- und v-Achsen

$$dI_u = v^2\,dA = (y\cos\theta - x\sin\theta)^2\,dA$$
$$dI_v = u^2\,dA = (x\cos\theta + y\sin\theta)^2\,dA$$
$$dI_{uv} = uv\,dA = (x\cos\theta + y\sin\theta)(y\cos\theta - x\sin\theta)\,dA$$

Wir entwickeln die Ausdrücke, integrieren und erhalten mit $I_x = \int y^2\,dA$, $I_y = \int x^2\,dA$ und $I_{xy} = \int xy\,dA$ das Zwischenergebnis

$$I_u = I_x\cos^2\theta + I_y\sin^2\theta - 2I_{xy}\sin\theta\cos\theta$$
$$I_v = I_x\sin^2\theta + I_y\cos^2\theta + 2I_{xy}\sin\theta\cos\theta$$
$$I_{uv} = I_x\sin\theta\cos\theta - I_y\sin\theta\cos\theta + I_{xy}(\cos^2\theta - \sin^2\theta)$$

Mit den trigonometrischen Identitäten $\sin 2\theta = 2\sin\theta\cos\theta$ und $\cos 2\theta = \cos^2\theta - \sin^2\theta = 1 - 2\sin^2\theta = 2\cos^2\theta - 1$ können diese Gleichungen vereinfacht werden:

$$I_u = \frac{I_x + I_y}{2} + \frac{I_x - I_y}{2}\cos 2\theta - I_{xy}\sin 2\theta$$
$$I_v = \frac{I_x + I_y}{2} - \frac{I_x - I_y}{2}\cos 2\theta + I_{xy}\sin 2\theta \qquad (5.9)$$
$$I_{uv} = \frac{I_x - I_y}{2}\sin 2\theta + I_{xy}\cos 2\theta$$

Werden die erste und zweite Gleichung addiert, können wir zeigen, dass das polare Trägheitsmoment bezüglich der z-Achse durch Punkt O *unabhängig* von der Orientierung der u- und v-Achsen ist:

$$I_O = I_u + I_v = I_x + I_y$$

Haupt-Trägheitsmomente Die Gleichungen (5.9) zeigen, dass I_u, I_v und I_{uv} vom Drehwinkel θ der u- und v-Achsen abhängen. Wir bestimmen nun die Orientierung dieser Achsen, bei denen die Flächenträgheitsmomente I_u und I_v maximal bzw. minimal werden. Diese Achsen sind die *Hauptachsen* der Fläche, die Flächenträgheitsmomente bezüglich dieser Achsen heißen *Hauptträgheitsmomente*. Für jeden Ursprung O gibt es im Allgemeinen ein Paar Hauptachsen. Bei der Dimensionierung eines Bauteils wird der Ursprung O üblicherweise in den Flächenschwerpunkt des Querschnitts gelegt.

Der Winkel $\theta = \theta_p$, der die Orientierung der Hauptachsen für die Fläche festlegt, wird bestimmt, indem die erste der Gleichungen (5.9) nach θ abgeleitet und das Ergebnis gleich null gesetzt wird. Es ergibt sich

$$\frac{dI_u}{d\theta} = -2\left(\frac{I_x - I_y}{2}\right)\sin 2\theta - 2I_{xy}\cos 2\theta = 0$$

d.h. mit $\theta = \theta_p$:

$$\tan 2\theta_p = \frac{-I_{xy}}{(I_x - I_y)/2} \tag{5.10}$$

Diese Gleichung hat zwei Lösungen, θ_{p1} und θ_{p2}, wobei die zugehörigen Richtungen einen Winkel von 90° einschließen und so die Orientierung der Hauptachsen bestimmen. Um die Lösungen in Gleichung (5.9) einsetzen zu können, müssen wir zunächst den Sinus und den Kosinus von $2\theta_{p1}$ und $2\theta_{p2}$ ermitteln. Dies erfolgt z.B. mit den Dreiecken in Abbildung 5.18, die auf Gleichung (5.10) beruhen.

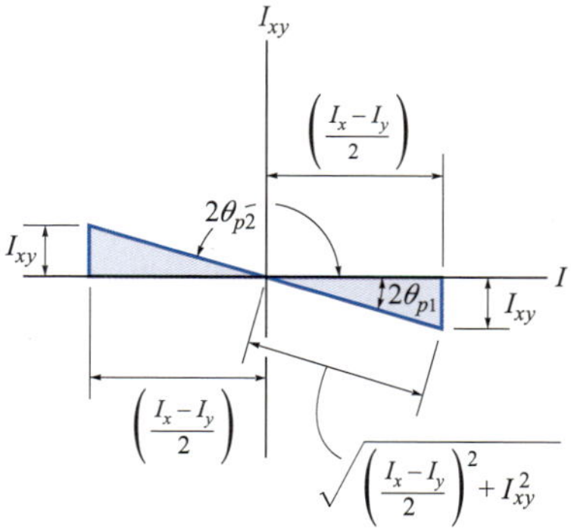

Abbildung 5.18

Für θ_{p1} gilt

$$\sin 2\theta_{p1} = -I_{xy} \Big/ \sqrt{\left(\frac{I_x - I_y}{2}\right)^2 + I_{xy}^{\,2}}$$

$$\cos 2\theta_{p1} = \left(\frac{I_x - I_y}{2}\right) \Big/ \sqrt{\left(\frac{I_x - I_y}{2}\right)^2 + I_{xy}^{\,2}}$$

und für θ_{p2}

$$\sin 2\theta_{p2} = I_{xy} \Big/ \sqrt{\left(\frac{I_x - I_y}{2}\right)^2 + I_{xy}^{\,2}}$$

$$\cos 2\theta_{p2} = -\left(\frac{I_x - I_y}{2}\right) \Big/ \sqrt{\left(\frac{I_x - I_y}{2}\right)^2 + I_{xy}^{\,2}}$$

Wir setzen diese trigonometrischen Beziehungen in die erste oder zweite der Gleichungen (5.9) ein, vereinfachen und erhalten

$$I_{max/min} = \frac{I_x + I_y}{2} \pm \sqrt{\left(\frac{I_x - I_y}{2}\right)^2 + I_{xy}^{\,2}} \tag{5.11}$$

Je nach Vorzeichen kann man mit dieser Gleichung das maximale oder minimale Flächenträgheitsmoment berechnen. Werden die oben aufgeführten trigonometrischen Beziehungen für θ_{p1} und θ_{p2} in die dritte der Gleichungen (5.9) eingesetzt, so ergibt sich, dass $I_{uv} = 0$ ist. Das bedeutet, dass das *Deviationsmoment bezüglich der Hauptachsen gleich null ist.* In *Abschnitt 5.6* wurde festgestellt, dass das Deviationsmoment bezüglich einer Symmetrieachse gleich null ist. Daraus folgt, dass *jede Symmetrieachse eine Haupt-Trägheitsachse für die Fläche ist.*

Beispiel 5.9

Bestimmen Sie die Haupt-Trägheitsmomente für die Querschnittsfläche des Trägers in Abbildung 5.19a bezüglich einer Achse durch den Flächenschwerpunkt.

$d = 100\text{ mm},\ b = 600\text{ mm},\ h = 400\text{ mm}$

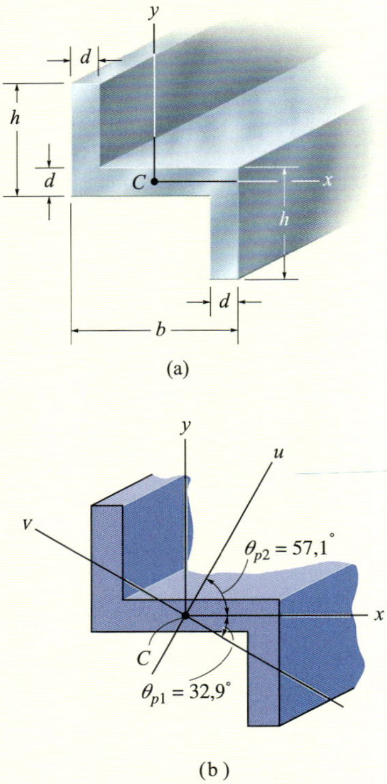

Abbildung 5.19

Lösung

Die Trägheits- und Deviationsmomente des Querschnitts bezüglich der x- und y-Achse wurden in den *Beispielen 5.6* und *5.8* bestimmt. Die Ergebnisse sind

$$I_x = 2{,}9 \cdot 10^9\ \text{mm}^4 \qquad I_y = 5{,}6 \cdot 10^9\ \text{mm}^4 \qquad I_{xy} = -3 \cdot 10^9\ \text{mm}^4$$

Mit Gleichung (5.10) ergibt sich für den Drehwinkel der Hauptachsen u und v

$$\tan 2\theta_p = \frac{-I_{xy}}{(I_x - I_y)/2} = \frac{3 \cdot 10^9\ \text{mm}^4}{(2{,}9 \cdot 10^9\ \text{mm}^4 - 5{,}6 \cdot 10^9\ \text{mm}^4)/2} = -2{,}22$$

$$2\theta_{p1} = -65{,}8^\circ \text{ und } 2\theta_{p2} = 114{,}2^\circ$$

Somit erhalten wir, wie in Abbildung 5.19b gezeigt,

$$\theta_{p1} = -32{,}9^\circ \text{ und } \theta_{p2} = 57{,}1^\circ$$

Die Haupt-Trägheitsmomente bezüglich der u- und v-Achsen werden aus Gleichung (5.11) bestimmt, d.h.

$$I_{max/min} = \frac{I_x + I_y}{2} \pm \sqrt{\left(\frac{I_x - I_y}{2}\right)^2 + I_{xy}^{\ 2}}$$

$$= \frac{(2{,}9 + 5{,}6) \cdot 10^9\ \text{mm}^4}{2} \pm$$

$$\sqrt{\left(\frac{(2{,}9 - 5{,}6) \cdot 10^9\ \text{mm}^4}{2}\right)^2 + \left(-3 \cdot 10^9\ \text{mm}^4\right)^2}$$

$$= (4{,}25 \pm 3{,}29) \cdot 10^9\ \text{mm}^4$$

$$I_{min} = 0{,}96 \cdot 10^9\ \text{mm}^4$$

$$I_{max} = 7{,}54 \cdot 10^9\ \text{mm}^4$$

Das maximale Trägheitsmoment $I_{max} = 7{,}54(10^9)\ \text{mm}^4$ tritt bezüglich der gewählten u-Achse auf, denn *offensichtlich* ist der größte Teil der Querschnittsfläche am weitesten von dieser Achse entfernt. Anders gesagt, I_{max} tritt bezüglich der u-Achse auf, denn diese liegt innerhalb $\pm 45^\circ$ der y-Achse, die den größeren Wert für I hat ($I_y > I_x$). Dies ergibt sich auch, wenn man $\theta = 57{,}1^\circ$ in die erste der Gleichungen (5.9) einsetzt.

5.8 Mohr'scher Trägheitskreis

Für die Gleichungen (5.9) bis (5.11) gibt es eine grafische Lösung, die einfach und leicht zu merken ist. Wir quadrieren die erste und dritte der Gleichungen (5.9), addieren und erhalten

$$\left(I_u - \frac{I_x + I_y}{2}\right)^2 + I_{uv}{}^2 = \left(\frac{I_x - I_y}{2}\right)^2 + I_{xy}{}^2 \tag{5.12}$$

Sind I_u und I_{uv} *Variablen*, I_x, I_y und I_{xy} *gegebene Größen*, kann Gleichung (5.12) kompakt geschrieben werden als

$$(I_u - a)^2 + I_{uv}{}^2 = R^2$$

Wird diese Gleichung in einem Paar von Achsen, die das entsprechende Trägheits- und Deviationsmoment repräsentieren, abgetragen, Abbildung 5.20, hat der resultierende Graph die Form eines *Kreises* mit dem Radius

$$R = \sqrt{\left(\frac{I_x - I_y}{2}\right)^2 + I_{xy}{}^2}$$

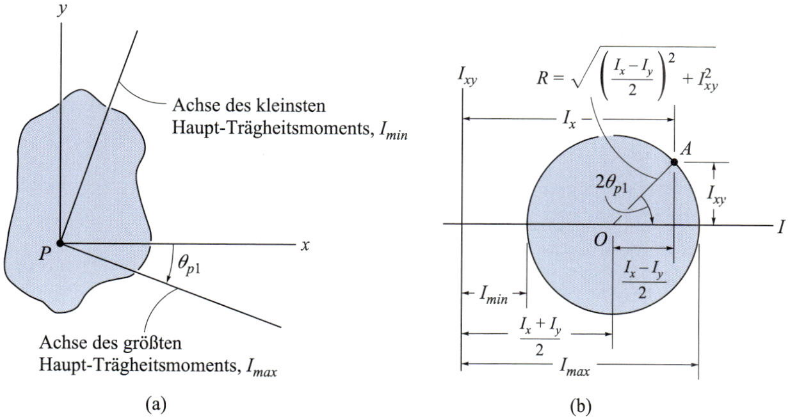

Abbildung 5.20

Der Mittelpunkt des Kreises liegt im Punkt $(a, 0)$, wobei $a = (I_x + I_y)/2$ gilt. Dieser Kreis wird nach dem deutschen Ingenieur Otto Mohr (1835 – 1918) *Mohr'scher Kreis* genannt.

Lösungsweg

Der Mohr'sche Kreis bietet als Hauptzweck eine einfache Methode zur Transformation von I_x, I_y und I_{xy} in die Haupt-Trägheitsmomente. Diese Hauptachsentransformation wird hier vorgestellt.

Bestimmung von I_x, I_y und I_{xy}

- Wählen Sie die x- und y-Achsen mit dem Ursprung im entsprechenden Punkt P und ermitteln Sie I_x, I_y und I_{xy}, Abbildung 5.20a.

Konstruktion des Kreises

- Definieren Sie ein rechtwinkliges Koordinatensystem, sodass auf der Abszisse das axiale Trägheitsmoment I (I_x bzw. I_y) und auf der Ordinate das Deviationsmoment I_{xy} abgetragen wird, Abbildung 5.20b. Wählen Sie dazu einen geeigneten Maßstab (z.B. $10^9 \text{ mm}^4/\text{cm}$).
- Ermitteln Sie den Mittelpunkt O des Kreises im Abstand $(I_x + I_y)/2$ vom Ursprung und zeichnen Sie den Bezugspunkt A mit den Koordinaten (I_x, I_{xy}) ein. Definitionsgemäß ist I_x immer positiv, während I_{xy} positiv oder negativ sein kann.
- Verbinden Sie den Bezugspunkt A mit dem Mittelpunkt des Kreises und bestimmen Sie den Abstand OA trigonometrisch. Dieser Abstand ist der Radius des Kreises, Abbildung 5.20b. Zeichnen Sie anschließend den Kreis.

Haupt-Trägheitsmomente

- Die Punkte, in denen der Kreis die Abszisse schneidet, entsprechen den Werten für die Haupt-Trägheitsmomente I_{min} und I_{max}. *In diesen Punkten ist das Deviationsmoment null*, Abbildung 5.20b.

Hauptachsen

- Zur Ermittlung der Richtung der Hauptachse für das maximale Trägheitsmoment bestimmen Sie trigonometrisch den Winkel $2\theta_{p1}$ *zwischen der Strecke OA und der positiven I-Achse*, Abbildung 5.20b. Dieser Winkel ist gemäß Gleichung (5.10) *doppelt* so groß wie der Winkel zwischen der x-Achse der entsprechenden Fläche und der Achse des maximalen Trägheitsmoments I_{max}, Abbildung 5.20a. Der Winkel im Mohr'schen Kreis, $2\theta_{p1}$ und der Winkel zur Achse in der Fläche, θ_{p1}, müssen, wie in Abbildung 5.20 gezeigt, *im gleichen Sinn gemessen werden*. Die Achse des minimalen Trägheitsmoments I_{min} steht senkrecht auf der Achse für I_{max}.

Die Übereinstimmung der oben beschriebenen Methode mit den Gleichungen aus *Abschnitt 5.7* kann trigonometrisch überprüft werden.

Beispiel 5.10 Bestimmen Sie mit dem Mohr'schen Kreis die Haupt-Trägheitsmomente für die Querschnittsfläche des Trägers in Abbildung 5.21a bezüglich einer Achse durch den Flächenschwerpunkt.

$d = 100$ mm, $b = 600$ mm, $h = 400$ mm

Lösung

Bestimmung von I_x, I_y und I_{xy} Die Trägheits- und Deviationsmomente des Querschnitts bezüglich der x- und y-Achse in Abbildung 5.21a wurden in den *Beispielen 5.6* und *5.8* bestimmt. Die Ergebnisse sind

$$I_x = 2{,}9 \cdot 10^9 \text{ mm}^4 \qquad I_y = 5{,}6 \cdot 10^9 \text{ mm}^4 \qquad I_{xy} = -3 \cdot 10^9 \text{ mm}^4$$

Konstruktion des Kreises Die Achsen I und I_{xy} sind in Abbildung 5.21b dargestellt. Der Mittelpunkt O des Kreises liegt im Abstand

$$a = \frac{I_x + I_y}{2} = 4{,}25 \cdot 10^9 \text{mm}^4$$

vom Ursprung. Wird der Bezugspunkt $A(I_x, I_{xy})$ mit dem Punkt O verbunden, wird der Radius OA aus dem Dreieck OBA mit dem Satz des Pythagoras bestimmt:

$$OA = R = \sqrt{\left(\frac{I_x - I_y}{2}\right)^2 + \left(I_{xy}\right)^2} = 3{,}29 \cdot 10^9 \text{mm}^4$$

Der Kreis wird in Abbildung 5.21c konstruiert.

Haupt-Trägheitsmomente Der Kreis schneidet die I-Achse in den Punkten $(7{,}54 \cdot 10^9 \text{ mm}^4, 0)$ und $(0{,}96 \cdot 10^9 \text{ mm}^4, 0)$. Somit gilt

$$I_{max} = 7{,}54 \cdot 10^9 \text{ mm}^4$$
$$I_{min} = 0{,}96 \cdot 10^9 \text{ mm}^4$$

Hauptachsen Wie in Abbildung 5.21c gezeigt, wird der Winkel $2\theta_{p1}$ aus dem Mohr'schen Kreis ermittelt. Wir messen gegen den Uhrzeigersinn von OA in Richtung der *positiven* I-Achse, d.h. wir erhalten

$$2\theta_{p1} = 180° - \arcsin\left(\frac{|BA|}{|OA|}\right) = 180° - \arcsin\left(\frac{3}{3{,}29}\right) = 114{,}2°$$

Die Hauptachse für $I_{max} = 7{,}54(10^9)$ mm^4 schließt also mit der *positiven* x-Achse den gegen den Uhrzeigersinn gemessenen Winkel $\theta_{p1} = 57{,}1°$ ein und weist in die Richtung der *positiven* u-Achse. Die v-Achse steht senkrecht darauf. Die Ergebnisse sind in Abbildung 5.21d dargestellt.

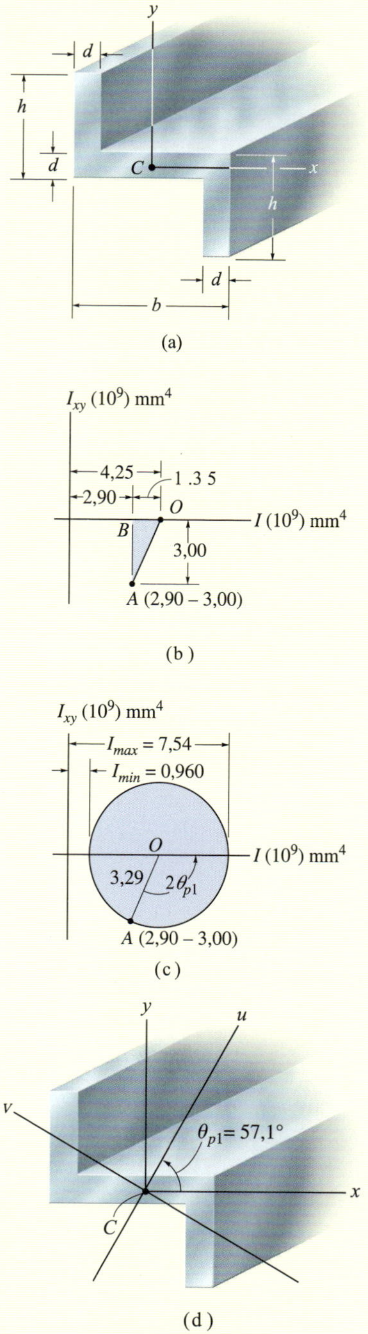

Abbildung 5.21

ZUSAMMENFASSUNG

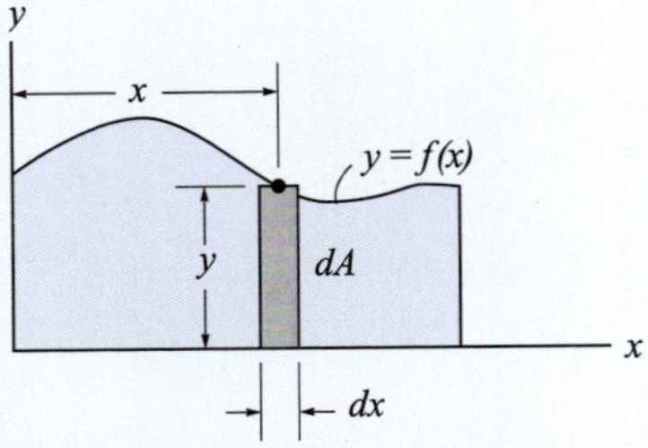

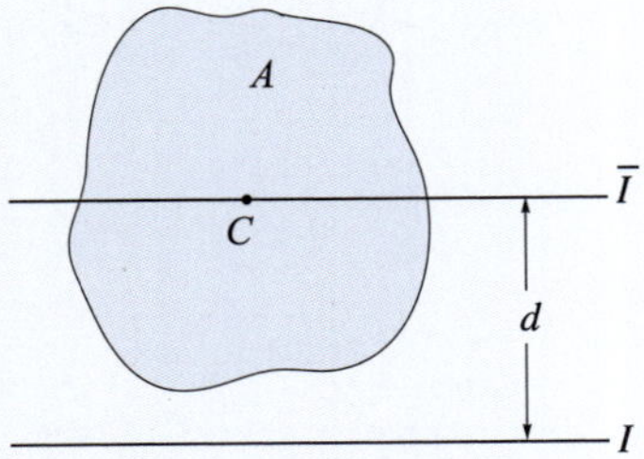

■ **Flächenträgheitsmoment** Das *axiale Flächenträgheitsmoment* ist das Flächenmoment 2. Grades um eine Achse, z.B.

$$I_y = \int x^2 \, dA.$$

Es wird in Formeln zur Festigkeit und Stabilität von Bauteilen häufig verwendet. Bei unregelmäßiger Flächenform muss ein differenzielles Element ausgewählt und eine Integration über die gesamte Fläche durchgeführt werden. Werte für das Trägheitsmoment häufig vorkommender Formen um ihre *Flächenschwerpunktachse* finden sich in Tabellen. Zur Bestimmung der Trägheitsmomente dieser Formen um eine *andere* Achse wird der Satz von Huygens-Steiner verwendet,

$$I = \bar{I} + Ad^2.$$

Für zusammengesetzte Flächen ist das Trägheitsmoment gleich der Summe der Trägheitsmomente der einzelnen Bestandteile.

siehe Abschnitt 5.1 und 5.2

■ **Deviationsmoment** Eine andere geometrische Größe ist das *Deviationsmoment*. Es wird benötigt, um die Lage der Achsen zu bestimmen, bezüglich der das axiale Trägheitsmoment der Fläche maximal bzw. minimal wird. Es wird aus der Gleichung

$$I_{xy} = \int xy \, dA$$

durch Integration über die gesamte Fläche ermittelt. Aus dem Deviationsmoment einer Fläche bezüglich des x'- und y'-Achsenpaares durch den Flächenschwerpunkt kann sein Wert bezüglich eines beliebigen x- und y-Achsenpaares mit dem Satz von Huygens-Steiner bestimmt werden:

$$I_{xy} = \bar{I}_{x'y'} + Ad_x d_y.$$

siehe Abschnitt 5.6

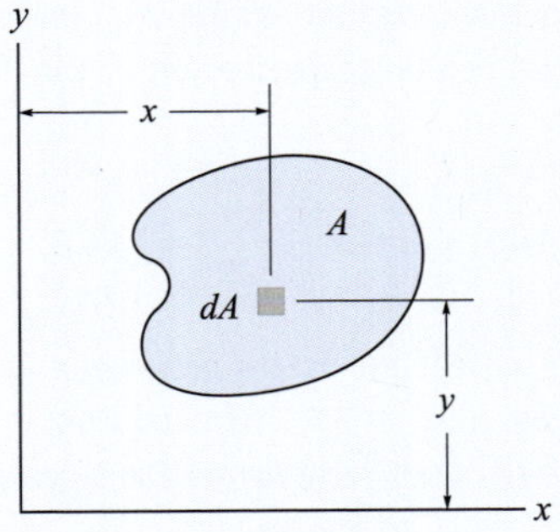

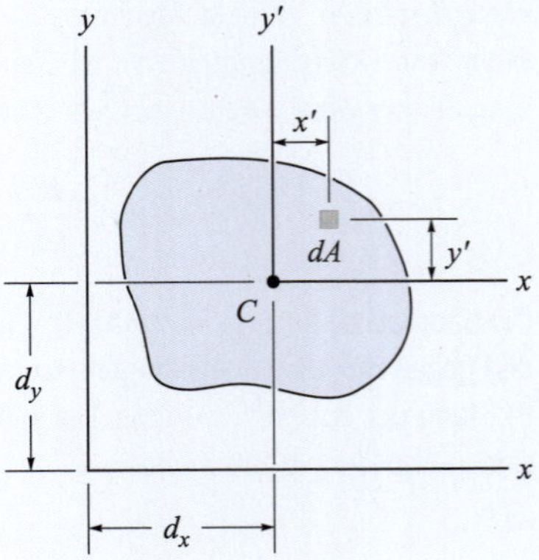

Haupt-Trägheitsmomente Sind die Trägheitsmomente I_x und I_y sowie das Deviationsmoment I_{xy} bekannt, werden mit Hilfe von Transformationsformeln

$$I_{max/min} = \frac{I_x + I_y}{2} \pm \sqrt{\left(\frac{I_x - I_y}{2}\right)^2 + I_{xy}^{\ 2}}$$

$$\tan 2\theta_p = \frac{-I_{xy}}{(I_x - I_y)/2}$$

oder dem Mohr'schen Kreis die maximalen und minimalen *Haupt-Trägheitsmomente* für die Fläche sowie die Richtungen der Haupt-Trägheitsachsen ermittelt.

Torsion

6

ÜBERBLICK

Die Torsionsspannung und der Verdrehwinkel des Erdbohrers hängen sowohl von der Leistung der antreibenden Maschine, als auch vom Widerstand des Bodens im Kontakt mit der Welle ab.

Lernziele

In diesem Kapitel werden wir die Auswirkungen einer Drehmomentenbelastung auf stabförmige Bauteile wie zum Beispiel eine Welle oder ein Rohr diskutieren. Zunächst werden wir Bauteile betrachten, die eine kreisförmige Querschnittsfläche haben. Wir werden zeigen, wie sowohl die Spannungsverteilung im Bauteil als auch der Verdrehwinkel bestimmt werden, wenn sich das Material linear-elastisch verhält. Es werden zudem Berechnungsmethoden für statisch unbestimmt gelagerte Wellen und Rohre zusammen mit Spezialthemen behandelt, die Bauteile mit nichtkreisförmigem Querschnitt einschließen. Zum Schluss werden durch Torsion verursachte Spannungskonzentrationen betrachtet.

6.1 Torsionsverformung einer Welle mit Kreisquerschnitt

Das *Torsionsmoment* ist ein Moment, welches die Verdrehung der Querschnitte gegeneinander (um die Längsachse des Stabes) hervorruft. Die Auswirkungen müssen hauptsächlich bei der Auslegung von Achsen oder Antriebswellen in Fahrzeugen oder Maschinen berücksichtigt werden. Wir können diese sichtbar machen, wenn ein Torsionsmoment auf eine kreisförmige Welle einwirkt und die Welle aus einem stark verformbaren Material wie zum Beispiel Gummi hergestellt ist, Abbildung 6.1a. Durch die Einwirkung eines Torsionsmoments tendieren die auf der Mantelfläche ursprünglich kreisförmig und parallel zur Wellenachse angeordneten Gitterlinien zu einer Verzerrung gemäß dem in Abbildung 6.1b dargestellten Muster.

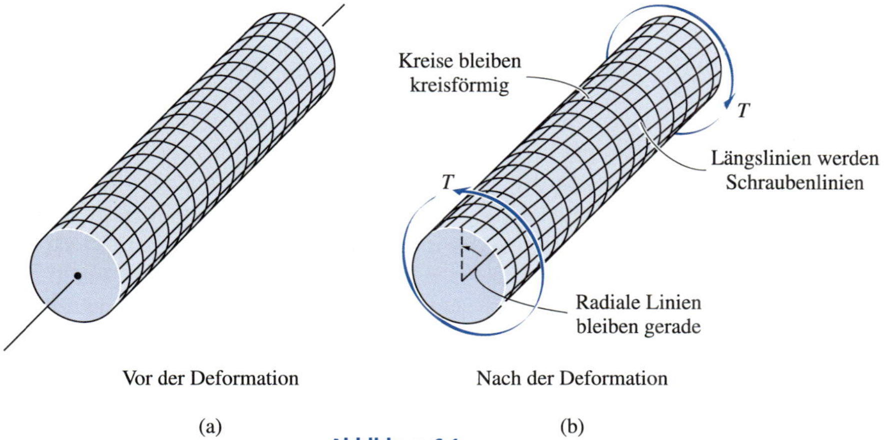

Abbildung 6.1

Wie erkennbar, bewirkt die Verdrehung der Querschnitte gegeneinander, dass die Kreise *kreisförmig bleiben*, aber jede längs angeordnete Gitterlinie eine Schraubenlinie wird, welche die Kreise in gleichen Winkeln schneidet. Zudem bleiben die Querschnitte an den Enden der Welle eben, d.h. sie verwölben sich nicht, und radiale Gitterlinien auf diesen Endquerschnitten *bleiben* während der Deformation *gerade*, Abbildung 6.1b. Aus diesen Beobachtungen kann man schlussfolgern, dass bei *kleinem* Torsionswinkel *Länge* und *Radius der Welle unverändert* bleiben.

Wenn die Welle an einem Ende eingespannt ist und am anderen Ende ein Torsionsmoment einwirkt, verzerrt sich die schattierte Fläche in Abbildung 6.2 wie dargestellt in eine verwundene Form. Hierbei verdreht sich eine auf dem Querschnitt radial angebrachte Linie in einer Entfernung x von der festen Einspannung der Welle um den Winkel $\phi(x)$. Der so definierte Winkel $\phi(x)$ wird *Torsionswinkel* genannt. Er hängt von der Position x ab und ändert sich entlang der Welle wie dargestellt.

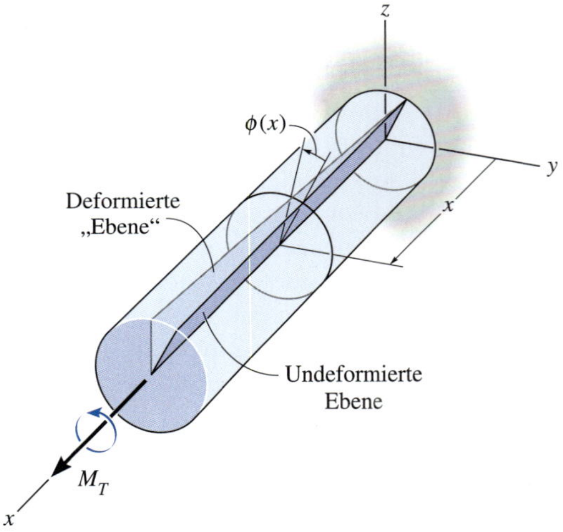

Torsionswinkel ϕ (x) nimmt zu, wenn x zunimmt

Abbildung 6.2

Zum Verständnis dafür, wie diese Verformung das Material verzerrt, werden wir nun ein kleines Volumenelement freischneiden, das sich in einer radialen Entfernung ρ von der Wellenachse befindet, Abbildung 6.3. Aufgrund der Deformation, in Abbildung 6.2 dargestellt, wird die Rückseite um $\phi(x)$ und die Stirnseite um $\phi(x) + \Delta\phi$ verdreht. Infolgedessen verursacht der *Unterschied* $\Delta\phi$ in den Verdrehungen, dass das Element einer *Scherung* bzw. *Gleitung* unterliegt. Beachten Sie für die Berechnung dieser Gleitung, dass vor der Deformation der Winkel zwischen den Ecken AB und AC 90° betrug, nach der Deformation sind die Kanten des Elements allerdings AD und AC und der Winkel zwischen ihnen ist θ'.

Über die Definition des Gleitwinkels, Gleichung (2.4), erhalten wir

$$\gamma = \frac{\pi}{2} - \lim_{\substack{C \to A\,entlang\,CA \\ D \to A\,entlang\,DA}} \theta'$$

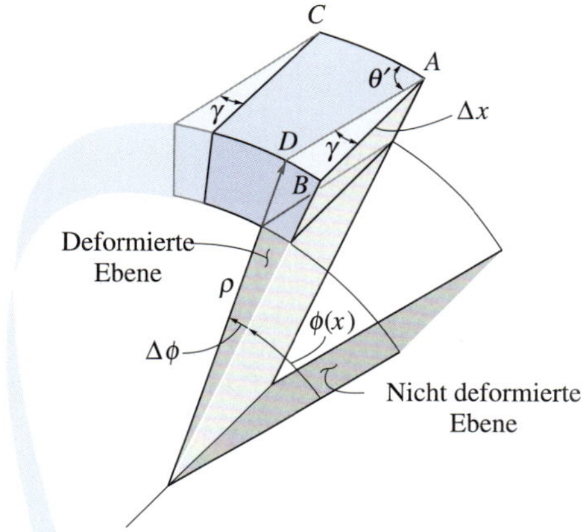

Schubverformung des Elements

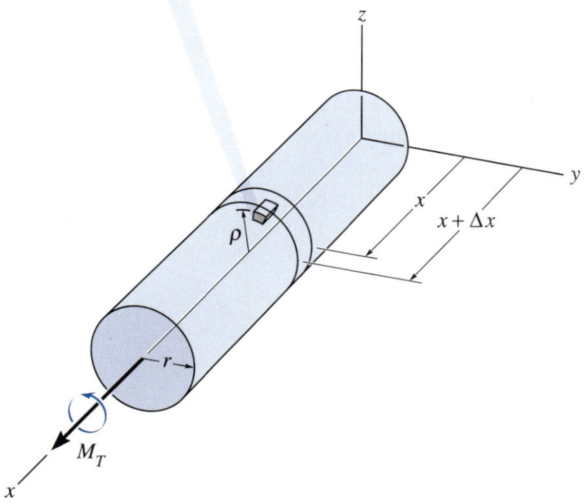

Abbildung 6.3

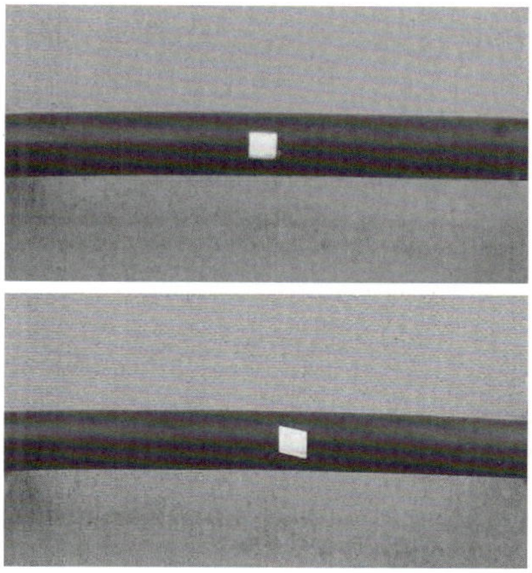

Achten Sie auf die Verformung des rechteckigen Oberflächenelements, wenn der Gummistab durch ein Torsionsmoment belastet wird.

Dieser Winkel γ ist am Element angegeben. Er kann mit der Länge Δx des Elements sowie dem Unterschied in den Verdrehwinkeln $\Delta\phi$ zwischen den schattierten Flächen, in Beziehung gesetzt werden. Beim Grenzübergang von $\Delta x \to dx$ und $\Delta\phi \to d\phi$ erhalten wir $BD = \rho\ d\phi = dx\,\gamma$ d.h. es gilt

$$\gamma = \rho \frac{d\phi}{dx} \tag{6.1}$$

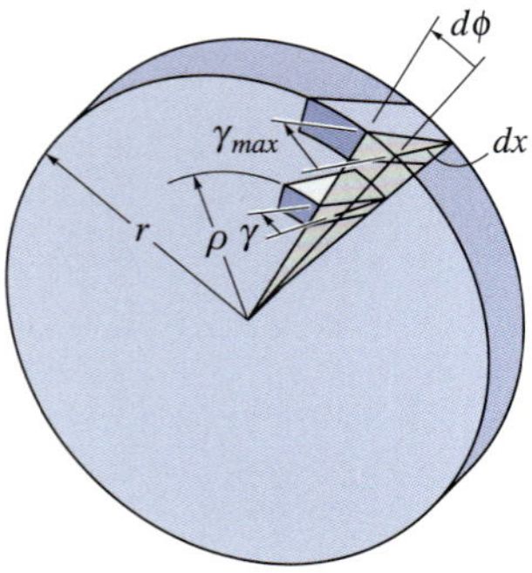

Gleitung im Material nimmt linear mit radialem Abstand ρ zu, d.h. $\gamma = (\rho / r)\gamma_{max}$

Abbildung 6.4

Da dx und $d\phi$ für alle Elemente gleich sind, die sich innerhalb des Querschnittes bei x befinden, ist $d\phi/dx$ konstant. Gleichung (6.1) sagt aus, dass sich die Größe der Gleitung für jedes dieser Elemente nur mit der radialen Entfernung ρ von der Wellenachse ändert. Anders ausgedrückt: Die Gleitung innerhalb der Welle ändert sich entlang jeder radialen Linie linear von null auf der Wellenachse bis zu einem Maximum γ_{max} auf der äußeren Mantelfläche, Abbildung 6.4. Weil $d\phi/dx = \gamma/\rho = \gamma_{max}/r$ ist, gilt

$$\gamma = \left(\frac{\rho}{r}\right)\gamma_{max} \tag{6.2}$$

Die hier erhaltenen Resultate sind auch für kreisförmige Rohre gültig.

6.2 Torsionsschubspannung

Wenn ein äußeres Drehmoment eine Welle belastet, ruft es ein korrespondierendes inneres Torsionsmoment innerhalb der Welle hervor. In diesem Abschnitt werden wir eine Gleichung entwickeln, die dieses innere Torsionsmoment mit der Schubspannungsverteilung im Querschnitt einer kreisförmigen Welle oder eines Rohres in Beziehung setzt.

Ist das Material linear-elastisch, dann gilt das Hooke'sche Gesetz $\tau = G\gamma$, und demzufolge führt eine ***lineare Änderung der Gleitung***, wie im vorigen Abschnitt dargelegt, zu einer korrespondierenden ***linearen Änderung der Schubspannung*** entlang eines beliebigen Radius im Querschnitt. Somit wird sich τ für eine Vollwelle, wie der Gleitwinkel, von null im Mittelpunkt der Welle bis zu einem Maximalwert τ_{max} auf dem äußeren Umfang ändern. Diese Änderung ist in Abbildung 6.5 auf den Stirnseiten einer ausgewählten Anzahl von Elementen dargestellt, die sich jeweils in einer mittleren radialen Position ρ und auf dem äußeren Radius r befinden.

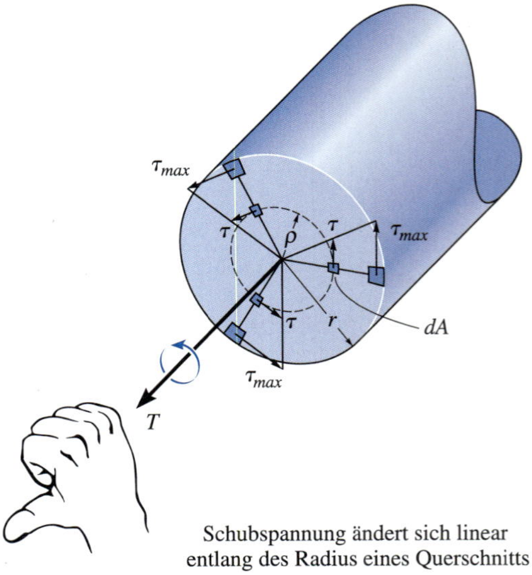

Schubspannung ändert sich linear entlang des Radius eines Querschnitts

Abbildung 6.5

Aufgrund der ähnlichen rechtwinkligen Dreiecke oder durch Anwendung des Hooke'schen Gesetzes ($\tau = G\gamma$) sowie der Gleichung (6.2) [$\gamma = (\rho/r)\,\gamma_{max}$] können wir

$$\tau = \left(\frac{\rho}{r}\right)\tau_{max} \tag{6.3}$$

schreiben.

Diese Beziehung drückt die Schubspannungsverteilung als Funktion des radialen Abstandes ρ des Elements aus. Mit anderen Worten: Sie definiert die Spannungsverteilung über dem Querschnitt in Abhängigkeit der Geometriedaten der Welle. Wir werden sie in der Bedingung verwenden, die verlangt, dass die Momentenwirkung der Spannungsverteilung gleich dem resultierenden inneren Torsionsmoment T im Schnitt sein muss, um die Welle im Gleichgewicht zu halten, Abbildung 6.5. Im Einzelnen wirkt an jedem Flächenelement dA bei ρ die Kraft $dF = \tau\, dA$. Das durch diese Kraft erzeugte Torsionsmoment (bezüglich der Längsachse) ist $dT = \rho\ (\tau\ dA)$. Für den gesamten Querschnitt erhält man damit

$$T = \int_A \rho\left(\frac{\rho}{r}\right)\tau_{max}\, dA \tag{6.4}$$

Weil τ_{max}/r konstant ist, ergibt sich

$$T = \frac{\tau_{max}}{r}\int_A \rho^2 dA \tag{6.5}$$

Das Integral in dieser Gleichung hängt ausschließlich von der Wellengeometrie ab. Es repräsentiert das polare Flächenträgheitsmoment des Wellenquerschnittes um die Längsachse der Welle. Wir werden im Folgenden diesen Wert gemäß *Abschnitt 5.1* mit I_p bezeichnen. Damit kann Gleichung (6.5) in der kompakteren Form

$$\tau_{max} = \frac{T \cdot r}{I_p} \tag{6.6}$$

geschrieben werden. Dabei ist

τ_{max} = die maximale Schubspannung in der Welle am Außenradius und
T = das resultierende innere Torsionsmoment, das im Querschnitt wirkt. Durch entsprechendes Freischneiden und ein Momentengleichgewicht um die Wellenlängsachse kann es bestimmt werden.
I_p = das polare Flächenträgheitsmoment des Querschnitts
r = der Außenradius der Welle

Unter Anwendung der Gleichungen (6.5) und (6.6) kann die Schubspannung auch für einen Zwischenradius ρ ermittelt werden:

$$\tau = \frac{T \cdot \rho}{I_p} \tag{6.7}$$

Jede der beiden Gleichungen (6.6) und (6.7) wird häufig als ***Torsionsformel*** bezeichnet. Beachten Sie, dass sie nur angewendet werden kann, wenn die Welle kreisförmig sowie das Material homogen und linear-elastisch ist, denn ihre Herleitung beruht auf der Tatsache, dass die Schubspannung proportional zur Gleitung ist.

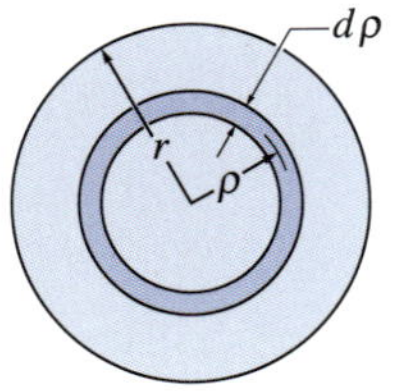

Abbildung 6.6

Vollwelle Wenn die Welle einen kreisförmigen Vollquerschnitt besitzt, kann das polare Flächenträgheitsmoment I_p mit Hilfe eines Flächenelements in der Form eines *differenziellen Rings* der Dicke $d\rho$ und des Umfangs $2\pi\rho$ bestimmt werden, Abbildung 6.6. Für diesen Ring ist $dA = 2\pi\rho\ d\rho$, also wird

$$I_p = \int_A \rho^2 dA = \int_A \rho^2 (2\pi\rho d\rho) = 2\pi \int^r \rho^3 d\rho = 2\pi\left(\frac{1}{4}\right)\rho^4 \Big|_0^r$$

d.h.

$$I_p = \frac{\pi}{2} r^4 \qquad (6.8)$$

Beachten Sie, dass I_p eine *geometrische Eigenschaft* der Kreisfläche und immer positiv ist. Typische Einheiten für die Dimension sind mm^4 oder cm^4.

Es wurde bereits gezeigt, dass sich die Schubspannung entlang des Radius des Querschnittes der Welle linear ändert. Wenn aber ein Volumenelement des Materials aus dem Querschnitt freigeschnitten wird, dann müssen aufgrund der Gleichheit der zugeordneten Schubspannungen gleich große Schubspannungen auch an vier gegenüberliegenden Seiten wirken, wie in Abbildung 6.7a dargestellt. Somit ***erzeugt das innere Torsionsmoment T nicht nur eine lineare Verteilung der Schubspannung entlang des Radius in der dazu senkrechten Querschnittsebene, sondern auch eine zugeordnete Schubspannungsverteilung in der Ebene eines Längsschnittes***, Abbildung 6.7b.

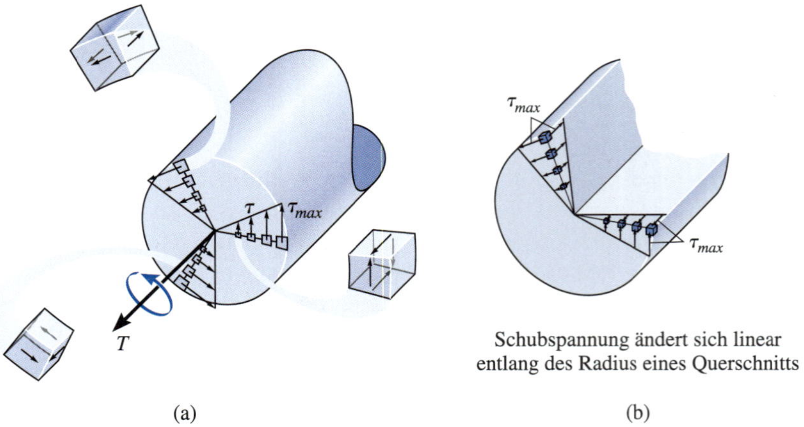

Abbildung 6.7

Es ist interessant zu erwähnen, dass aufgrund dieser axialen Verteilung der Schubspannung Wellen aus Holz zu einem Aufreißen oder Splittern parallel zur Stabachse neigen, wenn sie einem zu starken Torsionsmoment ausgesetzt sind, Abbildung 6.8. Das liegt daran, dass Holz ein anisotropes Material ist. Sein Schubwiderstand parallel zu seinen Fasern, die entlang der Wellenachse verlaufen, ist viel kleiner als senkrecht dazu.

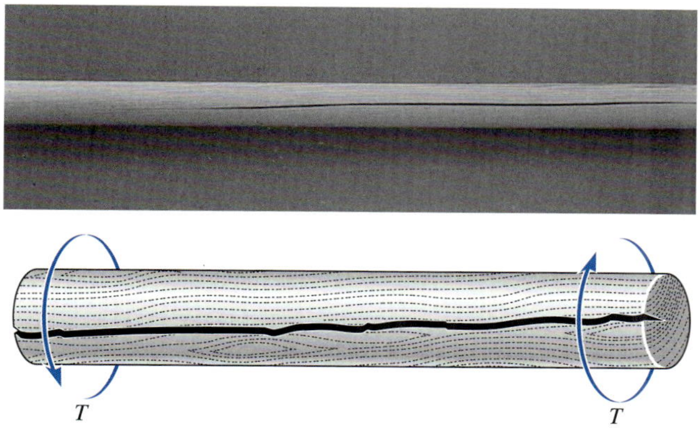

Versagen einer Holzwelle infolge Torsion

Abbildung 6.8

Hohlwelle Bei einer Hohlwelle mit dem Innenradius r_i und dem Außerenradius r_a können wir aus Gleichung (6.8) deren polares Trägheitsmoment durch die Subtraktion von I_p für eine Welle mit dem Radius r_i von jenem mit dem Radius r_a bestimmen. Das Ergebnis lautet

$$I_p = \frac{\pi}{2}\left(r_a^4 - r_i^4\right) \tag{6.9}$$

Genau wie bei einer Vollwelle ändert sich auch bei einer Hohlwelle die Schubspannungsverteilung linear in radialer Richtung, Abbildung 6.9a. Dasselbe gilt für die zugeordneten Schubspannungen in entsprechenden axialen Schnittebenen, Abbildung 6.9b. Beispiele für an typischen Volumenelementen auftretende Schubspannungen sind in Abbildung 6.9a dargestellt.

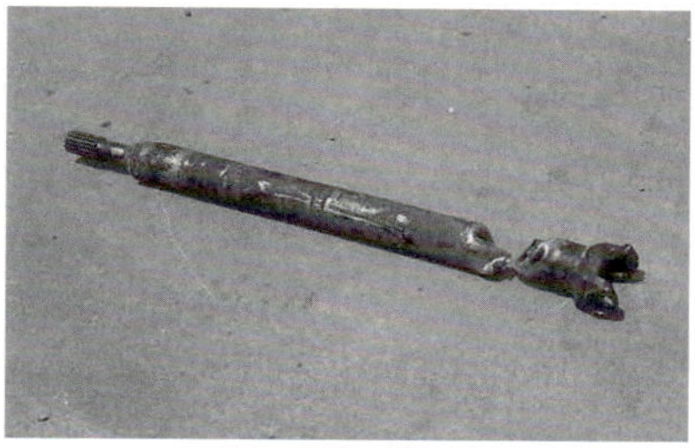

Diese bei einem Lastwagen verwendete Antriebshohlwelle wurde überlastet und versagte infolge Fließens des Materials.

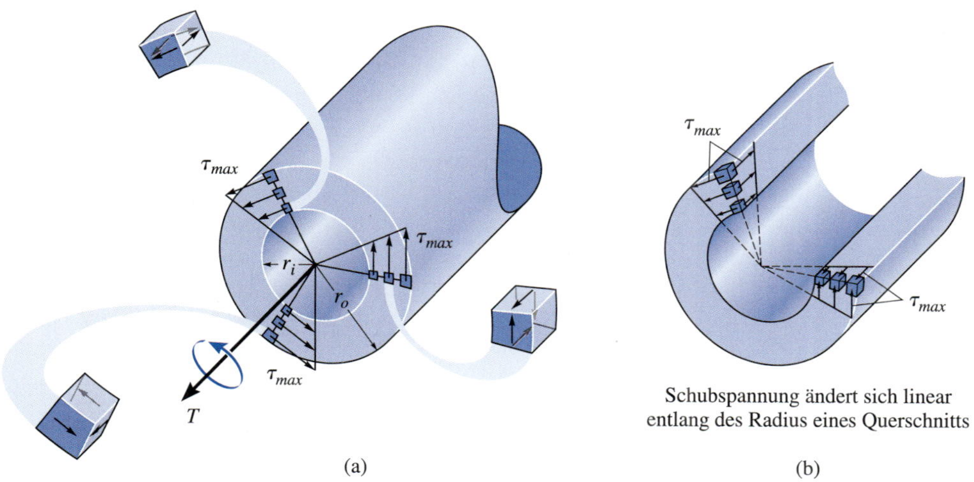

Schubspannung ändert sich linear entlang des Radius eines Querschnitts

(a) (b)

Abbildung 6.9

Maximal auftretende Torsionsschubspannung Bei jedem vorliegenden Wellenquerschnitt tritt die maximale Schubspannung an der äußeren Mantelfläche auf. Wenn aber an der Welle verschiedene äußere Drehmomente wirken oder sich der Radius (und damit das polare Flächenträgheitsmoment) ändert, kann die maximal auftretende Torsionsschubspannung innerhalb der Welle von einem Bereich zum anderen unterschiedlich sein. Soll die absolut maximale Torsionsschubspannung ermittelt werden, dann muss man die Stelle finden, an der das Verhältnis $T{\cdot}r/I_p$ maximal ist (gefährdeter Querschnitt). In diesem Zusammenhang ist es hilfreich, den Verlauf des inneren Torsionsmoments T für jeden Bereich entlang der Welle darzustellen, indem man die so genannte ***Torsionsmomentenlinie*** erstellt, siehe *Statik, Abschnitt 7.1*. Dieses Diagramm ist eine grafische Darstellung des inneren Torsionsmoments T als Funktion der Position x entlang der Wellenachse. Zur Vereinbarung einer Vorzeichenregelung soll T positiv sein, wenn bei Anwendung der Rechte-Hand-Regel der Daumen aus der Welle herauszeigt und die Finger sich in Richtung der Verdrehung krümmen, die durch das Torsionsmoment verursacht wird, Abbildung 6.5. Ist das innere Torsionsmoment erst einmal bestimmt, kann das maximale Verhältnis $T{\cdot}r/I_p$ und damit der gefährdete Querschnitt einfach ermittelt werden.

Wichtige Punkte zur Lösung von Aufgaben

- Wenn eine Welle mit *kreisförmigem Querschnitt* durch ein Torsionsmoment belastet wird, *bleibt* der Querschnitt *eben,* während sich die radial verlaufenden Linien verdrehen. Dies verursacht eine *Gleitung* innerhalb des Materials, die sich in radialer Richtung *linear* von null an der Achse bis zum Maximum an der Außenbegrenzung *ändert.*
- Für ein linear-elastisches, homogenes Material *ändert* sich aufgrund der Gültigkeit des Hooke'schen Gesetzes auch die *Schubspannung* in radialer Richtung *linear* von null an der Wellenachse bis zum Maximum an der äußeren Begrenzung. Die maximale Schubspannung *darf* die Proportionalitätsgrenze *nicht* übersteigen.
- Infolge der Gleichheit der zugeordneten Schubspannungen ist die lineare Schubspannungsverteilung innerhalb der Querschnittsebene genauso über die korrespondierenden axialen Schnittebenen der Welle verteilt.
- Die Torsionsformel sagt aus, dass das resultierende Torsionsmoment in einem bestimmten Querschnitt gleich dem Moment bezüglich der Längsachse der Welle ist, das die in radialer Richtung linear verteilte Schubspannung hervorruft. Es ist notwendig, dass die Voll- oder Hohlwelle einen *kreisförmigen* Querschnitt besitzt und sie aus einem *homogenen* Material mit *linear-elastischem* Verhalten besteht.

Lösungsweg

Die Formel für die Torsionsschubspannung kann im Rahmen der folgenden Vorgehensweise angewendet werden.

Innere Beanspruchung

- Schneiden Sie die Welle senkrecht zu ihrer Achse an der Stelle, wo die Schnittgröße und Schubspannung bestimmt werden sollen, und verwenden Sie das erforderliche Freikörperbild sowie die Gleichgewichtsbedingungen, um das innere Torsionsmoment am Schnitt zu erhalten.

Schnittflächengeometrie

- Berechnen Sie das polare Flächenträgheitsmoment des Querschnitts. Für eine Vollwelle mit dem Radius r gilt

$$I_p = \frac{\pi \cdot r^4}{2}$$

und für eine Hohlwelle mit dem Außenradius r_a sowie dem Innenradius r_i erhält man

$$I_p = \frac{\pi}{2}\left(r_a^4 - r_i^4\right).$$

Schubspannung

- Geben Sie die radiale Entfernung ρ an, gemessen vom Mittelpunkt des Querschnitts bis zu dem Punkt, an dem die Schubspannung ermittelt werden soll. Danach wenden Sie die Formel der Torsionsschubspannung $\tau = T{\cdot}\rho/I_p$ an oder, wenn die maximale Schubspannung ermittelt werden soll, benutzen Sie $\tau_{max} = T{\cdot}r/I_p$. Vergewissern Sie sich, dass Sie beim Einsetzen der Zahlenwerte ein konsistentes Einheitensystem verwenden.
- Die Schubspannung wirkt am Querschnitt in eine Richtung, die immer senkrecht auf ρ steht. Die Kraft der Schubspannung muss zu einem Momentenbeitrag um die Wellenachse führen, der in die *gleiche Richtung* wie das resultierende, am Schnitt auftretende innere Torsionsmoment T wirkt. Ist die Richtung einmal festgelegt, kann ein Volumenelement freigeschnitten werden, das an der Schnittstelle liegt, an der τ bestimmt wird. Die Richtung von τ an den verbleibenden drei gegenüberliegenden Flächen des Elements kann dann ebenfalls bestimmt werden.

Beispiel 6.1

Die Spannungsverteilung in einer Vollwelle wurde in drei beliebigen radialen Richtungen grafisch dargestellt, wie in Abbildung 6.10a abgebildet. Bestimmen Sie das resultierende Torsionsmoment im betreffenden Schnitt.

$r = 50$ mm, $\tau_{max} = 56$ MPa

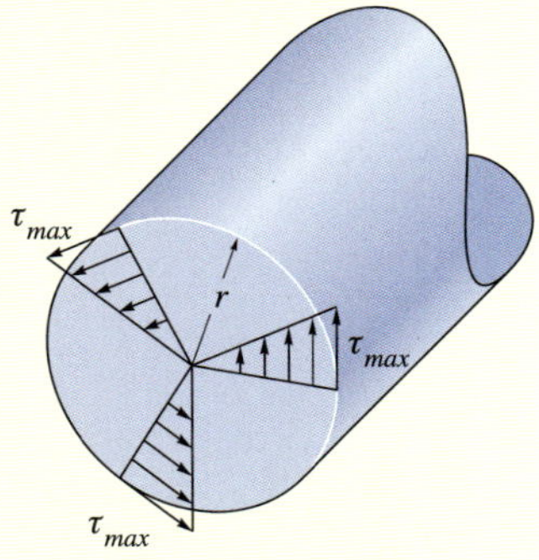

(a)

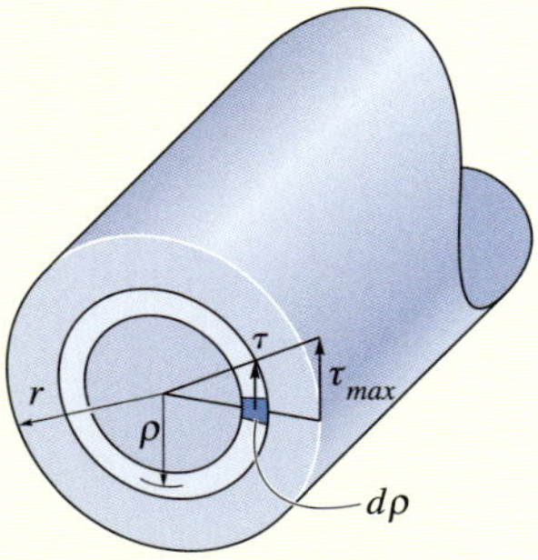

(b)

Abbildung 6.10

Lösung I

Das polare Flächenträgheitsmoment des Querschnitts ist

$$I_p = \frac{\pi}{2} r^4 = \frac{\pi}{2}(50\,\text{mm})^4 = 9{,}82\ (10^6)\ \text{mm}^4$$

Unter Anwendung der Formel für die Torsionsschubspannung, Abbildung 6.10a, erhalten wir

$$\tau_{max} = \frac{T \cdot r}{I_p} \qquad T = \frac{\tau_{max} \cdot I_p}{r} = \frac{(56\,\text{N/mm}^2)(9{,}82 \cdot 10^6\,\text{mm}^4)}{50\,\text{mm}}$$

$$T = 11{,}0\ \text{kNm}$$

Lösung II

Dasselbe Ergebnis erhält man, wenn man das der Spannungsverteilung entsprechende Torsionsmoment um die Schwerpunktsachse der Welle ermittelt. Zunächst müssen wir die Beziehung $\tau = f(\rho)$ aufstellen. Mit Hilfe der beiden ähnlichen Dreiecke, Abbildung 6.10b, erhalten wir

$$\frac{\tau}{\rho} = \frac{\tau_{max}}{r} \qquad \tau = \frac{\tau_{max} \cdot \rho}{r}$$

Die Spannung wirkt im differenziellen Ringelement mit der Fläche $dA = 2\pi\rho\ d\rho$ stets in tangentialer Richtung, so dass das zugehörige Torsionsmoment bezüglich der Längsachse

$$dT = \rho\tau dA = \frac{\tau_{max}}{r}\rho^2 dA = 2\pi\frac{\tau_{max}}{r}\rho^3 d\rho$$

beträgt.

Für die gesamte Fläche erhält man durch Integration

$$T = 2\pi\frac{\tau_{max}}{r}\int_0^r \rho^3 d\rho = 2\pi\frac{\tau_{max}}{r}\left[\frac{1}{4}\rho^4\right]_0^r$$

$$= \pi\frac{r^3}{2}\tau_{max} = \frac{\pi}{2}(50\,\text{mm})^3 \cdot 56\,\text{N/mm}^2$$

$$T = 11{,}0\ (10^6)\ \text{N mm} = 11{,}0\ \text{kN m}$$

Beispiel 6.2 Die Vollwelle mit dem Radius r wird durch ein Torsionsmoment T belastet, Abbildung 6.11a. Bestimmen Sie den Anteil von T, der innerhalb des äußeren Bereichs der Welle aufgenommen wird. Dieser Bereich hat den Innenradius $r/2$ und den Außenradius r.

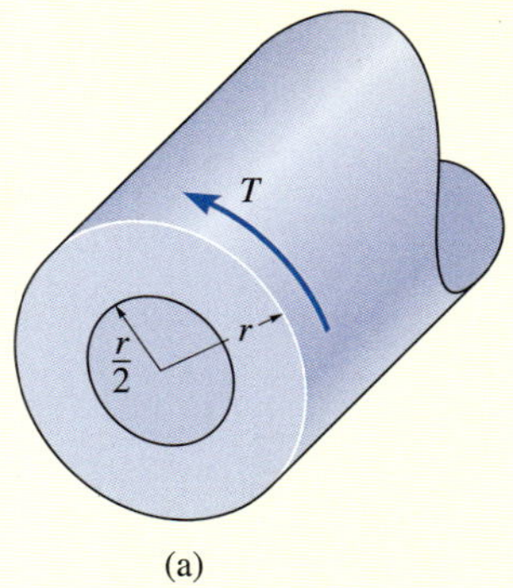

(a)

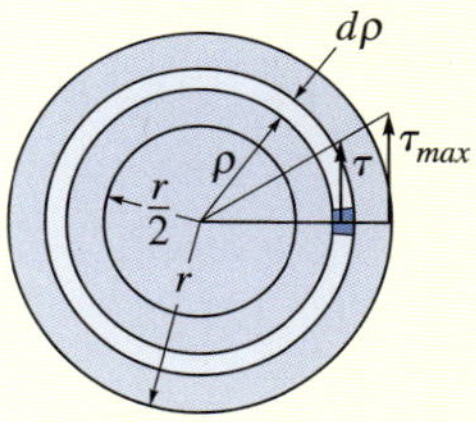

(b)

Abbildung 6.11

Lösung

Die Spannung ändert sich in radialer Richtung der Welle linear, d.h. es gilt $\tau = (\rho/r)\tau_{max}$, Gleichung (6.3). Deshalb ist das Torsionsmoment dT' der Ringfläche der Dicke $d\rho$, Abbildung 6.11b

$$dT' = \rho(\tau \cdot dA) = \rho(\rho/r)\tau_{max}(2\pi\rho\, d\rho)$$

Für den gesamten Bereich ergibt sich

$$T' = 2\pi\frac{\tau_{max}}{r}\int_{r/2}^{r}\rho^3 d\rho = 2\pi\frac{\tau_{max}}{r}\left[\frac{1}{4}\rho^4\right]_{r/2}^{r}$$

$$T' = 2\pi\frac{\tau_{max}}{r}\left(\frac{1}{4}r^4 - \frac{1}{4}\frac{1}{16}r^4\right) = 2\pi\frac{\tau_{max}}{r}\frac{1}{4}\frac{15}{16}r^4$$

$$T' = \frac{15\cdot\pi}{32}\tau_{max}r^3 \qquad (1)$$

Dieses Torsionsmoment T' kann als Bruchteil des Gesamtmoments T ausgedrückt werden, indem man zunächst die Formel der Torsionsspannung benutzt, um die Maximalspannung in der Welle zu ermitteln. Wir erhalten

$$\tau_{max} = \frac{T\cdot r}{I_p} = \frac{T\cdot r}{\left(\frac{\pi}{2}\right)r^4}$$

$$\tau_{max} = \frac{2T}{\pi r^3}$$

Einsetzen in Gleichung (1) führt zum Ergebnis

$$T' = \frac{15\cdot\pi}{32}\tau_{max}r^3 = \frac{15\cdot\pi}{32}\frac{2T}{\pi r^3}r^3$$

$$T' = \frac{15}{16}T$$

Das heißt, der äußere Bereich ($\rho = r/2$ bis $\rho = r$) nimmt 94 % des Torsionsmoments auf, die restlichen 6 % von T (oder 1/16) werden vom „Kern" der Welle ($\rho = 0$ bis $\rho = r/2$) aufgenommen. Daraus folgt, dass das in der *Außenregion* der Welle befindliche Material sehr wirkungsvoll ist, ein Torsionsmoment aufzunehmen. Damit rechtfertigt sich der Gebrauch von Hohlwellen als effektives Mittel zur Übertragung von Torsionsmomenten bei gleichzeitiger Materialeinsparung.

Beispiel 6.3

Die in Abbildung 6.12a dargestellte Welle wird von zwei Lagern gestützt und ist drei Drehmomenten ausgesetzt. Bestimmen Sie die in den Punkten A und B hervorgerufene Schubspannung, wobei sich die Punkte im Schnitt a-a der Welle befinden, Abbildung 6.12b.

$M_1 = 4250$ kN mm, $M_2 = 3000$ kN mm, $M_3 = 1250$ kN mm, $r = 75$ mm, $\rho = 15$ mm

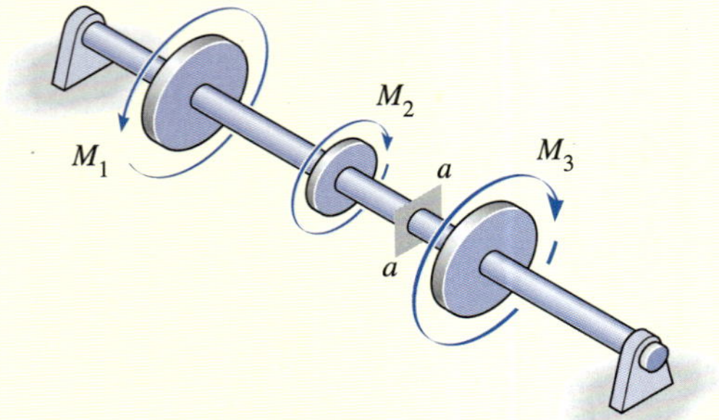

(a)

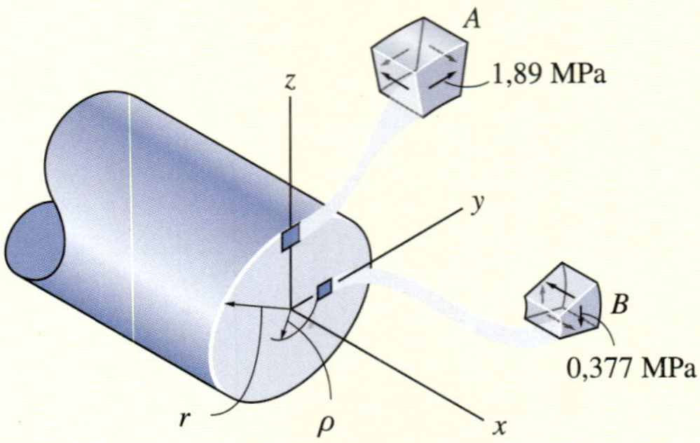

(c)

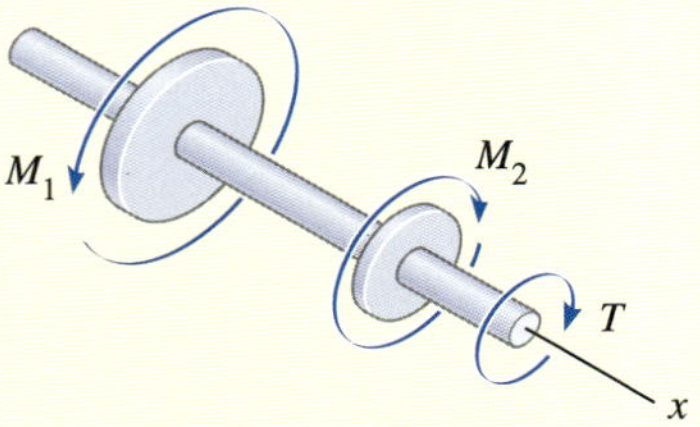

(b)

Abbildung 6.12

Lösung

Inneres Torsionsmoment Die Lagerreaktionen an der Welle sind null, vorausgesetzt, das Gewicht der Welle wird vernachlässigt. Des Weiteren erfüllen die äußeren Drehmomente die Gleichgewichtsbedingung um die Wellenachse.

Das innere Torsionsmoment bei Schnitt a-a wird aus dem Freikörperbild des linken Segments bestimmt, Abbildung 6.12b. Wir erhalten

$$\sum M_x = 0; \quad M_1 - M_2 - T = 0$$

$$T = M_1 - M_2$$

$$T = 1250 \text{ kN mm}$$

Schnittflächengeometrie Das polare Flächenträgheitsmoment der Welle ist

$$I_p = \frac{\pi}{2} r^4 = \frac{\pi}{2} (75\,\text{mm})^4 = 4{,}97\ (10^7)\ \text{mm}^4$$

Schubspannung Da Punkt A bei $\rho = r = 75$ mm liegt, ergibt sich

$$\tau_A = \frac{T \cdot r}{I_p} = \frac{(1250\,\text{kN mm})(75\,\text{mm})}{4{,}97 \cdot 10^7\ \text{mm}^4} = 1{,}89\ \text{N/mm}^2 = 1{,}89\ \text{MPa}$$

Analog erhalten wir für Punkt B bei $\rho = 15$ mm

$$\tau_B = \frac{T \cdot \rho}{I_p} = \frac{(1250\,\text{kN mm})(15\,\text{mm})}{4{,}97 \cdot 10^7\ \text{mm}^4} = 0{,}377\ \text{N/mm}^2 = 0{,}377\ \text{MPa}$$

Die Richtungen dieser Spannungen an den Stirnflächen der Elemente A und B, Abbildung 6.12c, werden durch die Wirkrichtung des resultierenden inneren Torsionsmoments T, Abbildung 6.12b, vorgegeben. Achten Sie darauf, wie die Schubspannungen an den anderen Begrenzungsflächen dieser Elemente wirken.

Beispiel 6.4 Das in Abbildung 6.13a dargestellte Rohr hat einen Innendurchmesser d_i und einen Außendurchmesser d_a. Das Ende wird in das Lager bei A mit Hilfe eines bei B angesetzten Drehmomentschlüssels eingeschraubt. Bestimmen Sie die Schubspannung, die in dem Material an den Innen- und Außenwänden in der Mitte des Rohres erzeugt wird, wenn der Drehmomentschlüssel an unterschiedlichen Hebelarmen l_1 und l_2 mit der Kraft F gedreht wird.

$F = 80$ N, $d_i = 80$ mm, $d_a = 100$ mm, $l_1 = 300$ mm, $l_2 = 200$ mm

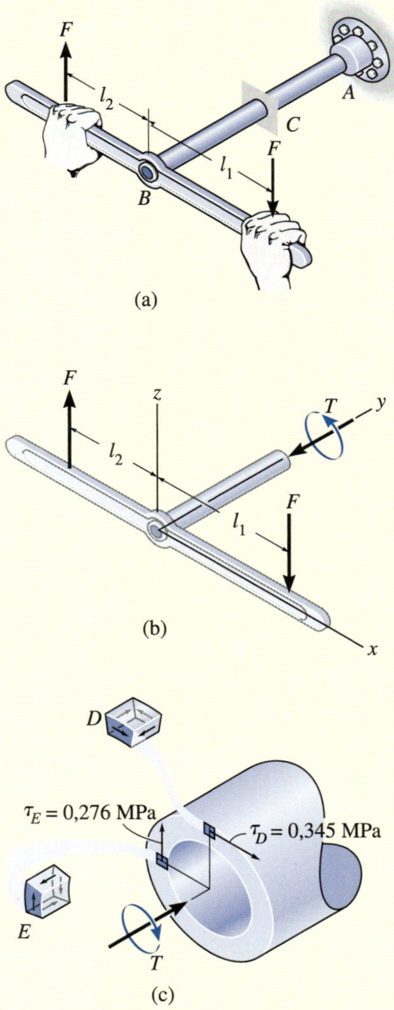

Abbildung 6.13

Lösung

Inneres Torsionsmoment In der Mitte C des Rohres wird ein Schnitt gelegt, Abbildung 6.13b. Die einzige Unbekannte an diesem Schnitt ist das innere Torsionsmoment T. Die Kräfte- und Momentengleichgewichte um die x- und die z-Achse sind erfüllt. Bezüglich der y-Achse erhält man

$$\sum M_y = 0\,; \quad F\,l_1 + F\,l_2 - T = 0$$

$$T = F\,(l_1 + l_2) = 80\text{ N}\,(0{,}2\text{ m} + 0{,}3\text{ m}) = 40\text{ Nm}$$

Schnittflächengeometrie Das polare Flächenträgheitsmoment des Rohrquerschnitts ist

$$I_p = \frac{\pi}{2}\left(r_a^4 - r_i^4\right) = \frac{\pi}{2}\left[\left(\frac{d_a}{2}\right)^4 - \left(\frac{d_i}{2}\right)^4\right] = \frac{\pi}{2}\left[(0{,}05\,\text{m})^4 - (0{,}04\,\text{m})^4\right]$$

$$I_p = 5{,}80\,(10^{-6})\text{ m}^4$$

Schubspannung Für jeden an der Oberfläche des Rohres befindlichen Punkt mit $\rho = r_a = 0{,}05$ m erhalten wir

$$\tau_a = \frac{T \cdot r_a}{I_p} = \frac{(40\,\text{Nm})(0{,}05\,\text{m})}{5{,}80 \cdot 10^{-6}\,\text{m}^4} = 0{,}345\text{ MPa}$$

Und für jeden an der inneren Berandung befindlichen Punkt mit $\rho = r_i = 0{,}04$ m ergibt sich

$$\tau_i = \frac{T \cdot r_i}{I_p} = \frac{(40\,\text{Nm})(0{,}04\,\text{m})}{5{,}80 \cdot 10^{-6}\,\text{m}^4} = 0{,}276\text{ MPa}$$

Zur Veranschaulichung, wie diese Spannungen an den repräsentativen Punkten D und E der Querschnittsfläche wirken, sehen wir uns zuerst den Querschnitt von der Vorderseite des Segmentes CA des Rohres an, Abbildung 6.13a. An diesem Schnitt, Abbildung 6.13c, ist das resultierende innere Torsionsmoment gleich groß, aber entgegengesetzt gerichtet zu jenem in Abbildung 6.13b. Die Schubspannungen bei D und E tragen zu diesem Moment bei und wirken deshalb an den vorderen Seiten der Elemente in den dargestellten Richtungen. Beachten Sie, wie die zugeordneten Schubspannungen demzufolge an den anderen drei Seiten wirken. Da außerdem die Oberseite D und die innere Seite von E Bestandteile der spannungsfreien Rohraußen- und -innenseite darstellen, sind diese Begrenzungsflächen der Volumenelemente in jedem Falle schubspannungsfrei.

Die Richtung des Schnittmoments T ist in den Beispielen 6.3 und 6.4 anschaulich so gewählt worden, dass man ein positives Ergebnis erhält. Bei komplizierteren Beispielen lässt sich die wahre Drehrichtung nicht mehr vorhersagen. Es ist dann zweckmäßig, im Rahmen einer festgelegten Vorzeichenkonvention die Richtung entsprechend anzunehmen. Erhält man für T ein positives Ergebnis, war die angenommene Drehrichtung richtig, ist es negativ, hat man die angenommene Richtung umzukehren.

6.3 Leistungsübertragung in Antriebswellen

Voll- und Hohlwellen mit kreisförmigen Querschnitten werden oft zur Übertragung einer Leistung verwendet, die von einer Maschine erzeugt wird. In diesem Anwendungsfall sind die Wellen Torsionsmomenten ausgesetzt, die von der durch die Maschine erzeugten Leistung sowie von der Winkelgeschwindigkeit der Welle abhängig sind. ***Leistung*** wird als verrichtete Arbeit pro Zeiteinheit definiert. Die von einer Welle übertragene Arbeit ist gleich dem Torsionsmoment multipliziert mit dem Drehwinkel. Wenn während eines infinitesimal kurzen vorliegenden Zeitabschnittes dt das Torsionsmoment T eine Drehung der Welle $d\theta$ verursacht, ist deshalb die momentane Leistung

Die Antriebswelle dieser Schneidemaschine muss entsprechend der Leistungsabgabe des Motors bemessen werden.

$$P = \frac{T d\theta}{dt}$$

Weil die Winkelgeschwindigkeit der Welle $\omega = d\theta / dt$ ist, können wir die Leistung auch in der Form

$$P = T\,\omega \qquad (6.10)$$

ausdrücken.

Im Si-System wird die Leistung in *Watt* gemessen bei einer Erfassung des Torsionsmoments in Newton-Meter (Nm) und ω in Radiant pro Sekunde (rad/s): 1 W = 1 Nm/s.

In der Antriebstechnik wird oft die Frequenz f der Wellenrotation eingeführt. Das ist eine Messung der Umdrehungsanzahl der Welle pro Sekunde, und die Einheit wird Hertz genannt (1Hz = 1 U/s). Weil 1 U = 2π rad ist, folgt $\omega = 2\pi f$, und es ergibt sich damit

$$P = 2\pi f\, T \qquad (6.11)$$

Wellendimensionierung Bei der Leistungsübertragung durch eine Welle und bekannter Drehfrequenz kann das in der Welle vorliegende Torsionsmoment mit Gleichung (6.11) ermittelt werden, d.h., $T = P/(2\pi f)$. Bei bekanntem T sowie der zulässigen Schubspannung des Materials τ_{zul} können wir die erforderliche Größe des Wellenquerschnitts über die Formel der Torsionsspannung bestimmen, vorausgesetzt das Material verhält sich linear-elastisch. Im Einzelnen berechnet sich der Geometrieparameter I_p/r gemäß

$$\frac{I_p}{r} = \frac{T}{\tau_{zul}} \qquad (6.12)$$

Für eine Vollwelle ist $I_p = (\pi/2)\, r^4$ und somit kann *ein eindeutiger Wert* für den Wellenradius r bestimmt werden. Bei einer Hohlwelle mit $I_p = \pi/2\left(r_a^4 - r_i^4\right)$ erhält man einen großen Bereich von Möglichkeiten für die Lösung. Dies liegt daran, dass entweder für r_a oder r_i eine beliebige Wahl getroffen werden kann. Der jeweils andere Radius kann dann aus Gleichung (6.12) bestimmt werden.

Beispiel 6.5 Die in Abbildung 6.14 dargestellte Vollwelle wird zur Übertragung der Leistung P des treibenden Motors M benutzt. Bestimmen Sie bei einer Drehzahl n und einer zulässigen Schubspannung τ_{zul} den erforderlichen Wellendurchmesser und runden auf einen ganzzahligen Wert in mm.

$P = 3750$ W, $n = 175\ \text{min}^{-1}$, $\tau_{zul} = 100$ MPa

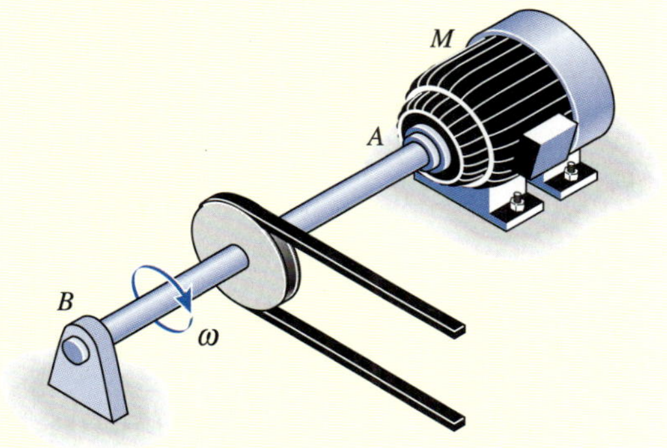

Abbildung 6.14

Lösung

Das Drehmoment in der Welle wird aus Gleichung (6.10) bestimmt, d.h. $P = T\omega$. Mit $\omega = n\,(2\pi\ rad/U)\,(1\ \text{min}/60\ s)$
ergibt sich

$$T = \frac{P}{\omega} = \frac{3750\,\text{Nm/s}}{(175\,\text{U/min})(2\pi\,\text{rad/U})(1\,\text{min}/60\,\text{s})} = 204{,}6\ \text{Nm}$$

Die Anwendung von Gleichung (6.12) führt auf

$$\frac{I_p}{r} = \frac{T}{\tau_{zul}} \qquad \frac{\pi}{2}\frac{r^4}{r} = \frac{T}{\tau_{zul}} \qquad r^3 = \frac{2T}{\pi\cdot\tau_{zul}}$$

$$r = \left(\frac{2T}{\tau_{zul}\pi}\right)^{1/3} = \left[\frac{2(204{,}6\,\text{Nm})}{\pi\cdot 100\cdot 10^6\,\text{N/m}^2}\right]^{1/3} = 10{,}92\ \text{mm}$$

Da $d = 2r = 21{,}84$ mm gilt, wählen wir eine Welle mit

$$d = 22\ \text{mm}$$

Beispiel 6.6

Eine Hohlwelle mit dem Innendurchmesser d_i und dem Außendurchmesser d_a wird für die Übertragung einer Leistung P genutzt. Bestimmen Sie die Drehfrequenz der Welle, so dass die Schubspannung τ_{max} nicht überschritten wird.

$P = 90\ \text{kW},\ d_i = 30\ \text{mm},\ d_a = 42\ \text{mm},\ \tau_{max} = 50\ \text{MPa}$

Lösung

$$\tau_{max} = \frac{T \cdot r_a}{I_p}$$

$$T = \frac{\tau_{max} \cdot I_p}{r_a} = \frac{\tau_{max}}{r_a}\frac{\pi}{2}\left[\left(\frac{d_a}{2}\right)^4 - \left(\frac{d_i}{2}\right)^4\right]$$

$$= \frac{50 \cdot 10^6\ \text{N/m}^2}{0{,}021\,\text{m}}\frac{\pi}{2}\left[(0{,}021\,\text{m})^4 - (0{,}015\,\text{m})^4\right] = 538\,\text{Nm}$$

Bei Anwendung der Gleichung (6.11) ergibt sich die Drehfrequenz wie folgt:

$$P = 2\pi f T$$

$$f = \frac{P}{2\pi T} = \frac{90(10^3)\ \text{Nm/s}}{2\pi(538\ \text{Nm})} = 26{,}62\,\text{Hz}$$

6.4 Verdrehwinkel

Ölquellen werden gewöhnlich in Tiefen über eintausend Meter angebohrt. Demzufolge kann der gesamte Verdrehwinkel der Endquerschnitte eines Bohrgestänges eine wesentliche Einflussgröße für die Dimensionierung sein und muss berechnet werden.

Manchmal hängt die Bemessung einer Welle unter Drehmomentenbelastung von der zulässigen Grenze der resultierenden Verdrehung der Endquerschnitte gegeneinander ab. Weiterhin ist die Berechnung dieses Verdrehwinkels wichtig, wenn die Reaktionskräfte in statisch unbestimmt gelagerten Wellen ermittelt werden müssen.

In diesem Abschnitt werden wir eine Formel für die Bestimmung des ***Verdrehwinkels*** ϕ der Endquerschnitte einer Welle gegeneinander herleiten. Es wird angenommen, dass die Welle einen kreisförmigen Querschnitt hat, der sich allmählich über ihre Länge ändert, Abbildung 6.15a. Außerdem soll das Material homogen sein und sich linear-elastisch verhalten, wenn ein Torsionsmoment einwirkt. Wie im Fall des axial belasteten Stabes werden wir die an den Angriffsstellen des Torsionsmoments oder bei abrupten Querschnittsänderungen auftretenden lokalen Deformationen vernachlässigen. Infolge des Prinzips von Saint-Venant treten diese Effekte innerhalb kleiner Bereiche der Wellenlänge auf und haben lediglich einen kleinen Einfluss auf das Endergebnis.

Dazu wird eine differenziell kleine Scheibe der Dicke dx an der Position x aus der Welle herausgeschnitten, Abbildung 6.15b. Das innere resultierende Torsionsmoment wird als $T(x)$ bezeichnet, denn durch die äußere Belastung kann sich die innere Beanspruchung entlang der Wellenachse ändern. Infolge des Torsionsmoments $T(x)$ verdreht sich die Scheibe derart, dass die *relative Drehung* einer ihrer Stirnseiten in

Bezug zur anderen Seite $d\phi$ ist, Abbildung 6.15b. Demzufolge unterliegt ein an einem beliebigen Radius ρ innerhalb der Scheibe gelegenes Element des Materials der Gleitung γ. Die Werte von γ und $d\phi$ stehen durch Gleichung (6.1) miteinander in Beziehung:

$$d\phi = \gamma \frac{dx}{\rho} \tag{6.13}$$

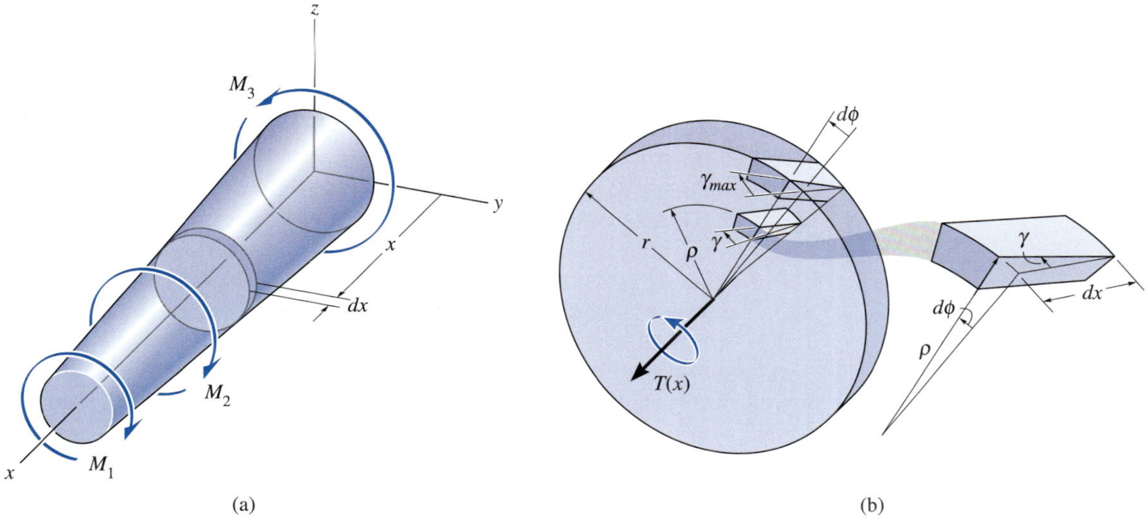

Abbildung 6.15

Weil das Hooke'sche Gesetz $\gamma = \tau / G$ gilt und die Schubspannung durch das vorliegende Torsionsmoment mit Hilfe der Formel der Torsionsspannung $\tau = T(x)\rho \,/\, I_p(x)$ ausgedrückt werden kann, ergibt sich $\gamma = T(x)\rho/(I_p(x)G)$. Durch Einsetzen in Gleichung (6.13) ist der differenzielle Verdrehwinkel der Scheibenquerschnitte gegeneinander

$$d\phi = \frac{T(x)}{I_p(x)G} dx$$

Durch Integration über die gesamte Länge L der Welle erhalten wir den Verdrehwinkel für die ganze Welle, nämlich

$$\phi = \int_0^L \frac{T(x)}{I_p(x)G} dx \tag{6.14}$$

Hierbei ist

ϕ = der Verdrehwinkel der Endquerschnitte der Welle gegeneinander, gemessen in rad

$T(x)$ = das Torsionsmoment an der Stelle x, ermittelt aus einem Freikörperbild und dem Momentengleichgewicht um die Wellenachse

$I_p(x)$ = das polare Trägheitsmoment des Wellenquerschnitts, im Allgemeinen abhängig von x

G = der Schubmodul des Materials

Bei der Berechnung der Spannung und des Verdrehwinkels dieses Bohrwerkzeuges ist es notwendig, die veränderliche Belastung entlang der Welle zu berücksichtigen.

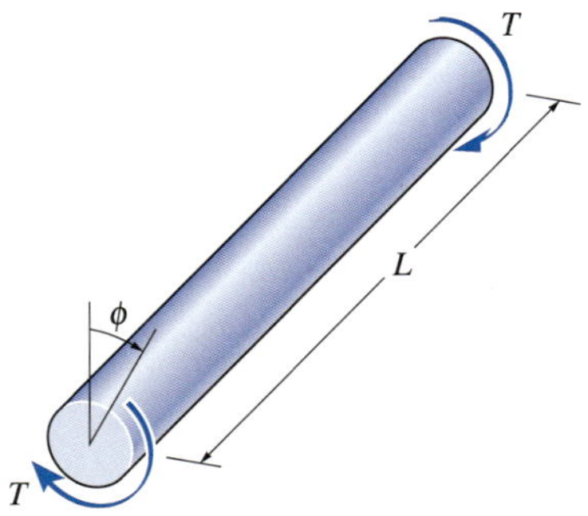

Abbildung 6.16

Konstantes Torsionsmoment und konstante Querschnittsfläche Normalerweise ist in der ingenieurtechnischen Praxis das Material homogen, so dass G konstant ist. Oft sind auch die Querschnittsfläche der Welle sowie das vorliegende Torsionsmoment über die Wellenlänge konstant, Abbildung 6.16. In diesem Fall ist das innere Torsionsmoment $T(x) = T$ und das polare Flächenträgheitsmoment $I_p(x) = I_p$, und Gleichung (6.14) liefert nach Auswertung

$$\phi = \frac{T \cdot L}{I_p \cdot G} \tag{6.15}$$

Die Ähnlichkeiten zwischen den Gleichungen (6.14) und (6.15) und jenen für einen axial belasteten Stab ($\delta = \int P(x)/(A(x)E)dx$ und $\delta = PL/AE$) sollten beachtet werden.

Wir können Gleichung (6.15) auch zur Bestimmung des Schubmoduls G des Materials verwenden. Dazu wird ein Probekörper bekannter Länge und bekannten Durchmessers in eine Versuchsmaschine eingespannt wie in Abbildung 6.17 dargestellt. Das einwirkende Torsionsmoment T und der Verdrehwinkel ϕ werden dann im Bereich der Messlänge L ermittelt. Bei Anwendung der Gleichung (6.15) ist $G = TL/I_p\phi$. Generell werden mehrere solcher Versuche durchgeführt und es wird ein Durchschnittswert für G gebildet, um einen zuverlässigeren Mittelwert zu erhalten.

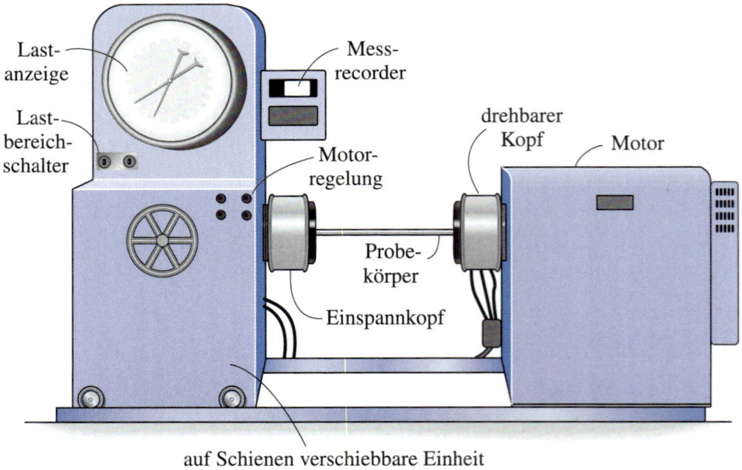

Abbildung 6.17

Bei Einwirkung von mehreren unterschiedlichen äußeren Drehmomenten oder einer abrupten Änderung des Querschnittes oder des Schubmoduls von einem Abschnitt zum nächsten kann Gleichung (6.15) für jedes einzelne Segment der Welle angewendet werden, für das die Größen konstant bleiben.

Der resultierende Verdrehwinkel der Stabenden gegeneinander kann dann durch Addition der Verdrehwinkel für jedes Segment ermittelt werden:

$$\phi = \sum \frac{T\,L}{I_p\,G} \tag{6.16}$$

Vorzeichenvereinbarung Zur Anwendung der Gleichung (6.16) müssen wir eine Vorzeichenvereinbarung für das innere Torsionsmoment und den Verdrehwinkel der Stabenden gegeneinader treffen. Dazu benutzen wir die Rechte-Hand-Regel, wobei sowohl das Moment als auch der Winkel *positiv* sind, vorausgesetzt der *Daumen* zeigt *aus* der Welle *heraus*, wenn die Finger gebeugt werden und die Verdrehtendenz anzeigen, Abbildung 6.18.

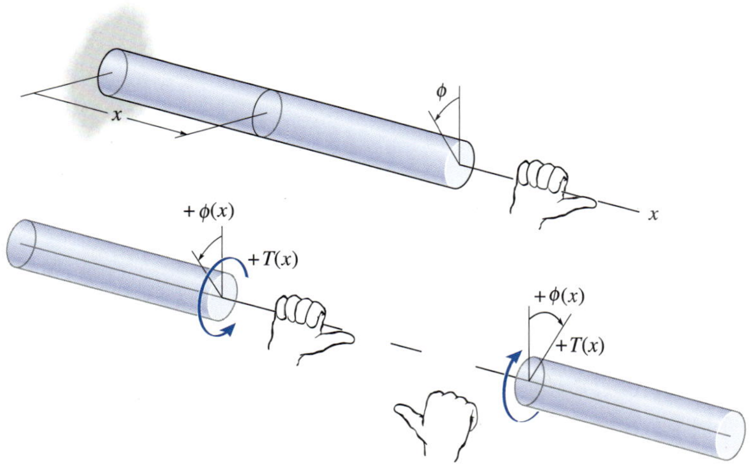

Vorzeichenkonvention
für T und ϕ

Abbildung 6.18

Zur Illustration der Vorzeichenvereinbarung betrachten wir die in Abbildung 6.19a dargestellte Welle, die vier Drehmomenten M_A, M_B, M_C und M_D ausgesetzt ist. Es soll der Verdrehwinkel des Endes A in Bezug auf D ermittelt werden. Für dieses Problem müssen drei Segmente der Welle betrachtet werden, denn das innere Torsionsmoment ändert sich bei B und C.

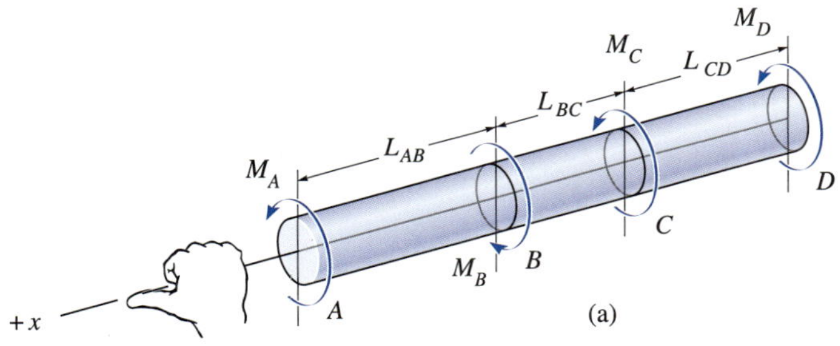

Abbildung 6.19

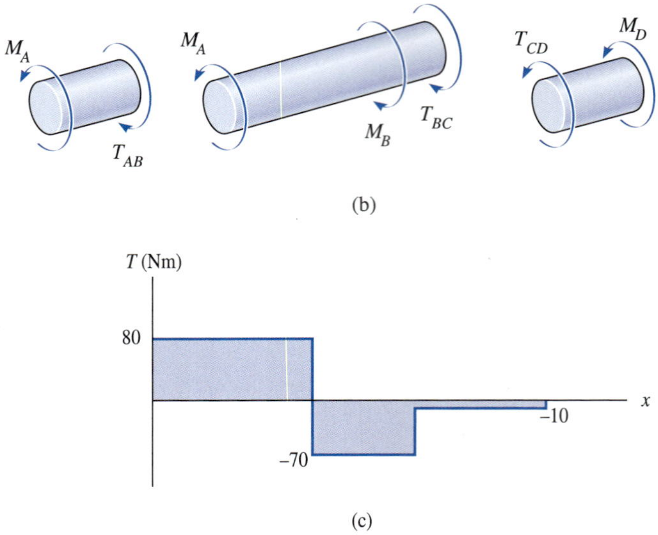

Abbildung 6.19

$$M_A = 80 \text{ Nm},\ M_B = 150 \text{ Nm},\ M_C = 60 \text{ Nm},\ M_D = 10 \text{ Nm}$$

Durch entsprechendes Freischneiden werden die inneren Torsionsmomente für jedes Segment ermittelt, Abbildung 6.19b. Mit der Rechte-Hand-Regel, mit positiven Momenten vom *Schnittufer* der Welle weggerichtet, erhalten wir $T_{AB} = M_A = 80$ Nm, $T_{BC} = M_A - M_B = -70$ Nm und $T_{CD} = -M_D = -10$ Nm. Diese Ergebnisse sind auch in die Momentenlinie für die Welle eingetragen, Abbildung 6.19c. Mit Gleichung (6.16) ergibt sich der resultierende Torsionswinkel

$$\phi_{A/D} = \frac{T_{AB} \cdot L_{AB}}{I_p \cdot G} + \frac{T_{BC} \cdot L_{BC}}{I_p \cdot G} + \frac{T_{CD} \cdot L_{CD}}{I_p \cdot G}$$
$$= \frac{(+80\,\text{Nm}) \cdot L_{AB}}{I_p \cdot G} + \frac{(-70\,\text{Nm}) \cdot L_{BC}}{I_p \cdot G} + \frac{(-10\,\text{Nm}) \cdot L_{CD}}{I_p \cdot G}$$

Wenn alle Daten eingesetzt werden und das Ergebnis insgesamt positiv ist, bedeutet dies eine Drehung des Endquerschnittes A wie durch die Beugung der Rechte-Hand-Finger angedeutet, wenn der Daumen von der Welle *weggerichtet* ist, Abbildung 6.19a. Die Doppelindizierung wird benutzt, um die relative Verdrehung ($\phi_{A/D}$) anzudeuten. Wenn allerdings der Verdrehwinkel relativ zu einer *fixen Stelle* bestimmt werden soll, verwendet man nur einen Index. Wenn sich zum Beispiel D an einer festen Einspannung befindet, wird der berechnete Verdrehwinkel als ϕ_A bezeichnet.

Wichtige Punkte zur Lösung von Aufgaben

- Der Verdrehwinkel wird bestimmt, indem das vorliegende Torsionsmoment und die Torsionsschubspannung mit Hilfe der Formel $\tau = T\rho / I_p$ in Beziehung gesetzt und die relative Verdrehung und die Schubverzerrung über $d\phi = \gamma\ dx/\rho$ verknüpft werden. Diese Gleichungen werden schließlich über das Hooke'sche Gesetz $\tau = G\gamma$ miteinander verknüpft, woraus Gleichung (6.14) folgt.
- Da für die Herleitung der Formel des Verdrehwinkels das Hooke'sche Gesetz angewendet wird, ist es von wesentlicher Bedeutung, dass die vorliegenden Torsionsmomente kein Fließen des Materials verursachen und das Material homogen ist und sich linear-elastisch verhält.

Lösungsweg

Der Verdrehwinkel der Enden einer Welle oder eines Rohres gegeneinander kann durch Anwendung der Gleichungen (6.14) bis (6.16) bestimmt werden.

Inneres Torisonsmoment

- Das innere Torsionsmoment wird an einer beliebigen Stelle der Welle durch Freischneiden sowie ein Momentengleichgewicht um die Wellenachse ermittelt.
- Wenn sich das Torsionsmoment entlang der Welle ändert, ist ein Schnitt an einer beliebigen Position x entlang der Welle zu machen und das Torsionsmoment als eine Funktion von x, d.h. $T(x)$, auszudrücken.
- Wenn verschiedene konstante äußere Drehmomente an der Welle zwischen ihren Enden einwirken, muss das innere Torsionsmoment in jedem *Wellensegment* zwischen je zwei äußeren Drehmomenten bestimmt werden. Die Ergebnisse können in einer Torsionsmomentenlinie dargestellt werden.

Verdrehwinkel

- Bei einer Änderung des kreisförmigen Querschnitts über der Stablänge muss das polare Flächenträgheitsmoment als Funktion von x, d.h. $I_p(x)$, ausgedrückt werden.
- Wenn sich das Flächenträgheitsmoment oder das innere Torsionsmoment zwischen den Enden der Welle *plötzlich ändert*, muss $\phi = \int T(x)/(I_p(x)G)\ dx$ oder $\phi = TL/(I_pG)$ auf *jedes Segment* angewendet werden, für das I_p, G und T konstant sind.
- Wenn die inneren Torsionsmomente für jedes Segment ermittelt worden sind, ist auf eine konsistente Vorzeichenvereinbarung für die Welle zu achten, um die resultierende Verdrehung der Wellenenden gegeneinander berechnen zu können.

Beispiel 6.7

Die auf einer am Ende E fest eingespannten Welle angebrachten Zahnräder werden durch die in Abbildung 6.20a dargestellten Drehmomente belastet. Bestimmen Sie bei gegebenem Schubmodul G und Wellendurchmesser d die Verschiebung des Zahns P auf dem Zahnrad A (Radius r) in Umfangsrichtung. Die Welle kann sich im Lager bei B frei drehen.

$G = 80$ GPa, $d = 14$ mm, $M_A = 150$ Nm, $M_C = 280$ Nm, $M_D = 40$ Nm, $l_{AC} = 0{,}4$ m, $l_{CD} = 0{,}3$ m, $l_{DE} = 0{,}5$ m, $r_A = 100$ mm

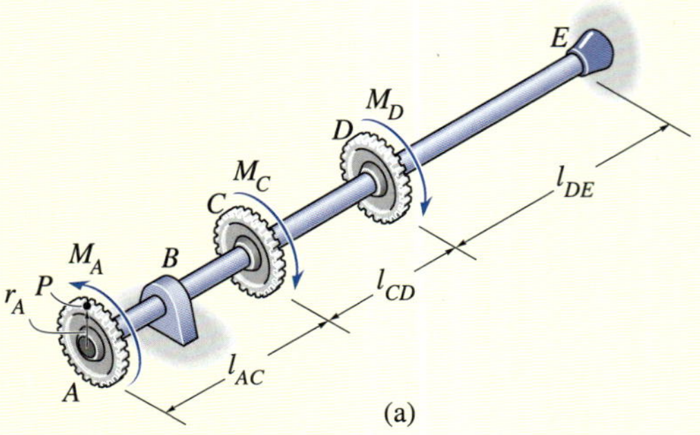

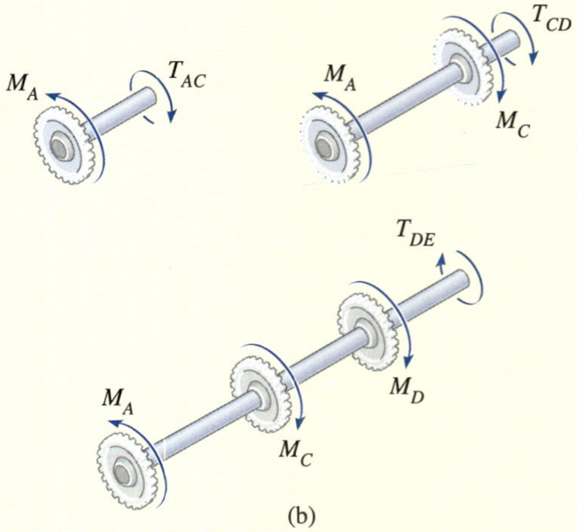

Abbildung 6.20

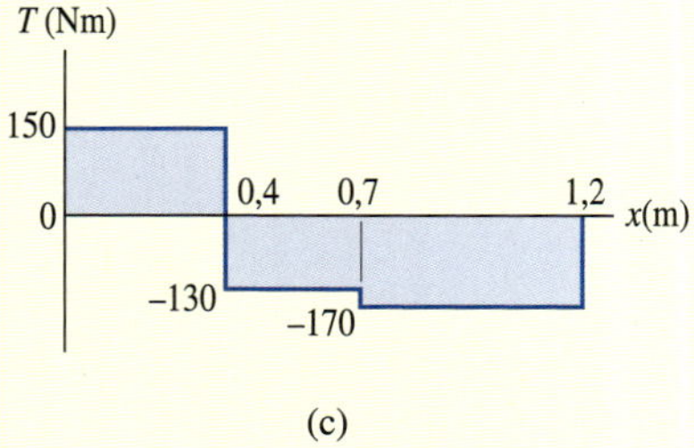

Lösung

Inneres Torsionsmoment Es ist offensichtlich, dass die Torsionsmomente in den Segmenten AC, CD und DE unterschiedlich groß, aber in jedem Segment konstant sind. Die Freikörperbilder sind für jedes entsprechende Wellensegment zusammen mit den inneren Torsionsmomenten in Abbildung 6.20b dargestellt. Mit Hilfe der Rechte-Hand-Regel und der eingeführten Vorzeichenvereinbarung, dass positive Momente vom geschnittenen Wellenende weggerichtet sind, erhalten wir

$$\sum M_{AC} = 0; \quad T_{AC} - M_A = 0$$
$$T_{AC} = M_A$$
$$T_{AC} = 150 \text{ Nm}$$

$$\sum M_{CD} = 0; \quad T_{CD} - M_A + M_C = 0$$
$$T_{CD} = M_A - M_C$$
$$T_{CD} = -130 \text{ Nm}$$

$$\sum M_{DE} = 0; \quad -M_A + M_C + M_D + T_{DE} = 0$$
$$T_{DE} = M_A - M_C - M_D$$
$$T_{DE} = -170 \text{ Nm}$$

Diese Ergebnisse sind auch in dem Torsionsmomentendiagramm in Abbildung 6.20c dargestellt.

Verdrehwinkel Das polare Flächenträgheitsmoment für die Welle ist

$$I_p = \frac{\pi}{2} r^4 = \frac{\pi}{2}\left(\frac{d}{2}\right)^4 = \frac{\pi}{2}(0{,}007\,\mathrm{m})^4 = 3{,}77\left(10^{-9}\right)\mathrm{m}^4$$

Durch Anwendung der Gleichung (6.16) auf jedes Segment und Addition erhalten wir

$$\phi_A = \sum \frac{T\,L}{I_p G} = \frac{1}{I_p G}\left(T_{AC} l_{AC} + T_{CD} l_{CD} + T_{DE} l_{DE}\right)$$

$$= \frac{1}{\left(3{,}77 \cdot 10^{-9}\,\mathrm{m}^4\right)\left(80 \cdot 10^9\,\mathrm{N/m^2}\right)}\left[(150\,\mathrm{Nm})(0{,}4\,\mathrm{m}) + (-130\,\mathrm{Nm})(0{,}3\,\mathrm{m}) + (-170\,\mathrm{Nm})(0{,}5\,\mathrm{m})\right]$$

$$= -0{,}212\,\mathrm{rad}$$

Da das Ergebnis negativ ist, muss infolge der Rechte-Hand-Regel der Daumen zum Ende E der Welle hin gerichtet sein, und damit dreht sich das Zahnrad A gemäß Darstellung in Abbildung 6.20d.

Die Verschiebung des Zahns P auf dem Zahnrad A in Umfangsrichtung ist

$$s_P = \phi_A \cdot r_A = (0{,}212\ \mathrm{rad})(100\ \mathrm{mm}) = 21{,}2\ \mathrm{mm}$$

Beachten Sie, dass diese Berechnung nur gültig ist, wenn die Schubspannung die Proportionalitätsgrenze des Materials nicht übersteigt.

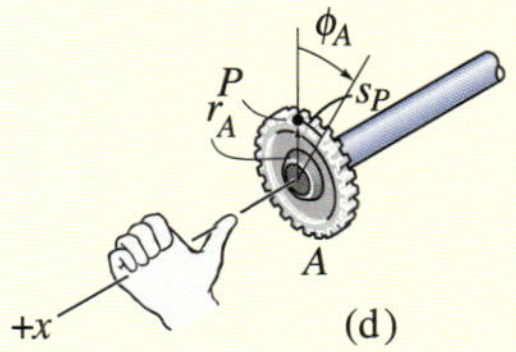

(d)

Abbildung 6.20

Beispiel 6.8

Die beiden Vollwellen, dargestellt in Abbildung 6.21a, sind über die beiden ineinander greifenden Zahnräder verbunden. Bestimmen Sie den Verdrehwinkel des Endes A der Welle AB, wenn ein Drehmoment M_T einwirkt. Die Welle AB kann sich in den Lagern E und F frei bewegen, während die Welle DC bei D fest eingespannt ist. Beide Wellen haben den Durchmesser d. Die Zahnräder greifen spielfrei ineinander.

$G = 80$ GPa, $M_T = 45$ Nm, $d = 20$ mm, $l_{AB} = 2{,}0$ m, $l_{DC} = 1{,}5$ m, $r_B = 0{,}150$ m, $r_C = 0{,}075$ m

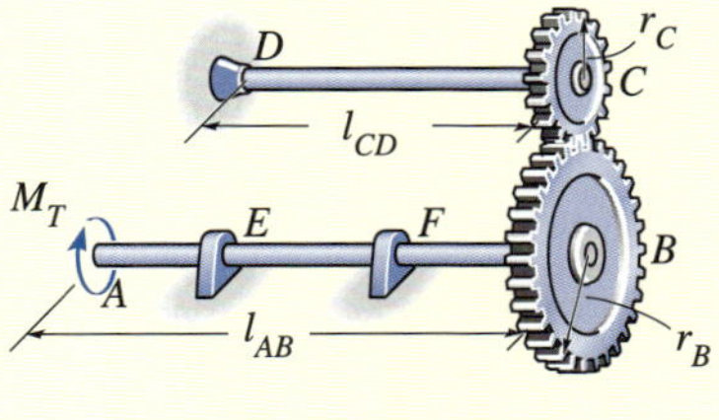

(a)

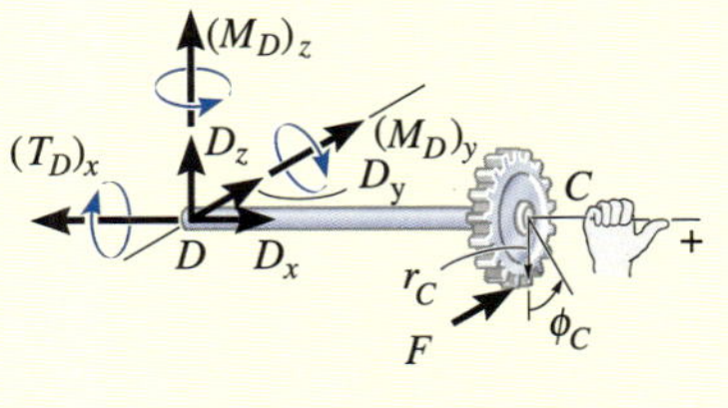

(b)

Abbildung 6.21

Lösung

Inneres Torsionsmoment Die Freikörperbilder für die Wellensegmente AB und DC sind in Abbildung 6.21b und Abbildung 6.21c dargestellt. Die Summe der Momente um die x-Achse der Welle AB ergibt die tangentiale Reaktionskraft F. Die Summe der Momente um die x-Achse der Welle DC lässt die Ursache des Torsionsmoments $(T_D)_x$ durch F erkennen:

$$\sum M_{AB} = 0; \quad M_T - F\,r_B = 0$$

$$M_T = F\,r_B$$

$$F = \frac{M_T}{T_B} = \frac{45\,\mathrm{Nm}}{0{,}150\,\mathrm{m}} = 300\ \mathrm{N}$$

$$\sum M_{DC} = 0; \quad (T_D)_x - F\,r_C = 0$$

$$(T_D)_x = F\,r_C = (300\ \mathrm{N})\ (0{,}075\ \mathrm{m}) = 22{,}5\ \mathrm{Nm}$$

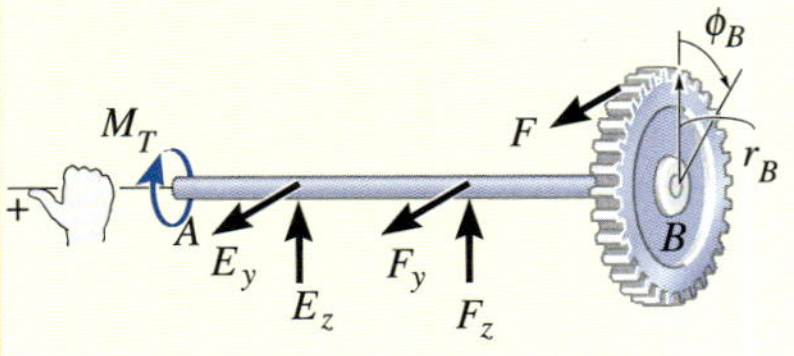

(c)

Abbildung 6.21

Verdrehwinkel Zur Lösung der Aufgabe berechnen wir zuerst die Verdrehung des Zahnrades C infolge des Torsionsmoments in der Welle DC, Abbildung 6.21c. Der Verdrehwinkel ist

$$\phi_C = \frac{T\,L}{I_p\,G} = \frac{(T_D)_x\, l_{DC}}{\frac{\pi}{2}\left(\frac{d}{2}\right)^4 G} = \frac{(+22{,}5\,\text{Nm})(1{,}5\,\text{m})}{\frac{\pi}{2}(0{,}010\,\text{m})^4(80\cdot 10^9\,\text{N/m}^2)} = +\,0{,}0269\ \text{rad}$$

Da die Zahnräder an den Wellenenden ineinander greifen, verursacht die Verdrehung ϕ_C des Zahnrades C eine Verdrehung ϕ_B von Zahnrad B, Abbildung 6.21c:

$$\phi_B \cdot r_B = \phi_C \cdot r_C$$

$$\phi_B = \frac{\phi_C\, r_C}{r_B} = \frac{(0{,}0269\,\text{rad})(0{,}075\,\text{m})}{0{,}150\ \text{m}} = +\,0{,}0134\ \text{rad}$$

Für das Torsionsmoment im Bereich AB gilt

$$T_{AB} = M_T = 45\ \text{Nm}$$

Wir werden nun den durch das Moment M_T verursachten Verdrehwinkel der Enden A und B der Welle AB gegeneinander bestimmen, Abbildung 6.21c. Wir erhalten

$$\phi_{A/B} = \frac{T_{AB}\cdot l_{AB}}{\frac{\pi}{2}\left(\frac{d}{2}\right)^4\cdot G} = \frac{(+45\,\text{Nm})(2\,\text{m})}{\frac{\pi}{2}(0{,}010\,\text{m})^4(80\cdot 10^9\,\text{N/m}^2)} = +\,0{,}0716\ \text{rad}$$

Die Verdrehung des Endes A wird somit durch die Addition von $\phi_{A/B}$ und ϕ_B bestimmt, denn beide Winkel zeigen in dieselbe Richtung, Abbildung 6.21c. Wir erhalten

$$\phi_A = \phi_B + \phi_{A/B} = 0{,}0134\ \text{rad} + 0{,}0716\ \text{rad} = +\,0{,}0850\ \text{rad}$$

Beispiel 6.9

Ein Pfosten mit Vollkreisquerschnitt aus Metallguss (Schubmodel G) mit dem Durchmesser d ist auf die Tiefe l_1 in den Boden eingegraben, Abbildung 6.22a. Bestimmen Sie die maximale Schubspannung im Pfosten und den Verdrehwinkel des oberen Endes gegenüber dem unteren Ende, wenn auf ihn über den starren Schraubenschlüssel ein Drehmoment wirkt. Nehmen Sie an, dass der Boden einen gleichmäßigen Torsionswiderstand m_T entlang der Länge l_1 überträgt und der Pfosten sich gerade noch nicht in Bewegung setzt.

$F = 100$ N, $G = 40\ (10^3)$ MPa, $d = 50$ mm, $l_1 = 600$ mm, $l_2 = 900$ mm, $a = 150$ mm

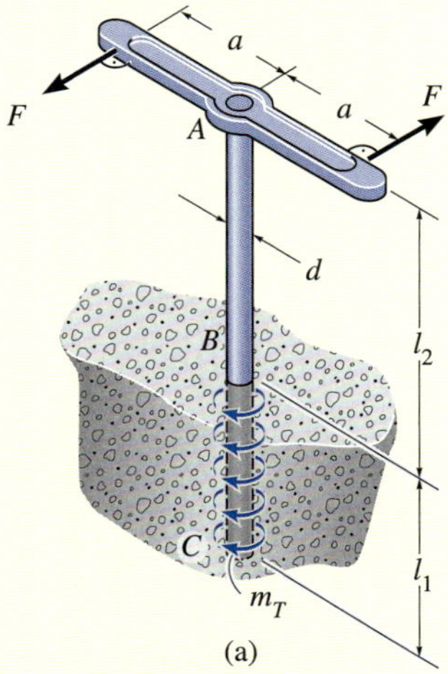

(a)

Abbildung 6.22

Lösung

Inneres Torsionsmoment Das innere Torsionsmoment im Segment AB des Pfostens ist konstant. Aus dem Freikörperbild, Abbildung 6.22b, erhalten wir

$$\sum M_z = 0; \quad -F\,a - F\,a + T_{AB} = 0$$

$$T_{AB} = F\,(2\,a) = (100\text{ N})\,2\,(0{,}15\text{ m})$$

$$T_{AB} = 30\text{ Nm} = 30\,(10^3)\text{ Nmm}$$

Die Größe des Torsionswiderstandes in dem vergrabenen Segment BC kann aus dem Momentengleichgewicht des gesamten Pfostens bestimmt werden, Abbildung 6.22c:

$$\sum M_z = 0; \quad 2F\,a - m_T\,l_1 = 0$$

$$m_T = \frac{2F\cdot a}{l_1} = \frac{(100\,\text{N})(300\,\text{mm})}{600\,\text{mm}}$$

$$m_T = 50\text{ Nmm/mm}$$

Somit erhalten wir aus dem Freikörperbild eines an der Stelle x geschnittenen Abschnittes des Pfostens innerhalb des Bereichs BC, Abbildung 6.22d,

$$\sum M_z = 0; \quad T_{BC} - m_T x = 0$$

$$T_{BC} = m_T x = 2Fa\,x/l_1$$

Maximale Schubspannung Die größte Schubspannung tritt im Bereich AB auf, denn das Torsionsmoment ist dort am größten, und I_p ist für den Pfeiler konstant. Mit Hilfe der Formel der Torsionsschubspannung erhalten wir

$$\tau_{max} = \frac{T_{AB}r}{I_p} = \frac{T_{AB}\frac{d}{2}}{\frac{\pi}{2}\left(\frac{d}{2}\right)^4} = \frac{\left(30\left(10^3\right)\text{Nmm}\right)(25\,\text{mm})}{\frac{\pi}{2}(25\,\text{mm})^4} = 1{,}22\text{ N/mm}^2$$

Verdrehwinkel Der Verdrehwinkel des oberen Endes relativ zum unteren Ende des Pfostens kann bestimmt werden, denn er ist unten eingespannt und dreht sich gerade noch nicht. Beide Segmente AB und BC verdrillen sich und wir erhalten

$$\phi_A = \frac{T_{AB}l_2}{I_pG} + \int_0^{l_1} \frac{T_{BC}\,dx}{I_pG} = \frac{T_{AB}l_2}{I_pG} + \frac{m_T}{I_pG}\int_0^{l_1} x\,dx$$

$$= \frac{T_{AB}l_2}{I_pG} + \frac{m_T}{I_pG}\frac{1}{2}\left[x_2^2 - x_1^2\right]_0^{l_1} = \frac{T_{AB}l_2}{I_pG} + \frac{m_T}{I_pG}\frac{1}{2}\left(l_1^2 - 0\right)$$

$$= \frac{T_{AB}l_2 + \frac{m_T}{2}l_1^2}{\frac{\pi}{2}\left(\frac{d}{2}\right)^4 G} = \frac{30\left(10^3\right)\text{Nmm}\,(900\,\text{mm}) + 25\,\text{Nmm/mm}\,(600\,\text{mm})^2}{\frac{\pi}{2}(25\,\text{mm})^4\,40\left(10^3\right)\text{N/mm}^2}$$

$$= 0{,}00147\text{ rad}$$

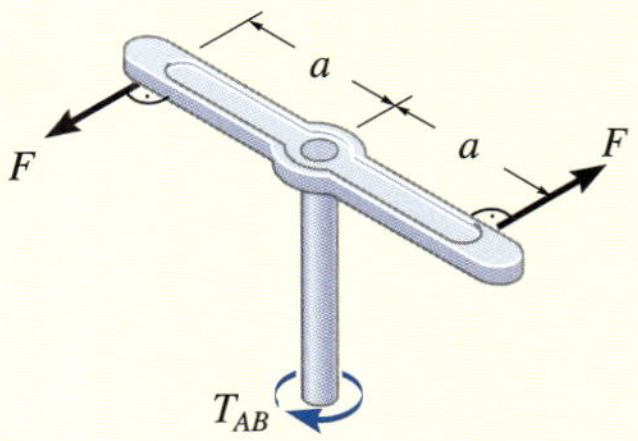

(b)

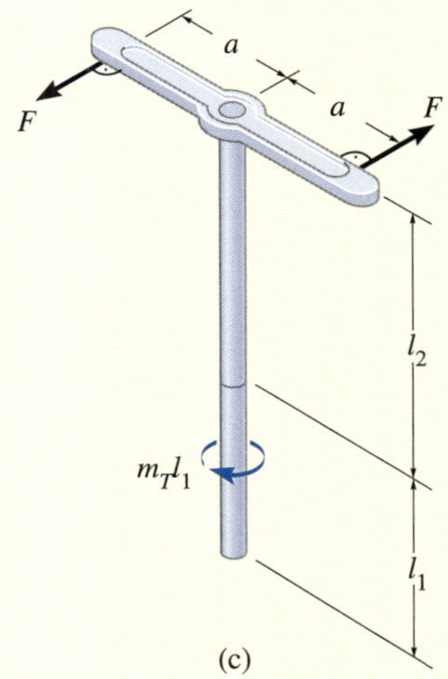

(c)

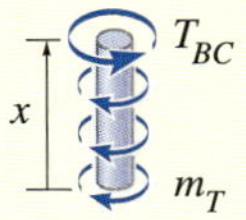

(d)

Abbildung 6.22

Beispiel 6.10

Die in Abbildung 6.23a dargestellte konische Welle besteht aus einem Material mit dem Schubmodul G. Bestimmen Sie den Verdrehwinkel ihres Endes B, wenn die Welle einem Drehmoment M_T ausgesetzt ist.

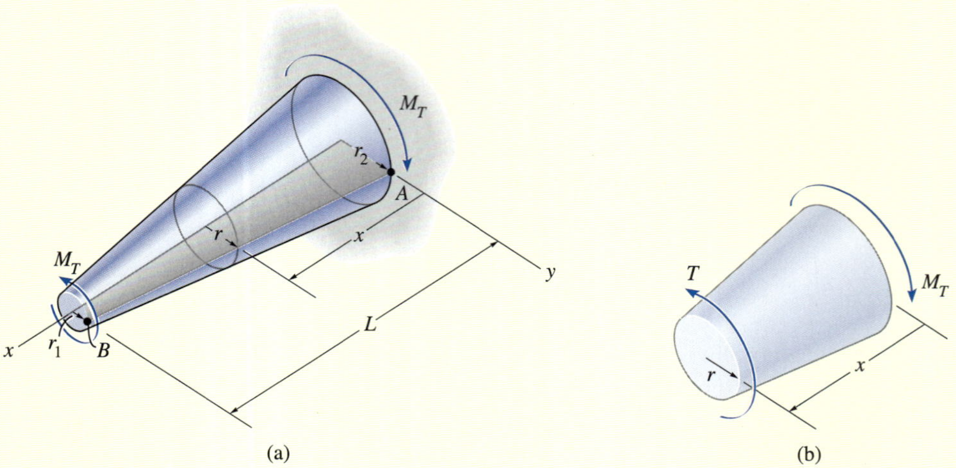

Abbildung 6.23

Lösung

Inneres Torsionsmoment Direkt aus der Anschauung oder systematisch mittels Freikörperbild, Abbildung 6.23b, ergibt sich $T = M_T$.

Verdrehwinkel Hier verändert sich das polare Flächenträgheitsmoment entlang der Wellenlänge und deswegen müssen wir es als Funktion der Koordinate x beschreiben. Der Radius r der Welle an der Stelle x kann aus Abbildung 6.23c bestimmt werden. Wir erhalten

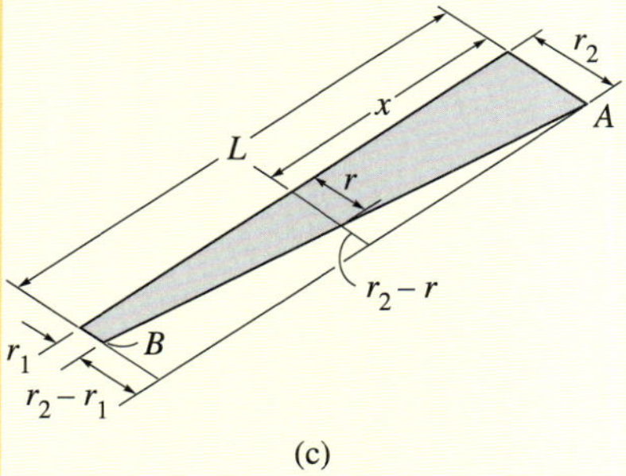

$$\frac{r_2 - r_1}{L} = \frac{r_2 - r}{x}$$

$$r = r_2 - x\left(\frac{r_2 - r_1}{L}\right)$$

Somit ergibt sich an der Stelle x

$$I_p(x) = \frac{\pi}{2}\left[r_2 - x\left(\frac{r_2 - r_1}{L}\right)\right]^4$$

Unter Anwendung der Gleichung (6.14) erhalten wir

$$\phi = \int_0^L \frac{T\,dx}{\left(\frac{\pi}{2}\right)\left[r_2 - x\left(\frac{r_2 - r_1}{L}\right)\right]^4 G} = \frac{2T}{\pi G}\int_0^L \frac{dx}{\left[r_2 - x\left(\frac{r_2 - r_1}{L}\right)\right]^4}$$

Nach Ausführung der Integration mit Hilfe einer Integraltafel ergibt sich

$$\phi = \left(\frac{2T}{\pi G}\right) \frac{1}{3\left(\frac{r_2 - r_1}{L}\right)\left[r_2 - x\left(\frac{r_2 - r_1}{L}\right)\right]^3}\Bigg|_0^L = \frac{2T}{\pi G}\left(\frac{L}{3(r_2 - r_1)}\right)\left(\frac{1}{r_1^3} - \frac{1}{r_2^3}\right)$$

bzw.

$$\phi = \frac{2TL}{3\pi G}\left(\frac{r_2^2 + r_1 r_2 + r_1^2}{r_1^3 r_2^3}\right)$$

Beachten Sie, dass zur Teilüberprüfung des Ergebnisses für $r_1 = r_2 = r$ sich der Ausdruck

$$\phi = \frac{T \cdot L}{\left[\left(\frac{\pi}{2}\right) r^4\right] \cdot G} = \frac{T \cdot L}{I_p \cdot G}$$

ergibt, der Gleichung (6.15) entspricht.

6.5 Statisch unbestimmt gelagerte torsionsbeanspruchte Bauteile

Eine torsionsbeanspruchte Welle kann als statisch unbestimmt klassifiziert werden, wenn das Momentengleichgewicht um die Wellenachse nicht ausreicht, alle unbekannten Torsionsmomente zu bestimmen. Ein Beispiel dieser Problemkategorie ist in Abbildung 6.24a angegeben. Wie im Freikörperbild dargestellt, Abbildung 6.24b, sind die Reaktionsmomente an den Lagern A und B unbekannt. Die folgende Bedingung muss erfüllt sein:

$$\sum M_x = 0; \qquad M_C - M_A - M_B = 0$$

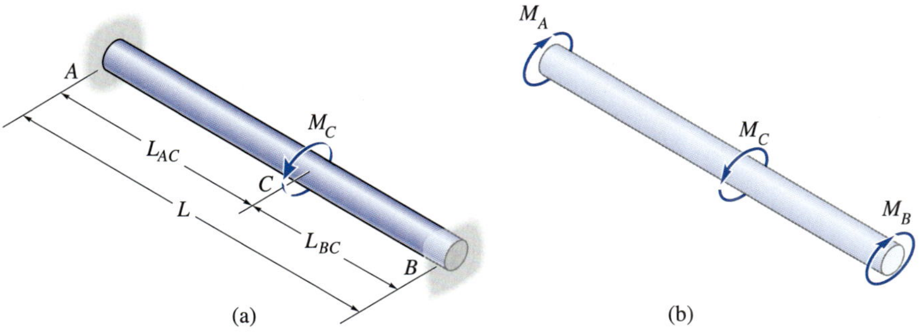

Abbildung 6.24

Da hier nur eine Gleichgewichtsbedingung existiert, aber zwei Unbekannte vorliegen, ist dieses Problem statisch unbestimmt. Damit wir eine Lösung erhalten, benutzen wir im Weiteren die Berechnungsmethode, die wir bereits in *Abschnitt 4.4* diskutiert haben.

Die erforderliche Verträglichkeitsbedingung oder kinematische Bedingung verlangt, dass der gegenseitige Verdrehwinkel der beiden Wellenenden gleich null sein muss, denn die Enden sind fest eingespannt. Deshalb wird

$$\phi_{A/B} = 0$$

gefordert.

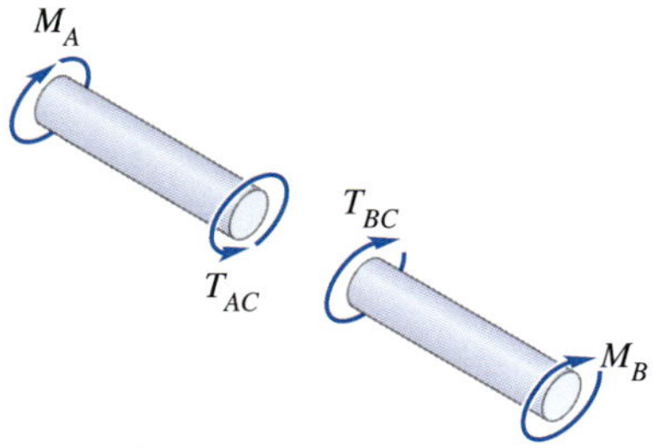

(c)

Abbildung 6.24

Damit wir diese Gleichung hinsichtlich der unbekannten Torsionsmomente auswerten können, nehmen wir an, dass sich das Material linear-elastisch verhält, so dass die Last-Verformungs-Beziehung durch $\phi = TL/(I_pG)$ ausgedrückt werden kann. Mit der Kenntnis, dass das innere Torsionsmoment im Segment *AC* als $T_{AC} = M_A$ und im Segment *CB* als $T_{BC} = -M_B$ berechnet werden kann, Abbildung 6.24c, liefert die Kompatibilitätsgleichung

$$\frac{M_A \cdot L_{AC}}{I_p \cdot G} - \frac{(M_C - M_A) L_{BC}}{I_p \cdot G} = 0$$

wobei I_pG als konstant angenommen wird.

Einsetzen von $M_B = M_C - M_A$ führt auf

$$\frac{M_A \cdot L_{AC}}{I_p \cdot G} - \frac{(M_C - M_A) L_{BC}}{I_p \cdot G} = 0$$

oder

$$M_A = \frac{M_C L_{BC}}{L_{AC} + L_{BC}}$$

Die Lösung der beiden Gleichungen für die Reaktionsmomente M_A und M_B liefert mit $L = L_{AC} + L_{BC}$ das Ergebnis

$$T_{AC} = M_C \left(\frac{L_{BC}}{L} \right)$$

und

$$T_{BC} = M_C \left(\frac{L_{AC}}{L} \right)$$

Beachten Sie, dass jedes dieser Reaktionsmomente linear mit der Länge L_{AC} oder L_{BC} des angreifenden Drehmoments ansteigt oder abnimmt.

Lösungsweg

Die unbekannten Torsionsmomente werden in statisch unbestimmt gelagerten Wellen durch Erfüllung der Gleichgewichtsbedingung, der Kompatibilitätsbedingung und des Torsionsmomenten-Verdrehungs-Zusammenhangs für die Welle ermittelt.

Gleichgewichtsbedingung

- Zeichnen Sie ein Freikörperbild der Welle, um alle wirkenden Torsionsmomente zu erkennen. Stellen Sie danach die Gleichgewichtsbedingung der Momente um die Wellenachse auf.

Kompatibilitätsbedingung

- Untersuchen Sie zur Aufstellung der Kompatibilitätsbedingung, wie die Welle sich verdreht, wenn auf sie äußere Belastungen einwirken, und berücksichtigen Sie, wie die Lager die Verdrehung der Welle behindern.
- Drücken Sie die Kompatibilitätsbedingung durch die von den Reaktionsmomenten verursachten Verdrehungen aus und wenden Sie dann die Torsionsmomenten-Verdrehungs-Relation an, z.B. $\phi = TL/(I_pG)$, um die unbekannten Torsionsmomente mit den unbekannten Verdrehungen in Beziehung zu setzen.
- Lösen Sie die Gleichgewichtsbedingung sowie die Kompatibilitätsgleichungen für die unbekannten Reaktionsmomente. Wenn eine der berechneten Größen einen negativen Wert annimmt, bedeutet dies, dass im Freikörperbild die angenommene Drehrichtung der betreffenden Größe umzukehren ist.

Beispiel 6.11

Die in Abbildung 6.25a dargestellte Vollwelle aus Stahl hat den Durchmesser d. Bestimmen Sie die beiden Reaktionsmomente an den festen Einspannungen A und B, wenn an der Welle zwei äußere Drehmomente wirken.

$M_C = 800$ Nm, $M_D = 500$ Nm, $l_1 = 0{,}2$ m, $l_2 = 1{,}5$ m, $l_3 = 0{,}3$ m, $d = 20$ mm

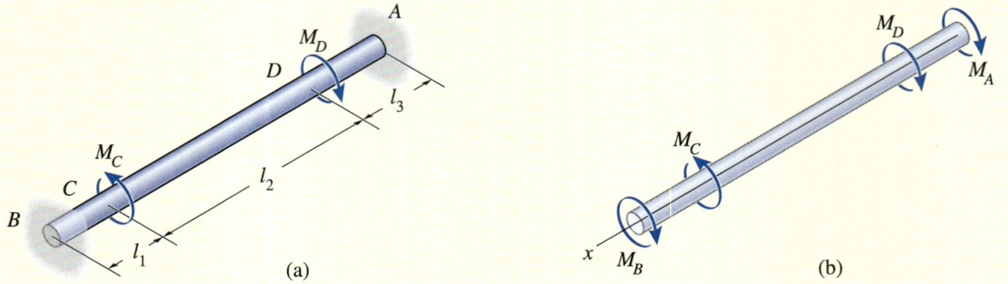

Lösung

Gleichgewichtsbedingung Das Freikörperbild, Abbildung 6.25b, zeigt, dass das Problem statisch unbestimmt ist, denn es gibt nur eine Gleichgewichtsbedingung in Form eines Momentengleichgewichts um die Längsachse mit den beiden Unbekannten M_A und M_B:

$$\sum M_x = 0; \quad -M_B + M_C - M_D - M_A = 0 \tag{1}$$

$$M_A = M_C - M_D - M_B$$

Kompatibilitätsbedingung Da die Enden der Welle fest eingespannt sind, muss der gegenseitige Verdrehwinkel der beiden Wellenenden gleich null sein. Somit kann die Kompatibilitätsgleichung wie folgt geschrieben werden: $\phi_{A/B} = 0$

Diese Bedingung kann hinsichtlich der unbekannten Drehmomente durch Anwendung der Relation $\phi = TL/(I_pG)$ ausgedrückt werden. Es gibt hier drei Bereiche der Welle, in denen das innere Torsionsmoment konstant ist. Dies sind die Bereiche BC, CD und DA. Die Freikörperbilder in Abbildung 6.25c machen klar, wie die inneren Momente in den einzelnen Bereichen der Welle wirken. Unter Anwendung der in Abschnitt 6.4 aufgestellten Vorzeichenvereinbarung erhalten wir

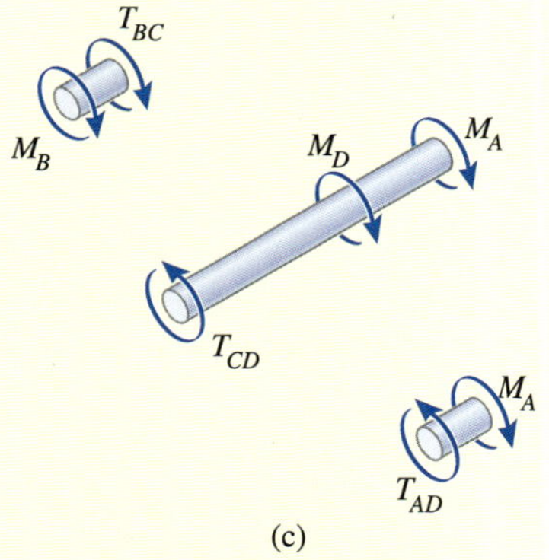

Abbildung 6.25

$$\frac{-M_B l_1}{I_p G} + \frac{(M_A + M_D) l_2}{I_p G} + \frac{M_A l_3}{I_p G} = 0 \tag{2}$$

Mit den Gleichungen (1) in (2) liegen zwei Gleichungen für die beiden Unbekanten M_A und M_B vor. Durch Auflösen erhält man

$$M_B = \frac{M_C(l_2 + l_3) - M_D l_3}{l_1 + l_2 + l_3} = \frac{800\,\text{Nm}(1{,}8\,\text{m}) - 500\,\text{Nm}(0{,}3\,\text{m})}{2\,\text{m}}$$
$$= 645\,\text{Nm}$$

$$M_A = M_C - M_D - M_B = 800\text{ Nm} - 500\text{ Nm} - 645\text{ Nm} = -345\text{ Nm}$$

Das negative Vorzeichen zeigt an, dass M_A entgegengesetzt der in Abbildung 6.25b angenommenen Richtung wirkt.

Beispiel 6.12 Die in Abbildung 6.26a dargestellte Welle besteht aus einem Stahlrohr mit einem Messingkern. Stellen Sie die Schubspannungsverteilung entlang einer radial verlaufenden Linie in der Querschnittsfläche bei Einwirkung eines Drehmoments M_T grafisch dar.

$M_T = 250$ Nm, $l = 1{,}2$ m, $r_i = 10$ mm, $r_a = 20$ mm, $G_{St} = 80$ GPa, $G_{Me} = 36$ GPa

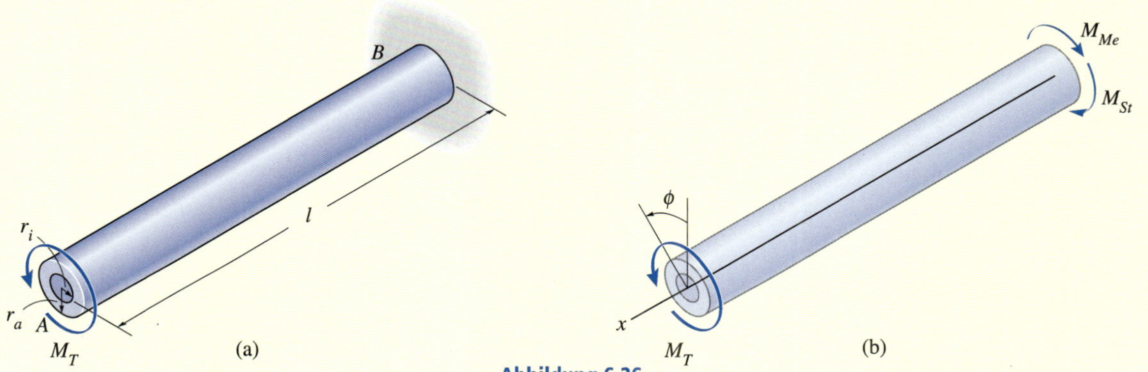

Abbildung 6.26

Lösung

Gleichgewichtsbedingung Das Freikörperbild der Welle ist in Abbildung 6.26b dargestellt. Das Reaktionsmoment an der Wand teilt sich auf in einen Anteil M_{St} im Stahlrohr und einen Anteil M_{Me} im Messingkern. Es ergibt sich folgende Gleichgewichtsbedingung:

$$\sum M_x = 0\,; \qquad -M_{St} - M_{Me} + M_T = 0 \tag{1}$$

Kompatibilitätsbedingung Der Verdrehwinkel am Ende A muss sowohl für das Stahlrohr als auch für den Messingkern gleich groß sein, denn beide Materialien sind rutschfrei miteinander verbunden. Somit ist $\phi = \phi_{St} = \phi_{Me}$

Durch Anwendung der Belastungs-Verdrehungs-Relation $\phi = TL\,/\,(I_pG)$ erhalten wir

$$\frac{M_{St}\,l}{I_p\,G_{St}} = \frac{M_{Me}\,l}{I_p\,G_{Me}} \qquad \frac{M_{St}\,l}{\frac{\pi}{2}\left(r_a^4 - r_i^4\right)G_{St}} = \frac{M_{Me}\,l}{\frac{\pi}{2}\,r_i^4\,G_{Me}}$$

$$M_{St} = \frac{M_{Me}\left(r_a^4 - r_i^4\right)G_{St}}{r_i^4\,G_{Me}} \tag{2}$$

Durch Einsetzen von (2) in (1) folgt

$$-M_{Me} + M_T = \frac{G_{St}\left(r_a^4 - r_i^4\right)}{G_{Me}\,r_i^4}\,M_{Me}$$

$$M_{Me} = \frac{M_T}{1 + \dfrac{G_{St}\left(r_a^4 - r_i^4\right)}{G_{Me}\,r_i^4}} = \frac{250\,\text{Nm}}{1 + \dfrac{80\,\text{GPa}\,(20^4 - 10^4)\text{mm}^4}{36\,\text{GPa}\cdot 10^4\,\text{mm}^4}} = 7{,}28\ \text{Nm}$$

$$M_{St} = M_T - M_e = 250\ \text{Nm} - 7{,}28\ \text{Nm} = 242{,}72\ \text{Nm}$$

Diese Momente wirken über die gesamte Länge der Welle, denn es gibt keine weiteren äußeren Drehmomente, die zwischen den Enden angreifen. Die Schubspannung im Messingkern ändert sich von null am Mittelpunkt bis zu ihrem Maximum an der Übergangsstelle, wo der Messingkern mit dem Stahlrohr in Kontakt ist. Mit Hilfe der Formel für die Torsionsschubspannung wird

$$(\tau_{Me})_{max} = \frac{T_{Me}\,r}{I_p} = \frac{T_{Me}\,r_i}{\frac{\pi}{2}r_i^4} = \frac{(7280\,\text{Nmm})(10\,\text{mm})}{\frac{\pi}{2}(10\,\text{mm})^4}$$

$$(\tau_{Me})_{max} = 4{,}63\ \text{N/mm}^2 = 4{,}63\ \text{MPa}$$

Für den Stahl liegt die minimale Schubspannung ebenfalls an dieser Übergangsstelle,

$$(\tau_{St})_{min} = \frac{M_{St}\,r}{I_p} = \frac{M_{St}\,r_i}{\frac{\pi}{2}(r_a^4 - r_i^4)} = \frac{(242{,}72\,\text{Nm})(10^3\,\text{mm/m})(10\,\text{mm})}{\frac{\pi}{2}\left((20\,\text{mm})^4 - (10\,\text{mm})^4\right)}$$

$$(\tau_{St})_{min} = 10{,}30\ \text{N/mm}^2 = 10{,}30\ \text{MPa}$$

und die maximale Schubspannung an der äußeren Mantelfläche ist

$$(\tau_{St})_{max} = \frac{M_{St}\,r}{I_p} = \frac{M_{St}\,r_a}{\frac{\pi}{2}(r_a^4 - r_i^4)} = \frac{(242{,}72\,\text{Nm})(10^3\,\text{mm/m})(20\,\text{mm})}{\frac{\pi}{2}\left((20\,\text{mm})^4 - (10\,\text{mm})^4\right)}$$

$$(\tau_{St})_{max} = 20{,}60\ \text{N/mm}^2 = 20{,}60\ \text{MPa}$$

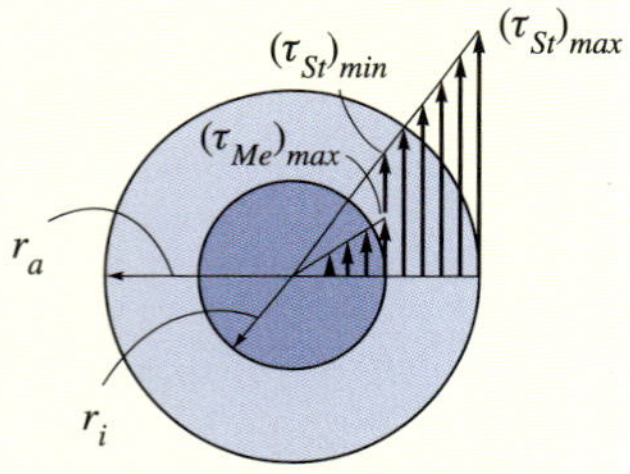

Schubspannungsverteilung

(c)

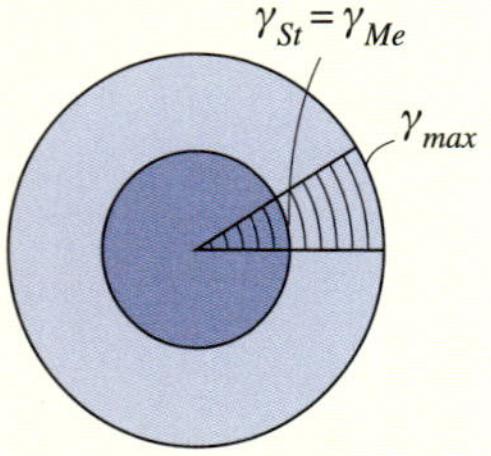

Gleitungsverteilung

(d)

Abbildung 6.26

Die Ergebnisse sind in Abbildung 6.26c grafisch dargestellt. Achten Sie auf den Sprung der Schubspannung an der Übergangsstelle von Messing zu Stahl. Das ist zu erwarten, denn die Materialien haben unterschiedliche Schubmodule, d.h. Stahl ist steifer als Messing ($G_{St} > G_{Me}$) und liefert demzufolge die größere Schubspannung an dieser Übergangsstelle. Obwohl die Schubspannung hier unstetig ist, gilt dies für die Verzerrung nicht. Vielmehr ist diese dort für beide Materialien *gleich*. Das kann mit Hilfe des Hooke'schen Gesetzes $\gamma = \tau / G$ verdeutlicht werden. An der Übergangsstelle, Abbildung 6.26d, ist die Gleitung

$$\gamma_{Me} = \frac{(\tau_{Me})_{max}}{G_{Me}} = \frac{4{,}63\,\text{N/mm}^2}{36(10^3)\,\text{N/mm}^2} = 0{,}1286\ (10^{-3})\ \text{rad}$$

bzw.

$$\gamma_{St} = \frac{(\tau_{St})_{min}}{G_{St}} = \frac{10{,}30\,\text{N/mm}^2}{80(10^3)\,\text{N/mm}^2} = 0{,}1286\ (10^{-3})\ \text{rad}$$

d.h.

$$\gamma_{Me} = \gamma_{St}$$

wie behauptet.

*6.6 Torsion von Stäben mit nichtkreisförmigem Vollquerschnitt

In Abschnitt 6.1 wurde gezeigt, dass sich bei Einwirkung eines äußeren Drehmoments auf einen Stab mit kreisförmigem Querschnitt – also einen achsensymmetrischen Stab – die Gleitungen linear von null in der Mitte bis zu ihrem Maximum an der äußeren Mantelfläche ändern. Aufgrund der Gleichförmigkeit der Gleitung in allen Punkten auf demselben Radius deformiert sich der Querschnitt nicht; vielmehr bleibt er eben und verdreht sich als Ganzes. Stäbe mit nichtkreisförmigem Querschnitt sind jedoch *nicht* achsensymmetrisch. Weil nun die Schubspannung in einer sehr komplexen Weise über den Querschnitt verteilt ist, werden diese sich ***verwölben,*** wenn sich die Stabenden gegenseitig verdrehen. Dies ist ersichtlich, wenn man beobachtet, wie sich die Gitternetzlinien auf einem Stab mit einem quadratischen Querschnitt deformieren, wenn dieser tordiert wird, Abbildung 6.27. Diese Deformation führt in der Konsequenz zu einer erheblich erschwerten Torsionsberechnung von nichtkreisförmigen Stäben und wird hier nicht weiter betrachtet.

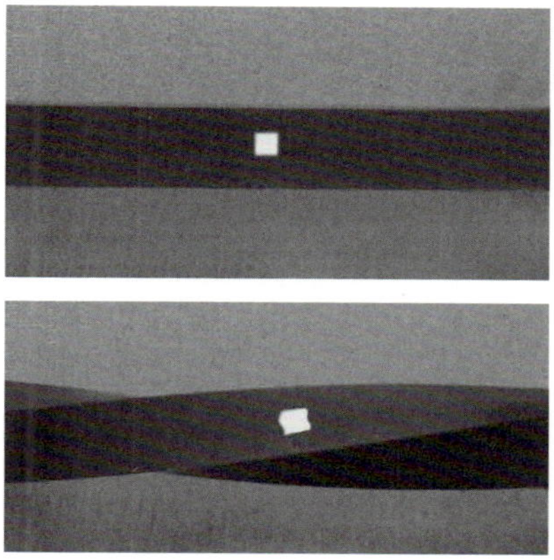

Achten Sie auf die Verformung des quadratischen Flächenelements, wenn der Gummistab durch ein Drehmoment belastet wird.

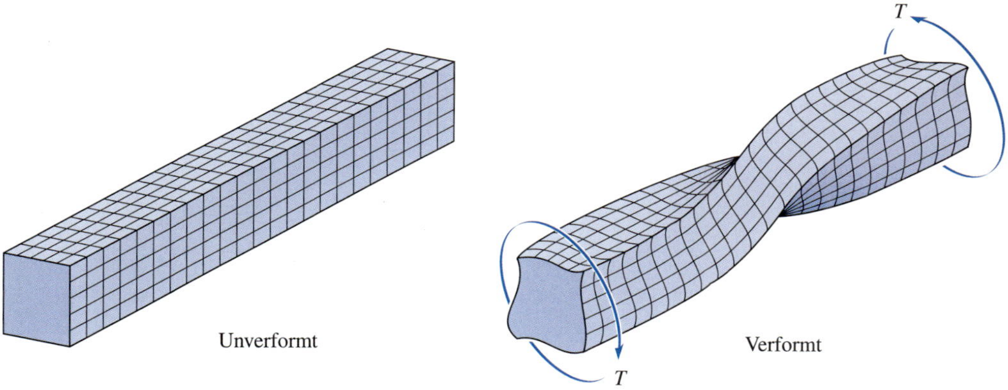

Abbildung 6.27

Mit Hilfe einer auf der Elastizitätstheorie basierenden Berechnungsmethode ist es allerdings möglich, die Schubspannungsverteilung innerhalb eines Stabes mit quadratischem Querschnitt zu bestimmen. Beispiele dafür, wie sich die Schubspannung in Richtung zweier radial verlaufender Linien an einem Stab verändert, sind in Abbildung 6.28a dargestellt. Da sich die Schubspannungsverteilungen in einer sehr komplizierten Weise ändern, führen die dadurch erzeugten Gleitungen zu einer *Verwölbung* des Querschnittes, wie dies in Abbildung 6.28b zu sehen ist. Beachten Sie, dass die Eckpunkte des Stabes spannungsfrei sind und demzufolge dort auch die Gleitung verschwindet. Den Grund hierfür kann man erkennen, indem ein an diesem Punkt befindliches

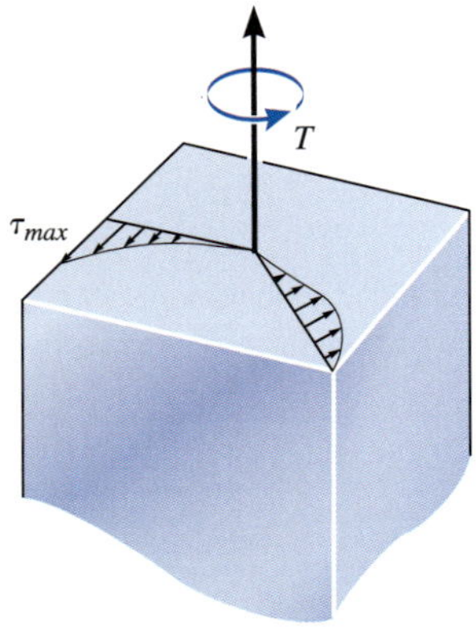

Schubspannungsverteilung entlang radialer Linien

(a)

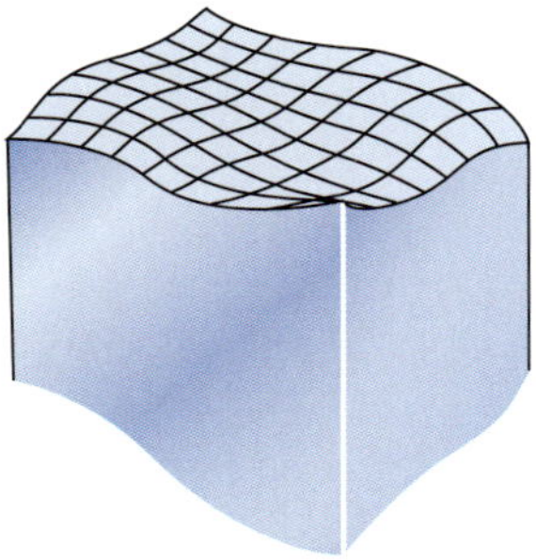

Verwölbung der Querschnittsfläche

(b)

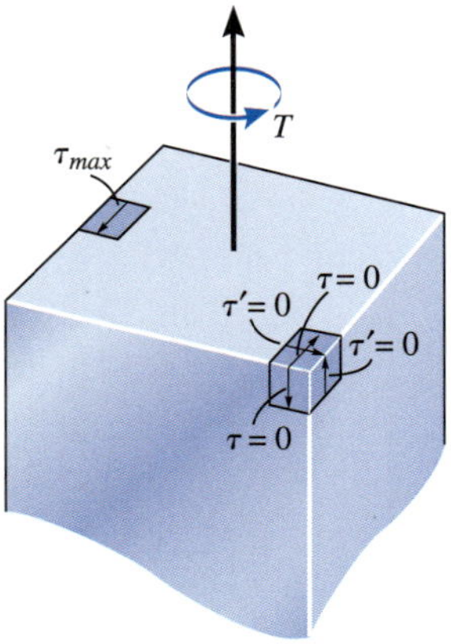

(c)

Abbildung 6.28

Volumenelement betrachtet wird, Abbildung 6.28c. Damit über die Seiten des Elements ein Beitrag zum Torsionsmoment T geliefert wird, muss dort eine Schubspannung τ bzw. τ' wirken. Dann muss aber auch an der Mantelfläche eine korrespondierende Schubspannung τ bzw. τ' vorliegen. Da die Mantelflächen schubspannungsfrei sind, muss demnach $\tau = 0$ bzw. $\tau' = 0$ gelten.

Tabelle 6.1

Querschnittform	τ_{max}	ϕ
Quadrat 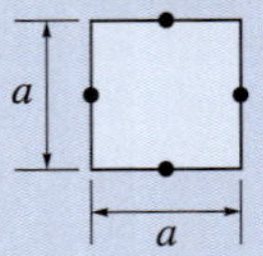	$\frac{4{,}81\,T}{a^3}$	$\frac{7{,}10\,TL}{a^4 G}$
Gleichseitiges Dreieck 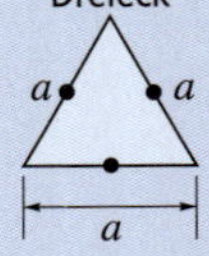	$\frac{20\,T}{a^3}$	$\frac{46\,TL}{a^4 G}$
Ellipse 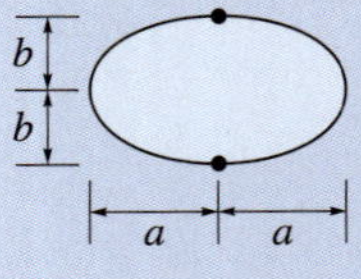	$\frac{2\,T}{\pi a b^2}$	$\frac{(a^2 + b^2)TL}{\pi a^3 b^3 G}$

Die Ergebnisse der Berechnung für einen quadratischen Querschnitt sind zusammen mit weiteren Resultaten aus der Elastizitätstheorie für Stäbe mit dreieckigem und elliptischem Querschnitt in Tabelle 6.1 dargestellt. In allen Fällen tritt die *maximale Schubspannung* an einer Stelle am Rand auf, die sich am nächsten zur Stabachse befindet. In Tabelle 6.1 sind diese Stellen als „Punkte“ auf den Querschnitten gekennzeichnet. Weiterhin sind die Formeln für den gegenseitigen Verdrehwinkel der Endquerschnitte jedes Stabes aufgeführt. Durch die Erweiterung der Ergebnisse auf Stäbe mit *beliebigem* Querschnitt kann auch gezeigt werden, dass ein Stab mit einem *kreisförmigen* Querschnitt bei Torsion am effektivsten ist, denn bei übereinstimmender Drehmomentenbelastung tritt sowohl eine *kleinere* maximale Schubspannung als auch ein *kleinerer* Verdrehwinkel auf als bei einem entsprechenden Stab mit gleich großer, jedoch nichtkreisförmiger Querschnittsfläche.

Beispiel 6.13 Der Stab aus Aluminium, dargestellt in Abbildung 6.29, besitzt einen Querschnitt in Form eines gleichseitigen Dreiecks. Bestimmen Sie das größte am Stabende wirkende Torsionsmoment M_T, wenn die zulässige Schubspannung τ_{zul} und der Verdrehwinkel auf ϕ_{zul} begrenzt ist. Welches Drehmoment kann durch einen Stab mit gleichgroßem kreisförmigen Querschnitt desselben Materials aufgenommen werden?

$l = 1{,}2$ m, $b = 40$ mm, $\tau_{zul} = 56$ MPa, $\phi_{zul} = 0{,}02$ rad, $G_{Al} = 26$ GPa, $\alpha = 60°$

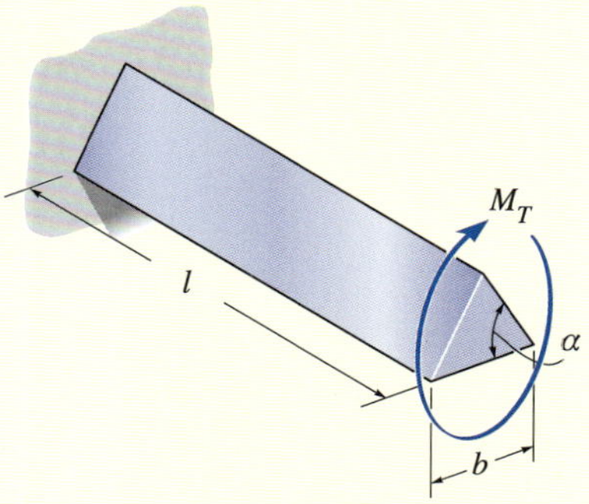

Abbildung 6.29

Lösung

Es ist offensichtlich, dass das resultierende innere Torsionsmoment T in jedem Querschnitt entlang der Stabachse auch M_T ist. Mit Hilfe der Formeln für τ_{max} und ϕ aus Tabelle 6.1 ergibt sich somit

$$\tau_{zul} = \frac{20 M_T}{a^3}; \qquad M_T = \frac{\tau_{zul} b^3}{20} = \frac{56\,\text{N/mm}^2 (40\,\text{mm})^3}{20}$$

$$M_T = 179{,}2\ (10^3)\ \text{Nmm} = 179{,}2\ \text{Nm}$$

und

$$\phi_{zul} = \frac{46 M_T L}{a^4 G_{Al}}; \quad M_T = \frac{\phi_{zul} b^4 G_{Al}}{46\, l} = \frac{0{,}02 (40\,\text{mm})^4\, 26 (10^3)\,\text{N/mm}^2}{46 (1200\,\text{mm})}$$

$$M_T = 24{,}12\ (10^3)\ \text{Nmm} = 24{,}12\ \text{Nm}$$

Der Vergleich lässt erkennen, dass das Drehmoment durch den zulässigen Verdrehwinkel begrenzt wird.

Kreisförmiger Querschnitt Die unterschiedlichen Querschnittsformen sollen übereinstimmende Flächengröße besitzen, d.h.

$$A_{Kreis} = A_{Dreieck}; \qquad \pi r^2 = \frac{1}{2} b (b \sin\alpha)$$

Somit kann der Radius für die Kreisfläche berechnet werden:

$$r = \sqrt{\frac{b(b\sin\alpha)}{2\pi}} = \sqrt{\frac{(40\,\text{mm})(40\,\text{mm}\,0{,}866)}{2\pi}} = 14{,}85\ \text{mm}$$

Die Begrenzungen der Spannung und des Verdrehwinkels erfordern dann

$$\tau_{zul} = \frac{M_T r}{I_p}; \qquad M_T = \frac{\tau_{zul} I_p}{r} = \frac{\tau_{zul} \frac{\pi}{2} r^4}{r} = 56\,\text{N/mm}^2 \frac{\pi}{2} (14{,}85\,\text{mm})^3$$

$$M_T = 288{,}1\ (10^3)\ \text{Nmm} = 288{,}1\ \text{Nm}$$

$$\phi_{zul} = \frac{M_T L}{I_p G_{Al}}; \qquad M_T = \frac{\phi_{zul} \frac{\pi}{2} r^4 G_{Al}}{l} = \frac{0{,}02 \frac{\pi}{2} (14{,}85\,\text{mm})^4\, 26 (10^3)\,\text{N/mm}^2}{1200\,\text{mm}}$$

$$M_T = 33{,}10\ (10^3)\ \text{Nmm} = 33{,}10\ \text{Nm}$$

Wieder begrenzt der Verdrehwinkel das übertragbare Drehmoment, das allerdings – wie vorhergesagt – größer geworden ist, und zwar um 37%.

6.7 Dünnwandige Rohre mit geschlossenem Querschnitt

Dünnwandige Rohre mit nichtkreisringförmigem Querschnitt werden häufig für Leichtbau-Rahmenkonstruktionen verwendet, zum Beispiel im Flugzeugbau. Bei manchen Anwendungen kann eine Torsionsbelastung vorkommen. In diesem Abschnitt werden wir die Auswirkungen eines äußeren Drehmoments auf ein dünnwandiges Rohr mit *geschlossenem* Querschnitt untersuchen, d.h. das Rohr ist einzellig. Ein derartiges Rohr mit einer konstanten, aber geschlossenen Querschnittsform ist in Abbildung 6.30a dargestellt. Für die Berechnung werden wir annehmen, dass die Wände eine variable Dicke t haben. Da die Wand dünn sein soll, sind wir in der Lage, eine angenäherte Lösung für die Schubspannung zu erhalten, indem wir annehmen, dass die Spannung über die Rohrdicke *gleichmäßig verteilt* ist. Wir werden in der Lage sein, die *mittlere Schubspannung* des Rohres für jeden Punkt entlang der Wandung zu bestimmen. Zunächst diskutieren wir jedoch einige einleitende Konzepte hinsichtlich der Wirkung der Schubspannung über den Querschnitt.

Schubfluss In Abbildung 6.30a und Abbildung 6.30b ist ein kleines Volumenelement des Rohres mit der endlichen Bogenlänge s in Umfangsrichtung und der differenziell kleinen axialen Abmessung dx dargestellt. An einem Ende hat das Element die Dicke t_A, am anderen Ende die Dicke t_B. Aufgrund des wirkenden Drehmoments $T = M_T$ wird das Element durch eine Schubspannung an der Vorderseite belastet. Konkret ist die Schubspannung bei A gleich τ_A und bei B gleich τ_B. Diese Spannungen können verknüpft werden durch die Tatsache, dass äquivalente Schubspannungen τ_A und τ_B auch an den Längsseiten des Elements wirken müssen, ebenfalls dargestellt in Abbildung 6.30b. Da diese Seiten die konstanten Dicken t_A und t_B haben, sind die dort wirkenden Kräfte somit $dF_A = \tau_A\ (t_A\ dx)$ und $dF_B = \tau_B\ (t_B\ dx)$. Aufgrund des Kräftegleichgewichts müssen diese Kräfte gleich groß, aber entgegengesetzt gerichtet sein, so dass $\tau_A\ t_A = \tau_B\ t_B$ zu gelten hat.

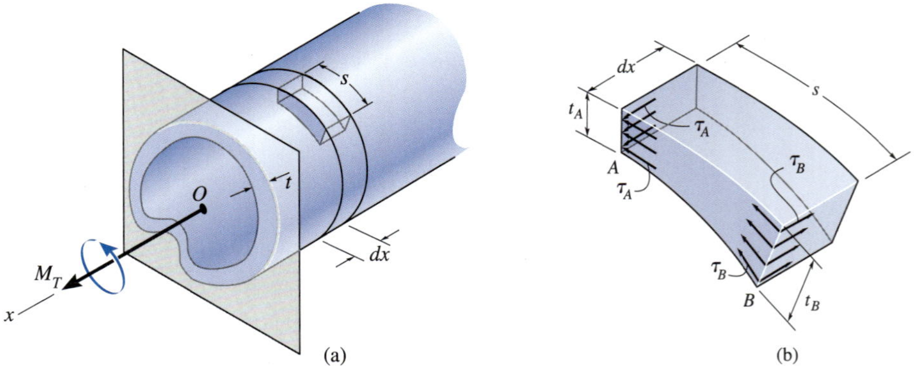

Abbildung 6.30

Dieses wichtige Ergebnis sagt aus, dass ***das Produkt aus mittlerer Schubspannung in Längsrichtung und Dicke des Rohres in jedem Punkt auf der Rohrquerschnittsfläche gleich ist***. Dieses Produkt wird ***Schubfluss***[1] q_τ genannt und wie folgt definiert:

$$q_\tau = \tau_{mittl} t \tag{6.17}$$

Da q_τ über der Wandstärke konstant ist, tritt die *größte* mittlere Schubspannung dort auf, wo die Wandstärke des Rohres am *kleinsten* ist.

Wenn ein differenziell kleines Volumenelement der Dicke t, der Länge ds und der Breite dx aus dem Rohr freigeschnitten wird, Abbildung 6.30c, kann man sehen, dass die farbig gekennzeichnete Fläche, an der die Schubspannung wirkt, $dA = t\,ds$ ist. Somit wird $dF = \tau_{mittl}\,t\,ds = q_\tau\,ds$ oder $q_\tau = dF/ds$. Der *Schubfluss, der über der Querschnittsfläche konstant ist, gibt die Kraft pro Längeneinheit in Richtung der Bogenlänge an.*

Es ist wichtig darauf hinzuweisen, dass die in Abbildung 6.30c dargestellten Schubspannungskomponenten die einzigen sind, die an dem Rohr wirken. Komponenten in andere Richtungen, Abbildung 6.30d, können nicht existieren. Dies liegt an der Tatsache, dass die Ober- und Unterseiten des Elements gleichzeitig die Innen- und Außenwände des Rohres sind, die spannungsfrei sein müssen. Stattdessen lässt das aufzunehmende Drehmoment, wie bereits weiter oben erläutert, *den Schubfluss und die mittlere Spannung immer tangential zur Rohrwand wirken und liefert so einen Beitrag zum resultierenden Torsionsschnittmoment T.*

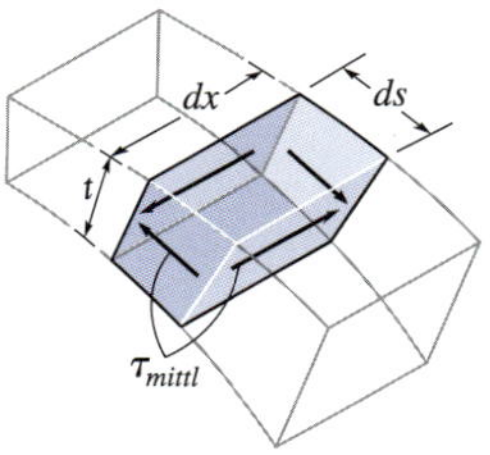

(c)

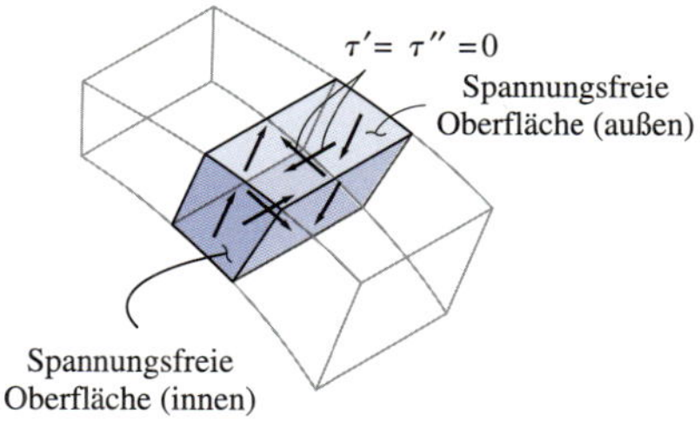

(d)

Abbildung 6.30

Mittlere Schubspannung Die mittlere Schubspannung τ_{mittl}, die an der Fläche $dA = t\,ds$ des in Abbildung 6.30c gezeigten Volumenelements wirkt, kann zum Torsionsmoment T in Beziehung gesetzt werden, in dem das infolge der Schubspannung innerhalb der Rohrwand produzierte Moment um einen gewählten Punkt O berücksichtigt wird, Abbildung 6.30e. Wie gezeigt, liefert die Schubspannung eine Kraft $dF = \tau_{mittl}\,dA = \tau_{mittl}\,(t\,ds)$ an dem Element. Diese Kraft wirkt tangential zur Mittellinie der Rohrwand, und weil der Hebelarm h ist, ergibt sich $dT = h\,(dF) = h\,(\tau_{mittl} t\,ds)$

Für den gesamten Querschnitt erhält man das resultierende innere Torsionsmoment

$$T = \oint h\tau_{mittl}\,t\,ds$$

1 Der Ausdruck „Fluss“ ist sinnvoll, denn q ist analog zu Fließen von Wasser durch einen offenen Kanal mit rechteckigem Querschnitt, konstanter Tiefe und variabler Breite b. Obwohl die Fließgeschwindigkeit v des Wassers an jedem Punkt über der Kanallänge unterschiedlich ist (genau wie τ_{mittl}), bleibt der Volumenstrom $q_v = v \cdot b$ konstant.

Hier ist das „Linienintegral" über einen geschlossenen Umlauf entlang der Mittellinie der Rohrwand auszuführen. Da der Schubfluss $q_\tau = \tau_{mittl} \cdot t$ *konstant* ist, können diese Größen vor das Integral gezogen werden, so dass sich

$$T = \tau_{mittl} t \oint h \, ds$$

ergibt.

Die Integralauswertung kann vereinfacht werden, wenn die Tatsache benutzt wird, dass die *mittlere Fläche*, dargestellt durch das gefärbte Dreieck in Abbildung 6.30e, die Größe $dA_m = (1/2)\, h\, ds$ hat. Somit kann das Umlaufintegral durch ein Integral über die umschlossene Fläche ersetzt werden:

$$T = 2\tau_{mittl} t \int dA_m = 2\tau_{mittl} t \, A_m$$

Die Umstellung nach τ_{mittl} ergibt

$$\tau_{mittl} = \frac{T}{2tA_m} \qquad (6.18)$$

In dieser so genannten ersten Bredt'schen Formel ist

τ_{mittl} = die über die Dicke der Rohrwand wirkende mittlere Schubspannung

T = das resultierende innere Torsionsmoment im betrachteten Querschnitt, ermittelt aus dem zugehörigen Freikörperbild und Aufstellen des Momentengleichgewichts

t = die Rohrdicke an der Stelle, an der τ_{mittl} bestimmt werden soll

A_m = die durch die Mittellinie der Rohrwand umschlossene Fläche, Abbildung 6.30f.

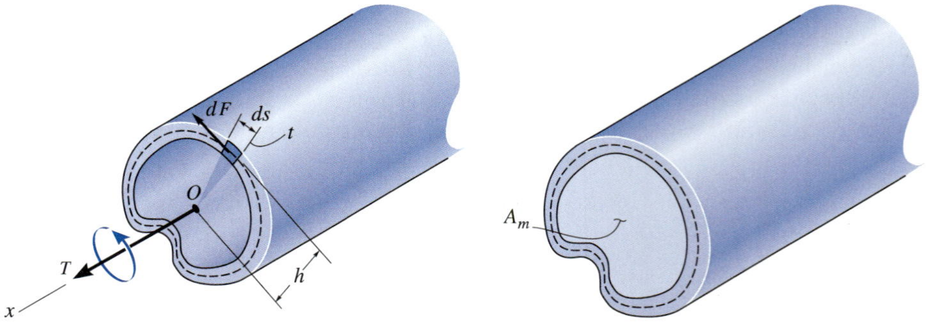

(e) (f)

Abbildung 6.30

Weil der Schubfluss $q_\tau = \tau_{mittl}\, t$ konstant ist, können wir ihn im betrachteten Schnitt (an jeder Stelle entlang der Mittellinie der Rohrwand) mit Hilfe der Gleichung

$$q_\tau = \frac{T}{2A_m} \tag{6.19}$$

bestimmen.

Verdrehwinkel Der Verdrehwinkel eines dünnwandigen Rohres der Länge L kann über Energiemethoden ermittelt werden. Die Herleitung der erforderlichen Gleichungen wird an späterer Stelle anhand einer Beispielaufgabe angegeben.[2] Bei linear-elastischem Materialverhalten mit dem Schubmodul G kann der Winkel ϕ aus

$$\phi = \frac{TL}{4A_m^2 G} \oint \frac{ds}{t} \tag{6.20}$$

berechnet werden.

Die Integration muss erneut über einen vollen Umlauf entlang der Mittellinie der Rohrwand durchgeführt werden.

Wichtige Punkte zur Lösung von Aufgaben

- Der Schubfluss q_τ ist das Produkt aus der Dicke des Rohres und der mittleren Schubspannung. Dieser Wert ist an allen Stellen entlang der Mittellinie der Rohrwand im Rohrquerschnitt *konstant*. Demzufolge tritt die *größte* mittlere Schubspannung dort auf, wo die Rohrdicke bzw. Wandstärke *am geringsten* ist.
- Sowohl der Schubfluss als auch die mittlere Schubspannung wirken an allen Punkten der Rohrwand *tangential* und sind so gerichtet, dass sie zur Erzeugung des resultierenden Torsionsmoments beitragen.

2 Siehe Aufgabe 15.19.

Beispiel 6.14

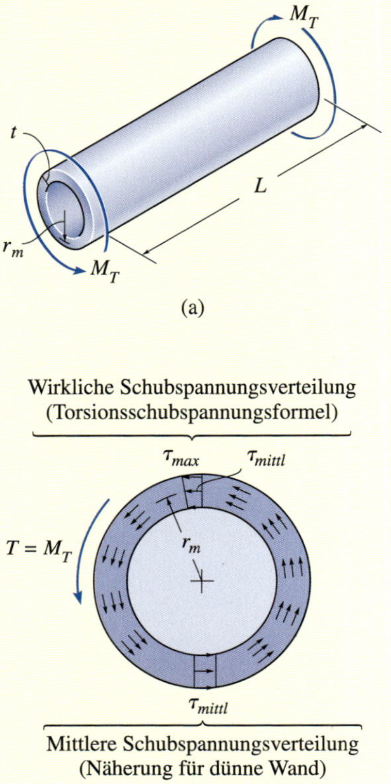

Abbildung 6.31

Berechnen Sie die mittlere Schubspannung in einem dünnwandigen Rohr mit kreisförmigem Querschnitt, dem mittleren Radius r_m und der Dicke t, wobei das Rohr durch das Moment M_T belastet wird, Abbildung 6.31a. Wie groß ist zudem der Verdrehwinkel, wenn das Rohr die Länge L besitzt?

Lösung

Mittlere Schubspannung Die mittlere Fläche für das Rohr ist $A_m = \pi r_m^2$. Die Anwendung der Gleichung (6.18) mit $T = M_T$ ergibt

$$\tau_{mittl} = \frac{M_T}{2t\,A_m} = \frac{M_T}{2\pi\,t\,r_m^2}$$

Wir können die Gültigkeit des Ergebnisses durch die Anwendung der Formel der Torsionsspannung prüfen. In diesem Fall erhalten wir mit Hilfe der Gleichung (6.9)

$$I_p = \frac{\pi}{2}\left(r_a^4 - r_i^4\right) = \left(r_a^2 + r_i^2\right)\left(r_a^2 - r_i^2\right)$$
$$= \frac{\pi}{2}\left(r_a^2 + r_i^2\right)\left(r_a + r_i\right)\left(r_a - r_i\right)$$

Da $r_m \approx r_a \approx r_i$ und $t = r_a - r_i$ gilt, wird $I_p = \frac{\pi}{2}\left(2r_m^2\right)\left(2r_m\right)t = 2\pi\,r_m^3\,t$, so dass sich

$$\tau_{mittl} = \frac{M_T r_m}{I_p} = \frac{M_T r_m}{2\pi\,r_m^3\,t} = \frac{M_T}{2\pi\,t\,r_m^2}$$

ergibt, was mit dem vorigen Ergebnis übereinstimmt.

Die über dem gesamten Rohrquerschnitt wirkende mittlere Schubspannung ist in Abbildung 6.31b dargestellt. Des Weiteren ist die über die Formel der Torsionsschubspannung ermittelte Schubspannungsverteilung gezeigt, die in radialer Richtung auftritt. Beachten Sie insbesondere, wie jede Schubspannung τ_{mittl} derart gerichtet ist, dass sie zum resultierenden Torsionsmoment T im Schnitt beiträgt. Mit abnehmender Rohrwanddicke wird die Schubspannung in der Rohrwand immer gleichmäßiger.

Verdrehwinkel Mit Hilfe von Gleichung (6.20) ergibt sich

$$\phi = \frac{TL}{4A_m^2 G}\oint\frac{ds}{t} = \frac{TL}{4\left(\pi r_m^2\right)^2 Gt}\oint ds$$

Das Integral repräsentiert die Länge der geschlossenen Mittellinie, d.h. $2\pi\,r_m$. Einsetzen in die Gleichung darüber liefert das Endresultat

$$\phi = \frac{TL}{4\pi^2 r_m^4\,Gt}\,s\Big|_0^{2\pi r_m} = \frac{TL}{4\pi^2 r_m^4\,Gt}\left(2\pi\,r_m\right)$$

$$\phi = \frac{TL}{2\pi\,r_m^3 Gt}$$

Zeigen Sie, dass man dasselbe Resultat mit Hilfe der Gleichung (6.15) erhält.

Beispiel 6.15 Das Rohr mit rechteckigem Kastenprofil gemäß Abbildung 6.32a besteht aus Bronze und wird durch zwei Drehmomente M_C und M_D belastet. Bestimmen Sie die mittlere Schubspannung im Profil in den Punkten A und B. Wie groß ist zudem der Verdrehwinkel des Endes C? Das Rohr ist bei E fest eingespannt.

$M_C = 60$ Nm, $M_D = 25$ Nm, $l_1 = 0{,}5$ m, $l_2 = 1{,}5$ m, $a = 60$ mm, $b = 40$ mm, $t_A = 5$ mm, $t_B = 3$ mm, $a_m = 57$ mm, $b_m = 35$ mm, $G = 38$ GPa

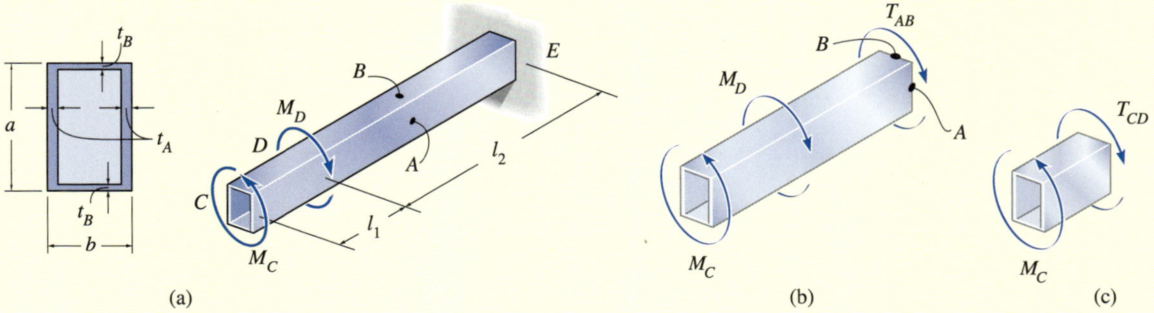

Abbildung 6.32

Lösung

Mittlere Schubspannung Der Schnitt durch das Rohr an der Stelle mit den Punkten A und B ergibt das in Abbildung 6.32b dargestellte Freikörperbild. Das innere Torsionsmoment wird T_{AB} genannt. Das Momentengleichgewicht lautet

$$\sum M_{AB} = 0; \quad -M_C + M_D + T_{AB} = 0$$

$$T_{AB} = M_C - M_D = 60 \text{ Nm} - 25 \text{ Nm}$$

$$T_{AB} = 35 \text{ Nm}$$

Die mittlere Fläche A_m, siehe Abbildung 6.32d, ist

$$A_m = a_m\, b_m = (0{,}035 \text{ m})\,(0{,}057 \text{ m})$$

$$A_m = 0{,}0020 \text{ m}^2$$

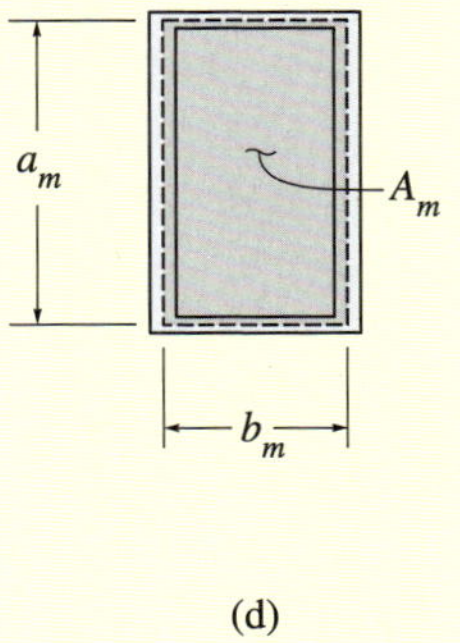

Wir nehmen Gleichung (6.18) für Punkt A, so dass sich

$$\tau_A = \frac{T}{2t\,A_m} = \frac{T_{AB}}{2t_A\,A_m} = \frac{35\,\text{Nm}}{2(0{,}005\,\text{m})(0{,}0020\,\text{m}^2)}$$

$$\tau_A = 1{,}75 \text{ MPa}$$

ergibt. Für Punkt B erhält man analog

$$\tau_B = \frac{T}{2t\,A_m} = \frac{T_{AB}}{2t_B\,A_m} = \frac{35\,\text{Nm}}{2(0{,}003\,\text{m})(0{,}0020\,\text{m}^2)}$$

$$\tau_B = 2{,}92 \text{ MPa}$$

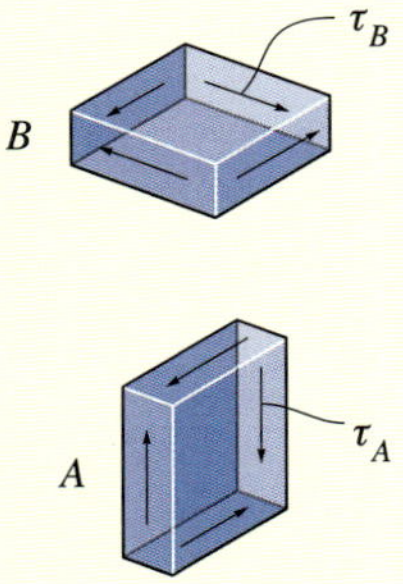

(e)

Abbildung 6.32

Die Resultate sind an Volumenelementen eingetragen, die zu den Punkten A und B gehören, Abbildung 6.32e. Achten Sie insbesondere darauf, wie das Torsionsmoment T_{AB}, Abbildung 6.32b, diese Spannungen an den entsprechenden (hinteren) Seiten jedes Elements hervorruft.

Verdrehwinkel In den Freikörperbildern der Abbildung 6.32b und Abbildung 6.32c sind die inneren Torsionsmomente der Bereiche DE und CD als T_{AB} bzw. T_C erkennbar. Entsprechend der in Abschnitt 6.4 gemachten Vorzeichenvereinbarung sind diese Momente beide positiv. Somit wird Gleichung (6.20) im vorliegenden Fall

$$\phi = \sum \frac{TL}{4A_m^2 G} \oint \frac{ds}{t} = \frac{T_{CD} l_1}{4A_m^2 G} \oint \frac{ds}{t} + \frac{T_{AB} l_2}{4A_m^2 G} \oint \frac{ds}{t} \tag{1}$$

mit

$$\oint \frac{ds}{t} = 2\left[\frac{s}{t_A}\right]_0^{a_m} + 2\left[\frac{s}{t_B}\right]_0^{b_m} = 2\left(\frac{a_m}{t_A}\right) + 2\left(\frac{b_m}{t_B}\right)$$

Durch Einsetzen in (1) wird

$$\begin{aligned}\phi &= \frac{T_{CD} l_1}{4A_m^2 G}\left[2\left(\frac{a_m}{t_A}\right) + 2\left(\frac{b_m}{t_B}\right)\right] + \frac{T_{AB} l_2}{4A_m^2 G}\left[2\left(\frac{a_m}{t_A}\right) + 2\left(\frac{b_m}{t_B}\right)\right] \\ &= \left[2\left(\frac{a_m}{t_A}\right) + 2\left(\frac{b_m}{t_B}\right)\right]\left(\frac{T_{CD} l_1}{4A_m^2 G} + \frac{T_{AB} l_2}{4A_m^2 G}\right)\end{aligned}$$

$$\phi = \left[2\left(\frac{57\,\text{mm}}{5\,\text{mm}}\right) + 2\left(\frac{35\,\text{mm}}{3\,\text{mm}}\right)\right] \left(\frac{(60\,\text{Nm})(0{,}5\,\text{m})}{4(0{,}0020\,\text{m}^2)^2\, 38(10^9)\,\text{N/m}^2} + \frac{(35\,\text{Nm})(1{,}5\,\text{m})}{4(0{,}0020\,\text{m}^2)^2\, 38(10^9)\,\text{N/m}^2}\right)$$

$$\phi = 6{,}29\,(10^{-3})\ \text{rad}$$

Beispiel 6.16 Ein Aluminiumstab mit quadratischem Kastenprofil hat die in Abbildung 6.33a angegebenen Abmessungen. Bestimmen Sie die mittlere Schubspannung des Stabes im Punkt A, wenn dieser durch ein Drehmoment M_T belastet ist. Berechnen Sie auch den infolge dieser Belastung erzeugten Verdrehwinkel.

$M_T = 85$ Nm, $a = 60$ mm, $t = 10$ mm, $l = 1{,}5$ m, $a_m = 50$ mm, $G_{Al} = 26$ GPa

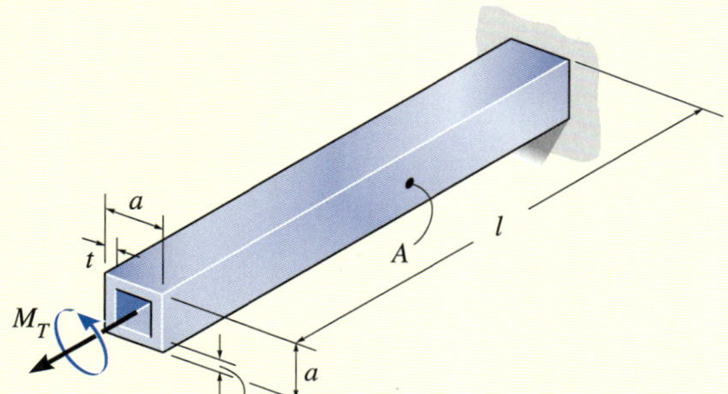

(a)

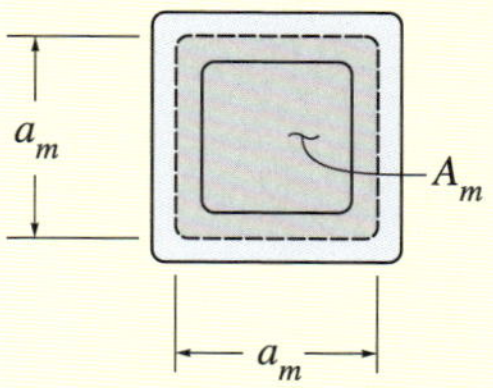

(b)

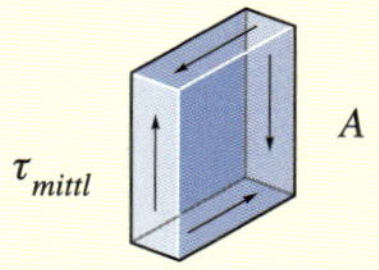

(c)

Abbildung 6.33

Lösung

Mittlere Schubspannung Aus der Anschauung erkennt man, dass in dem Querschnitt, der den Punkt A enthält, das innere Torsionsmoment aufgrund der Gleichgewichtsbedingung $T = M_T = 85$ Nm ist. Gemäß Abbildung 6.33b berechnet sich die Fläche A_m als

$$A_m = a_m\, a_m = a_m^2 = (50\,\text{mm})^2 = 2500\ \text{mm}^2$$

Bei Anwendung von Gleichung (6.18) ist

$$\tau_{mittl} = \frac{T}{2t\,A_m} = \frac{85(10^3)\,\text{Nmm}}{2(10\,\text{mm})(2500\,\text{mm}^2)} = 1{,}7\ \text{N/mm}^2$$

Die mittlere Schubspannung ist an allen Punkten des Querschnittes gleich groß, denn die Dicke t ist außer an den Ecken konstant. Ihre Wirkung ist an einem Volumenelement in Abbildung 6.33c dargestellt, das sich am Punkt A befindet. Beachten Sie, dass τ_{mittl} an der gekennzeichneten Seite aufwärts gerichtet wirkt, um so zu dem inneren resultierenden Torsionsmoment T am Schnitt beizutragen.

Verdrehwinkel Der durch T verursachte Verdrehwinkel des Endquerschnittes wird über Gleichung (6.20) ermittelt, d.h.

$$\phi = \frac{TL}{4A_m^2 G_{Al}} \oint \frac{ds}{t} = \frac{TL}{4A_m^2 G_{Al}\, t} \oint ds$$

Hierbei repräsentiert das Integral die Gesamtlänge der Mittellinie des Profils, Abbildung 6.33c. Somit ist

$$\phi = \frac{TL}{4A_m^2\, G_{Al}\, t}\, 4s\Big|_0^{a_m} = \frac{TL}{A_m^2\, G_{Al}\, t}\, a_m$$

$$= \frac{85(10^3)\,\text{Nmm}\,(1{,}5\,\text{m})}{(2500\,\text{mm})^2\, 26(10^3)\,\text{N/mm}^2\,(10\ \text{mm})}(50\,\text{mm}) = 3{,}92\ (10^{-3})\ \text{rad}$$

Beispiel 6.17

Ein dünnwandiges Profil besteht aus drei Stahlplatten der Dicke t, so dass der Querschnitt ein gleichseitiges Dreieck ergibt, Abbildung 6.34. Bestimmen Sie das maximal aufnehmbare Torsionsmoment T, wenn die zulässige Schubspannung τ_{zul} ist und sich die Endquerschnitte nicht mehr als um den Winkel ϕ_{zul} gegeneinander verdrehen dürfen. $G = 75$ GPa, $b = 200$ mm, $l = 3$ m, $t = 5$ mm, $\tau_{zul} = 90$ MPa, $\phi_{zul} = 0{,}002$ rad, $\alpha = 60°$

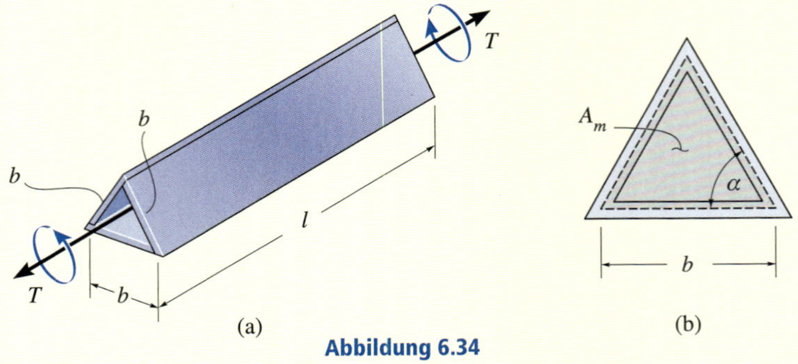

Abbildung 6.34

Lösung

Die Fläche A_m ist in Abbildung 6.34b gekennzeichnet. Sie ist

$$A_m = \frac{1}{2}ab = \frac{1}{2}b(b\sin\alpha) = \frac{1}{2}(0{,}2\,\text{m})(0{,}2\,\text{m})(0{,}866) = 0{,}01732\ \text{m}^2$$

Die größte mittlere Schubspannung tritt an den Punkten auf, wo die Profildicke am geringsten ist, und zwar an den Seitenwänden, nicht an den Ecken. Die Anwendung von Gleichung (6.18) führt zu dem Ergebnis

$$\tau_{mittl} = \frac{T}{2tA_m} \qquad T = \tau_{mittl}\, 2t\, A_m$$

$$= 90(10^6)\,\text{N/m}^2\, 2(0{,}005\,\text{m})(0{,}01732\,\text{m}^2) = 15{,}6\,\text{kNm}$$

Zudem erhalten wir bei Anwendung der Gleichung (6.20) das Ergebnis

$$\phi = \frac{TL}{4A_m^2 G}\oint\frac{ds}{t} = \frac{Tl}{4A_m^2 G t}\oint ds$$

Das Integral repräsentiert die Summe der drei Seitenlängen des Profils, die zusammen die Gesamtlänge der Mittellinie ergeben. Somit wird

$$\phi_{zul} = \frac{TL}{4A_m^2 G t} 3s\Big|_0^b = \frac{Tl}{4A_m^2 G t}3b$$

$$T = \frac{\phi_{zul}}{3b}\frac{4A_m^2 G t}{l} = \frac{0{,}002\,\text{rad}}{3(0{,}2\,\text{m})}\frac{4(0{,}01732\,m^2)75(10^9)\,\text{N/m}^2(0{,}005\,\text{m})}{3\,\text{m}}$$

$$T = 500\ \text{Nm}$$

Wenn man die beiden Ergebnisse vergleicht, ist erkennbar, dass das Torsionsmoment durch den Verdrehwinkel beschränkt wird.

6.8 Spannungskonzentrationen

Die Formel der Torsionsspannung $\tau_{max} = Tr/I_p$ kann für Bereiche einer Welle mit konstantem oder schwach veränderlichem Querschnitt angewendet werden. Bei plötzlichen Querschnittsänderungen werden sowohl die Schubspannung als auch die Schubspannungsverteilungen in der Welle komplexer und können nur über experimentelle Methoden oder möglicherweise durch mathematische Berechnungsverfahren auf Basis der Elastizitätstheorie ermittelt werden. Drei häufige in der Praxis vorkommende Unstetigkeiten des Querschnitts sind in den nachfolgenden Abbildungen dargestellt. Das sind zum einen *Kupplungen*, die benutzt werden, um zwei fluchtende Wellen miteinander zu verbinden, Abbildung 6.35a, des weiteren *Nuten*, die zusammen mit Passfedern zur Befestigung von Zahnrädern oder Scheiben auf einer Welle verwendet werden, Abbildung 6.35b, und *Hohlkehlen* bei abgesetzten Wellen mit unterschiedlichen Durchmessern, Abbildung 6.35c. In jedem Fall tritt die maximale Schubspannung an einer auf dem Querschnitt markierten Stelle (Punkt) auf.

Um dem Ingenieur eine komplexe Spannungsberechnung an solchen Unstetigkeiten der Welle im Einzelfall zu ersparen, kann er auf der Basis des so genannten ***Torsions-Spannungskonzentrationsfaktors*** *K* die maximale Schubspannung für eine vorgegebene Geometrie abschätzen. Wie schon für axial belastete Bauteile, *Abschnitt 4.7*, beschrieben, wird *K* gewöhnlich aus entsprechenden Kurvendarstellungen entnommen. Ein Beispiel für eine abgesetzte Welle ist in Abbildung 6.36 dargestellt.

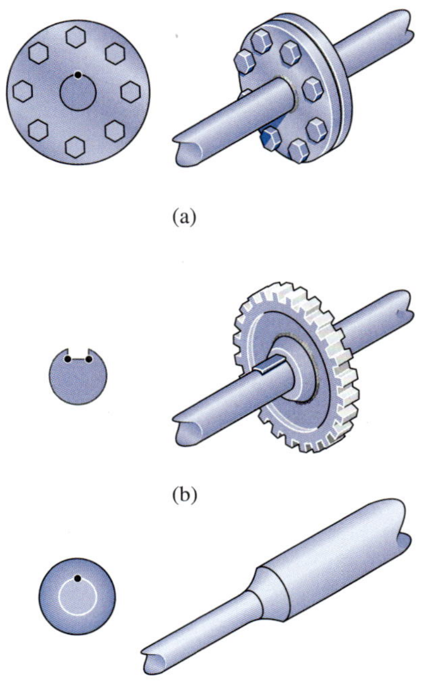
(a)
(b)
(c)
Abbildung 6.35

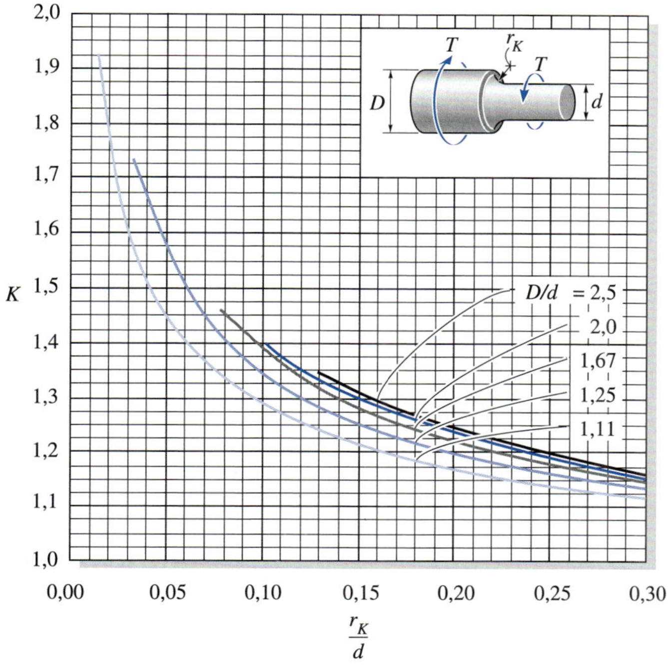

Abbildung 6.36

Spannungskonzentrationen können an der Kupplung zwischen beiden Wellen auftreten. Die Spannungskonzentrationen müssen deshalb bei der Kupplungsauslegung berücksichtigt werden.

Zum Gebrauch des Diagramms berechnet man zunächst das geometrische Verhältnis D/d, um die maßgebende Kurve festzulegen. Nach der Berechnung des Abszissenverhältnisses r_K/d kann man dann den Wert für K auf der Ordinate ablesen. Die maximale Schubspannung wird abschließend über die Gleichung

$$\tau_{max} = K\frac{Tr}{I_p} \tag{6.21}$$

ermittelt. Hierbei wird die Formel der Torsionsspannung auf den Wellenabschnitt mit dem *kleineren* Durchmesser angewendet, denn τ_{max} tritt im Kerbgrund auf, siehe Abbildung 6.35c.

Aus der Grafik kann man erkennen, dass eine *Vergrößerung* des Kerbradius r_K eine *Verkleinerung* von K bewirkt. Somit kann die maximale Schubspannung in der Welle oder dem Stab durch eine *Vergrößerung* des Kerbradius reduziert werden. Auch wenn der Durchmesser der größeren Welle verkleinert wird, ist das Verhältnis von D/d geringer, und damit wird der Wert von K und in der Folge τ_{max} geringer.

Wie im Fall von axial belasteten Bauteilen sollten Torsions-Spannungskonzentrationsfaktoren *insbesondere* bei der Auslegung von Wellen aus *spröden Werkstoffen* berücksichtigt werden oder wenn Wellen *zyklischen Torsionsbelastungen* unterliegen, d.h. Ermüdung zu erwarten ist. Die Kerbwirkung ist nämlich der Ausgangspunkt einer Rissbildung an der Stelle einer Spannungsüberhöhung und dies kann häufig zu einem plötzlichen Versagen der Welle führen. Beachten Sie auch, dass sich bei einer großen *statischen* Torsionsbeanspruchung einer aus *duktilem Material* bestehenden Welle im Querschnitt *nichtelastische Verzerrungen* ausbilden können. Infolge des Fließens *bildet sich* die Spannungsverteilung über der Welle *gleichmäßiger aus*, so dass die resultierende Maximalspannung nicht durch Spannungskonzentrationen begrenzt ist.

Wichtige Punkte zur Lösung von Aufgaben

- *Spannungskonzentrationen* treten in Wellen oder Stäben an Stellen abrupter Querschnittsänderung auf, z.B. bei Kupplungen, Federnuten und Absätzen. Je ausgeprägter diese Änderung ist, desto größer wird die Spannungskonzentration.
- Zur Auslegung oder Berechnung ist es eigentlich notwendig, die exakte Schubspannungsverteilung am betreffenden Querschnitt zu kennen. Stattdessen ist es aber auch möglich, die maximale Schubspannung durch die Verwendung eines Spannungskonzentrationsfaktors K abzuschätzen, der experimentell bestimmt wird und lediglich eine Funktion der Wellengeometrie ist.
- Im Normalfall muss die Spannungskonzentration in einer durch statische Torsion beanspruchten, duktilen Welle *nicht* berücksichtigt werden. Wenn das Material allerdings *spröde* ist oder *Beanspruchungen* unterliegt, die zur Ermündung führen können, dann werden diese Spannungskonzentrationen wichtig.

Beispiel 6.18 Die in Abbildung 6.37a dargestellte abgesetzte Welle ist in A und B gelagert. Bestimmen Sie die maximale Schubspannung in der Welle infolge der einwirkenden Drehmomente. Der Kerbradius am Übergang der Wellensegmente hat den Radius r_K.

$M_1 = 30$ Nm, $M_2 = 60$ Nm, $r_1 = 20$ mm, $r_2 = 40$ mm, $r_K = 6$ mm

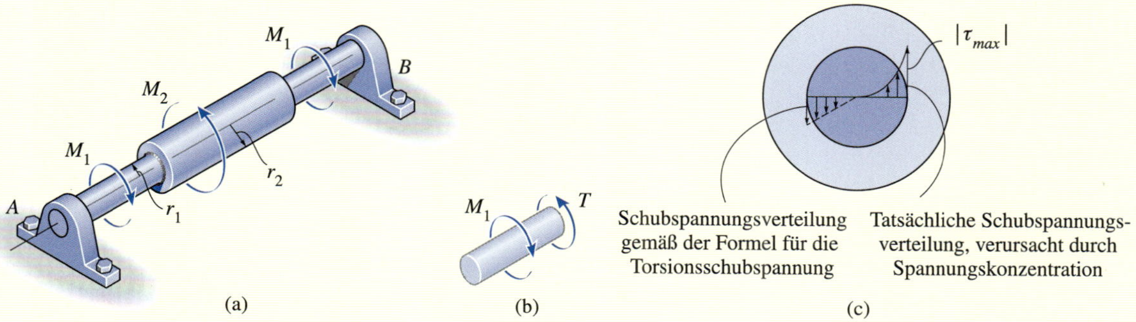

Abbildung 6.37

Lösung

Inneres Torsionsmoment Es ist offensichtlich, dass das Momentengleichgewicht um die Wellenachse erfüllt ist. Da die Maximalspannung in diesem Fall am Kerbgrund im Übergang zur Welle mit dem kleineren Durchmesser auftritt, kann man das innere Torsionsmoment T durch Freischneiden, Abbildung 6.37b, und Aufstellung des Momentengleichgewichts ermitteln:

$$\sum M = 0\,; \qquad M_1 + T = 0$$

$$T = -M_1 = -30 \text{ Nm}$$

Maximale Schubspannung Der Spannungskonzentrationsfaktor kann aus Abbildung 6.36 entnommen werden. Aus der Geometrie der Welle erhalten wir

$$\frac{D}{d} = \frac{2r_2}{2r_1} = \frac{2(40\,\text{mm})}{2(20\,\text{mm})} = 2 \qquad \frac{r_K}{d} = \frac{r_K}{2r_1} = \frac{6\,\text{mm}}{2(20\,\text{mm})} = 0{,}15$$

Mit diesen Werten ergibt sich $K = 1{,}3$. Bei Anwendung von Gleichung (6.21) erhalten wir

$$\tau_{max} = K\frac{Tr}{I_p}\,; \qquad \tau_{max} = K\frac{T\,r_1}{\frac{\pi}{2}r_1^4} = 1{,}3\frac{(-30\,\text{Nm})(0{,}020\,\text{m})}{\frac{\pi}{2}(0{,}020\,\text{m})^4} = -3{,}10 \text{ MPa}$$

Die experimentell nachgewiesene tatsächliche Spannungsverteilung über einem Radius des Querschnitts an der kritischen Stelle sieht ähnlich der in Abbildung 6.37c dargestellten Verteilung aus. Vergleichen Sie dies mit der linearen Spannungsverteilung, die mit Hilfe der Formel für die Torsionsspannung gefunden wurde. Das negative Vorzeichen rührt von der zuvor eingeführten Vorzeichenkonvention her. Falls nur die Bedingung der Schubspannung interessiert, kann es ignoriert werden.

ZUSAMMENFASSUNG

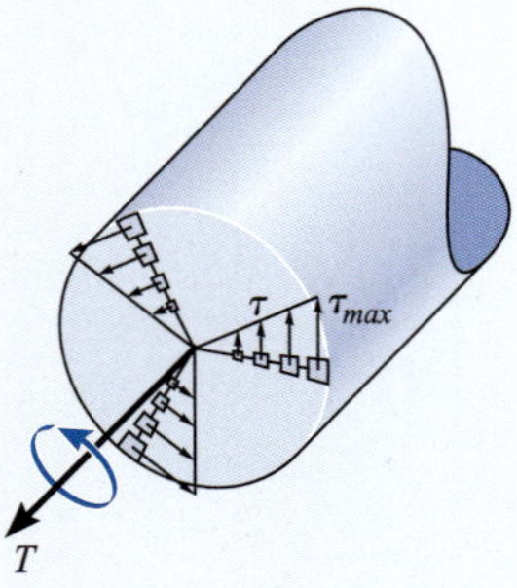

Ein Torsionsmoment T führt bei einer Welle mit kreisförmigen Querschnitt auf eine Verdrehung, bei der die Gleitung in der Welle proportional zum radialen Abstand ρ vom Wellenmittelpunkt ist. Sofern das Material homogen und linear elastisch ist, ergibt sich die Schubspannung aus der Torsionsformel

$$\tau = \frac{T \cdot \rho}{I_p}$$

mit dem polaren Flächenträgheitsmoment I_p. Für die Dimensionierung einer Welle ist der Geometrieparameter

$$\frac{I_p}{r} = \frac{T}{\tau_{zul}}$$

mit dem Außenradius r der Welle zu ermitteln.

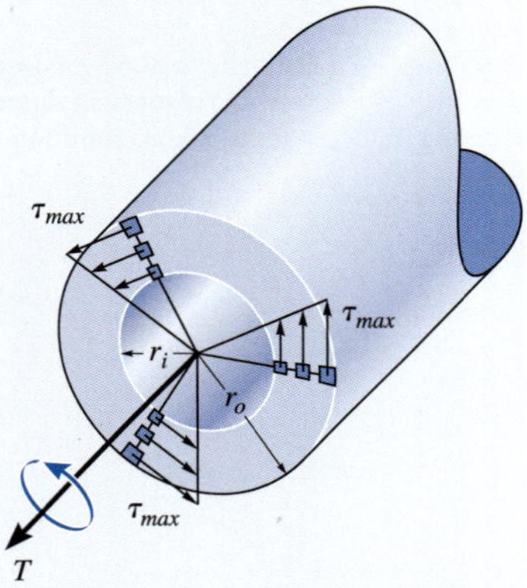

Wellen werden häufig zur Leistungsübertragung benutzt. Dreht sich die Welle mit der Winkelgeschwindigkeit ω, dann ist die Leistung P über

$$P = T \cdot \omega$$ *siehe Abschnitt 6.2 und 6.3*

mit dem auftretenden Torsionsmoment T verknüpft.

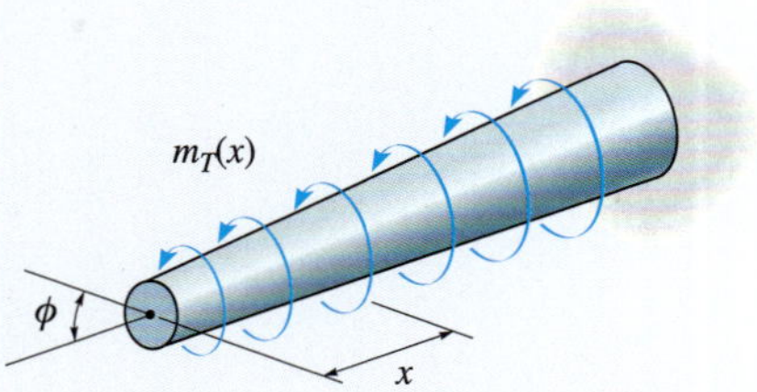

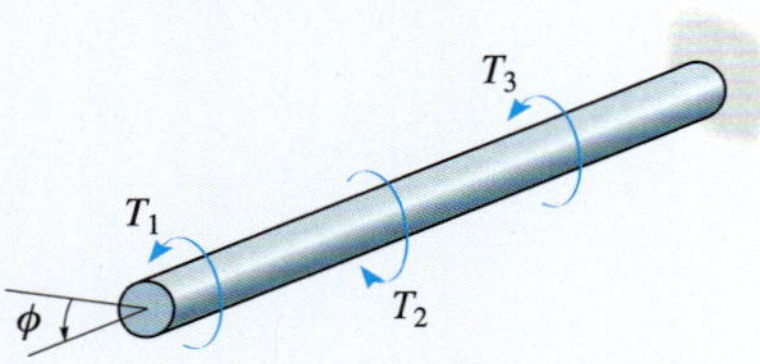

Ist bei einer Drehmomentenbelastung $m_T(x)$ das innere Torsionsmoment T an einem Schnitt x der Welle mit veränderlichem Kreisquerschnitt ermittelt, dann berechnet sich ihr Verdrehwinkel aus

$$\varphi = \int_0^L \frac{T(x)}{I_p(x)G} dx$$

Sind das innere Torsionsmoment und die Torsionssteifigkeit I_pG abschnittsweise konstant, gilt

$$\varphi = \sum \frac{TL}{I_pG}$$ *siehe Abschnitt 6.4*

Zur Anwendung der Formel ist eine Vorzeichenvereinbarung für das innere Torsionsmoment zu treffen. Außerdem muss gewährleistet sein, dass das Material linear-elastisch bleibt.

Ist eine Welle statisch unbestimmt gelagert, werden die Lagerreaktionen aus Gleichgewichts- und Kompatibilitätsbedingungen bestimmt, welche die Verdrehung an den Auflagern spezifizieren. Diese Verdrehungen können mit dem Torsionsmoment über eine Moment-Verdrehungs-Beziehung, z.B. in der Form

$$\phi = \frac{TL}{I_p G}$$

siehe Abschnitt 6.5

verknüpft werden.

Stäbe mit nichtkreisförmigem Querschnitt verwölben sich unter Einwirkung eines Torsionsmoments. Für diese Fälle stehen Formeln in Tabellen zur Verfügung, um die maximale elastische Schubspannung und die Verdrehung zu berechnen.

siehe Abschnitt 6.6

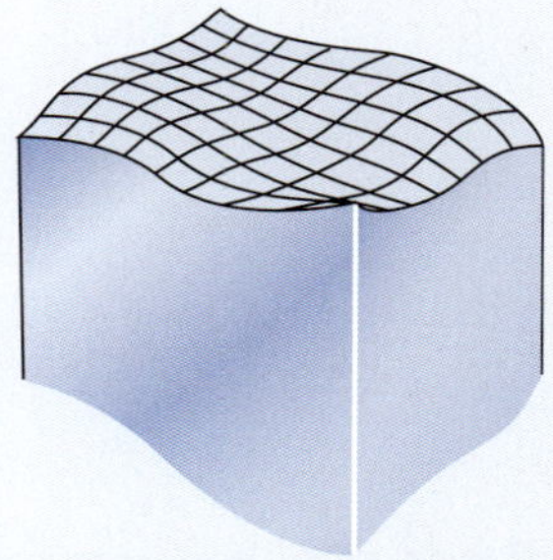

Verwölbung der Querschnittsfläche

Die mittlere Schubspannung in dünnwandigen Rohren lässt sich unter der Annahme berechnen, dass die Schubspannung über die Dicke t des Rohrs konstant ist:

$$\tau_{mittl} = \frac{T}{2tA_m}$$

siehe Abschnitt 6.7

Die Größe A_m ist dabei die durch die Mittellinie der Rohrwand umschlossene Fläche.

In Wellen treten Spannungskonzentrationen auf, wenn sich der Querschnitt plötzlich ändert. Um die maximale Schubspannung abzuschätzen, verwendet man einen Spannungskonzentrationsfaktor K, der experimentell bestimmt und in grafischer Form dargestellt wird. Es gilt

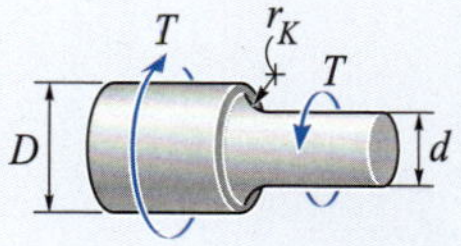

$$\tau_{\max} = K\left(\frac{Tr}{I_p}\right)$$

siehe Abschnitt 6.8

Biegung

7

ÜBERBLICK

Balken sind wichtige Strukturelemente in der Konstruktion von Gebäuden. Ihre Formgebung wird oft durch die Forderung bestimmt, Biegespannungen standzuhalten. Diese Biegespannungen stellen den Hauptgegenstand dieses Kapitels dar.

Lernziele

Balken und Stäbe sind wichtige konstruktive Tragwerkkomponenten und Maschinenelemente im Ingenieurwesen. In diesem Kapitel bestimmen wir die Spannung, die in diesen Bauteilen infolge Biegung verursacht wird. Das Kapitel beginnt als Wiederholung aus der Statik mit einer Aufstellung von Querkraft- und Biegemomentenlinien für einen Balken bzw. Stab. Genau wie Normalkraft- und Torsionsmomentendiagramme stellen Querkraft- und Biegemomentverläufe ein nützliches Hilfsmittel zur Bestimmung der größten auftretenden Querkraft bzw. des größten Biegemoments dar. Nach Ermittlung des inneren Biegemoments an einem Schnitt kann anschließend die Biegespannung berechnet werden. Zunächst betrachten wir die Bauteile als gerade und homogene, linear-elastische Stäbe mit symmetrischem Querschnitt. Danach diskutieren wir einige Spezialfälle wie die Biegung von Bauteilen mit unsymmetrischem Querschnitt sowie von Verbundmaterialien. Abschließend finden gekrümmte Träger und Spannungskonzentrationen Berücksichtigung.

7.1 Querkraft- und Biegemomentenlinien

Schlanke stabförmige Bauteile, die rechtwinklig zur ihrer Längsachse einwirkende Belastungen aufnehmen, werden ***Balken*** genannt. Oft werden sie entsprechend ihren Lagerungsbedingungen klassifiziert. Zum Beispiel ist ein *einfach gestützter Träger* an einem Ende unverschiebbar gelenkig gelagert und liegt am anderen Ende horizontal verschiebbar auf Rollen auf, Abbildung 7.1; ein *Kragträger* ist an einem Ende eingespannt und frei am anderen Ende und ein *überhängender Träger* besitzt ein oder zwei über die Auflager hinausragende Enden. Sicherlich können Balken mit als die wichtigsten Bauteile von Konstruktionen des Ingenieurwesens betrachtet werden. Als Beispiel seien Bauteile genannt, die zur Stützung einer Geschossdecke verwendet werden, Brückendecks oder die Tragflügel eines Flugzeugs. Auch die Achsen eines Automobils, der Ausleger eines Krans oder selbst die Knochen eines Körpers können als Balken modelliert werden.

Einfach gestützter Träger

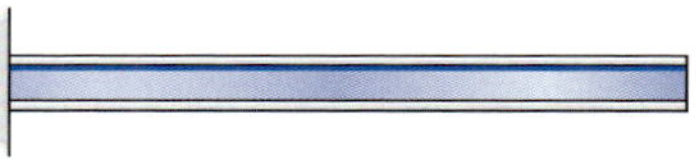

Kragträger

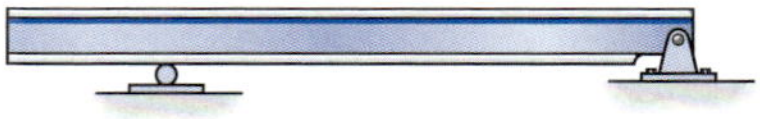

Überhängender Träger

Abbildung 7.1

Infolge der Belastung entstehen im Balken eine innere Querkraft Q sowie ein Biegemoment M, die sich im Allgemeinen entlang der Balkenachse ändern. Zur Bemessung eines Balkens ist es zunächst erforderlich, die maximale Querkraft und das maximale Biegemoment im Balken zu ermitteln. Dazu ist es zweckmäßig, den Verlauf der inneren Querkraft Q und des Biegemomentes M als Funktion der Längskoordinate entlang der Balkenachse zu bestimmen und grafisch in Form von ***Querkraft- und Biegemomentenlinien*** darzustellen. Die Maximalwerte von Q und M können aus diesen Kurvenverläufen einfach ermittelt werden. Zudem geben die Querkraft- und Biegemomentenlinien genaue Informationen über die *Änderung* der Querkraft und des Biegemoments entlang der Balkenachse.

Auf der Grundlage der Statik haben wir in *Abschnitt 1.2* die Methode des Freischneidens verwendet, um die Schnittgrößen in einem Bauteil an einem *ausgewählten Punkt* zu bestimmen. Wenn wir allerdings die Querkraft Q und das Biegemoment M als Funktionen von x entlang eines Balkens ermitteln wollen, dann ist es erforderlich, den Schnitt an eine beliebige Stelle x zu legen und Q und M in Abhängigkeit von x zu formulieren.

Im Allgemeinen sind die als Funktion von x ermittelten Querkraft- und Biegemomentenverläufe, bzw. deren Steigung an Stellen unstetig, an denen sich die Streckenlasten ändern oder an denen Einzelkräfte bzw. Kräftepaare wirken. Deswegen müssen Querkraft- und Biegemomentenverläufe für *jeden Bereich* unterschiedlicher Belastungssituationen bestimmt werden. Zum Beispiel benutzt man die Koordinaten x_1, x_2 und x_3, um die Änderung von Q und M über die gesamte Balkenlänge in Abbildung 7.2 zu beschreiben. Diese Koordinaten sind ausschließlich gültig innerhalb des Bereichs von A bis B für x_1, von B bis C für x_2 und von C bis D für x_3.

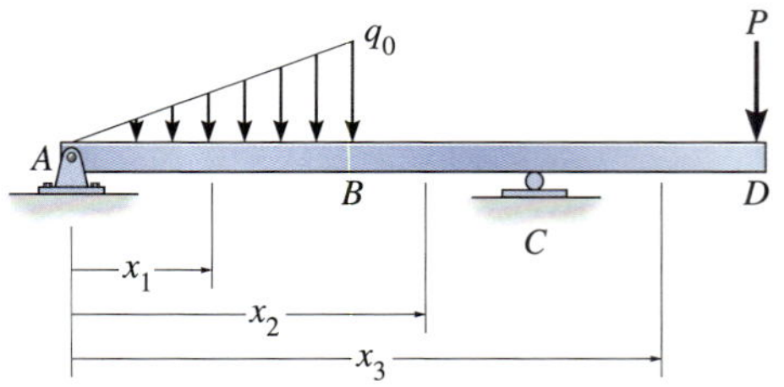

Abbildung 7.2

Vor Ausführung der Rechnung ist es notwendig, eine *Vorzeichenkonvention* einzuführen, um positive und negative innere Querkräfte und Biegemomente zu definieren. Wir benutzen hier eine Festlegung, die in der Ingenieurpraxis oft benutzt wird und in Abbildung 7.3 dargestellt ist. Eine *positive Streckenlast* wirkt am Balken *nach unten*. Eine positive innere *Querkraft* bewirkt eine Verdrehung des Balkensegments, an dem sie angreift, *im Uhrzeigersinn*. Das innere *Biegemoment* ist positiv, wenn es zu einer Verbiegung des Balkenelements derart führt, dass die Segmentenden sich nach oben biegen und so eine Verkürzung der *oberen Elementfasern* auftritt. Entgegengesetzt gerichtete Schnittgrößen werden als negativ angesehen.

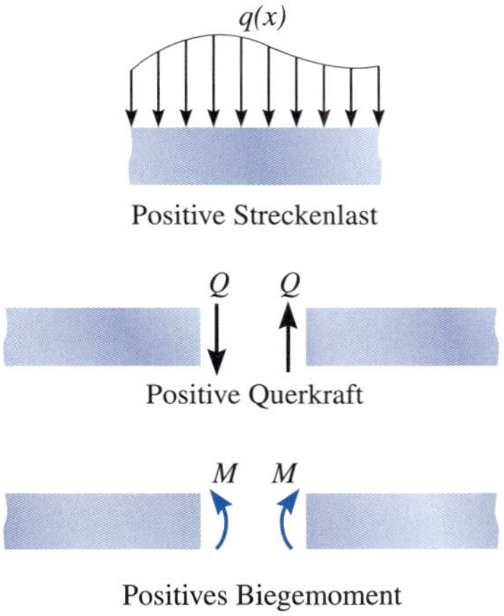

Abbildung 7.3

Wichtige Punkte zur Lösung von Aufgaben

- *Balken* sind schlanke, gerade Bauteile, die rechtwinklig zu ihrer Längsachse belastet werden. Sie werden entsprechend ihrer Lagerung klassifiziert, z.B. einfach gestützt, auskragend oder überhängend.
- Zur geeigneten Bemessung eines Balkens ist es wichtig, die *Änderung* der Querkraft und des Biegemoments entlang seiner Achse zu kennen, um die Schnittstellen zu finden, an denen diese Werte ihr Maximum haben.
- Mit Hilfe einer geeigneten Vorzeichenkonvention für positive Querkräfte und Biegemomente können diese im Balken als Funktion einer Durchlaufkoordinate x bestimmt werden. Die Verläufe werden dann in Form von Querkraft- und Biegemomentenlinien dargestellt.

Lösungsweg

Die Querkraft- und Biegemomentenlinien können für einen Balken mit Hilfe des folgenden Lösungsweges aufgestellt werden:

Lagerreaktionen

- Bestimmen Sie alle Reaktionskräfte und Momente, die am Balken angreifen, und zerlegen Sie die Kräfte in rechtwinklig und parallel zur Achse wirkende Komponenten.

Querkraft- und Biegemomentenverläufe

- Führen Sie unterschiedliche x-Koordinaten ein, deren Ursprung jeweils am *linken Balkenende* liegt und die sich jeweils über Bereiche erstrecken, die zwischen Angriffspunkten diskreter Kräfte oder Momente liegen und in denen sich die Streckenlast nur stetig ändert.
- Schneiden Sie den Balken rechtwinklig zu seiner Achse an einer beliebigen Stelle x und zeichnen Sie das Freikörperbild eines der beiden Balkensegmente. Stellen Sie sicher, dass Q und M entsprechend der Vorzeichenkonvention in Abbildung 7.3 in positive Richtung eingezeichnet werden.
- Die Querkraft wird aus dem Kräftegleichgewicht quer zur Balkenachse ermittelt.
- Das Biegemoment wird durch ein Momentengleichgewicht um den Mittelpunkt des Schnittufers des Segments ermittelt.

Querkraft- und Biegemomentenlinien

- Zeichnen Sie die Querkraftlinie $Q(x)$ und die Biegemomentenlinie $M(x)$. Wenn die numerischen Werte der Funktionen, die Q und M ausdrücken, positiv sind, trägt man diese oberhalb der x-Achse auf, negative Werte unterhalb der x-Achse.
- Generell ist es ratsam, die Querkraft- und Biegemomentenlinien direkt unterhalb des Freikörperbildes des Balkens aufzutragen.

Beispiel 7.1 Zeichnen Sie die Querkraft- und die Biegemomentenlinie für den in Abbildung 7.4a dargestellten Träger.

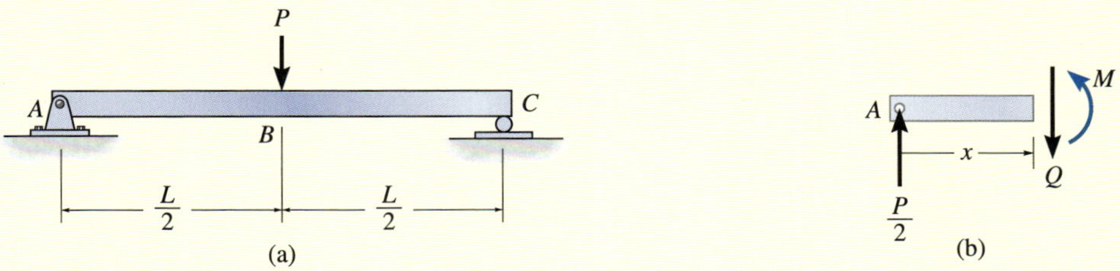

Lösung

Auflagerreaktionen Die Auflagerreaktionen ergeben sich wie in Abbildung 7.4d oben dargestellt.

Querkraft- und Biegemomentenverläufe Der Träger wird innerhalb des Bereichs AB in einer beliebigen Entfernung x vom Auflager A geschnitten. Das Freikörperbild des linken Segments ist in Abbildung 7.4b dargestellt. Es sind die Unbekannten Q und M eingezeichnet, wie sie im positiven Sinn am rechten Schnittufer des Segments entsprechend der Vorzeichenkonvention wirken. Die Anwendung der Gleichgewichtsbedingungen ergibt

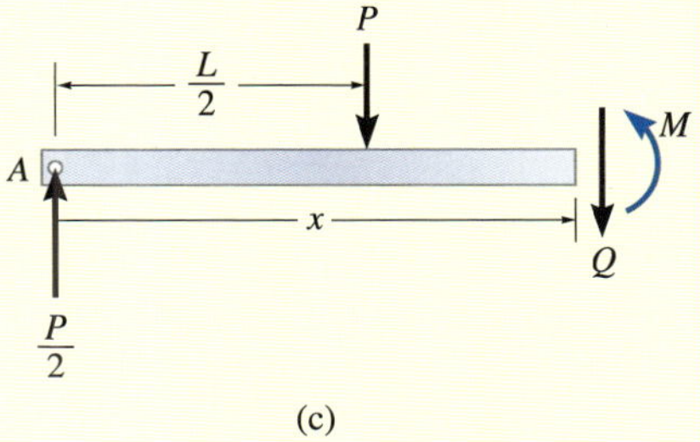

$$\sum F_y = 0; \qquad \frac{P}{2} - Q = 0 \qquad Q = \frac{P}{2} \qquad (1)$$

$$\sum M = 0; \qquad \frac{P}{2}x - M = 0 \qquad M = \frac{P}{2}x \qquad (2)$$

Das Freikörperbild für ein linkes Segment des Trägers, das für eine Schnittstelle x innerhalb des Bereichs BC gilt, zeigt Abbildung 7.4c. Wieder sind Q und M in positive Wirkrichtung dargestellt. Somit ist

$$\sum F_y = 0; \qquad \frac{P}{2} - P - Q = 0 \qquad Q = -\frac{P}{2} \qquad (3)$$

$$\sum M = 0; \qquad M + P\left(x - \frac{L}{2}\right) - \frac{P}{2}x = 0$$

$$M + Px - P\left(\frac{L}{2}\right) - \frac{P}{2}x = 0$$

$$M = P\left(\frac{L}{2}\right) - \frac{P}{2}x \qquad M = \frac{P}{2}(L - x) \qquad (4)$$

Die Querkraftlinie repräsentiert in grafischer Form die Gleichungen (1) und (3), die Biegemomentenlinie dagegen Gleichungen (2) und (4), Abbildung 7.4d. Die Ergebnisse sind zum Teil überprüfbar, wenn man darauf achtet, dass $dQ/dx = -q$ und $dM/dx = Q$ gilt (diese Beziehungen werden im nächsten Abschnitt in Form der Gleichungen (7.1) und (7.2) allgemein hergeleitet).

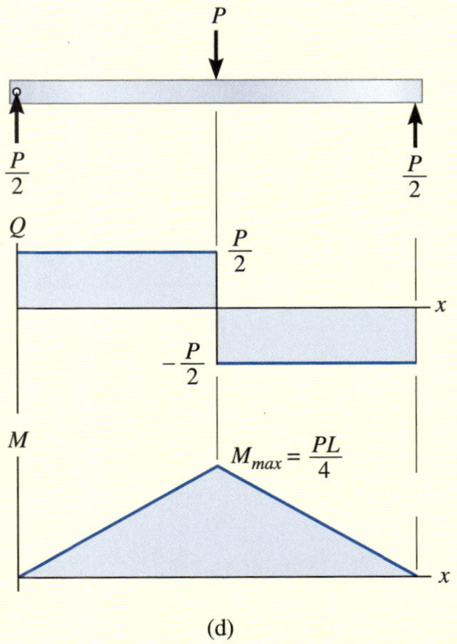

Abbildung 7.4

Beispiel 7.2

Zeichnen Sie die Querkraft- und die Biegemomentenlinie für den in Abbildung 7.5a dargestellten Träger.

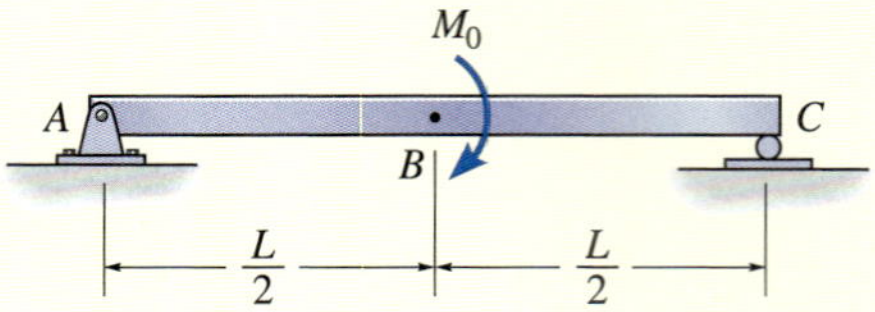

(a)

Lösung

Auflagerreaktionen Die Auflagerreaktionen sind in Abbildung 7.5d oben angegeben.

Querkraft- und Biegemomentenverläufe Die Aufgabe ähnelt dem vorigen Beispiel, in dem zwei Bereiche benutzt werden mussten, um die Querkraft und das Biegemoment über die gesamte Trägerlänge auszudrücken. Für das freigeschnittene linke Balkensegment für den Bereich AB, Abbildung 7.5b, erhalten wir

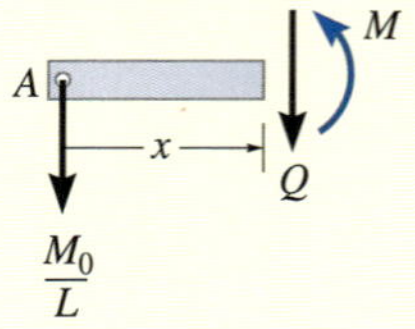

(b)

$$\sum F_y = 0; \qquad Q + \frac{M_0}{L} = 0 \qquad\qquad Q = -\frac{M_0}{L}$$

$$\sum M = 0; \qquad M + \frac{M_0}{L}x = 0$$

$$M = -\frac{M_0}{L}x$$

Für das Segment zur Erfassung des Bereichs BC, Abbildung 7.5c, ergibt sich

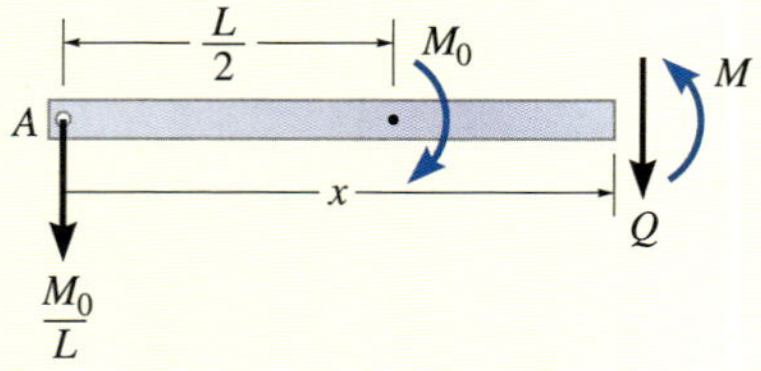

(c)

$$\sum F_y = 0; \qquad Q + \frac{M_0}{L} = 0 \qquad\qquad Q = -\frac{M_0}{L}$$

$$\sum M = 0; \qquad M + \frac{M_0}{L}x - M_0 = 0$$

$$M = -\frac{M_0}{L}x + M_0$$

$$M = M_0\left(1 - \frac{x}{L}\right)$$

Querkraft- und Biegemomentenlinie Die grafische Darstellung der gefundenen Schnittgrößenverläufe führt auf die in Abbildung 7.5d gezeigten Querkraft- und Biegemomentenlinien. Beachten Sie in diesem Fall, dass die Querkraft über die gesamte Länge des Trägers konstant ist, d.h. sie wird nicht durch das Lastmoment M_0 beeinflusst, das in Trägermitte angreift. Genauso wie eine Kraft einen Sprung in der Querkraftlinie verursacht, Beispiel 7.1, bedingt ein äußeres Moment eine sprunghafte Änderung der Biegemomentenlinie.

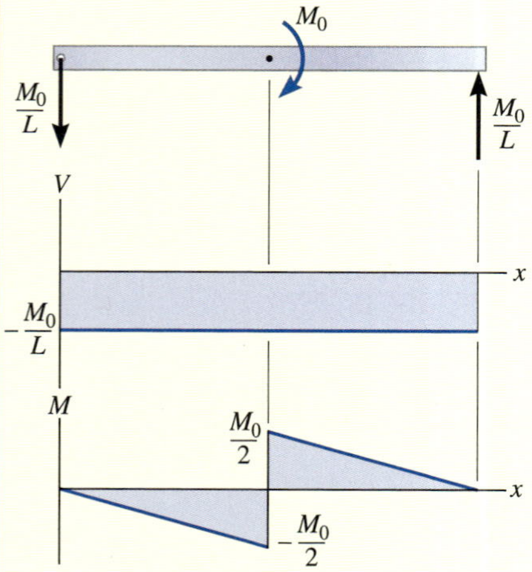

(d)

Abbildung 7.5

Beispiel 7.3 Zeichnen Sie Querkraft- und Biegemomentenlinien für den in Abbildung 7.6a dargestellten Träger.

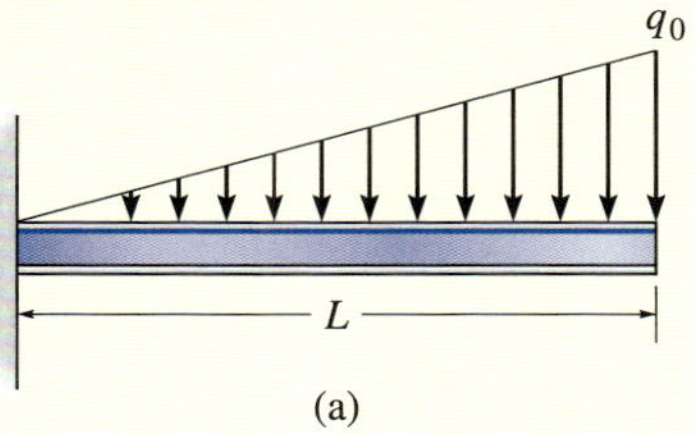

(a)

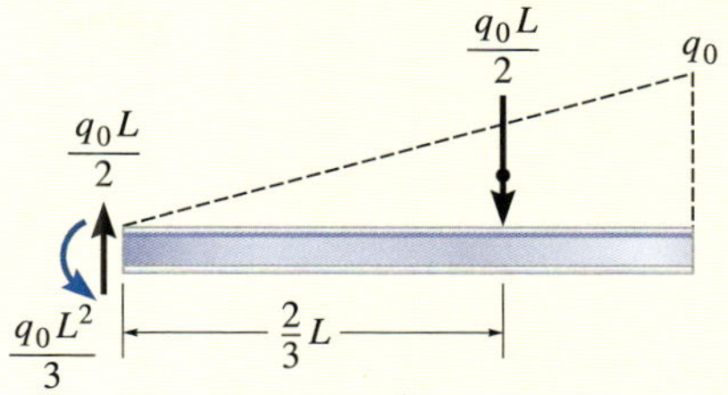

(b)

Lösung

Auflagerreaktionen Die Streckenlast wird durch ihre resultierende Kraft ersetzt, die Reaktionskräfte können gemäß Abbildung 7.6b bestimmt werden.

Querkraft- und Biegemomentenverläufe Ein Freikörperbild eines Trägersegments der Länge x ist in Abbildung 7.6c dargestellt. Achten Sie hier darauf, dass die Größe der Dreiecks-Streckenlast am Schnittufer über Verhältnisbildung (Strahlensatz) ermittelt wird, und zwar $q/x = q_0/L$ oder $q = q_0x/L$. Mit der nun bekannten Belastungshöhe kann die resultierende Belastung aus der Fläche unterhalb der Dreiecksfunktion bestimmt werden, Abbildung 7.6c. Somit ist

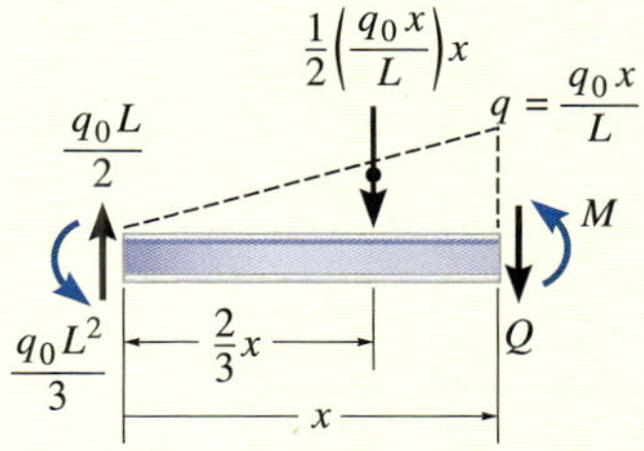

(c)

$$\sum F_y = 0; \qquad \frac{q_0 L}{2} - \frac{1}{2}\left(\frac{q_0 x}{L}\right)x - Q = 0$$

$$Q = \frac{1}{2}q_0 L - \frac{1}{2}\left(\frac{q_0 x}{L}\right)x = \frac{1}{2}q_0 L - \frac{1}{2}\frac{q_0 x^2}{L}$$

$$Q = \frac{1}{2}\frac{q_0}{L}\left(L^2 - x^2\right) \qquad (1)$$

$$\sum M = 0; \qquad M + \frac{q_0 L^2}{3} - \frac{q_0 L}{2}x + \frac{1}{2}\left(\frac{q_0 x}{L}\right)x\left(x - \frac{2}{3}x\right) = 0$$

$$M = \frac{q_0 L}{2}x - \frac{q_0 L^2}{3} - \frac{1}{2}\left(\frac{q_0 x}{L}\right)x\left(\frac{1}{3}x\right)$$

$$M = \frac{q_0 L^2}{6}\left(3\frac{x}{L} - 2 - x\left(\frac{x}{L}\right)^3\right) \qquad (2)$$

Diese Ergebnisse kann man durch Anwendung der Gleichungen (7.1) und (7.2) überprüfen, d.h.

$$q = -\frac{dQ}{dx} = -\left[0 - \frac{q_0}{2L}(2x)\right] = \frac{q_0 x}{L}$$

$$Q = \frac{dM}{dx} = \frac{q_0}{6L}\left(3L^2 - 0 - 3x^2\right) = \frac{q_0}{2L}\left(L^2 - x^2\right)$$

Querkraft- und Biegemomentenlinie Die durch die Gleichungen (1) und (2) repräsentierten Ergebnisse sind in Abbildung 7.6d dargestellt.

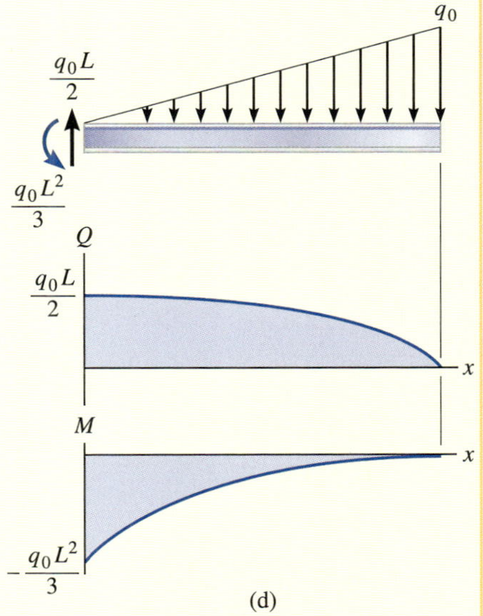

(d)

Abbildung 7.6

Beispiel 7.4

Zeichnen Sie Querkraft- und Biegemomentenlinien für den in Abbildung 7.7a dargestellten Träger.

$M_A = 80$ kNm, $F_B = 15$ kN, $q_0 = 5$ kN/m, $l = 5$ m

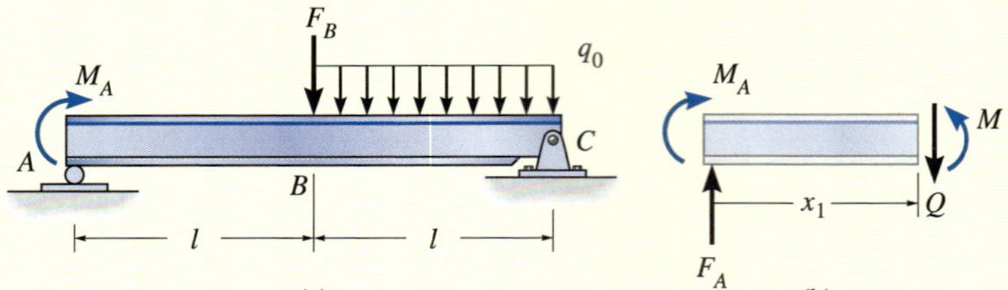

(a) (b)

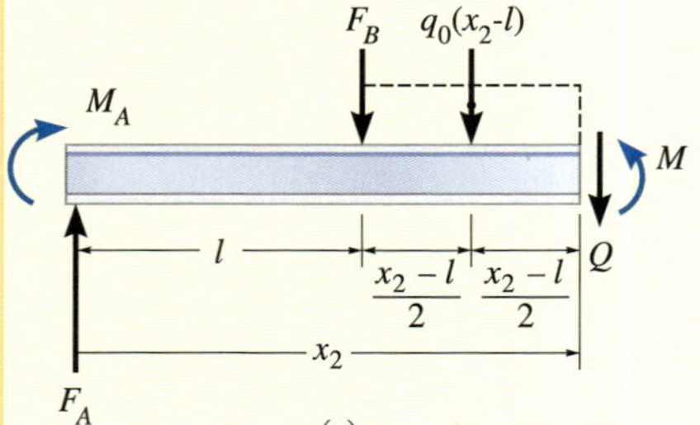

(c)

Lösung

Auflagerreaktionen Die Reaktionskräfte wurden bereits bestimmt und sind im Freikörperbild des Trägers angegeben, Abbildung 7.7d:

$$F_A = 5{,}75 \text{ kN}, \; F_C = 34{,}25 \text{ kN}$$

Querkraft- und Biegemomentenverläufe Da die konstante Streckenlast hier nur in der rechten Trägerhälfte wirkt und zudem noch eine Einzelkraft in Trägermitte angreift, müssen zur korrekten Aufstellung der Querkraft- und Biegemomentenverläufe für den gesamten Träger zwei Bereiche von x betrachtet werden.

$0 \le x_1 \le l$ (Abbildung 7.7b)

$$\sum F_y = 0; \qquad Q - F_A = 0$$

$$Q = F_A \tag{1}$$

$$\sum M = 0; \qquad M - M_A - F_A x_1 = 0$$

$$M = M_A + F_A x_1 \tag{2}$$

$l \le x_2 \le 2l$ (Abbildung 7.7c)

$$\sum F_y = 0; \qquad Q - F_A + F_B + q_0 (x_2 - l) = 0$$

$$Q = F_A - F_B - q_0 (x_2 - l) \tag{3}$$

$$\sum M = 0; \qquad M - M_A - F_A x_2 + F_B (x_2 - l) + q_0 (x_2 - l)\left(\frac{x_2 - l}{2}\right) = 0$$

$$M = M_A + F_A x_2 - F_B x_2 + F_B l - \frac{q_0}{2}(x_2 - l)(x_2 - l) \tag{4}$$

Diese Resultate sind zum Teil überprüfbar, indem man berücksichtigt, dass $q = -dQ/dx$ und $Q = dM/dx$ gilt. Zudem ergeben die Gleichungen (1) und (2) bei $x_1 = 0$ für die Querkraft $Q = F_A$ und für das innere Biegemoment $M = M_A$; bei $x_2 = 2L$ ergeben die Gleichungen (3) und (4) die Werte $Q = F_A - F_B - q_0 l = -F_C$ und $M = 0$. Diese Werte stimmen betragsmäßig mit den Auflagerreaktionen überein, siehe Freikörperbild in Abbildung 7.7d.

Querkraft- und Biegemomentenlinie Die Ergebnisse aus den Gleichungen (1) bis (4) sind in Abbildung 7.7d grafisch dargestellt.

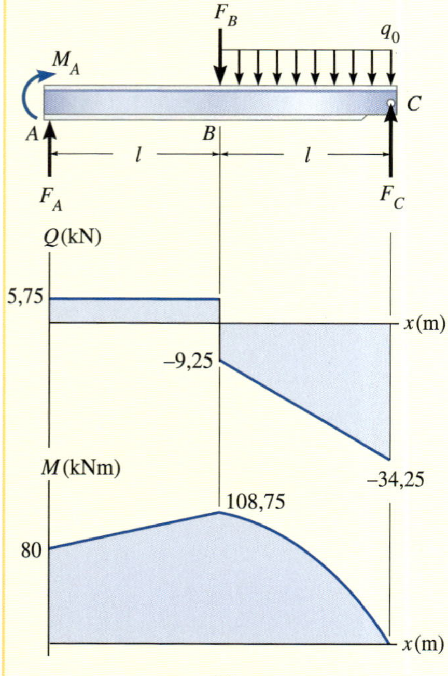

(d)

Abbildung 7.7

7.2 Verkürzte Methode zur Ermittlung von Querkraft- und Biegemomentenlinien

Greifen an einem Balken mehrere Lastgrößen an, können die Bestimmung von Q und M als Funktion von x und die nachfolgende grafische Darstellung recht mühsam werden. In diesem Abschnitt wird eine einfachere Methode zur Aufstellung der Querkraft- und Biegemomentenlinien diskutiert – eine Methode, die auf zwei differenziellen Beziehungen zwischen Streckenlast, Querkraft und Biegemoment beruht.

Streckenlastbereiche Zum allgemeinen Verständnis betrachten wir den in Abbildung 7.8a dargestellten Balken, der einer beliebigen ebenen Belastung ausgesetzt ist. Ein Freikörperbild für ein kleines Element Δx des Balkens zeigt Abbildung 7.8b.

Beachten Sie, dass alle an dem Element wirkenden Belastungen entsprechend der Vorzeichenvereinbarung in ihre positiven Richtungen wirken, Abbildung 7.3. Sowohl die innere resultierende Querkraft als auch das resultierende Biegemoment, die beide an der rechten Seite des Elements angreifen, müssen sich um einen kleinen endlichen Betrag ändern, damit das Element im Gleichgewicht bleibt. Die Streckenlast wird durch die resultierende Kraft $q(x)\,\Delta x$ ersetzt, die in dem sehr kleinen Abstand $k(\Delta x)$ vom rechten Ende wirkt, wobei $0 < k < 1$ gilt (wenn $q(x)$ z.B. gleichförmig ist, folgt $k = 1/2$).

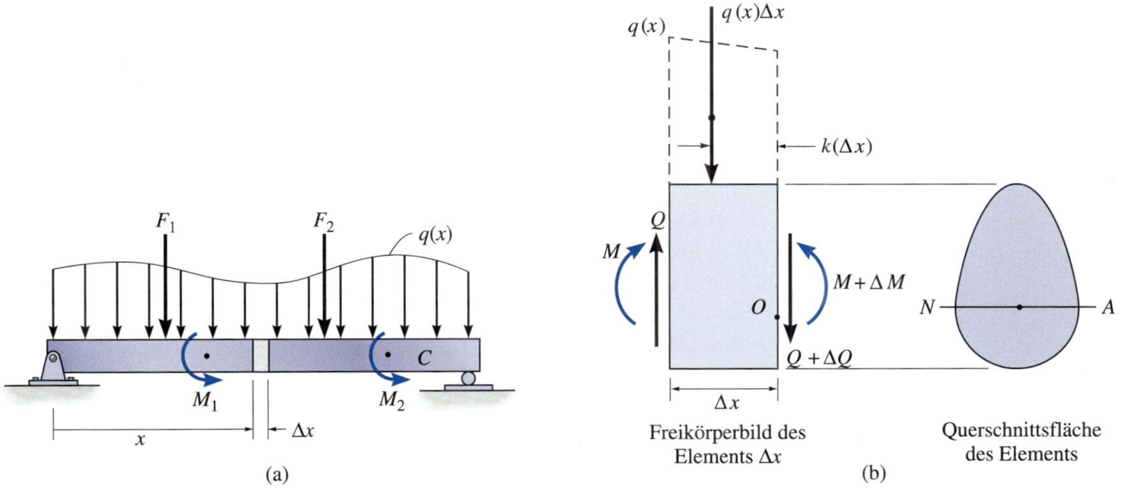

Abbildung 7.8

Bei Anwendung der beiden Gleichgewichtsbedingungen auf das Segment erhalten wir

$$\sum F_y = 0; \qquad Q - q(x)\,\Delta x - (Q + \Delta Q) = 0$$

$$\Delta Q = -\,q(x)\,\Delta x$$

$$\sum M = 0; \qquad -Q\,\Delta x - M + q(x)\,\Delta x\,[k(\Delta x)] + (M + \Delta M) = 0$$

$$\Delta M = Q\,\Delta x - q(x)\,k(\Delta x)^2$$

Nach Division durch Δx und mit dem Grenzwert $\Delta x \to 0$ ergibt sich

$$\frac{dQ}{dx} = -q(x) \tag{7.1}$$

Steigung der Querkraftlinie an der Stelle x = negative Streckenlast an der Stelle x

$$\frac{dM}{dx} = Q \tag{7.2}$$

Steigung der Biegemomentenlinie an der Stelle x = Querkraft an der Stelle x

Gleichung (7.1) sagt aus, dass an einem bestimmten Punkt die *Steigung* der Querkraftlinie gleich der negativen Streckenlast ist. Betrachten wir zum Beispiel den Balken in Abbildung 7.9a. Die Streckenlast ist positiv und steigt von null auf q_B an. Demzufolge stellt die Querkraftlinie eine Kurve dar, die eine negative Steigung hat, wobei die Steigung von null bis $-q_B$ betragsmäßig zunimmt. Die verschiedenen Steigungen, $q_A = 0$, $-q_C$, $-q_D$ und $-q_B$, sind in Abbildung 7.9b dargestellt.

In ähnlicher Weise sagt Gleichung (7.2) aus, dass an einem beliebigen Punkt die Steigung der Momentenlinie an diesem Punkt gleich der Querkraft an dieser Stelle ist. Achten Sie darauf, dass die Querkraftlinie in Abbildung 7.9b bei $+Q_A$ beginnt, bis auf null abnimmt und danach bis zum Wert Q_B im negativen Bereich verläuft. Die Biegemomentenlinie startet damit mit der Steigung $+Q_A$, die bis auf null abnimmt, danach wird die Steigung negativ und nimmt bis auf Q_B ab. Die verschiedenen Steigungen, Q_A, Q_C, Q_D, 0 und Q_B, sind in Abbildung 7.9c dargestellt.

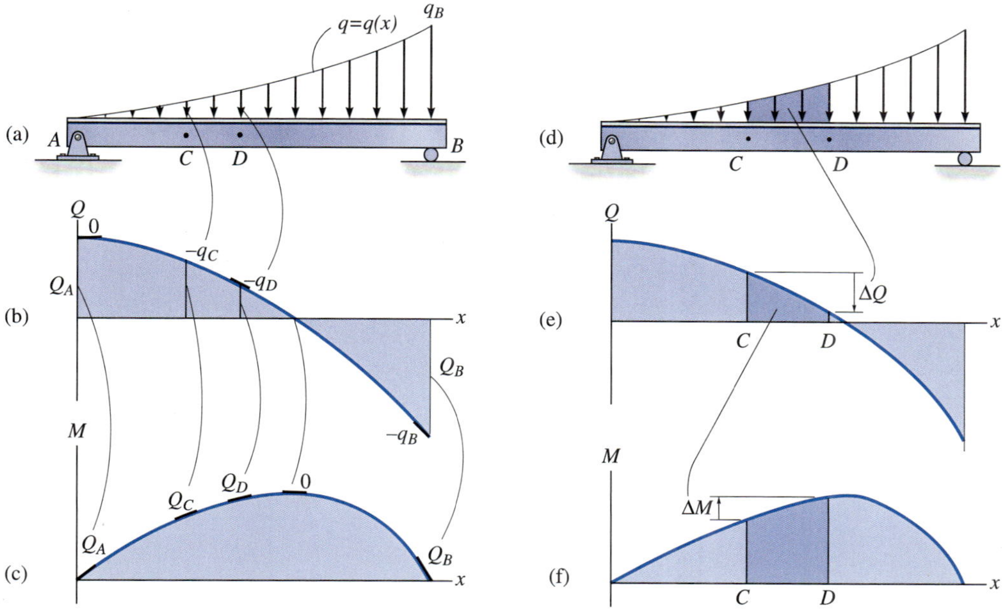

Abbildung 7.9

Die Gleichungen (7.1) und (7.2) können auch in $dQ = -q(x)\ dx$ und $dM = Q\ dx$ umgeformt und integriert werden, Abbildung 7.9d:

$$\Delta Q = -\int q(x)dx \tag{7.3}$$

Änderungen der Querkraft = Fläche unter der Streckenlast

$$\Delta M = \int Q(x)dx \tag{7.4}$$

Änderungen des Biegemoments = Fläche unter der Querkraftlnie

Gleichung (7.3) sagt aus, dass die *Änderung der Querkraft* zwischen den Punkten C und D gleich der (negativen) *Fläche* unterhalb der Streckenlastkurve zwischen diesen beiden Punkten ist, Abbildung 7.9d. In ähnlicher Weise bedeutet Gleichung (7.4), dass die Änderung des Biegemoments zwischen C und D gleich der Fläche unterhalb der Querkraftlinie innerhalb des Bereichs zwischen C und D ist, Abbildung 7.9f.

Diese Gleichungen sind nicht an Stellen anwendbar, an denen Einzelkräfte oder Momente wirken.

Angriffspunkte von Einzellasten In Abbildung 7.10a ist das Freikörperbild eines kleinen Segments des Balkens gemäß Abbildung 7.8a dargestellt, an dem eine Einzelkraft F angreift. Das Kräftegleichgewicht erfordert

$$\sum F_y = 0\,; \qquad Q - F - (Q + \Delta Q) = 0$$

$$\Delta Q = -F \tag{7.5}$$

Wenn F am Balken *nach unten* wirkt, ist somit ΔQ *negativ*; demzufolge verändert sich die Querkraft sprunghaft nach unten. Wenn in gleicher Weise F *nach oben* wirkt, erfolgt im Querkraftverlauf ein Sprung ΔQ *nach oben*. Eine Momentenbilanz am kleinen Segment zeigt, dass sich das Biegemoment infolge der Einzellast an dieser Stelle nicht ändert.

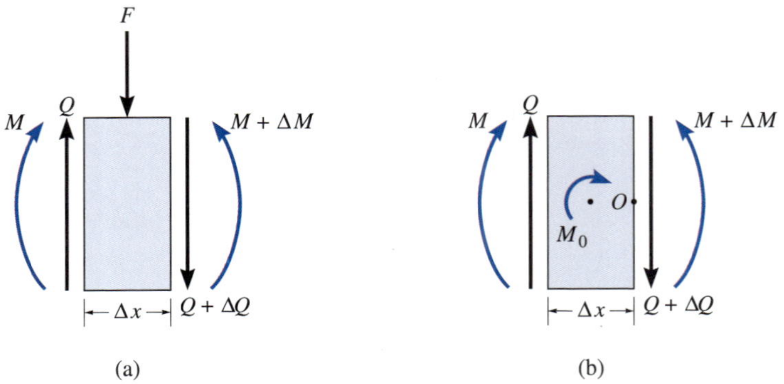

Abbildung 7.10

Das Momentengleichgewicht für das Element in Abbildung 7.10b sagt aus, dass für ein äußeres am Element angreifendes Moment M_0

$$\sum M = 0\,; \qquad M + \Delta M - M_0 - Q\,\Delta x - M = 0$$

erfüllt sein muss. Wenn $\Delta x \to 0$ geht, erhalten wir

$$\Delta M = M_0 \tag{7.6}$$

Wenn in diesem Fall das angreifende Moment M_0 in Uhrzeigerrichtung wirkt, ist ΔM positiv; somit tritt ein Sprung der Biegemomentenlinie nach oben auf. Wenn in gleicher Weise M_0 entgegen dem Uhrzeigersinn wirkt, geht der Sprung ΔM in der Biegemomentenlinie nach unten. Eine Kräftebilanz zeigt, dass sich die Querkraft aufgrund des wirkenden Einzelmoments nicht ändert.

Tabelle 7.1 illustriert die Anwendung der Gleichungen (7.1), (7.2), (7.5) und (7.6) für einige gängige Belastungsfälle.

Tabelle 7.1

Lastfall	Querkraftlinie $\frac{dQ}{dx} = -q$	Biegemomentenlinie $\frac{dM}{dx} = Q$
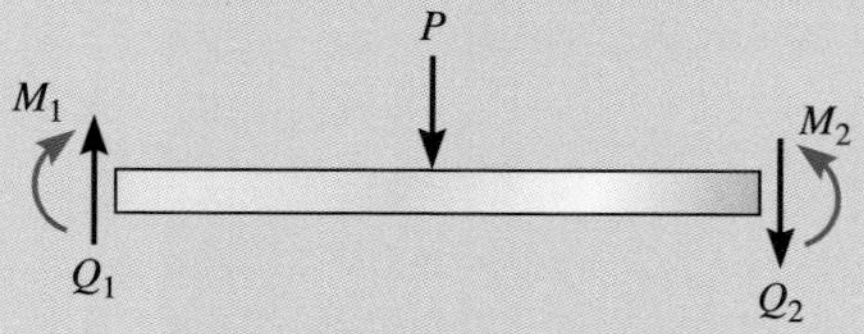	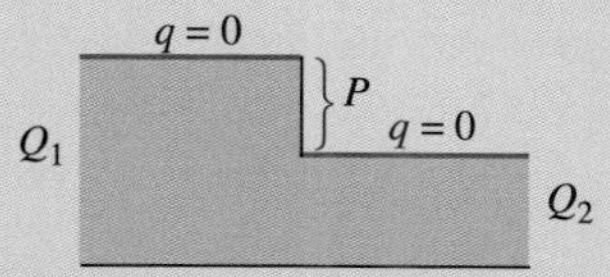 Abwärts gerichtete Kraft P verursacht einen Sprung von Q nach unten von Q_1 auf Q_2.	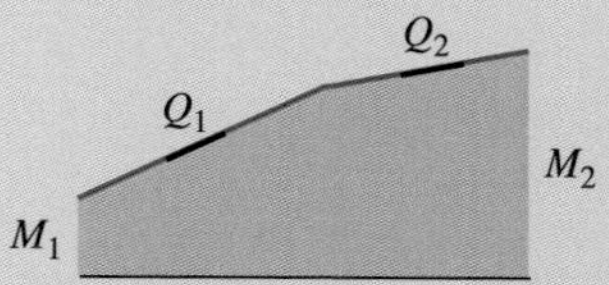 Konstante Steigung ändert sich von Q_1 auf Q_2.
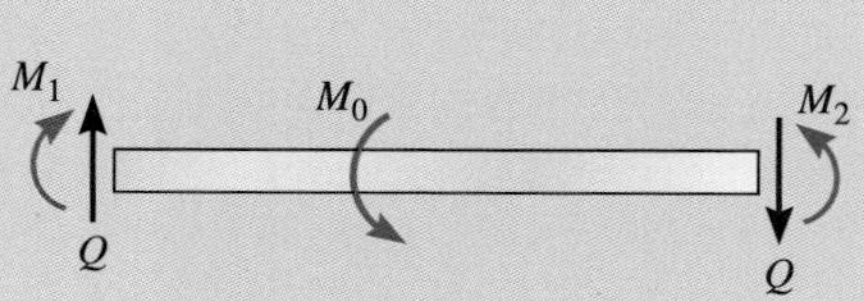	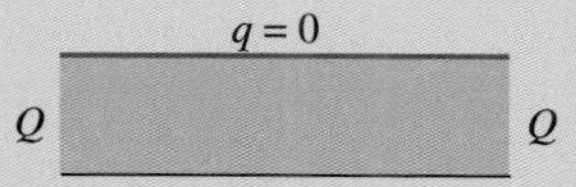 Keine Änderung der Querkraft, da Steigung $q = 0$.	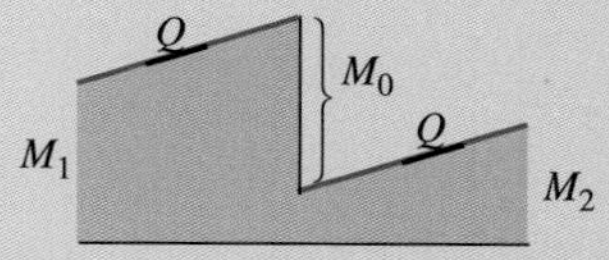 Konstante positive Steigung. Entgegen dem Uhrzeigersinn gerichtetes M_0 verursacht Sprung von M nach unten.
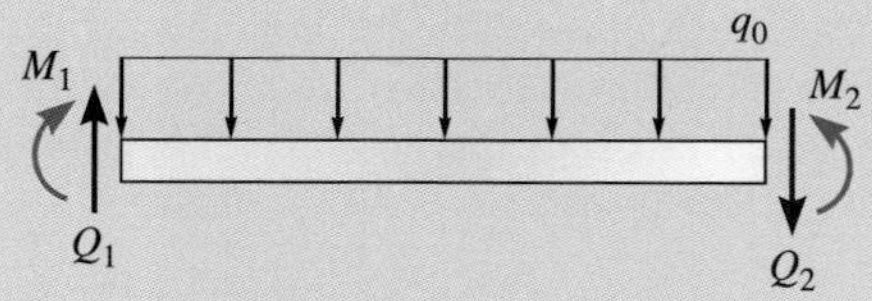	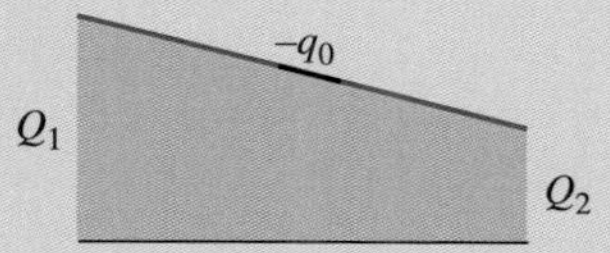 Konstante negative Steigung.	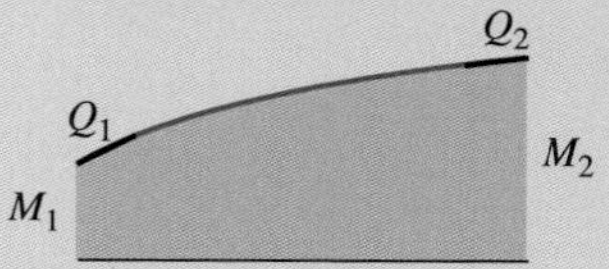 Steigung, die von Q_1 auf Q_2 abnimmt.
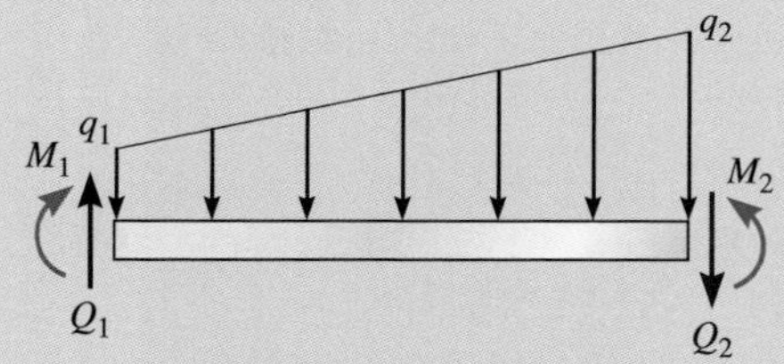	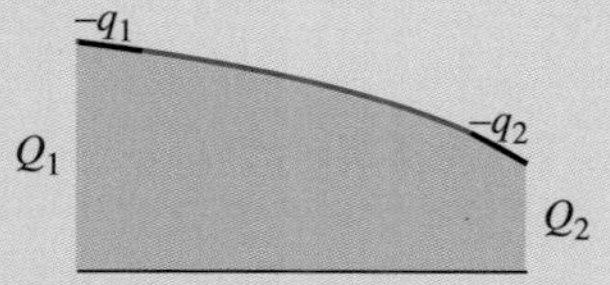 Negative Steigung, die von $-q_1$ auf $-q_2$ betragsmäßig ansteigt.	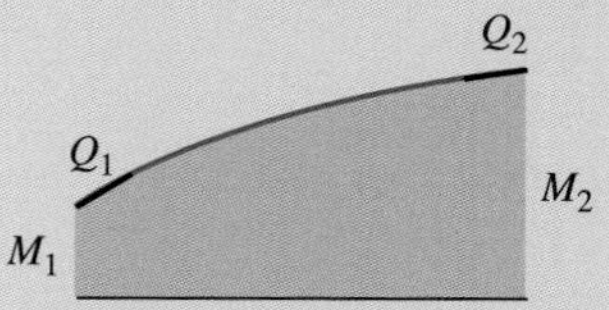 Steigung, die von Q_1 auf Q_2 abnimmt.
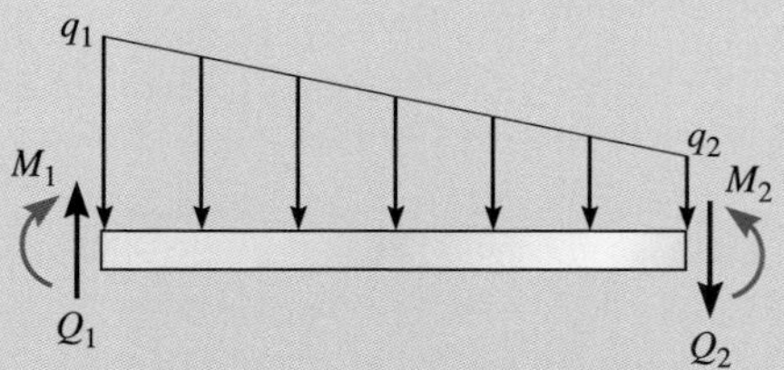	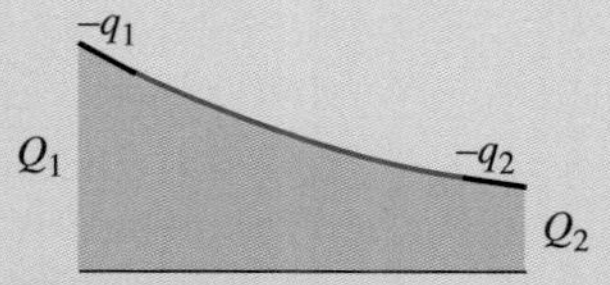 Negative Steigung, die von $-q_1$ auf $-q_2$ betragsmäßig abnimmt.	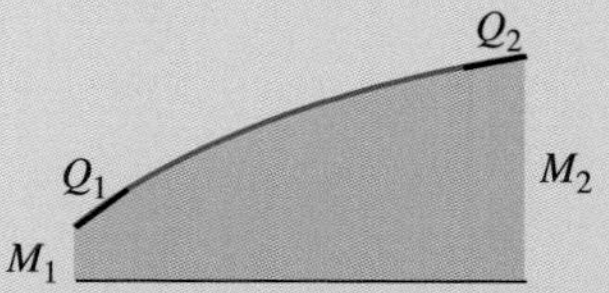 Steigung, die von Q_1 auf Q_2 abnimmt.

Lösungsweg

Die folgende Vorgehensweise stellt eine Methode zur Aufstellung der Querkraft- und Biegemomentenlinien für einen Balken zur Verfügung, wobei die Methode auf den Beziehungen zwischen Streckenlast, Querkraft und Biegemoment beruht.

Auflagerreaktionen

- Bestimmen Sie die Lagerreaktionen und zerlegen Sie die am Balken wirkenden Kräfte in Komponenten, die quer und in Richtung zur Balkenachse angreifen.

Querkraftlinie

- Führen Sie eine Querkraft Q und eine x-Achse ein und stellen Sie die bekannten Werte der Querkraft an den beiden Enden des Balkens grafisch dar.
- Weil $dQ/dx = -q$ gilt, ist die *Steigung* der *Querkraftlinie* an einem beliebigen Punkt gleich der (negativen) *Streckenlast* an der betreffenden Stelle. Beachten Sie, dass q positiv ist, wenn die Streckenlast nach unten wirkt.
- Soll ein numerischer Wert der Querkraft an einem Punkt bestimmt werden, dann kann man diesen entweder durch Anwendung der Schnittmethode und Aufstellung der Gleichgewichtsbedingungen finden, oder man nutzt $\Delta Q = -\int q(x)\,dx$, d.h. dass die *Änderung der Querkraft* zwischen zwei Punkten gleich *der (negativen) Fläche unterhalb der Streckenlastkurve* zwischen den beiden Punkten ist.
- Da man zur Ermittlung von ΔQ die Streckenlast $q(x)$ integrieren muss, ergibt $Q(x)$ eine Kurve $n+1$-ten Grades wenn $q(x)$ von n-tem Grad ist. Zum Beispiel ist $Q(x)$ linear, wenn $q(x)$ konstant ist.

Biegemomentenlinie

- Führen Sie eine M- und eine x-Achse ein und zeichnen Sie die bekannten Werte der Biegemomente an den Enden des Balkens ein.
- Weil $dM/dx = Q$ gilt, ist die Steigung der Biegemomentenlinie an einem Punkt gleich der Querkraft an diesem Punkt.
- An der Stelle, an der die Querkraft null wird, ist $dM/dx = 0$. Demzufolge kennzeichnet dieser Punkt ein (lokales) Maximum oder Minimum des Biegemoments.
- Wenn ein numerischer Wert des Biegemoments an einem bestimmten Punkt ermittelt werden soll, kann man diesen entweder durch Anwendung der Schnittmethode und Aufstellung des Momentengleichgewichts finden, oder man nutzt $\Delta M = \int Q(x)\,dx$, d.h. dass die *Änderung des Biegemoments* zwischen zwei Punkten gleich der *Fläche unterhalb der Querkraftlinie* zwischen den Punkten ist.
- Da man zur Ermittlung von ΔM die Funktion $Q(x)$ integrieren muss, ergibt $M(x)$ eine Kurve $n+1$-ten Grades, wenn $Q(x)$ von n-tem Grad ist. Zum Beispiel hat $M(x)$ einen parabolischen Verlauf, wenn $Q(x)$ linear ist.

Beispiel 7.5 Zeichnen Sie Querkraft- und Biegemomentenlinien für den in Abbildung 7.11a dargestellten Träger.

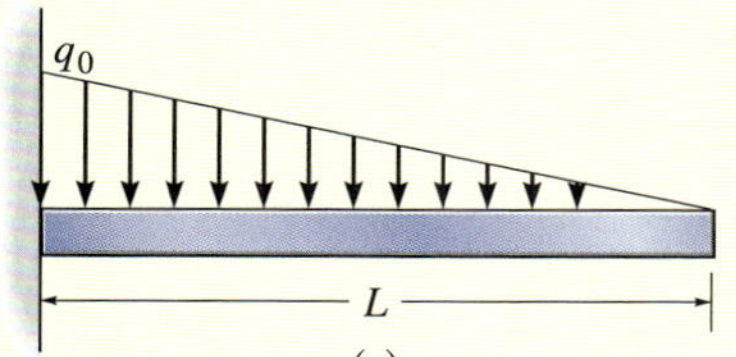

(a)

Lösung

Auflagerreaktionen Für die feste Einspannung werden die Lagerreaktionen als bekannt vorausgesetzt. Sie sind im Freikörperbild in Abbildung 7.11b eingetragen.

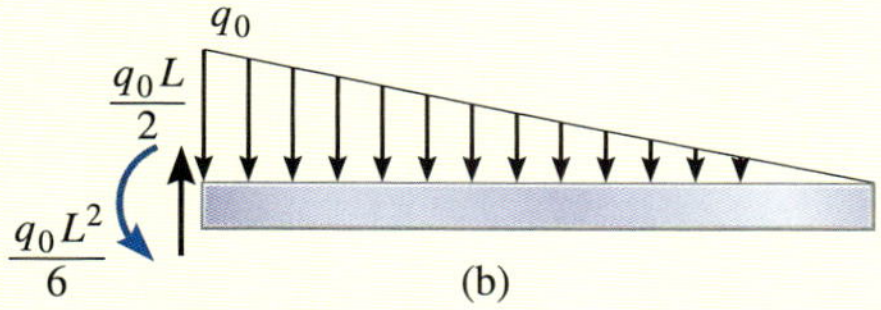

(b)

Querkraftlinie Zuerst wird die Querkraft an jedem Endpunkt eingetragen, Abbildung 7.11c. Die Streckenlast am Träger ist positiv, nimmt aber ab. Demzufolge hat die Steigung der Querkraftlinie einen negativen, betragsmäßig abnehmenden Verlauf. Am Punkt $x = 0$ hat die Steigung den Wert $-q_0$ und erreicht den Wert null bei $x = L$. Da die Belastung linear abfällt, erhält die Querkraftlinie den Kurvenverlauf einer Parabel mit einer negativen betragsmäßig abnehmenden Steigung.

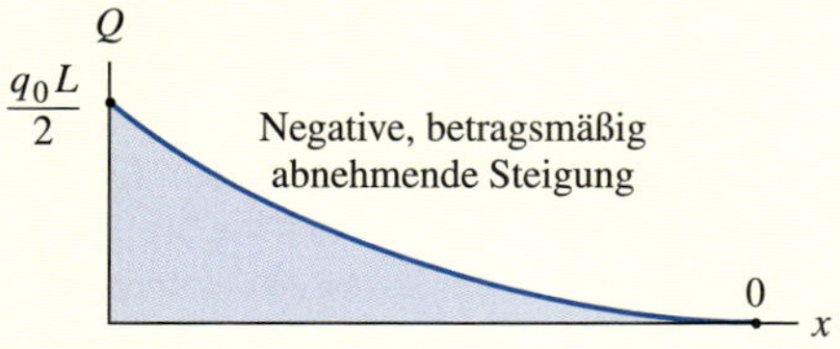

(c)

Biegemomentenlinie Zuerst werden die Werte der Biegemomente an den Endpunkten eingetragen, Abbildung 7.11d. Aus der Querkraftlinie erkennt man, dass Q über den gesamten Verlauf positiv ist, jedoch von $q_0L/2$ bei $x = 0$ bis auf null bei $x = L$ abnimmt. Der Kurvenverlauf der Biegemomentenlinie bekommt demnach, wie in der Abbildung ersichtlich, das Steigungsverhalten einer kubischen Funktion von x.

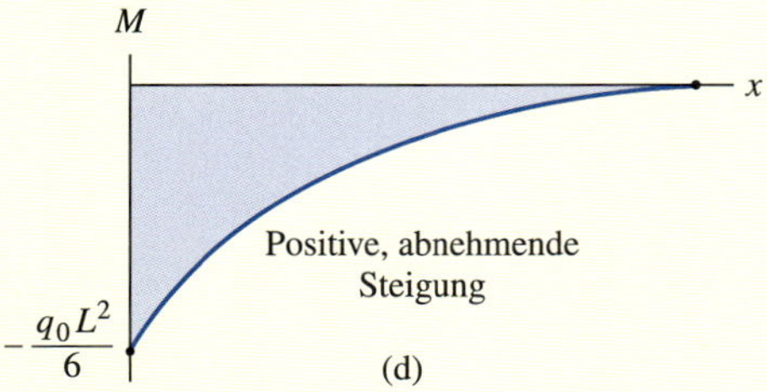

(d)

Abbildung 7.11

Beispiel 7.6

Zeichnen Sie Querkraft- und Biegemomentenlinien für den in Abbildung 7.12a dargestellten Träger.

$F_B = F_C = 8$ kN, $l_1 = 6$ m, $l_2 = 2$ m

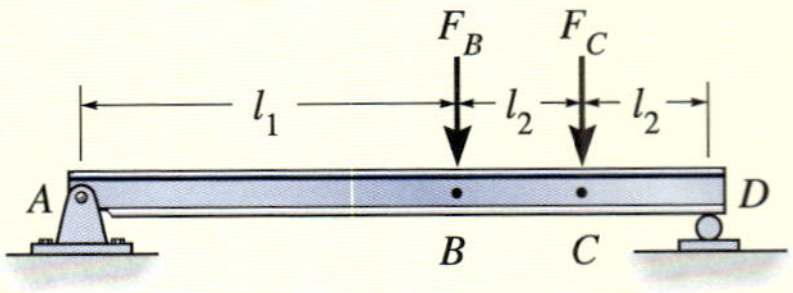

(a)

Abbildung 7.12

Lösung

Auflagerreaktionen Die Reaktionen sind im Freikörperbild, Abbildung 7.12b, angegeben:

$$F_A = 4{,}8 \text{ kN}, \; F_D = 11{,}2 \text{ kN}$$

Querkraftlinie Bei $x = 0$ ist $Q_A = +F_A$ bzw. bei $x = l_1 + 2l_2$ ist $Q_D = -F_D$, Abbildung 7.12c. Jeweils zwischen den Kraftangriffspunkten ist die Steigung der Querkraftlinie gleich null. Warum? Das bedeutet, die Querkraft behält ihren Wert F_A bis zu Punkt B bei. Bei B tritt ein *Sprung* auf, denn dort wirkt eine *Einzelkraft* F_B. Den Wert unmittelbar rechts von B kann man ermitteln, indem man den Balken an diesem Punkt schneidet, Abbildung 7.12e, wobei aus Gleichgewichtsgründen $Q_B = F_A - F_B$ ist. Wenden Sie die Schnittmethode an und zeigen Sie, dass die Querkraftlinie bei C nochmals wie dargestellt „springt" und dann ihren Endwert von $F_A - F_B \; - F_C = -F_D$ bei D erreicht.

Es sollte beachtet werden, dass auf der Grundlage von Gleichung (7.5) $\Delta Q = -F$ ist und die Querkraftlinie genauso durch die Methode der „Lastverfolgung" im Freikörperbild konstruiert werden kann. Am Startpunkt A wirkt die Kraft F_A nach oben gerichtet, somit ist dort $Q_A = +F_A$. Zwischen A und B tritt keinerlei Steckenlast auf, damit bleibt die Querkraft konstant ($dQ/dx = 0$). Bei B wirkt die Kraft F_B nach unten, somit springt die Querkraft um F_B nach unten von $+ F_A$ auf $F_A - F_B$. Wieder bleibt die Querkraft zwischen B und C konstant (keine Streckenlast); dann springt sie noch einmal um F_C nach unten auf den Wert $-F_D$. Schließlich erreicht sie den Endwert $-F_D$ bei D, weil auch zwischen C und D keine Streckenlast vorkommt.

Biegemomentenlinie Das Biegemoment ist an jedem Ende des Trägers gleich null, Abbildung 7.12d. Die Steigung der Biegemomentenlinie hat zwischen A und B den konstanten Wert $Q_{AB} = +F_A$. Warum? Der Wert des Biegemoments bei B kann aus der maßgebenden Gleichgewichtsbedingung bestimmt werden, Abbildung 7.12c, oder durch die Flächenberechnung unterhalb der Querkraftlinie zwischen A und B, d.h. $\Delta M_{AB} = Q_{AB} l_1 = (4{,}8 \text{ kN})\ (6 \text{ m}) = 28{,}8 \text{ kNm}$.

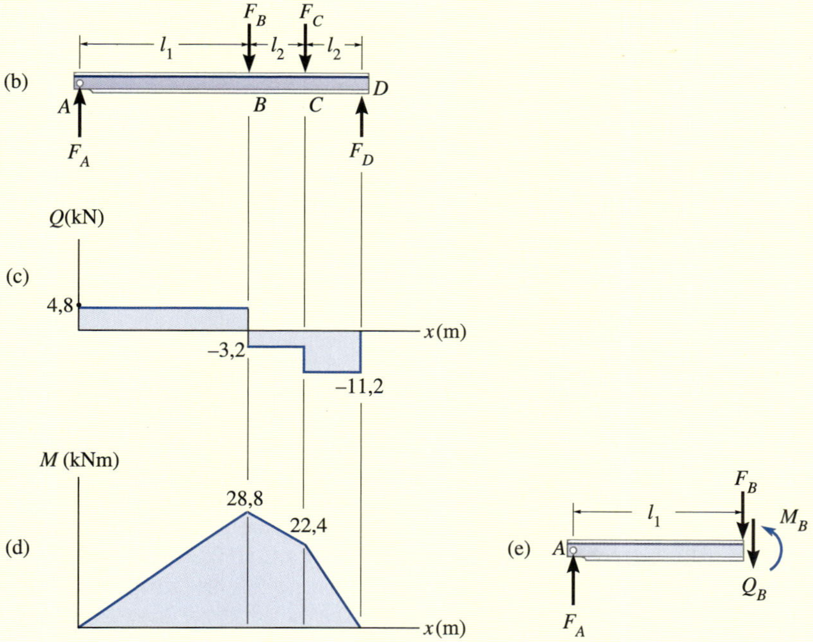

Abbildung 7.12

Da $M_A = 0$ gilt, ist $M_B = M_A + M_{AB} = 0 + 28{,}8 \text{ kNm} = 28{,}8 \text{ kNm}$. Ab Punkt B erhält die Steigung bis Punkt C den Wert $Q_{BC} = F_A - F_B$. Hier kann man das Biegemoment genauso über eine Gleichgewichtsbedingung berechnen, oder es wird die Fläche unterhalb der Querkraftlinie zwischen B und C bestimmt,

$\Delta M_{BC} = Q_{BC}\, l_2 = (-3{,}2 \text{ kN})\ (2 \text{ m}) = -6{,}4 \text{ kNm}$,

so dass $M_C = M_B - M_{BC} = 28{,}8 \text{ kNm} - 6{,}4 \text{ kNm} = 22{,}4 \text{ kNm}$ ist. Zeigen Sie durch Fortführung der Methode, dass der Endwert $M = 0$ bei D erreicht wird.

Beispiel 7.7

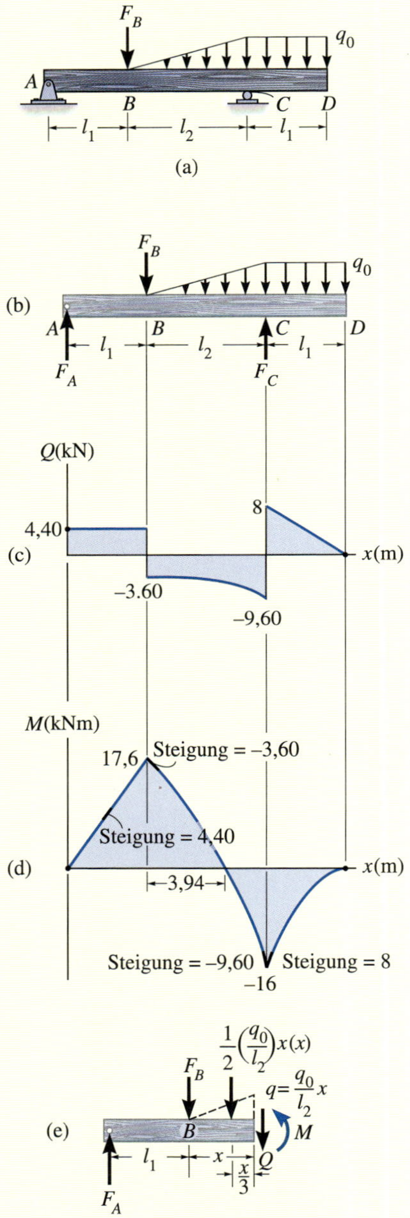

Abbildung 7.13

Zeichnen Sie Querkraft- und Biegemomentenlinien für den in Abbildung 7.13a dargestellten, überhängenden Träger.

$F_B = 8$ kN, $q_0 = 2$ kN/m, $l_1 = 4$ m, $l_2 = 6$ m

Lösung

Auflagerreaktionen In Abbildung 7.13b ist das Freikörperbild mit den Lagerreaktionen dargestellt:
$F_A = 4{,}40$ kN, $F_C = 17{,}6$ kN

Querkraftlinie Wieder beginnen wir mit dem Auftragen der Querkräfte an den Enden $Q_A = +F_A = +4{,}40$ kN und $Q_D = 0$, Abbildung 7.13c. Die Querkraftlinie hat zwischen A und B die Steigung null. Danach springt sie um $F_B = +8$ kN auf $-3{,}60$ kN nach unten, wobei die Steigung *zunehmend negativer* wird. Bei C kann die Querkraft aus der Fläche unterhalb der Streckenlast bestimmt werden:

$$Q_C = Q_B + \Delta Q_{BC} = Q_B + l_1 q_0/2 = -3{,}60 \text{ kN} - (1/2)(6 \text{ m})(2 \text{ kN/m}) = -9{,}60 \text{ kN}.$$

Danach springt sie um $F_C = 17{,}6$ kN auf 8 kN nach oben. Im anschließenden Bereich ist die Steigung der Querkraftlinie *konstant, aber negativ*, bis die Querkraftlinie den Wert null bei D erreicht.

Biegemomentenlinie Zuerst werden die Biegemomente $M_A = 0$ und $M_D = 0$ aufgetragen, Abbildung 7.13d. Betrachten Sie den Verlauf der Kurve und sehen Sie, wie sich die Steigungen und demzufolge die unterschiedlichen Kurvenverläufe aus der Querkraftlinie infolge $dM/dx = Q$ im Ergebnis ausbilden. Weisen Sie die numerischen Daten für die Spitzen mit Hilfe der Schnittmethode bzw. durch Berechnung der entsprechenden Flächen unterhalb der Querkraftlinie nach, um die Biegemomentenänderung zwischen zwei Punkten zu erhalten. Der Nulldurchgang kann speziell durch Darstellung des Biegemomentenverlaufs als Funktion von x bestimmt werden, wobei x der Einfachheit halber von B nach rechts gemessen wird, Abbildung 7.13e. Somit ergibt sich

$$\sum M = 0; \qquad -F_A(l_1 + x) + F_B(x) + \frac{1}{2}\left(\frac{q_0}{l_2}x\right)(x)\left(\frac{x}{3}\right) + M = 0$$

$$M = F_A l_1 + (F_A - F_B)x - \frac{1}{6}\frac{q_0}{l_2}x^3$$

$$M = \left[\left(-\frac{1}{18}\frac{\text{N}}{\text{m}^2}\right)x^3 - (3{,}60\,\text{N})x + 17{,}6\,\text{Nm}\right] = 0$$

Die Lösung der kubischen Gleichung ist $x = 3{,}94$ m

Bei der Überprüfung der Diagramme erkennen wir, dass wegen der verschwindenden Streckenlast im Bereich AB die Querkraft konstant verläuft und das Biegemoment linear ansteigt; für BC ist die Streckenlast linear ansteigend, die Querkraft parabolisch und das Biegemoment kubisch, und für CD ist die Streckenlast konstant, die Querkraft linear und das Biegemoment parabolisch. Es wird empfohlen, die Beispiele 7.1 bis 7.6 mit Hilfe dieser Methode noch einmal zu lösen.

7.3 Biegeverzerung gerader Balken

In diesem Abschnitt werden wir die Verformungen diskutieren, die bei einem geraden, prismatischen Balken aus einem homogenen Material auftreten. Die Erörterung wird auf solche Balken beschränkt, die eine achsensymmetrische Querschnittsfläche besitzen. Das Biegemoment wirkt zudem um eine Achse, die senkrecht auf der Symmetrieachse steht, wie Abbildung 7.14 zeigt. Das Verhalten von Balken mit unsymmetrischem Querschnitt bzw. solchen aus unterschiedlichen Materialien beruht auf ähnlichen Überlegungen und wird in späteren Abschnitten dieses Kapitels gesondert behandelt.

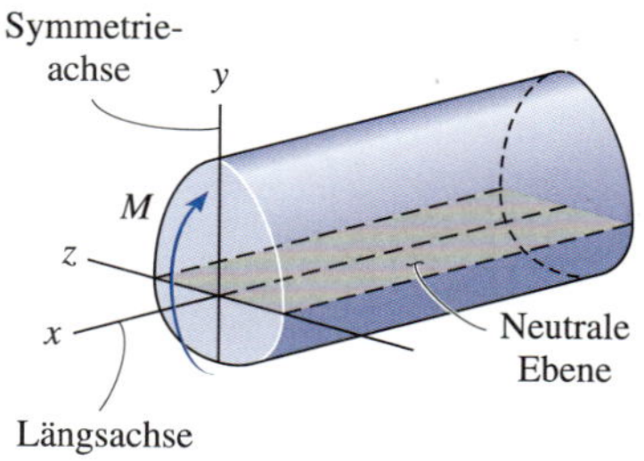

Abbildung 7.14

Mit Hilfe stark deformierbarer Materialien wie Gummi können wir physikalisch die Auswirkungen illustrieren, wenn an einem geraden prismatischen Balken ein Biegemoment angreift. Betrachten Sie zum Beispiel den unverformten Stab in Abbildung 7.15a mit dem quadratischen Querschnitt und den eingetragenen Längs- und Quergitternetzlinien. Die Einwirkung eines Biegemoments führt zu einer Verzerrung dieser Linien in Form des in Abbildung 7.15b dargestellten Musters. Hier ist erkennbar, dass die Längslinien *gekrümmt* werden, die vertikal verlaufenden Linien aber *gerade bleiben*, jedoch eine *Neigung* erfahren.

Das Verhalten jedes verformbaren Stabes, der durch ein Biegemoment wie in Abbildung 7.14 belastet wird, bedingt eine Materialstreckung im unteren Teil des Stabes sowie eine Materialstauchung in seinem oberen Teil. Demzufolge muss es zwischen diesen beiden Bereichen eine Ebene geben, Ebene der *neutralen Faser* genannt, in der die Längsfasern des Balkens keine Längenänderung erfahren, Abbildung 7.14.

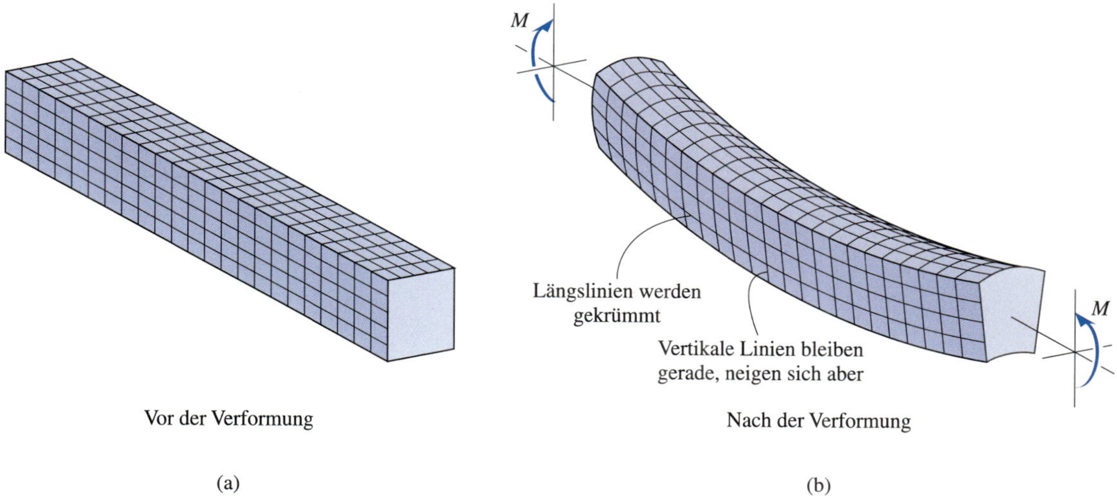

Abbildung 7.15

Aus diesen Beobachtungen leiten wir die folgenden drei Annahmen hinsichtlich der Art der Balkenverformung ab. Erstens erfährt die *Längsachse x*, die sich innerhalb der neutralen Ebene befindet, Abbildung 7.16a, *keine Längenänderung*. Allerdings wird diese Achse die

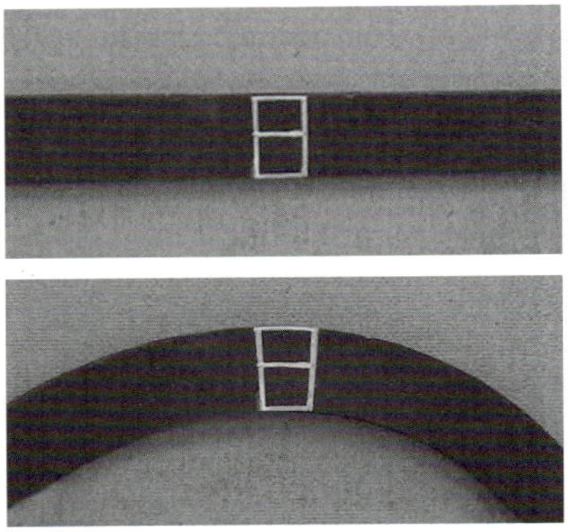

Beachten Sie die Verzerrung der Linien infolge der Biegung des Gummistabes. Die obere Linie dehnt sich, die untere Linie wird gestaucht und die Mittellinie behält die Ausgangslänge bei. Des Weiteren neigen sich die Vertikallinien, bleiben aber gerade.

Form einer *gekrümmten Kurve* in der x,y-Symmetrieebene annehmen, siehe Abbildung 7.16b. Zweitens ***bleiben*** alle ***Querschnitte*** des Stabes während der Verformung ***eben*** und rechtwinklig zur Längsachse. Und drittens wird jede *Verformung* des *Querschnittes* innerhalb seiner eigenen Ebene, wie in Abbildung 7.15b angegeben, *vernachlässigt*.

Zur Illustration, wie die Verzerrung das Material streckt, werden wir ein Element des Stabes freischneiden, das sich an der Stelle x der Stabachse befindet und die undeformierte Länge Δx hat, Abbildung 7.16a. Das freigeschnittene Element ist in der Profilansicht sowohl im undeformierten als auch im deformierten Zustand zu sehen, Abbildung 7.17a und Abbildung 7.17b.

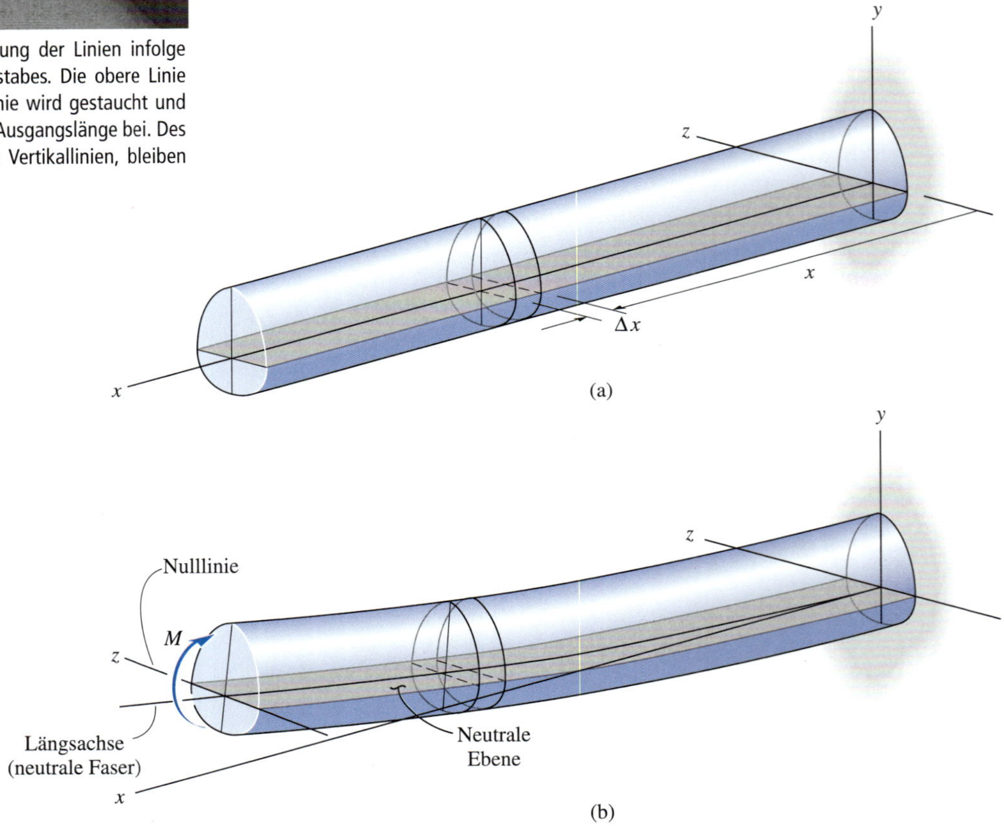

Abbildung 7.16

Achten Sie darauf, dass jedes Liniensegment Δx der Längsachse in der neutralen Ebene seine Länge nicht ändert, andererseits aber jedes in einem beliebigen Abstand y über der neutralen Ebene gelegene Liniensegment Δs gestaucht wird und sich nach der Deformation in $\Delta s'$ ändert. Laut Definition wird die Dehnung in Richtung Δs über *Gleichung (2.2)* bestimmt, d.h.

$$\epsilon = \lim_{\Delta s \to 0} \frac{\Delta s' - \Delta s}{\Delta s}$$

Wir werden diese Dehnung hinsichtlich des Abstandes y von der neutralen Ebene und damit von der z-Achse durch den Krümmungsradius ρ der Längsachse des Elements ausdrücken. Vor der Verformung ist $\Delta s = \Delta x$, Abbildung 7.17a, nach der Verformung besitzt Δx den Krümmungsradius ρ mit dem Krümmungsmittelpunkt O', Abbildung 7.17b. Weil $\Delta\theta$ den Winkel zwischen den Querschnittsseiten des Elements definiert, ist $\Delta x = \Delta s = \rho\Delta\theta$. In gleicher Weise wird die deformierte Länge Δs zu $\Delta s' = (\rho - y)\Delta\theta$. Durch Einsetzen erhalten wir

$$\epsilon = \lim_{\Delta\theta\to 0} \frac{(\rho - y)\Delta\theta - \rho\Delta\theta}{\rho\Delta\theta}$$

oder

$$\epsilon = -\frac{y}{\rho} \tag{7.7}$$

Dieses wesentliche Ergebnis gibt an, dass die Längsdehnung jedes Elements innerhalb des Stabes von seiner Lage y auf dem Querschnitt und dem Krümmungsradius der Längsachse des Stabes an diesem Punkt abhängig ist. Anders ausgedrückt: Für einen bestimmten Querschnitt ***ändert sich die Längsdehnung linear*** mit dem Abstand y von der so genannten Nulllinie, d.h. der z-Achse.

Bezüglich des zugrunde liegenden x,y,z-Koordinatensystems ist anzumerken, dass in vielen Lehrbüchern die y- und z-Achse um die x-Achse im mathematisch positiven Drehsinn um 90° gedreht sind, so dass die z-Achse nach unten weist. Dadurch ergeben sich in entsprechenden Gleichungen, z.B. in Gleichung (7.7), andere Vorzeichen; dies ist jedoch für den Rechengang nicht wesentlich. Hier und im Folgenden wird jedenfalls die y-Achse nach oben gerichtet angenommen.

In Fasern, die sich oberhalb der Nulllinie (y positiv) befinden, tritt eine Kontraktion auf (ϵ negativ); andererseits dehnen sich alle Fasern (ϵ positiv), die sich unterhalb der z-Achse (y negativ) befinden. Diese Änderung der Verzerrung über den Querschnitt ist in Abbildung 7.18 dargestellt. Die betragsmäßig größte Dehnung tritt in der äußersten, im maximalen Abstand c_{max} von der Nulllinie (hier z-Achse) gelegenen Faser auf. Da $\epsilon_{max} = c_{max}/\rho$ gilt, ergibt sich durch Division von Gleichung (7.7) der Ausdruck

$$\frac{\epsilon}{\epsilon_{max}} = \frac{-y/\rho}{c_{max}/\rho}$$

d.h.

$$\epsilon = -\left(\frac{y}{c_{max}}\right)\epsilon_{max} \tag{7.8}$$

Die Dehnung ist nur von den Annahmen abhängig, die hinsichtlich der *Deformation* getroffen wurden. Wenn lediglich ein Biegemoment auf den Stab einwirkt, dann ist als Konsequenz die Annahme sinnvoll, dass dieses Moment *nur eine Normalspannung* in der Längs-, d.h. x-Richtung, verursacht. Alle anderen Normal- und Schubspannungskomponenten sind null, denn die Manteloberfläche des Stabes ist frei von jeglichen anderen Belastungen. Dieser einachsige Spannungszustand ist

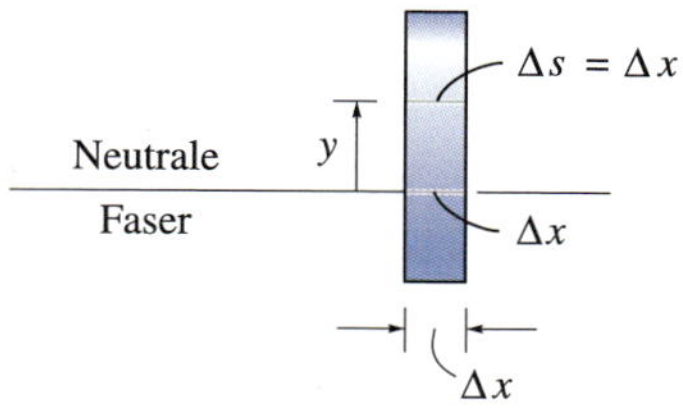

Unverformtes Element

(a)

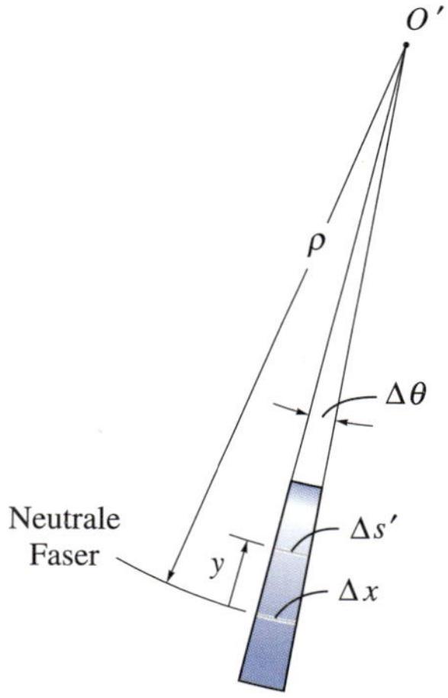

Verformtes Element

(b)

Abbildung 7.17

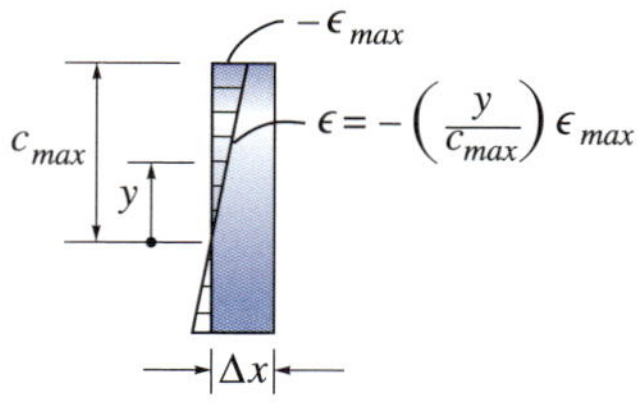

Verteilung der Normaldehnung

Abbildung 7.18

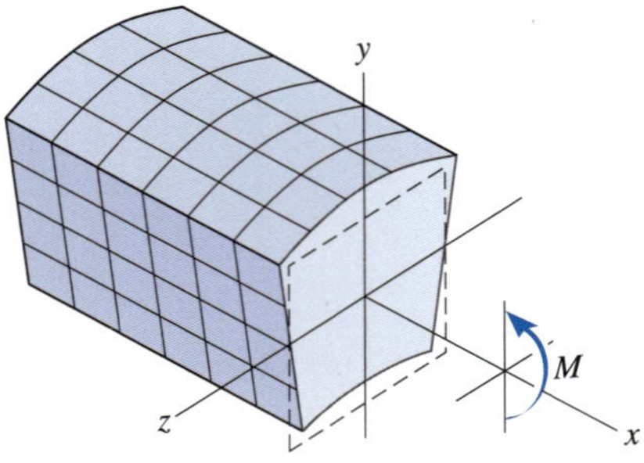

Abbildung 7.19

die Ursache dafür, dass das Material eine in Längsrichtung wirkende Dehnung ϵ_x erfährt ($\sigma_x = E\epsilon_x$), definiert durch Gleichung (7.8). Infolge Querkontraktion muss es des Weiteren auch die damit im Zusammenhang auftretenden Querdehnungen $\epsilon_y = -\nu\epsilon_x$ und $\epsilon_z = -\nu\epsilon_x$ geben, die eine Deformation der Querschnitte selbst bewirken, obwohl wir diese Verformung hier vernachlässigt haben. Diese Deformationen sind aber die Ursache dafür, dass bei einem positiven Biegemoment die *Querschnittsabmessungen* unterhalb der Nulllinie kleiner und oberhalb derselben größer werden. Besitzt der Stab beispielsweise einen quadratischen Querschnitt, so wird er sich tatsächlich so wie in Abbildung 7.19 dargestellt verformen.

7.4 Biegespannung

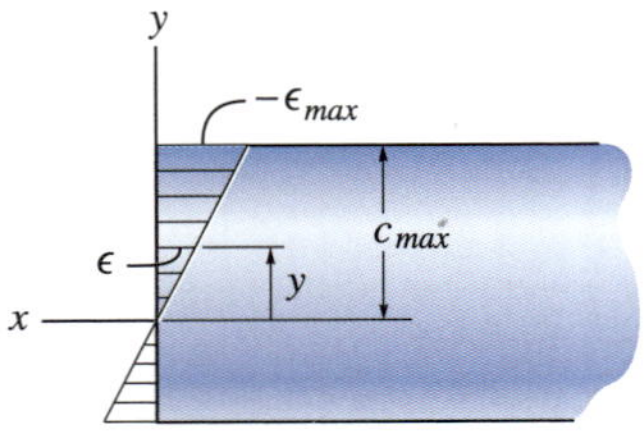

Dehnungsverlauf
(Seitenansicht)

(a)

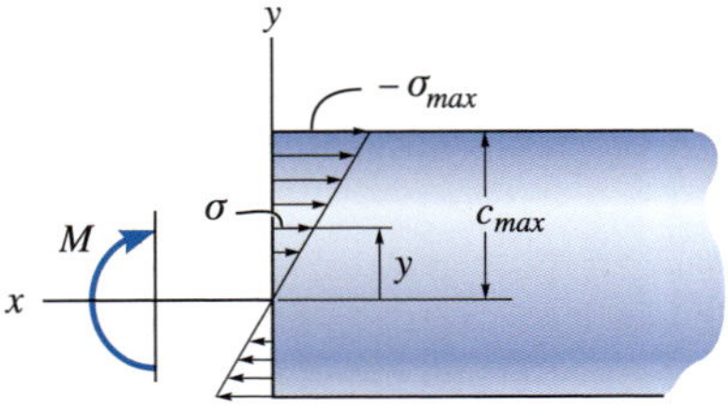

Biegspannungsverteilung
(Seitenansicht)

(b)

Abbildung 7.20

In diesem Abschnitt leiten wir eine Gleichung her, welche die Normalspannungsverteilung in einem Balken zum inneren resultierenden Biegemoment, das im Balkenquerschnitt wirkt, in Beziehung setzt. Dafür nehmen wir an, dass sich das Material linear-elastisch verhält und demzufolge das Hooke'sche Gesetz anwendbar ist, d.h. $\sigma = E\epsilon$ gilt. Eine ***lineare Änderung der Dehnung***, Abbildung 7.20a, muss demzufolge die Auswirkung einer ***linearen Änderung der Normalspannung*** sein, Abbildung 7.20b. Somit ändert sich σ, wie die Änderung der Dehnung, von null auf der Nulllinie auf die betragsmäßig größte Spannung σ_{max} in der Randfaser, die sich im maximalen Abstand c_{max} von der z-Achse befindet.

Aufgrund ähnlicher Dreiecke, Abbildung 7.20b, oder durch Anwendung des Hooke'schen Gesetzes $\sigma = E\epsilon$ sowie Gleichung (7.8) können wir

$$\sigma = -\left(\frac{y}{c_{max}}\right)\sigma_{max} \tag{7.9}$$

schreiben.

Diese Gleichung repräsentiert die Spannungsverteilung über dem Querschnitt. Die hier getroffenene Vorzeichenvereinbarung ist wichtig. Für ein positives Biegemoment M, das in $+z$-Richtung wirkt, ergeben positive Werte von y negative Werte für σ, d.h. eine Druckspannung, die in negative x-Richtung wirkt. In ähnlicher Weise ergeben negative y-Werte positive oder Zugspannungswerte für σ. Wenn man ein Volumenelement des Materials an einer bestimmten Stelle des Querschnittes auswählt, dann wirkt dort nur diese Zug bzw. Druck repräsentierende Normalspannung. Ein entsprechendes Flächenelement, das sich zum Beispiel bei $+y$ befindet, ist in Abbildung 7.20c dargestellt.

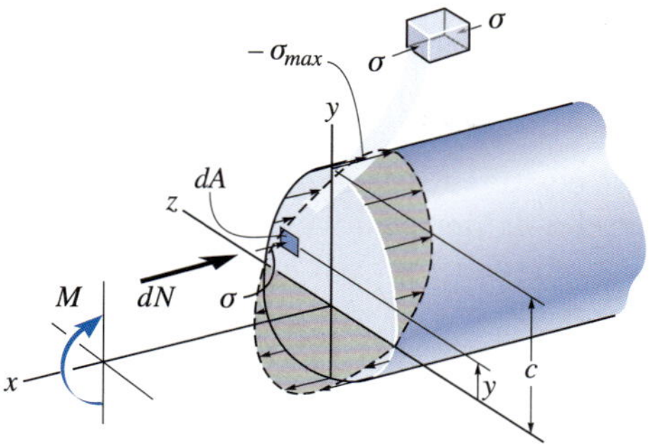

Biegespannungsverteilung

(c)

Abbildung 7.20

Wir können die Position der z-Achse im Querschnitt ermitteln, indem wir die Bedingung erfüllen, dass die aus der Spannungsverteilung *resultierende Kraftwirkung* über den gesamten Querschnitt gleich *null* ist (da keine Normalkraft auftritt). Unter Beachtung, dass sich für ein allgemeines Flächenelement dA eine differenzielle Kraft $dN = \sigma\, dA$ ergibt, Abbildung 7.20c, muss insgesamt

$$N_R = \sum N_x; \qquad 0 = \int_A dN = \int_A (-\sigma)\, dA$$

$$0 = \int_A -\left(-\frac{y}{c_{max}}\right)\sigma_{max}\, dA$$

$$= \frac{\sigma_{max}}{c_{max}} \int_A y\, dA$$

gelten.

Das Verhältnis σ_{max}/c_{max} ist nicht gleich null, so dass

$$\int_A y\, dA = 0 \qquad (7.10)$$

erfüllt sein muss.

Anders gesagt: Das Moment ersten Grades der Querschnittsfläche des Balkens um die z-Achse muss null sein. Diese Bedingung ist nur erfüllt, wenn die *Nulllinie* gleichzeitig die horizontale Achse durch den Flächenschwerpunkt des Querschnittes ist.[1] Wenn demzufolge der Schwerpunkt der Querschnittsfläche eines Bauteils bestimmt wurde, dann ist die Lage der z-Achse (und damit auch der neutralen Ebene) bekannt.

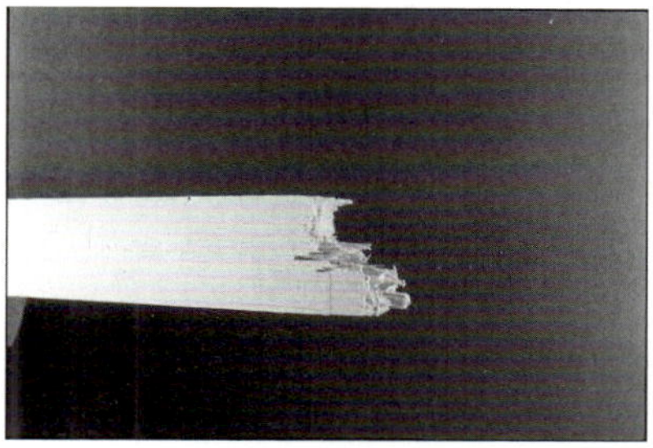

Dieser Holzbalken zerbrach bei einer Biegung, denn seine Fasern wurden oben zusammengestaucht und unten auseinander gerissen.

1 Erinnern Sie sich, dass die Position $\bar{y}$ für den Schwerpunkt der Querschnittsfläche aus der Gleichung $\bar{y} = \int y\, dA / \int dA$ hergeleitet wurde. Wenn $\int y\, dA = 0$ gilt, dann ist $\bar{y} = 0$, und somit liegt der Schwerpunkt auf der z-Achse (eines y,z-Koordinatensystems). Siehe Anhang A der begleitenden Webseite.

Wir können die Spannung im Balken aus der Forderung ableiten, dass das resultierende Biegemoment M mit jenem Moment übereinstimmen muss, das infolge der Spannungsverteilung um die z-Achse entsteht. Das Moment von dN in Abbildung 7.20c um die z-Achse ist $dM = y\,dN$. Dieses Moment ist positiv, denn aufgrund der Rechte-Hand-Regel zeigt der Daumen in Richtung der positiven z-Achse, wenn gleichzeitig die Finger durch Beugung den Drehssinn angeben, der durch dM verursacht wird. Da $dN = \sigma\,dA$ ist, erhalten wir mit Hilfe von Gleichung (7.9) für den gesamten Querschnitt

$$\left(M_R\right)_z = \sum M_z; \qquad M = \int_A y\,dN = \int_A y\left(-\sigma\,dA\right) = \int_A y\left(\frac{y}{c_{max}}\sigma_{max}\right)dA$$

oder

$$M = \frac{\sigma_{max}}{c_{max}}\int_A y^2 dA \tag{7.11}$$

Das Integral stellt das *Trägheitsmoment I* der Querschnittsfläche um die z-Achse dar, siehe *Kapitel 5*. Damit kann Gleichung (7.11) nach σ_{max} aufgelöst werden:

$$\sigma_{max} = \frac{Mc_{max}}{I} \tag{7.12}$$

Hierin bedeuten

σ_{max} = die betragsmäßig maximale Normalspannung im Bauteil, die an dem am *weitesten* von der z-Achse entfernt liegenden Randpunkt der Querschnittsfläche auftritt.

M = das resultierende Biegemoment, bestimmt mittels Freischnitt und dem Momentengleichgewicht um die z-Achse (durch den Flächenschwerpunkt S)

I = das axiale Flächenträgheitsmoment des Querschnitts, berechnet um die z-Achse

c_{max} = der Abstand von der z-Achse und der am weitesten davon entfernten Randfaser, also dort, wo σ_{max} auftritt.

Weil $\sigma_{max}/c_{max} = -\sigma/y$ gilt, Gleichung (7.9), kann die Normalspannung für einen dazwischenliegenden Querschnittspunkt im Abstand y über einen der Gleichung (7.12) entsprechenden Ausdruck bestimmt werden. Wir erhalten

$$\sigma = -\frac{My}{I} \tag{7.13}$$

Beachten Sie, dass das negative Vorzeichen notwendig ist, denn es ist mit dem aufgeführtem x,y,z-Koordinatensystem und der Vorzeichenkonvention eines positiven Biegemoments kompatibel. Ein positives Biegemoment M über die positive z-Achse muss nämlich bei positivem Abstand y eine negative Spannung σ liefern, Abbildung 7.20c.

Gleichung (7.13) wird oft als Biegespannungsformel bezeichnet. Sie wird angewendet, um die Normalspannung in einem geraden Bauteil mit einem achsensymmetrischen Querschnitt zu bestimmen, wobei das Moment quer zur Stabachse wirkt. Obwohl wir die Annahme getroffen haben, dass das Bauteil prismatisch bzw. zylindrisch ist, können wir in den meisten ingenieurtechnischen Anwendungsfällen die Biegespannungsformel auch für Bauteile benutzen, die sich *leicht verjüngen*. Berechnet mit Hilfe eines Verfahrens, das auf der Elastizitätstheorie beruht, hat beispielsweise ein Stab mit rechteckigem Querschnitt und einer Verjüngung von 15° eine tatsächliche maximale Normalspannung, die nur um ca. 5,4% *geringer* ist als die mit der Biegespannungsformel berechnete Spannung.

Wichtige Punkte zur Lösung von Aufgaben

- Der Querschnitt eines geraden Balkens *bleibt eben*, wenn sich der Balken aufgrund von Biegung verformt. Es entsteht eine Zugspannung auf der einen Seite des Balkens und eine Druckspannung auf der anderen Seite. In der *neutralen Ebene* ist die *Normalspannung* null.
- Aufgrund der Verbiegung ändert sich die *Dehnung linear* von null für die neutralen Fasern bis zu einem Maximum auf den Randfasern des Balkens. Bei einem homogenen Material und der Gültigkeit des Hooke'schen Gesetzes ändert sich auch die *Spannung* in *linearer* Weise über den Querschnitt.
- Für ein linear-elastisches Material liegen die neutralen Fasern auf einer Achse durch den *Schwerpunkt* der Querschnittsfläche. Diese Schlussfolgerung beruht auf der Tatsache, dass die am Querschnitt angreifende resultierende Normalkraft null sein muss.
- Die Biegespannungsformel beruht auf der Forderung, dass das resultierende innere Biegemoment im Querschnitt der Momenteneinwirkung der linearen Spannungsverteilung um die gesamte Achse äquivalent sein muss.

Lösungsweg

Für die Anwendung der Biegespannungsformel wird die folgende Lösungsmethode vorgeschlagen.

Inneres Biegemoment

- Schneiden Sie das Bauteil an der Stelle, an der die Normalspannung infolge Biegung bestimmt werden soll, und ermitteln Sie das innere Biegemoment M an diesem Schnitt. Der Flächenschwerpunkt muss bekannt sein, denn M *ist* aus dem Momentengleichgewicht um eine Achse durch S *zu bestimmen*.
- Soll die maximale Biegespannung berechnet werden, dann zeichnen Sie die Biegemomentenlinie, um das maximale Moment im Balken zu ermitteln.

Schnittflächengeometrie

- Bestimmen Sie das axiale Trägheitsmoment der Querschnittsfläche um die z-Achse. Die dafür anzuwendenden Lösungsmethoden werden in *Kapitel 5* bereit gestellt. Eine Tabelle mit aufgelisteten Werten von I für gebräuchliche Querschnittsprofile befindet sich in *Anhang B* der begleitenden Webseite.

Normalspannung

- Legen Sie den Abstand y zwischen der z-Achse und dem Querschnittspunkt fest, für den die Normalspannung bestimmt werden soll. Wenden Sie danach die Gleichung $\sigma = -My/I$ an oder, wenn die maximale Biegespannung ermittelt werden soll, nutzen Sie $\sigma_{max} = Mc_{max}/I$.
- Die Spannung hat eine Richtung, dass die am zugehörigen Flächenelement hervorgerufene Kraft zu einer Momentenwirkung um die z-Achse beiträgt, die in die gleiche Richtung wie das innere Biegemoment M wirkt, Abbildung 7.20c. In dieser Weise kann die über den gesamten Querschnitt wirkende Spannungsverteilung aufgetragen werden, oder es kann ein Volumenelement des Materials freigeschnitten werden, um grafisch die an diesem Punkt wirkende Normalspannung zu veranschaulichen.

Beispiel 7.8 Ein Balken besitzt einen rechteckigen Querschnitt und unterliegt der in Abbildung 7.21a dargestellten Spannungsverteilung. Bestimmen Sie das infolge der Spannungsverteilung verursachte innere Biegemoment M am Schnitt (a) durch Anwendung der Biegespannungsformel, (b) durch Ermittlung der Resultierenden der Spannungsverteilung über Gleichgewichtsbetrachtungen.

$\sigma_{max} = 20$ MPa, $h = 60$ mm

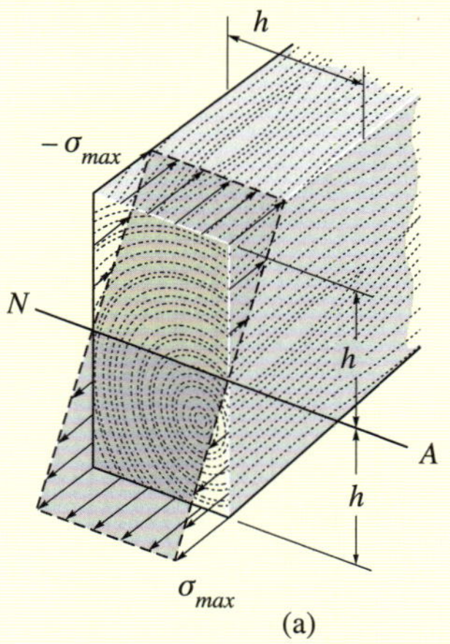

Lösung

Teil (a) Die Biegespannungsformel lautet $\sigma_{max} = Mc/I$. Die Nulllinie ist durch die Linie NA gegeben, denn die Spannung entlang dieser Linie ist gleich null. Da der Querschnitt eine rechteckige Form besitzt, wird das Flächenträgheitsmoment um NA über die Formel für ein Rechteck (siehe Formelsammlung am Anfang des Buches) bestimmt, d.h.

$$I = \frac{1}{12}bh^3 = \frac{1}{12}h(2h)^3 = \frac{1}{12}(60\,\text{mm})(120\,\text{mm})^3$$

$$I = 864\,(10^4)\,\text{mm}^4$$

Deshalb ist

$$\sigma_{max} = \frac{Mc_{max}}{I}$$

$$M = \frac{\sigma_{max} I}{c} = \frac{(20\,\text{N/mm}^2)864(10^4)\,\text{mm}^4}{60\,\text{mm}}$$

$$M = 288\,(10^4)\,\text{Nmm} = 2{,}88\,\text{kNm}$$

Teil (b) Zuerst zeigen wir, dass die resultierende Kraftwirkung der Spannungsverteilung null ist. Wie in Abbildung 7.21b dargestellt, ist die an einem allgemeinen Flächenelement $dA = h\,dy$ im Abstand y von der z-Achse NA wirkende Spannung durch

$$\sigma = \left(\frac{-y}{c_{max}}\right)\sigma_{max}$$

bestimmt.

Die dieser Spannung entsprechende differenzielle Kraft ist $dN = \sigma\,dA$ und somit gilt für den gesamten Querschnitt

$$N = \int_A (-\sigma)\,dA = \int_{-h}^{+h}\left[\left(\frac{y}{c_{max}}\right)\sigma_{max}\right]h\,dy = \left(\frac{1}{2}y^2\frac{1}{h}\right)\sigma_{max}h\Bigg|_{-h}^{+h}$$

$$= \frac{1}{2}y^2\sigma_{max}\Bigg|_{-h}^{+h} = \frac{1}{2}\sigma_{max}(h^2 - h^2)$$

$$= 0$$

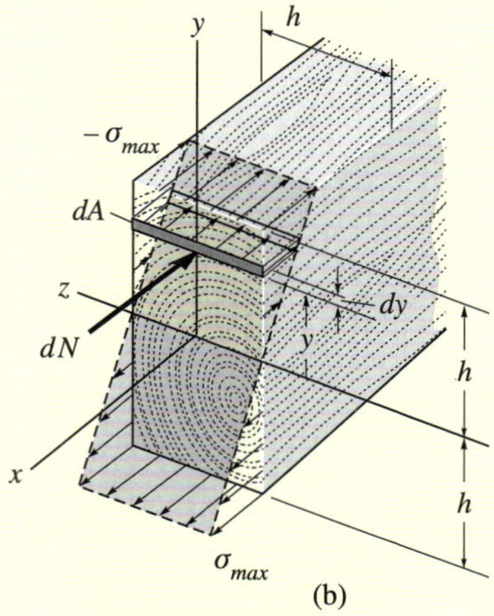

Abbildung 7.21

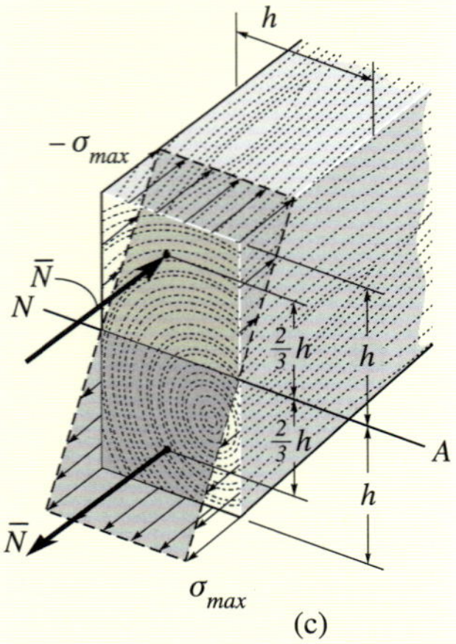

Abbildung 7.21

Das resultierende Moment der Spannungsverteilung um die z-Achse muss gleich M sein. Da das Moment von dN um die z-Achse $dM = y\,dN$ und zugleich dM *immer positiv* ist, Abbildung 7.21b, ergibt sich damit für die gesamte Fläche

$$M = \int_A y\,dN = \int_{-h}^{+h} y\left[\left(\frac{y}{c_{max}}\right)\sigma_{max}\right]h\,dy = \frac{1}{3}\sigma_{max}\,y^3\Big|_{-h}^{+h}$$

$$= \frac{1}{3}\sigma_{max}\left[h^3 - (-h)^3\right]$$

$$= \frac{2}{3}\sigma_{max}h^3$$

$$= \frac{2}{3}\left(20\,\text{N/mm}^2\right)\left(60\,\text{mm}\right)^3$$

$$= 2{,}88\,\text{kNm}$$

Das Ergebnis kann man *auch* ohne Integration erhalten. Die resultierende Kraft für jede der beiden (positiven und negativen) dreieckförmigen Spannungsverteilungen in Abbildung 7.21c ist äquivalent mit dem Volumen, das durch diese Spannungsverteilungen umschlossen wird. Demzufolge errechnet sich die volumenäquivalente Kraft in der Form

$$\overline{N} = \frac{1}{2}h\sigma_{max}\,h = \frac{1}{2}\sigma_{max}\,h^2$$

Diese Kräfte, die ein Kräftepaar bilden, wirken in dieselbe Richtung wie die Spannungen innerhalb jeder der Verteilungen, Abbildung 7.21c. Zudem greifen sie am Schwerpunkt von jedem dieser Volumina an, d.h. jeweils in der Entfernung $h/3$ von der Ober- bzw. Unterseite des Balkens. Damit beträgt die Entfernung zwischen den Kraftangriffspunkten $4h/3$, wie dargestellt. Das Moment des Kräftepaares ist deshalb

$$M = \overline{N}\left(\frac{4h}{3}\right) = (36\text{ kN})\,(80\text{ mm}) = 2{,}88\text{ kNm}$$

Beispiel 7.9 Der einfach gelagerte Träger konstanten Querschnitts in Abbildung 7.22a hat das in Abbildung 7.22b dargestellte Querschnittsprofil. Bestimmen Sie die betragsmäßig maximale Biegespannung im Träger und zeichnen Sie die Spannungsverteilung über dem Querschnitt an dieser Stelle.

$q_0 = 5$ kN/m, $L = 6$ m, $h = 300$ mm, $b = 250$ mm, $s = 20$ mm

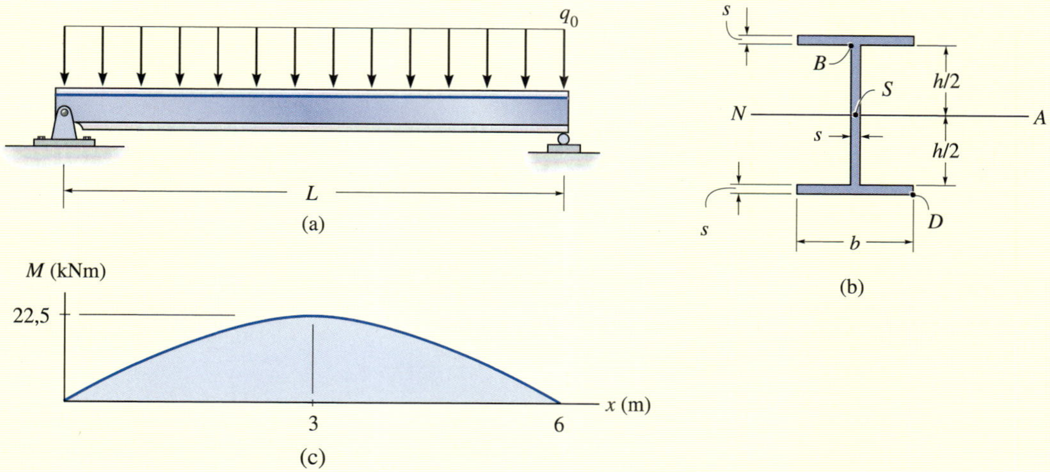

Abbildung 7.22

Lösung

Maximales inneres Biegemoment Das maximale innere Biegemoment im Träger, $M = q_0L^2/8$, tritt wie dargestellt in der Mitte des Trägers auf, Abbildung 7.22c. Siehe auch Beispiel 7.3.

Querschnittsgeometrie Aus Symmetriegründen liegt der Schwerpunkt S auf der Mittelachse des Trägers, welche die Nulllinie darstellt, Abbildung 7.22b. Die Fläche wird in die drei abgebildeten Teile unterteilt. Das Flächenträgheitsmoment jedes Teils wird um die z-Achse mit Hilfe des Steiner'schen Satzes berechnet (siehe *Gleichung (5.5) in Abschnitt 5.2*). Wir erhalten mit dem Abstand d des Teilflächenschwerpunktes von der z-Achse die Beziehung

$$I = \sum\left(\bar{I} + Ad^2\right)$$

$$I = 2\left[\frac{1}{12}bs^3 + bs\left(\frac{h}{2}+\frac{s}{2}\right)^2\right] + \left[\frac{1}{12}s(h)^3\right]$$

$$= 2\left[\frac{1}{12}(0{,}25\,\mathrm{m})(0{,}020\,\mathrm{m})^3 + (0{,}25\,\mathrm{m})(0{,}02\,\mathrm{m})(0{,}15\,\mathrm{m}+0{,}01\,\mathrm{m})^2\right]$$

$$+\left[\frac{1}{12}(0{,}02\,\mathrm{m})(0{,}3\,\mathrm{m})^3\right]$$

$$I = 301{,}3(10^{-6})\ \mathrm{m}^4$$

Biegespannung Bei Anwendung der Biegespannungsformel mit $c_{max} = 170\ \text{mm}$ erhält man die betragsmäßig maximale Biegespannung gemäß

$$\sigma_{max} = \frac{Mc_{max}}{I}; \qquad \sigma_{max} = \frac{(22{,}5\,\text{kNm})(0{,}170\,\text{m})}{301{,}3(10^{-6})\,\text{m}^4}$$

$$\sigma_{max} = 12{,}7\ \text{MPa}$$

In Abbildung 7.22d sind ebene und perspektivische Ansichten der Spannungsverteilung dargestellt. Achten Sie darauf, wie die Spannung an jedem Punkt des Querschnitts eine Kraft liefert, die so zu einem Moment dM um die z-Achse beiträgt, dass es dieselbe Richtung wie M hat. Speziell ist für Punkt B der Abstand $y_B = 150\ \text{mm}$. Somit gilt

$$\sigma_{max} = \frac{Mc_{max}}{I}; \sigma_B = \frac{(22{,}5\,\text{kNm})(0{,}15\,\text{m})}{301{,}3(10^{-6})\,\text{m}^4} = 11{,}2\ \text{MPa}$$

In Abbildung 7.22e sind die Normalspannungen dargestellt, die an zugeordneten Volumenelementen der Punkte B und D auftreten.

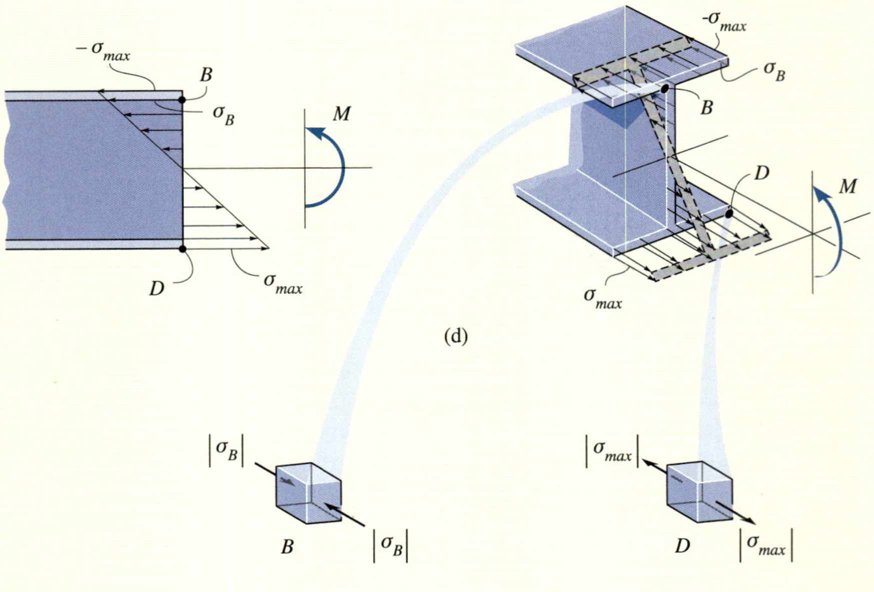

Abbildung 7.22

Beispiel 7.10 Der Balken in Abbildung 7.23a hat ein U-Profil als Querschnittsfläche, Abbildung 7.23b. Bestimmen Sie die maximale Biegespannung, die in dem Balken bei Schnitt a-a auftritt.

$F = 2{,}6$ kN, $l = 1$ m, $a = 200$ mm, $b = 250$ mm, $s_1 = 15$ mm, $s_2 = 20$ mm, $\bar{y} = 59{,}09$ mm, $\sin\alpha = 12/13$, $\cos\alpha = 5/13$

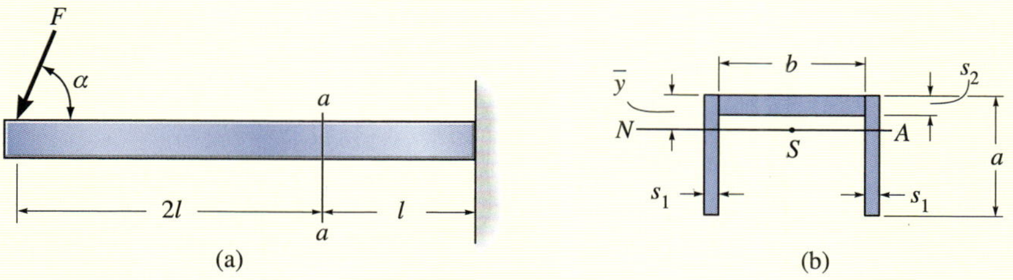

Abbildung 7.23

Lösung

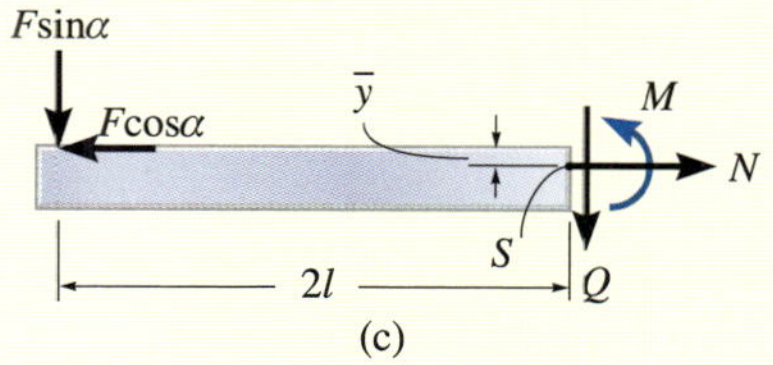

Inneres Biegemoment Hierfür ist es normalerweise erforderlich, die Lagerreaktionen des Balkens zu bestimmen. Stattdessen kann aber auch nur das Segment links von Schnitt a-a freigeschnitten werden, Abbildung 7.23c. Beachten Sie insbesondere, dass die resultierende Normalkraft N im Schwerpunkt des Querschnittes angreift und *dass das resultierende Biegemoment um die Nulllinie (z-Achse) des Trägers* bei Schnitt a-a berechnet werden muss.

Zur Ermittlung der Lage der Nulllinie wird die Querschnittsfläche in drei zusammensetzbare Teilflächen aufgeteilt, die in Abbildung 7.23b dargestellt sind. Da die Nulllinie durch den Schwerpunkt S verläuft, benutzen wir *Gleichung A.2 aus Anhang A* der begleitenden Webseite und erhalten

$$\bar{y} = \frac{\sum \tilde{y}A}{\sum A} = \frac{2\bar{y}_1 A_1 + \bar{y}_2 A_2}{2A_1 + A_2}$$

$$\bar{y} = \frac{2\left(\frac{a}{2}\right)as_1 + \left(\frac{s_2}{2}\right)s_2 b}{2as_1 + s_2 b} = \frac{a^2 s_1 + \frac{1}{2}s_2^2 b}{2as_1 + s_2 b}$$

$$\bar{y} = \frac{(200\,\text{mm})^2(15\,\text{mm}) + \frac{1}{2}(20\,\text{mm})^2(250\,\text{mm})}{2(200\,\text{mm})(15\,\text{mm}) + (20\,\text{mm})(250\,\text{mm})}$$

$$\bar{y} = 59{,}09\,\text{mm}$$

Mit dem Momentengleichgewicht um die Nulllinie NA erhalten wir

$$\sum M_{NA} = 0\,;\quad F(\sin\alpha)\,2l + F(\cos\alpha)\,\bar{y} + M = 0$$

$$M = -F(\sin\alpha)\,2l - F(\cos\alpha)\,\bar{y}$$

$$M = -2{,}4\text{ kN } 2(1\text{ m}) - 1{,}0\text{ kN } (0{,}05909\text{ m})$$

$$M = -4{,}859\text{ kNm}$$

Querschnittsgeometrie Das axiale Flächenträgheitsmoment um die z-Achse wird mit Hilfe des Steiner'schen Satzes bestimmt:

$$I=\left[\frac{1}{12}bs_2^3+bs_2\left(\bar{y}-\frac{s_2}{2}\right)^2\right]+2\left[\frac{1}{12}s_1a^3+s_1a\left(\frac{a}{2}-\bar{y}\right)^2\right]$$

$$I=\left[\frac{1}{12}(0{,}25\,\mathrm{m})(0{,}02\,\mathrm{m})^3+(0{,}25\,\mathrm{m})(0{,}02\,\mathrm{m})(0{,}05909\,\mathrm{m}-0{,}01\,\mathrm{m})^2\right]$$

$$+2\left[\frac{1}{12}(0{,}015\,\mathrm{m})(0{,}2\,\mathrm{m})^3+(0{,}015\,\mathrm{m})(0{,}2\,\mathrm{m})(0{,}1\,\mathrm{m}-0{,}05909\,\mathrm{m})^2\right]$$

$$I=42{,}26\,(10^{-6})\,\mathrm{m}^4$$

Maximale Biegespannung Die maximale Biegespannung tritt an dem Punkt auf, der von der z-Achse am weitesten entfernt liegt. Dieser befindet sich an der Unterseite des Trägers, und zwar in der Entfernung $c_{max}=a-\bar{y}=0{,}200\ \mathrm{m}-0{,}05909\ \mathrm{m}=0{,}1409\ \mathrm{m}$. Somit ist

$$\sigma_{max}=\frac{|M|c_{max}}{I}=\frac{(4{,}86\,\mathrm{kNm})(0{,}1409\,\mathrm{m})}{42{,}26\left(10^{-6}\right)\mathrm{m}^4}=16{,}2\ \mathrm{MPa}$$

Zeigen Sie, dass an der Oberseite des Trägers die Biegespannung $\sigma'=6{,}79\ \mathrm{MPa}$ beträgt. Beachten Sie, dass zusätzlich zum Biegemoment auch die Normalkraft $N=1\ \mathrm{kN}$ und die Querkraft $Q=2{,}4\ \mathrm{kN}$ zu zusätzlichen Spannungen am Querschnitt führen. Die Überlagerung aller dieser Effekte wird in einem späteren Kapitel erörtert.

Beispiel 7.11

Das Bauteil hat einen rechteckigen Querschnitt, Abbildung 7.24a, und ist zur Aufnahme eines Moments der Größe M ausgelegt. Zur Erhöhung der Biegesteifigkeit wird vorgeschlagen, an der Unterseite zwei kleine Stege hinzuzufügen, Abbildung 7.24b. Bestimmen Sie die maximale Normalspannung in dem Bauteil für beide Fälle.

$M=40\ \mathrm{Nm}$, $b=60\ \mathrm{mm}$, $h=30\ \mathrm{mm}$, $d=10\ \mathrm{mm}$, $s=5\ \mathrm{mm}$

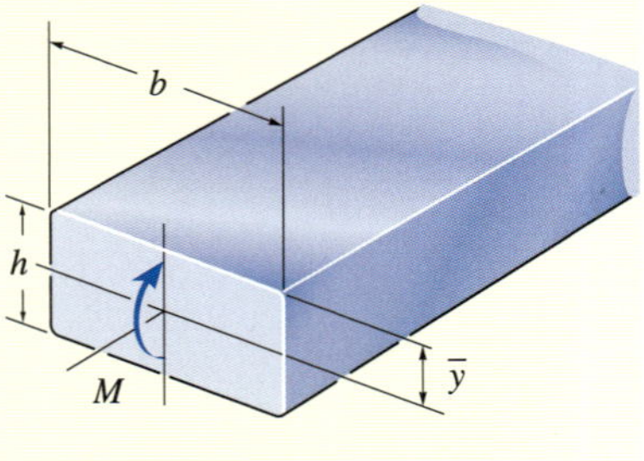

(a)

Abbildung 7.24

Lösung

Ohne Stege Hier ist ersichtlich, dass die z-Achse NA in der Mitte des Querschnittes liegt, Abbildung 7.24a, so dass $\bar{y}=c=15\ \mathrm{mm}=0{,}015\ \mathrm{m}$ ist. Damit ergibt sich

$$I=\frac{1}{12}bh^3=\frac{1}{12}(60\,\mathrm{mm})(30\,\mathrm{mm})^3=0{,}135\,(10^{-6})\,\mathrm{m}^4$$

Demzufolge ist die maximale Normalspannung

$$\sigma_{max}=\frac{Mc_{max}}{I}=\frac{(40\,\mathrm{Nm})(0{,}015\,\mathrm{m})}{0{,}135\left(10^{-6}\right)\mathrm{m}^4}=4{,}44\ \mathrm{MPa}$$

Mit Stegen Wie in Abbildung 7.24 zu sehen, wird die Lage $\bar{y}$ des Schwerpunktes und der z-Achse über die Aufteilung der Fläche in ein großes Rechteck und zwei Rechtecke der Stege wie folgt ermittelt:

$$\bar{y} = \frac{\sum \tilde{y} A}{\sum A} = \frac{\left[\left(\frac{h}{2}\right) hb\right] + 2\left[\left(h + \frac{s}{2}\right) sd\right]}{hb + 2sd}$$

$$= \frac{\left[(0{,}015\,\mathrm{m})(0{,}03\,\mathrm{m})(0{,}06\,\mathrm{m})\right] + 2\left[(0{,}0325\,\mathrm{m})(0{,}005\,\mathrm{m})(0{,}01\,\mathrm{m})\right]}{(0{,}03\,\mathrm{m})(0{,}06\,\mathrm{m}) + 2(0{,}005\,\mathrm{m})(0{,}01\,\mathrm{m})} = 0{,}01592\,\mathrm{m}$$

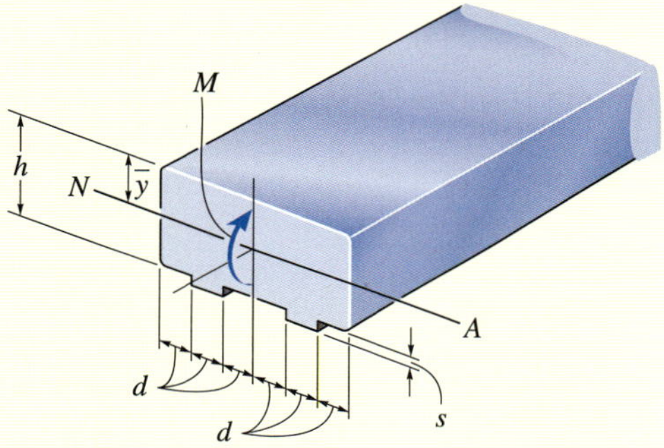

(b)

Abbildung 7.24

Dieser Wert stellt nicht c_{max} dar. Stattdessen erhält man den maximalen Randfaserabstand zu

$$c_{max} = h + s - \bar{y} = 0{,}035\ \mathrm{m} - 0{,}01592\ \mathrm{m} = 0{,}01908\ \mathrm{m}$$

Bei Anwendung des Steiner'schen Satzes ergibt sich das Flächenträgheitsmoment um die z-Achse als

$$I = \left[\frac{1}{12} bh^3 + bh\left(\bar{y} - \frac{h}{2}\right)^2\right] + 2\left[\frac{1}{12} ds^3 + ds\left(\left(h + \frac{s}{2}\right) - \bar{y}\right)^2\right]$$

$$I = \left[\frac{1}{12}(0{,}06\,\mathrm{m})(0{,}03\,\mathrm{m})^3 + (0{,}06\,\mathrm{m})(0{,}03\,\mathrm{m})(0{,}01592\,\mathrm{m} - 0{,}015\,\mathrm{m})^2\right]$$

$$+2\left[\frac{1}{12}(0{,}01\,\mathrm{m})(0{,}005\,\mathrm{m})^3 + (0{,}01\,\mathrm{m})(0{,}005\,\mathrm{m})(0{,}0325\,\mathrm{m} \text{-} 0{,}01592\,\mathrm{m})^2\right]$$

$$I = 0{,}1642\ (10^{-6})\ \mathrm{m}^4$$

Damit ist die Maximalspannung

$$\sigma_{max} = \frac{Mc_{max}}{I} = \frac{(40\,\mathrm{Nm})(0{,}01908\,\mathrm{m})}{0{,}1642\left(10^{-6}\right)\mathrm{m}^4} = 4{,}65\ \mathrm{MPa}$$

Dieses überraschende Ergebnis zeigt, dass das Hinzufügen der beiden Stege an den Querschnitt eher zu einer *Erhöhung* als zu einer Absenkung der maximalen Normalspannung führt. Aus diesem Grund sollte diese Lösung verworfen werden.

7.5 Schiefe Biegung

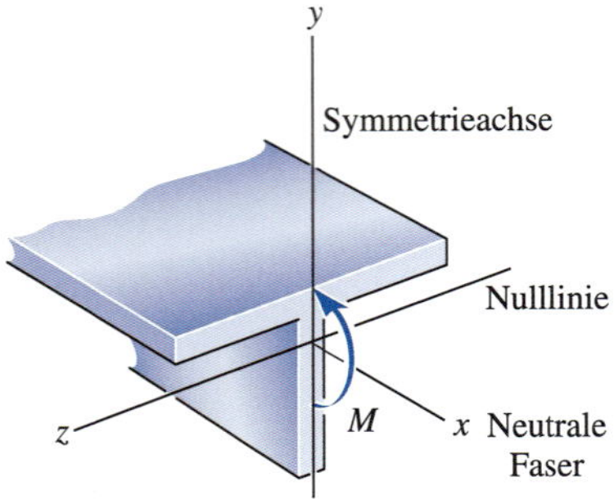

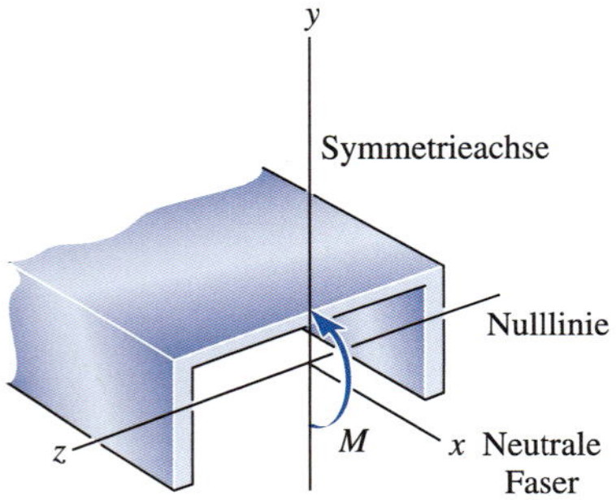

Abbildung 7.25

Bei der Herleitung der Biegespannungsformel haben wir die Bedingung verwendet, dass die Querschnittsfläche *achsenymmetrisch* ist und das resultierende innere Biegemoment M um eine Achse senkrecht zur Symmetrieachse wirkt. Für die in Abbildung 7.25 dargestellten T- oder U-Profile treffen beide Bedingungen zu. In Anwendungen werden aber sehr oft auch Träger mit unsymmetrischem Querschnittsprofil verwendet. Wir werden jetzt zeigen, dass die Biegespannungsformel genauso für einen Balken bzw. Träger mit einer beliebigen Querschnittsfläche benutzt werden kann, sofern das Biegemoment M um eine Hauptachse des Querschnittes dreht.

Wir betrachten den unsymmetrischen Querschnitt eines Balkens gemäß Abbildung 7.26a. Wie zuvor wird ein x,y,z-Koordinatensystem der Rechte-Hand-Regel folgend in der Weise eingeführt, dass sich der Ursprung im Schwerpunkt S des Querschnittes befindet und das resultierende[2] Biegemoment M entlang der $+z$-Achse gerichtet ist. Die Spannungsverteilung über die gesamte Querschnittsfläche muss sich dabei so ausbilden, dass die resultierende Momentenwirkung um die y-Achse null wird und das resultierende Moment um die z-Achse dem Schnittmoment z äquivalent ist. Zusätzlich muss die resultierende axiale Kraftwirkung der Spannungen verschwinden. Diese drei Bedingungen können mathematisch ausgedrückt werden, indem die an einem bei (x,y,z) befindlichen differenziell kleinen Flächenelement vorliegende Spannung σ betrachtet wird, Abbildung 7.26. Die zugeordnete Kraft ist $dF = \sigma\, dA$ und damit erhalten wir

$$F_R = \sum F_x; \qquad N = \int_A \sigma\, dA \tag{7.14}$$

$$(M_R)_y = \sum M_y; \qquad M_y = \int_A z\sigma\, dA \tag{7.15}$$

$$(M_R)_z = \sum M_z; \qquad M = \int_A -y\sigma\, dA \tag{7.16}$$

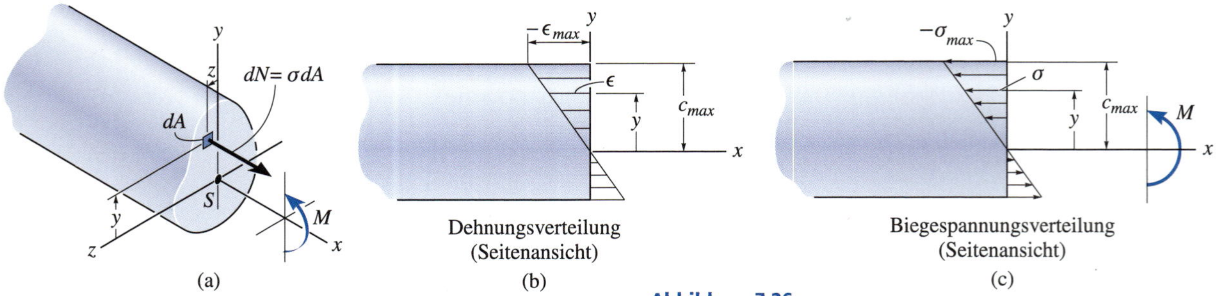

Abbildung 7.26

2 Die Bedingung, dass Momente um die y-Achse verschwinden müssen, war in Abschnitt 7.4 noch nicht betrachtet worden, weil die Biegespannungsverteilung symmetrisch bezüglich der y-Achse war, wodurch automatisch eine Nullwirkung um die y-Achse auftrat.

Wie zuvor gezeigt, ist Gleichung (7.14) erfüllt, denn die z-Achse verläuft durch den *Schwerpunkt* der Querschnittsfläche. Da die z-Achse zudem die *Nulllinie* darstellt, ändert sich die Dehnung linear von null auf der z-Achse bis zu einem Maximum an einem Punkt $y = c_{max}$, der auf der y-Achse am weitesten von der z-Achse entfernt liegt, Abbildung 7.26b. Bei linear-elastischem Materialverhalten ist die Normalspannungsverteilung über der Querschnittsfläche *auch* linear, d.h. $\sigma = -(y/c_{max})\sigma_{max}$, Abbildung 7.26c. Setzt man diese Beziehung in Gleichung (7.16) ein und integriert sie anschließend, erhält man die Biegespannungsformel $\sigma_{max} = Mc_{max}/I$. Setzen wir die Spannungsverteilung σ in Gleichung (7.15) ein, dann erhalten wir die Gleichung

$$0 = \frac{-\sigma_{max}}{c_{max}} \int_A yz\, dA$$

die erfüllt sein muss. Daraus folgt

$$\int_A yz\, dA = 0$$

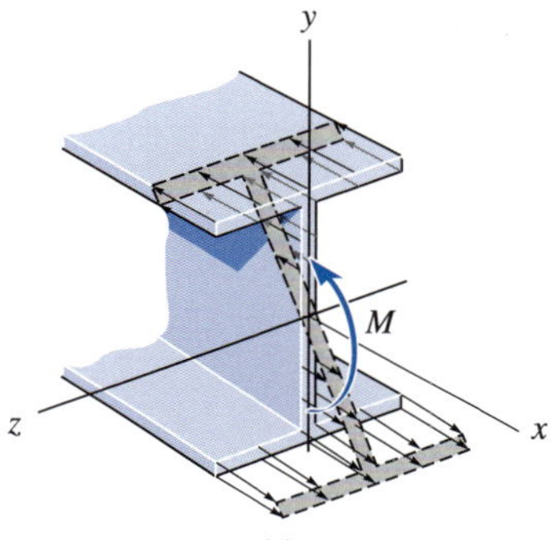

(a)

Dieses Integral wird ***Deviationsmoment*** einer Fläche genannt. Wie in *Abschnitt 5.6* angegeben, ist es unter der Voraussetzung, dass die y- und die z-Achse als ***Hauptachsen der Querschnittsfläche*** gewählt werden, in der Tat null. Für eine beliebig geformte Fläche kann die Orientierung der Hauptachsen immer bestimmt werden, indem man entweder die Transformationsgleichungen der Flächenträgheitsmomente oder den Mohr'schen Trägheitskreis anwendet, wie in *Abschnitt 5.7 und 5.8*, erläutert. Wenn die Fläche eine Symmetrieachse hat, kann man die ***Hauptachsen*** jedoch sehr einfach ermitteln, ***denn sie sind immer die Symmetrieachse und eine dazu senkrecht orientierte Achse.***

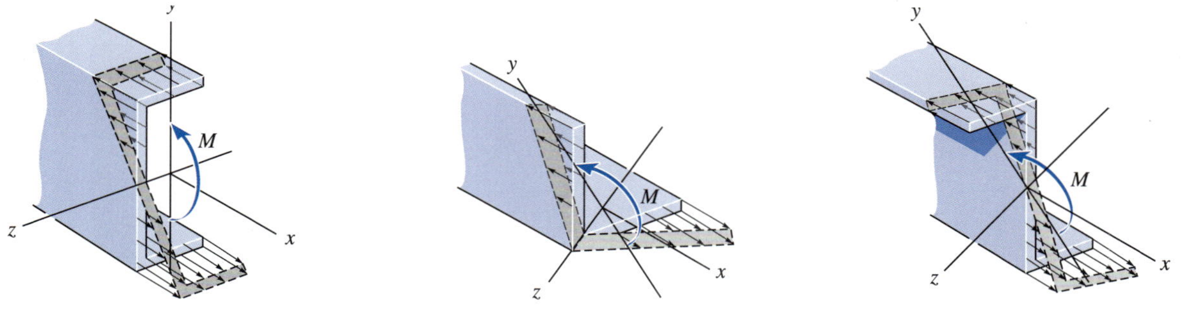

(b) (d) (c)

Abbildung 7.27

Zusammenfassend kann gesagt werden, dass die Gleichungen (7.14) bis (7.16) immer dann erfüllt werden, wenn das Schnittmoment M in Richtung einer der Querschnittshauptachsen zeigt. Betrachten Sie zum Beispiel die in Abbildung 7.27a bis Abbildung 7.27d dargestellten Träger. In jedem dieser Beispiele sind y und z Hauptachsen des Querschnitts, wobei der Ursprung im Flächenschwerpunkt liegt. In Abbildung 7.27a und Abbildung 7.27b ist die Lage der Hauptachsen infolge der Symmetrie bekannt, in Abbildung 7.27c und Abbildung 7.27d wurde ihre Lage mit Hilfe der Methoden aus Kapitel 5 ermittelt. Da M um eine der Hauptachsen gerichtet ist (z-Achse), bestimmt man die Spannungsverteilung über die Biegespannungsformel $\sigma = -My/I_z$. Sie ist für jedes Beispiel in den Abbildungen dargestellt.

Beliebig wirkendes Moment Manchmal können Balken derart beansprucht werden, dass an der Stelle x das resultierende Biegemoment nicht entlang einer der Hauptachsen des Querschnitts gerichtet ist. Wenn dieser Fall auftritt, dann sollte das Moment zuerst in Komponenten in Richtung der Hauptachsen zerlegt werden. Danach kann die Biegespannungsformel angewendet werden, um die Normalspannung zu ermitteln, die durch jede Komponente erzeugt wird. Schließlich kann man die resultierende Normalspannung an der Stelle x über das Prinzip der Superposition bestimmen.

Betrachten Sie zur Illustration den Balken in Abbildung 7.28a. Es wird vorausgesetzt, dass er einen rechteckigen Querschnitt hat und ein Schnittmoment M auftritt. Hierbei bildet M einen Winkel θ mit der *Hauptachse* in z-Richtung. Wir nehmen im Weiteren an, dass θ positiv ist, wenn der Winkel von der $+z$-Achse in Richtung der $+y$-Achse zeigt, wie abgebildet. Bei der Zerlegung von M in Komponenten entlang der y- und z-Achsen erhalten wir die Koordinaten $M_z = M\cos\theta$ bzw. $M_y = M\sin\theta$. Jede dieser Koordinaten ist an den Schnitten in Abbildung 7.28b und Abbildung 7.28c separat eingezeichnet. Die Normalspannungsverteilungen, die zu M und seinen Anteilen M_z und M_y gehören, sind in Abbildung 7.28d, Abbildung 7.28e bzw. Abbildung 7.28f dargestellt. Hierbei nehmen wir an, dass $(\sigma_x)_{max} > (\sigma'_x)_{max}$ ist. Bei der Kontrolle der Abbildungen ist erkennbar, dass die maximalen Zug- und Druckspannungen $[(\sigma_x)_{max} + (\sigma'_x)_{max}]$ an den beiden entgegengesetzten Ecken des Querschnittes auftreten, Abbildung 7.28d.

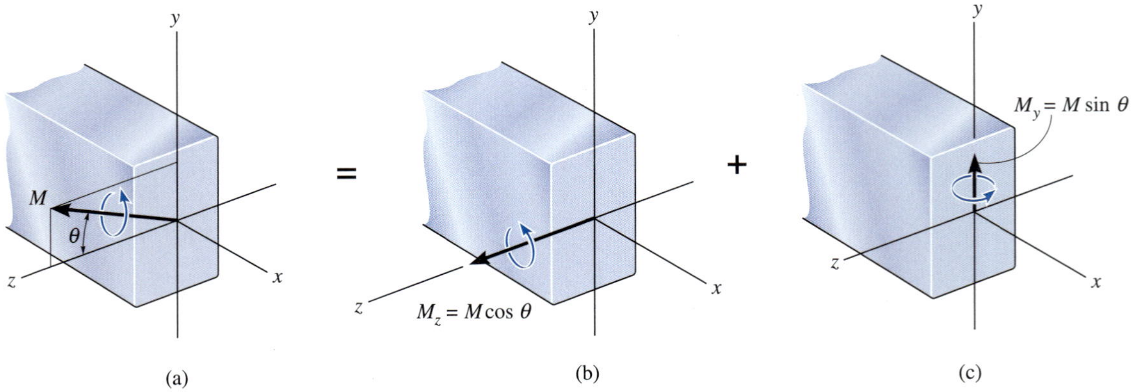

Abbildung 7.28

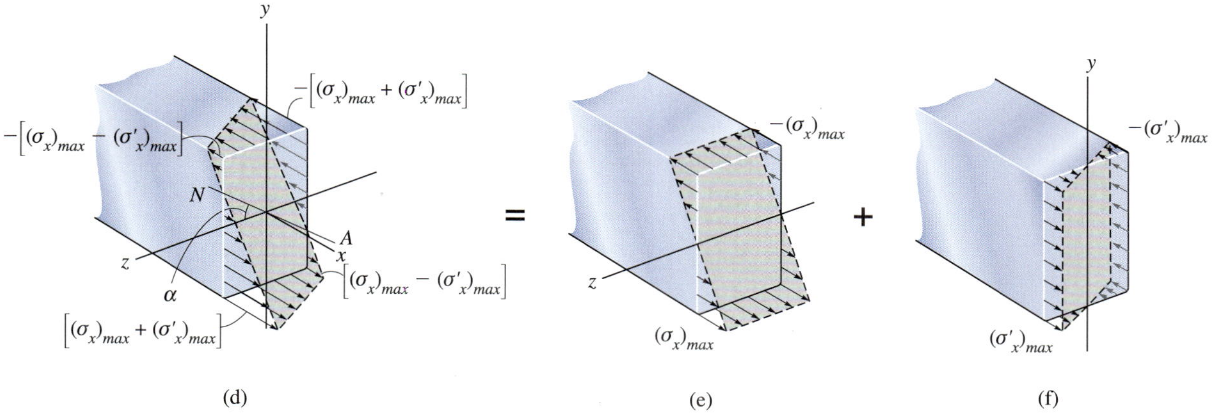

Abbildung 7.28

Durch Anwendung der Biegespannungsformel auf jede Koordinate des Schnittmoments in Abbildung 7.28b und Abbildung 7.28c können wir die resultierende Normalspannung an jedem Punkt des Querschnittes ermitteln, Abbildung 7.28d, und zwar in allgemeiner Form als

$$\sigma = -\frac{M_z y}{I_z} + \frac{M_y z}{I_y} \tag{7.17}$$

Hierin bedeutet

σ = die Normalspannung an einem allgemeinen Querschnittspunkt.

y, z = die Koordinaten eines Querschnittspunktes in einem x,y,z-Achsensystem, das seinen Ursprung im Schwerpunkt der Querschnittsfläche hat und durch die Rechte-Hand-Regel ausgerichtet wird. Die x-Achse zeigt aus dem Querschnitt heraus und die y- bzw. z-Achsen bilden die Hauptachsen für das minimale bzw. maximale axiale Flächenträgheitsmoment der Fläche.

M_y, M_z = die Koordinaten des resultierenden inneren Biegemoments in Richtung der Hauptachsen (y- und z-Achse). Diese sind positiv, wenn sie in Richtung der $+y$- und $+z$-Achsen zeigen, andernfalls sind sie negativ. Oder anders ausgedrückt, $M_y = M \sin\theta$ und $M_z = M \cos\theta$, wenn θ ein positiver Winkel von der $+z$-Achse zur $+y$-Achse ist.

I_y, I_z = die axialen Haupt-Flächenträgheitsmomente, berechnet um die y- bzw. z-Achse, gemäß Kapitel 5.

Wie bereits angemerkt, ist es sehr *wichtig*, dass die x-, y-, und z-Achsen ein rechtshändiges Achsensystem bilden und dass die Komponenten der Momente und Koordinaten vorzeichenrichtig bei der Anwendung dieser Gleichung eingesetzt werden. Die resultierende Spannung stellt eine *Zugspannung* dar, wenn sie *positiv* ist, oder eine *Druckspannung*, wenn sie *negativ* ist.

Orientierung der Nulllinie Der Winkel α der Nulllinie NA, Abbildung 7.28d, kann mit Hilfe von Gleichung (7.17) über $\sigma = 0$ ermittelt werden, denn laut Definition verschwindet die Normalspannung (wie auch gemäß dem Hooke'schen Gesetz die Dehnung) an der Nullinie. Wir erhalten

$$y = \frac{M_y I_z}{M_z I_y} z$$

Da $M_z = M\cos\theta$ und $M_y = M\sin\theta$ gilt, ergibt sich damit

$$y = \left(\frac{I_z}{I_y}\tan\theta\right) z \tag{7.18}$$

Das ist die Gleichung der Nulllinie des Querschnitts bei allgemeiner, schiefer Biegung. Weil die Steigung der Geraden $\tan\alpha = y/z$ ist, ergibt sich daher

$$\tan\alpha = \frac{I_z}{I_y}\tan\theta \tag{7.19}$$

Hier kann man erkennen, dass für *schiefe Biegung* der die Richtung des Schnittmoments M definierende Winkel θ, Abbildung 7.28a, *nicht gleich* dem Winkel α ist, der die Neigung der Nulllinie definiert, Abbildung 7.28d, es sei denn $I_z = I_y$. Wenn stattdessen wie in Abbildung 7.28a die y-Achse als Hauptachse des *minimalen* Flächenträgheitsmoments gewählt wird und somit die z-Achse die Hauptachse des *maximalen* Flächenträgheitsmoments ist (so dass $I_y < I_z$ gilt), dann können wir aus Gleichung (7.19) schlussfolgern, dass der Winkel α, der positiv von der $+z$-Achse in Richtung der $+y$-Achse gerichtet ist, *zwischen* der Wirkungslinie von M und der y-Achse liegt, d.h. $\theta \leq \alpha \leq 90°$.

Wichtige Punkte zur Lösung von Aufgaben

- Die Biegespannungsformel kann nur angewendet werden, wenn eine Biegung um die Trägheitshauptachsen der Querschnittsfläche auftritt. Die Achsen besitzen ihren Ursprung im Schwerpunkt und sind entlang bzw. senkrecht zur Symmetrieachse orientiert, soweit es eine gibt.
- Wenn das Lastmoment um eine willkürliche Achse wirkt, dann muss dieses Moment in Komponenten in Richtung der beiden Hauptachsen zerlegt werden. Die Spannung an einem Punkt ermittelt man durch Superposition der Spannungen, die von den Komponenten erzeugt werden.

Beispiel 7.12 An dem in Abbildung 7.29a dargestellten Rechteckquerschnitt liegt ein Biegemoment M vor. Bestimmen Sie die Normalspannung, die an jeder Ecke des Querschnittes erzeugt wird, und ermitteln Sie die Orientierung der Spannungsnulllinie.

$M = 12$ kNm, $a = 0{,}2$ m, $b = 0{,}1$ m, $\beta = 53{,}13°$, $\tan\beta = 4/3$

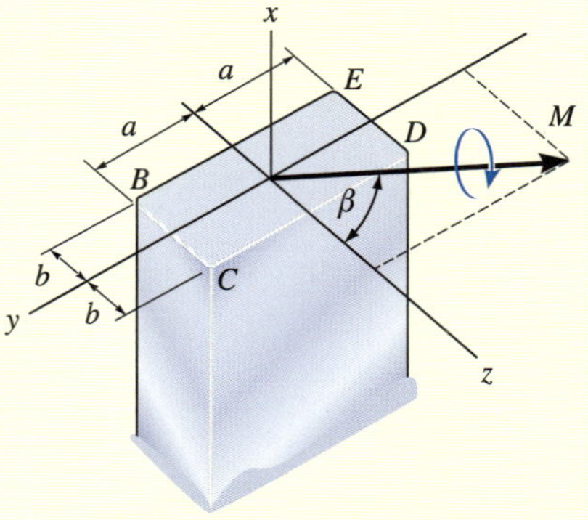

(a)

Abbildung 7.29

Lösung

Komponenten des Schnittmoments Aus der Abbildung ist erkennbar, dass die y- und die z-Achse die Trägheitshauptachsen des Querschnitts sind, denn sie bilden Symmetrieachsen des Querschnitts. Wie erforderlich, haben wir die z-Achse als Hauptachse des *maximalen* Flächenträgheitsmoments eingeführt. Das Moment wird in seine y- und z-Koordinaten zerlegt, d.h.

$$M_y = -M\sin\beta = -(12\text{ kNm})\,0{,}8$$

$$M_y = -9{,}60\text{ kNm}$$

$$M_z = M\cos\beta = (12\text{ kNm})\,0{,}6$$

$$M_z = 7{,}20\text{ kNm}$$

Querschnittseigenschaften Die Flächenträgheitsmomente um die y- und um die z-Achse sind

$$I_y = \frac{1}{12}(2a)(2b)^3 = \frac{4}{3}ba^3 = \frac{4}{3}(0{,}2\,\text{m})(0{,}1\,\text{m})^3$$

$$I_y = 0{,}2667\,(10^{-3})\text{ m}^4$$

$$I_z = \frac{1}{12}(2b)(2a)^3 = \frac{4}{3}ba^3 = \frac{4}{3}(0{,}1\,\text{m})(0{,}2\,\text{m})^3$$

$$I_z = 1{,}067\,(10^{-3})\text{ m}^4$$

Biegespannung Die Spannungsformel liefert

$$\sigma = -\frac{M_z y}{I_z} + \frac{M_y z}{I_y}$$

$$\sigma_B = -\frac{M_z a}{I_z} + \frac{M_y(-b)}{I_y} = -\frac{7{,}2(10^3)\text{Nm}(0{,}2\,\text{m})}{1{,}067(10^{-3})\text{m}^4} + \frac{-9{,}6(10^3)\text{Nm}(-0{,}1\,\text{m})}{0{,}2667(10^{-3})\text{m}^4}$$

$$\sigma_B = 2{,}25\text{ MPa}$$

$$\sigma_C = -\frac{M_z a}{I_z} + \frac{M_y b}{I_y} = -\frac{7{,}2(10^3)\text{Nm}(0{,}2\,\text{m})}{1{,}067(10^{-3})\text{m}^4} + \frac{-9{,}6(10^3)\text{Nm}(0{,}1\,\text{m})}{0{,}2667(10^{-3})\text{m}^4}$$

$$\sigma_C = -4{,}95\text{ MPa}$$

$$\sigma_D = -\frac{M_z(-a)}{I_z} + \frac{M_y b}{I_y} = -\frac{7{,}2(10^3)\text{Nm}(-0{,}2\,\text{m})}{1{,}067(10^{-3})\text{m}^4} + \frac{-9{,}6(10^3)\text{Nm}(0{,}1\,\text{m})}{0{,}2667(10^{-3})\text{m}^4}$$

$$\sigma_D = -2{,}25\text{ MPa}$$

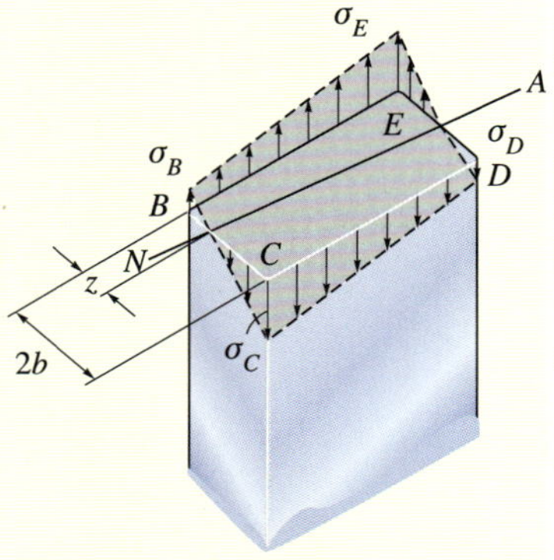

(b)

$$\sigma_E = -\frac{M_z(-a)}{I_z} + \frac{M_y(-b)}{I_y}$$

$$\sigma_E = -\frac{7{,}2(10^3)\,\mathrm{Nm}(-0{,}2\,\mathrm{m})}{1{,}067(10^{-3})\,\mathrm{m}^4} + \frac{-9{,}6(10^3)\,\mathrm{Nm}(-0{,}1\,\mathrm{m})}{0{,}2667(10^{-3})\,\mathrm{m}^4}$$

$$\sigma_E = 4{,}95\ \mathrm{MPa}$$

Die resultierende Normalspannungsverteilung wurde unter Verwendung dieser Werte in Abbildung 7.29b eingezeichnet. Da die Superposition anwendbar ist, ergibt sich die dargestellte lineare Verteilung.

Orientierung der Nulllinie Die Koordinate z zur Kennzeichnung der Nulllinie NA, Abbildung 7.29b, kann durch eine Verhältnisbildung ermittelt werden. Entlang der Kante BC muss folgende Relation erfüllt sein:

$$\frac{|\sigma_B|}{z} = \frac{|\sigma_C|}{(2b-z)}$$

$$|\sigma_B|2b - |\sigma_B|z = |\sigma_C|z$$

$$z = \frac{|\sigma_B|2b}{|\sigma_B| + |\sigma_C|} = \frac{(2{,}25\,\mathrm{MPa})(0{,}2\,\mathrm{m})}{(2{,}25 + 4{,}95\,\mathrm{MPa})}$$

$$z = 0{,}0625\ \mathrm{m}$$

In gleicher Weise tritt die Größe z auch an der gegenüberliegenden Seite zwischen D und der Nulllinie auf, Abbildung 7.29b. Wir können die Orientierung von NA mit Hilfe von Gleichung (7.19) ermitteln, die zur Festlegung des Winkels α gebraucht wird. Dieser Winkel tritt zwischen der Nulllinie und der z-Achse, d.h. der Hauptachse des *maximalen* Flächenträgheitsmoments, auf. Entsprechend der verwendeten Vorzeichenkonvention muss θ von der $+z$-Achse zur $+y$-Achse gemessen werden. Durch Vergleich mit Abbildung 7.29c ist $\theta = -\beta = -53{,}13°$ (oder $\theta = +306{,}9°$). Somit ist

$$\tan\alpha = \frac{I_z}{I_y}\tan\theta$$

$$\tan\alpha = \frac{1{,}067(10^{-3})\,\mathrm{m}^4}{0{,}2667(10^{-3})\,\mathrm{m}^4}\tan(-53{,}13°)$$

$$\alpha = -79{,}4°$$

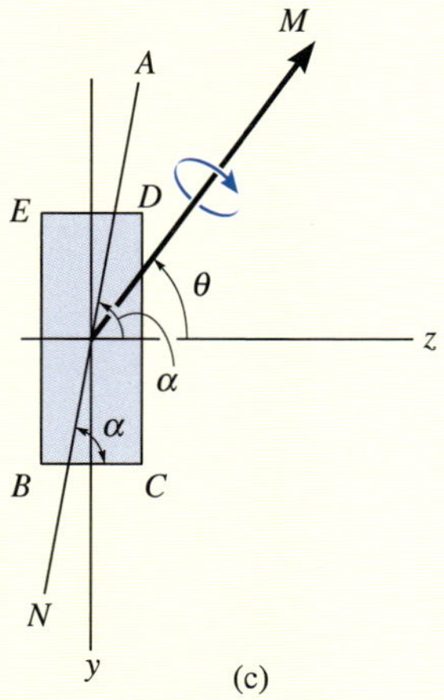

(c)

Abbildung 7.29

Das Ergebnis ist in Abbildung 7.29c dargestellt. Weisen Sie nach, dass man mit Hilfe des oben berechneten Wertes für z und der Geometrie des Querschnittes dasselbe Ergebnis erhält.

Beispiel 7.13 Ein T-Profil ist einem Biegemoment M ausgesetzt, dargestellt in Abbildung 7.30a. Bestimmen Sie die maximale Normalspannung in dem Profil sowie die Orientierung der Nulllinie.

$M = 15$ kNm, $a = 0{,}1$ m, $b = 0{,}08$ m, $s_1 = 0{,}03$ m, $s_2 = 0{,}02$ m, $\beta = 30°$

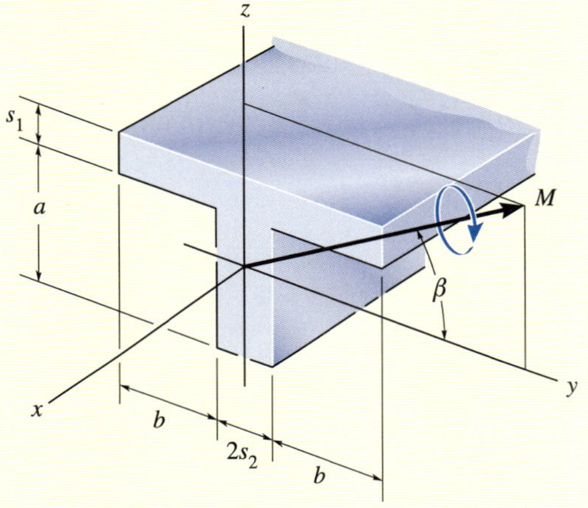

(a)

Lösung

Komponenten des Schnittmoments Die y- und z-Achsen sind Trägheitshauptachsen des Querschnittes. Warum? Aus Abbildung 7.30a ist erkennbar, dass beide Komponenten des Moments positiv sind. Wir erhalten für seine Koordinaten

$$M_y = M\cos\beta = (15 \text{ kNm})\ 0{,}866 = 12{,}99 \text{ kNm}$$

$$M_z = M\sin\beta = (15 \text{ kNm})\ 0{,}500 = 7{,}50 \text{ kNm}$$

Querschnittseigenschaften Bezug nehmend auf Abbildung 7.30b ergibt sich

$$\bar{z} = \frac{\sum \tilde{z}A}{\sum A} = \frac{\frac{a}{2}a\,2s_2 + \left(a+\frac{s_1}{2}\right)s_1\left(2b+2s_2\right)}{a\,2s_2 + s_1\left(2b+2s_2\right)}$$

$$= \frac{(0{,}05\,\text{m})(0{,}1\,\text{m})(0{,}04\,\text{m}) + (0{,}115\,\text{m})(0{,}03\,\text{m})(0{,}2\,\text{m})}{(0{,}1\,\text{m})(0{,}04\,\text{m}) + (0{,}03\,\text{m})(0{,}2\,\text{m})}$$

$$\bar{z} = 0{,}0890\,\text{m}$$

Unter Anwendung des Steiner'schen Satzes aus *Abschnitt 5.2*, $I = \bar{I} + Ad^2$ sind die Haupt-Flächenträgheitsmomente somit

$$I_z = \frac{1}{12}a\left(2s_2\right)^3 + \frac{1}{12}s_1\left(2b+2s_2\right)^3$$

$$= \frac{1}{12}(0{,}1\,\text{m})(0{,}04\,\text{m})^3 + \frac{1}{12}(0{,}03\,\text{m})(0{,}2\,\text{m})^3$$

$$I_z = 20{,}53\ (10^{-6})\ \text{m}^4$$

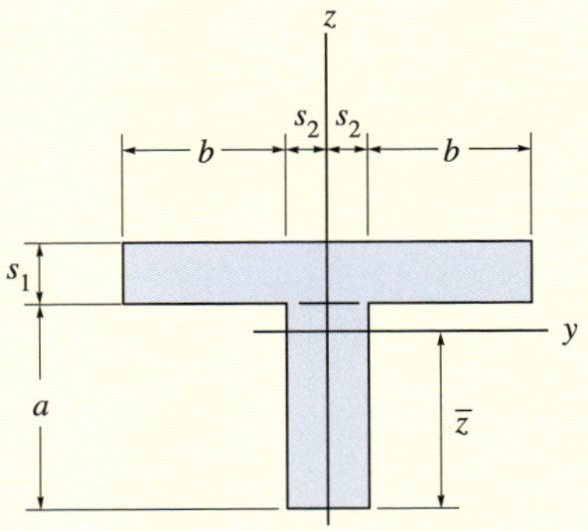

(b)

Abbildung 7.30

$$I_y = \left[\frac{1}{12}2s_2a^3 + a2s_2\left(\overline{z}-\frac{a}{2}\right)^2\right]$$

$$+\left[\frac{1}{12}(2b+2s_2)s_1^3 + (2b+2s_2)s_1\left(\left(a+\frac{s_1}{2}\right)-\overline{z}\right)^2\right]$$

$$=\left[\frac{1}{12}(0{,}04\,\mathrm{m})(0{,}1\,\mathrm{m})^3 + (0{,}1\,\mathrm{m})(0{,}04\,\mathrm{m})(0{,}089\,\mathrm{m}-0{,}05\,\mathrm{m})^2\right]$$

$$+\left[\frac{1}{12}(0{,}2\,\mathrm{m})(0{,}03\,\mathrm{m})^3 + (0{,}2\,\mathrm{m})(0{,}03\,\mathrm{m})(0{,}115\,\mathrm{m}-0{,}089\,\mathrm{m})^2\right]$$

$$I_y = 13{,}92\,(10^{-6})\,\mathrm{m}^4$$

Maximale Biegespannung Die Komponenten der Momente sind in Abbildung 7.30c dargestellt. Es ist erkennbar, dass die größte *Zugspannung* am Punkt B auftritt, denn infolge der Superposition führen beide Komponenten des Schnittmoments an der bezeichneten Stelle auf eine Zugspannung. Andererseits tritt die größte *Druckspannung* bei Punkt C auf. Somit ist

$$\sigma = -\frac{M_z y}{I_z} + \frac{M_y z}{I_y}$$

$$\sigma_B = -\frac{M_z\left(-(b+s_2)\right)}{I_z} + \frac{M_y\left((a+s_1)-\overline{z}\right)}{I_y}$$

$$= -\frac{(7{,}5\,\mathrm{kNm})(-0{,}1\,\mathrm{m})}{20{,}53(10^{-6})\,\mathrm{m}^4} + \frac{(12{,}99\,\mathrm{kNm})(0{,}041\,\mathrm{m})}{13{,}92(10^{-6})\,\mathrm{m}^4}$$

$$\sigma_B = 74{,}8\ \mathrm{MPa}$$

$$\sigma_B = -\frac{M_z s_2}{I_z} + \frac{M_y(-\overline{z})}{I_y}$$

$$= -\frac{(7{,}5\,\mathrm{kNm})(0{,}02\,\mathrm{m})}{20{,}53(10^{-6})\,\mathrm{m}^4} + \frac{(12{,}99\,\mathrm{kNm})(-0{,}089\,\mathrm{m})}{13{,}92(10^{-6})\,\mathrm{m}^4}$$

$$\sigma_C = -90{,}3\ \mathrm{MPa}$$

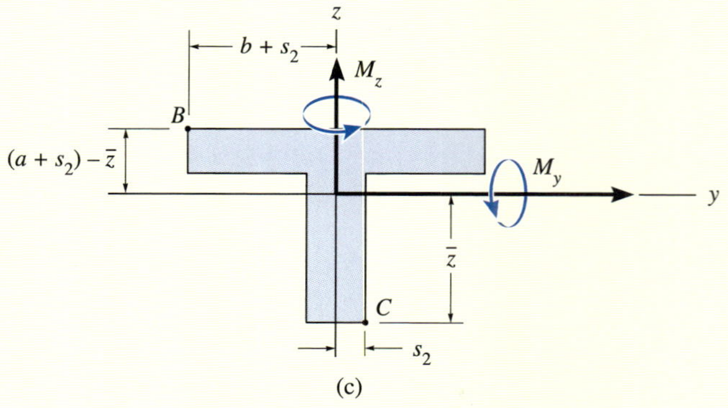

Abbildung 7.30

Offensichtlich ist die betragsmäßig größte Normalspannung eine Druckspannung, und sie tritt am Punkt C auf.

Orientierung der Nulllinie Bei der Anwendung von Gleichung (7.19) ist es wichtig, dass die Winkel α und θ korrekt definiert sind. Bei der Herleitung wurde der Winkel θ zwischen dem Moment und der positiven z-Achse eingeführt und der Winkel α zwischen der z-Achse und der Nulllinie. Mit dieser Aufstellung sind θ und α positiv von der $+z$-Achse zur $+y$-Achse zu messen. Entsprechend Abbildung 7.30a ist demzufolge $\theta = +60°$. Damit ist

$$\tan\alpha = \left(\frac{I_z}{I_y}\right)\tan\theta = \left(\frac{20{,}53\left(10^{-6}\right)\mathrm{m}^4}{13{,}92\left(10^{-6}\right)\mathrm{m}^4}\right)1{,}732$$

$$\alpha = 68{,}6°$$

Die Nulllinie ist in Abbildung 7.29 dargestellt. Wie erwartet, liegt sie zwischen der y-Achse und der Wirkungslinie von M, da $I_y < I_x$ gilt. Die Darstellung bestätigt auch die frühere Aussage, dass bei B tatsächlich die größte Zugspannung auftritt.

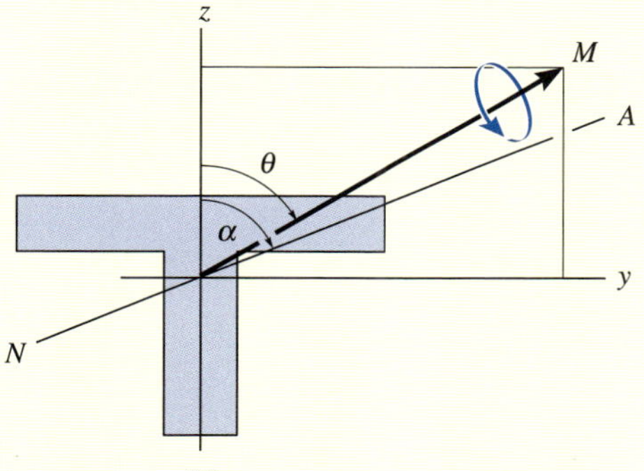

(d)

Abbildung 7.30

Beispiel 7.14 Am Querschnitt des Z-Profils in Abbildung 7.31a wirkt ein inneres Biegemoment M. Unter Anwendung der in *Abschnitt 5.6 und 5.7* aufgeführten Methoden (siehe Beispiel 5.8 und 5.9) sind die dargestellten Hauptachsen y und z so orientiert, dass sie die minimalen und maximalen Haupt-Flächenträgheitsmomente I_y bzw. I_z repräsentieren. Bestimmen Sie die Normalspannung am Punkt P und die Orientierung der Spannungsnulllinie.

$M = 20$ kNm, $a = 400$ mm, $b = 300$ mm, $s = 100$ mm, $\theta = 57{,}1°$,
$I_y = 0{,}960\ (10^{-3})\ \mathrm{m}^4$, $I_z = 7{,}54\ (10^{-3})\ \mathrm{m}^4$

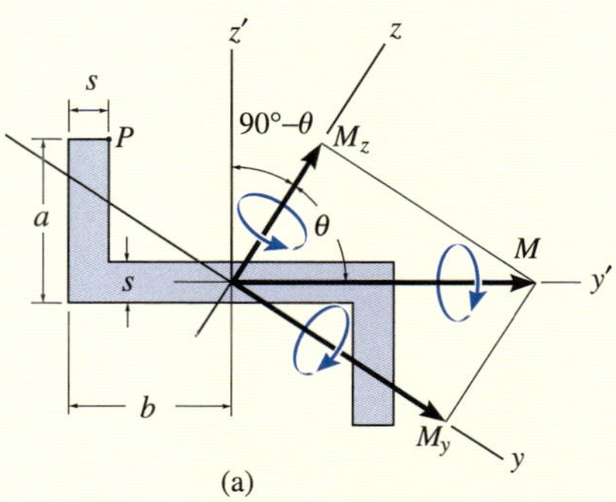

(a)

Abbildung 7.31

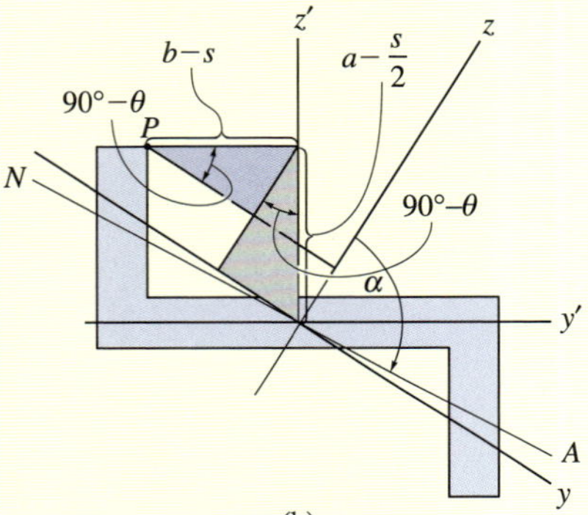

(b)

Abbildung 7.31

Lösung

Für die Anwendung von Gleichung (7.19) ist es wichtig, dass die z-Achse die Hauptachse des maximalen Flächenträgheitsmoments bildet, was im vorliegenden Beispiel offenbar zutrifft, da die einzelnen Flächen anschaulich von der z-Achse einen viel größeren Abstand als von der y-Achse haben.

Komponenten des Schnittmoments Entsprechend der Darstellung in Abbildung 7.31a ist

$$M_y = M \sin\theta = 20 \text{ kNm} \sin 57{,}1° = 16{,}79 \text{ kNm}$$

$$M_z = M \cos\theta = 20 \text{ kNm} \cos 57{,}1° = 10{,}86 \text{ kNm}$$

Biegespannung Zuerst müssen die y- und z-Koordinaten von Punkt P ermittelt werden. Beachten Sie, dass die y'- und die z'-Koordinaten von P (–0,2 m; 0,35 m) sind. Mit Hilfe der gekennzeichneten Dreiecke aus der in Abbildung 7.31b dargestellten Konstruktion erhalten wir

$$y_P = -\left(a - \frac{s}{2}\right)\sin(90° - \theta) - (b - s)\cos(90° - \theta)$$
$$= -(0{,}35\,\text{m})0{,}543 - (0{,}2\,\text{m})0{,}8396$$

$$y_P = -\,0{,}3580 \text{ m}$$

$$z_P = \left(a - \frac{s}{2}\right)\cos(90° - \theta) - (b - s)\sin(90° - \theta)$$
$$= (0{,}35\,\text{m})0{,}8396 - (0{,}2\,\text{m})0{,}543$$

$$z_P = -\,0{,}1852 \text{ m}$$

Bei Verwendung von Gleichung (7.17) ergibt sich

$$\sigma_P = -\frac{M_z y_P}{I_z} + \frac{M_y z_P}{I_y}$$
$$= -\frac{(10{,}86\,\text{kNm})(-0{,}3580\,\text{m})}{7{,}54(10^{-3})\,\text{m}^4} + \frac{(16{,}79\,\text{kNm})(0{,}1852\,\text{m})}{0{,}960(10^{-3})\,\text{m}^4}$$

$$\sigma_P = 3{,}76 \text{ MPa}$$

Orientierung der Nulllinie Der Winkel $\theta = 57{,}1°$ ist in Abbildung 7.31 dargestellt. Somit ist

$$\tan\alpha = \left(\frac{I_z}{I_y}\right)\tan\theta = \left(\frac{7{,}54(10^{-3})\,\text{m}^4}{0{,}960(10^{-3})\,\text{m}^4}\right)\tan 57{,}1°$$

$$\alpha = 85{,}3°$$

Die Lage der Nulllinie ist in Abbildung 7.31b eingezeichnet.

*7.6 Verbundträger

Träger, die aus zwei oder mehreren unterschiedlichen Werkstoffen bestehen, werden als ***Verbundträger*** bezeichnet. Beispielhaft seien hier solche genannt, die einen Holzkern besitzen sowie an den Ober- und Unterseiten mit Stahlstreifen versehen sind, Abbildung 7.32a, oder gebräuchlicher: Betonbalken, die mit Stahlzugankern verstärkt sind, Abbildung 7.32b. Ingenieure legen Balken oder Träger dieser Art mit dem Zweck aus, eine effizientere Aufnahme von Belastungen zu erreichen. Zum Beispiel wurde in *Abschnitt 3.3* gezeigt, dass Beton hervorragend Druckspannungen aufnehmen kann, aber nur sehr schlecht Zugspannungen widersteht. Deswegen wurden die in Abbildung 7.32b dargestellten Zuganker im zugbelasteten Bereich des Balkenquerschnitts platziert, so dass im Wesentlichen sie die entsprechenden Zugspannungen aufnehmen, die infolge des Schnittmoments M auftreten.

Da die Biegespannungsformel für Balken hergeleitet wurde, die nur aus einem homogenen Material bestehen, kann diese Formel nicht direkt angewendet werden, um die Normalspannung in einem Verbundträger zu ermitteln. In diesem Abschnitt werden wir aber eine Methode zur Modifikation oder „Transformation" des Trägerquerschnitts in einen aus einem einzigen Material bestehenden Querschnitt entwickeln. Danach kann die Biegespannungsformel bei gerader Biegung für die Spannungsberechnung verwendet werden. Zur Erläuterung der Anwendung der *Methode der Querschnittstransformation* betrachten wir den Verbundträger, der aus den Materialien 1 und 2 besteht, wobei die Materialien die in Abbildung 7.33a spezifizierten Querschnittsflächen haben. Wenn ein Biegemoment an dem Träger angreift, dann *bleibt* die gesamte Querschnittsfläche, analog zu einem homogenen Material, nach der Biegung *eben* und demzufolge ändern sich die Dehnungen linear von null auf der Nulllinie (z-Achse) bis zu einem Maximum an einer Stelle des Materials, die am weitesten von der Nulllinie entfernt liegt, Abbildung 7.33b. Bei linear-elastischem Verhalten des Materials ist das Hooke'sche Gesetz anwendbar. Damit ist an jedem Punkt im Material 1 die Normalspannung über $\sigma = E_1\epsilon$ bestimmbar. In gleicher Weise kann man die Spannungsverteilung in Material 2 über $\sigma = E_2\epsilon$ ermitteln. Wenn im betrachteten Beispiel das Material 1 *steifer* als das Material 2 ist, z.B. Stahl im Gegensatz zu Gummi, dann ist unverkennbar, dass der größte Teil der Belastung durch das Material 1 aufgenommen wird, da $E_1 > E_2$ gilt. Mit der Annahme, dass dies der Fall ist, ergibt diese Überlegung eine Spannungsverteilung wie in Abbildung 7.33c oder Abbildung 7.33d dargestellt. Beachten Sie insbesondere den Spannungssprung, der an der Grenzfläche der beiden Materialien auftritt. Die *Verzerrung* bleibt dort *dieselbe*, da allerdings der Elastizitätsmodul des Materials sich plötzlich ändert, gilt dies nicht mehr für die Spannung. Die Lage der Nulllinie und die Bestimmung der Maximalspannung im Balken können auf der Grundlage einer iterativen Verfahrensweise ermittelt werden. Einerseits muss die Bedingung, dass die Spannungsverteilung eine verschwindende Normalkraft am Querschnitt zur Folge hat, erfüllt sein,

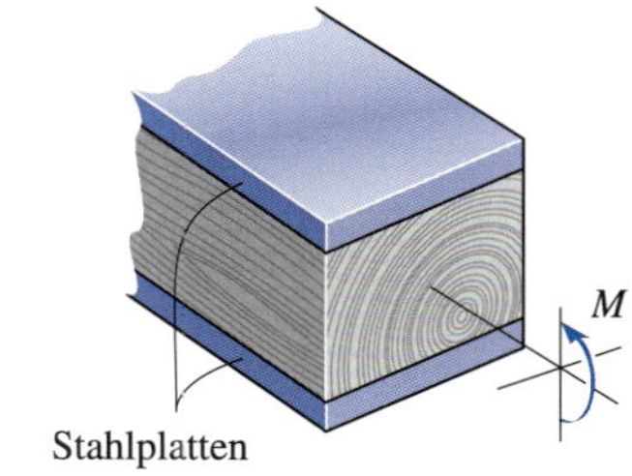

(a)

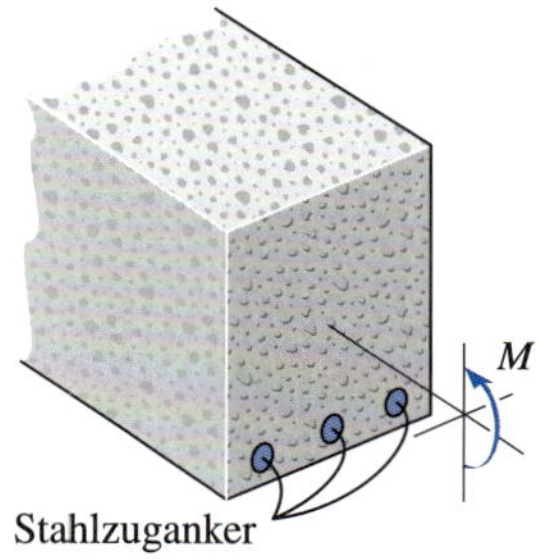

(b)

Abbildung 7.32

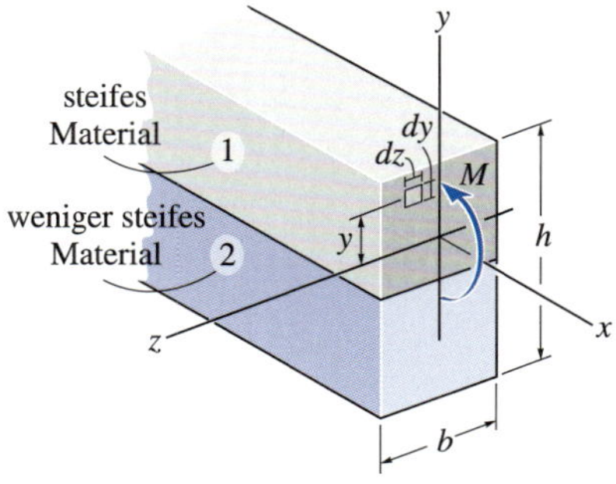

(a)

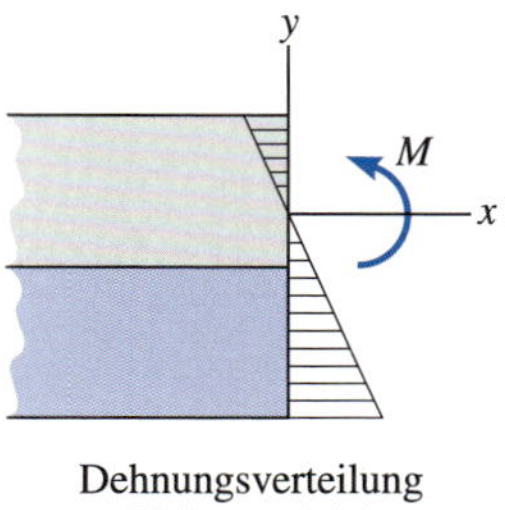

Dehnungsverteilung
(Seitenansicht)

(b)

Abbildung 7.33

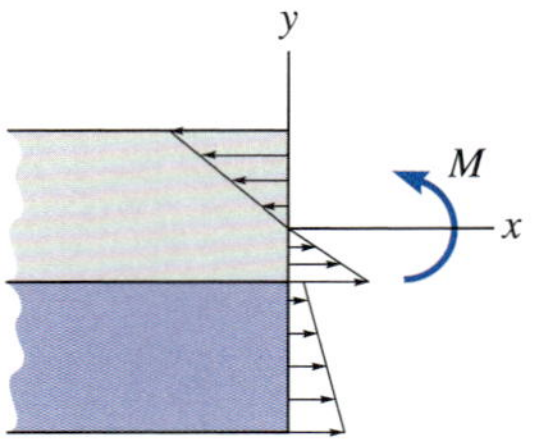

Biegespannungsverteilung
(Seitenansicht)

(c)

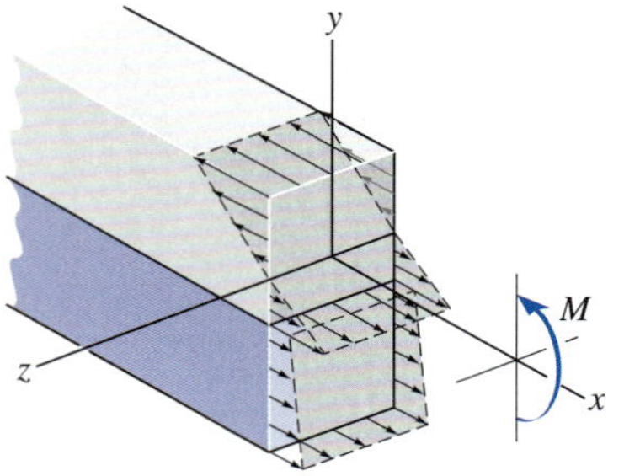

Biegespannungsverteilung

(d)

Abbildung 7.33

andererseits muss die Momentenwirkung der Spannungsverteilung um die Nulllinie gleich dem Schnittmoment M sein.

Ein einfacherer Weg, diese beiden Bedingungen zu erfüllen, ist jedoch die äquivalente Umwandlung des Balkens in einen, der nur *aus einem einzigen Material* besteht. Wenn der Balken zum Beispiel in gedanklicher Annahme komplett aus dem weniger steifen Material 2 besteht, dann wäre der Querschnitt abzuändern wie in Abbildung 7.33e. Hierbei bleibt die Höhe h des Materials *gleich*, denn die Spannungsverteilung aus Abbildung 7.33b muss erhalten bleiben. Der obere Teil des Balkens muss sich jedoch verbreitern, um eine Last aufzunehmen, die äquivalent mit der ist, die durch das steifere Material 1 in Abbildung 7.33d getragen wird. Die notwendige Breite kann aus der Kraftwirkung dN bestimmt werden, die am Flächenelement $dA = dzdy$ des Balkens in Abbildung 7.33a durch die Biegespannung hervorgerufen wird: $dN = \sigma\, dA = (E_1\epsilon)\, dzdy$. Wenn andererseits die Breite des korrespondierenden Flächenelements der Höhe dy in Abbildung 7.33b ndz ist, dann wird $dN' = \sigma'\, dA' = (E_2\epsilon)\, n\, dz\, dy$. Durch Gleichsetzen dieser Kräfte, so dass sie dasselbe Moment um die z-Achse hervorrufen, erhalten wir

$$E_1\, \epsilon\, dz\, dy = E_2\, \epsilon\, n\, dz\, dy$$

oder

$$n = \frac{E_1}{E_2} \qquad (7.20)$$

Die dimensionslose Zahl n wird Transformationsfaktor genannt. Er gibt an, dass der Querschnitt mit der Breite b am Originalbalken, Abbildung 7.33a, in seiner Breite um $b_2 = nb$ in dem Bereich zunehmen muss, in dem das Material 1 in das Material 2 transformiert wird, Abbildung 7.33e. Wird in ähnlicher Weise das weichere Material 2 in das steifere Material 1 transformiert, dann erhält der betreffende Teil des Querschnitts eine kleinere Breite gemäß Abbildung 7.33f, d.h. $b_1 = n'b$, wobei $n' = E_2/E_1$ gilt. Achten Sie darauf, dass in diesem Fall der Transformationsfaktor n' kleiner als 1 sein muss, da $E_1 > E_2$ ist. Anders ausgedrückt, wir benötigen weniger steifes Material, um ein gegebenes Moment aufzunehmen.

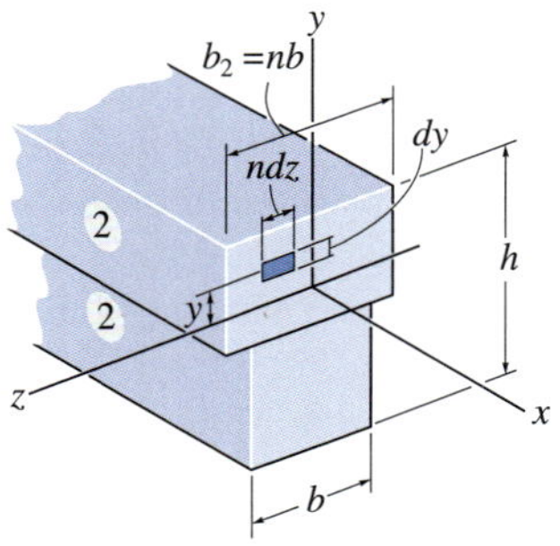

Balken in Material ② transformiert

(e)

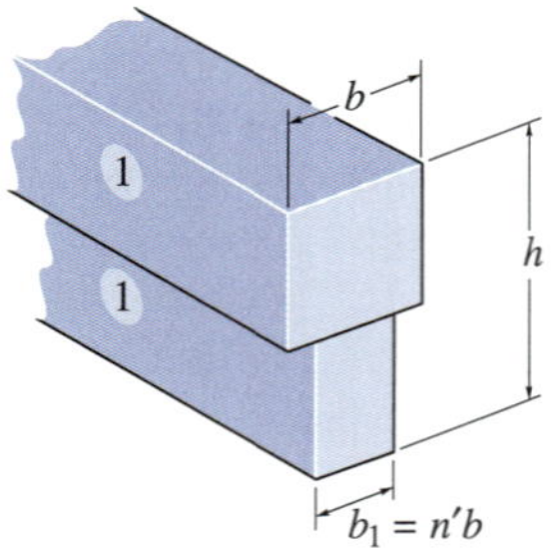

Balken in Material ① transformiert

(f)

Abbildung 7.33

Nachdem der Balken in einen Balken transformiert wurde, der nur aus *einem Material* besteht, erhält die Normalspannungsverteilung über dem transformierten Querschnitt einen linearen Verlauf, wie in Abbildung 7.33g und Abbildung 7.33h dargestellt. Demzufolge können nun der Schwerpunkt mit der zugehörigen z-Achse und das axiale Flächenträgheitsmoment für die transformierte Fläche ermittelt und die Biegespannungsformel in üblicher Weise angewendet werden, um die Spannung an jedem Punkt des transformierten Balkensquerschnitts zu berechnen. Beachten Sie, dass die Spannung im transformierten Balkenquerschnitt gleich der Spannung im *gleichen Material* des tatsächlichen Balkens ist. Für das transformierte Material muss allerdings die berechnete Spannung auf dem transformierten Bereich mit dem Transformationsfaktor n (oder n') multipliziert werden, denn die Fläche des transformierten Materialbereichs $dA' = n\,dz\,dy$ ist die n-fache Fläche des tatsächlichen Materials $dA = dz\,dy$. Das bedeutet

$$dN = \sigma\,dA = \sigma'\,dA'$$

$$\sigma\,dz\,dy = \sigma'\,n\,dz\,dy$$

$$\sigma = n\sigma' \qquad (7.21)$$

Die Beispiele 7.15 und 7.16 illustrieren die Anwendung der Methode der Querschnittstransformation.

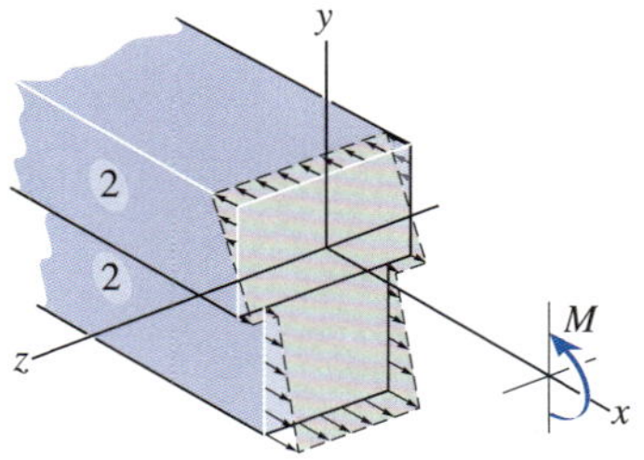

Biegespannungsverteilung für Balken transformiert in Material ②

(g)

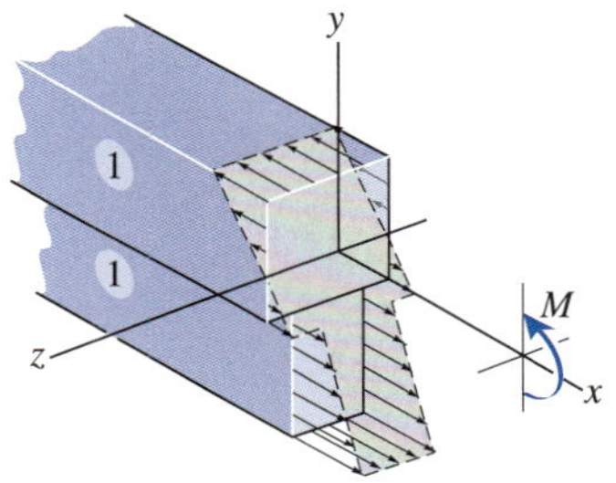

Biegespannungsverteilung für Balken transformiert in Material ①

(h)

Abbildung 7.33

Wichtige Punkte zur Lösung von Aufgaben

- *Verbundträger* bestehen aus unterschiedlichen Materialien, um eine effiziente Lastaufnahme zu ermöglichen. Bei der Anwendung der Biegespannungsformel muss das Material homogen sein. Deshalb wird der ursprüngliche Querschnitt, wie er für unterschiedliche Materialien vorliegt, in seiner Form so transformiert, dass er aus einheitlichem Material aufgebaut angesehen werden kann. Danach kann die Formel zur Berechnung der Biegespannung weiterhin benutzt werden.
- Der *Transformationsfaktor* ist das Verhältnis der Elastizitätsmoduln der unterschiedlichen Materialien, aus denen der Träger besteht. Im Sinne eines Multiplikationsfaktors überträgt er die Querschnittsabmessungen des Verbundträgers in einen Träger, der aus einem einzigen Material besteht, so dass dieser dieselbe Festigkeit wie der Verbundträger besitzt. Steifes Material wird somit durch einen höheren Anteil an weicherem Material ersetzt und umgekehrt.
- Nachdem die Spannung in dem transformierten Bereich berechnet wurde, muss diese zur Spannungsermittlung im tatsächlichen Träger mit dem Transformationsfaktor multipliziert werden.

Beispiel 7.15

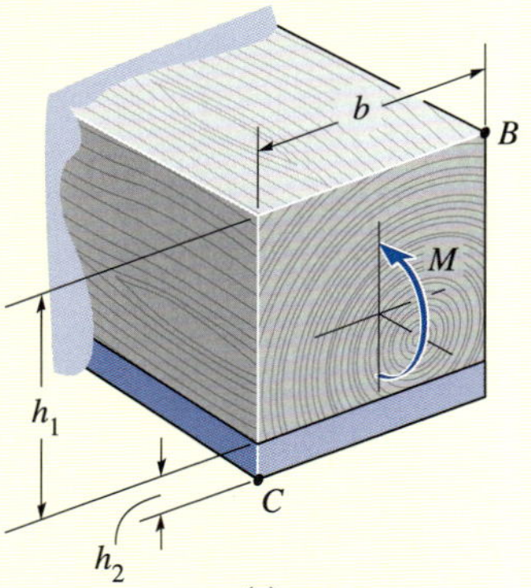

(a)

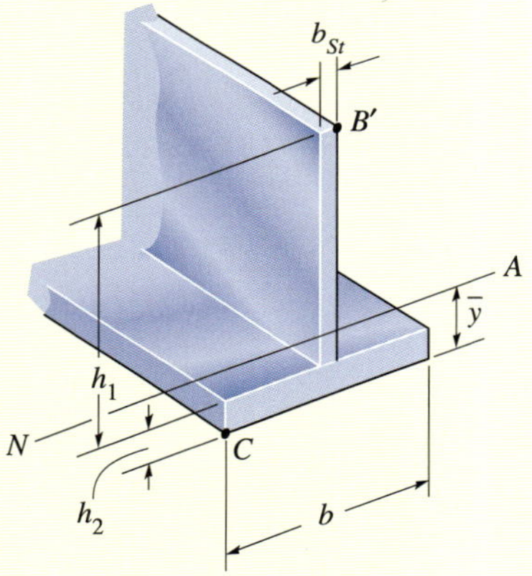

(b)

Abbildung 7.34

Ein Verbundträger besteht aus Holz und ist mit einem Stahlgurt an der Unterseite verstärkt. Er hat den in Abbildung 7.34a dargestellten Querschnitt. Bestimmen Sie die Normalspannung an den Punkten B und C, wenn an der Schnittfläche ein Schnittmoment M auftritt.

$M = 2$ kNm, $h_1 = 150$ mm, $b = 150$ mm, $h_2 = 20$ mm, $E_{Ho} = 12$ GPa, $E_{St} = 200$ GPa

Lösung

Schnittflächeneigenschaften Obwohl diese Wahl willkürlich ist, transformieren wir hier den Querschnitt in einen, der komplett aus Stahl besteht. Da Stahl eine größere Steifigkeit als Holz hat, ($E_{St} > E_{Ho}$), muss die Breite des Holzes zu einer äquivalenten Breite von Stahl reduziert werden. Damit muss $n < 1$ sein. In diesem Fall ist $n = E_{Ho}/E_{St}$, so dass

$$b_{St} = n\,b_{Ho} = \frac{E_{Ho}}{E_{St}}b = \frac{12\,\text{GPa}}{200\,\text{GPa}}(150\,\text{mm})$$

$$b_{St} = 9\text{ mm}$$

gilt. Der transformierte Querschnitt ist in Abbildung 7.34b dargestellt.

Für die Lage des Schwerpunktes, berechnet von der Bezugsachse an der Unterseite der transformierten Querschnittsfläche, gilt

$$\bar{y} = \frac{\sum \tilde{y}A}{\sum A} = \frac{\frac{1}{2}h_2 h_2 b + \left(\frac{1}{2}h_1 + h_2\right)h_1 b_{St}}{h_2 b + b_{St}h_1}$$

$$= \frac{(0{,}01\,\text{m})(0{,}02\,\text{m})(0{,}150\,\text{m}) + (0{,}095\,\text{m})(0{,}150\,\text{m})(0{,}009\,\text{m})}{(0{,}02\,\text{m})(0{,}150\,\text{m}) + (0{,}009\,\text{m})(0{,}150\,\text{m})}$$

$$\bar{y} = 0{,}03638\,\text{m}$$

Das Flächenträgheitsmoment um die Achse NA des so entstandenen T-Profils ist damit

$$I_{NA} = \left[\frac{1}{12}bh_2^3 + bh_2\left(\bar{y} - \frac{1}{2}h_2\right)^2\right] + \left[\frac{1}{12}b_{St}h_1^3 + b_{St}h_1\left(\left(\frac{1}{2}h_1 + h_2\right) - \bar{y}\right)^2\right]$$

$$= \left[\frac{1}{12}(0{,}150\,\text{m})(0{,}02\,\text{m})^3 + (0{,}150\,\text{m})(0{,}02\,\text{m})(0{,}03638\,\text{m} - 0{,}01\,\text{m})^2\right]$$

$$+ \left[\frac{1}{12}(0{,}009\,\text{m})(0{,}150\,\text{m})^3\right.$$

$$\left. + (0{,}009\,\text{m})(0{,}150\,\text{m})(0{,}095\,\text{m} - 0{,}03638\,\text{m})^2\right]$$

$$I_{NA} = 9{,}358\ (10^{-6})\ \text{m}^4$$

Normalspannung Bei Anwendung der Biegespannungsformel ergibt sich die Normalspannung bei B' und C zu

$$\sigma_{B'} = -\frac{M\left(\left(h_1 + h_2\right) - \bar{y}\right)}{I_{NA}} = -\frac{(2\,\text{kNm})(0{,}170\,\text{m} - 0{,}03638\,\text{m})}{9{,}358\left(10^{-6}\right)\text{m}^4}$$

$$\sigma_{B'} = -28{,}6 \text{ MPa}$$

$$\sigma_C = \frac{M\,\bar{y}}{I_{NA}} = \frac{(2\,\text{kNm})(0{,}03638\,\text{m})}{9{,}358\left(10^{-6}\right)\text{m}^4}$$

$$\sigma_C = 7{,}78 \text{ MPa}$$

Die Normalspannungsverteilung am transformierten Querschnitt des Trägers (komplett aus Stahl) ist in Abbildung 7.34c zu sehen.

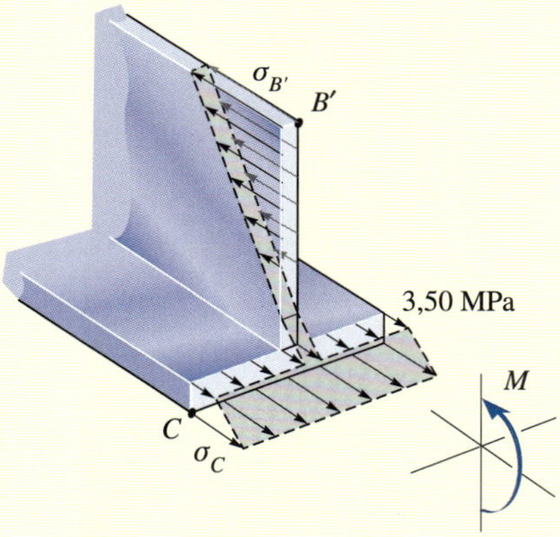

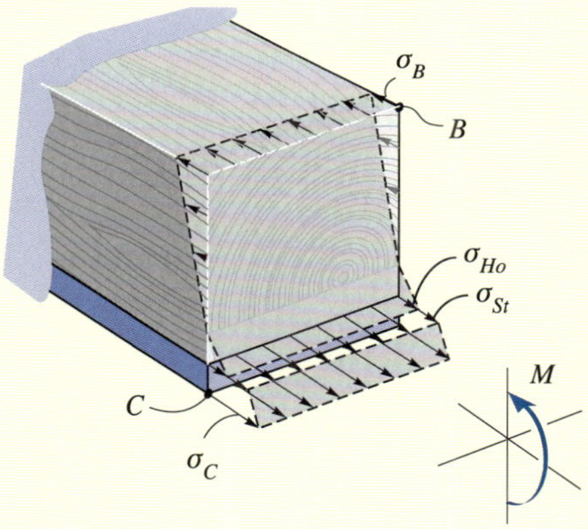

Abbildung 7.34

Die bei B auftretende Normalspannung des Holzes, Abbildung 7.34a, wird durch Gleichung (7.21) bestimmt, und zwar als

$$\sigma_B = n\sigma_{B'} = \frac{E_{Ho}}{E_{St}}\sigma_{B'} = \frac{12\,\text{GPa}}{200\,\text{GPa}}(-28{,}6\,\text{MPa})$$

$$\sigma_B = -1{,}71 \text{ MPa}$$

Zeigen Sie mit Hilfe dieser Überlegungen, dass die Normalspannungen im Stahl und im Holz an ihrer Berührfläche $\sigma_{St} = 3{,}50$ MPa bzw. $\sigma_{Ho} = 0{,}210$ MPa sind. Die Normalspannungsverteilung im realen Balken ist in Abbildung 7.34d dargestellt.

Beispiel 7.16

Zur Verstärkung eines Stahlträgers wurde ein Eichenholzbrett zwischen die beiden Flansche eingesetzt, Abbildung 7.35a. Bestimmen Sie das maximale Biegemoment, das der Träger mit bzw. ohne Verstärkung aufnehmen kann, wenn die zulässigen Spannungen für Holz bzw. für Stahl $(\sigma_{zul})_{Ho}$ bzw. $(\sigma_{zul})_{St}$ betragen. Das axiale Flächenträgheitsmoment des Stahlträgers ist I_z, seine Querschnittsfläche ist A.

$(\sigma_{zul})_{Ho} = 21$ MPa, $(\sigma_{zul})_{St} = 168$ MPa, $E_{Ho} = 12$ GPa, $E_{St} = 200$ GPa, $I_z = 7{,}93(10^6)$ mm^4, $A = 5493{,}75$ mm^2, $b_{Ho} = 300$ mm, $h = 100$ mm, $s = 5$ mm

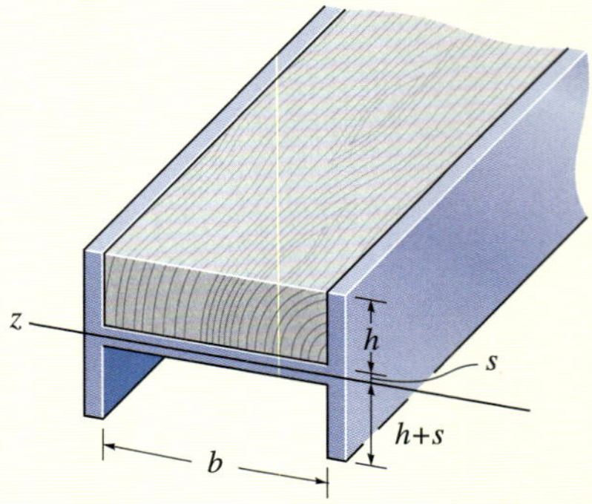

(a)

Abbildung 7.35

Lösung

Ohne Brett In diesem Fall entspricht die Nulllinie im Querschnitt der z-Achse. Die direkte Anwendung der Biegespannungsformel auf den Stahlträger führt auf

$$(\sigma_{zul})_{St} = \frac{Mc}{I_z} = \frac{M(h+s)}{I_z}$$

$$M = \frac{(\sigma_{zul})_{St}\, I_z}{(h+s)} = \frac{(168\,\mathrm{N/mm^2})7{,}93(10^6)\,\mathrm{mm}^4}{105\,\mathrm{mm}}$$

$$M = 12{,}688 \text{ kNm}$$

Mit Brett Da wir jetzt einen Verbundträger vorliegen haben, müssen wir den Querschnitt aus zwei Materialien in einen eines einzigen Materials überführen. Es ist einfacher, das Holz in einen äquivalenten Beitrag zum Stahl zu transformieren. Dafür muss $n = E_{Ho}/E_{St}$ sein. Warum? Demzufolge ergibt sich die äquivalente Stahlbreite zu

$$b_{St} = nb_{Ho} = \frac{E_{Ho}}{E_{St}} b_{Ho} = \frac{12\,\mathrm{GPa}}{200\,\mathrm{GPa}}(300\,\mathrm{mm})$$

$$b_{St} = 18 \text{ mm}$$

Der transformierte Querschnitt ist in Abbildung 7.35b dargestellt. Die Nulllinie befindet sich jetzt bei

$$\bar{y} = \frac{\sum \tilde{y}A}{\sum A} = \frac{(0)A + \left(\frac{h}{2}+s\right)hb_{St}}{A + hb_{St}} = \frac{(0)\left(5493{,}75\,\mathrm{mm}^2\right) + (55\,\mathrm{mm})(100\,\mathrm{mm})(18\,\mathrm{mm})}{5493{,}75\,\mathrm{mm}^2 + (100\,\mathrm{mm})(18\,\mathrm{mm})}$$

$$\bar{y} = 13{,}57\mathrm{mm}$$

und das Flächenträgheitsmoment um diese Achse ist

$$I = \left[I_z + A(\bar{y})^2\right] + \left[\frac{1}{12}b_{St}h^3 + b_{St}h\left(\left(\frac{h}{2}+s\right)-\bar{y}\right)^2\right]$$

$$= \left[7{,}93\left(10^6\right)\mathrm{mm}^4 + \left(5493{,}75\,\mathrm{mm}^2\right)(13{,}75\,\mathrm{mm})^2\right]$$

$$+\left[\frac{1}{12}(18\,\mathrm{mm})(100\,\mathrm{mm})^3 + (18\,\mathrm{mm})(100\,\mathrm{mm})(55\,\mathrm{mm}\text{-}13{,}75\,\mathrm{mm})^2\right]$$

$$I = 13{,}53\,(10^6)\,\mathrm{mm}^4$$

Im Stahl tritt die maximale Normalspannung an der Unterseite des Trägers auf, Abbildung 7.35b. Hierbei ist $c_{max} = (s+h)+\bar{y} = 105\,\mathrm{mm} + 13{,}57\,\mathrm{mm} = 118{,}57\,\mathrm{mm}$. Das maximale Moment, damit die zulässige Spannung nicht überschritten wird, ist demzufolge

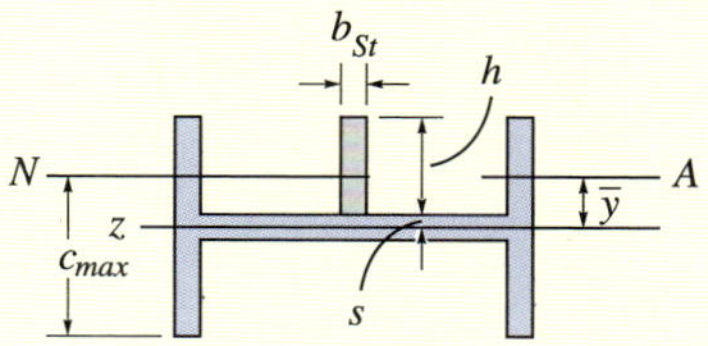

(b)

Abbildung 7.35

$$(\sigma_{zul})_{St} = \frac{Mc_{max}}{I}$$

$$M = \frac{I(\sigma_{zul})_{St}}{c_{max}} = \frac{13{,}53\left(10^6\right)\mathrm{mm}^4\left(168\,\mathrm{N/mm}^2\right)}{118{,}57\,\mathrm{mm}}$$

$$M = 19{,}17\ \mathrm{kNm}$$

Im Holzbrett tritt die maximale Normalspannung an der Oberseite des Trägers auf, Abbildung 7.35b. Hier ist $c_{max} = (s+h)-\bar{y} = 105\,\mathrm{mm} - 13{,}57\,\mathrm{mm} = 91{,}43\,\mathrm{mm}$. Weil $\sigma_{Ho} = n\sigma_{St}$ ist, ergibt sich das maximale Moment M' mit Bezug auf die zulässige Spannung für das Holz zu

$$(\sigma_{zul})_{Ho} = n\frac{M'c_{max}}{I} = \frac{E_{Ho}}{E_{St}}\frac{M'c_{max}}{I}$$

$$M' = \frac{E_{St}}{E_{Ho}}\frac{I(\sigma_{zul})_{Ho}}{c_{max}} = \frac{200\,\mathrm{GPa}}{12\,\mathrm{GPa}}\frac{13{,}53\left(10^6\right)\mathrm{mm}^4\left(21\,\mathrm{N/mm}^2\right)}{91{,}43\,\mathrm{mm}}$$

$$M' = 51{,}8\ \mathrm{kNm}$$

Der Vergleich beider Werte zeigt, dass das maximale Moment durch die zulässige Spannung des Stahls begrenzt wird. Somit ist das maximale Moment

$$M = 19{,}17\ \mathrm{kNm}$$

Beachten Sie zudem, dass die Benutzung des Brettes als Verstärkung eine zusätzliche Biegemomentenkapazität für den Träger von 51 % zur Verfügung stellt.

*7.7 Armierte Betonträger

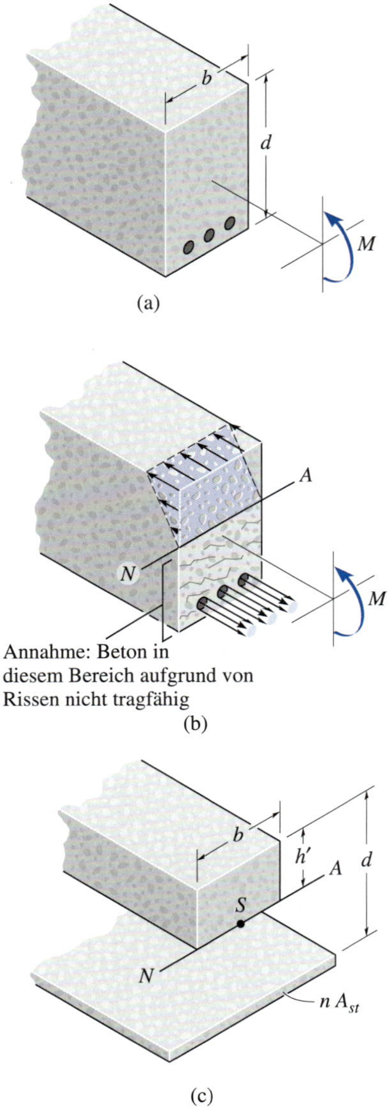

Abbildung 7.36

Alle Träger, die reiner Biegung ausgesetzt sind, müssen sowohl Zug- als auch Druckspannungen aufnehmen. Beton ist jedoch bei Zugbeanspruchung sehr bruchanfällig und deshalb als alleiniger Werkstoff für die Aufnahme eines Biegemoments nicht geeignet.[3] Zur Umgehung dieses Nachteils werden Armierungsstäbe an den Stellen des Betonträgers eingefügt, an denen dieser auf Zug beansprucht wird, Abbildung 7.36a. Um eine möglichst hohe Effizienz zu erzielen, befinden sich diese Stäbe im größtmöglichen Abstand von der Nulllinie, so dass das Moment, das infolge der an den Stäben wirkenden Normalkräfte aufgenommen wird, um die Achse der neutralen Faserschicht am größten ist. Andererseits benötigen die Stäbe auch eine gewisse Betonumhüllung, damit sie vor Korrosion oder Festigkeitsverlust durch Hitzeeinwirkung (Feuer) geschützt sind. In einer realen, mit Verstärkung versehenen Betonkonstruktion wird die Zugaufnahmefähigkeit des Betons vernachlässigt, denn seine dafür geltende Bruchsicherheit ist nicht vorhersagbar. Demzufolge nimmt man an, dass die an einer Schnittfläche eines armierten Betonträgers wirkende Spannungsverteilung das in Abbildung 7.36b gezeigte Aussehen hat.

Die Spannungsberechnung erfordert die Festlegung der Nulllinie NA und die Bestimmung der Maximalspannung im Stahl und im Beton. Dazu wird die Fläche des Stahls A_{St} zunächst in eine äquivalente Fläche des Betons mit Hilfe des Transformationsfaktors $n = E_{St}/E_B$ umgerechnet. Man wählt dieses Verhältnis (das $n > 1$ ergibt), weil eine „größere" Menge an Beton benötigt wird, um den Stahl zu ersetzen. Die transformierte Fläche ist nA_{St} und der transformierte Querschnitt erhält das in Abbildung 7.36c dargestellte Aussehen. Hierbei repräsentiert d den Abstand von der Oberseite des Trägers bis zur (transformierten) Stahlfläche, b stellt die Breite des Trägers dar und h' ist ein noch unbekannter Abstand von der Trägeroberseite bis zur Nulllinie. Wir können h' aus der Tatsache ermitteln, dass der Schwerpunkt S der Fläche des transformierten Querschnitts auf der Achse NA liegt, Abbildung 7.36c. Demzufolge muss mit Bezug auf diese Achse das Moment bei der Schwerpunktbestimmung $\sum \tilde{y}A$ null sein, denn $\bar{y} = \sum \tilde{y}A / \sum A = 0$.

Somit wird

$$bh'\left(\frac{h'}{2}\right) - nA_{St}\,(d - h') = 0$$

$$\frac{b}{2}h'^2 + nA_{St}h' - nA_{St}d = 0$$

Nachdem man h' aus der quadratischen Gleichung ermittelt hat, wird das Problem auf bekannte Weise gelöst, um die Spannung im Träger zu erhalten.

3 Das Spannungs-Dehnungs-Diagramm in Abbildung 3.11 zeigt, dass Beton eine 12,5-fach höhere Druck- als Zugfestigkeit hat.

Beispiel 7.17

Der verstärkte Betonträger besitzt die in Abbildung 7.37a dargestellte Querschnittsfläche. Bestimmen Sie die Normalspannung in jedem der Stahlarmierungsstäbe sowie die maximale Normalspannung im Beton, wenn ein Schnittmoment M auftritt.

$M = 60$ kNm, $E_{St} = 200$ GPa, $E_B = 25$ GPa, $b = 300$ mm, $a = 450$ mm, $s = 50$ mm, $d = 50$ mm

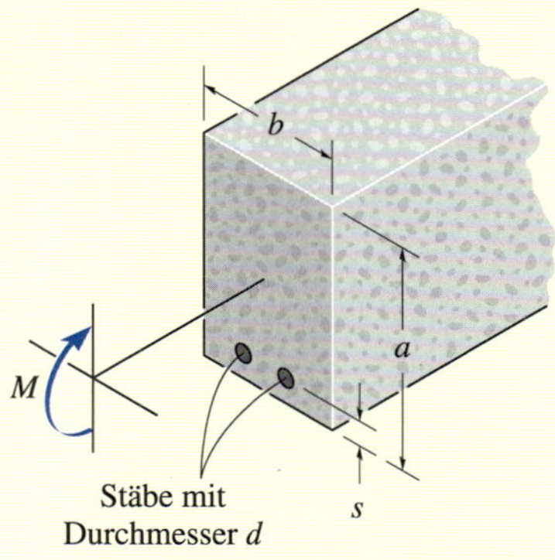

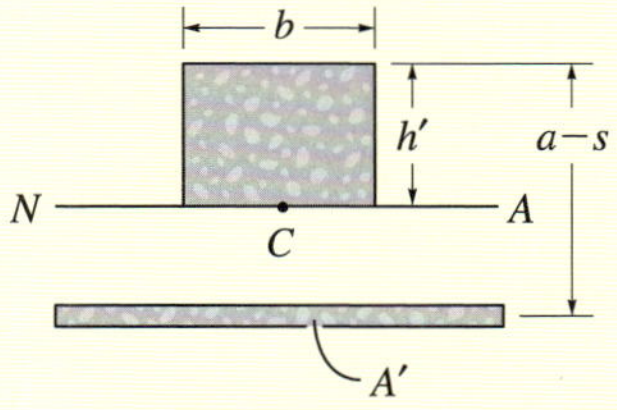

Abbildung 7.37

Lösung

Da der Träger aus Beton besteht, werden wir im weiteren Verlauf der Berechnung seine Zugspannungs-Aufnahmefähigkeit vernachlässigen.

Schnittflächeneigenschaften Die gesamte Stahlfläche $A_{St} = 2\pi\, d^2/4 = 2\pi\,(12{,}5 \text{ mm})^2 = 982 \text{ mm}^2$ wird in eine äquivalente Betonfläche transformiert, Abbildung 7.37b. Diese Fläche ist

$$A' = nA_{St} = \frac{E_{St}}{E_B} A_{St} = \frac{200\,\text{GPa}}{25\,\text{GPa}}\left(982\,\text{mm}^2\right)$$

$$A' = 7854 \text{ mm}^2$$

Wir stellen die Bedingung auf, dass der Schwerpunkt S auf der Achse NA liegt, die von der oberen Kante h' entfernt ist. Somit ist $\sum \tilde{y}A = 0$ oder

$$bh'\frac{h'}{2} - A'\left((a-s)-h'\right) = 0$$

$$h'^2 + \frac{2A'}{b}h' - \frac{2A'}{b}(a-s) = 0$$

$$h' = -\frac{A'}{b} \pm \sqrt{\left(\frac{A'}{b}\right)^2 + \frac{2A'}{b}(a-s)}$$

Wir verwenden die positive Lösung der quadratischen Gleichung und erhalten nach Einsetzen der Zahlenwerte

$$h' = 120{,}90 \text{ mm}$$

Mit diesem Wert ergibt sich das axiale Trägheitsmoment der transformierten Querschnittsfläche bezüglich der Achse NA zu

$$I = \left[\frac{1}{12}bh'^3 + bh'\left(\frac{h'}{2}\right)^2\right] + A'\left((a-s)-h'\right)^2$$

$$= \left[\frac{1}{12}(300\,\text{mm})(120{,}9\,\text{mm})^3 + (300\,\text{mm})(120{,}9\,\text{mm})(60{,}45\,\text{mm})^2\right]$$

$$+ \left(7856\,\text{mm}^2\right)\left((400\,\text{mm} - 50\,\text{mm}) - 120{,}9\,\text{mm}\right)^2$$

$$I = 788{,}52\,(10^6)\text{ mm}^4$$

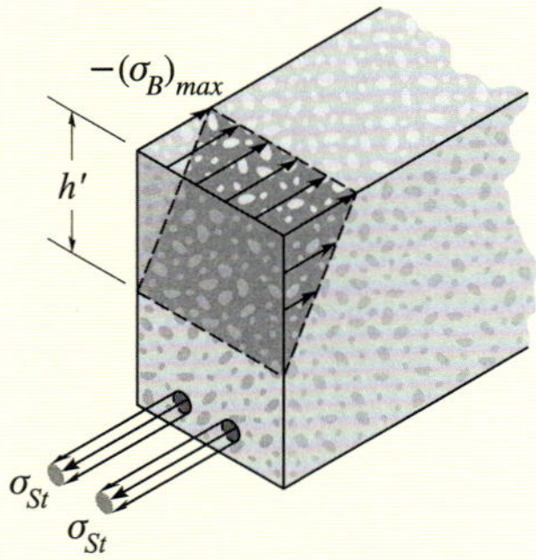

(c)

Abbildung 7.37

Normalspannung Bei Anwendung der Biegespannungsformel auf die transformierte Querschnittsfläche ergibt sich die maximale Normalspannung im Beton wie folgt:

$$\left|(\sigma_B)_{max}\right| = \frac{M\,h'}{I} = \frac{60\left(10^6\right)\text{Nmm}\,(120{,}9\,\text{mm})}{788{,}52\left(10^6\right)\text{mm}^4}$$

$$(\sigma_B)_{max} = 9{,}20 \text{ MPa}$$

Im „Beton"-Streifen, der den Stahl ersetzt, ist die auftretende Normalspannung

$$\sigma'_B = \frac{M\left((a-s)-h'\right)}{I} = \frac{60\left(10^6\right)\text{Nmm}\,(400\,\text{mm}-120{,}9\,\text{mm})}{788{,}52\left(10^6\right)\text{mm}^4}$$

$$\sigma'_B = 21{,}24 \text{ MPa}$$

Die Normalspannung in jedem der beiden Armierungsstäbe berechnet sich damit als

$$\sigma_{St} = n\sigma'_B = \frac{E_{St}}{E_B}\sigma'_B = \frac{200\,\text{GPa}}{25\,\text{GPa}}(21{,}24\,\text{MPa})$$

$$\sigma_{St} = 169{,}9 \text{ MPa}$$

*7.8 Gekrümmte Balken

Die Biegespannung in diesem Kranhaken kann mit Hilfe der Biegespannungsformel für gekrümmte Balken abgeschätzt werden.

Die Biegespannungsformel findet bei *geraden* prismatischen bzw. zylindrischen Bauteilen Anwendung, denn es wurde bereits gezeigt, dass sich die Dehnung für einen geraden Balken linear mit dem Abstand von der Nulllinie ändert. Ist das Bauteil jedoch *gekrümmt*, dann gilt diese Annahme nicht mehr, und wir müssen deshalb eine verbesserte Gleichung herleiten, welche die Spannungsverteilung beschreibt. In diesem Abschnitt befassen wir uns mit der Berechnung eines *gekrümmten Balkens* unter Biegebelastung. Typische Beispiele stellen Kranhaken oder Kettenglieder dar. In all diesen Fällen sind die Querabmessungen des Querschnittes nicht mehr klein im Vergleich zum Krümmungsradius.

Das hier hergeleitete Berechnungsverfahren nimmt an, dass die Querschnittsfläche konstant ist und eine Symmetrieachse y hat, die senkrecht zur Richtung des auftretenden Biegemoments M verläuft, Abbildung 7.38a. Das Material ist zudem homogen und isotrop und verhält sich bei Belastung linear-elastisch. Wie beim geraden Balken nehmen wir auch für den gekrümmten Balken an, dass die *Querschnitte* des Bauteils nach Einwirkung eines Moments *eben bleiben*. Weiterhin wird jede Verformung des Querschnitts innerhalb seiner Ebene vernachlässigt.

Für die Berechnung sind drei Radien zu berücksichtigen, die alle vom Krümmungsmittelpunkt O' ausgehen, Abbildung 7.38a. Sie sind wie folgt bezeichnet: $\bar{r}$ bezieht sich auf die bekannte Lage des *Schwerpunktes* S der Querschnittsfläche, R bezieht sich auf die noch nicht festgelegte Lage der *Nulllinie* und r definiert einen beliebigen Querschnittspunkt mit dem korrespondierenden Flächenelement dA. Achten Sie darauf, dass die Nulllinie NA innerhalb des Querschnittes liegt, da das Moment M in den oberen Fasern des Balkens eine Druckspannung und in den unteren Fasern eine Zugspannung erzeugt, denn laut Definition ist die Nulllinie spannungsfrei.

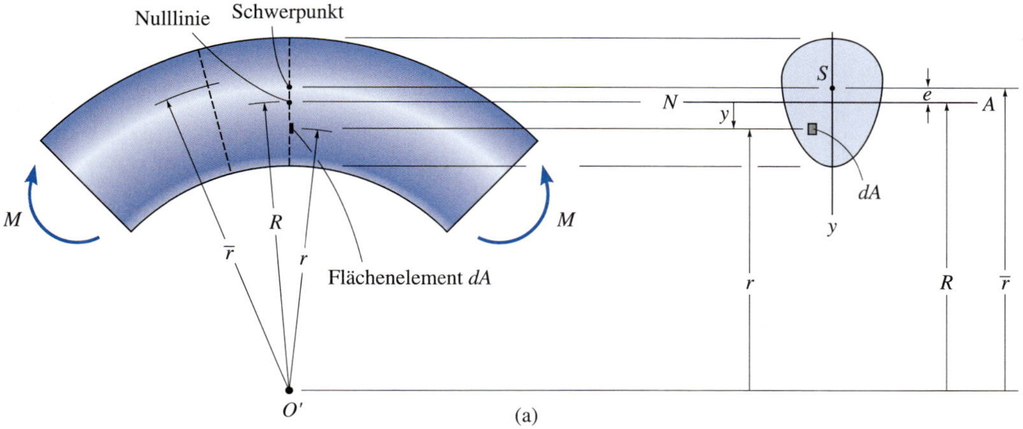

Abbildung 7.38

Wenn wir ein differenziell kleines Element des Balkens freischneiden, Abbildung 7.38b, bewirkt die Spannung eine Deformation des Materials derart, dass sich jede Stirnfläche um den Winkel $\delta\theta/2$ dreht. Die Dehnung ϵ der beliebig gewählten und bei r befindlichen Materialschicht ist noch zu bestimmen. Die Schicht hat die Ausgangslänge $r\,d\theta$, Abbildung 7.38b. Aufgrund der Drehung um $\delta\theta/2$ ist die gesamte Längenänderung der Schicht aber $\delta\theta(R-r)$. Demzufolge ist die Dehnung

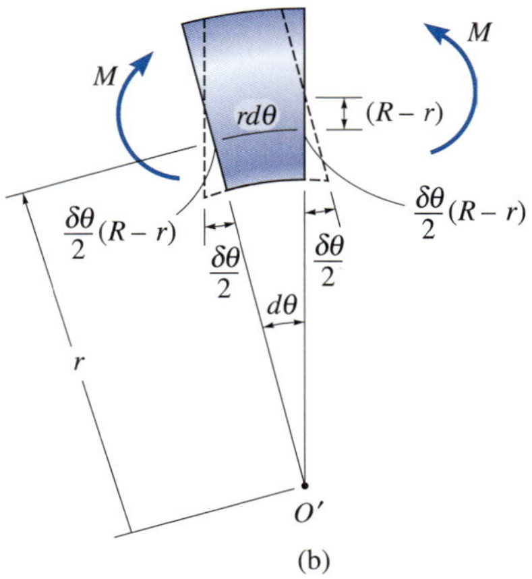

$$\epsilon = \frac{\delta\theta(R-r)}{r\,d\theta}$$

Durch Definition von $k = \delta\theta/d\theta$, das für jedes einzelne Element konstant ist, erhalten wir

$$\epsilon = k\left(\frac{R-r}{r}\right)$$

Im Unterschied zum Fall des geraden Balkens ist erkennbar, dass die ***Dehnung*** eine nichtlineare Funktion von r in Form einer ***hyperbolischen Funktion*** darstellt. Dies trifft zu, obwohl der Querschnitt des Balkens bei der Verformung eben bleibt.

Für ein elastisches Materialverhalten gilt das Hooke'sche Gesetz, und damit ergibt sich die Spannung als ortsabhängige Funktion wie folgt:

$$\sigma = Ek\left(\frac{R-r}{r}\right) \tag{7.22}$$

Auch der Spannungsverlauf ist hyperbolisch. Da wir diese Funktion nun aufgestellt haben, können wir somit die Lage der Nulllinie bestimmen und die Spannungsverteilung zum korrespondierenden inneren Biegemoment in Beziehung setzen. Zur Ermittlung der Position R der

Nulllinie stellen wir die Bedingung auf, dass die resultierende Normalkraft, die infolge der über den gesamten Querschnitt wirkenden Spannungsverteilung erzeugt wird, verschwindet, d.h. gleich null ist:

$$N = \int_A \sigma \, dA = 0$$

$$\int_A Ek\left(\frac{R-r}{r}\right) dA = 0$$

Da Ek und R Konstanten sind, verändert sich die Gleichung in

$$R\int_A \frac{dA}{r} - \int_A dA = 0$$

Die Auflösung nach R führt zum Ergebnis

$$R = \frac{A}{\int_A \frac{dA}{r}} \tag{7.23}$$

Dabei bedeutet

R = die Lage der Nulllinie, gemessen vom Krümmungsmittelpunkt O' des Balkens

A = die Querschnittsfläche des Bauteils

r = die allgemeine Position des Flächenelements dA auf dem Querschnitt, gemessen vom Krümmungsmittelpunkt O'

Das Integral in Gleichung (7.23) kann für verschiedene Querschnittsprofile ausgewertet werden. Die Ergebnisse für einige gebräuchliche Querschnittsformen sind in Tabelle 7.2 aufgeführt.

Tabelle 7.2

Form	Fläche	$\int_A \frac{dA}{r}$
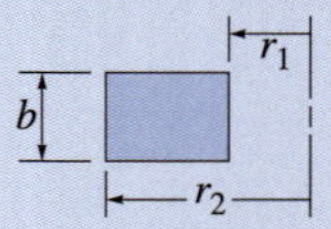	$b(r_2 - r_1)$	$b \ln \frac{r_2}{r_1}$
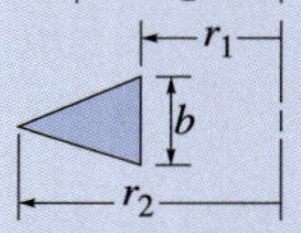	$\frac{b}{2}(r_2 - r_1)$	$\frac{b\, r_2}{(r_2 - r_1)}\left(\ln \frac{r_2}{r_1}\right) - b$
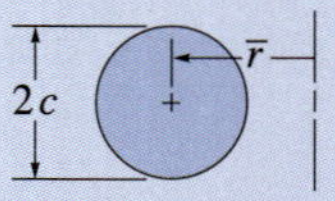	πc^2	$2\pi\left(\bar{r} - \sqrt{\bar{r}^2 - c^2}\right)$
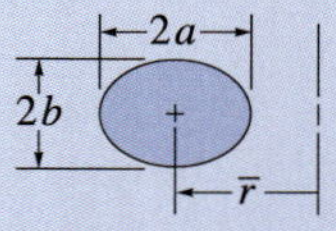	πab	$\frac{2\pi b}{a}\left(\bar{r} - \sqrt{\bar{r}^2 - a^2}\right)$

Damit wir die Spannungsverteilung zum resultierenden inneren Biegemoment in Beziehung setzen können, stellen wir die Bedingung auf, dass das resultierende Schnittmoment gleich dem Moment der Spannungsverteilung um die Achse *NA* ist. Aus Abbildung 7.38a ist ersichtlich, dass die Spannung σ, die an dem im Abstand y von der Nulllinie *NA* befindlichen Flächenelement auftritt, eine Kraft $dN = \sigma\, dA$ am Element sowie ein Moment um die Nulllinie $dM = y\,(\sigma\, dA)$ erzeugt. Dieses Moment ist positiv, denn infolge der Rechte-Hand-Regel zeigt es in die gleiche Richtung wie M. Für den gesamten Querschnitt bedeutet dies $M = \int y\sigma\, dA$. Weil $y = R - r$ ist und σ durch Gleichung (7.22) definiert wurde, erhalten wir

$$M = \int_A (R-r)\,Ek\left(\frac{R-r}{r}\right) dA$$

Die Umstellung und Berücksichtigung der Konstanten *Ek* und *R* ergibt

$$M = Ek\left(R^2 \int_A \frac{dA}{r} - 2R\int_A dA + \int_A r\,dA\right)$$

Das erste Integral entspricht A/R, wie aus Gleichung (7.23) bestimmt, das zweite Integral ist einfach die Querschnittsfläche A. Mit der Erkenntnis, dass die Lage des Flächenschwerpunktes durch $\bar{r} = \int r\,dA / A$ gegeben ist, kann das dritte Integral durch $\bar{r}A$ ersetzt werden. Somit können wir

$$M = EkA(\bar{r} - R)$$

schreiben. Die Umstellung von Gleichung (7.22) nach *Ek*, Einsetzen und Umstellung nach σ liefert

$$\sigma = \frac{M(R-r)}{Ar(\bar{r}-R)} \qquad (7.24)$$

Es bedeuten:

σ = die Normalspannung in dem Bauteil

M = das Biegemoment, bestimmt mittels Freischnitt und Momentengleichgewicht um die Nulllinie des Querschnitts. Das Moment ist positiv, denn es hat das Bestreben, den Krümmungsradius des Bauteils zu vergrößern, d.h. das Bauteil gerade zu biegen.

A = die Querschnittsfläche des Bauteils

R = der Abstand der Nulllinie gemessen vom Krümmungsmittelpunkt gemäß Gleichung (7.23)

$\bar{r}$ = der Abstand des Schwerpunkts der Querschnittsfläche gemessen vom Krümmungsmittelpunkt

r = der Abstand des Punktes, für den die Spannung σ bestimmt werden soll, gemessen vom Krümmungsmittelpunkt

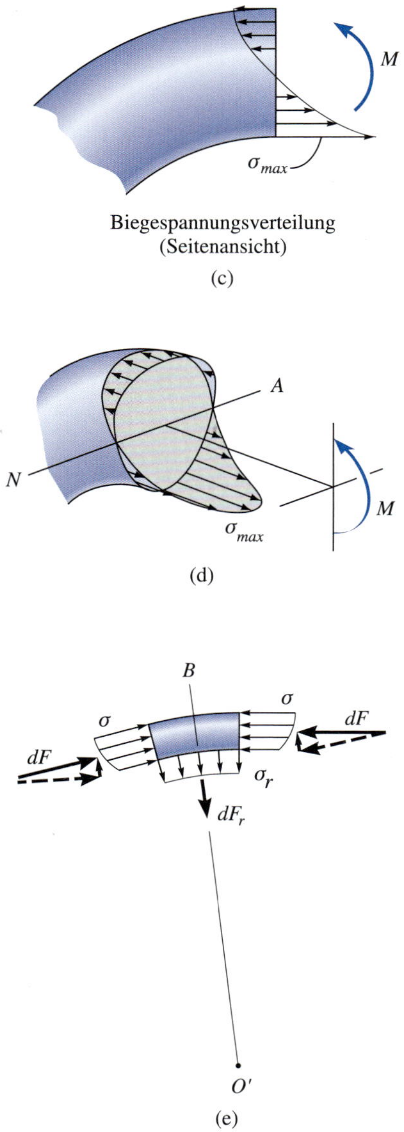

Abbildung 7.38

Aus Abbildung 7.38a wissen wir, dass $y = R - r$ oder $r = R - y$ gilt und der gewöhnlich sehr kleine Abstand e durch $e = \bar{r} - R$ gegeben ist. Wenn diese Resultate in Gleichung (7.24) eingesetzt werden, können wir auch

$$\sigma = \frac{My}{Ae(R-y)} \tag{7.25}$$

schreiben.

Die Gleichungen (7.24) und (7.25) stellen zwei Formen der so genannten Biegespannungsformel für gekrümmte Balken dar, die zur Berechnung der Normalspannungsverteilung in einem gekrümmten Bauteil verwendet werden kann. Diese Verteilung ist, wie bereits erwähnt, hyperbolisch. Ein Beispiel ist in Abbildung 7.38c und Abbildung 7.38d dargestellt. Da die Spannung in Umfangsrichtung des Balkens wirkt, wird sie manchmal auch als ***Umfangsspannung*** bezeichnet. Es sollte jedoch beachtet werden, dass, bedingt durch die Krümmung des Balkens, die Umfangsspannung auch eine korrespondierende ***Radialspannung*** hervorruft, die deshalb so bezeichnet wird, weil diese Komponente in radialer Richtung wirkt. Zur Illustration der Einzelheiten betrachten Sie das in Abbildung 7.38e dargestellte Freikörperbild, das ein oberes Stück des differenziell kleinen Balkenelements in Abbildung 7.38b zeigt. Die Radialspannung σ_r ist offensichtlich erforderlich, denn sie erzeugt die Kraft dF_r, die wiederum notwendig ist, um die Komponenten der Umfangskräfte dF, die entlang der Linie $O'B$ wirken, im Gleichgewicht zu halten.

Manchmal werden die Radialspannungen innerhalb gekrümmter Bauteile bedeutsam, besonders dann, wenn der Querschnitt des gekrümmten Balkens aus gekrümmten Platten zum Beispiel in Form eines dünnwandigen I-Profils besteht. In diesem Fall können die Radialspannungen die Größenordnung der Umfangsspannung erreichen, und demzufolge muss das Bauteil so bemessen werden, dass es beiden Spannungsarten widersteht. In den meisten Fällen können diese Spannungen aber vernachlässigt werden, besonders wenn das Bauteil einen Vollquerschnitt hat. Hier erzielt die Biegespannungsformel für gekrümmte Balken Ergebnisse, die sehr gut mit experimentellen Resultaten oder den Berechnungen auf Basis der Elastizitätstheorie übereinstimmen.

Die Formel wird normalerweise verwendet, wenn die Krümmung des Bauteils ausgeprägt ist, wie im Fall von Haken oder Ringen. Ist der Krümmungsradius allerdings mehr als das Fünffache der Bauteilhöhe, dann kann normalerweise die Biegespannungsformel der geraden Biegung zur Ermittlung der Spannungen angewendet werden. Besonders für rechteckige Querschnitte ist dann die maximale Normalspannung ermittelt über die klassische Biegespannungsformel des geraden Balkens nur ungefähr 7% *geringer* als der Wert, der über die Formel des gekrümmten Balkens erhalten wird. Dieser Fehler verringert sich weiter, sobald das Krümmungsradius-Höhen-Verhältnis größer als 5 ist.[4]

4 Siehe z.B. Boresi, A.P., et al., Advanced Mechanics of Materials, 3rd ed., Seite 333. 1978, John Wiley & Sons, New York.

Wichtige Punkte zur Lösung von Aufgaben

- Die *Biegespannungsformel für gekrümmte Balken* sollte zur Bestimmung der Umfangsspannungen in einem Balken angewendet werden, wenn der Krümmungsradius kleiner als das Fünffache der Balkenhöhe ist.
- Aufgrund der Balkenkrümmung verläuft die Dehnung im Balken *nicht* mehr linear über die Höhe, wie dies bei einem geraden Balken der Fall ist. Demzufolge geht die Nulllinie nicht durch den Schwerpunkt des Querschnitts.
- Die durch die Biegung verursachten radialen Spannungskomponenten können allgemein vernachlässigt werden, besonders wenn ein Vollquerschnitt vorliegt und der Querschnitt nicht aus dünwandigen Flächenteilen zusammengesetzt ist.

Lösungsweg

Zur Anwendung der Biegespannungsformel für gekrümmte Balken wird folgender Lösungsweg vorgeschlagen.

Schnittflächengeometrie

- Bestimmen Sie die Querschnittsfläche A und die Lage des Schwerpunktes $\bar{r}$, gemessen vom Krümmungsmittelpunkt aus.
- Berechnen Sie die Lage R der Nulllinie NA mit Hilfe von Gleichung (7.23) oder Tabelle 7.2. Wenn die Querschnittsfläche aus n Teilflächen zusammengesetzt ist, berechnen Sie $\int dA/r$ für jede Teilfläche. Danach folgt über Gleichung (7.23) $R = \sum A / \sum(\int dA/r)$ für den gesamten Querschnitt. In allen Fällen gilt $R < \bar{r}$.

Normalspannung

- Die Normalspannung, die an einem im Abstand r vom Krümmungsmittelpunkt liegenden Punkt auftritt, wird über Gleichung (7.24) bestimmt. Wenn der Abstand y zu diesem Punkt von der Nulllinie gemessen wird, berechnen Sie $e = \bar{r} - R$ und benutzen Gleichung (7.25).
- Weil $\bar{r} - R$ gewöhnlich eine sehr kleine Zahl ist, werden $\bar{r}$ und R mit ausreichender Genauigkeit derart bestimmt, dass die Subtraktion zu einer Zahl e mit mindestens drei signifikanten Ziffern führt.
- Ergibt sich eine positive Spannung, dann liegt eine Zugspannung vor, bei einem negativen Wert dagegen eine Druckspannung.
- Der Spannungsverlauf kann über dem gesamten Querschnitt grafisch dargestellt werden oder man kann ein Volumenelement freischneiden und dieses verwenden, um die an diesem Punkt des Querschnitts vorliegende Spannung zu veranschaulichen.

Beispiel 7.18

Ein spannungslos vorverformter Stahlbalken mit einem rechteckigen Querschnitt hat die Form eines Kreisbogens, siehe Abbildung 7.39a. Bestimmen Sie das maximal durch den gekrümmten Balken aufnehmbare Biegemoment M_B, wenn die zulässige Spannung σ_{zul} beträgt. Wie groß wäre das Moment bei einem geraden Balken?

$\sigma_{zul} = 140\ \text{MPa},\ a = 20\ \text{mm},\ r_i = 90\ \text{mm},\ r_a = 110\ \text{mm}$

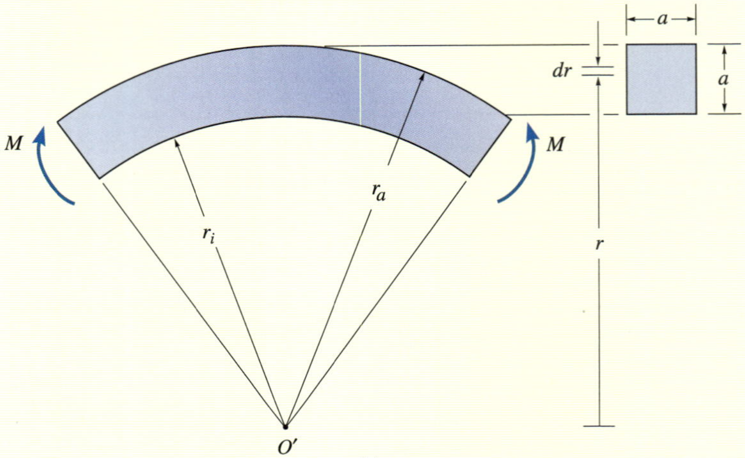

(a)

Abbildung 7.39

Lösung

Inneres Biegemoment Das Schnittmoment M ist überall im Balken gleich dem Lastmoment M_B. Da es das Bestreben hat, den Krümmungsradius des Balkens zu vergrößern, ist es positiv.

Schnittflächengeometrie Die Lage der Nulllinie wird über Gleichung (7.23) ermittelt. Mit den Daten von Abbildung 7.39a erhalten wir

$$\int_A \frac{dA}{r} = \int_{r_i}^{r_a} \frac{a\,dr}{r} = a \ln r \Big|_{r_i}^{r_a} = 4{,}0134\ \text{mm}$$

Das gleiche Ergebnis kann man natürlich direkt der Tabelle 7.2 entnehmen. Somit ist

$$R = \frac{A}{\int_A \frac{dA}{r}} = \frac{a^2}{\int_A \frac{dA}{r}} = \frac{(20\,\text{mm})^2}{4{,}0134\,\text{mm}} = 99{,}666\ \text{mm}$$

Es sollte erwähnt werden, dass R während der gesamten Berechnung mit mehreren signifikanten Ziffernstellen ermittelt werden muss, um sicherzustellen, dass $\bar{r} - R$ auf mindestens drei Ziffernwerte genau ist.

Es ist unbekannt, ob die Normalspannung ihr betragsmäßiges Maximum an der Ober- oder Unterseite des Balkens hat; demzufolge müssen wir das Moment M für jeden Fall separat berechnen. Da die Normalspannung an der Balkenoberseite eine Druckspannung ist, muss dafür $\sigma = -140\ \text{MPa}$ sein.

Normalspannung Damit gilt

$$\sigma = \frac{M(R-r_a)}{Ar_a(\bar{r}-R)}$$

$$M = \frac{\sigma A r_a(\bar{r}-R)}{(R-r_a)} = \frac{\sigma A r_a\left(r_i + \frac{a}{2} - R\right)}{(R-r_a)}$$

$$M = \frac{(-140\,N/\mathrm{mm}^2)(20\,\mathrm{mm})^2(110\,\mathrm{mm})(100\,\mathrm{mm}\text{-}99{,}666\,\mathrm{mm})}{99{,}666\,\mathrm{mm}\text{-}110\,\mathrm{mm}}$$

$$M = 199094\ \mathrm{Nmm} = 0{,}199\ \mathrm{kNm}$$

In gleicher Weise ergibt sich an der Unterseite des Balkens eine Zugspannung, so dass $\sigma = +140$ MPa zu setzen ist. Damit wird

$$\sigma = \frac{M(R-r_i)}{Ar_i(\bar{r}-R)}$$

$$M = \frac{\sigma A r_i(\bar{r}-R)}{(R-r_i)} = \frac{\sigma A r_i\left(r_i + \frac{a}{2} - R\right)}{(R-r_i)}$$

$$M = \frac{(140\,\mathrm{N}/\mathrm{mm}^2)(20\,\mathrm{mm})^2(90\,\mathrm{mm})(100\,\mathrm{mm}-99{,}666\,\mathrm{mm})}{99{,}666\,\mathrm{mm}\text{-}90\,\mathrm{mm}}$$

$$M = 174153\ \mathrm{Nmm} = 0{,}174\ \mathrm{kNm}$$

Der Vergleich der Werte zeigt, dass das maximal aufnehmbare Moment $M = 0{,}174$ kNm ist, und damit tritt die maximale Normalspannung an der Unterseite des Balkens auf. Die Druckspannung an der Balkenoberseite ist dann

$$\sigma = \frac{M(R-r_a)}{Ar_a(\bar{r}-R)} = \frac{(174153\,\mathrm{Nmm})(99{,}666\,\mathrm{mm} - 110\,\mathrm{mm})}{(20\,\mathrm{mm})^2(110\,\mathrm{mm})(100\,\mathrm{mm} - 99{,}666\,\mathrm{mm})}$$

$$\sigma = -122{,}5\ \mathrm{N/mm^2}$$

Die Spannungsverteilung ist in Abbildung 7.39b dargestellt.

Wäre der Balken gerade, so wäre das Ergebnis

$$\sigma = \frac{Mc_{max}}{I}$$

$$M = \frac{\sigma I}{c_{max}} = \frac{\sigma\left(\frac{1}{12}aa^3\right)}{\frac{a}{2}} = \frac{(140\,\mathrm{N/mm^2})\left[\frac{1}{12}(20\,\mathrm{mm})(20\,\mathrm{mm})^3\right]}{10\,\mathrm{mm}}$$

$$M = 0{,}187\ \mathrm{kNm}$$

Es ergibt sich eine Abweichung von ca. 7% gegenüber dem Resultat der Biegungsformel des gekrümmten Balkens.

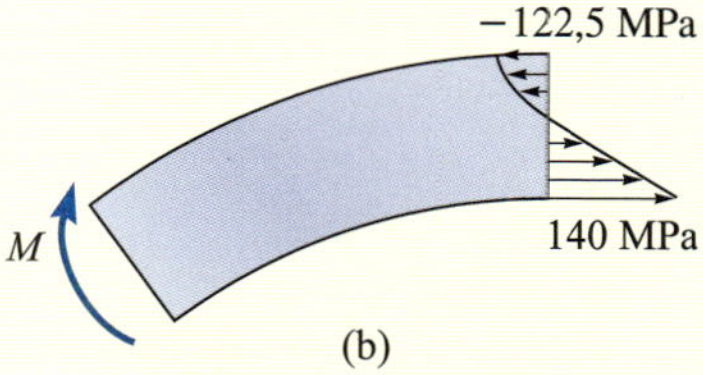

(b)

Abbildung 7.39

Beispiel 7.19

Der gekrümmte Balken hat die in Abbildung 7.40a dargestellte Querschnittsfläche. Bestimmen Sie die maximale Normalspannung, die sich in dem Balken ausbildet, wenn dieser durch die Biegemomente M_B belastet wird.

$M_B = 4$ kNm, $b = 50$ mm, $h_1 = 50$ mm, $h_2 = 30$ mm, $r_i = 200$ mm, $r_a = 280$ mm, $r_m = 250$ mm

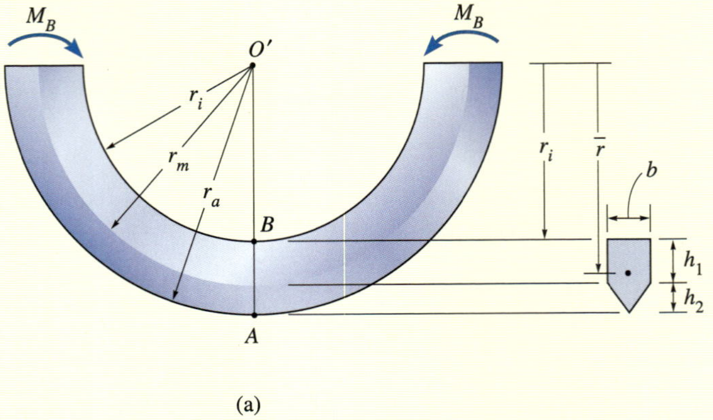

Abbildung 7.40

Lösung

Inneres Biegemoment An jedem Querschnitt des Balkens wirkt dasselbe resultierende Schnittmoment M. Da die Lastmomente bestrebt sind, den Krümmungsradius des Balkens zu verkleinern, ist das Schnittmoment negativ, $M = -M_B$

Schnittflächeneigenschaften Der Querschnitt ist aus einem Rechteck und einem Dreieck zusammengesetzt. Die gesamte Querschnittsfläche ist

$$\sum A = bh_1 + \frac{1}{2}bh_2 = (0{,}05\,\mathrm{m})^2 + \frac{1}{2}(0{,}05\,\mathrm{m})(0{,}03\,\mathrm{m})$$

$$A = 3{,}250\,(10^{-3})\,\mathrm{m}^2$$

Die Lage des Schwerpunktes, gemessen vom Krümmungsmittelpunkt gemäß Abbildung 7.40a, ist

$$\bar{r} = \frac{\sum \tilde{r}A}{\sum A} = \frac{\left(r_i + \frac{h_1}{2}\right)h_1 b + \left(r_i + h_1 + \frac{1}{3}h_2\right)\frac{1}{2}bh_2}{A}$$

$$= \frac{(0{,}225\,\mathrm{m})(0{,}05\,\mathrm{m})(0{,}05\,\mathrm{m}) + (0{,}260\,\mathrm{m})\frac{1}{2}(0{,}05\,\mathrm{m})(0{,}03\,\mathrm{m})}{3{,}250\left(10^{-3}\right)\mathrm{m}^2}$$

$$\bar{r} = 0{,}23308\,\mathrm{m}$$

Wir können

$$\int_A dA/r$$

für jede Teilfläche unter Verwendung von Tabelle 7.2 berechnen. Für das Rechteck ergibt sich

$$\int_A \frac{dA}{r} = b\left(\ln\frac{r_m}{r_i}\right) = (0{,}05\,\text{m})\left(\ln\frac{0{,}25\,\text{m}}{0{,}2\,\text{m}}\right)$$
$$= 0{,}011157\,\text{m}$$

und für das Dreieck

$$\int_A \frac{dA}{r} = \frac{br_a}{(r_a - r_m)}\left(\ln\frac{r_a}{r_m}\right) - b = \frac{(0{,}05\,\text{m})(0{,}28\,\text{m})}{(0{,}28\,\text{m-}0{,}25\,\text{m})}\left(\ln\frac{0{,}28\,\text{m}}{0{,}25\,\text{m}}\right) - 0{,}05\,\text{m}$$
$$= 0{,}0028867\,\text{m}$$

Damit ist die Lage der Nulllinie bestimmbar über

$$R = \frac{\sum A}{\sum \int_A dA/r} = \frac{3{,}250\left(10^{-3}\right)\text{m}^2}{(0{,}011157\,\text{m}) + (0{,}0028867\,\text{m})}$$

$$R = 0{,}23142\ \text{m}$$

Wir sehen, dass $R < \bar{r}$ wie erwartet ist. Die Berechnungen erfolgten zudem mit hinreichender Genauigkeit, so dass $(\bar{r} - R) = 0{,}23308\ \text{m} - 0{,}23142\ \text{m} = 0{,}00166\ \text{m}$ gilt, was auf drei signifikante Ziffern genau ist.

Normalspannung Die Maximalspannung tritt entweder bei A oder bei B auf. Bei Anwendung der Biegespannungsformel für gekrümmte Balken zur Berechnung der Normalspannung bei B mit $r_B = 0{,}200\ \text{m}$ erhalten wir

$$\sigma_B = \frac{M(R - r_B)}{Ar_B(\bar{r} - R)} = \frac{(-4\,\text{kNm})(0{,}23142\,\text{m-}0{,}2\,\text{m})}{3{,}25\left(10^{-3}\right)\text{m}^2(0{,}2\,\text{m})(0{,}00166\,\text{m})}$$

$$\sigma_B = -116\ \text{MPa}$$

Für Punkt A mit $r_A = 0{,}280\ \text{m}$ ergibt sich die Normalspannung

$$\sigma_A = \frac{M(R - r_A)}{Ar_A(\bar{r} - R)} = \frac{(-4\,\text{kNm})(0{,}23142\,\text{m-}0{,}280\,\text{m})}{3{,}25\left(10^{-3}\right)\text{m}^2(0{,}280\,\text{m})(0{,}00166\,\text{m})}$$

$$\sigma_A = 129\ \text{MPa}$$

Offensichtlich tritt die maximale Normalspannung bei A auf. Eine zweidimensionale Darstellung des Spannungsverlaufs zeigt Abbildung 7.40b.

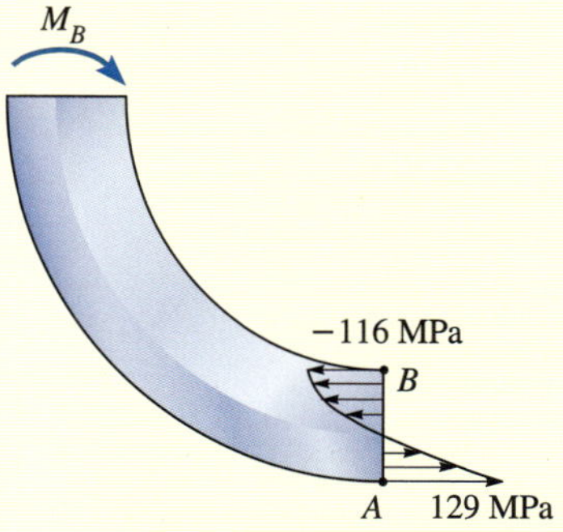

(b)

Abbildung 7.40

7.9 Spannungskonzentrationen

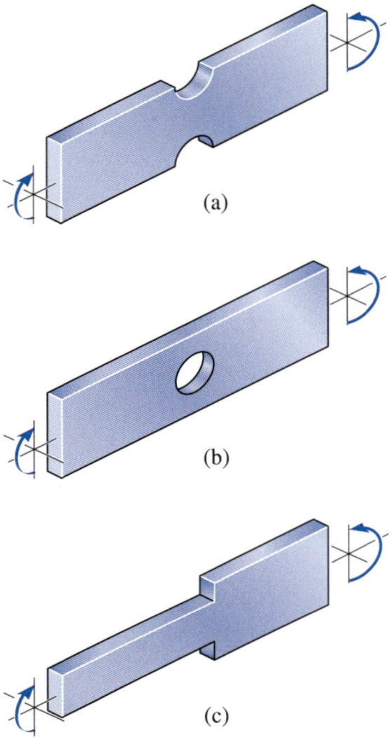

Abbildung 7.41

Die Biegespannungsformel $\sigma_{max} = Mc_{max}/I$ kann für die Ermittlung der Spannungsverteilung in Bereichen eines Bauteils angewendet werden, in denen die Querschnittsfläche konstant oder schwach veränderlich ist. Wenn sich der Querschnitt allerdings plötzlich ändert, dann werden die Normalspannungs- und die Dehnungsverteilungen *nichtlinear* und können nur über Experimente oder in einigen Fällen durch Berechnungsmethoden der Elastizitätstheorie bestimmt werden. Häufige Unstetigkeiten betreffen Bauteile mit Einkerbungen an ihrer Oberfläche, Abbildung 7.41a, Löcher zur Aufnahme von Befestigungsmitteln oder Gegenständen, Abbildung 7.41b, oder plötzliche Änderungen in den äußeren Abmessungen des Bauteilquerschnittes, Abbildung 7.41c. Die maximale Normalspannung tritt an der Schnittstelle auf, die durch die *kleinste* Querschnittsfläche verläuft.

Für eine Dimensionierung ist es von besonderer Bedeutung, die maximale Normalspannung zu kennen, die sich in diesen Querschnitten ausbildet, und nicht die tatsächliche Spannungsverteilung selbst. Wie in den bereits behandelten Fällen axial- bzw. torsionsbelasteter Stäbe können wir die durch Biegung verursachte maximale Normalspannung mit Hilfe des Kerbspannungssfaktors K abschätzen. In Abbildung 7.42 werden zum Beispiel K-Werte für einen Balken mit Rechteckquerschnitt zur Verfügung gestellt. Zum Gebrauch dieser Grafik ermittelt man einfach die geometrischen Verhältnisse w/h und r/h und sucht sich dann den entsprechenden Wert für K für die spezielle Geometrie heraus.

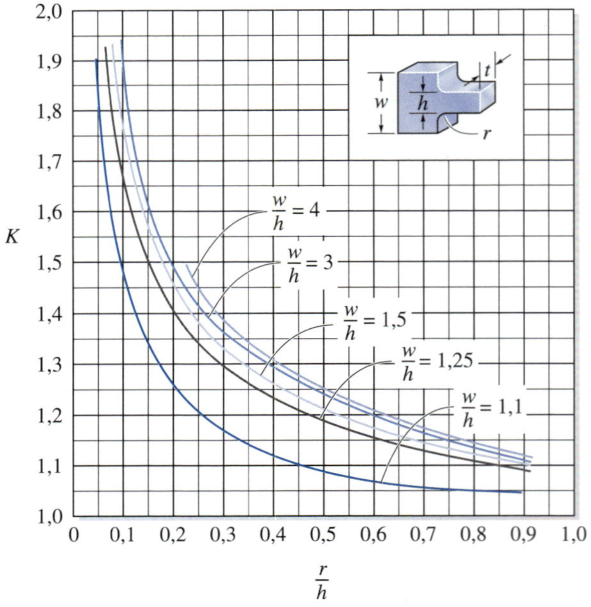

Abbildung 7.42

Nach Bestimmung von K wird die maximale Biegespannung wie folgt berechnet:

$$\sigma_{max} = K \frac{Mc_{max}}{I} \tag{7.26}$$

Hierbei wird die Biegespannungsformel auf die *kleinere* Querschnittsfläche angewendet, denn σ_{max} tritt im Grund der Hohlkehle auf, Abbildung 7.43. Auf gleiche Weise kann Abbildung 7.44 verwendet werden, wenn die Unstetigkeit in Form kreisförmiger Einkerbungen oder Einschnitte vorliegt.

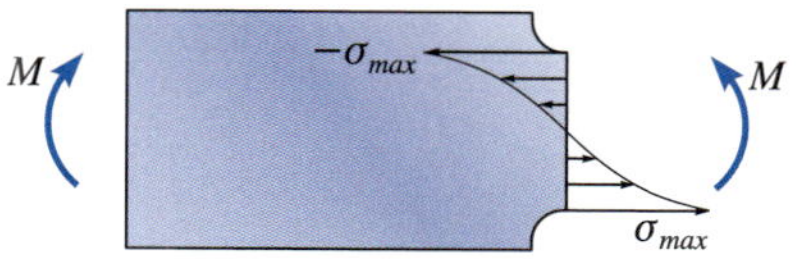

Abbildung 7.43

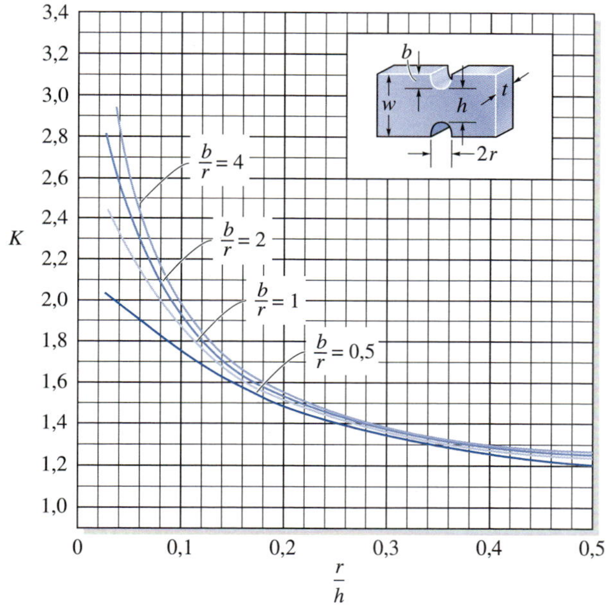

Abbildung 7.44

Genau wie bei axialer Belastung oder Torsion sollten Biegespannungskonzentrationen bei der Dimensionierung von Bauteilen aus spröden Materialien in Betracht gezogen werden oder wenn die Materialien einer zur Ermüdung führenden Belastung oder zyklischen Belastungen unterliegen. Beachten Sie außerdem, dass Spannungskonzentrationsfaktoren nur Anwendung finden, wenn das Material sich *linear-elastisch* verhält. Wenn das einwirkende Moment ein Fließen des Materials verursacht, wie es bei duktilen Werkstoffen der Fall ist, dann lagert sich die Spannung im Bauteil um und die resultierende Maximalspannung ist geringer als jene, die über den Spannungskonzentrationsfaktor erhalten wird.

Durch Biegung verursachte Spannungskonzentrationen treten an den scharfen Ecken dieses Fenstersturzes auf. Sie sind damit die Ursache für die Risse an den Ecken.

Wichtige Punkte zur Lösung von Aufgaben

- Spannungskonzentrationen in Bauteilen, die einer Biegebeanspruchung unterliegen, treten an den Stellen einer plötzlichen Querschnittsänderung, z.B. Einkerbungen und Löchern, auf, denn der Verlauf der Spannung bzw. Verzerrung wird hier nichtlinear. Je ausgeprägter diese Änderung ausfällt, desto größer ist die Spannungskonzentration.
- Zur Bemessung und zur Berechnung ist es nicht notwendig, die genaue Spannungsverteilung in der Umgebung der Querschnittsänderung zu kennen. Wichtiger ist die Erkenntnis, dass die maximale Normalspannung an der *kleinsten* Querschnittsfläche auftritt. Es ist möglich, diese Spannung mit Hilfe eines Spannungskonzentrationsfaktors K abzuschätzen, der zum Beispiel über Experimente gewonnen wurde und nur von der Geometrie des Bauteils abhängig ist.
- Im Normalfall ist es nicht notwendig, bei der Auslegung von Bauteilen die Spannungskonzentration in einem duktilen Material zu berücksichtigen, das einer Beanspruchung durch ein statisches Moment ausgesetzt ist. Ist das Material allerdings *spröde* oder unterliegt es einer zyklischen *Belastung, die zur Ermüdung führt*, dann werden die Spannungskonzentrationen wesentlich.

Beispiel 7.20

Die Änderung der Querschnittsfläche des Stahlstabes erfolgt über eine Hohlkehle, Abbildung 7.45a. Bestimmen Sie die sich ausbildende maximale Normalspannung, wenn der Stab durch Biegemomente M_B belastet wird. Die Fließgrenze ist σ_F.

$M_B = 5$ kNm, $r = 16$ mm, $h = 80$ mm, $w = 120$ mm, $b = 20$ mm, $\sigma_F = 500$ MPa

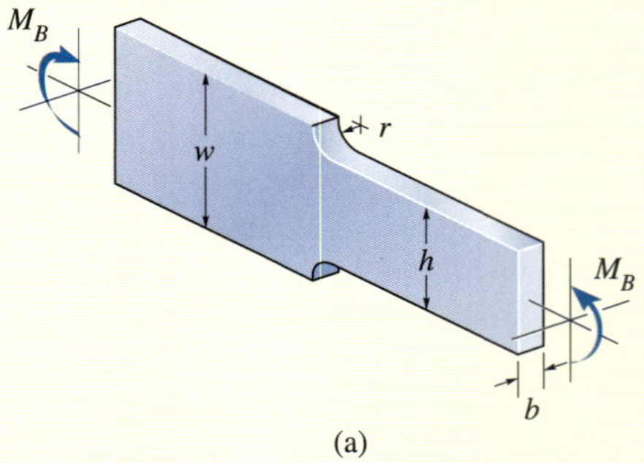

(a)

Abbildung 7.45

Lösung

Das resultierende Schnittmoment M ist im gesamten Stab konstant und gleich M_B. Es führt zur größten Spannung am Kehlgrund des Stabes, wo die Querschnittsfläche am kleinsten ist. Der Spannungskonzentrationsfaktor kann mit Hilfe von Abbildung 7.42 bestimmt werden. Die geometrischen Abmessungen sind gegeben. Die Rechnung ist

$$\frac{r}{h} = \frac{16\,\text{mm}}{80\ \text{mm}} = 0{,}2$$

$$\frac{w}{h} = \frac{120\,\text{mm}}{80\,\text{mm}} = 1{,}5$$

Diese Werte ergeben $K = 1{,}45$.

Mit Hilfe von Gleichung (7.26) erhalten wir

$$\sigma_{max} = K\frac{Mc_{max}}{I} = K\frac{M\dfrac{h}{2}}{\dfrac{1}{12}bh^3} = 1{,}45\frac{(5\,\text{kNm})(0{,}04\,\text{m})}{\left[\frac{1}{12}(0{,}02\,\text{m})(0{,}08\,\text{m})^3\right]}$$

$$\sigma_{max} = 340\ \text{MPa}$$

Dieses Resultat gibt an, dass der Stahl elastisch bleibt, denn die Spannung liegt unterhalb der Fließgrenze σ_F.

Die Normalspannungsverteilung ist nichtlinear; sie ist in Abbildung 7.45b dargestellt. Beachten Sie, dass sich diese nur lokal auftretenden Spannungen aufgrund des Prinzips von Saint-Venant, *Abschnitt 4.1*, abbauen und der Spannungsverlauf in einer Entfernung von ca. $80\ \text{mm}$ oder mehr zum rechten Ende des Übergangsstückes linear wird. In diesem Fall ergibt die Biegespannungsgleichung $\sigma_{max} = 234\ \text{MPa}$, Abbildung 7.45c. Beachten Sie zudem, dass ein größerer Radius der Hohlkehle σ_{max} signifikant reduziert, da bei einer Vergrößerung von r der Wert von K geringer wird, Abbildung 7.42.

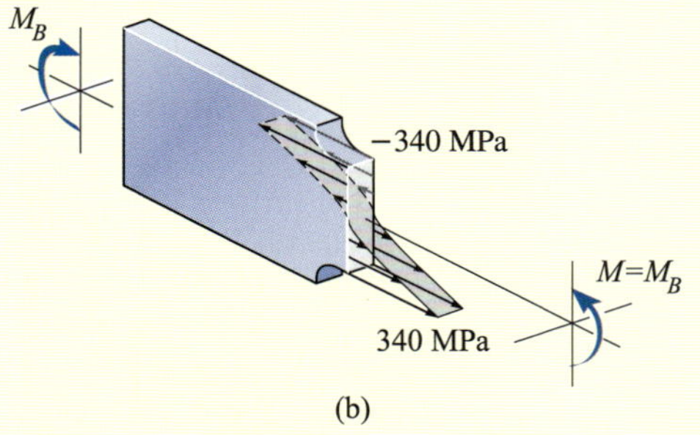

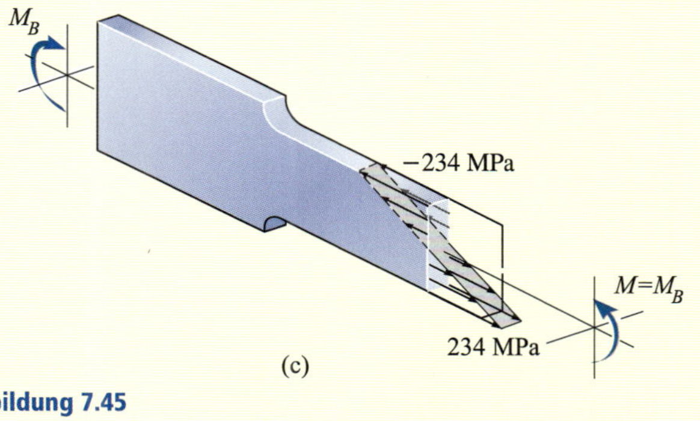

Abbildung 7.45

ZUSAMMENFASSUNG

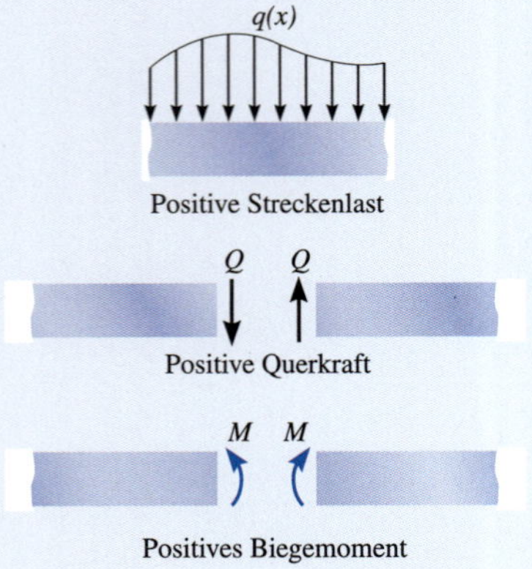

Querkraft- und Biegemomentendiagramme sind grafische Darstellungen der inneren Querkräfte und der Biegemomente in einem Balken. Sie lassen sich konstruieren, indem man den Balken in einem beliebigen Abstand x vom linken Ende schneidet, mithilfe der Gleichgewichtsbedingungen Q und M als Funktion von x ermittelt und dann die Ergebnisse aufträgt. Hierzu ist es notwendig, eine Vorzeichenkonvention einzuführen, um positive und negative innere Querkräfte und Biegemomente zu definieren.

siehe Abschnitt 7.1

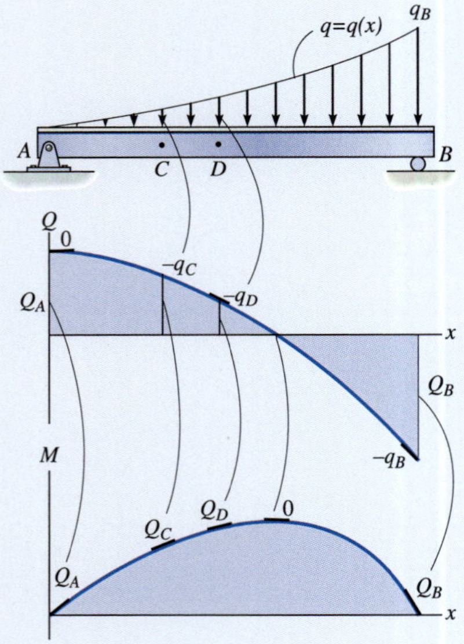

Es ist auch möglich, Querkraft- und Biegemomentenlinien grafisch darzustellen, wenn man berücksichtigt, dass an jedem Punkt die Steigung der Querkraftlinie gleich der negativen Streckenlast ist:

$$q = \frac{dQ}{dx}$$

Analog ist die Steigung der Biegemomentenlinie gleich der Querkraft an dieser Stelle:

$$Q = \frac{dM}{dx}$$

Die Fläche unter der Streckenlastkurve zwischen zwei Punkten entspricht der Änderung der Querkraft:

$$Q = \int q(x)dx$$

Die Fläche unter der Querkraftkurve entspricht der Änderung des Biegemoments:

$$\Delta M = \int Q(x)dx$$

siehe Abschnitt 7.2

Die Querkraft und das Biegemoment in einem Schnitt lässt sich mittels Schnittmethode bestimmen. Das Maximum (oder Minimum) des Biegemoments tritt an der Stelle auf, an der die Querkraft null wird.

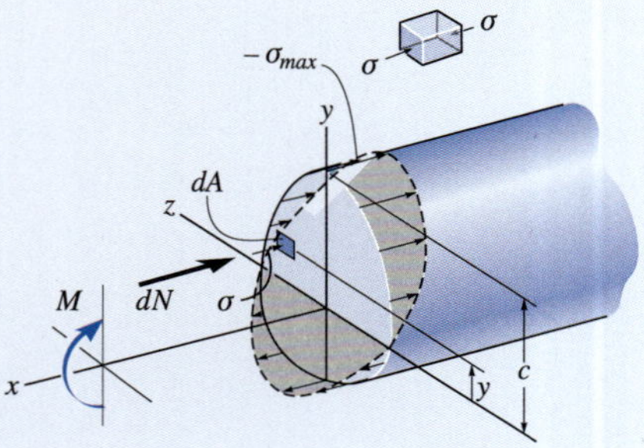

In einem geraden Balken führt ein Biegemoment zu einer linearen Änderung der Normalspannung über dem Querschnitt. Sofern das Material homogen und linear-elastisch ist, lässt sich mittels Gleichgewichtsbedingungen das innere Biegemoment im Balken mit der Spannungsverteilung in Beziehung setzen. Das Ergebnis ist die Biegespannungsformel

$$|\sigma_{\max}| = \frac{Mc}{I}$$

siehe Abschnitt 7.4

wobei das axiale Flächenträgheitsmoment I und der größte Randfaserabstand c bezüglich der Nulllinie anzugeben sind, die durch den Schwerpunkt der Querschnittsfläche verläuft.

Ist die Querschnittsfläche des Balkens nicht achsensymmetrisch oder das innere Biegemoment wirkt nicht um eine Achse, die senkrecht auf der Symmetrieebene steht, liegt schiefe Biegung vor. Die maximale Spannung berechnet man dann zweckmäßig derart, dass man die Biegespannungen betrachtet, die durch die Biegemomentkomponenten $\mathbf{M}_y$ und $\mathbf{M}_z$ um die Trägheitshauptachsen der Querschnittsfläche verursacht wird und diese superponiert:

$$\sigma = -\frac{M_z y}{I_z} + \frac{M_y z}{I_y}$$

siehe Abschnitt 7.5

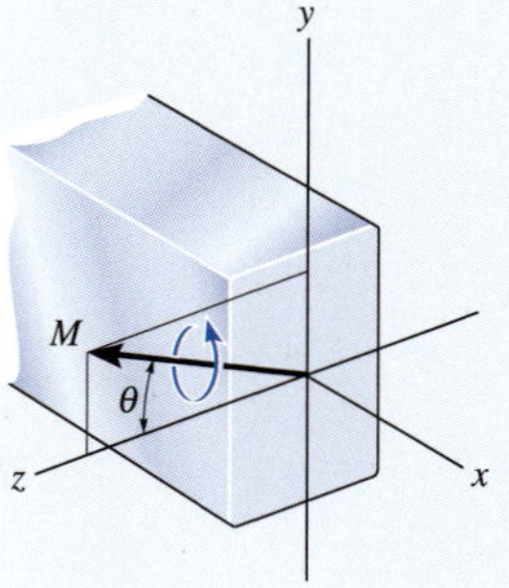

Bei Trägern aus Verbundwerkstoffen gelangt man durch „Transformation" zu einem Querschnitt, für den der Träger aus einem einheitlichen Material aufgebaut angesehen werden kann. Der Transformationsfaktor

$$n = \frac{E_1}{E_2}$$

siehe Abschnitt 7.6

ist das Verhältnis der Elastizitätsmoduln der verschiedenen Werkstoffe und gibt an, wie die Breite b des Trägers zu ändern ist.

Nach der Transformation des Querschnitts lässt sich die Spannung im Träger in der üblichen Weise mittels der klassischen Biegespannungsformel ermitteln.

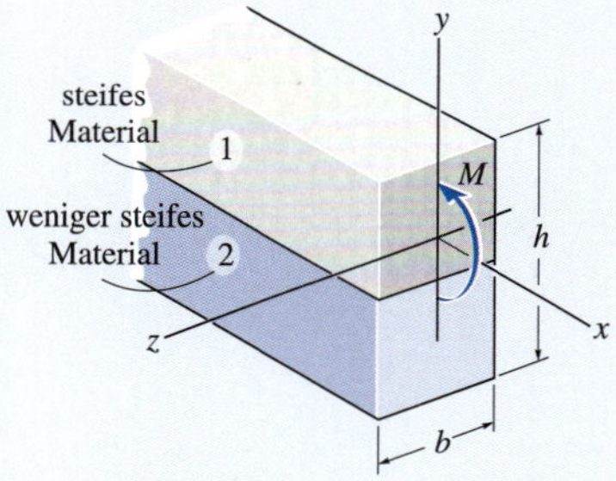

Gekrümmte Balken verformen sich derart, dass sich die Normalspannung nichtlinear von der Nulllinie aus ändert. Sofern das Material homogen und linear-elastisch ist und die Querschnittsfläche eine Symmetrieachse hat, lässt sich mit einer angepassten Formel

$$\sigma = \frac{M(R-r)}{Ar(\bar{r}-R)} \quad \text{bzw.} \quad \sigma = \frac{My}{Ae(R-y)}$$

siehe Abschnitt 7.8

die Biegespannung für gekrümmte Balken ermitteln.

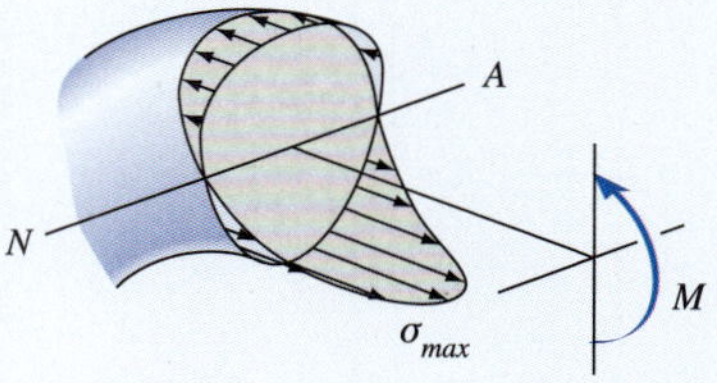

Spannungskonzentrationen treten in Bauteilen auf, wenn sich ihr Querschnitt beispielsweise infolge von Löchern oder Einkerbungen plötzlich ändert. Die maximale Biegespannung an diesen Stellen wird mithilfe eines Spannungskonzentrationsfaktors K ermittelt,

$$\sigma_{\max} = K\frac{Mc}{I}$$

siehe Abschnitt 7.9

der experimentell bestimmt wird und sich aus entsprechenden Grafiken ablesen lässt.

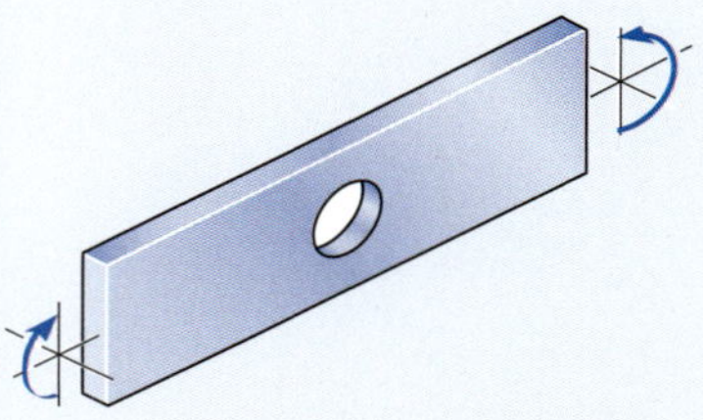

Biegung – Verformung

8

ÜBERBLICK

Wenn die Krümmung dieses Stabhochsprunggerätes gemessen wird, kann die korrespondierende Biegespannung in ihm bestimmt werden.

Lernziele

Oft müssen die maximalen Durchbiegungen ermittelt werden, die ein Träger oder eine Welle unter Lasteinwirkung erfährt. Deshalb diskutieren wir in diesem Kapitel verschiedene Verfahren zur Bestimmung der Durchbiegung und des Neigungswinkels an speziellen Punkten von Balken und Wellen. Die analytischen Berechnungsmethoden umfassen die direkte Integrationsmethode, die Anwendung des Föppl-Symbols in Verbindung mit verallgemeinerten Funktionen und die Methode der Superposition. Am Ende des Kapitels werden wir diese Verfahren auch zur Bestimmung der Auflagerreaktionen bei statisch unbestimmt gelagerten Balken oder Wellen verwenden.

8.1 Die elastische Linie

Vor der rechnerischen Bestimmung des Neigungswinkels oder der Absenkung eines Balken- oder Wellenpunktes ist es oft hilfreich, die Durchbiegung des Balkens infolge der Belastung zu skizzieren, damit die berechneten Ergebnisse „visualisiert“ und dadurch teilweise überprüft werden können. Die grafische Darstellung der verformten Balkenlängsachse, welche die Schwerpunkte der Querschnittsflächen des Balkens verbindet, wird *elastische Biegelinie* oder einfach *elastische Linie* bzw. *Biegelinie* genannt. In der Regel kann die elastische Linie ohne große Schwierigkeiten gezeichnet werden. Dabei ist es allerdings wichtig zu wissen, wie Neigung oder Durchbiegung durch die unterschiedlichen Lagerarten eingeschränkt werden. Im Allgemeinen verhindern Auflager, die eine *Kraft* aufnehmen (z.B. ein Gelenk), eine *Durchbiegung* und alle Lager, die eine Kraft und ein *Moment* aufnehmen (z.B. eine Einspannung), verhindern sowohl eine *Neigung* als auch eine *Durchbiegung*. Unter Berücksichtigung dieses Sachverhalts sind in Abbildung 8.1 zwei typische Beispiele elastischer Linien für belastete Balken gegeben, wobei die Durchbiegung in einem vergrößerten übertriebenen Maßstab dargestellt ist.

Erscheint die Darstellung der Biegelinie schwierig, ist es ratsam, zuerst den Biegemomentenverlauf für den Balken zu zeichnen. Unter Anwendung der in Kapitel 7.1 aufgestellten Vorzeichenkonvention hat ein positives inneres Biegemoment das Bestreben, den Balken konkav nach oben zu biegen, Abbildung 8.2a. In gleicher Weise ist ein negatives Schnittmoment bestrebt, den Balken konkav nach unten zu verformen, Abbildung 8.2b.

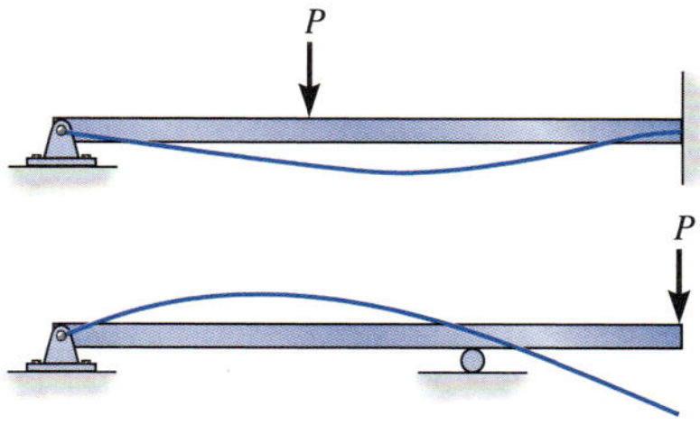

Abbildung 8.1

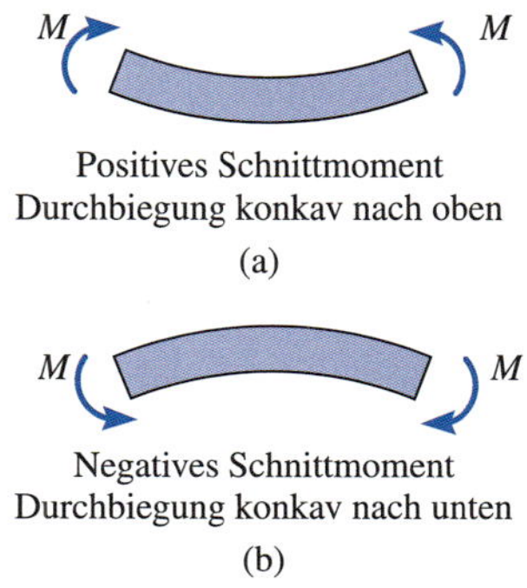

Abbildung 8.2

Deshalb ist es bei einem *bekannten* Momentenverlauf leicht, die elastische Linie zu zeichnen. Betrachten wir zum Beispiel den Balken in Abbildung 8.3a mit seiner zugehörigen Momentenlinie, dargestellt in Abbildung 8.3b. Aufgrund des Rollen- und des Gelenklagers müssen die Absenkungen bei *B* und *D* gleich null sein. Innerhalb des Bereichs *AC* eines negativen Biegemomentenverlaufs, Abbildung 8.3b, muss die elastische Linie konkav nach unten und im Bereich *CD* positiver Biegemomente muss sie umgekehrt konkav nach oben verbogen sein. Demzufolge muss es bei Punkt *C* einen Wendepunkt geben, wo die Biegelinie von konkav nach oben in konkav nach unten wechselt, denn dies ist der Punkt, an dem das Biegemoment gleich null ist. Unter Berücksichtigung dieser Tatsachen wurde in Abbildung 8.3c die elastische Linie in stark übertriebenem Maßstab gezeichnet. Bei Punkt *E* ist der *Neigungswinkel* der Biegelinie *null*. Dort hat die *Durchbiegung* des Balkens ein *Maximum*. Die Frage, ob Δ_E tatsächlich größer als Δ_A ist, hängt von den relativen Größenverhältnissen der Lasten P_1 und P_2 und der Lage des Rollenlagers *B* ab.

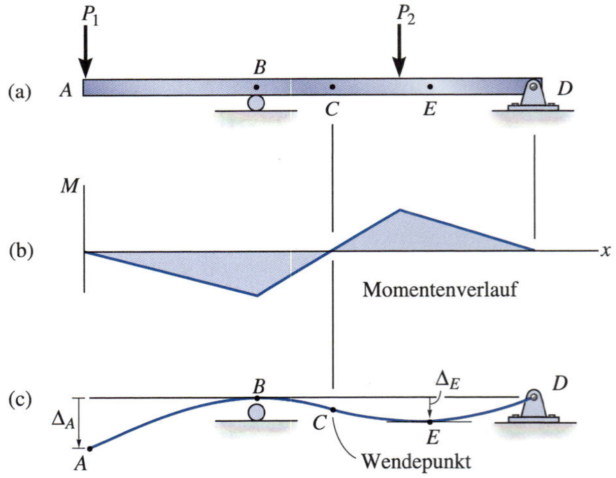

Elastische Linie
Abbildung 8.3

Sehen Sie, wie unter Berücksichtigung derselben Prinzipien die elastische Linie in Abbildung 8.4a, Abbildung 8.4b und Abbildung 8.4c konstruiert wurde. Hier ist der Kragträger bei *A* fest eingespannt und deshalb muss die Biegelinie dort eine verschwindende Durchbiegung und eine horizontale Tangente (d.h. einen verschwindenden Neigungswinkel) aufweisen. Die größte Absenkung tritt entweder bei *D* auf, wo der Neigungswinkel null ist, oder bei *C*.

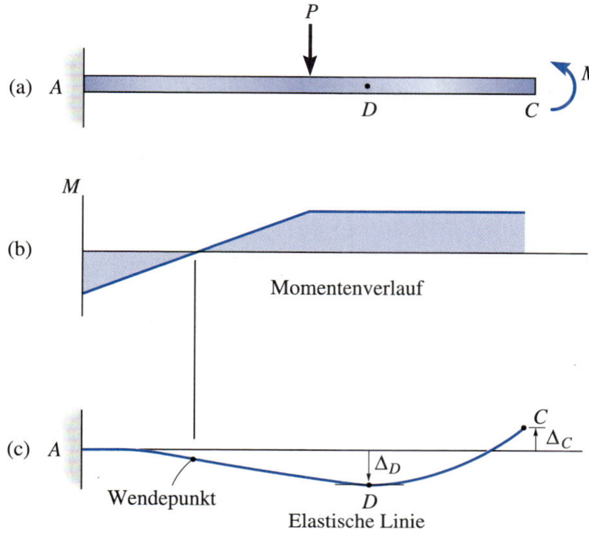

Abbildung 8.4

Biegemoment-Krümmungs-Beziehung Wir werden nun eine wichtige Beziehung zwischen dem inneren Biegemoment im Balken und dem Krümmungsradius ρ der elastischen Linie an einer allgemeinen Stelle entlang der Balkenachse aufstellen. Die sich ergebende Gleichung wird im gesamten Kapitel als Grundlage der im Folgenden vorgestellten Berechnungsmethoden zur Ermittlung des Neigungswinkels und der Durchbiegung der verformten Balkenachse dienen.

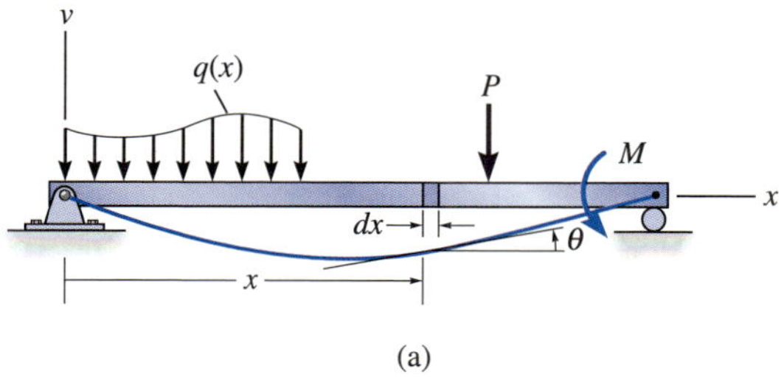

Abbildung 8.5

Die Rechnung in diesem und im nächsten Abschnitt erfordert den Gebrauch von drei Koordinaten. Wie in Abbildung 8.5a dargestellt, erstreckt sich die positive x-Achse nach rechts, und zwar entlang der ursprünglich gerade verlaufenden, unverformten Längsachse des Balkens. Sie wird zur Bestimmung der Lage eines differenziellen Elements benötigt, das eine undeformierte Länge dx hat. Die v-Achse erstreckt sich von der x-Achse aus senkrecht *positiv nach oben*. Sie dient der Erfassung der Schwerpunktverschiebung der Querschnittsfläche des Elements. Mit diesen beiden Koordinaten werden wir später die Gleichung der elastischen Biegelinie v als Funktion von x definieren. Schließlich wird eine „lokale“

y-Koordinate eingeführt, um den Abstand einer Faser in einem Balkenelement gegenüber der horizontalen z-Achse durch den Schwerpunkt der Querschnittsfläche festzulegen. Die y-Koordinate erstreckt sich von dieser z-Achse in *positiver* Richtung *nach oben*, wie in Abbildung 8.5b angegeben. Es wird darauf hingewiesen, dass dieselbe Vorzeichenvereinbarung für x und y bereits bei der Herleitung der Biegespannungsformel verwendet wurde.

Zur Herleitung der Beziehung zwischen dem Schnittmoment M und dem Krümmungsradius ρ beschränken wir fortan die Berechnung auf den gebräuchlichsten Fall eines ursprünglich geraden Balkens bei gerader Biegung mit Verformungen allein in der x-v-Symmetrieebene hinsichtlich des Balkenquerschnitts, so dass die (horizontale) z-Achse mit der Nulllinie zusammenfällt. Die Balkenverformung wird dabei durch die Querkraft und das Biegemoment verursacht. Bei einem Balken, dessen Länge im Vergleich zu seiner Höhe wesentlich größer ist, entsteht die weitaus überwiegende Verformung infolge Biegung und deshalb konzentrieren wir uns auf diese Effekte. Durchbiegungen infolge Schub werden später in Kapitel 9 angesprochen.

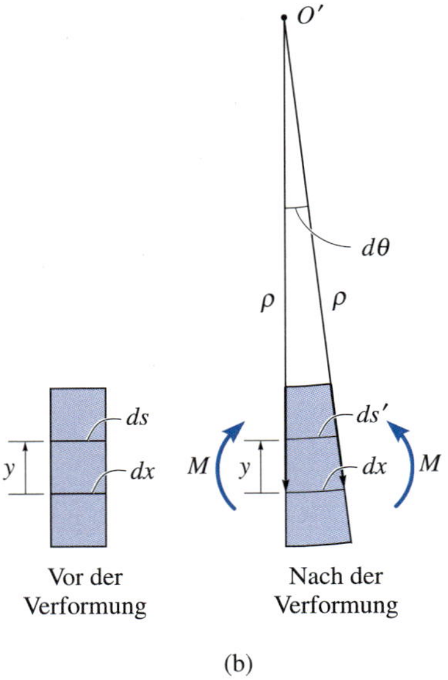

Abbildung 8.5

Wenn das Schnittmoment M ein Balkenelement mit ursprünglich parallelen Schnittflächen deformiert, neigen sich diese Schnittflächen um den Winkel $d\theta$, Abbildung 8.5b (die der Abbildung 7.17 entspricht). Die neutrale Faser dx behält bei der Deformation ihre Länge bei, während die Faser ds im Abstand y von dx bei der Deformation ihre Länge $ds = dx$ in $ds' = (\rho - y)\, d\theta$ verändert. Die zugehörige Dehnung beträgt $\epsilon = (ds' - ds)/ds$, d.h. $\epsilon = [(\rho - y)d\theta - \rho d\theta]/\rho\, d\theta$, woraus

$$\frac{1}{\rho} = -\frac{\epsilon}{y} \tag{8.1}$$

folgt. Dieser Zusammenhang wurde bereits in Kapitel 7 in Form von Gleichung (7.7) hergeleitet und ist auch hier die wesentliche Ausgangsgleichung. Bei einem homogenen und linear-elastischen Material gilt außerdem das Hooke'sche Gesetz $\epsilon = \sigma/E$. Da zudem die Biegespannungsformel anwendbar ist, gilt $\sigma = -My/I$. Die Kombination der beiden letztgenannten Gleichungen führt nach Einsetzen in Gleichung (8.1) auf den Ausdruck

$$\frac{1}{\rho} = \frac{M}{EI} \tag{8.2}$$

Die darin auftretenden Symbole bedeuten

ρ = der Krümmungsradius an einem bestimmten Punkt der elastischen Linie ($1/\rho$ wird als *Krümmung* bezeichnet)

M = das Schnittmoment im Balken an dem Punkt, für den ρ bestimmt werden soll

E = der Elastizitätsmodul des Materials

I = das Flächenträgheitsmoment des Balkens, berechnet bezüglich der z-Achse (d.h. der Nulllinie)

Das stets positive Produkt EI in dieser Gleichung wird als Biegesteifigkeit bezeichnet. Das Vorzeichen von ρ ist damit von der Richtung des Schnittmoments M abhängig. Wenn M *positiv* ist, Abbildung 8.6, dann erstreckt sich ρ *oberhalb* des Balkens, d.h. in positive v-Richtung; wenn M *negativ* ist, dann entsprechend *unterhalb* des Balkens bzw. in negative v-Richtung.

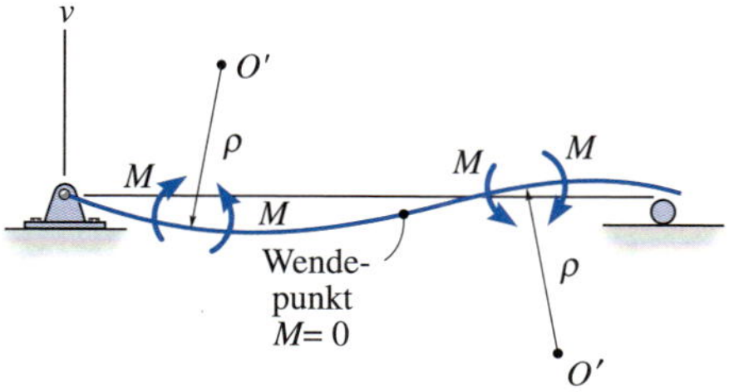

Abbildung 8.6

Mit Hilfe der Biegespannungsformel $\sigma = -My/I$ können wir die Krümmung auch mit der Spannung im Balken verknüpfen, d.h.

$$\frac{1}{\rho} = -\frac{\sigma}{Ey} \tag{8.3}$$

Die beiden Gleichungen (8.2) und (8.3) sind für kleine und große Krümmungsradien gültig. Der Wert für ρ wird jedoch fast immer einen *sehr großen Zahlenwert* ergeben. Betrachten wir zum Beispiel einen Profilträger mit dem Querschnitt HE-B360 (Anhang B der begleitenden Webseite), $E = 200$ GPa und $\sigma_F = 250$ MPa. Wenn das Material an den Randfasern bei $y = \pm 180$ mm zu *fließen* beginnt, dann ist laut Gleichung (8.3) $\rho = \pm 144$ m. An anderen Punkten der elastischen Linie des Profils berechnete Werte von ρ werden *noch größer* sein, denn σ kann an den äußeren Randfasern σ_F nicht überschreiten.

8.2 Neigungswinkel und Durchbiegung durch Integration

Die Durchbiegung kann als Kurve mathematisch in der Form $v = f(x)$ formuliert werden. Um diese Verformung explizit angeben zu können, müssen wir zunächst die Krümmung $(1/\rho)$ hinsichtlich v und x darstellen. Über Beziehungen der Differenzialgeometrie, die auch in den meisten Formelsammlungen angegeben sind, ist dieser Zusammenhang in der Form

$$\frac{1}{\rho} = \frac{d^2v/dx^2}{\left[1 + (dv/dx)^2\right]^{3/2}}$$

gegeben.

Durch Einsetzen in Gleichung (8.2) erhalten wir

$$\frac{d^2v/dx^2}{\left[1+(dv/dx)^2\right]^{3/2}} = \frac{M}{EI} \tag{8.4}$$

Das Flächenträgheitsmoment dieses Brückenpfeilers ist über seine Länge veränderlich. Dies muss bei der Berechnung der Durchbiegung mit berücksichtigt werden.

Diese Gleichung stellt eine nichtlineare Differenzialgleichung 2. Ordnung dar. Ihre Lösung beschreibt die Verformung so genannter Elastica und gibt den exakten Verlauf der Biegelinie unter der Annahme wieder, dass die Verformung sehr schlanker Träger infolge reiner Biegebelastung hervorgerufen wird. Durch Anwendung von Methoden der höheren Mathematik können Elastica-Lösungen für einfache Trägergeometrien und -belastungen ermittelt werden. Gleichung (8.4) gilt selbst bei sehr großen Verschiebungen der Balkenachse.

Zur vereinfachten Lösung einer großen Anzahl von Durchbiegungsproblemen kann Gleichung (8.4) modifiziert werden. Ingenieurpraktische Dimensionierungsrichtlinien legen für die Durchbiegung Grenzwerte fest, die für Träger und Wellen in den meisten technischen Anwendungen auf Durchbiegungen mit einer flachen Krümmungskurve führen. Deshalb ist der über dv/dx bestimmte Neigungswinkel der elastischen Linie in aller Regel sehr klein und das Quadrat $(dv/dx)^2$ ist dann in der Krümmungsformel gegenüber eins vernachlässigbar.[1] Damit kann die Krümmung durch $1/\rho = d^2v/dx^2$ angenähert werden. Aufgrund dieser Vereinfachung kann Gleichung (8.4) in folgender Form geschrieben werden:

$$\frac{d^2v}{dx^2} = \frac{M}{EI} \tag{8.5}$$

Ergänzend ist es möglich, diese so genannte Differenzialgleichung der elastischen Linie in zwei alternativen Formen zu schreiben. Wenn wir zum einen die Beziehung bezüglich x differenzieren und $Q = dM/dx$, Gleichung (7.2), einsetzen, erhalten wir

$$\frac{d}{dx}\left(EI\frac{d^2v}{dx^2}\right) = Q(x) \tag{8.6}$$

Eine zweite Differenziation mit $-q = dQ/dx$, (Gleichung 7.1), ergibt zum anderen

$$\frac{d^2}{dx^2}\left(EI\frac{d^2v}{dx^2}\right) = -q(x) \tag{8.7}$$

1 Siehe Beispiel 8.1

Für viele Problemstellungen ist die Biegesteifigkeit über die Trägerlänge konstant. Unter der Annahme, dass dies der Fall ist, können die erhaltenen Ergebnisse als zusammenhängender Satz von Gleichungen angeschrieben werden:

$$EI\frac{d^4v}{dx^4} = -q(x) \qquad (8.8)$$

$$EI\frac{d^3v}{dx^3} = Q(x) \qquad (8.9)$$

$$EI\frac{d^2v}{dx^2} = M(x) \qquad (8.10)$$

Die Lösung jeder dieser Gleichungen erfordert eine entsprechende Zahl von Integrationen, um schließlich die gewünschte Durchbiegung $v(x)$ zu erhalten. Bei jeder Integration tritt eine Integrationskonstante auf, die anschließend aus den Randbedingungen an den Enden oder ausgezeichneten Übergangsstellen des Trägers zu ermitteln sind, um eine eindeutige Lösung für das spezielle Problem zu erhalten. Wenn zum Beispiel eine Streckenlast als Funktion von x gegeben ist und Gleichung (8.8) angewendet wird, um die Durchbiegung zu ermitteln, dann sind insgesamt vier Integrationskonstanten zu bestimmen. Ist jedoch das Schnittmoment bereits bestimmt, so dass Gleichung (8.10) angewendet werden kann, dann treten nur zwei Konstanten auf, die berechnet werden müssen. Die Auswahl, welche Gleichung den Ausgangspunkt bildet, hängt von der Aufgabenstellung ab. Im Allgemeinen ist es aber einfacher, das innere Moment M als Funktion von x zu bestimmen, zweimal zu integrieren und dann lediglich noch zwei Konstanten ermitteln zu müssen.

Es sei auf Abschnitt 7.1 hingewiesen, dass bei einer stückweise stetigen Trägerbelastung eine Unterteilung in verschiedene Bereiche vorzunehmen ist, in denen unterschiedliche Funktionen der Schnittmomente formuliert werden müssen, die nur für den betreffenden Bereich gültig sind. Zur Vereinfachung der Rechnung zur Aufstellung der Schnittmomentausdrücke kann zudem der *Ursprung* für jede x-Koordinate *beliebig gewählt* werden. Betrachten wir zum Beispiel den in Abbildung 8.7a dargestellten Träger.

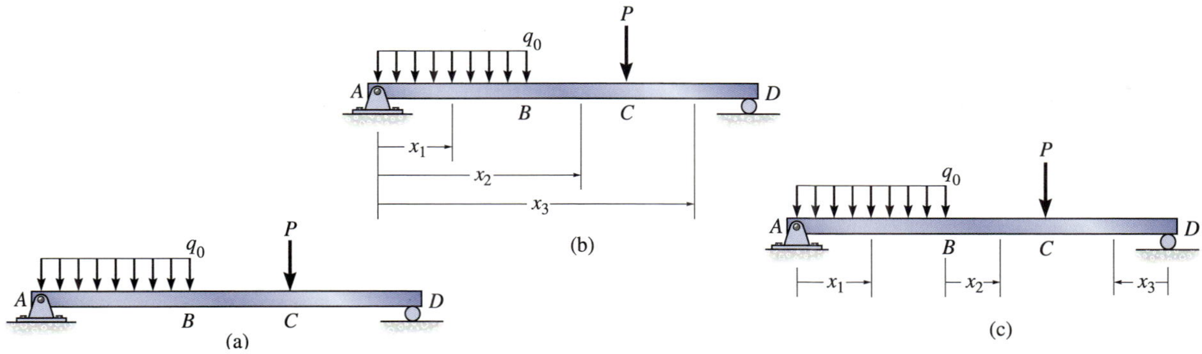

Abbildung 8.7

In den Bereichen *AB*, *BC* und *CD* kann das Schnittmoment mit Bezug auf die Koordinaten x_1, x_2 und x_3 aufgestellt werden, wie sie entweder in Abbildung 8.7b oder in Abbildung 8.7c zu sehen sind oder in jeder anderen Weise, die $M = f(x)$ so einfach wie möglich wiedergibt. Nach erfolgter Integration dieser Funktionen gemäß Gleichung (8.10) sowie der anschließenden Bestimmung der Integrationskonstanten geben die so hergeleiteten Beziehungen den Neigungswinkel und die Durchbiegung für jeden Trägerbereich an, in dem sie gültig sind.

Vorzeichenvereinbarung und Koordinaten Bei Anwendung der Gleichungen (8.8) bis (8.10) ist es wesentlich, die richtigen Vorzeichen für *M*, *Q* oder *q* zu verwenden, wie sie durch die bei Herleitung der entsprechenden Gleichungen benutzte Vorzeichenvereinbarung festgelegt wurden. Zur Kontrolle sind die Schnittgrößen und die Streckenlast in ihren *positiven Wirkrichtungen* nochmals angegeben, Abbildung 8.8a.

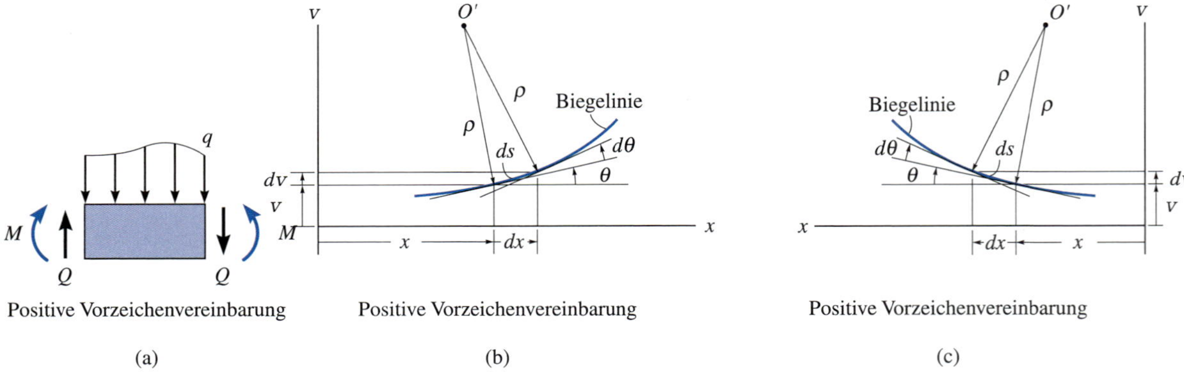

Abbildung 8.8

Die Auslegung des Dachtragwerks erfordert eine genaue Betrachtung der Durchbiegung. Zum Beispiel kann sich Regenwasser auf bestimmten Dachbereichen in Form von Pfützen sammeln, wodurch zusätzliche Verbiegungen auftreten können und ein Versagen des Daches verursacht werden kann.

Weiterhin ist wichtig, dass die *positive Durchbiegung v* nach oben weist und demzufolge ein *positiver Neigungswinkel θ entgegengesetzt dem Uhrzeigersinn* gerichtet ist, gemessen von der horizontalen *x*-Achse bei *positivem x nach rechts*. Der Grund hierfür ist in Abbildung 8.8b zu erkennen: Positive Änderungen *dx* und *dv* von *x* und *v* liefern einen vergrößerten Winkel θ, der dem Uhrzeigersinn entgegen gerichtet ist. Wenn andererseits ein *positives x* nach *links* gerichtet ist, dann wird θ *positiv in Richtung des Uhrzeigersinns* gezählt, Abbildung 8.8c.

Es sollte darauf hingewiesen werden, dass bei einem angenommenen sehr kleinen Wert von dv/dx die ursprüngliche Länge der Trägerachse und der Bogen der elastischen Linie ungefähr gleich sind. Mit anderen Worten, *ds* in Abbildung 8.8b und Abbildung 8.8c ist näherungsweise gleich lang wie *dx*, denn es gilt

$$ds = \sqrt{(dx)^2 + (dv)^2} = \sqrt{1 + (dv/dx)^2}\,dx \approx dx.$$

Deshalb nimmt man an, dass die Punkte der elastischen Linie aus *vertikalen Absenkungen* resultieren und keine horizontalen Verschiebungsanteile auftreten. Da zudem der Neigungswinkel θ sehr klein ist, kann seine Größe direkt aus $\theta \leq \tan\theta = dv/dx$ bestimmt werden.

Rand- und Übergangsbedingungen Die Integrationskonstanten werden ermittelt, indem man die Querkraft-, Biegemoment-, Neigungswinkel- oder Durchbiegungsverläufe an bestimmten Punkten des Trägers auswertet, für die deren Größe bekannt ist. Diese Werte nennt man ***Randbedingungen***. In Tabelle 8.1 sind verschiedene mögliche Randbedingungen aufgelistet, die häufig bei der Berechnung der Durchbiegung von Trägern und Wellen auftreten. Wird der Träger zum Beispiel über ein Rollen- oder ein Gelenklager gestützt (Fälle 1, 2, 3 und 4), dann ist die Absenkung an diesen Stellen *null*. Wenn sich die Auflager des Weiteren an den *Trägerenden* (Fälle 1 und 2) befinden, dann muss das Biegemoment im Träger an dieser Stelle gleichfalls null sein. An einer festen Einspannung (Fall 5) sind der Neigungswinkel und die Durchbiegung beide null, während am Ende eines Kragträgers (Fall 6) Querkraft und Moment gleich null sind. Werden schließlich zwei Segmente eines Trägers durch ein zweiwertiges Gelenk in Form eines Scharniers (Fall 7) verbunden, dann muss das Biegemoment dort gleich null sein.

Tabelle 8.1

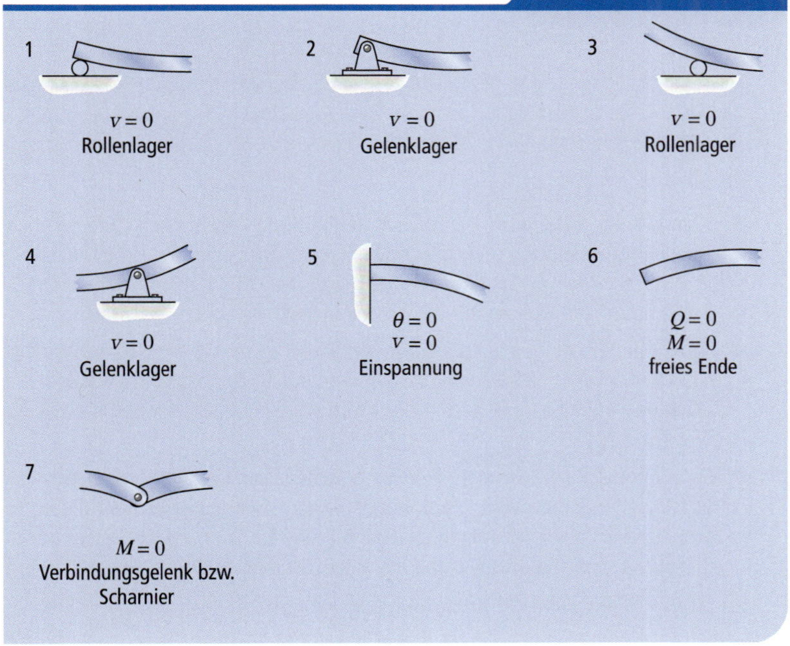

Ist es nicht möglich, eine Beziehung für den Neigungswinkel oder die Biegelinie mit einer einzigen x-Koordinate zu formulieren, dann müssen zur Bestimmung der Integrationskonstanten ***Übergangsbedingungen*** in Form von ***Stetigkeitsbedingungen*** verwendet werden. Betrachten wir zum Beispiel den Träger in Abbildung 8.9a. Hier wurden die beiden x-Koordinaten mit ihrem Ursprung bei A gewählt. Ihr jeweiliger Gültigkeitsbereich umfasst die Bereiche $0 \leq x_1 \leq a$ und $a \leq x_2 \leq (a + b)$.

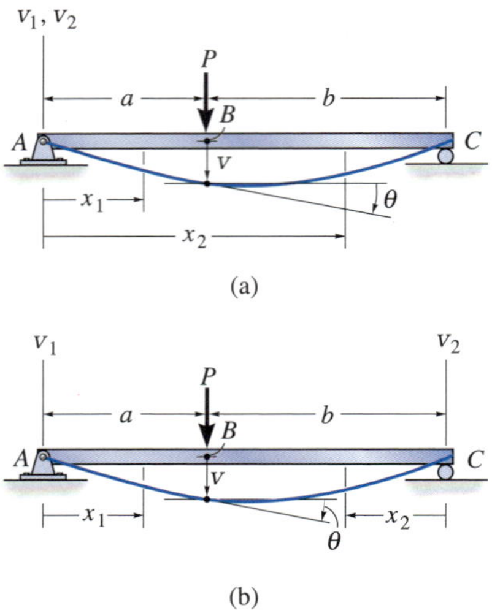

Abbildung 8.9

Die für den Neigungswinkel und die Durchbiegung bereichsweise aufgestellten Funktionen müssen an der Grenze zwischen den beiden Bereichen bei Punkt B *übereinstimmen*, d.h. die elastische Linie und der Neigungswinkel verlaufen dort physikalisch *stetig*. Mathematisch formuliert bedeutet dies, dass die Gleichungen $\theta_1(a) = \theta_2(a)$ und $v_1(a) = v_2(a)$ erfüllt sein müssen. Diese Gleichungen kann man dann zur Bestimmung der beiden Integrationskonstanten benutzen. Wenn man andererseits die Biegelinie hinsichtlich der Koordinaten $0 \leq x_1 \leq a$ und $0 \leq x_2 \leq b$ ausdrückt, Abbildung 8.9b, dann erfordert die Stetigkeit von Neigung und Durchbiegung bei B, dass $\theta_1(a) = -\theta_2(b)$ und $v_1(a) = v_2(b)$ erfüllt sein müssen. In diesem besonderen Fall ist ein negatives Vorzeichen notwendig, damit die Neigungswinkel bei B übereinstimmen, denn die positive x_1-Richtung zeigt nach rechts, während sie für x_2 nach links weist. Demzufolge ist θ_1 entgegen dem Uhrzeigersinn positiv und θ_2 positiv im Uhrzeigersinn, Abbildung 8.8b und Abbildung 8.8c.

Lösungsweg

Der folgende Lösungsweg beschreibt eine Methode, wie man den Neigungswinkel und die Durchbiegung eines Trägers (oder einer Welle) mit Hilfe der direkten Integrationsmethode bestimmt.

Biegelinie

- Zeichnen Sie eine stark vergrößerte Ansicht der elastischen Linie des Trägers. Berücksichtigen Sie, dass sowohl Neigungswinkel als auch Durchbiegung an allen Einspannungen null sind und des Weiteren bei allen Rollen- und Gelenklagern die Durchbiegung verschwindet.
- Führen Sie Koordinatenachsen für x und v ein. Die x-Achse muss parallel zum unverformten Träger verlaufen, kann aber ihren Ursprung an jedem beliebigen Punkt des Trägers haben, mit positiver Richtung nach rechts bzw. links.
- Wenn nur bereichsweise stetige Belastungssituationen vorliegen, dann führen Sie x-Koordinaten ein, die in einem Bereich zwischen zwei jeweiligen Unstetigkeitsstellen des Trägers gültig sind. Wählen Sie die Koordinaten so aus, dass die nachfolgende Rechnung möglichst einfach wird.
- In allen Fällen sollte die zugehörige positive v-Achse nach oben gerichtet sein.

Belastungs- oder Biegemomentenfunktion

- Formulieren Sie die Streckenlast q oder das Schnittmoment M als Funktion von x für jeden Bereich, der durch eine entsprechende x-Koordinate festgelegt ist. Wählen Sie insbesondere immer ein positives Schnittmoment M am entsprechenden Schnittufer bei der Aufstellung des Momentengleichgewichts zur Bestimmung von $M = f(x)$.

Neigungswinkel und Durchbiegung

- Unter der Voraussetzung, dass die Biegesteifigkeit EI konstant ist, verwenden Sie entweder die Streckenlastgleichung

$$EI\frac{d^4v}{dx^4} = -q(x)$$

die zur Berechnung von $v\ (x)$ vier Integrationen erforderlich macht, oder die Momentengleichung

$$EI\frac{d^2v}{dx^2} = M(x)$$

bei der nur zwei Integrationen nötig sind. Bei jeder Integration ist es wesentlich, eine Integrationskonstante einzuführen.

- Die Integrationskonstanten werden mit Hilfe der Randbedingungen für die Auflager (Tabelle 8.1) und mittels Übergangsbedingungen in Form von Stetigkeitsbedingungen an Grenzen zwischen zwei Bereichen mit unterschiedlichen Funktionen für Neigungswinkel und Durchbiegung ermittelt. Nach erfolgter Bestimmung der Konstanten und Einsetzen in die Bestimmungsgleichungen für Neigungswinkel und Durchbiegung können abschließend Neigungswinkel und Absenkung für *spezielle Punkte* der ursprünglich geraden Trägerachse bestimmt werden.
- Die erhaltenen Zahlenwerte können zeichnerisch überprüft werden, indem man sie mit der Skizze der elastischen Linie vergleicht. Berücksichtigen Sie, dass *positive* Werte für einen *Neigungswinkel entgegen der Uhrzeigerrichtung* gelten, wenn sich die x-Achse *positiv nach rechts* erstreckt. Sie sind andererseits *im Uhrzeigersinn* dann *positiv*, wenn die *positive* x-Achse *nach links* gerichtet ist. In jedem Fall weist eine *positive Durchbiegung nach oben*.

Beispiel 8.1

Der fest eingespannte Kragträger in Abbildung 8.10a ist an seinem freien Ende einer Vertikallast P ausgesetzt. Bestimmen Sie die Biegelinie, wenn die Biegesteifigkeit EI konstant ist.

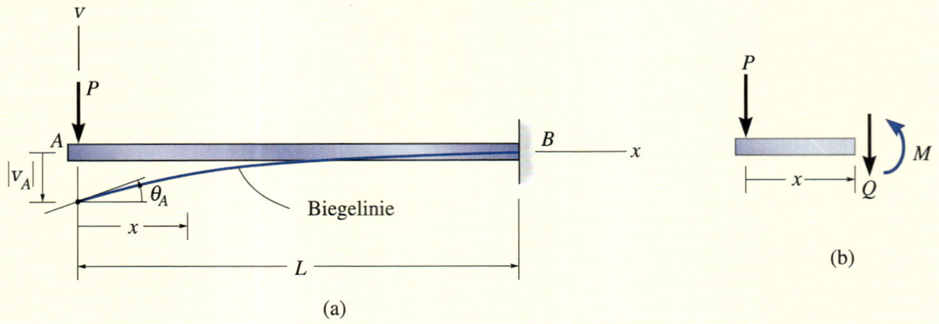

Abbildung 8.10

Lösung I

Biegelinie Die Belastung hat das Bestreben, den Balken gemäß der Darstellung in Abbildung 8.10a durchzubiegen. Wie ersichtlich, kann das Schnittmoment über den gesamten Balken mit Hilfe einer einzigen x-Koordinate repräsentiert werden.

Biegemomentenverlauf Gemäß dem Freikörperbild, Abbildung 8.10b, mit positivem M gemäß Vorzeichenkonvention ergibt sich

$$M = -Px$$

Neigungswinkel und Durchbiegung Wir wenden Gleichung (8.10) an, integrieren zweimal und erhalten

$$EI\frac{d^2v}{dx^2} = M(x) = -Px \qquad (1)$$

$$EI\frac{dv}{dx} = -\frac{Px^2}{2} + C_1 \qquad (2)$$

$$EI\,v = -\frac{Px^3}{6} + C_1x + C_2 \qquad (3)$$

Mit Hilfe der Randbedingungen $dv/dx = 0$ bei $x = L$ und $v = 0$ bei $x = L$ liefern die Gleichungen (2) und (3) zwei Bestimmungsgleichungen

$$0 = -\frac{PL^2}{2} + C_1$$

$$0 = -\frac{PL^3}{6} + C_1L + C_2$$

für C_1 und C_2. Man erhält $C_1 = PL^2/2$ und $C_2 = -PL^3/3$.

Einsetzen dieser Ergebnisse in die Gleichungen (2) und (3) mit $\theta = dv/dx$ führt auf

$$\theta = \frac{P}{2EI}\left(L^2 - x^2\right)$$

$$v = \frac{P}{6EI}\left(-x^3 + 3L^2x - 2L^3\right).$$

Der maximale Neigungswinkel und die maximale Durchbiegung, die man oft als Biegepfeil bezeichnet, treten bei A $(x = 0)$ auf:

$$\theta_A = \frac{PL^2}{2EI} \tag{4}$$

$$v_A = -\frac{PL^3}{3EI} \tag{5}$$

Das positive Ergebnis für θ_A weist auf eine Neigung entgegen dem Uhrzeigersinn hin und das negative Ergebnis für v_A gibt an, dass v_A nach unten gerichtet ist. Dies stimmt mit den in Abbildung 8.10a gezeichneten Ergebnissen überein.

Damit wir eine gewisse Vorstellung von der tatsächlichen *Größenordnung* des Neigungswinkels und der Durchbiegung bei A bekommen, betrachten wir den Stahlbalken gemäß Abbildung 8.10a mit den nachfolgenden Zahlenwerten. Es wird ein Querschnittsprofil HE-A260 zugrunde gelegt, das mit Methoden gemäß Abschnitt 7.4 so dimensioniert worden ist, dass die hervorgerufenen Biegespannungen unterhalb der zulässigen Normalspannung bleiben.

$$L = 5\ \text{m},\ P = 30\ \text{kN},\ E = 200\ \text{GPa},\ I = 104{,}5(10^6)\ \text{mm}^4$$

Aus den Gleichungen (4) und (5) erhalten wir

$$\theta_A = \frac{30\left(10^3\right)\text{N}\left[5\left(10^3\right)\text{mm}\right]^2}{2\left[200\left(10^3\right)\text{N/mm}^2\right]\left[104{,}5\left(10^6\right)\text{mm}^4\right]} = 0{,}0179\,\text{rad}$$

$$v_A = -\frac{30\left(10^3\right)\text{N}\left[5\left(10^3\right)\text{mm}\right]^3}{3\left[200\left(10^3\right)\text{N/mm}^2\right]\left[104{,}5\left(10^6\right)\text{mm}^4\right]} = -59{,}7\text{mm}$$

Da $\theta_A^2 = (dv/dx)^2 = 0{,}00032\,\text{rad}^2$ ist, rechtfertigt dieses Ergebnis bei der Berechnung der Durchbiegung den Gebrauch von Gleichung (8.10) an Stelle der genaueren Gleichung (8.4). Da die Zahlenwerte für einen *Kragträger* ermittelt wurden, kann man feststellen, dass die Näherungsformel (8.10) bei anderen Lagerarten erst recht gültig sein wird, denn dafür ergeben sich kleinere *Werte* für θ und v als im vorliegenden Fall.

Lösung II

Die Aufgabe kann auch mit Hilfe von Gleichung (8.8) gelöst werden, d.h.

$$EI\frac{d^4v}{dx^4} = -q(x)$$

Hierbei ist $q(x) = 0$ für den Bereich $0 \le x \le L$, Abbildung 8.10a, so dass wir nach einmaliger Integration von

$$EI\frac{d^4v}{dx^4} = 0$$

die Form von Gleichung (8.9) erhalten, d.h.

$$EI\frac{d^3v}{dx^3} = C_1' = Q$$

Die Querkraft ist also konstant und ihre Größe C_1' kann bei $x = 0$ ermittelt werden, denn $Q_A = -P$ (negativ entsprechend Vorzeichenkonvention, Abbildung 8.8a). Somit ist $C_1' = -P$. Die nochmalige Integration führt zur Form von Gleichung (8.10), d.h. aus

$$EI\frac{d^3v}{dx^3} = -P$$

folgt

$$EI\frac{d^2v}{dx^2} = -Px + C_2' = M$$

Hier ist bei $x = 0$ das Moment $M = 0$, somit ist $C_2' = 0$. Im Ergebnis erhält man Gleichung (1), und die Rechnung setzt sich wie bei *Lösung I* fort.

Beispiel 8.2

Der in Abbildung 8.11a dargestellte beidseitig quer unverschiebbar und gelenkig gelagerte Träger wird durch eine dreieckförmige Streckenlast belastet. Bestimmen Sie die maximale Durchbiegung. Die Biegesteifigkeit EI ist konstant.

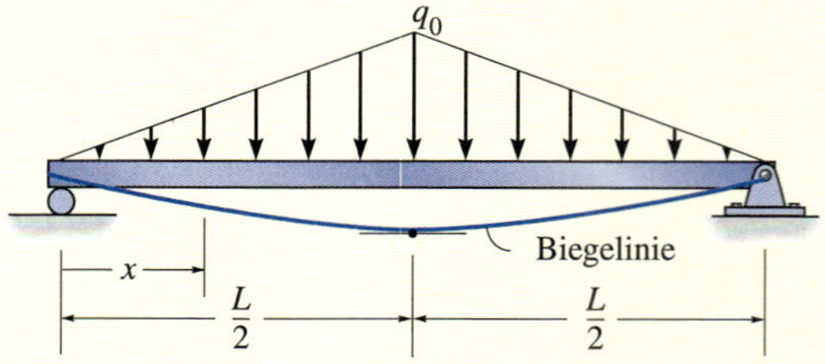

(a)

Abbildung 8.11

Lösung I

Biegelinie Aufgrund der Symmetrie ist lediglich eine x-Koordinate für die Lösung notwendig; in diesem Fall gilt $0 \leq x \leq L/2$. Der Träger biegt sich wie in Abbildung 8.11a dargestellt. Achten Sie darauf, dass die maximale Durchbiegung in der Mitte auftritt, denn der Neigungswinkel ist an dieser Stelle aufgrund der Symmetrie des Problems gleich null.

Biegemomentenverlauf Die Streckenlast wirkt nach unten und ist damit entsprechend unserer Vorzeichenkonvention positiv. Ein Freikörperbild des linken Trägerteils ist in Abbildung 8.11b dargestellt. Die Gleichung der Streckenlast ist

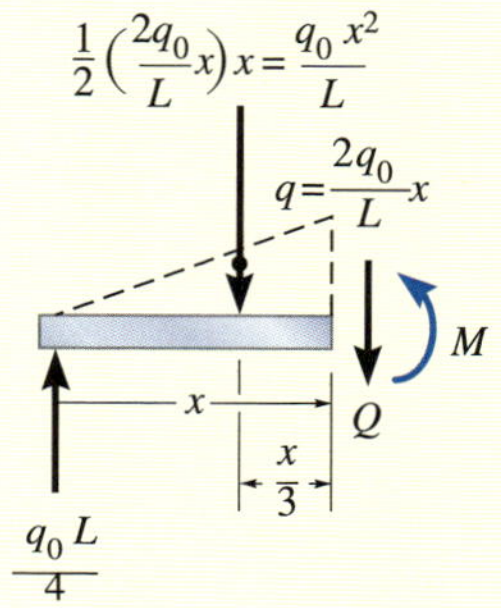

(b)

Abbildung 8.11

$$q = \frac{2q_0}{L}x \qquad (1)$$

Damit ist

$$\sum M_{NL} = 0; \qquad M + \frac{q_0 x^2}{L}\left(\frac{x}{3}\right) - \frac{q_0 L}{4}(x) = 0$$

$$M = -\frac{q_0 x^3}{3L} + \frac{q_0 L}{4}x$$

Neigungswinkel und Durchbiegung Mit Gleichung (8.10) und zweimaliger Integration erhalten wir

$$EI\frac{d^2v}{dx^2} = M(x) = -\frac{q_0}{3L}x^3 + \frac{q_0 L}{4}x \qquad (2)$$

$$EI\frac{dv}{dx} = -\frac{q_0}{12L}x^4 + \frac{q_0 L}{8}x^2 + C_1$$

$$EIv = -\frac{q_0}{60L}x^5 + \frac{q_0 L}{24}x^3 + C_1 x + C_2$$

Die Integrationskonstanten erhalten wir durch Anwendung der Randbedingung $v = 0$ bei $x = 0$ und der Symmetriebedingung, dass $dv/dx = 0$ bei $x = L/2$ gilt. Dies führt auf

$$0 = -\frac{q_0}{12L}\left(\frac{L}{2}\right)^4 + \frac{q_0 L}{8}\left(\frac{L}{2}\right)^2 + C_1$$

$$C_1 = \frac{q_0 L^3}{192} - \frac{q_0 L^3}{32} = -\frac{5q_0 L^3}{192}$$

bzw.

$$0 = -\frac{q_0}{60L}(0) + \frac{q_0 L}{24}(0) + C_1(0) + C_2$$

$$C_2 = 0$$

Damit ist

$$EI\frac{dv}{dx} = -\frac{q_0}{12L}x^4 + \frac{q_0 L}{8}x^2 - \frac{5q_0L^3}{192}$$

$$EI v = -\frac{q_0}{60L}x^5 + \frac{q_0 L}{24}x^3 - \frac{5q_0L^3}{192}x$$

Für die maximale Durchbiegung bei $x = L/2$ ergibt sich dann

$$v_{max} = -\frac{q_0 L^4}{120EI}$$

Lösung II

Beginnend mit der Streckenlast, Gleichung (1), erhalten wir unter Anwendung von Gleichung (8.8)

$$EI\frac{d^4v}{dx^4} = -\frac{2q_0}{L}x$$

$$EI\frac{d^3v}{dx^3} = Q = -\frac{q_0}{L}x^2 + C_1'$$

Da $Q = +q_0 L/4$ bei $x = 0$ ist, ergibt sich damit $C_1' = q_0 L/4$. Die weitere Integration führt mit

$$EI\frac{d^3v}{dx^3} = Q = -\frac{q_0}{L}x^2 + \frac{q_0 L}{4}$$

auf

$$EI\frac{d^2v}{dx^2} = M = -\frac{q_0}{3L}x^3 + \frac{q_0 L}{4}x + C_2'$$

Hier ist $M = 0$ bei $x = 0$ und damit ist $C_2' = 0$. Die weitere Rechnung folgt dem Weg in *Lösung I*.

Beispiel 8.3

Der in Abbildung 8.12a dargestellte, beidseitig quer unverschiebbar und gelenkig gelagerte Träger ist einer Einzellast P ausgesetzt. Bestimmen Sie die maximale Durchbiegung des Trägers. Die Biegesteifigkeit EI ist konstant.

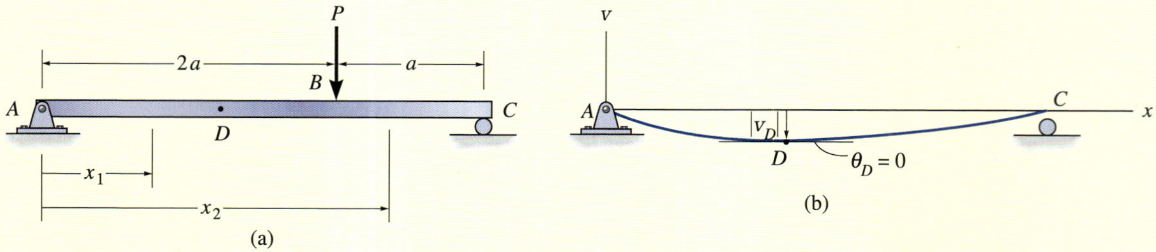

Abbildung 8.12

Lösung

Biegelinie Der Träger biegt sich entsprechend Abbildung 8.12b durch. Es müssen zwei Koordinaten eingeführt werden, denn der Schnittmomentenverlauf hat an der Angriffsstelle von P einen Knick. Wir nehmen hier x_1 und x_2 mit dem gleichen Ursprung bei A, so dass $0 \leq x_1 \leq 2a$ und $2a < x_2 \leq 3a$ gilt.

Biegemomentenverlauf Aus dem Freikörperbild, Abbildung 8.12c, ergibt sich

$$M_1 = \frac{P}{3}x_1$$

$$M_2 = \frac{P}{3}x_2 - P(x_2 - 2a) = \frac{2P}{3}(3a - x_2)$$

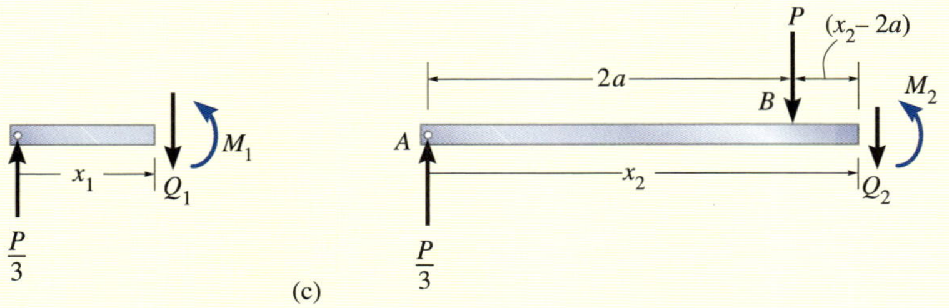

Abbildung 8.12

Neigungswinkel und Biegelinie Wir wenden im ersten Bereich mit der Momentenfunktion M_1 Gleichung (8.10) an, integrieren zweimal und erhalten

$$EI\frac{d^2v_1}{dx_1^2} = \frac{P}{3}x_1$$

$$EI\frac{dv_1}{dx_1} = \frac{P}{6}x_1^2 + C_1 \qquad (1)$$

$$EIv_1 = \frac{P}{18}x_1^3 + C_1x_1 + C_2 \qquad (2)$$

In analoger Weise erhalten wir für den zweiten Bereich mit M_2

$$EI\frac{d^2v_2}{dx_2^2} = \frac{2P}{3}(3a - x_2)$$

$$EI\frac{dv_2}{dx_2} = \frac{2P}{3}\left(3ax_2 - \frac{x_2^2}{2}\right) + C_3 \qquad (3)$$

$$EIv_2 = \frac{2P}{3}\left(\frac{3}{2}ax_2^2 - \frac{x_2^3}{6}\right) + C_3x_2 + C_4 \qquad (4)$$

Die vier Konstanten werden mit Hilfe von *zwei* Randbedingungen bei $x_1 = 0$: $v_1 = 0$ und bei $x_2 = 3a$: $v_2 = 0$ sowie *zwei* Übergangsbedingungen bei B, nämlich $dv_1/dx_1 = dv_2/dx_2$ bei $x_1 = x_2 = 2a$ und $v_1 = v_2$ bei $x_1 = x_2 = 2a$, bestimmt.

Entsprechendes Einsetzen ergibt

$v_1 = 0$ bei $x_1 = 0$; $\qquad 0 = 0 + 0 + C_2$

$v_2 = 0$ bei $x_2 = 3a$; $\qquad 0 = \frac{2P}{3}\left(\frac{3}{2}a(3a)^2 - \frac{(3a)^3}{6}\right) + C_3(3a) + C_4$

$$\left.\frac{dv_1}{dx_1}\right|_{2a} = \left.\frac{dv_2}{dx_2}\right|_{2a}; \qquad \frac{P}{6}(2a)^2 + C_1 = \frac{2P}{3}\left(3a(2a) - \frac{(2a)^2}{2}\right) + C_3$$

$$v_1(2a) = v_2(2a);\ \frac{P}{18}(2a)^3 + C_1(2a) + C_2 = \frac{2P}{3}\left(\frac{3}{2}a(2a)^2 - \frac{(2a)^3}{6}\right) + C_3(2a) + C_4$$

Die Lösung des Gleichungssystems führt auf

$$C_1 = -\frac{4}{9}Pa^2 \qquad C_2 = 0$$

$$C_3 = -\frac{22}{9}Pa^2 \qquad C_4 = \frac{4}{3}Pa^3$$

Damit ergeben sich die Lösungen für die Neigungswinkel und die Durchbiegungen in den beiden Bereichen gemäß den Gleichungen (1) bis (4) in der Form

$$\frac{dv_1}{dx_1} = \frac{P}{6EI}x_1^2 - \frac{4Pa^2}{9EI} \qquad (5)$$

$$v_1 = \frac{P}{18EI}x_1^3 - \frac{4Pa^2}{9EI}x_1 \qquad (6)$$

$$\frac{dv_2}{dx_2} = \frac{2P}{3EI}\left(3ax_2 - \frac{x_2^2}{2}\right) - \frac{22Pa^2}{9EI} \qquad (7)$$

$$v_2 = \frac{P}{3EI}\left(3ax_2^2 - \frac{x_2^3}{3}\right) - \frac{22Pa^2}{9EI}x_2 + \frac{4Pa^3}{3EI} \qquad (8)$$

Bei Betrachten der Biegelinie in Abbildung 8.12b ist erkennbar, dass die maximale Durchbiegung bei D auftritt, und zwar an einer unbekannten Stelle innerhalb des Bereiches AB. Dort muss der Neigungswinkel null sein. Aus Gleichung (5) kann man eine entsprechende Bedingungsgleichung für die betreffende Koordinate x_1 und deren Lösung

$$\frac{1}{6}x_1^2 - \frac{4}{9}a^2 = 0 \qquad x_1 = 1{,}633a$$

angeben. Nach Einsetzen dieses Wertes in Gleichung (6) erhalten wir das Endergebnis

$$v_{max} = -0{,}484\frac{Pa^3}{EI}$$

Das negative Vorzeichen weist darauf hin, dass die Verschiebung eine Absenkung darstellt.

Beispiel 8.4

Der Träger in Abbildung 8.13a ist an seinem Ende der Last P ausgesetzt. Bestimmen Sie die Durchbiegung am Punkt C. Die Biegesteifigkeit EI ist konstant.

Lösung

Biegelinie Der Träger biegt sich in einer Form durch, wie sie in Abbildung 8.13a dargestellt ist. Aufgrund der Belastungssituation müssen zwei Koordinaten eingeführt werden, und zwar beispielsweise $0 \leq x_1 < 2a$ und $0 \leq x_2 < a$, wobei x_2 von C nach links gerichtet ist, denn das Schnittmoment ist auf diese Weise einfach zu formulieren.

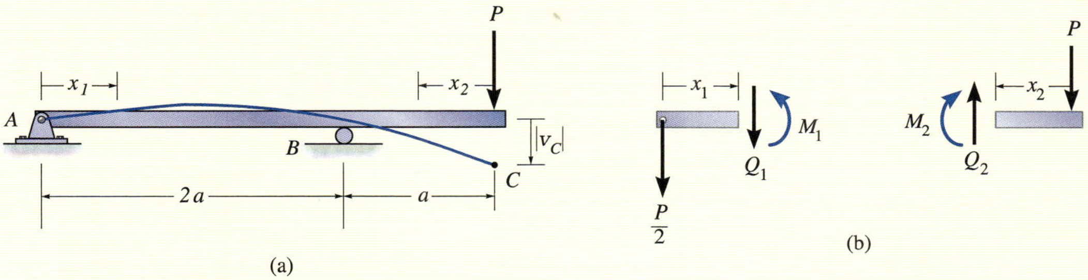

Abbildung 8.13

Biegemomentenverlauf Entsprechend den Freikörperbildern in Abbildung 7.13b erhalten wir aus entsprechenden Gleichgewichtsbedingungen

$$M_1 = -\frac{P}{2} x_1$$

$$M_2 = -P x_2$$

Neigungswinkel und Durchbiegung Wir verwenden Gleichung (8.10) für die beiden Bereiche $0 \leq x_1 < 2a$:

$$EI \frac{d^2 v_1}{dx_1^2} = -\frac{P}{2} x_1$$

$$EI \frac{dv_1}{dx_1} = -\frac{P}{4} x_1^2 + C_1 \tag{1}$$

$$EI v_1 = -\frac{P}{12} x_1^3 + C_1 x_1 + C_2 \tag{2}$$

und $0 \leq x_2 < a$:

$$EI\frac{d^2v_2}{dx_2^2} = -Px_2$$

$$EI\frac{dv_2}{dx_2} = -\frac{P}{2}x_2^2 + C_3 \tag{3}$$

$$EIv_2 = -\frac{P}{6}x_2^3 + C_3x_2 + C_4 \tag{4}$$

Die *vier* Integrationskonstanten werden mit Hilfe von *drei* Randbedingungen, nämlich $v_1 = 0$ bei $x_1 = 0$, $v_1 = 0$ bei $x_1 = 2a$ und $v_2 = 0$ bei $x_2 = a$, sowie zusätzlich *einer* Übergangsbedingung am Rollenlager $dv_1/dx_1|_{2a} = -dv_2/dx_2|_a$ für den Neigungswinkel bestimmt. Warum gibt es in dieser Stetigkeitsbedingung ein negatives Vorzeichen? (Beachten Sie, dass die Stetigkeit der Durchbiegung bei B indirekt in den Randbedingungen berücksichtigt wurde, denn $v_1(2a) = v_2(a) = 0$. Die Anwendung der vier Bedingungen führt auf die folgenden Beziehungen:

$v_1 = 0$ bei $x_1 = 0$; $\quad 0 = 0 + 0 + C_2$

$v_1 = 0$ bei $x_1 = 2a$; $\quad 0 = -\frac{P}{12}(2a)^3 + C_1(2a) + C_2$

$v_2 = 0$ bei $x_2 = a$; $\quad 0 = -\frac{P}{6}a^3 + C_3a + C_4$

$$\left.\frac{dv_1}{dx_1}\right|_{2a} = -\left.\frac{dv_2}{dx_2}\right|_a; \quad -\frac{P}{4}(2a)^2 + C_1 = -\left(-\frac{P}{2}(a)^2 + C_3\right)$$

Wir lösen das Gleichungssystem und erhalten

$$C_1 = \frac{Pa^2}{3} \qquad C_2 = 0$$

$$C_3 = \frac{7}{6}Pa^2 \qquad C_4 = -Pa^3$$

Einsetzen von C_3 und C_4 in Gleichung (4) ergibt

$$v_2 = -\frac{P}{6EI}x_2^3 + \frac{7Pa^2}{6EI}x_2 - \frac{Pa^3}{EI}$$

Die Absenkung bei C wird ermittelt, indem wir $x_2 = 0$ setzen. Wir erhalten

$$v_C = -\frac{Pa^3}{EI}$$

worin das Minuszeichen ausdrückt, dass C sich tatsächlich absenkt.

*8.3 Das Föppl-Symbol

Das Integrationsverfahren zur Ermittlung der Biegelinie für einen Balken oder eine Welle ist dann in der Anwendung vorteilhaft, wenn die Belastung oder das Schnittmoment als *stetige Funktion* über die *gesamte Balken-* bzw. *Wellenlänge* formuliert werden kann. Bei der Einwirkung von mehreren unterschiedlichen Belastungen auf den Balken wird die Anwendung dieses Verfahrens allerdings recht mühsam, denn es müssen dann für jeden Bereich des Balkens separate Last- oder Momentenfunktionen aufgestellt werden. Des Weiteren erfordert die Integration dieser Funktionen die Ermittlung vieler Integrationskonstanten mit Hilfe von Rand- und/oder Übergangsbedingungen. Zum Beispiel ist für den in Abbildung 8.14 dargestellten Balken die Aufstellung von vier Momentenfunktionen notwendig. Sie charakterisieren das Schnittmoment in den Bereichen AB, BC, CD und DE. Bei Anwendung der Biegemoment-Krümmungs-Beziehung $EI\, d^2v/dx^2 = M$ mit anschließender zweimaliger Integration jeder Momentengleichung treten damit *acht* Integrationskonstanten auf. Sie können durch Anpassen an *zwei* Randbedingungen, nämlich verschwindende Durchbiegung an den Punkten A und E, sowie an *sechs* Übergangsbedingungen in Form eines stetigen Verlaufs von Neigungswinkel und Durchbiegung an den Punkten B, C und D ermittelt werden.

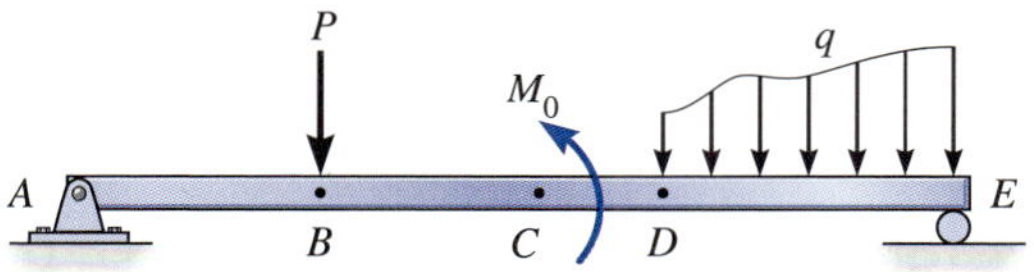

Abbildung 8.14

Aus Sicherheitsgründen müssen diese Kragträger zur Abstützung der Last sowohl bezüglich zulässiger Spannung als auch maximaler Durchbiegung ausgelegt werden.

In diesem Abschnitt diskutieren wir deshalb eine Methode zur Berechnung der Durchbiegung für einen Träger mit *mehreren unterschiedlichen Belastungen* mittels eines einzigen Formelausdrucks, wobei dieser entweder von der belastenden Streckenlast $q = q(x)$ oder aber vom inneren Schnittmoment des Balkens $M = M(x)$ ausgeht. Formuliert man in geeigneter Weise für q die Beziehung $EI\, d^4v/dx^4 = -q(x)$ und integriert viermal oder drückt M in der Form $EI\, d^2v/dx^2 = M(x)$ aus und integriert zweimal, dann werden die Integrationskonstanten nur noch aus den Randbedingungen bestimmt. Da die Übergangsbedingungen nicht mehr mit einbezogen werden, vereinfacht sich das Berechnungsverfahren in hohem Maße.

Unstetigkeitsfunktionen Zur Formulierung der Balkenbelastung oder des Schnittmoments in Form eines einzigen Formelausdrucks benutzen wir zwei Arten mathematischer Operatoren unter Verwendung des so genannten *Föppl-Symbols* und (erweitert) so genannter *singulärer Funktionen* oder *Distributionen*.

Tabelle 8.2

Belastung	Belastungsfunktion $q = q(x)$	Querkraft $Q = -\int q(x)dx$	Biegemoment $M = \int Q\,dx$
1 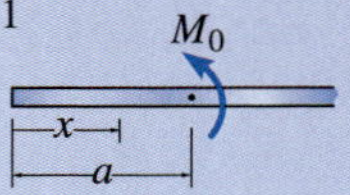	$q = M_0<x-a>^{-2}$	$Q = -M_0<x-a>^{-1}$	$M = -M_0<x-a>^0$
2 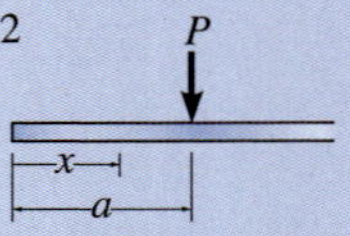	$q = P<x-a>^{-1}$	$Q = -P<x-a>^0$	$M = -P<x-a>^1$
3 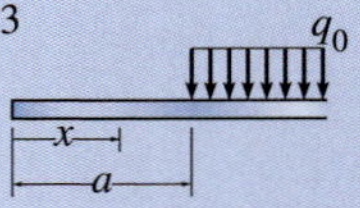	$q = q_0<x-a>^0$	$Q = -q_0<x-a>^1$	$M = -\frac{q_0}{2}<x-a>^2$
4 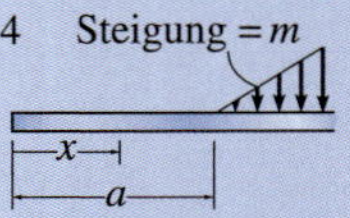	$q = m<x-a>^1$	$Q = \frac{-m}{2}<x-a>^2$	$M = \frac{-m}{6}<x-a>^3$
5	$q = m<x-a>^n$	$Q = \frac{-m}{n+1}<x-a>^{n+1}$	$M = \frac{-m}{(n+1)(n+2)}<x-a>^{n+2}$

Föppl-Symbol. Bei der Durchbiegung von Balken und Wellen kann zur Beschreibung von ***Streckenlasten*** das erwähnte Föppl-Symbol, benannt nach dem deutschen Physiker August Föppl (im angelsächsischen Sprachraum als „Macaulay function" in Anlehnung an den Mathematiker W.H. Macaulay), herangezogen werden:

$$\langle x-a\rangle^n = \begin{cases} 0 & \text{für } x < a \\ (x-a)^n & \text{für } x \geq a \end{cases} \qquad n \geq 0 \tag{8.11}$$

Hierbei verkörpert x die Koordinate zur Beschreibung eines Punktes entlang des Balkens und a ist eine Bereichsgrenze des Balkens, an der die Unstetigkeit („Diskontinuität") auftritt, z.B. die Streckenlast *beginnt.* Beachten Sie, dass das Föppl-Symbol $\langle x-a\rangle^n$ üblicherweise mittels spitzer Klammern geschrieben wird, damit es von der gewöhnlichen Funktion $(x-a)^n$ in runden Klammern unterschieden werden kann. Für $n \geq 0$ gilt nur im Bereich $x \geq a$ die Beziehung $\langle x-a\rangle^n = (x-a)^n$, andernfalls ist das Föppl-Symbol gleich null. Wie erwähnt, sind diese Funktionen nur für Exponenten $n \geq 0$ gültig. Aus der Definition des Föppl-Symbols folgt unmittelbar das unbestimmte Integral

$$\int \langle x-a \rangle^n \, dx = \frac{\langle x-a \rangle^{n+1}}{n+1} + C \, , \; n \geq 0 \qquad (8.12)$$

Achten Sie darauf, wie das Föppl-Symbol sowohl eine *gleichförmige Streckenlast* q_0 ($n = 0$) als auch eine *Dreieckbelastung* ($n = 1$) beschreibt, siehe die Angaben in Tabelle 8.2, Fall 3 und 4. Die Art der Formulierung kann natürlich auch auf Streckenlasten komplizierterer Form ausgedehnt werden. Es ist auch möglich, die Superposition einer gleichförmigen und dreieckförmigen Streckenlast durchzuführen, um das Föppl-Symbol für eine trapezförmige Belastung aufzustellen. Das Föppl-Symbol für die Querkraft $Q = -\int q(x) \, dx$ und das Biegemoment $M = \int Q \, dx$ sind nach erfolgter Integration auch in der Tabelle dargestellt.

Distributionen. Diese verallgemeinerten „Funktionen" werden verwendet, um die Stelle zu charakterisieren, an der Einzelkräfte oder Einzelmomente (infolge von Kräftepaaren) an einem Balken oder einer Welle angreifen. Im konkreten Fall kann eine ***Einzelkraft*** P als Spezialfall einer Streckenlast mit der Lastintensität $q = P/\varepsilon$ derart angesehen werden, dass die Streckenlastbreite gleich ε ist und der Grenzübergang $\varepsilon \to 0$ durchgeführt wird, Abbildung 8.15. Die Fläche unter dieser Belastung ist der Größe von P äquivalent und *positiv nach unten* gerichtet.

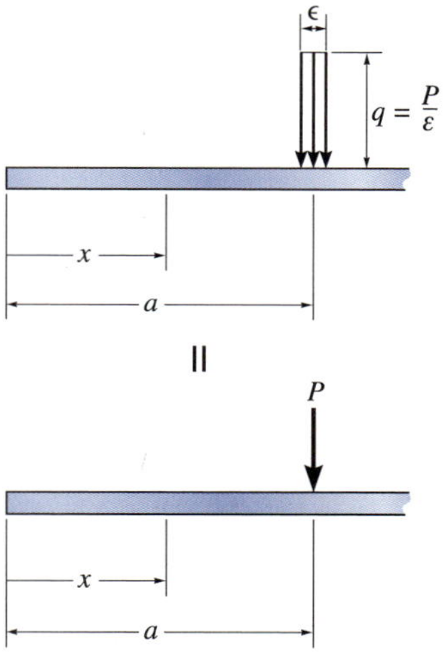

Abbildung 8.15

Die Funktion

$$f(x) = \begin{cases} 1/\varepsilon, & 0 \leq x \leq \varepsilon \\ 0, & \text{sonst} \end{cases}$$

mit $\varepsilon \to 0$ ist eine verallgemeinerte „Funktion", d.h. eine so genannte Distribution, und wird als Dirac'sche Funktion δ bezeichnet. Da $\langle x-a \rangle^0$ einer so genannten Einheitssprungfunktion

$$\langle x-a \rangle^0 = \sigma(x-a) = \begin{cases} 1, & x \geq a \\ 0, & x < a \end{cases}$$

entspricht, kann $\delta(x{-}a)$ als verallgemeinerte Ableitung der Einheitssprungfunktion $\langle x-a \rangle^0$ betrachtet werden. Da

$$q = -\frac{dQ(x)}{dx}$$

gilt, folgt für eine Einzellast P an der Stelle $x = a$ nach unten ein Querkraftsprung ebenfalls nach unten, und damit wird

$$q = +P\delta(x-a) = +P\langle x-a \rangle^{-1} \qquad (8.13)$$

Die so definierte Streckenlast ist überall null, außer an der Stelle $x = a$, an welcher der Wert beliebig groß wird. Beachten Sie, dass hier $n = -1$ gilt. Die δ-Funktion hat deshalb die Einheit [1/m]. Außerdem gilt die Integrationsregel

$$\int \langle x-a \rangle^{-1} \, dx = \langle x-a \rangle^0$$

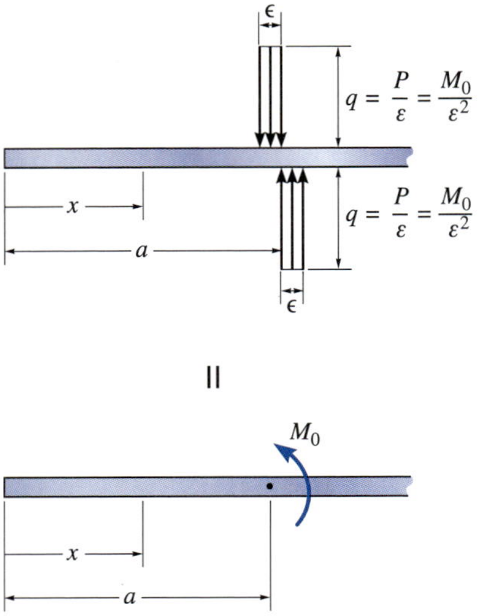

Abbildung 8.16

In analoger Weise ist das Einzelmoment M_0, positiv entgegen dem Uhrzeigersinn, als Grenzfall von zwei Streckenlasten im Abstand ε mit $\varepsilon \to 0$ anzusehen, Abbildung 8.16. Seinen Wert beschreibt die Distribution

$$q = +M_0 \langle x-a \rangle^{-2} = -M_0 \frac{d}{dx} \delta(x-a) \tag{8.14}$$

Die Ableitung einer δ-Funktion entspricht also wiederum einer Distribution, die allerdings die Einheit [1/m²] hat. Außer an der Stelle $x = a$ hat sie überall den Wert null. Die Integration von $\langle x-a \rangle^{-2}$ führt auf die δ-Funktion und deshalb auf die Beziehung

$$\int \langle x-a \rangle^{-2} dx = \langle x-a \rangle^{-1}$$

so dass sich die Integrationsregeln wie folgt verallgemeinern lassen:

$$\int \langle x-a \rangle^{n} dx = \langle x-a \rangle^{n+1}, \quad n = -1, -2 \tag{8.15}$$

Die Anwendung der Gleichungen (8.11) bis (8.15) stellt ein sehr direktes Hilfsmittel zur Charakterisierung der Belastung oder des Schnittmoments als Funktion von x in einem Balken zur Verfügung. Dabei muss sorgfältig auf die Vorzeichen der äußeren Belastungen geachtet werden. Wie bereits oben vermerkt und wie in Tabelle 8.2 auch dargestellt, sind *Einzelkräfte und Streckenlasten positiv nach unten gerichtet, und positive Momente wirken entgegen dem Uhrzeigersinn.* Wenn man sich an diese Vorzeichenvereinbarung hält, befinden sich die Schnittgrößen mit der in Abschnitt 7.1 aufgestellten Vorzeichenkonvention in Übereinstimmung.

Anwendung

Als Beispiel, wie die kennen gelernten Unstetigkeitsfunktionen zur Charakterisierung der Belastung oder des Schnittmoments angewendet werden, betrachten wir den belasteten Balken, wie er in Abbildung 8.17a dargestellt ist. Hier ist die durch das Gelenklager erzeugte Reaktionskraft R_1 negativ, denn sie wirkt nach oben, und M_0 ist negativ, weil es im Uhrzeigersinn wirkt. Entsprechend Tabelle 8.2 ist die Belastung an jeder Stelle x des Balkens damit

$$q = -R_1 \langle x-0 \rangle^{-1} + P \langle x-a \rangle^{-1} - M_0 \langle x-b \rangle^{-2} + q_0 \langle x-c \rangle^{0}$$

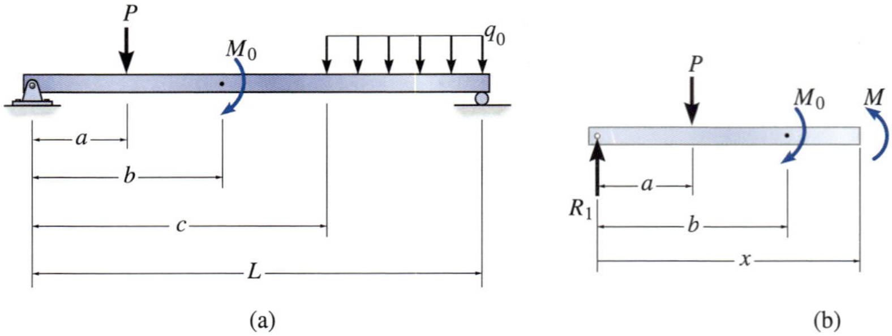

Abbildung 8.17

Die Reaktionskraft am Rollenlager ist hier nicht mit berücksichtigt, denn x wird niemals größer als L, und zudem hat dieser Wert auf die Berechnung des Neigungswinkels bzw. der Durchbiegung keinen Einfluss. Beachten Sie, dass bei $x = a$ die Streckenlast $q = P\delta(x - a)$ wird und alle anderen Ausdrücke dort gleich null sind. Entsprechend ergibt sich für $x > c$ beispielsweise $q = q_0$ usw.

Die zweimalige Integration der formulierten Belastungsfunktion führt auf einen Ausdruck, der das Schnittmoment im gesamten Balken charakterisiert. Die Integrationskonstanten werden in diesem Falle ignoriert, denn die Randbedingungen oder die Endquerkraft und das Endmoment wurden berechnet ($Q = R_1$ und $M = 0$), und diese Werte sind bereits in die Balkenbelastung q mit einbezogen. Man kann dieses Resultat auch direkt aus Tabelle 8.2 entnehmen. In jedem Fall gilt

$$M = R_1\langle x-0\rangle - P\langle x-a\rangle + M_0\langle x-b\rangle^0 - \tfrac{1}{2}q_0\langle x-c\rangle^2 \qquad (8.16)$$

Die Gültigkeit dieser Beziehung kann mittels Schnittverfahren überprüft werden, z.B. innerhalb des Bereichs $b < x < c$, Abbildung 8.17b. Ein Momentengleichgewicht liefert nämlich dort

$$M = R_1x - P(x - a) + M_0 \qquad (8.17)$$

Und dieses Ergebnis stimmt mit jenem überein, das man über die Unstetigkeitsfunktionen erhalten hat, denn aufgrund der Gleichungen (8.11), (8.13) und (8.14) ist nur der letzte Term in Gleichung (8.16) gleich null, wenn $x < c$ ist.

Eine andere Möglichkeit besteht darin, nur Föppl-Symbole mit nichtnegativen Exponenten zuzulassen und Sprünge im Querkraftverlauf infolge von Einzelkräften und Sprünge im Momentenverlauf infolge von Einzelmomenten im Nachhinein zu berücksichtigen. Für das gezeigte Beispiel bedeutet dies, dass

$$q = q_0\langle x-c\rangle^0$$

gilt. Dies führt zunächst auf

$$Q = -q_0\langle x-c\rangle^1$$

wobei noch die Sprünge infolge der Einzellasten R_1 und P berücksichtigt werden müssen:

$$Q = -q_0\langle x-c\rangle^1 + R_1\langle x-0\rangle^0 - P\langle x-a\rangle^0$$

Auch hier kann die Kraft am Rollenlager unberücksichtigt bleiben. Eine weitere Integration führt unter Beachtung des Einzelmoments dann auf

$$M = -\frac{q_0}{2}\langle x-c\rangle^2 + R_1\langle x-0\rangle^1 - P\langle x-a\rangle^1 + M_0\langle x-b\rangle^0$$

Als zweites Beispiel betrachten wir den Balken in Abbildung 8.18a. Die Ergebnisse der Auflagerreaktion bei A sind in Abbildung 8.18b dargestellt, die trapezförmige Belastung wurde in dreieck- und gleichförmige Streckenlasten aufgeteilt. Entsprechend Tabelle 8.2 ist die Belastung somit

$$
\begin{aligned}
q &= -A_y\langle x-0\rangle^{-1} - M\langle x-a\rangle^{-2} + q_1\langle x-a\rangle^{0} + \frac{q_2-q_1}{a}\langle x-a\rangle^{1} \\
&= -2{,}75\text{kN}\langle x-0\rangle^{-1} - 1{,}5\text{kNm}\langle x-3\text{m}\rangle^{-2} + 3\text{kN/m}\langle x-3\text{m}\rangle^{0} \\
&\quad + 1\text{kN/m}^2\langle x-3\text{m}\rangle^{1}
\end{aligned}
$$

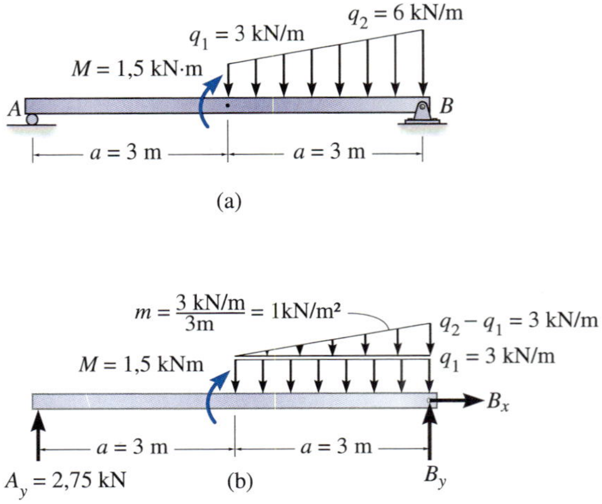

Abbildung 8.18

Wir können die Momentengleichung direkt aus Tabelle 8.2 bestimmen. Das ist einfacher als den vorliegenden Ausdruck zweimal zu integrieren. Man erhält

$$
\begin{aligned}
M &= A_y\langle x-0\rangle^{1} + M\langle x-a\rangle^{0} - \frac{q_1}{2}\langle x-a\rangle^{2} + \frac{q_2-q_1}{6a}\langle x-a\rangle^{3} \\
&= 2{,}75\text{kN}\langle x-0\rangle^{1} + 1{,}5\text{kNm}\langle x-3\text{m}\rangle^{0} - \frac{3\text{kN/m}}{2}\langle x-3\text{m}\rangle^{2} \\
&\quad - \frac{1\text{kN/m}^2}{6}\langle x-3\text{m}\rangle^{3}
\end{aligned}
$$

Die Durchbiegung kann man daraus mittels zweimaliger Integration und anschließender Anpassung an die beiden Randbedingungen, dass nämlich bei A und B die Durchbiegung null sein muss, ermitteln.

Lösungsweg

Der folgende Lösungsweg stellt ein Berechnungsverfahren zur Bestimmung der elastischen Biegelinie eines Trägers unter Anwendung der eingeführten Unstetigkeitsfunktionen bereit. Dieses Verfahren ist für die Lösung von Problemstellungen für Balken oder Wellen, die unterschiedlichen Belastungen in verschiedenen Bereichen ausgesetzt sind, besonders vorteilhaft, denn die Integrationskonstanten brauchen lediglich mit Hilfe der Randbedingungen ermittelt zu werden, während die Übergangsbedingungen automatisch erfüllt sind.

Biegelinie

- Zeichnen Sie die Biegelinie des Balkens und ermitteln Sie die Randbedingungen für die Auflager.
- Die Durchbiegung verschwindet bei allen Gelenk- und Rollenlagern, während an Einspannungen sowohl der Neigungswinkel als auch die Durchbiegung null sind.
- Führen Sie eine nach rechts gerichtete x-Achse ein, wobei der Koordinatenursprung an der linken Seite des Balkens liegen soll.

Last- oder Biegemomentenverlauf

- Berechnen Sie die Auflagerreaktionen und benutzen Sie dann die Unstetigkeitsfunktionen aus Tabelle 8.2, um entweder die Belastung q oder das innere Biegemoment M als Funktion von x auszudrücken. Vergewissern Sie sich, dass Sie der Vorzeichenvereinbarung aller Last- und Schnittgrößen folgen, die innerhalb der formulierten Gleichung auftreten.
- Achten Sie darauf, dass sich die Streckenlasten für ihre richtige Einbeziehung in jedem Falle bis zum rechten Ende hin erstrecken müssen. Wenn dies nicht der Fall ist, dann nutzen Sie das Verfahren der Superposition, wie es in Beispiel 8.5 vorgestellt wird.

Neigungswinkel und Durchbiegung

- Setzen Sie q in $EI\ d^4v/dx^4 = -q(x)$ oder M in die Biegemoment-Krümmungs-Beziehung $EI\ d^2v/dx^2 = M$ ein und integrieren Sie diese Funktionen, um den Neigungswinkel und die Durchbiegung zu erhalten.
- Ermitteln Sie die Integrationskonstanten mit Hilfe der Randbedingungen und setzen Sie diese Konstanten in die Bestimmungsgleichungen für Balkenneigung und -durchbiegung ein, um die Endergebnisse zu bekommen.
- Wenn die Verläufe für Balkenneigung und -durchbiegung für jeden Punkt am Balken vorliegen, ergibt sich *entgegen dem Uhrzeigersinn* ein *positiver Neigungswinkel* und mit *Richtungssinn nach oben* eine *positive Durchbiegung.*

Beispiel 8.5

Bestimmen Sie die Biegelinie für den Kragträger in Abbildung 8.19a. Die Biegesteifigkeit EI ist konstant.

$q_{01} = 8$ kN/m, $M_B = 50$ kNm, $P = 12$ kN, $a = 5$ m, $b = 4$ m

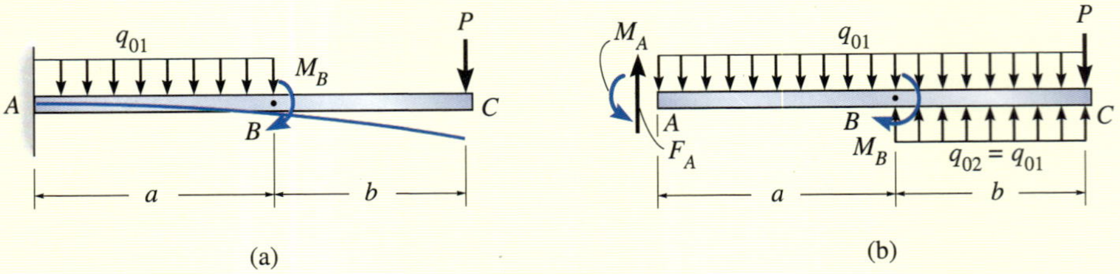

Abbildung 8.19

Lösung

Biegelinie Die Belastungen verursachen eine Durchbiegung gemäß Abbildung 8.19a. Für Punkt A ergeben die Randbedingungen einen Neigungswinkel und eine Durchbiegung von jeweils null.

Belastungsverlauf Für A berechnen sich die Lagerreaktionen mit Hilfe der Methoden der Statik zu

$$F_A = P + q_{01}a = 52 \text{ kN}$$

$$M_A = q_{01}a^2/2 + P(a+b) + M_B = 258 \text{ kNm}$$

Sie sind im Freikörperbild in Abbildung 8.19b eingetragen. Da sich die Streckenlast in Abbildung 8.19a nicht wie erforderlich über den gesamten Balken bis zum Ende C erstreckt, wenden wir unter Einführung der Streckenlast $q_{02} = 8$ kN/m die Methode der Superposition an, Abbildung 8.19b, um die reale Belastungssituation mittels Streckenlasten zu beschreiben, die sich bis zum rechten Ende des Trägers erstrecken (dies ist die Voraussetzung für die Anwendung des Föppl-Symbols). Gemäß unserer Vorzeichenvereinbarung sind das Lastmoment M_B, die Lagerreaktion F_A sowie der Anteil der Streckenlast von B bis C an der Unterseite des Balkens alle negativ. Die Balkenbelastung ist demnach

$$q = -F_A \langle x-0\rangle^{-1} + M_A \langle x-0\rangle^{-2} + q_{01}\langle x-0\rangle^{0} - M_B \langle x-a\rangle^{-2} - q_{02}\langle x-a\rangle^{0}$$

Die Belastung P ist hier *nicht mit berücksichtigt*, denn x kann nicht größer als die Gesamtlänge $a+b$ sein. Wegen $dQ/dx = -q(x)$ erhalten wir durch Integration unter Vernachlässigung der Integrationskonstanten, da die Reaktionen in der Belastungsfunktion enthalten sind, den Ausdruck

$$Q = F_A \langle x-0\rangle^{0} - M_A \langle x-0\rangle^{-1} - q_{01}\langle x-0\rangle^{1} + M_B \langle x-a\rangle^{-1} + q_{02}\langle x-a\rangle^{1}$$

Des Weiteren ist $dM/dx = Q$ und somit führt die weitere Integration auf

$$M = -M_A \langle x-0\rangle^0 + F_A \langle x-0\rangle^1 - \frac{1}{2} q_{01} \langle x-0\rangle^2 + M_B \langle x-a\rangle^0 + \frac{1}{2} q_{02} \langle x-a\rangle^2$$

Das gleiche Ergebnis kann man *direkt* aus Tabelle 8.2 gewinnen.

Neigungswinkel und Durchbiegung Mit Gleichung (8.10) und zweimaliger Integration erhalten wir

$$EI\frac{d^2v}{dx^2} = -M_A \langle x-0\rangle^0 + F_A \langle x-0\rangle^1 - \frac{q_{01}}{2} \langle x-0\rangle^2 + M_B \langle x-a\rangle^0 + \frac{q_{02}}{2} \langle x-a\rangle^2$$

$$EI\frac{dv}{dx} = -M_A \langle x-0\rangle^1 + \frac{F_A}{2} \langle x-0\rangle^2 - \frac{q_{01}}{6} \langle x-0\rangle^3 + M_B \langle x-a\rangle^1 + \frac{q_{02}}{6} \langle x-a\rangle^3 + C_1$$

$$EIv = -\frac{M_A}{2} \langle x-0\rangle^2 + \frac{F_A}{6} \langle x-0\rangle^3 - \frac{q_{01}}{24} \langle x-0\rangle^4 + \frac{M_B}{2} \langle x-a\rangle^2 + \frac{q_{02}}{24} \langle x-a\rangle^4 + C_1x + C_2$$

Da $dv/dx = 0$ bei $x = 0$ gilt, ist $C_1 = 0$ und wegen $v = 0$ bei $x = 0$ wird auch $C_2 = 0$. Demnach ergibt sich für die Durchbiegung

$$v = \frac{1}{EI}\left(-\frac{M_A}{2} \langle x-0\rangle^2 + \frac{F_A}{6} \langle x-0\rangle^3 - \frac{q_{01}}{24} \langle x-0\rangle^4 + \frac{M_B}{2} \langle x-a\rangle^2 + \frac{q_{02}}{24} \langle x-a\rangle^4 + C_1x + C_2\right)$$

Beispiel 8.6

Bestimmen Sie die maximale Durchbiegung des Balkens in Abbildung 8.20a. Die Biegesteifigkeit EI ist konstant.

$P = 8$ kN, $M_0 = 120$ kNm, $a = 10$ m

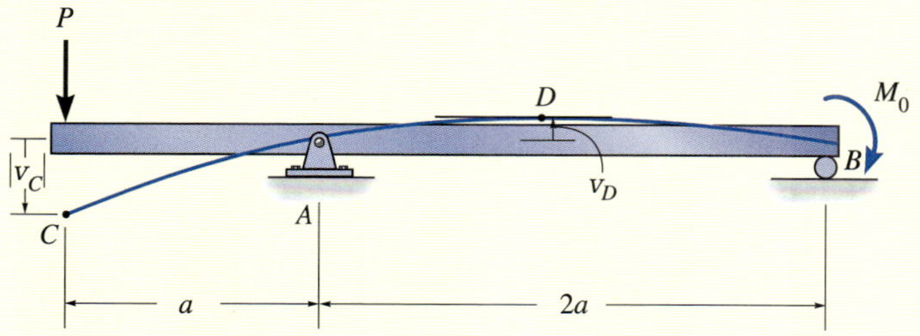

(a)

Abbildung 8.20

Lösung

Biegelinie Der Balken biegt sich wie in Abbildung 8.20a dargestellt. Als Randbedingungen liegen verschwindende Durchbiegungen bei A und B vor.

Belastungsverlauf Die Auflagerreaktionen berechnen sich zu

$$F_A = 3P/2 - M_0/(2a) = 6\ \text{kN},\ F_B = M_0/(2a) - P/2 = 2\ \text{kN}$$

Sie sind in Abbildung 8.20b eingetragen. Für den vorliegenden Balken ergibt sich der Belastungsverlauf zu

$$q = P\langle x-0\rangle^{-1} - F_A\langle x-a\rangle^{-1}$$

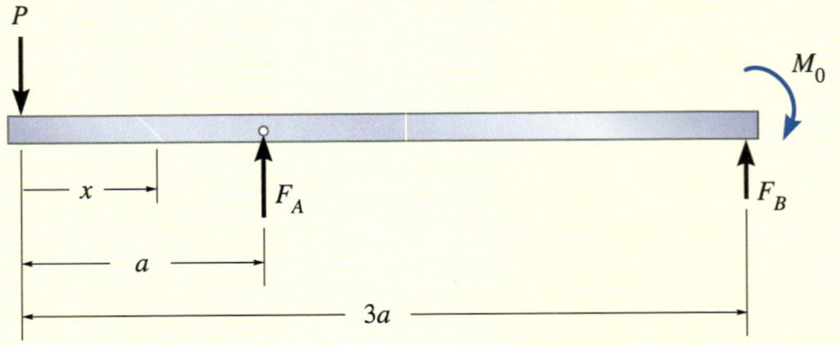

(b)

Abbildung 8.20

Das Lastmoment und die Lagerkraft bei B sind hierin nicht enthalten, denn sie befinden sich am rechten Ende des Balkens und x kann nicht größer werden als die Gesamtlänge $3a$. Mit $dQ/dx = -q(x)$ erhalten wir

$$Q = -P\langle x-0\rangle^{0} + F_A\langle x-a\rangle^{0}$$

In analoger Weise führt $dM/dx = Q$ auf

$$M = -P\langle x-0\rangle^{1} + F_A\langle x-a\rangle^{1}$$

Beachten Sie, dass man diese Beziehung auch direkt über die Momentenergebnisse aus Tabelle 8.2 aufstellen kann.

Neigungswinkel und Durchbiegung Die zweimalige Integration führt auf

$$EI\frac{d^2v}{dx^2} = -Px + F_A\langle x-a\rangle^{1}$$

$$EI\frac{dv}{dx} = -\frac{P}{2}x^2 + \frac{F_A}{2}\langle x-a\rangle^{2} + C_1$$

$$EIv = -\frac{P}{6}x^3 + \frac{F_A}{6}\langle x-a\rangle^{3} + C_1x + C_2 \qquad (1)$$

Mit den Randbedingungen $v = 0$ bei $x = a$ und $v = 0$ bei $x = 3a$ ergeben sich aus Gleichung (1) die Bestimmungsgleichungen

$$0 = -\frac{P}{6}a^3 + \frac{F_A}{6}0 + C_1a + C_2$$

$$0 = -\frac{P}{6}(3a)^3 + \frac{F_A}{6}(2a)^3 + C_1(3a) + C_2$$

für die beiden Integrationskonstanten. Nach Lösen dieses Gleichungssystems erhalten wir für

$$C_1 = \frac{13}{6}Pa^2 - \frac{4F_A}{6}a^2$$

$$C_2 = \frac{2}{3}F_A a^3 - 2Pa^3$$

Somit sind

$$EI\frac{dv}{dx} = -\frac{P}{2}x^2 + \frac{F_A}{2}\langle x-a\rangle^2 + \frac{13}{6}Pa^2 - \frac{4}{6}F_A a^2 \qquad (2)$$

$$EIv = -\frac{P}{6}x^3 + \frac{F_A}{6}\langle x-a\rangle^3 + \left(\frac{13}{6}Pa^2 - \frac{4}{6}F_A a^2\right)x + \frac{2}{3}F_A a^3 - 2Pa^3 \qquad (3)$$

Entsprechend Abbildung 8.20a kann die maximale Durchbiegung entweder bei C oder an der noch unbekannten Stelle D auftreten, die aber durch $dv/dx = 0$ charakterisiert werden kann. Zur Ermittlung der Durchbiegung bei C setzen wir in Gleichung (3) $x = 0$. Wir erhalten

$$v_C = \frac{1}{EI}\left(\frac{2}{3}F_A a^3 - 2Pa^3\right)$$

Für die angegebenen Zahlenwerte ergibt dies

$$v_C = -\frac{12000\,\mathrm{kNm}^3}{EI}$$

Das negative Vorzeichen gibt an, dass es sich um eine Verschiebung nach unten handelt, wie in Abbildung 8.20a zu sehen. Zur Ermittlung der Durchbiegung von Punkt D nutzen wir Gleichung (2) mit $x > a$ und $dv/dx = 0$. Damit ergibt sich

$$0 = -\frac{P}{2}x_D^2 + \frac{F_A}{2}(x_D - a)^2 + C_1$$

Dies ist eine quadratische Gleichung für x_D, deren positive Lösung nach Einsetzen aller Zahlenwerte

$$x_D = 20{,}3\ \mathrm{m}$$

liefert. Mit Gleichung (3) ergibt sich somit zunächst wieder allgemein

$$EIv_D = -\frac{P}{6}x_D^3 + \frac{F_A}{6}(x_D - a)^3 + C_1 x_D + C_2$$

und mit allen angegebenen Zahlenwerten

$$v_D = \frac{5005\,\mathrm{kNm}^3}{EI}$$

Vergleichen wir diesen Wert mit v_C, so ist erkennbar, dass $v_{max} = v_C$ gilt.

8.4 Superpositionsmethode

Die resultierende Durchbiegung an jedem Punkt dieses Balkens kann über die Superposition der Einzeldurchbiegungen ermittelt werden, deren Ursache die verschiedenen, am Balken angreifenden separaten Lasten sind.

Die Differenzialgleichung $EI\, d^4v/dx^4 = -q(x)$ erfüllt die beiden Bedingungen, die zur Anwendung des Superpositionsprinzips erforderlich sind, d.h. die Last $q(x)$ steht in einem linearen Zusammenhang zur Durchbiegung $v(x)$ und bei der Last wird angenommen, dass sie die Geometrie des Balkens oder der Welle nicht wesentlich verändert. Demzufolge können die Durchbiegungen für eine Reihe von unterschiedlichen am Balken angreifenden Lasten überlagert werden. Wenn zum Beispiel die Durchbiegungen für eine erste Belastung mit v_1 und für eine weitere Last mit v_2 gegeben sind, ergibt sich die gesamte Durchbiegung für die beiden zusammen angreifenden Lasten aus der Summe v_1+v_2. Mit Hilfe tabellarisch erfasster Ergebnisse für verschiedene Balkenbelastungen, wie sie z.B. in Anhang C oder in diversen Nachschlagewerken zusammengestellt sind, ist es deshalb möglich, den Neigungswinkel und die Durchbiegung an einer Stelle des Balkens zu berechnen, der mehreren unterschiedlichen Belastungen unterliegt, indem man die Effekte der verschiedenen Anteile einfach addiert.

Die folgenden Beispiele sollen illustrieren, wie man das Prinzip der Superposition zur Lösung von Biegeproblemen anwendet, wobei die Durchbiegung nicht nur infolge Verformungen des eigentlichen Balkens, sondern auch durch Starrkörperverschiebungen verursacht werden kann, wenn nämlich der Balken auf Federn gelagert ist oder Teile eines mehrteiligen Durchlaufträgers durch Scharniergelenke verbunden sind.

Beispiel 8.7

Bestimmen Sie an der Stelle C die Durchbiegung und am Auflager A den Neigungswinkel des in Abbildung 8.21a dargestellten Balkens mit der konstanten Biegesteifigkeit EI.

$P = 8$ kN, $q_0 = 2$ kN/m, $a = 4$ m

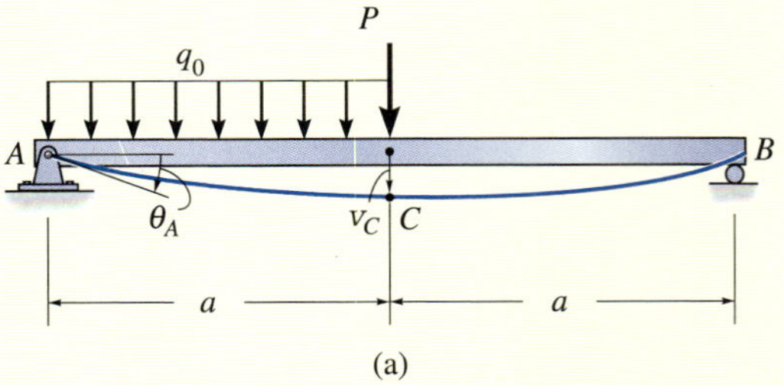

(a)

Abbildung 8.21

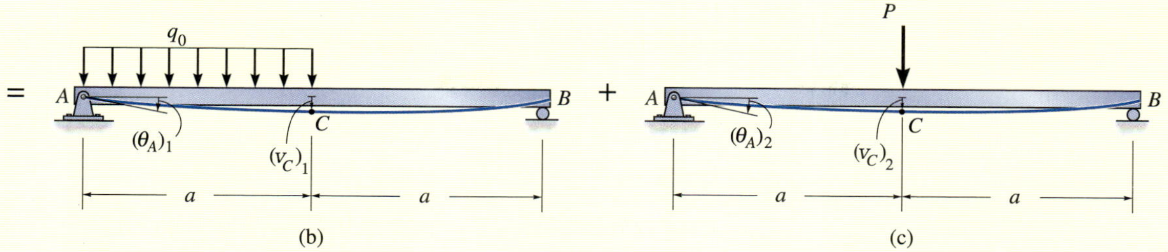

Abbildung 8.21

Lösung

Die Gesamtbelastung kann in zwei separate einfache Anteile aufgeteilt werden, siehe Abbildung 8.21b und Abbildung 8.21c. Mit Hilfe der *Tabelle in Anhang C* der begleitenden Webseite kann die Durchbiegung bei C und der Neigungswinkel bei A für jede Teillast berechnet werden.

Für die Streckenlast ergibt sich

$$(\theta_A)_1 = \frac{3q_0L^3}{128EI} = \frac{3q_0(2a)^3}{128EI} = \frac{3(2\,\text{kN/m})(8\,\text{m})^3}{128\,EI} = \frac{24\,\text{kNm}^2}{EI}$$

$$(v_C)_1 = \frac{5q_0L^4}{768\,EI} = \frac{5q_0(2a)^4}{768\,EI} = \frac{5(2\,\text{kN/m})(8\,\text{m})^4}{768\,EI} = \frac{53{,}33\,\text{kNm}^3}{EI}$$

und für die Einzellast

$$(\theta_A)_2 = \frac{PL^2}{16\,EI} = \frac{P(2a)^2}{16\,EI} = \frac{(8\,\text{kN})(8\,\text{m})^2}{16\,EI} = \frac{32\,\text{kNm}^2}{EI}$$

$$(v_C)_2 = \frac{PL^3}{48\,EI} = \frac{P(2a)^3}{48\,EI} = \frac{(8\,\text{kN})(8\,\text{m})^3}{48\,EI} = \frac{85{,}33\,\text{kNm}^3}{EI}$$

Die resultierende Durchbiegung bei C und der resultierende Neigungswinkel bei A ergeben sich aus der Addition dieser Anteile zu

$$\theta_A = (\theta_A)_1 + (\theta_A)_2 = \frac{56\,\text{kNm}^2}{EI}$$

im Uhrzeigersinn und

$$v_C = (v_C)_1 + (v_C)_2 = \frac{139\,\text{kNm}^3}{EI}$$

nach unten.

Beispiel 8.8

Bestimmen Sie am Ende C des überkragenden Trägers die Absenkung, Abbildung 8.22a. Die Biegesteifigkeit EI ist konstant.

$P = 10$ kN, $q_0 = 5$ kN/m, $a = 2$ m

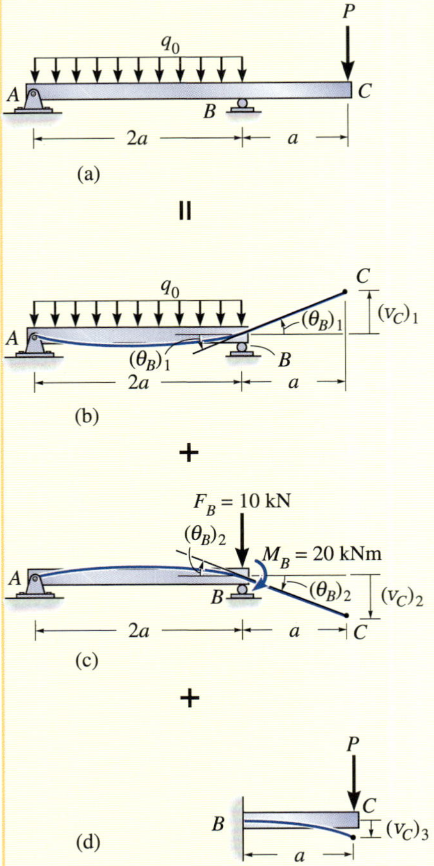

Abbildung 8.22

Lösung

Da überkragende Träger in der *Tabelle in Anhang C nicht* enthalten sind, teilen wir ihn auf in den Anteil eines gelenkig gelagerten und eines eingespannten Trägers. Zunächst berechnen wir bei B den Neigungswinkel, der durch die Wirkung der Streckenlast über die gelenkig gelagerte Spannweite verursacht wird, Abbildung 8.22b:

$$(\theta_B)_1 = \frac{q_0 L^3}{24EI} = \frac{q_0 (2a)^3}{24EI} = \frac{(5\,\text{kN/m})(4\,\text{m})^3}{24EI} = \frac{13{,}33\,\text{kNm}^2}{EI}$$

Dieser Winkel ist klein, d.h. $(\theta_B)_1 \leq \tan(\theta_B)_1$, und damit ist die senkrechte Verschiebung bei C

$$(v_C)_1 = a(\theta_B)_1 = (2\,\text{m})\left(\frac{13{,}33\,\text{kNm}^2}{EI}\right) = \frac{26{,}67\,\text{kNm}^3}{EI}$$

Des Weiteren ruft die Last P auf dem überkragenden Ende C am Lager B des gelenkig gelagerten Bereichs eine statisch äquivalente Belastung hervor, die aus der nach B versetzten Kraft F_B zusammen mit einem Moment $M_B = F_B\,a$ besteht, Abbildung 8.22c. Die Kraft F_B verursacht nunmehr bei B keine Durchbiegung und keine Neigung mehr, das Moment M_B dagegen bedingt dort eine zusätzliche Neigung

$$(\theta_B)_2 = \frac{M_0 L}{3EI} = \frac{M_B (2a)}{3EI} = \frac{(20\,\text{kNm})(4\,\text{m})}{3EI} = \frac{26{,}67\,\text{kNm}^2}{EI}$$

so dass das überkragende Ende C damit um

$$(v_C)_2 = a(\theta_B)_2 = (2\,\text{m})\left(\frac{26{,}67\,\text{kNm}^2}{EI}\right) = \frac{53{,}33\,\text{kNm}^3}{EI}$$

verschoben wird.

Schließlich wird der Kraganteil BC des Trägers durch die Kraft P verformt, Abbildung 8.22d. Die dadurch hervorgerufene Verschiebung des Kragendes C ist

$$(v_C)_3 = \frac{PL^3}{3EI} = \frac{Pa^3}{3EI} = \frac{(10\,\text{kN})(2\,\text{m})^3}{3EI} = \frac{26{,}67\,\text{kNm}^3}{EI}$$

Durch vorzeichenrichtige Überlagerung dieser Ergebnisse erhalten wir die endgültige Absenkung des Endpunktes C zu

$$v_C = \left(-\frac{26{,}7}{EI} + \frac{53{,}3}{EI} + \frac{26{,}7}{EI}\right)\text{kNm}^3 = \frac{53{,}3\,\text{kNm}^3}{EI}$$

Beispiel 8.9 Bestimmen Sie die Durchbiegung am Ende *C* des in Abbildung 8.23 dargestellten Kragträgers mit konstanter Biegesteifigkeit *EI*.

$q_0 = 4\ \text{kN/m},\ a = 3\ \text{m},\ b = 10\ \text{m}$

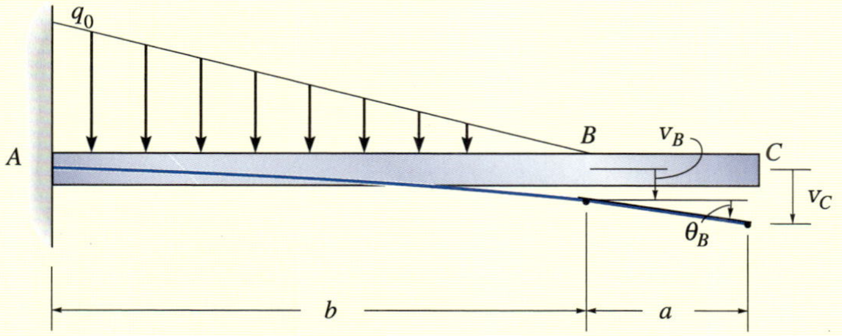

Abbildung 8.23

Lösung

Entsprechend der *Tabelle in Anhang C* der begleitenden Webseite für eine dreieckförmige Streckenlast sind bei Punkt B der Neigungswinkel und die Durchbiegung

$$\theta_B = \frac{q_0 L^3}{24EI} = \frac{q_0 b^3}{24EI} = \frac{(4\,\text{kN/m})(10\,\text{m})^3}{24EI} = \frac{166{,}67\,\text{kNm}^2}{EI}$$

$$v_B = \frac{q_0 L^4}{30EI} = \frac{q_0 b^4}{30EI} = \frac{(4\,\text{kN/m})(10\,\text{m})^3}{30EI} = \frac{1333{,}33\,\text{kNm}^3}{EI}$$

Der unbelastete Bereich BC des Trägers bleibt gerade, siehe Abbildung 8.23. Da der Winkel θ_B klein ist, ergibt sich die resultierende Absenkung des Endpunktes C zu

$$\begin{aligned} v_C &= v_B + \theta_B a \\ &= \frac{1333{,}33\,\text{kNm}^3}{EI} + \frac{166{,}67\,\text{kNm}^2}{EI}(3\,\text{m}) \\ &= \frac{1833\,\text{kNm}^3}{EI} \end{aligned}$$

Beispiel 8.10

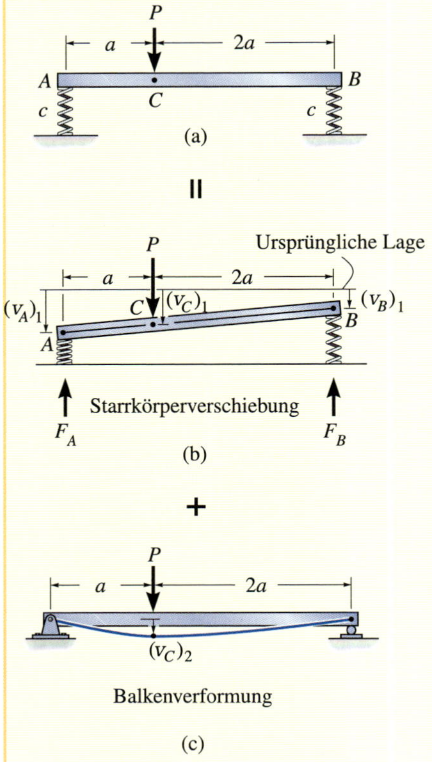

Abbildung 8.24

Der Stahlbalken in Abbildung 8.24a liegt an seinen Enden A und B auf zwei Federn auf. Jede Feder hat eine Federkonstante c und ist im Ausgangszustand ungedehnt. Bestimmen Sie die vertikale Verschiebung der Kraft P, wenn sie am Punkt C angreift. Vernachlässigen Sie das Gewicht des Balkens.

$P = 3$ kN, $c = 45$ kN/m, $a = 1$ m, $E = 200$ GPa, $I = 4{,}6875(10^{-6})$ m^4

Lösung

Die Federkräfte berechnen sich über Gleichgewichtsbedingungen zu

$$F_A = 2 \text{ kN}, \; F_B = 1 \text{ kN}$$

Die Federn stauchen sich infolge der Kräfte F_A und F_B um

$$(v_A)_1 = \frac{F_A}{c} = \frac{2\,\text{kN}}{45\,\text{kN/m}} = 0{,}0444\,\text{m}$$

$$(v_B)_1 = \frac{F_B}{c} = \frac{1\,\text{kN}}{45\,\text{kN/m}} = 0{,}0222\,\text{m}$$

Betrachten wir den Balken als starr, erzeugen diese Verformungen eine Verschiebung in die Lage, wie sie in Abbildung 8.24b dargestellt ist. Damit ergibt sich für den Kraftangriffspunkt C eine Verschiebung

$$(v_C)_1 = (v_B)_1 + \frac{2a}{3a}\left[(v_A)_1 - (v_B)_1\right]$$

$$= 0{,}0222\,\text{m} + \frac{2}{3}(0{,}0444\,\text{m} - 0{,}0222\,\text{m})$$

$$(v_C)_1 = 0{,}0370 \text{ m}$$

nach unten. Für die durch die Balkendeformation verursachte Verschiebung von C (Abbildung 8.24c) lässt sich die *Tabelle in Anhang C* der begleitenden Webseite nutzen. Wir erhalten

$$(v_C)_2 = \frac{Pab}{6EIL}\left(L^2 - b^2 - a^2\right)$$

$$= \frac{P(a)(2a)}{6EI\,(3a)}\left[(3a)^2 - (2a)^2 - a^2\right]$$

$$= \frac{(3\,\text{kN})(1\,\text{m})(2\,\text{m})\left[(3\,\text{m})^2 - (2\,\text{m})^2 - (1\,\text{m})^2\right]}{6(200)(10^6)\,\text{kN/m}^2\,(4{,}6875)(10^{-6})\,\text{m}^4\,(3\,\text{m})}$$

$$(v_C)_2 = 0{,}001422 \text{ m} = 1{,}422 \text{ mm}$$

ebenfalls nach unten. Durch Addition der beiden Anteile finden wir

$$v_C = 0{,}0370 \text{ m} + 0{,}001422 \text{ m} = 0{,}0384 \text{ m} = 38{,}4 \text{ mm}$$

8.5 Statisch unbestimmt gelagerte Balken und Wellen

Ein Berechnungsverfahren für statisch unbestimmt gelagerte, axial belastete Stäbe bzw. torsionsbelastete Wellen wurde bereits in den Abschnitten 4.4 und 4.5 bzw. 6.5 diskutiert. Im vorliegenden Abschnitt stellen wir eine entsprechende Methode zur Bestimmung der Lagerreaktionen bei statisch unbestimmten Balken und Wellen unter Biegebelastung vor. Bekanntlich wird ein Tragwerk als *statisch unbestimmt* gelagert eingestuft, wenn die Anzahl der unbekannten Reaktionen die verfügbare Anzahl der Gleichgewichtsbedingungen *übersteigt*.

Alle zusätzlichen Lagerreaktionen an dem Balken oder der Welle, die nicht benötigt werden, um das Bauteil in einem stabilen Gleichgewichtszustand zu halten, werden als *redundant* oder *überzählig* bezeichnet. Die Anzahl dieser überzähligen Lagerreaktionen bestimmt den *Grad der Unbestimmtheit*. Betrachten wir zum Beispiel den in Abbildung 8.25a dargestellten Balken. Die Zeichnung des Freikörperbildes ergibt, dass vier unbekannte Lagerreaktionen auftreten, Abbildung 8.25b. Weil für die Problemlösung drei Gleichgewichtsbedingungen zur Verfügung stehen, wird der Balken als einfach statisch unbestimmt klassifiziert. Es können entweder A_y, B_y oder M_A als überzählige Reaktion verwendet werden, denn wenn eine dieser Reaktionen entfernt wird, bleibt der Balken trotzdem unverschiebbar und stabil im Gleichgewicht (A_x kann nicht als redundante Reaktion eingestuft werden, denn $\sum F_x = 0$ wäre dann nicht für alle Belastungsfälle erfüllbar).

Entsprechend ist der Durchlaufträger in Abbildung 8.26a zweifach statisch unbestimmt gelagert, denn es gibt fünf unbekannte Reaktionen, aber nur drei zur Verfügung stehende Gleichgewichtsbedingungen, Abbildung 8.26b. Hier kann man die beiden überzähligen Lagerreaktionen aus den Größen A_y, B_y, C_y und D_y auswählen.

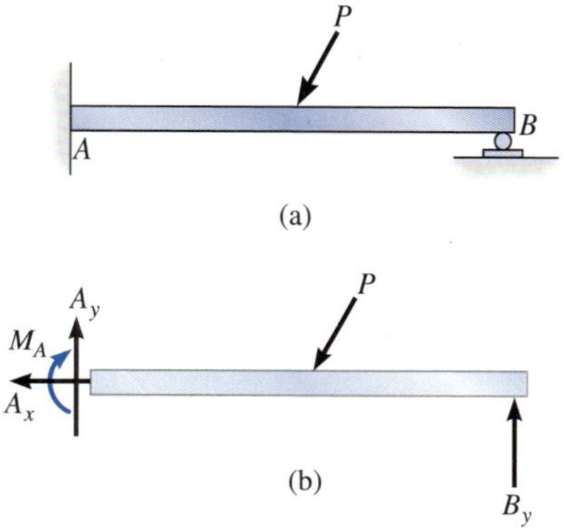

Abbildung 8.25

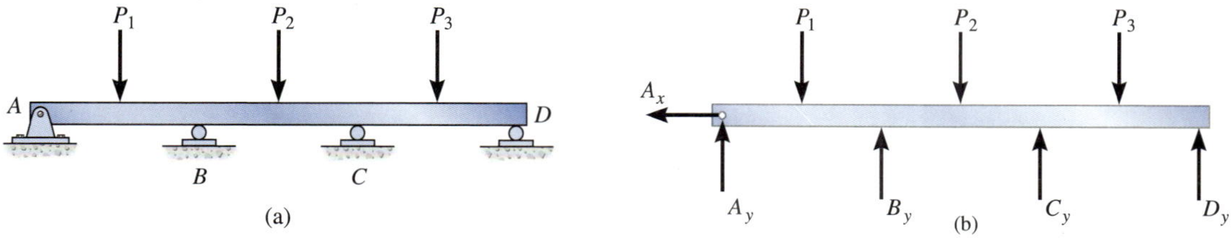

Abbildung 8.26

Für die Bestimmung der Lagerreaktionen an einem statisch unbestimmt gelagerten Balken (oder einer Welle) ist es zunächst notwendig, die überzähligen Reaktionen festzulegen. Wir können diese aus den geometrischen Gegebenheiten, bekannt als *Kompatibilitätsbedingungen*, ermitteln. Nach der Festlegung lässt man die überzähligen Reaktionen dann an dem Balken als äußere Wirkungen angreifen und berechnet die Biegeverformung in Abhängigkeit der überzähligen Reaktionen. Die

Das hier gezeigte Tragwerk zur Abstützung des Brückendecks ist ein Beispiel eines statisch unbestimmt gelagerten Balkens.

Anpassung an alle relevanten Rand- und Übergangsbedingungen liefert dann neben den Integrationskonstanten auch Ergebnisse für die überzähligen Lagerreaktionen. Die verbleibenden Reaktionen werden dann abschließend aus den Gleichgewichtsbedingungen bestimmt.

In den folgenden Abschnitten dokumentieren wir zwei Lösungswege, nämlich unter Verwendung der direkten Integrationsmethode, Abschnitt 8.6 und mit Hilfe der Superpositionsmethode, Abschnitt 8.7.

8.6 Statisch unbestimmt gelagerte Balken und Wellen – Integrationsmethode

Die Integrationsmethode, die bereits in Abschnitt 8.2 diskutiert wurde, erfordert zwei Integrationen der Differenzialgleichung $d^2v/dx^2 = M/(EI)$, nachdem das innere Biegemoment M des Balkens als Funktion von x berechnet wurde. Wenn der Balken statisch unbestimmt gelagert ist, wird M auch in Abhängigkeit der *unbekannten* überzähligen (redundanten) Lagerreaktionen formuliert. Nach zweimaliger Integration der Differenzialgleichung der elastischen Linie ergeben sich zwei Integrationskonstanten, und auch die überzähligen Lagerreaktionen müssen noch ermittelt werden. Trotzdem können diese Unbekannten immer aus den Randbedingungen und/oder den Übergangsbedingungen des Problems ermittelt werden.

Der Balken in Abbildung 8.27a hat eine überzählige Lagerreaktion, entweder A_y, M_A oder B_y, Abbildung 8.27b. Nach entsprechender Auswahl kann das Schnittmoment M im Balken in Abhängigkeit dieser Überzähligen formuliert werden. Wir integrieren dann die Biegemoment-Krümmungs-Beziehung und können anschließend die beiden Integrationskonstanten sowie die unbekannte Lagerreaktion aus den drei Randbedingungen $v = 0$ bei $x = 0$, $dv/dx = 0$ bei $x = 0$ und $v = 0$ bei $x = L$ bestimmen.

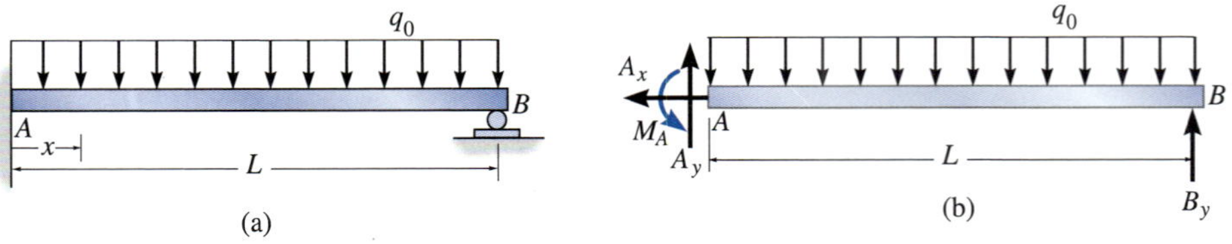

Abbildung 8.27

Die nachfolgenden Aufgaben illustrieren ausgewählte Anwendungen dieser Methode anhand des Berechnungsverfahrens, wie es in Abschnitt 8.2 vorgestellt wurde.

Beispiel 8.11 Der Balken in Abbildung 8.28a ist der dargestellten Streckenlast ausgesetzt. Bestimmen Sie die Lagerreaktionen bei A. Die Biegesteifigkeit EI ist konstant.

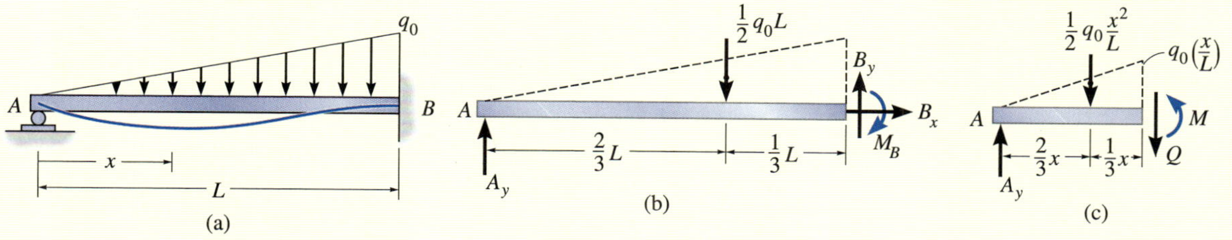

Abbildung 8.28

Lösung

Biegelinie Der Balken biegt sich entsprechend der Darstellung in Abbildung 8.28a. Es wird hier nur eine x-Koordinate benötigt. Sie soll nach rechts gerichtet sein, denn das innere Moment ist dann besonders einfach zu formulieren.

Biegemomentenverlauf Der Balken ist einfach statisch unbestimmt gelagert, wie im Freikörperbild der Abbildung 8.28b angegeben. Wir können das innere Moment M in Abhängigkeit der unbekannten Kraft A_y bei A im gesamten Bereich $0 \le x \le L$ aus dem Freikörperbild in Abbildung 8.28c berechnen:

$$M = A_y x - \frac{1}{3}\frac{1}{2} q_0 \frac{x^3}{L}$$

Neigungswinkel und Durchbiegung Wir verwenden Gleichung (8.10) und erhalten

$$EI\frac{d^2v}{dx^2} = A_y x - \frac{1}{6} q_0 \frac{x^3}{L}$$

$$EI\frac{dv}{dx} = \frac{1}{2} A_y x^2 - \frac{1}{24} q_0 \frac{x^4}{L} + C_1$$

$$EIv = \frac{1}{6} A_y x^3 - \frac{1}{120} q_0 \frac{x^5}{L} + C_1 x + C_2$$

Die drei Unbekannten A_y, C_1 und C_2 werden aus den Randbedingungen $v = 0$ bei $x = 0$, $dv/dx = 0$ bei $x = L$ und $v = 0$ bei $x = L$ bestimmt. Die Anwendung dieser Randbedingungen führt zu den Bestimmungsgleichungen

$x = 0$: $v = 0$;

$$EIv = \frac{1}{6} A_y x^3 - \frac{1}{120} q_0 \frac{x^4}{L} + C_1 x + C_2$$

$$0 = 0 - 0 + 0 + C_2$$

$x = L$: $dv/dx = 0$; $$EI\frac{dv}{dx} = \frac{1}{2}A_y x^2 - \frac{1}{24}q_0\frac{x^4}{L} + C_1$$

$$0 = \frac{1}{2}A_y L^2 - \frac{1}{24}q_0 L^3 + C_1 \quad (1)$$

$x = L$: $v = 0$; $$EIv = \frac{1}{6}A_y x^3 - \frac{1}{120}q_0\frac{x^5}{L} + C_1 x + C_2$$

$$0 = \frac{1}{6}A_y L^3 - \frac{1}{120}q_0 L^4 + C_1 L + C_2 \quad (2)$$

Wir erhalten damit direkt die Konstante C_2 und ermitteln aus den Gleichungen (1) und (2) die verbleibenden Größen A_y und C_1. Insgesamt erhalten wir

$$A_y = \frac{1}{10}q_0 L$$

$$C_1 = -\frac{1}{120}q_0 L^3$$

$$C_2 = 0$$

Mit Hilfe der Ergebnisse für A_y können die Reaktionen bei B aus den Gleichgewichtsbedingungen ermittelt werden, Abbildung 8.28b. Zeigen Sie, dass sich $B_x = 0$, $B_y = 2q_0L/5$ und $M_B = q_0L^2/15$ ergibt.

Beispiel 8.12

Der Balken in Abbildung 8.29a ist an beiden Enden eingespannt und wie dargestellt belastet. Bestimmen Sie an den Einspannungen alle Reaktionen. Vernachlässigen Sie die Effekte einer axialen Beanspruchung.

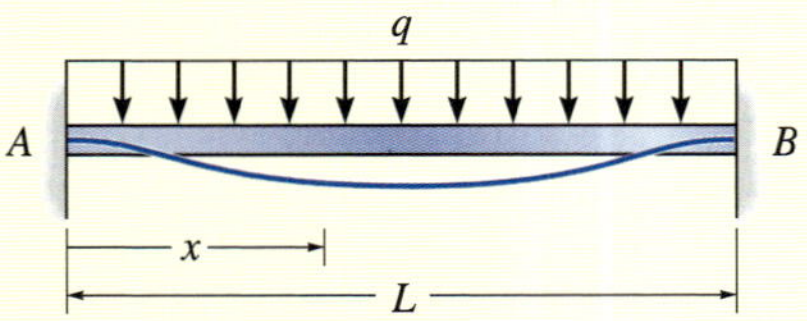

(a)

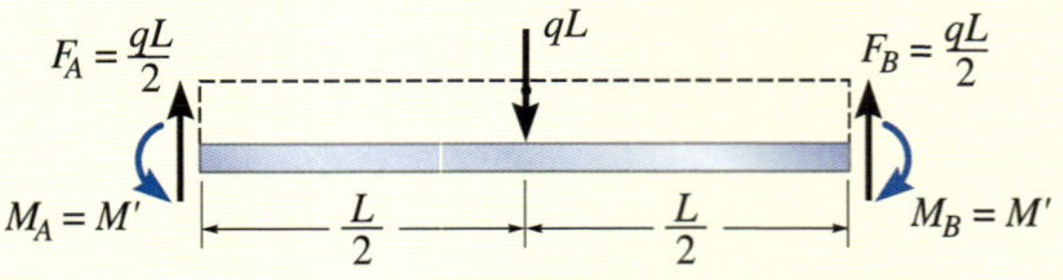

(b)

Abbildung 8.29

Lösung

Biegelinie Der Balken verbiegt sich entsprechend der Darstellung in Abbildung 8.29a. Genau wie in der vorangehenden Aufgabe benötigen wir für die Lösung nur eine x-Koordinate, denn die den gesamten Balken überspannende Belastung ist stetig.

Biegemomentenverlauf Entsprechend dem Freikörperbild, Abbildung 8.29b, müssen die vertikalen Lagerkräfte und die Einspannmomente bei A und B gleich sein, denn Geometrie und Belastung sind beide symmetrisch. Deshalb folgt aus der Gleichgewichtsbedingung $\sum F_y = 0$ das Ergebnis

$$F_A = F_B = \frac{qL}{2}$$

Der Balken kann unter den erkannten Symmetriebedingungen als einfach statisch unbestimmt angesehen werden, wobei M' überzählig ist. Gemäß dem in Abbildung 8.29c dargestellten Balkenstück kann das innere Biegemoment M als Funktion von M' in der Form

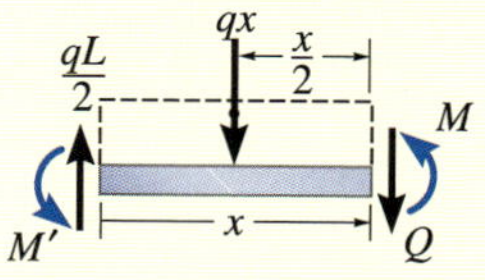

(c)

Abbildung 8.29

$$M = \frac{qL}{2}x - \frac{q}{2}x^2 - M'$$

berechnet werden.

Neigungswinkel und Durchbiegung Wir nutzen Gleichung (8.10) und erhalten

$$EI\frac{d^2v}{dx^2} = \frac{qL}{2}x - \frac{q}{2}x^2 - M'$$

$$EI\frac{dv}{dx} = \frac{qL}{4}x^2 - \frac{q}{6}x^3 - M'x + C_1$$

$$EIv = \frac{qL}{12}x^3 - \frac{q}{24}x^4 - \frac{M'}{2}x^2 + C_1x + C_2$$

Die drei Unbekannten M', C_1 und C_2 können aus den *drei* Randbedingungen $v = 0$ bei $x = 0$ (führt auf $C_2 = 0$), $dv/dx = 0$ bei $x = 0$ (ergibt $C_1 = 0$) und $v = 0$ bei $x = L$ bestimmt werden. Die Auswertung der letztgenannten Bestimmungsgleichung ergibt

$$EIv = \frac{qL}{12}x^3 - \frac{q}{24}x^4 - \frac{M'}{2}x^2 + C_1x + C_2$$

$$0 = \frac{qL}{12}L^3 - \frac{q}{24}L^4 - \frac{M'}{2}L^2 + 0 + 0$$

$$M' = \frac{qL^2}{12}$$

Beachten Sie, dass aufgrund der Symmetrie und unter Anwendung der erhaltenen Ergebnisse die verbleibende Randbedingung $dv/dx = 0$ bei $x = L$ automatisch erfüllt ist.

Es sollte erkennbar geworden sein, dass die direkte Integrationsmethode insbesondere dann geeignet ist, wenn zur Charakterisierung der Biegelinie nur eine x-Koordinate benötigt wird. Sind mehrere x-Koordinaten erforderlich, so müssen auch Übergangsbedingungen aufgestellt werden, was das Lösungsverfahren komplizierter macht.

8.7 Statisch unbestimmt gelagerte Träger und Wellen – Superpositionsmethode

Die Superpositionsmethode wurde bereits insbesondere in Abschnitt 4.5 für die Bestimmung überzähliger Reaktionen von axial beanspruchten Stäben genutzt. Für die Lösung von statisch unbestimmt gelagerten Balken (oder Wellen) unter Biegung mit Hilfe dieser Methode ist es zunächst erforderlich, die überzähligen Lagerreaktionen herauszufinden, so wie es in Abschnitt 8.5 erläutert wurde. Nach deren *Entfernung* vom aktuell vorliegenden System erhalten wir das so genannte *Primärsystem*, das statisch bestimmt und stabil und *lediglich* der äußeren Last ausgesetzt ist. Wenn wir zu diesem Primärsystem eine Reihe entsprechend gelagerter Balken hinzufügen, die jeweils mit einer *separaten* überzähligen Reaktion belastet werden, dann erhalten wir durch geeignete Superposition die wirkliche Situation. Zur Bestimmung der überzähligen Reaktionen müssen wir schließlich die *Kompatibilitätsbedingungen* verwenden, die an den Lagerungen existieren, dort wo die überzähligen Reaktionen wirken. Da die unbekannten Kräfte auf diese Weise direkt bestimmt werden, wird diese Methode manchmal auch als ***Kraftgrößen-Verfahren*** bezeichnet. Nach der Bestimmung der überzähligen Reaktionen werden die verbleibenden Reaktionen dann aus den Gleichgewichtsbedingungen ermittelt.

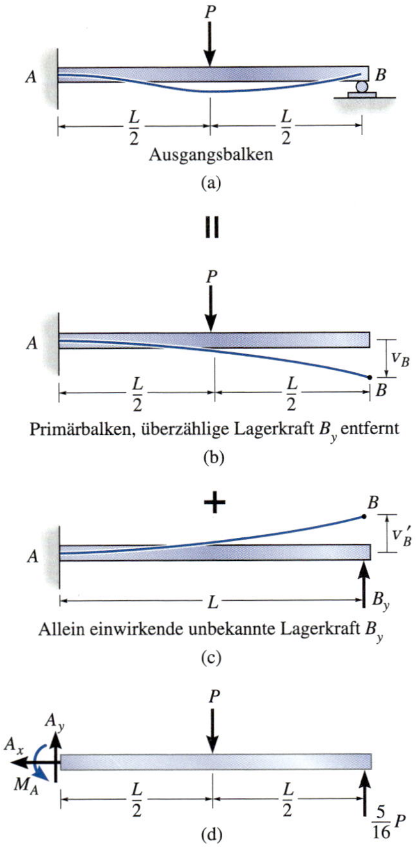

Abbildung 8.30

Zur Verdeutlichung dieses Verfahrens betrachten wir den in Abbildung 8.30a dargestellten Balken. Wenn wir am Rollenlager die Reaktion B_y als überzählige Lagerreaktion auswählen, entstehen daraus der in Abbildung 8.30b dargestellte Primärbalken und der in Abbildung 8.30c dargestellte Balken, an dem nur noch die unbekannte Kraft B_y wirkt. Am Rollenlager muss die Durchbiegung gleich null sein. Weil die Durchbiegung des Punktes B am Primärbalken v_B ist und B_y eine Verschiebung des Punktes B um v'_B nach oben bewirkt, können wir die Kompatibilitätsbedingung bei B des aktuellen Problems in der Form

$$0 = -v_B + v'_B$$

schreiben. Die Verschiebungen v_B und v'_B können mit jeder der in Abschnitt 8.2 bis 8.4 diskutierten Methoden ermittelt werden. Hier erhalten wir sie direkt aus der Tabelle von Anhang C der begleitenden Webseite:

$$v_B = \frac{5PL^3}{48EI} \quad \text{und} \quad v'_B = \frac{B_y L^3}{3EI}$$

Durch Einsetzen in die Kompatibilitätsbedingung ergibt sich

$$0 = -\frac{5PL^3}{48EI} + \frac{B_y L^3}{3EI}$$

$$B_y = \frac{5}{16}P$$

Da B_y nun bekannt ist, können die Reaktionen an der Einspannung aus den drei für den aktuellen Balken mittels Freikörperbild gemäß Abbildung 8.30d aufgestellten Gleichgewichtsbedingungen bestimmt werden. Die Ergebnisse sind

$$A_x = 0 \qquad A_y = \frac{11}{16}P$$

$$M_A = \frac{3}{16}PL$$

Wie in Abschnitt 8.5 bereits dargelegt, wird die überzählige Lagerreaktion unter der Voraussetzung, dass der Primärbalken im stabilen, unbeweglichen Zustand bleibt, beliebig ausgewählt. Zum Beispiel kann auch das Einspannmoment bei A, siehe Abbildung 8.31a, als überzählige Reaktion aufgefasst werden. In diesem Fall wird die Fähigkeit der Einspannung, ein Moment M_A aufzunehmen, „entfernt", d.h. der Primärbalken ist dann über ein unverschiebbares Gelenklager an die Umgebung angeschlossen, Abbildung 8.31b. Ergänzend wird der gelenkgelagerte Balken unter Einwirkung des unbekannten Moments bei A allein betrachtet, Abbildung 8.31c. Infolge der bei A durch die Last P verursachten Neigung θ_A sowie der aufgrund von M_A bei A erzeugten Neigung θ'_A muss als Kompatibilitätsbedingung hinsichtlich des Neigungswinkels an der Einspannung A des aktuellen Balkens die Beziehung

$$0 = \theta_A + \theta'_A$$

erfüllt sein.

Wir verwenden wieder die Tabelle aus Anhang C der begleitenden Webseite und erhalten

$$\theta_A = \frac{PL^2}{16EI} \quad \text{und} \quad \theta'_A = \frac{M_A L}{3EI}$$

Somit ist

$$0 = \frac{PL^2}{16EI} + \frac{M_A L}{3EI}$$

$$M_A = -\frac{3}{16}PL$$

Das ist das gleiche Resultat, wie es bereits vorher berechnet wurde. Das negative Vorzeichen für M_A bedeutet hier einfach, dass es in Wirklichkeit in die entgegengesetzte Richtung wirkt als dasjenige, das in Abbildung 8.31c eingetragen ist.

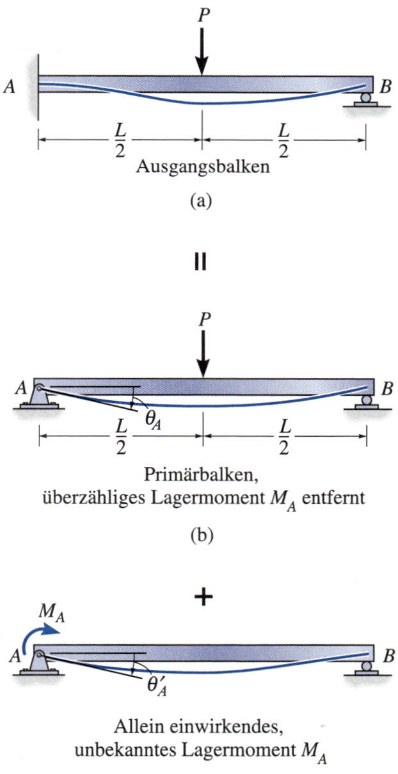

Abbildung 8.31

Ein weiteres Beispiel zur Illustration dieser Methode ist in Abbildung 8.32a angegeben. In diesem Fall ist der Balken zweifach statisch unbestimmt gelagert, und deshalb sind für die Lösung *zwei* Kompatibilitätsbedingungen notwendig. Wir wählen daher die Kräfte an den Rollenlagern B und C als überzählige Reaktionen aus. Der Primärbalken (statisch bestimmt) verformt sich entsprechend der Darstellung in Abbildung 8.32b, wenn die überzähligen Lagerreaktionen entfernt werden. Jede einzelne überzählige Kraft verformt diesen Balken, wie in Abbildung 8.32c bzw. Abbildung 8.32d gezeigt. Durch Superposition ergeben sich die Kompatibilitätsgleichungen für die vertikalen Verschiebungen von B und C des aktuellen Balkens zu

$$\begin{aligned} 0 &= v_B + v'_B + v''_B \\ 0 &= v_C + v'_C + v''_C \end{aligned} \tag{8.18}$$

Die Verschiebungsanteile v'_B und v'_C werden hierbei der Einwirkung der überzähligen Reaktion B_y zugeordnet, die Anteile v''_B und v''_C der Einwirkung von C_y. Nach Bestimmung der Verschiebungen und Einsetzen in Gleichung (8.18) können daraus die beiden Unbekannten B_y und C_y ermittelt werden.

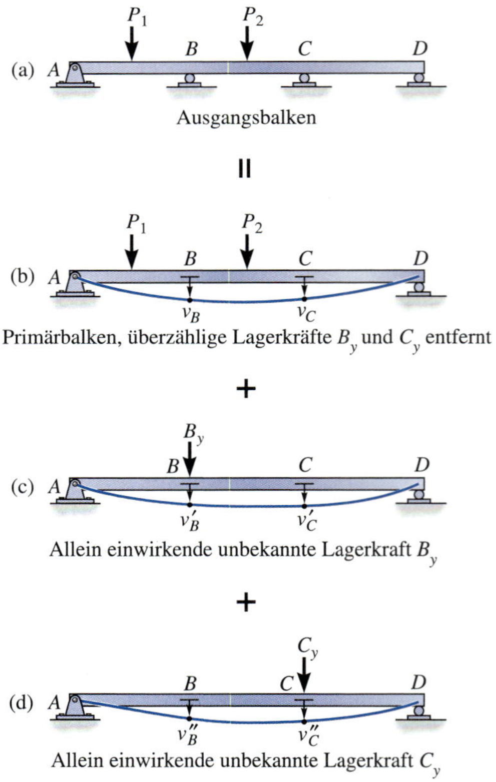

Abbildung 8.32

Lösungsweg

Der nachfolgende Lösungsweg beschreibt die Anwendung der Superpositionsmethode (als Kraftgrößen-Verfahren) zur Bestimmung von Reaktionen statisch unbestimmt gelagerter Balken und Wellen.

Biegelinie

- Legen Sie die unbekannten Kräfte oder Momente fest, die vom Träger entfernt werden müssen, um diesen statisch bestimmt und stabil zu lagern.
- Zeichnen Sie zur Anwendung der Superpositionsmethode ausgehend vom statisch unbestimmt gelagerten Träger eine Folge von zugehörigen *statisch bestimmt gelagerten Trägern*.
- Der erste dieser Träger, der Primärbalken, nimmt die gleichen äußeren Lasten auf wie der statisch unbestimmte Träger. Jeder weitere Träger, der dem Primärträger „hinzugefügt" wird, sieht als Trägerbelastung die separaten überzähligen Reaktionen vor.
- Stellen Sie die Biegelinie für jeden Träger grafisch dar und kennzeichnen Sie die Verschiebung oder den Neigungswinkel am Angriffspunkt jeder unbekannten Reaktion (Kraft oder Moment) qualitativ.

Kompatibilitätsbedingungen

- Schreiben Sie eine Kompatibilitätsbedingung für die Verschiebung oder den Neigungswinkel für jede Stelle, an der eine unbekannte Kraft oder ein unbekanntes Moment vorliegt, die für den aktuellen, statisch unbestimmt gelagerten Balken gültig sein muss.
- Bestimmen Sie die Verschiebungen oder Neigungswinkel mit Hilfe einer geeigneten Methode, wie in den Abschnitten 8.2 bis 8.4 beschrieben.
- Setzen Sie die Ergebnisse in die Kompatibilitätsbedingungen ein und lösen Sie diese für die unbekannten Kräfte und Momente.
- Ist ein numerischer Wert für eine unbekannte Kraft oder ein unbekanntes Moment *positiv*, dann haben diese Reaktionen den *gleichen Richtungssinn* wie ursprünglich angenommen. Analog weist ein *negativer* Zahlenwert darauf hin, dass sie *entgegengesetzt* zum angenommenen *Richtungssinn* wirken.

Gleichgewichtsbedingungen

- Sind die überzähligen Reaktionen bestimmt, können die verbleibenden unbekannten Reaktionen aus den Gleichgewichtsbedingungen ermittelt werden, die mittels Freikörperbild des aktuellen Balkens aufgestellt werden.

Die nachfolgenden Beispiele illustrieren die Anwendung des Berechnungsverfahrens. Im Sinne einer gestrafften Lösung werden alle Verschiebungen und Neigungswinkel aus der Tabelle in Anhang C der begleitenden Webseite ermittelt.

Beispiel 8.13

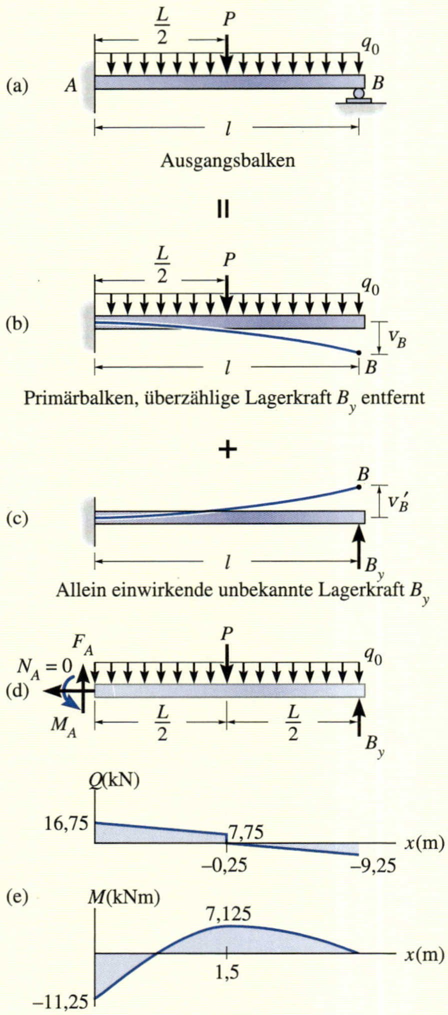

Abbildung 8.33

Bestimmen Sie die Reaktionen am Rollenlager B des Balkens in Abbildung 8.33a und zeichnen Sie dann die Querkraft- und die Biegemomentenlinie. Die Biegesteifigkeit EI ist konstant.

$P = 8$ kN, $q_0 = 6$ kN/m, $l = 3$ m

Lösung

Superpositionsmethode Die Überprüfung ergibt, dass der Balken einfach statisch unbestimmt gelagert ist. Das Rollenlager bei B wird als redundant gewählt; die überzählige Reaktion B_y soll *direkt* bestimmt werden. Abbildung 8.33b und Abbildung 8.33c zeigen die Anwendung der Superpositionsmethode. Hierbei haben wir angenommen, dass B_y am Balken nach oben wirkt.

Kompatibilitätsbedingung Wir wählen positive Verschiebungen nach unten, so dass die Kompatibilitätsbedingung bei B in der Form

$$0 = v_B - v'_B \tag{1}$$

zu gelten hat. Die Verschiebungen können direkt aus der *Tabelle in Anhang C* der begleitenden Webseite ermittelt werden:

$$v_B = \frac{q_0 L^4}{8EI} + \frac{5PL^3}{48EI} = \frac{q_0 l^4}{8EI} + \frac{5Pl^3}{48EI}$$
$$= \frac{(6\text{kN/m})(3\text{m})^4}{8EI} + \frac{5(8\text{kN})(3\text{m})^3}{48EI}$$
$$= \frac{83{,}25\text{kNm}^3}{EI}$$

$$v'_B = \frac{PL^3}{3EI} = \frac{Bl^3}{3EI} = \frac{B_y(3\text{m})^3}{3EI}$$
$$= \frac{(9\text{m}^3)B_y}{EI}$$

Wir setzen die Ergebnisse in Gleichung (1) ein, lösen diese Gleichung und erhalten

$$0 = \frac{83{,}25\text{kNm}^3}{EI} - \frac{9B_y\text{m}^3}{EI}$$

$$B_y = 9{,}25 \text{ kN}$$

Gleichgewichtsbedingungen Mit Hilfe dieses Resultats für B_y und den drei Gleichgewichtsbedingungen erhalten wir für die anderen Reaktionen die Ergebnisse, die im Freikörperbild des Balkens eingetragen sind, Abbildung 8.33d. Die Querkraft- und Momentenlinien zeigt Abbildung 8.33e mit

$$N_A = 0,\ Q_A = 16{,}75 \text{ kN},\ M_A = 11{,}25 \text{ kNm}$$

Beispiel 8.14 Bestimmen Sie die Lagerreaktionen des in Abbildung 8.34a dargestellten Trägers. Infolge der Belastungssituation und einer mangelhaften Auslegung senkt sich der Balken beim Rollenlager B um den Wert s ab.

$q_0 = 24$ kN/m, $s = 12$ mm, $L = 4$ m, $E = 200$ GPa, $I = 80(10^6)$ mm^4

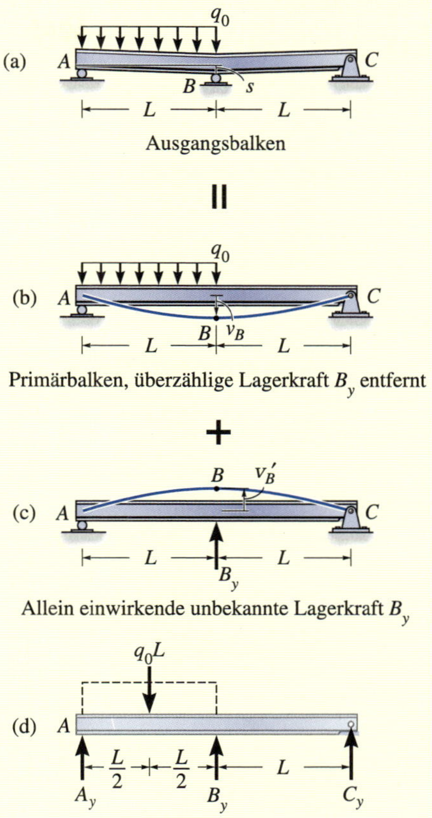

Abbildung 8.34

Lösung

Superpositionsmethode Die Überprüfung zeigt, dass der Träger einfach statisch unbestimmt gelagert ist. Das Rollenlager bei B wird als redundant ausgewählt. Die Superpositionsmethode ist in Abbildung 8.34b und Abbildung 8.34c dargelegt. Hierbei wird angenommen, dass B_y am Träger nach oben wirkt.

Kompatibilitätsbedingung Mit Bezug auf Punkt B muss die Bedingung

$$s = v_B - v'_B \qquad (1)$$

erfüllt sein. Aus der *Tabelle in Anhang C* der begleitenden Webseite erhält man für die Verschiebungen

$$v_B = \frac{5q_0L^4}{768EI} = \frac{5q_0(2L)^4}{768EI} = \frac{5(24\text{kN/m})(8\text{m})^4}{768EI}$$

$$= \frac{640\text{kNm}^3}{EI}$$

$$v'_B = \frac{PL^3}{48EI} = \frac{B_y(2L)^3}{48EI} = \frac{B_y(8\text{m})^3}{48EI}$$

$$= \frac{10{,}67\text{m}^3 B_y}{EI}$$

Somit nimmt Gleichung (1) die Form $0{,}012\text{m}\ EI = 640\text{kNm}^3 - 10{,}67\ B_y\text{m}^3$ an. Wir setzen die Zahlenwerte für E und I ein und erhalten damit

$$B_y = 42{,}0 \text{ kN}$$

Gleichgewichtsbedingungen Mit dem Ergebnis für B_y können wir gemäß Abbildung 8.34d die Reaktionen bei A und C mit Hilfe der zugehörigen Gleichgewichtsbedingungen berechnen. Es ergibt sich

$$\sum M_A = 0; \qquad -q_0L\,(L/2) + B_y\,(L) + C_y\,(2L) = 0$$

$$C_y = \frac{q_0L\left(\frac{L}{2}\right) - B_y(L)}{2L} = \frac{(24\text{kN/m})(4\text{m})(2\text{m}) - 42\text{kN}(4\text{m})}{8\text{m}}$$

$$C_y = 3{,}0 \text{ kN}$$

$$\sum F_y = 0; \qquad A_y - q_0L + B_y + C_y = 0$$

$$A_y = q_0L - B_y - C_y = 24 \text{ kN/m } (4 \text{ m}) - 42 \text{ kN} - 3 \text{ kN}$$

$$A_y = 51 \text{ kN}$$

Beispiel 8.15

Der Träger in Abbildung 8.35a ist in der Wand bei A fest eingespannt und über eine elastische Pendelstütze BC mit dem Durchmesser d an der Decke bei C befestigt. Bestimmen Sie bei einem für beide Bauteile gegebenen Elastizitätsmodul E die in der Pendelstütze aufgrund der Belastung erzeugte Axialkraft. Das maßgebende Flächenträgheitsmoment des Balkens ist I.

$P = 40$ kN, $a = 2$ m, $b = 3$ m, $E = 210$ GPa, $I = 186(10^6)$ mm⁴, $d = 12$ mm

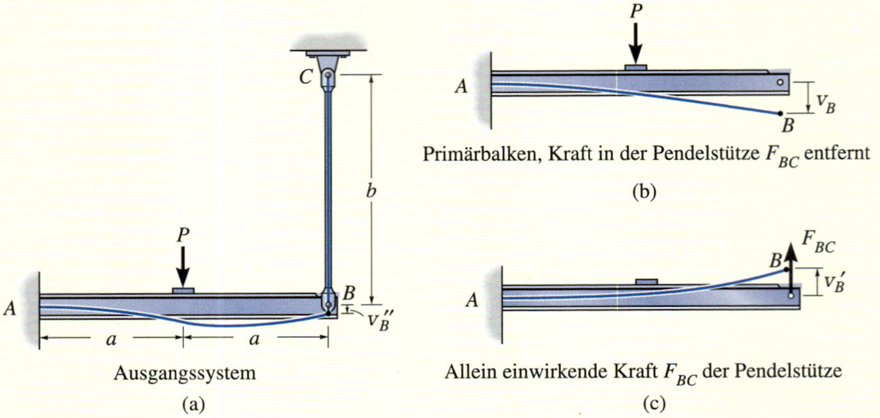

Abbildung 8.35

Lösung I

Superpositionsmethode Die Nachprüfung ergibt, dass das Problem einfach statisch unbestimmt ist. Hierbei erfährt B eine unbekannte vertikale Verschiebung v'', da sich die Pendelstütze dehnen kann. Die Stütze wird als überzählig angesehen und damit wird die Axialkraft der Stütze auf den Träger von diesem bei B entfernt, um den Primärbalken zu erhalten, Abbildung 8.35b. Anschließend wirkt sie allein auf den Balken ein, Abbildung 8.35c.

Kompatibilitätsbedingung Bei Punkt B muss

$$v_B'' = v_B - v_B' \tag{1}$$

gelten. Die Verschiebungen v_B und v_B' werden aus der *Tabelle in Anhang C* der begleitenden Webseite ermittelt. v_B'' wird aus Gleichung (4.2) berechnet:

$$v_B'' = \frac{PL}{EA} = \frac{F_{BC}b}{\pi\left(\frac{d}{2}\right)^2 E} = \frac{F_{BC}(3000\text{mm})}{\pi(6\text{mm})^2\left[(210)(10^3)\text{N/mm}^2\right]}$$

$$= 1{,}26\left(10^{-4}\right)F_{BC}\,\frac{\text{mm}}{\text{N}}$$

$$v_B = \frac{5PL^3}{48EI} = \frac{5P(2a)^3}{48EI} = \frac{5(40\text{kN})(4000\text{mm})^3}{48\left[(210)(10^3)\text{N/mm}^2\right]186(10^6)\text{mm}^4}$$

$$= 6{,}83\text{mm}$$

$$v'_B = \frac{PL^3}{3EI} = \frac{F_{BC}(2a)^3}{3EI} = \frac{F_{BC}(4000\text{mm})^3}{3\left[(210)(10^3)\text{N/mm}^2\right]186(10^6)\text{mm}^4}$$

$$= 0{,}546\left(10^{-3}\right)\frac{\text{mm}}{\text{N}}F_{BC}$$

Damit kann Gleichung (1) ausgewertet werden:

$$1{,}26\left(10^{-4}\right)\frac{\text{mm}}{\text{N}}F_{BC} = 6{,}83\text{mm} - 0{,}546\left(10^{-3}\right)\frac{\text{mm}}{\text{N}}F_{BC}$$

$$F_{BC} = 10{,}16(10^3)\ \text{N} = 10{,}15\ \text{kN}$$

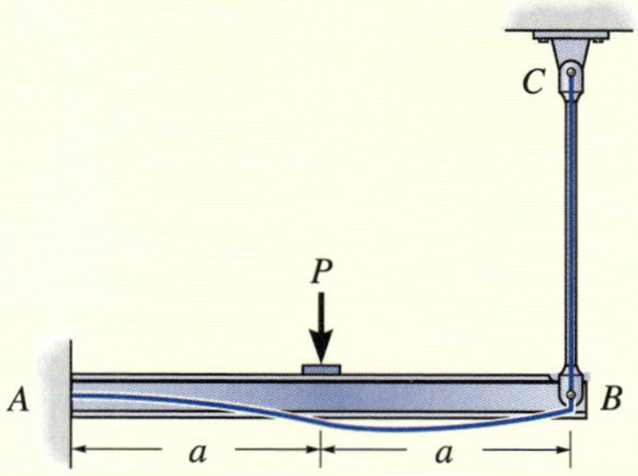

Ausgangssystem

(d)

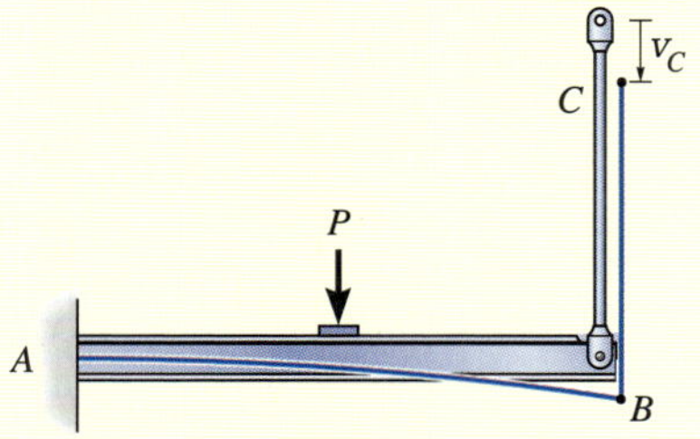

Primärbalken, überzählige Lagerkraft F_{BC} entfernt

(e)

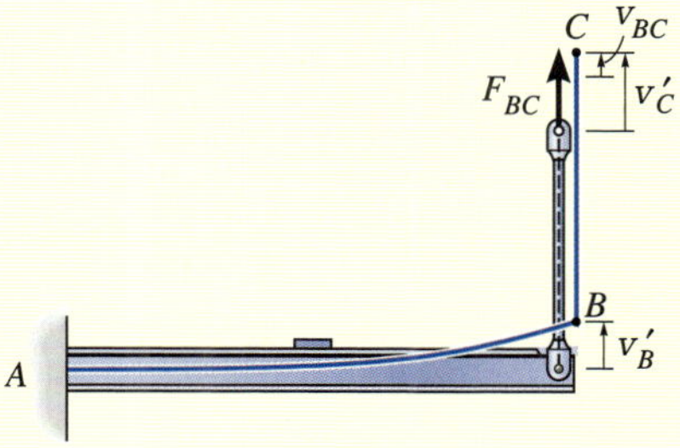

Allein einwirkende unbekannte Lagerkraft F_{BC}

(f)

Abbildung 8.35

Lösung II

Superpositionsmethode Wir können das Problem auch lösen, indem wir das Gelenklager bei C entfernen und die Stütze weiterhin an dem Balken befestigt lassen. In diesem Fall bewirkt die Last P für das Primärsystem eine Verschiebung der Punkte B und C um den *gleichen Betrag* v_C nach unten, Abbildung 8.35e, denn am Stab BC existiert keine Kraft. Bei Einwirkung der überzähligen Kraft F_{BC} am Punkt C führt diese auf eine Verschiebung des Stabendes C um v'_C sowie des Balkenendes um v'_B nach oben, Abbildung 8.35f. Der Unterschied v_{BC} der beiden Verschiebungen verkörpert die Dehnung des Stabes infolge F_{BC}, so dass $v'_C = v_{BC} + v'_B$ gilt. Demzufolge ist gemäß Abbildung 8.35d, Abbildung 8.35e und Abbildung 8.35f die Kompatibilitätsbedingung der Verschiebung bei Punkt C

$$0 = v'_C - (v_{BC} + v'_B) \qquad (2)$$

Von Lösung I ergibt sich

$$v_C = v_B = 6{,}83\ \text{mm}$$

$$v_{BC} = v''_B = 1{,}26\ (10^{-4})(\text{mm/N})\ F_{BC}$$

$$v'_B = 0{,}546\ (10^{-3})(\text{mm/N})\ F_{BC}$$

Damit kann Gleichung (2) ausgewertet werden:

$$0 = 6{,}83\,\text{mm} - \left[1{,}26\left(10^{-4}\right)F_{BC} + 0{,}546\left(10^{-3}\right)F_{BC}\right]\frac{\text{mm}}{\text{N}}$$

$$F_{BC} = 10152\ \text{N} = 10{,}15\ \text{kN}$$

Beispiel 8.16

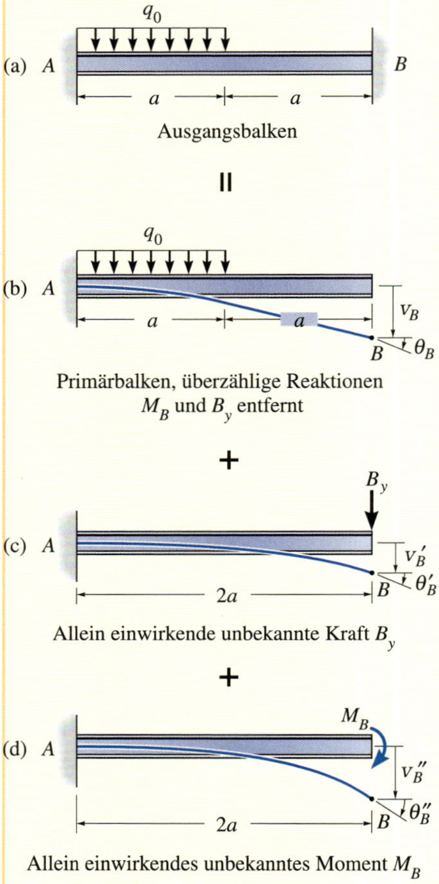

Abbildung 8.36

Bestimmen Sie bei B das Einspannmoment des Balkens, dargestellt in Abbildung 8.36a. Die Biegesteifigkeit EI ist konstant. Vernachlässigen Sie die Effekte axialer Beanspruchung.

$q_0 = 9$ kN/m, $a = 2$ m

Lösung

Superpositionsmethode Da die axiale Beanspruchung im Balken vernachlässigt wird, gibt es bei A und B eine vertikale Lagerkraft und ein Einspannmoment. Hier stehen also nur zwei Gleichgewichtsbedingungen zur Verfügung ($\sum M = 0$, $\sum F_y = 0$) und damit ist das Problem zweifach statisch unbestimmt. Wir wählen B_y und M_B als überzählige Reaktionen, so dass der Balken im Rahmen der Superpositionsmethode als Kragträger in Erscheinung tritt, wobei er zum einen durch die Streckenlast und zum anderen durch die Reaktionen B_y und M_B separat beansprucht wird, Abbildung 8.36b, Abbildung 8.36c und Abbildung 8.36d.

Kompatibilitätsbedingungen Im Hinblick auf den Neigungswinkel und die Durchbiegung bei B muss

$$0 = \theta_B + \theta'_B + \theta''_B \qquad (1)$$

$$0 = v_B + v'_B + v''_B \qquad (2)$$

gelten. Wir nutzen für die Berechnung der Neigungswinkel und der Durchbiegungen die *Tabelle in Anhang C* der begleitenden Webseite und erhalten

$$\theta_B = \frac{q_0 L^3}{48EI} = \frac{q_0 (2a)^3}{48EI} = \frac{(9\,\text{kN/m})(4\,\text{m})^3}{48EI} = \frac{12}{EI}\text{kNm}^2$$

$$v_B = \frac{7q_0 L^4}{384EI} = \frac{7q_0 (2a)^4}{384EI} = \frac{7(9\,\text{kN/m})(4\,\text{m})^4}{384EI} = \frac{42}{EI}\text{kNm}^2$$

$$\theta'_B = \frac{PL^2}{2EI} = \frac{B_y (2a)^2}{2EI} = \frac{B_y (4\,\text{m})^2}{2EI} = \frac{8B_y\text{m}^2}{EI}$$

$$v'_B = \frac{PL^3}{3EI} = \frac{B_y (2a)^3}{3EI} = \frac{B_y (4\,\text{m})^3}{3EI} = \frac{21{,}33\,B_y\text{m}^3}{EI}$$

$$\theta''_B = \frac{ML}{EI} = \frac{M_B (2a)}{EI} = \frac{M_B 4\,\text{m}}{EI} = \frac{4M_B\text{m}}{EI}$$

$$v''_B = \frac{ML^2}{2EI} = \frac{M_B (2a)^2}{2EI} = \frac{M_B (4\,\text{m})^2}{2EI} = \frac{8M_B\text{m}^2}{EI}$$

Wir setzen diese Werte in die Gleichungen (1) und (2) ein, kürzen den gemeinsamen Faktor EI und erhalten

$$0 = 12\ \text{kNm} + 8B_y\text{m} + 4M_B$$

$$0 = 42\ \text{kNm} + 21{,}33B_y\text{m} + 8M_B$$

Die Lösung des Gleichungssystems liefert die Ergebnisse

$$B_y = -3{,}375\ \text{kN}$$

$$M_B = 3{,}75\ \text{kNm}$$

ZUSAMMENFASSUNG

Die elastische Linie ist die grafische Darstellung der verformten Stablängsachse. Ihre Form lässt sich mithilfe des Biegemomentenverlaufs ermitteln. Bei positiven Biegemomenten ist die elastische Linie konkav nach oben, und bei negativen Biegemomenten konkav nach unten verbogen. Der Krümmungsradius an einem bestimmten Punkt berechnet sich zu

$$\frac{1}{\rho} = \frac{M}{EI}$$

siehe Abschnitt 8.1

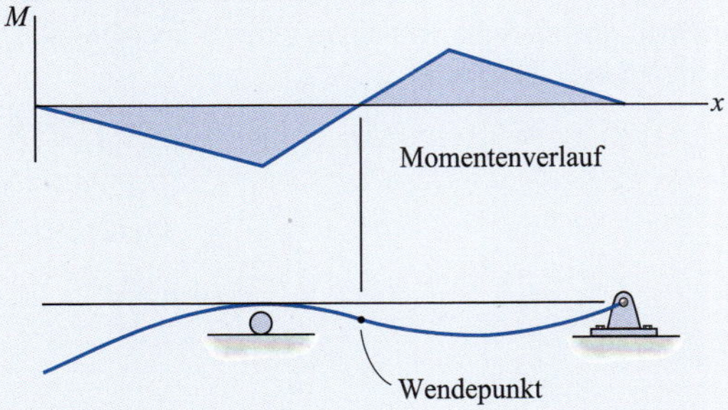

Elastische Linie

Um die Gleichung der elastischen Linie, ihre Neigung und die Durchbiegung im Einzelnen zu erhalten, sucht man zuerst das innere Biegemoment im Bauteil als Funktion von x. Wirken mehrere Lasten auf das Bauteil, müssen unterschiedliche Biegemomentenfunktionen in den einzelnen Bereichen zwischen den einzelnen Lasten bestimmt werden. Integriert man diese Funktionen mit

$$EI\frac{d^2v}{dx^2} = M(x)$$

siehe Abschnitt 8.2

erhält man die Gleichung für die Neigung der elastischen Linie, und nochmaliges Integrieren liefert die Gleichung für die Durchbiegung. Die Integrationskonstanten werden mithilfe der Randbedingungen an den Auflagern und mittels Übergangsbedingungen in Form von Stetigkeits-bedingungen an den Grenzen zwischen zwei Bereichen mit unterschiedlichen Funktionen für Neigungswinkel und Durchbiegung ermittelt.

Randbedingungen

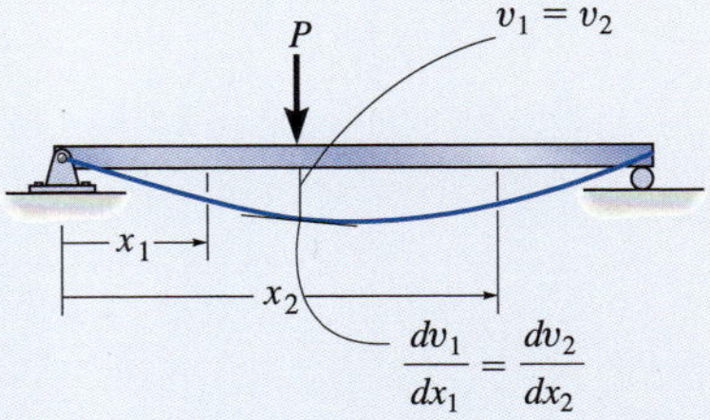

Mithilfe von Unstetigkeitsfunktionen kann man die Gleichung der elastischen Linie als stetige Funktion ausdrücken, unabhängig von der Anzahl der Lasten auf dem Träger. Durch diese Methode ist man nicht auf die Stetigkeitsbedingungen angewiesen, da sich die beiden Integrationskonstanten allein aus zwei Randbedingungen an den Trägerenden bestimmen lassen.

siehe Abschnitt 8.3

Die Durchbiegung oder der Neigungswinkel an einem bestimmten Punkt eines Balkens, an dem unterschiedliche Lasten angreifen, kann mittels Superpositionsprinzip bestimmt werden. Hierfür ist die Tabelle in Anhang C der begleitenden Webseite vorgesehen.

siehe Abschnitt 8.4

Bei statisch unbestimmt gelagerten Balken und Wellen übersteigt die Anzahl der unbekannten Lagerreaktionen die verfügbare Anzahl der Gleichgewichtsgleichungen. Zur Lösung sind zuerst die überzähligen Reaktionen zu ermitteln. Dann ist es möglich, insbesondere wenn nur ein Bereich vorliegt, mit der Integrationsmethode die unbekannten redundanten Reaktionen neben Neigungswinkel und Durchbiegung zu berechnen. Die überzähligen Reaktionen lassen sich, insbesondere bei mehreren Bereichen alternativ auch mithilfe des Superpositionsprinzips ermitteln, wobei man die Stetigkeitsbedingungen an der Wirkungstelle der überzähligen Reaktionen benutzt. Vorher werden die Verformungen des statisch bestimmt gelagerten Primärbalkens und die von entsprechend gelagerten Zusatzbalken, belastet mit den einzelnen überzähligen Reaktionen, durch Superposition unter Mithilfe der Tabellen in Anhang C bestimmt.

siehe Abschnitt 8.5, 8.6 und 8.7

Querkraftschub

9

ÜBERBLICK

Schienenschwellen können als Balken angesehen werden, die großen Querkraftbeanspruchungen unterworfen sind. Demzufolge splittern Holzschwellen gewöhnlich an ihren Enden, denn dort sind die Querkräfte am größten.

Lernziele

In diesem Kapitel entwickeln wir eine Methode zur Berechnung der Schubspannung in einem Balken, der einen prismatischen Querschnitt besitzt, aus homogenem Material besteht und sich linear-elastisch verhält. Die zu entwickelnde Berechnungsmethode ist auf spezielle Querschnittsgeometrien zugeschnitten. Trotzdem finden sich in der Ingenieurspraxis für die Auslegung und Berechnung breit gefächerte Anwendungen. Zusammen mit der Schubspannung wird das Konzept des Schubflusses für Balken generell, aber insbesondere für Balken mit dünnwandigem Querschnittsprofil analysiert. Das Kapitel schließt mit einer Diskussion des Schubmittelpunktes ab.

9.1 Querkraftschub in geraden Balken

In Abschnitt 7.1 wurde dargelegt, dass Balken im Allgemeinen Querkraft- und Biegemoment-Beanspruchungen erfahren. Die Querkraft Q ist das Ergebnis einer quer gerichteten Schubspannungsverteilung, die über dem gesamten Querschnitt des Balkens wirkt, Abbildung 9.1. Beachten Sie, dass diese Schubspannungen aufgrund der Gleichheit zugeordneter Schubspannungen auch in Längsrichtung des Balkens auftreten. Zum Beispiel liegen an einem typischen, aus dem Innern der Querschnittsfläche herausgeschnittenen Element sowohl Quer- als auch Längsschubspannungen vor, wie in Abbildung 9.1 zu sehen.

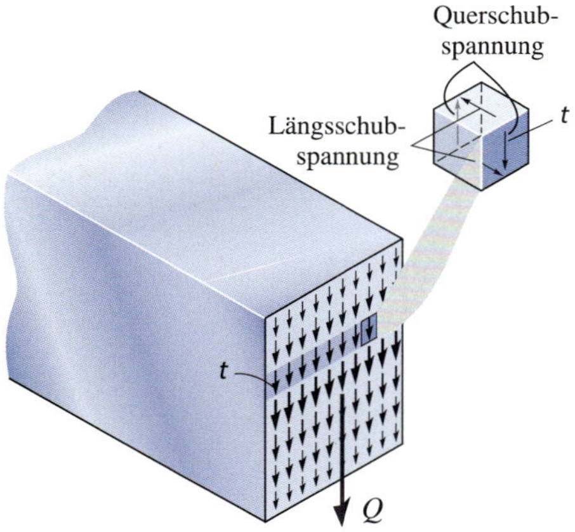

Abbildung 9.1

Man kann auf anschaulichem Wege zeigen, warum sich an den Längsebenen eines Balkens eine Schubspannung ausbildet, indem man den Balken in Abbildung 9.2a betrachtet, der aus drei Brettern besteht. Bei glatten Ober- und Unterseiten aller Bretter und einem losen Aufeinanderstapeln ohne feste Verbindung bewirkt der Angriff einer Querbelastung P eine relative *Verschiebung* (Verrutschen) der Bretter gegeneinander, und der Balken biegt sich wie abgebildet durch. Wenn stattdessen die Bretter fest miteinander verbunden sind, verhindern die Längsschubspannungen zwischen den Brettern das relative Verrutschen untereinander, und somit verhält sich der Balken wie eine kompakte Einheit, Abbildung 9.2b.

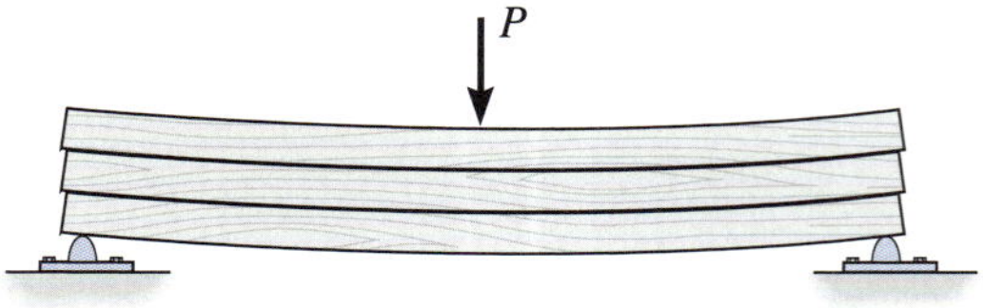

Nicht fest verbundene Bretter
(a)

Fest verbundene Bretter
(b)

Abbildung 9.2

Diese Querkraftverbinder sind mit der aus Riffelblech bestehenden Fußbodenauflage derart „punktverschweißt", dass die Verbinder bei dem Betonguss des Fußbodens ein Verrutschen der Betonplatte auf der Fußbodenauflage verhindern. Die beiden Materialien bilden somit eine Kompositplatte.

Infolge der Schubspannung bilden sich Gleitungen aus, und diese haben das Bestreben, den Querschnitt in einer recht komplexen Weise zu verzerren. Dazu betrachten wir einen Stab, der aus einem hochgradig verformbaren Material besteht und mit längs sowie quer verlaufenden Gitternetzlinien markiert ist, Abbildung 9.3a. Wenn eine Querkraft Q auftritt, hat sie das Bestreben, diese Linien entsprechend dem in Abbildung 9.3b dargestellten Muster zu verformen. Diese ungleichmäßige Schubverzerrungs-Verteilung über dem Querschnitt bewirkt eine Verwölbung des Querschnitts, d.h. er bleibt nicht eben.

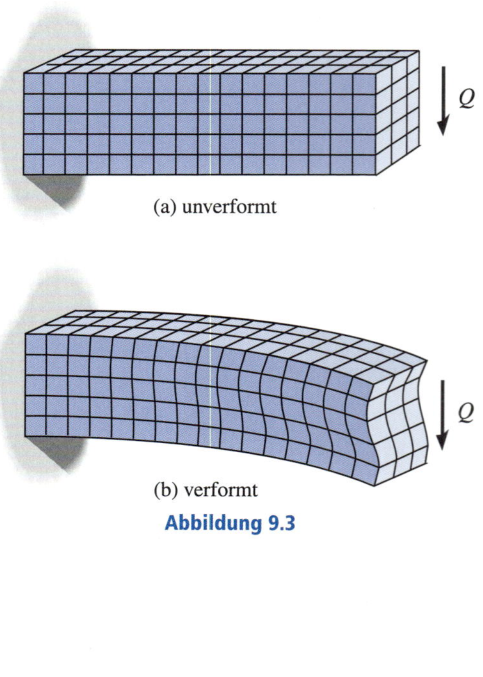

(a) unverformt

(b) verformt

Abbildung 9.3

Erinnern Sie sich, dass wir bei der Herleitung der Biegespannungsformel die Annahme getroffen haben, dass die Querschnitte *eben bleiben* und nach der Verformung senkrecht zur Längsachse des Balkens gerichtet sein müssen. Obwohl diese Regel *verletzt* wird, wenn der Balken *sowohl* Biegung *als auch* Schub unterliegt, können wir allgemein annehmen, dass die oben beschriebene Querschnittsverwölbung klein genug ist, um sie zu vernachlässigen. Diese Annahme gilt tatsächlich für den am häufigsten vorliegenden Fall eines *schlanken Balkens*, d.h. seine Querabmessungen sind klein im Vergleich zu seiner Länge.

In den vorhergehenden Kapiteln haben wir Formeln für Zug/Druck-, Torsions- und reine Biegebelastung entwickelt, indem wir zuerst die Verzerrungsverteilung auf der Grundlage der Verformung des Querschnitts bestimmt haben. Im Falle von Querkraftschub *kann* die Schubverzerrungs-Verteilung allerdings *nicht* so einfach mathematisch über den Balkenquerschnitt formuliert werden. Zum Beispiel ist sie für rechteckige Querschnitte, wie wir schon gesehen haben, nicht gleichförmig oder linear. Deshalb wird das nachfolgende Berechnungsverfahren für die Schubspannung in einer Weise formuliert, die sich von der Untersuchung der vorangegangenen Belastungen unterscheidet. Konkret entwickeln wir eine Formel für die Schubspannung auf *indirektem Wege*, d.h. wir verwenden dazu die Biegespannungsformel und die Beziehung zwischen Biegemoment und Querkraft ($Q = dM/dx$).

9.2 Schubspannung

Die Herleitung einer Beziehung zwischen der über dem gesamten Querschnitt eines Balkens wirkenden Querkraft-Spannungsverteilung und der resultierenden Querkraft an diesem Querschnitt beruht auf einer Untersuchung der *Längsschubspannung* sowie der Ergebnisse von Gleichung (7.2), $Q = dM/dx$. Zur Verdeutlichung, wie diese Beziehung aufgestellt wird, betrachten wir das *horizontale Kräfte-Gleichgewicht* eines Volumenelements, das dem Balken in Abbildung 9.4a entnommen wurde und in Abbildung 9.4b dargestellt ist.

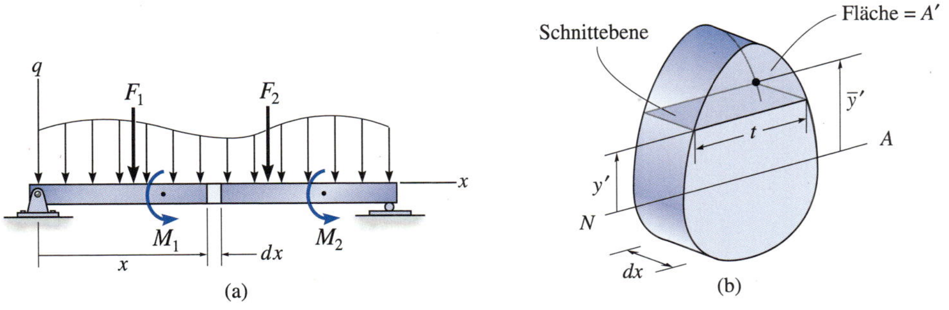

Abbildung 9.4

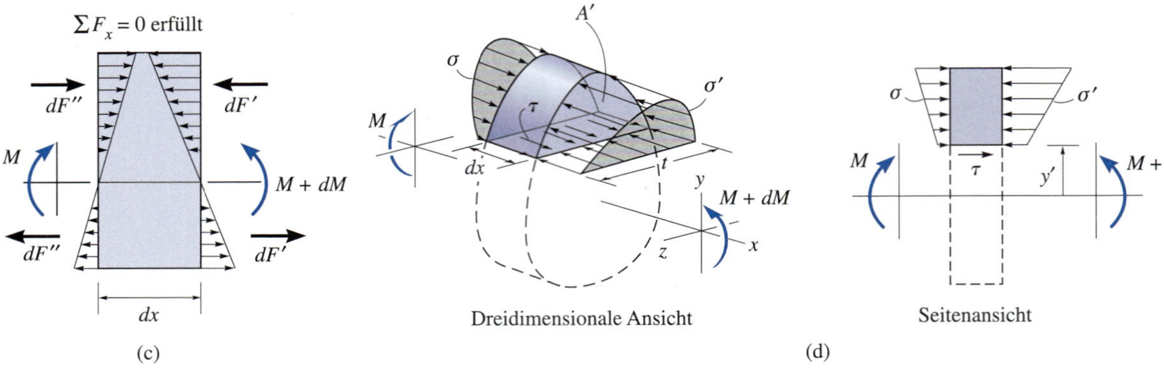

Abbildung 9.4

In Abbildung 9.4c ist das Freikörperbild des *Elements* dargestellt, das *nur* die auftretende Normalspannungsverteilung zeigt. Diese Verteilung wird durch die Biegemomente M und $M + dM$ verursacht. Die Effekte der Querkräfte Q, $Q + dQ$ und der Belastung $q(x)$ haben wir an dem frei geschnittenen Element vernachlässigt, denn diese Belastungen sind senkrecht zur Balkenachse und werden deshalb bei der Summierung der Horizontalkräfte nicht berücksichtigt. Das Element in Abbildung 9.4c erfüllt tatsächlich die Bedingung $\sum F_x = 0$, denn die Spannungsverteilung auf jeder Seite des Elements bildet nur ein freies Moment und damit eine Kraftresultierende, die null ist.

Wir betrachten nun das schattierte obere Segment des Elements, das in der Entfernung y' von der Ebene der neutralen Fasern (der Schnitt dieser Ebene mit der Stirnfläche ist bekanntlich die so genannte Nulllinie NA) „abgeschnitten" wird, Abbildung 9.4b. Dieses Segment besitzt am Schnitt die Breite t, seine Stirnseiten haben jeweils die Fläche A'. Da sich die resultierenden Biegemomente auf jeder Seite des Elements um dM unterscheiden, kann man der Abbildung 9.4d entnehmen, dass $\sum F_x = 0$ nicht erfüllt ist, *es sei denn* es wirkt eine Längsschubspannung τ an der Unterseite des Segments. Im folgenden Berechnungsverfahren nehmen wir an, dass die Schubspannung über die Breite t der Unterseite konstant ist. Sie wirkt auf der Fläche $t\,dx$. Wir bilden das Kräftegleichgewicht in horizontaler Richtung, setzen die Normalspannungen gemäß der Biegespannungsformel, Gleichung (7.13), ein und erhalten

$$\sum F_x = 0\,; \qquad \int_{A'} \sigma'\, dA - \int_{A'} \sigma\, dA - \tau\left(t\, dx\right) = 0$$

$$\int_{A'} \left(\frac{M + dM}{I}\right) y\, dA - \int_{A'} \left(\frac{M}{I}\right) y\, dA - \tau\left(t\, dx\right) = 0$$

$$\left(\frac{dM}{I}\right) \int_{A'} y\, dA = \tau\left(t\, dx\right) \tag{9.1}$$

Dabei ist I bekanntlich das Flächenträgheitsmoment der Querschnittsfläche A bezüglich der horizontalen z-Achse durch ihren Schwerpunkt (die bei der vorausgesetzten geraden Biegung mit der Nulllinie NA zusammenfällt). Die Umstellung nach τ ergibt

$$\tau = \frac{1}{It}\left(\frac{dM}{dx}\right)\int_{A'} y\, dA$$

Diese Gleichung kann vereinfacht werden, wenn $Q = dM/dx$, Gleichung (7.1), berücksichtigt wird. Das Integral repräsentiert zudem ein Flächenmoment 1. Grades (das so genannte statische Moment) der abgeschnittenen Fläche A' um die erwähnte z-Achse. Wir werden es mit dem Symbol S kennzeichnen. Da die Lage des Schwerpunktes dieser Fläche A' über $\bar{y}' = \int_{A'} y\, dA / A$ bestimmt wird, können wir auch

$$S = \int_{A'} y\, dA = \bar{y}'A' \tag{9.2}$$

schreiben. Das Endergebnis ist damit

$$\tau = \frac{QS}{It} \tag{9.3}$$

Hierbei ist

τ = die Schubspannung in dem Bauteil an einem Punkt, der sich in der Entfernung y' von der Nulllinie befindet, Abbildung 9.4b. Die Spannung wird als konstant angenommen und deshalb über die Breite t des Bauteils gemittelt, Abbildung 9.4d.

Q = die innere resultierende Querkraft, die gemäß Schnittmethode über entsprechende Gleichgewichtsbedingungen bestimmt wird.

I = das axiale Trägheitsmoment der gesamten Querschnittsfläche bezüglich der z-Achse durch ihren Schwerpunkt (Nulllinie NA).

t = die Breite der Querschnittsfläche des Bauteils an dem Punkt, an dem τ bestimmt werden soll.

S = $S = \int_{A'} y\, dA = \bar{y}'A'$, wobei A' der obere- (oder untere) Anteil der Querschnittsfläche des Bauteils ist, der durch den Schnitt gebildet wird, an dem die Schubspannung bestimmt werden soll. $\bar{y}'$ stellt den Abstand des Schwerpunktes der Teilfläche A' von der z-Achse (Nulllinie NA) dar.

Gleichung (9.3) wird als *Schubspannungsformel* bezeichnet. Obwohl wir bei der Herleitung nur jene Schubspannungen betrachtet haben, die an der Längsebene des Balkens wirken, ist die Gleichung genauso gut zur Berechnung des Querkraftschubs an der Querschnittsfläche des Balkens gültig. Das liegt natürlich darin begründet, dass die Querschubspannungen und Längsschubspannungen gemäß der Gleichheit zugeordneter Schubspannungen übereinstimmen.

Weil Gleichung (9.3) indirekt aus der Biegespannungsformel hergeleitet wurde, ist es notwendig, dass sich das Material linear-elastisch verhält und einen Elastizitätsmodul besitzt, der für den Zug- und den Druckbereich *gleich* ist. Die Schubspannung in Kompositbauteilen, d.h. in solchen Bauteilen, deren Querschnitte aus verschiedenen Materialien zusammengesetzt sind, kann gleichfalls mit Hilfe der Schubspannungsformel berechnet werden. Dafür ist es erforderlich, S und I aus *transfor-*

An dem Auflager trat ein typisches Versagen des Balkens durch Rissbildung ungefähr in Querschnittsmitte infolge Schubwirkung auf.

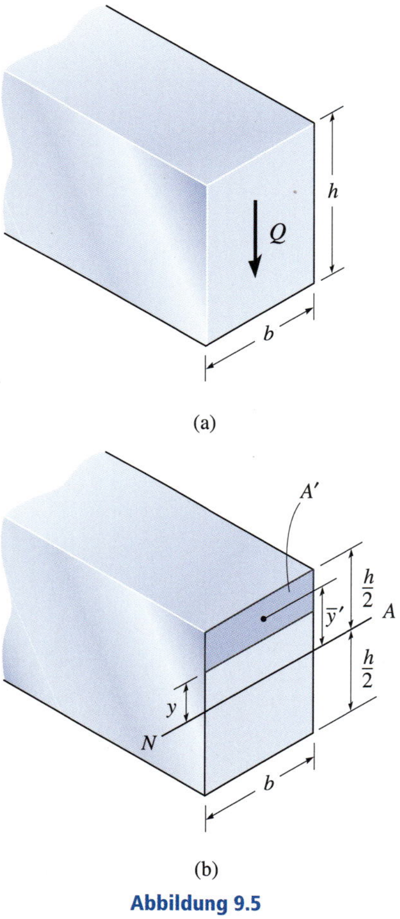

Abbildung 9.5

mierten Schnittflächen zu berechnen, so wie es bereits in Abschnitt 7.6 diskutiert wurde. In der Formel bleibt die Größe t allerdings die tatsächliche Breite t des Querschnitts an dem Punkt, an dem τ berechnet werden soll.

9.3 Schubspannung für typische Balkenprofile

Für ein tieferes Verständnis hinsichtlich der Anwendung der Schubspannungsformel sowie hinsichtlich der Diskussion einiger ihrer Grenzen werden wir nun die Schubspannungsverteilungen für einige typische Balkenquerschnitte untersuchen. Im Anschluss daran werden in den Beispielen zahlenmäßig aufbereitete Anwendungsfälle der Schubspannungsformel betrachtet.

Rechteckquerschnitt Wir betrachten einen Balken, der einen rechteckigen Querschnitt der Breite b und der Höhe h hat, wie in Abbildung 9.5a dargestellt. Die Verteilung der Schubspannung über den gesamten Querschnitt kann durch Berechnung der Schubspannung in *beliebiger Höhe* y über der Nulllinie NA bestimmt und anschließend grafisch dargestellt werden, Abbildung 9.5b. Hier wird die farbig gekennzeichnete Fläche A' für die Berechnung von τ[1] benutzt. Damit ergibt sich

$$S = \bar{y}'A' = \left[y + \frac{1}{2}\left(\frac{h}{2} - y\right)\right]\left(\frac{h}{2} - y\right)b$$
$$= \frac{1}{2}\left(\frac{h^2}{4} - y^2\right)b$$

Wir wenden die Schubspannungsformel an und erhalten die Beziehung

$$\tau = \frac{QS}{It} = \frac{Q\left(\frac{1}{2}\right)\left[\left(h^2/4\right) - y^2\right]b}{\left(\frac{1}{12}bh^3\right)b}$$

oder

$$\tau = \frac{6Q}{bh^3}\left(\frac{h^2}{4} - y^2\right) \qquad (9.4)$$

Das Ergebnis weist darauf hin, dass die Schubspannungsverteilung über dem Querschnitt ***parabolisch*** verläuft. Wie in Abbildung 9.5c zu sehen, ändert sich deren Größe von null an der Ober- und der Unterseite ($y = \pm h/2$) bis auf den Maximalwert auf der Nulllinie ($y = 0$). Da sich die Querschnittsfläche im konkreten Fall über $A = bh$ ergibt, erhalten wir bei $y = 0$ gemäß Gleichung (9.4) den Wert

$$\tau_{max} = 1{,}5\frac{Q}{A} \qquad (9.5)$$

1 Die Fläche unterhalb von y kann man auch verwenden, $A' = b(h/2 + y)$, aber diese Variante erfordert etwas mehr Rechenaufwand.

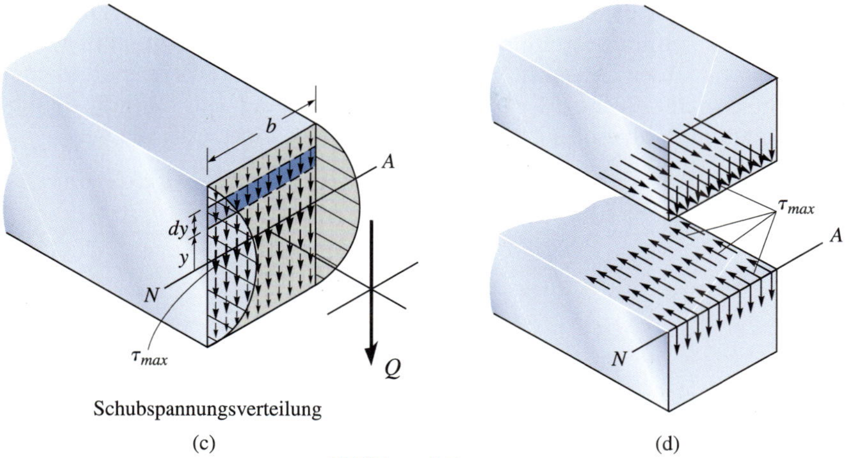

Abbildung 9.5

Für τ_{max} kann man den gleichen Wert direkt aus der Schubspannungsformel $\tau = QS/It$ ermitteln, indem man sich verdeutlicht, dass τ_{max} dort auftritt, wo S am größten wird, denn Q, I und t sind *konstant*. Die Überprüfung zeigt, dass S ein Maximum erreicht, wenn die Fläche oberhalb (oder unterhalb) der Schwerpunktachse (Nulllinie) berücksichtigt wird, d.h. $A' = bh/2$ und $\overline{y}' = h/4$. Somit ist

$$\tau_{max} = \frac{QS}{It} = \frac{Q(h/4)(bh/2)}{\left[\frac{1}{12}bh^3\right]b} = 1{,}5\frac{Q}{A}$$

Im Vergleich ist τ_{max} um 50% größer als die mittlere Schubspannung, die über Gleichung (1.7) gemäß Kapitel 1 in der Form $\tau_{mittl} = Q/A$ ermittelt wurde.

An dieser Stelle ist es wichtig sich daran zu erinnern, dass es zu jeder Schubspannung τ, die an der Querschnittsfläche in Abbildung 9.5c wirkt, eine zugehörige Schubspannung τ gibt, die im Balken in Längsrichtung wirkt. Wenn der Balken zum Beispiel in der Ebene der neutralen Fasern geschnitten wird, dann wirkt, wie oben schon angemerkt, in dieser Ebene die *maximale Schubspannung*, Abbildung 9.5d. Genau diese Spannung ist die Ursache dafür, dass ein Holzbalken so versagt wie in Abbildung 9.6 zu sehen. Hier beginnt das horizontale Aufsplittern des Holzes an den Balkenenden in der Ebene der neutralen Fasern, denn dort bewirken die vertikalen Reaktionen im Balken eine große Schubspannung. Außerdem zeigt Holz einen geringen Widerstand gegenüber Schub in Richtung seiner Maserung.

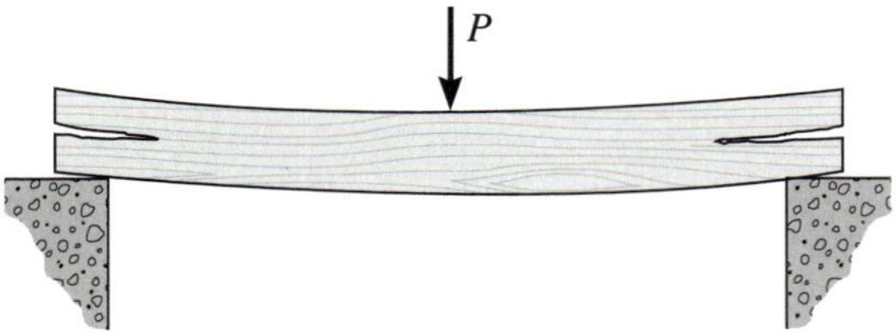

Abbildung 9.6

In Ergänzung ist es lehrreich zu zeigen, wie man durch Integration der Schubspannungsverteilung über den Querschnitt, Gleichung (9.4), zur resultierenden Querkraft Q gelangt. Dazu wird ein differenziell kleiner Streifen der Fläche $dA = b\,dy$ gewählt, Abbildung 9.5c. Weil die Schubspannung τ über diesen Streifen gleichförmig wirkt, erhalten wir

$$\begin{aligned}\int_A \tau\,dA &= \int_{-h/2}^{h/2} \frac{6Q}{bh^3}\left(\frac{h^2}{4}-y^2\right) b\,dy\\ &= \frac{6Q}{h^3}\left[\frac{h^2}{4}y-\frac{1}{3}y^3\right]_{-h/2}^{h/2}\\ &= \frac{6Q}{h^3}\left[\frac{h^2}{4}\left(\frac{h}{2}+\frac{h}{2}\right)-\frac{1}{3}\left(\frac{h^3}{8}+\frac{h^3}{8}\right)\right]\\ &= Q\end{aligned}$$

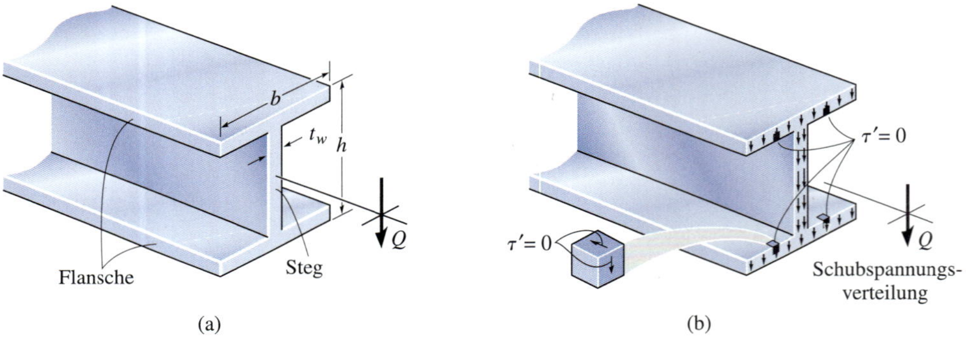

Abbildung 9.7

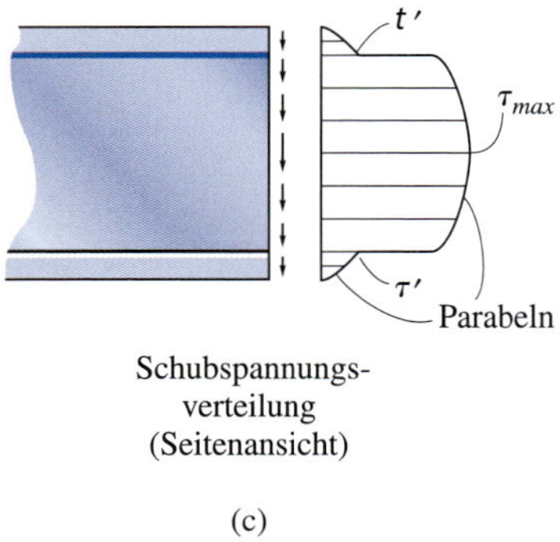

Breitflanschprofil Ein *Breitflanschprofil* besteht aus zwei breiten „Flanschen" und einem „Steg", wie in Abbildung 9.7a dargestellt. Mit Hilfe eines Berechnungsverfahrens, das dem eben vorgestellten ähnlich ist, können wir die über dem Querschnitt auftretende Schubspannungsverteilung bestimmen. Die Ergebnisse sind in Abbildung 9.7b und 9.7c grafisch dargestellt. Wie beim rechteckigen Querschnitt ändert sich die Schubspannung über die Profilhöhe in *parabolischer* Form, denn der Querschnitt kann in erster Näherung wie ein Rechteckquerschnitt behandelt werden, zuerst mit der Breite b des oberen Flansches, dann mit der Dicke t_S des Steges und dann wieder mit der Breite b des unteren Flansches. Beachten Sie insbesondere, dass sich die Schubspannung über die Höhe des Steges *nur schwach* ändert, und achten Sie auch auf den *Sprung*, der in der Schubspannung an der Übergangsstelle Steg–Flansch auftritt, denn die Querschnittsbreite ändert sich dort abrupt und damit auch t in der Schubspannungsformel. Der Steg nimmt im Vergleich eine signifikant höhere Querkraft auf als die Flansche. Dieser Umstand wird in Beispiel 9.2 zahlenmäßig belegt.

Anwendungsgrenzen der Schubspannungsformel Eine der Hauptannahmen, die bei der Herleitung der Schubspannungsformel getroffen wurden, ist die Tatsache, dass die Schubspannung über der *Breite t* an der Schnittstelle, wo sie bestimmt werden soll, *gleichförmig* verteilt ist. Anders gesagt: Es wird die *mittlere* Schubspannung über die Breite berechnet. Wir können die Genauigkeit dieser Annahme prüfen, indem wir sie mit dem präziseren mathematischen Verfahren auf der Grundlage der Elastizitätstheorie vergleichen. Wenn wir für diese Rechnung einen Balken mit Rechteckquerschnitt vorsehen, dann zeigt die tatsächliche Schubspannungsverteilung in Querrichtung entlang der Nulllinie, wie sie mit der Elastizitätstheorie ermittelt wurde, den in Abbildung 9.8 dargestellten Verlauf. Der Maximalwert τ'_{max} tritt an den *Rändern* des Querschnittes auf; seine Größe hängt von dem Verhältnis b/h (Breite/Höhe) ab. Für Querschnitte mit einem Verhältnis $b/h = 0{,}5$ ist τ'_{max} nur um ca. 3% größer als der Schubspannungswert, der mittels der Schubspannungsformel berechnet wurde, Abbildung 9.8a. Für *Flachquerschnitte*, z.B. $b/h = 2$, ist τ'_{max} jedoch ca. 40% größer als τ_{max}, Abbildung 9.8b. Der Fehler wird umso größer, je flacher der Querschnitt, d.h. je größer das Verhältnis b/h, wird. Fehler in dieser Größenordnung sind natürlich nicht zu tolerieren. Dies sollte beachtet werden, wenn man die Schubspannungsformel zur Bestimmung der Schubspannung im *Flansch* eines Breitflanschprofils heranzieht.

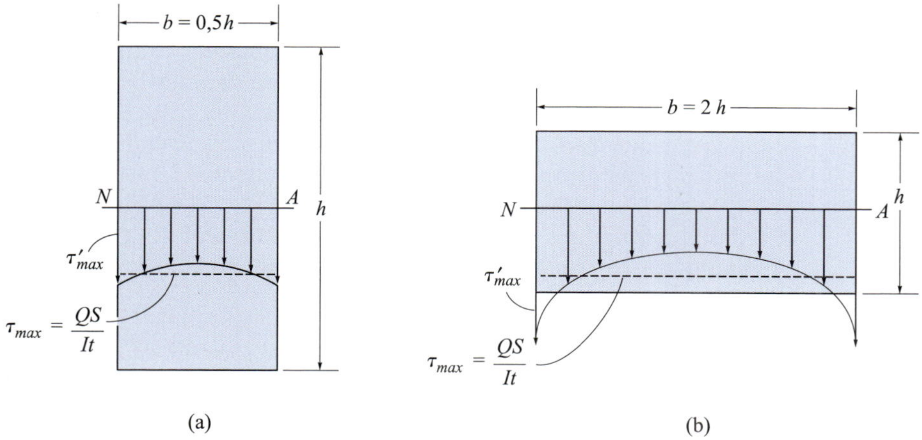

Abbildung 9.8

Es sollte auch darauf hingewiesen werden, dass die Schubspannungsformel keine exakten Resultate liefert, wenn sie zur Ermittlung der Schubspannung an der Übergangsstelle Flansch–Steg angewendet wird, denn dies ist die Stelle einer plötzlichen Querschnittsänderung und deshalb treten dort *Spannungskonzentrationen* auf. Des Weiteren sind die Innenkanten der Flansche freie Ränder, Abbildung 9.7b, und demzufolge muss die Schubspannung dort null sein. Wenn man die Schubspannungsformel zur Bestimmung der Schubspannung an diesen Rändern einsetzt, erhält man allerdings einen Wert τ', der *ungleich* null ist,

Abbildung 9.7c. Glücklicherweise sind diese Einschränkungen zur Anwendung der Schubspannungsformel auf die Flansche in der ingenieurtechnischen Praxis nicht von wesentlicher Bedeutung. Häufig müssen Ingenieure nur die *mittlere Maximalspannung* berechnen, die entlang der Nulllinie auftritt, wo das Verhältnis b/h (Breite/Höhe) *sehr klein* ist, und deshalb kommt das berechnete Ergebnis der *tatsächlichen* maximalen Schubspannung dann sehr nahe.

Eine weitere wichtige Einschränkung hinsichtlich des Gebrauchs der Schubspannungsformel wird anhand von Abbildung 9.9a illustriert, die einen Balken mit einem unregelmäßigen nicht rechteckigen Querschnitt zeigt. Wenn wir die Schubspannungsformel anwenden und die (mittlere) Schubspannung τ entlang der Strecke AB bestimmen, ist sie entsprechend Abbildung 9.9b verteilt. Wir betrachten nunmehr ein Volumenelement, das unmittelbar an den Oberflächenpunkt B angrenzt, wobei eine seiner Seiten der Oberfläche angehört, Abbildung 9.9c. Dabei wird die berechnete Schubspannung τ an der Vorderseite des Elements in seine Anteile τ' und τ'' zerlegt. Man erkennt, dass der Anteil τ' gleich null sein muss, denn ihre zugeordnete Längsschubspannung τ' an der spannungsfreien Oberfläche muss null sein. Damit diese Randbedingung also erfüllt ist, muss die Schubspannung an der Begrenzung des Elements durch die Oberfläche tangential zu dieser Begrenzung ausgerichtet sein. Die Schubspannungsverteilung entlang AB ist damit so ausgerichtet, wie es Abbildung 9.9d zeigt. Infolge der größten Neigung der Schubspannungen bei A und B tritt an diesen Punkten die maximale Schubspannung auf. Konkrete Werte für diese Schubspannung müssen mit Hilfe von Methoden der Elastizitätstheorie berechnet werden. Achten Sie jedoch darauf, dass wir die Schubspannungsformel zur Berechnung der Schubspannungen anwenden können, die entlang jeder einzelnen der grau gekennzeichneten Linien in Abbildung 9.9a wirken. Diese Linien schneiden hier die Oberflächentangenten des Querschnittes jeweils im *rechten Winkel*, und die Querschubspannung entlang jeder dieser Linien ist vertikal und konstant, wie man Abbildung 9.9e entnehmen kann.

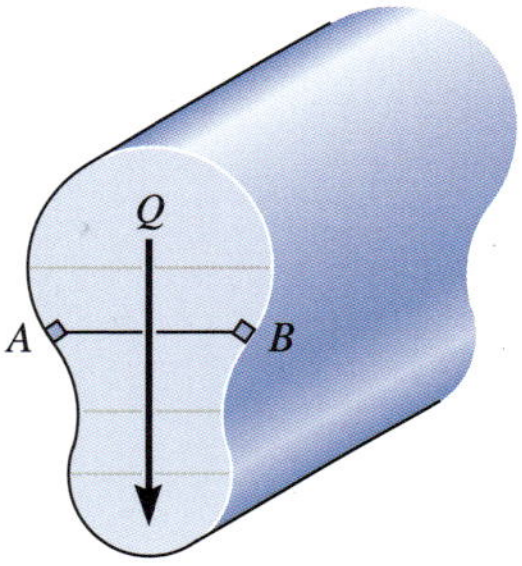

(a)

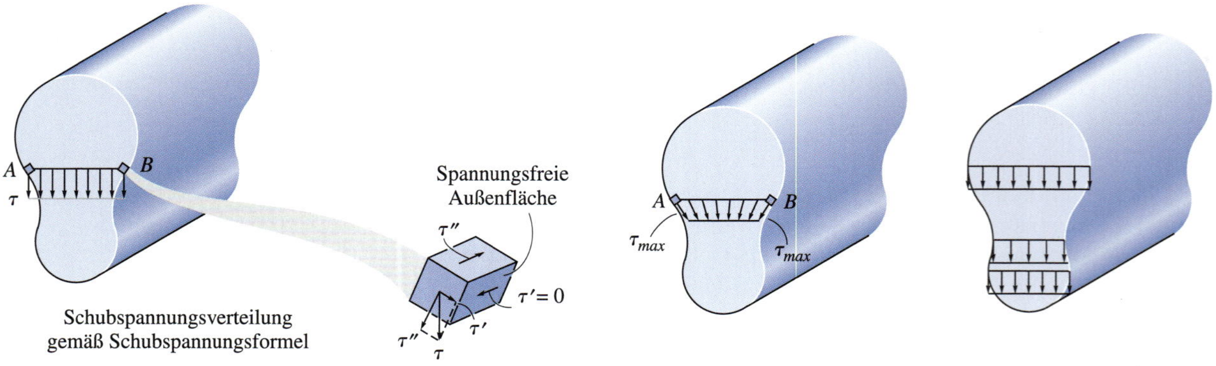

(b) (c) (d) (e)

Abbildung 9.9

Als Zusammenfassung des geschilderten Sachverhalts kann man sagen, dass die Schubspannungsformel keine genauen Ergebnisse liefert, wenn sie auf Bauteile mit *niedrigen oder flachen* Querschnittsanteilen angewendet wird oder an Punkten, an denen sich der Querschnitt plötzlich ändert. Sie sollte auch nicht entlang eines Schnittes angewendet werden, der die Bauteiloberfläche in einem Winkel schneidet, der von 90° stark abweicht. In diesen Fällen sollte die Schubspannung stattdessen mit Hilfe moderner Methoden auf der Grundlage der Elastizitätstheorie bestimmt werden. Allerdings liefert die Schubspannungsformel für Querschnitte, deren Breite sich nur allmählich ändert, an jedem Punkt des Querschnitts brauchbare Näherungswerte der wahren Schubspannung.

Wichtige Punkte zur Lösung von Aufgaben

- Querkräfte in Balken sind die Ursache für *nichtlineare Gleitverzerrungs-Verteilungen* über dem Querschnitt, die zu einer *Verwölbung* führen.
- Infolge der Gleichheit zugeordneter Schubspannungen bewirkt die im Balkenquerschnitt hervorgerufene Schubspannung auch eine Schubspannung in Längsrichtung.
- Die *Schubspannungsformel* wurde aus der Betrachtung des horizontalen Kräftegleichgewichts der Längsschubspannung und aus den Biegespannungsverteilungen abgeleitet, die an einem abgeschnittenen Teil eines differenziell kleinen Balkenelements wirken.
- Die Schubspannungsformel soll für gerade prismatische Balken aus homogenem Material mit linear-elastischem Verhalten angewendet werden. Zudem muss die innere resultierende Querkraft entlang einer Symmetrieachse der Querschnittsfläche ausgerichtet sein.
- Bei einem Balken mit Rechteckquerschnitt *ändert sich die Schubspannung* mit der Höhe in *parabolischer Form.* Die maximale Schubspannung tritt entlang der Nulllinie auf.
- Die Schubspannungsformel sollte nicht zur Ermittlung der Schubspannung an Querschnitten benutzt werden, die dünnwandig sind, siehe Abschnitt 9.6, oder an Stellen plötzlicher Querschnittsänderung sowie an Stellen mit stark geneigter Begrenzungsfläche.

Lösungsweg

Für die Anwendung der Schubspannungsformel wird der nachfolgende Lösungsweg vorgeschlagen.

Innere Querkraft

- Schneiden Sie den Träger senkrecht zu seiner Längsachse an dem Punkt, an dem die Schubspannung bestimmt werden soll, und ermitteln Sie an diesem Schnitt die innere Querkraft Q.

Querschnittseigenschaften

- Ermitteln Sie die Lage der z-Achse (Nulllinie) und berechnen Sie das Trägheitsmoment I der gesamten Querschnittsfläche bezüglich dieser Achse.
- Legen Sie einen imaginären horizontalen Schnitt durch den Punkt, an dem die Schubspannung bestimmt werden soll. Messen Sie die Breite t der Fläche an dieser Schnittstelle.
- Der Anteil der Querschnittsfläche, der sich entweder über oder unterhalb dieses Schnittes befindet, wird mit A' bezeichnet. Berechnen Sie das statische Moment S dieser Teilfläche entweder über Integration $S = \int_{A'} y\, dA'$ oder über $S = \overline{y}'A'$.

  Hierbei ist $\overline{y}'$ der Abstand von der Nulllinie zum Flächenschwerpunkt von A'. Es kann hilfreich sein, sich vorzustellen, dass A' der Anteil der Querschnittsfläche des Bauteils ist, der durch die Längsschubspannungen „auf dem Bauteil gehalten" wird, Abbildung 9.4d.

Schubspannung

- Setzen Sie die Daten in die Schubspannungsformel ein, achten Sie dabei auf ein konsistentes Einheitensystem und berechnen Sie die Schubspannung τ.
- Es wird vorgeschlagen, dass die passende Richtung der Schubspannung τ an einem Volumenelement des Trägers eingezeichnet wird, das sich an der Stelle der beabsichtigten Berechnung befindet. Dies kann mit Hilfe der Kenntnis geschehen, dass τ am Querschnitt in die gleiche Richtung wie Q wirkt. Entsprechend dieser Tatsache können dann die zugehörigen Schubspannungen, die an den anderen drei Begrenzungsflächen des Elements wirken, eingetragen werden.

Beispiel 9.1 Ein Querschnitt der in Abbildung 9.10a gezeigten Bauteile in Form einer Vollwelle und eines Rohres sind der Querkraft Q ausgesetzt. Bestimmen Sie die Schubspannung, die über dem horizontalen Durchmesser jedes Querschnittes wirkt.

$Q = 4$ kN, $r = 50$ mm, $r_a = 50$ mm, $r_i = 20$ mm

Lösung

Querschnittseigenschaften Mithilfe der Tabelle auf der Innenseite des rückseitigen Umschlages erhält man das axiale Flächenträgheitsmoment jedes der beiden Querschnitte, bezogen auf eine horizontale Achse durch den Flächenschwerpunkt, zu

$$I_{voll} = \frac{1}{4}\pi r^4 = \frac{1}{4}\pi(0{,}05 \text{ m})^4 = 4{,}909\left(10^{-6}\right) \text{ m}^4$$

$$I_{hohl} = \frac{1}{4}\pi\left(r_a^4 - r_i^4\right) = \frac{1}{4}\pi\left[(0{,}05\text{m})^4 - (0{,}02\text{m})^4\right] = 4{,}783\left(10^{-6}\right)\text{m}^4$$

Die in Abbildung 9.10b schattierte halbkreisförmige Fläche über (oder unter) jedem Durchmesser stellt das statische Moment S der maßgebenden abgeschnittenen Fläche dar, die durch den horizontalen Durchmesser gebildet wird, an dem die Schubspannung bestimmt werden soll:

$$S_{voll} = \bar{y}'A' = \frac{4r}{3\pi}\left(\frac{\pi r^2}{2}\right) = \frac{4(0{,}05\text{m})}{3\pi}\left(\frac{\pi(0{,}05\text{m})^2}{2}\right) = 83{,}33\left(10^{-6}\right)\text{m}^3$$

$$S_{hohl} = \sum \bar{y}'A' = \frac{4r_a}{3\pi}\left(\frac{\pi r_a^2}{2}\right) - \frac{4r_i}{3\pi}\left(\frac{\pi r_i^2}{2}\right)$$

$$= \frac{4(0{,}05m)}{3\pi}\left(\frac{\pi(0{,}05\text{m})^2}{2}\right) - \frac{4(0{,}02 \text{ m})}{3\pi}\left(\frac{\pi(0{,}02 \text{ m})^2}{2}\right)$$

$$= 78{,}0(10^{-6})\text{m}^3$$

Schubspannung Wir wenden die Schubspannungsformel an, wobei $t = 2r = 0{,}1$ m und $t = 2(r_a - r_i) = 0{,}06$ m die jeweilige Schnittbreite ist, und erhalten

$$\tau_{voll} = \frac{QS}{It} = Q\frac{4r}{3\pi}\left(\frac{\pi r^2}{2}\right)\frac{2}{\pi r^5} = \frac{4Q}{3\pi r^2} = 679 \text{ kPa}$$

$$\tau_{hohl} = \frac{QS}{It} = Q\frac{2}{3}\left(r_a^3 - r_i^3\right)\frac{2}{\pi\left(r_a^4 - r_i^4\right)\left(r_a - r_i\right)} = 1{,}09 \text{ MPa}$$

Hinweis: Wie bei den Anwendungsgrenzen der Schubspannungsformel erläutert, sind die hier durchgeführten Berechnungen gültig, da die Schubspannung entlang des horizontalen Durchmessers vertikal und demzufolge tangential zum Rand des Querschnittes verläuft. Ein Element des Materials auf dem Durchmesser unterliegt „reinem Schub", wie Abbildung 9.10b zeigt.

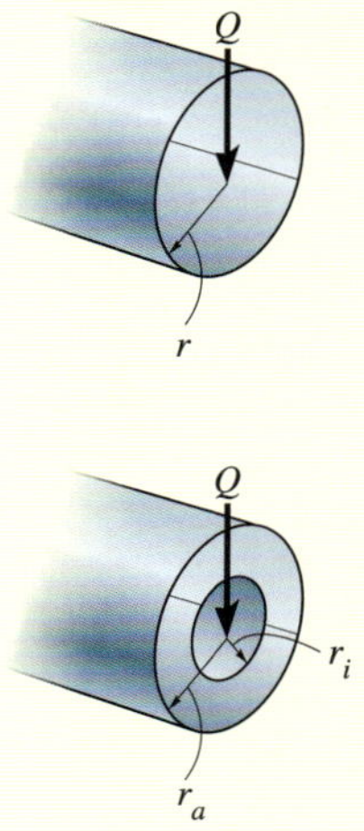

(a)

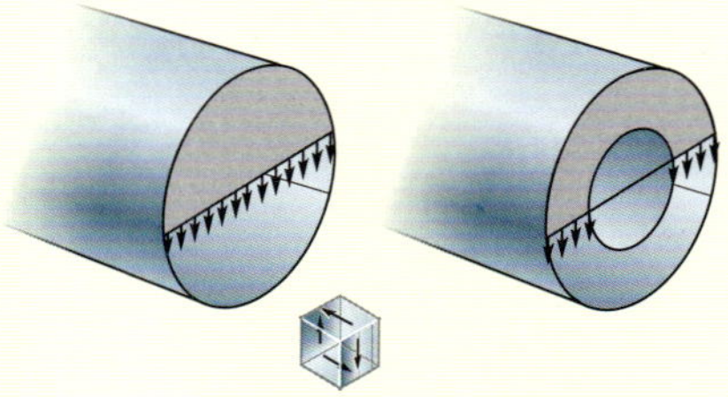
(b)

Abbildung 9.10

Beispiel 9.2

Der in Abbildung 9.11a dargestellte Balken besteht aus Holz und ist am gezeigten Querschnitt der resultierenden inneren Querkraft Q ausgesetzt. (a) Bestimmen Sie am Punkt P die Schubspannung in diesem Balken und (b) berechnen Sie die maximale Schubspannung.

$Q = 3$ kN, $b = 100$ mm, $h = 125$ mm, $b_1 = 37{,}5$ mm, $h_1 = 50$ mm

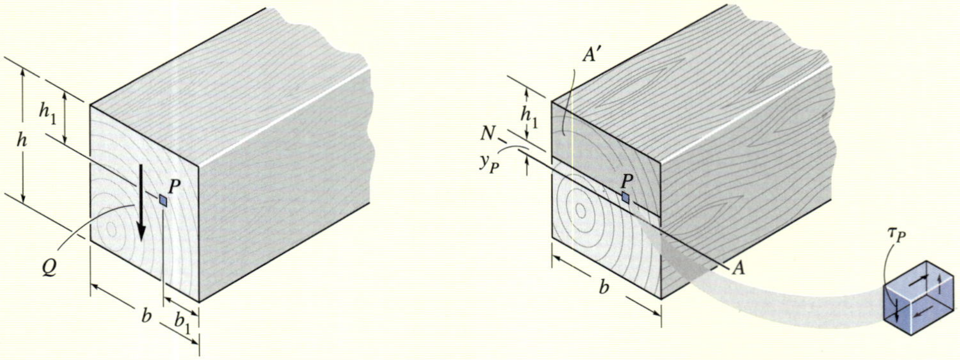

(a) (b) (c)

Abbildung 9.11

Lösung

Teil (a)

Querschnittseigenschaften Das bezüglich der Schwerpunktachse (Nulllinie NA) berechnete Trägheitsmoment der Querschnittsfläche beträgt

$$I = \frac{1}{12}bh^3 = \frac{1}{12}(100\,\text{mm})(125\,\text{mm})^3 = 16{,}28(10^6)\ \text{mm}^4$$

Durch Punkt P wird eine horizontale Schnittlinie gelegt. Die Teilfläche A' ist in Abbildung 9.11b schattiert gekennzeichnet. Somit ist

$$y_P = \frac{h}{2} - h_1 = \left(\frac{125\,\text{mm}}{2}\right) - 50\,\text{mm} = 12{,}5\,\text{mm}$$

$$S = \bar{y}'A' = \left[y_P + \frac{1}{2}h_1\right]h_1 b = \left[12{,}5\,\text{mm} + \frac{1}{2}(50\,\text{mm})\right](50\,\text{mm})(100\,\text{mm})$$

$$S = 18{,}75(10^4)\ \text{mm}^3$$

Schubspannung Die Querkraft am Querschnitt beträgt $Q = 3$ kN. Wir wenden die Schubspannungsformel an und erhalten

$$\tau_P = \frac{QS}{It} = \frac{QS}{Ib} = \frac{(3\,\text{kN})18{,}75(10^4\ \text{mm}^3)}{16{,}28(10^6\ \text{mm}^4)(100\,\text{mm})}$$

$$\tau_P = 3{,}46(10^{-4})\ \text{kN/mm}^2 = 0{,}346\ \text{MPa}$$

Weil τ_P zu Q beiträgt, ist ihre Wirkrichtung bei P am Querschnitt nach unten gerichtet. Entsprechend würde ein Volumenelement des Materials an diesem Punkt Schubspannungen aufweisen, die an ihm wie in Abbildung 9.11c dargestellt wirken.

Teil (b)

Querschnittseigenschaften Die maximale Schubspannung tritt in Höhe der Schwerpunktachse NA auf, denn t ist über den gesamten Querschnitt konstant und Q ist für diesen Fall am größten. Für die dunkel gekennzeichnete Fläche A' in Abbildung 9.11d erhalten wir

$$S=\bar{y}'A'=\left[\frac{1}{2}\frac{h}{2}\right]b\frac{h}{2}=\left[\frac{1}{2}\frac{125\,\text{mm}}{2}\right](100\,\text{mm})\left(\frac{125\,\text{mm}}{2}\right)$$

$$S = 19{,}53(10^4)\ \text{mm}^3$$

Schubspannung Die Anwendung der Schubspannungsformel führt zu dem Ergebnis

$$\tau_{max}=\frac{QS}{It}=\frac{QS}{Ib}=\frac{(3\,\text{kN})19{,}53(10^4)\,\text{mm}^3}{16{,}28(10^6)\,\text{mm}^4(100\,\text{mm})}$$

$$\tau_{max} = 3{,}60(10^{-4})\ \text{kN/mm}^2 = 0{,}360\ \text{MPa}$$

Beachten Sie, dass dies äquivalent ist mit

$$\tau_{max}=1{,}5\frac{Q}{A}=1{,}5\frac{3\,\text{kN}}{(100\,\text{mm})(125\,\text{mm})}$$

$$=3{,}6(10^{-4})\,\text{kN/mm}^2=0{,}36\,\text{MPa}$$

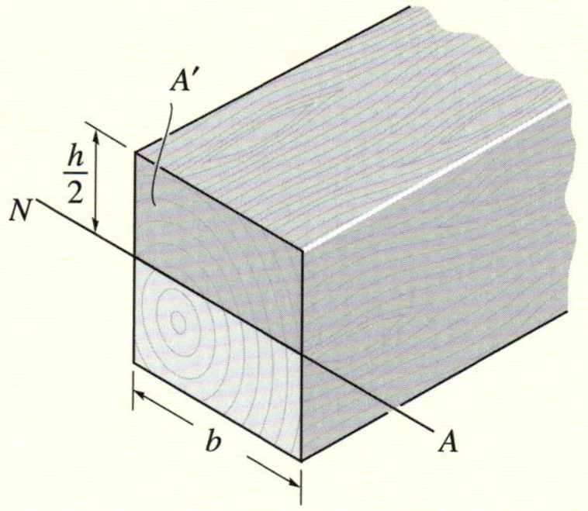

(d)

Abbildung 9.11

Beispiel 9.3

Ein Breitflanschprofil aus Stahl hat die in Abbildung 9.12a dargestellten Abmessungen. (a) Zeichnen Sie die über der Querschnittsfläche des Profils wirkende Schubspannungsverteilung und (b) bestimmen Sie den durch den Steg aufgenommenen Querkraftanteil, wenn im Querschnitt des Profils die Querkraft Q wirkt.

$Q = 80$ kN, $t = 15$ mm, $s = 20$ mm, $b = 300$ mm, $h = 100$ mm

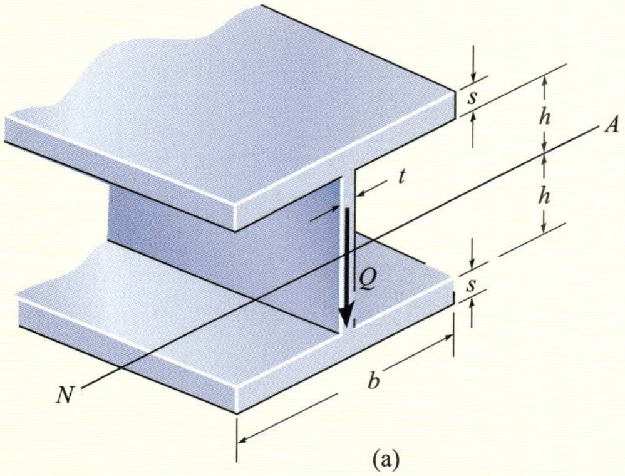

(a)

Abbildung 9.12

Lösung

Teil (a) Die Schubspannungsverteilung hat einen parabolischen Verlauf und ändert sich in der in Abbildung 9.12b angegebenen Weise. Wegen der Symmetrie müssen lediglich die Spannungen an den Punkten B', B und C berechnet werden. Zur Ermittlung dieser Werte müssen wir zuerst das Trägheitsmoment der Querschnittsfläche bezüglich der Achse NA durch den Schwerpunkt des Querschnitts bestimmen. Wir erhalten

$$I = \left[\frac{1}{12}t(2h)^3\right] + 2\left[\frac{1}{12}bs^3 + bs\left(h + \frac{s}{2}\right)^2\right]$$

$$= \left[\frac{1}{12}(0{,}015\,\mathrm{m})(0{,}200\,\mathrm{m})^3\right]$$

$$+2\left[\frac{1}{12}(0{,}300\,\mathrm{m})(0{,}02\,\mathrm{m})^3 + (0{,}300\,\mathrm{m})(0{,}02\,\mathrm{m})(0{,}110\,\mathrm{m})^2\right]$$

$$I = 155{,}6(10^{-6})\,\mathrm{m}^4$$

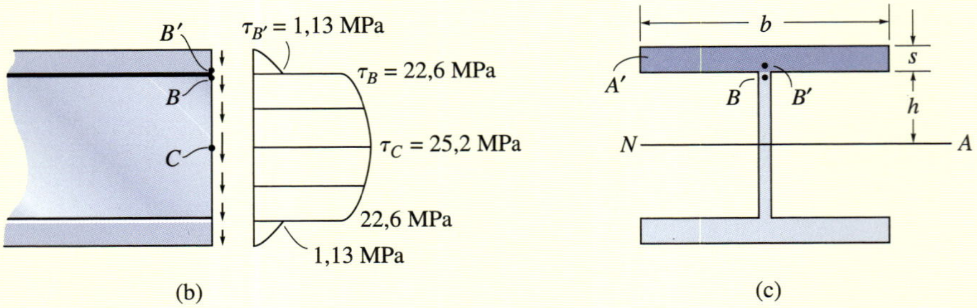

Abbildung 9.12

Für Punkt B' ist $t_{B'} = 0{,}300$ m und A' ist die dunkel gekennzeichnete Fläche, dargestellt in Abbildung 9.12c. Somit ist

$$S_{B'} = \bar{y}'A' = \left[h + \frac{s}{2}\right]bs = [0{,}110\,\mathrm{m}](0{,}300\,\mathrm{m})(0{,}02\,\mathrm{m})$$

$$S_{B'} = 0{,}660(10^{-3})\,\mathrm{m}^3$$

so dass sich für die Schubspannung am Punkt B'

$$\tau_{B'} = \frac{QS_{B'}}{It_{B'}} = \frac{80\,\mathrm{kN}\left(0{,}660\left(10^{-3}\right)\mathrm{m}^3\right)}{155{,}6\left(10^{-6}\right)\mathrm{m}^4\,(0{,}300\,\mathrm{m})} = 1{,}13\,\mathrm{MPa}$$

ergibt. Für Punkt B ist $t_B = 0{,}015$ m und $S_B = S_{B'}$, Abbildung 9.12c. Damit ist

$$\tau_B = \frac{QS_B}{It_B} = \frac{80\,\mathrm{kN}\left(0{,}660\left(10^{-3}\right)\mathrm{m}^3\right)}{155{,}6\left(10^{-6}\right)\mathrm{m}^4\,(0{,}015\,\mathrm{m})} = 22{,}6\,\mathrm{MPa}$$

Beachten Sie gemäß der Diskussion über die Einschränkungen zum Gebrauch der Schubspannungsformel, dass die berechneten Werte $\tau_{B'}$ und τ_B tatsächlich kritisch zu hinterfragen sind. Warum?

Für Punkt C ist $t_C = 0{,}015$ m und A' ist die dunkel gekennzeichnete Fläche, Abbildung 9.12d. Wenn wir diese Fläche aus zwei Rechtecken zusammengesetzt betrachten, erhalten wir

$$S_C = \sum \bar{y}'A' = \left[h + \frac{s}{2}\right]bs + \left[\frac{h}{2}\right]th$$
$$= [0{,}110\,\mathrm{m}](0{,}300\,\mathrm{m})(0{,}02\,\mathrm{m}) + [0{,}05\,\mathrm{m}](0{,}015\,\mathrm{m})(0{,}100\,\mathrm{m})$$
$$S_C = 0{,}735(10^{-3})\ \mathrm{m}^3$$

Für die Schubspannung an diesem Punkt ergibt sich damit

$$\tau_C = \tau_{max} = \frac{QS_C}{It_C} = \frac{80\,\mathrm{kN}\left[0{,}735\left(10^{-3}\right)\mathrm{m}^3\right]}{155{,}6\left(10^{-6}\right)\mathrm{m}^4\,(0{,}015\,\mathrm{m})} = 25{,}2\ \mathrm{MPa}$$

Teil (b) Die Querkraft im Steg wird bestimmt, indem wir zunächst die Schubspannung an einer beliebigen Stelle y innerhalb des Steges formulieren, Abbildung 9.12e. Wir erhalten

$$I = 155{,}6\left(10^{-6}\right)\mathrm{m}^4$$
$$t = 0{,}015\,\mathrm{m}$$
$$A' = bs + t(h - y)$$

$$S = \sum \bar{y}'A' = \left(h + \frac{s}{2}\right)bs + \left[y + \frac{1}{2}(h-y)\right]t(h-y)$$
$$= hbs + \frac{bs^2}{2} + \frac{t}{2}\left((h^2 - y^2\right) = hbs + \frac{bs^2}{2} + \frac{th^2}{2}\left(1 - \frac{y^2}{h^2}\right)$$

so dass sich

$$\tau = \frac{QS}{It} = \frac{80\,\mathrm{kN}\left[7{,}35\left(10^{-4}\right) - 7{,}5\left(10^{-5}\right)y^2/h^2\right]\mathrm{m}^3}{\left(155{,}6\left(10^{-6}\right)\mathrm{m}^4\right)(0{,}015\,\mathrm{m})}$$
$$= \left(25{,}192 - 2{,}5707y^2/h^2\right)\mathrm{MPa}$$

ergibt. Diese Spannung wirkt an dem differenziellen Flächenelement $dA = t\,dy$, Abbildung 9.12e. Deshalb ist der durch den Steg aufgenommene Querkraftanteil

$$Q_S = \int_{A_S} \tau\,dA = \int_{-h}^{h} \tau\,dA = \int_{-h}^{h} t\left(25{,}192 - 2{,}5707y^2/h^2\right)\mathrm{MPa}\,dy$$
$$= t\left[25{,}192y - 2{,}5707y^3/(3h^2)\right]_{-h}^{h}\ \mathrm{MPa}$$
$$= 2\left[25{,}192 - \frac{257{,}07}{3}\right]ht\ \mathrm{MPa}$$
$$= 73{,}0\,\mathrm{kN}$$

Achten Sie darauf, dass der Steg im Vergleich 91% der gesamten Querkraft (80 kN) aufnimmt, während die Flansche die restlichen 9% aufnehmen. Versuchen Sie die Aufgabe zu lösen, indem Sie die Kraft in einem der Flansche über dieselbe Methode ermitteln (3,496 kN). Dann ist $Q_S = Q - 2Q_F = 80$ kN – 2(3,496 kN) = 73,0 kN.

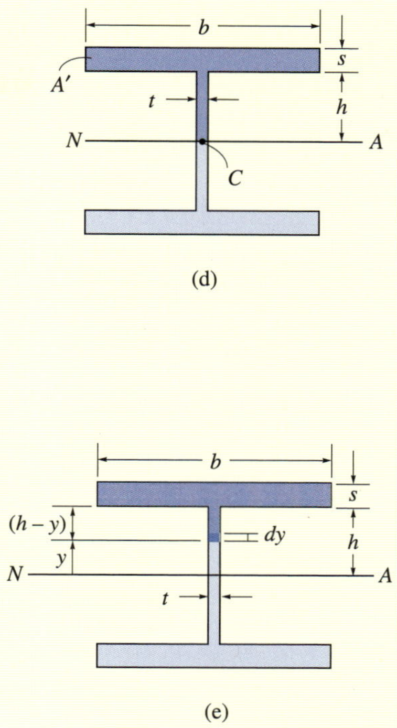

Abbildung 9.12

Beispiel 9.4

Der in Abbildung 9.13a dargestellte Balken besteht aus zwei zusammengeleimten Brettern. Bestimmen Sie die maximale Schubspannung in der Verleimung. Die Auflager bei B und C üben nur vertikale Reaktionskräfte auf den Balken aus.

$q_0 = 6{,}5\ \mathrm{kN/m}$, $l = 4\ \mathrm{m}$, $b = 150\ \mathrm{mm}$, $h = 150\ \mathrm{mm}$, $s = 30\ \mathrm{mm}$

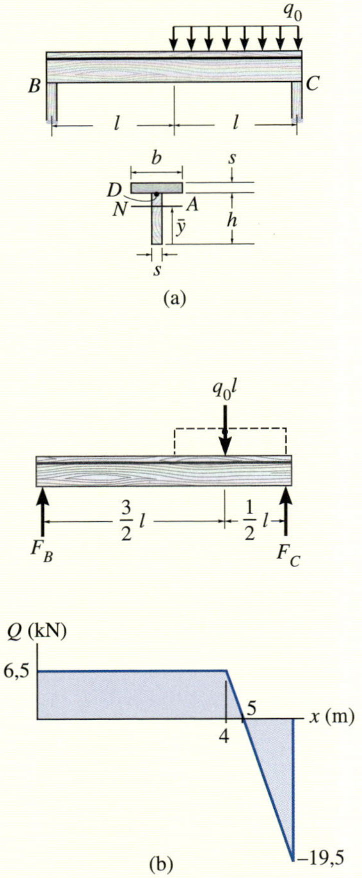

Abbildung 9.13

Lösung

Innere Querkraft In Abbildung 9.13b sind die Auflagerreaktionen und der Querkraftverlauf für den Balken dargestellt. Man erkennt, dass die maximale Querkraft im Balken $Q = 19{,}5\ \mathrm{kN}$ beträgt.

$F_B = 6{,}5\ \mathrm{kN}$, $F_C = 19{,}5\ \mathrm{kN}$, $q_0 l = 26\ \mathrm{kN}$

Querschnittseigenschaften Zur Bestimmung des Flächenschwerpunkts und damit der Nulllinie NA wird eine Bezugsachse eingeführt, die sich an der Unterseite der Querschnittsfläche befindet, Abbildung 9.13a. Wir erhalten

$$\bar{y} = \frac{\sum \bar{y}A}{\sum A} = \frac{\left[\frac{1}{2}h\right]hs + \left[h + \frac{s}{2}\right]sb}{hs + sb}$$

$$= \frac{[0{,}075\,\mathrm{m}](0{,}150\,\mathrm{m})(0{,}030\,\mathrm{m}) + [0{,}165\,\mathrm{m}](0{,}030\,\mathrm{m})(0{,}150\,\mathrm{m})}{(0{,}150\,\mathrm{m})(0{,}030\,\mathrm{m}) + (0{,}030\,\mathrm{m})(0{,}150\,\mathrm{m})}$$

$$= 0{,}120\,\mathrm{m}$$

Das Flächenträgheitsmoment, das bezüglich der Achse NA berechnet wird, Abbildung 9.13a, ist deshalb

$$I = \left[\frac{1}{12}sh^3 + hs\left(\bar{y} - \frac{h}{2}\right)^2\right] + \left[\frac{1}{12}bs^3 + sb\left(\left(h + \frac{s}{2}\right) - \bar{y}\right)^2\right]$$

$$= \left[\frac{1}{12}(0{,}030\,\mathrm{m})(0{,}150\,\mathrm{m})^3 + (0{,}150\,\mathrm{m})(0{,}030\,\mathrm{m})(0{,}120\,\mathrm{m} - 0{,}075\,\mathrm{m})^2\right]$$

$$+ \left[\frac{1}{12}(0{,}150\,\mathrm{m})(0{,}030\,\mathrm{m})^3 + (0{,}030\,\mathrm{m})(0{,}150\,\mathrm{m})(0{,}165\,\mathrm{m} - 0{,}120\,\mathrm{m})^2\right]$$

$$= 27{,}0\left(10^{-6}\right)\mathrm{m}^4$$

Das obere Brett (Flansch) wird durch den Leim auf dem unteren Brett (Steg) gehalten, wobei der Leim über die Breite $s = 0{,}03\ \mathrm{m}$ aufgetragen wird. Deshalb wird A' als Fläche des oberen Brettes definiert, Abbildung 9.13a. Wir erhalten

$$S = \bar{y}'A' = \left[(h + s) - \frac{s}{2} - \bar{y}'\right]sb$$

$$= [0{,}180\mathrm{m} - 0{,}015\mathrm{m} - 0{,}120\mathrm{m}](0{,}03\mathrm{m})(0{,}150\mathrm{m})$$

$$= 0{,}2025\left(10^{-3}\right)\mathrm{m}^3$$

Schubspannung Mit Hilfe der Schubspannungsformel erhalten wir damit das Ergebnis

$$\tau_{Leim,max} = \frac{QS}{It} = \frac{QS}{Is} = \frac{19{,}5\text{kN}\left[0{,}2025\left(10^{-3}\right)\text{m}^3\right]}{27{,}0\left(10^{-6}\right)\text{m}^4\left(0{,}030\text{m}\right)}$$

$$= 4{,}88\text{MPa}$$

Die Schubspannung, die an der Oberseite des unteren Brettes wirkt, ist in Abbildung 9.13c dargestellt. Beachten Sie, dass dies die notwendige Aufnahmekapazität des Leims für die *horizontale Schubspannung* ist, um ein gegenseitiges Verrutschen der Bretter am Lager *C* zu verhindern.

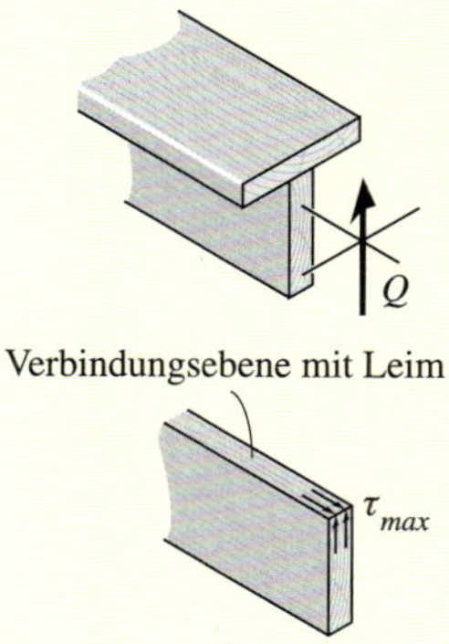

Abbildung 9.13

9.4 Schubfluss in Verbundträgern

Gelegentlich werden in der ingenieurtechnischen Praxis Bauteile aus verschiedenen Verbundteilen „zusammengesetzt", damit eine größere Lastaufnahmefähigkeit erzielt wird. Einige Beispiele zeigt Abbildung 9.14. Wenn die Bauteilbelastungen eine Verbiegung hervorrufen, benötigt man Verbindungselemente wie z.B. Nägel, Schrauben, Schweißnähte oder Leim, um ein Verrutschen der Verbundteile zu verhindern, Abbildung 9.2. Für die Dimensionierung der Verbindungselemente ist die Kenntnis der Querkraft von Bedeutung, die durch die Verbindungselemente über die Bauteillänge aufgenommen werden soll. Diese Belastung, gemessen als Kraft pro Längeneinheit, wird (siehe auch Abschnitt 6.7) als ***Schubfluss*** q_τ bezeichnet.[2]

Die Größe des Schubflusses entlang eines beliebigen Längsschnittes des Balkens kann man über die Herleitung einer Gleichung ermitteln, die der Schubspannungsberechnung in den vorangehenden Abschnitten 9.1 und 9.2 ähnelt. Dazu betrachten wir die Berechnung des Schubflusses entlang der Verbindungsnaht, an welcher der Steg in Abbildung 9.15a mit dem Flansch verbunden ist. Wie in Abbildung 9.15b zu sehen, wirken an diesem Teil drei Horizontalkräfte. Zwei dieser Kräfte, die Normalkräfte N und $N + dN$, wirken infolge von Normalspannungen, die durch die Biegemomente M bzw. $M + dM$ entstehen. Die dritte Kraft, dF, die aus Gleichgewichtsgründen gleich dN ist, wirkt an der Verbindungsnaht und muss durch das Verbindungselement aufgenommen werden. Mit der Erkenntnis, dass dN und damit dF die Folge von dM sind, ergibt sich wie im Fall der Schubspannungsformel, Gleichung (9.1), die Beziehung

$$dF = \frac{dM}{I}\int_{A'} y\, dA'$$

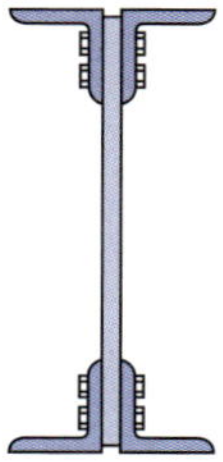

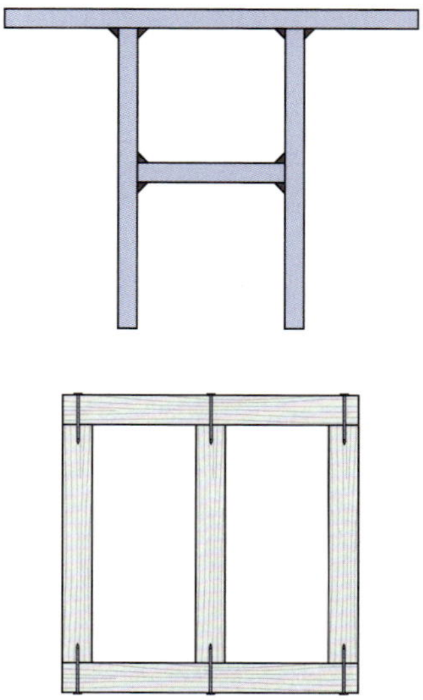

Abbildung 9.14

2 Der Gebrauch des Wortes „Fluss" hat eine physikalische Bedeutung, siehe die Diskussion in Abschnitt 9.5.

Das Integral repräsentiert das statische Moment S, d.h. das Moment der hell gekennzeichneten Fläche A' in Abbildung 9.15b um die horizontale Achse durch den Schwerpunkt der Querschnittsfläche (Nulllinie NA). Da das Segment die Länge dx hat, ist der Schubfluss, d.h. die Kraft pro Längeneinheit entlang des Balkens, $q_\tau = dF/dx$. Teilen wir beide Seiten durch dx, so erhalten wir unter Beachtung von $Q = dM/dx$ folgendes Ergebnis:

$$q_\tau = \frac{QS}{I} \tag{9.6}$$

Hierbei bedeuten

q_τ = den Schubfluss, gemessen als Kraft pro Längeneinheit entlang des Balkens

Q = die innere resultierende Querkraft, bestimmt über einen Freischnitt aus den zugehörigen Gleichgewichtsbedingungen

I = das Trägheitsmoment der gesamten Querschnittsfläche, berechnet bezüglich der horizontalen Achse NA durch ihren Schwerpunkt

S = $\int_{A'} y\,dA' = \bar{y}'A'$, statisches Moment der abgeschnittenen Fläche A' des Flansches, der mit dem Steg an der Verbindungsstelle zusammengefügt ist, an welcher der Schubfluss berechnet werden soll, mit dem Abstand $\bar{y}'$ von der Achse NA zum Schwerpunkt der Fläche A'

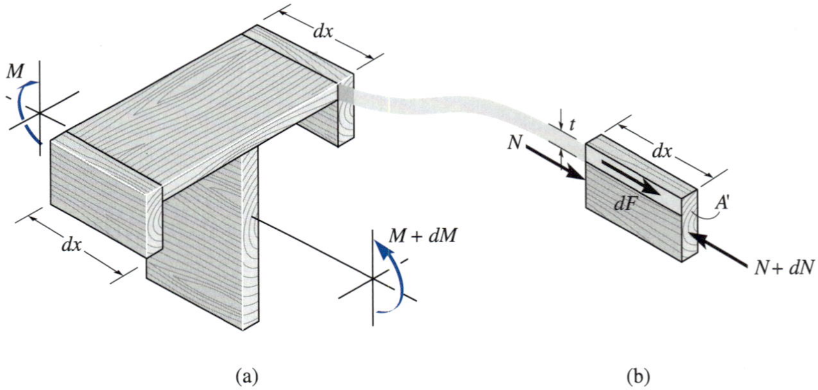

Abbildung 9.15

Die Anwendung dieser Gleichung erfolgt nach der gleichen Vorgehensweise, wie sie in Abschnitt 9.3 für die Schubspannungsformel angegeben wurde. In dieser Hinsicht ist es sehr wichtig, den richtigen Wert für das statische Moment S zu finden, wenn der Schubfluss an einer speziellen Verbindungsstelle des Querschnittes bestimmt wird. Einige Beispiele sollen zur Illustration dienen, wie diese Rechnung durchgeführt wird. Betrachten Sie dazu die Balkenquerschnitte in Abbildung 9.16. Die gekennzeichneten Verbundteile sind mit dem restlichen Balkenquerschnitt über Befestigungselemente verbunden. An diesen Verbindungsebenen wird der notwendige Schubfluss q_τ mit Hilfe eines statischen Moments S bestimmt, der aus den in jeder Abbildung angegebenen Werten A' und $\bar{y}'$ berechnet wurde. Beachten Sie, dass dieser Schubfluss q_τ

durch ein einzelnes Befestigungselement aufgenommen wird, Abbildung 9.16a und Abbildung 9.16b, durch zwei Elemente in Abbildung 9.16c und durch drei Elemente in Abbildung 9.16d. Anders ausgedrückt: Die Befestigungselemente in Abbildung 9.16a und Abbildung 9.16b nehmen den berechneten Wert q_τ ganz auf; in Abbildung 9.16c und Abbildung 9.16d nimmt jedes Element $q_\tau/2$ bzw. $q_\tau/3$ auf. An dieser Stelle wird nochmals darauf hingewiesen, dass in der Realität für die vorliegenden Belastungsfälle die Spannungsverteilung sehr kompliziert ist und die zugrunde liegende Formel für die Normalspannung $\sigma = My/I$ nur angenähert gilt. Die berechneten Werte für den Schubfluss stellen deshalb nur eine ingenieurmäßige Näherung dar.

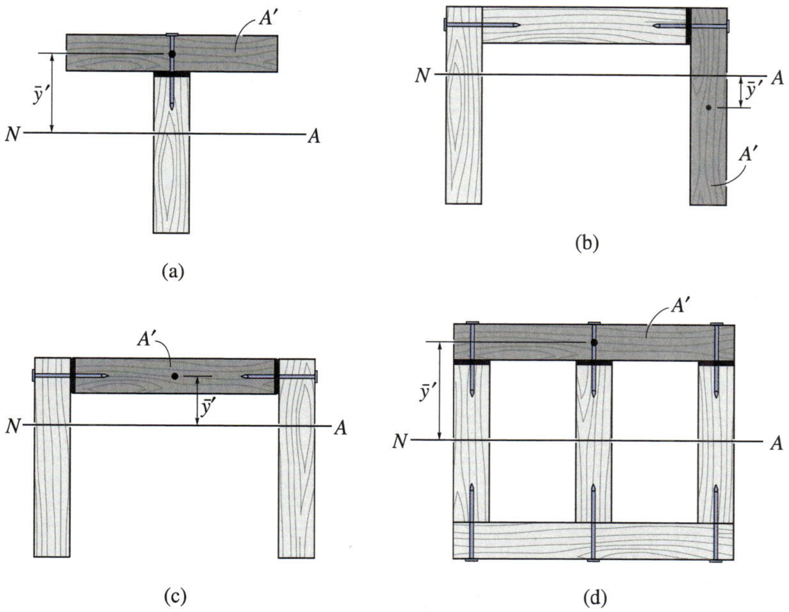

Abbildung 9.16

Wichtiger Punkt zur Lösung von Aufgaben

- Der Schubfluss ist ein Maß für die Kraft pro Längeneinheit entlang der Längsachse eines Balkens. Dieser Wert wird aus der Schubspannungsformel ermittelt. Man verwendet ihn zur Bestimmung der auftretenden Querkraft in Befestigungselementen und Leim, die verschiedene Balkensegmente zusammenhalten.

Beispiel 9.5

Das Profil besteht aus vier zusammengeleimten Brettern, siehe Abbildung 9.17a. Bestimmen Sie den Schubfluss bei B und C, der durch den Leim aufgenommen werden muss, wenn im Querschnitt des Profils die Querkraft Q wirkt.

$Q = 850$ kN, $b_1 = 250$ mm, $b_2 = 125$ mm, $h_1 = 300$ mm, $h_2 = 200$ mm, $t = s = 10$ mm

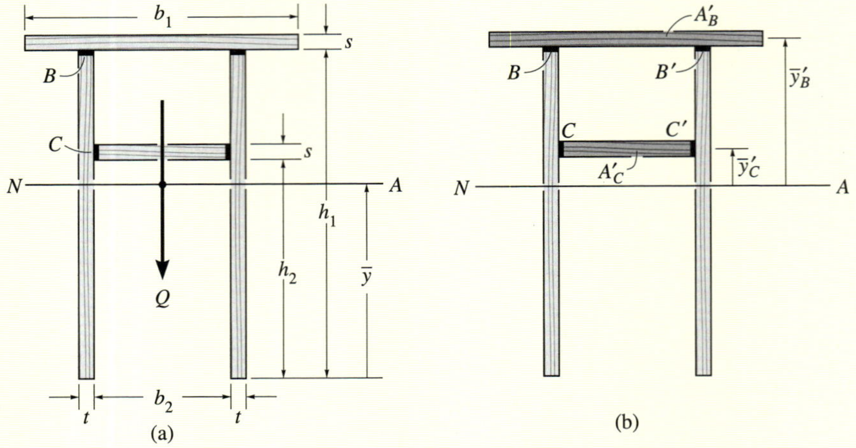

Abbildung 9.17

Lösung

Querschnittseigenschaften Die Position des Flächenschwerpunktes (Achse NA) wird von der Unterseite des Profils aus ermittelt, Abbildung 9.17a. Wir erhalten

$$\bar{y} = \frac{\sum \tilde{y}A}{\sum A} = \frac{2\left[\frac{h_1}{2}\right]h_1 t + \left[h_2 + \frac{s}{2}\right]b_2 s + \left[h_1 + \frac{s}{2}\right]b_1 s}{2h_1 t + b_2 s + b_1 s}$$

$$= \frac{2[0{,}15\,\text{m}](0{,}3\,\text{m})(0{,}01\,\text{m}) + [0{,}205\,\text{m}](0{,}125\,\text{m})(0{,}01\,\text{m}) + [0{,}305\,\text{m}](0{,}250\,\text{m})(0{,}01\,\text{m})}{2(0{,}3\,\text{m})(0{,}01\,\text{m}) + (0{,}125\,\text{m})(0{,}01\,\text{m}) + (0{,}250\,\text{m})(0{,}01\,\text{m})}$$

$$\bar{y} = 0{,}1968\,\text{m}$$

Das bezüglich dieser Achse berechnete Flächenträgheitsmoment ist demnach

$$I = 2\left[\frac{1}{12}th_1^3 + th_1\left(\bar{y} - \frac{h_1}{2}\right)^2\right] + \left[\frac{1}{12}b_2 s^3 + b_2 s\left(\left(h_2 + \frac{s}{2}\right) - \bar{y}\right)^2\right] + \left[\frac{1}{12}b_1 s^3 + b_1 s\left(\left(h_1 + \frac{s}{2}\right) - \bar{y}\right)^2\right]$$

$$= 2\left[\frac{1}{12}(0{,}01\,\text{m})(0{,}3\,\text{m})^3 + (0{,}01\,\text{m})(0{,}3\,\text{m})(0{,}1968\,\text{m} - 0{,}150\,\text{m})^2\right]$$

$$+ \left[\frac{1}{12}(0{,}125\,\text{m})(0{,}01\,\text{m})^3 + (0{,}125\,\text{m})(0{,}01\,\text{m})(0{,}205\,\text{m} - 0{,}1968\,\text{m})^2\right]$$

$$+ \left[\frac{1}{12}(0{,}250\,\text{m})(0{,}01\,\text{m})^3 + (0{,}250\,\text{m})(0{,}01\,\text{m})(0{,}305\,\text{m} - 0{,}1968\,\text{m})^2\right]$$

$$I = 87{,}53\left(10^{-6}\right)\text{m}^4$$

Da der Leim das obere Brett bei B und B' hält, Abbildung 9.17b, ergibt sich ein statisches Moment

$$S_B = \bar{y}'_B A'_B = \left[\left(h_1 + \frac{s}{2}\right) - \bar{y}\right] b_1 s = [0{,}305\,\mathrm{m} - 0{,}1968\,\mathrm{m}](0{,}250\,\mathrm{m})(0{,}01\,\mathrm{m})$$

$$S_B = 0{,}270\left(10^{-3}\right)\mathrm{m}^3$$

Auf gleiche Weise hält der Leim bei C und C' das innere Brett im Gesamtprofil, Abbildung 9.17b, und das zugehörige statische Moment ist

$$S_C = \bar{y}'_C A'_C = \left[\left(h_2 + \frac{s}{2}\right) - \bar{y}\right] b_2 s = [0{,}205\,\mathrm{m} - 0{,}1968\,\mathrm{m}](0{,}125\,\mathrm{m})(0{,}01\,\mathrm{m})$$

$$S_C = 0{,}01025\left(10^{-3}\right)\mathrm{m}^3$$

Schubfluss Für B und B' zusammen erhalten wir

$$q'_B = \frac{QS_B}{I} = \frac{850\mathrm{kN}\left[0{,}270\left(10^{-3}\right)\mathrm{m}^3\right]}{87{,}53\left(10^{-6}\right)\mathrm{m}^4} = 2{,}63\ \mathrm{MN/m}$$

Und für C und C' ergibt sich

$$q'_C = \frac{QS_C}{I} = \frac{850\mathrm{kN}\left[0{,}01025\left(10^{-3}\right)\mathrm{m}^3\right]}{87{,}52\left(10^{-6}\right)\mathrm{m}^4} = 0{,}0996\ \mathrm{MN/m}$$

Da zur Fixierung der Bretter *zwei Nähte* gebraucht werden, muss der Leim pro Meter Balkenlänge an jeder Naht stark genug sein, um die Hälfte jedes berechneten Wertes q'_τ aufzunehmen, d.h.

$$q_B = 1.31\ \mathrm{MN/m}$$

und

$$q_C = 0{,}0498\ \mathrm{MN/m}$$

Beispiel 9.6

Ein Träger mit Kastenprofil soll aus vier Brettern konstruiert werden, die gemäß Abbildung 9.18a zusammengenagelt sind. Jeder Nagel kann eine Querkraft Q_N aufnehmen. Bestimmen Sie den maximalen Abstand s der Nägel bei B und C derart, dass der Träger die Vertikalkraft P aufnehmen kann.

$P = 80$ N, $Q_N = 30$ N, $b = 1{,}5$ cm, $h = 6$ cm

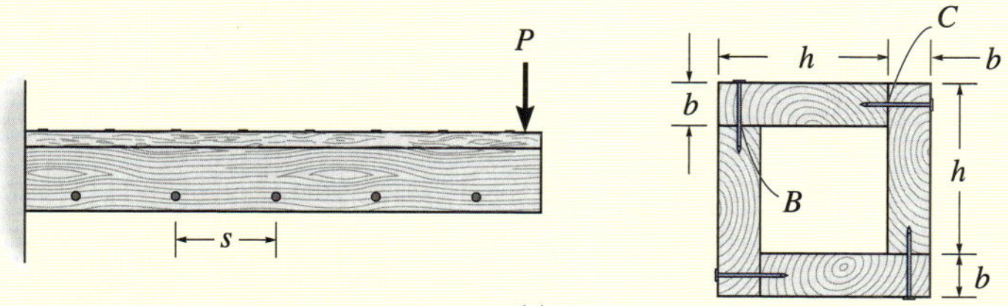

Abbildung 9.18

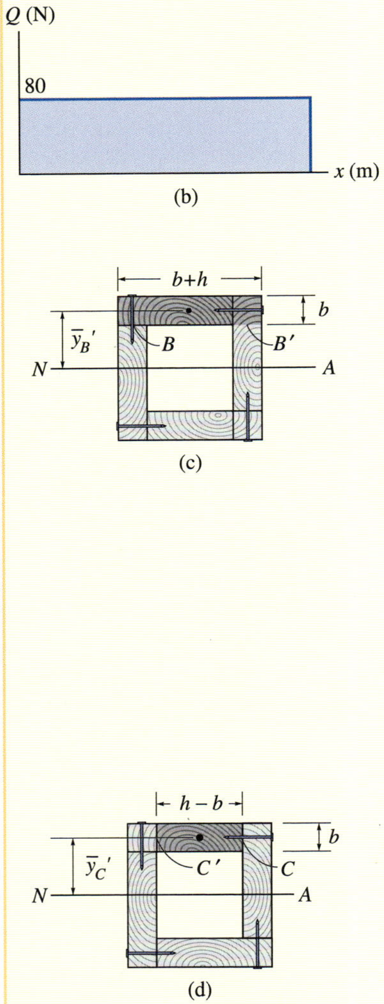

Abbildung 9.18

Lösung

Innere Querkraft Wenn man den Balken an einer *beliebigen Stelle* über seiner Länge schneidet, dann ist die für Gleichgewicht erforderliche Querkraft immer $Q = 80$ N. Dies ergibt den in Abbildung 9.18b dargestellten Querkraftverlauf.

Querschnittseigenschaften Das Trägheitsmoment der Querschnittsfläche um die Schwerpunktachse NA kann dadurch bestimmt werden, dass man einen Hohlträger mit der Außenabmessung $b + h$ und der Innenabmessung $h - b$ betrachtet:

$$I = \frac{1}{12}(b+h)(b+h)^3 - \frac{1}{12}(h-b)(h-b)^3$$
$$= \frac{1}{12}(7{,}5\,\text{cm})(7{,}5\,\text{cm})^3 - \frac{1}{12}(4{,}5\,\text{cm})(4{,}5\,\text{cm})^3 = 229{,}5\ \text{cm}^4$$

Der Schubfluss bei B wird mit Hilfe des statischen Moments S_B bestimmt, das für die dunkler gekennzeichnete Fläche in Abbildung 9.18c ermittelt wurde. Das ist der „symmetrische" Anteil des Profils, der auf dem „Rest" des Profils durch Nägel auf der linken Seite und durch die Bretterfasern auf der rechten Seite gehalten werden muss:

$$S_B = \bar{y}'_B A' = \left[\frac{h-b}{2} + \frac{b}{2}\right](h+b)(b) = [3\,\text{cm}](7{,}5\,\text{cm})(1{,}5\,\text{cm})$$
$$S_B = 33{,}75\ \text{cm}^3$$

Auf gleiche Weise kann man den Schubfluss bei C mit Hilfe der „symmetrischen", gekennzeichneten Fläche, Abbildung 9.18d, bestimmen:

$$S_C = \bar{y}'_C A' = \left[\frac{h-b}{2} + \frac{b}{2}\right](h-b)(b) = [3\,\text{cm}](4{,}5\,\text{cm})(1{,}5\,\text{cm})$$
$$S_C = 20{,}25\ \text{cm}^3$$

Schubfluss

$$q_\tau(B) = q_B = \frac{QS_B}{I} = \frac{(80\text{N})(33{,}75\text{cm}^3)}{229{,}5\text{cm}^4} = 11{,}76\ \text{N/cm}$$

$$q_\tau(C) = q_C = \frac{QS_C}{I} = \frac{(80\text{N})(20{,}25\text{cm}^3)}{229{,}5\text{cm}^4} = 7{,}059\ \text{N/cm}$$

Diese Werte repräsentieren die Querkraft pro Längeneinheit des Profils, die bei B durch die Nägel bzw. bei B' durch die Holzfasern aufgenommen werden muss, Abbildung 9.18d, sowie bei C durch die Nägel bzw. bei C' über die Fasern. Da der Schubfluss bei jeder Variante über *zwei* Oberflächen aufgenommen wird und jeder Nagel 30 N zulässt, ergibt sich der Abstand für B wie folgt:

$$s_B = \frac{Q_N}{q_B/2} = \frac{30\text{N}}{11{,}76/2(\text{N/cm})} = 5{,}10\ \text{cm}$$

In der praktischen Anwendung wählt man $s_B = 5$ cm

Analog rechnen wir für C

$$s_C = \frac{Q_N}{q_C/2} = \frac{30\text{N}}{7{,}059/2(\text{N/cm})} = 8{,}50\ \text{cm}$$

aus.

Beispiel 9.7 Für ein Profil, das entsprechend Fall I oder Fall II konstruiert werden kann, Abbildung 9.19, werden Nägel mit der Schubfestigkeit P verwendet. Bestimmen Sie bei einem vorgegebenen Nagelabstand s die größte senkrechte Querkraft, die für jeden Konstruktionsfall aufgenommen werden kann, so dass die Befestigungselemente nicht versagen.

$s = 9$ cm, $h = 4$ cm, $b = 3$ cm, $t_1 = 1$ cm, $t_2 = 0{,}5$ cm, $P = 40$ N

Lösung

Da die Geometrie in beiden Fällen gleich ist, ergibt sich das Trägheitsmoment wie folgt:

$$I = \frac{1}{12}b\left(h+2t_2\right)^3 - 2\frac{1}{12}\left(\frac{b-t_1}{2}\right)h^3$$

$$= \frac{1}{12}(3\text{cm})(5\text{cm})^3 - 2\left[\frac{1}{12}(1\text{cm})(4\text{cm})^3\right]$$

$$I = 20{,}58\ \text{cm}^4$$

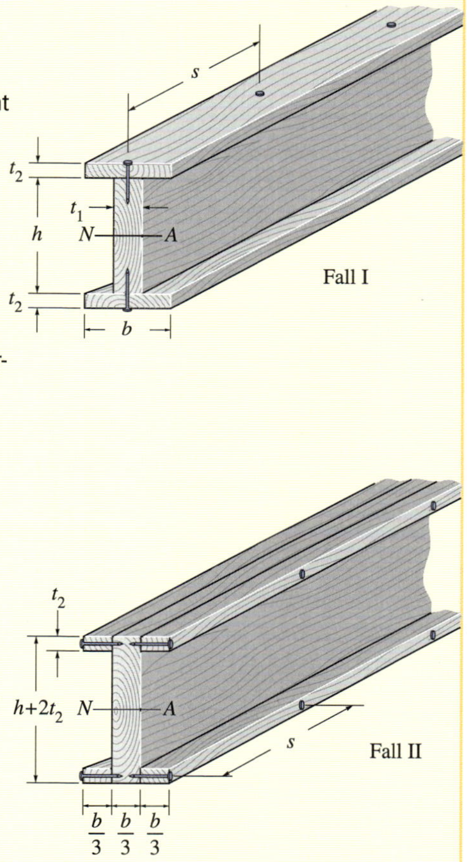

Abbildung 9.19

Fall I Bei dieser Variante hält eine einzelne Nagelreihe den Ober- und Unterflansch am Steg fest. Für einen dieser Flansche erhalten wir

$$S = \bar{y}'A' = \left[\frac{(h+t_2)}{2}\right]bt_2 = [2{,}25\text{cm}](3\text{cm})(0{,}5\text{cm})$$

$$S = 3{,}375\ \text{cm}^3$$

so dass

$$q_\tau = \frac{P}{s} = \frac{QS}{I}$$

$$Q = \frac{PI}{Ss} = \frac{(40\text{N})(20{,}58\text{cm}^4)}{(3{,}375\text{cm}^3)(9\text{cm})}$$

$$Q = 27{,}1\ \text{N}$$

folgt.

Fall II Hier hält eine einzelne Nagelreihe ein Seitenbrett am Steg fest, d.h.

$$S = \bar{y}'A' = \left[\frac{(h+t_2)}{2}\right]\frac{b}{3}t_2 = [2{,}25\text{cm}](1\text{cm})(0{,}5\text{cm})$$

$$S = 1{,}125\ \text{cm}^3$$

$$q_\tau = \frac{P}{s} = \frac{QS}{I}$$

$$Q = \frac{PI}{Ss} = \frac{(40\text{N})(20{,}58\text{cm}^4)}{(1{,}125\text{cm}^3)(9\text{cm})}$$

$$Q = 81{,}3\ \text{N}$$

9.5 Schubfluss in dünnwandigen Trägern

Im vorhergehenden Abschnitt haben wir die Schubflussgleichung $q_\tau = QS/I$ entwickelt und gezeigt, wie sie zur Bestimmung des Schubflusses angewendet werden kann, der entlang eines Längsschnittes im Balken wirkt. In diesem Abschnitt zeigen wir die Anwendung dieser Gleichung zur Ermittlung der *Schubflussverteilung* über dem Querschnitt eines Trägers. Wir nehmen hierbei an, dass das Bauteil *dünnwandig* ist, d.h. die Wandstärke ist im Vergleich zur Höhe oder Breite des Trägers sehr klein. Wie im nächsten Abschnitt zu sehen sein wird, hat dieses Berechnungsverfahren einige wichtige Anwendungsfälle bei der Auslegung von Tragwerken und Maschinenelementen.

Bevor wir die Schubflussverteilung an einem Querschnitt jedoch bestimmen, zeigen wir zunächst, wie der Schubfluss zur Schubspannung in Beziehung steht. Dazu betrachten wir den differenziellen Abschnitt dx des Breitflanschträgers in Abbildung 9.20a. Ein Freikörperbild eines Volumenelements des Flansches zeigt Abbildung 9.20b. Entlang des dunkel gekennzeichneten Längsschnittes wirkt die Kraft dF, um die Normalkräfte N und $N + dN$ im Gleichgewicht zu halten, die sich als Folge der Biegemomente M und $M + dM$ ausbilden. Da das Element die Länge dx hat, ist der Schubfluss als Kraft pro Länge über dem Schnitt $q_\tau = dF/dx$. Weil nun der Flansch *dünnwandig* ist, ändert sich die Schubspannung τ über der Dicke t des Schnittes nicht wesentlich, und deshalb nehmen wir an, dass sie *konstant* ist. Damit ist $dF = \tau\, dA = \tau(t\, dx) = q_\tau\, dx$ oder

$$q_\tau = \tau t \tag{9.7}$$

Das gleiche Ergebnis kann auch ermittelt werden, indem man die Schubflussgleichung $q_\tau = QS/I$ mit der Schubspannungsformel $\tau = QS/(I\, t)$ vergleicht.

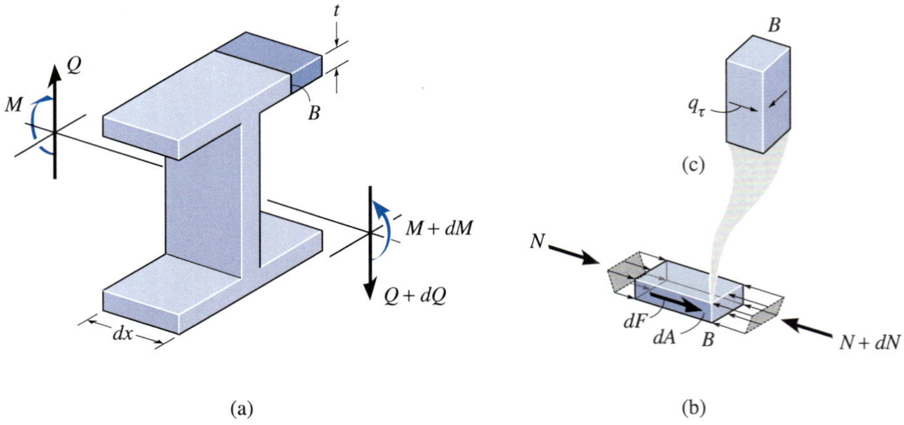

Abbildung 9.20

Wie die Schubspannung wirkt der Schubfluss sowohl in Längsschnitten als auch im Querschnitt selbst. Wenn zum Beispiel ein Eckelement bei Punkt B in Abbildung 9.20b frei geschnitten wird, Abbildung 9.20c, wirkt der Schubfluss q_τ wie dargestellt an den beiden Begrenzungsflächen des Elements. Obwohl sie tatsächlich existieren, werden wir die beiden Komponenten des Schubflusses q'_τ vernachlässigen, denn diese Komponenten sind analog zur Schubspannung über der Dicke des Elements annähernd null, siehe Abbildung 9.20d. Das liegt in der Annahme begründet, dass die Wände dünnwandig und die oberen und unteren Oberflächen des Elements spannungsfrei sind. Zusammenfassend bedeutet dies, es werden lediglich die Schubflussanteile betrachtet, die *parallel* zu den begrenzenden Bauteiloberflächen wirken.

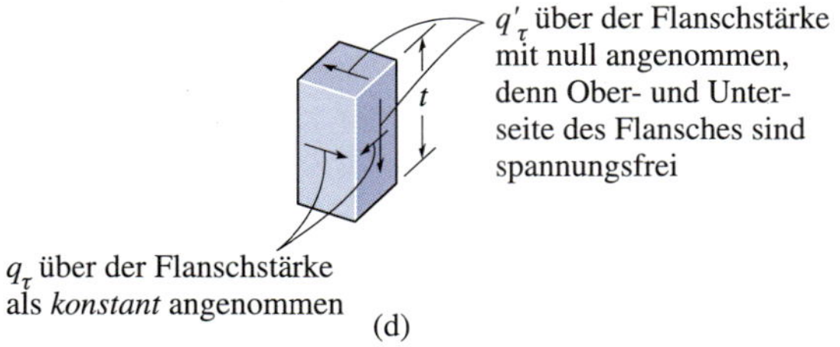

Durch ein entsprechendes Berechnungsverfahren stellt der Freischnitt des linksseitigen Segments des oberen Flansches, Abbildung 9.20e, die richtige Richtung des Schubflusses am Eckelement C des Segments auf, Abbildung 9.20f. Zeigen Sie unter Anwendung der kennen gelernten Methoden, dass der Schubfluss an den zugehörigen Punkten B' und C' des unteren Flansches entsprechend Abbildung 9.20g gerichtet ist.

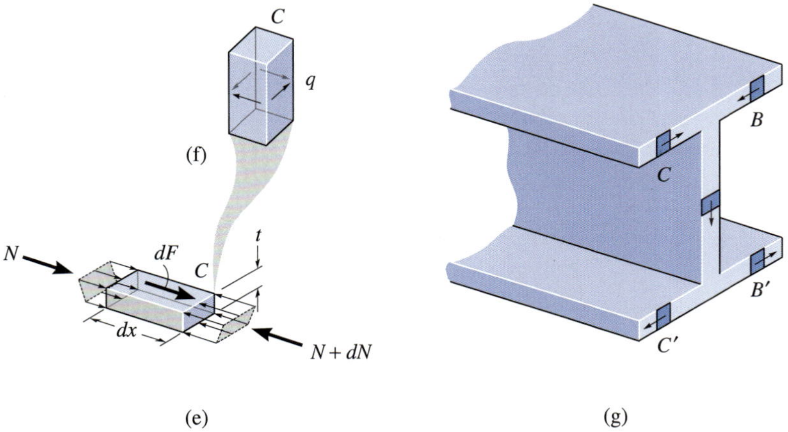

Abbildung 9.20

Dieses Beispiel illustriert, wie die *Richtung* des Schubflusses an jedem Punkt des Balkenquerschnittes aufgestellt werden kann. Anhand der Schubflussformel $q_\tau = QS/I$ zeigen wir nun, wie die Verteilung des Schubflusses über dem Querschnitt bestimmt werden kann. Man kann erwarten, dass diese Formel vernünftige Ergebnisse für den Schubfluss liefert, denn wie bereits in Abschnitt 9.3 dargestellt, verbessert sich die Genauigkeit dieser Gleichung für Bauteile mit dünnen rechteckigen

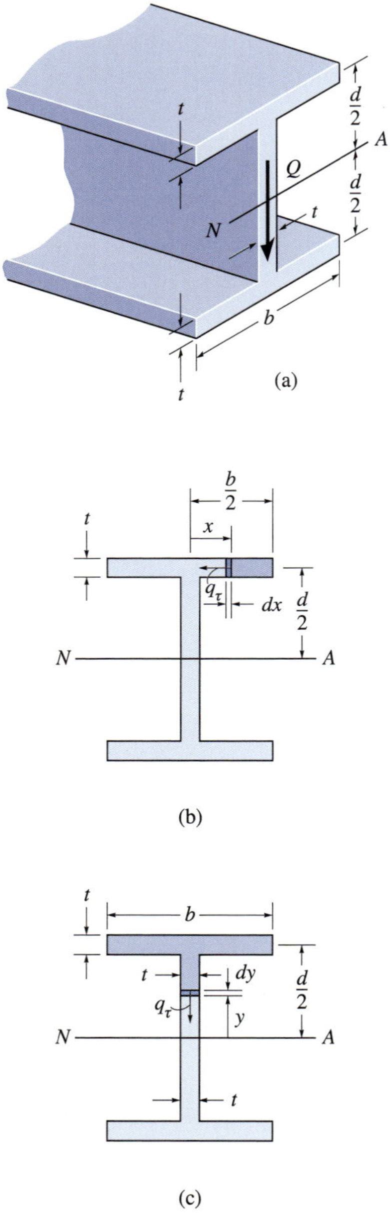

Abbildung 9.21

Querschnitten. Bei jeder Anwendung muss die Querkraft Q allerdings entlang der Symmetrieachse oder der Hauptträgheitsachse des Querschnittes wirken.

Wir beginnen mit der Ermittlung des Schubflusses entlang des oberen rechten Flansches des Breitflanschträgers in Abbildung 9.21a. Dazu betrachten wir den Schubfluss q_τ, der an dem farbig gekennzeichneten Element wirkt, das sich in einem beliebigen Abstand x von der vertikalen Symmetrieachse des Querschnittes befindet, Abbildung 9.21b. Dieser wird über Gleichung (9.6) mit dem statischen Moment $S = \bar{y}'A' = [d/2](b/2 - x)t$ ermittelt. Damit ergibt sich

$$q_\tau = \frac{QS}{I} = \frac{Q(d/2)(b/2-x)t}{I} = \frac{Qtd}{2I}\left(\frac{b}{2} - x\right) \tag{9.8}$$

Die Überprüfung zeigt, dass diese Verteilung linear ist, wobei sie sich von $q_\tau = 0$ bei $x = b/2$ bis auf $(q_{max})_F = Qtdb/(4I)$ bei $x = 0$ ändert. (Die Einschränkung in der Form $x = 0$ ist hier möglich, denn das Bauteil wird als „dünnwandig" angenommen und damit wird die Stärke des Steges vernachlässigt.) Infolge der Symmetrie führt eine analoge Berechnung zu der gleichen Verteilung des Schubflusses für die anderen Flanschbereiche, so dass sich die in Abbildung 9.21d dargestellten Resultate ergeben.

Die gesamte Kraft, die in dem rechten und linken Teil des Flansches auftritt, kann über Integration ermittelt werden. Da die Kraft an dem farbig gekennzeichneten Element in Abbildung 9.21b $dF = q_\tau\, dx$ ist, ergibt sich

$$F_F = \int q_\tau dx = \int_0^{b/2} \frac{Qtd}{2I}\left(\frac{b}{2} - x\right)dx = \frac{Qtdb^2}{16I}$$

Wir können das Ergebnis auch ermitteln, indem wir die Fläche unter dem Dreieck in Abbildung 9.21d berechnen, da q_τ eine Verteilung von Kraft/Länge ist. Damit ist

$$F_F = \frac{1}{2}\left(q_{max}\right)_F \frac{b}{2} = \frac{Qtdb^2}{16I}$$

In Abbildung 9.21e sind alle vier dieser Flanschkräfte dargestellt, und wir können anhand der Richtung dieser Kräfte sehen, dass das horizontale Kräftegleichgewicht des Querschnittes gewahrt ist.

Eine ähnliche Berechnung kann man für den Steg durchführen, Abbildung 9.21c. Hierbei erhalten wir

$$S = \sum \bar{y}'A' = \left[\frac{d}{2}\right](bt) + \left[y + \left(\frac{1}{2}\right)\left(\frac{d}{2} - y\right)\right]t\left(\frac{d}{2} - y\right) = \frac{btd}{2} + \left(\frac{t}{2}\right)\left(\frac{d^2}{4} - y^2\right)$$

so dass

$$q_\tau = \frac{QS}{I} = \frac{Qt}{I}\left[\frac{db}{2} + \frac{1}{2}\left(\frac{d^2}{4} - y^2\right)\right] \tag{9.9}$$

wird.

Im Stegbereich ändert sich der Schubfluss in *parabolischer* Form $q_\tau = 2(q_{max})_F = Qtdb/(2I)$ bei $y = d/2$ bis zu einem Maximum von $q_\tau = (q_{max})_S = (Qtd/I)(b/2 + d/8)$ bei $y = 0$, Abbildung 9.21d.

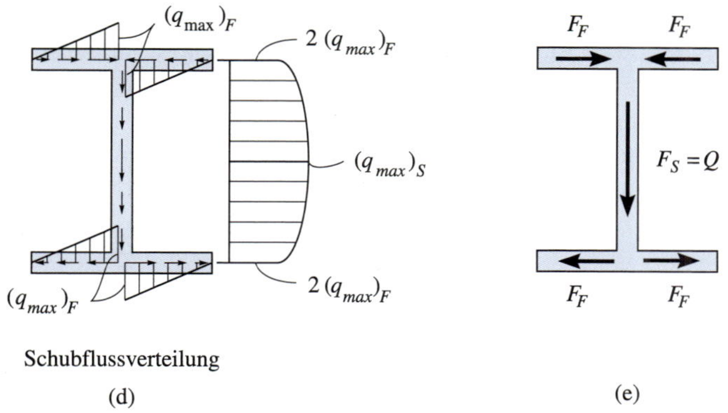

Abbildung 9.21

Für die Bestimmung der Stegkraft F_S müssen wir Gleichung (9.9) integrieren:

$$F_S = \int q_\tau dy = \int_{-d/2}^{d/2} \frac{Qt}{I}\left[\frac{db}{2} + \frac{1}{2}\left(\frac{d^2}{4} - y^2\right)\right]dy$$

$$= \frac{Qt}{I}\left[\frac{db}{2}y + \frac{1}{2}\left(\frac{d^2}{4}y - \frac{y^3}{3}\right)\right]_{-d/2}^{d/2}$$

$$= \frac{Qtd^2}{4I}\left(2b + \frac{d}{3}\right)$$

Eine Vereinfachung ist möglich, indem man beachtet, dass das Flächenträgheitsmoment für die Querschnittsfläche

$$I = 2\left[\frac{1}{12}bt^3 + bt\left(\frac{d}{2}\right)^2\right] + \frac{1}{12}td^3$$

ist. Wir vernachlässigen den ersten Term, weil die Dicke von jedem Flansch gering ist, und erhalten

$$I = \frac{td^2}{4}\left(2b + \frac{1}{3}d\right)$$

Wir setzen das Ergebnis in die obere Gleichung ein und erkennen, dass wie erwartet $F_S = Q$ ist, Abbildung 9.21e.

Von der vorangegangenen Berechnung sollten drei wichtige Punkte genau beachtet werden. Erstens ändert sich der Wert von q_τ über den Querschnittsverlauf, denn das zu bestimmende statische Moment S ist für jeden einzelnen Flächenanteil A' unterschiedlich. Insbesondere ändert sich q_τ, zum einen entlang den Segmenten (hier: Flansche), die *senkrecht* auf der Richtung von Q stehen, *linear* und zum anderen entlang jener Teilflächen (hier: Steg), die *parallel* oder *schräg* zu Q gerichtet sind, in *parabolischer* Form. Zweitens *wirkt* q_τ *immer parallel* zu den begrenzenden Bauteilwänden, denn der Schnitt, an dem q_τ bestimmt werden soll, wird senkrecht zu diesen Wänden ausgeführt. Und drittens verläuft der *Richtungssinn* von q_τ derart, dass der Schub durch den Querschnitt hindurch zu *„fließen"* scheint, nach *innen* am oberen Flansch des Balkens, sich dann „vereinigend" und danach *nach unten* durch den Steg „fließend", denn er muss zur Querkraft Q beitragen, und dann wieder aufteilend und schließlich am unteren Flansch *nach außen* „fließend". Wenn man in der Lage ist, diesen „Fluss" zu „visualisieren", stellt dies ein gutes und einfaches Hilfsmittel dar, um nicht nur die Richtung von q_τ einzuführen, sondern *auch* die zugehörige Richtung von τ aufzustellen. Weitere Beispiele, wie q_τ über die Segmente von einzelnen Querschnittsprofilen gerichtet ist, zeigt Abbildung 9.22. In allen Fällen herrscht ein symmetrischer geometrischer Zustand um eine mit der Wirkrichtung von Q zusammenfallenden Achse, und deshalb „fließt" q_τ in eine Richtung in der Weise, dass der Schubfluss die erforderlichen mit Q äquivalenten Vertikalkomponenten zur Verfügung stellt und damit die Bedingungen für das horizontale Kräftegleichgewicht für den Querschnitt erfüllt.

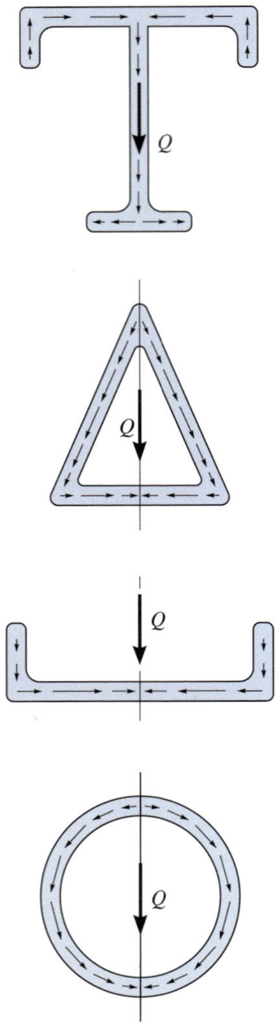

Schubfluss q_τ und Querkraft Q

Abbildung 9.22

Wichtige Punkte zur Lösung von Aufgaben

- Wenn ein Querschnittsprofil aus dünnwandigen Anteilen besteht, ist nur der parallel zu den begrenzenden Wänden wirkende Schubfluss von Bedeutung.
- Der Schubfluss ändert sich *linear* entlang der Segmente, die *senkrecht* auf der Richtung von Q stehen
- Der Schubfluss ändert sich *parabolisch* entlang der Segmente, die parallel oder *schräg* zur Wirkrichtung von Q positioniert sind
- Am Querschnittsprofil „fließt" der Schubfluss in den Segmenten derart, dass er zur Querkraft Q beiträgt und so das horizontale und vertikale Kräftegleichgewicht erfüllt.

Beispiel 9.8 Im Querschnitt des dünnwandigen Kastenträgers in Abbildung 9.23a wirkt eine Querkraft Q. Bestimmen Sie die Änderung des Schubflusses über dem Querschnitt.

$Q = 10$ kN, $b = 2$ cm, $h = 3$ cm, $t = 1$ cm

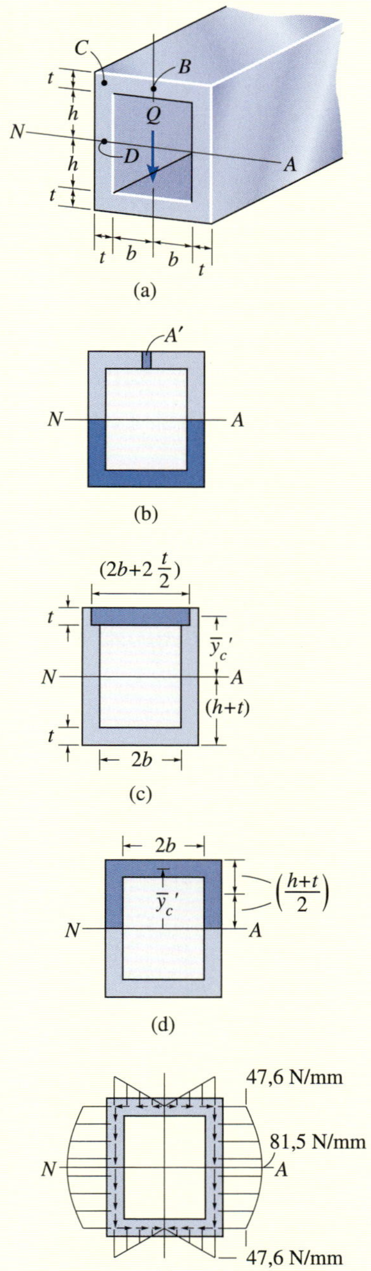

Abbildung 9.23

Lösung

Aufgrund der Symmetrie verläuft die Nulllinie NA durch die Mitte des Querschnittes. Das Flächenträgheitsmoment ist dann

$$I = \frac{1}{12}(2b+2t)(2h+2t)^3 - \frac{1}{12}(2b)(2h)^3$$
$$= \frac{1}{12}(6\,\text{cm})(8\,\text{cm})^3 - \frac{1}{12}(4\,\text{cm})(6\,\text{cm})^3 = 184\ \text{cm}^4$$

Der Schubfluss muss lediglich an den Punkten B, C und D bestimmt werden. Für Punkt B ist die Fläche $A' = 0$, Abbildung 9.23b, denn man kann sie sich vollständig als bei Punkt B gelegen vorstellen. Alternativ kann A' auch die gesamte Querschnittsfläche darstellen, wobei in diesem Fall das statische Moment $S_B = \bar{y}'A' = 0$ ist, denn $\bar{y}' = 0$. Wegen $S_B = 0$ folgt $q_\tau(B) = q_B = 0$.

Für Punkt C ist die Fläche A' in Abbildung 9.23c dunkel gekennzeichnet. Hierbei haben wir die mittigen Abmessungen benutzt, denn Punkt C liegt auf der Mittellinie jedes Segments. Wir erhalten

$$S_C = \bar{y}'A' = \left(h + \frac{1}{2}t\right)\left(2b + 2\frac{t}{2}\right)t = (3{,}5\,\text{cm})(5\,\text{cm})(1\,\text{cm})$$
$$= 17{,}5\ \text{cm}^3$$

Somit ist unter Beachtung, dass der zugehörige Schubfluss sowohl links als auch rechts vorliegt,

$$q_\tau(C) = q_C = \frac{QS_C}{2I} = \frac{(10\text{kN})(17{,}5\text{cm}^3)}{2\cdot 184\text{cm}^4}$$
$$q_C = 0{,}476\ \text{kN/cm} = 47{,}6\ \text{N/mm}$$

Der Schubfluss bei D wird anhand der dunkel gekennzeichneten Rechtecke in Abbildung 9.23d berechnet. Wir erhalten

$$S_D = \sum \bar{y}'A' = 2\left[\frac{h+t}{2}\right]t(h+t) + \left[\bar{y}'_C\right](2b)t$$
$$= 2[2\,\text{cm}](1\,\text{cm})(4\,\text{cm}) + [3{,}5\,\text{cm}](4\,\text{cm})(1\,\text{cm}) = 30\,\text{cm}^3$$

und damit ist unter Beachtung, dass erneut der Schubfluss sowohl links als auch rechts vorliegt,

$$q_\tau(D) = q_D = \frac{QS_D}{2I} = \frac{(10\text{kN})(30{,}0\text{cm}^3)}{2\cdot 184\text{cm}^4}$$
$$q_D = 0{,}815\ \text{kN/cm} = 81{,}5\ \text{N/mm}$$

Mit Hilfe dieser Ergebnisse und der Symmetrie des Querschnittes ist die Schubflussverteilung in Abbildung 9.23e aufgetragen. Wie erwartet ist die Verteilung entlang der horizontalen Flächensegmente (senkrecht zu Q) linear und entlang der vertikalen Anteile (parallel zu Q) parabolisch.

9.6 Schubmittelpunkt

Im vorigen Abschnitt haben wir angenommen, dass die innere Querkraft Q entlang einer der Flächenträgheitshauptachsen angreift, die *gleichzeitig* eine *Symmetrieachse* des Querschnitts darstellt. In diesem Abschnitt betrachten wir den Fall, dass die Querkraft entlang einer Trägheitshauptachse angreift, die aber *keine* Symmetrieachse ist. Wie zuvor untersuchen wir dünnwandige Querschnittsprofile. Daher können die geometrischen Abmessungen des Querschnitts über die Mittellinien der Teilsegmente beschrieben werden. Ein typischer Fall ist ein Träger mit dem Querschnitt eines U-Profils, dargestellt in Abbildung 9.24a, der an einem Ende eingespannt, am anderen Ende durch die Kraft P belastet ist. Wenn diese Kraft entlang der ursprünglich vertikalen, durch den *Schwerpunkt* C verlaufenden Achse angreift (die keine Symmetrieachse des Querschnitts ist), dann biegt sich der Balken nicht nur nach unten, sondern er *verdrillt sich auch* im Uhrzeigersinn, wie die Abbildung zeigt.

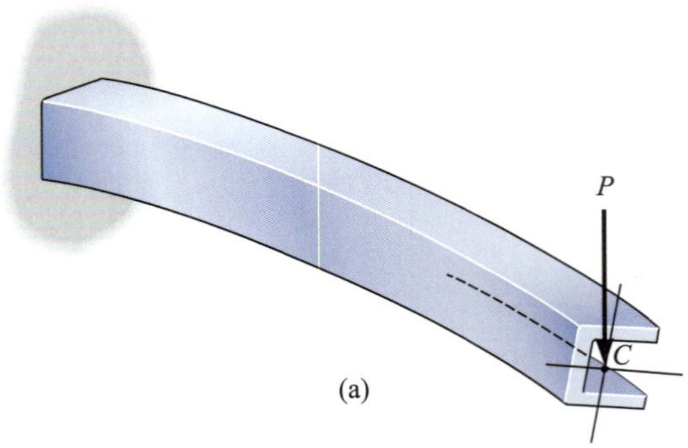

Abbildung 9.24

Damit man versteht, warum sich das Bauteil verdrillt, ist es notwendig, die Schubflussverteilung über den horizontalen Flanschen und dem vertikalen Steg zu untersuchen, Abbildung 9.24b. Wenn die Schubflussverteilung über die Flansch- und Stegflächen integriert wird, führt dies zu den Kräfteresultierenden F_F in jedem Flansch und einer Kraft der Größe $Q = P$ im Steg, Abbildung 9.24c. Summiert man dann die Momente dieser Kräfte um den Punkt C, dann sieht man, dass das resultierende Moment nicht null ist. Die Wirkung der in Abbildung 9.24b dargestellten Schubspannungen ist deshalb der Kraft P durch den Punkt C nicht äquivalent, da deren Moment bezüglich C ja verschwindet. Stattdessen muss die Kraft P im Abstand e durch einen Punkt O verlaufen, Abbildung 9.24d, damit die Kraft P und die Schubspannungsverteilung äquivalent sind. Die Äquivalenzbedingung lässt sich bezüglich des Bezugspunktes A besonders einfach auswerten, weil dann das resultierende Moment der Schubspannungen allein durch das Kräftepaar der Flanschkräfte F_F repräsentiert wird. Für Äquivalenz muss also die Bedingung $Pe = F_F\, d$ gelten, d.h.

$$e = \frac{F_F d}{P}$$

Falls die Kraft P in Abbildung 9.24d rechts vom Punkt O angreift, muss der dargestellten Schubspannungsverteilung ein Torsionsmoment im Uhrzeigersinn überlagert werden, um der Kraft P äquivalent zu sein.

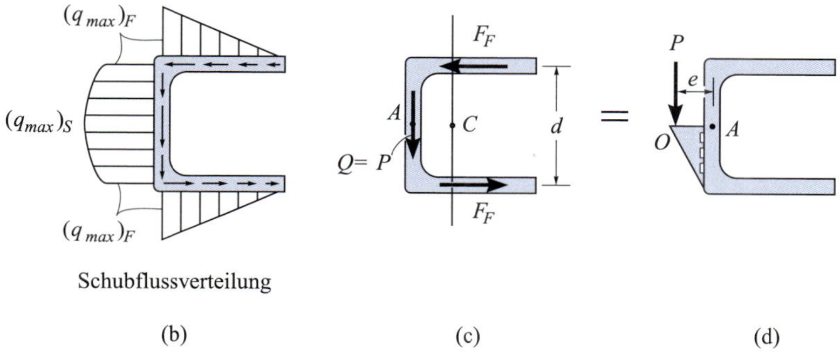

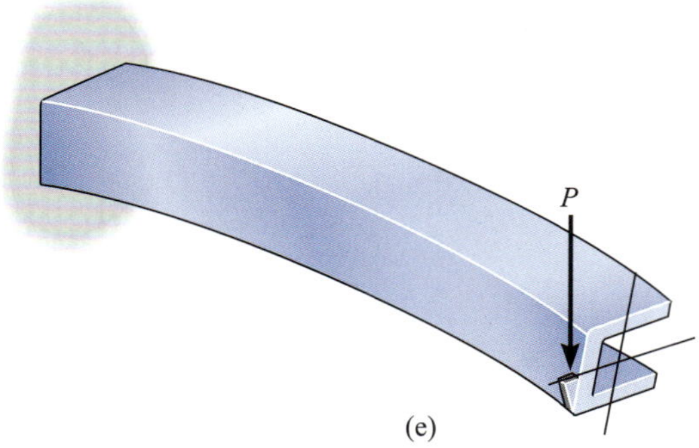

Abbildung 9.24

Mit Hilfe der in Abschnitt 9.5 diskutierten Methode können die Kräfte F_F in Abhängigkeit von P (= Q) sowie die Abmessungen der Flansche und des Steges bestimmt werden. Nachdem dies erfolgt ist, wird P durch Einsetzen in die obere Gleichung eliminiert, und es ergibt sich die Möglichkeit, e einfach als Funktion der Querschnittsgeometrie auszudrücken und nicht als eine Funktion von P oder seiner Position entlang des Balkens (siehe Beispiel 9.9). Der so positionierte Punkt O wird als ***Schubmittelpunkt*** bezeichnet. Wenn P entlang der Vertikalen durch den Schubmittelpunkt angreift, verbiegt sich das Profil ohne Verdrillung, wie in Abbildung 9.24e zu sehen. Konstruktionshandbücher führen die Lage dieses Punktes häufig für eine Vielzahl von dünnwandigen Profilträgern auf, die in der Praxis eine Rolle spielen.

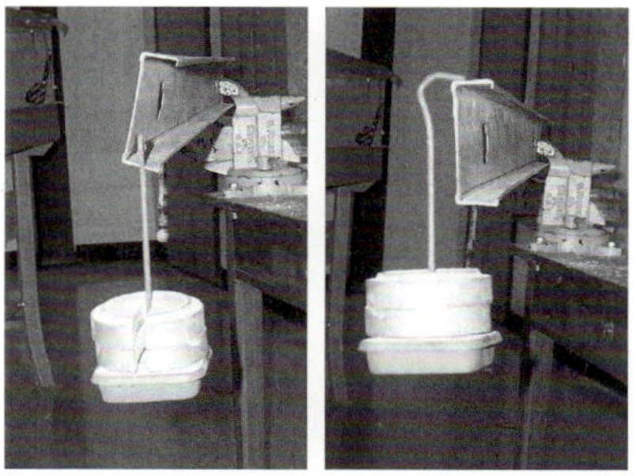

Demonstrationsversuch zum Biegeverhalten eines Kragträgers mit Belastung durch den Schwerpunkt (links) und durch den Schubmittelpunkt (rechts).

Bei der Berechnung kann berücksichtigt werden, dass der ***Schubmittelpunkt immer auf einer Symmetrieachse*** der Querschnittsfläche eines Trägers ***liegt***. Wenn man das U-Profil aus Abbildung 9.24a beispielsweise um 90° dreht und P bei A angreift, Abbildung 9.25a, tritt nämlich keine Verdrillung auf, denn der Schubfluss ist in diesem Fall im Steg und den Flanschen *symmetrisch*. Damit ist das Momentengleichgewicht um den Punkt A identisch erfüllt, Abbildung 9.25b. Es ist deshalb eindeutig, dass der Schubmittelpunkt bei einem Querschnittsprofil mit *zwei* Symmetrieachsen, wie beispielsweise im Fall eines Breitflanschprofils, mit dem Schnittpunkt dieser Achsen, d.h. dem Flächenschwerpunkt, deckungsgleich ist.

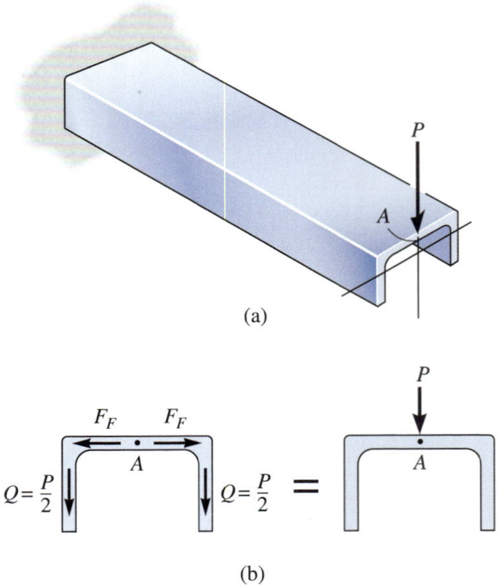

Abbildung 9.25

Wichtige Punkte zur Lösung von Aufgaben

- Der Schubmittelpunkt ist der Punkt, durch den die Wirkungslinie einer Kraft hindurch gehen muss, damit sie nur eine Verbiegung des Balkens, aber keine Verdrillung verursacht.
- Der Schubmittelpunkt liegt immer auf einer Symmetrieachse des Querschnittes.
- Die Lage des Schubmittelpunktes ist nur eine Funktion der Querschnittsgeometrie und hängt nicht von der einwirkenden Belastung ab.

Lösungsweg

Die Lage des Schubmittelpunktes eines dünnwandigen Querschnittsprofils, bei dem die innere Querkraft in *gleicher Richtung* wirkt wie eine Trägheitshauptachse des Querschnittes, kann über den nachfolgenden Lösungsweg bestimmt werden.

Schubflussresultierende

- Bestimmen Sie die Richtung, in welcher der Schub durch die verschiedenen Querschnittssegmente „fließt" und zeichnen Sie die Kraftresultierende in jedes Segment des Querschnitts (siehe z.B. Abbildung 9.24c). Wählen Sie den Momentenbezugspunkt A so, dass die Momente von möglichst vielen Kraftresultierenden verschwinden, da der Schubmittelpunkt über die Momente dieser Kraftresultierenden um diesen Punkt bestimmt wird.
- Die Größe der Kraftresultierenden, die ein Moment um A ergeben, muss berechnet werden. Dies erfolgt für jedes Segment, indem man den Schubfluss q_τ an einem beliebigen Punkt des Segments bestimmt und dann q_τ über die Segmentlänge integriert. Beachten Sie, dass die Querkraft Q eine *lineare* Änderung des Schubflusses in jenen Segmenten erzeugt, die sich in *senkrechter* Lage zur Wirkungslinie von Q befinden, sowie einen *parabolischen* Verlauf in den Segmenten, die *parallel* oder *schräg* dazu ausgerichtet sind.

Schubmittelpunkt

- Bilden Sie die Summe der Momente der Schubflussresultierenden um einen beliebigen Punkt A und setzen Sie dieses Moment gleich dem Moment von Q um A. Durch das Lösen dieser Gleichung ist man in der Lage, den Hebelarm e zu bestimmen, der die Wirkungslinie von Q bezüglich A festlegt.
- Wenn eine *Symmetrieachse* für den Querschnitt existiert, liegt der Schubmittelpunkt an dem Punkt, an dem diese Achse die Wirkungslinie von Q schneidet. Existiert jedoch keine Symmetrieachse, dann drehen Sie den Querschnitt um $90°$ und wiederholen Sie den Rechengang, um eine andere Wirklinie für Q zu ermitteln. Der Schubmittelpunkt liegt dann am Schnittpunkt der beiden senkrecht aufeinander stehenden Geraden.

Beispiel 9.9

Bestimmen Sie die Lage des Schubmittelpunktes für den Querschnitt des dünnwandigen U-Profils mit den in Abbildung 9.26a dargestellten Abmessungen.

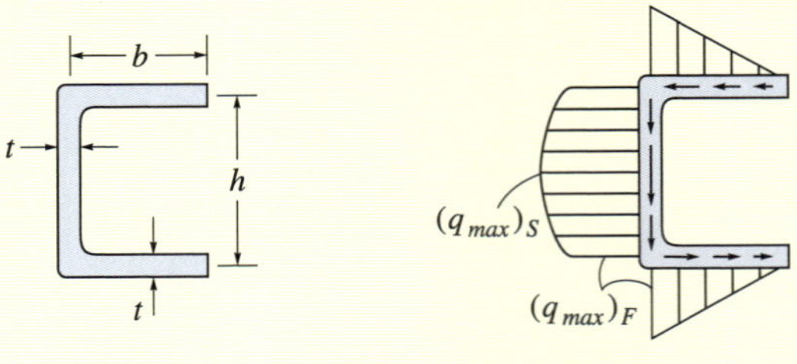

(a) Schubflussverteilung (b)

Abbildung 9.26

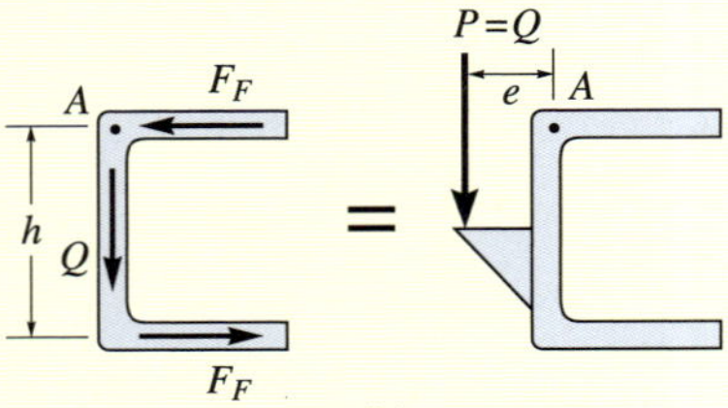

(c)

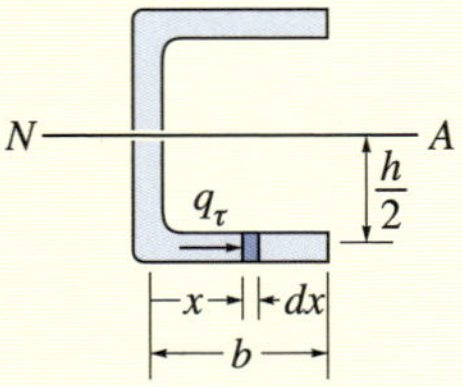

(d)

Lösung

Schubflussresultierende Eine senkrecht nach unten gerichtete, am Querschnitt wirkende Querkraft Q verursacht einen Schubfluss durch die Flansche und den Steg, wie in Abbildung 9.26b dargestellt. Das ergibt die Kraftresultierenden F_F und Q in den Flanschen und dem Steg, wie in Abbildung 9.26c zu sehen. Wir nehmen die Momente um Punkt A, so dass nur eine Kraft F_F am unteren Flansch bestimmt werden muss.

Die Querschnittsfläche kann in drei rechteckige Teilflächen unterteilt werden – den Steg und die beiden Flansche. Da jede Teilfläche als dünnwandig angenommen wird, ergibt sich das Flächenträgheitsmoment um die Nulllinie in der Form

$$I = \frac{1}{12}th^3 + 2\left[bt\left(\frac{h}{2}\right)^2\right] = \frac{th^2}{2}\left(\frac{h}{6}+b\right)$$

Entsprechend Abbildung 9.26d beträgt der Schubfluss q_τ an einer beliebigen Stelle x

$$q_\tau = \frac{QS}{I} = \frac{Q(h/2)(b-x)t}{(th^2/2)(h/6+b)} = \frac{Q(b-x)}{h(h/6+b)}$$

Für die Kraft F_F ergibt sich damit

$$F_F = \int_0^b q_\tau dx = \frac{Q}{h(h/6+b)}\int_0^b (b-x)dx = \frac{Qb^2}{2h(h/6+b)}$$

Das gleiche Ergebnis kann man erhalten, indem zuerst $(q_{max})_F$, Abbildung 9.26b, ermittelt und dann die Dreiecksfläche $b(q_{max})_F/2 = F_F$ berechnet wird.

Schubmittelpunkt Wir bilden die Summe der Momente um Punkt A, Abbildung 9.26c, und erhalten

$$Qe = F_F h = \frac{Qb^2h}{2h(h/6+b)}$$

Damit ist

$$e = \frac{b^2}{[(h/3)+2b]}$$

Wie vorher bereits dargelegt, hängt e ausschließlich von der Querschnittsgeometrie ab.

Beispiel 9.10

Bestimmen Sie die Lage des Schubmittelpunktes für den gleichschenkligen Winkel, Abbildung 9.27a. Berechnen Sie zudem die Querkraftresultierende in jedem Schenkel.

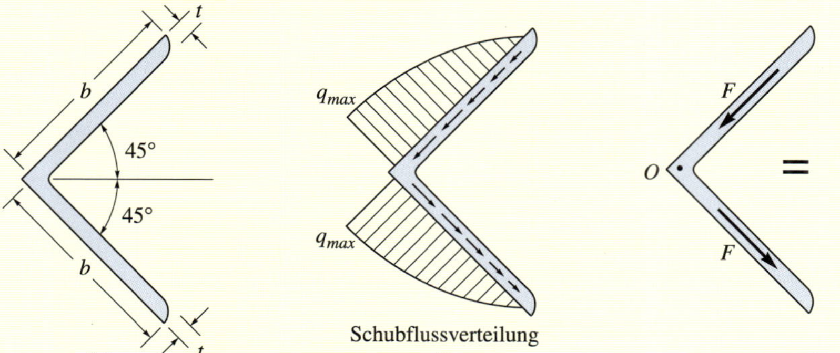

(a) (b) (c)

Abbildung 9.27

Lösung

Wenn am Querschnitt eine senkrecht nach unten gerichtete Querkraft Q angreift, sind der Schubfluss sowie die Schubflussresultierenden entsprechend Abbildung 9.27b bzw. Abbildung 9.27c gerichtet. Beachten Sie, dass die Kraft F in jedem Schenkel gleich sein muss, denn für das Kräftegleichgewicht muss die Summe der horizontalen Komponenten gleich null sein. Zudem schneiden sich die Wirkungslinien der beiden Kräfte am Punkt O; deshalb muss dieser Punkt der *Schubmittelpunkt* sein, denn die Summe der Momente dieser Kräfte und Q um O ist gleich null, Abbildung 9.27c.

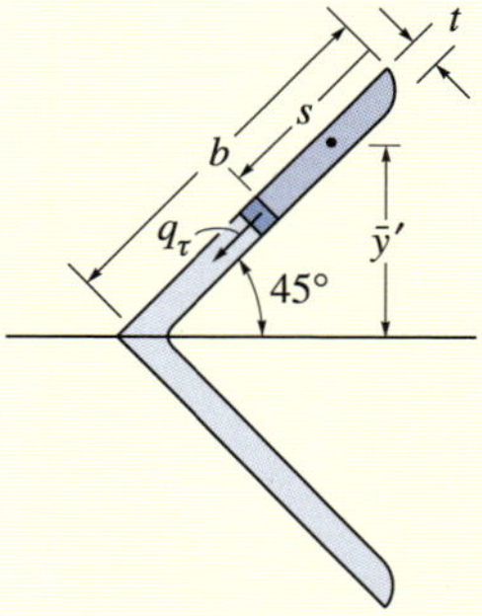

(d)

F kann ermittelt werden, indem zuerst der Schubfluss an einer beliebigen Stelle s des oberen Schenkels ermittelt wird, Abbildung 9.27d. Hierbei ist

$$S = \bar{y}'A' = \frac{1}{\sqrt{2}}\left((b-s)+\frac{s}{2}\right)ts = \frac{1}{\sqrt{2}}\left(b-\frac{s}{2}\right)st$$

Das Flächenträgheitsmoment des Winkels bezüglich der horizontalen Nulllinie berechnet sich mit dem Flächenelement $dA = t\ ds$, Abbildung 9.27e, zu

$$I = \int_A y^2\,dA = 2\int_0^b \left[\frac{1}{\sqrt{2}}(b-s)\right]^2 t\,ds = t\left(b^2 s - bs^2 + \frac{1}{3}s^3\right)\Bigg|_0^b = \frac{tb^3}{3}$$

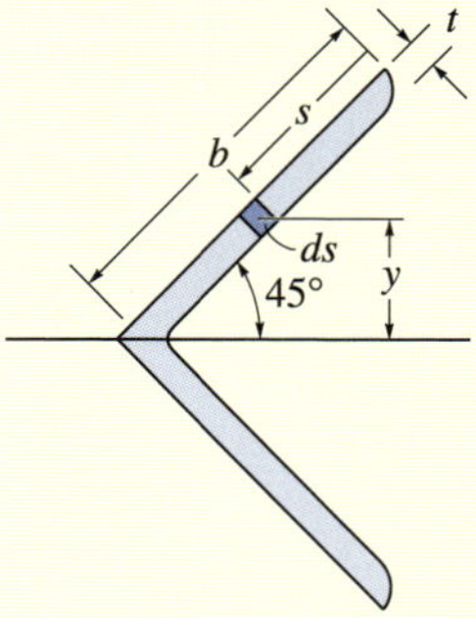

(e)

Damit ergibt sich für den Schubfluss

$$q_\tau = \frac{QS}{I} = \frac{Q}{(tb^3/3)}\left[\frac{1}{\sqrt{2}}(b-s/2)st\right] = \frac{3Qs}{\sqrt{2}b^3}(b-s/2)$$

Der Verlauf von q_τ ist parabelförmig und er erreicht seinen Maximalwert q_{max} bei $s = b$, wie in Abbildung 9.27b zu sehen. Die Kraft F ist damit

$$F_F = \int_0^b q_\tau ds = \frac{3Q}{\sqrt{2}b^3}\int_0^b s(b-s/2)ds = \frac{3Q}{\sqrt{2}b^3}\left(\frac{bs^2}{2}-\frac{s^3}{6}\right)\Bigg|_0^b = \frac{1}{\sqrt{2}}Q$$

Das Ergebnis kann einfach nachgeprüft werden, denn die Summe der Vertikalkomponenten der Kraft F in jedem Schenkel muss Q ergeben und, wie bereits erwähnt, muss die Summe der Horizontalkomponenten gleich null sein.

ZUSAMMENFASSUNG

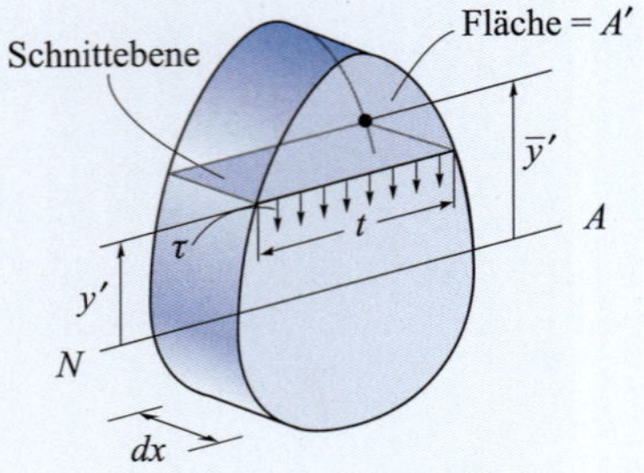

Querkraftschub in Balken wird indirekt mithilfe der Biegespannungsformel und der Beziehung zwischen Biegemoment und Querkraft ($Q = dM/dx$) behandelt. Das Ergebnis ist die Schubspannungsformel

$$\tau = \frac{QS}{It}$$

mit dem statischen Moment S der abgeschnittenen Fläche A' um die Nulllinie,

$$S = \overline{y}'A' \qquad \textit{siehe Abschnitt 9.2}$$

dem Flächenträgheitsmoment I der gesamten Querschnittsfläche bezüglich der genannten Achse und t die Schnittbreite, wo die Schubspannung bestimmt werden soll.

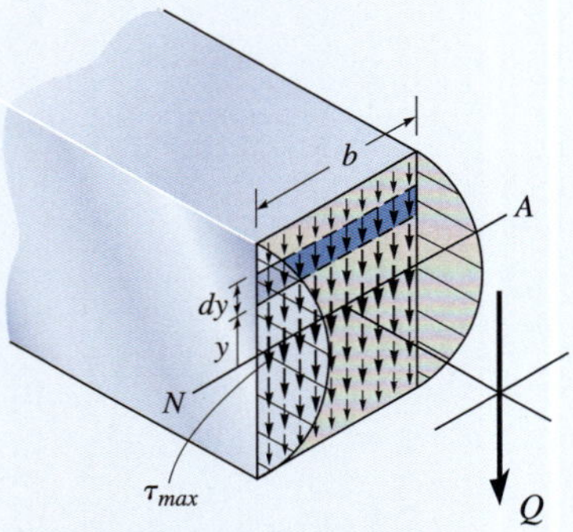

Schubspannungsverteilung

Wenn der Balken einen *rechteckigen* Querschnitt ($A=bh$) hat, ist die Schubspannungsverteilung parabolisch, wobei der Maximalwert

$$\tau = 1{,}5\frac{Q}{A} \qquad \textit{siehe Abschnitt 9.1}$$

auf der Nulllinie liegt.

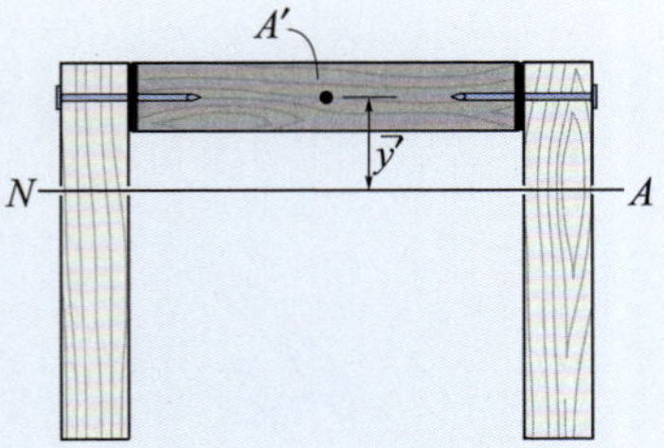

Verbindungselemente wie zum Beispiel Nägel, Schrauben, Schweißnähte oder Leim dienen dazu, verschiedene Verbundteile zu einem Verbundträger „zusammenzusetzen". Die Querkraft, die diese Verbindungselemente aufnehmen können, lässt sich aus dem Schubfluss q (Kraft pro Längeneinheit) ermitteln, der durch den Balken übertragen werden muss. Der Schubfluss ist

$$q_\tau = \frac{QS}{I} \qquad \textit{siehe Abschnitt 9.3}$$

In dünnwandigen Trägerprofilen kann die Schubflussverteilung entlang jedes Profilsegments bestimmt werden. Diese Verteilung ändert sich linear entlang horizontaler Segmente und parabolisch entlang geneigter oder vertikaler Segmente.

siehe Abschnitt 9.4

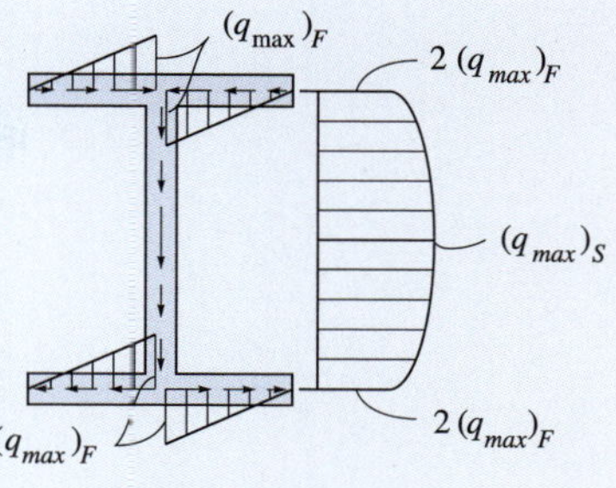

Schubflussverteilung

Ist die Schubflussverteilung im gesamten dünnwandigen, offenen Querschnittsprofil bekannt, lässt sich mithilfe eines Momentengleichgewichts der Ort O des Schubmittelpunktes für den Querschnitt bestimmen. Geht die Wirkungslinie einer äußeren Last durch diesen Punkt, wird der Träger nur gebogen, nicht aber verdrillt.

siehe Abschnitt 9.5

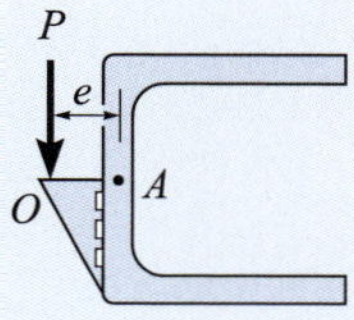

Ebener und räumlicher Spannungszustand

10

ÜBERBLICK

Diese Turbinenschaufeln weisen einen sehr komplizierten Spannungszustand auf. Für eine angemessene Auslegung müssen Ingenieure in der Lage sein, den richtigen Ort sowie die zugehörige Richtung der auftretenden Maximalspannung zu bestimmen.

Lernziele

In diesem Kapitel erläutern wir, wie man Spannungen bezüglich eines Ausgangskoordinatensystems in Spannungen bezüglich eines Koordinatensystems anderer Orientierung transformiert. Nach der Aufstellung der erforderlichen Transformationsgleichungen sind wir dann in der Lage, die maximalen Normal- und Schubspannungen an einem Punkt zu berechnen sowie die Orientierung des Volumenelements zu ermitteln, für die sie auftreten. Im ersten Teil wird die Spannungstransformation in der Ebene diskutiert, denn dieser Fall ist in der ingenieurtechnischen Praxis sehr verbreitet. Anschließend werden die Überlegungen auf den allgemeinen räumlichen Fall mit der Berechnung der Hauptspannungen (der maximalen Normalspannungen) ausgedehnt. Am Ende des Kapitels erörtern wir eine Methode zur Berechnung der größten Schubspannung an einem Punkt, wenn das Material sowohl dem ebenen als auch einem dreidimensionalen Spannungszustand ausgesetzt ist.

10.1 Ebener Spannungszustand: Drehung des Koordinatensystems

In Abschnitt 1.3 wurde gezeigt, dass der allgemeine Spannungszustand an einem Punkt durch *sechs* voneinander unabhängige Normal- und Schubspannungskomponenten charakterisiert ist, die an den Seiten eines Materialelements, das sich an dieser Stelle befindet, wirken, Abbildung 10.1a. Diesen Spannungszustand setzt man aber in der ingenieurtechnischen Praxis nicht allzu häufig voraus. Stattdessen machen Ingenieure oft Abschätzungen oder Vereinfachungen der Belastungsfälle eines Körpers, um die in Tragwerkskomponenten oder Maschinenelementen hervorgerufenen Spannungen vereinfacht in einer *einzigen Ebene* berechnen zu können. Ist dies mit guter Genauigkeit der Fall, spricht man von einem *ebenen Spannungszustand* in dem betreffenden Material, Abbildung 10.1b. Wenn zum Beispiel auf der Oberfläche eines Körpers keine Belastung auftritt, dann sind die Spannungskomponenten an der Seite eines korrespondierenden Volumenelements, die an der Oberfläche liegt, gleich null. Demzufolge sind die entsprechenden Spannungskomponenten an der gegenüberliegenden Seite auch gleich null und damit herrscht im Material an dieser Stelle ein ebener Spannungszustand.

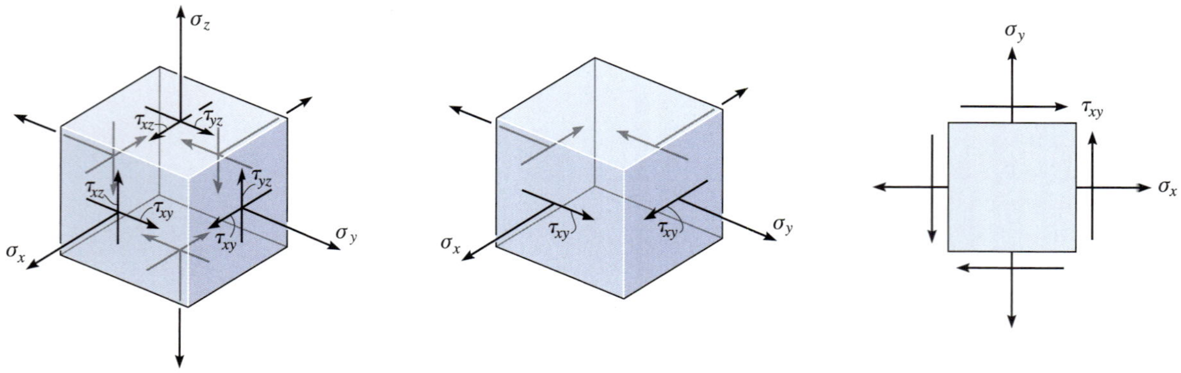

Allgemeiner Spannungszustand (a)

Ebener Spannungszustand (b)

Ebener Spannungszustand (Draufsicht) (c)

Abbildung 10.1

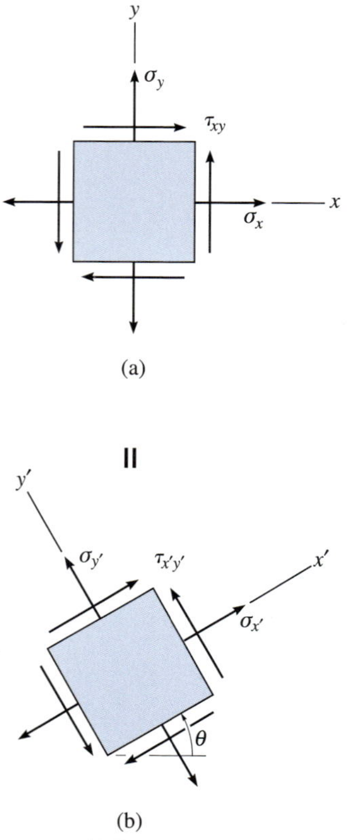

Abbildung 10.2

An einem Punkt wird der allgemeine ebene Spannungszustand deshalb durch zwei Normalspannungen σ_x, σ_y und eine Schubspannung τ_{xy} repräsentiert, die an den vier Seiten des Volumenelements wirken. Aus Vereinfachungsgründen werden wir uns den Spannungszustand im Folgenden in der *x,y*-Ebene betrachten, Abbildung 10.1c. Beachten Sie, dass der allgemeine Spannungszustand an einem Punkt, der in Abbildung 10.2a durch die dort verwendeten Spannungen σ_x, σ_y und τ_{xy} definiert ist, für ein Volumenelement mit einer anderen Orientierung durch drei anders gerichtete Spannungen, $\sigma_{x'}$, $\sigma_{y'}$ und $\tau_{x'y'}$, repräsentiert wird, siehe Abbildung 10.2b. Mit anderen Worten: ***Der ebene Spannungszustand wird an einem Punkt eindeutig durch drei an einem Volumenelement wirkende Spannungen (zwei Normalspannungen und eine Schubspannung) definiert, wobei deren Größe von der spezifischen Orientierung des Volumenelements an diesem Punkt abhängt.***

Im Weiteren zeigen wir anhand von Rechenbeispielen, wie man die drei Spannungen σ_x, σ_y, τ_{xy} entlang den *x,y*-Achsen einer vorgegebenen Elementorientierung, Abbildung 10.2a, in die veränderten Spannungen $\sigma_{x'}$, $\sigma_{y'}$, $\tau_{x'y'}$ entlang den *x',y'*-Achsen einer anderen Orientierung *transformiert*, Abbildung 10.2b, so dass sie den *gleichen* Spannungszustand an diesem Punkt repräsentieren. Das ist vergleichbar mit der Kenntnis von zwei Kraftkomponenten, z.B. $\mathbf{F}_x$ und $\mathbf{F}_y$, die entlang den *x,y*-Achsen ausgerichtet sind und eine Resultierende $\mathbf{F}_R$ ergeben, die man andererseits auch durch die entlang den *x',y'*-Achsen ausgerichteten Komponenten $\mathbf{F}_{x'}$ und $\mathbf{F}_{y'}$ *äquivalent* darstellen kann. Eine Transformation der Spannungskomponenten ist jedoch schwieriger als die der Kraftkomponenten, denn für *Spannungen* müssen bei der Transformation *sowohl* der Betrag und die Richtung jeder Spannungskomponente *als auch* die Flächenorientierung, an der jede Komponente wirkt, berücksichtigt werden. Bei der Krafttransformation müssen lediglich die Größe und die Richtung der Kraftkomponenten betrachtet werden.

Lösungsweg

Wenn der Spannungszustand an einem Punkt für eine gegebene Orientierung eines Volumenelements bekannt ist, Abbildung 10.3a, dann kann dieser Spannungszustand für eine andere Orientierung, Abbildung 10.3b, mit Hilfe des folgenden Lösungsweges umgerechnet werden.

- Zur Bestimmung der an der x'-Elementseite wirkenden Normal- und Schubspannungen $\sigma_{x'}$, $\tau_{x'y'}$, Abbildung 10.3b, schneiden Sie das Element aus Abbildung 10.3a wie in Abbildung 10.3c dargestellt. Unter der Annahme, dass die Schnittfläche den Wert ΔA hat, sind somit die benachbarten Flächen $\Delta A\ \sin\theta$ und $\Delta A\ \cos\theta$.
- Zeichnen Sie das Freikörperbild dieses Elements, wobei alle am Element wirkenden *Kräfte* dargestellt werden müssen. Diese erhält man durch Multiplikation der entsprechenden Spannungen mit der entsprechenden Fläche, an der sie wirken.
- Zur Bestimmung der unbekannten Spannungen $\sigma_{x'}$ und $\tau_{x'y'}$ verwenden Sie die Gleichgewichtsbedingungen in x'- und y'-Richtung.
- Wenn es notwendig sein sollte, die an der $+y'$-Elementseite wirkende Spannung $\sigma_{y'}$ zu bestimmen, Abbildung 10.3b, dann muss ein Element entsprechend Abbildung 10.3d betrachtet und der gleiche Lösungsweg angewendet werden, wie er gerade beschrieben wurde. Hier braucht man jedoch die Schubspannung $\tau_{x'y'}$ nicht noch einmal zu bestimmen, denn sie wurde ja bereits vorher berechnet. Sie tritt nämlich komplementär auf, d.h. sie hat an jeder der vier Seiten des Elements die gleiche Größe, Abbildung 10.3b.

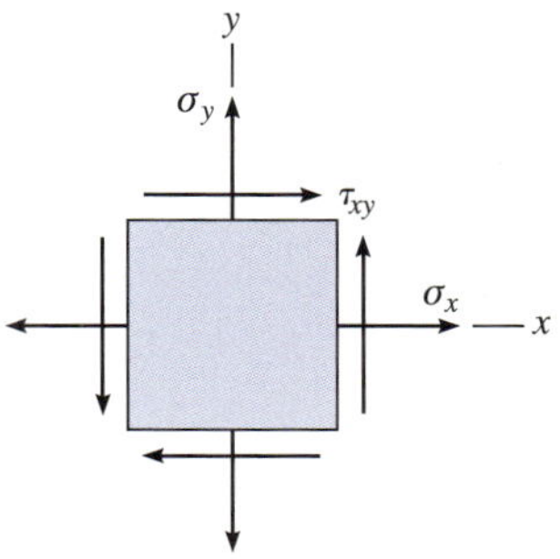

(a)

=

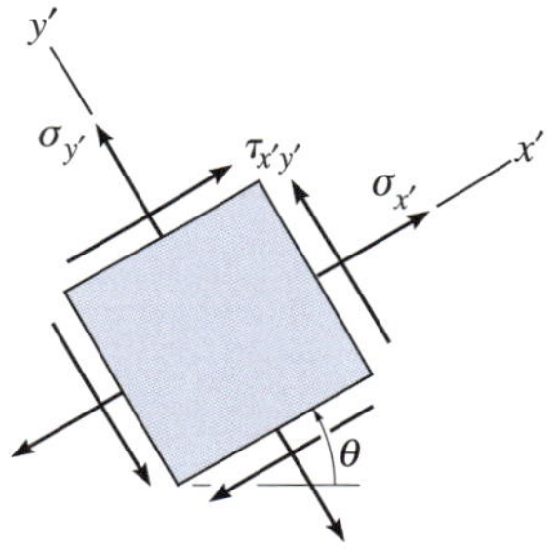

(b)

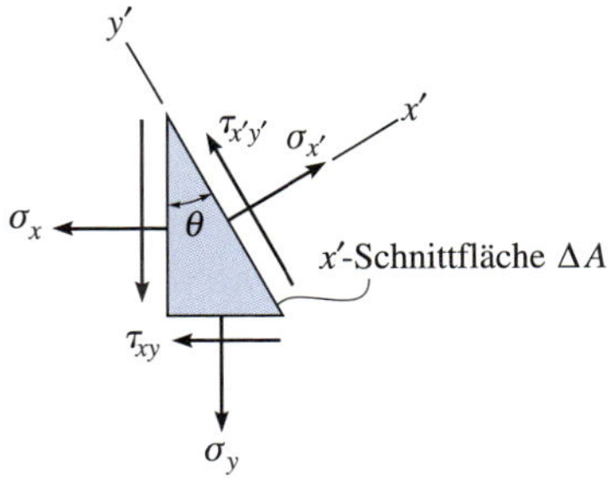

(c)

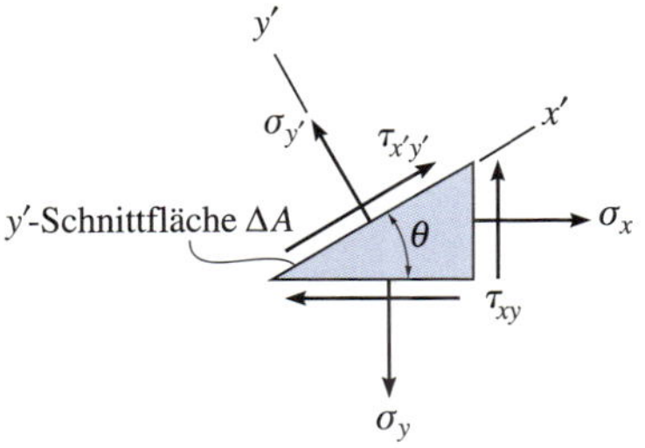

(d)

Abbildung 10.3

Beispiel 10.1

An der Oberfläche des Flugzeugrumpfes wird der Spannungszustand an einem Punkt durch ein Flächenelement der in Abbildung 10.4a gegebenen Orientierung repräsentiert. Die Normalspannung σ_h in horizontaler Richtung, σ_v in vertikaler Richtung und die Schubspannung τ sind gegeben. Geben Sie die Spannungen an diesem Punkt für ein Element an, das bezüglich der vorgegebenen Orientierung um den Winkel θ im Uhrzeigerrichtung gedreht ist.

$\sigma_h = 80$ MPa, $\sigma_v = 50$ MPa, $\tau = 25$ MPa, $\theta = 30°$

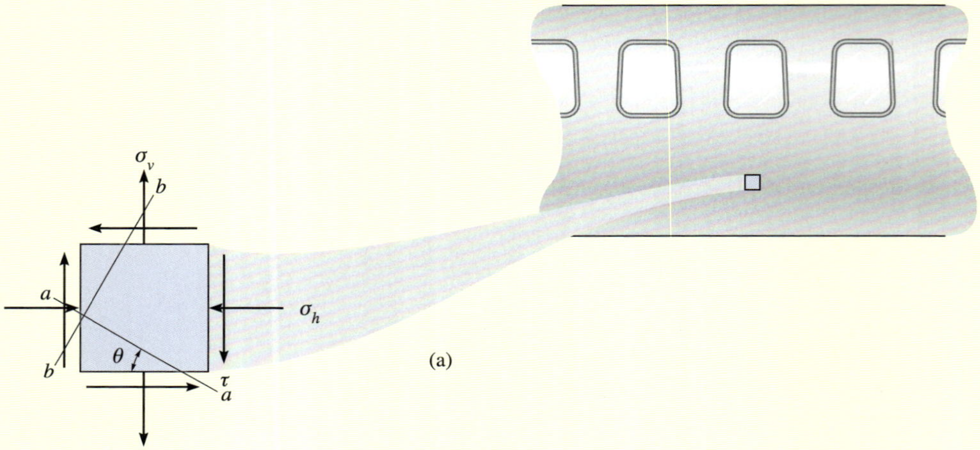

(a)

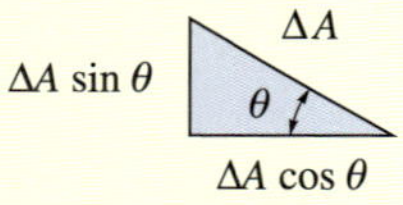

(b)

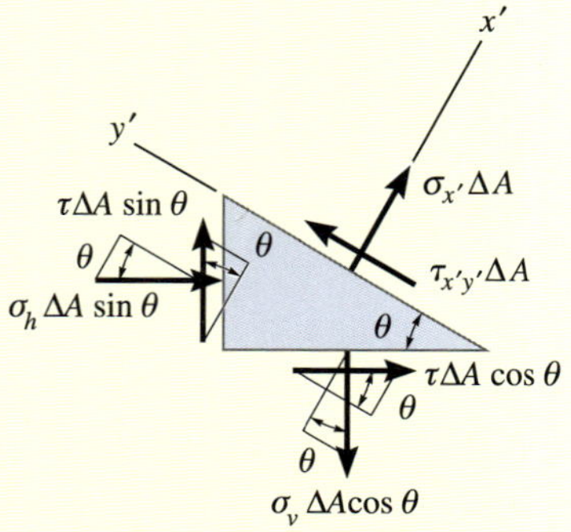

(c)

Abbildung 10.4

Lösung

Das Element wird an der Linie a-a geschnitten, Abbildung 10.4a, wobei jetzt das untere Teilsegment betrachtet wird. Unter der Annahme, dass der (geneigte) Schnitt die Fläche ΔA hat, ergeben sich die in Abbildung 10.4b dargestellten Flächengrößen. Das Freikörperbild des Segments ist in Abbildung 10.4c dargestellt. Wir stellen die Gleichgewichtsbedingungen der Kräfte in Richtung der gewählten x'-Richtung und in y'-Richtung auf und erhalten

$$\sum F_{x'} = 0; \qquad \sigma_{x'}\Delta A - (\sigma_v \Delta A\cos\theta)\cos\theta + (\tau\Delta A\cos\theta)\sin\theta + (\sigma_h \Delta A\sin\theta)\sin\theta + (\tau\Delta A\sin\theta)\cos\theta = 0$$

$$\begin{aligned}\sigma_{x'} &= (\sigma_v \cos\theta)\cos\theta - (\tau\cos\theta)\sin\theta \\ &\quad - (\sigma_h \sin\theta)\sin\theta - (\tau\sin\theta)\cos\theta \\ &= (50\,\text{MPa})(0{,}866)^2 - (25\,\text{MPa})(0{,}866)(0{,}5) \\ &\quad - (80\,\text{MPa})(0{,}5)^2 - (25\,\text{MPa})(0{,}5)(0{,}866) \\ &= -4{,}15\,\text{MPa}\end{aligned}$$

$$\sum F_{y'} = 0; \qquad \tau_{x'y'}\Delta A - (\sigma_v \Delta A\cos\theta)\sin\theta - (\tau\Delta A\cos\theta)\cos\theta - (\sigma_h \Delta A\sin\theta)\cos\theta + (\tau\Delta A\sin\theta)\sin\theta = 0$$

$$\tau_{x'y'} = (\sigma_v \cos\theta)\sin\theta + (\tau\cos\theta)\cos\theta$$
$$+ (\sigma_h \sin\theta)\cos\theta - (\tau\sin\theta)\sin\theta$$
$$= (50\,\text{MPa})(0{,}866)(0{,}5) + (25\,\text{MPa})(0{,}866)^2$$
$$+ (80\,\text{MPa})(0{,}5)(0{,}866) - (25\,\text{MPa})(0{,}5)^2$$
$$= 68{,}8\,\text{MPa}$$

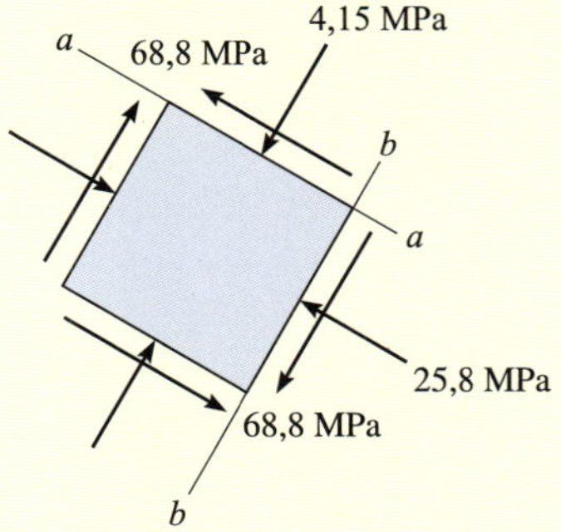

(d)

Da $\sigma_{x'}$ negativ ist, wirkt diese Spannung der in Abbildung 10.4c angegebenen Richtung entgegen. Die Ergebnisse sind zahlenmäßig in Abbildung 10.4d *oberhalb* des Elements eingetragen, denn dies ist die in Abbildung 10.4c betrachtete Schnittfläche.

Wir müssen dieses Verfahren nun wiederholen, um die Spannungen an dem zum Schnitt a-a *senkrecht stehenden* Schnitt b-b zu ermitteln. Das Schneiden des Elements in Abbildung 10.4a entlang b-b ergibt ein Segment mit den in Abbildung 10.4e dargestellten Begrenzungsflächen. Durch die gewählte Orientierung der $+x'$-Achse als äußere Flächennormale ergibt sich das entsprechende Freikörperbild in Abbildung 10.4f. Die Gleichgewichtsbedingungen der Kräfte liefern

$$\sum F_{x'} = 0; \quad \sigma_{x'}\Delta A - (\tau\Delta A\cos\theta)\sin\theta + (\sigma_h\Delta A\cos\theta)\cos\theta$$
$$-(\tau\Delta A\sin\theta)\cos\theta - (\sigma_v\Delta A\sin\theta)\sin\theta = 0$$

$$\sigma_{x'} = (\tau\cos\theta)\sin\theta - (\sigma_h\cos\theta)\cos\theta$$
$$+ (\tau\sin\theta)\cos\theta + (\sigma_v\sin\theta)\sin\theta$$
$$= (25\,\text{MPa})(0{,}866)(0{,}5) - (80\,\text{MPa})(0{,}866)^2$$
$$+ (25\,\text{MPa})(0{,}5)(0{,}866) + (50\,\text{MPa})(0{,}5)^2$$
$$= -25{,}8\,\text{MPa}$$

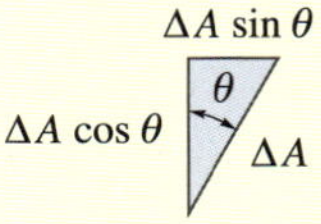

(e)

$$\sum F_{y'} = 0; \quad -\tau_{x'y'}\Delta A + (\tau\Delta A\cos\theta)\cos\theta + (\sigma_h\Delta A\cos\theta)\sin\theta$$
$$-(\tau\Delta A\sin\theta)\sin\theta + (\sigma_v\Delta A\sin\theta)\cos\theta = 0$$

$$\tau_{x'y'} = (\tau\cos\theta)\cos\theta + (\sigma_h\cos\theta)\sin\theta$$
$$-(\tau\sin\theta)\sin\theta + (\sigma_v\sin\theta)\cos\theta$$
$$= (25\,\text{MPa})(0{,}866)^2 + (80\,\text{MPa})(0{,}866)(0{,}5)$$
$$-(25\,\text{MPa})(0{,}5)^2 + (50\,\text{MPa})(0{,}5)(0{,}866)$$
$$= 68{,}8\,\text{MPa}$$

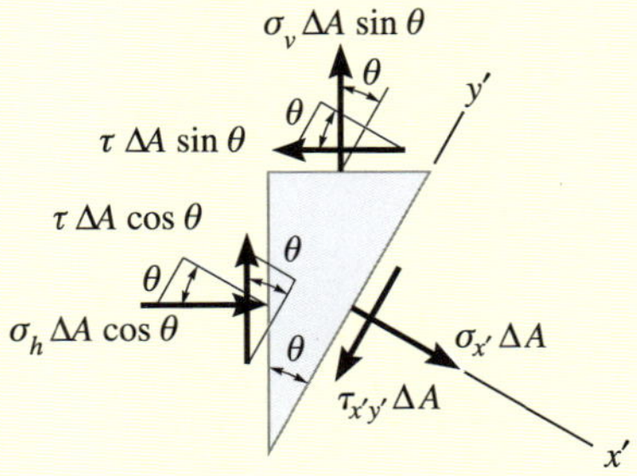

(f)

Abbildung 10.4

Da erneut die Normalspannung $\sigma_{x'}$ negativ ist, wirkt sie der in Abbildung 10.4f angegebenen Richtung entgegen. Die berechneten Spannungen stellen die Wirkung an der *rechten Seite* des Elements in Abbildung 10.4d dar.

Aus der Rechnung können wir ableiten, dass der Spannungszustand an einem Punkt durch die Wahl der Elementorientierung von Abbildung 10.4a oder von Abbildung 10.4d repräsentiert werden kann. Anders gesagt: Die Spannungszustände sind äquivalent.

10.2 Allgemeine Transformationsgleichungen in der Ebene

Die in Abschnitt 10.1 diskutierte Methode der Transformation der Normal- und Schubspannungen von x,y- in x',y'-Koordinaten wird nun in allgemeiner Form hergeleitet und als Satz allgemeiner Spannungstransformationsgleichungen im ebenen Fall bereitgestellt.

Vorzeichenvereinbarung Ehe wir die Transformationsgleichungen ableiten, müssen wir zuerst eine Vorzeichenvereinbarung für die Spannungskomponenten treffen. Wir werden hier die bereits in Abschnitt 1.3 benutzte Konvention verwenden. Demnach ist nach Einführung der x,y- und x',y'-Koordinatenachsen eine Normal- bzw. eine Schubspannung *positiv*, wenn sie am *positiven* Schnittufer (mit einer äußeren Flächennormalen in *positive* Koordinatenrichtung) in *positive* Koordinatenrichtung weist, oder sie wirkt in *negative* Koordinatenrichtung am *negativen* Schnittufer, Abbildung 10.5a. So ist σ_x zum Beispiel positiv, denn sie wirkt nach rechts an der rechten (positiven) Begrenzungsfläche und sie wirkt auch nach links ($-x$-Richtung) an der linken (negativen) Elementseite. Die Schubspannung τ_{xy} ist in Abbildung 10.5a positiv an allen vier Elementseiten. An der rechten (positiven) Seite wirkt τ_{xy} nach oben (in $+y$-Richtung); an der (negativen) Unterseite wirkt τ_{xy} nach links (in $-x$-Richtung) und so weiter.

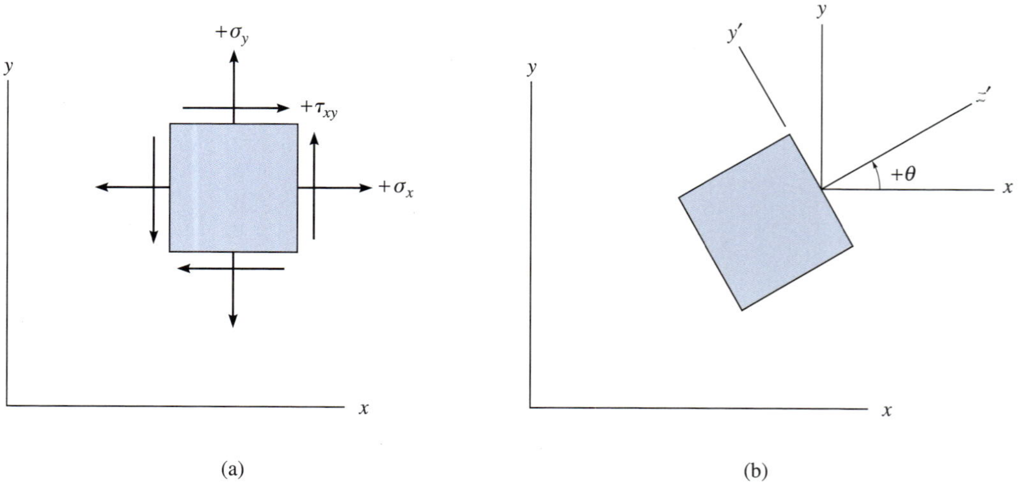

Positive Vorzeichenvereinbarung

Abbildung 10.5

Alle die in Abbildung 10.5 dargestellten Spannungen halten das Volumenelement im Gleichgewicht und deshalb bestimmt die Kenntnis der Richtung von τ_{xy} an einer Seite die Ausrichtung von τ_{xy} auch an den anderen drei Seiten. Man kann sich die eingeführte Vorzeichenvereinbarung deshalb einfach merken, indem man beachtet, dass ***eine positive Normalspannung von allen Seiten des Elements weggerichtet ist und eine positive Schubspannung an der rechten Elementseite nach oben wirkt.***

Ausgehend von dem vorgegebenen ebenen Spannungszustand in Abbildung 10.5a wird die Orientierung der geneigten Schnittflächen, an der die Normal- und Schubspannungen bestimmt werden sollen, über den Winkel θ definiert. Für eine sinnvolle Winkelangabe ist es zunächst notwendig, eine positive x'-Koordinatenachse im Sinne einer äußeren Flächennormalen sowie die zugehörige y'-Achse entlang der Schnittfläche einzuführen, Abbildung 10.5b. Beachten Sie, dass sowohl das ursprüngliche als auch das gedrehte Koordinatensystem rechtshändige Koordinatensysteme bilden, d.h. die positive z- (oder z'-)Achse wird über die Rechte-Hand-Regel eingeführt. Die Fingerbeugung von x (oder x') in Richtung y (oder y') gibt die Richtung für die positive z- (oder z'-) Achse vor, die nach außen zeigt. Der Winkel θ wird von der positiven x-Achse zur positiven x'-Achse hin gemessen. Er ist positiv, wenn er der Beugung der Finger der rechten Hand folgt, d.h. entgegen dem Uhrzeigersinn wie in Abbildung 10.5b dargestellt.

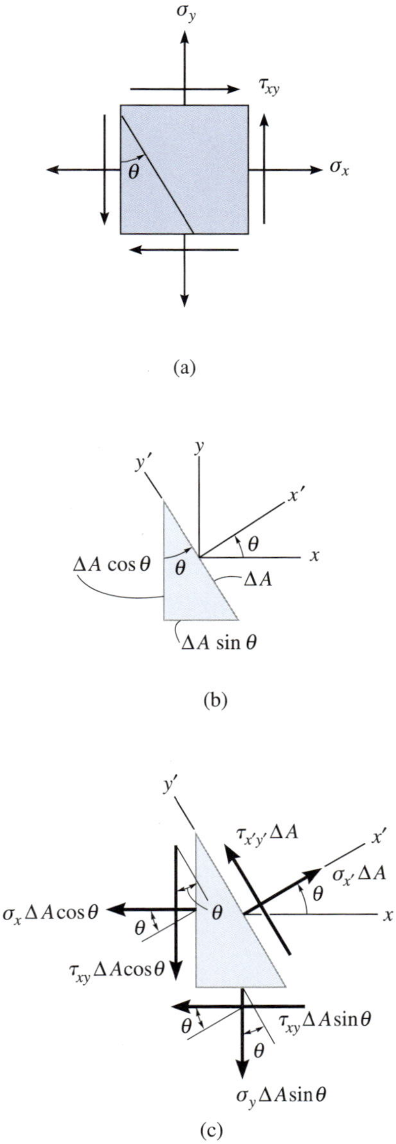

Abbildung 10.6

Normal- und Schubspannungen Unter Anwendung der eingeführten Vorzeichenvereinbarung wird das Element in Abbildung 10.6a entlang der geneigten Ebene geschnitten und das in Abbildung 10.6b dargestellte Teilsegment betrachtet. Unter der Annahme, dass der schräge Schnitt eine Fläche der Größe ΔA besitzt, haben dann die horizontalen und vertikalen Schnitte jeweils eine Fläche der Größe $\Delta A \sin\theta$ bzw. $\Delta A \cos\theta$.

Das resultierende *Freikörperbild* des Segments ist in Abbildung 10.6c dargestellt. Wir stellen die Kräftegleichgewichtsbedingungen zur Bestimmung der unbekannten Normal- und Schubspannungskomponenten $\sigma_{x'}$ und $\tau_{x'y'}$ auf und erhalten

$$\sum F_{x'} = 0; \qquad \sigma_{x'}\Delta A - \left(\tau_{xy}\Delta A\sin\theta\right)\cos\theta - \left(\sigma_y\Delta A\sin\theta\right)\sin\theta - \left(\tau_{xy}\Delta A\cos\theta\right)\sin\theta - \left(\sigma_x\Delta A\cos\theta\right)\cos\theta = 0$$

$$\sigma_{x'} = \sigma_x\cos^2\theta + \sigma_y\sin^2\theta + \tau_{xy}\left(2\sin\theta\cos\theta\right)$$

$$\sum F_{y'} = 0; \qquad \tau_{x'y'}\Delta A + \left(\tau_{xy}\Delta A\sin\theta\right)\sin\theta - \left(\sigma_y\Delta A\sin\theta\right)\cos\theta - \left(\tau_{xy}\Delta A\cos\theta\right)\cos\theta + \left(\sigma_x\Delta A\cos\theta\right)\sin\theta = 0$$

$$\tau_{x'y'} = \left(\sigma_y - \sigma_x\right)\sin\theta\cos\theta + \tau_{xy}\left(\cos^2\theta - \sin^2\theta\right)$$

Diese beiden Gleichungen können durch die trigonometrischen Beziehungen $\sin 2\theta = 2\sin\theta\cos\theta$, $\sin^2\theta = (1-\cos 2\theta)/2$ sowie $\cos^2\theta = (1+\cos 2\theta)/2$ vereinfacht werden, so dass man schließlich

$$\sigma_{x'} = \frac{\sigma_x + \sigma_y}{2} + \frac{\sigma_x - \sigma_y}{2}\cos 2\theta + \tau_{xy}\sin 2\theta \qquad (10.1)$$

$$\tau_{x'y'} = -\frac{\sigma_x - \sigma_y}{2}\sin 2\theta + \tau_{xy}\cos 2\theta \qquad (10.2)$$

erhält. Wird die in die y'-Richtung wirkende Normalspannung benötigt, kann sie ganz einfach durch Einsetzen von ($\theta = \theta + 90°$) an Stelle von θ in Gleichung (10.1) berechnet werden, Abbildung 10.6d. Dieses Verfahren führt auf

$$\sigma_{y'} = \frac{\sigma_x + \sigma_y}{2} - \frac{\sigma_x - \sigma_y}{2}\cos 2\theta - \tau_{xy}\sin 2\theta \qquad (10.3)$$

Bei einem positiven Ergebnis für $\sigma_{x'}$ und $\sigma_{y'}$ bedeutet dies, dass die entsprechende Spannung wie in Abbildung 10.6d dargestellt auch tatsächlich in positive Achsenrichtung wirkt.

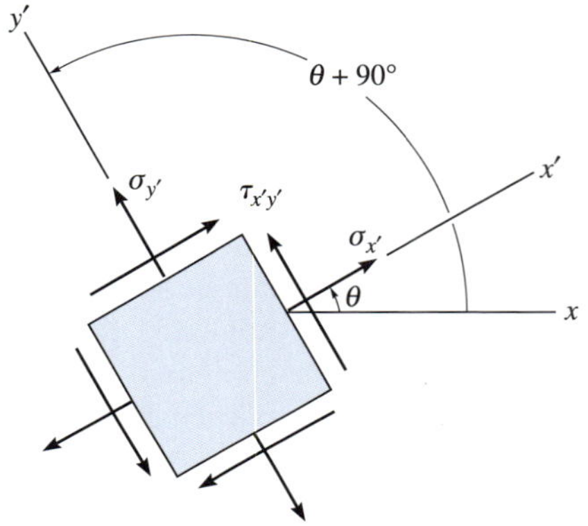

(d)

Abbildung 10.6

Lösungsweg

Die Anwendung der Gleichungen (10.1) bis (10.3) ist einfach: Es werden die bekannten Werte für σ_x, σ_y, τ_{xy} und θ in Übereinstimmung mit der eingeführten Vorzeichenvereinbarung eingesetzt, Abbildung 10.5, um anschließend die Spannungen $\sigma_{x'}$, $\sigma_{y'}$ und $\tau_{x'y'}$ bezüglich der um θ geneigten x'- und y'-Koordinatenachsen auszurechnen. Bei positiven Ergebnissen wirken die berechneten Spannungen auch tatsächlich in jeweils positive x'- und y'-Richtung wie angenommen.

Diese Gleichungen kann man leicht in einen programmierbaren Taschenrechner eingeben, so dass genaue Ergebnisse sehr einfach ermittelt werden können.

Beispiel 10.2 Der ebene Spannungszustand an einem Punkt wird für das in Abbildung 10.7a angegebene Element durch die Spannungen σ_h, σ_v und τ charakterisiert, die in die angegebenen Richtungen wirken. Bestimmen Sie den Spannungszustand an diesem Punkt für ein anderes Element, das um einen Winkel θ in Uhrzeigerrichtung gedreht ist.

$\sigma_h = 80$ MPa, $\sigma_v = 50$ MPa, $\tau = 25$ MPa, $\theta = 30°$

Lösung

Diese Aufgabe wurde bereits in Beispiel 10.1 mit Hilfe spezieller an die Vorgaben angepasster Gleichungen gelöst. Hier wenden wir nun die allgemeinen Gleichungen (10.1), (10.2) und (10.3) an. Mit der aufgestellten Vorzeichenvereinbarung, Abbildung 10.5a und Abbildung 10.5b, sind die Spannungswerte wie folgt gegeben:

$\sigma_x = -\sigma_h = -80$ MPa, $\sigma_y = \sigma_v = 50$ MPa, $\tau_{xy} = -\tau = -25$ MPa

Schnitt CD Das gedrehte x',y'-Koordinatensystem, Abbildung 10.7b, besitzt eine positive x'-Achse, welche die äußere Flächennormale der Schnittfläche CD darstellt, die zugehörige y'-Achse (entlang der Ebene CD) entspricht der äußeren Flächennormalen der Schnittfläche BC. Der von der x- zur x'-Achse gemessene Winkel ist im Uhrzeigersinn gerichtet, d.h. $\theta = -30°$.

Bei Anwendung der Gleichungen (10.1) und (10.2) erhält man

$$\begin{aligned}\sigma_{x'} &= \frac{\sigma_x + \sigma_y}{2} + \frac{\sigma_x - \sigma_y}{2}\cos 2\theta + \tau_{xy}\sin 2\theta \\ &= \frac{-80\,\text{MPa} + 50\,\text{MPa}}{2} + \frac{-80\,\text{MPa} - 50\,\text{MPa}}{2}\cos 2(-30°) \\ &\quad + (-25\,\text{MPa})\sin 2(-30°) \\ &= -25{,}8\,\text{MPa}\end{aligned}$$

$$\begin{aligned}\tau_{x'y'} &= -\frac{\sigma_x - \sigma_y}{2}\sin 2\theta + \tau_{xy}\cos 2\theta \\ &= -\frac{-80\,\text{MPa} - 50\,\text{MPa}}{2}\sin 2(-30°) + (-25\,\text{MPa})\cos 2(-30°) \\ &= -68{,}8\,\text{MPa}\end{aligned}$$

Die negativen Vorzeichen geben an, dass $\sigma_{x'}$ und $\tau_{x'y'}$ am Schnitt CD in die negativen Richtungen der x'- und y'-Achsen weisen. Die Ergebnisse sind am Element in Abbildung 10.7d eingetragen.

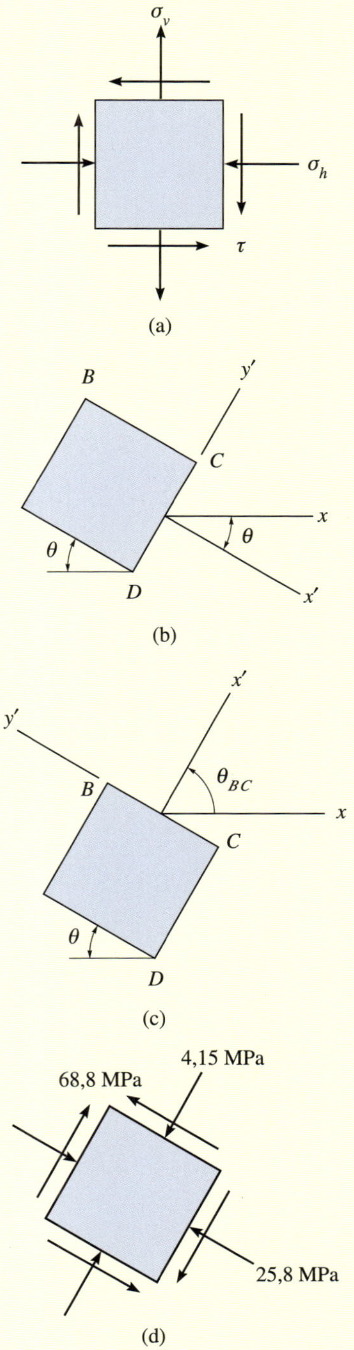

Abbildung 10.7

Schnitt BC Bei Anwendung der Gleichung (10.3)[1] erhalten wir

$$\begin{aligned}\sigma_{y'} &= \frac{\sigma_x+\sigma_y}{2}-\frac{\sigma_x-\sigma_y}{2}\cos 2\theta-\tau_{xy}\sin 2\theta\\ &= \frac{-80\,\text{MPa}+50\,\text{MPa}}{2}-\frac{-80\,\text{MPa}-50\,\text{MPa}}{2}\cos 2(-30°)\\ &\quad-(-25\,\text{MPa})\sin 2(-30°)\\ &=-4{,}15\,\text{MPa}\end{aligned}$$

Das negative Vorzeichen für $\sigma_{y'}$ gibt an, dass die Spannung am Schnitt BC in negative y'-Richtung in Abbildung 10.7c weist. Auch dieses Ergebnis ist am Element in Abbildung 10.7d zahlenmäßig dargestellt. Zusätzlich sind die Spannungspfeile an den CD und BC gegenüberliegenden Schnittflächen eingetragen worden.

10.3 Hauptnormalspannungen und Hauptschubspannungen des ebenen Spannungszustandes

Anhand der Gleichungen (10.1) bzw. (10.3) und (10.2) ist erkennbar, dass die Größe der Spannungen $\sigma_{x'}$ bzw. $\sigma_{y'}$ und $\tau_{x'y'}$ von der Orientierung (Winkel θ) der Schnittflächen abhängig sind, an denen sie wirken. In der ingenieurtechnischen Praxis ist es häufig von Bedeutung, die Orientierung jener Schnittflächen zu bestimmen, bei denen die Normalspannungen einen maximalen oder einen minimalen Wert annehmen. Ebenso wichtig ist die Orientierung der Schnittflächen, bei denen die maximale Schubspannung auftritt. In diesem Abschnitt werden wir nacheinander jede dieser beiden Aufgabenstellungen betrachten.

Hauptnormalspannungen des ebenen Spannungszustandes Zur Ermittlung der Extremwerte der Normalspannung müssen wir Gleichung (10.1) (oder (10.3)) in Bezug auf θ differenzieren und das Ergebnis null setzen. Das ergibt

$$\frac{d\sigma_{x'}}{d\theta}=-\frac{\sigma_x-\sigma_y}{2}(2\sin 2\theta)+2\tau_{xy}\cos 2\theta=0$$

Bei der Lösung der Gleichung erhalten wir die Orientierung der Ebenen $\theta=\theta_H$ für das Maximum und das Minimum der Normalspannung.

$$\tan 2\theta_H=\frac{\tau_{xy}}{(\sigma_x-\sigma_y)/2} \qquad (10.4)$$

1 Alternativ könnten wir statt Gleichung (10.3) auch Gleichung (10.1) mit dem veränderten Winkel $\theta=+60°$ gemäß Abbildung 10.7c anwenden, um die Normalspannung der Schnittfläche BC als $\sigma_{x'}$ in Richtung der äußeren Flächennormalen x' von BC zu berechnen.

Diese Gleichung hat zwei Lösungen, θ_{H1} und θ_{H2}. Konkret unterscheiden sich die Werte von $2\theta_{H1}$ und $2\theta_{H2}$ um 180° und damit θ_{H1} und θ_{H2} um 90°.

Die Werte von θ_{H1} und θ_{H2} müssen zur Berechnung der gesuchten Normalspannungen in Gleichung (10.1) eingesetzt werden. Anschaulich können wir sowohl den Sinus als auch den Kosinus von $2\theta_{H1}$ und $2\theta_{H2}$ aus den gekennzeichneten Dreiecken in Abbildung 10.8 erhalten. Die Konstruktion der beiden Dreiecke (in gegenüberliegenden Quadranten des x,y-Koordinatensystems) beruht auf Gleichung (10.4) unter der Annahme, dass die Koordinatenwerte τ_{xy} und $(\sigma_x - \sigma_y)$ beide entweder positiv oder negativ sind.

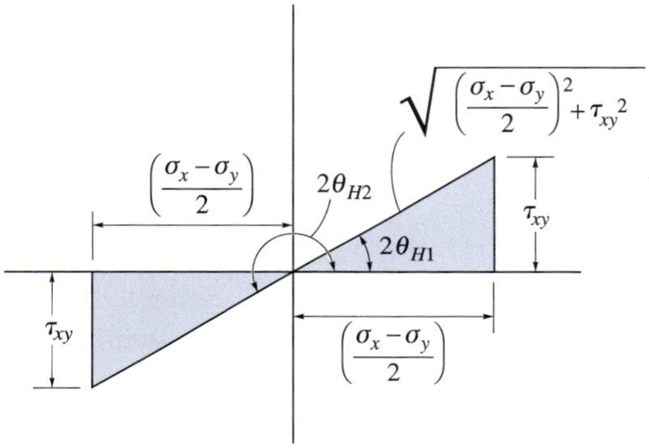

Abbildung 10.8

Es ergibt sich für $2\theta_{H1}$

$$\sin 2\theta_{H1} = \frac{\tau_{xy}}{\sqrt{\left(\frac{\sigma_x - \sigma_y}{2}\right)^2 + \tau_{xy}^2}}$$

$$\cos 2\theta_{H1} = \frac{\left(\frac{\sigma_x - \sigma_y}{2}\right)}{\sqrt{\left(\frac{\sigma_x - \sigma_y}{2}\right)^2 + \tau_{xy}^2}}$$

und für $2\theta_{H2}$

$$\sin 2\theta_{H2} = \frac{-\tau_{xy}}{\sqrt{\left(\frac{\sigma_x - \sigma_y}{2}\right)^2 + \tau_{xy}^2}}$$

$$\cos 2\theta_{H2} = \frac{-\left(\frac{\sigma_x - \sigma_y}{2}\right)}{\sqrt{\left(\frac{\sigma_x - \sigma_y}{2}\right)^2 + \tau_{xy}^2}}$$

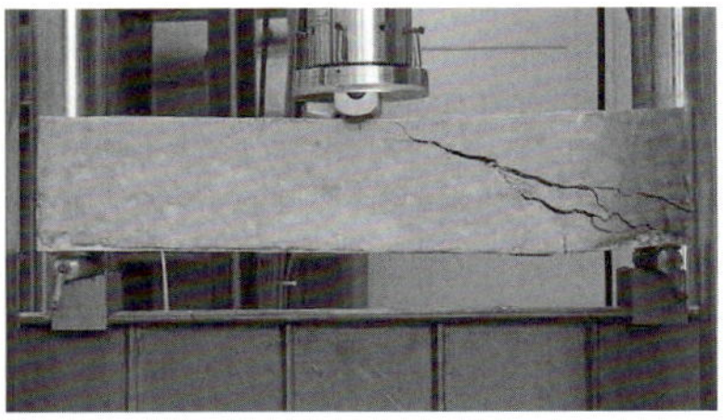

Die Risse in diesem Betonbalken wurden durch eine Zugspannung ausgelöst, obwohl er sowohl einem inneren Biegemoment als auch einer Schubbeanspruchung ausgesetzt war. Die Spannungstransformationsgleichungen können zur Vorhersage der Richtung von Rissverläufen und den auslösenden Hauptnormalspannungen benutzt werden.

Durch Einsetzen einer der beiden trigonometrischen Beziehungen in Gleichung (10.1) und entsprechender Vereinfachung des Ausdrucks erhält man

$$\sigma_{1,2} = \frac{\sigma_x + \sigma_y}{2} \pm \sqrt{\left(\frac{\sigma_x - \sigma_y}{2}\right)^2 + \tau_{xy}^2} \qquad (10.5)$$

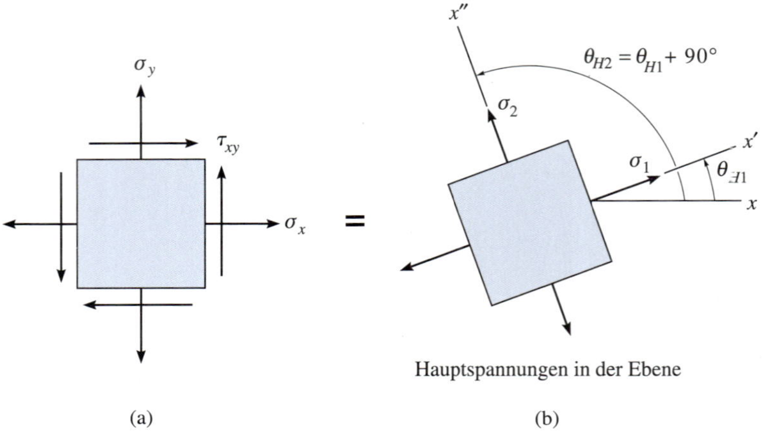

Abbildung 10.9

Abhängig vom gewählten Vorzeichen gibt das Resultat den Maximal- oder Minimalwert der an diesem Punkt wirkenden Normalspannung in der Ebene an, wobei $\sigma_1 \geq \sigma_2$ gelten soll. Dieses Wertepaar stellt die so genannten ***Haupt(normal)spannungen des ebenen Spannungszustandes*** dar, die zugehörigen Schnittflächen, an denen sie wirken, bezeichnen die ***Haupt(normal)spannungsebenen***, Abbildung 10.9b. Die Richtungen der zugehörigen äußeren Flächennormalen sind die ***Haupt(normal)spannungsrichtungen 1,2***; sie bilden das ***Hauptachsensystem***. Setzt man die trigonometrischen Beziehungen für θ_{H1} und θ_{H2} in Gleichung (10.2) ein, kann man überdies erkennen, dass $\tau_{x'y'} = 0$ ist, d.h. ***an den Hauptspannungsebenen liegt keine Schubbeanspruchung vor.***

Hauptschubspannung des ebenen Spannungszustandes Die Orientierung eines Elements, dessen Begrenzungsflächen der maximalen Schubbeanspruchung unterliegen, kann über die verschwindende Ableitung von Gleichung (10.2) bezüglich θ ermittelt werden. Die Auswertung ergibt

$$\tan 2\theta_S = \frac{-(\sigma_x - \sigma_y)/2}{\tau_{xy}} \qquad (10.6)$$

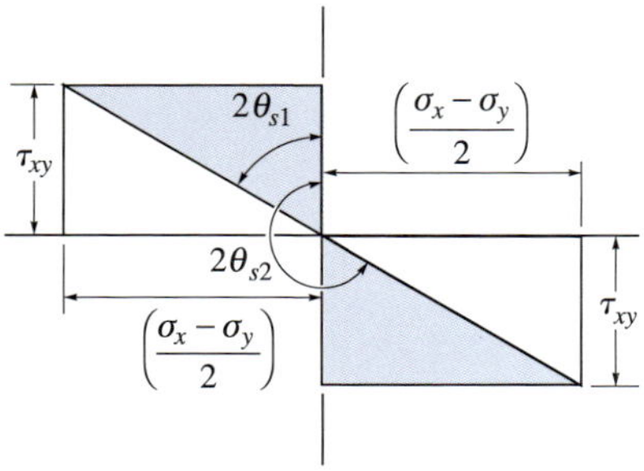

Abbildung 10.10

Die beiden Lösungen dieser Gleichung, θ_{S1} und θ_{S2}, können aus den in Abbildung 10.10 gekennzeichneten Dreiecken berechnet werden. Im Vergleich zu Abbildung 10.8 unterscheidet sich jede Lösung $2\theta_S$ um den Winkel von 90° von $2\theta_H$. Damit haben die Winkel θ_S und θ_H einen Unterschied von 45°, d.h. ***die Hauptschubspannungsebenen der maximalen Schubspannung halbieren die rechten Winkel der Hauptnormalspannungsebenen des ebenen Spannungszustandes, d.h. ein Volumenelement mit den Ebenen maximaler Schubspannung als Begrenzungsflächen ist gegenüber einem Volumenelement mit den Hauptnormalspannungsebenen als Begrenzungsflächen um** 45° **geneigt***.

Über eine der Lösungen θ_{S1} oder θ_{S2} kann die Hauptschubspannung durch Verwendung der trigonometrischen Werte von $\sin 2\theta_S$ und $\cos 2\theta_S$ aus Abbildung 10.10 berechnet und diese können in Gleichung (10.2) eingesetzt werden. Das Ergebnis lautet

$$\tau_{max,eben} = \sqrt{\left(\frac{\sigma_x - \sigma_y}{2}\right)^2 + \tau_{xy}^2} \qquad (10.7)$$

Der in Gleichung (10.7) berechnete Wert $\tau_{max,eben}$ wird als ***Hauptschubspannung (des ebenen Spannungszustandes)*** bezeichnet, denn sie tritt an einem Element in der *x,y*-Ebene auf.

Durch Einsetzen der Werte für $\sin 2\theta_S$ und $\cos 2\theta_S$ in Gleichung (10.1) erkennen wir, dass die Hauptschubspannungsebenen *nicht* normalspannungsfrei sind. Man findet

$$\sigma_{mittl} = \frac{\sigma_x + \sigma_y}{2} = \frac{\sigma_1 + \sigma_2}{2} \qquad (10.8)$$

Analog zu den Spannungstransformationsgleichungen kann eine Programmierung der Gleichungen (10.4) bis (10.8) in einem Taschenrechner zur Vereinfachung der Rechnung beitragen.

Wichtige Punkte zur Lösung von Aufgaben

- Die *Hauptspannungen* stellen die maximale und minimale Normalspannung an einem Punkt dar.
- Wird der Spannungszustand durch die Hauptspannungen charakterisiert, so wirken an dem betreffenden Element *keine Schubspannungen*.
- Der Spannungszustand kann an einem Punkt auch über die *Hauptschubspannung* (d.h. die maximale Schubspannung des ebenen Spannungszustandes) und die *mittlere Normalspannung* definiert werden.
- Ein Element, das die Hauptschubspannung des ebenen Spannungszustandes mit der zugehörigen mittleren Normalspannung repräsentiert, ist gegenüber einem Element, das eine Orientierung in Richtung der Hauptspannungen hat, um 45° *geneigt*.

Beispiel 10.3

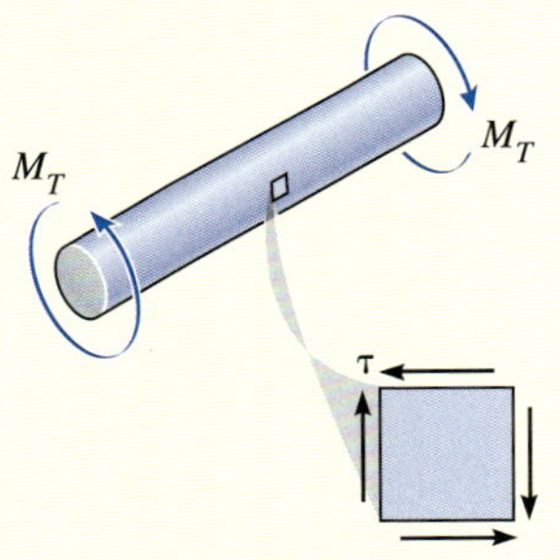

(a)

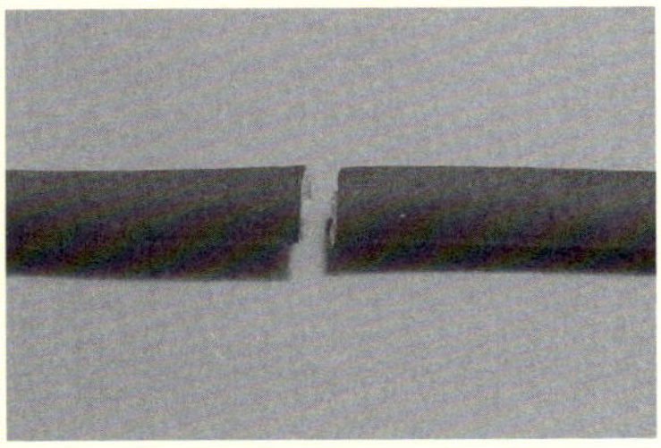

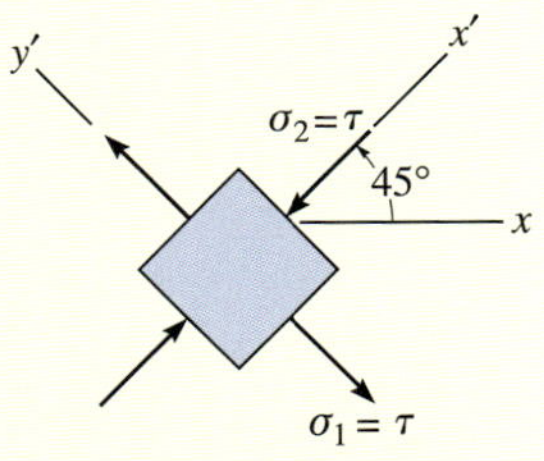

(b)

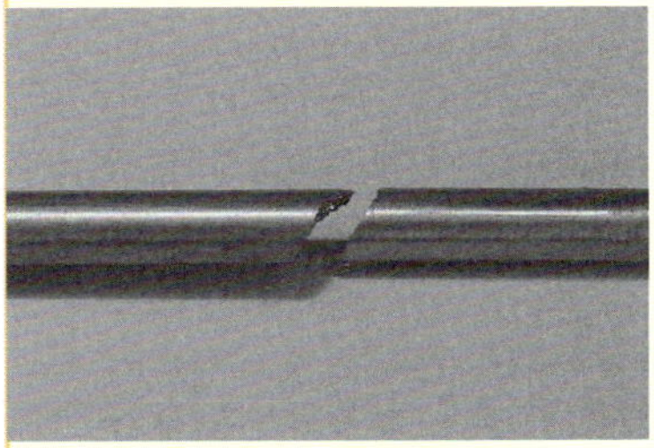

Abbildung 10.11

Wenn der Stab in Abbildung 10.11a durch ein Drehmoment M_T belastet wird, erzeugt es in Umfangsrichtung einen reinen Schubspannungszustand in dem Material. Bestimmen Sie (a) die Hauptschubspannung und die zugehörige mittlere Normalspannung sowie (b) die Hauptspannungen.

Lösung

Mit der eingeführten Vorzeichenvereinbarung gilt gemäß Abbildung 10.5

$$\sigma_x = 0 \qquad \sigma_y = 0 \qquad \tau_{xy} = -\tau$$

Hauptschubspannung Bei Anwendung der Gleichungen (10.7) und (10.8) erhalten wir

$$\tau_{max,eben} = \sqrt{\left(\frac{\sigma_x - \sigma_y}{2}\right)^2 + \tau_{xy}^2} = \sqrt{(0)^2 + (-\tau)^2} = \pm\tau$$

$$\sigma_{mittl} = \frac{\sigma_x + \sigma_y}{2} = \frac{0+0}{2} = 0$$

Wie erwartet, wird somit die Hauptschubspannung durch das Element in Abbildung 10.11a repräsentiert. Offensichtlich sind für das hier betrachtete Beispiel die Hauptschubspannungsebenen auch normalspannungsfrei.

Durch Experimente hat man herausgefunden, dass *zähe* Materialien aufgrund von *Schubspannungen* versagen. Wenn demzufolge ein Torsionsmoment auf einen Stab beispielsweise aus Walzstahl einwirkt, verursacht die maximale Schubspannung der Ebene einen Bruch, wie es das zugehörige erste Foto zeigt.

Hauptspannung Die Anwendung der Gleichungen (10.4) und (10.5) ergibt

$$\tan 2\theta_H = \frac{\tau_{xy}}{\left(\sigma_x - \sigma_y\right)/2} = \frac{-\tau}{(0-0)/2}\,; \quad \theta_{H2} = 45°, \theta_{H1} = 135°$$

$$\sigma_{1,2} = \frac{\sigma_x + \sigma_y}{2} \pm \sqrt{\left(\frac{\sigma_x - \sigma_y}{2}\right)^2 + \tau_{xy}^2} = 0 \pm \sqrt{(0)^2 + \tau^2} = \pm\tau$$

Wenn wir Gleichung (10.1) mit $\theta_{H2} = 45°$ anwenden, ergibt sich

$$\sigma_{x'} = \frac{\sigma_x + \sigma_y}{2} + \frac{\sigma_x - \sigma_y}{2}\cos 2\theta + \tau_{xy}\sin 2\theta = 0 + 0 + (-\tau)\sin 90° = -\tau$$

Dies bedeutet, dass $\sigma_2 = -\tau$ wie in Abbildung 10.11b dargestellt bei $\theta_{H2} = 45°$ und $\sigma_1 = \tau$ an der anschließenden Seite bei $\theta_{H1} = 135°$ wirkt.

Spröde Materialien versagen infolge zu großer *Normalspannungen*. Unterliegt ein Stab aus einem spröden Material, z.B. Gusseisen, einer Torsionsbeanspruchung, so wirken die maximalen Normalspannungen unter einem Winkel von 45° zur Stablängsachse. Die Bruchfläche hat deshalb eine Neigung von 45° gegen die Stabachse wie im zweiten Foto gezeigt.

Den betrachteten Sonderfall mit betragsmäßig übereinstimmenden Hauptspannungen, dessen Hauptschubspannungsebenen normalspannungsfrei sind, nennt man auch *reinen Schub*; die Namensgebung ist offensichtlich.

Beispiel 10.4

Wird der Stab in Abbildung 10.12a durch eine Längskraft P belastet, so wird in dem Material eine Zugspannung hervorgerufen. Bestimmen Sie (a) die Hauptspannungen und (b) die Hauptschubspannung sowie die zugehörige mittlere Normalspannung.

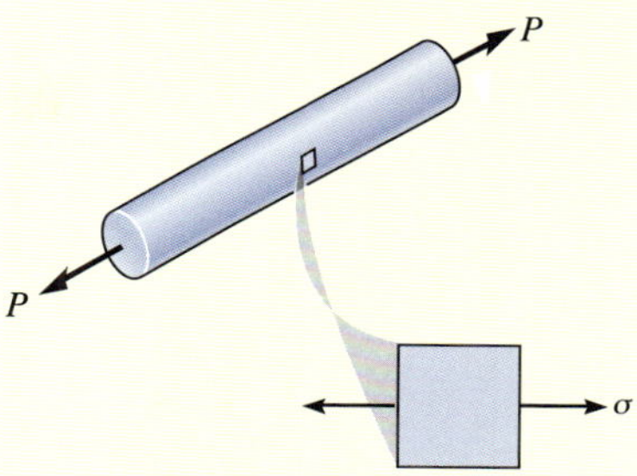

(a)

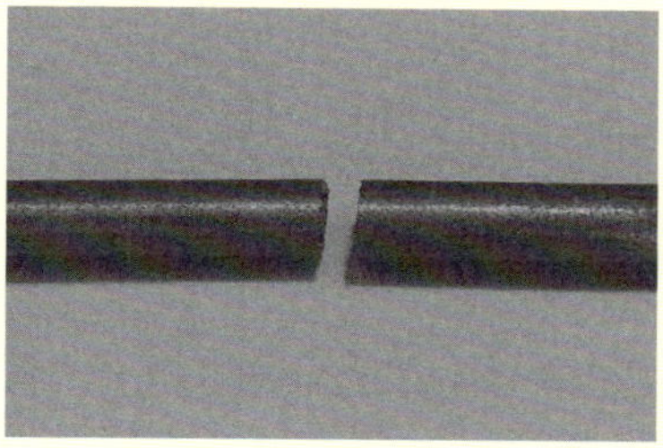

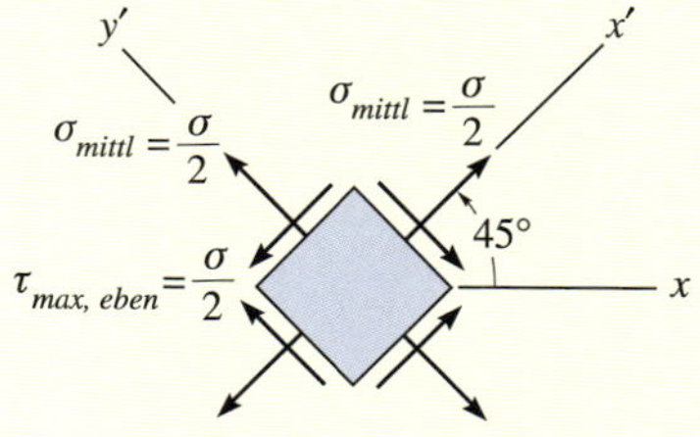

(b)

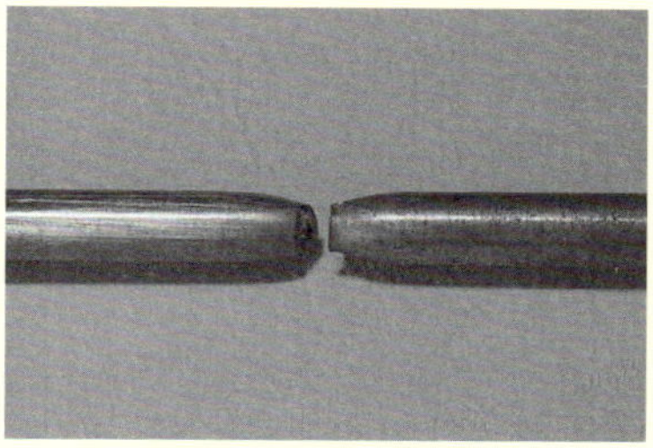

Abbildung 10.12

Lösung

Mit der Vorzeichenvereinbarung ergibt sich

$$\sigma_x = \sigma \qquad \sigma_y = 0 \qquad \tau_{xy} = 0$$

Hauptspannungen Die Orientierung des in Abbildung 10.12a dargestellten Elements erfüllt bei der Betrachtung eine Bedingung der Hauptspannungen, denn an ihm wirkt keine Schubspannung. Das kann man auch durch direktes Einsetzen der gegebenen Werte in die Gleichungen (10.4) und (10.5) bestätigen. Somit sind

$$\sigma_1 = \sigma \qquad \sigma_2 = 0$$

Da Experimente nachgewiesen haben, dass die Normalspannung ein Versagen von spröden Materialien verursacht, führt dies zu einem Bruchbild, das im zugehörigen Foto dargestellt ist, wenn der Stab aus sprödem Material wie z.B. Gusseisen besteht.

Hauptschubspannung Bei Anwendung der Gleichungen (10.6), (10.7) und (10.8) erhalten wir

$$\tan 2\theta_S = \frac{-(\sigma_x - \sigma_y)/2}{\tau_{xy}} = \frac{-(\sigma - 0)/2}{0}\,; \quad \theta_{S1} = 45°,\ \theta_{S2} = 135°$$

$$\tau_{max,eben} = \sqrt{\left(\frac{\sigma_x - \sigma_y}{2}\right)^2 + \tau_{xy}^2} = \sqrt{\left(\frac{\sigma - 0}{2}\right)^2 + (0)^2} = \pm\frac{\sigma}{2}$$

$$\sigma_{mittl} = \frac{\sigma_x + \sigma_y}{2} = \frac{\sigma + 0}{2} = \frac{\sigma}{2}$$

Zur Festlegung der zugehörigen Richtung der Schubspannung nutzen wir Gleichung (10.2):

$$\tau_{x'y'} = -\frac{\sigma_x - \sigma_y}{2}\sin 2\theta + \tau_{xy}\cos 2\theta = -\frac{\sigma - 0}{2}\sin 90° + 0 = -\frac{\sigma}{2}$$

Diese negative Schubspannung wirkt an der Schnittfläche mit der äußeren Flächennormalen x' in negative y'-Richtung, siehe Abbildung 10.12b.

Ist ein Stab auf *Zug* belastet und aus *zähem* Material, z.B. Walzstahl, hergestellt, sind zu große Schubspannungen für das Versagen verantwortlich. Dieser Sachverhalt ist auf dem zweiten Foto im Bereich des Einschnürens erkennbar, wo die Schubspannung ein „Gleiten" entlang der kristallinen Korngrenzen des Stahls verursacht hat. Dies führt zu einer Bruchebene, die wie vorhergesagt beim Versagen eine Art 45°-Konus ausbildet.

Beispiel 10.5

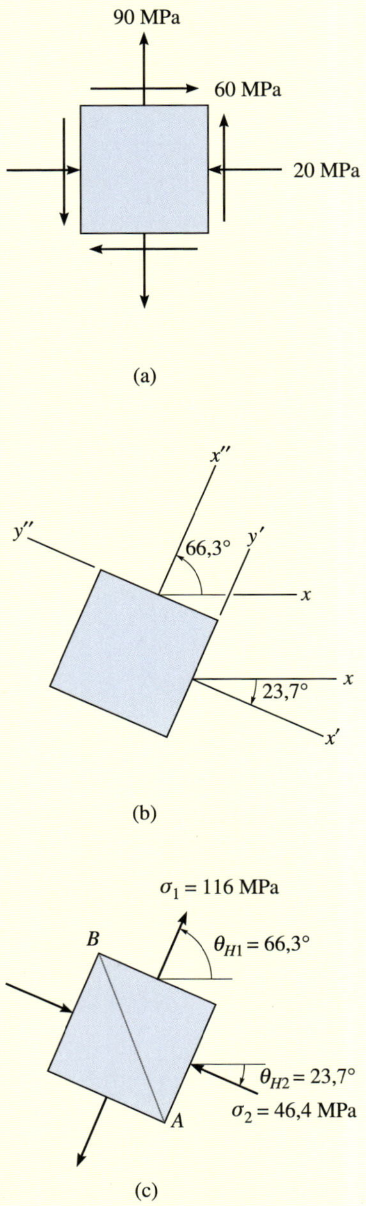

Abbildung 10.13

An einem Punkt eines Körpers ist ein ebener Spannungszustand für das Element in Abbildung 10.13a vorgegeben. Charakterisieren Sie den Spannungszustand durch die Hauptspannungen.

Lösung

Gemäß Vorzeichenvereinbarung ergibt sich

$$\sigma_x = -20 \text{ MPa} \qquad \sigma_y = 90 \text{ MPa} \qquad \tau_{xy} = 60 \text{ MPa}$$

Elementorientierung Mit Gleichung (10.4) erhält man

$$\tan 2\theta_H = \frac{\tau_{xy}}{(\sigma_x - \sigma_y)/2} = \frac{60\,\text{MPa}}{(-20\,\text{MPa} - 90\,\text{Mpa})/2} = -1{,}0909$$

Die Lösung, θ_{H2} genannt, ist

$$2\theta_{H2} = -47{,}49°, \text{ d.h. } \theta_{H2} = -23{,}7°$$

Da sich $2\theta_{H1}$ und $2\theta_{H2}$ um $180°$ unterscheiden, erhalten wir

$$2\theta_{H1} = 180° + 2\,\theta_{H2} = 132{,}51°, \text{ d.h. } \theta_{H1} = 66{,}3°$$

Beachtet man, dass θ positiv im *Gegenuhrzeigersinn* von der x-Achse zur äußeren Normalen x'' der betreffenden Schnittfläche des Elements gemessen wird, dann ist der negative Wert von θ_{H2} in Abbildung 10.13b bereits berücksichtigt.

Hauptspannung Wir werten Gleichung (10.5) aus und erhalten

$$\sigma_{1,2} = \frac{\sigma_x + \sigma_y}{2} \pm \sqrt{\left(\frac{\sigma_x - \sigma_y}{2}\right)^2 + \tau_{xy}^2}$$

$$= \frac{-20\,\text{MPa} + 90\,\text{MPa}}{2} \pm \sqrt{\left(\frac{-20\,\text{MPa} - 90\,\text{MPa}}{2}\right)^2 + (60\,\text{MPa})^2}$$

$$= 35{,}0\,\text{MPa} \pm 81{,}4\,\text{MPa}$$

$$\sigma_1 = 116 \text{ MPa} \qquad \sigma_2 = -46{,}4 \text{ MPa}$$

Die Hauptspannungsebenen, die zu jeder berechneten Hauptspannung zugeordnet sind, können über Gleichung (10.1) mit z.B. $\theta = \theta_{H2} = -23{,}7°$ bestimmt werden. Es ergibt sich

$$\sigma_{x'} = \frac{\sigma_x + \sigma_y}{2} + \frac{\sigma_x - \sigma_y}{2}\cos 2\theta + \tau_{xy}\sin 2\theta$$

$$= \frac{-20\,\text{MPa} + 90\,\text{MPa}}{2} + \frac{-20\,\text{MPa} - 90\,\text{MPa}}{2}\cos 2(-23{,}7°)$$

$$+ (60\,\text{MPa})\sin 2(-23{,}7°)$$

$$= -46{,}4\,\text{MPa}$$

Somit wirkt $\sigma_2 = -46{,}4$ MPa an der durch $\theta_{H2} = -23{,}7°$ definierten Ebene, während sich $\sigma_1 = 116$ MPa an der durch $\theta_{H1} = 66{,}3°$ definierten Ebene ausbildet. Die Ergebnisse sind am Element in Abbildung 10.13c dargestellt. Es wird daran erinnert, dass an diesem Element keine Schubspannung auftritt.

Beispiel 10.6 An einem Punkt eines Körpers ist der ebene Spannungszustand für das Element in Abbildung 10.14a angegeben. Charakterisieren Sie den Spannungszustand durch die Hauptschubspannung und die zugehörige mittlere Normalspannung.

Lösung

Orientierung des Elements Bei Anwendung der Gleichung (10.6) ergibt sich wegen $\sigma_x = -20$ MPa, $\sigma_y = 90$ MPa, $\tau_{xy} = 60$ MPa für den Winkel θ_S

$$\tan 2\theta_S = \frac{-(\sigma_x - \sigma_y)/2}{\tau_{xy}} = \frac{-(-20\,\text{MPa} - 90\,\text{MPa})/2}{60\,\text{MPa}} = -0{,}91667$$

$$2\theta_{S2} = 42{,}5^\circ \qquad \theta_{S2} = 21{,}3^\circ$$

$$2\theta_{S1} = 180^\circ + 2\theta_{s2} \qquad \theta_{S1} = 111{,}3^\circ$$

Beachten Sie, dass die in Abbildung 10.14b dargestellten Richtungen der Ebenen maximaler Schubspannung um 45° gegenüber den Hauptspannungsrichtungen geneigt sind, die in Beispiel 10.5 bereits bestimmt wurden.

Hauptschubspannung Mit Gleichung (10.7) ergibt sich

$$\tau_{max,eben} = \sqrt{\left(\frac{\sigma_x - \sigma_y}{2}\right)^2 + \tau_{xy}^2} = \sqrt{\left(\frac{-20\,\text{MPa} - 90\,\text{MPa}}{2}\right)^2 + (60\,\text{MPa})^2}$$
$$= 81{,}4\,\text{MPa}$$

Am Element kann die richtige Richtung von $\tau_{max,eben}$ durch Berücksichtigung von $\theta = \theta_{S2} = 21{,}3^\circ$ in Gleichung (10.2) bestimmt werden. Wir erhalten das Ergebnis

$$\tau_{x'y'} = -\frac{\sigma_x - \sigma_y}{2}\sin 2\theta + \tau_{xy}\cos 2\theta$$
$$= -\left(\frac{-20\,\text{MPa} - 90\,\text{MPa}}{2}\right)\sin 2(21{,}3^\circ) + (60\,\text{MPa})\cos 2(21{,}3^\circ)$$
$$= 81{,}4\,\text{MPa}$$

Damit wirkt $\tau_{max,eben} = \tau_{x'y'}$ in positive y'-Richtung an der betreffenden Elementseite ($\theta = 21{,}3^\circ$), Abbildung 10.14b. An den anderen Seiten sind die Schubspannungen so gerichtet wie in Abbildung 10.14c dargestellt.

Mittlere Normalspannung Neben der oben berechneten Hauptschubspannung tritt am Element zudem eine mittlere Normalspannung auf, die über Gleichung (10.8) bestimmt werden kann:

$$\sigma_{mittl} = \frac{\sigma_x + \sigma_y}{2} = \frac{-20\,\text{MPa} + 90\,\text{MPa}}{2} = 35\ \text{MPa}$$

Das ist eine Zugspannung, die ebenfalls in Abbildung 10.14c eingetragen ist.

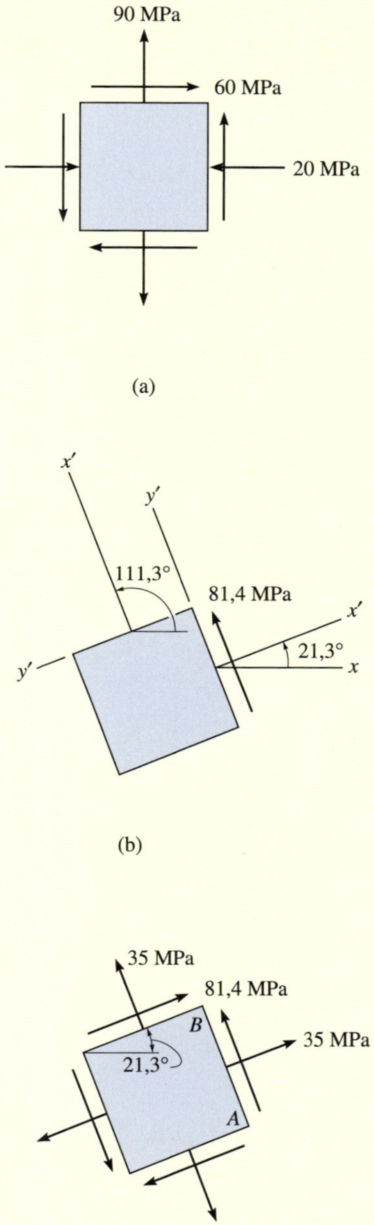

Abbildung 10.14

10.4 Mohr'scher Spannungskreis

In diesem Abschnitt zeigen wir, dass die Transformationsgleichungen des ebenen Spannungszustandes eine grafische Lösungsvariante besitzen, die in vielen Fällen bequem anwendbar und leicht zu merken ist. Zudem erlaubt uns dieser Ansatz eine „Visualisierung" der Veränderung der Normal- und Schubspannungen $\sigma_{x'}$ und $\tau_{x'y'}$, wenn die Schnittfläche, an der sie wirken, in einer beliebigen Richtung orientiert ist, Abbildung 10.15a.

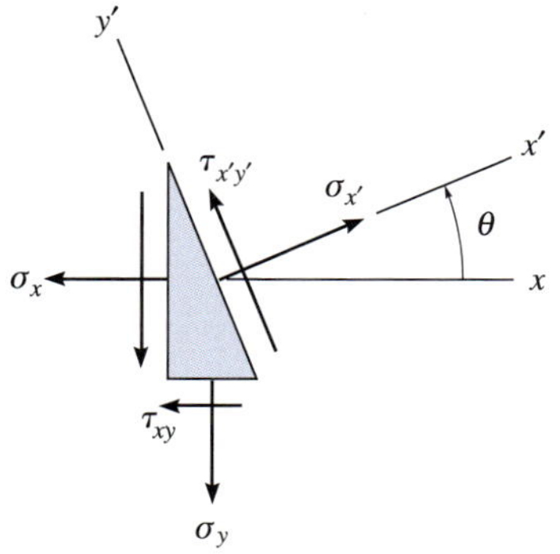

(a)

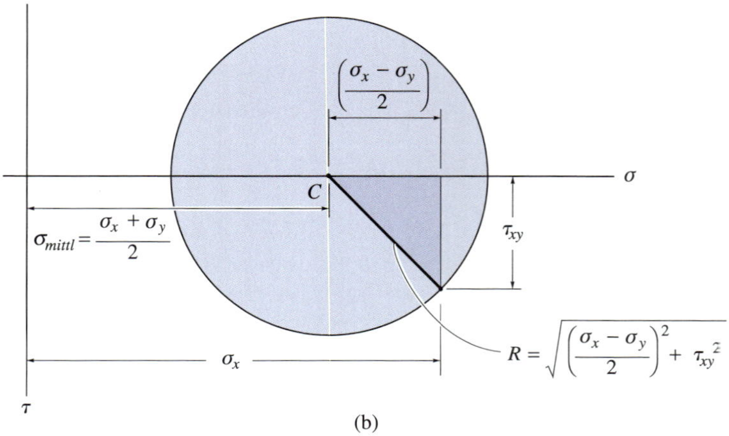

(b)

Abbildung 10.15

Die Gleichungen (10.1) und (10.2) können wie folgt umgeschrieben werden:

$$\sigma_{x'} - \left(\frac{\sigma_x + \sigma_y}{2}\right) = \left(\frac{\sigma_x - \sigma_y}{2}\right)\cos 2\theta + \tau_{xy} \sin 2\theta \qquad (10.9)$$

$$\tau_{x'y'} = -\left(\frac{\sigma_x - \sigma_y}{2}\right)\sin 2\theta + \tau_{xy} \cos 2\theta \qquad (10.10)$$

Der Parameter θ kann durch Quadrierung jeder Gleichung und Addition der Gleichungen eliminiert werden. Das Ergebnis ist

$$\left[\sigma_{x'} - \left(\frac{\sigma_x + \sigma_y}{2}\right)\right]^2 + \tau_{x'y'}^2 = \left(\frac{\sigma_x - \sigma_y}{2}\right)^2 + \tau_{xy}^2$$

Für ein spezifisches Problem stellen σ_x, σ_y und τ_{xy} bekannte Größen dar. Damit kann die Gleichung in einer kompakteren Form

$$\left(\sigma_{x'} - \sigma_{mittl}\right)^2 + \tau_{x'y'}^2 = R^2 \qquad (10.11)$$

geschrieben werden, wobei

$$\sigma_{mittl} = \frac{\sigma_x + \sigma_y}{2}$$

und

$$R = \sqrt{\left(\frac{\sigma_x - \sigma_y}{2}\right)^2 + \tau_{xy}^2} \qquad (10.12)$$

gegebene Konstanten sind. Gleichung (10.11) definiert einen Kreis in der $\sigma_{x'}$, $\tau_{x'y'}$-Ebene.

Bei der Einführung von Koordinatenachsen mit σ *positiv in Richtung nach rechts* und τ *positiv in Richtung nach unten* und grafischer Darstellung von Gleichung (10.11) in dem so definierten Koordinatensystem kann dieser Kreis mit dem Radius R und dem Mittelpunkt auf der σ-Achse bei Punkt C (σ_{mittl}, 0) dargestellt werden, Abbildung 10.15b. Dieser Kreis wird als Mohr'scher Spannungskreis bezeichnet, denn er wurde durch den deutschen Ingenieur Otto Mohr entwickelt.

Zur Aufzeichnung des Mohr'schen Spannungskreises ist es notwendig, zunächst gemäß Abbildung 10.16c die σ- und τ-Achsen einzuführen. Da die Spannungen σ_x, σ_y und τ_{xy} bekannt sind, kann danach der Kreismittelpunkt C (σ_{mittl}, 0) eingetragen werden. Für die Feststellung des Radius benötigen wir mindestens einen Punkt auf dem Kreis. Betrachten wir den Fall, dass die x'-Achse mit der x-Achse deckungsgleich ist, wie es Abbildung 10.16a zeigt. Dann sind $\theta = 0°$ und $\sigma_{x'} = \sigma_x$, $\tau_{x'y'} = \tau_{xy}$. Wir bezeichnen dies als den „Referenzpunkt" A und tragen seine Koordinaten (σ_x,τ_{xy}) grafisch auf, Abbildung 10.16c. Durch Anwendung des Satzes von Pythagoras auf das gekennzeichnete Dreieck kann der Radius R nun bestimmt werden, was mit Gleichung (10.12) überprüfbar ist. Mit den jetzt bekannten Punkten C und A kann der Kreis wie dargestellt gezeichnet werden.

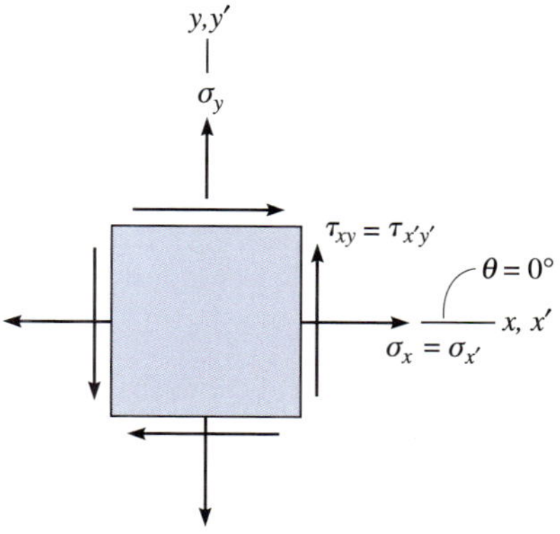

(a)

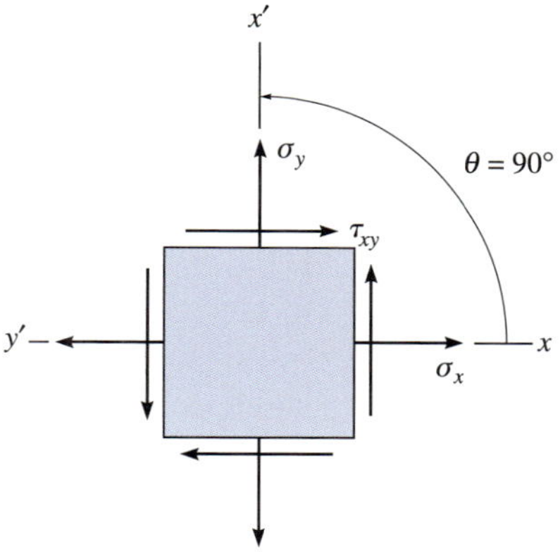

(b)

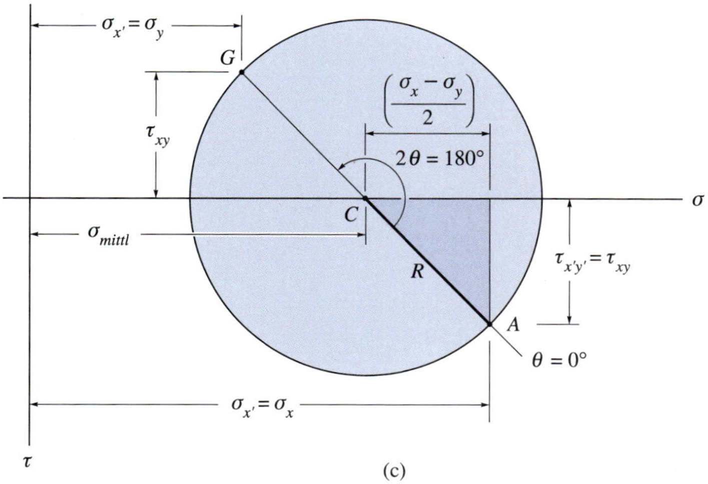

(c)

Abbildung 10.16

Betrachten wir nun den Fall, dass die x'-Achse entgegen der Uhrzeigerrichtung um 90° gedreht wird, Abbildung 10.16b. Dann sind $\sigma_{x'} = \sigma_y$, $\tau_{x'y'} = -\tau_{xy}$. Diese Werte sind die Koordinaten von Punkt G (σ_y, $-\tau_{xy}$) auf dem Kreis, Abbildung 10.16c. Damit ist die Radiallinie CG entgegen dem Uhrzeigersinn um 180° zur „Referenzlinie" CA gedreht. Mit anderen Worten: Eine Drehung der x'-Achse um den Winkel θ am Element entspricht der Drehung 2θ auf dem Kreis in *gleicher Richtung*.[2]

Nach seiner Konstruktion kann der Mohr'sche Spannungskreis sehr bequem zur Bestimmung der Hauptspannungen, der maximalen Schubspannung des ebenen Spannungszustandes und der zugehörigen Normalspannung oder auch der Spannungen an jeder beliebig geneigten Schnittebene verwendet werden. Die Methode wird im Rahmen des folgenden Lösungsweges detailliert erläutert.

Auch der Sonderfall des in Beispiel 10.3 kennen gelernten reinen Schubes (für den der Mittelpunkt des Mohr'schen Kreises im Koordinatenursprung liegt) lässt sich im Rahmen der dargestellten grafischen Methode leicht veranschaulichen. Ein weiterer interessanter Sonderfall – neben dem einachsigen Spannungszustand (dessen Mohr'scher Spannungskreis die Ordinate berührt, siehe Beispiel 10.7) – ist der ebene Spannungszustand des hydrostatischen Druckes $\sigma_1 = \sigma_2 = -p$ (dafür ist $\tau = 0$ für alle Orientierungswinkel θ, der Radius des Mohr'schen Kreises wird null und der Kreis selbst entartet zu einem Punkt).

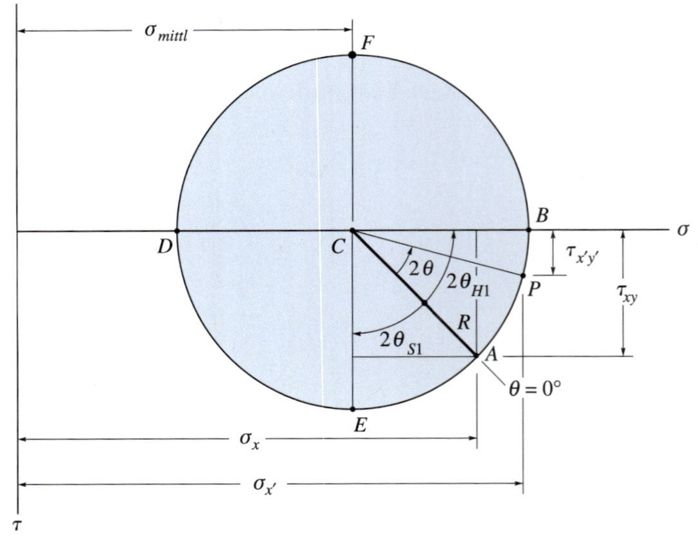

(a)

Abbildung 10.17

2 Wenn man stattdessen die positive τ-Achse nach oben gerichtet einführt, müsste der Winkel 2θ in die *entgegengesetzte Richtung* zur Neigung θ der Schnittebenen gemessen werden.

Lösungsweg

Die Erstellung des Mohr'schen Spannungskreises erfordert die folgenden Schritte.

Konstruktion des Kreises

- Führen Sie ein Koordinatensystem derart ein, dass die Abszisse die Normalspannung σ mit *positiver Richtung nach rechts* und die Ordinatenachse die Schubspannung τ mit *positiver Richtung nach unten* repräsentiert, Abbildung 10.17a.[3]
- Zeichnen Sie den auf der σ-Achse in der Entfernung $\sigma_{mittl} = (\sigma_x + \sigma_y)/2$ vom Ursprung befindlichen Kreismittelpunkt C mit Hilfe der positiven Vorzeichenvereinbarung für σ_x, σ_y, τ_{xy}, wie in Abbildung 10.17a dargestellt.
- Tragen Sie den „Referenzpunkt" A mit den Koordinaten $A(\sigma_x, \tau_{xy})$ ein. Dieser Punkt stellt die Normal- und Schubspannungen auf der rechten (positiven) Seite des Elements dar. Gleichzeitig repräsentiert der Punkt A den Winkel $\theta = 0°$, denn die x'-Achse ist dort deckungsgleich mit der x-Achse, Abbildung 10.17b.
- Verbinden Sie Punkt A mit dem Kreismittelpunkt C und bestimmen Sie die Strecke CA mit Hilfe der Trigonometrie. Diese Länge ist der Radius R des Kreises, Abbildung 10.17a.
- Zeichnen Sie den Kreis, nachdem Sie R ermittelt haben.

Hauptspannungen

- Die beiden Schnittpunkte B und D des Kreises mit der σ-Achse stellen die Hauptspannungen σ_1 und σ_2 ($\sigma_1 \geq \sigma_2$) dar, d.h. dort ist $\tau = 0$, Abbildung 10.17a.
- Diese Spannungen wirken an Schnittflächen, die durch die Winkel θ_{H1} und θ_{H2} definiert werden, Abbildung 10.17c. Sie werden auf dem Kreis durch die Winkel $2\theta_{H1}$ (abgebildet) und $2\theta_{H2}$ (nicht abgebildet) verkörpert und von der radialen Referenzlinie CA aus zu den Radiallinien CB bzw. CD gemessen.
- Mit Hilfe der Trigonometrie braucht nur einer dieser Winkel aus dem Kreis berechnet zu werden, denn θ_{H1} und θ_{H2} unterscheiden sich um $90°$. Berücksichtigen Sie, dass der Drehsinn von $2\theta_H$ auf dem Kreis (hier entgegen dem Uhrzeigersinn) den gleichen Drehsinn des Winkels θ_H von der ursprünglichen Schnittfläche mit der äußeren Flächennormalen ($+x$) als Bezugsachse zur Hauptspannungsebene mit der zugehörigen äußeren Flächennormalen ($+x'$) impliziert, Abbildung 10.17c.

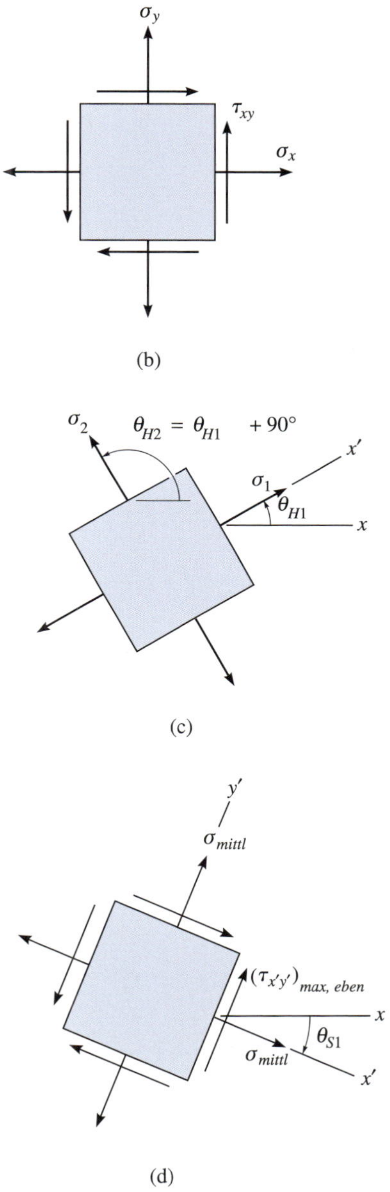

Abbildung 10.17

3 Wenn man stattdessen die positive τ-Achse nach oben gerichtet einführt, müsste der Winkel 2θ in die *entgegengesetzte Richtung* zur Neigung θ der Schnittebenen gemessen werden.

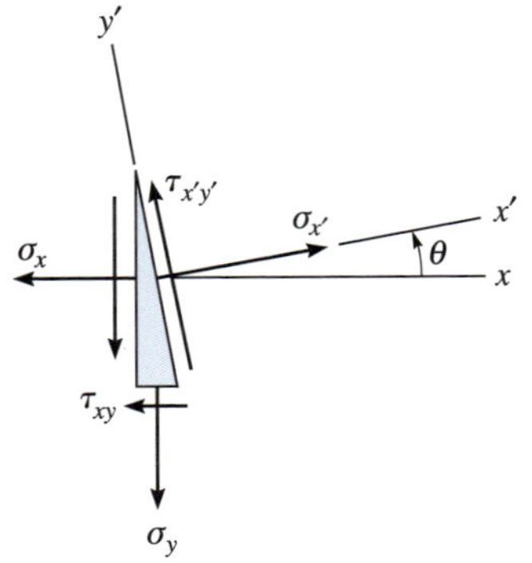

(e)

Abbildung 10.17

Hauptschubspannung und zugehörige mittlere Normalspannung

- Die mittlere Normalspannung und die maximale Schubspannung des ebenen Spannungszustandes werden aus dem Kreis als die Koordinaten von jeweils den Punkten E und F bestimmt, Abbildung 10.17a.
- In diesem Fall zeigen die Winkel θ_{S1} und θ_{S2} die Orientierung der Ebenen an, die diesen Spannungen zugeordnet sind, Abbildung 10.17d. Der Winkel $2\theta_{S1}$ ist in Abbildung 10.17a angegeben und kann über trigonometrische Beziehungen ermittelt werden. Im vorliegenden Beispiel ist die Drehung im Uhrzeigersinn gerichtet, und deshalb muss θ_{S1} am Element im Uhrzeigersinn gemessen werden, Abbildung 10.17d.

Spannungen bei beliebiger Schnittflächenorientierung

- Die Normal- und Schubspannungen $\sigma_{x'}$ und $\tau_{x'y'}$, die an einer durch den Winkel θ definierten Schnittebene wirken, Abbildung 10.17e, kann man aus dem Kreis über trigonometrische Beziehungen zur Bestimmung der Koordinaten von Punkt P, Abbildung 10.17a, ermitteln.
- Zur Lagebestimmung von P muss der bekannte Winkel θ (im vorliegenden Fall entgegen dem Uhrzeigersinn), Abbildung 10.17e, auf dem Kreis um 2θ in die *gleiche Richtung* (entgegen dem Uhrzeigersinn) *von* der radialen Referenzlinie CA *zur* radialen Linie CP, Abbildung 10.17a, gemessen werden.

Beispiel 10.7

Die axiale Belastung P erzeugt im Stab den in Abbildung 10.18a dargestellten Spannungszustand. Zeichnen Sie den zugehörigen Mohr'schen Spannungskreis.

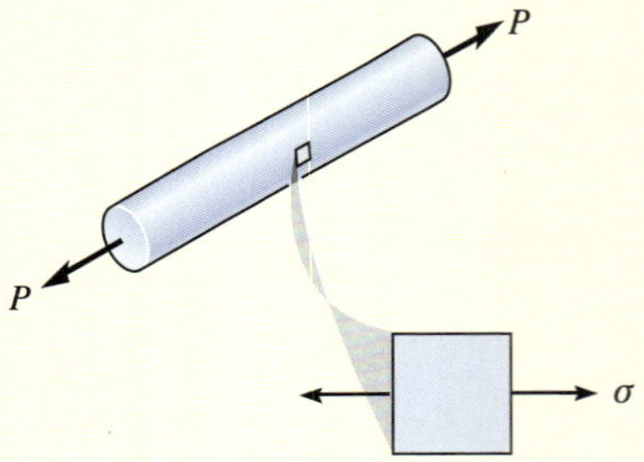

(a)

Abbildung 10.18

Lösung

Kreiskonstruktion Aus Abbildung 10.18a entnehmen wir

$$\sigma_x = \sigma$$

$$\sigma_y = 0$$

$$\tau_{xy} = 0$$

Die σ- und die τ-Achse werden in Abbildung 10.18b eingeführt. Der Kreismittelpunkt C befindet sich auf der σ-Achse bei

$$\sigma_{mittl} = \frac{\sigma_x + \sigma_y}{2} = \frac{\sigma + 0}{2} = \frac{\sigma}{2}$$

Für die rechte Seite des Elements, Abbildung 10.18a, hat der Referenzpunkt für $\theta = 0°$ die Koordinaten $A(\sigma,0)$. Somit hat der Radius des Kreises CA den Wert $R = \sigma/2$, Abbildung 10.18b.

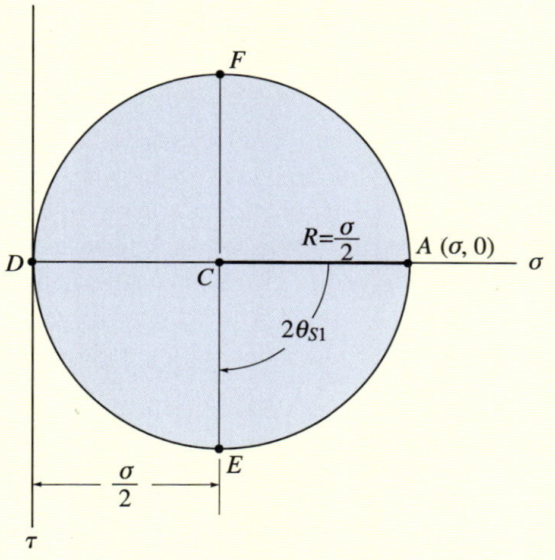

(b)

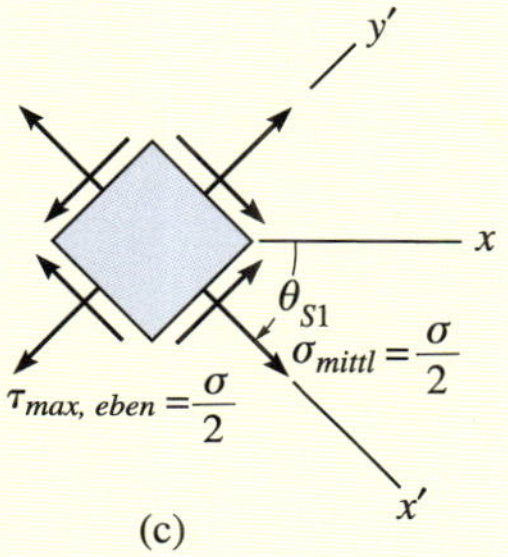

(c)

Abbildung 10.18

Spannungen Der Spannungskreis macht nochmals klar, dass durch die vorgegebenen Spannungen bereits die Hauptspannungen vorliegen (der Referenzpunkt A und sein Gegenpunkt D des Kreises liegen auf der Abszisse):

$$\sigma_1 = \sigma \qquad \sigma_2 = 0$$

Das Element in Abbildung 10.18a verkörpert bereits den Hauptspannungszustand.

Die Hauptschubspannung und die zugehörige mittlere Normalspannung werden am Kreis durch die Punkte E und F repräsentiert, Abbildung 10.18b. Bei E erhalten wir

$$\tau_{max,eben} = \frac{\sigma}{2}$$

$$\sigma_{mittl} = \frac{\sigma}{2}$$

Die Abbildung zeigt anschaulich, dass der Winkel $2\theta_{S1} = 90°$ im Uhrzeigersinn orientiert ist. Damit ist $\theta_{S1} = 45°$, so dass die zugehörige x'-Achse eine $45°$-Drehung von der x-Achse aus im Uhrzeigersinn erfährt, Abbildung 10.18c. Der Punkt E besitzt positive Koordinaten und damit wirken σ_{mittl} und $\tau_{max,eben}$ in positive x'- bzw. y'-Achsenrichtung.

Beispiel 10.8

Das Drehmoment M_T erzeugt an einem Punkt der Welle den in Abbildung 10.19a dargestellten Spannungszustand. Zeichnen Sie für diesen Fall den Mohr'schen Spannungskreis.

Lösung

Kreiskonstruktion Aus Abbildung 10.19a entnehmen wir

$$\sigma_x = 0 \qquad \sigma_y = 0 \qquad \tau_{xy} = -\tau$$

Die σ- und die τ-Achse werden in Abbildung 10.19b eingeführt. Der Kreismittelpunkt C befindet sich auf der σ-Achse bei

$$\sigma_{mittl} = \frac{\sigma_x + \sigma_y}{2} = \frac{0+0}{2} = 0$$

Für die rechte Seite des Elements, Abbildung 10.19a, hat der Referenzpunkt für $\theta = 0°$ die Koordinaten $A(0,-\tau)$, Abbildung 10.19b. Somit hat der Radius des Kreises CA den Wert $R = \tau$.

Spannungen Hier verkörpert Punkt A den Spannungszustand in Form der mittleren Normalspannung und der maximalen Schubspannung des ebenen Spannungszustandes, Abbildung 10.19b. Damit sind

$$\tau_{max,eben} = \pm\tau$$

$$\sigma_{mittl} = 0$$

Die Hauptspannungen werden über die Punkte B und D auf dem Kreis ermittelt. Somit ergibt sich

$$\sigma_1 = \tau$$

$$\sigma_2 = -\tau$$

Der im Uhrzeigersinn von CA nach CB weisende Winkel beträgt $2\theta_{H1} = 90°$, d.h. $\theta_{H1} = 45°$. Dieser im Uhrzeigersinn gerichtete Winkel definiert die Richtung von σ_1 (oder der x'-Achse). Die Ergebnisse zeigt Abbildung 10.19c.

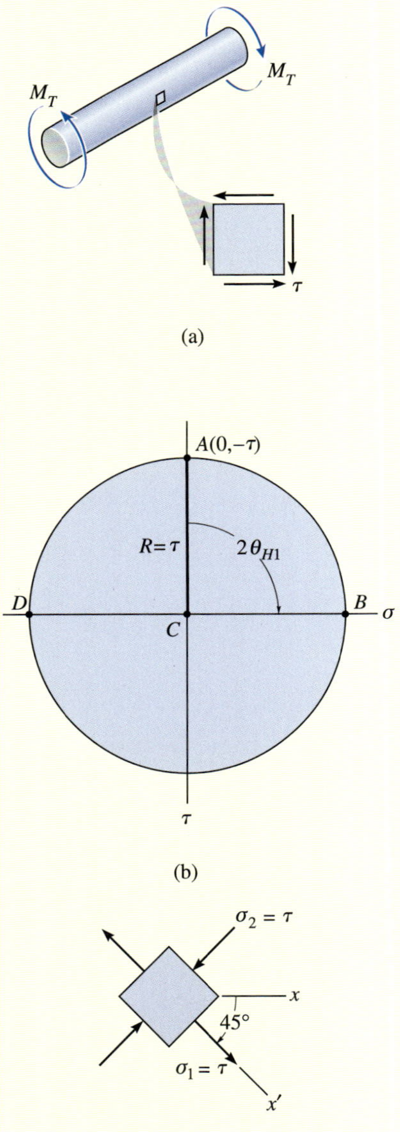

Abbildung 10.19

Beispiel 10.9 Aufgrund der wirkenden Belastung liegt am Punkt A der in Abbildung 10.20a dargestellte Spannungszustand vor. Bestimmen Sie die an dem betreffenden Punkt auftretenden Hauptspannungen.

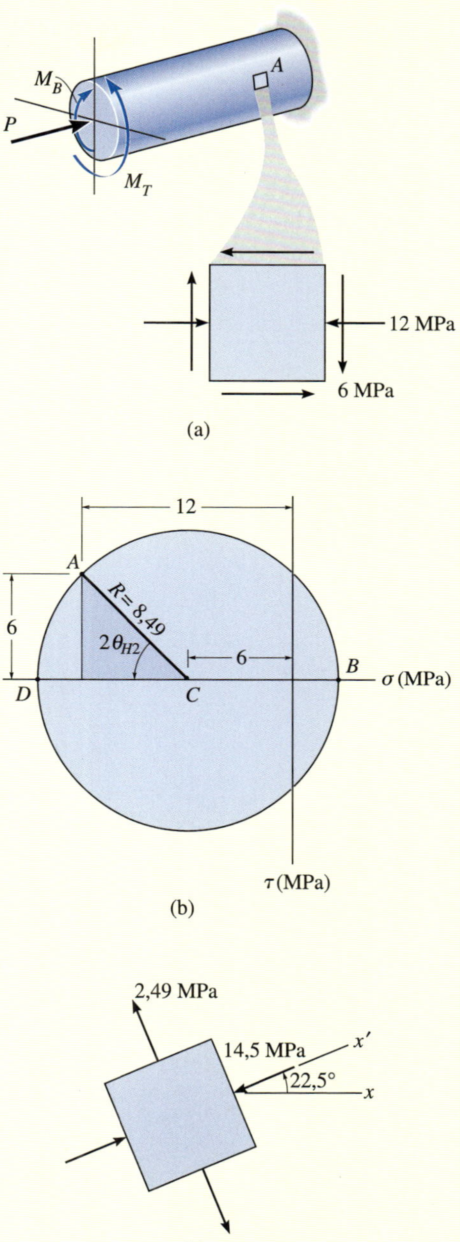

Abbildung 10.20

Lösung

Kreiskonstruktion Aus Abbildung 10.20a entnehmen wir

$$\sigma_x = -12 \text{ MPa} \qquad \sigma_y = 0 \qquad \tau_{xy} = -6 \text{ MPa}$$

Der Kreismittelpunkt liegt bei

$$\sigma_{mittl} = \frac{\sigma_x + \sigma_y}{2} = \frac{(-12\,\text{MPa}) + 0}{2} = -6 \text{ MPa}$$

Der Referenzpunkt A (σ_x, τ_{xy}) und der Mittelpunkt C $(\sigma_{mittl}, 0)$ sind in Abbildung 10.20b eingetragen. Der Kreis wurde mit dem Radius

$$R = \sqrt{(\sigma_x - \sigma_{mittl})^2 + \tau_{xy}^2} = \sqrt{(-12\,\text{MPa} + 6\,\text{MPa})^2 + (-6\,\text{MPa})^2}$$

$$R = 8{,}49 \text{ MPa}$$

gezeichnet.

Hauptspannungen Die Hauptspannungen sind durch die Abszissenwerte der Punkte B und D gegeben. Für $\sigma_1 > \sigma_2$ erhalten wir

$$\sigma_1 = R + \sigma_{mittl} = 8{,}49 \text{ MPa} + (-6 \text{ MPa}) = 2{,}49 \text{ MPa}$$

$$\sigma_2 = \sigma_{mittl} - R = (-6 \text{ MPa}) - 8{,}49 \text{ MPa} = -14{,}5 \text{ MPa}$$

Die Orientierung des Elements, das den Spannungszustand über die Hauptspannungen repräsentiert, kann durch die Berechnung des Winkels $2\theta_{H2}$ entgegen dem Uhrzeigersinn aus Abbildung 10.20b bestimmt werden. Der Winkel legt die Richtung von θ_{H2} der Spannung σ_2 und der zugehörigen Schnittebene fest. Wir erhalten

$$2\theta_{H2} = \arctan\left(\frac{\tau_{xy}}{\sigma_x - \sigma_{mittl}}\right) = \arctan\left(\frac{-6}{-12+6}\right) = 45°$$

$$\theta_{H2} = 22{,}5°$$

Das Element ist derart orientiert, dass die x'-Achse und damit die Normalspannung σ_2 wie Abbildung 10.20c dargestellt um $22{,}5°$ entgegen dem Uhrzeigersinn gegen die horizontale x-Achse geneigt ist.

Beispiel 10.10

An einem Körperpunkt ist der ebene Spannungszustand für das Element in Abbildung 10.21a dargestellt. Bestimmen Sie die Hauptschubspannungen des ebenen Spannungszustandes sowie die Orientierung des Elements, für das sie auftreten.

$\sigma_x = -20$ MPa, $\sigma_y = 90$ MPa, $\tau_{xy} = 60$ MPa

Lösung

Kreiskonstruktion Die σ- und die τ-Achse werden in Abbildung 10.21b eingeführt. Der Kreismittelpunkt C befindet sich auf der σ-Achse am Punkt

$$\sigma_{mittl} = \frac{\sigma_x + \sigma_y}{2} = \frac{(-20\,\text{MPa}) + (90\,\text{MPa})}{2} = 35\text{ MPa}$$

Damit werden Punkt C und der Referenzpunkt A (σ_x, τ_{xy}) eingetragen. Durch Anwendung des Satzes von Pythagoras auf das gekennzeichnete Dreieck zur Bestimmung des Radius CA des Kreises erhalten wir

$$R = \sqrt{(\tau_{xy})^2 + (\sigma_x - \sigma_{mittl})^2} = \sqrt{(60\,\text{MPa})^2 + (55\,\text{MPa})^2}$$

$$R = 81{,}4\text{ MPa}$$

Hauptschubspannungen Die genannte maximale Schubspannung und die mittlere Normalspannung ergeben sich aus den Koordinaten der Kreispunkte E und F. Im konkreten Fall liefern die Koordinaten von $E\,(35;\,81{,}4)$ MPa die Spannungen

$$\tau_{max,eben} = 81{,}4\,\text{MPa}$$

$$\sigma_{mittl} = 35\text{ MPa}$$

Der entgegen dem Uhrzeigersinn gerichtete Winkel θ_{S1} kann aus dem Kreis über $2\theta_{S1}$ gefunden werden. Es ergibt sich

$$2\theta_{S1} = \arctan\left(\frac{\sigma_{mittl} - \sigma_x}{\tau_{xy}}\right) = \arctan\left(\frac{35\,\text{MPa} + 20\,\text{MPa}}{60\,\text{MPa}}\right)$$

$$2\theta_{S1} = 42{,}5°$$

$$\theta_{S1} = 21{,}3°$$

Dieser entgegen dem Uhrzeigersinn gerichtete Winkel definiert die Richtung der x'-Achse, Abbildung 10.21c. Punkt E besitzt positive Koordinaten, d.h. sowohl die mittlere Normalspannung als auch die maximale Schubspannung des ebenen Spannungszustandes weisen in die dargestellten positiven x'- und y'-Richtungen.

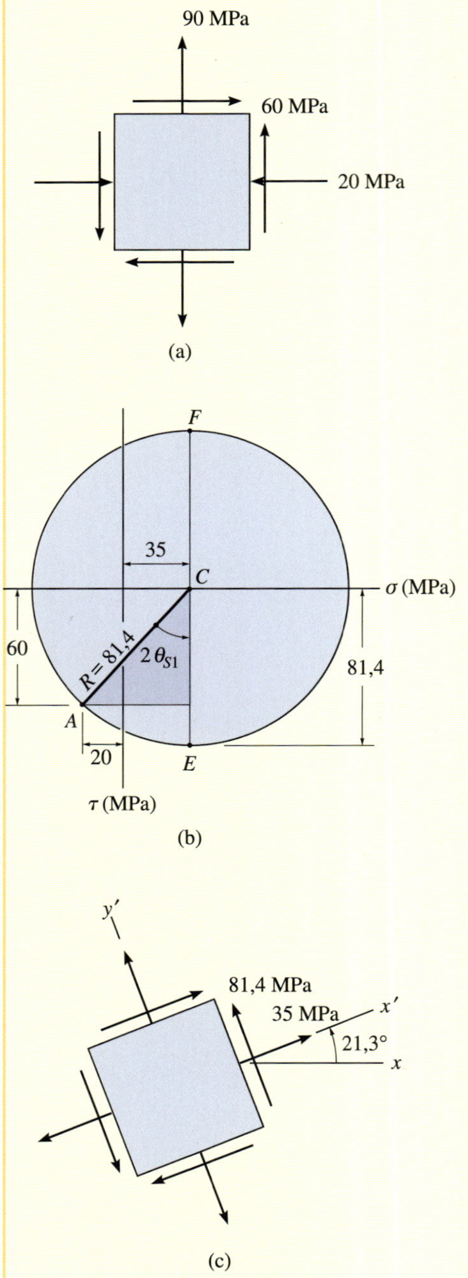

Abbildung 10.21

Beispiel 10.11 Der ebene Spannungszustand eines Körperpunktes ist durch das Element in Abbildung 10.22a gegeben. Stellen Sie den Spannungszustand für ein Element dar, das um 30° entgegen dem Uhrzeigersinn aus der Ausgangsposition gedreht ist.

$\sigma_x = -8$ MPa, $\sigma_y = 12$ MPa, $\tau_{xy} = -6$ MPa

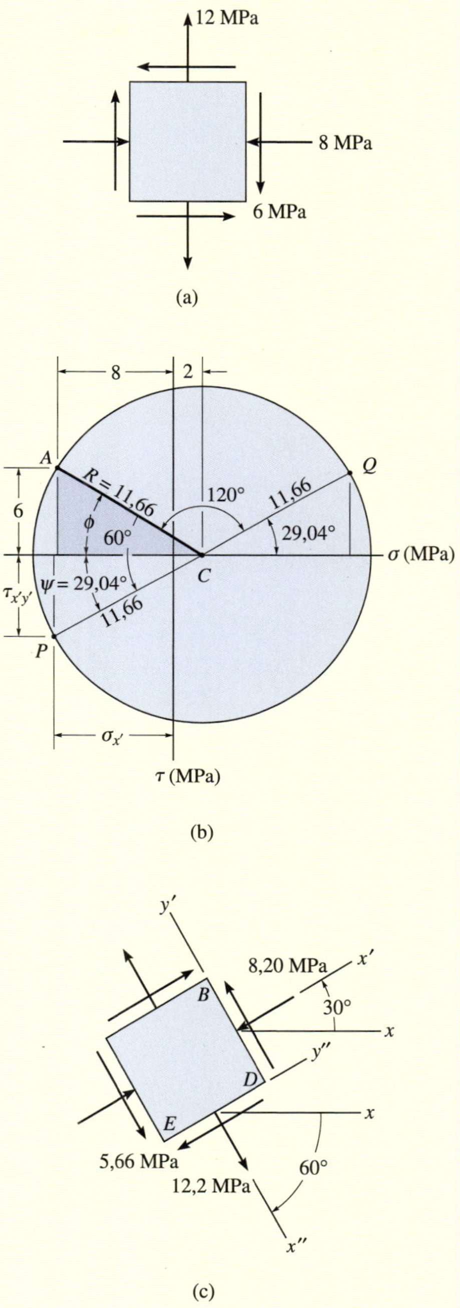

Abbildung 10.22

Lösung

Kreiskonstruktion Die σ- und die τ-Achse werden in Abbildung 10.22b eingeführt. Der Kreismittelpunkt C befindet sich auf der σ-Achse bei

$$\sigma_{mittl} = \frac{\sigma_x + \sigma_y}{2} = \frac{(-8\,\text{MPa}) + (12\,\text{MPa})}{2} = 2\ \text{MPa}$$

Der Referenzpunkt A für $\theta = 0°$ besitzt die Koordinaten (σ_x, τ_{xy}). Damit ergibt sich aus dem gekennzeichneten Dreieck der Radius CA als

$$R = \sqrt{(\sigma_x - \sigma_{mittl})^2 + (\tau_{xy})^2} = \sqrt{(10\,\text{MPa})^2 + (6\,\text{MPa})^2}$$

$$R = 11{,}66\ \text{MPa}$$

Spannungen am um 30° gedrehten Element Da das Element um 30° *entgegen* dem Uhrzeigersinn gedreht ist, müssen wir eine um $2(30°) = 60°$ entgegen dem Uhrzeigersinn gedrehte radiale Line CP einzeichnen, gemessen von CA ($\theta = 0°$), Abbildung 10.22b. Konkret müssen die Koordinaten von Punkt P $(\sigma_{x'}, \tau_{x'y'})$ ermittelt werden. Aus der Kreisgeometrie ergibt sich

$$\phi = \arctan\left(\frac{\tau_{xy}}{\sigma_x - \sigma_{mittl}}\right) = \arctan\left(\frac{6\,\text{MPa}}{10\,\text{MPa}}\right) = 30{,}96°$$

$$\psi = 60° - \phi = 29{,}04°$$

$$\sigma_{x'} = \sigma_{mittl} - R\cos\psi = 2\ \text{MPa} - (11{,}66\ \text{MPa})\cos 29{,}04°$$

$$\sigma_{x'} = -8{,}20\ \text{MPa}$$

$$\tau_{x'y'} = (11{,}66\ \text{MPa})\sin 29{,}04° = 5{,}66\ \text{MPa}$$

Diese beiden Spannungen wirken an der Seite BD des Elements, Abbildung 10.22c, denn die x'-Achse ist für diese Seite um 30° entgegen dem Uhrzeigersinn von der x-Achse aus gedreht.

Die an der benachbarten Seite DE des Elements wirkenden Spannungen, die an einem um 60° im Uhrzeigersinn von der positiven x-Achse aus gedrehten Koordinatensystem auftreten, Abbildung 10.22c, werden durch die Koordinaten des Punktes Q auf dem Kreis verkörpert. Dieser Punkt liegt auf der radialen Linie CQ, die sich aus einer 180°-Drehung von CP ergibt. Die Koordinaten von Q sind

$$\sigma_{x'} = \sigma_{mittl} + R\cos\psi = 2\ \text{MPa} + (11{,}66\ \text{MPa})\cos 29{,}04°$$

$$\sigma_{x'} = 12{,}2\ \text{MPa}$$

$$\tau_{x'y'} = -(R\sin\psi) = -(11{,}66\ \text{MPa}\sin 29{,}04°)$$

$$\tau_{x'y'} = -5{,}66\ \text{MPa} \qquad \text{(Kontrolle)}$$

10.5 Spannungen in Wellen infolge Zug/Druck und Torsion

Gelegentlich sind Wellen einer kombinierten Belastung durch axiale Kräfte und tordierende Drehmomente ausgesetzt. Bei linear-elastischem Materialverhalten, wie es für kleine Verformungen typisch ist, können wir dann das Prinzip der Superposition anwenden, um die resultierenden Spannungen in der Welle infolge der beiden Belastungen zu erhalten. Die maßgebenden Hauptspannungen können entweder über die Spannungstransformationsgleichungen oder den Mohr'schen Spannungskreis bestimmt werden.

Beispiel 10.12

An der Welle wirken die Axialkraft F und das Drehmoment M_T, siehe Abbildung 10.23a. Bestimmen Sie bei einem Wellendurchmesser d die Hauptspannungen im Punkt P auf der Oberfläche.

$F = 900$ N, $M_T = 2{,}5$ Nm, $d = 40$ mm

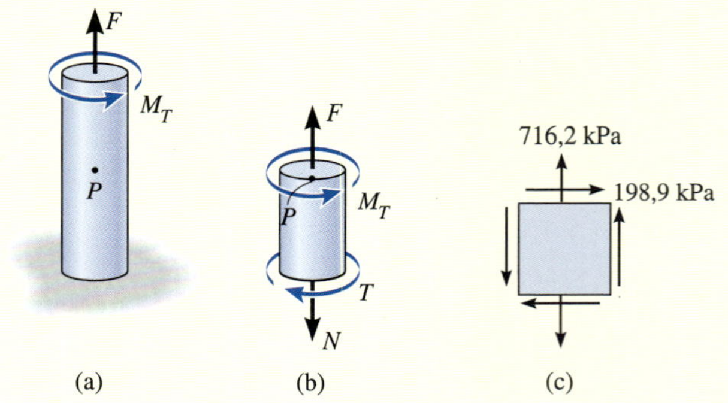

Abbildung 10.23

Lösung

Schnittgrößen Die inneren Beanspruchungen bestehen aus der Normalkraft N und dem Torsionsmoment T, Abbildung 10.23b:
$N = 900$ N, $T = 2{,}5$ Nm

Spannungen Die am Punkt P resultierenden Spannungen sind damit

$$\tau = \frac{Tr}{\frac{\pi}{2}r^4} = \frac{(2{,}5\,\text{Nm})(0{,}02\,\text{m})}{\frac{\pi}{2}(0{,}02\,\text{m})^4} = 198{,}9 \text{ kPa}$$

$$\sigma = \frac{N}{\pi r^2} = \frac{900\,\text{N}}{\pi(0{,}02\,\text{m})^2} = 716{,}2 \text{ kPa}$$

Der durch diese beiden Spannungen definierte Spannungszustand ist am Element bei P in Abbildung 10.23c dargestellt.

Hauptspannungen Die Hauptspannungen können mit Hilfe des Mohr'schen Spannungskreises bestimmt werden, Abbildung 10.23d. Der Kreismittelpunkt C liegt bei

$$\sigma_{mittl} = \frac{\sigma_x + \sigma_y}{2} = \frac{0 + (716{,}2\,\text{kPa})}{2} = 358{,}1\ \text{kPa}$$

Das Auftragen von C (σ_{mittl};0) und des Referenzpunktes A (0;τ) gibt an, dass der Radius $R = 409{,}7$ kPa ist. Die Hauptspannungen werden durch die Punkte B und D repräsentiert. Damit ist

$$\sigma_1 = \sigma_{mittl} + R = (358{,}1\ \text{kPa}) + (409{,}7\ \text{kPa}) = 767{,}8\ \text{kPa}$$

$$\sigma_2 = \sigma_{mittl} - R = (358{,}1\ \text{kPa}) - (409{,}7\ \text{kPa}) = -51{,}6\ \text{kPa}$$

Der im Uhrzeigersinn gerichtete Winkel $2\theta_{H2}$ kann aus dem Mohr'schen Kreis bestimmt werden. Sein Wert ist $2\theta_{H2} = 29{,}1°$. Das Element ist also in der Weise orientiert, dass die x'-Achse (σ_2) um $\theta_{H1} = 14{,}5°$ im Uhrzeigersinn gegen die x-Achse geneigt ist, siehe Abbildung 10.23e.

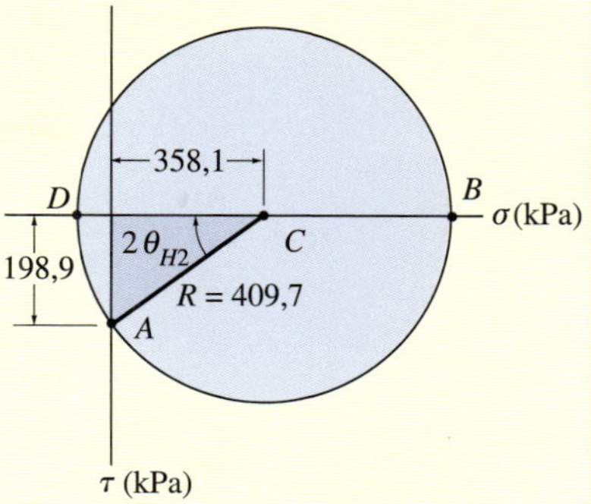

(d)

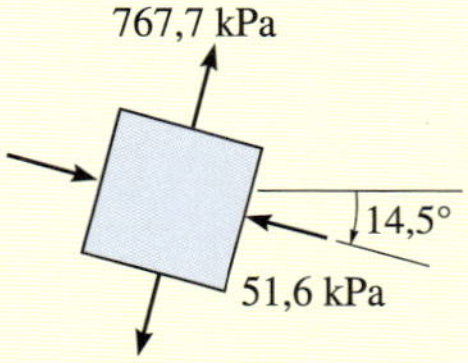

(e)

Abbildung 10.23

10.6 Spannungsverteilung in einem prismatischen Balken

Weil Balken unter allgemeiner Belastung sowohl einer Schub- als auch einer Biegemomentenbeanspruchung unterliegen, erfordert die Spannungsberechnung die Auswertung sowohl der Schub- als auch der Biegespannungsformeln. Wir werden hier die allgemein ermittelten Ergebnisse vorstellen, wenn diese Formeln auf verschiedene Punkte der Schnittfläche an einer beliebigen Stelle *a-a* eines Kragträgers mit rechteckigem Querschnitt und einer Belastung P am Kragende des Trägers angewendet werden, Abbildung 10.24a.

Im Allgemeinen werden am genannten Schnitt *a-a* senkrecht zur Balkenachse, Abbildung 10.24b, die inneren Reaktionen Q und M auftreten, denen eine *parabolisch* verlaufende Schubspannungsverteilung sowie eine *linear* verlaufende Normalspannungsverteilung gemäß Abbildung 10.24c zugeordnet sind. Im Ergebnis treten Spannungen an Elementen der Punkte 1 bis 5 über dem Querschnitt auf, wie sie durch Abbildung 10.24d charakterisiert sind. Beachten Sie, dass die Elemente 1 und 5 ausschließlich der maximalen Normalspannung unterliegen und das Element 3, das sich auf der Nulllinie befindet, nur der maximalen Schubspannung ausgesetzt ist. An den Zwischenelementen 2 und 4 treten *sowohl* eine Normal- *als auch* eine Schubspannung auf.

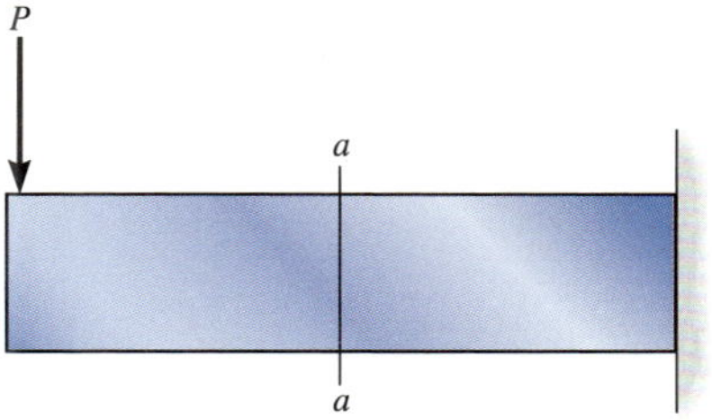

(a)

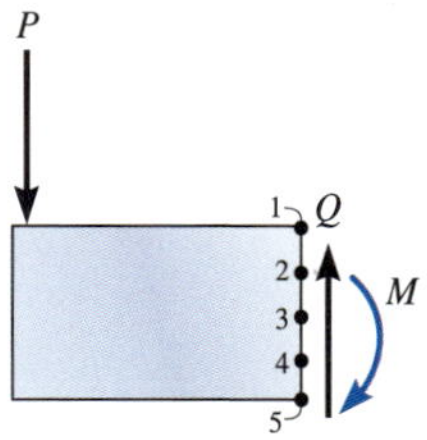

(b)

Abbildung 10.24

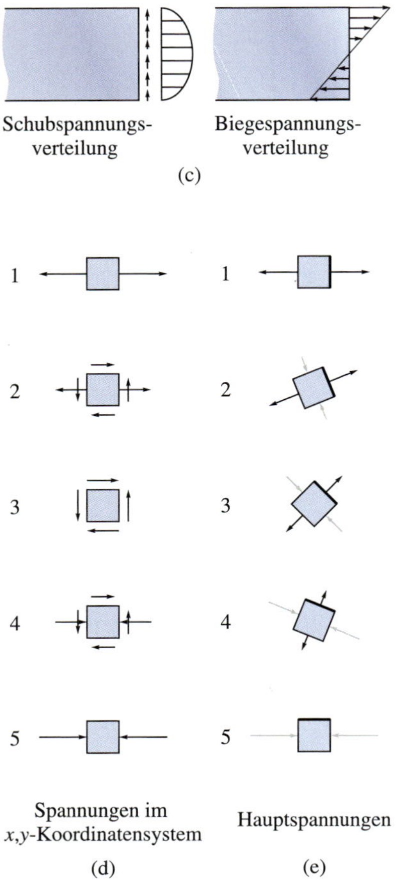

Abbildung 10.24

In jedem dieser Fälle kann der Spannungszustand auf Hauptachsen transformiert werden und es können so die zugeordneten *Hauptspannungen* bestimmt werden, entweder über die Spannungstransformationsgleichungen oder mit Hilfe des Mohr'schen Spannungskreises. Die Ergebnisse zeigt Abbildung 10.24e. Hierbei erfährt jedes aufeinander folgende Element 1 bis 5 zur Darstellung der Hauptspannungen eine zunehmende Verdrehung entgegen dem Uhrzeigersinn. Konkret ist Element 3 mit Bezug auf Element 1 (als in 0°-Position betrachtet) um 45° verdreht, das Element 5 um 90° usw. Zudem wird die an den vertikalen Seiten von Element 1 wirkende *maximale Zugspannung* an den korrespondierenden Seiten der „nachfolgenden" Elemente immer kleiner, bis sie an den horizontalen Seiten von Element 5 den Wert null erreicht. In gleicher Weise geht die maximale Druckspannung an den vertikalen Seiten von Element 5 beim Übergang zum Element 1 auf null zurück.

Wenn man dieses Berechnungsverfahren auf viele weitere, von *a*-*c* zu unterscheidende Vertikalschnitte ausweitet, kann aus den Ergebnissen ein Hauptspannungsprofil in Form von Kurven erstellt werden, die *Spannungstrajektorien* genannt werden. Jede dieser Kurven gibt die *Richtung* der Hauptspannungen konstanter Größe an. Einige dieser Trajektorien sind an dem Kragträger in Abbildung 10.25 eingetragen. Die durchgehenden Linien repräsentieren hier die Richtung der Hauptzugspannungen, die gestrichelten Linien geben die Richtung der Hauptdruckspannungen an. Wie erwartet schneiden diese Linien die Nulllinie unter einem Winkel von 45°; die durchgehenden und die gestrichelten Linien selbst schneiden sich aber immer unter einem rechten Winkel. Warum? Die Kenntnis der Richtung dieser Spannungstrajektorien kann Ingenieuren bei der Entscheidung helfen, wo ein Balken zu verstärken ist, damit er nicht bricht oder Instabilitäten in Form von Knicken (siehe Kapitel 14) vermieden werden.

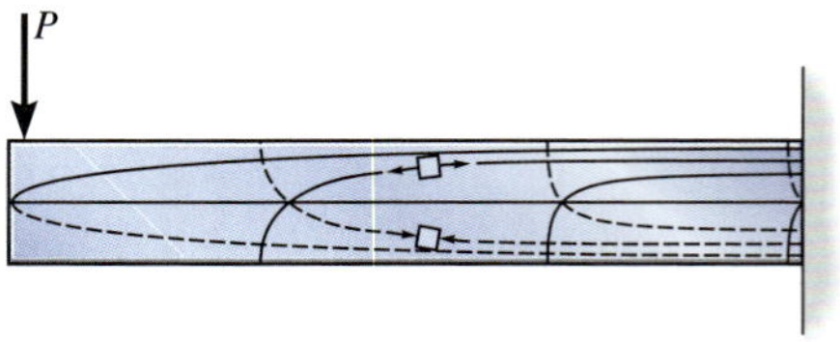

Spannungstrajektoren
am Beispiel eines Kragträgers

Abbildung 10.25

Beispiel 10.13 An dem in Abbildung 10.26a dargestellten Träger greift eine Streckenlast q_0 an. Bestimmen Sie am Punkt P die Hauptspannungen im Träger, wobei dieser Punkt an der oberen Übergangsstelle vom Steg zum Gurt liegt. Vernachlässigen Sie die Abmessungen der Hohlkehle sowie die Spannungskonzentrationen an diesem Punkt.

$q_0 = 120$ kN/m, $x = 0{,}3$ m, $l = 2$ m, $h = 230$ mm, $b = 175$ mm, $s_1 = 10$ mm, $s_2 = 15$ mm, $I = 67{,}4\ (10^{-6})\ \text{m}^4$

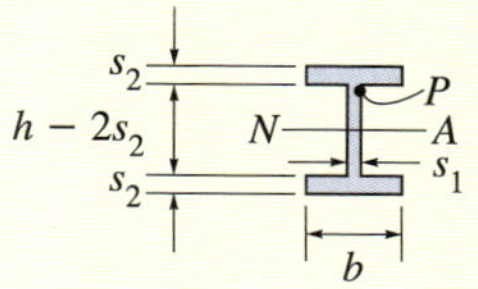

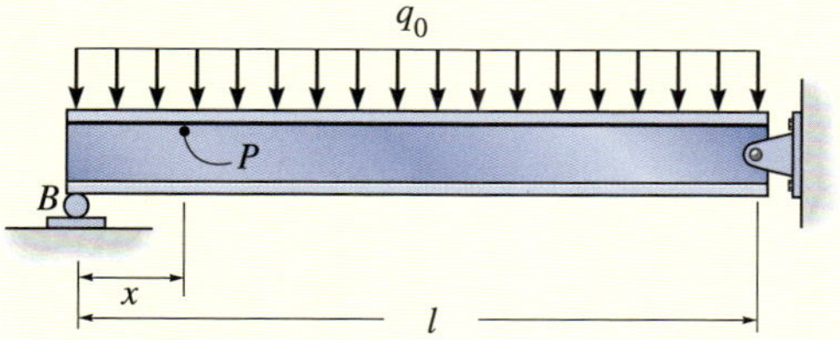

(a)

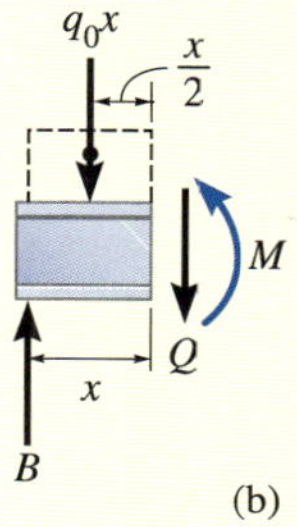

(b)

Abbildung 10.26

Lösung

Schnittgrößen Bei B wird zunächst die vertikale Auflagerreaktion bestimmt. Als Ergebnis erhalten wir

$$B = q_0\, l/2 = 120 \text{ kN}$$

Die Berechnung der Schnittgrößen erfolgt mit Hilfe der entsprechenden Gleichgewichtsbedingungen des in Abbildung 10.25b frei geschnittenen linken Trägerteils:

$$\sum F_x = 0; \qquad N = 0$$

$$\sum F_y = 0; \qquad B - q_0 x - Q = 0$$

$$Q = B - q_0 x = 120 \text{ kN} - (120 \text{ kN/m})\,(0{,}3 \text{ m})$$

$$Q = 84 \text{ kN}$$

$$\sum M = 0; \qquad M + q_0 x \frac{x}{2} - Bx = 0$$

$$M = Bx - q_0 \frac{1}{2} x^2$$

$$M = (120\,\text{kN})(0{,}3\,\text{m}) - (120\,\text{kN/m})\frac{1}{2}(0{,}3\,\text{m})^2$$

$$M = 30{,}6 \text{ kNm}$$

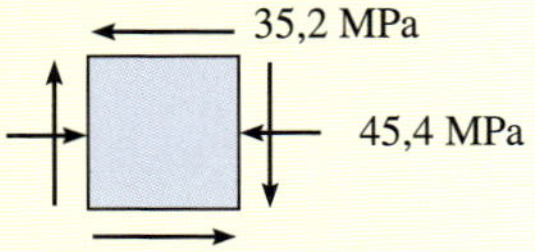

(c)

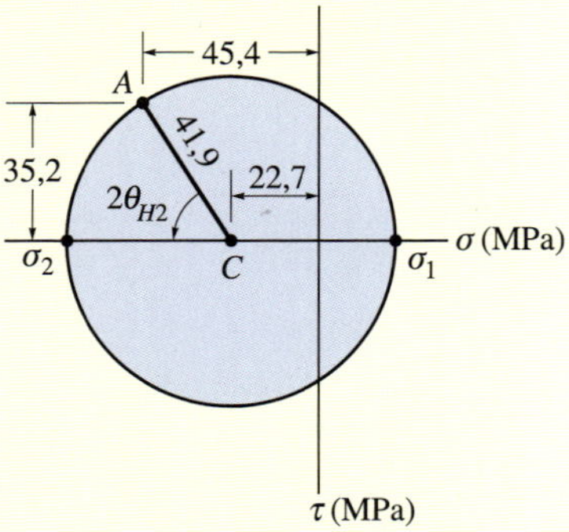

(d)

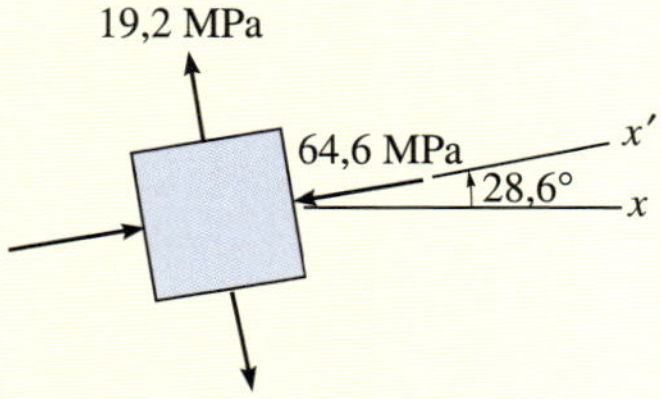

(e)

Abbildung 10.26

Normal- und Schubspannungen Am Punkt P ergeben sich die Spannungen

$$\sigma = \frac{-M\left(\frac{h}{2}-s_2\right)}{I} = \frac{-30{,}6\left(10^3\right)\text{Nm}\left(0{,}1\,\text{m}\right)}{67{,}4\left(10^{-6}\right)\text{m}^4}$$

$$\sigma = -45{,}4 \text{ MPa}$$

und gemäß Abschnitt 9.2

$$\tau = \frac{S_z Q}{It} = \frac{\left(\frac{h}{2}-\frac{s_2}{2}\right)bs_2 Q}{I\,s_1}$$

$$\tau = \frac{\left[\left(0{,}1075\,\text{m}\right)\left(0{,}175\,\text{m}\right)\left(0{,}015\,\text{m}\right)\right]84(10^3)\text{N}}{67{,}4\left(10^{-6}\right)\text{m}^4\left(0{,}01\,\text{m}\right)}$$

$$\tau = 35{,}2 \text{ MPa}$$

Die Ergebnisse sind in Abbildung 10.26c zahlenmäßig angegeben. Ebenso sind die Richtungen berücksichtigt, in denen die Spannungen wirken.

Hauptspannungen Die Hauptnormalspannungen bei P können mit Hilfe des Mohr'schen Spannungskreises ermittelt werden. Wie in Abbildung 10.26d dargestellt, befindet sich der Kreismittelpunkt C bei $(-45{,}4 + 0)/2$ Mpa $= -22{,}7$ MPa. Punkt A hat die Koordinaten $(-45{,}4;-35{,}2)$ MPa. Zeigen Sie, dass der Radius $R = 41{,}9$ MPa ist und damit die Hauptspannungen die Werte

$$\sigma_1 = \frac{\sigma}{2} + R = -\left(22{,}7\,\text{MPa}\right) + \left(41{,}9\,\text{MPa}\right)$$

$$\sigma_1 = 19{,}2 \text{ MPa}$$

$$\sigma_2 = \frac{\sigma}{2} - R = -22{,}7\,\text{MPa} - 41{,}9\,\text{MPa}$$

$$\sigma_2 = -64{,}6 \text{ MPa}$$

annehmen.

Der Winkel zur Bestimmung der Orientierung der Hauptspannungen ist $2\theta_{H2} = 57{,}2°$ entgegen dem Uhrzeigersinn, d.h.

$$\theta_{H2} = 28{,}6°$$

Die Ergebnisse zeigt Abbildung 10.26e.

10.7 Räumlicher Spannungszustand

In Abschnitt 10.1 wurde der allgemeine räumliche Spannungszustand gemäß Abbildung 10.1 auf den ebenen Fall spezialisiert. Hier wird jetzt der allgemeine dreidimensionale Fall erörtert.

Gibt man die an jeder Begrenzungsfläche des Elements in Abbildung 10.27a wirkende Kraft an, so folgt

$$\begin{aligned}
\mathbf{F}_x &= \sigma_x dA_x \mathbf{i} + \tau_{xy} dA_x \mathbf{j} + \tau_{xz} dA_x \mathbf{k} = \left(\sigma_x \mathbf{i} + \tau_{xy} \mathbf{j} + \tau_{xz} \mathbf{k}\right) dA_x \\
\mathbf{F}_y &= \tau_{yx} dA_y \mathbf{i} + \sigma_y dA_y \mathbf{j} + \tau_{yz} dA_y \mathbf{k} = \left(\tau_{yx} \mathbf{i} + \sigma_y \mathbf{j} + \tau_{yz} \mathbf{k}\right) dA_y \qquad (10.13) \\
\mathbf{F}_z &= \tau_{zx} dA_z \mathbf{i} + \tau_{zy} dA_z \mathbf{j} + \sigma_z dA_z \mathbf{k} = \left(\tau_{zx} \mathbf{i} + \tau_{zy} \mathbf{j} + \sigma_z \mathbf{k}\right) dA_z
\end{aligned}$$

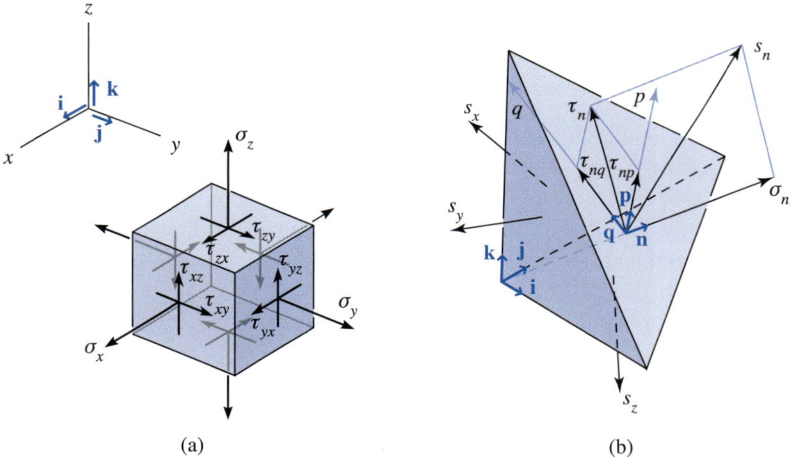

Abbildung 10.27

Der Index der Kraft gibt dabei die äußere Flächennormale der betreffenden Schnittfläche an und **i**, **j** und **k** bezeichnen die Einheitsvektoren in Richtung dieser kartesischen Achsen. Bei den Schubspannungen kennzeichnet der erste Index die jeweilige äußere Schnittflächennormale, der zweite gibt ihre Richtung an. Eine Division dieser Kräfte durch die jeweilige Fläche dA_x, dA_y und dA_z führt auf die zugehörigen Spannungsvektoren

$$\begin{aligned}
\mathbf{s}_x &= \sigma_x \mathbf{i} + \tau_{xy} \mathbf{j} + \tau_{xz} \mathbf{k} \\
\mathbf{s}_y &= \tau_{yx} \mathbf{i} + \sigma_y \mathbf{j} + \tau_{yz} \mathbf{k} \qquad (10.14) \\
\mathbf{s}_z &= \tau_{zx} \mathbf{i} + \tau_{zy} \mathbf{j} + \sigma_z \mathbf{k}
\end{aligned}$$

An den Schnittflächen mit $-\mathbf{i}, -\mathbf{j}$ und $-\mathbf{k}$ als äußeren Flächennormalen wirken die Kräfte in die jeweils entgegengesetzte Richtung, so dass dort die Spannungsvektoren $-\mathbf{s}_x$, $-\mathbf{s}_y$ und $-\mathbf{s}_z$ vorliegen.

Das Volumenelement in Abbildung 10.27a wird jetzt wie in Abbildung 10.27b angedeutet durch eine beliebig geneigte Ebene geschnitten.

Zur Kennzeichnung der Orientierung dieser Schnittfläche verwenden wir gemäß Abbildung 10.27b den Vektor der äußeren Einheitsnormalen

$$\mathbf{n} = n_x\mathbf{i} + n_y\mathbf{j} + n_z\mathbf{k} \tag{10.15}$$

Weil definitionsgemäß $|\mathbf{n}| = 1$ sein soll, erfüllen die Richtungskosinus die Bedingung $n_x^2 + n_y^2 + n_z^2 = 1$. Die drei Koordinaten des Einheitsvektors **n** können demnach durch zwei Größen, z.B. durch zwei Winkel, gekennzeichnet werden.

Für eine Schnittebene, die beispielsweise durch die Gleichung

$$ax + by + cz = d \tag{10.16}$$

mit den Konstanten a,b,c und d definiert ist, berechnet sich bekanntlich der Normaleneinheitsvektor in der Form

$$\mathbf{n} = \frac{a\mathbf{i} + b\mathbf{j} + c\mathbf{k}}{\sqrt{a^2 + b^2 + c^2}} \tag{10.17}$$

Am Volumenelement gemäß Abbildung 10.27b wirken somit die Spannungsvektoren $-\mathbf{s}_x$, $-\mathbf{s}_y$, $-\mathbf{s}_z$ und $+\mathbf{s}_n$, da die äußeren Flächennormalen durch $-\mathbf{i}$, $-\mathbf{j}$, $-\mathbf{k}$ und $+\mathbf{n}$ gegeben sind. Der Spannungsvektor $\mathbf{s}_n$ am schiefen Schnitt mit der äußeren Flächennormalen **n** lässt sich durch die Spannungen σ_n und τ_n oder σ_n und τ_{np}, τ_{nq} ausdrücken. Diese unbekannten Spannungskoordinaten erhalten wir mit Hilfe der Gleichgewichtsbedingungen der Kräfte am Volumenelement in Abbildung 10.27b. In Vektorform lauten sie

$$dA_n\mathbf{s}_n - dA_x\mathbf{s}_x - dA_y\mathbf{s}_y - dA_z\mathbf{s}_z = \mathbf{0} \tag{10.18}$$

Die Flächeninhalte der vier Schnittflächen hängen über die Richtung von **n** im x,y,z-Koordinatensystem in der Form

$$dA_x = dA_n n_x, \quad dA_y = dA_n n_y, \quad dA_z = dA_n n_z$$

zusammen. Damit schreibt sich die Gleichgewichtsbedingung (10.18) nach Kürzen von dA_n als

$$\mathbf{s}_n = n_x\mathbf{s}_x + n_y\mathbf{s}_y + n_z\mathbf{s}_z$$

und Einsetzen der Spannungsvektoren gemäß Gleichung (3.1) aus Kapitel 3 liefert

$$\begin{aligned}\mathbf{s}_n = &\left(\sigma_x n_x + \tau_{yx} n_y + \tau_{zx} n_z\right)\mathbf{i} + \left(\tau_{xy} n_x + \sigma_y n_y + \tau_{zy} n_z\right)\mathbf{j}\\ &+ \left(\tau_{xz} n_x + \tau_{yz} n_y + \sigma_z n_z\right)\mathbf{k}\end{aligned} \tag{10.19}$$

Wir führen die *Spannungsmatrix*

$$\mathbf{S} = \begin{bmatrix} \sigma_x & \tau_{xy} & \tau_{xz} \\ \tau_{yx} & \sigma_y & \tau_{yz} \\ \tau_{zx} & \tau_{zy} & \sigma_z \end{bmatrix} \tag{10.20}$$

ein, mit deren Hilfe sich Gleichung (10.19) etwas kompakter darstellen lässt. Ordnet man nämlich die Koordinaten des Spannungsvektors $\mathbf{s}_n$ und des Einheitsvektors **n** in entsprechenden Spaltenmatrizen an, so schreibt sich Gleichung (10.19) als

$$\mathbf{s}_n = \mathbf{S}^T\mathbf{n} \tag{10.21}$$

worin $(.)^T$ die Transposition einer Matrix bezeichnet. Damit kann nun für einen gegebenen Spannungszustand, d.h. für eine gegebene Matrix **S**, zu jedem beliebigen Richtungsvektor **n** der entsprechende Spannungsvektor $\mathbf{s}_n$ im allgemeinen schiefen Schnitt bestimmt werden.

Gemäß früheren Überlegungen zur Gleichheit der zugeordneten Schubspannungen gilt

$$\tau_{yx} = \tau_{xy}, \quad \tau_{zx} = \tau_{xz} \quad \text{und} \quad \tau_{zy} = \tau_{yz}$$

so dass im Allgemeinen nicht *neun*, sondern nur *sechs* unabhängige Spannungen den allgemeinen Spannungszustand festlegen.

Die Spannungsmatrix **S** ist also *symmetrisch*, d.h. es gilt

$$\mathbf{S}^T = \mathbf{S}$$

und das Momentengleichgewicht am Volumenelement gemäß Abbildung 10.27a (oder Abbildung 10.1) ist gesichert.

Aus Gleichung (10.18) erhält man sofort die gesuchten Spannungen. Nach Abbildung 10.27b gilt für die zu **n** orthogonalen Einheitsvektoren **p** und **q** am schiefen Schnitt

$$\sigma_n = \mathbf{s}_n \cdot \mathbf{n}, \quad \tau_{np} = \mathbf{s}_n \cdot \mathbf{p}, \quad \tau_{nq} = \mathbf{s}_n \cdot \mathbf{q}$$

Für σ_n z.B. erhält man nach Einsetzen von Gleichungen (10.15) und (10.19) das Ergebnis

$$\sigma_n = \sigma_x n_x^2 + \sigma_y n_y^2 + \sigma_z n_z^2 + 2\left(\tau_{xy} n_x n_y + \tau_{xz} n_x n_z + \tau_{yz} n_y n_z\right) \tag{10.22}$$

Die resultierende Schubspannung in der Schnittfläche ergibt sich dem Betrage nach aus der Beziehung

$$\tau_n^2 = \tau_{np}^2 + \tau_{nq}^2 = \mathbf{s}_n^2 - \sigma_n^2 \tag{10.23}$$

die mit Hilfe des Satzes von Pythagoras hergeleitet werden kann. Die Gleichungen (10.22) und (10.23) für σ_n und für die Schubspannungen stellen die Vorschriften dar, nach denen die Elemente der symmetrischen Matrix gemäß Gleichung (10.20) in die Elemente der entsprechenden Matrix

$$\mathbf{S} = \begin{bmatrix} \sigma_n & \tau_{np} & \tau_{nq} \\ \tau_{np} & \sigma_p & \tau_{pq} \\ \tau_{nq} & \tau_{pq} & \sigma_q \end{bmatrix}$$

im n,p,q-Koordinatensystem transformiert werden. Die hier gesuchten Spannungen am Schnitt **n** bilden offensichtlich die erste Zeile dieser Matrix. Mathematische Größen, für die diese angegebenen Transformationsvorschriften gelten, heißen *Tensoren 2. Stufe*. Die sechs unabhängigen Normal- und Schubspannungen in Gleichung (10.14) sind die Koordinaten des so genannten *Spannungstensors*. Er ist *symmetrisch*. Die gewonnenen Ergebnisse beweisen auch, dass die Koordinaten des Spannungstensors bezüglich eines beliebigen x,y,z-Koordinatensystems den Spannungszustand an einem Körperpunkt eindeutig beschreiben.

Beispiel 10.14

Das Volumenelement in Abbildung 10.28a ist aus der Wand eines Druckbehälters entnommen. Seine Oberseite entspricht der Oberfläche auf der Innenseite des Kessels. An einem Punkt dieser Fläche hat man die Spannungen σ_x, σ_y, σ_z, τ_{xy}, τ_{xz} und τ_{yz} gemessen. Wie groß sind am selben Punkt die Normalspannung σ_n und die resultierende Schubspannung τ_n in dem schrägen Schnitt *ABCD* senkrecht auf der x,y-Ebene entlang der Winkelhalbierenden dieser Ebene? Was für ein Ergebnis erhält man für den Schnitt *EFGH*?

$\sigma_x = 40$ MPa, $\sigma_y = 100$ MPa, $\sigma_z = -10$ MPa (das ist der Innendruck des Behälters), $\tau_{xy} = -20$ MPa, $\tau_{xz} = \tau_{yz} = 0$.

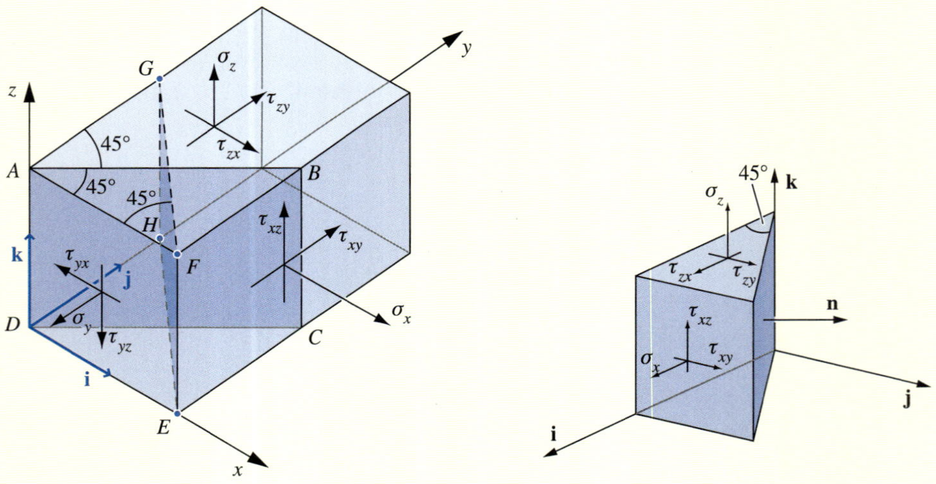

(a) (b)

Abbildung 10.28

Lösung

Schnitt ABCD Aus Abbildung 10.28b ist ersichtlich, dass für die Schnittnormale $\mathbf{n}$ die Beziehung

$$\mathbf{n} = -\sin 45°\mathbf{i} + \cos 45°\mathbf{j} = \frac{\sqrt{2}}{2}(-\mathbf{i} + \mathbf{j})$$

gilt. Damit folgt

$$n_x = -\frac{\sqrt{2}}{2}, \quad n_y = \frac{\sqrt{2}}{2}, \quad n_z = 0$$

Die Spannungsmatrix bezüglich des x,y,z-Koordinatensystems ist

$$\mathbf{S} = \begin{bmatrix} \sigma_x & \tau_{xy} & \tau_{xz} \\ \tau_{xy} & \sigma_y & \tau_{yz} \\ \tau_{xz} & \tau_{yz} & \sigma_z \end{bmatrix} = \begin{bmatrix} 40 & -20 & 0 \\ -20 & 100 & 0 \\ 0 & 0 & -10 \end{bmatrix} \text{MPa}$$

Die Anwendung von Gleichung (10.22) ergibt

$$\begin{aligned} \sigma_n &= \sigma_x n_x^2 + \sigma_y n_y^2 + \sigma_z n_z^2 + 2\left(\tau_{xy} n_x n_y + \tau_{xz} n_x n_z + \tau_{yz} n_y n_z\right) \\ &= 40\frac{1}{2}\text{MPa} + 100\frac{1}{2}\text{MPa} + 0 + 2\left(-20\left(-\frac{\sqrt{2}}{2}\right)\left(\frac{\sqrt{2}}{2}\right)\text{MPa} + 0 + 0\right) \\ &= 90\,\text{MPa} \end{aligned}$$

und für $\mathbf{s}_n$ erhält man

$$\mathbf{s}_n = \mathbf{S}^T\mathbf{n} = \begin{bmatrix} 40 & -20 & 0 \\ -20 & 100 & 0 \\ 0 & 0 & -10 \end{bmatrix} \begin{bmatrix} -\sqrt{2}/2 \\ \sqrt{2}/2 \\ 0 \end{bmatrix} \text{MPa} = \begin{bmatrix} -30\sqrt{2} \\ 60\sqrt{2} \\ 0 \end{bmatrix} \text{MPa}$$

Damit folgt für die Schubspannung

$$\begin{aligned} \tau_n^2 &= \mathbf{s}_n^2 - \sigma_n^2 = (1800 + 7200 - 8100)(\text{MPa})^2 = 900(\text{MPa})^2 \\ |\tau_n| &= 30\,\text{MPa} \end{aligned}$$

Um die Richtung der Schubspannung zu bestimmen, müssen noch die Einheitsvektoren $\mathbf{p}$ und $\mathbf{q}$ eingeführt werden. Darauf wird an dieser Stelle verzichtet.

Schnitt EFGH Aus Abbildung 10.28c ist ersichtlich, dass für den Normalenvektor jetzt

$$\mathbf{n} = \frac{\sqrt{2}}{2}(\mathbf{i} + \mathbf{j})$$

zu nehmen ist. Analog zur ersten Teilaufgabe wird damit

$$\mathbf{s}_n = \mathbf{S}^T\mathbf{n} = \begin{bmatrix} 40 & -20 & 0 \\ -20 & 100 & 0 \\ 0 & 0 & -10 \end{bmatrix} \begin{bmatrix} \sqrt{2}/2 \\ \sqrt{2}/2 \\ 0 \end{bmatrix} \text{MPa} = \begin{bmatrix} 10\sqrt{2} \\ 40\sqrt{2} \\ 0 \end{bmatrix} \text{MPa}$$

$$\begin{aligned} \sigma_n &= 40\frac{1}{2}\text{MPa} + 100\frac{1}{2}\text{MPa} + 0 + 2\left(-20\frac{\sqrt{2}}{2}\frac{\sqrt{2}}{2}\text{MPa} + 0 + 0\right) \\ &= 50\text{MPa} \end{aligned}$$

und

$$\begin{aligned} \tau_n^2 &= \mathbf{s}_n^2 - \sigma_n^2 = (200 + 3200 - 2500)(\text{MPa})^2 = 900(\text{MPa})^2 \\ |\tau_n| &= 30\,\text{MPa} \end{aligned}$$

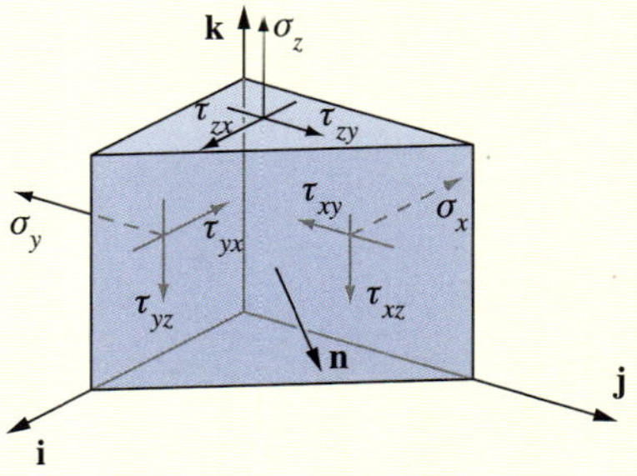

(c)

Abbildung 10.28

10.8 Hauptachsentransformation, größtmögliche Schubspannung

Wird an einem Punkt im Inneren eines Körpers bei einem allgemeinen räumlichen Spannungszustand ein Volumenelement beliebiger Orientierung betrachtet, so wirkt in einer Schnittfläche mit der äußeren Flächennormalen **n** die Normalspannung σ_n und die Schubspannung τ_n. Beim ebenen Spannungszustand gibt es zwei spezielle Richtungen, entlang derer nur die Hauptspannungen σ_1 und σ_2 und keine Schubspannungen auftreten. Wenn es für einen räumlichen Spannungszustand auch derartige ausgezeichnete Richtungen gibt, bei denen die Schubspannungen verschwinden, dann muss für den Spannungsvektor

$$\mathbf{s}_n = \sigma\,\mathbf{n}$$

gelten. Dies führt in Gleichung (10.21) auf

$$\mathbf{S}^T\,\mathbf{n} = \mathbf{S}\,\mathbf{n} = \sigma\,\mathbf{n} = \mathbf{0}$$

bzw. unter Einführung einer 3×3- Einheitsmatrix **E** auf

$$\left(\mathbf{S} - \sigma\,\mathbf{E}\right)\mathbf{n} = \mathbf{0} \qquad (10.24)$$

Gleichung (10.18) ist ein homogenes, lineares Gleichungssystem für **n**, das stets *die triviale Lösung* $\mathbf{n} = \mathbf{0}$ aufweist. *Nichttriviale,* d.h. von null verschiedene Lösungen, sind nur für

$$\det\left(\mathbf{S} - \sigma\,\mathbf{E}\right) = 0 \qquad (10.25)$$

möglich. Die triviale Lösung hat hier keine physikalische Bedeutung, da **n** ein Einheitsvektor sein soll. Die Auswertung der *charakteristischen Gleichung* (10.19) führt auf eine kubische Gleichung

$$-\sigma^3 + \left(\sigma_x + \sigma_y + \sigma_z\right)\sigma^2 - \left(\sigma_x\sigma_y + \sigma_y\sigma_z + \sigma_z\sigma_x - \tau_{xy}^{\ 2} - \tau_{yz}^{\ 2} - \tau_{zx}^{\ 2}\right)\sigma$$
$$+\sigma_x\sigma_y\sigma_z + 2\tau_{xy}\tau_{yz}\tau_{zx} - \left(\sigma_x\tau_{yz}^{\ 2} + \sigma_y\tau_{zx}^{\ 2} + \sigma_z\tau_{xy}^{\ 2}\right) = 0 \qquad (10.26)$$

Die charakteristische Gleichung (10.26) hat immer drei Lösungen (wobei mehrfache Wurzeln möglich sind). Zu jeder dieser Lösungen gibt es auch einen Vektor bzw. eine Spaltenmatrix $\mathbf{n}_1$, $\mathbf{n}_2$ und $\mathbf{n}_3$. Man bestimmt sie, indem man die drei Lösungen σ_1, σ_2 und σ_3 nacheinander in Gleichung (10.24) einsetzt, einen der Bestandteile von **n** vorgibt, die anderen beiden ausrechnet und dann den Betrag auf eins normiert.

Die Wurzeln σ_1, σ_2 und σ_3 der charakteristischen Gleichung (10.25) bzw. (10.26) werden *Eigenwerte* des *Eigenwertproblems* (10.24) genannt, die Größen $\mathbf{n}_1$, $\mathbf{n}_2$ und $\mathbf{n}_3$ sind die *Eigenvektoren.* Eigenwertprobleme der Art (10.24) treten in vielen Bereichen der mathematischen Physik und der Mechanik auf, so auch in der Technischen Mechanik.

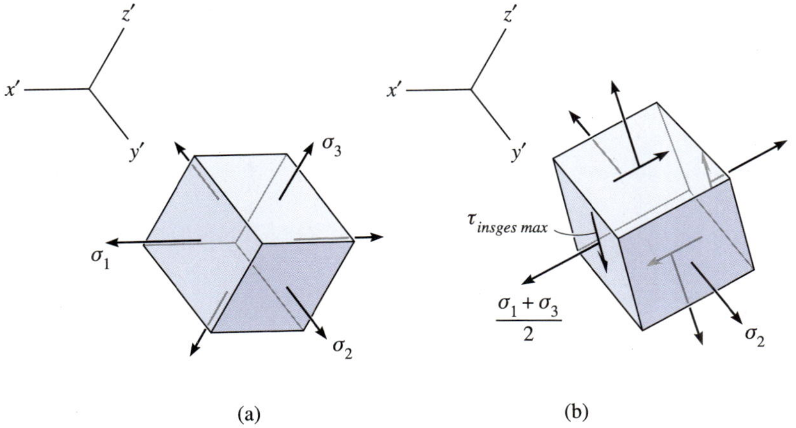

Abbildung 10.29

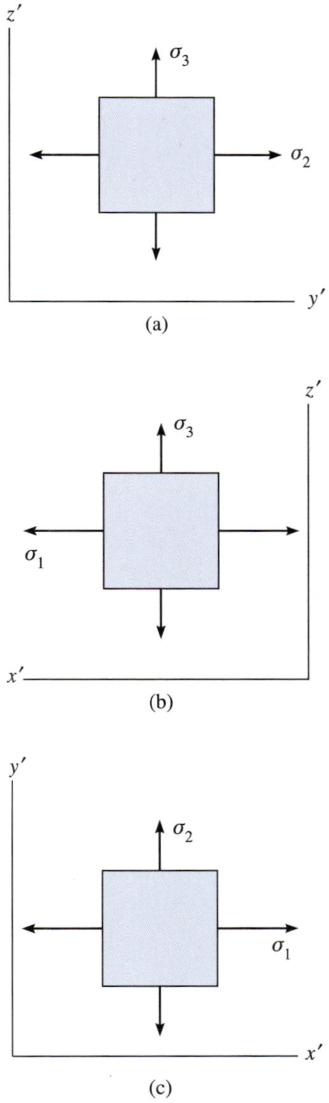

Abbildung 10.30

Die Eigenwerte σ_1, σ_2 und σ_3 sind, wie man zeigen kann, immer *reell* und werden als *Haupt(normal)spannungen* bezeichnet. Man kann sie wie in Abbildung 10.29a dargestellt im Sinne eines Maximal-, eines Zwischen- und eines Minimalwerts ordnen: $\sigma_1 \geq \sigma_2 \geq \sigma_3$. Die durch die Eigenvektoren bestimmten Richtungen nennt man (wie bereits im ebenen Fall) *Hauptspannungsrichtungen*. Es kann gezeigt werden, dass diese senkrecht aufeinander stehen. Auf Schnittflächen, die den Hauptspannungsrichungen (den äußeren Einheitsnormalen) zugeordnet sind, verschwinden offensichtlich die Schubspannungen.

Ab jetzt nehmen wir an, dass die Hauptspannungsrichtungen sowie die Hauptspannungen bekannt sind, Abbildung 10.29a. Dieser ***dreiachsige Hauptspannungszustand*** am zugehörigen Volumenelement kann in entsprechender Ansicht, z.B. in der y',z'-, der x',z'- oder der x',y'-Ebene, Abbildung 10.30a oder Abbildung 10.30b oder Abbildung 10.30c, als ebener Spannungszustand betrachtet werden. Es ist somit auch möglich, dafür den Mohr'schen Spannungskreis zur Bestimmung der *Hauptschubspannung des ebenen Spannungszustandes* anzuwenden. Für den in Abbildung 10.30a dargestellten Fall z.B. überstreicht der Durchmesser des Mohr'schen Kreises den Spannungsbereich zwischen den beiden Hauptspannungen σ_2 und σ_3. An diesem Kreis in Abbildung 10.30d kann die maximale Schubspannung dieses ebenen Spannungszustandes als $(\tau_{y'z'})_{max} = (\sigma_2 - \sigma_3)/2$ sowie die zugehörige Normalspannung als $(\sigma_2 + \sigma_3)/2$ abgelesen werden. Wie Abbildung 10.30e zeigt, muss die Orientierung des mit diesen beiden Spannungen korrespondierenden Flächenelements um 45° gegenüber der Ausrichtung des Elements in Abbildung 10.30a gedreht sein. Die Mohr'schen Kreise für die ebenen Spannungszustände der Abbildung 10.30b und Abbildung 10.30c sind in Abbildung 10.30d gleichfalls eingetragen. In Abbildung 10.30f bzw. Abbildung 10.30g sind die um 45° gedrehten Flächenelemente, die mit der maximalen Schubspannung des betreffenden ebenen Spannungszustandes und der zugehörigen Normalspannung korrespondieren, dargestellt.

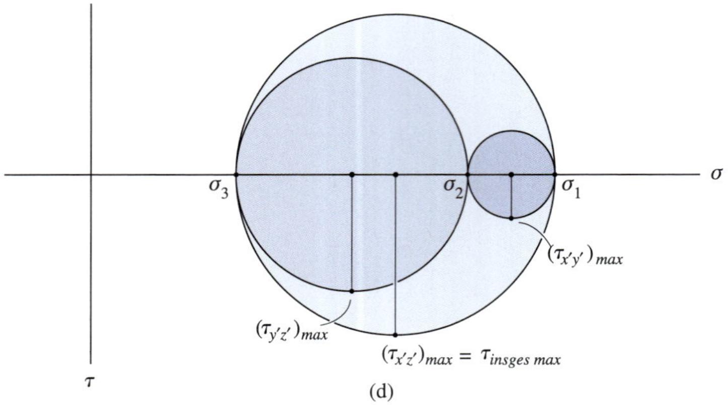

(d)

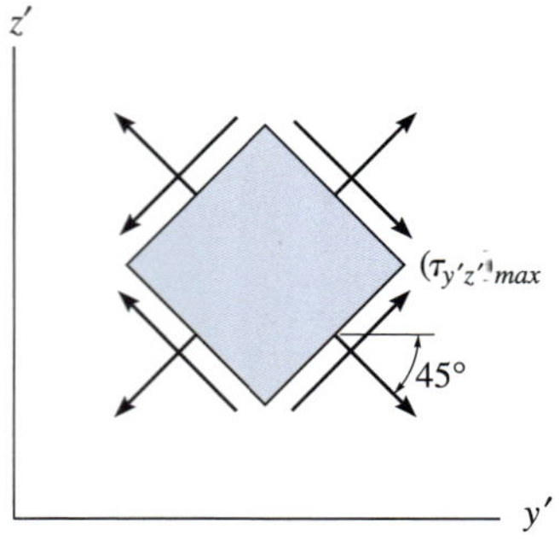

(e)

Durch Vergleich der drei Kreise in Abbildung 10.30d ist erkennbar, dass die ***insgesamt größte Schubspannung*** $\tau_{inges\ max}$ des räumlichen Spannungszustandes durch den Kreis mit dem größten Radius definiert wird, der für das Flächenelement in Abbildung 10.30b auftritt, das mit jenem in Abbildung 10.30f korrespondiert. Anders gesagt: Das Element aus Abbildung 10.30f ist durch eine Drehung um 45° um die y'-Achse der dunkelblau unterlegten Begrenzungsfläche in Abbildung 10.29b in jene von Abbildung 10.30f übergegangen. Beachten Sie, dass diese Bedingung auch *direkt* durch einfache Auswahl der maximalen und minimalen Hauptspannungen in Abbildung 10.29a *bestimmt* werden kann. Letztendlich erhält man für die maximalmögliche Schubspannung das Ergebnis

$$\tau_{insges\ max} = \frac{\sigma_1 - \sigma_3}{2} \qquad (10.27)$$

mit der zugehörigen Normalspannung

$$\sigma_{mittl} = \frac{\sigma_1 + \sigma_3}{2} \qquad (10.28)$$

Abschließend kann man feststellen, dass bei einem beliebigen schiefen Schnitt **n** die auftretende resultierende Schubspannung τ_n an der betreffenden Schnittfläche betragsmäßig *immer kleiner* ist als die durch Gleichung (10.21) ermittelte größtmögliche Schubspannung. Zudem nimmt die an jeder Schnittfläche wirkende Normalspannung σ_n einen Wert an, der zwischen den Werten der maximalen und minimalen Hauptspannungen liegt, d.h. $\sigma_1 \geq \sigma_n \geq \sigma_3$.

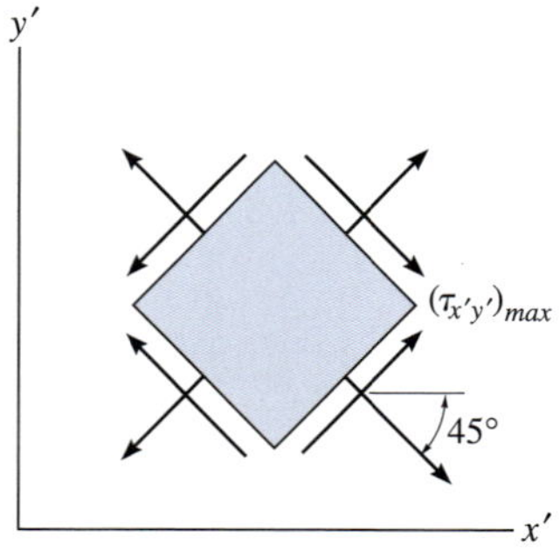

(g)

Abbildung 10.30

Ebener Spannungszustand Die erhaltenen Ergebnisse haben eine wichtige Konsequenz für den ebenen Fall, und zwar insbesondere dann, wenn die Hauptspannungen des ebenen Spannungszustandes gleiches Vorzeichen haben, d.h. wenn sie beide Zug- oder beide Druckspannungen sind. Betrachten wir zum Beispiel einen Körperpunkt, in dem ein ebener Spannungszustand derart vorliegt, dass die (positiven) Hauptspannungen in x'- und y'-Richtung als σ_1 bzw. σ_2 charakterisiert werden können, während die Hauptspannung in z'-Richtung (senkrecht auf der x',y'-Ebene stehend) den Wert $\sigma_3 = 0$ annimmt, Abbildung 10.31a. Abbildung 10.31b zeigt die Mohr'schen Spannungskreise, die diesen Spannungszustand für ebene Projektionen in Richtung der drei Koordinatenachsen beschreiben. Es wird damit deutlich, dass die Hauptschubspannung des ebenen Spannungszustandes $(\tau_{x'y'})_{max} = (\sigma_1 - \sigma_2)/2$ *nicht* die wirklich größte Schubspannung repräsentiert, der das Material tatsächlich ausgesetzt ist. Stattdessen ergibt sich aus Gleichung (10.27) oder Abbildung 10.31b

$$\tau_{insges\ max} = \left(\tau_{x'z'}\right)_{max} = \frac{\sigma_1 - 0}{2} = \frac{\sigma_1}{2} \qquad (10.29)$$

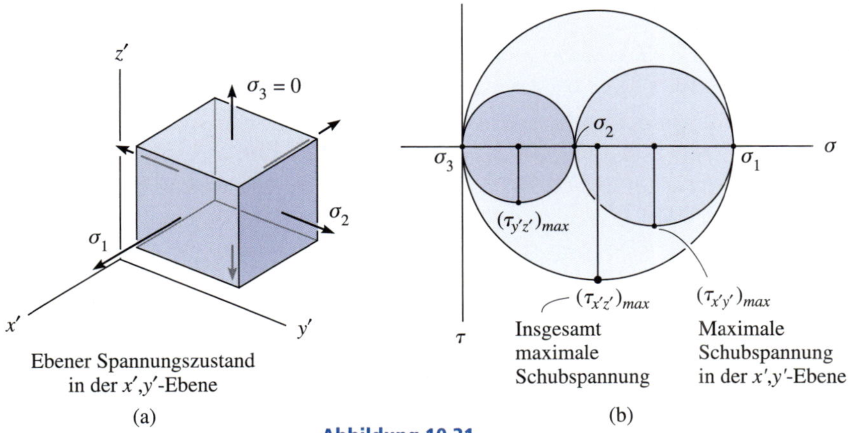

Abbildung 10.31

In dem Fall, in dem die Hauptspannungen ein unterschiedliches Vorzeichen aufweisen, charakterisiert man diese Spannungen in der x',y'-Ebene als σ_1 und σ_3 und die Hauptspannung in z'-Richtung ist $\sigma_2 = 0$, Abbildung 10.32a. Abbildung 10.32b zeigt die Mohr'schen Spannungskreise, und nur in diesem Fall stimmen die maximale Schubspannung des ebenen Spannungszustandes und die insgesamt größte Schubspannung überein:

$$\tau_{insges\ max} = \left(\tau_{x'y'}\right)_{max} = \frac{\sigma_1 - \sigma_3}{2} \qquad (10.30)$$

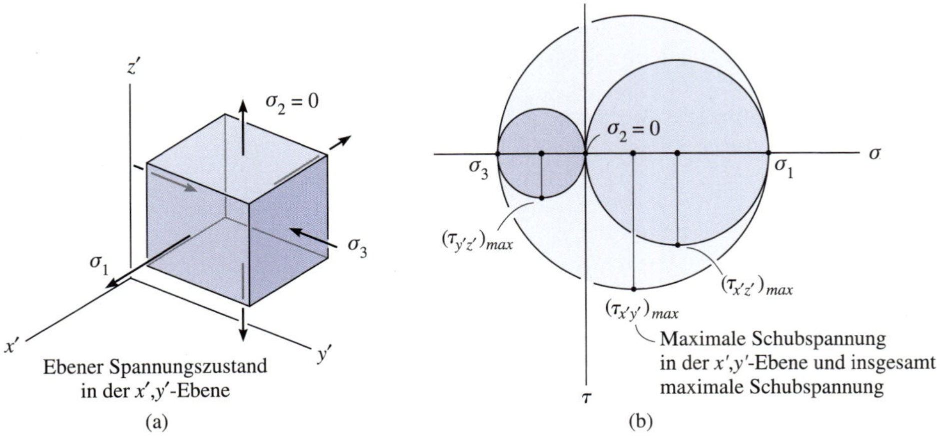

Abbildung 10.32

Die Berechnung der insgesamt größten Schubspannung ist bei der Auslegung von Bauteilen aus *zähem* Material wichtig, da die Materialfestigkeit von der Fähigkeit abhängt, Schubspannungen zu widerstehen. Dieser Sachverhalt wird in Kapitel 13.1 nochmals aufgegriffen.

Wichtige Punkte zur Lösung von Aufgaben

- Der allgemeine räumliche Spannungszustand an einem Körperpunkt kann durch ein Volumenelement mit einer bestimmten Orientierung verkörpert werden, für die nur die drei Hauptspannungen am Element wirken.
- Ausgehend von dieser Orientierung kann die Orientierung des Elements, für welche die Schubspannung den größtmöglichen Wert annimmt, durch eine Drehung um 45° um die Achse ermittelt werden, entlang der die Spannung σ_2 wirkt.

Wenn die Hauptspannungen eines ebenen Spannungszustandes *gleiches Vorzeichen* haben, dann zeigt die *insgesamt größte Schubspannung aus der Ebene heraus* und hat die Größe $\tau_{insges\ max} = \sigma_1 / 2$.

Bei unterschiedlichem Vorzeichen der Hauptspannungen des ebenen Spannungszustandes ist die *insgesamt größte Schubspannung gleich der Hauptschubspannung des ebenen Spannungszustandes*, d.h. $\tau_{insges\ max} = (\sigma_1 - \sigma_3)/2$.

Beispiel 10.15

In einem x,y,z-Koordinatensystem herrschen an einem Punkt eines Körpers Spannungen, die durch die Spannungsmatrix

$$\mathbf{S} = \begin{bmatrix} 2 & 2\sqrt{2} & \sqrt{6} \\ 2\sqrt{2} & 4 & -\sqrt{3} \\ \sqrt{6} & -\sqrt{3} & 0 \end{bmatrix} \text{MPa}$$

gegeben sind. Bestimmen Sie die Hauptspannungen und die Hauptspannungsrichtungen im x,y,z-System.

Lösung

Die Hauptspannungen sind durch Lösungen der Gleichung (10.19) bestimmt, die hier die Form

$$\det\begin{bmatrix} 2\,\text{MPa}-\sigma & 2\sqrt{2}\,\text{MPa} & \sqrt{6}\,\text{MPa} \\ 2\sqrt{2}\,\text{MPa} & 4\,\text{MPa}-\sigma & -\sqrt{3}\,\text{MPa} \\ \sqrt{6}\,\text{MPa} & -\sqrt{3}\,\text{MPa} & -\sigma \end{bmatrix}$$
$$= -\sigma^3 + 6\sigma^2\,\text{MPa} + 9\sigma(\text{MPa})^2 - 54(\text{MPa})^3 = 0$$

annimmt. Sie ergeben sich zu

$$\sigma_1 = 6\,\text{MPa}, \quad \sigma_2 = 3\,\text{MPa}, \quad \sigma_3 = -3\,\text{MPa}$$

Die Hauptspannungsrichtung zu σ_1 folgt gemäß Gleichung (10.18) aus

$$\begin{bmatrix} 2\,\text{MPa}-\sigma_1 & 2\sqrt{2\,\text{MPa}} & \sqrt{6}\,\text{MPa} \\ 2\sqrt{2}\,\text{MPa} & 4\,\text{MPa}-\sigma_1 & -\sqrt{3}\,\text{MPa} \\ \sqrt{6}\,\text{MPa} & -\sqrt{3\,\text{MPa}} & -\sigma_1 \end{bmatrix}\begin{bmatrix} n_{x1} \\ n_{y1} \\ n_{z1} \end{bmatrix} \quad (1)$$
$$= \begin{bmatrix} -4 & 2\sqrt{2} & \sqrt{6} \\ 2\sqrt{2} & -2 & -\sqrt{3} \\ \sqrt{6} & -\sqrt{3} & -6 \end{bmatrix}\begin{bmatrix} n_{x1} \\ n_{y1} \\ n_{z1} \end{bmatrix}\text{MPa} = \mathbf{0}$$

Die Lösung $\mathbf{n}_1 = (n_{x1}, n_{y1}, n_{z1})^T$ ist nur bis auf eine beliebige Konstante bestimmt. Wählen wir z.B. $n_{x1} = 1$, so nehmen die beiden letzten Gleichungen in (1) die Form

$$-2\,n_{y1} - \sqrt{3}\,n_{z1} = -2\sqrt{2},$$
$$-\sqrt{3}\,n_{y1} - 6\,n_{z1} = -\sqrt{6}$$

an, deren Lösung

$$n_{y1} = \sqrt{2}, \quad n_{z1} = 0$$

ist. Wir normieren nun den Eigenvektor $\left(1, \sqrt{2}, 0\right)^T$, indem wir durch den Betrag $\sqrt{1+2} = \sqrt{3}$ dividieren und so den normierten Eigenvektor

$$\mathbf{n}_1^T = \left(\sqrt{3}/3, \sqrt{6}/3, 0\right)$$

erhalten. Ganz analog sind die beiden restlichen Eigenvektoren

$$\mathbf{n}_2^T = \left(\sqrt{3}/3, -\sqrt{6}/6, \sqrt{2}/2\right),$$
$$\mathbf{n}_3^T = \left(-\sqrt{3}/3, \sqrt{6}/6, \sqrt{2}/2\right)$$

zu berechnen.

Beispiel 10.16

Infolge der gegebenen Belastung herrscht an dem gekennzeichneten Punkt des Rahmens mit der skizzierten Orientierung des zugehörigen Volumenelements, siehe Abbildung 10.33a, der dargestellte ebene Spannungszustand. Bestimmen Sie alle Hauptspannungen und die insgesamt größte Schubspannung an diesem Punkt.

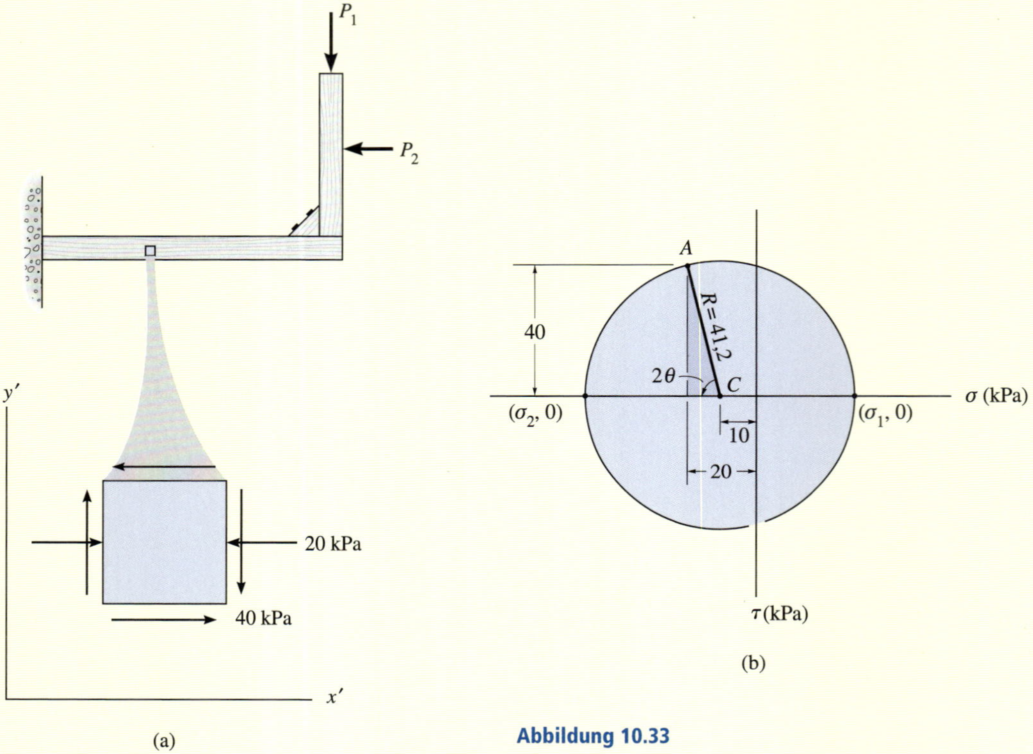

Abbildung 10.33

Lösung

Hauptspannungen Aus Abbildung 10.33a lesen wir ab:

$$\sigma_x = -20 \text{ kPa}, \; \sigma_y = 0, \; \tau_{xy} = -40 \text{ kPa}$$

Die Hauptspannungen in der Ebene können aus dem Mohr'schen Spannungskreis bestimmt werden. Der Kreismittelpunkt liegt auf der σ-Achse bei $\sigma = (-20 + 0)$ kPa/2 $= -10$ kPa. Nach dem Auftragen des Referenzpunktes A (–20;–40) kPa kann der in Abbildung 10.33b dargestellte Kreis gezeichnet werden. Der Radius ist

$$R = \sqrt{\left(\sigma_x - \frac{\sigma_x}{2}\right)^2 + \tau_{xy}^2} = \sqrt{(10\,\text{kPa})^2 + (40\,\text{kPa})^2} = 41{,}2 \text{ kPa}$$

Die Hauptspannungen sind die Punkte, bei denen der Kreis die σ-Achse schneidet, d.h.

$$\sigma_1 = \sigma_x + R = (-10 \text{ kPa}) + (41{,}2 \text{ kPa}) = 31{,}2 \text{ kPa}$$

$$\sigma_2 = \sigma_x - R = (-10 \text{ kPa}) - (41{,}2 \text{ kPa}) = -51{,}2 \text{ kPa}$$

Aus dem Kreis ist der entgegen dem Uhrzeigersinn gerichtete Winkel 2θ gemessen von CA zur σ-Achse bestimmbar, d.h.

$$2\theta = \arctan\left(\frac{\tau_{xy}}{\sigma_x - \frac{\sigma_x}{2}}\right) = \left(\frac{-40\,\text{kPa}}{-20\text{kPa}+10\,\text{kPa}}\right) = 76{,}0°$$

$$\theta = 38{,}0°$$

Die Drehung entgegen dem Uhrzeigersinn definiert die Richtung der x'-Achse, d.h. von $\sigma_2 = \sigma_{min}$ (ab jetzt σ_3 genannt) sowie der zugehörigen Schnittebene, Abbildung 10.32b. Da in z'-Richtung die Normalspannung verschwindet, erhalten wir

$$\sigma_1 = 31{,}2\text{ kPa} \qquad \sigma_2 = 0 \qquad \sigma_3 = -51{,}2\text{ kPa}$$

Insgesamt größte Schubspannung Durch Anwendung der Gleichungen (10.23) und (10.24) ergibt sich

$$\tau_{insges\ max} = \frac{\sigma_1 - \sigma_3}{2} = \frac{(31{,}2\,\text{kPa}) - (-51{,}2\,\text{kPa})}{2} = 41{,}2\,\text{kPa}$$

$$\sigma_{mittl} = \frac{\sigma_1 + \sigma_3}{2} = \frac{(31{,}2\,\text{kPa}) + (-51{,}2\,\text{kPa})}{2} = -10\,\text{kPa}$$

Die gleichen Ergebnisse erhält man auch durch Zeichnen des Mohr'schen Spannungskreises für jede ebene Projektion des Volumenelements in Richtung der x'-, y'- und z'-Achse, Abbildung 10.33d. Da σ_1 und σ_3 *unterschiedliches Vorzeichen* haben, entspricht die insgesamt größte Schubspannung der maximalen Schubspannung des ebenen Spannungszustandes. Die zugehörigen Richtungen ergeben sich aus einer 45°-Drehung des Elements in Abbildung 10.33c um die z'-Achse, woraus die Darstellung in Abbildung 10.33e folgt.

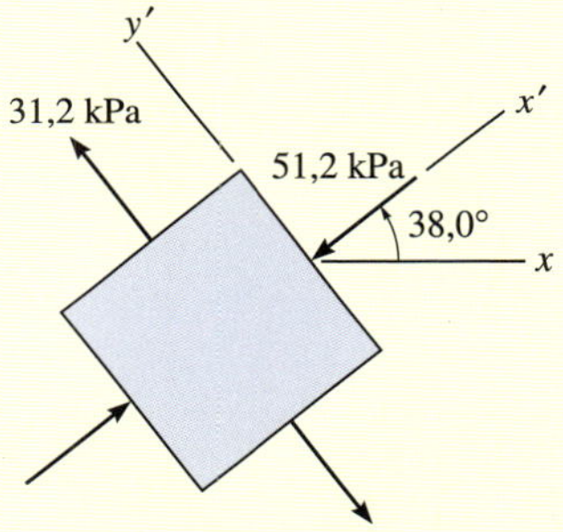

(c)

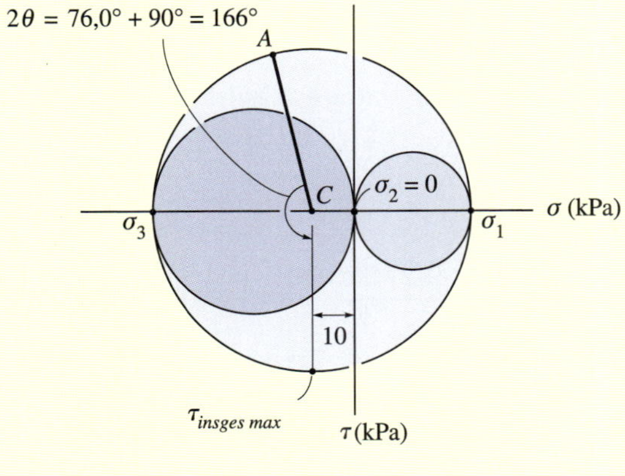

(d)

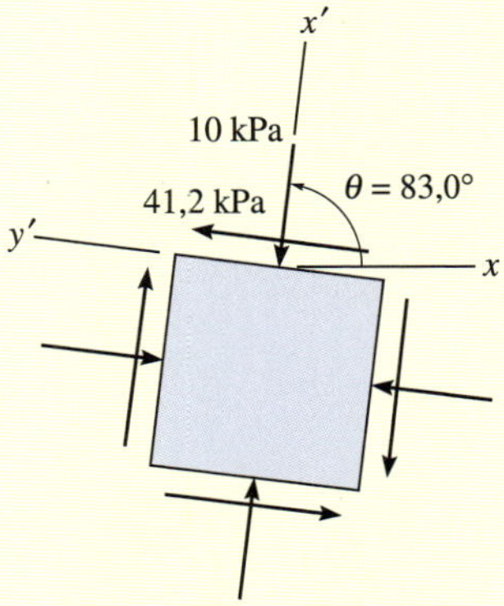

(e)

Abbildung 10.33

Beispiel 10.17

Am Punkt auf der Oberfläche des zylindrischen Druckgefäßes in Abbildung 10.34a liegt ein ebener Spannungszustand vor. Bestimmen Sie an diesem Punkt die insgesamt größte Schubspannung.

$\sigma_x = 16\ \mathrm{MPa}$, $\sigma_y = 32\ \mathrm{MPa}$

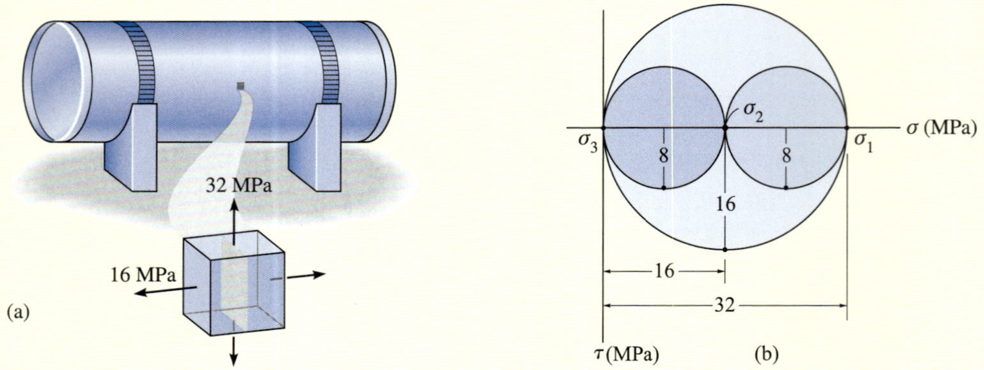

Abbildung 10.34

Lösung

Die Hauptspannungen des räumlichen Spannungszustandes sind $\sigma_1 = 32\ \mathrm{MPa}$, $\sigma_2 = 16\ \mathrm{MPa}$ und $\sigma_3 = 0$. Trägt man diese Spannungen entlang der σ-Achse auf, können drei Mohr'sche Spannungskreise konstruiert werden, die den Spannungszustand in jeder der drei Ebenen beschreiben, Abbildung 10.34b. Der größte Kreis hat den Radius $R = 16\ \mathrm{MPa}$ und beschreibt den Spannungszustand der Ebene, die $\sigma_1 = 32\ \mathrm{MPa}$ und $\sigma_3 = 0$ enthält, wie auch in Abbildung 10.34a dargestellt. Eine $45°$-Drehung des Elements innerhalb dieser Ebene führt zur insgesamt größten Schubspannung und der zugehörigen mittleren Normalspannung, nämlich

$$\tau_{insges\ max} = 16\,\mathrm{MPa}$$

$$\sigma_{mittl} = 16\ \mathrm{MPa}$$

Dieselben Resultate erhält man durch die unmittelbare Anwendung der Gleichungen (10.23) und (10.24), d.h.

$$\tau_{insges\ max} = \frac{\sigma_1 - \sigma_3}{2} = \frac{(32\,\mathrm{MPa}) - 0}{2} = 16\,\mathrm{MPa}$$

$$\sigma_{mittl} = \frac{\sigma_1 + \sigma_3}{2} = \frac{(32\,\mathrm{MPa}) + 0}{2} = 16\,\mathrm{MPa}$$

Vergleichsweise kann noch die maximale Schubspannung jenes ebenen Spannungszustandes aus dem Mohr'schen Spannungskreis bestimmt werden, der von $\sigma_1 = 32\ \mathrm{MPa}$ und $\sigma_2 = 16\ \mathrm{MPa}$ aufgespannt wird, Abbildung 10.34b. Das ergibt die Werte

$$\tau_{max,eben} = \frac{\sigma_1 - \sigma_2}{2} = \frac{32\,\mathrm{MPa} - 16\,\mathrm{MPa}}{2} = 8\,\mathrm{MPa}$$

$$\sigma_{mittl} = \sigma_2 + \frac{\sigma_1 - \sigma_2}{2} = 16\,\mathrm{MPa} + \frac{32\,\mathrm{MPa} - 16\,\mathrm{MPa}}{2} = 24\,\mathrm{MPa}$$

ZUSAMMENFASSUNG

Ein ebener Spannungszustand liegt vor, wenn an einem Punkt des Körpers zwei Normalspannungskomponenten σ_x und σ_y und eine Schubspannung τ_{xy} auftreten. Sofern diese Spannungen bekannt sind, können die an einem geneigten Volumenelement (Neigungswinkel θ) auftretenden Spannungen mittels Gleichgewichtsbedingungen oder geeigneten Transformationsgleichungen des ebenen Spannungszustandes bestimmt werden:

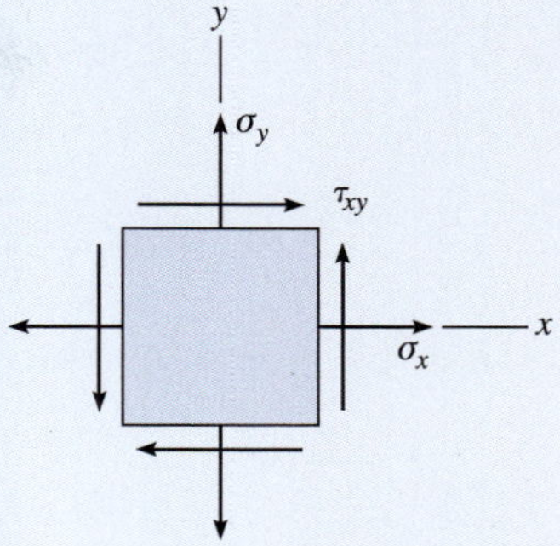

$$\sigma_{x'} = \frac{\sigma_x + \sigma_y}{2} + \frac{\sigma_x - \sigma_y}{2}\cos 2\theta + \tau_{xy}\sin 2\theta$$

$$\tau_{x'y'} = -\frac{\sigma_x - \sigma_y}{2}\sin 2\theta + \tau_{xy}\cos 2\theta$$

siehe Abschnitt 10.2

Für die Dimensionierung von Bauteilen ist es wichtig, diejenige Orientierung des Volumenelements zu ermitteln, dem die maximalen Hauptnormalspannungen und die maximale Schubspannung des ebenen Spannungszustandes zugehören. Aus den Transformationsgleichungen ergibt sich, dass keine Schubspannung in den Hauptspannungsebenen auftritt. Die Hauptspannungen selbst berechnen sich zu

$$\sigma_{1,2} = \frac{\sigma_x + \sigma_y}{2} \pm \sqrt{\left(\frac{\sigma_x - \sigma_y}{2}\right)^2 + \tau_{xy}^{\;2}}$$

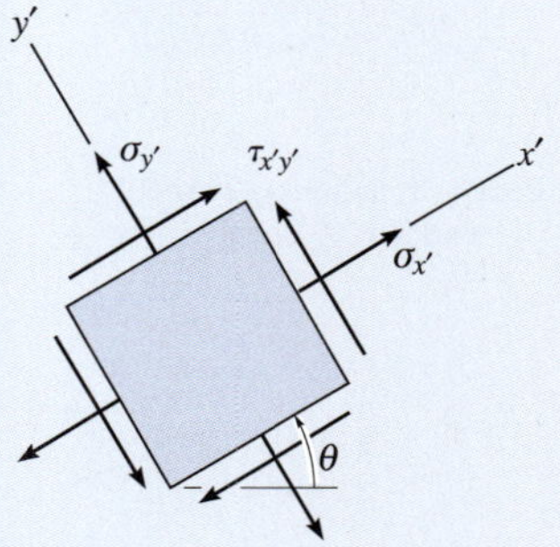

Die Ebenen der maximalen Schubspannung

$$\tau_{\text{max,eben}} = \sqrt{\left(\frac{\sigma_x - \sigma_y}{2}\right)^2 + \tau_{xy}^{\;2}}$$

des ebenen Spannungszustandes sind gegenüber den Hauptspannungsebenen um 45° geneigt. Auf diesen Schubspannungsebenen gibt es eine zugehörige mittlere Normalspannung

$$\sigma_{mittl} = \frac{\sigma_x + \sigma_y}{2}$$

siehe Abschnitt 10.3

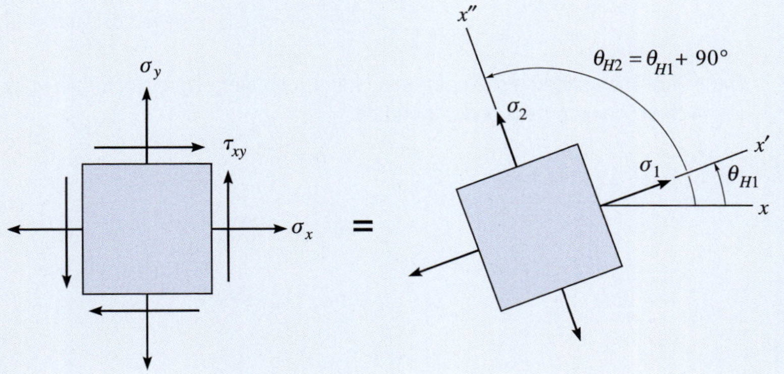

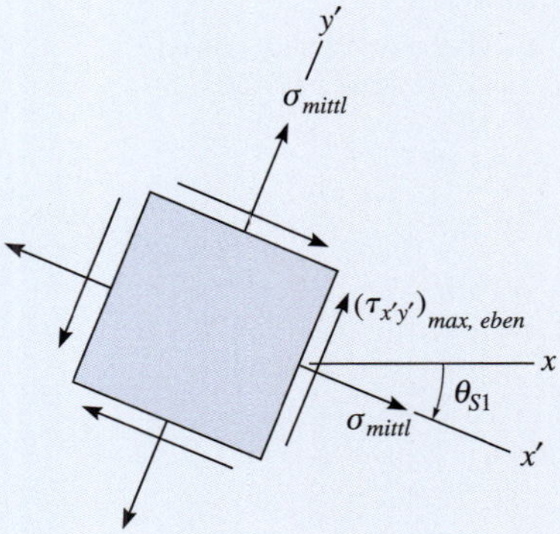

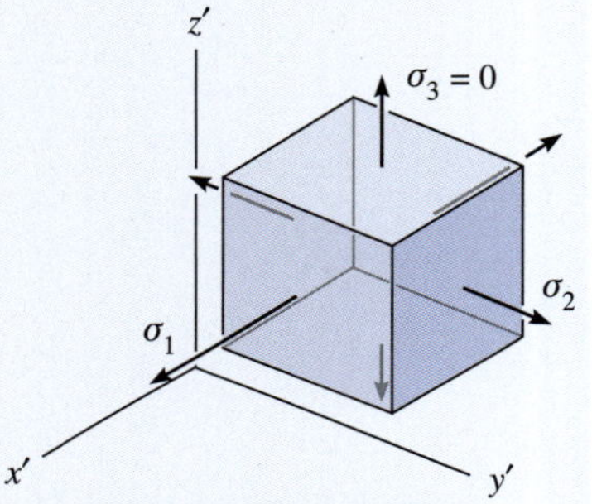

Ebener Spannungszustand
in der x',y'-Ebene

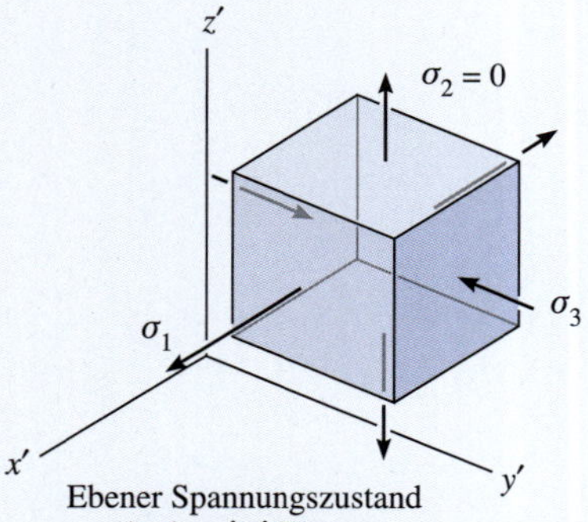

Ebener Spannungszustand
in der x',y'-Ebene

Der Mohrsche Spannungskreis liefert eine semigrafische Methode, um die Spannungen in einem Körperpunkt für jede beliebige Schnittebene, die zugehörigen Hauptnormalspannungen und die maximale Schubspannung des ebenen Spannungszustandes zu ermitteln. Zur Konstruktion des Mohrschen Spannungskreises sind zunächst die die σ- und τ-Achsen einzuzeichnen. Dann werden der Kreismittelpunkt $C[\sigma_x + \sigma_y/2,\ 0]$ und der Referenzpunkt $A(\sigma_x, \tau_{xy})$ eingetragen. Der Radius R des Kreises ist gleich dem Abstand der beiden Punkte, was sich über trigonometrische Beziehungen berechnen lässt.

siehe Abschnitt 10.4

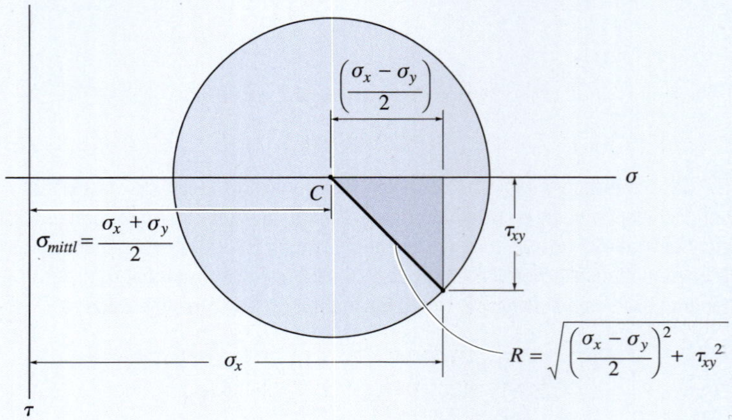

Haben die Hauptspannungen eines ebenen Spannungszustandes σ_1 und σ_2 gleiches Vorzeichen, ist die korrespondierende Hauptschubspannung nicht die wirklich größte Schubspannung. Diese steht senkrecht auf der von σ_1 und σ_2 aufgespannten Ebene:

$$\tau_{\text{insges max}} = \frac{\sigma_1}{2}$$

Haben die Hauptspannungen eines ebenen Spannungszustandes σ_1 und σ_2 allerdings unterschiedliches Vorzeichen, ist die wirklich größte Schubspannung gleich der maximalen Schubspannung des ebenen Spannungszustandes:

$$\tau_{\text{insges max}} = \frac{\sigma_1 - \sigma_2}{2}$$

siehe Abschnitt 10.3

Diese Aussagen lassen sich verifizieren, wenn man den allgemeinen Fall eines räumlichen Spannungszustandes diskutiert.

Ebener und räumlicher Verzerrungszustand

11

ÜBERBLICK

Komplexe Spannungszustände, wie sie sich in diesem Tragflügel eines Flugzeugs ausbilden, berechnet man aus aufgenommenen Messdaten des Verzerrungszustandes (mit freundlicher Genehmigung der Measurements Group, Inc., Raleigh, North Carolina, 27611, USA).

Lernziele

Die Untersuchung des Verzerrungszustandes an einem Punkt erfolgt ähnlich den Überlegungen beim Spannungszustand. Speziell für die Transformation der Koordinaten bezüglich eines gegebenen Koordinatensystems in ein Koordinatensystem anderer Orientierung werden wir die in Kapitel 10 eingeführten Methoden in diesem Kapitel gleichfalls anwenden. Ergänzt wird die Berechnung des Verzerrungszustandes durch die Herleitung von Verzerrungs-Verschiebungs-Relationen im Falle kleiner Deformationen. Wir diskutieren ferner auch verschiedene Möglichkeiten der Messung des Verzerrungszustandes und entwickeln einige wichtige Spannungs-Verzerrungs-Beziehungen in Form eines verallgemeinerten Hooke'schen Stoffgesetzes.

11.1 Verzerrungen in der Ebene

Wie bereits in Abschnitt 2.2 dargelegt, wird der allgemeine Verzerrungszustand eines Körpers durch eine Kombination der drei Dehnungen ϵ_x, ϵ_y, ϵ_z und der drei Gleitungen γ_{xy}, γ_{xz}, γ_{yz} festgelegt. Diese sechs Koordinaten bewirken die allgemeine Verformung einer jeden Begrenzungsfläche eines aus einem Festkörper frei geschnittenen Volumenelements; und die Dehnungen und die Gleitungen ändern sich wie die Spannungen entsprechend der Orientierung des Elements. An einem bestimmten Körperpunkt werden die *Verzerrungen* oft mit Hilfe von Verzerrungsmessungen bestimmt, die diese Verzerrungen in vorher *festgelegte Richtungen* annehmen. Ingenieure müssen für die Berechnung und Dimensionierung diese Daten allerdings manchmal transformieren, um die Verzerrungen für andere Richtungen zu erhalten.

Zum Verständnis der Vorgehensweise beschränken wir unsere Betrachtung zunächst auf ***Verzerrungen in der Ebene***. In diesem Fall berücksichtigen wir die Verzerrungen ϵ_z, γ_{xz} und γ_{yz} nicht. Im Allgemeinen hat dann ein in der Ebene verzerrtes Flächenelement die beiden Dehnungen ϵ_x, ϵ_y und eine Gleitung γ_{xy}. Die infolge jeder dieser Verzerrungen verursachten Elementdeformationen sind in Abbildung 11.1a, Abbildung 11.1b und Abbildung 11.1c grafisch dargestellt. Achten Sie darauf, dass die Dehnungen durch *Längenänderungen* des Elements in x- und y-Richtung und die Gleitung infolge von *Winkeländerungen* von zwei benachbarten Seiten des Elements hervorgerufen werden.

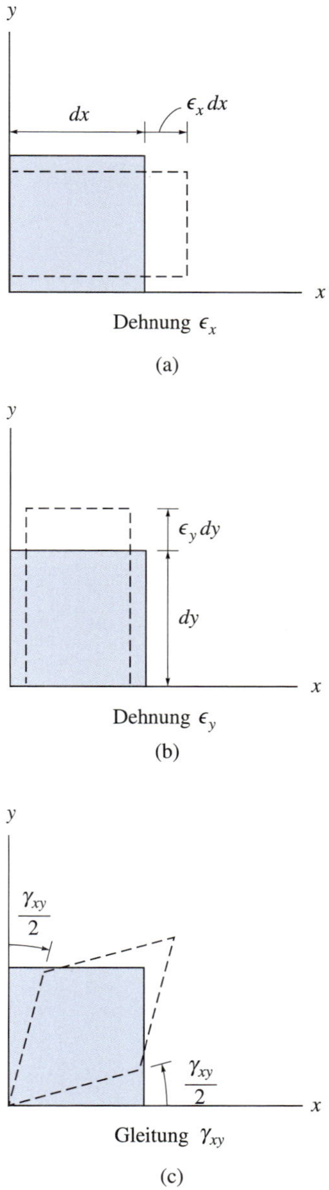

Abbildung 11.1

Der Probekörper aus Gummi ist zwischen die beiden festen Lager eingezwängt und erfährt damit eine ebene Verzerrung, wenn er in der Horizontalebene belastet wird.

Obwohl ein ebener Verzerrungszustand und ein ebener Spannungszustand jeweils durch drei in der gleichen Ebene liegende Komponenten charakterisiert ist, sollte Ihnen bewusst sein, dass ein ebener Spannungszustand *nicht* notwendigerweise einen ebenen Verzerrungszustand in der betreffenden Ebene auslöst und umgekehrt. Dieses Phänomen liegt in der Querkontraktion (Poisson-Effekt) begründet, die bereits in Abschnitt 3.6 erläutert wurde. Wenn das Element in Abbildung 11.2 beispielsweise den ebenen Spannungen σ_x und σ_y unterliegt, dann erzeugen diese Spannungen nicht nur die Dehnungen ϵ_x und ϵ_y, sondern *auch* noch die zugehörige Dehnung ϵ_z. Das ist offenbar kein Fall einer Verzerrung in der x,y-Ebene. Im Allgemeinen *verhindert* der Effekt der Querkontraktion das gleichzeitige Auftreten eines ebenen Spannungs- und Verzerrungszustandes, es sei denn es gilt $\nu = 0$. Es sollte auch herausgestellt werden, dass die Schubspannungsbedingung $\tau_{xz} = \tau_{yz} = 0$ für die Gleitungen $\gamma_{xz} = \gamma_{yz} = 0$ zwingend nach sich zieht, denn Schubspannung und Gleitung werden durch die Querkontraktionszahl *nicht* beeinflusst.

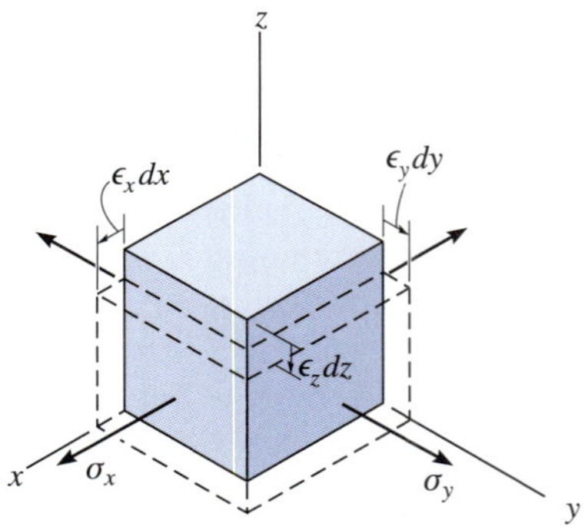

Ebener Spannungszustand mit den Spannungen σ_x, σ_y verursacht keine ebene Verzerrung in der x,y-Ebene, da $\epsilon_z \neq 0$ ist

Abbildung 11.2

11.2 Allgemeine Transformationsgleichungen in der Ebene

Für die Behandlung des ebenen Verzerrungszustandes ist es bei bekannten x,y-Verzerrungen wichtig, Transformationsgleichungen herzuleiten, die zur Bestimmung der x'- und y'-Anteile der Dehnungen und der Gleitungen an einem Punkt bezüglich gedrehter Koordinatenachsen genutzt werden können. Dies ist im Wesentlichen ein geometrisches Problem und erfordert ein In-Beziehung-Setzen der Längen- und Winkeländerungen differenziell kleiner Liniensegmente, welche die Seiten von differenziellen Flächenelementen verkörpern und die parallel zu den Koordinatenachsen ausgerichtet sind.

Vorzeichenvereinbarung Vor der Herleitung der Verzerrungstransformationsgleichungen müssen wir für die Verzerrungen zuerst eine Vorzeichenvereinbarung treffen. Diese Vereinbarung gleicht der in Abschnitt 2.2 eingeführten und wird hier wieder für ebene Verzerrungen formuliert. Mit Bezug auf das in Abbildung 11.3a dargestellte differenzielle Element sind die *Dehnungen* ϵ_x und ϵ_y *positiv*, wenn sie eine *Verlängerung* entlang der x- bzw. der y- Achse verursachen, und die *Gleitung* γ_{xy} ist *positiv*, wenn der innere Winkel *AOB kleiner* als 90° *wird*. Diese Festlegung folgt der korrespondierenden Vereinbarung der Spannungen in der x,y-Ebene, Abbildung 10.5, d.h. positive Werte von σ_x, σ_y, τ_{xy} verursachen eine Verzerrung des Elements in die positiven ϵ_x, ϵ_y, γ_{xy}-Richtungen.

Die Aufgabe besteht im Einzelnen darin, an einem Punkt die Dehnungen und Gleitungen $\epsilon_{x'}$, $\epsilon_{y'}$ und $\gamma_{x'y'}$, gemessen bezüglich der x',y'-Achsen, zu bestimmen, wenn wir die Werte von ϵ_x, ϵ_y, γ_{xy}, gemessen bezüglich den x,y-Achsen, kennen. Ist θ der Winkel zwischen der x- und der x'-Achse, dann ist dieser Winkel θ *positiv*, wenn er der Fingerkrümmung der rechten Hand folgt, d.h. wie in Abbildung 11.3b gezeigt, dem Uhrzeigersinn entgegen gerichtet ist.

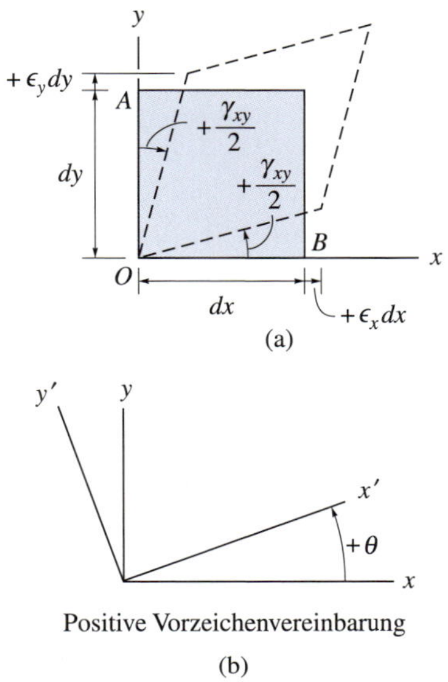

Abbildung 11.3

Dehnung und Gleitung Bei der Herleitung der Verzerrungstransformationsgleichung zur Bestimmung der Dehnung $\epsilon_{x'}$ müssen wir die Verlängerung des Liniensegmentes dx' ermitteln, das entlang der x'-Achse ausgerichtet ist und den Verzerrungen ϵ_x, ϵ_y und γ_{xy} unterliegt. Wie in Abbildung 11.4a dargestellt, ergeben sich die Projektionen des Linienelements dx' in Richtung der x- und y-Achsen als

$$dx = dx'\cos\theta, \quad dy = dx'\sin\theta \tag{11.1}$$

Diese Projektionen repräsentieren ein undeformiertes rechteckiges Flächenelement, dessen Diagonale mit der x'-Achse zusammenfällt.

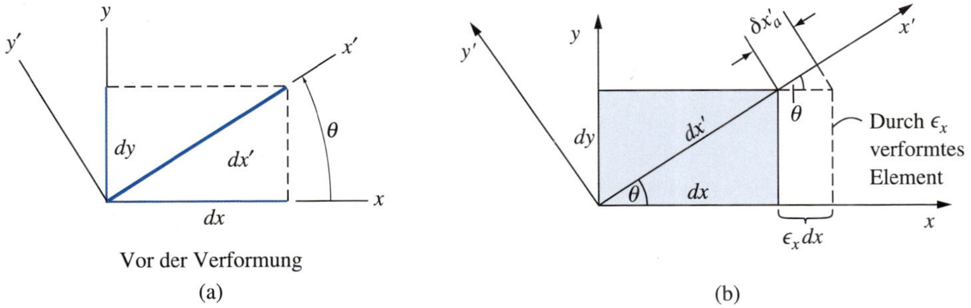

Abbildung 11.4

Bei einer positiven Dehnung ϵ_x verformt sich das Element wie in Abbildung 11.4b angedeutet. Die rechte Seite verschiebt sich dadurch um $\epsilon_x\, dx$, wodurch die Diagonale um

$$\delta x_a' = \epsilon_x\, dx \cos\theta = \epsilon_x \cos^2\theta\, dx'$$

verlängert wird. Analog führt eine Dehnung ϵ_y des Elements zur Verlängerung der Diagonalen dx' um

$$\delta x_b' = \epsilon_y\, dy \sin\theta = \epsilon_y \sin^2\theta\, dx'$$

wie in Abbildung 11.4c zu sehen ist. Wird schließlich das Element durch eine Gleitung γ_{xy} verzerrt, siehe Abbildung 11.4d, dann führt dies zu einer Verlängerung der Diagonalen

$$\begin{aligned}\delta x_c' &= (\gamma_{xy}/2)\; dy \cos\theta + (\gamma_{xy}/2)\; dx \sin\theta \\ &= (\gamma_{xy}/2)(\sin\theta\cos\theta + \cos\theta\sin\theta)\; dx' = \gamma_{xy}\sin\theta\cos\theta\end{aligned}$$

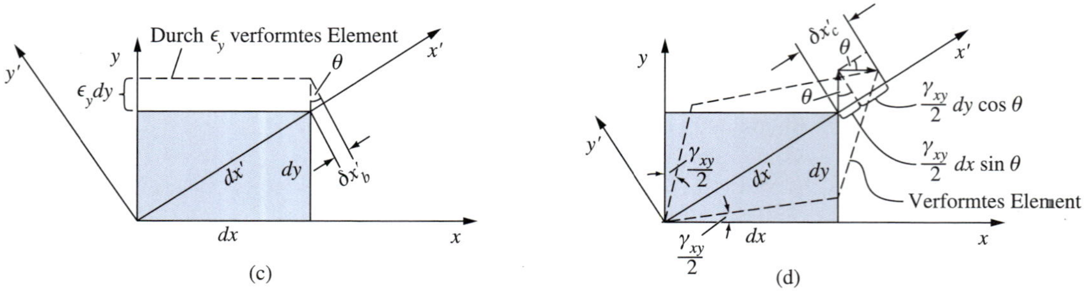

(c) (d)

Abbildung 11.4

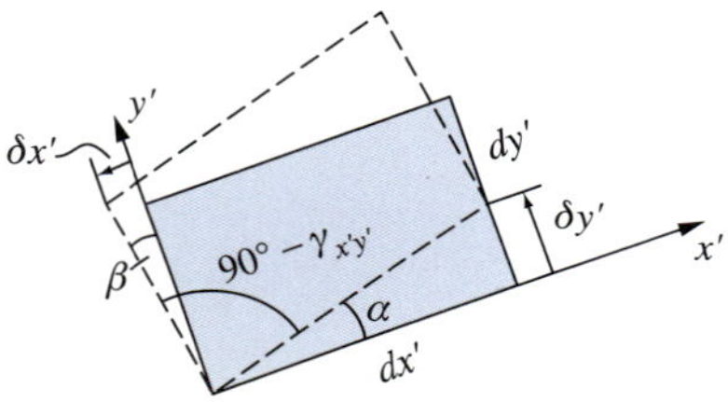

(e)

Die Überlagerung aller drei Verzerrungen führt zur Gesamtverlängerung $\delta x'$ der Diagonalen in der Form

$$\delta x' = (\epsilon_x \cos^2\theta + \epsilon_y \sin^2\theta + \gamma_{xy}\sin\theta\cos\theta)\; dx'$$

und damit zur Dehnung $\epsilon_{x'} = \delta x'/dx'$ der Linie dx':

$$\epsilon_{x'} = \epsilon_x \cos^2\theta + \epsilon_y \sin^2 + \gamma_{xy}\sin\theta\cos\theta \qquad (11.2)$$

Um die Gleitung $\gamma_{x'y'}$ im x',y'-Koordinatensystem zu erhalten, betrachten wir ein unverformtes Element der Seitenlängen dx' und dy' bei seiner Deformation infolge der Winkeländerungen α und β, siehe Abbildung 11.4e, die durch die Verzerrungen ϵ_x, ϵ_y, γ_{xy} entstehen.

Wir betrachten zunächst die Winkeländerung von dx', die durch den entgegen dem Uhrzeigersinn gerichteten Winkel α definiert ist. Man erkennt, dass er mit der zugehörigen Verschiebung $\delta y'$ in y'-Richtung über die Beziehung $\alpha = \delta y'/dx'$ zusammenhängt. Die Verschiebung wiederum setzt sich aus den drei in y'-Richtung zeigenden Anteilen zusammen, nämlich einem ersten von ϵ_x, der $-\epsilon_x\, dx \sin\theta$ ergibt, Abbildung 11.4b; einen zweiten von ϵ_y, nämlich $\epsilon_y\, dy \cos\theta$, Abbildung 11.4c; und schließlich dem Anteil von γ_{xy}, den man über $(\gamma_{xy}/2)dx\cos\theta - (\gamma_{xy}/2)dy\sin\theta$ erhält, Abbildung 11.4d. Somit ist $\delta y'$ infolge der Einwirkung aller drei Verzerrungen die Summe

$$\delta y' = -\epsilon_x\, dx\sin\theta + \epsilon_y\, dy\cos\theta + (\gamma_{xy}/2)dx\cos\theta - (\gamma_{xy}/2)dy\sin\theta$$

bzw. mit Gleichung (11.1)

$$\delta y' = [-\epsilon_x \sin\theta\cos\theta + \epsilon_y \sin\theta\cos\theta + (\gamma_{xy}/2)(\cos^2\theta - \sin^2\theta)]\; dx'$$

Über $\alpha = \delta y'/dx'$ erhalten wir

$$\alpha = (-\epsilon_x + \epsilon_y)\sin\theta\cos\theta + (\gamma_{xy}/2)(\cos^2\theta - \sin^2\theta) \qquad (11.3)$$

Wie man in Abbildung 11.4e sieht, ändert die Linie dy' ihren Neigungswinkel um β. Über die zugehörige Verschiebung $\delta x'$ in x'-Richtung kann dieser Winkel über $\beta = \delta x'/dy'$ berechnet werden. Wir können diesen Winkel β aber auch durch einfaches Ersetzen von $\theta + 90°$ anstelle von θ in Gleichung (11.3) erhalten. Unter Anwendung der trigonometrischen Beziehungen $\sin(\theta + 90°) = \cos\theta$, $\cos(\theta + 90°) = -\sin\theta$ erhalten wir

$$\beta = (\epsilon_x - \epsilon_y)\sin\theta\cos\theta + (\gamma_{xy}/2)(\sin^2\theta - \cos^2\theta)$$

Aus Abbildung 11.4e ist weiterhin zu entnehmen, dass β in die entgegengesetzte Richtung von x' weist und $\alpha + 90° - \gamma_{x'y'} - \beta = 90°$ gilt. Damit ist die resultierende Gleitung

$$\gamma_{x'y'} = \alpha - \beta = -2(\epsilon_x - \epsilon_y)\sin\theta\cos\theta + \gamma_{xy}(\cos^2\theta - \sin^2\theta) \qquad (11.4)$$

Unter Verwendung der trigonometrischen Identitäten $\sin 2\theta = 2\sin\theta\cos\theta$, $\cos^2\theta = (1 + \cos 2\theta)/2$, sowie $\sin^2\theta + \cos^2\theta = 1$ können wir die Gleichungen (11.2) und (11.4) in die nachfolgende Endform umschreiben:

$$\epsilon_{x'} = \frac{\epsilon_x + \epsilon_y}{2} + \frac{\epsilon_x - \epsilon_y}{2}\cos 2\theta + \frac{\gamma_{xy}}{2}\sin 2\theta \qquad (11.5)$$

$$\frac{\gamma_{x'y'}}{2} = -\left(\frac{\epsilon_x - \epsilon_y}{2}\right)\sin 2\theta + \frac{\gamma_{xy}}{2}\cos 2\theta \qquad (11.6)$$

Die angegebenen Verzerrungstransformationsgleichungen ergeben die Dehnung $\epsilon_{x'}$ in x'-Richtung sowie die Gleitung $\gamma_{x'y'}$ für ein Element, das um den Winkel θ geneigt ist, Abbildung 11.5a und Abbildung 11.5b. Entsprechend der eingeführten Vorzeichenvereinbarung *dehnt* sich das Element bei *positivem* $\epsilon_{x'}$ in die positive x'-Richtung *aus*, siehe Abbildung 11.5a, und weil $\gamma_{x'y'}$ positiv ist, deformiert sich das Element wie in Abbildung 11.5b angegeben. Beachten Sie, dass sich diese Verformungen so ausbilden, als ob eine positive Normalspannung $\sigma_{x'}$ und eine positive Schubspannung $\tau_{x'y'}$ auf das Element einwirken würden.

Wenn auch die Dehnung in y'-Richtung gewünscht ist, kann sie durch einfaches Einsetzen von $(\theta + 90°)$ anstelle von θ in Gleichung (11.5) ermittelt werden. Das Ergebnis lautet

$$\epsilon_{y'} = \frac{\epsilon_x + \epsilon_y}{2} - \frac{\epsilon_x - \epsilon_y}{2}\cos 2\theta - \frac{\gamma_{xy}}{2}\sin 2\theta \qquad (11.7)$$

Es sei auf die Ähnlichkeit zwischen den hergeleiteten drei Gleichungen und jenen für die Spannungstransformation in der Ebene, Gleichungen (10.1), (10.2) und (10.3) hingewiesen. Im Vergleich korrespondieren σ_x, σ_y, $\sigma_{x'}$, $\sigma_{y'}$ mit ϵ_x, ϵ_y, $\epsilon_{x'}$, $\epsilon_{y'}$, und τ_{xy}, $\tau_{x'y'}$ korrespondieren mit $\gamma_{xy}/2$, $\gamma_{x'y'}/2$.

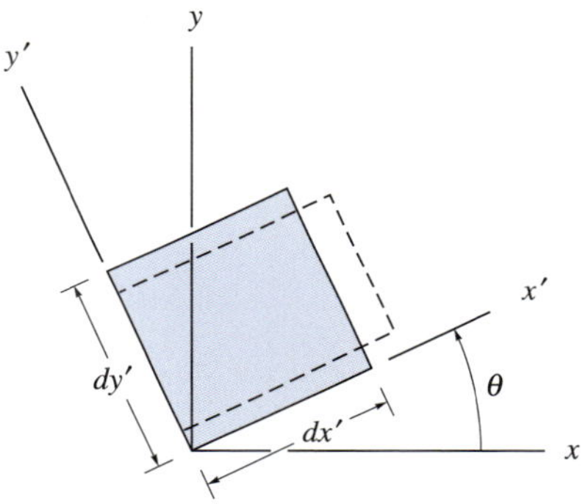

Positive Dehnung $\epsilon_{x'}$

(a)

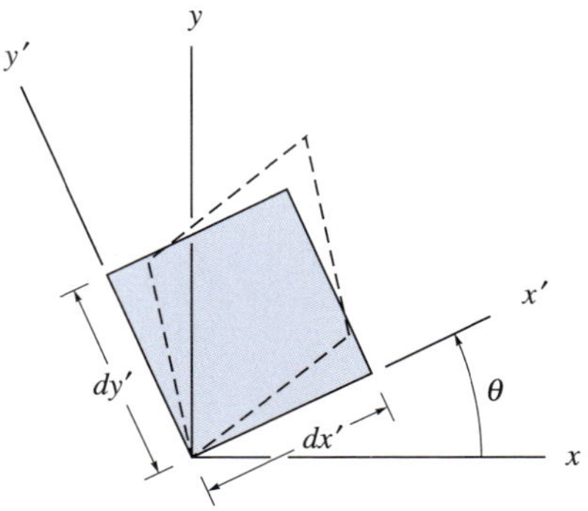

Positive Gleitung $\gamma_{x'y'}$

(b)

Abbildung 11.5

Hauptdehnungen Wie schon beim Spannungszustand kann eine Orientierung eines Elements an einem Punkt derart bestimmt werden, dass man die Elementverformung allein durch Dehnungen *ohne* Gleitungen repräsentiert. Für diese Orientierung werden die Dehnungen als *Hauptdehnungen* bezeichnet. Bei einem isotropen Material fallen die Achsen, für die diese Hauptdehnungen auftreten, mit den Achsen zusammen, welche die Hauptspannungen der betreffenden Ebene definieren.

Komplexe Spannungszustände bilden sich oft an Stellen aus, wo Behälterkomponenten miteinander verbunden sind. Die Spannungen werden über Verzerrungsmessungen bestimmt.

Aus den Gleichungen (10.4) und (10.5), sowie der Entsprechung zwischen Spannungen und Verzerrungen können die Richtungen der Verzerrungshauptachsen und die Werte der beiden Hauptdehnungen ϵ_1 und ϵ_2 wie folgt bestimmt werden:

$$\tan 2\theta_H = \frac{\gamma_{xy}}{\epsilon_x - \epsilon_y} \tag{11.8}$$

$$\epsilon_{1,2} = \frac{\epsilon_x + \epsilon_y}{2} \pm \sqrt{\left(\frac{\epsilon_x - \epsilon_y}{2}\right)^2 + \left(\frac{\gamma_{xy}}{2}\right)^2} \tag{11.9}$$

Hauptgleitung Mit Hilfe der Gleichungen (10.6), (10.7) und (10.8) können die Achsenrichtungen, die der maximalen Gleitung bzw. Scherung beim ebenen Verzerrungszustand und der zugehörige mittleren Dehnung zugeordnet sind, aus folgenden Gleichungen ermittelt werden:

$$\tan 2\theta_G = -\left(\frac{\epsilon_x - \epsilon_y}{\gamma_{xy}}\right) \tag{11.10}$$

$$\frac{\gamma_{max,eben}}{2} = \sqrt{\left(\frac{\epsilon_x - \epsilon_y}{2}\right)^2 + \left(\frac{\gamma_{xy}}{2}\right)^2} \tag{11.11}$$

$$\epsilon_{mittl} = \frac{\epsilon_x + \epsilon_y}{2} \tag{11.12}$$

Wichtige Punkte zur Lösung von Aufgaben

- Aufgrund der Querkontraktion liegt bei einem ebenen Verzerrungszustand nicht gleichzeitig ein ebener Spannungszustand vor und umgekehrt.
- Am Oberflächenpunkt eines Festkörpers liegt ein ebener Spannungszustand vor, wenn die Oberfläche des Körpers spannungsfrei ist. Eine ebene Verzerrungsrechnung in der betreffenden Ebene ist dann trotzdem in der Lage, die Ergebnisse von Verzerrungsmessungen auf der Oberfläche im Rahmen einer Rechnung für den ebenen Verzerrungszustand zu analysieren. Man hat nur zu beachten, dass zusätzlich noch eine Dehnung senkrecht zur Messebene auftritt.
- Im Fall der Beschreibung des Verzerrungszustandes durch die Hauptdehnungen tritt für eine Orientierung des Elements in Richtung dieser Dehnungen keine Gleitung auf.
- An einem Punkt kann der Verzerrungszustand auch über die Hauptgleitung und die zugehörige mittlere Dehnung ausgedrückt werden.
- Das Element, das die Hauptgleitung des ebenen Verzerrungszustandes und die zugehörige mittlere Dehnung repräsentiert, ist um 45° gegenüber dem Element gedreht, das die Hauptdehnungen verkörpert.

Beispiel 11.1 An einem Körperpunkt liegt für das differenzielle Element eines Körpers ein ebener Verzerrungszustand ϵ_x, ϵ_y und γ_{xy} vor. Die Verzerrung des Elements ergibt sich, wie sie in Abbildung 11.6a dargestellt ist. Bestimmen Sie die an dem Element auftretenden äquivalenten Verzerrungen, wenn das Element um 30° von der Ausgangsposition *im Uhrzeigersinn* gedreht wird.

$\epsilon_x = 500(10^{-6})$, $\epsilon_y = -300(10^{-6})$, $\gamma_{xy} = 200(10^{-6})$

Lösung

Zur Lösung der Aufgabe werden die Verzerrungstransformationsgleichungen (11.5) und (11.6) verwendet. Da θ entgegen dem Uhrzeigersinn positiv sein soll, ist der Drehwinkel im vorliegenden Fall $\theta = -30°$. Damit ist

$$\epsilon_{x'} = \frac{\epsilon_x + \epsilon_y}{2} + \frac{\epsilon_x - \epsilon_y}{2}\cos 2\theta + \frac{\gamma_{xy}}{2}\sin 2\theta$$

$$= \left[\frac{500+(-300)}{2}\right](10^{-6}) + \left[\frac{500-(-300)}{2}\right](10^{-6})\cos(2(-30°))$$

$$+\frac{200(10^{-6})}{2}\sin(2(-30°))$$

$$\epsilon_{x'} = 213(10^{-6})$$

$$\frac{\gamma_{x'y'}}{2} = -\left(\frac{\epsilon_x - \epsilon_y}{2}\right)\sin 2\theta + \frac{\gamma_{xy}}{2}\cos 2\theta$$

$$= -\left[\frac{500-(-300)}{2}\right](10^{-6})\sin(2(-30°))$$

$$+\frac{200(10^{-6})}{2}\cos(2(-30°))$$

$$\gamma_{x'y'} = 793(10^{-6})$$

Die Dehnung in y'-Richtung kann man aus Gleichung (11.7) mit $\theta = -30°$ ermitteln. Wir können $\epsilon_{y'}$ aber auch über Gleichung (11.5) mit $\theta = 60°$ ($\theta = -30° + 90°$), Abbildung 11.6b, erhalten, indem wir in der betreffenden Gleichung $\epsilon_{x'}$ durch $\epsilon_{y'}$ ersetzen:

$$\epsilon_{y'} = \frac{\epsilon_x + \epsilon_y}{2} + \frac{\epsilon_x - \epsilon_y}{2}\cos 2\theta + \frac{\gamma_{xy}}{2}\sin 2\theta$$

$$= \left[\frac{500+(-300)}{2}\right](10^{-6}) + \left[\frac{500-(-300)}{2}\right](10^{-6})\cos(2(60°))$$

$$+\frac{200(10^{-6})}{2}\sin(2(60°))$$

$$\epsilon_{y'} = -13{,}4(10^{-6})$$

Die zugehörige Elementverzerrung ist in Abbildung 11.6c dargestellt.

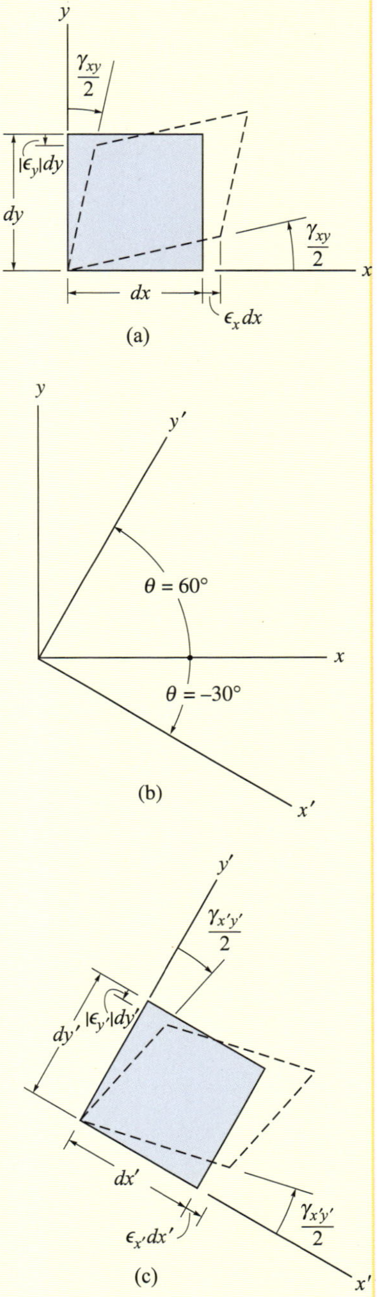

Abbildung 11.6

Beispiel 11.2

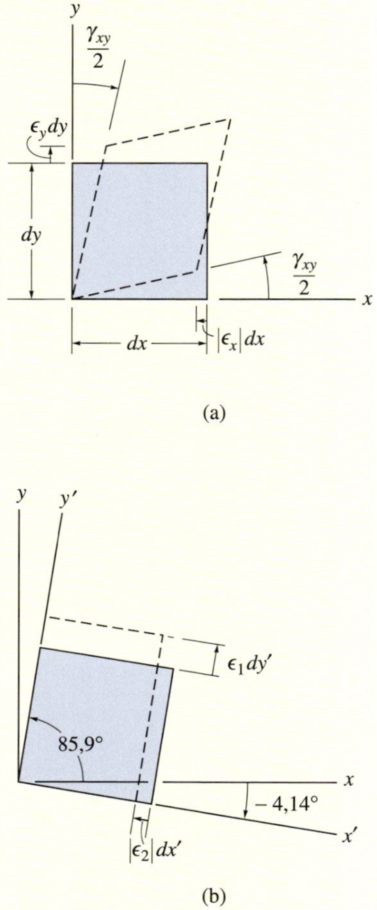

Abbildung 11.7

An einem Körperpunkt liegt für das differenzielle Element der ebene Verzerrungszustand mit den Dehnungen ϵ_x, ϵ_y und der Gleitung γ_{xy} vor. Dieser verursacht eine Verzerrung des Elements, wie sie in Abbildung 11.7a zu sehen ist. Bestimmen Sie die Hauptdehnungen an diesem Punkt sowie die zugehörige Orientierung des Elements.

$\epsilon_x = -350(10^{-6})$, $\epsilon_y = 200(10^{-6})$, $\gamma_{xy} = 80(10^{-6})$

Lösung

Orientierung des Elements Aus Gleichung (11.8) ergibt sich

$$\tan 2\theta_H = \frac{\gamma_{xy}}{\epsilon_x - \epsilon_y} = \frac{80(10^{-6})}{(-350-200)(10^{-6})} = -0{,}145$$

$$2\theta_H = -8{,}28° \text{ bzw. } -8{,}28° + 180° = 171{,}7°$$

Damit ist

$$\theta_H = -4{,}14° \text{ und } -4{,}14° + 90° = 85{,}86°$$

Jeder dieser Winkel ist entgegen dem Uhrzeigersinn positiv, und zwar gemessen von der x-Achse zu den äußeren Flächennormalen jeder Elementseite, Abbildung 11.7b.

Hauptdehnungen Die Hauptdehnungen werden aus Gleichung (11.9) bestimmt. Wir erhalten

$$\epsilon_{1,2} = \frac{\epsilon_x + \epsilon_y}{2} \pm \sqrt{\left(\frac{\epsilon_x - \epsilon_y}{2}\right)^2 + \left(\frac{\gamma_{xy}}{2}\right)^2}$$

$$= \frac{(-350+200)(10^{-6})}{2} \pm \left[\sqrt{\left(\frac{-350-200}{2}\right)^2 + \left(\frac{80}{2}\right)^2}\right](10^{-6})$$

$$= -75{,}0(10^{-6}) \pm 277{,}9(10^{-6})$$

$$\epsilon_1 = 203(10^{-6}) \qquad \epsilon_2 = -353(10^{-6})$$

Wir können ermitteln, welche der beiden Dehnungen das Element in x'-Richtung verformt, indem wir Gleichung (11.5) mit $\theta = -4{,}14°$ anwenden. Somit ist

$$\epsilon_{x'} = \frac{\epsilon_x + \epsilon_y}{2} + \frac{\epsilon_x - \epsilon_y}{2}\cos 2\theta + \frac{\gamma_{xy}}{2}\sin 2\theta$$

$$= \left(\frac{-350+200}{2}\right)(10^{-6}) + \left(\frac{-350-200}{2}\right)(10^{-6})\cos 2(-4{,}14°)$$

$$+ \frac{80(10^{-6})}{2}\sin 2(-4{,}14°)$$

$$\epsilon_{x'} = -353(10^{-6})$$

Das heißt, $\epsilon_{x'} = \epsilon_2$. Wenn das Element also den Hauptdehnungen ausgesetzt ist, dehnt es sich ohne Winkeländerungen so wie in Abbildung 11.7b dargestellt.

Beispiel 11.3 An einem Körperpunkt liegt für das differenzielle Element der ebene Verzerrungszustand ϵ_x, ϵ_y und γ_{xy} vor, der eine Verzerrung des Elements verursacht, wie sie in Abbildung 11.8a zu sehen ist. Bestimmen Sie die Hauptgleitung des ebenen Verzerrungszustandes sowie die zugehörige Orientierung des Elements.

$\epsilon_x = -350(10^{-6})$, $\epsilon_y = 200(10^{-6})$, $\gamma_{xy} = 80(10^{-6})$

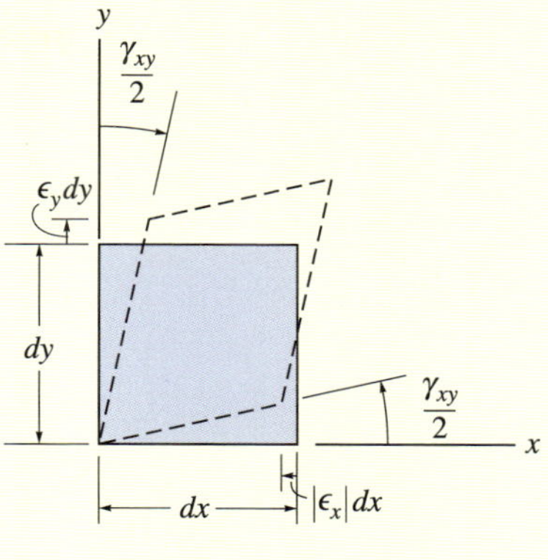

(a)

Lösung

Orientierung des Elements Der maßgebende Winkel wird mit Gleichung (11.10) bestimmt:

$$\tan 2\theta_G = -\left(\frac{\epsilon_x - \epsilon_y}{\gamma_{xy}}\right) = -\frac{(-350-200)(10^{-6})}{80(10^{-6})} = 6{,}875$$

$$2\theta_G = 81{,}72° \text{ bzw. } 81{,}72° + 180° = 261{,}72°$$

Damit ist

$$\theta_G = 40{,}9° \text{ und } 40{,}9° + 90° = 130{,}9°$$

Beachten Sie, dass diese Orientierung wie erwartet um $45°$ von der Orientierung in Abbildung 11.7b aus Beispiel 11.2 abweicht.

Hauptgleitung der Ebene Die Anwendung der Gleichung (11.11) ergibt

$$\frac{\gamma_{max,eben}}{2} = \sqrt{\left(\frac{\epsilon_x - \epsilon_y}{2}\right)^2 + \left(\frac{\gamma_{xy}}{2}\right)^2} = \left[\sqrt{\left(\frac{-350-200}{2}\right)^2 + \left(\frac{80}{2}\right)^2}\right](10^{-6})$$

$$\gamma_{max,eben} = 556(10^{-6})$$

Die richtige Richtung von $\gamma_{max,eben}$ kann man über die Gleichung (11.6) mit $\theta_G = 40{,}9°$ bestimmen. Wir erhalten

$$\frac{\gamma_{x'y'}}{2} = -\left(\frac{\epsilon_x - \epsilon_y}{2}\right)\sin 2\theta + \frac{\gamma_{xy}}{2}\cos 2\theta$$

$$= -\left(\frac{-350-200}{2}\right)(10^{-6})\sin 2(40{,}9°) + \frac{80(10^{-6})}{2}\cos 2(40{,}9°)$$

$$\gamma_{x'y'} = 556(10^{-6})$$

Somit verzerrt $\gamma_{max,eben}$ das Element derart, dass sich der rechte Winkel zwischen dx' und dy' verkleinert (positive Vorzeichenvereinbarung), Abbildung 11.8b.

Es gibt zudem die zugehörige mittlere Dehnung, die am Element auftritt und über Gleichung (11.12) wie folgt ermittelt wird:

$$\epsilon_{mittl} = \frac{\epsilon_x + \epsilon_y}{2} = \frac{-350+200}{2}(10^{-6})$$

$$\epsilon_{mittl} = -75(10^{-6})$$

Diese Dehnung drückt das Element offensichtlich in x'- und in y'-Richtung zusammen, Abbildung 11.8b.

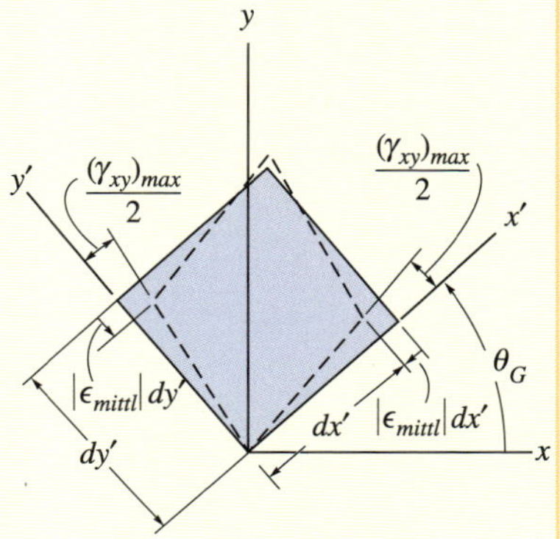

(b)

Abbildung 11.8

11.3 Mohr'scher Verzerrungskreis

Aufgrund der Tatsache, dass die Verzerrungstransformationsgleichungen der Ebene mathematisch den Spannungstransformationsgleichungen der Ebene völlig analog sind, können wir auch Aufgabenstellungen mit Hilfe des Mohr'schen Kreises lösen, die eine Transformation der Verzerrungen verlangen. Dieser Ansatz bietet wieder die Möglichkeit, grafisch zu erkennen, wie sich Dehnungen und Gleitungen an einem Punkt abhängig von der Elementorientierung ändern.

Wie im Falle der Spannungstransformation kann der Winkelparameter θ aus den Gleichungen (11.5) und (11.6) eliminiert und das Ergebnis in folgende Form umgeschrieben werden:

$$\left(\epsilon_x - \epsilon_{mittl}\right)^2 + \left(\frac{\gamma_{xy}}{2}\right)^2 = R^2 \tag{11.13}$$

Dabei sind

$$\epsilon_{mittl} = \frac{\epsilon_x + \epsilon_y}{2}$$

$$R = \sqrt{\left(\frac{\epsilon_x - \epsilon_y}{2}\right)^2 + \left(\frac{\gamma_{xy}}{2}\right)^2}$$

gegebene Größen. Gleichung (11.13) repräsentiert die Gleichung des Mohr'schen Verzerrungskreises. Er hat den Mittelpunkt auf der ϵ-Achse bei Punkt C $(\epsilon_{mittl};0)$ sowie den Radius R.

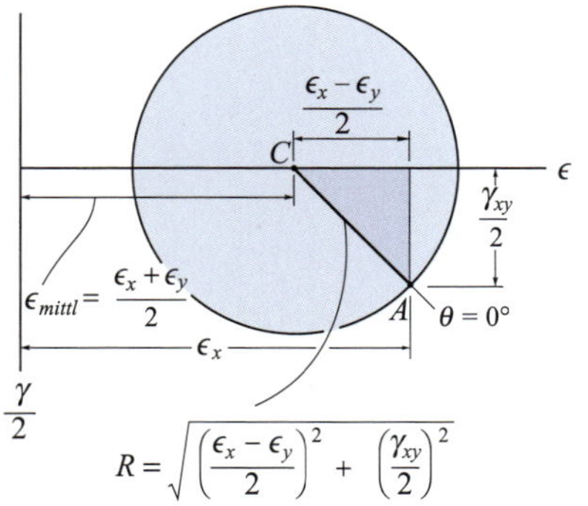

Abbildung 11.9

Lösungsweg

Der Lösungsweg zur Anwendung des Mohr'schen Verzerrungskreises folgt den gleichen Verfahrensregeln, wie sie bei Spannungen aufgestellt wurden.

Konstruktion des Kreises

- Stellen Sie ein Koordinatensystem in der Weise auf, dass die Abszisse die Normaldehnung ϵ mit der *positiven Richtung nach rechts* und die Ordinate den halben Wert der Gleitung $\gamma/2$ mit der *positiven Richtung nach unten* repräsentieren, Abbildung 11.9.
- Verwenden Sie die positive Vorzeichenvereinbarung für ϵ_x, ϵ_y, γ_{xy}, wie in Abbildung 11.3 gezeigt und bestimmen Sie den Mittelpunkt des Kreises C, der sich auf der ϵ-Achse in der Entfernung $\epsilon_{mittl} = (\epsilon_x + \epsilon_y)/2$ vom Ursprung befindet, Abbildung 11.9.
- Tragen Sie den Referenzpunkt A mit den Koordinaten A $(\epsilon_x; \gamma_{xy}/2)$ ein. Dieser Punkt verkörpert den Fall, dass die x'-Achse mit der x-Achse deckungsgleich ist. Dort gilt demzufolge $\theta = 0°$, Abbildung 11.9.
- Verbinden Sie Punkt A mit dem Kreismittelpunkt C und bestimmen Sie aus dem gekennzeichneten Dreieck den Radius R des Kreises, Abbildung 11.9.
- Zeichnen Sie den Kreis, nachdem der Radius R ermittelt ist.

Hauptdehnungen

- Aus dem Kreis werden die Hauptdehnungen ϵ_1 und ϵ_2 als die Koordinaten der Punkte B und D ermittelt, für welche die Gleitungen verschwinden: $\gamma/2 = 0$, Abbildung 11.10a.
- Die Orientierung der Schnittebene, die der Dehnung ϵ_1 unterliegt, kann aus dem Kreis durch die Berechnung von $2\theta_{H1}$ über trigonometrische Beziehungen bestimmt werden. Hierbei wird der Winkel *von* der radialen Referenzlinie CA *zur* Linie CB entgegen dem Uhrzeigersinn gemessen, Abbildung 11.10a. Erinnern Sie sich, dass die *Drehung* von θ_{H1} *in dieselbe Richtung* gehen muss, d.h. von der x-Referenzachse des Elements zur x'-Achse, Abbildung 11.10b.[1]
- Sind die Ergebnisse für ϵ_1 und ϵ_2 positiv, wie in Abbildung 11.10a angenommen, dann dehnt sich das Element aus Abbildung 11.10b in die x'- und y'-Richtungen entsprechend den gestrichelt gekennzeichneten Linien.

Hauptgleitung

- Die mittlere Dehnung sowie die Hälfte der maximalen Gleitung in der Ebene werden aus dem Kreis als Koordinaten der Punkte E und F bestimmt, Abbildung 11.10a.
- Die Orientierung der Ebene, für die $\gamma_{max,eben}$ und ϵ_{mittl} vorliegen, kann aus dem Kreis durch Berechnung von $2\theta_{G1}$ über trigonometrische Funktionen ermittelt werden. Hier wird der Winkel im Uhrzeigersinn *von* der radialen Referenzlinie CA *zur* Linie CE gemessen, Abbildung 11.10a. Erinnern sie sich, dass die *Drehung* von θ_{G1} *in dieselbe Richtung* gehen muss, d.h. von der x-Referenzachse des Elements zur x'-Achse, Abbildung 11.10c.

Verzerrungen an einem beliebig orientierten Element

- Die Dehnungen und Gleitungen $\epsilon_{x'}$ und $\gamma_{x'y'}$ für eine um den Winkel θ geneigte Schnittebene, Abbildung 11.10d, können aus dem Kreis über trigonometrische Beziehungen zur Ermittlung der Koordinaten von Punkt P, Abbildung 11.10a, bestimmt werden.
- Zur Lokalisierung von P wird der bekannte Winkel θ der x'-Achse am Kreis als 2θ gemessen. Die Messung erfolgt von der radialen Referenzlinie CA zur radialen Linie CP. Achten Sie darauf, dass die Messungen am Kreis für 2θ in die gleiche Richtung weisen müssen wie für θ bei Betrachtung der x'-Achse des Elements.
- Der Wert von $\epsilon_{y'}$ kann, wenn erforderlich, durch die Berechnung der ϵ-Koordinate von Punkt Q in Abbildung 11.10a bestimmt werden. Die Linie CQ ist um $180°$ gegenüber CP verdreht und verkörpert damit eine $90°$-Drehung der y'-Achse gegenüber der x'-Achse des Elements..

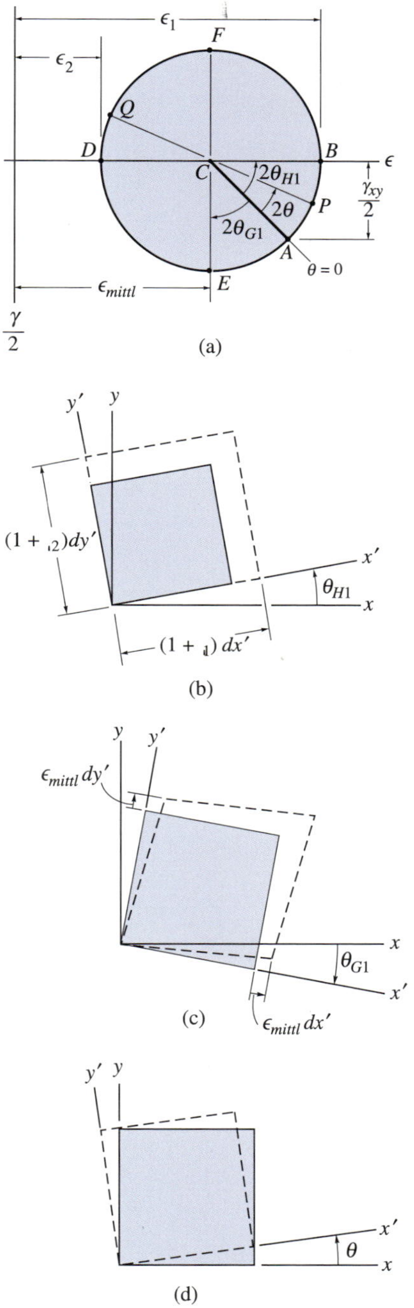

Abbildung 11.10

[1] Wenn man stattdessen die $\gamma/2$-Achse mit der *positiven* Richtung *nach oben* ausrichten würde, dann müsste der Winkel 2θ am Kreis in die *entgegengesetzte Richtung* der Orientierung θ der Schnittebenen gemessen werden.

Beispiel 11.4

An einem Punkt wird der ebene Verzerrungszustand durch ϵ_x, ϵ_y und γ_{xy} charakterisiert. Bestimmen Sie die Hauptdehnungen und die zugehörige Orientierung des Elements.

$\epsilon_x = 250(10^{-6})$, $\epsilon_y = -150(10^{-6})$, $\gamma_{xy} = 120(10^{-6})$

Lösung

Konstruktion des Kreises In Abbildung 11.11a sind die ϵ- und $\gamma/2$-Achsen aufgezeichnet. Beachten Sie, dass die *positive* $\gamma/2$-Achse *nach unten* weisen muss, so dass Drehungen des Elements *entgegen dem Uhrzeigersinn* mit *entgegen dem Uhrzeigersinn* geführten Drehungen im Kreis korrespondieren und umgekehrt. Der Kreismittelpunkt befindet sich auf der ϵ-Achse bei

$$\epsilon_{mittl} = \frac{\epsilon_x + \epsilon_y}{2} = \frac{250 + (-150)}{2}\left(10^{-6}\right) = 50\ (10^{-6})$$

Da $\gamma_{xy}/2 = 60\ (10^{-6})$ beträgt, besitzt der Referenzpunkt A ($\theta = 0°$) die Koordinaten A $(250(10^{-6});\ 60\ (10^{-6}))$. Aus dem gekennzeichneten Dreieck, Abbildung 11.11a, ergibt sich der Radius des Kreises als CA, d.h.

$$R = \sqrt{\left(\epsilon_x - \epsilon_{mittl}\right)^2 + \left(\frac{\gamma_{xy}}{2}\right)^2} = \sqrt{(250-50)^2 + \left(\frac{120}{2}\right)^2}\left(10^{-6}\right) = 208{,}8\left(10^{-6}\right)$$

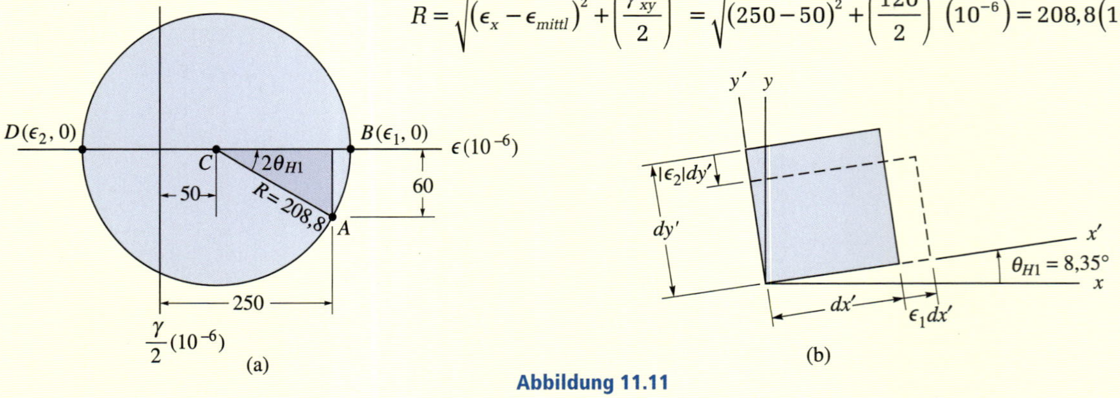

Abbildung 11.11

Hauptdehnungen Die ϵ-Koordinaten der Punkte B und D repräsentieren die Hauptdehnungen. Diese sind

$$\epsilon_1 = (50 + 208{,}8)(10^{-6}) = 259\ (10^{-6})$$
$$\epsilon_2 = (50 - 208{,}8)(10^{-6}) = -159\ (10^{-6})$$

Die Richtung der positiven Hauptdehnung ϵ_1 wird durch den entgegen dem Uhrzeigersinn gerichteten Winkel $2\theta_{H1}$ definiert und wird von der radialen Referenzlinie CA zur Linie CB gemessen. Wir erhalten

$$\tan 2\theta_{H1} = \frac{\frac{\gamma_{xy}}{2}}{\epsilon_x - \epsilon_y} = \frac{60\left(10^{-6}\right)}{(250-50)\left(10^{-6}\right)} = 0{,}3$$

$$2\theta_{H1} = 16{,}7° \qquad \theta_{H1} = 8{,}35°$$

Damit ist die Seite dx' des Elements wie in Abbildung 11.11b zu sehen entgegen dem Uhrzeigersinn um $8{,}35°$ gedreht, womit zudem die Richtung von ϵ_1 definiert ist. In der Abbildung ist auch die Verformung des Elements angegeben.

Beispiel 11.5 An einem Punkt wird der ebene Verzerrungszustand durch ϵ_x, ϵ_y und γ_{xy} charakterisiert. Bestimmen Sie die Hauptgleitung des ebenen Verzerrungszustandes und die zugehörige Orientierung eines Elements.

$\epsilon_x = 250(10^{-6})$, $\epsilon_y = -150(10^{-6})$, $\gamma_{xy} = 120(10^{-6})$

Lösung

Der Kreis wurde bereits im vorhergehenden Beispiel konstruiert. Er ist in Abbildung 11.12a dargestellt.

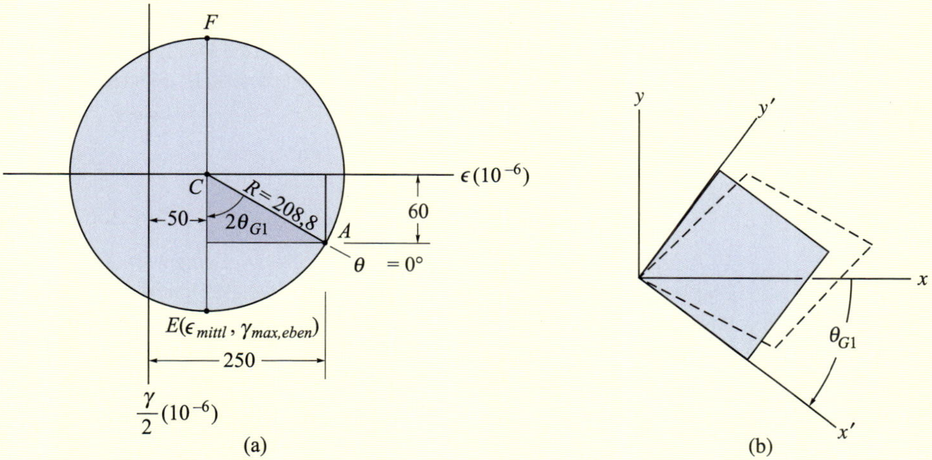

Abbildung 11.12

Hauptgleitung in der Ebene Durch die Koordinaten der Punkte E oder F auf dem Kreis werden die halbe Hauptgleitung des ebenen Verzerrungszustandes und die zugehörige mittlere Dehnung repräsentiert. Aus den Koordinaten von Punkt E ergibt sich

$$\frac{(\gamma_{x'y'})_{max,eben}}{2} = R = 208{,}8(10^{-6})$$

$$(\gamma_{x'y'})_{max,eben} = 418(10^{-6})$$

$$\epsilon_{mittl} = 50\ (10^{-6})$$

Für die Orientierung des Elements bestimmen wir den Winkel $2\theta_{G1}$ im Uhrzeigersinn aus dem Kreis:

$$2\theta_{G1} = 90° - 2(8{,}35°)$$

$$\theta_{G1} = 36{,}6°$$

Dieser Winkel ist in Abbildung 11.12b dargestellt. Da die über den Punkt E des Kreises definierte Gleitung einen positiven Wert hat und die mittlere Dehnung ebenfalls positiv ist, verformt sich das Element wie in der Abbildung gestrichelt gekennzeichnet.

Beispiel 11.6

An einem Punkt wird der ebene Verzerrungszustand durch ϵ_x, ϵ_y und γ_{xy} charakterisiert. Bestimmen Sie die Dehnungen und die Gleitung an einem Element, das um 20° im Uhrzeigersinn aus der angegeben Position gedreht ist.

$\epsilon_x = -300(10^{-6})$, $\epsilon_y = -100(10^{-6})$, $\gamma_{xy} = 100(10^{-6})$

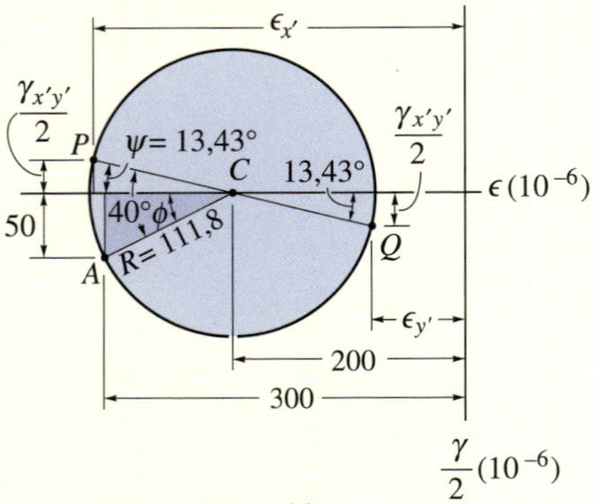

(a)

Lösung

Konstruktion des Kreises In Abbildung 11.13a sind die ϵ- und $\gamma/2$-Achsen eingezeichnet. Der Kreismittelpunkt liegt auf der ϵ-Achse bei

$$\epsilon_{mittl} = \frac{\epsilon_x + \epsilon_y}{2} = \left(\frac{-300-100}{2}\right)\left(10^{-6}\right) = -200\left(10^{-6}\right)$$

Der Referenzpunkt A hat die Koordinaten A $(-300(10^{-6});\ 50(10^{-6}))$. Der Radius CA, bestimmt aus dem gekennzeichneten Dreieck, ist demnach

$$R = \sqrt{\left(\epsilon_x - \epsilon_{mittl}\right)^2 + \left(\frac{\gamma_{xy}}{2}\right)^2} = \sqrt{(300-200)^2 + \left(\frac{100}{2}\right)^2}\,\left(10^{-6}\right)$$

$$R = 111{,}8\ (10^{-6})$$

Verzerrungen am geneigten Element Da das Element um 20° im Uhrzeigersinn gedreht werden soll, müssen wir eine radiale Strecke CP einführen, die um $2(20°) = 40°$ im Uhrzeigersinn, gemessen von CA $(\theta = 0°)$, Abbildung 11.13a, gedreht wird. Die Koordinaten von Punkt P $(\epsilon_{x'};\ \gamma_{x'y'}/2)$ erhält man aus der Kreisgeometrie. Achten Sie auf die Winkelgrößen, die sich wie folgt ergeben:

$$\phi = \arctan\left(\frac{\gamma_{xy}/2}{\left|\epsilon_x - \epsilon_{mittl}\right|}\right) = \arctan\left(\frac{50}{300-200}\right) = \arctan(0{,}5) = 26{,}57°$$

$$\psi = 2(20)° - \phi = 40° - 26{,}57° = 13{,}43°$$

Demzufolge sind

$$\epsilon_{x'} = -(\epsilon_{mittl} + R\cos\psi) = -(200 + 111{,}8\cos 13{,}43°)\ (10^{-6})$$

$$\epsilon_{x'} = -309\ (10^{-6})$$

$$\frac{\gamma_{x'y'}}{2} = -(R\sin\psi) = -(111{,}8\sin 13{,}43°)\left(10^{-6}\right) = -25{,}96\left(10^{-6}\right)$$

$$\gamma_{x'y'} = -52{,}0\ (10^{-6})$$

Die Dehnung $\epsilon_{y'}$ kann aus der ϵ-Koordinate von Punkt Q auf dem Kreis ermittelt werden, Abbildung 11.13a. Warum?

$$\epsilon_{y'} = (\epsilon_{mittl} + R\cos\psi) = (-200 + 111{,}8\cos 13{,}43°)\ (10^{-6})$$

$$\epsilon_{y'} = -91{,}3(10^{-6})$$

Diese Verzerrungen verformen das Element mit Bezug auf die x',y'-Achsen wie in Abbildung 11.13b angegeben.

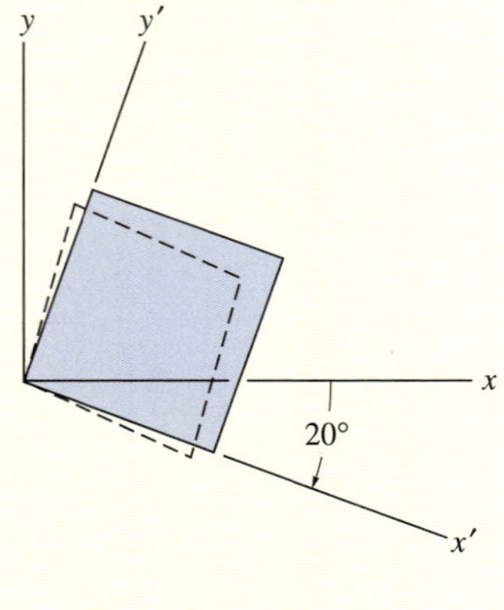

(b)

Abbildung 11.13

*11.4 Räumlicher Verzerrungszustand, Verzerrungs-Verschiebungs-Zusammenhang

Die Methoden zur Beschreibung des ebenen Verzerrungszustandes lassen sich ohne besondere Mühe auf den allgemeinen räumlichen Fall ausdehnen.

Zu den bisher genannten Verzerrungen treten die Dehnung ϵ_z und die Gleitungen γ_{xz}, γ_{yz} hinzu. Da in der Ebene Transformationsformeln zur Berechnung der Verzerrungen bezüglich eines gedrehten Koordinatensystems hergeleitet wurden, die den Spannungstransformationsgleichungen völlig analog waren, lassen sich auch im räumlichen Fall Transformationsgleichungen angeben, die denen in Abschnitt 10.7 für die Spannungen völlig entsprechen. Der räumliche Verzerrungszustand wird demnach durch einen *Verzerrungstensor* **V** beschrieben, der bezüglich eines gegebenen *x,y,z*-Koordinatensystems durch die symmetrische Matrix

$$\mathbf{V} = \begin{bmatrix} \epsilon_x & \gamma_{xy}/2 & \gamma_{xz}/2 \\ \gamma_{xy}/2 & \epsilon_y & \gamma_{yz}/2 \\ \gamma_{xz}/2 & \gamma_{yz}/2 & \epsilon_z \end{bmatrix} \tag{11.14}$$

repräsentiert wird. Da bereits in Abschnitt 11.2 im Zusammenhang mit den Transformationsgleichungen (11.5) bis (11.7) die Korrespondenz σ_x, σ_y, mit ϵ_x, ϵ_y, und τ_{xy} mit $\gamma_{xy}/2$ offensichtlich wurde, ist es konsequent, generell halbe Gleitungen als entsprechende Koordinaten des Verzerrungstensors **V** zu verwenden.

Auch die restlichen Beziehungen des Abschnitts 10.7 zur Transformation des räumlichen Spannungszustandes, z. B. Gleichung (10.15), lassen sich auf den räumlichen Verzerrungszustand übertragen, um für einen allgemeinen schiefen Schnitt die zugehörigen Dehnungen und Gleitungen auszurechnen. Im Detail sollen diese Rechnungen jedoch hier nicht mehr vorgeführt werden.

Was allerdings noch ergänzend diskutiert werden soll, sind lineare Zusammenhänge zwischen kleinen Verzerrungen und Verschiebungen, wenn beispielsweise mit ebenen Betrachtungen beginnend die Verzerrung eines Flächenelements gemäß Abbildung 11.14 untersucht wird. Vor der Verformung stellt dieses zunächst ein kleines Rechteck mit den Längen Δx und Δy dar, das vor der Verformung parallel zu den Achsen eines raumfesten *x,y*-Systems ausgerichtet ist. Nach der Verformung ist der Eckpunkt $P(x,y)$ des Rechtecks verschoben und das ursprüngliche kleine Rechteckelement hat sich dabei in erster Näherung zu einem Parallelogramm verzerrt, wobei die auftretenden Winkel α und β ebenfalls klein sind. Die restlichen Ecken des unverformten Rechtecks *A,B* und *C* haben die Koordinaten $(x,\ y+\Delta y)$, $(x+\Delta x,\ y+\Delta y)$ und $(x+\Delta x,\ y)$. Jede Ecke wird in *x*- und *y*-Richtung verschoben. Diese Verschiebungen werden *u* und *v* genannt und sind beide Funktionen der Koordinaten, an denen sich der verschobene Punkt ursprünglich befand. So sind z.B.

$u(x, y+\Delta y)$ und $v(x, y+\Delta y)$ die Verschiebungen des Eckpunktes A. Für alle Eckpunkte sind die Verschiebungen in Abbildung 11.14 angegeben.

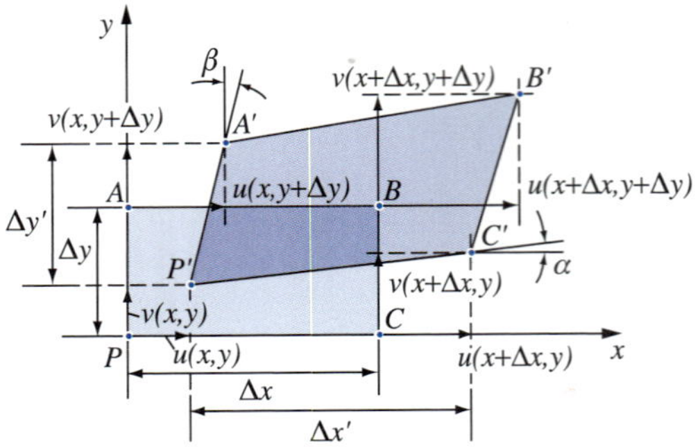

Abbildung 11.14

Eine Taylor-Entwicklung der Verschiebung $u(x+\Delta x, y+\Delta y)$ und $v(x+\Delta x, y+\Delta y)$ um den Punkt $P(x,y)$ liefert

$$u(x+\Delta x, y+\Delta y) = u(x,y) + \left.\frac{\partial u}{\partial x}\right|_{x,y} \Delta x + \left.\frac{\partial u}{\partial y}\right|_{x,y} \Delta y + \ldots$$

$$v(x+\Delta x, y+\Delta y) = v(x,y) + \left.\frac{\partial v}{\partial x}\right|_{x,y} \Delta x + \left.\frac{\partial v}{\partial y}\right|_{x,y} \Delta y + \ldots$$

womit die Basis für die folgende Rechnung gelegt ist.

Als Maße für die Verformung des Rechtecks interessieren zunächst die Längenänderungen seiner Seiten, die man durch die Verschiebungen allerdings einfach ausdrücken kann. Die Seiten der Länge Δx ändern nämlich in erster Näherung ihre Länge um $\Delta u = u(x+\Delta x, y) - u(x, y)$ und Einsetzen der entsprechenden Taylor-Entwicklung und der Grenzübergang zu differenziellen Größen liefert die Dehnung

$$\epsilon_x = \lim_{\Delta x \to 0} \frac{\Delta u}{\Delta x} = \frac{\partial u}{\partial x} \qquad (11.15)$$

in x-Richtung in Abhängigkeit von der zugehörigen Verschiebung $u(x,y)$. Da die Verschiebungsfelder $u(x, y)$ und $v(x, y)$ von mehreren unabhängigen Variablen abhängen, hat man innerhalb der Verzerrungs-Verschiebungs-Relationen partielle Ableitungen zu nehmen. Ganz analog erhält man für die Längenänderung Δv der vertikalen Seite Δy die Dehnung

$$\epsilon_y = \lim_{\Delta x \to 0} \frac{\Delta v}{\Delta y} = \frac{\partial v}{\partial y} \qquad (11.16)$$

in y-Richtung in Abhängigkeit von $v(x, y)$.

Auch die Winkel α und β können aus dem Verschiebungsfeld $u(x, y)$, $v(x, y)$ berechnet werden. Es ist

$$\tan\alpha = \frac{v(x+\Delta x, y) - v(x,y)}{\Delta x + u(x+\Delta x, y) - u(x,y)} = \frac{\dfrac{v(x+\Delta x, y) - v(x,y)}{\Delta x}}{1+\dfrac{u(x+\Delta x, y - u(x,y))}{\Delta x}}$$

und der Grenzübergang $\Delta x \to 0$ ergibt

$$\tan\alpha = \left(\frac{\partial v}{\partial x}\right) \Big/ \left(1+\frac{\partial u}{\partial x}\right)$$

und damit wegen $\left|\frac{\partial u}{\partial x}\right| << 1$

$$\alpha = \frac{\partial v}{\partial x}$$

Entsprechend gilt

$$\beta = \frac{\partial u}{\partial y}$$

und die Änderung des rechten Winkels des Elements ist offensichtlich die Summe $\alpha + \beta$, d.h. die Gleitung ist

$$\gamma_{xy} = \frac{\partial u}{\partial y} + \frac{\partial v}{\partial x} \qquad (11.17)$$

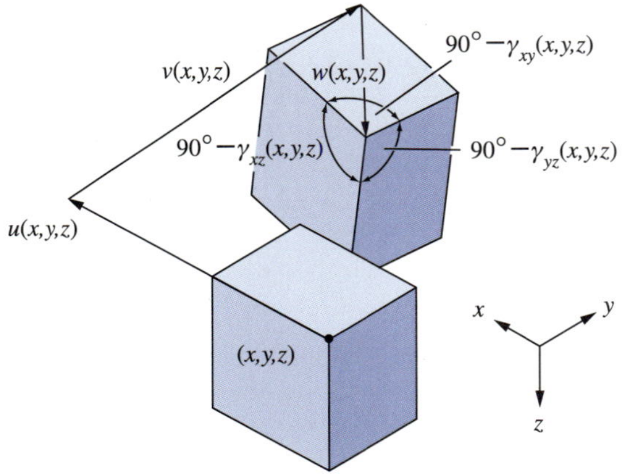

Abbildung 11.15

Ganz analog sind die Verhältnisse im räumlichen Fall. Hierzu betrachten wir Abbildung 11.15, die im Vordergrund vor der Verformung einen Quader der Abmessungen Δx, Δy und Δz mit Kanten parallel zu den Achsen eines raumfesten x,y,z-Systems zeigt. Nach der Verschiebung des Eckpunktes $P(x,y,z)$ um $u(x,y)$ in x-Richtung, um $v(x,y)$ in y-Richtung und $w(x,y)$ in z-Richtung verzerrt sich der Quader bei hinreichend kleinen Abmessungen in ein Parallelepiped mit veränderten Längen und Winkeln. Für jeden Eckpunkt müssen Verschiebungen in allen drei Achsenrichtungen und jeweils als Funktion von allen drei Koordinaten definiert werden. Entsprechend den Überlegungen, die zu den Dehnungen ϵ_x und ϵ_y und der Gleitung γ_{xy} führen, kann man jetzt insgesamt drei Dehnungen und drei Gleitungen angeben:

$$\begin{aligned}
&\epsilon_x(x,y,z) = \frac{\partial u}{\partial x},\ \epsilon_y(x,y,z) = \frac{\partial v}{\partial y},\ \epsilon_z(x,y,z) = \frac{\partial w}{\partial z},\\
&\gamma_{xy}(x,y,z) = \gamma_{yx}(x,y,z) = \frac{\partial v}{\partial x} + \frac{\partial u}{\partial y},\\
&\gamma_{yz}(x,y,z) = \gamma_{zy}(x,y,z) = \frac{\partial w}{\partial y} + \frac{\partial v}{\partial z},\\
&\gamma_{zx}(x,y,z) = \gamma_{xz}(x,y,z) = \frac{\partial u}{\partial z} + \frac{\partial w}{\partial x}
\end{aligned} \tag{11.18}$$

Die Dehnungen und Gleitungen sind damit durch Verschiebungsableitungen bestimmt. Umgekehrt erhält man die Verschiebungen aus den Verzerrungen durch Integration. Dann sind jedoch *drei Verträglichkeitsbedingungen* im Sinne von *drei Integrabilitätsbedingungen* notwendig, da aus insgesamt *sechs* Verzerrungen (für einen symmetrischen Verzerrungstensor) nur *drei* Verschiebungen resultieren. Eine erste Bedingung erhält man aus dem Vergleich von $\partial^2\epsilon_x/\partial y^2 + \partial^2\epsilon_y/\partial x^2$ mit $\partial^2\gamma_{xy}/(\partial x\,\partial y)$. Nach Einsetzen der Verschiebungsableitungen erkennt man, dass diese beiden Anteile gleich sind, so dass ein innerer geometrischer Zusammenhang der Verzerrungen in der Form

$$\frac{\partial^2\epsilon_x}{\partial y^2} + \frac{\partial^2\epsilon_y}{\partial x^2} - \frac{\partial^2\gamma_{xy}}{\partial x\partial y} = 0 \tag{11.19}$$

gelten muss. Zwei weitere Verträglichkeitsbedingungen erhält man durch zyklisches Vertauschen der Indizes:

$$\frac{\partial^2\epsilon_y}{\partial z^2} + \frac{\partial^2\epsilon_z}{\partial y^2} - \frac{\partial^2\gamma_{yz}}{\partial y\partial z} = 0,\quad \frac{\partial^2\epsilon_z}{\partial x^2} + \frac{\partial^2\epsilon_x}{\partial z^2} - \frac{\partial^2\gamma_{zx}}{\partial z\partial x} = 0 \tag{11.20}$$

Möchte man im Rahmen von elastizitätstheoretischen Aufgabenstellungen den allgemeinen Spannungs- und Verzerrungszustand bei vorgegebener Belastung und Auflagerung eines Körpers berechnen, sind diese *drei* Verträglichkeitsbedingungen wichtig, wie wir in Abschnitt 12.3 noch sehen werden.

Wichtige Punkte zur Lösung von Aufgaben

- Der allgemeine Verzerrungszustand im Innern eines homogenen und isotropen Körpers wird durch einen symmetrischen Verzerrungstensor mit drei Dehnungen und drei Gleitungen repräsentiert.
- Die sechs Verzerrungskoordinaten lassen sich durch neun Verschiebungsableitungen ausdrücken.
- Die Verzerrungen sind nicht unabhängig; es existieren drei Kompatibilitätsbedingungen.

Beispiel 11.7 Der rechteckige Blechstreifen in Abbildung 11.16 wird in der x,y-Ebene so verformt, dass alle Parallelen zur x-Achse in Parallelen zur Parabel $y = ax^2$ übergehen, während alle Parallelen zur y-Achse in sich verschoben werden. Die Parabel wird durch den Punkt $P(x_0,y_0)$ bestimmt. Wie groß ist die Gleitung γ_{xy} des Bleches als Funktion von x für alle Punkte, die vor der Verformung auf der Geraden $y =$ konst. lagen?

$x_0 = 1000$ mm, $y_0 = 10$ mm

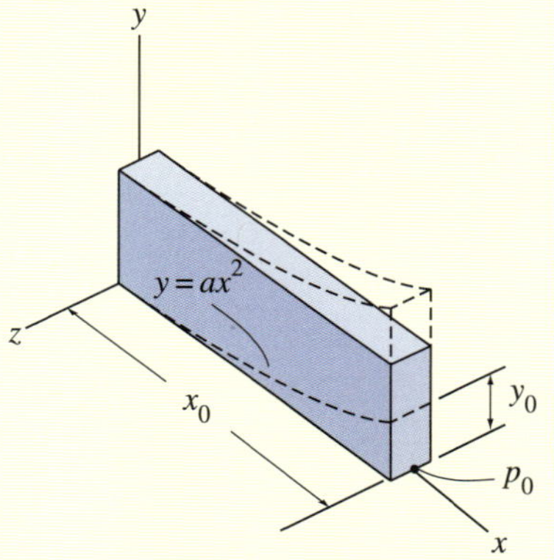

Abbildung 11.16

Lösung

Nach Gleichung (11.18) ist

$$\gamma_{xy} = \frac{\partial v}{\partial x} + \frac{\partial u}{\partial y}$$

Im vorliegenden Fall sind die Verschiebungen u in x- und v in y-Richtung

$$u(x,y) \equiv 0, \quad v(x,y) = ax^2$$

Darin wird a aus der Gleichung

$$v(x_0,0) = ax_0^2 = y_0$$

zu

$$a = \frac{y_0}{x_0^2} = 10^{-5}\,\text{mm}^{-1}$$

berechnet. Damit ist

$$\gamma_{xy}(x,y) = 2ax = 2x \cdot 10^{-5}\,\text{mm}^{-1}$$

Beispiel 11.8

Betrachtet wird ein Körper, dessen Verschiebungen über das Verschiebungsfeld

$$u(x,y,z) = ax^2 + bx^2y^2 + cy^4,$$
$$v(x,y,z) = dz^2 + ex^2z^2 + fz^4,$$
$$w(x,y,z) = gy^2 + hx^2z^2$$

mit den bekannten Konstanten a bis h gegeben sind. Bestimmen Sie die Dehnungen und die Gleitungen an einem beliebigen Punkt $P(x,y,z)$. Überprüfen Sie, ob die Kompatibilitätsbedingungen erfüllt sind.

Lösung

Die Dehnungen lassen sich zu

$$\epsilon_x = \frac{\partial u}{\partial x} = 2ax + 2bxy^2$$

$$\epsilon_y = \frac{\partial v}{\partial y} = 0$$

$$\epsilon_z = \frac{\partial w}{\partial z} = 2hx^2z$$

und die Gleitungen zu

$$\gamma_{xy} = \gamma_{yx} = \frac{\partial u}{\partial y} + \frac{\partial v}{\partial x} = 2bx^2y + 4cy^3 + 2exz^2,$$
$$\gamma_{xz} = \gamma_{zx} = \frac{\partial u}{\partial z} + \frac{\partial w}{\partial x} = 2hxz^2,$$
$$\gamma_{yz} = \gamma_{zy} = \frac{\partial v}{\partial z} + \frac{\partial w}{\partial y} = 2dz + 2ex^2z + 4fz^3 + 2gy$$

berechnen. Die Kompatibilitätsgleichungen ergeben

$$\frac{\partial^2\epsilon_x}{\partial y^2} + \frac{\partial^2\epsilon_y}{\partial x^2} - \frac{\partial^2\gamma_{xy}}{\partial x\partial y} = 4bx + 0 - 4bx = 0,$$
$$\frac{\partial^2\epsilon_y}{\partial z^2} + \frac{\partial^2\epsilon_z}{\partial y^2} - \frac{\partial^2\gamma_{yz}}{\partial y\partial z} = 0 + 0 - 0 = 0,$$
$$\frac{\partial^2\epsilon_z}{\partial x^2} + \frac{\partial^2\epsilon_x}{\partial z^2} - \frac{\partial^2\gamma_{xz}}{\partial x\partial z} = 4hz + 0 - 4hz = 0$$

Die Kompatibilitätsgleichungen sind erfüllt. Dies war zu erwarten, da die Abhängigkeiten der Verschiebungen von den Koordinaten explizit vorgegeben wurden.

*11.5 Hauptachsentransformation, insgesamt größte Gleitung

Die Situation ist der für den allgemeinen räumlichen Spannungszustand gemäß Abschnitt 10.8 analog. An einem Punkt im Innern eines Körpers, an dem der allgemeine räumliche Verzerrungszustand vorliegt, ist es möglich, an dem betreffenden Punkt für *jeden* schiefen Schnitt mit der äußeren Flächennormalen **n** die entsprechenden Verzerrungen ϵ_n und γ_n (als Resultierende zweier orthogonaler Gleitungen in dieser Ebene) zu berechnen. Es muss dann auch wieder möglich sein, an dem Punkt eine eindeutige Orientierung eines Volumenelements so zu bestimmen, dass dieses lediglich Dehnungen bei verschwindenden Gleitungen, d.h. den Hauptdehnungen an seinen Begrenzungsflächen unterliegt. Wir suchen also im Allgemeinen nach Richtungen **n**, für die

$$\mathbf{V}^T\,\mathbf{n} = \mathbf{V}\,\mathbf{n} = \epsilon\,\mathbf{n}$$

bzw. unter Einführung einer 3×3- Einheitsmatrix **E**

$$(\mathbf{V} - \epsilon\,\mathbf{E})\mathbf{n} = \mathbf{0} \tag{11.21}$$

zu gelten hat, so dass dann die Koordinaten des Verzerrungstensors **V** reine Dehnungen werden. Gleichung (11.21) ist wie schon Gleichung (10.18) ein homogenes, lineares Gleichungssystem für **n**. *Nichttriviale* Lösungen sind nur für

$$\det(\mathbf{V} - \epsilon\,\mathbf{E}) = 0 \tag{11.22}$$

möglich. Die Auswertung der *charakteristischen Gleichung* (11.22) führt auf eine kubische Gleichung für die drei Hauptdehnungen ϵ_1 bis ϵ_3, die Gleichung (10.20) entspricht, wenn dort σ- und τ-Größen durch ϵ- und γ/2-Ausdrücke ersetzt werden.

Zu jeder dieser drei Lösungen gibt es jeweils auch einen Vektor bzw. eine Spaltenmatrix $\mathbf{n}_1$, $\mathbf{n}_2$ und $\mathbf{n}_3$. Man bestimmt sie, indem man die drei Lösungen ϵ_1, ϵ_2 und ϵ_3 nacheinander in Gleichung (11.21) einsetzt, einen der Bestandteile von **n** vorgibt, die anderen beiden ausrechnet und dann den Betrag auf eins normiert.

Die Wurzeln ϵ_1, ϵ_2 und ϵ_3 der charakteristischen Gleichung (11.22) werden *Eigenwerte* des *Eigenwertproblems* (11.21) genannt, die Größen $\mathbf{n}_1$, $\mathbf{n}_2$ und $\mathbf{n}_3$ sind die *Eigenvektoren*. Die immer reellen Eigenwerte ϵ_1, ϵ_2 und ϵ_3 sind die gesuchten *Hauptdehnungen*. Man kann sie wieder im Sinne eines Maximal-, eines Zwischen- und eines Minimalwertes ordnen: $\epsilon_1 \geq \epsilon_2 \geq \epsilon_3$. Die durch die Eigenvektoren bestimmten Richtungen nennt man *Hauptdehnungsrichtungen*. Auf Schnittflächen, die den Hauptdehnungen und damit den Hauptdehnungsrichtungen als äußere Einheitsnormale zugeordnet sind, verschwinden offensichtlich die Gleitungen.

In Abschnitt 10.8 wurde darauf hingewiesen, dass der räumliche Spannungszustand an einem Punkt durch ein Element mit spezieller Richtungsorientierung in der Weise repräsentiert werden kann, dass dieses Element lediglich den *Hauptnormalspannungen* mit ihren drei Werten σ_1, σ_2 und σ_3 unterliegt. Diese Spannungen bewirken für isotropes homogenes Material bei der ermittelten Schnittflächenorientierung (als Hauptspannungsebenen sind diese ja schubspannungsfrei) allein Verformungen in Form der zugehörigen *Hauptdehnungen* ϵ_1, ϵ_2 und ϵ_3 ohne Gleitungen. Die Hauptachsen des Spannungs- und des Verzerrungstensors an einem Punkt eines isotropen und homogenen Materials fallen demnach *zusammen*, die beiden Tensoren sind *koaxial.* In Abschnitt 11.2 wurde diese Tatsache bereits für den ebenen Fall erkannt; die Aussage gilt also für isotropes Material ganz allgemein.

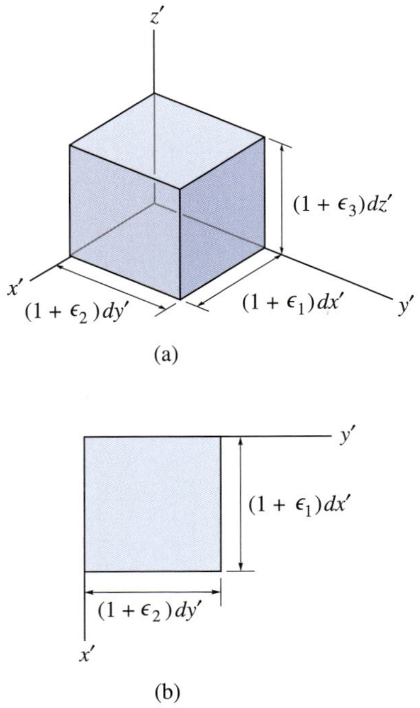

Nehmen wir an, dass die drei Hauptdehnungen die in Abbildung 11.17a dargestellten Längenänderungen der Kanten des Volumenelements entlang den x'-, y'-, z'-Achsen verursachen. Wenn wir weiter das Element in seine zweidimensionalen Ansichten projizieren, d.h. in die x',y'-, x',z'- und y',z'-Ebenen, Abbildung 11.17b, Abbildung 11.17c und Abbildung 11.17d, dann können wir den Mohr'schen Verzerrungskreis zur Bestimmung der jeweiligen *Hauptgleitungen in der betreffenden Ebene* anwenden. Zum Beispiel erstreckt sich der Durchmesser des Mohr'schen Verzerrungskreises für die Elementansicht der x',y'-Ebene, Abbildung 11.17b, zwischen ϵ_1 und ϵ_2, Abbildung 11.17e. Dieser Kreis gibt die Dehnungen und Gleitungen an einem Element wieder, wenn es durch Drehung um die z'-Achse seine Orientierung ändert. Gleichfalls sind in Abbildung 11.17e die Mohr'schen Kreise für die Elemente angegeben, deren Orientierung sich durch Drehung um die y'- bzw. x'-Achse ändert.

Aus diesen drei Kreisen ist erkennbar, dass die ***maximal mögliche Gleitung*** aus dem Kreis mit dem größten Radius bestimmt wird. Sie tritt an dem Element auf, dessen Originalposition in Abbildung 11.17a dunkelblau gekennzeichnet und in Abbildung 11.17c unmittelbar zu sehen ist, und eine Drehung um 45° um die y'-Achse erfährt. Damit gilt

$$\gamma_{insges\ max} = \epsilon_1 - \epsilon_3 \tag{11.23}$$

und

$$\epsilon_{mittl} = (\epsilon_1 + \epsilon_3)/2 \tag{11.24}$$

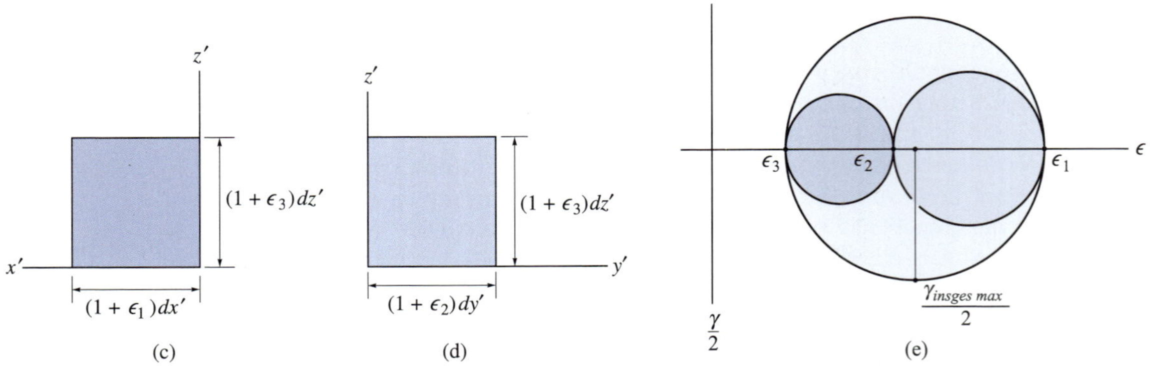

Abbildung 11.17

Ebener Verzerrungszustand Genau wie im Fall des ebenen Spannungszustandes hat die durchgeführte Berechnung eine wichtige Auswirkung, wenn im Material ein *ebener Verzerrungszustand* vorliegt, insbesondere, wenn die *Hauptdehnungen* das gleiche Vorzeichen besitzen, d.h. beide verursachen entweder eine Verlängerung oder eine Verkürzung der Seiten des Flächenelements. Für Hauptdehnungen, die z.B. die Werte ϵ_1 und ϵ_2 haben, während die dritte Dehnung den Wert $\epsilon_3 = 0$ besitzt, Abbildung 11.18a, zeigen die drei Mohr'schen Verzerrungskreise, Abbildung 11.18b, die Dehnungen und Gleitungen für Flächenelemente, die durch Drehung um die x'-, y'- oder die z'-Achse ihre Orientierung ändern können. Aus der Abbildung ist erkennbar, dass der größte Kreis den Radius $R = (\gamma_{x'y'})_{max}/\,2$ hat. Damit ist

$$\gamma_{insges\ max} = (\gamma_{x'y'})_{max} = \epsilon_1$$

Dieser Wert verkörpert die ***insgesamt größte Gleitung*** für den betrachteten Körper. Beachten Sie, dass sie *größer* ist als die Hauptgleitung in derjenigen Ebene, deren Wert sich aus $(\gamma_{x'y'})_{max} = \epsilon_1 - \epsilon_2$ ergibt.

Wenn andererseits die Hauptdehnungen in der Ebene unterschiedliche Vorzeichen haben, dann verursacht ϵ_1 eine Verlängerung und ϵ_3 eine Verkürzung der entsprechenden Seitenlängen (bei verschwindender Hauptdehnung $\epsilon_2 = 0$), Abbildung 11.19a. In Abbildung 11.19b sind die dafür relevanten Mohr'schen Kreise dargestellt, und in diesem Fall ist tatsächlich

$$\gamma_{insges\ max} = (\gamma_{x'y'})_{max} = \epsilon_1 - \epsilon_3$$

Damit kann folgende Zusammenfassung gegeben werden: Haben die beiden Hauptdehnungen eines ebenen Verzerrungszustandes das *gleiche Vorzeichen*, steht die *größtmögliche Gleitung* auf dieser Ebene senkrecht und besitzt den Wert $\gamma_{insges\ max} = \epsilon_1$ oder $\gamma_{insges\ max} = |\epsilon_3|$, falls ϵ_3 negativ und betragsmäßig größer als ϵ_1 ist. Besitzen die beiden Hauptdehnungen eines ebenen Verzerrungszustandes allerdings unterschiedliche Vorzeichen, dann ist die größtmögliche Gleitung *gleich* der Hauptgleitung dieses ebenen Verzerrungszustandes.

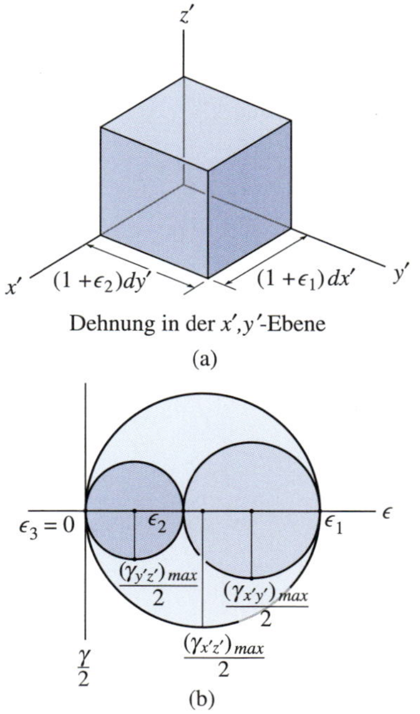

Abbildung 11.18

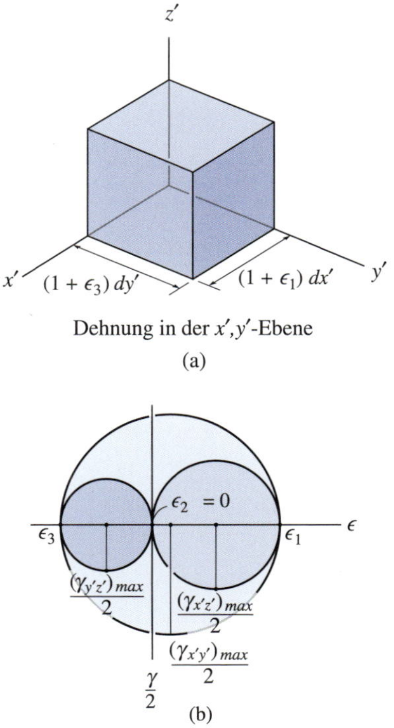

Abbildung 11.19

Wichtige Punkte zur Lösung von Aufgaben

- Der allgemeine Verzerrungszustand an einem Punkt kann über ein Element repräsentiert werden, das in einer Weise orientiert ist, dass an ihm nur drei Hauptdehnungen ohne Gleitungen auftreten.
- Aus dieser Orientierung kann man die Orientierung des Elements erhalten, das die absolut größte Gleitung verkörpert, indem man es um 45° um jene Achse dreht, welche die Richtung von ϵ_2 definiert.
- Bei einer Vorzeichenübereinstimmung der Hauptdehnungen eines ebenen Verzerrungszustandes ist die insgesamt größte Gleitung *größer* als die Hauptgleitung in der betreffenden Ebene. In diesem Fall zeigt die größtmögliche Gleitung aus der Ebene heraus.

Beispiel 11.9

An einem Punkt wird der ebene Verzerrungszustand durch die Verzerrungen ϵ_x, ϵ_y und γ_{xy} charakterisiert. Bestimmen Sie die Hauptgleitung des ebenen Verzerrungszustandes und die größtmögliche Gleitung.

$\epsilon_x = -400(10^{-6})$, $\epsilon_y = 200(10^{-6})$, $\gamma_{xy} = 150(10^{-6})$

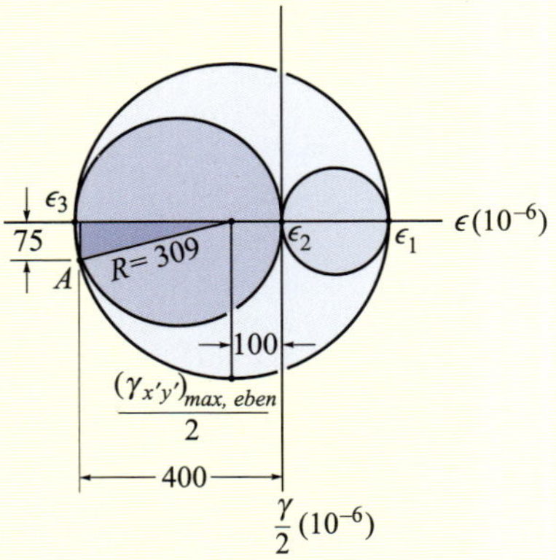

Abbildung 11.20

Lösung

Hauptgleitung des ebenen Verzerrungszustandes Wir lösen die Aufgabe mit Hilfe des Mohr'schen Verzerrungskreises. Aus den Dehnungen ermitteln wir den Kreismittelpunkt auf der ϵ-Achse bei

$$\epsilon_{mittl} = \frac{\epsilon_x + \epsilon_y}{2} = \left(\frac{-400+200}{2}\right)(10^{-6})$$

$$\epsilon_{mittl} = -100(10^{-6})$$

Weil $\gamma_{xy}/2 = 75(10^{-6})$ ist, besitzt der Referenzpunkt die Koordinaten $A(-400(10^{-6});\ 75(10^{-6}))$. Wie in Abbildung 11.20 zu sehen, ergibt sich der Radius damit als

$$R = \sqrt{(\epsilon_x - \epsilon_{mittl})^2 + \left(\frac{\gamma_{xy}}{2}\right)^2} = \left[\sqrt{(400-100)^2 + \left(\frac{150}{2}\right)^2}\right](10^{-6})$$

$$R = 309(10^{-6})$$

Wir berechnen die Hauptdehnungen in der Ebene und erhalten

$$\epsilon_1 = \epsilon_{mittl} + R = (-100 + 309)(10^{-6}) = 209(10^{-6})$$

$$\epsilon_2 = \epsilon_{mittl} - R = (-100 - 309)(10^{-6}) = -409(10^{-6})$$

Aus dem Kreis entnehmen wir weiterhin die Hauptgleitung in der Form

$$\gamma_{max,eben} = \epsilon_1 - \epsilon_2 = [209 - (-409)](10^{-6}) = 618(10^{-6})$$

Insgesamt größte Gleitung Die gefundenen Resultate ergeben räumlich betrachtet

$$\epsilon_1 = 209(10^{-6})$$

$$\epsilon_2 = 0$$

$$\epsilon_3 = -409(10^{-6})$$

In Abbildung 11.20 sind zusätzlich die drei Mohr'schen Kreise dargestellt, die unterschiedliche Ansichten auf orthogonale Schnittebenen in Richtung der der x'-, y'- und z'-Achsen repräsentieren. Man sieht, dass die berechnete Hauptgleitung des vorliegenden ebenen Verzerrungszustandes auch die insgesamt größte Gleitung ist, denn die berechneten Hauptdehnungen haben unterschiedliches Vorzeichen, d.h.

$$\gamma_{insges\ max} = \gamma_{max,eben} = 618(10^{-6})$$

Beispiel 11.10 An einem Punkt liegt ein räumlicher Verzerrungszustand vor, der durch die Verzerrungen

$\epsilon_x = 400(10^{-6})$, $\epsilon_y = 100(10^{-6})$, $\epsilon_z = -200(10^{-6})$, $\gamma_{xy} = 200(10^{-6})$, $\gamma_{xz} = -200(10^{-6})$, $\gamma_{yz} = 0$

charakterisiert ist. Bestimmen Sie die Hauptdehnungen und die Einheitsvektoren ihrer Richtungen. Wie groß ist die größtmögliche Gleitung im Material? Zeichnen Sie die zugehörigen Mohr'schen Kreise.

Lösung

Hauptdehnungen und Hauptrichtungen Mit den angegebenen Dehnungen und Gleitungen ergibt sich die Verzerrungsmatrix

$$\mathbf{V} = \begin{bmatrix} \epsilon_x & \gamma_{xy}/2 & \gamma_{xz}/2 \\ \gamma_{xy}/2 & \epsilon_y & \gamma_{yz}/2 \\ \gamma_{xz}/2 & \gamma_{yz}/2 & \epsilon_z \end{bmatrix} = \begin{bmatrix} 400 & 100 & -100 \\ 100 & 100 & 0 \\ -100 & 0 & -200 \end{bmatrix} \left(10^{-6}\right)$$

Über die Beziehung

$$\left(\mathbf{V} - \epsilon\,\mathbf{E}\right)\mathbf{n} = \mathbf{0}$$

d.h.

$$\begin{bmatrix} 400\cdot 10^{-6} - \epsilon & 100\cdot 10^{-6} & -100\cdot 10^{-6} \\ 100\cdot 10^{-6} & 100\cdot 10^{-6} - \epsilon & 0 \\ -100\cdot 10^{-6} & 0 & -200\cdot 10^{-6} - \epsilon \end{bmatrix} \begin{bmatrix} n_1 \\ n_2 \\ n_3 \end{bmatrix} = \begin{bmatrix} 0 \\ 0 \\ 0 \end{bmatrix}$$

folgen aus

$$\det\left(\mathbf{V} - \epsilon\,\mathbf{E}\right) = 0 = \det \begin{bmatrix} 400\cdot 10^{-6} - \epsilon & 100\cdot 10^{-6} & -100\cdot 10^{-6} \\ 100\cdot 10^{-6} & 100\cdot 10^{-6} - \epsilon & 0 \\ -100\cdot 10^{-6} & 0 & -200\cdot 10^{-6} - \epsilon \end{bmatrix} = 0$$

die Eigenwerte

$$\epsilon_1 = 444{,}5(10^{-6})$$

$$\epsilon_2 = 72{,}5(10^{-6})$$

$$\epsilon_3 = -\,217{,}1(10^{-6})$$

Für die Hauptdehnung ϵ_1 folgt die Richtung des Normalenvektors aus

$$(100(10^{-6}) - \epsilon_1)\, n_{11} + 100(10^{-6})\, n_{21} \;-\; 100(10^{-6})\, n_{31} = 0$$

$$100(10^{-6})\, n_{11} + (100(10^{-6}) - \epsilon_1)\, n_{21} = 0$$

wobei n_{31} z.B. durch $n_{31} = 1$ vorgegeben werden kann.

Dies führt auf

$$n_{11} = -6{,}445,\quad n_{21} = -1{,}871$$

und damit auf den Normalenvektor

$$\bar{\mathbf{n}}_1 = \left(n_{11}, n_{21}, n_{31}\right)^T = \left(-6{,}445;-1{,}871;1\right)^T$$

beziehungsweise nach Normierung auf den zugehörigen Einheitsvektor

$$\mathbf{n}_1 = \frac{\bar{\mathbf{n}}_1}{\left|\bar{\mathbf{n}}_1\right|} = \left(-0{,}95;-0{,}28;0{,}15\right)^T$$

Analog folgen die zu ϵ_2 und ϵ_3 gehörenden Schnittflächeneinheitsvektoren

$$\bar{\mathbf{n}}_2 = \left(-0{,}26;0{,}96;0{,}10\right)^T,$$
$$\bar{\mathbf{n}}_3 = \left(0{,}17;-0{,}05;0{,}98\right)^T$$

Größtmögliche Gleitung und Mohr'sche Kreise Da die Dehnungen ϵ_1 und ϵ_3 unterschiedliches Vorzeichen haben, ist die maximal mögliche Gleitung

$$\gamma_{insges\ max} = \epsilon_1 - \epsilon_3 = (444{,}5 + 217{,}1)(10^{-6}) = 661{,}6(10^{-6})$$

Die entsprechenden Mohr'schen Kreise sind in Abbildung 11.21 dargestellt.

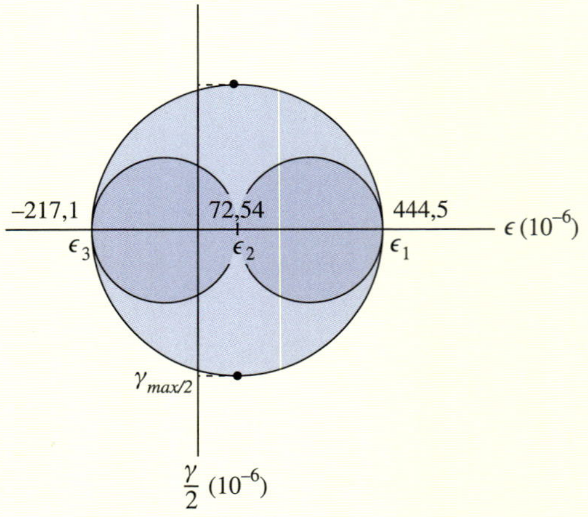

Abbildung 11.21

11.6 Dehnungsmessung

In Abschnitt 3.1 wurde erwähnt, dass man an einem Probekörper im Zugversuch die Dehnungen mit Hilfe von so genannten ***Dehnmessstreifen*** messen kann, wobei diese Streifen aus einem Gitternetz aus dünnen Drähten oder einer Metallfolie bestehen, die über einen Kunststoffträger auf den Probekörper fest aufgeklebt werden. Bei einer allgemeinen Belastungssituation eines Bauteils kann man ähnlich vorgehen und an einem Punkt auf der freien Oberfläche die *Dehnungen* mit Hilfe von speziell angeordneten Clustern aus drei Dehnmessstreifen messen, die man als ***Dehnungsrosetten*** bezeichnet. Jeder Dehnmessstreifen ändert seinen Widerstand, wenn eine Dehnung ϵ in Richtung der Leiterstreifen auftritt. Dehnungen senkrecht dazu und Gleitungen ändern den Widerstand nicht. Deshalb werden die einzelnen Dehnmessstreifen jeweils dazu verwendet, die Dehnung ϵ in Richtung des Messstreifens zu bestimmen. Aus diesem Grund sind auch *drei* Messstreifen notwendig, um die *drei* Verzerrungen ϵ_x, ϵ_y und γ_{xy} zu ermitteln. Nach der Aufnahme der Messwerte an den drei Dehnmessstreifen können diese Daten nämlich zur Bestimmung des gesamten Verzerrungszustandes an diesem Punkt verwendet werden. Es sollte hier erwähnt werden, dass diese Dehnungen jedoch *nur* in der Ebene der Messstreifen gemessen werden. Da der Probekörper auf einer freien Oberfläche spannungsfrei ist, sind die Messstreifen einem *ebenen Spannungszustand*, aber *nicht* einem ebenen Verzerrungszustand ausgesetzt. In dieser Hinsicht ist die äußere Normale der freien Oberfläche eine Hauptachse des Verzerrungstensors und deshalb wird die Hauptdehnung entlang dieser Achse durch die Dehnungsrosette *nicht* gemessen. Wesentlich ist in diesem Zusammenhang, dass die infolge dieser Hauptdehnung verursachte Verschiebung aus der Ebene heraus die Messungen der Messstreifen in der Ebene *nicht* beeinflusst.

Im allgemeinen Fall werden die drei Messstreifen in den Winkeln θ_a, θ_b, θ_c angeordnet, siehe Abbildung 11.22a. Nach Aufnahme der Messwerte ϵ_a, ϵ_b, ϵ_c können wir die Verzerrungen ϵ_x, ϵ_y, γ_{xy} an diesem Punkt über die Dehnungstransformationsgleichung (11.2) für jeden Messstreifen ermitteln. Wir erhalten

$$\begin{aligned} \epsilon_a &= \epsilon_x \cos^2\theta_a + \epsilon_y \sin^2\theta_a + \gamma_{xy} \sin\theta_a \cos\theta_a \\ \epsilon_b &= \epsilon_x \cos^2\theta_b + \epsilon_y \sin^2\theta_b + \gamma_{xy} \sin\theta_b \cos\theta_b \\ \epsilon_c &= \epsilon_x \cos^2\theta_c + \epsilon_y \sin^2\theta_c + \gamma_{xy} \sin\theta_c \cos\theta_c \end{aligned} \tag{11.25}$$

Die Werte von ϵ_x, ϵ_y, γ_{xy} werden durch Lösen dieses Gleichungssystems aus den drei Gleichungen (11.25) bestimmt.

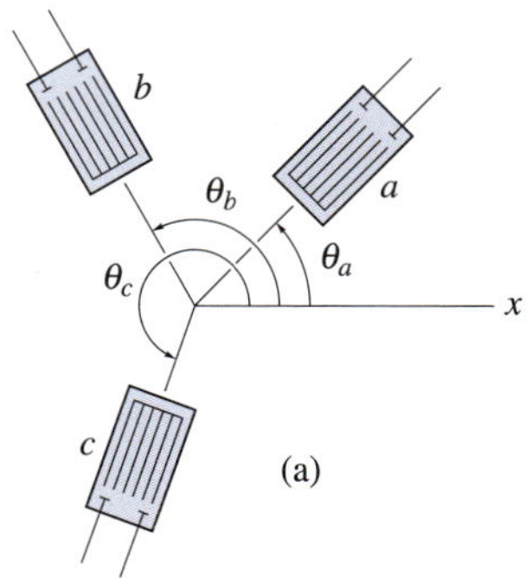

Abbildung 11.22

Dehnungsrosetten werden oft in 45°- oder 60°-Mustern angeordnet. Im Falle der 45°-„Rechteck“-Dehnungsrosette, dargestellt in Abbildung 11.22b, sind $\theta_a = 0°$, $\theta_b = 45°$, $\theta_c = 90°$, so dass das Gleichungssystem (11.25) die wesentlich einfachere Form

$$\begin{aligned}\epsilon_x &= \epsilon_a \\ \epsilon_y &= \epsilon_c \\ \gamma_{xy} &= 2\epsilon_b - (\epsilon_a + \epsilon_c)\end{aligned}$$

annimmt. Für die 60°-Dehnungsrosette in Abbildung 11.22c, mit den Werten $\theta_a = 0°$, $\theta_b = 60°$, $\theta_c = 120°$, vereinfacht sich das Gleichungssystem (11.25) ebenfalls:

$$\begin{aligned}\epsilon_x &= \epsilon_a \\ \epsilon_y &= \frac{1}{3}(2\epsilon_b + 2\epsilon_c - \epsilon_a) \\ \gamma_{xy} &= \frac{2}{\sqrt{3}}(\epsilon_b - \epsilon_c)\end{aligned} \qquad (11.26)$$

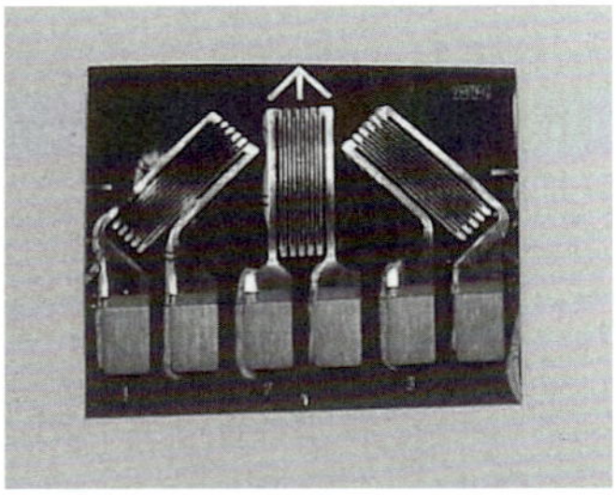

Typische 45°-Dehnungsmessstreifen-Rosette.

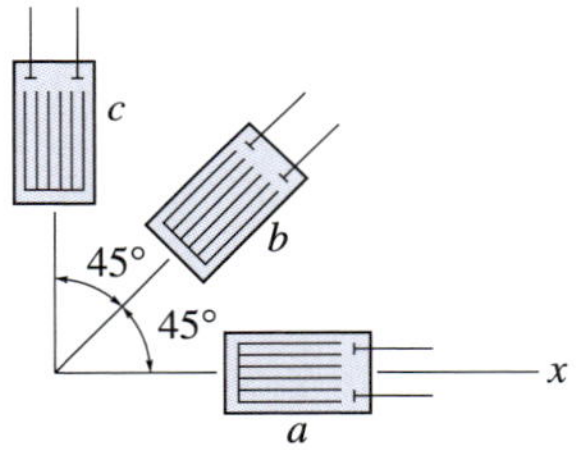

45°-Dehnungsmessstreifen-Rosette

(b)

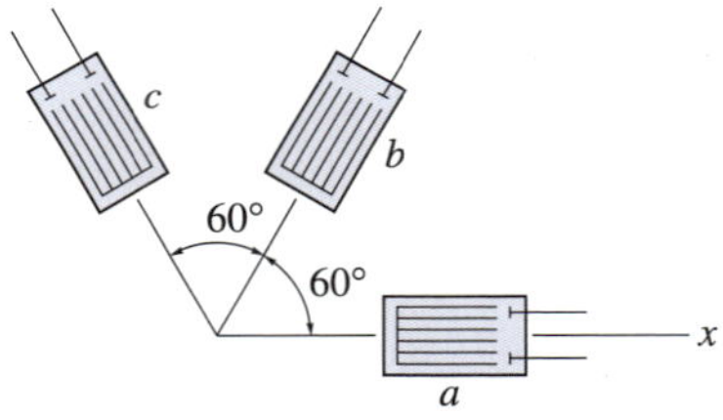

60°-Dehnungsmessstreifen-Rosette

(c)

Abbildung 11.22

Nach Ermittlung von ϵ_x, ϵ_y, γ_{xy} können die Transformationsgleichungen aus Abschnitt 11.2 oder der Mohr’sche Verzerrungskreis zur Berechnung der Hauptdehnungen und der maximalen Gleitung in der Ebene am betreffenden Punkt ausgewertet werden.

Beispiel 11.11 Am Punkt A der Halteklammer, Abbildung 11.23a, wird der Verzerrungszustand mit Hilfe der Dehnungsrosette, Abbildung 11.23b, gemessen. Infolge der Belastungen ergibt die Messwertaufnahme der Messstreifen die Werte ϵ_a, ϵ_b und ϵ_c. Bestimmen Sie an diesem Punkt die Hauptdehnungen der Messebene, sowie ihre Richtungen.

$\epsilon_a = 60(10^{-6})$, $\epsilon_b = 135(10^{-6})$, $\epsilon_c = 264(10^{-6})$

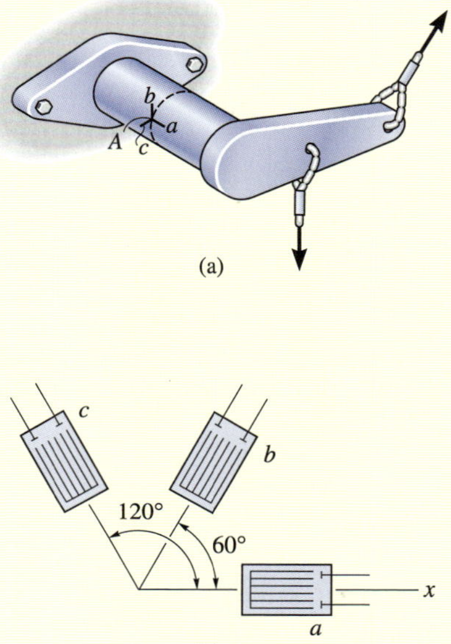

Abbildung 11.23

Lösung

Für die Lösung verwenden wir Gleichung (11.25). Nach Einführung der in Abbildung 11.23b gezeigten x-Achse und Messung der Winkel entgegen dem Uhrzeigersinn von der $+x$-Achse zur Mittellinie jedes Dehnungsmessstreifens, erhalten wir $\theta_a = 0°$, $\theta_b = 60°$ und $\theta_c = 120°$. Das Einsetzen der Ergebnisse zusammen mit den gegebenen Daten in das Gleichungssystem (11.25) ergibt

$$\epsilon_a = \epsilon_x \cos^2\theta_a + \epsilon_y \sin^2\theta_a + \gamma_{xy} \sin\theta_a \cos\theta_a$$

$$60\left(10^{-6}\right) = \epsilon_x \cos^2 0° + \epsilon_y \sin^2 0° + \gamma_{xy} \sin 0° \cos 0° \qquad (1)$$

$$\epsilon_x = 60\left(10^{-6}\right)$$

$$\epsilon_b = \epsilon_x \cos^2\theta_b + \epsilon_y \sin^2\theta_b + \gamma_{xy} \sin\theta_b \cos\theta_b$$

$$135\left(10^{-6}\right) = \epsilon_x \cos^2 60° + \epsilon_y \sin^2 60° + \gamma_{xy} \sin 60° \cos 60° \qquad (2)$$

$$135\left(10^{-6}\right) = 0{,}25\epsilon_x + 0{,}75\epsilon_y + 0{,}433\gamma_{xy}$$

$$\epsilon_c = \epsilon_x \cos^2\theta_c + \epsilon_y \sin^2\theta_c + \gamma_{xy} \sin\theta_c \cos\theta_c$$

$$264\left(10^{-6}\right) = \epsilon_x \cos^2 120° + \epsilon_y \sin^2 120° + \gamma_{xy} \sin 120° \cos 120° \qquad (3)$$

$$264\left(10^{-6}\right) = 0{,}25\epsilon_x + 0{,}75\epsilon_y - 0{,}433\gamma_{xy}$$

Wir subtrahieren Gleichung (3) von Gleichung (2)

$$135\left(10^{-6}\right) = 0{,}25\epsilon_x + 0{,}75\epsilon_y + 0{,}433\gamma_{xy}$$

$$-264\left(10^{-6}\right) = -0{,}25\epsilon_x - 0{,}75\epsilon_y + 0{,}433\gamma_{xy}$$

und erhalten

$$-129\left(10^{-6}\right) = 0{,}866\,\gamma_{xy}$$

$$\gamma_{xy} = -149(10^{-6})$$

Die verbleibende Unbekannte berechnen wir durch Einsetzen von ϵ_x und γ_{xy} in Gleichung (2):

$$135(10^{-6}) = 0,25\epsilon_x + 0,75\epsilon_y + 0,433\gamma_{xy}$$

$$135(10^{-6}) = 15(10^{-6}) - 64,52(10^{-6}) + 0,75\epsilon_y$$

$$184,52(10^{-6}) = 0,75\epsilon_y$$

$$\epsilon_y = 246(10^{-6})$$

Dieselben Ergebnisse kann man auf direktere Weise aus Gleichungssystem (11.26) berechnen.

Die Hauptdehnungen in der Messebene können mit Hilfe des Mohr'schen Kreises ermittelt werden. Der Referenzpunkt auf dem Kreis liegt bei $A(60(10^{-6}); -74,5(10^{-6}))$; der Kreismittelpunkt C befindet sich auf der ϵ-Achse bei $\epsilon_{mittl} = 153(10^{-6})$, Abbildung 11.23c. Aus dem gekennzeichneten Dreieck ergibt sich der Radius des Mohr'schen Verzerrungskreises zu

$$R = \sqrt{(\epsilon_{mittl} - \epsilon_x)^2 + \left(\frac{\gamma_{xy}}{2}\right)^2} = \left[\sqrt{(153-60)^2 + \left(\frac{149}{2}\right)^2}\right](10^{-6})$$

$$R = 119,2(10^{-6})$$

Die Hauptdehnungen in der Ebene sind demzufolge

$$\epsilon_1 = (153 + 119,2)(10^{-6}) = 272(10^{-6})$$

$$\epsilon_2 = (153 - 119,2)(10^{-6}) = 33,8\ (10^{-6})$$

$$\tan 2\theta_{H2} = \frac{\dfrac{\gamma_{xy}}{2}}{\epsilon_{mittl} - \epsilon_x} = \frac{74,5(10^{-6})}{(153-60)(10^{-6})} = 0,8011$$

$$\theta_{H2} = 19,3°$$

Die gestrichelte Linie in Abbildung 11.23d stellt das verformte Element dar. Sie sollten sich bewusst sein, dass das Element aufgrund des Querkontraktionseffektes auch einer Dehnung aus der Ebene heraus unterliegt, d.h. in z-Richtung. Dieser Wert ist von den hier berechneten Resultaten unabhängig.

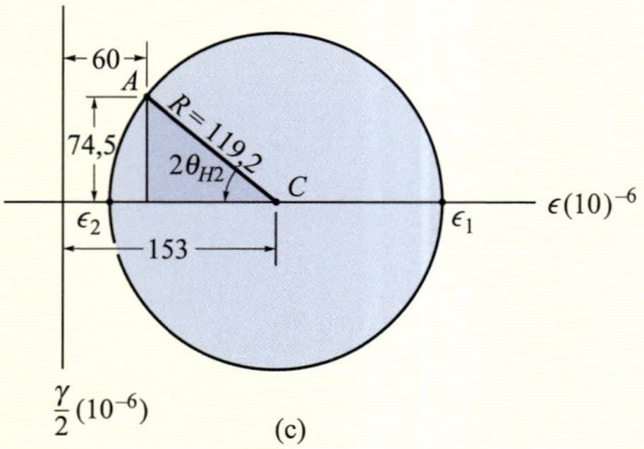

(c)

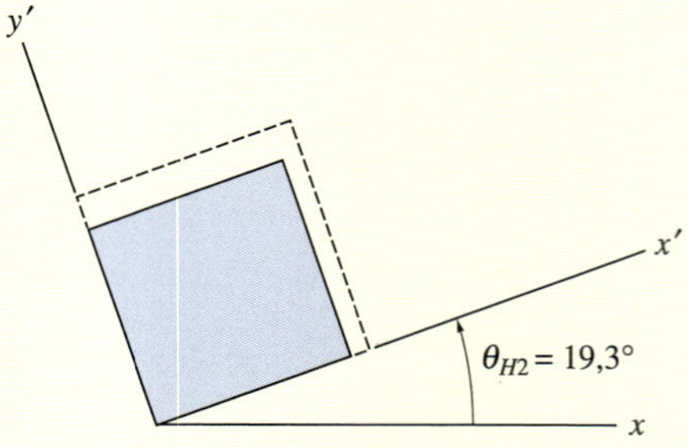

(d)

Abbildung 11.23

11.7 Spannungs-Verzerrungs-Zusammenhang

Da wir die allgemeinen Grundlagen zur Beschreibung räumlicher Spannungs- und Verzerrungszustände nunmehr vorgestellt haben, werden wir jetzt Beziehungen zwischen Spannungen einerseits und Verzerrungen andererseits einführen. Diese Beziehungen stellen Werkstoffeigenschaften dar. Dazu nehmen wir erneut an, dass das Material homogen und isotrop ist und sich linear-elastisch verhält. Dabei sollen sämtliche physikalischen Größen in die Betrachtungen einbezogen werden, die Spannungen und Verzerrungen hervorrufen, d.h. neben Kräften (und Momenten) auch Temperaturänderungen.

Allgemeines Hooke'sches Gesetz Wenn ein Material an einem Punkt einem räumlichen Spannungszustand σ_x, σ_y, σ_z ausgesetzt ist, Abbildung 11.24a, dann bilden sich die zugehörigen Dehnungen ϵ_x, ϵ_y, ϵ_z aus. Die Spannungen können mit Hilfe des Superpositionsprinzips unter Berücksichtigung der Querkontraktion $\epsilon_{quer} = -\nu\epsilon_{längs}$ überlagert und mit dem Hooke'schen Gesetz $\epsilon = \sigma/E$ angewendet auf die entsprechenden Achsrichtungen zu den Spannungen in Beziehung gesetzt werden. Dazu betrachten wir zunächst die Gesamtdehnung eines Volumenelements in x-Richtung, die durch Überlagerung der Einzelwirkungen jeder beteiligten Normalspannung verursacht wird. Bei Einwirkung von σ_x, Abbildung 11.24b, dehnt sich das Element in x-Richtung aus und die betreffende Dehnung ϵ'_x infolge σ_x in diese Richtung ist damit

$$\epsilon'_x = \frac{\sigma_x}{E}$$

Andererseits verursacht die Spannung σ_y eine Querkontraktion des Elements, mit der die Dehnung ϵ''_x in x-Richtung, Abbildung 11.24c, einhergeht:

$$\epsilon''_x = -\nu\frac{\sigma_y}{E}$$

In gleicher Weise verursacht die Spannung σ_z, Abbildung 11.24d, eine Kontraktion des Elements in die x-Richtung derart, dass

$$\epsilon'''_x = -\nu\frac{\sigma_z}{E}$$

gilt.

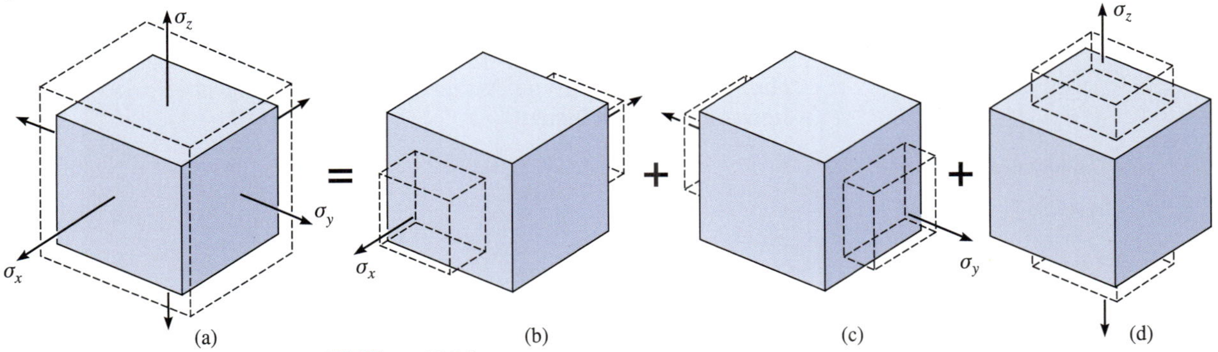

Abbildung 11.24

Durch Superposition dieser drei Dehnungsanteile in x-Richtung wird für den vorliegenden räumlichen Spannungszustand in Abbildung 11.24a die Gesamtdehnung ϵ_x bestimmt. Ähnliche Gleichungen können für die resultierenden Dehnungen in y- und z-Richtung aufgestellt werden. Die Endresultate kann man in folgender Form schreiben:

$$\begin{aligned} \epsilon_x &= \frac{1}{E}\left[\sigma_x - \nu\left(\sigma_y + \sigma_z\right)\right] \\ \epsilon_y &= \frac{1}{E}\left[\sigma_y - \nu\left(\sigma_x + \sigma_z\right)\right] \\ \epsilon_z &= \frac{1}{E}\left[\sigma_z - \nu\left(\sigma_x + \sigma_y\right)\right] \end{aligned} \tag{11.27}$$

Diese drei Gleichungen geben das Hooke'sche Gesetz in einer allgemeinen Form (zunächst noch ohne Temperaturänderungen) für den allgemeinen räumlichen Spannungszustand wieder. Wie in der Herleitung bereits angemerkt, sind sie nur gültig, wenn das Prinzip der Superposition angewendet werden kann. Das erfordert ein *linear-elastisches* Materialverhalten und eine Beanspruchung, die kleine Deformationen hervorruft. Beachten Sie bei der Anwendung der Gleichungen, dass Zugspannungen als positive Größen angesehen werden und Druckspannungen negativ sind. Wenn eine resultierende Dehnung einen *positiven* Wert aufweist, dann bedeutet dies eine *Streckung* des Materials, während eine *negative* Dehnung auf eine *Kontraktion* des Materials hinweist.

Da das Material isotrop sein soll, *bleibt* das Volumenelement in Abbildung 11.24a ein *rechtwinkliger* Quader, wenn er Normalspannungen ausgesetzt ist, d.h. es werden *keine Gleitungen* im Material erzeugt. Bei Einwirkung einer Schubspannung τ_{xy} auf das Element, Abbildung 11.25a, kann gezeigt werden, dass bei einem isotropen Material eine Schubspannung τ_{xy} *ausschließlich* zu einer Gleitung γ_{xy} führt und keine Dehnungen im Material verursacht. In gleicher Weise verursachen τ_{yz} und τ_{xz} ausschließlich Gleitungen γ_{yz} bzw. γ_{xz}. Das verallgemeinerte Hooke'sche Gesetz für Schubspannung und Gleitung lautet deshalb für ein isotropes Material

$$\gamma_{xy} = \frac{1}{G}\tau_{xy} \qquad \gamma_{yz} = \frac{1}{G}\tau_{yz} \qquad \gamma_{xz} = \frac{1}{G}\tau_{xz} \tag{11.28}$$

Die bereits früher für isotrope und homogene Körper festgestellte Tatsache, dass Spannungs- und Verzerrungstensor koaxial sind, wird dadurch noch einmal untermauert.

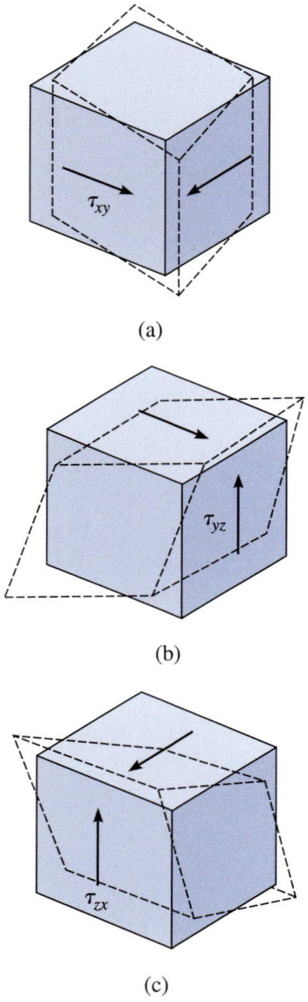

Abbildung 11.25

Zusammenhang zwischen *E*, *ν* und *G* Die drei Werkstoffkonstanten E, G und ν sind nicht unabhängig voneinander. In Abschnitt 3.7 haben wir angegeben, dass die drei genannten Größen über Gleichung (3.11) in Beziehung stehen, d.h.

$$G = \frac{E}{2(1+\nu)} \tag{11.29}$$

Die Herleitung soll jetzt an dieser Stelle nachgeholt werden und beruht auf der Tatsache, dass die Hauptachsen von Spannungs- und Verzerrungstensor zusammenfallen. Die einfachste Möglichkeit der Herleitung der genannten Beziehung ist die Untersuchung des ebenen Spannungszustandes „reiner Schub" ($\sigma_x = \sigma_y = \sigma_z = 0$), Abbildung 11.26a. Die Anwendung von Gleichung (10.4) zur Berechnung der Hauptspannungen ergibt $\sigma_1 = \tau_{xy}$ und $\sigma_3 = -\tau_{xy}$. Aus Gleichung (10.4) ist zusätzlich erkennbar, dass das betrachtete Flächenelement um $\theta_{H1} = 45°$ entgegen dem Uhrzeigersinn von der x-Achse ausgehend gedreht sein muss, damit die Richtung der äußeren Flächennormalen derjenigen Schnittebene definiert wird, an der σ_1 wirkt, Abbildung 11.26b. Setzt man die drei Hauptspannungen $\sigma_1 = \tau_{xy}$, $\sigma_2 = 0$ und $\sigma_3 = -\tau_{xy}$ in die erste der drei Gleichungen von (11.27) ein, dann kann die Hauptdehnung ϵ_1 zur Schubspannung τ_{xy} in Beziehung gesetzt werden. Das Ergebnis lautet

$$\epsilon_1 = \frac{\tau_{xy}}{E}(1+\nu) \tag{11.30}$$

Diese Dehnung, die das Element in Richtung der x'-Achse deformiert, kann auch zur Gleitung γ_{xy} über die Anwendung der Dehnungstransformationsgleichungen oder des Mohr'schen Verzerrungskreises in Beziehung gebracht werden. Dazu beachten Sie bitte, dass sich aufgrund von $\sigma_x = \sigma_y = \sigma_z = 0$ aus Gleichung (11.27) $\epsilon_x = \epsilon_y = 0$ ergibt. Durch Einsetzen der Ergebnisse in die Transformationsgleichung (11.9) erhalten wir

$$\epsilon_1 = \frac{\gamma_{xy}}{2}$$

Das Hooke'sche Gesetz gemäß Gleichung (11.28) legt $\gamma_{xy} = \tau_{xy}/G$ fest, so dass $\epsilon_1 = \tau_{xy}/\,2G$ wird. Einsetzen in Gleichung (11.30) und eine entsprechende Umstellung ergibt das Endergebnis, nämlich Gleichung (11.29).

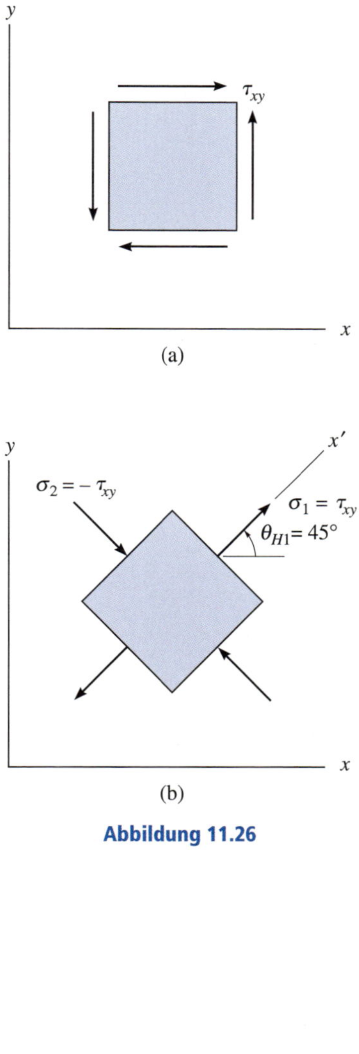

Abbildung 11.26

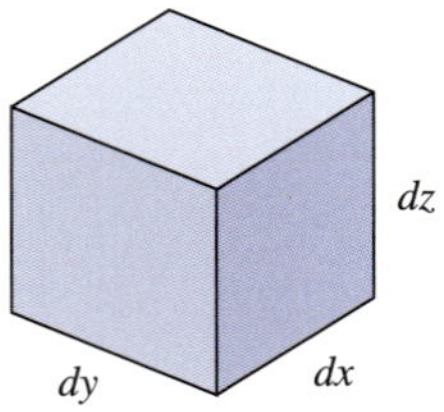

(a)

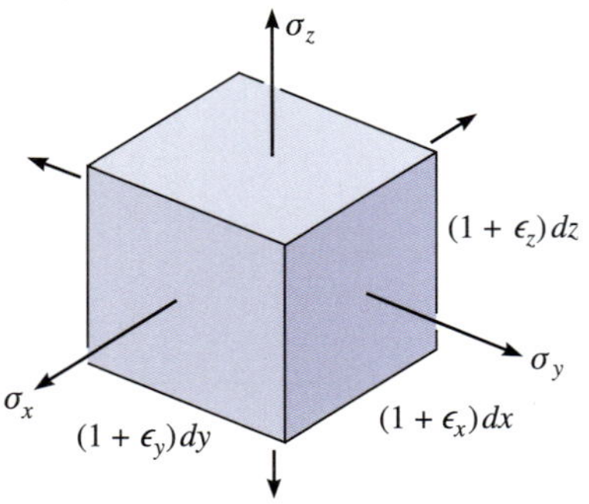

(b)

Abbildung 11.27

Volumendilatation und Kompressionsmodul Wenn ein Körper infolge von Spannungen Verzerrungen erfährt, ändert sich im Allgemeinen sein Volumen. Für die Berechnung dieser Änderung betrachten wir ein Volumenelement, das den Hauptspannungen σ_x, σ_y, σ_z ausgesetzt ist. Die Seiten des Elements haben die Ausgangslängen dx, dy und dz, Abbildung 11.27a. Nach der Spannungseinwirkung sind die aktuellen Längen $(1+\epsilon_x)\,dx$, $(1+\epsilon_y)\,dy$ und $(1+\epsilon_z)\,dz$, Abbildung 11.27b. Die Volumenänderung des Elements ist deshalb

$$\delta V=(1+\epsilon_x)(1+\epsilon_y)(1+\epsilon_z)\,dx\,dy\,dz-dx\,dy\,dz$$

Bei Vernachlässigung der Produkte der Dehnungen, weil diese sehr klein sind, erhalten wir

$$\delta V=(\epsilon_x+\epsilon_y+\epsilon_z)\,dx\,dy\,dz$$

Die Volumenänderung bezogen auf das Ausgangsvolumen wird ***Volumendilatation*** e genannt und berechnet sich als

$$e=\frac{\delta V}{dV}=\epsilon_x+\epsilon_y+\epsilon_z \tag{11.31}$$

Im Vergleich verändern die Gleitungen das Volumen des Elements *nicht*, vielmehr verändern sie nur seine rechtwinklige Form.

Wenn wir das allgemeine Hooke'sche Gesetz gemäß Gleichung (11.27) anwenden, können wir die Volumendilatation auch durch die einwirkenden Spannungen ausdrücken:

$$e=\frac{1-2\nu}{E}(\sigma_x+\sigma_y+\sigma_z) \tag{11.32}$$

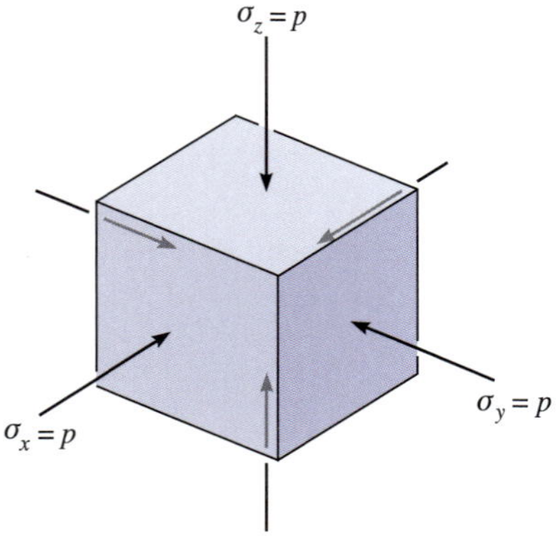

Hydrostatischer Spannungszustand

Abbildung 11.28

Hydrostatischer Spannungszustand Ist in einem Material ein Volumenelement einem gleichförmigen Druck p einer Flüssigkeit ausgesetzt, dann ist der Druck auf den Körper in allen Richtungen gleich und immer normal zu jeder Oberfläche gerichtet, an der er wirkt. Schubspannungen sind nicht präsent, da in idealen Flüssigkeiten keine Schubspannungen übertragen werden. Dieser Zustand einer „hydrostatischen" Beanspruchung hat also zur Bedingung, dass die Normalspannungen in jeder Richtung gleich groß sind und demzufolge ist ein Volumenelement des betrachteten Körpers den Hauptspannungen $\sigma_x=\sigma_y=\sigma_z=-p$ ausgesetzt, Abbildung 11.28. Nach Einsetzen in Gleichung (11.32) kann man wie folgt auflösen:

$$\frac{p}{e}=-\frac{E}{3(1-2\nu)} \tag{11.33}$$

Der rechte Term besteht nur aus den materialspezifischen Größen E und ν. Er ist gleich dem Verhältnis der gleichförmigen Normalspannungen p zur Volumendilatation. Weil dieses Verhältnis dem Elastizitätsmodul als Spannungs-Dehnungs-Verhältnis E ($\sigma/\epsilon = E$) ähnlich ist, wird der rechte Term volumetrischer Elastizitätsmodul oder ***Kompressionsmodul***

$$K = \frac{E}{3(1-2\nu)} \tag{11.34}$$

genannt. Seine Maßeinheit ist wie für den Elastizitätsmodul die einer Spannung.

Beachten Sie, dass für die meisten Metalle $\nu \approx \frac{1}{3}$ gilt, somit ist $K \approx E$. Würde es ein Material geben, das sein Volumen nicht ändert, dann wäre $\delta V = 0$ und somit wäre K unendlich. Entsprechend Gleichung (11.34) ist der theoretische *Höchstwert* für die Querkontraktionszahl damit $\nu = 0{,}5$. Weil beim Fließen eines Materials auch keine Volumenänderung zu registrieren ist, wird in der Tat $\nu = 0{,}5$ angewendet, wenn plastisches Fließen auftritt.

Wärmedehnung Die Temperatur kann in zweierlei Weise Einfluss auf die Verzerrungen eines Körpers nehmen. Erstens sind die Werkstoffkennwerte E, G und ν von der Temperatur abhängig. Dieser Effekt ist in einem vergleichsweise großen Temperaturbereich vernachlässigbar und wird hier im Weiteren nicht mehr diskutiert.

Zweitens verursachen Temperaturänderungen auch in Abwesenheit von Spannungen Verzerrungen. Bei homogenen und isotropen Werkstoffen sind die Dehnungen in allen Richtungen gleich groß, und Gleitungen treten nicht auf. Aus Symmetriegründen ist dies plausibel.

Wie die Wärmedehnung von der Temperaturänderung abhängt, wird experimentell festgestellt, indem der Probekörper ohne Einwirkung äußerer Kräfte einer Temperaturänderung ausgesetzt wird. Man stellt fest, dass die auftretenden Dehnungen in einem weiten Temperaturbereich proportional zur Temperaturdifferenz ΔT sind:

$$\epsilon = \alpha_T \Delta T$$

Dies gilt für jede der drei Raumrichtungen x, y und z, so dass das Hooke'sche Gesetz gemäß Gleichung (11.27) unter Einbeziehung von Temperaturdehnungen auf

$$\begin{aligned}
\epsilon_x &= \frac{1}{E}\left[\sigma_x - \nu\left(\sigma_y + \sigma_z\right)\right] + \alpha_T \Delta T \\
\epsilon_y &= \frac{1}{E}\left[\sigma_y - \nu\left(\sigma_x + \sigma_z\right)\right] + \alpha_T \Delta T \\
\epsilon_z &= \frac{1}{E}\left[\sigma_z - \nu\left(\sigma_x + \sigma_y\right)\right] + \alpha_T \Delta T
\end{aligned} \tag{11.35}$$

zu erweitern ist. Da, wie festgestellt, Temperaturänderungen die Gleitungen unverändert lassen, bleibt auch der zweite Teil des Hooke'schen Gesetzes gemäß Gleichung (11.28) unverändert.

Wichtige Punkte zur Lösung von Aufgaben

- Liegt in einem homogenen und isotropen Material ein räumlicher Spannungszustand vor, dann wird die Dehnung in eine der Spannungsrichtungen von den Dehnungen beeinflusst, die durch *sämtliche* Spannungen induziert wurden.
- Eine Schubspannung, die auf ein homogenes und isotropes Material einwirkt, erzeugt nur eine Gleitung in der gleichen Ebene.
- Die Materialkonstanten E, G und ν stehen mathematisch miteinander in Beziehung.
- Die Volumendilatation wird nur durch Dehnungen, nicht durch Gleitungen verursacht.
- Der Kompressionsmodul ist eine Materialgröße zur Kennzeichnung der Steifigkeit des Volumens eines Materials. Diese Materialeigenschaft stellt eine Obergrenze der Querkontraktionszahl $\nu = 0{,}5$ zur Verfügung, die diesen Wert beibehält, wenn plastisches Fließen auftritt.
- Temperaturänderungen führen bei isotropem und homogenem Material nur zu zusätzlichen Dehnungen, die in alle Richtungen gleich sind, nicht jedoch zu zusätzlichen Gleitungen.

Beispiel 11.12

Die Halteklammer aus Beispiel 11.11, Abbildung 11.29a, besteht aus Stahl mit gegebenen Elastizitätskonstanten E_{St} und $\nu_{St} = 0{,}3$. Bestimmen Sie am Punkt A die Hauptspannungen.

$E_{St} = 200$ GPa, $\nu_{St} = 0{,}3$

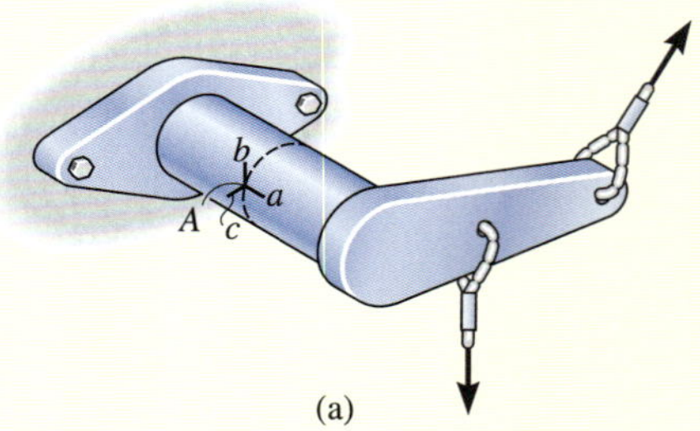

(a)

Abbildung 11.29

Lösung I

In Beispiel 11.11 wurden die Hauptdehnungen bereits bestimmt:

$$\epsilon_1 = 272(10^{-6})$$

$$\epsilon_2 = 33{,}8\,(10^{-6})$$

Da sich Punkt A auf der *Oberfläche* der Halteklammer befindet, die wegen fehlender Belastung spannungsfrei ist, liegt an der Oberfläche bei Punkt A ein ebener Spannungszustand vor. Bei Anwendung des Hooke'schen Gesetzes mit $\sigma_3 = 0$ erhalten wir

$$\epsilon_1 = \frac{\sigma_1}{E} - \frac{\nu}{E}\sigma_2; \qquad 272\left(10^{-6}\right) = \frac{\sigma_1}{200\left(10^9\right)} - \frac{0{,}3}{200\left(10^9\right)}\sigma_2$$

$$54{,}4\left(10^6\right) = \sigma_1 - 0{,}3\sigma_2 \qquad (1)$$

$$\epsilon_2 = \frac{\sigma_2}{E} - \frac{\nu}{E}\sigma_1; \qquad 33{,}8\left(10^{-6}\right) = \frac{\sigma_2}{200\left(10^9\right)} - \frac{0{,}3}{200\left(10^9\right)}\sigma_1$$

$$6{,}76\left(10^6\right) = \sigma_2 - 0{,}3\sigma_1 \qquad (2)$$

Wir eliminieren aus den Gleichungen (1) und (2) zunächst σ_2 und lösen nach σ_1 auf:

$$188{,}09\left(10^6\right) = 3{,}03\sigma_1$$

$$\sigma_1 = 62{,}0 \text{ MPa}$$

Wir setzen dann σ_1 in Gleichung (2) ein und erhalten

$$\sigma_2 = 6{,}76\left(10^6\right) + (0{,}3)62{,}0\left(10^6\right)\text{Pa}$$

$$\sigma_2 = 25{,}4 \text{ MPa}$$

Lösung II

Es ist auch möglich, die Aufgabe mit Hilfe des ursprünglich gegebenen Verzerrungszustandes

$$\epsilon_x = 60(10^{-6}),\ \epsilon_y = 246(10^{-6}),\ \gamma_{xy} = -149(10^{-6})$$

zu lösen. Bei Anwendung des Hooke'schen Gesetzes in der x,y-Ebene ergibt sich

$$\epsilon_x = \frac{\sigma_x}{E} - \frac{\nu}{E}\sigma_y; \qquad 60\left(10^{-6}\right) = \frac{\sigma_x}{200\left(10^9\right)\text{Pa}} - \frac{0{,}3\sigma_y}{200\left(10^9\right)\text{Pa}}$$

$$12\left(10^6\right) = \sigma_x - 0{,}3\sigma_y \qquad (1')$$

$$\epsilon_y = \frac{\sigma_y}{E} - \frac{\nu}{E}\sigma_x; \qquad 246\left(10^{-6}\right) = \frac{\sigma_y}{200\left(10^9\right)\text{Pa}} - \frac{0{,}3\sigma_x}{200\left(10^9\right)\text{Pa}}$$

$$49{,}2\left(10^6\right) = \sigma_y - 0{,}3\sigma_x \qquad (2')$$

Wir haben damit zwei Gleichungen für zwei Unbekannte, und die Auflösung liefert

$$\sigma_x = 29{,}4 \text{ MPa}$$

$$\sigma_y = 58{,}0 \text{ MPa}$$

Die Schubspannung wird mit Hilfe des Hooke'schen Gesetzes für Schub bestimmt. Zunächst müssen wie jedoch G berechnen:

$$G = \frac{E}{2(1+\nu)} = \frac{200\,\text{GPa}}{2(1+0{,}3)}$$

$$G = 76{,}9 \text{ GPa}$$

Damit kann man dann auch τ_{xy} ermitteln:

$$\tau_{xy} = G\gamma_{xy}$$

$$\tau_{xy} = 76{,}9(10^9)\,[-149(10^{-6})] = -11{,}46 \text{ MPa}$$

Für diesen ebenen Spannungszustand besitzt der Mohr'sche Kreis den Referenzpunkt A (29,4 MPa; −11,46 MPa) sowie einen Kreismittelpunkt bei $\sigma_{mittl} = 43{,}7$ MPa, Abbildung 11.29b. Der Radius wird aus dem gekennzeichneten Dreieck bestimmt:

$$R = \sqrt{(\epsilon_{mittl} - \epsilon_x)^2 + \tau_{xy}{}^2} = \sqrt{(43{,}7 - 29{,}4)^2 + (11{,}46)^2} \text{ MPa}$$

$$R = 18{,}3 \text{ MPa}$$

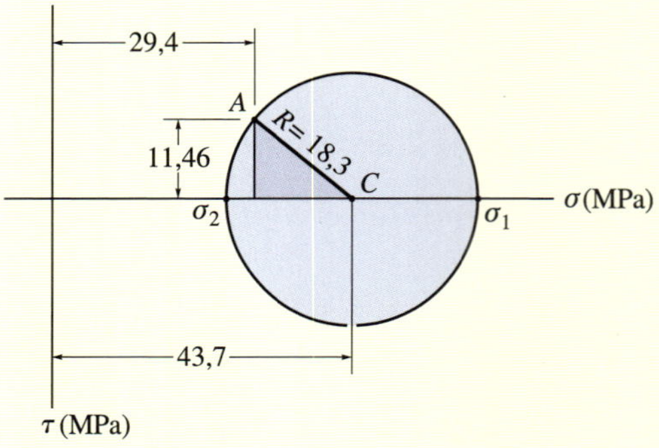

(b)

Abbildung 11.29

Damit sind

$$\sigma_1 = \sigma_{mittl} + R = 43{,}7 \text{ MPa} + 18{,}3 \text{ MPa} = 62{,}0 \text{ MPa}$$

$$\sigma_2 = \sigma_{mittl} - R = 43{,}7 \text{ MPa} - 18{,}3 \text{ MPa} = 25{,}4 \text{ MPa}$$

Beachten Sie, dass jede dieser Lösungsvarianten gültig ist, vorausgesetzt, das Material ist linear-elastisch und isotrop; die Hauptebenen von Spannung und Verzerrung fallen dann nämlich zusammen.

Beispiel 11.13 Der Kupferbalken in Abbildung 11.30 unterliegt entlang seinen Kanten der dargestellten Belastung. Bestimmen Sie bei den Ausgangsabmessungen Länge a, Breite b und Tiefe t seine infolge der einwirkenden Belastung geänderte Länge, Breite und Tiefe.

$a = 300$ mm, $b = 50$ mm, $t = 20$ mm, $E_{Cu} = 120$ GPa, $\nu_{Cu} = 0{,}34$,

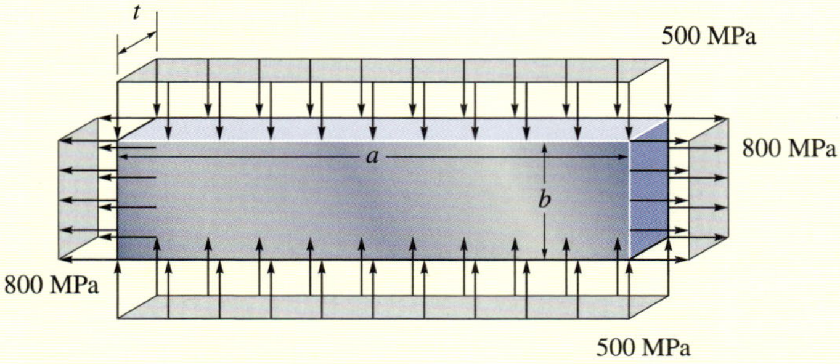

Abbildung 11.30

Lösung

Die Untersuchung des Balkens zeigt, dass er einem ebenen Spannungszustand ausgesetzt ist. Aus der Belastungssituation ergibt sich

$$\sigma_x = 800\ \text{MPa},\ \sigma_y = -500\ \text{MPa},\ \tau_{xy} = 0,\ \sigma_z = 0$$

Die zugehörigen Dehnungen werden über das allgemeine Hooke'sche Gesetz, Gleichung (11.18), ermittelt, d.h.

$$\epsilon_x = \frac{\sigma_x}{E} - \frac{\nu}{E}\left(\sigma_y + \sigma_z\right) = \frac{800\text{MPa}}{120\left(10^3\right)\text{MPa}} - \frac{0{,}34}{120\left(10^3\right)\text{MPa}}\left(-500\,\text{MPa}\right)$$

$$\epsilon_x = 0{,}00808$$

$$\epsilon_y = \frac{\sigma_y}{E} - \frac{\nu}{E}\left(\sigma_x + \sigma_z\right) = \frac{-500\text{MPa}}{120\left(10^3\right)\text{MPa}} - \frac{0{,}34}{120\left(10^3\right)\text{MPa}}\left(800\,\text{MPa} + 0\right)$$

$$\epsilon_y = -0{,}00643$$

$$\epsilon_z = \frac{\sigma_z}{E} - \frac{\nu}{E}\left(\sigma_x + \sigma_y\right) = 0 - \frac{0{,}34}{120\left(10^3\right)\text{MPa}}\left(800\,\text{MPa} - 500\,\text{MPa}\right)$$

$$\epsilon_z = -0{,}00085$$

Die neuen Balkenabmessungen sind damit

$$a' = a + \epsilon_x\, a = 300\ \text{mm} + 0{,}00808(300\ \text{mm}) = 302{,}4\ \text{mm}$$

$$b' = b + \epsilon_y\, b = 50\ \text{mm} + (-0{,}00643)(50\ \text{mm}) = 49{,}68\ \text{mm}$$

$$t' = t + \epsilon_z\, t = 20\ \text{mm} + (-0{,}00085)(20\ \text{mm}) = 19{,}98\ \text{mm}$$

Beispiel 11.14

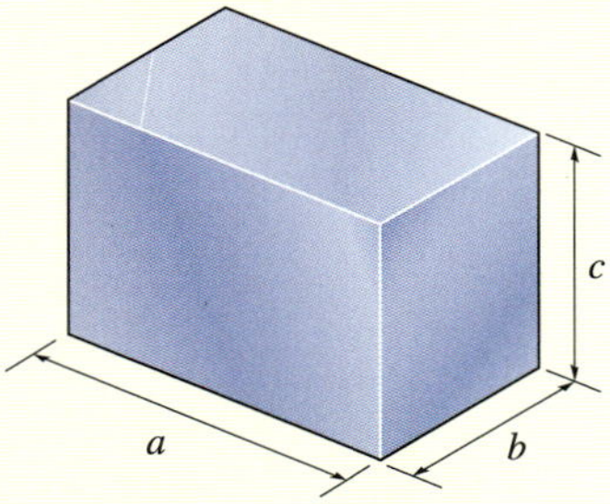

Abbildung 11.31

Der rechteckige Block, dargestellt in Abbildung 11.31, ist einem gleichmäßigen Druck p ausgesetzt. Bestimmen Sie die Volumendilatation und die Längenänderung jeder Seite.

$p = 20$ kPa, $E = 600$ kPa, $\nu = 0{,}45$, $a = 4$ cm, $b = 2$ cm, $c = 3$ cm

Lösung

Volumendilatation Sie kann mit Gleichung (11.32) berechnet werden, wobei $\sigma_x = \sigma_y = \sigma_z = -20$ kPa gilt. Wir erhalten

$$e = \frac{1-2\nu}{E}\left(\sigma_x + \sigma_y + \sigma_z\right)$$

$$= \frac{1-2(0{,}45)}{600\,\text{kPa}}\left[3(-20\,\text{kPa})\right]$$

$$e = -\,0{,}01\ \text{cm}^3/\text{cm}^3$$

Längenänderung Die Dehnung jeder Seite ist durch die hydrostatische Belastung in allen Richtungen gleich und kann über das Hooke'sche Gesetz, Gleichung (11.27), ermittelt werden:

$$\epsilon = \frac{1}{E}\left[\sigma_x - \nu\left(\sigma_y + \sigma_z\right)\right]$$

$$= \frac{1}{600\,\text{kPa}}\left[-20\,\text{kPa} - (0{,}45)(-20\,\text{kPa} - 20\,\text{kPa})\right]$$

$$\epsilon = -0{,}00333\ \text{cm/cm}$$

Damit ist die Längenänderung jeder Seite

$$\delta a = \epsilon\, a = -0{,}00333\ (4\ \text{cm}) = -0{,}0133\ \text{cm}$$

$$\delta b = \epsilon\, b = -0{,}00333\ (2\ \text{cm}) = -0{,}00667\ \text{cm}$$

$$\delta c = \epsilon\, c = -0{,}00333\ (3\ \text{cm}) = -0{,}0100\ \text{cm}$$

Das negative Vorzeichen weist darauf hin, dass sich jede Seitenabmessung verkürzt, was bei einer Druckbelastung plausibel ist.

Beispiel 11.15 Der Würfel mit der Seitenlänge a, dem Elastizitätsmodul E, der Querkontraktionszahl ν und Wärmeausdehnungskoeffizienten α_T, dargestellt in Abbildung 11.32, wird ohne Vorspannung und ohne Spiel reibungsfrei in einen seitlich offenen starren Kasten eingeführt. Anschließend presst ihn der Stempel mit der Kraft F zusammen. Man bestimme die Spannungen und die Dehnungen sowie die Volumenänderung des Würfels, wenn außerdem eine gleichmäßige Temperaturerhöhung ΔT vorgenommen wird, so dass insgesamt ein hydrostatischer Spannungszustand entsteht.

$E = 200$ GPa, $\nu = 0{,}3$, $\alpha_T = 14(10^{-6})/°\text{C}$, $a = 4$ cm, $F = 100$ kN

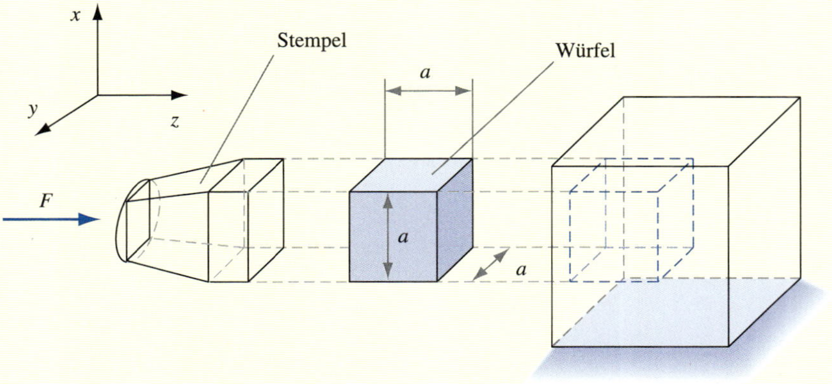

Abbildung 11.32

Lösung

An jedem Punkt des Würfels herrscht der gleiche homogene Spannungszustand. Ein Kräftegleichgewicht in z-Richtung liefert

$$\sigma_z = -\frac{F}{a^2} \tag{1}$$

Aus der Starrheit des Kastens folgt

$$\epsilon_x = \epsilon_y = 0 \tag{2}$$

Einsetzen der beiden erhaltenen Beziehungen in die Spannungs-Dehnungs-Beziehungen gemäß Gleichung (11.35) unter Berücksichtigung von ΔT führt auf zwei Gleichungen für σ_x und σ_y:

$$\frac{1}{E}\sigma_x - \frac{\nu}{E}\sigma_y = \frac{\nu}{E}\left(-\frac{F}{a^2}\right) - \alpha_T \Delta T,$$

$$-\frac{\nu}{E}\sigma_x + \frac{1}{E}\sigma_y = \frac{\nu}{E}\left(-\frac{F}{a^2}\right) - \alpha_T \Delta T$$

Die Auflösung dieser beiden Gleichungen ergibt

$$\sigma_x = \sigma_y = -\frac{\nu}{1-\nu}\frac{F}{a^2} - \frac{E}{1-\nu}\alpha_T \Delta T$$

Aus der Spannungs-Dehnungs-Beziehung für die z-Richtung in Gleichung (11.35) erhält man

$$\epsilon_z = \frac{1}{E}\left[\sigma_z - \nu\left(\sigma_x + \sigma_y\right)\right] + \alpha_T \Delta T$$

$$= \frac{1}{E}\left[\left(-\frac{F}{a^2}\right) + \frac{2\nu^2}{1-\nu}\frac{F}{a^2} + \frac{2\nu E}{1-\nu}\alpha_T \Delta T\right] + \alpha_T \Delta T$$

$$= -\frac{1}{E}\frac{1-\nu-2\nu^2}{1-\nu}\frac{F}{a^2} + \frac{1+\nu}{1-\nu}\alpha_T \Delta T$$

$$\epsilon_z = -\frac{1}{E}\frac{(1+\nu)(1-2\nu)}{1-\nu}\frac{F}{a^2} + \frac{1+\nu}{1-\nu}\alpha_T \Delta T$$

Aus der Symmetrie des Problems folgen verschwindende Schubspannungen: $\tau_{xy} = \tau_{yz} = \tau_{zx} = 0$, so dass das angegebenen Koordinatensystem dem Hauptachsensystem entspricht.

Der hydrostatische Spannungszustand ist dadurch gekennzeichnet, dass die drei Hauptspannungen gleich sind. Die Spannung in z-Richtung ist unabhängig von einem möglichen Temperatureinfluss durch Gleichung (1) gegeben, da sich an der Gleichgewichtsbedingung in z-Richtung nichts ändert. Im hydrostatischen Spannungszustand muss daher

$$\sigma_x = \sigma_y = \sigma_z = -\frac{F}{a^2} \tag{3}$$

sein. Damit ist

$$-\frac{\nu}{1-\nu}\frac{F}{a^2} - \frac{E}{1-\nu}\alpha_T \Delta T = -\frac{F}{a^2}$$

oder

$$\Delta T = \frac{1-\nu}{E\alpha_T}\left(\frac{F}{a^2} - \frac{\nu}{1-\nu}\frac{F}{a^2}\right)$$

d.h. schließlich

$$\Delta T = \frac{1-2\nu}{\alpha_T E}\frac{F}{a^2} = 8{,}9\,^\circ\mathrm{C}$$

Dies ist die gesuchte Temperaturänderung, bei der ein hydrostatischer Spannungszustand vorliegt.

Für die Volumenänderung gilt

$$\Delta V = a^3\left(\epsilon_x + \epsilon_y + \epsilon_z\right) = a^3 \epsilon_z$$

$$= -\frac{1}{E}\frac{(1+\nu)(1-2\nu)}{1-\nu} Fa + \frac{1+\nu}{1-\nu}\alpha_T \Delta T a^3$$

oder bei verschwindender Temperaturänderung $\Delta T = 0$:

$$\Delta V = -\frac{1}{E}\frac{(1+\nu)(1-2\nu)}{1-\nu} Fa = 14{,}86\,\mathrm{mm}^3$$

Beispiel 11.16 In einem starren Rechteckrahmen ist gemäß Abbildung 11.33 spiel- und spannungsfrei ein Körper eingepasst. Wie groß sind die Spannungen σ_x und σ_y im Körper, wenn die Temperatur um ΔT erhöht wird? Welche Dehnungen stellen sich ein?

$E = 210$ GPa, $\nu = 0{,}3$, $\alpha_T = 14(10^{-6})/°\text{C}$, $\Delta T = 80$ °C

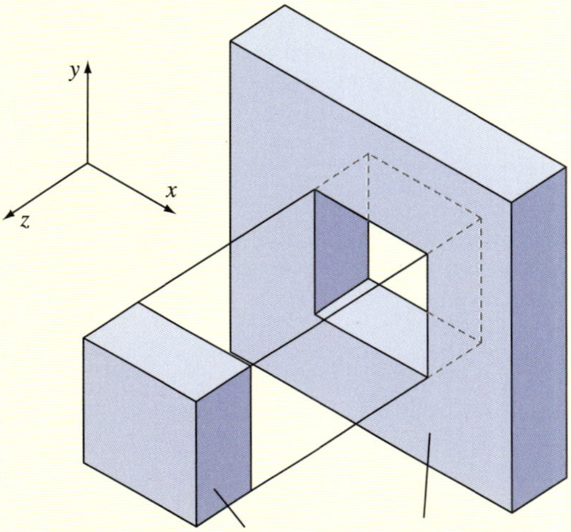

Abbildung 11.33

Lösung

Der Rahmen erzwingt $\epsilon_x = \epsilon_y = 0$. Außerdem ist $\sigma_z = 0$. Damit sind die ersten beiden Spannungs-Dehnungs-Beziehungen von Gleichung (11.35)

$$0 = \frac{1}{E}\left(\sigma_x - \nu\sigma_y\right) + \alpha_T \Delta T \rightarrow \sigma_x - \nu\sigma_y = -E\alpha_T\Delta T,$$

$$0 = \frac{1}{E}\left(\sigma_y - \nu\sigma_x\right) + \alpha_T \Delta T \rightarrow \sigma_y - \nu\sigma_x = -E\alpha_T\Delta T$$

Die Auflösung ergibt

$$\sigma_x = \sigma_y = -\frac{1+\nu}{1-\nu^2} E\alpha_T\Delta T = -\frac{E\alpha_T\Delta T}{1-\nu}$$

Setzt man die Zahlenwerte ein, ergibt sich

$$\sigma_x = \sigma_y = -336\,\text{Nmm}^{-2}$$

Schubverformungen treten keine auf. Die einzige Dehnung, die von null verschieden ist, stellt ϵ_z in Dickenrichtung dar:

$$\epsilon_z = \frac{1}{E}\left[\sigma_z - \nu\left(\sigma_x + \sigma_y\right)\right] + \alpha_T\Delta T = \frac{1}{210\cdot 10^9\,\text{Pa}}\left[0 + 2\cdot 0{,}3\cdot 336\cdot 10^6\,\text{Pa}\right] + 14\cdot 10^{-6}\cdot 80$$

$$\epsilon_z = 0{,}00208$$

ZUSAMMENFASSUNG

Bei der ebenen Verformung eines Volumenelements erfährt dieses Verzerrungen in der betreffenden Ebene. Sind die Dehnungen ϵ_x, ϵ_y und die Gleitung γ_{xy} für eine gegebene Orientierung des Elements bekannt, können sie für eine andere Orientierung des Elements mithilfe ebener Transformationsgleichungen berechnet werden, die den Spannungstransformationsgleichungen völlig entsprechen. Auch die Hauptdehnungen und die maximale Gleitung samt der dafür auftretenden mittleren Dehnung für den ebenen Verzerrungszustand können dann aus den Transformationsgleichungen völlig analog bestimmt werden:

$$\epsilon_{x'} = \frac{\epsilon_x + \epsilon_y}{2} + \frac{\epsilon_x - \epsilon_y}{2}\cos 2\theta + \frac{\gamma_{xy}}{2}\sin 2\theta$$

$$\epsilon_{y'} = \frac{\epsilon_x + \epsilon_y}{2} - \frac{\epsilon_x - \epsilon_y}{2}\cos 2\theta - \frac{\gamma_{xy}}{2}\sin 2\theta$$

$$\frac{\gamma_{x'y'}}{2} = -\left(\frac{\epsilon_x - \epsilon_y}{2}\right)\sin 2\theta + \frac{\gamma_{xy}}{2}\cos 2\theta$$

$$\epsilon_{1,2} = \frac{\epsilon_x + \epsilon_y}{2} \pm \sqrt{\left(\frac{\epsilon_x - \epsilon_y}{2}\right)^2 + \left(\frac{\gamma_{xy}}{2}\right)^2}$$

$$\frac{\gamma_{\text{max,eben}}}{2} = \sqrt{\left(\frac{\epsilon_x - \epsilon_y}{2}\right)^2 + \left(\frac{\gamma_{xy}}{2}\right)^2}$$

$$\epsilon_{mittl} = \frac{\epsilon_x + \epsilon_y}{2}$$

siehe Abschnitt 11.2

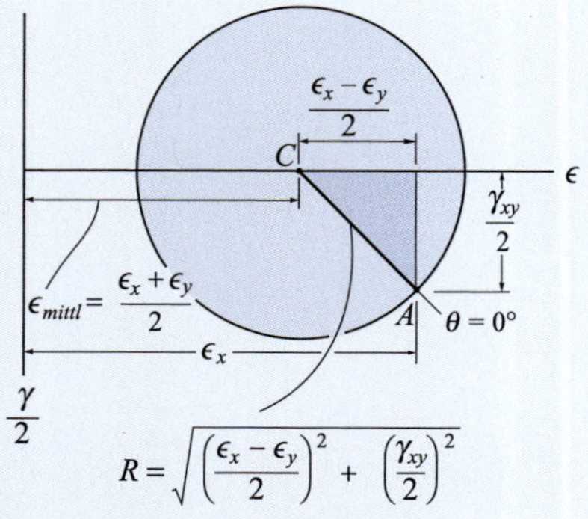

Transformationen des ebenen Verzerrungszustandes lassen sich auch semigrafisch mithilfe des Mohrschen Kreises lösen. Zur Aufzeichnung des Kreises sind zunächst die die ϵ- und die $\gamma/2$-Achsen einzuzeichnen. Dann werden der Kreismittelpunkt $C[(\epsilon_x + \epsilon_y)/2,\ 0]$ und der „Referenzpunkt" $A(\epsilon_x, \gamma_{xy}/2)$ eingetragen. Der Radius des Kreises ist gleich dem Abstand der beiden Punkte, was sich über trigonometrische Beziehungen berechnen lässt.

siehe Abschnitt 11.3

Haben die Hauptdehnungen ϵ_1 und ϵ_2 eines ebenen Verzerrungszustandes gleiches Vorzeichen, steht die insgesamt größte Gleitung senkrecht auf der von ϵ_1 und ϵ_2 aufgespannten Ebene:

$$\gamma_{\text{insges max}} = \epsilon_1$$

$$\gamma_{\text{max, eben}} = \epsilon_1 - \epsilon_2$$

Haben die Hauptdehnungen ϵ_1 und ϵ_2 eines ebenen Verzerrungszustandes unterschiedliches Vorzeichen, dann ist die größtmögliche Gleitung tatsächlich gleich der Hauptgleitung dieses ebenen Verzerrungszustandes:

$$\gamma_{\text{insges max}} = \epsilon_1 - \epsilon_2$$

siehe Abschnitt 11.5

Spannungen und Verzerrungen sind über Materialgesetze miteinander verknüpft. Ist das Material isotrop und homogen und verhält sich linear-elastisch, dann ist das allgemeine Hooke'sche Gesetz.

$$\epsilon_x = \frac{1}{E}\left[\sigma_x - \nu\left(\sigma_y + \sigma_z\right)\right]$$

$$\epsilon_y = \frac{1}{E}\left[\sigma_y - \nu\left(\sigma_x + \sigma_z\right)\right]$$

siehe Abschnitt 11.7

$$\epsilon_z = \frac{1}{E}\left[\sigma_z - \nu\left(\sigma_x + \sigma_y\right)\right]$$

$$\gamma_{xy} = \frac{1}{G}\tau_{xy} \qquad \gamma_{yz} = \frac{1}{G}\tau_{yz} \qquad \gamma_{xz} = \frac{1}{G}\tau_{xz}$$

mit den Werkstoffeigenschaften E, G und ν maßgebend.

Sind E und ν bekannt, lässt sich G ermitteln:

$$G = \frac{E}{2(1+\nu)}$$

Die Volumendilatation

$$e = \frac{1-2\nu}{E}\left(\sigma_x + \sigma_y + \sigma_z\right)$$

ist ein Maß der Volumenänderung, der Kompressionsmodul

$$K = \frac{E}{3(1-2\nu)}$$

ist eine Materialgröße zur Kennzeichnung der Steifigkeit des Volumens eines Materials.

Kompliziertere Bauteile und Belastungen

12

ÜBERBLICK

Der abgewinkelte Aufhänger, der die Skikabine trägt, unterliegt einer kombinierten Beanspruchung aus Normalkraft, Querkraft und Biegemoment.

Lernziele

Dieses Kapitel gibt einen Überblick zur Spannungsberechnung, wenn bei stabförmigen Trägern Kombinationen der in den vorhergehenden Kapiteln behandelten Einzelbelastungen Zug/Druck, Torsion, Biegung und Schub auftreten. Wir erörtern im Folgenden die Lösung von Aufgabenstellungen für den Fall, dass unterschiedliche innere Beanspruchungsarten an einem betrachteten Schnitt gleichzeitig auftreten. Davor beginnt das Kapitel allerdings mit der Berechnung von Spannungen, die in dünnwandigen Druckbehältern vorliegen. Anschließend werden die Grundgleichungen der Elastizitätstheorie erörtert, die im Allgemeinen bei komplizierteren Bauteilen und Belastungen anstelle von Näherungsgleichungen der technischen Festigkeitslehre verwendet werden müssen, um den Spannungs- (und den Verformungs-) Zustand zu berechnen. Für zwei ausgewählte Aufgabenstellungen, nämlich dickwandige Rohre unter Druckbelastung und rotierende Kreisscheiben, werden diese Grundgleichungen der Elastizitätstheorie zur Berechnung der auftretenden Spannungen auch gelöst.

12.1 Dünnwandige Druckbehälter

Zylindrische oder kugelförmige Gefäße werden in der Industrie häufig als Boiler, Tanks oder Kessel eingesetzt. Unter Druck ist das Material, aus dem die Behälter bestehen, einer Beanspruchung von allen Seiten ausgesetzt. Trotz dieser Tatsache können die Behälter mit einer einfacheren Methode berechnet werden, wenn man voraussetzt, dass sie dünnwandig sind. Im Allgemeinen bedeutet „***dünnwandig***“, dass ein Gefäß ein Innenradius-Wandstärke-Verhältnis von 10 oder mehr besitzt ($r/t \geq 10$). Im speziellen Fall von $r/t = 10$ geben die Berechnungsergebnisse für dünnwandige Gefäße eine Spannung an, die ungefähr um 4 % *geringer* als die wirkliche maximale Spannung in dem Gefäß ist. Bei größeren r/t-Verhältnissen wird der Fehler noch geringer.

Zylindrische Druckbehälter – wie der dargestellte Gastank –, haben halbkugelförmige Deckel – eher als ebene –, um die Behälterspannung zu reduzieren.

Bei einer „dünnen“ Behälterwand ändert sich die Spannungsverteilung über der Dicke nicht signifikant, so dass wir annehmen können, dass sie *gleich bleibend* oder *konstant* ist. Mit dieser Annahme werden wir im Folgenden den Spannungszustand von dünnwandigen zylindrischen und kugelförmigen Druckbehältern berechnen. In beiden Fällen ist der Druck im Behälter als *Überdruck* zu verstehen, denn der gemessene Druck liegt *über* dem Atmosphärendruck, von dem man annimmt, dass er sowohl an der Innen- als auch an der Außenseite der Gefäßwand grundsätzlich vorliegen wird.

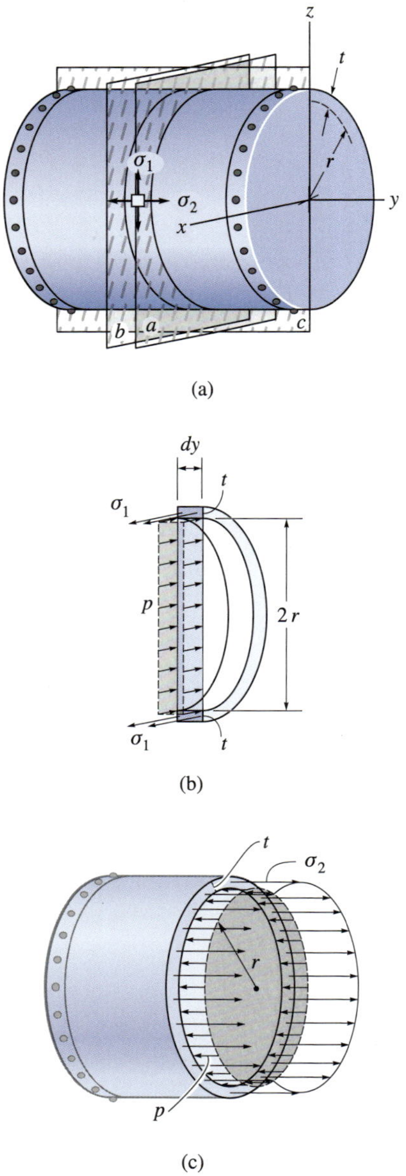

Abbildung 12.1

Zylindrische Behälter Betrachten Sie den zylindrischen Behälter in Abbildung 12.1a mit der Wandstärke t und dem Innenradius r. Innerhalb des Behälters baut sich ein Überdruck p infolge einer Befüllung mit Gas oder einer Flüssigkeit auf, wobei das Gewicht vernachlässigt werden soll. Aufgrund der Gleichförmigkeit der Belastung unterliegt ein Volumenelement des Behälters, das hinreichend weit von den Enden entfernt ist und die dargestellte Orientierung hat, den Normalspannungen σ_1 in ***Umfangs- bzw. Ringrichtung*** und σ_2 in ***Längs- bzw. Axialrichtung***. Beide Spannungskomponenten beanspruchen den Behälter auf Zug. Wir wollen nun die Größe jeder Spannungskomponente in Bezug auf die Gefäßgeometrie und den Innendruck bestimmen. Mittels Freischnitt und Aufstellung der maßgebenden Gleichgewichtsbedingungen kann dies geleistet werden.

Zur Berechnung der *Ringspannung* σ_1 in Umfangsrichtung zerlegen wir das Gefäß durch die Schnittebenen a, b und c in ein halbringförmiges Segment, dessen Freikörperbild zusammen mit dem enthaltenen Gas bzw. Fluid in Abbildung 12.1b gezeigt ist. Es sind nur Belastung und Schnittgrößen in x-Richtung dargestellt. Die gleichzeitig in Längsrichtung des Zylinders auftretenden Spannungen in den Schnittebenen a und b sind in Abbildung 12.1b nicht eingezeichnet, da sie für die Kräftebilanz in x-Richtung nicht relevant sind. Die Belastungen durch den Gas- oder Fluiddruck über den Innendurchmesser des Behälters werden aufgenommen durch die gleichmäßige Ringspannung σ_1 in der Behälterwand. Für den Gleichgewichtszustand in x-Richtung stellen wir folgende Bedingung auf:

$$\sum F_x = 0 ; \qquad 2\left[\sigma_1\left(t\,dy\right)\right] - p\left(2r\,dy\right) = 0$$

$$\sigma_1 = \frac{pr}{t} \qquad (12.1)$$

Zur Ermittlung der *Längsspannung* σ_2 betrachten wir im Folgenden den durch den Schnitt b frei geschnittenen linken Teil des Zylinders, Abbildung 12.1a. Wie in Abbildung 12.1c zu sehen, wirkt σ_2 gleichmäßig über die ringförmige Wand; desgleichen wirkt der Druck p auf die kreisförmige Schnittfläche mit dem Innendurchmesser $2r$. Da der mittlere Radius ungefähr gleich dem Innenradius des Behälters ist, muss für das Gleichgewicht in y-Richtung

$$\sum F_y = 0 ; \qquad \sigma_2\left(2\pi rt\right) - p\left(\pi r^2\right) = 0$$

gelten, d.h.

$$\sigma_2 = \frac{pr}{2t} \qquad (12.2)$$

In den Gleichungen (12.1) und (12.2) sind

$\sigma_1, \sigma_2 =$ die Normalspannungen in Umfangs- bzw. Längsrichtung. Jede wird als konstant über dem Wandquerschnitt des Zylinders angenommen und jede Spannung bewirkt eine Zugbeanspruchung des Materials.

p = der infolge des enthaltenen Gases bzw. Fluids aufgebaute Überdruck im Inneren des Behälters
r = der Innenradius des Zylinders
t = die Wandstärke ($r/t \geq 10$)

Vergleicht man die Gleichungen (12.1) und (12.2) miteinander, dann erkennt man, dass die tangentiale Umfangsspannung doppelt so groß wie die Axialspannung ist. Konsequenterweise müssen die Verbindungen entlang des Zylinders bei der Herstellung eines zylindrischen Druckbehälters aus Walzstahlplatten so ausgelegt werden, dass sie eine zweifach größere Spannung aufnehmen als die Verbindungen aneinander gereihter zylindrischer Teilstücke.

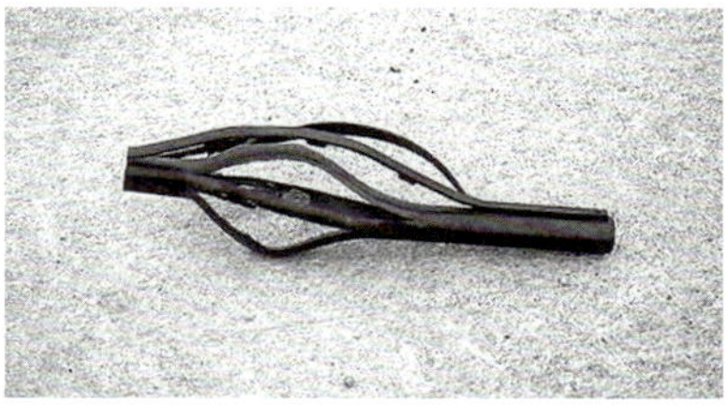

Abgebildet ist ein Gewehrlauf, der noch kurz vor dem Schuss mit Pulverrückständen verstopft war. Der Gasdruck des Abschusses erhöhte die Umfangsspannung des Gewehrlaufs so stark, dass er platzte.

Kugelförmige Behälter Ein kugelförmiges Druckgefäß können wir in ähnlicher Weise berechnen. Betrachten Sie zum Beispiel den Behälter in Abbildung 12.2a mit der Wandstärke t und dem Innenradius r, der einem inneren Überdruck p ausgesetzt ist. Bei einer Teilung des Behälters durch den Schnitt a in zwei Hälften zeigt Abbildung 12.2b das resultierende Freikörperbild der linken Hälfte. Wie beim Zylinder muss für das Gleichgewicht in y-Richtung die folgende Bedingung erfüllt sein:

$$\sum F_y = 0\,; \qquad \sigma_2(2\pi r t) - p(\pi r^2) = 0$$

$$\sigma_2 = \frac{pr}{2t} \tag{12.3}$$

Im Vergleich ist dies das *gleiche Ergebnis*, wie es sich für die Längsspannung im zylindrischen Druckbehälter ergeben hatte. Aus der Berechnung erhält man des Weiteren denselben Spannungswert, *unabhängig* von der Orientierung des Freikörperbildes der Halbkugel. Demzufolge ist ein materielles Element, siehe Abbildung 12.2a, dem dargestellten ebenen Spannungszustand ausgesetzt.

Das vorgestellte Berechnungsverfahren gibt an, dass ein aus dem zylinder- oder kugelförmigen Behälter frei geschnittenes Volumenelement einer ***biaxialen*** Spannung unterliegt, d.h. es treten Normalspannungen in zwei Richtungen auf. In Wirklichkeit ist das Gefäßmaterial zusätzlich noch einer ***Radialspannung*** σ_3 ausgesetzt, die entlang einer Radiallinie wirkt. Diese Spannung besitzt einen Maximalwert, der mit dem Druck p übereinstimmt und an der Wandinnenseite auftritt. Sie nimmt über die Wandstärke ab und verschwindet an der Gefäßaußenseite, denn der Überdruck ist dort auch gleich null. Für dünnwandige Gefäße werden wir die Radialspannungskomponente aber ignorieren, denn unsere beschränkende Bedingung von $r/t \geq 10$ führt dazu, dass σ_2 und σ_1 einen mindestens 5- bzw. 10-mal größeren Wert als die Maximalspannung $(\sigma_3)_{max} = p$ haben. Beachten Sie abschließend, dass die hergeleiteten Formeln nur für dünnwandige Behälter unter innerem Überdruck angewendet werden sollten. Unterliegen die Gefäße einem äußeren Überdruck, dann kann die innerhalb der dünnen Wand erzeugte Druckspannung eine so genannte Instabilität des Behälters verursachen, wodurch er sich zusammendrücken oder lokal nach innen einbeulen kann.

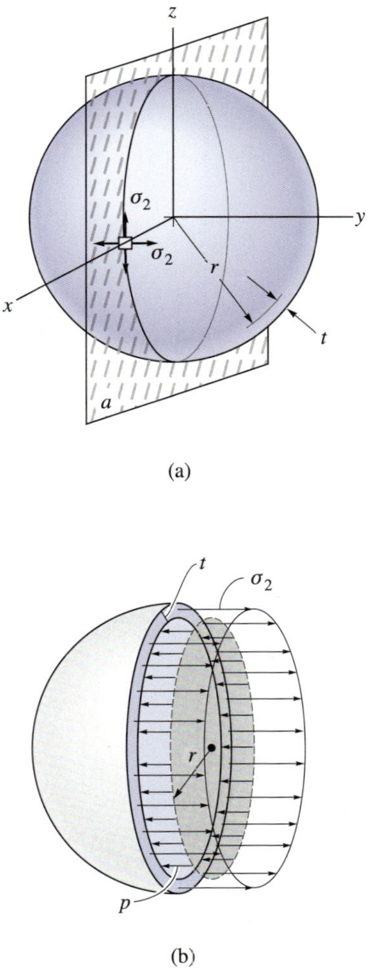

Abbildung 12.2

Beispiel 12.1

Ein zylindrischer Druckbehälter besitzt den Innendurchmesser d und die Wandstärke t. Bestimmen Sie den maximalen Innendruck, den der Behälter aufnehmen kann, so dass weder die Umfangs- noch die Längsspannung den Wert σ_{zul} überschreiten. Wie groß ist bei gleichen Bedingungen der maximale Innendruck, den ein entsprechend großes kugelförmiges Gefäß aufnehmen kann?

$\sigma_{zul} = 140$ MPa, $d = 1{,}2$ m, $t = 12$ mm

Lösung

Zylindrischer Druckbehälter Die maximale Spannung tritt in Umfangsrichtung auf. Mit Gleichung (12.1) ergibt sich

$$\sigma_1 = \frac{pr}{t} = \sigma_{zul}; \qquad p = \frac{\sigma_{zul} t}{r} = \frac{(140\,\text{N/mm}^2)(12\,\text{mm})}{600\,\text{mm}}$$

$$p = 2{,}8\ \text{N/mm}^2$$

Beachten Sie, dass bei Erreichen dieses Drucks die Spannung in Längsrichtung gemäß Gleichung (12.2) $\sigma_2 = \frac{1}{2}\sigma_1 = \frac{1}{2}(140\,\text{MPa}) = 70\,\text{MPa}$ ist. Des Weiteren tritt die Maximalspannung in radialer Richtung an der Wandinnenseite des Behälters auf und ist $(\sigma_3)_{max} = p = 2{,}8\ \text{N/mm}^2$. Dieser Wert ist 50-mal kleiner als die Umfangsspannung (140 MPa) und, wie bereits dargelegt, können diese Effekte vernachlässigt werden.

Kugelförmiger Behälter Hier tritt die Maximalspannung in jeder der beiden senkrecht aufeinander stehenden Richtungen eines Behälterelements auf, Abbildung 12.2a. Gemäß Gleichung (12.3) ergibt sich

$$\sigma_2 = \frac{pr}{2t}; \qquad p = \frac{\sigma_2 2t}{r} = \frac{(140\,\text{N/mm}^2)2(12\,\text{mm})}{600\,\text{mm}}$$

$$p = 5{,}6\ \text{N/mm}^2$$

Der kugelförmige Behälter ist zwar schwieriger herzustellen, er hält aber zweimal so viel Innendruck aus wie der zylindrische Behälter.

12.2 Spannungszustand bei kombinierten Belastungen

In den Kapiteln 4, 6, 7 und 9 haben wir Methoden zur Bestimmung der Spannung in stabförmigen Bauteilen kennen gelernt, die entweder einer reinen Normalkraft-, einer Torsionsmomenten-, einer Biegemomenten- oder einer alleinigen Querkraftbeanspruchung unterliegen. Sehr häufig ist ein bestimmter Schnitt des zu untersuchenden Bauteils jedoch mehreren Beanspruchungen *gleichzeitig* ausgesetzt, wie dies für den Fall von axialer Belastung und Torsion bereits in Kapitel 10.5 angesprochen wurde. Das Prinzip der Superposition, soweit einsetzbar, kann dann zur Ermittlung der *resultierenden* Spannungsverteilung infolge dieser Belastungen benutzt werden. Zur Prüfung seiner Anwendbarkeit wird zuerst die Spannungsverteilung aufgrund *jeder einzelnen Belastung* ermittelt, danach überlagert man diese Spannungen, um die resultierende Spannungsverteilung zu erhalten. Wie in Kapitel 4.3 bereits erwähnt, kann man das Prinzip der Superposition nur anwenden, wenn es eine *lineare Abhängigkeit* zwischen den *Spannungen* und den *Belastungen* gibt. Zudem sollte sich die Geometrie des Bauteils bei der Belastung *nicht signifikant ändern*. Das ist notwendig, um sicher zu gehen, dass die infolge einer Belastung auftretende Spannung nicht von einer Spannung abhängig ist, die auf eine andere Belastung zurückzuführen ist. In der weiteren Diskussion wird die Problematik noch etwas präzisiert werden, um den beiden Kriterien voll zu entsprechen. Wie schon in Kapitel 10 (insbesondere in Abschnitt 10.5) bei der Diskussion des ebenen Spannungszustandes festgestellt wurde, können einzeln berechnete Normal- und Schubspannungen zunächst nicht zu einer einzigen resultierenden Spannung zusammengefasst werden; sie treten nebeneinander auf und charakterisieren gemeinsam den an einem Punkt mit einem zugehörigen Volumenelement auftretenden einachsigen, ebenen (oder räumlichen) Spannungszustand. Allerdings ist die Charakterisierung des Spannungs-zustandes durch die Hauptspannungen und damit ausschließlich durch Normalspannungen immer möglich und auch zweckmäßig.

Dieser Schornstein unterliegt einer kombinierten Belastung infolge Wind und Gewichtskraft. Es ist hier wichtig, die resultierende Zugspannung im Schornstein zu untersuchen, denn das Mauerwerk kann nur eine sehr geringe Zugbeanspruchung aufnehmen.

Lösungsweg

Der folgende Lösungsweg stellt ein allgemeines Hilfsmittel zur Verfügung, die Normal- und die Schubspannungskomponenten an einem bestimmten Punkt des Bauteils aufzustellen, wenn dieses mehreren unterschiedlichen Belastungsarten gleichzeitig ausgesetzt ist. Es wird angenommen, dass das Material homogen und linear-elastisch ist. Zudem wird gemäß dem Saint-Venant'schen Prinzip vorausgesetzt, dass der Punkt, an dem die Spannung bestimmt werden soll, weit genug von plötzlichen Querschnittsänderungen oder Einleitungsstellen von Punktlasten entfernt ist.

Innere Beanspruchung

- Schneiden Sie das schlanke Bauteil rechtwinklig zu seiner Achse an einer Stelle, an der die Spannung ermittelt werden soll, und berechnen Sie die resultierenden inneren Normal- und Querkräfte sowie die Biege- und Torsionsmomente.
- Die Kraftkomponenten sollten im *Schwerpunkt* des Querschnitts wirken, während die Momentenkomponenten um diejenigen *Flächenschwerpunktachsen*, die die Hauptträgheitsachsen des Querschnitts repräsentieren, berechnet werden.

Mittlere Normalspannung

- Berechnen Sie für *jede* innere Schnittgröße die dazu in Beziehung stehende Spannung. Ermitteln Sie diese für jeden Einzelfall entweder als Spannungsverteilung über die gesamte Querschnittsfläche, oder stellen Sie die Spannung an dem Volumenelement dar, das sich an einer bestimmten Stelle des Querschnittes befindet.

  Normalkraft. Die innere Normalkraft wird durch eine gleichförmige Normalspannungsverteilung repräsentiert und aus $\sigma = N/A$ ermittelt.

  Querkraft. Die innere Querkraft eines Trägers infolge Biegung gehört zu einer Schubspannungsverteilung, die sich über die Schubspannungsformel $\tau = sQ/(It)$ berechnet. Bei Anwendung dieser Gleichung muss allerdings mit besonderer Vorsicht vorgegangen werden, wie in Kapitel 9.3 bereits erwähnt wurde.

  Biegemoment. Bei *geraden Balken* ist das innere Biegemoment einer Normalspannungsverteilung äquivalent, die sich linear von null in Höhe der neutralen Faser bis zu einem Maximum an der äußeren Berandung des Balkens ändert. Die Spannungsverteilung wird mit der Biegespannungsformel $\sigma = -My/I$ bestimmt. Bei gekrümmten Balken ist die Spannungsverteilung nichtlinear und wird deshalb über $\sigma = My/[Ae(R-y)]$ ermittelt.

  Torsionsmoment. Bei Stäben und Wellen mit Kreisquerschnitt bildet sich das innere Torsionsmoment infolge einer Schubspannungsverteilung aus, die sich linear von der Mittellinie des Stabes bis zu einem Maximum an der äußeren Berandung des Stabes ändert. Die Schubspannungsverteilung wird über die Torsionsspannungsformel $\tau = T\rho/I_p$ ermittelt. Bei einem Rohr mit einzelligem dünnwandigem Querschnitt verwenden Sie $\tau = T/(2A_m t)$.

  Dünnwandige Druckbehälter. Ist der Behälter ein dünnwandiger Zylinder, dann verursacht der Innendruck p einen biaxialen Spannungszustand im Behälter derart, dass die Umfangsspannung aus $\sigma_1 = pr/t$ und die Längsspannung aus $\sigma_2 = pr/(2t)$ berechnet wird. Bei einem dünnwandigen kugelförmigen Behälter wird der biaxiale Spannungszustand durch zwei übereinstimmende Anteile von jeweils $\sigma_2 = pr/(2t)$ repräsentiert.

Superposition

- Nachdem die einzelnen Normal- und Schubspannungen für jede Belastung berechnet sind, benutzen Sie das Prinzip der Superposition und bestimmen Sie die resultierenden Normal- und die resultierenden Schubspannungen.
- Stellen Sie die Ergebnisse an einem Flächenelement dar, das sich an dem ausgewählten Querschnittspunkt befindet, oder zeigen Sie die Ergebnisse in Form einer Spannungsverteilung über der Querschnittsfläche des Bauteils.
- Gegebenenfalls führt man für den Spannungszustand an einem allgemeinen Punkt der Schnittfläche eine Hauptachsentransformation durch, um den Spannungszustand durch die Hauptspannungen und die zugehörigen Hauptspannungsrichtungen äquivalent zu beschreiben.

Die Aufgaben dieses Abschnittes, die sich mit kombinierten Belastungen befassen, dienen als *grundlegender* Rückblick auf die Anwendung vieler wichtiger Spannungsformeln, die bisher diskutiert wurden. Wie in den zugehörigen Kapiteln bereits erwähnt, ist ein gründliches Verständnis hinsichtlich der Anwendbarkeit dieser Gleichungen erforderlich, um die Aufgaben am Ende des Abschnittes erfolgreich zu lösen. Die nachfolgenden Beispiele sollten sorgfältig studiert werden, bevor mit der Lösung der Aufgaben fortgefahren wird.

Beispiel 12.2

An der Kante des dargestellten Bauteils greift eine Kraft P an, Abbildung 12.3a. Vernachlässigen Sie das Gewicht des Bauteils und bestimmen Sie den Spannungszustand an den Punkten B und C.

$P = 15000$ N, $a = 50$ mm, $b = 20$ mm

Lösung

Schnittgrößen Ein Schnitt durch B und C zerlegt das Bauteil in zwei Segmente. Für Gleichgewicht (z.B. des oberen Teils) wird eine Normalkraft N durch den Flächenschwerpunkt vorausgesetzt und das Biegemoment M aus dem Momentengleichgewicht um die entsprechende Hauptachse berechnet, Abbildung 12.3b.

$$\sum F_y = 0; \quad P + N = 0$$

$$N = -P$$

$$N = -15000 \text{ N}$$

$$\sum M_S = 0; \quad Pa - M = 0$$

$$M = Pa = (15000 \text{ N})(50 \text{ mm})$$

$$M = 750000 \text{ Nmm}$$

Spannungen

Normalkraft. Die aufgrund der Normalkraft auftretende gleichförmige Normalspannungsverteilung ist in Abbildung 12.3c dargestellt. Es gilt

$$\sigma = \frac{N}{A} = \frac{N}{4ab} = \frac{-15000\,\text{N}}{4(50\,\text{mm})(20\,\text{mm})}$$

$$\sigma = -3{,}75 \text{ N/mm}^2 = -3{,}75 \text{ MPa}$$

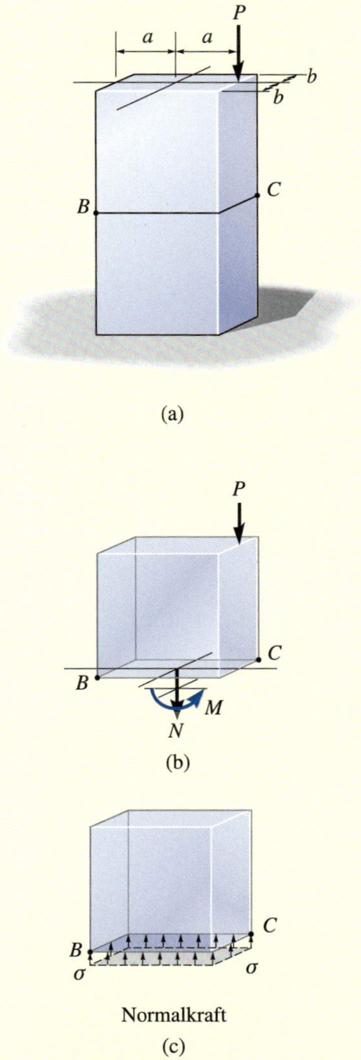

Abbildung 12.3

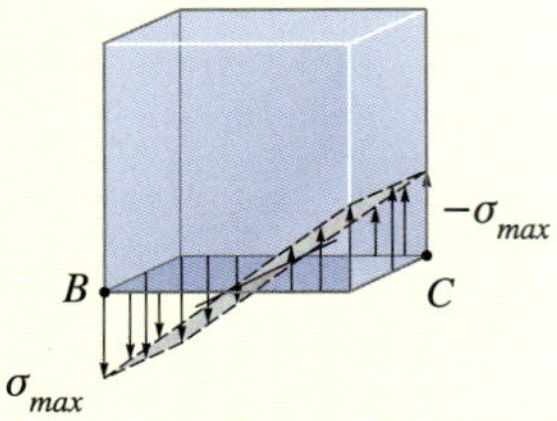

Biegemoment

(d)

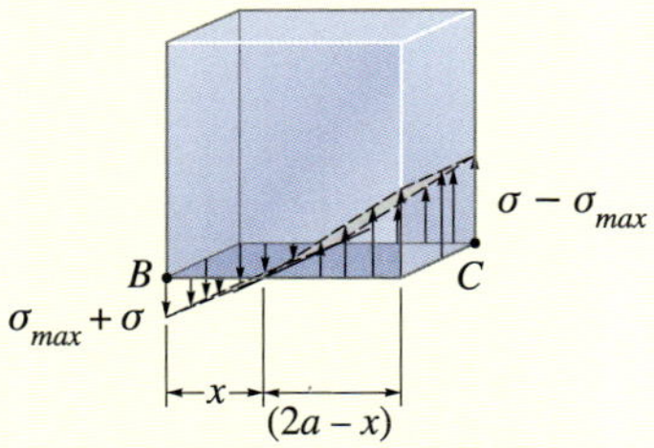

Kombinierte Beanspruchung

(e)

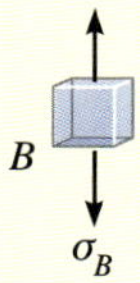

(f)

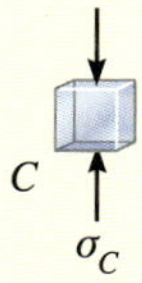

(g)

Abbildung 12.3

Biegemoment. Die dem Biegemoment zugehörige Normalspannungsverteilung ist in Abbildung 12.3d gezeigt. Sie ist

$$\sigma_{max} = \frac{Mc_{max}}{I} = \frac{Ma}{\left[\frac{1}{12}(2b)(2a)^3\right]} = \frac{(750000\,\text{Nmm})(50\,\text{mm})}{\left[\frac{1}{12}(40\,\text{mm})(100\,\text{mm})^3\right]}$$

$$\sigma_{max} = 11{,}25\ \text{N/mm}^2 = 11{,}25\ \text{MPa}$$

Superposition Die beiden berechneten Normalspannungen werden algebraisch addiert, die resultierende Spannungsverteilung ist aus Abbildung 12.3e ersichtlich. Obwohl nicht unbedingt erforderlich, kann man die Lage der Nulllinie über ähnliche Dreiecke einfach bestimmen:

$$\frac{\sigma_B}{x} = \frac{\sigma_C}{(2a - x)}$$

mit

$$\sigma_B = \sigma_{max} + \sigma = (11{,}25 - 3{,}75)\,\text{MPa} = 7{,}5\,\text{MPa (Zug)}$$

und

$$\sigma_C = -\sigma_{max} + \sigma = -(11{,}25 + 3{,}75)\,\text{MPa} = -15{,}0\,\text{MPa (Druck)}$$

Spannungsnulllinie:

$$(2a - x)\sigma_B = x\sigma_C$$

$$x = \frac{2a\sigma_B}{(\sigma_B + \sigma_C)} = \frac{(100\,\text{mm})(7{,}5\,\text{N/mm}^2)}{(7{,}5\,\text{N/mm}^2 + 15\,\text{N/mm}^2)}$$

$$x = 33{,}33\ \text{mm}$$

Die Volumenelemente bei B und C sind also nur einer Normal- oder *uniaxialen* Spannung ausgesetzt, siehe Abbildung 12.3f und Abbildung 12.3g.

Beispiel 12.3 Der Tank in Abbildung 12.4a hat den Innenradius r und die Wandstärke t. Er ist bis oben mit Wasser (spezifisches Gewicht γ_W) gefüllt. Bestimmen Sie den Spannungszustand am Punkt A, wenn der Tank aus Stahl (spezifisches Gewicht γ_{St}) besteht. Der Tank ist oben offen.
$l = 1$ m, $r = 600$ mm, $t = 12$ mm, $\gamma_W = 10$ kN/m³, $\gamma_{St} = 78$ kN/m³

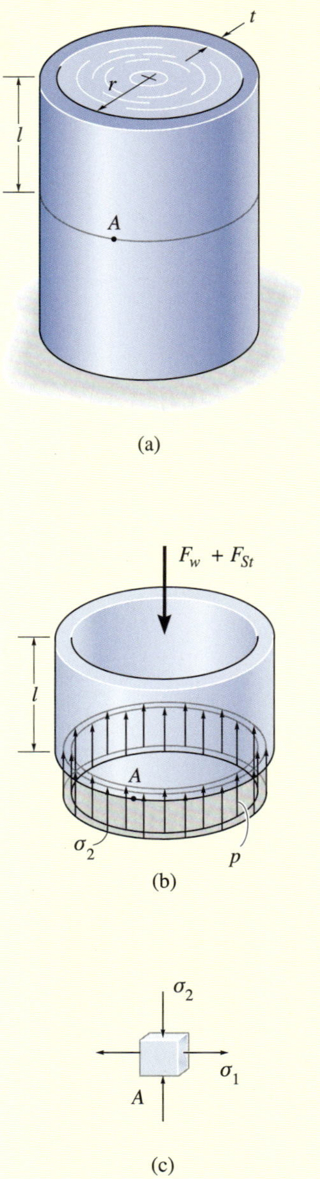

Abbildung 12.4

Lösung

Innere Beanspruchung Abbildung 12.4b zeigt das Freikörperbild des Teils von Tank und Wasser oberhalb Punkt A. Beachten Sie, dass das Gewicht des Wassers durch die Wasserbegrenzungsfläche *in Höhe* des Schnittes gehalten wird und *nicht* durch die Tankwände. In vertikaler Richtung trägt die Wand einfach das Tankgewicht. Die Gewichtskraft berechnet sich als

$$F_{St} = \gamma_{St} V_{St} = \gamma_{St}\left[\pi(r+t)^2 - \pi r^2\right]l$$
$$= (78\,\text{kN/m}^3)\left[\pi(0{,}612\,\text{m})^2 - \pi(0{,}6\,\text{m})^2\right](1\,\text{m})$$
$$= 3{,}56\,\text{kN}$$

Die Spannung in Umfangsrichtung wird durch den Wasserdruck auf dem Niveau A erzeugt. Zur Berechnung des Druckes müssen wir das Pascal'sche Gesetz anwenden, das aussagt, dass der Druck an einem Punkt der Tiefe z im Wasser $p = \gamma_W z$ ist. Demzufolge ist der Druck im Tank in der Höhe von A

$$p = \gamma_W z = (10\ \text{kN/m}^3)\ (1\ \text{m})$$

$$p = 10\ \text{kN/m}^2 = 10\ \text{kPa}$$

Spannungen

Umfangsspannung. Bei Anwendung von Gleichung (12.1) mit dem Innenradius r erhalten wir

$$\sigma_1 = \frac{pr}{t} = \frac{(10\,\text{kN/m}^2)(0{,}6\,\text{m})}{0{,}012\,\text{m}}$$

$$\sigma_1 = 500\ \text{kPa}$$

Längsspannung. Da das Gewicht des Tanks gleichmäßig durch die Wände getragen wird, ergibt sich

$$\sigma_2 = \frac{F_{St}}{A_{St}} = \frac{F_{St}}{\pi\left[(r+t)^2 - r^2\right]} = \frac{3{,}56\,\text{kN}}{\pi\left[(0{,}612\,\text{m})^2 - (0{,}6\,\text{m})^2\right]}$$

$$\sigma_2 = 78\ \text{kPa}$$

Beachten Sie, dass Gleichung (12.2) $\sigma_2 = pr/2t$ nicht angewendet werden kann, denn der Tank ist oben offen, und damit kann das Wasser nicht, wie bereits erwähnt, eine Belastung der Wände in Längsrichtung erzeugen.

Punkt A unterliegt damit der in Abbildung 12.4c dargestellten biaxialen Spannung.

Beispiel 12.4

Das in Abbildung 12.5a dargestellte Tragwerk besitzt einen rechteckigen Querschnitt. Bestimmen Sie den Spannungszustand, den die Belastung bei Punkt C erzeugt.

$q_0 = 50$ kN/m, $l = 1$ m, $s = 125$ mm, $b = 50$ mm, $h = 250$ mm

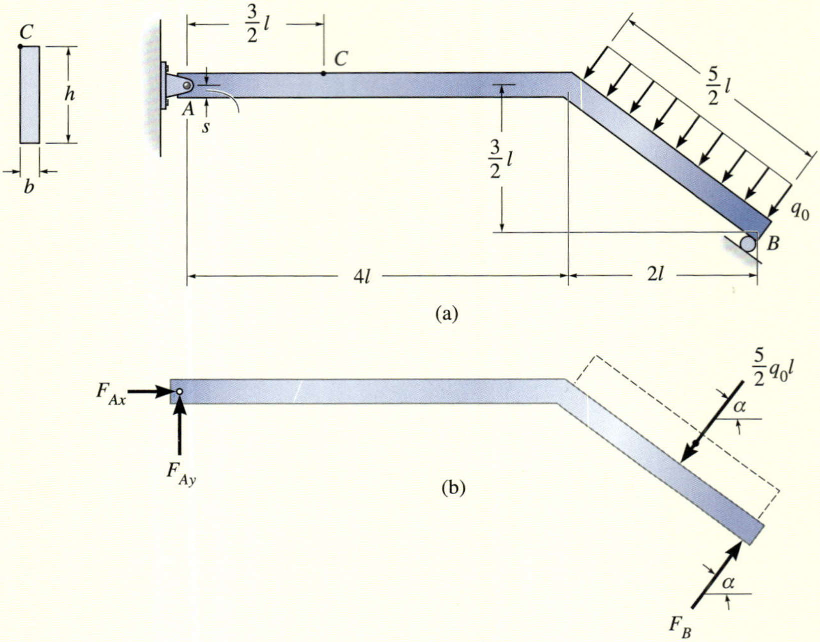

Abbildung 12.5

Lösung

Schnittgrößen Das Freikörperbild in Abbildung 12.5b führt zunächst wegen $\tan\alpha = 4/3$ auf die Lagerreaktionen

$$F_{Ax} = 16{,}45 \text{ kN},\ F_{Ay} = 21{,}93 \text{ kN},\ F_B = 97{,}59 \text{ kN}$$

Bei Betrachtung des linken Segments AC des Trägers, Abbildung 12.5c, liegen als resultierende innere Beanspruchungen eine Normalkraft, eine Querkraft und ein Biegemoment vor. Die Gleichgewichtsbedingungen ergeben

$$\sum F_x = 0; \qquad F_{Ax} + N = 0$$

$$N = -16{,}45 \text{ kN}$$

$$\sum F_y = 0; \qquad F_{Ay} - Q = 0$$

$$Q = 21{,}93 \text{ kN}$$

$$\sum M_C = 0; \qquad F_{Ay}\frac{3}{2}l - M = 0$$

$$M = 32{,}89 \text{ kNm}$$

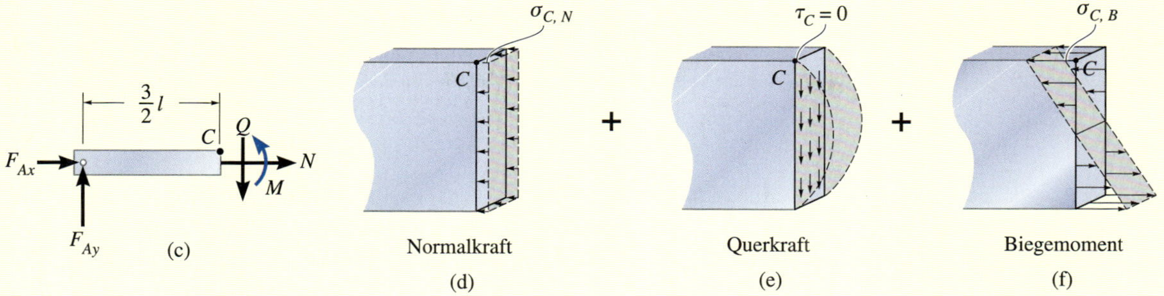

Abbildung 12.5

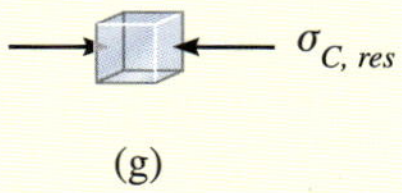

Spannungen

Normalkraft. Zur Normalkraft gehört eine gleichförmige Normalspannungsverteilung, Abbildung 12.5d. Bei Punkt C ist sie

$$\sigma_{C,N} = \frac{N}{A} = \frac{N}{bh} = \frac{-16{,}45\,\text{kN}}{(0{,}05\,\text{m})(0{,}25\,\text{m})}$$

$$\sigma_{C,N} = -1{,}32 \text{ MPa}$$

Querkraft. Hier ist die Fläche $A' = 0$ (vergl. Abbildung 12.5b), denn Punkt C befindet sich an der oberen Berandung des Bauteils. Somit ist $Q = \bar{y}'A' = 0$ und für Punkt C ist die Schubspannung gemäß Abbildung 12.5e

$$\tau_C = 0$$

Biegemoment. Punkt C befindet sich bei $y = c = 125$ mm von der Nulllinie entfernt, und damit ist die Normalspannung bei C, siehe Abbildung 12.5f,

$$\sigma_{C,B} = -\frac{Mc_{max}}{I} = -\frac{M\frac{h}{2}}{\left[\frac{1}{12}bh^3\right]} = -\frac{(32{,}89\,\text{kNm})(0{,}125\,\text{m})}{\left[\frac{1}{12}(0{,}05\,\text{m})(0{,}25\,\text{m})^3\right]}$$

$$\sigma_{C,B} = -63{,}16 \text{ MPa}$$

Superposition Die Schubspannung bei C ist null. Die Addition der oben bestimmten Normalspannungen ergibt bei C eine Druckspannung mit dem Wert

$$\sigma_{C,res} = \sigma_{C,N} + \sigma_{C,B} = -1{,}32 \text{ MPa} - 63{,}16 \text{ MPa}$$

$$\sigma_{C,res} = -64{,}5 \text{ MPa}$$

Diese am Volumenelement bei C auftretende Spannung zeigt Abbildung 12.5g.

Beispiel 12.5

Der abgewinkelte Stab, dargestellt in Abbildung 12.6a, besitzt den Radius r. Bestimmen Sie den Spannungszustand am Punkt A, wenn der Stab wie abgebildet belastet wird.

$F_y = 500$ N, $F_z = 800$ N, $l_1 = 8$ cm, $l_2 = 10$ cm, $l_3 = 14$ cm, $r = 0{,}75$ cm

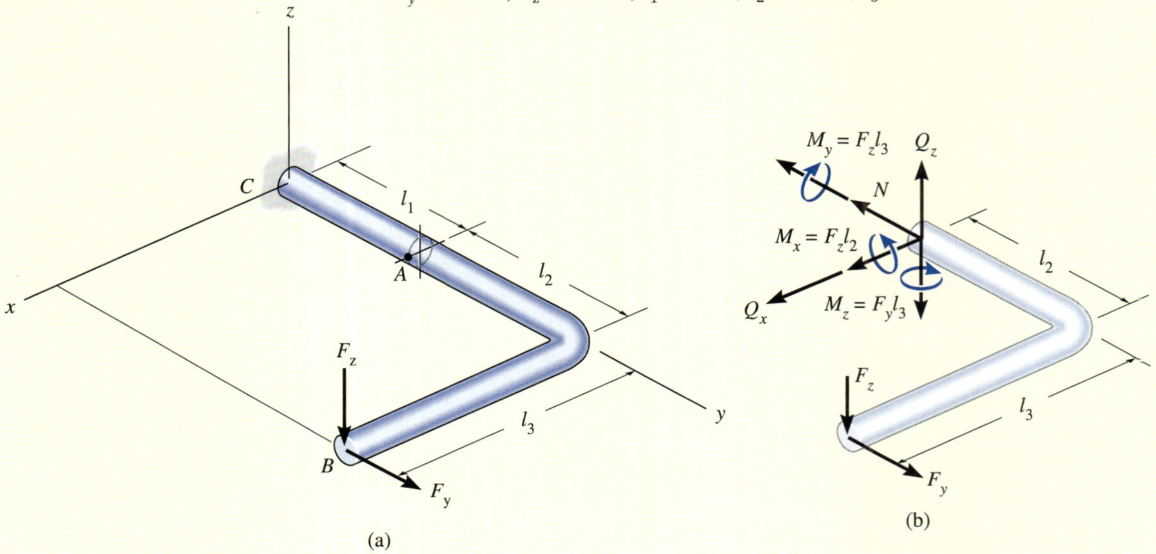

Abbildung 12.6

Lösung

Schnittgrößen Der Stab wird am Punkt A geschnitten. Mit Hilfe des Freikörperbildes für das Teilsystem AB, Abbildung 12.6b, können die resultierenden Schnittgrößen aus den sechs Gleichgewichtsbedingungen bestimmt werden. Die Normalkraft N und die Querkraft Q gehen durch den Schwerpunkt der Schnittfläche, die Biegemomentanteile M_x und M_z werden bezüglich der Querschnittshauptachsen berechnet. Die getroffene und bisher auch eingehaltene Vorzeichenvereinbarung für positive Schnittgrößen wird in diesem Beispiel nicht vollständig übernommen. Es soll damit gezeigt werden, dass die Rechnung natürlich auch im Rahmen einer individuellen Festlegung durchgeführt werden kann. Zur besseren „Visualisierung" der Spannungsverteilungen, die durch jede einzelne dieser Schnittgrößen hervorgerufen werden, betrachten wir im Folgenden die an AC wirkenden gleich großen, aber entgegengesetzt gerichteten Schnittgrößen gemäß Abbildung 12.6b:

$$\sum F_x = 0; \qquad Q_x = 0$$

$$\sum F_y = 0; \qquad F_y - N = 0 \qquad N = F_y$$

$$N = 500 \text{ N}$$

$$\sum F_z = 0; \qquad F_z - Q_z = 0 \qquad F_z = Q_z$$

$$Q_z = 800 \text{ N}$$

$$\sum M_x = 0; \quad M_x - F_z l_2 = 0$$
$$M_x = F_z l_2 = (800\text{ N})\ (10\text{ cm})$$
$$M_x = 8000\text{ Ncm}$$

$$\sum M_y = 0; \quad M_y - F_z l_3 = 0$$
$$M_y = F_z l_3 = (800\text{ N})\ (14\text{ cm})$$
$$M_y = 11200\text{ Ncm}$$

$$\sum M_z = 0; \quad M_z - F_y l_3 = 0$$
$$M_z = F_y l_3 = (500\text{ N})\ (14\text{ cm})$$
$$M_z = 7000\text{ Ncm}$$

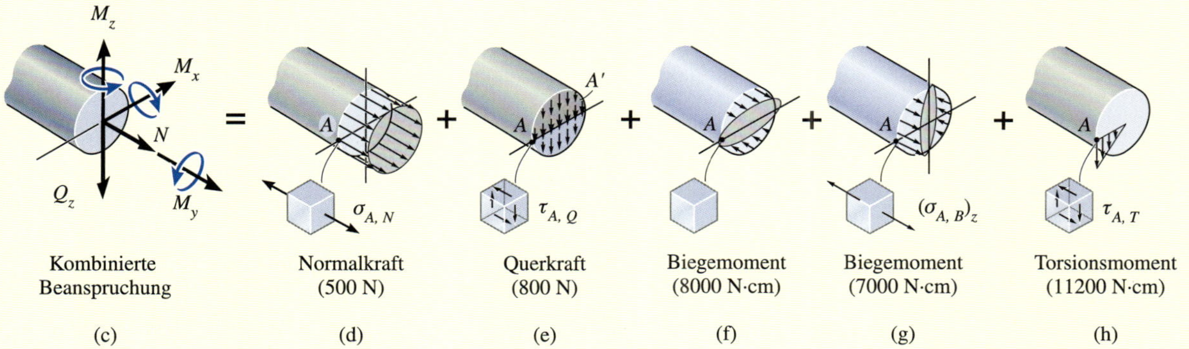

Abbildung 12.6

Spannungen

Normalkraft. Die Normalspannungsverteilung ist in Abbildung 12.6d dargestellt. Für Punkt A ergibt sich

$$\sigma_{A,N} = \frac{N}{A} = \frac{N}{\pi r^2} = \frac{500\,\text{N}}{\pi(0{,}75\,\text{cm})^2} = 283\text{ N/cm}^2 = 2{,}83\text{ MPa}$$

Querkraft. Die Schubspannungsverteilung findet man in Abbildung 12.6e. Für Punkt A wird S aus einer *Halbkreisfläche* bestimmt. Mit Hilfe der Tabelle im *Anhang* erhalten wir

$$S = \bar{y}'A' = \frac{4r}{3\pi}\left[\frac{1}{2}\pi r^2\right] = \frac{4(0{,}75\,\text{cm})}{3\pi}\left[\frac{1}{2}\pi(0{,}75\,\text{cm})^2\right] = 0{,}2813\text{ cm}^3$$

so dass

$$\tau_{A,Q} = \frac{SQ}{It} = \frac{SQ}{\left[\frac{1}{4}\pi r^4\right]2r} = \frac{(0{,}2813\,\text{cm}^3)(800\text{N})}{\left[\frac{1}{4}\pi(0{,}75\,\text{cm})^4\right]2(0{,}75\,\text{cm})} = 604\text{ N/cm}^2 = 6{,}04\text{ MPa}$$

Biegemomente. Bezüglich M_x liegt Punkt A auf der Nulllinie, Abbildung 12.6f, so dass dafür die Normalspannung

$$(\sigma_{A,B})_x = 0$$

ist.

Für den Anteil M_z ist $c_{max} = r = 0{,}75\ \text{cm}$, so dass sich die Normalspannung am Punkt A, Abbildung 12.6g, als

$$(\sigma_{A,B})_z = \frac{Mc_{max}}{I} = \frac{Mr}{\left[\frac{1}{4}\pi r^4\right]} = \frac{(7000\,\text{Ncm})(0{,}75\,\text{cm})}{\left[\frac{1}{4}\pi(0{,}75\,\text{cm})^4\right]}$$

$$(\sigma_{A,B})_z = 21126\ \text{N/cm}^2 = 211{,}26\ \text{MPa}$$

ergibt.

Torsionsmoment. Bei Punkt A ist $\rho_A = r = 0{,}75\ \text{cm}$, Abbildung 12.6h. Somit ist die zugehörige Schubspannung

$$\tau_{A,T} = \frac{Tr}{I_p} = \frac{M_y r}{\left[\frac{1}{2}\pi r^4\right]} = \frac{(11200\,\text{Ncm})(0{,}75\,\text{cm})}{\left[\frac{1}{2}\pi(0{,}75\,\text{cm})^4\right]}$$

$$\tau_{A,T} = 16901\ \text{N/cm}^2 = 169{,}01\ \text{MPa}$$

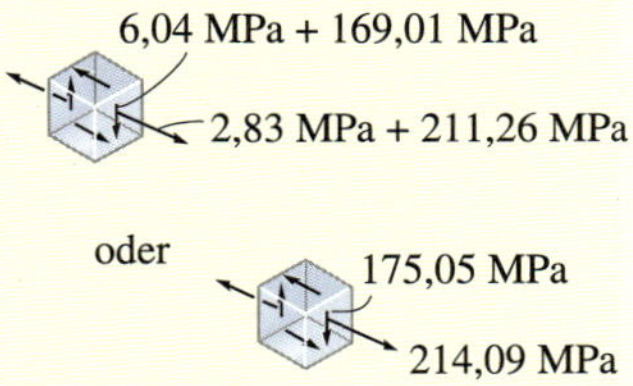

(i)
Abbildung 12.6

Superposition Bei einer Überlagerung der erhaltenen Zwischenresultate ist erkennbar, dass eine Volumenelement bei A sowohl Normal- als auch Schubspannungskomponenten ausgesetzt ist, Abbildung 12.6i. Gemäß den Richtungen der Spannungen folgt für die Spannungskoordinaten des Spannungstensors am Punkt A

$$\sigma_x = 0$$
$$\sigma_y = \sigma_{A,N} + (\sigma_{A,B})_x + (\sigma_{A,B})_z = (2{,}83 + 0 + 211{,}26)\text{MPa} = 214{,}09\text{MPa}$$
$$\sigma_z = 0$$

$$\tau_{xy} = 0$$
$$\tau_{xz} = 0$$
$$\tau_{yz} = -\tau_{A,Q} - \tau_{A,T} = -(6{,}04 + 169{,}01)\text{MPa} = -175{,}05\text{MPa}$$

Auf eine Hauptachsentransformation wird an dieser Stelle verzichtet.

Beispiel 12.6 Die quaderförmige Säule mit vernachlässigbarem Gewicht ist einer vertikalen Kraft F ausgesetzt, Abbildung 12.7a. Die Kraft wirkt an der Ecke. Bestimmen Sie die Normalspannungsverteilung, die sich über die Schnittfläche $ABCD$ einstellt.

$F = 40$ kN, $a = 0{,}8$ m, $b = 0{,}4$ m

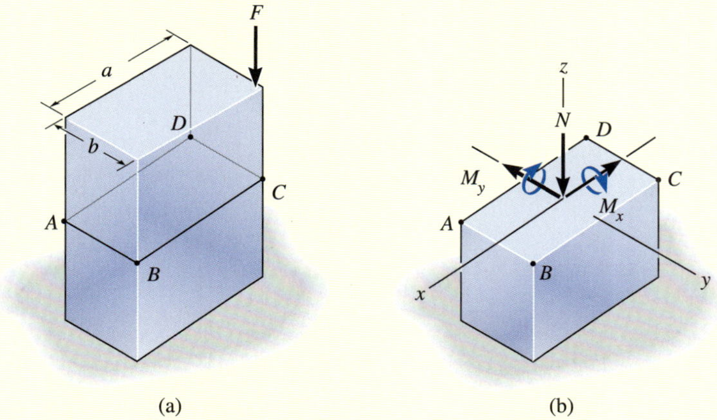

Abbildung 12.7

Lösung

Schnittgrößen Wenn wir das untere Segment der Säule im Gleichgewicht betrachten, Abbildung 12.7b, dann ist erkennbar, dass (bei geeigneter individueller Vorzeichenkonvention) eine Normalkraft $N = F$ durch den Flächenschwerpunkt und zusätzlich auch *zwei* Biegemomentkomponenten um die Hauptträgheitsachsen der Schnittfläche auftreten. Weisen Sie die Ergebnisse rechnerisch nach.

$N = 40$ kN, $M_y = 16$ kNm, $M_x = 8$ kNm

Spannungen

Normalkraft. Die gleichmäßige Normalspannungsverteilung zeigt Abbildung 12.7c. Sie ist

$$\sigma_N = \frac{P}{A} = \frac{N}{ab} = \frac{40\,\text{kN}}{(0{,}8\,\text{m})(0{,}4\,\text{m})} = 125 \text{ kPa (Druck)}$$

Biegemomente. Die Normalspannungsverteilung der Biegemomentkoordinate M_x sind in Abbildung 12.7d dargestellt. Die Maximalspannung ist

$$\sigma_{max,x} = \frac{M_x c_{max,y}}{I_x} = \frac{M_x\left(\frac{b}{2}\right)}{\left[\frac{1}{12}ab^3\right]} = \frac{(8\,\text{kNm})(0{,}2\,\text{m})}{\left[\frac{1}{12}(0{,}8\,\text{m})(0{,}4\,\text{m})^3\right]} = 375 \text{ kPa}$$

Für die Biegemomentkoordinate M_y ergibt sich die maximale Normalspannung in gleicher Weise, Abbildung 12.7e:

$$\sigma_{max,y} = \frac{M_y c_{max,x}}{I_y} = \frac{M_x\left(\frac{a}{2}\right)}{\left[\frac{1}{12}ba^3\right]} = \frac{(16\,\text{kNm})(0{,}4\,\text{m})}{\left[\frac{1}{12}(0{,}4\,\text{m})(0{,}8\,\text{m})^3\right]} = 375 \text{ kPa}$$

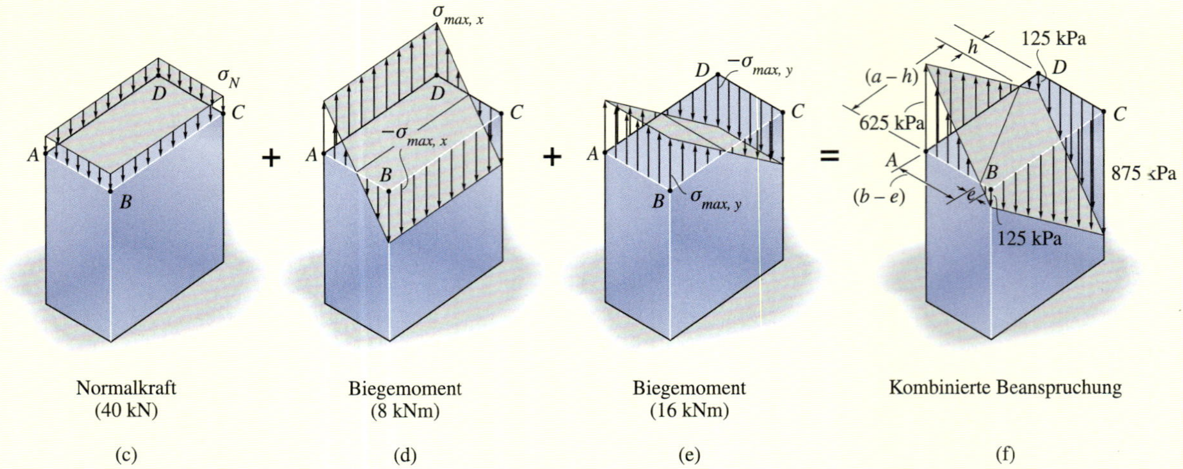

Abbildung 12.7

Superposition Die Normalspannung kann für jeden Eckpunkt durch einfache Addition bestimmt werden:

$$\sigma_A = -\sigma_N + \sigma_{max,x} + \sigma_{max,y} = -125 \text{ kPa} + 375 \text{ kPa} + 375 \text{ kPa} = 625 \text{ kPa}$$

$$\sigma_B = -\sigma_N - \sigma_{max,x} + \sigma_{max,y} = -125 \text{ kPa} - 375 \text{ kPa} + 375 \text{ kPa} = -125 \text{ kPa}$$

$$\sigma_C = -\sigma_N - \sigma_{max,x} - \sigma_{max,y} = -125 \text{ kPa} - 375 \text{ kPa} - 375 \text{ kPa} = -875 \text{ kPa}$$

$$\sigma_D = -\sigma_N + \sigma_{max,x} - \sigma_{max,y} = -125 \text{ kPa} + 375 \text{ kPa} - 375 \text{ kPa} = -125 \text{ kPa}$$

Da die Spannungsverteilungen aufgrund der Biegemomentanteile linear sind, ergibt sich auch eine lineare resultierende Spannungsverteilung. Sie erhält damit das in Abbildung 12.7f dargestellte Aussehen. Die Lage der Nulllinie wird gemäß Abbildung 12.7f durch die beiden Kantenabschnitte e und h festgelegt, die man durch Verhältnisbildung ermitteln kann:

$$\frac{b-e}{|\sigma_A|} = \frac{e}{|\sigma_B|}$$

$$e = \frac{b\,|\sigma_B|}{(|\sigma_A| + |\sigma_B|)} = \frac{(0{,}4\,\text{m})(125\,\text{kPa})}{(625\,\text{kPa} + 125\,\text{kPa})} = 0{,}067 \text{ m}$$

$$\frac{a-h}{|\sigma_A|} = \frac{h}{|\sigma_D|}$$

$$h = \frac{a\,|\sigma_D|}{(|\sigma_A| + |\sigma_D|)} = \frac{(0{,}8\,\text{m})(125\,\text{kPa})}{(625\,\text{kPa} + 125\,\text{kPa})} = 0{,}133 \text{ m}$$

Beispiel 12.7 Eine Säule mit Rechteckquerschnitt besitzt ein vernachlässigbares Gewicht und wird durch eine vertikale Kraft P belastet, Abbildung 12.8a. (a) Bestimmen Sie Exzentrizität e_y des Kraftangriffspunktes entlang der y-Achse derart, dass sich in der Säule keine Zugspannung ausbildet. (b) Legen Sie auf dem Querschnitt den Bereich fest, innerhalb dessen P angreifen kann, ohne dass in der Säule eine Zugspannung verursacht wird.

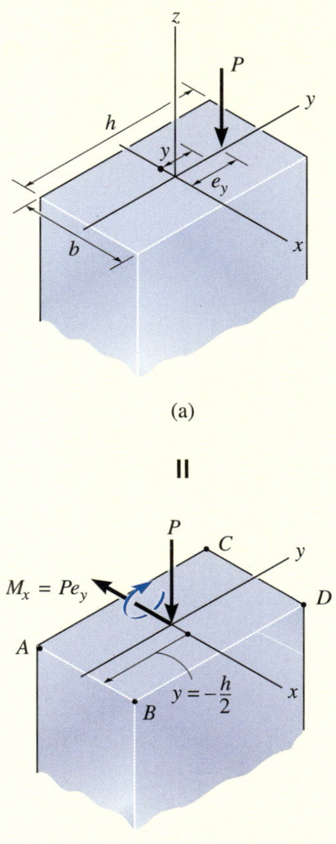

Abbildung 12.8

Lösung

Teil (a) Bei einer Verlagerung von P zum Schwerpunkt des Querschnitts, Abbildung 12.8b, ist es erforderlich, ein entsprechendes Versetzungsmoment $M_x = Pe_y$ hinzuzufügen, um das statische Gleichgewicht zu erhalten. Die Normalspannung dieser kombinierten Beanspruchung für jede Koordinatenposition y auf dem Querschnitt, die infolge dieser beiden Schnittgrößen auftritt, ergibt sich als

$$\sigma = -\frac{P}{A} - \frac{(Pe_y)y}{I_x} = -\frac{P}{A}\left(1 + \frac{Ae_y y}{I_x}\right)$$

Hierbei weist das negative Vorzeichen auf eine Druckspannung hin. Für positive Werte von e_y, Abbildung 12.8a, tritt die *kleinste* Druckspannung entlang der Kante AB auf, wobei $y = -h/2$ wird, Abbildung 12.8b. (Die Ansicht lässt erkennen, dass P dort Druck hervorruft, M_x dagegen Zug.) Somit ist

$$\sigma_{min} = -\frac{P}{A}\left(1 - \frac{Ae_y h}{2I_x}\right)$$

Die Spannung bleibt dann negativ, also eine Druckspannung, wenn der Klammerausdruck positiv ist, d.h.

$$1 > \frac{Ae_y h}{2I_x}$$

gilt. Weil $A = bh$ und $I_x = \frac{1}{12}bh^3$ ergeben, ist demzufolge

$$1 > \frac{6e_y}{h}$$

oder

$$e_y < \frac{1}{6}h$$

zu wählen. Anders ausgedrückt: Wenn $-\frac{1}{6}h \le e_y \le \frac{1}{6}h$ erfüllt ist, verschwindet die Spannung entlang den Kanten AB oder CD oder sie bleibt eine *Druckspannung*. Das wird manchmal als *„Mittleres-Drittel-Regel"* bezeichnet. Es ist sehr wichtig, dass man sich diese Regel einprägt, wenn der Fall einer Beanspruchung von Säulen oder Bogenträgern rechteckigen Querschnitts aus Stein oder Beton auftritt, die nur sehr geringe Zugspannungen aufnehmen können.

Hier ist ein Beispiel zu sehen, bei dem eine kombinierte Axial- und Biegespannung auftreten kann.

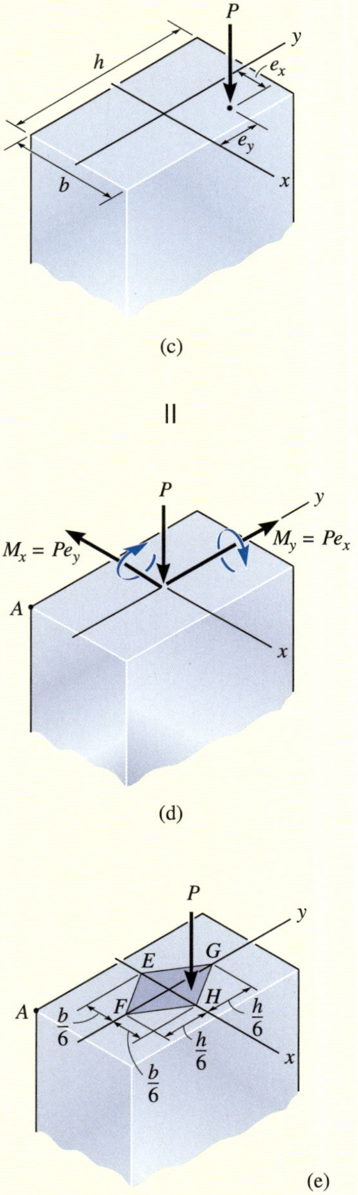

Abbildung 12.8

Teil (b) Wir können das dargestellte Berechnungsverfahren in der Ebene erweitern, indem wir annehmen, dass P im positiven Quadranten der x,y-Ebene angreift, Abbildung 12.8c. Für den Fall, dass P in den Schwerpunkt verlagert wird, ist die äquivalente statische Belastung einschließlich der notwendigen Versetzungsmomente in Abbildung 12.8d dargestellt. Die Normalspannung, verursacht durch die kombinierte Normal- und Biegebeanspruchungen, ergibt sich für jeden Koordinatenpunkt (x,y) auf der betrachteten Querschnittsfläche als

$$\sigma = -\frac{P}{A} - \frac{Pe_y y}{I_x} - \frac{Pe_x x}{I_y}$$

$$= -\frac{P}{A}\left(1 + \frac{Ae_y y}{I_x} + \frac{Ae_x x}{I_y}\right)$$

Die Ansicht in Abbildung 12.8d ergibt, dass am Punkt A die Momente dort eine Zugspannung und die Normalkraft eine Druckspannung verursachen. Somit tritt an diesem Punkt die kleinste Druckspannung bei $x = -b/2$ und $y = -h/2$ auf. Demzufolge ist

$$\sigma_A = -\frac{P}{A}\left(1 - \frac{Ae_y h}{2I_x} - \frac{Ae_x b}{2I_y}\right)$$

Wie vorher bleibt die Normalspannung am Punkt A dann negativ (Druckspannung), wenn der Klammerausdruck positive Werte annimmt, d.h.

$$0 < \left(1 - \frac{Ae_y h}{2I_x} - \frac{Ae_x b}{2I_y}\right)$$

gilt. Einsetzen von $A = bh$, $I_x = \frac{1}{12}bh^3$, $I_y = \frac{1}{12}hb^3$ ergibt

$$0 < 1 - \frac{6e_y}{h} - \frac{6e_x}{b}$$

Die Normalspannung am Punkt A bleibt unabhängig von der Größe der Last P eine Druckspannung, wenn sie innerhalb der Begrenzungslinie GH wirkt, Abbildung 12.8e. Mit analoger Begründung ist die Normalspannung auch an den anderen Ecken eine Druckspannung, wenn der Angriffsbereich von P innerhalb der Grenzen der Linien EG, FE und HF liegt. Das so definierte, in Abbildung 12.8e gekennzeichnete Parallelogramm wird als der *Kern* der Schnittfläche bezeichnet. Gemäß der „Mittleres-Drittel-Regel" von Teil (a) haben die Diagonalen des Parallelogramms die Längen $b/3$ und $h/3$.

12.3 Grundgleichungen der Elastizitätstheorie

Alle bisher vorgestellten Methoden zur Berechnung von Spannungs- und Verformungszuständen in einem Maschinenelement oder einer Baugruppe basieren auf Vereinfachungen der Geometrie der Bauteile und der Vernachlässigung von Nebenspannungen und untergeordneten Deformationen. Damit können Spannungen und Verformungen in ausreichender Näherung mit den üblichen Annahmen der Technischen Festigkeitslehre untersucht werden.

Die Grenzen der Berechnungsmethoden der Festigkeitslehre kann man durch Vergleich der Ergebnisse mit jenen einer wesentlich genaueren, aber in der Lösung sehr viel aufwändigeren Theorie der allgemeinen Kontinuumsmechanik feststellen. Beschränkt man sich weiterhin auf kleine elastische Deformationen, dann sind dies die Grundgleichungen der *Elastizitätstheorie* bei *Vorgabe* bestimmter *Randbedingungen* auf der berandenden Oberfläche des betreffenden Festkörpers.
Dabei können so genannte

- Verschiebungs-
- Spannungs- oder
- gemischte Randbedingungen

auftreten.

Ist ein Punkt oder ein Bereich in der üblichen Weise, z.B. über ein festes Gelenklager, mit der Umgebung verbunden, dann können an der betreffenden Stelle keine Verschiebungen auftreten. Ein freies Ende eines Kragträgers ist durch verschwindende Schnittgrößen, d.h. verschwindende Spannungskomponenten gekennzeichnet. Eine elastische Abstützung über Dehnfedern legt dagegen eine gemischte Randbedingung derart fest, dass an der betreffenden Stelle die Normalkraft mit der Federkraft im Gleichgewicht stehen muss.

Die eigentlichen Grundgleichungen zur Berechnung des Spannungs- und Verzerrungszustandes in einem Punkt des Festkörpers sind dann

- die statischen Gleichgewichtsbedingungen der Kräfte,
- das Stoffgesetz und
- so genannte Verträglichkeitsbedingungen.

Kräftegleichgewicht Bezüglich der Gleichgewichtsbedingungen ist festzustellen, dass dem Momentengleichgewicht durch die Symmetrie des Spannungstensors (Gleichheit zugeordneter Schubspannungen) bereits Rechnung getragen worden ist und tatsächlich nur noch die Kräftegleichgewichte zu erfüllen sind. In Kapitel 10 hatten wir den räumlichen Spannungszustand an einem beliebigen Punkt des Festkörpers untersucht und dabei festgestellt, dass die Spannungen von der Schnittflächenorientierung durch diesen Punkt abhängen. Sie hängen natürlich insbesondere auch von der Wahl des Punktes, d.h. von dessen Koordinaten (x,y,z) ab. Auf diese Ortsabhängigkeit des Spannungszustandes waren wir damals nicht eingegangen. Dies holen wir im Folgenden nach, wobei an dem frei geschnittenen Volumenelement mit den

Kantenlängen Δx, Δy, Δz gemäß Abbildung 12.9 (das dem der Abbildung 10.1 entspricht) neben den Spannungen auch noch Volumenkräfte (z.B. durch das Eigengewicht) vorgesehen werden. Diese werden durch

$$\mathbf{f}(x,y,z) = f_x\mathbf{i} + f_y\mathbf{j} + f_z\mathbf{k}$$

erfasst und sind dem Volumen proportional. Das Kräftegleichgewicht in x-Richtung liefert dann unter Berücksichtigung der allgemeinen Taylor-Entwicklung

$$q(x+\Delta x, y, z) = q(x,y,z) + \Delta q(x,y,z) = q(x,y,z) + \frac{\partial q(x,y,z)}{\partial x}\Delta x + \ldots$$

sinngemäß angewendet auf alle auftretenden Spannungskomponenten und einem entsprechenden Grenzübergang zu infinitesimalen Größen in x-Richtung

$$\frac{\partial \sigma_x}{\partial x} dx\,dy\,dz + \frac{\partial \tau_{xy}}{\partial y} dx\,dy\,dz + \frac{\partial \tau_{xz}}{\partial z} dx\,dy\,dz + f_x dx\,dy\,dz = 0$$

Analoge Gleichungen ergeben sich in y- und z-Richtung.

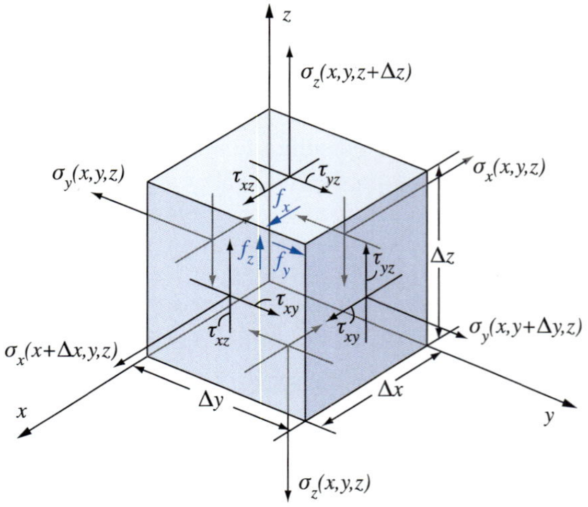

Abbildung 12.9

Eine Division durch $dx\,dy\,dz$ führt unmittelbar auf die Gleichungen

$$\begin{aligned}
&\frac{\partial \sigma_x}{\partial x} + \frac{\partial \tau_{xy}}{\partial y} + \frac{\partial \tau_{xz}}{\partial z} + f_x = 0 \\
&\frac{\partial \tau_{xy}}{\partial x} + \frac{\partial \sigma_y}{\partial y} + \frac{\partial \tau_{yz}}{\partial z} + f_y = 0 \qquad (12.4) \\
&\frac{\partial \tau_{xz}}{\partial x} + \frac{\partial \tau_{yz}}{\partial y} + \frac{\partial \sigma_z}{\partial z} + f_z = 0
\end{aligned}$$

denen jede Spannungsverteilung an einem sich im Gleichgewicht befindlichen Körper genügen muss. Dies sind *drei* Gleichungen für *sechs* Spannungen, d.h. es liegt ein statisch unbestimmtes System vor.

Als Zwischenergebnis ist festzuhalten, dass gemäß Gleichung (12.4) die Spannungen σ_i und τ_{ij} im Allgemeinen nicht unabhängig sind, eine getrennte Berechnung (wie in der Festigkeitslehre) im Allgemeinen nur näherungsweise gültig ist und beispielsweise bei Kerbspannungen zu erheblichen Fehlern führen kann. Darüber hinaus erkennt man, dass eine konstante Spannungsverteilung überhaupt nur möglich ist, wenn $f_x = f_y = f_z = 0$ ist.

Stoffgesetz Die Tatsache, dass durch die Gleichungen (12.4) ein statisch unbestimmtes System beschrieben wird, macht klar, dass die Gleichgewichtsbedingungen allein zur Bestimmung des Spannungszustandes nicht ausreichen. Das Materialgesetz, z.B. das Hooke'sche Gesetz, verknüpft die Spannungen mit den Verzerrungen und ist eine notwendige Ergänzung. In Kapitel 11 wurden diese Relationen (unter Vernachlässigung von Temperatureinflüssen) durch die Gleichungen (11.18) und (11.19) schon bereitgestellt. Dies sind insgesamt *sechs* Gleichungen, allerdings treten auch *sechs* neue Unbekannte in Erscheinung, so dass immer noch drei weitere Gleichungen gefunden werden müssen.

Verträglichkeitsbedingungen In Form von *drei* so genannten Verträglichkeits- oder Kompatibilitätsbedingungen, die berücksichtigen, dass die sechs Verzerrungskoordinaten ϵ_{ij} nicht voneinander unabhängig sind, kann dass Gleichungssystem für die Spannungen und Verzerrungen abgeschlossen werden. Die Verträglichkeitsbedingungen wurden in Form der Gleichungen (11.27) und (11.28) in Kapitel 11 angegeben und können damit auch hier benutzt werden.

Randwertproblem Insgesamt stehen damit zwölf partielle Differenzialgleichungen (mit entsprechenden Randbedingungen) für zwölf Unbekannte, nämlich sechs Spannungs- und sechs Verzerrungskoordinaten σ_{ij} und ϵ_{ij}, zur Verfügung. Nach Lösung des betreffenden Randwertproblems ist der Spannungs- und Verzerrungszustand in einem Festkörper unter vorgegebener Belastung und Lagerung berechenbar. Während die Formulierung des Randwertproblems offenbar keine besonderen Probleme aufwirft, ist allerdings die Lösung bei komplizierteren Geometrien und Belastungen nur noch im Rahmen numerischer Verfahren rechnergestützt zu leisten.

Analytische Lösungen sind nur in Sonderfällen möglich, wenn beispielsweise gewisse Symmetrien die Geometrie stark vereinfachen und/oder einfache Belastungsfälle vorliegen. In den nächsten beiden Abschnitten dieses Kapitels werden zwei derartige Sonderfälle angesprochen, die aber durchaus praktische Relevanz besitzen und bereits über die üblichen Probleme der Festigkeitslehre hinausgehen.

*12.4 Dickwandige Rohre unter Druckbelastung

Gezeigt ist eine Getriebewelle mit aufgeschrumpftem Zahnrad. Beide sind dadurch eine sehr feste Verbindung eingegangen. Das Zahnrad wird infolge der vorliegenden Schrumpfpressung ähnlich wie ein Rohr durch inneren Überdruck belastet, die Welle erfährt diesen Überdruck von außen (Institut für Produktentwicklung des Karlsruher Instituts für Technologie (KIT)).

Die Untersuchungen dieses Abschnitts schließen an die Behandlung dünnwandiger Druckbehälter unter Innendruck in Abbildung 12.1 unmittelbar an. Von dort sind auch die Kesselformeln (12.1) für die Ringspannung und (12.2) für die Längsspannung in dünnwandigen Rohren bekannt.

Jetzt werden erweiternd ***dickwandige Hohlzylinder*** unter ***Druckbelastung*** diskutiert, Abbildung 12.10. Da infolge hinreichend dicker Wand keine Instabilitätsphänomene, wie Einbeulen, zu erwarten sind, kann auch eine Belastung durch Überdruck von außen in die Betrachtungen einbezogen werden.

Wegen der vorliegenden Rotationssymmetrie des Problems (sowohl der Geometrie als auch der Belastung) wird die Rechnung in Zylinderkoordinaten r, φ und z durchgeführt. Zur Berechnung des Spannungszustandes wird das im axialen Schnitt gekennzeichnete Volumenelement in Abbildung 12.11a zur Aufstellung der Gleichgewichtsbedingungen vergrößert dargestellt. Die erwähnte Rotationssymmetrie führt dazu, dass keine Schubspannungen auftreten und die Normalspannungen σ_r und σ_t in radialer und tangentialer Richtung nicht von der Umfangskoodinate φ, sondern nur von der radialen Koordinate r abhängen. Neben diesen hier allein interessierenden Spannungen in der Schnittebene kann natürlich noch (wie bei dünnwandigen Behältern auch) eine Längsspannung σ_z auftreten (z.B. bei Innendruck, wenn der Hohlzylinder durch Böden verschlossen ist). Da üblicherweise ein ebener Verzerrungszustand mit $\epsilon_z = 0$ angenommen wird, woraus

$$0 = \frac{1}{E}\left[\sigma_z - \nu\left(\sigma_r + \sigma_t\right)\right]$$

folgt, ist die axiale Normalspannung über

$$\sigma_z = \nu\left(\sigma_r + \sigma_t\right) \tag{12.5}$$

mit den Normalspannungen in Radial- und Umfangsrichtung verknüpft.

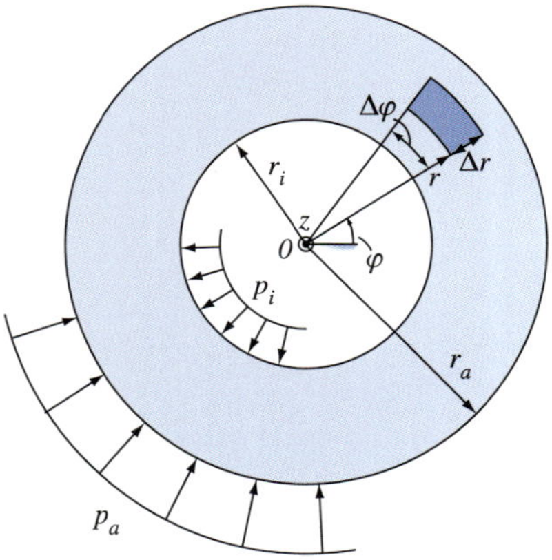

Dickwandiges Rohr unter Druckbelastung

Abbildung 12.10

Ein erster Schritt zur Berechnung der Spannungen σ_r und σ_t gelingt dann mit Hilfe der Gleichgewichtsbedingungen am frei geschnittenen Volumenelement inkrementeller Abmessungen in Abbildung 12.11a in radialer Richtung

$$-\sigma_r r\,\Delta\varphi\,\Delta z + (\sigma_r + \Delta\sigma_r)(r + \Delta r)\,\Delta\varphi\,\Delta z - 2\sigma_t \sin(\Delta\varphi/2)\,\Delta r\,\Delta z = 0$$

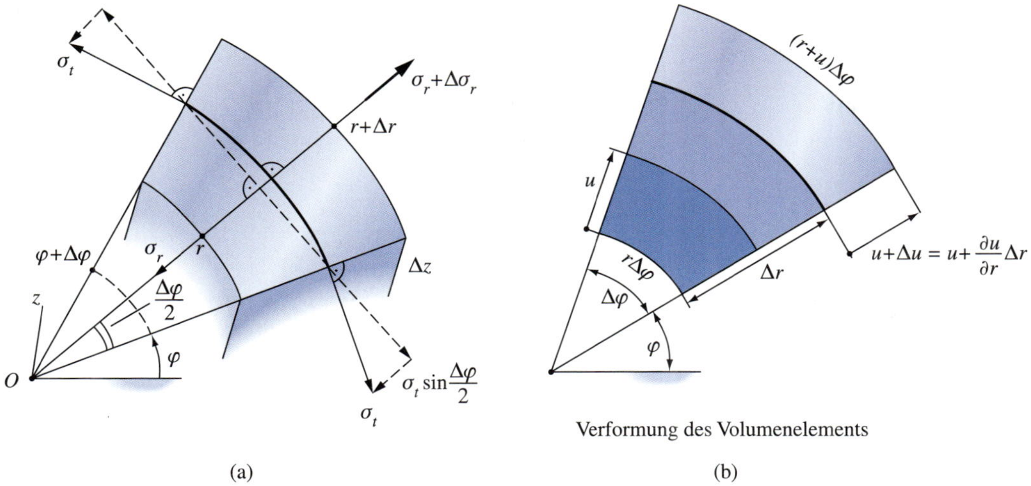

Abbildung 12.11

Auf die Einbeziehung von Volumenkräften, z.B. durch Eigengewicht, wird verzichtet. Da das Rohr am Innen- und Außenrand durch die entsprechenden Drücke belastet wird, treten diese Belastungen nicht am Volumenelement im Feldinnern auf, sondern sind bei der Aufstellung der Randbedingungen zu verwenden. Mit $\sin(\Delta\varphi/2) = \Delta\varphi/2 + \ldots$ und unter Vernachlässigung von Termen höherer Ordnung infolge des Grenzübergangs auf infinitesimale Größen erhält man nach Kürzen von dz eine erste lineare Differenzialgleichung

$$\sigma_r + r\frac{d\sigma_r}{dr} = \frac{d(r\sigma_r)}{dr} = \sigma_t \tag{12.6}$$

zur Beschreibung des Zusammenhangs zwischen Radial- und Umfangsspannung.

Neben den auftretenden Spannungen sind insbesondere die im Bauteil hervorgerufenen Deformationen wichtig. Sie werden im Folgenden betrachtet, zunächst allerdings nur, um die Berechnung der Spannungen weiterzuführen. Ebenso wie bei den Spannungen, wo aufgrund der Rotationssymmetrie keine Schubspannungen auftreten, liegen auch keine Gleitungen (Winkeländerungen) vor, so dass für den vorausgesetzten ebenen Verzerrungszustand nur Dehnungen ϵ_r und ϵ_t in radialer und tangentialer Richtung entstehen. Betrachtet man dazu in Erweiterung des Freikörperbildes des unverformten Volumenelements gemäß Abbildung 12.11a nunmehr das Volumenelement in unverformter und verformter Lage gemäß Abbildung 12.11b, so können wir die beiden

Dehnungen als Funktion der radialen Verschiebung u im Grenzübergang zu infinitesimalen Größen in der Form

$$\epsilon_r = \frac{dr' - dr}{dr} = \frac{dr + \left(u + \frac{\partial u}{\partial r} dr\right) - u - dr}{dr} = \frac{\partial u}{\partial r} = \frac{du}{dr} \qquad (12.7)$$

$$\epsilon_t = \frac{ds' - ds}{ds} = \frac{(r+u)\,d\varphi - r\,d\varphi}{r\,d\varphi} = \frac{u}{r} \qquad (12.8)$$

berechnen, wobei $\partial(.)/\partial r = d(.)/dr$ deswegen gilt, weil natürlich auch die Verschiebung (wie bereits die Spannungen) nicht von der Umfangskoordinate φ, sondern nur von der radialen Koordinate r abhängt. Die zweite Beziehung kann in $u = r\epsilon_t$ umgeschrieben werden, woraus mit der ersten Relation $\epsilon_r = du/dr$ das Zwischenergebnis

$$\epsilon_r = d(r\epsilon_t)/dr \qquad (12.9)$$

folgt, das die Bedeutung einer speziellen Verträglichkeitsbedingung hat und in u angeschrieben eine Identität darstellt.

Der dritte und letzte wesentliche Schritt ist die Einführung eines Materialgesetzes. Legt man linear-elastisches Verhalten zugrunde, gilt das Hooke'sche Gesetz, das in Zylinderkoordinaten in der Form

$$\epsilon_r = \frac{1}{E}\left[\sigma_r - \nu\left(\sigma_t + \sigma_z\right)\right] = \frac{1+\nu}{E}\left[(1-\nu)\sigma_r - \nu\sigma_t\right] \qquad (12.10)$$

$$\epsilon_t = \frac{1}{E}\left[\sigma_t - \nu\left(\sigma_r + \sigma_z\right)\right] = \frac{1+\nu}{E}\left[(1-\nu)\sigma_t - \nu\sigma_r\right] \qquad (12.11)$$

geschrieben werden kann, wenn die Längsspannung σ_z gemäß Gleichung (12.5) eingearbeitet wird.

Aus den vier Gleichungen (12.6), (12.9), (12.10) und (12.11) können die vier Unbekannten ϵ_r, ϵ_t, σ_r und σ_t berechnet werden. Einsetzen von (12.10) und (12.11) in (12.9) liefert nach einfacher Umordnung eine zweite Gleichung

$$(1-\nu)\,r\frac{d\sigma_t}{dr} + \sigma_t - \nu\frac{d(r\sigma_r)}{dr} - (1-\nu)\sigma_r = 0$$

für die Spannungen σ_r und σ_t. Nach Einsetzen von Gleichung (12 6) erhalten wir die Euler'sche Differenzialgleichung

$$r^2\frac{d^2(r\sigma_r)}{dr^2} + r\frac{d(r\sigma_r)}{dr} - r\sigma_r = 0$$

für $r\sigma_r$, die in

$$\sigma_r - \frac{d}{dr}\left(r\frac{d}{dr}(r\sigma_r)\right) = 0 \qquad (12.12)$$

zur Berechnung der Radialspannung im dickwandigen Rohr umgeschrieben werden kann.

Die allgemeine Lösung der Differenzialgleichung (12.12) ist einfach:

$$\sigma_r = C_1 + \frac{C_2}{r^2} \tag{12.13}$$

Die Probe macht man durch Einsetzen in Gleichung (12.12), die dadurch identisch erfüllt wird. Die Integrationskonstanten C_1 und C_2 findet man durch Anpassen der Lösung an entsprechende Randbedingungen. Abbildung 12.10 stellt den ausreichend allgemeinen Fall dar, dass im Innern des Hohlzylinders ein Druck p_i und im Außenraum ein Druck p_a vorliegen soll. Es können folgende Gleichgewichtsbedingungen für die unendlich dünne innere und äußere Randschicht als Randbedingungen formuliert werden:

$$\begin{aligned} \sigma_r &= -p_i \quad \text{für} \quad r = r_i \quad (r_i \neq 0) \\ \sigma_r &= -p_a \quad \text{für} \quad r = r_a \end{aligned} \tag{12.14}$$

Im Sonderfall einer Vollwelle ($r_i = 0$) muss man übrigens die erste Randbedingung durch die Forderung ersetzen, dass in Wellenmitte die Radialspannung endlich bleibt, woraus sofort $C_1 = 0$ folgt. Qualitativ ergeben sich damit keine Besonderheiten.

Die konkrete Anpassung der gefundenen allgemeinen Lösung an beide Randbedingungen liefert das Gleichungssystem

$$\sigma_r(r_i) = C_1 + \frac{C_2}{r_i^2} = -p_i$$

$$\sigma_r(r_a) = C_1 + \frac{C_2}{r_a^2} = -p_a$$

woraus die beiden Konstanten als

$$C_1 = \frac{p_i r_i^2 - p_a r_a^2}{r_a^2 - r_i^2}, \quad C_2 = \frac{(p_a - p_i) r_i^2 r_a^2}{r_a^2 - r_i^2}$$

resultieren.

Die endgültige Lösung für die radiale Normalspannung im dickwandigen Rohr ist damit gefunden:

$$\sigma_r(r) = \frac{p_i r_i^2 - p_a r_a^2}{r_a^2 - r_i^2} + \frac{(p_a - p_i) r_i^2 r_a^2}{r_a^2 - r_i^2} \frac{1}{r^2} \tag{12.15}$$

Aus Gleichung (12.6) kann damit abschließend auch die Umfangsspannung im dickwandigen Rohr berechnet werden:

$$\sigma_t(r) = \frac{p_i r_i^2 - p_a r_a^2}{r_a^2 - r_i^2} - \frac{(p_a - p_i) r_i^2 r_a^2}{r_a^2 - r_i^2} \frac{1}{r^2} \tag{12.16}$$

Aus den beiden Ergebnissen ist übrigens ersichtlich, dass die Spannungssumme im dickwandigen Rohr von r unabhängig ist:

$$\sigma_r(r)+\sigma_t(r)=2\frac{p_i r_i^2-p_a r_a^2}{r_a^2-r_i^2}=\text{konst}.$$

Liegt nur ein Innendruck $p_i = p$ vor und der Außendruck verschwindet, vereinfachen sich die Ergebnisse auf

$$\begin{aligned}\sigma_r(r)&=\frac{p r_i^2}{r_a^2-r_i^2}\left[1-\left(\frac{r_a}{r}\right)^2\right]<0, \quad r_i\le r\le r_a\\ \sigma_t(r)&=\frac{p r_i^2}{r_a^2-r_i^2}\left[1+\left(\frac{r_a}{r}\right)^2\right]>0, \quad r_i\le r\le r_a\end{aligned} \tag{12.17}$$

mit den speziellen Werten

$$\sigma_r(r_i)=-p, \quad \sigma_r(r_a)=0$$

$$\sigma_t(r_i)=\frac{p r_i^2}{r_a^2-r_i^2}\left[1+\left(\frac{r_a}{r_i}\right)^2\right]=\sigma_{max}, \quad \sigma_t(r_a)=2\frac{p r_i^2}{r_a^2-r_i^2}$$

Offensichtlich gilt stets $|\sigma_t| > |\sigma_r|$, und die maximale Normalspannung tritt am Innenrand auf, so dass bei einer eventuellen Überlastung das Rohr an der Innenwand zu versagen beginnt.

Der zuletzt diskutierte Fall lässt auch einen Übergang zur Kesselformel, Gleichung (12.1), eines zylindrischen Druckbehälters zu. Wählt man dazu $r_i = r$ und $r_a = r + t$ mit $t << r$, dann ergibt sich mit diesen Bezeichnungen die tangentiale Normalspannung am Innenrand zu

$$\sigma_t(r_i)=\frac{pr^2}{r^2+2rt+t^2-r^2}\left[1+\left(\frac{r^2+2rt+t^2}{r^2}\right)\right]$$

Im Grenzübergang zu einer sehr kleinen Wandstärke finden wir

$$\sigma_t(r_i=r)=\frac{pr}{2t}(1+1+\ldots)\approx\frac{pr}{t}$$

d.h. den Übergang zum Ergebnis für die Ringspannung σ_1. Eine ähnliche Rechnung für die radiale Normalspannung am Innenrand liefert

$$\sigma_r(r_i)=\frac{pr^2}{r^2+2rt+t^2-r^2}\left[1-\left(\frac{r^2+2rt+t^2}{r^2}\right)\right]$$

d.h. im Grenzübergang

$$\sigma_r(r_i=r)=\frac{pr}{2t}\left(1-1-\frac{2t}{r}+\ldots\right)=-p$$

ein Ergebnis, das in den Kesselformeln nicht enthalten ist, weil dort die Spannungen in radialer Richtung wegen $|\sigma_r| << |\sigma_t|$ nicht betrachtet wurden.

Aus den Gleichungen (12.10) und (12.11) folgen die Dehnungen ϵ_r und ϵ_t und die Verschiebung $u(r)$ folgt dann aus Gleichung (12.8). Setzt man die Ergebnisse für die Spannungen σ_r und σ_t unter Zuhilfenahme von Gleichung (12.11) in Gleichung (12.8) ein, erhält man

$$\begin{aligned} u = r\epsilon_t &= \frac{1+\nu}{E}\left[(1-\nu)\sigma_t - \nu\sigma_r\right]r \\ &= \frac{1-\nu^2}{E}\left[\frac{p_i r_i^2 - p_a r_a^2}{r_a^2 - r_i^2} - \frac{(p_a - p_i) r_i^2 r_a^2}{r_a^2 - r_i^2}\frac{1}{r^2}\right]r \\ &\quad - \frac{\nu(1+\nu)}{E}\left[\frac{p_i r_i^2 - p_a r_a^2}{r_a^2 - r_i^2} + \frac{(p_a - p_i) r_i^2 r_a^2}{r_a^2 - r_i^2}\frac{1}{r^2}\right]r \end{aligned} \qquad (12.18)$$

Die Verschiebungen sind insbesondere dann von Interesse, wenn z.B. ein Rohr auf eine Welle aufgeschrumpft werden soll.

Lösungsweg

Der folgende Lösungsweg fasst die Rechnung zur Ermittlung der Spannungen bei radialer Druckbeanspruchung dickwandiger zylindrischer Behälter und Rohre zusammen. Es wird angenommen, dass das Material homogen und linear-elastisch ist. Zudem wird vorausgesetzt, dass die vorgegebenen Belastungen auf der (äußeren oder inneren) Berandung entlang des Umfanges konstant und durch Innen- und Außendruck vorgegeben sind. Volumenkräfte im Innern des ringförmigen Volumens werden nicht vorgesehen.

Spannungsformeln

- Die allgemeinen Lösungen für σ_r und σ_t liegen mit den Gleichungen (12.13) und (12.6) bereits vor; ein Freischnitt und die Aufstellung der Gleichgewichtsbedingungen einschließlich der Betrachtung der Verformungen sind allgemein nicht mehr notwendig.

Anpassung an Randbedingungen

- Um eine konkrete Aufgabenstellung zu behandeln, sind nur noch die Randbedingungen festzulegen (z.B. in Form der Gleichungen (12.14)) und die allgemeinen Lösungen für σ_r und σ_t an diese anzupassen. Gegebenenfalls ist auch dieser Schritt im Detail nicht notwendig, sondern die allgemeinen Ergebnisse gemäß Gleichungen (12.15) und (12.16) lassen sich einfach modifizieren (z.B. in Form der Gleichungen (12.17) bei reiner Innendruckbelastung).

Dehnungen und Verschiebung

- Sind die Spannungen berechnet, können unter Verwendung der Gleichungen (12.11) und (12.12) die Dehnungen ϵ_r und ϵ_t und anschließend gemäß Gleichung (12.18) die Verschiebung u ermittelt werden.

Die Aufgaben dieses Abschnittes sind eine interessante Erweiterung der Methoden der Festigkeitslehre auf jene der Elastizitätstheorie, allerdings für den einfachen Fall eines speziellen ebenen Verzerrungszustandes (wenn $\epsilon_z = 0$ ist), bei dem nur Normal- und keine Schubspannungen auftreten.

Beispiel 12.8

Ein dickwandiges Rohr gemäß Abbildung 12.12a mit dem Innenradius r_i und dem Außenradius r_a ist einer radialen Belastung allein durch einen Außendruck $p_a = p$ ausgesetzt. Berechnen Sie die Spannungsverteilungen $\sigma_r(r)$ und $\sigma_t(r)$ und diskutieren Sie, an welcher Stelle bei eventueller Überlastung die Zerstörung des Rohres einsetzen würde. Diskutieren Sie die Wahl unterschiedlicher Materialien.

$p = 2$ MPa, $r_a = 100$ mm, $r_i = 50$ mm

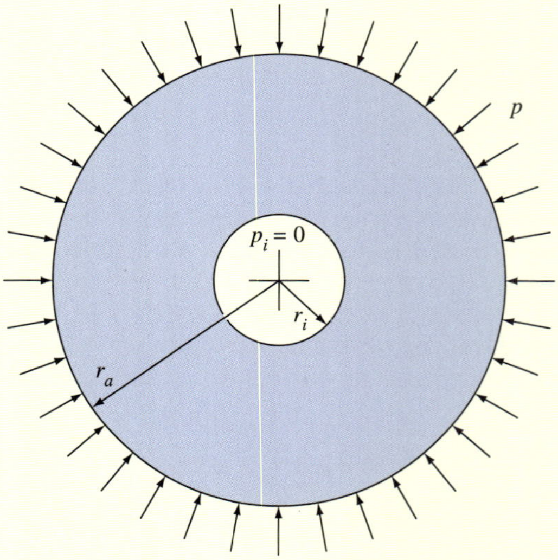

Dickwandiges Rohr unter Außendruck

(a)

Abbildung 12.12

Lösung

Radiale und tangentiale Normalspannung Die Lösungen in Form der Gleichungen (12.15) und (12.16) können benutzt werden, wenn man sie an die Vorgaben $p_a = p$ und $p_i = 0$ anpasst. Das Ergebnis lautet

$$\sigma_r(r) = \frac{-p r_a^2}{r_a^2 - r_i^2} + \frac{p r_i^2 r_a^2}{r_a^2 - r_i^2} \frac{1}{r^2}$$

und

$$\sigma_t(r) = \frac{-p r_a^2}{r_a^2 - r_i^2} - \frac{p r_i^2 r_a^2}{r_a^2 - r_i^2} \frac{1}{r^2}$$

mit den speziellen Werten am Innen- und Außenrand

$$\sigma_r(r_i) = \frac{-p r_a^2}{r_a^2 - r_i^2} + \frac{p r_a^2}{r_a^2 - r_i^2} = 0$$

$$\sigma_r(r_a) = \frac{-p r_a^2}{r_a^2 - r_i^2} + \frac{p r_i^2}{r_a^2 - r_i^2} = -p = -2\,\text{MPa}$$

und

$$\sigma_t(r_i) = \frac{-p r_a^2}{r_a^2 - r_i^2} - \frac{p r_a^2}{r_a^2 - r_i^2} = -\frac{2 p r_a^2}{r_a^2 - r_i^2} = -5{,}33\,\text{MPa},$$

$$\sigma_t(r_a) = \frac{-p r_a^2}{r_a^2 - r_i^2} - \frac{p r_i^2}{r_a^2 - r_i^2} = -\frac{p(r_a^2 + r_i^2)}{r_a^2 - r_i^2} = -3{,}33\,\text{MPa}$$

Spannungsverläufe Die Spannungen als Funktion der radialen Koordinate sind mit entsprechenden Zahlenwerten in Abbildung 12.12b dargestellt. Es ist offensichtlich, dass die Umfangsspannung σ_t auch bei Außendruckbelastung betragsmäßig immer größer als die Radialspannung σ_r ist und ihren Maximalwert am Innenrand hat (weil stets $2r_a^2 > r_a^2 + r_i^2$ gilt). Eine Zerstörung des Rohres würde also auch bei Außendruckbelastung am Innenrand beginnen.

Materialwahl Ersichtlich sind die Spannungen nur von der Geometrie und dem Druck selbst abhängig, nicht jedoch vom Material. Die berechneten Spannungen würden sich so in jedem Rohr ausbilden, so dass auch die Stelle, an der Versagen beginnt, vom Material unabhängig ist. Die Materialfrage ist aber bei der Größe der zulässigen Spannung wesentlich: Ein Rohr aus hochfestem Werkstoff (mit großem Elastizitätsmodul) kann natürlich einen höheren Druck aushalten als eines mit geringerem Elastizitätsmodul, bevor es versagt.

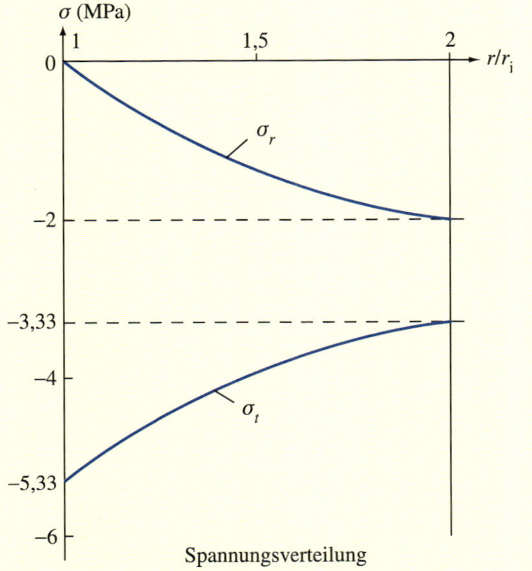

Spannungsverteilung

(b)

Abbildung 12.12

Beispiel 12.9

Ein elastisches Rohr soll über einen Presssitz mit einem im Vergleich zum Rohr starren Zylinder verbunden werden, Abbildung 12.13. Der Außendurchmesser d_W der Welle ist um Δd größer als der Innendurchmesser d_{Ri} des Rohres. Der Außendurchmesser d_R des Rohres und dessen Elastizitätskonstanten E und ν sind gegeben. Wie groß ist der Druck in der Pressverbindung?

$d_{Ri} = 30$ mm, $d_R = 200$ mm, $\Delta d = 0{,}2$ mm, $E = 10^3$ MPa, $\nu = 0{,}3$

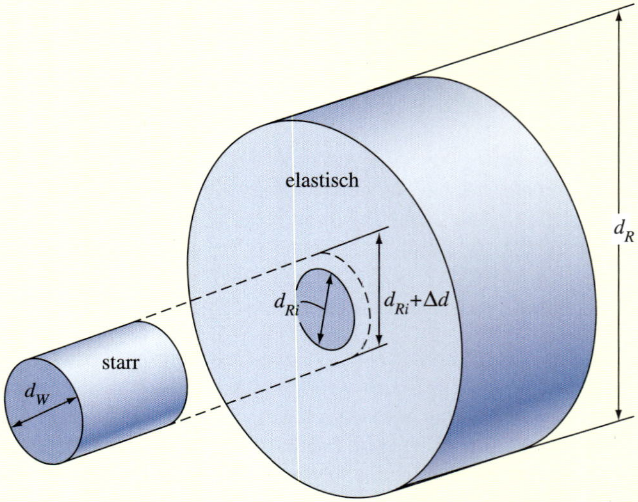

Abbildung 12.13

Lösung

Aus den Abmessungen folgt zunächst, dass die Randbedingungen für das Rohr bei $r_i = 15$ mm und $r_a = 100$ mm vorgegeben werden. Am Außenrand liegt keine Spannung in radialer Richtung vor, so dass $p_a = 0$ gilt. Die Spannung p_i am Innenrand ist unbekannt; allerdings gilt dort $u(r_i) = \Delta d/2 = 0{,}1$ mm.

Für die Verschiebung gilt unter der Voraussetzung $p_a = 0$ gemäß Gleichung (12.18)

$$u(r) = \frac{1-\nu-2\nu^2}{E}\left[\frac{p_i r_i^2}{r_a^2 - r_i^2} r\right] + \frac{1+\nu}{E}\left[\frac{p_i r_i^2 r_a^2}{r_a^2 - r_i^2}\frac{1}{r}\right]$$

so dass am Innenrand

$$\frac{\Delta d}{2} = p_i \frac{1}{E}\left[\left(1-\nu-2\nu^2\right)\frac{r_i^3}{r_a^2 - r_i^2} + (1+\nu)\frac{r_i r_a^2}{r_a^2 - r_i^2}\right]$$

folgt, d.h.

$$p_i = \frac{\Delta d}{2} E \frac{r_a^2 - r_i^2}{\left(1-\nu-2\nu^2\right) r_i^3 + (1+\nu) r_i r_a^2} = 4{,}96\,\text{MPa}$$

*12.5 Rotierende Scheiben

Für rotierende Kreisscheiben im Fliehkraftfeld mit oder ohne zylindrische, koaxiale Bohrung gemäß Abbildung 12.14 kann der Rechengang des vorangehenden Abschnitts weitgehend übernommen werden. Als Komplizierung tritt jetzt eine Volumenkraft hinzu, die aber im Gegensatz zu einer Gewichtskraft wie schon die Scheibengeometrie rotationssymmetrisch ist. Andererseits vereinfacht sich das Problem, weil bei Vorgabe von Spannungsrandbedingungen üblicherweise die Druckverhältnisse am Innen- und Außenrand die gleichen sind, so dass die radiale Normalspannung dort verschwindet. Hinzu kommt, dass rotierende Scheiben meistens eine kleine Dicke besitzen und die Begrenzungsflächen üblicherweise spannungsfrei sind, so dass dort $\sigma_z = 0$, $\tau_{zr} = 0$ wird und dies näherungsweise für die ganze Scheibe gilt. Es kann also von einem ebenen Spannungszustand ausgegangen werden, für den wegen der Rotationssymmetrie von Geometrie und Belastung neben τ_{zr} auch die anderen Schubspannungen verschwinden.

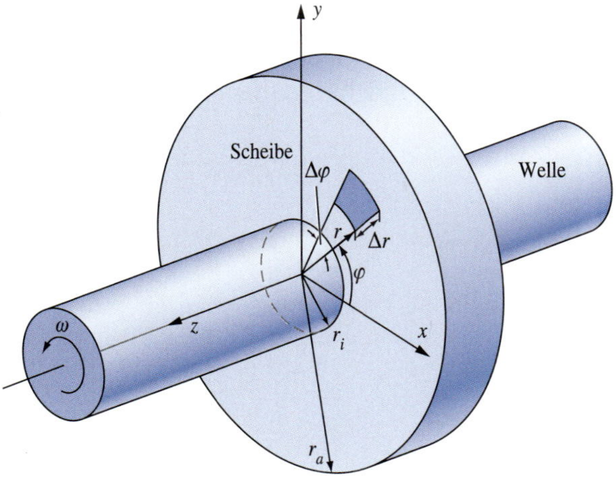

Rotierende, gelochte Scheibe

Abbildung 12.14

Deshalb wird die gesamte Rechnung erneut in Zylinderkoordinaten *r*, φ und z durchgeführt. Das Volumenelement in Abbildung 12.15, das jenem in Abbildung 12.11a entspricht, ist durch den wirkenden Fliehkraftanteil $\Delta F_r = \rho\omega^2 r \Delta V = \rho\omega^2 r\, r \Delta\varphi \Delta r \Delta dz$ zu ergänzen, der auch das radiale Kräftegleichgewicht entsprechend modifiziert:

$$-\sigma_r r\,\Delta\varphi\,\Delta z + (\sigma_r + \Delta\sigma_r)(r + \Delta r)\Delta\varphi\,\Delta z$$
$$-2\sigma_t \sin(\Delta\varphi/2)\Delta r\,\Delta z + \rho\omega^2 r^2 \Delta\varphi \Delta r \Delta z = 0$$

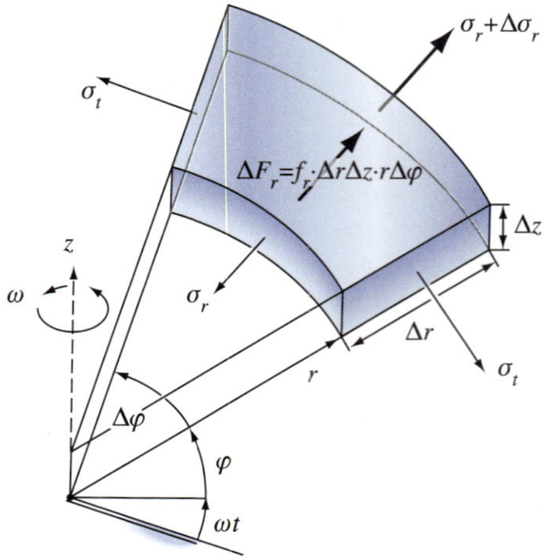

Volumenelement der rotierenden Scheibe

Abbildung 12.15

Mit der gleichen Argumentation wie in Abschnitt 12.4 erhalten wir eine erste gegenüber Gleichung (12.6) modifizierte lineare Differenzialgleichung

$$\frac{d(r\sigma_r)}{dr}+\rho\omega^2 r^2=\sigma_t \tag{12.19}$$

zur Beschreibung des Zusammenhangs zwischen radialer und tangentialer Normalspannung.

Die Überlegungen zu den Verformungen sind für den angenommenen speziellen zweiachsigen Spannungszustand geringfügig zu modifizieren. Wie früher gilt

$$\epsilon_r=\frac{du}{dr},\quad \epsilon_t=\frac{u}{r}$$

aber das Materialgesetz ist einfacher:

$$\epsilon_r=\frac{1}{E}(\sigma_r-\nu\sigma_t)\,,\ \epsilon_t=\frac{1}{E}(\sigma_t-\nu\sigma_r) \tag{12.20}$$

Die konkrete Herleitung der Differenzialgleichung zur Bestimmung der radialen Normalspannung verläuft damit nach dem gleichen Muster wie früher. Es ergibt sich in entsprechender Erweiterung jetzt eine inhomogene Differenzialgleichung

$$\sigma_r-\frac{d}{dr}\left(r\frac{d}{dr}(r\sigma_r)\right)=(3+\nu)\rho\omega^2 r^2 \tag{12.21}$$

zur Berechnung der Radialspannung in einer rotierenden Kreis(ring)-scheibe.

Die allgemeine Lösung der Differenzialgleichung (12.21) setzt sich aus der allgemeinen homogenen Lösung

$$\sigma_{r,h} = C_1 + \frac{C_2}{r^2}$$

und einer Partikulärlösung $\sigma_{r,p}$ zusammen, die leicht zu erraten ist:

$$\sigma_{r,p} = -\frac{3+\nu}{8}\rho\omega^2 r^2$$

Die Gesamtlösung findet man durch Superposition

$$\sigma_r = C_1 + \frac{C_2}{r^2} - \frac{3+\nu}{8}\rho\omega^2 r^2 \tag{12.22}$$

die abschließend noch an die Randbedingungen, z.B. in Form homogener Spannungsrandbedingungen,

$$\sigma_r = 0 \quad \text{für} \quad r = r_i \quad (r_i \neq 0) \quad \text{und} \quad r = r_a \tag{12.23}$$

anzupassen ist. Im Sonderfall einer Vollkreischeibe ($r_i = 0$) muss man wieder beachten, dass der Spannungszustand für $r = r_i = 0$ nicht singulär werden darf.

Die konkrete Anpassung der gefundenen Gesamtlösung (12.22) an beide Randbedingungen (12.23) liefert das Endergebnis

$$\sigma_r(r) = \rho\omega^2 r_a^{\,2}\,\frac{3+\nu}{8}\left[1-\left(\frac{r_i}{r}\right)^2\right]\left[1-\left(\frac{r}{r_a}\right)^2\right] \tag{12.24}$$

und über den Zusammenhang gemäß Gleichung (12.19) kann abschließend auch noch die Umfangsspannung ermittelt werden:

$$\sigma_t(r) = \rho\omega^2 r_a^{\,2}\,\frac{1}{8}\left\{(3+\nu)\left[1+\left(\frac{r_i}{r}\right)^2\right]\left[1+\left(\frac{r}{r_a}\right)^2\right] - 4(1+\nu)\left(\frac{r}{r_a}\right)^2\right\} \tag{12.25}$$

Für rotierende Scheiben ist am Innenrand bei $r = r_i$ die Vorgabe einer verschwindenden Verschiebung natürlicher als eine verschwindende radiale Normalspannung, weil die Kreis(ring)scheibe oft auf einer als starr anzusehenden Welle unverschiebbar befestigt ist.

Dann muss über die Verzerrungs-Verschiebungs-Relationen (12.7) und (12.8), die ja auch im Falle rotierender Scheiben gültig sind, und das Materialgesetz (in der Formulierung $\sigma_{ij} = f(\epsilon_{ij})$) ein Zusammenhang zwischen Spannungen und Verschiebungen hergeleitet werden. Aus Gleichung (12.20) lässt sich diese Umkehrung in der Form

$$\sigma_r = \frac{E}{1-\nu^2}\left(\frac{du}{dr} + \nu\frac{u}{r}\right), \quad \sigma_t = \frac{E}{1-\nu^2}\left(\frac{u}{r} + \nu\frac{du}{dr}\right) \tag{12.26}$$

konkret angeben, und nach Elimination von du/dr ergibt sich für die Verschiebung

$$u = r\left(\sigma_t - \nu\sigma_r\right)/E$$

d.h. mit den Ergebnissen (12.22) und (12.19) endgültig

$$u = A_1 r + \frac{A_2}{r} - \frac{1-\nu^2}{8E}\rho\omega^2 r^3 \tag{12.27}$$

Hier soll der einfachste Fall diskutiert werden, dass eine Vollkreisscheibe mit endlicher Verschiebung $u(0)$ rotiert, deren äußerer Rand gemäß der zweiten Angabe in (12.23) nach wie vor spannungsfrei ist. Die Anpassung der Lösung u unter Verwendung der Spannungs-Verschiebungs-Relation für σ_r in (12.26) an die vorgesehenen Randbedingungen führt auf das Ergebnis

$$u(r) = \frac{1-\nu}{8E}\rho\omega^2 r_a^3\left[(3+\nu)\frac{r}{r_a} - (1+\nu)\left(\frac{r}{r_a}\right)^3\right]$$

$$\sigma_r(r) = \frac{3+\nu}{8}\rho\omega^2 r_a^2\left[1-\left(\frac{r}{r_a}\right)^2\right]$$

$$\sigma_t(r) = \frac{1}{8}\rho\omega^2 r_a^2\left[(3+\nu)-(1+3\nu)\left(\frac{r}{r_a}\right)^2\right]$$

Abbildung 12.16 zeigt für die rotierende Vollkreisscheibe die auf $\rho\omega^2 r_a^2/8$ bezogenen Spannungen σ_r und σ_t und die auf $(1-\nu)\rho\omega^2 r_a^3/(8E)$ bezogene Verschiebung u als Funktion der dimensionslosen Koordinate r/r_a. Man erkennt, dass beide Spannungen im Zentrum der Scheibe gleich groß sind und dann zum Scheibenrand hin monoton abnehmen. Der Randbedingung gemäß wird die Radialspannung am Außenrand null, während die Umfangsspannung dort noch einen endlichen positiven Wert besitzt. Die Verschiebung nimmt von null am Innenrand monoton nach außen zu.

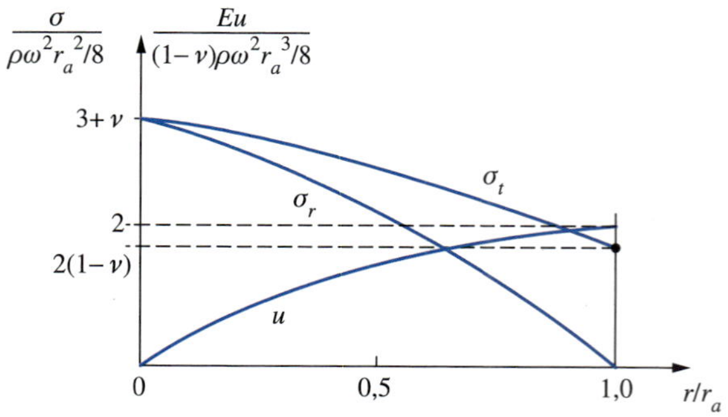

Abbildung 12.16

Man beachte, dass insbesondere die Ergebnisse der Spannungen für eine Kreisringscheibe mit spannungsfreiem Innen- und Außenrand bei verschwindendem Innenradius $r_i \to 0$ nicht in die Ergebnisse der Vollkreisscheibe übergehen, sondern am Innenrand die radiale Normalspannung zwar verschwindet, die tangentiale Normalspannung sich aber im Allgemeinen mehr als verdoppelt und auch bei beliebig kleinem Loch im Zentrum der Scheibe immer noch den doppelten Wert annimmt. Mit anderen Worten: Liegt in einer rotierenden Vollkreisscheibe im Zentrum ein Defekt in Form eines Lunkers o.ä. vor, treten dort Spannungen auf, welche die erwarteten Spannungen einer Vollkreisscheibe teilweise drastisch übersteigen.

Wichtige Punkte zur Lösung von Aufgaben

- Im Gegensatz zu dickwandigen Rohren unter Druckbelastung, die einen *rotationssymmetrischen ebenen Verzerrungszustand* repräsentieren, stellen rotierende Kreis(ring)scheiben (näherungsweise) ein *ebenes rotationssymmetrisches Spannungsproblem* dar. Es treten deshalb in beiden Fällen nur *Normalspannungen* und *Dehnungen* und *keine* Schubspannungen und Gleitungen auf.
- Die auftretende *Fliehkraft* tritt als *Volumenkraft* in Erscheinung, so dass im Gegensatz zu dickwandigen Rohren unter Druck die beschreibenden Differenzialgleichungen inhomogen werden.
- Wie bei dickwandigen Rohren unter Druckbelastung sind auch bei rotierenden Scheiben die *Randbedingungen* zur vollständigen Bestimmung der Spannungen wesentlich. Am häufigsten treten Spannungs- und Verschiebungsrandbedingungen auf.
- Die maximalen Spannungen treten am Innenrand auf; die zahlenmäßigen Ergebnisse sind nicht immer mit den anschaulichen Erwartungen in Übereinstimmung.

Beispiel 12.10

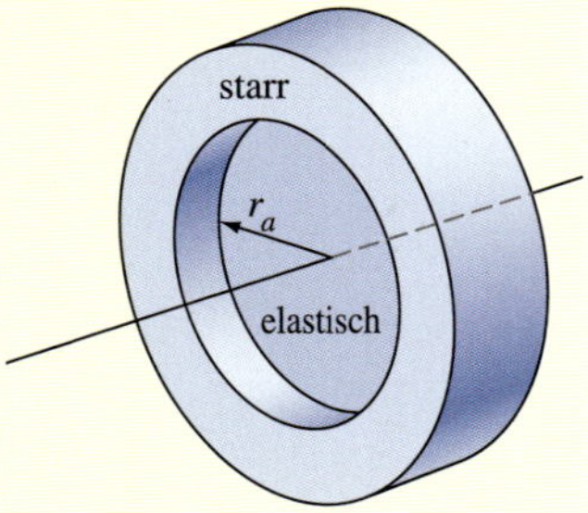

(a)

Abbildung 12.17

Eine rotierende Vollkreisscheibe aus Stahl ist gemäß Abbildung 12.17a am Außerrand r_a in einem starren Ring unverschiebbar gelagert und rotiert mit der konstanten Winkelgeschwindigkeit ω. Berechnen Sie die Spannungsverteilungen $\sigma_r(r)$ und $\sigma_t(r)$ und diskutieren Sie, an welcher Stelle die maximale Normalspannung auftritt. Wo ergibt sich die größte Verschiebung? Versuchen Sie die Ergebnisse dimensionslos darzustellen.

$\omega = 100\ 1/\text{s}$, $r_a = 250\ \text{mm}$, $E = 2\ \text{MPa}$, $\nu = 0{,}3$, $\rho = 8\ \text{g/cm}^3$

Lösung

Da ausschließlich Verschiebungsrandbedingungen

$$u(0) = \text{endlich}, \quad u(r_a) = 0 \tag{1}$$

vorliegen, berechnet man zweckmäßig zuerst die Verschiebung und dann die Spannungen.

Verschiebung Die allgemeine Lösung für die Verschiebung u liegt in Form der Gleichung (12.27) vor. Durch Anpassen an die beiden Randbedingungen (1) unter Vermeidung einer Singularität für $u(0)$ erhält man

$$u(r) = \frac{1-\nu^2}{8E}\rho\omega^2 r_a^{\,3}\,\frac{r}{r_a}\left[1-\left(\frac{r}{r_a}\right)^2\right] = 0{,}2844r - 4{,}55\frac{1}{\text{m}^2}r^3$$

Die Stelle maximaler Verschiebung ermitteln wir aus der notwendigen Bedingung

$$\frac{du}{dr} = 0$$

Es ergeben sich zwei Lösungen für mögliche lokale Extrema bei

$$\frac{r}{r_a} = \pm\sqrt{\frac{1}{3}}\,,$$

von denen aber nur eine positiv und damit relevant ist. Sie liegt bei $r/r_a = \sqrt{3}/3$. Es ist anschaulich klar, dass für die berechnete Stelle die Verschiebung maximal ist, denn sie ist zwischen $0 \le r \le r_a$ immer positiv und verschwindet nur bei $r = 0$ und $r = r_a$.

Abbildung 12.17b zeigt das Ergebnis bezogen auf $(1-\nu^2)\rho\omega^2 r_a^{\,3}/(8E)$ zahlenmäßig.

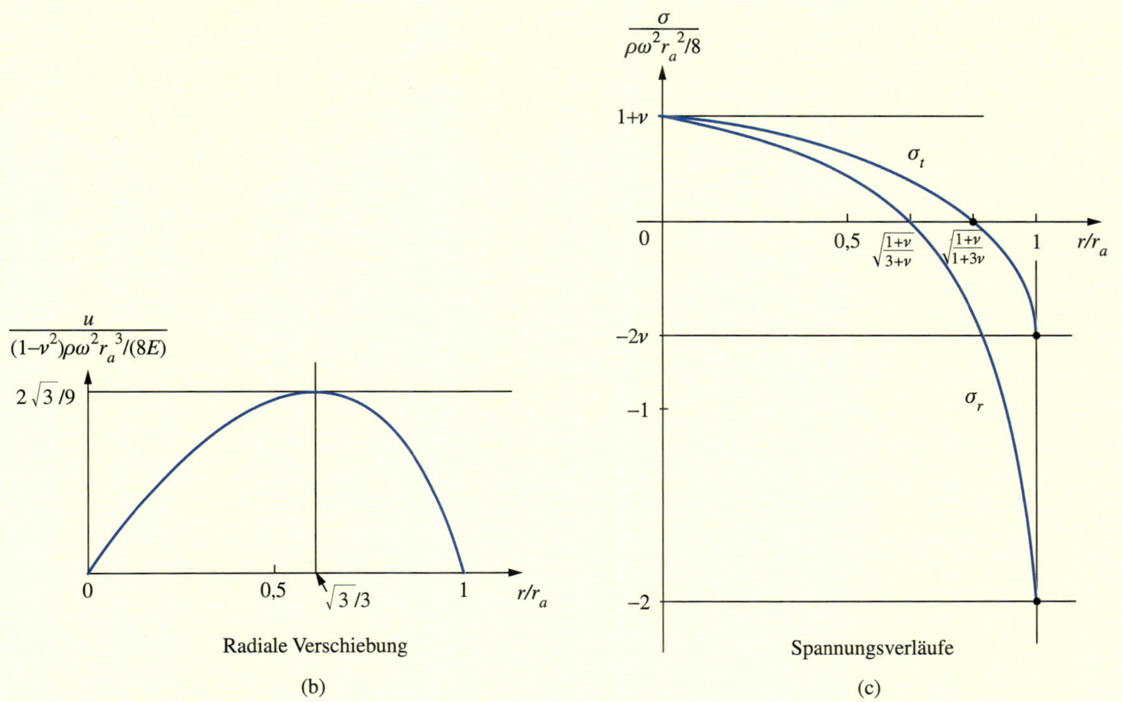

Abbildung 12.17

Radial- und Umfangsspannung Mit Hilfe der Gleichung (12.26) lassen sich jetzt zur gefundenen Verschiebung auch die Spannungen berechnen. Die Auswertung führt auf

$$\sigma_r(r) = \frac{1}{8}\rho\omega^2 r_a^2\left[1+\nu-(3+\nu)\left(\frac{r}{r_a}\right)^2\right] = \left(812{,}5 - 33000\frac{1}{\text{m}^2}r^2\right)\text{kPa}$$

und

$$\sigma_t(r) = \frac{1}{8}\rho\omega^2 r_a^2\left[1+\nu-(1+3\nu)\left(\frac{r}{r_a}\right)^2\right] = \left(812{,}5 - 19000\frac{1}{\text{m}^2}r^2\right)\text{kPa}$$

mit den speziellen Werten im Zentrum der Scheibe und am Außenrand

$$\sigma_r(r_i) = \frac{1}{8}\rho\omega^2 r_a^2(1+\nu) = 812{,}5\,\text{kPa}, \quad \sigma_r(r_a) = -2\frac{1}{8}\rho\omega^2 r_a^2 = -1250\,\text{kPa}$$

und

$$\sigma_t(r_i) = \frac{1}{8}\rho\omega^2 r_a^2(1+\nu) = 812{,}5\,\text{kPa}, \quad \sigma_t(r_a) = -2\nu\frac{1}{8}\rho\omega^2 r_a^2 = -375\,\text{kPa}$$

Das Ergebnis ist in Abbildung 12.17c dargestellt, wobei die Nulldurchgänge bei $r = r_a\sqrt{(1+\nu)/(3+\nu)} = 0{,}1569\text{ m}$ und $r = r_a\sqrt{(1+\nu)/(1+3\nu)} = 0{,}2068\text{ m}$ für σ_r bzw. σ_t beim Zeichnen hilfreich sind.

ZUSAMMENFASSUNG

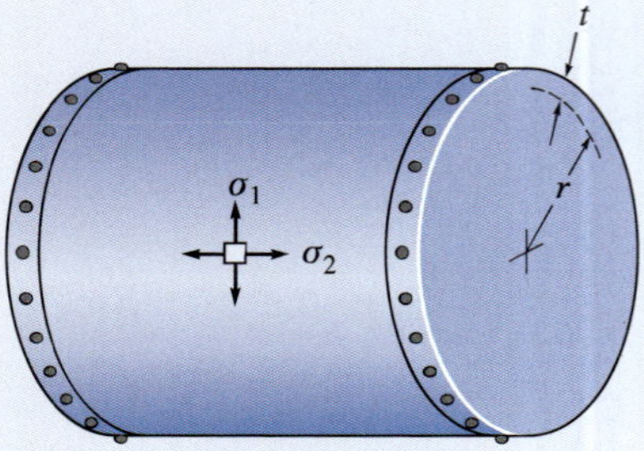

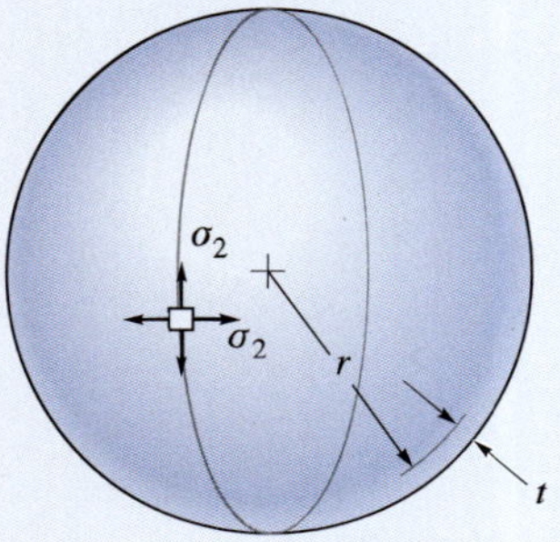

Ein Druckbehälter gilt als dünnwandig, wenn das Innenradius-Wandstärke-Verhältnis $r/t \geq 10$ ist. Für einen dünnwandigen zylindrischen Kessel (Überdruck p) berechnet sich die Umfangs- oder Ringspannung zu

$$\sigma_1 = \frac{pr}{t}$$

Diese Spannung ist doppelt so groß wie die Längsspannung

$$\sigma_2 = \frac{pr}{2t}$$

siehe Abschnitt 12.1

Dünnwandige, kugelförmige Behälter weisen in allen Richtungen ihrer Wände die gleiche Spannung auf. Sie beträgt

$$\sigma_1 = \sigma_2 = \frac{pr}{2t}$$

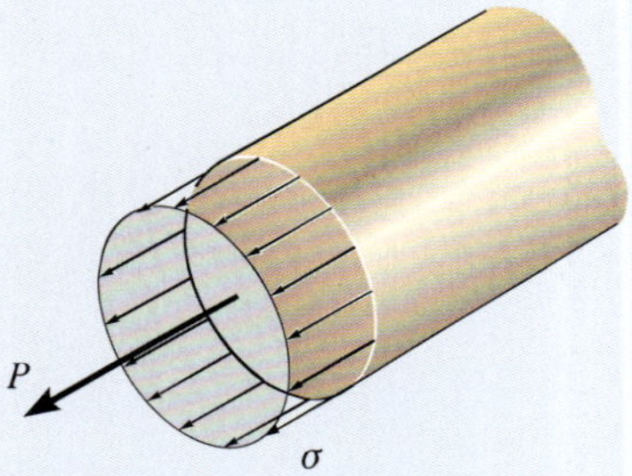

$$\sigma = \frac{P}{A}$$

Ist ein Bauteil einer kombinierten Belastung ausgesetzt, lässt sich durch Superposition von Spannungsanteilen die resultierende Normal- und Schubspannung an einem Punkt des Bauteils ermitteln. Dazu ist es vorher notwendig, die resultierenden inneren Normal- und Querkräfte sowie die resultierenden inneren Torsions- und Biegemomente an der Schnittfläche, auf welcher der Punkt liegt, zu ermitteln. Dann werden an diesem Punkt die resultierenden Normal- und Schubspannungskomponenten durch algebraische Addition der Normal- und Schubspannungsanteile jeder Belastung ermittelt.

siehe Abschnitt 12.2

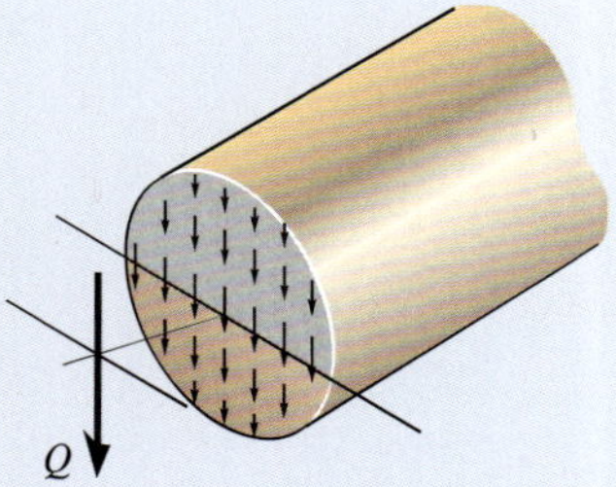

$$\tau = \frac{QS}{It}$$

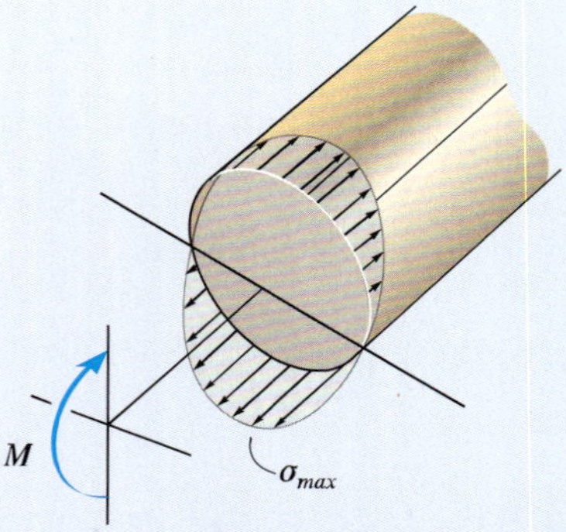

$$\sigma = \frac{My}{I}$$

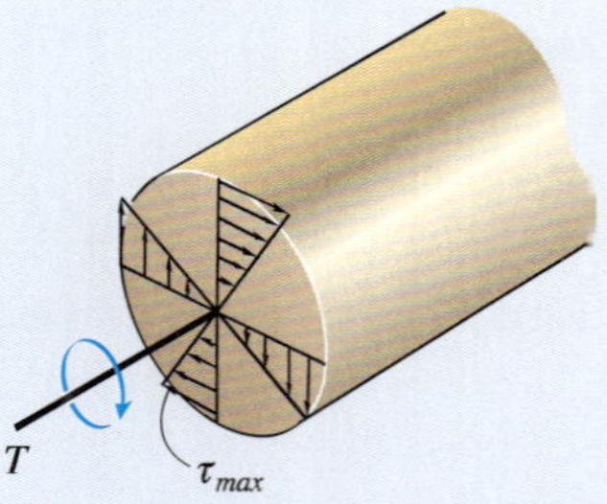

$$\tau = \frac{T\rho}{I_p}$$

Zur Behandlung dickwandiger Rohre unter Druckbelastung sowie rotierender Scheiben reichen die üblichen Methoden der klassischen Festigkeitslehre nicht mehr aus, und es müssen die Grundgleichungen der Elastizitätstheorie – allerdings in vereinfachter Form – angewendet werden. Beide Problemkategorien sind rotationssymmetrisch (sowohl bezüglich der Geometrie als auch der Belastung). Bei dickwandigen Rohren wird üblicherweise ein ebener Verzerrungszustand (mit verschwindender Dehnung in Längsrichtung) vorausgesetzt, rotierende Scheiben sind meist so dünn, dass von einem ebenen Spannungszustand ausgegangen werden kann. Bei dickwandigen Rohren ist die Umfangsspannung immer größer als die Radialspannung und ihr Maximum tritt an der Innenwand auf. Auch bei rotierenden Scheiben treten die maximalen Spannungen am Innenrand auf.

siehe Abschnitt 12.4 und 12.5

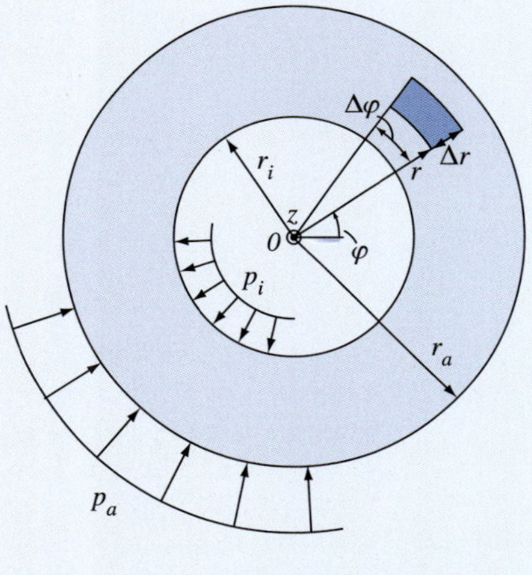

Dickwandiges Rohr unter Druckbelastung

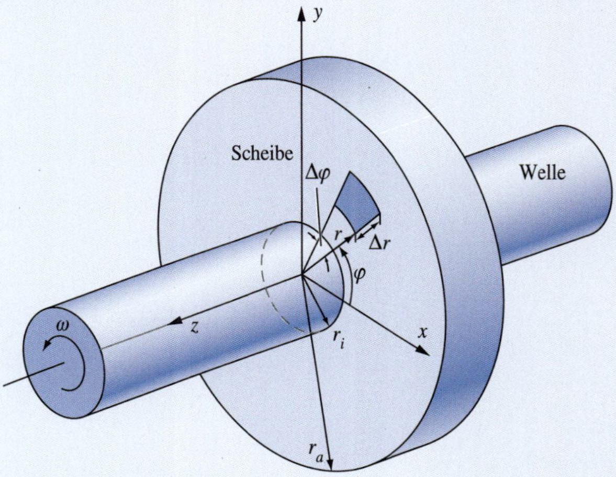

Rotierende, gelochte Scheibe

Dimensionierung von Balken und Wellen

13

ÜBERBLICK

Balken sind wichtige Bauteile, die zur Abstützung bei Dächern und Gebäudegeschossen häufig eingesetzt werden.

Lernziele

Die Einführung von so genannten Festigkeitshypothesen als Grundlage der Dimensionierung von Bauteilen, die im gefährdeten Querschnitt einem allgemeinen Spannungs- und Verzerrungszustand ausgesetzt sind, ist ein erstes wesentliches Thema. Darauf aufbauend diskutieren wir, wie man einen Balken derart dimensioniert, dass er sowohl Biege- als auch Schubbeanspruchungen aufnehmen kann. Insbesondere werden Methoden zur Dimensionierung von prismatischen Trägern sowie zur Bestimmung der Querschnittsänderung verjüngter Träger vorgestellt, damit an jedem Querschnitt entlang der Trägerachse derselbe Spannungszustand herrscht. Am Ende des Kapitels betrachten wir die Auslegung von Wellen, die Biege- und Torsionsmomente aufnehmen sollen.

13.1 Versagenstheorien (Festigkeitshypothesen)

Wenn Ingenieure mit einem Dimensionierungsproblem bei der Auswahl eines bestimmten Werkstoffs konfrontiert werden, dann ist die Festlegung einer *Obergrenze* des Spannungszustandes wichtig, deren Überschreiten Materialversagen definiert. Bei einem *duktilen* Werkstoff wird die Versagensgrenze gewöhnlich durch den Beginn des *Fließens* festgelegt; ist das Material dagegen *spröde*, dann kennzeichnet der *Bruch* eindeutig diese Grenze. Die Versagensarten sind im Fall eines einachsigen Spannungszustandes, wie bei der einfachen Zugbelastung von Stäben, in elementarer Weise definiert, bei einem zwei- oder dreiachsigen Spannungszustand sind die Versagenskriterien aber wesentlich schwieriger aufzustellen.

In diesem Abschnitt erläutern wir die vier in der Ingenieurpraxis gebräuchlichsten Theorien, die ein Versagen des Materials, das einem *mehrachsigen* Spannungszustand unterliegt, vorhersagen. Diese und andere gleichartige Theorien werden dann zur Bestimmung der zulässigen Spannungen verwendet, die in vielen Auslegungsrichtlinien angegeben sind. Man kann allerdings auf ein bestimmtes Material nicht eine bestimmte Versagenstheorie anwenden, denn das Material kann sich in Abhängigkeit von Temperatur, Belastungsrate, chemischer Umgebung oder Formgebung entweder duktil oder aber spröde verhalten. Bei Anwendung einer speziellen Hypothese ist es zunächst erforderlich, die Normal- und Schubspannungskomponenten an den Punkten zu ermitteln, an denen sie im Bauteil am größten sind. Das kann einmal über die grundlegenden Gesetzmäßigkeiten der Festigkeitslehre erfolgen unter – wenn möglich – Verwendung geeigneter Kerbspannungsfaktoren oder zum anderen bei komplexeren Situationen, entweder durch die Bestimmung des vollständigen Spannungszustandes mit Hilfe von mathematischen Berechnungsverfahren auf Grundlage der Elastizitätstheorie oder durch geeignete experimentelle Methoden. Ist dieser allgemeine dreiachsige Spannungszustand erst einmal ermittelt, werden in jedem Fall als Nächstes die *Hauptspannungen* an den kritischen Punkten bestimmt, denn jede der nachfolgend vorgestellten Festigkeitshypothesen basiert auf der Kenntnis der Hauptspannungen. Zu dem durch die Hauptspannungen charakterisierten dreiachsigen Spannungszustand definiert man für die verschiedenen Festigkeitshypothesen jeweils eine *Vergleichsspannung* σ_V, die dann als Maß der Beanspruchung im einachsigen Zugversuch eines Vergleichsstabes dient.

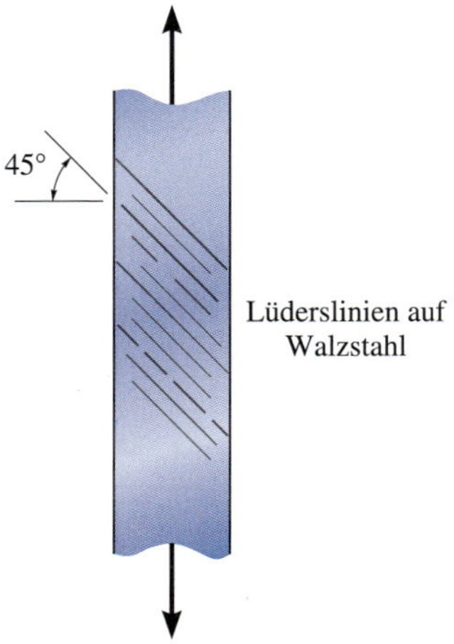

Abbildung 13.1

Duktile Werkstoffe

Schubspannungshypothese. Die häufigste Ursache für das *Fließen eines duktilen Materials*, wie zum Beispiel Stahl, ist das *Gleiten* entlang der Kontaktebenen von zufällig angeordneten Kristallen, aus denen das Material besteht. Dieses *Gleiten* erfolgt aufgrund der *Schubspannung*. Wenn wir beispielsweise als Probekörper einen stark polierten, dünnen Probestreifen herstellen und ihn einem einfachen Zugversuch unterwerfen, können wir beobachten, wie diese Spannung das *Fließen* des Materials auslöst, Abbildung 13.1. Die Kanten der Gleitebenen, die auf der Oberfläche des Streifens in Erscheinung treten, werden *Lüderslinien* genannt. Diese Linien kennzeichnen eindeutig die Gleitebenen in dem Streifen, wobei diese Ebenen ungefähr in einem Winkel von 45° zur Längsachse auftreten.

Betrachten wir nun ein Materialelement, das aus dem Vergleichs-Probekörper eines Zugversuchs stammt und bis an die Fließgrenze σ_F belastet wird, Abbildung 13.2a. Die maximale Schubspannung kann durch Konstruieren des Mohr'schen Spannungskreises für das Volumenelement bestimmt werden, Abbildung 13.2b. Die Ergebnisse verdeutlichen, dass die maximale Schubspannung halb so groß wie die maximale Hauptspannung σ_1 ist, die damit die Vergleichsspannung σ_V, hier der Größe σ_F, darstellt:

$$\tau_{max} = \frac{\sigma_V}{2} = \frac{\sigma_F}{2} \tag{13.1}$$

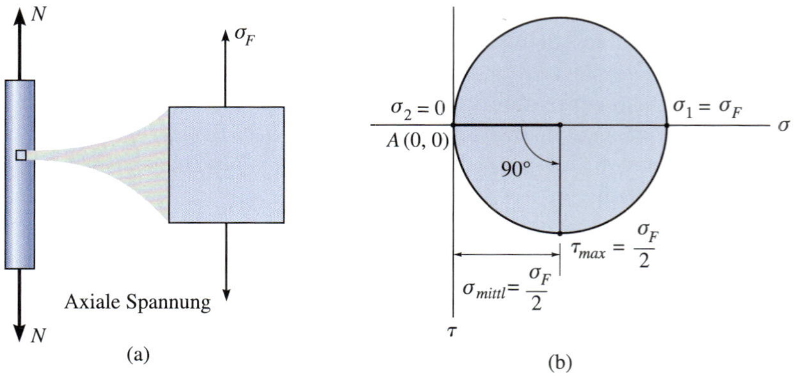

Abbildung 13.2

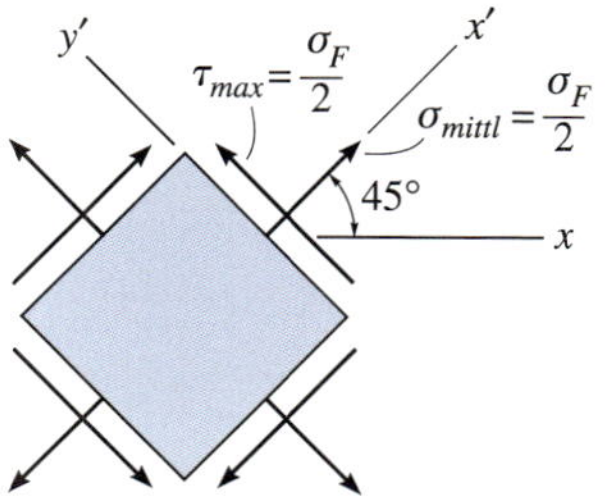

Abbildung 13.2

Diese Schubspannungen wirken außerdem an Ebenen, die um 45° zu den Hauptspannungsebenen geneigt sind, Abbildung 13.2c. Diese Ebenen *stimmen* mit der Richtung der Lüderslinien *überein*, die an dem Probekörper dargestellt sind und damit anzeigen, dass ein Versagen tatsächlich infolge Schub auftritt.

Diese Vorstellung benutzend, dass duktile Materialien infolge Schub versagen, schlug Henri Tresca im Jahre 1868 die ***Schubspannungshypothese,*** auch ***Fließkriterium nach Tresca*** genannt, vor. Diese Theorie kann für jede Art von Belastung zur Voraussage der Versagensspannung eines duktilen Materials angewendet werden. Die Schubspannungshypothese sagt aus, dass Fließen des Materials einsetzt, wenn die größtmögliche Schubspannung im Material jene Schubspannung erreicht, die für das gleiche Material ein Fließen auslöst, wenn es *lediglich* einer axialen Zugbeanspruchung (σ_V) unterliegt. Zur Vermeidung eines Materialversagens macht die Schubspannungshypothese es deshalb erforderlich, dass die größtmögliche Schubspannung im Material kleiner oder höchstens gleich der Hälfte im Zugversuch ermittelten Fließspannung ist: $\tau_{insges\ max} \leq \sigma_F/2$.

Für praktische Anwendungen wollen wir im Folgenden die insgesamt größte Schubspannung als Funktion der *Hauptspannungen* ausdrücken. Die entsprechende Rechnung wurde bereits in Abschnitt 10.8 mit Bezug auf die Bedingungen des *Spannungszustandes in der Ebene* diskutiert, wenn die aus der Ebene herauszeigende Hauptspannung gleich null ist. Wenn die beiden Hauptspannungen in der Ebene *das gleiche Vorzeichen* haben, d.h. beide entweder Zug- oder beide Druckspannungen sind, dann tritt ein Versagen *aus der Ebene heraus* auf. Aus Gleichung (10.29) ist

$$\tau_{insges\ max} = \frac{\sigma_{max}}{2}$$

ableitbar. Besitzen die beiden Hauptspannungen in der Ebene dagegen *unterschiedliche* Vorzeichen, dann tritt ein Versagen in dieser Ebene auf, und aus Gleichung (10.30) ergibt sich

$$\tau_{insges\ max} = \frac{\sigma_{max} - \sigma_{min}}{2}$$

Mit Hilfe dieser Gleichungen sowie Gleichung (13.1) kann die Vergleichsspannung im Rahmen der Schubspannungshypothese für den ebenen Spannungszustand bei bekannten Hauptspannungen σ_1 und σ_2 in der Ebene wie folgt ausgedrückt werden:

$$\left.\begin{array}{l} |\sigma_1| = \sigma_V \\ |\sigma_2| = \sigma_V \end{array}\right\} \quad \sigma_1, \sigma_2 \text{ haben gleiches Vorzeichen} \qquad (13.2)$$

$$|\sigma_1 - \sigma_2| = \sigma_V \quad \sigma_1, \sigma_2 \text{ haben unterschiedliches Vorzeichen}$$

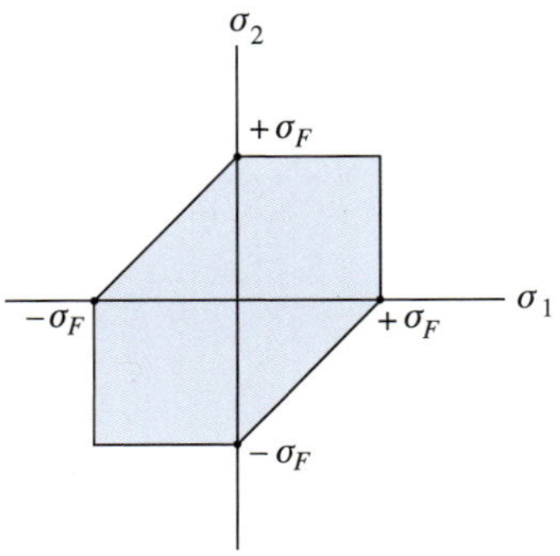

Schubspannungshypothese

Abbildung 13.3

Eine grafische Darstellung dieser Gleichungen für die Fließgrenze $\sigma_V = \sigma_F$ zeigt Abbildung 13.3. Wenn jeder materielle Punkt des Materials einem ebenen Spannungszustand unterliegt und die Hauptspannungen in dieser Ebene durch Koordinaten (σ_1, σ_2) repräsentiert werden, die auf der Grenze oder außerhalb der gekennzeichneten hexagonalen Fläche liegen, dann fließt das Material an diesem Punkt und ein Versagen ist zu erwarten.

Gestaltänderungshypothese. In Abschnitt 3.5 wurde dargelegt, dass ein Material, wenn es infolge einer äußeren Belastung deformiert wird, bestrebt ist, Energie *im Inneren* seines Volumens zu speichern. Die Energie pro Volumeneinheit eines Materials wird Formänderungsenergiedichte genannt und ist durch Gleichung (3.6) definiert. Liegt ein einachsiger Spannungszustand σ vor, dann kann sie in der Form

$$u = \frac{1}{2}\sigma\epsilon \tag{13.3}$$

geschrieben werden. Es ist möglich, ein Versagenskriterium auf der Basis der Formänderungsenergie zur Verursachung von Gestaltänderungen zu formulieren. Dazu müssen wir die Formänderungsenergiedichte in einem Volumenelement des Materials bestimmen, das durch die drei Hauptspannungen σ_1, σ_2 und σ_3 charakterisiert ist, Abbildung 13.4a. Jede der Hauptspannungen trägt zur gesamten Formänderungsenergiedichte bei, so dass

$$u = \frac{1}{2}\sigma_1\epsilon_1 + \frac{1}{2}\sigma_2\epsilon_2 + \frac{1}{2}\sigma_3\epsilon_3$$

gilt. Da in Gleichung (13.3) angenommen wurde, dass sich das Material linear-elastisch verhält, ist das Hooke'sche Gesetz anwendbar. Wir setzen deshalb *Gleichung (11.27)* in die obere Gleichung ein, vereinfachen den Ausdruck und erhalten

$$u = \frac{1}{2E}\left[\sigma_1^2 + \sigma_2^2 + \sigma_3^2 - 2\nu\left(\sigma_1\sigma_2 + \sigma_1\sigma_3 + \sigma_3\sigma_2\right)\right] \tag{13.4}$$

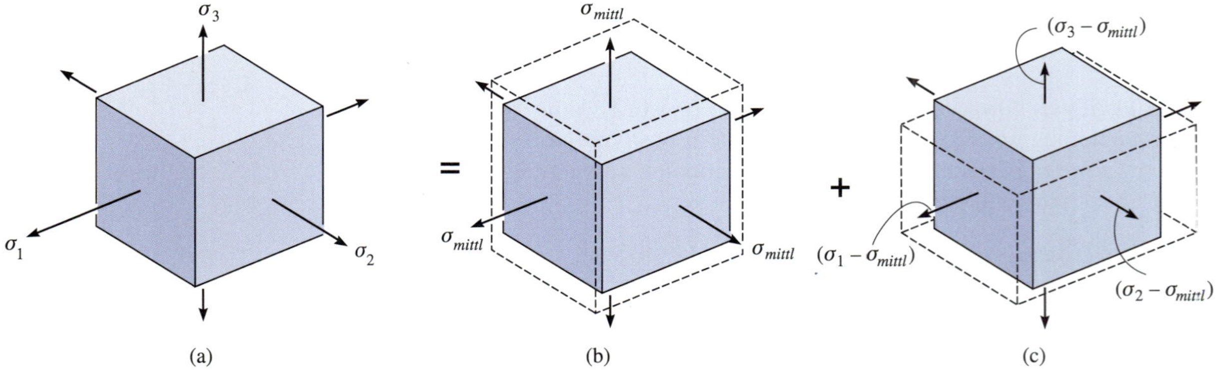

Abbildung 13.4

Die Formänderungsenergiedichte kann als Summe von zwei Anteilen betrachtet werden. Ein erster Teil repräsentiert die Energie, die benötigt wird, um eine *Volumenänderung* des Elements ohne Gestaltänderung zu verursachen; der andere Teil repräsentiert die Energie, die benötigt wird, um die Gestalt des Elements zu verändern. Dabei wird die in dem Element aufgrund der Volumenänderung gespeicherte Energie speziell durch Einwirkung der „mittleren Hauptspannung" $\sigma_{mittl} = (\sigma_1 + \sigma_2 + \sigma_3)/3$ verursacht, denn diese Spannung ruft gleiche Hauptverzerrungen in dem Material hervor, Abbildung 13.4b. Der verbleibende Spannungsanteil $(\sigma_1 - \sigma_{mittl})$, $(\sigma_2 - \sigma_{mittl})$, $(\sigma_3 - \sigma_{mittl})$ bewirkt die Gestaltänderungsenergie, Abbildung 13.4c.

Experimentell ist nachgewiesen, dass Material nicht fließt, wenn es einer gleichförmigen (hydrostatischen) Spannung unterliegt, wie z.B. der bereits diskutierte Fall σ_{mittl}. Im Ergebnis schlug M. Huber 1904 vor, dass Fließen in einem duktilen Material dann eintritt, wenn die *Gestaltänderungsenergie* pro Volumeneinheit des Materials gleich oder größer jener Gestaltänderungsenergie pro Volumeneinheit des gleichen Materials ist, das vergleichend beim einfachen Zugversuch fließt. Diese Hypothese wird ***Gestaltänderungshypothese*** genannt, und da sie später unabhängig von Huber durch R. von Mises und H. Hencky erneut definiert wurde, trägt sie manchmal auch deren Namen.

Zur Berechnung der Gestaltänderungsenergie pro Volumeneinheit setzen wir die Spannungen $(\sigma_1 - \sigma_{mittl})$, $(\sigma_2 - \sigma_{mittl})$ und $(\sigma_3 - \sigma_{mittl})$ für σ_1, σ_2 bzw. σ_3 in Gleichung (13.4) unter Beachtung von $\sigma_{mittl} = (\sigma_1 + \sigma_2 + \sigma_3)/3$ ein. Über verschiedene Umformungsschritte erhalten wir

$$u_G = \frac{1+\nu}{6E}\left[(\sigma_1 - \sigma_2)^2 + (\sigma_2 - \sigma_3)^2 + (\sigma_3 - \sigma_1)^2\right]$$

Im Falle des *ebenen Spannungszustandes* ist $\sigma_3 = 0$ und damit reduziert sich die Gleichung auf

$$u_G = \frac{1+\nu}{3E}\left(\sigma_1^2 - \sigma_1\sigma_2 + \sigma_2^2\right)$$

Beim einachsigen Zugversuch gilt $\sigma_1 = \sigma_V$, $\sigma_2 = \sigma_3 = 0$, und damit ergibt sich

$$(u_G)_V = \frac{1+\nu}{3E}\sigma_V^2$$

Da die Gestaltänderungshypothese bedingt, dass $u_G = (u_G)_V$ gilt, erhalten wir für den zweiachsigen Spannungszustand

$$\sigma_1^2 - \sigma_1\sigma_2 + \sigma_2^2 = \sigma_V^2 \qquad (13.5)$$

Diese Gleichung stellt in der σ_1,σ_2-Ebene eine Ellipse dar, z.B. auch an der Fließgrenze $\sigma_V = \sigma_F$ siehe Abbildung 13.5. Wenn an einem Punkt im Material eine Spannung derart vorliegt, dass die dadurch zugeordnete Spannungskoordinate (σ_1,σ_2) auf der Begrenzung oder außerhalb der gekennzeichneten Fläche aufzutragen ist, dann nimmt man Materialversagen an.

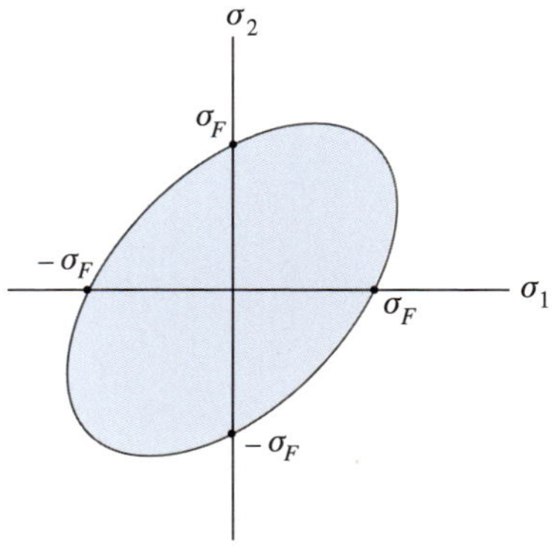

Gestaltänderungshypothese

Abbildung 13.5

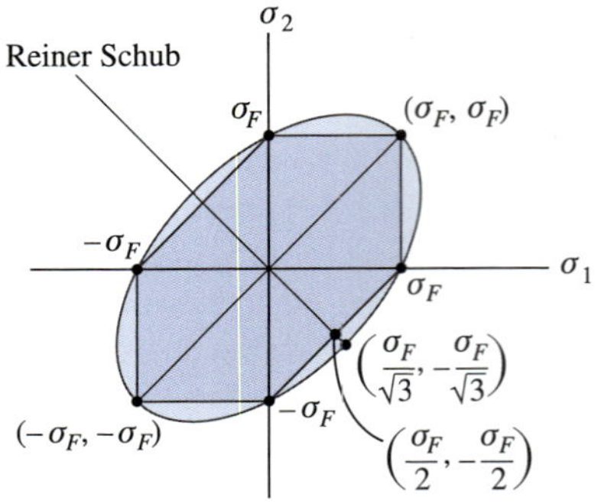

Abbildung 13.6

Ein Vergleich der beiden erhaltenen Versagenskriterien ist in Abbildung 13.6 zu sehen. Beachten Sie, dass beide Theorien dieselben Resultate erzielen, wenn die Hauptspannungen gleich sind, d.h. aus den Gleichungen (13.2) und (13.4) ergibt sich dann $\sigma_1 = \sigma_2 = \sigma_F$ bzw., wenn eine der Hauptspannungen null ist, dass die andere den Wert σ_F annimmt. Wenn andererseits das Material reinem Schub τ ausgesetzt ist, dann zeigen beide Theorien die größte Diskrepanz Versagen vorherzusagen. Für materielle Punkte, deren Spannungskoordinaten auf den Grenzkurven liegen, werden diese Spannungen durch die Betrachtung des Elements aus Abbildung 13.7a ermittelt. Wir erhalten für diesen Spannungszustand aus dem zugehörigen Mohr'schen Kreis, Abbildung 13.7b, die Hauptspannungen $\sigma_1 = \tau$ und $\sigma_2 = -\tau$. Die Anwendung der Gleichungen (13.2) und (13.4), nämlich der Schubspannungshypothese und der Gestaltänderungshypothese, liefern $\sigma_1 = \sigma_F/2$ bzw. $\sigma_1 = \sigma_F / \sqrt{3}$, Abbildung 13.6.

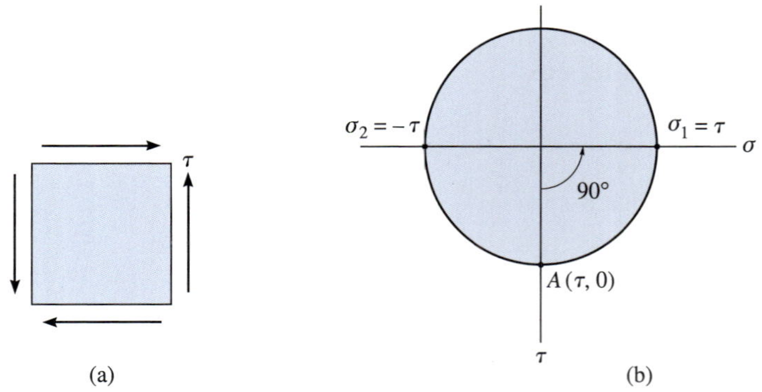

Abbildung 13.7

Entsprechende Torsionsversuche, die zur Ausbildung einer reinen Schubbeanspruchung in einem duktilen Probekörper angewendet wurden, weisen darauf hin, dass die Gestaltänderungshypothese präzisere Ergebnisse für ein Versagen infolge reiner Schubbelastung liefert als die Schubspannungshypothese. Weil $\left(\sigma_F / \sqrt{3}\right) / \left(\sigma_F / 2\right) = 1{,}15$ gilt, ist die Schubspannung für das Fließen des Materials, wie sie sich infolge der Gestaltänderungshypothese ergibt, tatsächlich um ca. 15% genauer als das Ergebnis aus der Schubspannungshypothese.

Spröde Materialien

Normalspannungshypothese. Es wurde bereits erwähnt, dass spröde Materialien wie z.B. Grauguss zum plötzlichen *Bruchversagen* ohne nennenswertes, vorausgehendes Fließen neigen. Im Zugversuch tritt der Bruch auf, wenn die Normalspannung den Punkt der Zugfestigkeit σ_Z erreicht, Abbildung 13.8a. Beim *Torsionsversuch* tritt der Sprödbruch auch infolge einer *maximalen Zugspannung auf*, da die Bruchebene für ein Element 45° zur Hauptschubspannungsebene liegt, Abbildung 13.8b. Die Bruchoberfläche hat deshalb eine helixartige Struktur, wie die Abbildung zeigt.[1] Experimente ergaben weiterhin, dass während eines Torsionsversuchs die Materialfestigkeit infolge der begleitenden Hauptdruckspannung, die senkrecht zur Hauptzugspannung steht, *nicht signifikant beeinflusst* wird. Demzufolge ist die Größe der Zugspannung, die zum Bruch eines Probekörpers während eines Torsionsversuchs nötig ist, ungefähr gleich groß wie die Spannung, die man zum Bruchversagen einer Probe bei einem einfachen Zugversuch braucht. Aufgrund dieser Tatsache gibt die ***Normalspannungshypothese*** an, dass ein sprödes Material versagt, wenn die maximale Hauptspannung σ_1 im Material eine Vergleichspannung σ_V im Grenzfall erreicht, die gleich der Größe der Zugfestigkeit σ_Z ist, die das Material infolge einer einfachen Belastung im Zugversuch aufnehmen kann.

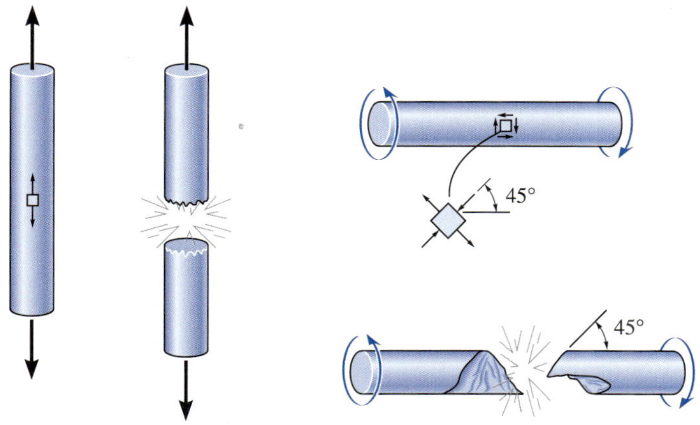

Versagensbild eines spröden Werkstoffs beim Zugversuch

(a)

Versagensbild eines spröden Werkstoffs beim Torsionsversuch

(b)

Abbildung 13.8

Wenn für das Material ein ebener Spannungszustand vorliegt, gilt demnach

$$\begin{aligned} |\sigma_1| &= \sigma_V = \sigma_Z \\ |\sigma_2| &= \sigma_V = \sigma_Z \end{aligned} \qquad (13.6)$$

1 Ein Stück Schultafelkreide zeigt das gleiche Versagensbild, wenn man versucht, die Kreide an den Enden mit den Fingern zu verdrillen.

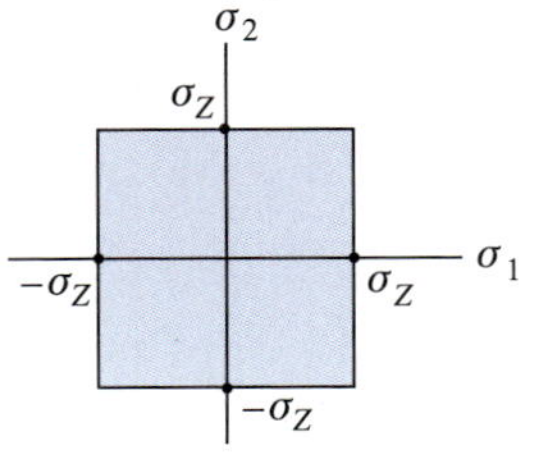

Abbildung 13.9

Diese Gleichungen sind in Abbildung 13.9 grafisch veranschaulicht. Hier kann man sehen, dass ein Materialversagen eintritt, wenn an einem Punkt im Material die Spannungskoordinaten (σ_1, σ_2) auf die Begrenzung oder außerhalb der gekennzeichneten Fläche fallen. Die Theorie wird allgemein auf W. Rankine zurückgeführt, der sie Mitte des 19. Jahrhunderts erstmals vorstellte. Experimentell wurde eine enge Übereinstimmung mit dem Verhalten von spröden Materialien gefunden, wenn sie sowohl für den Zug- als auch für den Druckbereich *ähnliche* Spannungs-Dehnungs-Diagramme aufweisen.

Versagenshypothese nach Mohr. In einigen Materialien sind die Zug- und Druckeigenschaften *unterschiedlich*. In diesem Fall kann man zur Vorhersage des Materialversagens ein Kriterium anwenden, das den Gebrauch des Mohr'schen Spannungskreises zur Grundlage hat. Diese Methode wurde durch Otto Mohr entwickelt und wird deshalb manchmal als ***Mohr'sche Versagenshypothese*** bezeichnet. Hinsichtlich ihrer Anwendung führt man zunächst *drei Versuche* an dem betreffenden Material durch. Zur Bestimmung der Zug- und Druckfestigkeiten σ_Z und σ_D nutzt man einen einachsigen Zug- und einen einachsigen Druckversuch. Zur Ermittlung der Schubfestigkeit τ_{max} des Materials wird ein Torsionsversuch durchgeführt. Für jede dieser Spannungsbedingungen zeichnet man danach einen Mohr'schen Kreis, wie in Abbildung 13.10 dargestellt. Kreis A verkörpert die Spannungsbedingung $\sigma_1 = \sigma_2 = 0$, $\sigma_3 = -\sigma_D$, Kreis B repräsentiert die Spannungsbedingungen $\sigma_1 = \sigma_Z$, $\sigma_2 = \sigma_3 = 0$ und Kreis C stellt die reine Schubspannungsbedingung dar, die durch τ_{max} verursacht wird. Diese drei Kreise sind in einer „Versagenshüllkurve“ enthalten, die durch den extrapolierten, kolorierten Kurvenverlauf wiedergegeben wird und der tangential zu allen drei Kreisen verläuft. Wenn ein Kreis, der sich innerhalb des Umrisses befindet, an einem Punkt des Materials einen ebenen Spannungszustand repräsentiert, dann geht man davon aus, dass das Material nicht versagt. Befindet sich ein Punkt jedoch auf der Umrisskurve, oder liegt er außerhalb, dann nimmt man Materialversagen an.

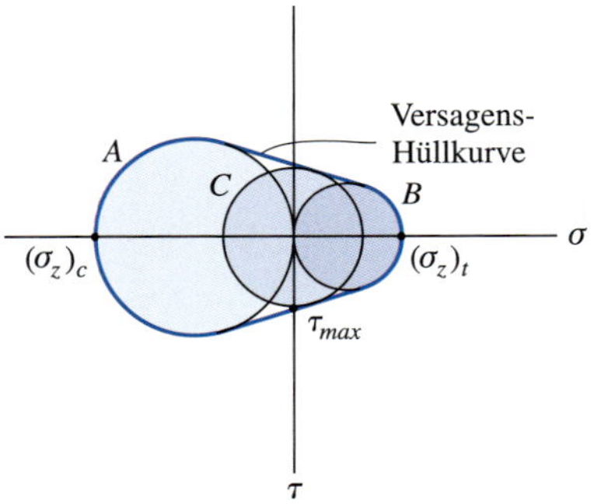

Abbildung 13.10

Wir können dieses Kriterium auch als Funktion der Hauptspannungen σ_1 und σ_2 ($\sigma_3 = 0$) grafisch darstellen, siehe Abbildung 13.11. Hierbei tritt der Versagensfall ein, wenn der Absolutwert einer der Hauptspannungen eine Größenordnung erreicht, die gleich oder größer als σ_Z oder σ_D ist, oder allgemeiner, wenn der Spannungszustand an einem Punkt durch Spannungskoordinaten (σ_1, σ_2) definiert wird, die entweder auf der Begrenzung oder außerhalb der gekennzeichneten Fläche liegen.

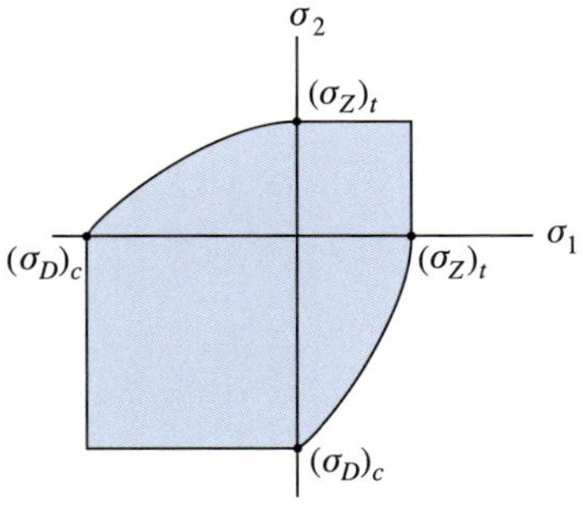

Abbildung 13.11

Eines der beiden genannten Kriterien kann man in der Praxis zur Vorhersage des Versagensfalles von sprödem Material verwenden. Man sollte allerdings beachten, dass ihre Brauchbarkeit recht begrenzt ist. Ein Sprödbruch infolge Zugbelastung tritt sehr spontan auf, seine Auslösung hängt im Allgemeinen auch von Spannungskonzentrationen ab, die sich an mikroskopisch kleinen Strukturdefekten des Materials entwickeln, wie z.B. Einschlüsse oder Lunker, Oberflächeneinkerbungen und kleine Risse.

Da jede dieser Unregelmäßigkeiten von Probe zu Probe variiert, wird es sehr schwer, das Versagen aufgrund eines einzelnen Versuchs festzulegen. Andererseits haben Risse und andere Unregelmäßigkeiten bei Druckbeanspruchung des Probekörpers das Bestreben, sich zu verschließen, und man hat damit keine Ansatzpunkte für ein unkontrolliertes Versagen wie bei Zug.

Wichtige Punkte zur Lösung von Aufgaben

- Für ein *duktiles* Material wird der Versagensfall durch *Fließen* des Materials eingeleitet, bei einem *spröden* Material hingegen wird er durch den *Materialbruch* gekennzeichnet.
- Von einem *duktilen Versagen* kann man ausgehen, wenn ein gegenseitiges *Abgleiten* der das Material bildenden Kristalle auftritt. Dieses Gleiten tritt infolge einer *Schubspannung* auf. Die *Schubspannungshypothese* beruht auf dieser Vorstellung.
- *Verformungsenergie* wird in einem Material gespeichert, wenn es einer Normalspannung unterliegt. Die *Gestaltänderungshypothese* basiert auf dem Anteil der *Formänderungsenergie*, der die Gestalt des Materials verändert, und nicht auf dem Teil, der das Volumen vergrößert.
- Der Bruch eines *spröden Materials* wird ausschließlich durch die *maximale Zugspannung* in dem Material verursacht, nicht durch die Druckspannung. Das ist die Grundlage der *Normalspannungshypothese*. Sie ist bei Materialien mit *ähnlichen* Spannungs-Dehnungs-Diagrammen für Zug- und Druckbelastungen anwendbar.
- Bei einem Spannungs-Dehnungs-Diagramm, das für ein *sprödes Material* hinsichtlich Zug- und Druckbelastungen *unterschiedlich* ausfällt, kann die *Versagenshypothese nach Mohr* zur Ausfallvorhersage angewendet werden.
- Aufgrund von Materialunregelmäßigkeiten ist der *Zugbelastungsbruch* eines spröden Materials *schwierig vorherzusagen*. Deshalb sollten Festigkeitshypothesen für spröde Materialien mit Vorsicht angewendet werden.

Beispiel 13.1

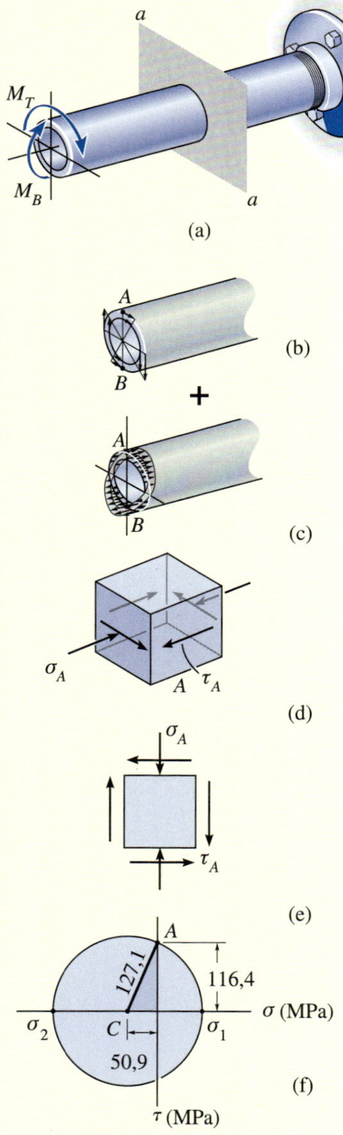

Abbildung 13.12

Das in Abbildung 13.12a abgebildete Stahlrohr hat den Innendurchmesser d_i und den Außendurchmesser d_a. Untersuchen Sie für den Fall, dass ein Torsionsmoment M_T und ein Biegemoment M_B das Rohr am Kragende belasten, ob diese Lasten ein Versagen verursachen, wie es durch die Gestaltänderungshypothese definiert ist. Die Fließspannung wurde für den verwendeten Stahl mit σ_F ermittelt.

$M_T = 8 \text{ kNm}$, $M_B = 3{,}5 \text{ kNm}$, $d_i = 60 \text{ mm}$, $d_a = 80 \text{ mm}$, $\sigma_F = 250 \text{ MPa}$

Lösung

Zur Lösung der Aufgabe müssen wir einen Punkt des gefährdeten Rohrquerschnitts untersuchen, der dem maximalen, kritischen Spannungszustand ausgesetzt ist. Über die gesamte Rohrlänge erhält man ein gleichförmiges inneres Torsions- und auch ein gleichförmiges Biegemoment, so dass jeder Querschnitt gleich gefährdet ist. An dem willkürlich gelegten Schnitt a-a, Abbildung 13.12a, erzeugen diese Belastungen die in Abbildung 13.12b und Abbildung 13.12c dargestellten Spannungsverteilungen. Man erkennt, dass die Punkte A und B derselben kritischen Spannung unterliegen. Wir untersuchen hier den Spannungszustand bei A. Die Rechnung ergibt

$$\tau_A = \frac{M_T r}{I_p} = \frac{M_T r_a}{\frac{\pi}{2}\left(r_a^4 - r_i^4\right)} = \frac{(8000\,\text{Nm})(0{,}04\,\text{m})}{\frac{\pi}{2}\left[(0{,}04\,\text{m})^4 - (0{,}03\,\text{m})^4\right]} = 116{,}4\,\text{MPa}$$

$$\sigma_A = \frac{M_B c_{max}}{I} = \frac{M_B r_a}{\frac{\pi}{4}\left(r_a^4 - r_i^4\right)} = \frac{(3500\,\text{Nm})(0{,}04\,\text{m})}{\frac{\pi}{4}\left[(0{,}04\,\text{m})^4 - (0{,}03\,\text{m})^4\right]} = 101{,}9\,\text{MPa}$$

Diese Ergebnisse sind in der perspektivischen Ansicht eines Volumenelements bei Punkt A zu sehen, Abbildung 13.12d, aber auch in einer Draufsicht, Abbildung 13.12e, da das Material auf der Mantelfläche, d.h. auch am Punkt A, einem ebenen Spannungszustand unterliegt.

Der Mohr'sche Kreis für diesen ebenen Spannungszustand hat einen Mittelpunkt, der sich bei

$$\sigma_{mittl} = \frac{0 - \sigma_A}{2} = \frac{0 - 101{,}9\text{MPa}}{2} = -50{,}9\,\text{MPa}$$

befindet. Es wird der Referenzpunkt $A(0; -116{,}4 \text{ MPa})$ eingetragen und der Kreis konstruiert, Abbildung 13.12f. Der Radius wurde aus dem gekennzeichneten Dreieck mit $R = 127{,}1 \text{ MPa}$ berechnet und damit sind die Hauptspannungen

$$\sigma_1 = \sigma_{mittl} + R = (-50{,}9 + 127{,}1) \text{ MPa} = 76{,}1 \text{ MPa}$$

$$\sigma_2 = \sigma_{mittl} - R = (-50{,}9 - 127{,}1) \text{ MPa} = -178{,}0 \text{ MPa}$$

Bei Anwendung von Gleichung (13.5) muss

$$\left(\sigma_1^2 - \sigma_1\sigma_2 + \sigma_2^2\right) \le \sigma_F^2$$

$$\left[(76{,}1)^2 - (76{,}1)(-178{,}0) + (-178{,}0)^2\right] \le (250)^2$$

$$51030 < 62500$$

gelten. Die Bedingung ist offensichtlich erfüllt, d.h. das Rohrmaterial wird gemäß der Gestaltänderungshypothese *nicht* fließen und damit nicht versagen.

Beispiel 13.2 Die Vollwelle aus Gusseisen, dargestellt in Abbildung 13.13a, wird durch ein Torsionsmoment M_T. belastet. Bestimmen Sie den kleinsten Radius derart, dass die Welle entsprechend der Normalspannungshypothese nicht versagt. Eine Probe des Gusseisens, getestet im Zugversuch, besitzt die Zugfestigkeit σ_Z.

$M_T = 400$ Nm, $\sigma_Z = 150$ MPa

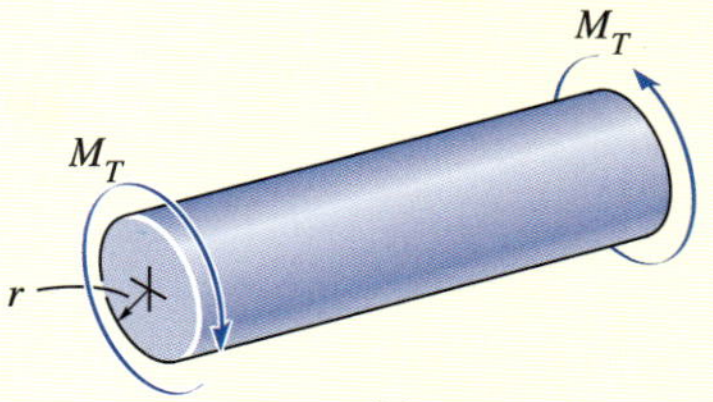

(a)

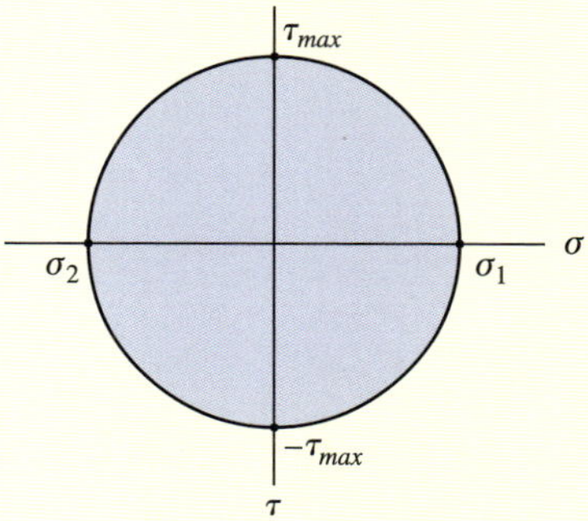

(b)

Abbildung 13.13

Lösung

Die maximale kritische Spannung tritt an einem Punkt auf, der sich an der Oberfläche an beliebiger Stelle entlang der Welle befindet. Wir nehmen an, dass die Welle den Radius r hat und damit ergibt sich die maximale Schubspannung

$$\tau_{max} = \frac{M_T r}{I_p} = \frac{M_T r}{\frac{\pi}{2} r^4} = \frac{2M_T}{\pi r^3}$$

In Abbildung 13.13b ist der Mohr'sche Spannungskreis für diesen Spannungszustand (reiner Schub) dargestellt. Da $R = \tau_{max}$ gilt, ist demzufolge

$$\sigma_1 = -\sigma_2 = \tau_{max} = \frac{2M_T}{\pi r^3}$$

Bei Anwendung der Normalspannungshypothese, Gleichung (13.6), muss

$$|\sigma_1| \le \sigma_Z$$

$$\frac{2M_T}{\pi r^3} \le \sigma_Z$$

erfüllt sein. Aus dieser Ungleichung wird der kleinste Radius bestimmt, und zwar zu

$$r_{min}^3 = \frac{2M_T}{\pi \sigma_Z}$$

$$r_{min} = \sqrt[3]{2M_T / (\pi \sigma_Z)}$$

$$r_{min} = 0{,}01193 \text{ m} = 11{,}93 \text{ mm}$$

Beispiel 13.3

Die in Abbildung 13.14a dargestellte Vollwelle hat den Radius r und besteht aus Stahl mit der Fließspannung σ_F. Stellen Sie fest, ob die Belastungen entsprechend der Schubspannungs- und der Gestaltänderungshypothese ein Materialversagen verursachen.

$M_T = 3{,}25$ kNcm, $P = 15$ kN, $r = 0{,}5$ cm, $\sigma_F = 360$ MPa

Lösung

Der Spannungszustand in der Welle wird sowohl von der Axialkraft als auch von dem Torsionsmoment hervorgerufen. Alle Querschnitte der Welle sind gleich gefährdet, da Normalkraft- und Torsionsmomentenverlauf entlang der Welle konstant sind. Da die infolge des Torsionsmoments verursachte maximale Schubspannung auf der äußeren Oberfläche der Welle auftritt, ergibt sich

$$\sigma_x = \frac{-P}{A} = \frac{-15\,\text{kN}}{\pi(0{,}5\,\text{cm})^2}$$

$$\sigma_x = -19{,}10\ \text{kN/cm}^2 = -191\ \text{MPa}\ \ (\text{Druckspannung})$$

$$\tau_{xy} = \frac{M_T r}{I_p} = \frac{M_T r}{\frac{\pi}{2} r^4} = \frac{(3{,}25\,\text{kN cm})(0{,}5\,\text{cm})}{\frac{\pi}{2}(0{,}5\,\text{cm})^4}$$

$$\tau_{xy} = 16{,}55\ \text{kN/cm}^2 = 165{,}5\ \text{MPa}$$

Abbildung 13.14b zeigt die Spannungen, die an einem Volumenelement bei Punkt A wirken. Noch schneller als über eine Konstruktion des Mohr'schen Spannungskreises können die Hauptspannungen auch mit Hilfe der Spannungstransformationsgleichungen, Gleichung (10.5), ermittelt werden:

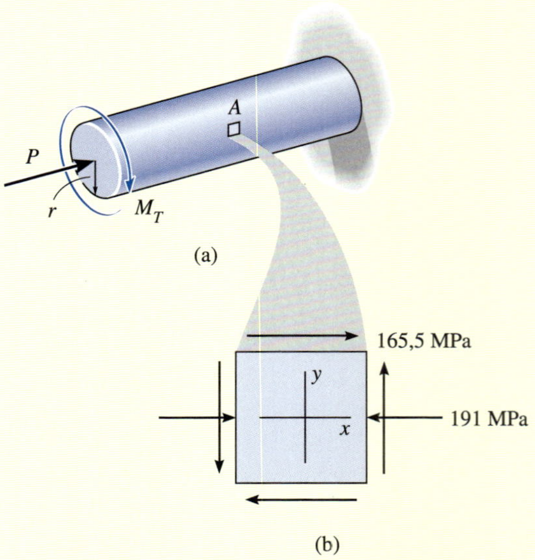

Abbildung 13.14

$$\sigma_{1,2} = \frac{\sigma_x + \sigma_y}{2} \pm \sqrt{\left(\frac{\sigma_x - \sigma_y}{2}\right)^2 + \tau_{xy}^2}$$

$$= \frac{-191\text{MPa} + 0}{2} \pm \sqrt{\left(\frac{-191\text{MPa} + 0}{2}\right)^2 + (165{,}5\text{MPa})^2}$$

$$= (-95{,}5 \pm 191{,}1)\text{MPa}$$

$$\sigma_1 = 95{,}6 \text{ MPa}$$

$$\sigma_2 = -286{,}6 \text{ MPa}$$

Schubspannungshypothese Da die Hauptspannungen unterschiedliche Vorzeichen haben, tritt entsprechend Abschnitt 10.8 die insgesamt größte Schubspannung in der Ebene auf und damit ist die zweite der Gleichungen (13.1) anwendbar, d.h.

$$|\sigma_1 - \sigma_2| \le \sigma_F$$

$$|95{,}6 - (-286{,}6)| \le 360$$

$$382{,}2 > 360$$

d.h. Bedingung nicht erfüllt.

Damit tritt gemäß dieser Hypothese Schubversagen auf.

Gestaltänderungshypothese Bei Anwendung von Gleichung (13.5) erhalten wir

$$\left(\sigma_1^2 - \sigma_1\sigma_2 + \sigma_2^2\right) \le \sigma_F$$

$$\left[(95{,}6)^2 - (95{,}6)(-286{,}6) + (-286{,}6)^2\right] \le (360)^2$$

$$118.667 < 129.600$$

Bei Anwendung dieser Hypothese tritt der Versagensfall noch nicht ein.

13.2 Grundlagen der Balkendimensionierung

Balken sind schlanke, stabartige Bauteile, deren Zweck darin besteht, senkrecht zu ihrer Längsachse angreifende Lasten aufzunehmen. Infolge dieser äußeren Belastungen tritt in den Trägern eine innere Querkraft sowie ein Biegemoment auf, die im Allgemeinen entlang der Trägerlängsachse veränderlich sind. Manche Balken können auch noch durch eine innere Normalkraft beansprucht sein, wobei die Auswirkungen dieser Kraft aber häufig vernachlässigt werden können, denn die dadurch hervorgerufene Normalspannung ist meistens wesentlich kleiner als die Spannungen aufgrund von Schub und Biegung.

Auf der Grundlage früherer Kapitel ist es für viele Anwendungsfälle möglich, den gefährdeten Querschnitt und auch jenen Punkt in diesem Querschnitt zu ermitteln, an dem der kritische maximale Spannungszustand auftritt. Ist dieser Spannungszustand eben, dann ist mit den Festigkeitshypothesen des vorangehenden Abschnittes die Basis vorhanden, mit den angegebenen Formeln eine Bemessung mit Bezug auf zulässige Normalspannungen aus entsprechenden Zug- (bzw. Druck-) versuchen an Stabproben vorzunehmen.

Für Balken (und Wellen), die allein durch Querkraftschub und Biegung beansprucht werden, geht man in der Konstruktionspraxis aber häufig anders vor: Man legt sie über einen so genannten Nachweis der *Tragfähigkeit* gegenüber Schub und gegenüber Biegung aus, der nacheinander geführt wird. Die Auslegung von Trägern in dieser Weise erfordert nur noch die aufeinander folgende Anwendung der Schub- und Biegespannungsformeln, die in den Kapiteln 7 und 9 hergeleitet wurden. Die Anwendung dieser Formeln ist wiederum auf Träger aus homogenem Material mit linear-elastischem Verhalten beschränkt.

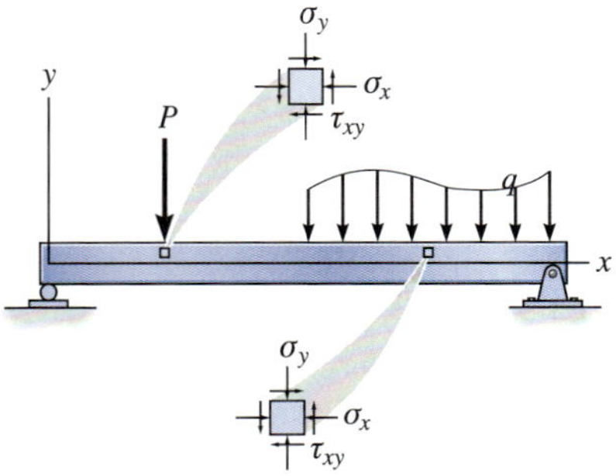

Abbildung 13.15

Bei der hier dargestellten Spannungsberechnung eines Trägers werden zunächst jene Effekte vernachlässigt, die durch von außen angreifende Streckenlasten sowie Einzellasten hervorgerufen werden. Wie in Abbildung 13.15 zu sehen, treten bei diesen Lasten zusätzliche Spannungen im Träger *direkt unterhalb der Belastung* auf. Es kommt zu einer beachtlichen Druckspannung σ_y, zusätzlich zur Biegespannung σ_x und der Schubspannung τ_{xy}, die bereits angesprochen wurden. Anhand moderner Berechnungsmethoden, wie sie die Elastizitätstheorie bietet, kann man allerdings nachweisen, dass die Spannung σ_y mit zunehmendem vertikalem Abstand vom Lastangriffspunkt rasch abnimmt. Bei den geläufigen Schlankheitsgraden von Trägern der ingenieurtechnischen Praxis verkörpert der Maximalwert von σ_y im Allgemeinen einen kleinen prozentualen Anteil im Vergleich zur Biegespannung σ_x, d.h. $\sigma_x \gg \sigma_y$. Des Weiteren wird eine direkte Einwirkung von Einzellasten bei der Trägerdimensionierung allgemein vermieden. Stattdessen benutzt man ausgedehnte *Platten*, die solche Lasten auf die Trägeroberfläche gleichmäßiger verteilen.

Obwohl Balkenkonstruktionen hauptsächlich hinsichtlich ihrer Tragfähigkeit dimensioniert werden, müssen sie über ihre seitlichen Begrenzungsflächen hinreichend eingefasst werden, damit sie nicht knicken oder instabil werden. Überdies müssen Balken in manchen Fällen so ausgelegt sein, dass sie sich nicht zu stark durchbiegen, z.B. bei der Abstützung von Geschoß-Decken aus spröden Materialien wie z.B. Mörtel. Die Methoden zur Berechnung der Durchbiegung von Balken wurden in Kapitel 8 diskutiert. Einschränkungen im Hinblick auf das Knicken eines Trägers werden oft nur in Richtlinien für Tragwerk- oder Maschinenelemente-Dimensionierungen angegeben, die eigentliche Berechnung wird im nachfolgenden Kapitel 14 diskutiert.

Träger nehmen an ihren Auflagern normalerweise große Querkräfte auf. Aus diesem Grund wird am Steg eines Trägers, wie hier zu sehen, häufig eine Metallversteifung angebracht, um eine lokale Trägerdeformation zu verhindern.

13.3 Dimensionierung prismatischer bzw. zylindrischer Balken

Für die Dimensionierung eines Trägers auf der Grundlage eines Tragfähigkeitsnachweises darf die tatsächliche Biegespannung und die tatsächliche Schubspannung in dem Träger die zulässigen Werte der Biege- und der Schubspannung des betrachteten Materials nicht überschreiten. Diese Werte sind oft in einschlägigen Tragwerk- und Maschinenbaunormen definiert. Wenn die freitragende Spannweite eines Trägers relativ groß ist, und somit die inneren Momente groß werden, dann betrachtet der Ingenieur zunächst eine Dimensionierung auf der Grundlage der Biegung und prüft danach die Tragfähigkeit gegenüber Schub. Die Biegespannungsdimensionierung erfordert die Berechnung des ***Widerstandsmoments*** eines Trägers, das durch das Verhältnis aus I und c_{max} definiert ist, d.h. $W = I/c_{max}$. Mit Hilfe der Biegespannungsformel $\sigma = Mc_{max}/I$ erhalten wir

$$W_{erf} = \frac{M}{\sigma_{zul}} \tag{13.7}$$

Hierbei wird M aus dem Biegemomentenverlauf des Trägers ermittelt, die zulässige Biegespannung σ_{zul} ist einer Auslegungsnorm zu entnehmen. In vielen Fällen ist das nicht bekannte Gewicht des Trägers klein und kann im Vergleich zu den Belastungen, die er aufnehmen soll, vernachlässigt werden. Wenn zusätzliche Biegemomente, z.B. infolge des Trägergewichtes, in der Dimensionierung berücksichtigt werden sollen, muss die Wahl für W so getroffen werden, dass sie W_{erf} geringfügig *übertrifft*.

Ist W_{erf} erst einmal bekannt, können daraus direkt die *Trägerabmessungen* ermittelt werden, denn laut Definition ist $W_{erf} = I/c_{max}$. Der Träger muss allerdings eine einfache, auf geometrischen Grundelementen basierende Querschnittsform haben wie z.B. quadratisch, kreisförmig, oder rechteckig mit bekanntem Verhältnis von Breite und Höhe. Bei Querschnitten, die sich jedoch aus mehreren verschiedenen Grundelementen zusammensetzen, wie z.B. ein Breitflanschprofil, kann eine Vielzahl von Steg- und Flanschabmessungen ermittelt werden, die den Wert von W_{erf} erfüllen. In der Praxis wählen Konstrukteure dann einen bestimmten Träger entsprechend der Bedingung $W > W_{erf}$ aus einem Handbuch aus, das die verfügbaren Standardprofile der Hersteller auflistet. Häufig sind mehrere Träger mit demselben Widerstandsmoment aus den Tabellen wählbar. Wenn die Durchbiegung nicht beschränkt ist, wählt man gewöhnlich den Träger mit der kleinsten Querschnittsfläche, denn er besteht aus weniger Material und ist damit leichter, wirtschaftlicher und billiger als andere.

Die angegebene Vorgehensweise erfolgte unter der Annahme, dass die zulässige Biegespannung des Materials für den Zug- und Druckbereich *gleich groß* ist. Wenn dies zutrifft, dann sollte ein Träger mit einem Querschnitt ausgewählt werden, der in Bezug auf seine Schwerpunktachse *symmetrisch* ist. Wenn die zulässigen Biegespannungen für Zug und Druck allerdings unterschiedlich sind, dann kann die Wahl eines unsymmetrischen Querschnitts wirksamer sein. Unter diesen Umstän-

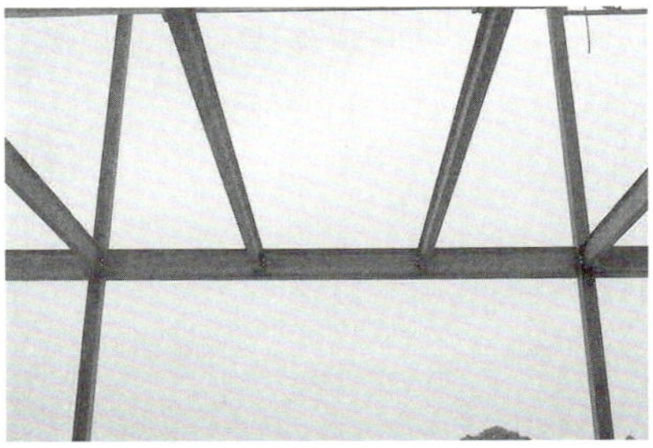

Die beiden Deckenträger sind mit dem Rahmenträger verbunden und dieser überträgt die Last auf die Stützen des Gebäuderahmens. Zur Berechnung der Kräfte können die Verbindungen als Gelenklager angesehen werden.

den muss der Träger so ausgelegt werden, dass *sowohl* das größte positive *als auch* das größte negative Moment im Balkenabschnitt aufgenommen werden kann.

Nach der Auswahl des Trägers kann man die Schubspannungsformel $\tau_{zul} \geq QS/(It)$ zur Überprüfung heranziehen, um die zulässige Schubspannung nicht zu überschreiten. Diese Bedingung wird in den meisten Fällen kein Problem darstellen. Allerdings kann die Schubspannungsbeschränkung bei „kurzer" Trägerlänge und der Aufnahme von großen Einzelkräften das Profil des Trägers zu einem wesentlichen Teil bestimmen. Diese Beschränkung ist besonders wesentlich bei der Dimensionierung von Holzträgern, denn Holz neigt infolge von Schub zum Splittern in Richtung seiner Maserung, siehe Abbildung 9.6.

Typische Frontansicht eines Breitflanschträgers aus Stahl.

Industriell gefertigte Träger Da Träger oft aus Stahl oder Holz bestehen, werden wir im Folgenden einige tabellierte Eigenschaften von Trägern diskutieren, die aus den beiden genannten Materialien hergestellt sind.

Stahlquerschnitte. Die meisten industriell gefertigten Stahlträger werden durch Walzen eines heißen Stahlblocks bis zum Erreichen der gewünschten Form hergestellt. Diese so genannten warm gewalzten Profile besitzen Eigenschaften, die in DIN-Taschenbüchern aufgeführt sind. Exemplarisch wird in *Anhang B* der begleitenden Webseite auf sogenannte Breitflanschprofile hingewiesen. Wie dort erwähnt, werden die Breitflanschprofile anhand ihrer Höhe in drei Ausführungen unterschieden, z.B. gibt die Bezeichnung HE-A450 einen Breitflanschquerschnitt mit der Höhe 450 mm in leichter Ausführung an, Abbildung 13.16. Für jeden gegebenen Querschnitt sind in den Normen das Gewicht pro Längeneinheit, die Abmessungen, die Querschnittsfläche, das axiale Flächenträgheitsmoment und das Widerstandsmoment aufgeführt. Zudem ist der Trägheitsradius k enthalten, der eine geometrische Eigenschaft mit Bezug auf die Knickfestigkeit des Querschnittes darstellt. Diese Eigenschaft wird in Kapitel 14 ausführlich diskutiert.

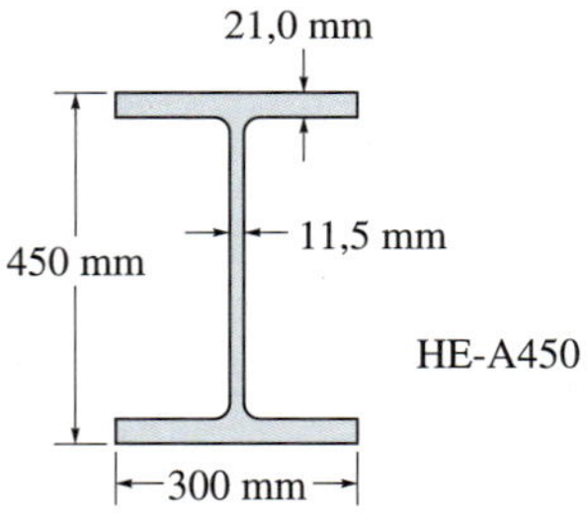

Abbildung 13.16

Holzquerschnitte. Die meisten Holzträger besitzen rechteckige Querschnitte, denn solche Träger sind einfach herzustellen und zu handhaben. Handbücher geben die Abmessungen für Nutzholz an, die bei der Dimensionierung von Trägern oft verwendet werden. Häufig sind die Nominal- und die tatsächlichen Maße aufgeführt. Nutzholz klassifiziert man anhand seiner Nominalmaße, z.B. 50 x 100 (50 mm x 100 mm). Seine tatsächlichen oder „zubereiteten" Abmessungen können allerdings geringer sein, z.B. 38 x 89 mm. Diese Verkleinerung der Abmessungen ist die Folge einer Forderung zur Erzielung von glatten Oberflächen für Nutzholz, das aus dem Rohzuschnitt entsteht. Natürlich muss man die *tatsächlichen Abmessungen* benutzen, wenn für Holzträger Spannungsberechnungen durchzuführen sind.

Zusammengesetzte Träger. Ein zusammengesetztes Profil besteht aus zwei oder mehreren Teilen, die miteinander verbunden sind und eine Profileinheit bilden. Wie Gleichung (13.7) zeigt, ist die Aufnahmekapazität eines Trägers für Biegemomente direkt proportional zu seinem Widerstandsmoment W und weil $W = I/c$ ist, *erhöht* sich W, wenn I *ansteigt*. Für eine Erhöhung von I sollte sich das *meiste Material* soweit es praktisch möglich ist von der Nulllinie entfernt befinden. Dies ist der Grund, warum ein Breitflanschträger ein Biegemoment so effizient aufnimmt. Bei sehr großen Belastungen kann jedoch ein zur Verfügung stehendes Warmwalzprofil ein Widerstandsmoment aufweisen, das nicht ausreicht, um ein gegebenes Moment aufzunehmen. Um die Verwendung mehrerer verfügbarer, die Belastung gemeinsam aufnehmender Träger zu vermeiden, wählt der Ingenieur dann gewöhnlich „zusammengesetzte" Varianten eines Trägers, der aus Flach- und Winkelprofilen besteht. Ein hohes Doppel-T-Profil dieser Form wird *Stahlblechprofil* genannt. Zum Beispiel hat das Stahlblechprofil in Abbildung 13.17 zwei Flanschbleche, die entweder angeschweißt oder mit Hilfe von Winkelprofilen am Steg angeschraubt oder angenietet werden.

Holzträger werden ebenso „zusammengesetzt", gewöhnlich in Form eines Kastenprofils, Abbildung 13.18a. Sie können aus Sperrholzstegen und größeren Brettern für die Flansche bestehen. Für sehr große Spannweiten werden *schichtverleimte* Träger verwendet. Diese Bauteile bestehen aus mehreren schichtverleimten Brettern, die zusammen eine Einheit bilden, Abbildung 13.18b.

Genau wie bei warm gewalzten Profilen und Trägern die aus einem Stück bestehen, erfordert die Dimensionierung von zusammengesetzten Querschnitten die Überprüfung der Biege- und Schubspannungen. Zusätzlich muss die Schubspannung in den Verbindungselementen, wie z.B. Schweißnaht, Leim, Nägel usw. geprüft werden, um sicher zu gehen, dass der Träger als eine Einheit wirkt. Die Prinzipien hierfür wurden in Abschnitt 9.4 ausführlich behandelt.

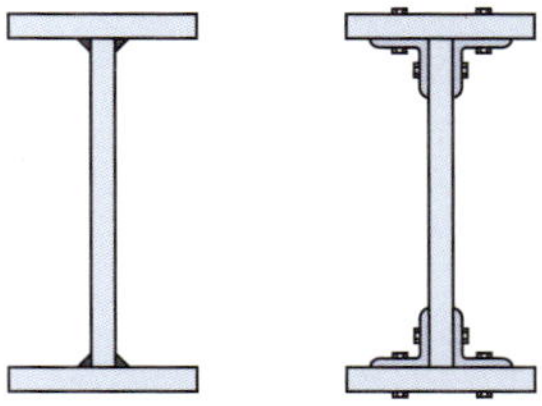

Stahlblech-Doppel-T-Träger

Abbildung 13.17

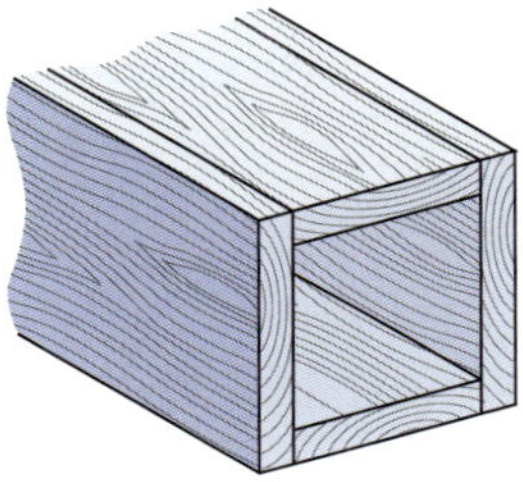

Träger mit Kastenprofil

(a)

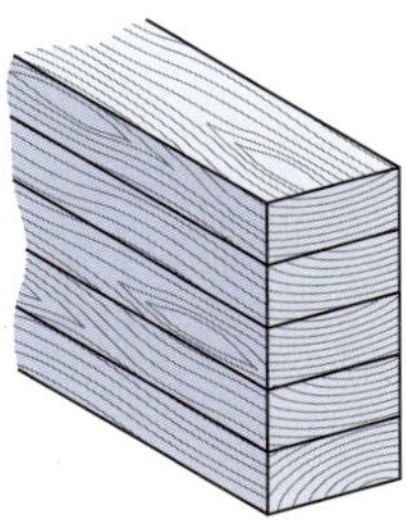

Leimschichtbinder

(b)

Abbildung 13.18

Wichtige Punkte zur Lösung von Aufgaben

- Balken nehmen Lasten auf, die senkrecht zu ihrer Längsachse angreifen. Bei der Dimensionierung auf der Grundlage eines Tragfähigkeitsnachweises müssen sie den zulässigen Schub- und Biegespannungen widerstehen.
- Es wird angenommen, dass die Biegspannung in einem Träger viel größer als die örtliche Spannung ist, die infolge von Lasten an der Trägeroberfläche auftritt.

Lösungsweg

Ausgehend von der geführten Diskussion stellt der nachfolgende Lösungsweg eine vernünftige Methode zur Trägerauslegung auf der Grundlage der Tragfähigkeit zur Verfügung.

Querkraft- und Biegemomentenverläufe

- Bestimmen Sie die maximale Querkraft und das maximale Biegemoment im Träger. In der Regel geschieht dies über die Aufstellung von Querkraft- und Momentenlinien.
- Für zusammengesetzte Träger sind Querkraft- und Biegemomentenverläufe nützlich, um Bereiche mit besonders großen Querkräften bzw. Biegemomenten zu identifizieren, die unter Umständen eine strukturelle Verstärkung oder zusätzliche Verbindungselemente benötigen.

Mittlere Normalspannung

- Bei relativ langen Trägern erfolgt die Dimensionierung durch Ermittlung des Widerstandsmoments mit Hilfe der Biegespannungsformel $W_{erf} = M_{max}/\sigma_{zul}$.
- Nach der Bestimmung von W_{erf} können die Abmessungen für einfache Bauformen unmittelbar berechnet werden, denn es gilt $W_{erf} = I/c_{max}$.
- Bei Verwendung von warm gewalzten Profilen können mehrere mögliche Werte für das Widerstandsmoment W aus DIN-Tabellen ausgewählt werden, z.B. für Breitflanschprofile gemäß den Hinweisen in *Anhang B* der begleitenden Webseite. Wählen Sie von diesen das Profil mit der kleinsten Querschnittsfläche aus, denn dieser Träger hat das geringste Gewicht und ist deshalb am wirtschaftlichsten.
- Vergewissern Sie sich, dass das gewählte Widerstandsmoment W *etwas größer* als W_{erf} ist, damit das zusätzliche, aufgrund des Trägergewichtes auftretende Moment miterfasst ist.

Schubspannung

- Normalerweise dimensioniert man kurze und hoch belastete Träger, insbesondere Holzträger, im Hinblick auf ihre Schubfestigkeit und überprüft diese im Anschluss auf die zulässigen Biegespannungen.
- Überprüfen Sie mit Hilfe der Schubspannungsformel, ob die zulässige Schubspannung nicht überschritten wird, d.h. benutzen Sie $\tau_{zul} \geq Q_{max}S/(It)$.
- Bei einem *rechteckigen* Vollquerschnitt hat die Schubformel die Form $\tau_{zul} \geq 1{,}5\,Q_{max}/A$, Gleichung (9.5). Bei einem *Breitflanschquerschnitt* ist die Annahme generell erlaubt, dass die Schubspannung über der Querschnittsfläche des Steges *konstant* ist, so dass $\tau_{zul} \geq Q_{max}/A_{Steg}$ wird, wobei A_{Steg} das Produkt aus der Trägerhöhe und der Stegbreite darstellt, siehe Abschnitt 9.3.

Richtig bemessene Befestigungselemente

- Die richtig bemessene Stärke von Befestigungselementen für Verbundträger hängt von der Schubfestigkeit dieser Elemente ab. Insbesondere ermittelt man den erforderlichen Nagel- oder Schraubenabstand einer bestimmten Größe aus dem zulässigen Schubfluss $q_{zul} = QS/I$, der sich an den Punkten des Querschnitts berechnet, an denen sich die Befestigungselemente befinden, siehe Abschnitt 9.4.

Beispiel 13.4 Ein Träger soll aus Stahl mit einer zulässigen Biegespannung σ_{zul} und der zulässigen Schubspannung τ_{zul} bestehen. Wählen Sie ein geeignetes Breitflanschprofil aus, das die in Abbildung 13.19a dargestellte Belastung aufnimmt.

$P_1 = 120$ kN, $P_2 = 60$ kN, $L = 2$ m, $\sigma_{zul} = 170$ MPa, $\tau_{zul} = 100$ MPa

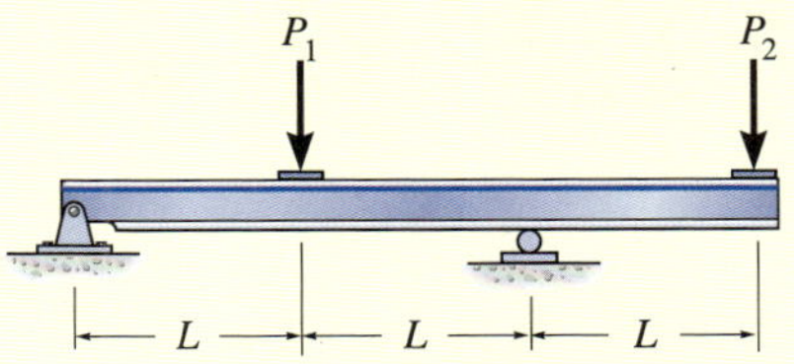

(a)

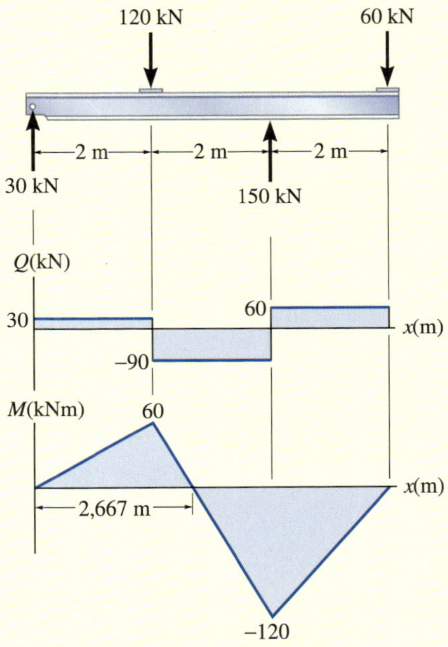

(b)

Abbildung 13.19

Lösung

Querkraft- und Biegemomentenverläufe Es werden die Lagerreaktionen berechnet und anschließend die Querkraft- und Biegemomentenlinien dargestellt, Abbildung 13.19b. Aus diesen Verläufen ergeben sich für die Beträge die Maximalwerte $Q_{max} = 90$ kN und $M_{max} = 120$ kNm.

Biegespannung Das für den Träger erforderliche Widerstandsmoment wird aus der Biegespannungsformel berechnet, d.h.

$$W_{erf} = \frac{M_{max}}{\sigma_{zul}} = \frac{120\,\text{kNm}\left(10^3\,\text{mm/m}\right)^3}{170\left(10^3\right)\text{kN/m}^2} = 706\left(10^3\right)\text{mm}^3$$

Aus DIN-Tabellen gemäß den Hinweisen in *Anhang B* der begleitenden Webseite entsprechen z.B. die folgenden Träger der Vorgabe:

HE-B240	$W = 938(10^3)$ mm^3
HE-A260	$W = 836(10^3)$ mm^3
HE-M200	$W = 967(10^3)$ mm^3

Wir wählen den Träger mit dem geringsten Gewicht pro Meter aus, d.h.

HE-A260

Das *tatsächliche* maximale Moment M_{max}, das auch das Trägergewicht umfasst, kann berechnet und die Bemessung des Trägers überprüft werden. Im Vergleich mit den äußeren Belastungen wird das Trägergewicht $F_{Tr} = (68{,}2$ kg/m$)(9{,}81$ N/kg$)(6$ m$) = 4{,}02$ kN das erforderliche Widerstandsmoment W_{erf} nur geringfügig erhöhen, so dass auf eine explizite Einbeziehung verzichtet werden kann:

$W_{erf} = 706(10^3)$ mm$^3 < 836(10^3)$ mm^3 Bedingung erfüllt.

Schubspannung Da der Träger einen *Breitflanschquerschnitt* hat, betrachten wir die mittlere Schubspannung im Steg. Es wird dabei angenommen, dass der Steg über die gesamte Trägerhöhe reicht. Aus DIN-Tabellen gemäß den Hinweisen in *Anhang B* der begleitenden Webseite entnehmen wir für HE-A260 die Werte $h = 260$ mm, $d_{steg} = 7{,}5$ mm. Somit ist

$$\tau_{mittl} = \frac{Q_{max}}{A_{Steg}} = \frac{90\left(10^3\right)\text{N}}{\left(260\,\text{mm}\right)\left(7{,}5\,\text{mm}\right)}$$

$\tau_{mittl} = 46{,}2\,\text{MPa} < 100\,\text{MPa}$ Bedingung erfüllt.

Die Verwendung des Profils vom Typ HE-A260 ist also möglich.

Beispiel 13.5

Der T-Träger aus Holz in Abbildung 13.20a besteht aus Brettern mit den Querschnittsabmessungen a und b. Bestimmen Sie bei gegebenen Werten für σ_{zul} und τ_{zul}, ob die Tragfähigkeit des Trägers für die dargestellte Belastungssituation gewährleistet ist. Legen Sie zudem den Maximalabstand der Nägel, die beide Bretter zusammenhalten, fest. Jeder Nagel kann eine Belastung der Größe Q_N sicher aufnehmen.

$P = 1{,}5$ kN, $q_0 = 0{,}5$ kN/m, $L = 2$ m, $a = 200$ mm, $b = 30$ mm,
$Q_N = 1{,}5$ kN, $\sigma_{zul} = 12$ MPa, $\tau_{zul} = 0{,}8$ MPa

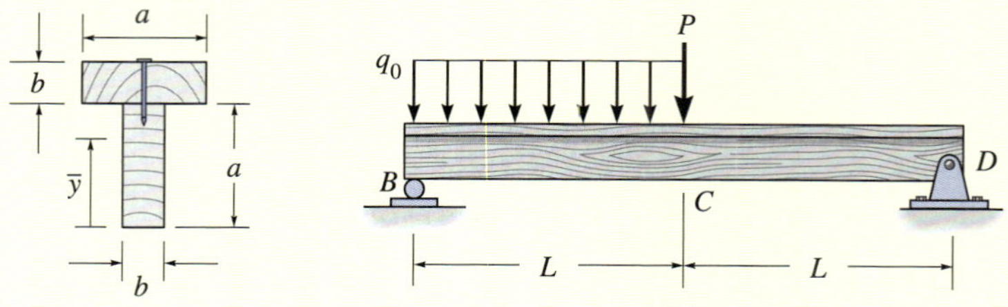

(a)

Lösung

Querkraft- und Biegemomentenverläufe In Abbildung 13.20b sind die Reaktionen angegeben, sowie die Querkraft- und Biegemomentenlinien eingezeichnet. Es ergibt sich $Q_{max} = 1{,}5$ kN und $M_{max} = 2$ kNm.

Biegespannung Die Nulllinie (durch den Flächenschwerpunkt) wird vom Trägerfuß aus angegeben. Wir erhalten

$$\bar{y} = \frac{\sum \tilde{y}A}{\sum A} = \frac{\left(\frac{a}{2}\right)ba + \left(a + \frac{b}{2}\right)ba}{ba + ba}$$

$$= \frac{(0{,}1\,\text{m})(0{,}03\,\text{m})(0{,}2\,\text{m}) + (0{,}215\,\text{m})(0{,}03\,\text{m})(0{,}2\,\text{m})}{(0{,}03\,\text{m})(0{,}2\,\text{m}) + (0{,}03\,\text{m})(0{,}2\,\text{m})}$$

$$= 0{,}1575\,\text{m}$$

Damit wird

$$I = \left[\frac{1}{12}ba^3 + ba\left(\bar{y} - \frac{a}{2}\right)^2\right] + \left[\frac{1}{12}ab^3 + ba\left(\left(a + \frac{b}{2}\right) - \bar{y}\right)^2\right]$$

$$= \left[\frac{1}{12}(0{,}03\,\text{m})(0{,}2\,\text{m})^3 + (0{,}03\,\text{m})(0{,}2\,\text{m})(0{,}1575\,\text{m-}0{,}1\,\text{m})^2\right]$$

$$+ \left[\frac{1}{12}(0{,}2\,\text{m})(0{,}03\,\text{m})^3 + (0{,}03\,\text{m})(0{,}2\,\text{m})(0{,}215\,\text{m-}0{,}1575\,\text{m})^2\right]$$

$$= 60{,}125(10^{-6})\,\text{m}^4$$

Da $c_{max} = \bar{y} = 0{,}1575$ m (und nicht $a + b - \bar{y} = 0{,}230\text{ m} - 0{,}1575\text{ m} = 0{,}0725\text{ m}$) ist, muss

$$\sigma_{zul} \geq \frac{M_{max}c_{max}}{I}$$

erfüllt sein.

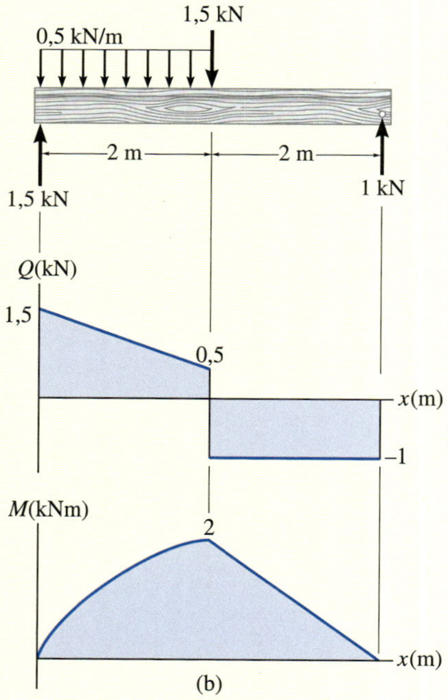

(b)

Abbildung 13.20

D.h.

$$12\left(10^3\right)\text{kPa} \geq \frac{2\,\text{kNm}\,(0{,}1575\,\text{m})}{60{,}125\left(10^{-6}\right)\text{m}^4} = 5{,}24\left(10^3\right)\text{kPa} \quad \text{Bedingung erfüllt.}$$

Schubspannung Die maximale Schubspannung des Trägers hängt von den Querschnittsgrößen S und t ab. Sie tritt in Höhe des Schwerpunktes auf, denn S hat dort ein Maximum und die maßgebende Querschnittsbreite $t = 0{,}03\ \text{m}$ ist dort am geringsten. Zur Vereinfachung der Lösung nutzen wir für die Berechnung von S die Rechteckfläche unterhalb der Schwerpunktachse NA, was gegenüber der Rechnung für die aus zwei Teilen zusammengesetzte Fläche darüber immer günstiger ist, Abbildung 13.20c. Wir erhalten

$$S = \bar{y}'A' = \left(\frac{0{,}1575\,\text{m}}{2}\right)(0{,}1575\,\text{m})(0{,}03\,\text{m}) = 0{,}372\left(10^{-3}\right)\text{m}^3$$

und prüfen damit die Bedingung

$$\tau_{zul} \geq \frac{Q_{max}S}{It}$$

$$800\,\text{kPa} \geq \frac{1{,}5\,\text{kN}\left[0{,}372\left(10^{-3}\right)\right]\text{m}^3}{60{,}125\left(10^{-6}\right)\text{m}^4\,(0{,}03\,\text{m})} = 309\,\text{kPa} \quad \text{Bedingung erfüllt.}$$

Nagelabstand Aus dem Querkraftverlauf ist zu entnehmen, dass die Querkraft über der gesamten Spannweite veränderlich ist. Weil der Nagelabstand von der Größe des Schubs im Träger abhängt, dimensionieren wir den Abstand aus Vereinfachungsgründen (und im konservativen Auslegungssinn) auf der Grundlage von $Q = 1{,}5\ \text{kN}$ für den Bereich BC und $Q = 1\ \text{kN}$ für den Bereich CD. Die Nägel verbinden den Flansch mit dem Steg, Abbildung 13.20d, deshalb ergibt sich

$$S = \bar{y}'A' = (0{,}0725\,\text{m}-0{,}015\,\text{m})\left[(0{,}2\,\text{m})(0{,}03\,\text{m})\right]$$
$$= 0{,}345\left(10^{-3}\right)\text{m}^3$$

Der Schubfluss q_τ errechnet sich damit für jeden Bereich zu

$$q_{BC} = \frac{Q_{BC}S}{I} = \frac{1{,}5\,\text{kN}\left[0{,}345\left(10^{-3}\right)\text{m}^3\right]}{60{,}125\left(10^{-6}\right)\text{m}^4} = 8{,}61\,\text{kN/m}$$

$$q_{CD} = \frac{Q_{CD}S}{I} = \frac{1\,\text{kN}\left[0{,}345\left(10^{-3}\right)\text{m}^3\right]}{60{,}125\left(10^{-6}\right)\text{m}^4} = 5{,}74\,\text{kN/m}$$

Ein Nagel kann die Querkraft $Q_N = 1{,}5\ \text{kN}$ aufnehmen, womit sich die Abstände

$$s_{BC} = \frac{F_N}{q_{BC}} = \frac{1{,}50\,\text{kN}}{8{,}61\,\text{kN/m}} = 0{,}174\,\text{m}$$

$$s_{CD} = \frac{F_N}{q_{CD}} = \frac{1{,}50\,\text{kN}}{5{,}74\,\text{kN/m}} = 0{,}261\,\text{m}$$

ergeben. Als endgültige Bemessung wird

$$s_{BC} = 150\ \text{mm} \qquad s_{CD} = 250\ \text{mm}$$

verwendet.

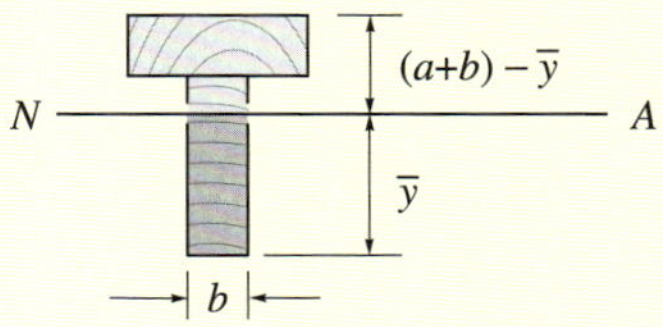

(c)

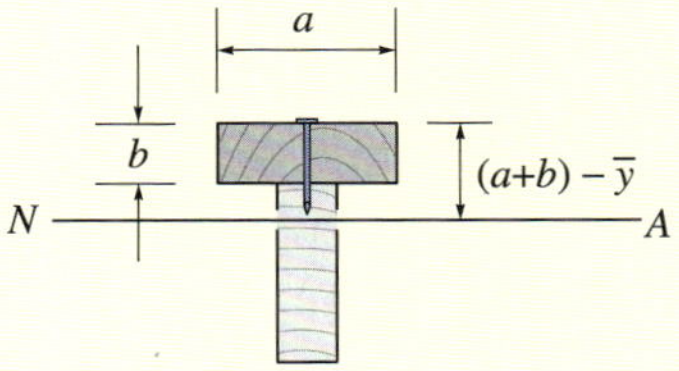

(d)

Abbildung 13.20

Beispiel 13.6

Der schichtverleimte Holzträger, dargestellt in Abbildung 13.21a, nimmt eine gleichmäßige Streckenlast q_0 auf. Bestimmen Sie bei einem Verhältnis α von Höhe zu Breite die kleinste Breite. Die zulässige Biegespannung ist mit σ_{zul} gegeben, und die zulässige Schubspannung ist τ_{zul}. Vernachlässigen Sie das Gewicht des Trägers.

$q_0 = 12$ kN/m, $L = 1$ m, $\alpha = 1{,}5$, $\sigma_{zul} = 9$ MPa, $\tau_{zul} = 0{,}6$ MPa

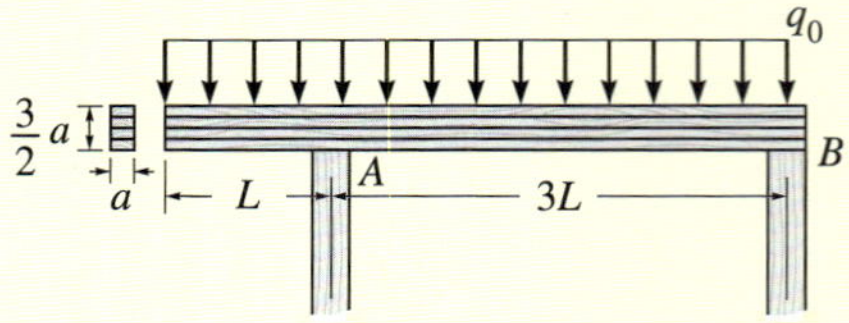

(a)

Abbildung 13.21

Lösung

Querkraft- und Biegemomentenverläufe Es werden die Lagerreaktionen bei A und B berechnet ($F_A = 32$ kN, $F_B = 16$ kN) und die Querkraft- und Biegemomentenlinien gezeichnet, siehe Abbildung 13.21b. Es sind $Q_{max} = 20$ kN und $M_{max} = 10{,}67$ kNm. Damit ergibt sich

$$W_{erf} = \frac{M_{max}}{\sigma_{zul}} = \frac{10{,}67\,\text{kNm}}{9\left(10^3\right)\text{kN/m}^2} = 0{,}00119\,\text{m}^3$$

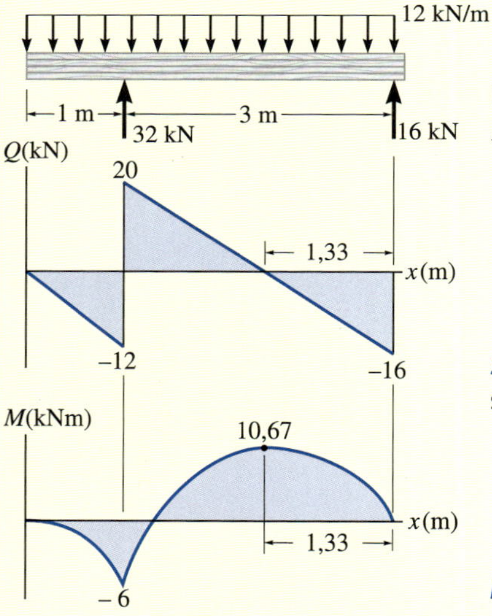

(b)

Abbildung 13.21

Unter der Annahme, dass die Breite mit a gegeben ist, ergibt sich für die Höhe $h = 1{,}5a$, Abbildung 13.21a.

$$W_{erf} = \frac{I}{c_{max}} = \frac{a(1{,}5a)^3/12}{0{,}75a} = 0{,}00119\,\text{m}^3$$

$$a^3 = 0{,}00316\,\text{m}^3$$

$$a = 0{,}147\,\text{m}$$

Schubspannung Wir benutzen die Schubspannungsformel für rechteckige Querschnitte (als Spezialfall von $\tau_{max} = QS/(It)$) und erhalten

$$\tau_{max} = 1{,}5\frac{Q_{max}}{A} = 1{,}5\frac{Q_{max}}{a(1{,}5a)} = \frac{20\,\text{kN}(1{,}5)}{(0{,}147\,\text{m})(1{,}5)(0{,}147\,\text{m})}$$

$$= 0{,}929\,\text{MPa} > 0{,}6\,\text{MPa}$$

NACHRECHNUNG Da das Kriterium für den Schub hier nicht erfüllt ist, muss der Träger auf der Basis der Schubspannung neu dimensioniert werden:

$$\tau_{zul} = \frac{3}{2}\frac{Q_{max}}{A}$$

$$600\,\text{kN/m}^2 = \frac{3}{2}\frac{Q_{max}}{a(1{,}5a)} = \frac{20\,\text{kN}}{a^2}$$

$$a = 0{,}183\,\text{m} = 183\,\text{mm}$$

Dieser nun größere Querschnitt ist auch in der Lage, die hier auftretende Normalspannung aufzunehmen.

*13.4 Träger gleicher Festigkeit

Im vorigen Abschnitt haben wir eine Methode zu Bestimmung der Querschnittsabmessungen eines *prismatischen Trägers* entwickelt, so dass er über seine Spannweite das Maximalmoment M_{max} aufnehmen kann. Da sich das Biegemoment im Träger über seine Länge generell *verändert*, ist die Wahl eines prismatischen Trägers normalerweise ungeeignet, denn er ist an den Punkten, für die $M < M_{max}$ gilt, bezüglich der auftretenden Biegespannung nicht voll beansprucht. Aus Gründen der Gewichtsreduzierung wählen Konstrukteure für eine bessere Dimensionierung dann häufig einen Träger mit einem *variablen* Querschnittsprofil derart, dass die Biegespannung ihren maximal zulässigen Wert an jedem Querschnitt des Trägers erreicht. Träger mit variabler Querschnittsfläche werden *nichtprismatische Träger* genannt. Sie werden im Maschinenbau häufig eingesetzt, denn sie können beispielsweise über das so genannte Metallgussverfahren ohne große Schwierigkeiten hergestellt werden. In Abbildung 13.22a sind zwei Beispiele dargestellt. Im Tragwerkbau können solche Träger an ihren Enden verdickt sein, wie in Abbildung 13.22b zu sehen. Sie können auch zusammengesetzt oder aus Flachprofilen vorgefertigt sein. Ein Beispiel stellt der Tragbalken in Abbildung 13.22c dar, der aus einem warm gewalzten prismatischen Träger besteht und an dem im Bereich des maximalen Moments Stützplatten angeschweißt sind.

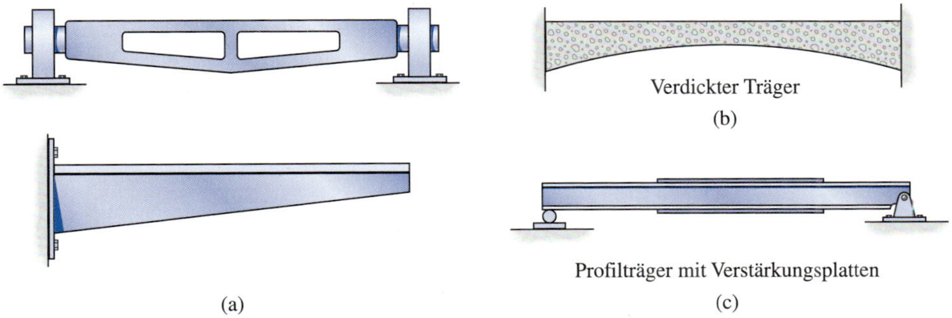

Abbildung 13.22

Die Durchführung einer Spannungsberechnung an einem nichtprismatischen Träger ist im Allgemeinen schwierig und soll daher hier nicht betrachtet werden. Sehr oft werden solche Bauformen über experimentelle Methoden untersucht oder man wendet Berechnungsformeln der Elastizitätstheorie an. Die Ergebnisse solcher Untersuchungen weisen allerdings darauf hin, dass die Annahmen, die in der Ableitung der Biegespannungsformel getroffen wurden, für die Vorhersage von Biegespannungen in nichtprismatischen Trägern hinreichend genau sind, wenn die Verjüngung des Balkenquerschnitts schwach ist. Andererseits kann die Schubspannungsformel für die Dimensionierung eines nichtprismatischen Trägers nicht angewendet werden, denn die damit erzielten Resultate sind sehr ungenau.

Die Blattfeder, die diesen Eisenbahnwaggon abstützt, stellt einen nichtprismatischen Träger dar.

Obwohl beim Gebrauch der Biegespannungsformel für die Auslegung nichtprismatischer Träger zur Vorsicht zu raten ist, zeigen wir hier prinzipiell, wie diese Formel als Hilfsmittel zur Abschätzung der erforderlichen Trägerform angewendet werden kann. In dieser Hinsicht kann die *Größe* des Querschnitts eines nichtprismatischen Trägers, der eine vorgegebene Belastung aufnehmen soll, mit Hilfe der Biegespannungsformel in folgender Schreibweise bestimmt werden:

$$W = \frac{M}{\sigma_{zul}}$$

Wenn wir das Schnittmoment M in Abhängigkeit seiner Position x über der Trägerlänge formulieren, dann sind auch das Widerstandsmoment W und andere Querschnittsabmessungen von x abhängig, denn σ_{zul} ist eine bekannte Konstante. Ein auf diese Weise dimensionierter Träger wird ***Träger gleicher Festigkeit*** genannt. Obwohl bei der Abschätzung der endgültigen Form nur die Biegespannungen berücksichtigt werden, sollte auch sorgsam darauf geachtet werden, dass der Träger eine ausreichend hohe Schubfestigkeit hat, besonders an den Stellen, wo Einzelkräfte angreifen. Demzufolge kann die ideale Trägerbauform nicht nur aus der Biegespannungsformel allein ermittelt werden.

Beispiel 13.7

Bestimmen Sie die Bauform eines einfach gelagerten Trägers gleicher Festigkeit, der in der Mitte die Einzelkraft P aufnimmt, Abbildung 13.23a. Der Träger hat einen rechteckigen Querschnitt mit der konstanten Breite b und seine zulässige Biegespannung ist mit σ_{zul} gegeben.

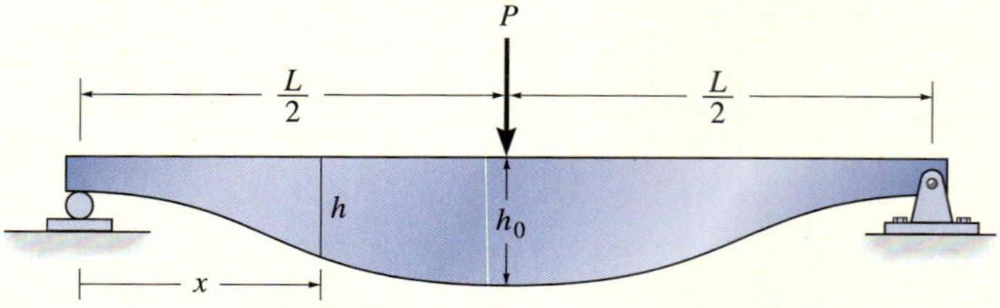

(a)

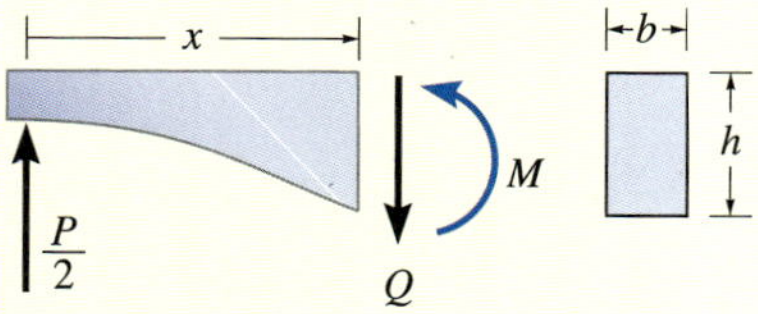

(b)

Abbildung 13.23

Lösung

Das Schnittmoment des Trägers, Abbildung 13.23b, wird als Funktion seiner Position x im Bereich $0 \le x < L/2$ formuliert:

$$M = \frac{P}{2}x$$

Damit ergibt sich das erforderliche Widerstandsmoment

$$W = \frac{M}{\sigma_{zul}} = \frac{P}{2\sigma_{zul}}x$$

Weil $W = I/c_{max}$ ist, erhalten wir dann für die gegebenen Querschnittsabmessung h und b

$$\frac{I}{c_{max}} = \frac{\frac{1}{12}bh^3}{\frac{h}{2}} = \frac{P}{2\sigma_{zul}}x$$

$$h^2 = \frac{3P}{\sigma_{zul}b}x$$

Wenn $h = h_0$ bei $x = L/2$ gilt, dann ist

$$h_0^2 = \frac{3P}{2\sigma_{zul}b}L$$

so dass

$$h^2 = \left(\frac{2h_0^2}{L}\right)x\text{, d.h. } h = h_0\sqrt{\frac{2x}{L}}$$

folgt. Die Überprüfung zeigt, dass die Höhe h deshalb proportional zur Wurzel des Abstandes x sein muss. In der Praxis ist diese Bauform die Grundlage für die Gestaltung von Blattfedern, die bei den Hinterachsen der meisten Schwerlast-LKWs eingesetzt werden. Obwohl das Ergebnis darauf hindeutet, dass $h = 0$ bei $x = 0$ gewählt werden kann, hat man zu beachten, dass der Träger an den Lagern notwendigerweise Schubspannungen aufnehmen muss. In der Praxis muss deshalb $h > 0$ an den Lagern realisiert werden, Abbildung 13.23a.

Beispiel 13.8

Der einseitig eingespannte Balken in Abbildung 13.24a hat eine trapezförmige Form mit der Höhe h_0 bei A sowie der Höhe $3h_0$ bei B. Bestimmen Sie die absolut größte Normalspannung in dem Träger, wenn er an seinem Kragende die Last P aufnimmt. Der Träger hat einen rechteckigen Querschnitt mit der konstanten Breite b.

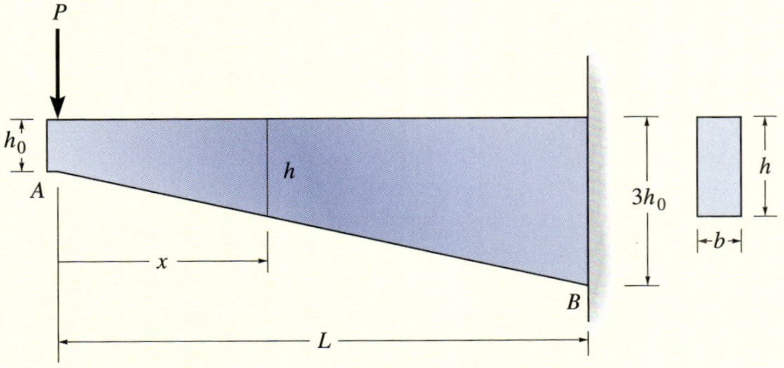

(a)

Abbildung 13.24

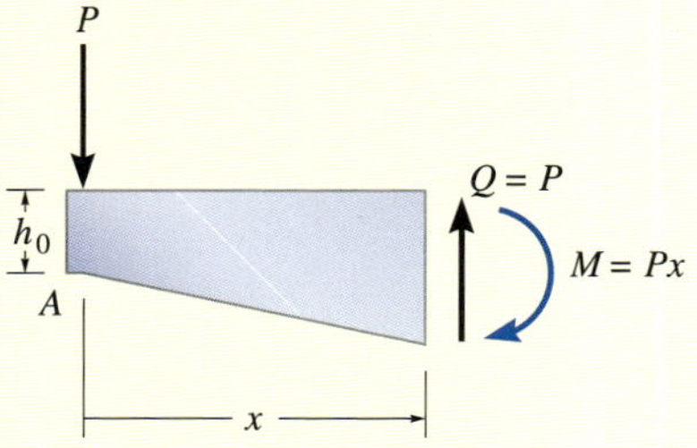

Abbildung 13.24

Lösung

An jeder Stelle entlang des Trägers tritt die maximale Normalspannung an der Ober- und Unterseite des Querschnitts auf. Die absolut größte Normalspannung liegt aber *nicht* notwendigerweise an der Wand bei B vor, wo das Moment sein Maximum hat, denn $\sigma_{max} = M/W$ und das Widerstandsmoment W erhöht sich mit zunehmendem x. Mit Hilfe der Biegespannungsformel können wir die maximale Normalspannung an einem beliebigen Schnitt hinsichtlich der Längskoordinate x ausdrücken, Abbildung 13.24b. Das Schnittmoment hat die Größe $M = Px$. Da die Steigung an der Trägerunterseite $2h_0/L$ beträgt, Abbildung 13.24a, ist die Balkenhöhe bei x damit

$$h = \frac{2h_0}{L}x + h_0 = \frac{h_0}{L}(2x + L)$$

Wir verwenden die Biegespannungsformel und erhalten

$$\sigma = \frac{Mc_{max}}{I} = \frac{Px(h/2)}{\left(\frac{1}{12}bh^3\right)} = \frac{6PL^2x}{bh_0^2(2x+L)^2} \qquad (1)$$

Zur Bestimmung derjenigen Stelle x, an der die tatsächlich größte Biegespannung auftritt, müssen wir die Ableitung von σ bezüglich x bilden und diese gleich null setzen. Die Rechnung führt auf

$$\frac{d\sigma}{dx} = \left(\frac{6PL^2}{bh_0^2}\right)\frac{1(2x+L)^2 - x(2)(2x+L)(2)}{(2x+L)^4} = 0$$

und damit ist

$$4x^2 + 4xL + L^2 - 8x^2 - 4xL = 0$$
$$L^2 - 4x^2 = 0$$
$$x = L/2$$

Wir setzen das Ergebnis in Gleichung (1) ein, vereinfachen den Ausdruck und erhalten so die insgesamt größte Normalspannung

$$\sigma_{insges\ max} = \frac{3}{4}\frac{PL}{bh_0^2}$$

Beachten Sie, dass sich die maximale Normalspannung an der Wand bei B zu

$$(\sigma_{\max})_B = \frac{Mc_{max}}{I} = \frac{PL(1{,}5h_0)}{\left[\frac{1}{12}b(3h_0)^3\right]} = \frac{2}{3}\frac{PL}{bh_0^2}$$

berechnet und damit 11,1% geringer als $\sigma_{insges\ max}$.

Es sollte einem bewusst sein, dass die Biegespannungsformel auf der Grundlage hergeleitet wurde, dass der Träger *prismatisch* ist. Da dies nun hier nicht der Fall ist, sollte man in dieser und der Berechnung von Beispiel 13.7 gewisse Fehler erwarten. Eine exaktere mathematische Berechnung mit Hilfe der Elastizitätstheorie offenbart, dass die Anwendung der Biegespannungsformel nur einen geringen Fehler für die Normalspannung ergibt, wenn die Verjüngung des Trägers gering ist. Hat der entsprechende Neigungswinkel z.B. die Größe von $15°$, dann ergibt sich mit dem hier benutzten Verfahren eine um 5% höher berechnete Spannung gegenüber der exakteren Methode. Es sollte auch erwähnt werden, dass die Berechnung von $(\sigma_{max})_B$ nur zur Illustration diente. Gemäß dem Prinzip von Saint-Venant ist die tatsächliche Spannungsverteilung am Lager (Wand) lokal stark verändert.

13.5 Dimensionierung von Wellen

Wellen mit Kreisquerschnitt werden häufig in vielfältigen Varianten von mechanischen Ausrüstungen oder im Maschinenbau eingesetzt. Sie sind häufig einer zyklischen oder anderer zu Ermüdung führenden Belastung durch zu übertragende und aufzunehmende kombinierte Biege- und Torsionsmomente ausgesetzt. Zusätzlich zu diesen Belastungen können noch Spannungskonzentrationen an der Welle aufgrund von Passstiften, Kupplungen und plötzlichen Querschnittsänderungen (siehe Abschnitt 6.8) auftreten. Für eine korrekte Wellendimensionierung ist es deshalb notwendig, alle diese Effekte angemessen zu berücksichtigen.

In diesem Abschnitt diskutieren wir einige wichtige Aspekte zur Dimensionierung von Wellen, die der Kraftübertragung dienen sollen. Diese Wellen sind oft Belastungen ausgesetzt, deren Angriffsstellen Umlenkrollen oder Zahnräder sind, die wiederum auf der Welle angebracht sind, siehe z.B. die Welle in Abbildung 13.25a. Da ein Lastangriff an der Welle unter verschiedenen Winkeln möglich ist, können die inneren Biege- und Torsionsmomente an jedem beliebigen Querschnitt in der Weise bestimmt werden, dass man zunächst die äußeren Lasten und die Lagerreaktionen betrachtet und diese dann in Komponenten zerlegt, die ihre Wirkrichtung in zwei senkrecht zueinander stehenden Ebenen haben, Abbildung 13.25b. Danach können die Biegemomentverläufe für die *in jeder Ebene* auftretenden Belastungen gezeichnet werden. Das resultierende, innere Schnittmoment wird dann für jede Querschnittsstelle gemäß $M = \sqrt{M_x^2 + M_z^2}$, Abbildung 13.25c, bestimmt. Zusätzlich zu den Biegemomenten sind die Wellensegmente noch unterschiedlich großen inneren Torsionsmomenten durch die wirkenden Drehmomente ausgesetzt, Abbildung 13.25b. Hier sehen wir, dass das an einem Zahnrad auftretende Drehmoment das Moment am anderen Zahnrad aus Gleichgewichtsgründen kompensieren muss. Dazwischen wird sich ein konstanter Verlauf für das Torsionsmoment ergeben, der gegebenenfalls über eine Torsionsmomentenlinie veranschaulicht werden kann, Abbildung 13.25d.

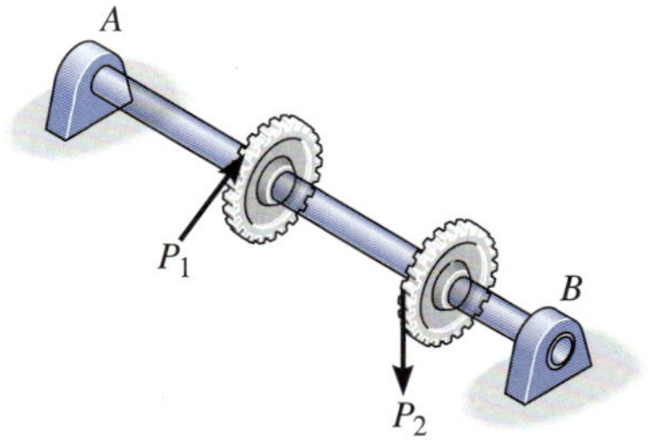

(a)

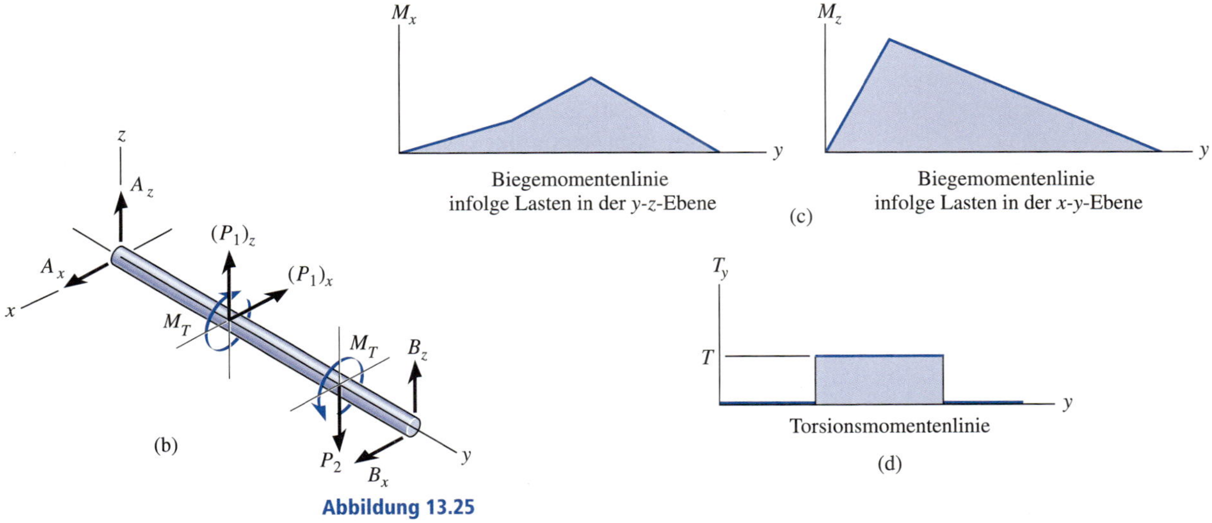

Abbildung 13.25

Sind die Verläufe für die Biege- und die Torsionsmomente bekannt, können daran anschließend etwaige kritische Wellenbereiche untersucht werden, in denen die *Kombination* des resultierenden Biegemoments M und des Torsionsmoments T zu einem ungünstigen Spannungszustand führen kann. Dabei ist es von Vorteil, dass das Flächenträgheitsmoment der Welle um jede diametrale Achse gleich groß ist, und weil damit jede Achse *eine Trägheitshauptachse* des Querschnittes darstellt, können wir zur Ermittlung der maximalen Biegespannung die Biegespannungsformel mit dem *resultierenden inneren Biegemoment* anwenden. Wie in Abbildung 13.25e zu erkennen, tritt diese Spannung an den beiden Punkten C und D mit den zugehörigen Volumenelementen auf, die sich jeweils an der äußeren Mantelfläche der Welle befinden. Wenn an diesem Schnitt auch ein Torsionsmoment T aufgenommen wird, dann kommt an diesen Elementen auch die maximale Schubspannung vor, Abbildung 13.25f. Überdies ruft die resultierende Querkraft eine Schubspannung in der Welle hervor, die sich entsprechend $\tau = QS/(It)$ berechnet, allerdings trägt diese Spannung im Vergleich zur Biege- und zur Torsionsspannung allgemein in einem wesentlich geringeren Maße zur Spannungsverteilung am Querschnitt bei. In einigen Fällen muss dieser Anteil untersucht werden, aber aus Vereinfachungsgründen werden wir hier diesen Effekt in der nachfolgenden Rechnung vernachlässigen. Generell ist das kritische Volumenelement D (oder C) an der Welle dann einem *ebenen Spannungszustand* ausgesetzt, wie ihn Abbildung 13.25g verdeutlicht, wobei

$$\sigma = \frac{Mr}{I} \quad \text{und} \quad \tau = \frac{Tr}{I_p}$$

gilt. Wenn für das Material die zulässigen Normal- und Schubspannungen bekannt sind, dann lässt sich die Wellendimensionierung aus der Anwendung dieser Gleichungen in Verbindung mit der Wahl einer geeigneten Versagenshypothese durchführen. Ist das Material zum Beispiel als duktil bekannt, dann kann die Schubspannungshypothese angemessen sein. Entsprechend den Darlegungen in Abschnitt 13.1 muss bei dieser Hypothese die zulässige Schubspannung, die aus den Ergebnissen eines einfachen Zugversuchs ermittelt wird, gleich der maximalen Schubspannung im Volumenelement der Welle sein. Bei Anwendung der Spannungstransformationsgleichung, Gleichung (10.7), auf den Spannungszustand in Abbildung 13.25g erhalten wir aufgrund der Tatsache, dass in diesem Fall die Hauptspannungen des ebenen Spannungszustandes verschiedene Vorzeichen haben, die Beziehung

$$\tau_{zul} = \sqrt{\left(\frac{\sigma}{2}\right)^2 + \tau^2} = \sqrt{\left(\frac{Mr}{2I}\right)^2 + \left(\frac{Tr}{I_p}\right)^2}$$

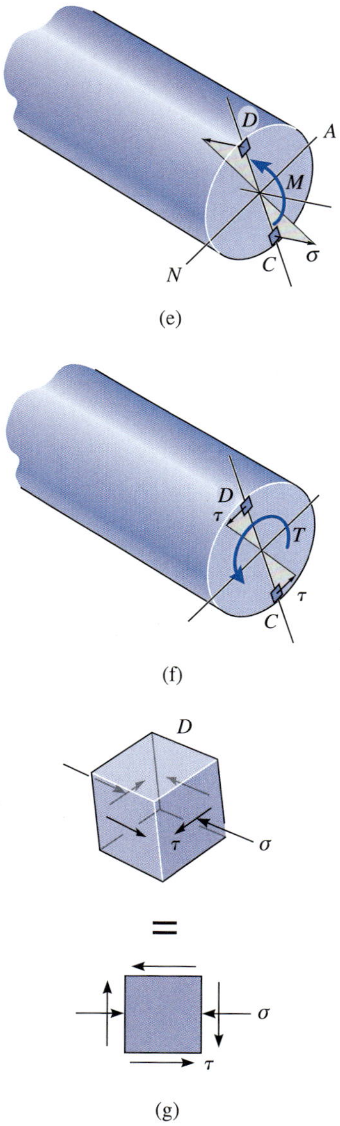

Abbildung 13.25

Da $I = \pi r^4/4$ und $I_p = \pi r^4/2$ gilt, erhält die Gleichung die Form

$$\tau_{zul} = \frac{2}{\pi r^3}\sqrt{M^2 + T^2}$$

Wir stellen diese Gleichung so um, dass der Radius bestimmt werden kann:

$$r = \left(\frac{2}{\pi \tau_{zul}} \sqrt{M^2 + T^2} \right)^{1/3} \qquad (13.8)$$

Die Anwendung jeder anderen Festigkeitshypothese führt natürlich zu einer anderen Formel für die Berechnung von *r*. In allen Fällen ist es jedoch notwendig, die Formel an verschiedenen „kritischen“ Querschnitten über der Wellenlänge anzuwenden, um die spezielle Kombination von *M* und *T* zu bestimmen, die den größten Radius für die Welle liefert.

Das folgende Beispiel illustriert diesen Lösungsweg.

Beispiel 13.9

Die Welle in Abbildung 13.26a wird durch zwei Gleitlager *A* und *B* gestützt. Infolge der Leistungsübertragung durch die Welle wirken die dargestellten Riemenkräfte über die Rollen auf die Welle ein. Bestimmen Sie auf der Grundlage der Schubspannungshypothese den kleinsten Wellendurchmesser.

$P_1 = 300$ N, $P_2 = 200$ N, $P_3 = 400$ N, $P_4 = 550$ N, $L_1 = 0{,}150$ m, $L_2 = 0{,}250$ m, $r_C = 0{,}050$ m, $r_D = 0{,}075$ m, $\tau_{zul} = 50$ MPa

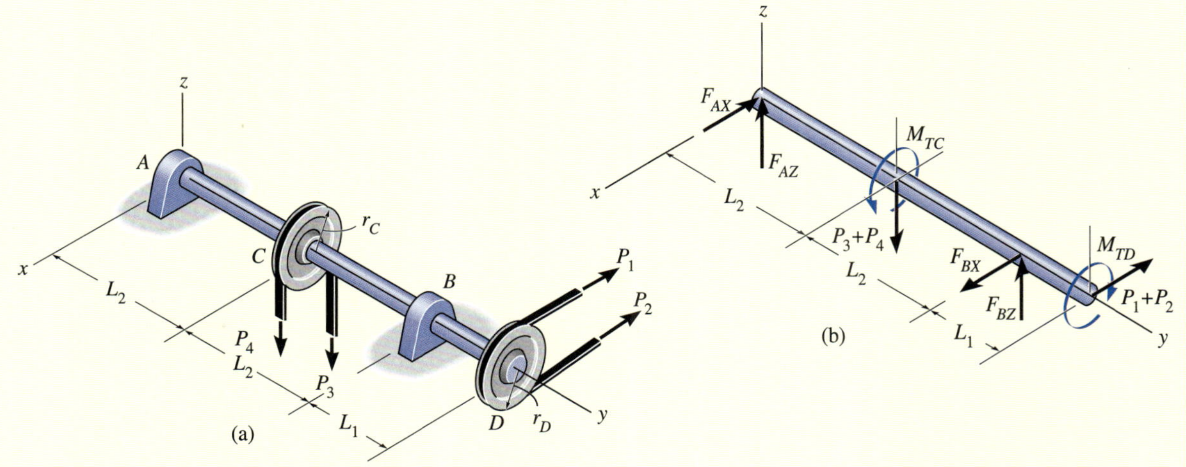

Abbildung 13.26

Lösung

Die Lagerreaktionen wurden berechnet; sie sind zusammen mit den resultierenden Riemenkräften und den einwirkenden Drehmomenten im Freikörperbild der Welle in Abbildung 13.26b angegeben.

$F_{Ax} = 150$ N, $F_{Az} = 475$ N, $F_{Bx} = 650$ N, $F_{Bz} = 475$ N, $M_{TC} = 7{,}5$ Nm, $M_{TD} = 7{,}5$ Nm

In Abbildung 13.26c bzw. Abbildung 13.26d sind die Biegemomentverläufe für M_x und M_z dargestellt. Den Torsionsmomentverlauf T zeigt Abbildung 13.26e. Die Überprüfung ergibt, dass kritische Punkte im Hinblick auf das Biegemoment bei B oder C auftreten. Zudem ist unmittelbar rechts von C oder B das Torsionsmoment maximal. Bei C ergibt sich das resultierende Biegemoment zu

$$M_C = \sqrt{M_x^2 + M_y^2} = \sqrt{(F_{Ax}L_2)^2 + (F_{Az}L_2)^2} = \sqrt{(118{,}75\text{Nm})^2 + (37{,}5\text{Nm})^2}$$
$$= 124{,}5\text{Nm}$$

während es bei B kleiner ist, nämlich

$$M_B = \sqrt{M_x^2 + M_y^2} = \sqrt{\left[F_{Az}(2L_2) - (P_3 + P_4)L_2\right]^2 + \left[F_{Ax}(2L_2)\right]^2}$$
$$= \sqrt{0 + (75\text{Nm})^2} = 75\ \text{Nm}$$

Da die Dimensionierung auf der Schubspannungshypothese beruht, findet Gleichung (13.8) Anwendung.

Die Quadratwurzel $\sqrt{M^2 + T^2}$ wird am Querschnitt gerade rechts von C am größten. Das ergibt

$$r = \left(\frac{2}{\pi\tau_{zul}}\sqrt{M_C^{\,2} + T_C^2}\right)^{1/3} = \left(\frac{2}{\pi 50(10^6)\text{N/m}^2}\sqrt{(124{,}5\text{Nm})^2 + (7{,}5\text{Nm})^2}\right)^{1/3}$$
$$= 0{,}0117\text{m}$$

Damit ist der kleinste zulässige Durchmesser $d = 2(0{,}0117\ \text{m}) = 23{,}3\ \text{mm}$

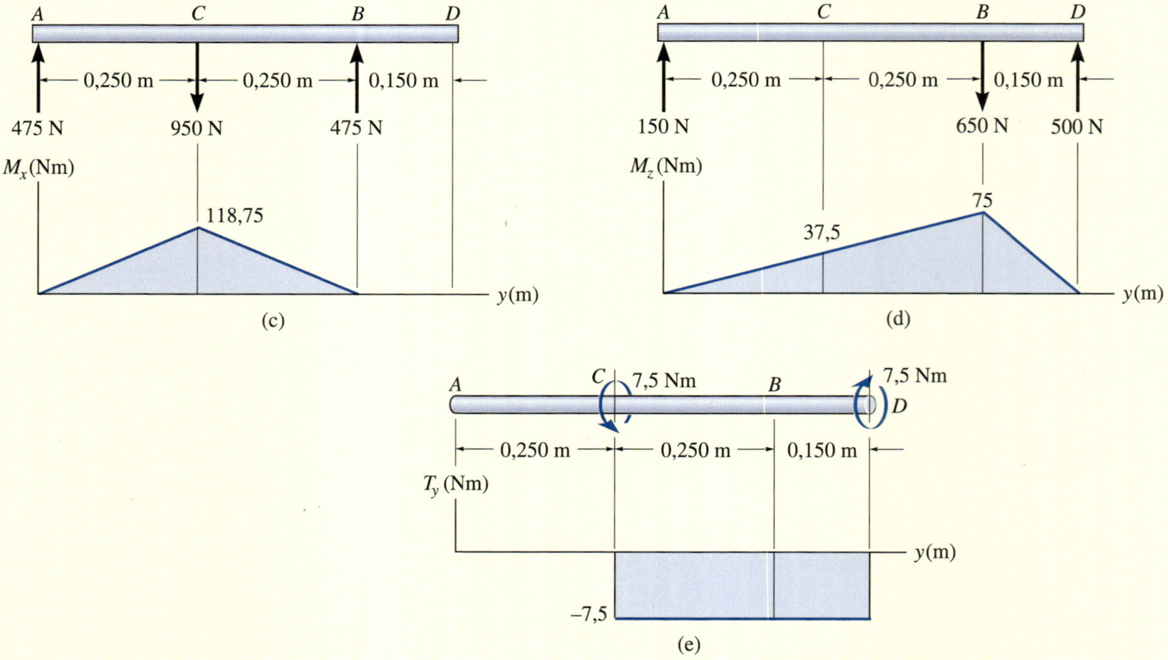

Abbildung 13.26

ZUSAMMENFASSUNG

Sind die Hauptspannungen an einem kritischen Punkt im Material eines Bauteils bekannt, können Versagenstheorien als Basis für die Dimensionierung von Bauteilen entwickelt werden.

Zähe Werkstoffe versagen durch Fließen infolge Schub. Hier lässt sich der Ausfall mithilfe der Schubspannungshypothese oder der Gestaltänderungshypothese vorhersagen. Beide Theorien vergleichen mit der Fließspannung eines Probestabes, die in einem einachsigen Zugversuch ermittelt wird.

Spröde Werkstoffe versagen durch Bruch infolge Zug. Hier lässt sich der Ausfall mithilfe der Normalspannungshypothese oder der Mohrschen Versagenshypothese vorhersagen. Diese Theorien basieren auf Vergleichen mit der Zugfestigkeit, die in einem einachsigen Zugversuch ermittelt wird.

siehe Abschnitt 13.1

Ein Balken versagt, wenn die innere Querkraft oder das innere Biegemoment im Balken ein Maximum erreicht. Um diesen Beanspruchungen zu widerstehen, ist es demzufolge wichtig, dass die zugehörige maximale Schubspannung oder Normalspannung nicht die zulässigen Werte überschreiten, wie sie in Tabellen angegeben sind. Normalerweise wird der Querschnitt eines Balkens zunächst daraufhin dimensioniert, dass er der zulässigen Biegespannung widersteht:

$$\sigma_{zul} = \left(\frac{M_C}{I}\right)_{\max}$$

siehe Abschnitt 13.3

Zur konkreten Dimensionierung wird das erforderliche Widerstandsmoment W_{erf} (mit $W = I/c$) gemäß

$$W_{erf} = \frac{M_{\max}}{\sigma_{zul}}$$

ermittelt und ein entsprechendes Querschnittsprofil gewählt. Anschließend wird mit der Schubspannungsformel, hier

$$\tau_{zul} = \frac{QS}{It}$$

siehe Abschnitt 13.3

die zulässige Schubspannung überprüft.

Eine mechanische Welle wird im Allgemeinen so dimensioniert, dass sie sowohl den auftretenden Schubspannungen infolge Torsion als auch den Normalspannungen infolge Biegung standhält. Aus den Biege- und Torsionsmomentverläufen wird der kritische Querschnitt ermittelt, in dem der ungünstigste Spannungszustand auftritt, der in der Regel als ebener Spannungszustand angesehen werden kann. Nachdem die maximalen Normal- und Schubspannungen bestimmt sind, wird je nach der Art des Materials eine passende Versagenstheorie ausgewählt, um die zulässige Spannung mit den Anforderungen zu vergleichen.

siehe Abschnitt 13.5

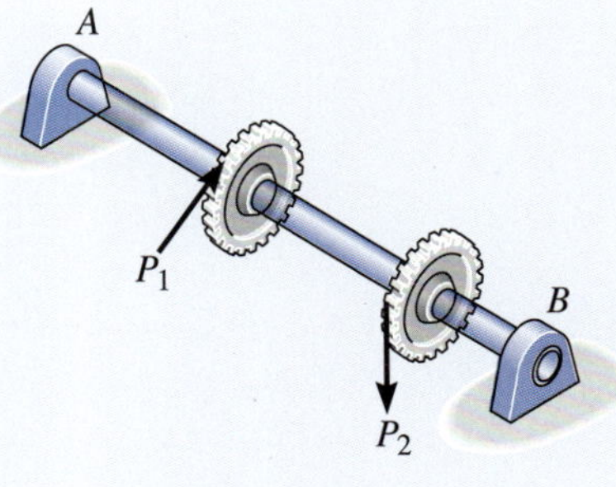

Knicken von Druckstäben

14

ÜBERBLICK

Die Stützen des Wassertanks sind auf halber Höhe versteifend abgespannt, um ihre Knickgefahr zu reduzieren.

Lernziele

In diesem Kapitel diskutieren wir das charakteristische Verhalten von Druckstäben. Das Kapitel beginnt mit einer allgemeinen Erörterung des Knickverhaltens, gefolgt von der Bestimmung der kritischen axialen Belastung, die zum Knicken eines so genannten idealen Stabes führt. Abschließend besprechen wir seine Dimensionierung.

14.1 Kritische Belastung

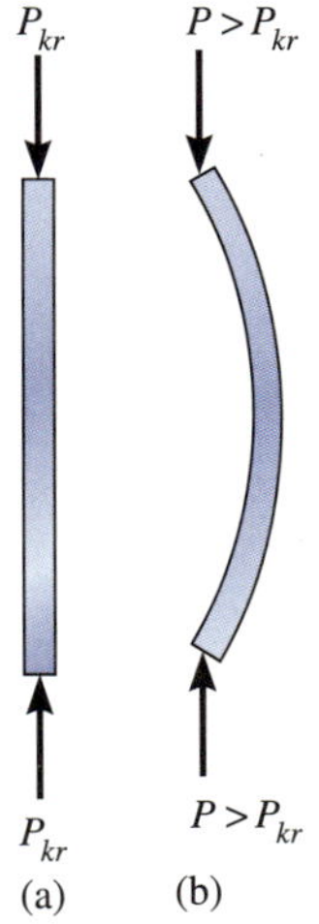

Abbildung 14.1

Bei jeder Dimensionierung eines Bauteils ist es erforderlich, dass sie spezielle Anforderungen hinsichtlich Festigkeit, Durchbiegung und Stabilität erfüllen. In den vorangegangenen Kapiteln haben wir einige Methoden zur Ermittlung der Festigkeit und der Durchbiegung eines Bauteils diskutiert, wobei wir von der Annahme ausgingen, dass das Bauteil immer im stabilen Gleichgewichtszustand ist. Stabförmige Bauteile, die eine entsprechende Länge und eine schlanke Gestalt haben, können allerdings Druckbeanspruchungen ausgesetzt sein, die ein seitliches Ausweichen mit eventuell unzulässig großen Durchbiegungen hervorrufen. Dieses ***Knicken*** von ***Stäben*** unter axialen Druckkräften kann zu einem plötzlichen und dramatischen Ausfall eines Tragwerks oder eines mechanischen Systems führen. Demzufolge muss der Dimensionierung von Druckstäben besondere Beachtung geschenkt werden, damit sie die beabsichtigte Belastung ohne Knicken sicher aufnehmen können.

Die Maximalbelastung, die ein Stab aufnehmen kann, bevor er knickt, wird ***kritische Last*** P_{kr} genannt, Abbildung 14.1a. Jede kleinste zusätzliche Belastung ruft dann das Knicken des Stabes hervor, der sich dann, wie in Abbildung 14.1b ersichtlich, seitlich ausbiegt. Zum besseren Verständnis des Charakters dieser so genannten Instabilität betrachten wir ein System, das aus zwei gewichtslosen, starren Stäben besteht, die an ihren Enden über ein Gelenk verbunden sind, Abbildung 14.2a. Wenn die Stäbe sich in der vertikalen Lage befinden, soll die Feder mit der Federkonstanten c spannungslos sein. Greift dann eine *kleine* Vertikalkraft P am oberen Ende der Stäbe an, wird das System in dieser Lage bleiben. Wir können den Gleichgewichtszustand stören, indem wir das Gelenk bei A um einen kleinen Betrag Δ verschieben, Abbildung 14.2b. Wie das Freikörperbild des Gelenkes zeigt, wirkt in der Feder infolge der Stabverschiebung eine Haltekraft $F = c\Delta$, Abbildung 14.2c, während sich durch die angreifende Druckkraft P zwei horizontale Anteile $P_x = P \tan\theta$ ausbilden, die bestrebt sind, das Gelenk (und die Stäbe) weiter aus dem Gleichgewichtszustand zu drängen. Da θ klein ist, ergibt sich $\Delta = \theta(L/2)$ und $\tan\theta \approx \theta$. Damit wird die *Haltekraft* der Feder $F = c\theta L/2$ und die *horizontale Wirkung der Druckkraft* ist $2P_x = 2P\theta$.

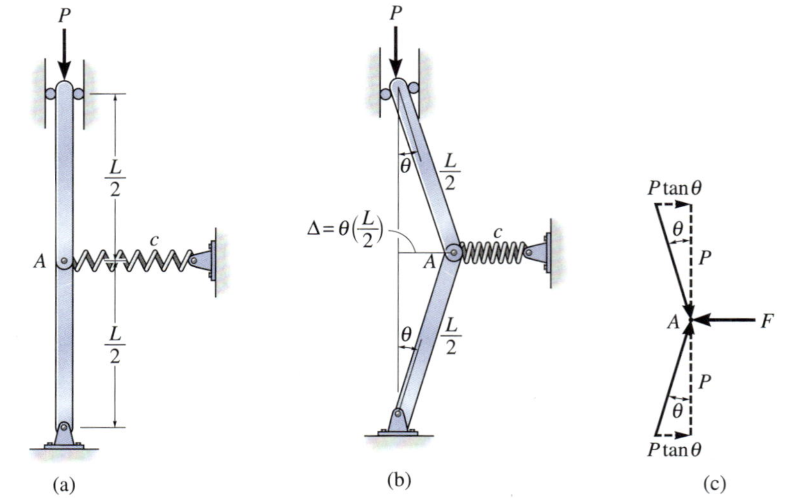

Abbildung 14.2

Ist die Haltekraft größer als der horizontale Druckkraftanteil, d.h. $c\theta L/2 > 2P\theta$, dann können wir nach P unter Berücksichtigung, dass θ durch Kürzen eliminiert wird, umstellen und erhalten

$$P < \frac{cL}{4} \qquad \text{stabile Gleichgewichtslage}$$

Dies ist eine Bedingung für die *stabile Gleichgewichtslage*, denn die durch die Feder hervorgerufene Kraft ist groß genug, die Stäbe zurück in ihre senkrechte Position zu bringen. Wenn andererseits $cL\theta/2 < 2P\theta$ gilt, d.h.

$$P > \frac{cL}{4} \qquad \text{instabile Gleichgewichtslage}$$

ist, dann befindet sich das mechanische System in einer *instabilen Gleichgewichtslage*. Anders formuliert, wenn die Last P angreift und es erfolgt bei A eine kleine Verschiebung, dann hat das mechanische System das Bestreben, den Gleichgewichtszustand zu verlassen und nicht wieder in die Ausgangsposition zurückzukehren. Der Grenzwert von P, definiert durch die Bedingung $cL\theta/2 = 2P\theta$, ist die *kritische Last*. Hierbei ist

$$P_{kr} = \frac{cL}{4} \qquad \text{Grenzgleichgewichtslage}$$

Diese Belastung stellt den Fall dar, dass sich das mechanische System in einem *indifferenten Gleichgewicht* befindet. Weil P_{kr} von der (kleinen) Abweichung θ der Stäbe *unabhängig* ist, löst eine kleine Störung des Systems in diesem Grenzfall kein Verlassen der noch stabilen Gleichgewichtslage aus, das System kehrt aber auch nicht in seine Ausgangslage zurück.

Die drei Gleichgewichtslagen sind in Abbildung 14.3 grafisch dargestellt. Der Übergangspunkt, an dem die Last gleich der kritischen Last ist, $P = P_{kr}$, wird *Verzweigungspunkt* bzw. *Bifurkationspunkt* genannt. An diesem Punkt befindet sich das mechanische System für jeden hinreichend *kleinen Wert* von θ im Gleichgewichtszustand, wobei eine Auslenkung entweder nach links oder nach rechts – von der Vertikalen aus gemessen – erfolgen kann. Physikalisch repräsentiert P_{kr} die Belastung, die vorliegt, wenn sich das System unmittelbar vor dem Knicken befindet. Dieser Wert kann durch die Annahme *kleiner Verschiebungen* bestimmt werden, wie hier geschehen. Es sollte aber klar sein, dass P_{kr} nicht den größten Wert von P darstellt, den das mechanische System aufnehmen kann. Wenn tatsächlich eine noch größere Belastung als P_{kr} auf die Stäbe einwirkt, dann biegt sich das ausgelenkte System weiter durch und zwar so lange, bis die Feder stark genug zusammengedrückt oder gedehnt ist, um das System wieder im Gleichgewicht zu halten.

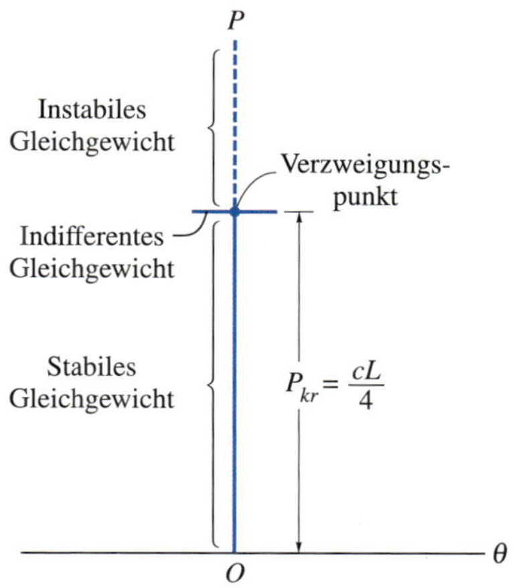

Abbildung 14.3

Wie für das gerade diskutierte Zweischlag-System kann man die kritische Last auch für elastische Stäbe ermitteln, die unterschiedlich gelagert sind. Das Verfahren dazu wird im nächsten Abschnitt vorgestellt. Obwohl man die kritische Last bei der ingenieurtechnischen Auslegung als die größte Last betrachten kann, die ein Stab aushält, beachten Sie bitte, dass ein Stab – analog zu dem Zweischlag-System in der gebogenen, d.h. ausgeknickten Lage – tatsächlich eine noch größere Last als P_{kr} aufnehmen kann. Diese Belastung ruft jedoch eine *starke* Durchbiegung oder Auslenkung des Stabes hervor, die bei der Konstruktion von Tragwerken oder Maschinen nicht toleriert werden kann. Zum Beispiel genügt eine Kraft von wenigen Newton, um ein Knicken eines Meterstabes auszulösen, aber eine zusätzliche Belastung kann er nur dann aufnehmen, wenn er sich relativ stark verbiegt.

14.2 Gelenkig gelagerter Druckstab

In diesem Abschnitt bestimmen wir die kritische Knicklast für einen Stab, der gelenkig gelagert ist, Abbildung 14.4a. Während das untere Gelenk unverschiebbar ist, kann sich das obere Gelenk, an dem die vertikale Druckkraft P eingeleitet wird, vertikal reibungsfrei verschieben. Der Stab wird als ***idealer Stab*** angesehen, d.h. er ist vor der Belastung gerade, besteht aus einem homogenen Material und die Last greift am Schwerpunkt des Endquerschnittes an. Es wird weiterhin angenommen, dass sich das Material linear-elastisch verhält und dass sich der Stab in einer bestimmten Ebene durchbiegt, wenn er knickt. In der Realität werden die Bedingungen hinsichtlich Geradheit des Stabes und zentrischer Lasteinwirkung niemals erreicht werden; das für einen

Über Gelenke verbundene Bauteile zur Bewegung von Baugruppen im Maschinenbau, wie z.B. der dargestellte schlanke Arm, unterliegen Druckbeanspruchungen und werden deshalb als Stäbe behandelt.

„idealen Stab“ durchzuführende Berechnungsverfahren lässt sich aber ganz ähnlich auch bei der Berechnung für ursprünglich krumme Stäbe oder für Stäbe mit außermittigem Lastangriff einsetzen. Diese etwas realitätsnaheren Fälle werden am Ende dieses Abschnittes diskutiert.

Da ein idealer Stab gerade ist, könnte theoretisch die axiale Last P soweit erhöht werden, bis ein Versagen entweder infolge von Bruch oder Materialfließen eintritt. Wird aber die kritische Last P_{kr} erreicht, dann ist der Stab an der Schwelle zur Instabilität, so dass eine minimale seitliche Kraft F ausreicht, Abbildung 14.4b, den Stab in der gebogenen Position verharren zu lassen, selbst wenn die Kraft F wieder entfernt wird, Abbildung 14.4c. Jede geringfügige Erniedrigung der axialen Last P von P_{kr} ausgehend gibt dem Stab die Gelegenheit, sich wieder gerade auszurichten, während jede geringfügige Erhöhung von P über P_{kr} hinaus eine weitere Steigerung der seitlichen Durchbiegung verursacht.

Ob ein Stab in der vertikalen Ausgangslage stabil bleibt oder instabil wird, wenn er einer axialen Drucklast ausgesetzt ist, hängt davon ab, ob er nach Entfernen der Kraft F wieder in seine Ausgangslage zurückgeht und hängt deshalb von seiner Biegesteifigkeit ab. Damit wir die kritische Last und die Biegeverformung des Stabes bestimmen können, wenden wir die Differenzialgleichung der elastischen Linie, Gleichung (8.10), an, die das innere Schnittmoment mit der Biegeverformung in Beziehung setzt:

$$EI\frac{d^2v}{dx^2} = M \tag{14.1}$$

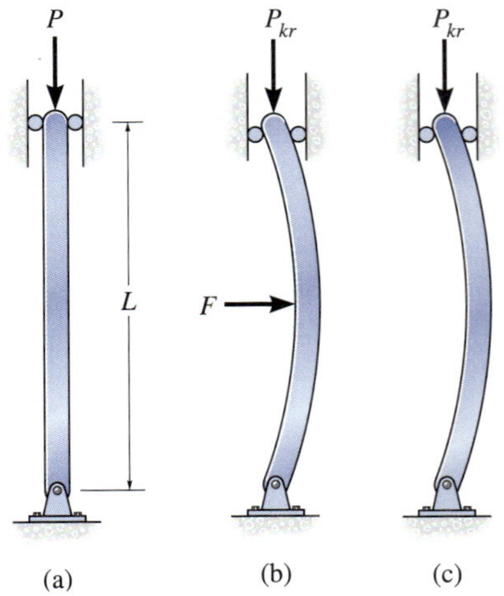

Abbildung 14.4

Es sei daran erinnert, dass dabei der Neigungswinkel der Biegelinie als klein[1] angenommen wird und dass Durchbiegungen nur infolge reiner Biegung auftreten. Normalerweise wird der Einfluss der Verformung bei der Angabe von M in Gleichung (14.1) vernachlässigt. Um das Knicken

1 Wenn größere Durchbiegungen betrachtet werden sollen, dann muss die Differenzialgleichung (8.4) zur Beschreibung von Elastica, d.h. $EI(d^2v/dx^2)/[1 + (dv/dx)^2]^{3/2} = M$, verwendet werden.

von Stäben zu behandeln, darf diese Vernachlässigung nicht mehr gemacht werden und die Betrachtungen sind am „verformten System" durchzuführen. Wenn sich demnach der Stab in einer durchgebogenen Position befindet, Abbildung 14.5a, kann das innere Biegemoment über die Schnittmethode unter Berücksichtigung der Stabverformung ermittelt werden. In Abbildung 14.5b ist das Freikörperbild des oberen Segmentes in der verformten Lage dargestellt. Hier sind die Durchbiegung v und das innere Moment M in *positiver Richtung* entsprechend der Vorzeichenvereinbarung zur Aufstellung von Gleichung (14.1) dargestellt. Aus einem Momentengleichgewicht ergibt sich das Schnittmoment mit $M = -Pv$. Damit erhält Gleichung (14.1) die Form

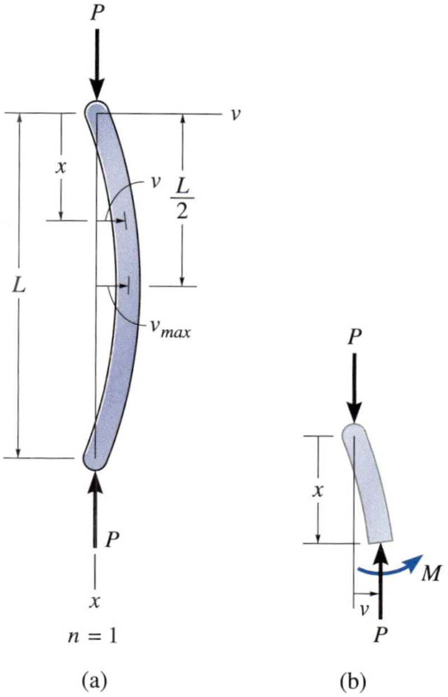

Abbildung 14.5

$$EI\frac{d^2v}{dx^2} = -Pv$$

d.h.

$$\frac{d^2v}{dx^2} + \left(\frac{P}{EI}\right)v = 0 \qquad (14.2)$$

Dies ist eine homogene, lineare Differenzialgleichung zweiter Ordnung mit konstanten Koeffizienten. Mit Hilfe geeigneter Lösungsmethoden für Differenzialgleichungen oder durch anschließendes Einsetzen in Gleichung (14.2) kann gezeigt werden, dass die allgemeine Lösung die Form

$$v = C_1 \sin\left(\sqrt{\frac{P}{EI}}x\right) + C_2 \cos\left(\sqrt{\frac{P}{EI}}x\right) \qquad (14.3)$$

hat. Die beiden Integrationskonstanten werden aus den Randbedingungen an den Stabenden ermittelt. Da $v = 0$ bei $x = 0$ gilt, ist damit $C_2 = 0$. Und weil $v = 0$ bei $x = L$ ist, wird dann

$$C_1 \sin\left(\sqrt{\frac{P}{EI}}L\right) = 0$$

Diese Gleichung ist erfüllt, wenn $C_1 = 0$ ist; dann ist aber auch $v = 0$, was eine triviale Lösung darstellt, d.h. der Stab bleibt immer gerade, selbst wenn die Belastung so hoch ist, dass der Stab eigentlich instabil wird. Die andere Möglichkeit ergibt sich mit

$$\sin\left(\sqrt{\frac{P}{EI}}L\right) = 0$$

wobei diese Bedingung erfüllt ist, wenn

$$\sqrt{\frac{P}{EI}}L = n\pi$$

oder

$$P = \frac{n^2\pi^2 EI}{L^2} \qquad n = 1, 2, 3 \ldots \qquad (14.4)$$

gilt.

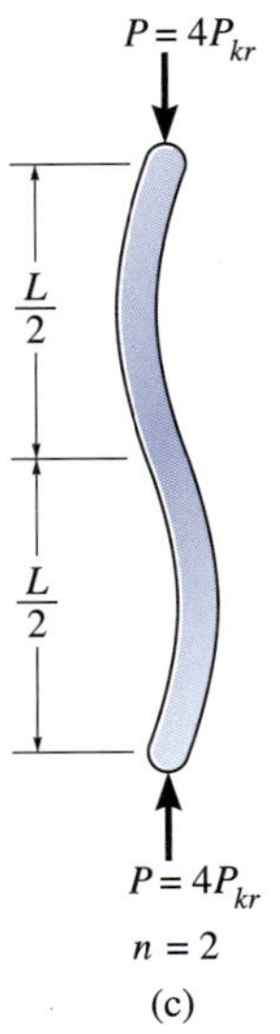

Abbildung 14.5

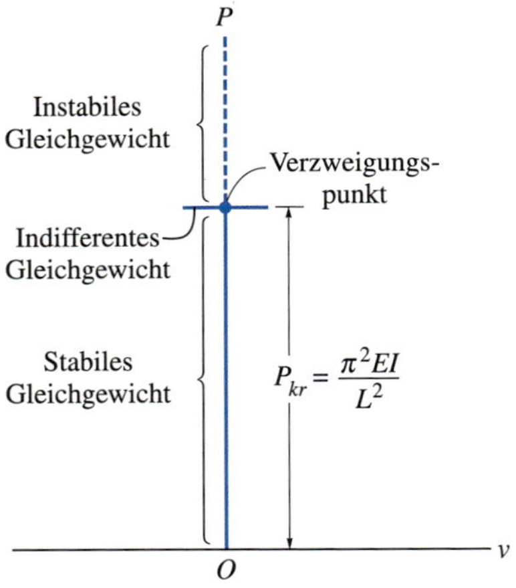

Abbildung 14.6

Den kleinsten Wert von P erhält man bei $n = 1$. Demzufolge ist die kritische Last für den Stab

$$P_{kr} = \frac{\pi^2 EI}{L^2}$$

Diese kritische Last beim vorliegenden Lastfall wird manchmal als *Euler'sche Knicklast* bezeichnet, nach dem Schweizer Mathematiker Leonhard Euler, der dieses Problem erstmals im Jahre 1757 löste. Die zugehörige Knickform, d.h. die Form, in der sich der Stab bei $P = P_{kr}$ ausbiegen wird, ist über

$$v = C_1 \sin \frac{\pi x}{L}$$

definiert. Wir erhalten sie, wenn die Integrationskonstanten $C_1 \neq 0$, $C_2 = 0$ und die kritische Last, Gleichung (14.4) für $n = 1$, in Gleichung (14.3) eingesetzt werden. Die Konstante C_1 stellt hier die maximale Durchbiegung v_{max} dar, die in der Mitte des Stabes auftritt, Abbildung 14.5a. Konkrete Werte für C_1 können nicht ermittelt werden, denn die Größe der Ausbiegung nach dem Knicken des Stabes bleibt unbestimmt. Es wurde jedoch angenommen, dass diese Durchbiegung gering ist.

Entsprechend ergeben sich Eigenformen für $n > 1$ zu

$$v_n = C_n \sin \frac{n\pi x}{L}$$

Beachten Sie, dass n in Gleichung (14.4) die Anzahl der Wellenbäuche im Verlauf der Biegeform des Stabes darstellt. Ist zum Beispiel $n = 2$, dann erscheinen entsprechend Gleichungen (14.3) und (14.4) im Biegeverlauf *zwei Wellenbäuche*, Abbildung 14.5c, und der Stab nimmt eine kritische Last auf, die beim Einsetzen des Knickens die Größe $4P_{kr}$ hätte. Da dieser Wert eine vierfach größere Last darstellt als P_{kr} (für $n = 1$), kann diese Biegeform in der Praxis nicht existieren.

Wie bei dem in Abschnitt 14.1 diskutierten Zweischlag-System kann man den Sachverhalt des Knickens eines idealen Stabes mit Hilfe der Grafik in Abbildung 14.6 veranschaulichen. Der Verzweigungspunkt stellt die *Grenzlage des Gleichgewichtes* dar, bei der gerade am Stab die *kritische Last* P_{kr} angreift. Der Stab befindet sich in dieser Lage an der Schwelle zum Versagen infolge Knickens.

Es sollte beachtet werden, dass die kritische Last von der Materialfestigkeit unabhängig ist, sie ist viel mehr nur von den Stababmessungen (I und L) und dem Elastizitätsmodul E abhängig. So weit elastisches Knicken in Betracht kommt, bieten aus diesem Grund Stäbe aus z. B. hochfestem Stahl gegenüber niedrigfestem Stahl keinen Vorteil, denn der Elastizitätsmodul ist für beide Stahlsorten praktisch gleich. Beachten Sie gleichfalls, dass sich die Lastaufnahmekapazität eines Stabes erhöht, wenn das axiale Flächenträgheitsmoment des Querschnitts größer wird. Demzufolge sind Stäbe optimal ausgelegt, wenn sich der größte Teil der Querschnittsfläche eines Stabes so weit wie möglich von den Trägheitshauptachsen des Querschnitts entfernt befindet. Darum sind Hohlquerschnitte wie z.B. Rohre ökonomischer als Vollquerschnitte. Des Weiteren sind Stäbe mit Breitflanschquerschnitten und

Stäbe, die aus U-Profilen, Winkeln, Flachprofilen etc. „zusammengesetzt“ sind, günstiger als entsprechende Varianten mit rechteckigem Vollquerschnitt, etc., mit gleicher Querschnittsfläche.

Genauso wichtig ist die Erkenntnis, dass ein Stab um die Hauptachse des Querschnitts mit dem ***kleineren der beiden Flächenträgheitsmomente*** (der „weichen“ Achse) knickt. Zum Beispiel wird ein Stab mit Rechteckquerschnitt, wie der Meterstab in Abbildung 14.7, um die Achse *a-a* knicken und nicht um die Achse *b-b*. Demzufolge gestalten Konstrukteure häufig die Querschnittsform so, dass die Flächenträgheitsmomente in alle Richtungen gleich groß sind. Geometrisch wären damit Rohre mit Kreisquerschnitt die richtige Wahl. Es werden aber oft auch Rohrprofile mit Kastenprofil oder andere (dünnwandige) Querschnittsgeometrien mit $I_x \approx I_y$ ausgewählt.

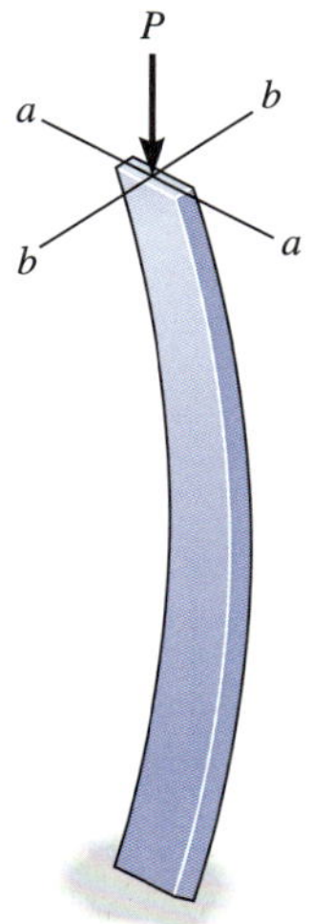

Abbildung 14.7

Als Zusammenfassung der geführten Diskussion kann man die Knickformel für einen beidseitig gelenkig gelagerten, schlanken Stab entsprechend umschreiben und wie folgt formulieren:

$$P_{kr} = \frac{\pi^2 EI}{L^2} \tag{14.5}$$

Dabei bedeuten

P_{kr} = die kritische oder maximale axiale Last am Stab, unmittelbar bevor er zu knicken beginnt. Diese Last darf keine Spannung im Stab verursachen, die zur Überschreitung der Proportionalitätsgrenze führt

E = der Elastizitätsmodul des Materials

I = das *kleinste* axiale Flächenträgheitsmoment des Stabquerschnittes

L = die freie, nicht eingespannte oder gelagerte Länge des Stabes, wobei dessen Enden jeweils gelenkig gelagert sind.

Zum Zwecke der Dimensionierung kann Gleichung (14.5) auch in einer gebräuchlicheren Form formuliert werden, indem man I über $I = Ar^2$ ausdrückt, worin A die Querschnittsfläche und r den so genannten ***Trägheitsradius*** der Querschnittsfläche repräsentieren, siehe *Abschnitt 5.3*. Damit ist

$$P_{kr} = \frac{\pi^2 E\left(Ar^2\right)}{L^2}$$

$$\left(\frac{P}{A}\right)_{kr} = \frac{\pi^2 E}{(L/k)^2}$$

Typische Stahlrohrstäbe zur Dachabstützung im Innern eines einstöckigen Gebäudes.

oder

$$\sigma_{kr} = \frac{\pi^2 E}{(L/k)^2} \tag{14.6}$$

Es sind

σ_{kr} = die kritische Spannung, die eine mittlere Spannung unmittelbar vor dem Knicken des Stabes darstellt. Diese Spannung ist eine elastische Spannung und deshalb gilt $\sigma_{kr} \leq \sigma_F$

E = der Elastizitätsmodul des Materials

L = die freie, nicht eingespannte bzw. gelagerte Länge des Stabes, wobei dessen Enden gelenkig gelagert sind

k = der kleinste Trägheitsradius des Stabes, ermittelt aus $k = \sqrt{I / A}$, wobei I das kleinste axiale Trägheitsmoment der Querschnittsfläche A des Stabes darstellt

Das geometrische Verhältnis L/k in Gleichung (14.6) wird ***Schlankheitsgrad*** genannt. Es ist ein Maß für die Nachgiebigkeit des Stabes und dient der Klassifizierung der Stäbe als lang, mittel oder kurz, worauf später noch eingegangen wird.

Es ist möglich, Gleichung (14.6) grafisch darzustellen, indem man die kritische Spannung als Funktion des Schlankheitsgrades aufträgt. Beispiele von entsprechenden Kurvenverläufen für Stäbe aus Baustahl und einer Aluminiumlegierung sind in Abbildung 14.8 angegeben. Beachten Sie, dass die Kurven Hyperbeln sind und nur für kritische Spannungen unterhalb der Fließgrenze (Proportionalitätsgrenze) des Materials ihre Gültigkeit haben, denn das Material muss sich linear-elastisch verhalten. Für den betrachteten Baustahl ist die Fließspannung $(\sigma_F)_{St} = 250$ MPa mit $E_{St} = 200$ GPa, für die Aluminiumlegierung beträgt sie $(\sigma_F)_{Al} = 190$ MPa mit $E_{Al} = 70$ GPa. Wenn wir $\sigma_{kr} = \sigma_F$ in Gleichung (14.6) einsetzen, dann sind die *kleinsten* möglichen Schlankheitsgrade, die ein Versagen durch Knicken und nicht durch Fließen hervorrufen, für die Stahl- bzw. Aluminiumstäbe $(L/k)_{St} = 89$ bzw. $(L/k)_{Al} = 60{,}5$. Damit kann, wenn $(L/k)_{St} \geq 89$ gilt, die Dimensionierung auf der Grundlage der Euler'schen Formel zur Bestimmung der Knicklast vorgenommen werden, denn die Spannung in dem Stab bleibt dann elastischer Natur. Wenn andererseits $(L/k)_{St} < 89$ ist, übersteigt die Stabspannung die Fließgrenze, bevor Knicken eintreten kann und deshalb versagt der Stab in diesem Fall nicht mehr infolge des Knickens, sondern bricht oder beginnt zu fließen.

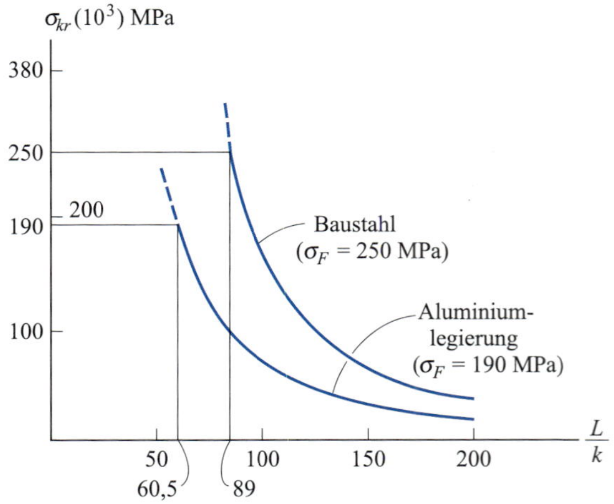

Abbildung 14.8

Wichtige Punkte zur Lösung von Aufgaben

- *Stäbe* sind schlanke Bauteile, die axialen Belastungen ausgesetzt sind.
- Die *kritische Last* ist die maximale Drucklast, die ein Stab aufnehmen kann, und bei der er sich an der Schwelle zum Knicken befindet. Diese Last repräsentiert eine indifferente Gleichgewichtslage des Stabes.
- Ein *idealer Stab* ist ursprünglich exakt gerade, besteht aus homogenem Material, und die Last wirkt in der Verbindungslinie der Flächenschwerpunkte.
- Ein beidseitig gelenkig gelagerter Stab knickt um die Trägheitshauptachse des Querschnittes mit dem kleinsten Flächenträgheitsmoment.
- Der Schlankheitsgrad ist L/k, wobei k den kleinsten Trägheitsradius des Querschnittes darstellt. Das Knicken erfolgt um die Achse, für die der Schlankheitsgrad am größten ist.

Beispiel 14.1 Es soll ein Stahlrohr der Länge L mit dem in Abbildung 14.9 dargestellten Querschnitt als Gelenk verbundener Stab eingesetzt werden. Bestimmen Sie die maximal zulässige, von dem Stab aufnehmbare axiale Belastung, so dass er nicht knickt.

$L = 7{,}2\ \text{m},\ r_i = 70\ \text{mm},\ r_a = 75\ \text{mm},\ E = 200\ \text{GPa}$

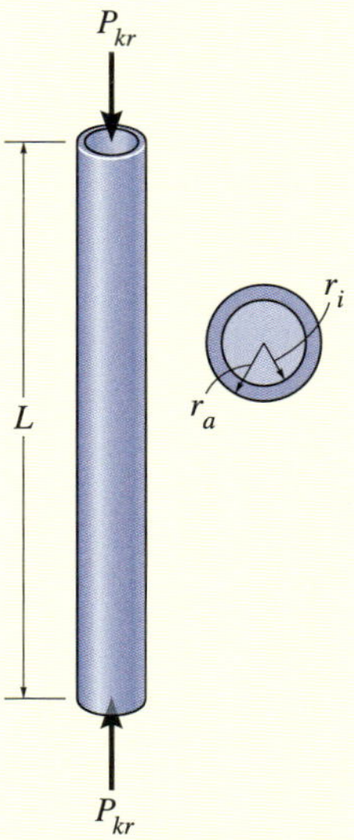

Abbildung 14.9

Lösung

Zur Ermittlung der kritischen Last verwenden wir Gleichung (14.5) und erhalten

$$P_{kr} = \frac{\pi^2 EI}{L^2} = \frac{\pi^2 E\left(\pi r_a^4 - \pi r_i^4\right)/4}{L^2}$$

$$= \frac{\pi^2\left[200\left(10^6\right)\text{kN/m}^2\right]\pi\left[(0{,}075\text{m})^4 - (0{,}070\text{m})^4\right]}{4(7{,}2\text{m})^2}$$

$$P_{kr} = 228{,}2\ \text{kN}$$

Diese Kraft ergibt eine mittlere Druckspannung

$$\sigma_{kr} = \frac{P_{kr}}{A} = \frac{P_{kr}}{\left(\pi r_a^2 - \pi r_i^2\right)} = \frac{228{,}2\left(10^3\right)\text{N}}{\left[\pi(75\text{mm})^2 - \pi(70\text{mm})^2\right]}$$

$$\sigma_{kr} = 100{,}2\ \text{N/mm}^2 = 100\ \text{MPa}$$

im Stab. Da $\sigma_{kr} < \sigma_F = 250\ \text{MPa}$ gilt, kann die Euler'sche Gleichung hier zur Dimensionierung angewendet werden.

Beispiel 14.2

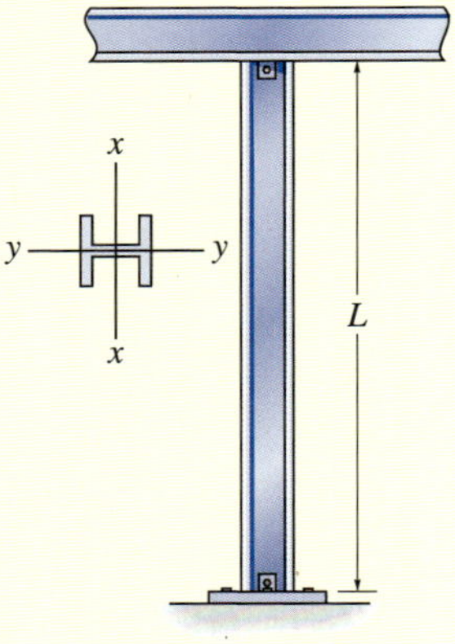

Abbildung 14.10

Der in Abbildung 14.10 dargestellte Träger mit dem Querschnittsprofil HE-A200 soll als gelenkig gelagerter Stab eingesetzt werden. Bestimmen Sie die größte von ihm aufnehmbare axiale Druckkraft, bevor er entweder knickt oder der Stahl zu fließen beginnt.

$L = 4\ \text{m}$

Lösung

Gemäß den Ausführungen in *Anhang B* der begleitenden Webseite findet man in den einschlägigen DIN-Normen die Querschnittsfläche und die axialen Flächenträgheitsmomente $A = 5380\ \text{mm}^2$, $I_x = 36{,}9(10^6)\ \text{mm}^4$ und $I_y = 13{,}4(10^6)\ \text{mm}^4$. Die Betrachtung ergibt, dass ein Knicken um die Achse y-y auftreten wird. Warum? Wir wenden Gleichung (14.5) an und erhalten

$$P_{kr} = \frac{\pi^2 EI_y}{L^2} = \frac{\pi^2\left[200\left(10^6\right)\text{kN/m}^2\right]\left[13{,}4\left(10^6\right)\text{mm}^4\right]}{\left(4\,\text{m}\right)^2}$$

$$P_{kr} = 1653\ \text{kN}$$

Bei voller Belastung ist die mittlere Druckspannung im Stab

$$\sigma_{kr} = \frac{P_{kr}}{A} = \frac{1653\left(10^3\right)\text{N}}{5380\,\text{mm}^2} \qquad \sigma_{kr} = 307{,}3\ \text{N/mm}^2$$

Da diese Spannung die Fließgrenze übersteigt ($250\ \text{N/mm}^2$), wird die maximale Last P aus der einfachen Druckgleichung ermittelt.

$$\sigma_F = \frac{P}{A}$$

$$P = \sigma_F A = \left(250\,\text{N/mm}^2\right)\left(5380\,\text{mm}^2\right) \qquad P = 1345\ \text{kN}$$

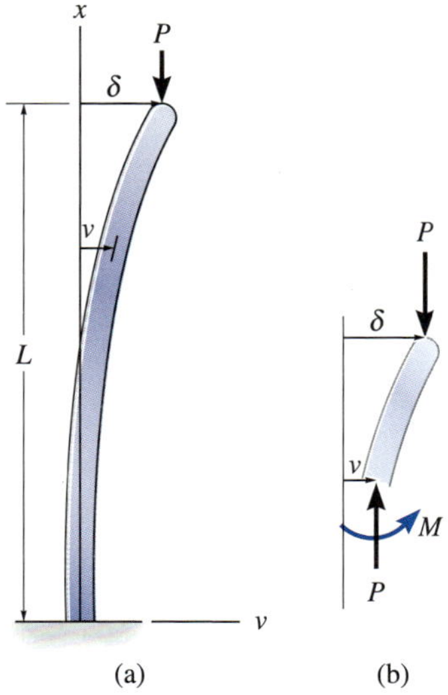

Abbildung 14.11

14.3 Druckstäbe mit verschiedenen Lagerungsarten

In Abschnitt 14.2 haben wir die Euler'sche Knicklast für einen beidseitig gelenkig gelagerten Stab hergeleitet. Oftmals können Stäbe aber auf andere Weise gelagert sein. Betrachten wir zum Beispiel den Fall eines Stabes, der unten fest eingespannt und oben frei beweglich ist, Abbildung 14.11a. Wird nun an dem Kragende die Druckkraft P eingeleitet, dann wird die Knicklast für diesen Lastfall auf völlig analoge Weise wie im Falle des beidseitig gelenkig gelagerten Stabes ermittelt. Aus dem Freikörperbild in Abbildung 14.11b ist ersichtlich, dass das innere Biegemoment an einem beliebigen Schnitt $M = P(\delta - v)$ ist. Demzufolge liefert die Differenzialgleichung der elastischen Linie, Gleichung (14.1), für den vorliegenden Fall

$$EI\frac{d^2v}{dx^2} = P(\delta - v)$$

d.h.

$$\frac{d^2v}{dx^2} + \frac{P}{EI}v = \frac{P}{EI}\delta \qquad (14.7)$$

Im Unterschied zu Gleichung (14.2) ist diese Differenzialgleichung aufgrund des Terms auf der rechten Seite, der ungleich null ist, inhomogen. Die Gesamtlösung setzt sich aus der allgemeinen Lösung der homogenen Differenzialgleichung und einer Partikulärlösung, welche die inhomogene Differenzialgleichung erfüllt, zusammen. Auf diese Weise erhält man die Gesamtlösung

$$v = C_1 \sin\left(\sqrt{\frac{P}{EI}}x\right) + C_2 \cos\left(\sqrt{\frac{P}{EI}}x\right) + \delta$$

Die Konstanten werden aus den Randbedingungen bestimmt. Bei $x = 0$ ist $v = 0$, so dass $C_2 = -\delta$ gilt. Damit wird

$$\frac{dv}{dx} = C_1\sqrt{\frac{P}{EI}}\cos\left(\sqrt{\frac{P}{EI}}x\right) - \sqrt{\frac{P}{EI}}\sin\left(\sqrt{\frac{P}{EI}}x\right)$$

Bei $x = 0$ ist $dv/dx = 0$ und damit wird $C_1 = 0$. Die Biegelinie ergibt sich deshalb zu

$$v = \delta\left[1 - \cos\left(\sqrt{\frac{P}{EI}}x\right)\right] \qquad (14.8)$$

Da die Durchbiegung an der Spitze des Stabes δ ist, muss bei $x = L$ deshalb $v = \delta$ gelten. Dies ist erfüllt für

$$\delta \cos\left(\sqrt{\frac{P}{EI}}L\right) = 0$$

Die erste Möglichkeit $\delta = 0$ als triviale Lösung weist darauf hin, dass kein Knicken auftritt, unabhängig von der Last P. Wird jedoch

$$\cos\left(\sqrt{\frac{P}{EI}}L\right) = 0 \quad \text{d.h.} \quad \sqrt{\frac{P}{EI}}L = \frac{2n-1}{2}\pi$$

dann ist die Bedingung auch für $\delta \neq 0$ erfüllt. Die kleinste kritische Last tritt auf, wenn $n = 1$ ist, so dass sich

$$P_{kr} = \frac{\pi^2 EI}{4L^2} \qquad (14.9)$$

ergibt. Im Vergleich mit Gleichung (14.9) ist erkennbar, dass ein eingespannter Kragträger nur ein Viertel der kritischen Last eines beidseitig gelenkig gelagerten Trägers aufnehmen kann.

Druckstäbe mit anderen Lagerungsarten werden in analoger Weise analysiert und sind deshalb hier nicht weiter aufgeführt.[2] Stattdessen geben wir die Ergebnisse für die gebräuchlichsten Lagerarten für Stäbe in einer Tabelle an und zeigen, wie diese Resultate unter Benutzung der Euler'schen Formel angewendet werden.

Die Stützstäbe des Wassertanks mit Kreisrohrquerschnitt sind an drei Stellen ihrer Länge mit Umfassungen versehen, damit ein Knicken vermieden wird.

2 Siehe Aufgaben 14.42, 14.43, 14.44 und 14.45.

Effektive Länge. Wie bereits erwähnt, wurde die Euler'sche Formel, Gleichung (14.5), für einen Stab entwickelt, dessen Enden gelenkig gelagert sind. Die Größe L verkörpert in dieser Gleichung den Abstand zwischen momentenfreien Endpunkten. Wenn der Stab auf andere Weise gelagert ist, kann die Euler'sche Formel zur Bestimmung der kritischen Last ebenfalls benutzt werden, wenn für L der Abstand eingesetzt wird, den zwei Punkte des Stabes haben für die das innere Biegemoment bezüglich der verformten Stabachse verschwindet. Dieser Abstand wird als effektive Länge L_e des Stabes bezeichnet. Für einen beidseitig gelenkig gelagerten Stab ist ersichtlich, dass $L_e = L$ ist, Abbildung 14.12a.[3] Für den hier untersuchten Kragträger wurde herausgefunden, dass seine Biegelinie der Hälfte der Biegelinie eines beidseitig gelenkig gelagerten Stabes entspricht, der die Länge $2L$ hat, Abbildung 14.12b. Damit ergibt sich eine effektive Länge zwischen den Punkten, für die das innere Moment null ist, von $L_e = 2L$. Für zwei Stäbe mit weiteren veränderten Lagerformen sind die entsprechenden Punkte, für die das innere Moment verschwindet, auch in Abbildung 14.12 dargestellt. Beim „beidseitig" eingespannten Stab, Abbildung 14.12c, entsprechen die Punkte, für die das innere Biegemoment verschwindet, den Wendepunkten der Biegelinie. Diese befinden sich im Abstand von jeweils $L/4$ von den Stabenden. Die effektive Länge wird deshalb durch die Hälfte seiner Gesamtlänge repräsentiert, d.h. $L_e = 0{,}5L$. Schließlich liegen für die Variante eines einseitig eingespannten und am anderen Ende gelenkig gelagerten Stabes, Abbildung 14.12d, die Wendepunkte bei ca. $0{,}7L$ vom Gelenk entfernt, so dass $L_e \approx 0{,}7L$ wird.

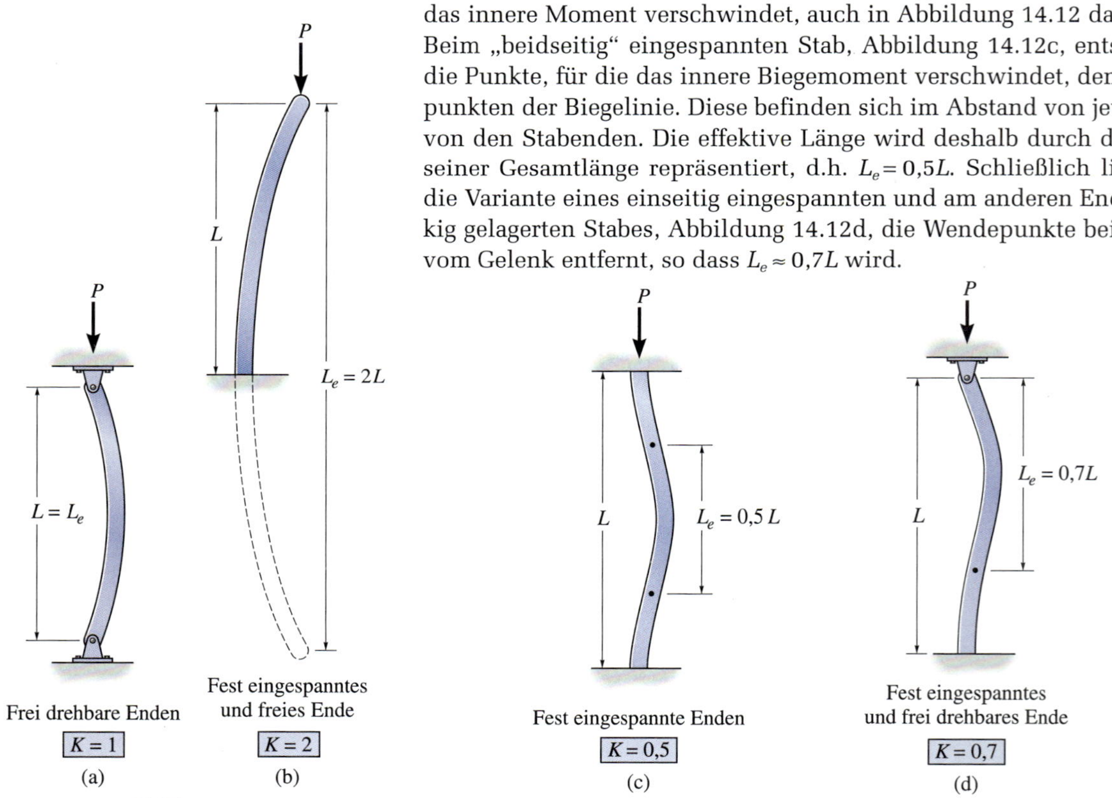

Abbildung 14.12

3 In Abbildung 14.12 (und auch in manchen späteren Abbildungen) ist darauf zu achten, dass der Krafteinleitungspunkt am oberen Lager axial, d.h. in Richtung der Wirkungslinie der Druckkraft, verschiebbar sein muss, siehe z.B. Abbildung 14.4a. In Abbildung 14.12 ist die Darstellung der oberen Lager grob vereinfacht.

Anstatt die effektive Stablänge zu verwenden, geben viele Auslegungsnormen Stabformeln an, die einen dimensionslosen Koeffizienten K benutzen, der ***Längenfaktor*** K genannt wird und über

$$L_e = KL \tag{14.10}$$

definiert ist. Spezifische Werte für K sind ebenfalls in Abbildung 14.12 angegeben. Auf der Grundlage dieser Beziehung können wir deshalb die Euler'sche Formel in der Form

$$P_{kr} = \frac{\pi^2 EI}{(KL)^2} \tag{14.11}$$

oder

$$\sigma_{kr} = \frac{\pi^2 E}{(KL/k)^2} \tag{14.12}$$

angeben. Hierbei ist (KL/k) der effektive Schlankheitsgrad. Beachten Sie, dass wir zum Beispiel für einen einseitig eingespannten Kragträger $K = 2$ erhalten, so dass Gleichung (14.11) dasselbe Ergebnis wie Gleichung (14.9) liefert.

Beispiel 14.3 Ein Stahlstab mit dem Querschnittsprofil HE-B140 hat die Länge L. Er ist an beiden Enden eingespannt, Abbildung 14.13a. Seine Lastaufnahmekapazität wird durch eine Abstützung bezüglich der („weichen") Achse y-y mittels Streben erhöht, für die man annehmen kann, dass sie zu einer zusätzlichen gelenkigen Lagerung des Stabes führen. Bestimmen Sie die Drucklast, die der Stab aufnehmen kann, ohne zu knicken bzw. die Fließgrenze des Materials zu überschreiten.

$L = 8$ m, $E = 200$ MPa, $\sigma_F = 410$ MPa, $I_x = 15{,}1(10^6)$ mm^4,
$I_y = 5{,}5(10^6)$ mm^4, $A = 4300$ mm^2

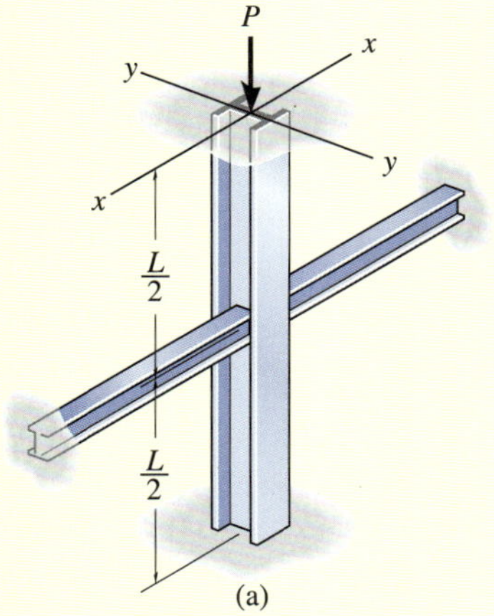

(a)

Abbildung 14.13

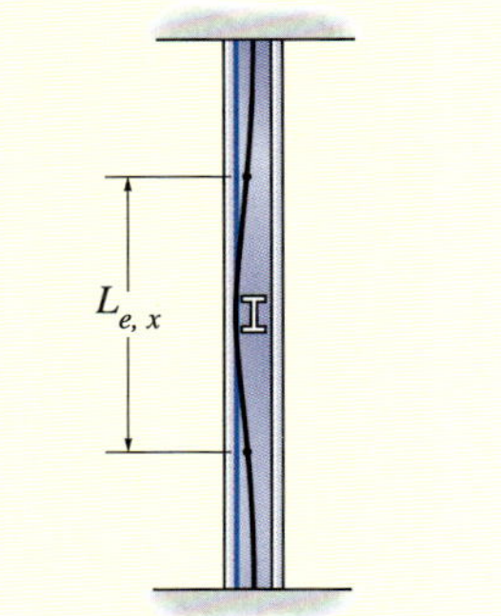

Knicken um die Achse x–x

(b)

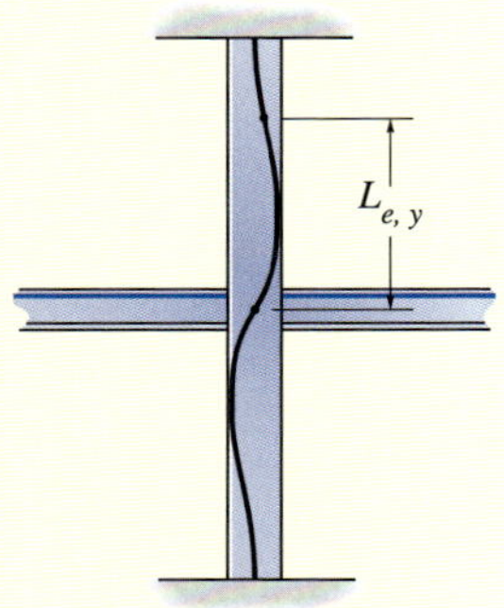

Knicken um die Achse y–y

(c)

Abbildung 14.13

Lösung

Das Knickverhalten des Stabes ist infolge der Abstützung parallel zur Achse x-x um die x- und die y-Achse *unterschiedlich*. Die Knickform ist für jeden der beiden Fälle in Abbildung 14.13b und Abbildung 14.13c angegeben. Aus Abbildung 14.13b entnehmen wir, dass die effektive Länge für Knicken um die x-x-Achse $(KL)_x = 0{,}5(8\text{ m}) = 4\text{ m}$ ist, während aus Abbildung 14.13c für Knicken um die y-y-Achse die effektive Länge $(KL)_y = 0{,}7(8\text{ m}/2) = 2{,}8\text{ m}$ folgt. Die axialen Flächenträgheitsmomente für den angegebenen Querschnitt wurden aus einschlägigen DIN-Tabellen entnommen. Wir verwenden Gleichung (14.11) und erhalten

$$(P_{kr})_x = \frac{\pi^2 EI_x}{(KL)_x^2} = \frac{\pi^2\left[200\left(10^6\right)\text{kN/m}^2\right]\left[15{,}1\left(10^{-6}\right)\text{m}^4\right]}{(4\text{ m})^2} \tag{1}$$

$$(P_{kr})_x = 1862{,}9\text{ kN}$$

$$(P_{kr})_y = \frac{\pi^2 EI_y}{(KL)_y^2} = \frac{\pi^2\left[200\left(10^6\right)\text{kN/m}^2\right]\left[5{,}5\left(10^{-6}\right)\text{m}^4\right]}{(2{,}8\text{ m})^2} \tag{2}$$

$$(P_{kr})_y = 1385\text{ kN}$$

Der Vergleich lässt erkennen, dass falls Knicken eintritt, dies um die y-y-Achse erfolgen wird.

Die Querschnittsfläche beträgt $A = 4300\text{ mm}^2$, und damit ergibt sich eine mittlere Spannung im Stab von

$$\sigma_{kr} = \frac{P_{kr}}{A} = \frac{1385\left(10^3\right)\text{N}}{4300\text{ mm}^2} \qquad \sigma_{kr} = 322{,}0\text{ N/mm}^2$$

Da diese Spannung geringer als die Fließspannung ist, tritt Knicken auf, bevor das Material zu fließen beginnt. Daher ist

$$P_{kr} = 1385\text{ kN}$$

Hinweis: Anhand von Gleichung (14.11) kann man sehen, dass Knicken immer um die Stabachse mit dem größten Schlankheitsverhältnis erfolgt, denn ein großes Schlankheitsverhältnis ergibt eine geringe kritische Last. Deshalb ergibt sich mit den Daten für den Trägheitsradius aus der zugehörigen DIN-Tabelle das Ergebnis

$$\left(\frac{KL}{k}\right)_x = \frac{4000\text{ mm}}{59{,}3\text{ mm}} = 67{,}5$$

$$\left(\frac{KL}{k}\right)_y = \frac{2800\text{ mm}}{35{,}8\text{ mm}} = 78{,}3$$

Demzufolge erfolgt Knicken um die y-y-Achse. Das ist dieselbe Schlussfolgerung, die auch durch den Vergleich der Ergebnisse in Gleichung (1) und (2) gezogen wurde.

Beispiel 14.4 Der Aluminiumstab ist am unteren Ende fest eingespannt und oben über Seile derart in der Umgebung befestigt, dass sich das obere Ende nicht entlang der x-Achse verschieben kann, Abbildung 14.14a. Bestimmen Sie die größte zulässige, aufnehmbare Druckkaft P unter der Annahme, dass der Träger am Sockel fest eingespannt ist. Verwenden Sie einen Sicherheitsfaktor gegen Knicken von f_S.

$f_S = 3{,}0$, $E = 70$ GPa, $\sigma_F = 215$ MPa, $A = 7{,}5(10^{-3})\ \mathrm{m}^2$, $I_x = 61{,}3(10^{-6})\ \mathrm{m}^4$, $I_y = 23{,}2(10^{-6})\ \mathrm{m}^4$

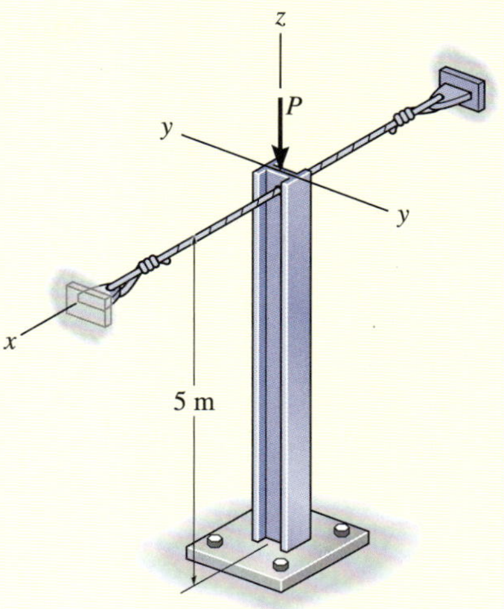

(a)

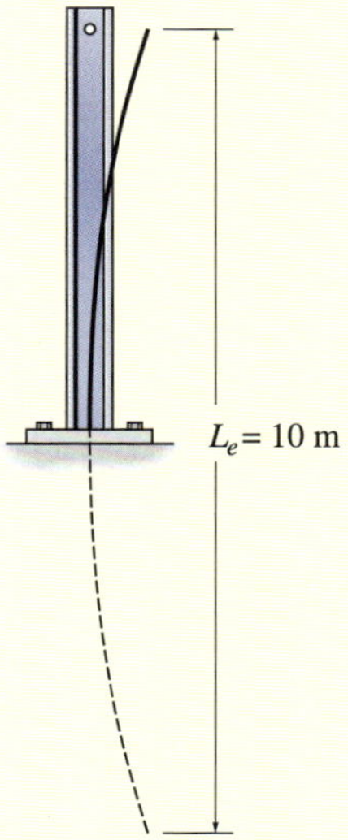

Knicken um die Achse x–x

(b)

Abbildung 14.14

Lösung

In Abbildung 14.14b bzw. Abbildung 14.14c ist das Knicken um die x- und die y-Achse dargestellt. Entsprechend Gleichung (14.12) ist $K = 2$ für Knicken um die Achse x-x und somit $(KL)_x = 2(5\ \mathrm{m}) = 10\ \mathrm{m}$. Analog ergibt sich für Knicken um die Achse y-y $K = 0{,}7$ und damit $(KL)_y = 0{,}7(5\ \mathrm{m}) = 3{,}5\ \mathrm{m}$.

Bei Anwendung von Gleichung (14.11) ergeben sich die kritischen Lasten für jeden Fall zu

$$(P_{kr})_x = \frac{\pi^2 E I_x}{(KL)_x^2} = \frac{\pi^2\left[70\left(10^9\right)\mathrm{kN/m^2}\right]\left[61{,}3\left(10^{-6}\right)\mathrm{m^4}\right]}{(10\,\mathrm{m})^2}$$

$$(P_{kr})_x = 424\ \mathrm{kN}$$

$$(P_{kr})_y = \frac{\pi^2 E I_y}{(KL)_y^2} = \frac{\pi^2\left[70\left(10^9\right)\mathrm{kN/m^2}\right]\left[23{,}2\left(10^{-6}\right)\mathrm{m^4}\right]}{(3{,}5\,\mathrm{m})^2} \qquad (2)$$

$$(P_{kr})_y = 1{,}31\ \mathrm{MN}$$

Der Vergleich zeigt an, dass der Stab bei einer Erhöhung von P um die Achse x-x knickt. Die maximal zulässige Last, bei der noch kein Knicken auftritt, ist deshalb

$$P_{zul} = \frac{P_{kr}}{f_S} = \frac{424\,\mathrm{kN}}{3{,}0} = 141\,\mathrm{kN}$$

Weil

$$\sigma_{kr} = \frac{P_{kr}}{A} = \frac{424\,\mathrm{kN}}{7{,}5\left(10^{-3}\right)\mathrm{m}^2} = 56{,}5\,\mathrm{MPa} < 215\,\mathrm{MPa}$$

gilt, kann die Euler'sche Formel zur Bemessung des Stabes tatsächlich verwendet werden.

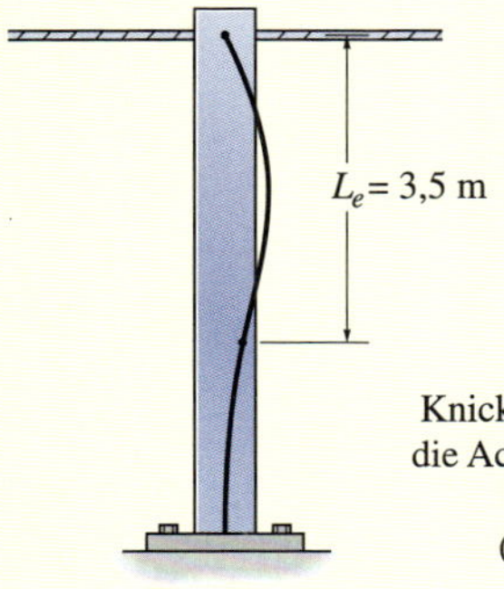

Knicken um die Achse y–y

(c)

Lösungsweg

Berechnung von Druckstäben

- Bei der Anwendung von Formeln zur *Druckstabberechnung*, d.h. zur Bestimmung der zulässigen Belastung, ist es zuerst erforderlich, den Schlankheitsgrad zu ermitteln, damit man den Gültigkeitsbereich der entsprechend zu nutzenden Formeln kennt.
- Nach Berechnung der zulässigen Spannung wird die zulässige Last über die Beziehung $P = \sigma_{zul}A$ bestimmt.

ZUSAMMENFASSUNG

Knicken ist ein Versagensfall, der bei Stäben oder Bauteilen auftreten kann, die durch eine axiale Druckkraft belastet werden. Die maximale axiale Druckkraft, die ein Bauteil aufnehmen kann, bevor es knickt, wird kritische Last P_{kr} genannt.

siehe Abschnitt 14.1

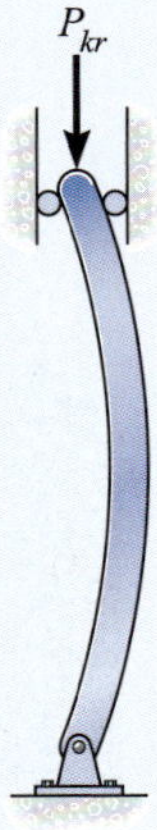

Die kritische Last für einen idealen Stab der Länge L ergibt sich aus der Euler'schen Formel

$$P_{kr} = \frac{\pi^2 EI}{(KL)^2}$$

wobei $K = 1$ für gelenkig gelagerte Enden, $K = 0{,}5$ für starr eingespannte Enden, $K = 0{,}7$ für eine starre Einspannung und ein gelenkig gelagertes Ende am Kraftangriffspunkt und $K = 2$ für eine starre Einspannung und ein freies Ende am Kraftangriffspunkt gilt und I dasjenige Flächenträgheitsmoment ist, das auf die kleinere kritische Belastung führt.

Zum Zwecke der Dimensionierung kann die Knickformel zur Bestimmung der kritischen Normalspannung in die Form

$$\sigma_{kr} = \frac{\pi^2 E}{(KL/k)^2}$$

siehe Abschnitte 14.2 und 14.3

umgeschrieben werden, worin KL/k der effektive Schlankheitsgrad bedeutet. Dabei ist zu beachten, dass die kritische Knickspannung kleiner sein muss als die Fließspannung.

Energiemethoden

15

ÜBERBLICK

Während die Pfeiler durch den Schlaghammer in ihre richtige Höhenlage gebracht werden, sind sie einer Stoßbelastung ausgesetzt. Zur Ermittlung des im Pfeiler entstehenden Spannungszustandes muss man die Zusammenhänge zwischen der Stoßbelastung und der dafür bereitgestellten Energie verstehen.

Lernziele

In diesem Kapitel zeigen wir die Anwendung von Energiemethoden, um Aufgabenstellungen zu lösen, die sich mit der Verformung befassen. Das Kapitel beginnt mit einer Erörterung der Begriffe Arbeit und Formänderungsenergie, gefolgt von der Herleitung des Energieerhaltungssatzes. Mit Hilfe dieses Satzes werden die Spannung und die Verformung bestimmt, wenn das untersuchte Bauteil einer Stoßbelastung ausgesetzt wird. Danach werden das Prinzip der virtuellen Arbeit als Prinzip der virtuellen Kräfte, die Sätze von Maxwell und Betti sowie der Sätze von Castigliano und Menabrea entwickelt. Die beiden letztgenannten Sätze dienen der Ermittlung der Verschiebungen und der Neigungswinkel an bestimmten Punkten wichtiger Strukturbauteile und Maschinenelemente.

15.1 Arbeit der äußeren Kräfte und Formänderungsenergie

Vor der Formulierung der im vorliegenden Kapitel angewandten Energiemethoden definieren wir zuerst die Arbeit, die durch äußere Kräfte und Momente verursacht wird. Wir zeigen außerdem, wie man die Arbeit durch die Formänderungsenergie eines belasteten Körpers ausdrücken kann. Die hier und im nächsten Abschnitt bereit gestellten Grundlagen sind der Ausgangspunkt für die eigentliche Anwendung der Arbeits- und Energiemethoden, die dann in den weiteren Abschnitten des Kapitels erläutert werden.

Arbeit einer Kraft In der Mechanik verrichtet eine Kraft eine *Arbeit*, wenn sie eine Verschiebung dx erfährt, die in die *gleiche Richtung* wie die Kraftrichtung verläuft, *siehe Statik, Abschnitt 10.1*. Die verrichtete Arbeit ist eine skalare Größe, definiert als $dW_a = F\,dx$.[1] Wenn die gesamte Weglänge die Größe x hat, dann wird die Arbeit

$$W_a = \int_0^x F\,d\bar{x} \tag{15.1}$$

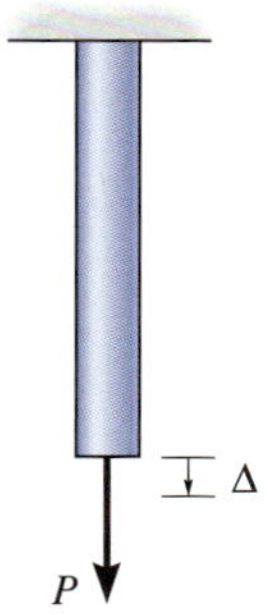

Abbildung 15.1

Zur Verdeutlichung der Anwendung dieser Gleichung berechnen wir die verrichtete Arbeit einer Axialkraft, die am Ende des in Abbildung 15.1a dargestellten Stabes angreift. Bei einer allmählichen Steigerung der Kraft F von null auf einen endlichen Wert $F = P$ ergibt sich die resultierende Verschiebung Δ des Stabendes. Bei einem linear-elastischen Materialverhalten ist die Kraft direkt proportional zur Verschie-

1 Sind die Kraft $\mathbf{F}$ und die differenzielle Wegänderung $d\mathbf{r}$ *nicht* gleichgerichtet, ist Gleichung (15.1) als Skalarprodukt $W_a = \int \mathbf{F} \cdot d\mathbf{r}$ zu verallgemeinern.

bung, d.h. $F = (P/\Delta)x$. Durch Einsetzen in Gleichung (15.1) und nachfolgende Integration von $x = 0$ bis $x = \Delta$ erhalten wir

$$W_a = \int_0^{\Delta} \frac{P}{\Delta} x \, dx = \frac{1}{2}\frac{P}{\Delta} x^2 \Big|_0^{\Delta} = \frac{1}{2} P\Delta \tag{15.2}$$

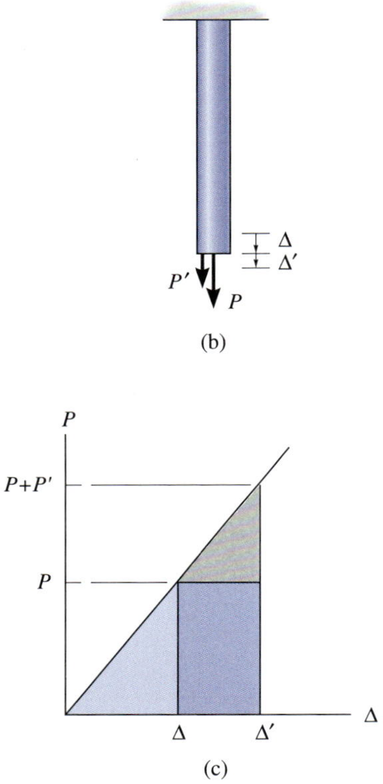

Abbildung 15.1

Entsprechend der kontinuierlichen Steigerung der Kraft auf den Stab von null auf den Endwert P ist demzufolge die verrichtete Arbeit gleich der *mittleren Kraft* $P/2$ multipliziert mit der gesamten Längenänderung Δ. Wir können diesen Sachverhalt grafisch durch die hellblau gekennzeichnete Fläche des Dreiecks in Abbildung 15.1c darstellen.

Nehmen wir jetzt an, dass P bereits auf den Stab einwirkt und eine *weitere Kraft* F' von null auf den Endwert P' steigend auf den Stab aufgebracht wird. Das Stabende wird dann um Δ' *zusätzlich* verschoben, Abbildung 15.1b. Da der Stab dadurch eine weitere Verschiebung Δ' erfährt, wird die Kraft P zusätzlich um Δ' verschoben und die zugehörige zusätzliche Arbeit dieser Kraft (nicht F') wird um

$$W_a' = P\Delta' \tag{15.3}$$

erhöht. Dieser Arbeitsanteil wird durch die dunkelblau gekennzeichnete, *rechtwinklige Fläche* in Abbildung 15.1c dargestellt. Da die Kraft P bei diesem Vorgang ihre Größe nicht weiter verändert, weil die Verschiebung Δ' des Stabes nur durch F' verursacht wird, ist deshalb die zusätzliche Arbeit hier einfach Kraft P mal Zusatzverschiebung Δ'.

Zusammenfassend kann man sagen, wenn eine Kraft P auf den Stab einwirkt, gefolgt von der Wirkung der Kraft F' (mit dem Endwert P'), dann wird die durch beide Kräfte verrichtete Arbeit durch die Fläche des gesamten Dreiecks in Abbildung 15.1c verkörpert. Die hellblau gekennzeichnete Dreiecksfläche repräsentiert die infolge der Verlängerung Δ verrichtete Arbeit von P. Die grau gekennzeichnete Dreiecksfläche entspricht der Arbeit von F', da diese Kraft die Längenänderung Δ' auslöst. Schließlich repräsentiert die dunkelblau gekennzeichnete rechteckige Fläche die durch P zusätzlich verrichtete Arbeit, wenn P aufgrund F' um Δ' verschoben wird.

Arbeit eines Moments (z.B eines Kräftepaares) Ein Moment M verrichtet Arbeit, wenn es in Richtung seiner Wirkungslinie eine Winkeländerung $d\theta$ erfährt, *siehe Statik, Abschnitt 10.1*. Die verrichtete Arbeit wird als $dW_a = M d\theta$ definiert, Abbildung 15.2. Bei einer resultierenden Drehung θ (in Radiant) ergibt sich die Arbeit zu[2]

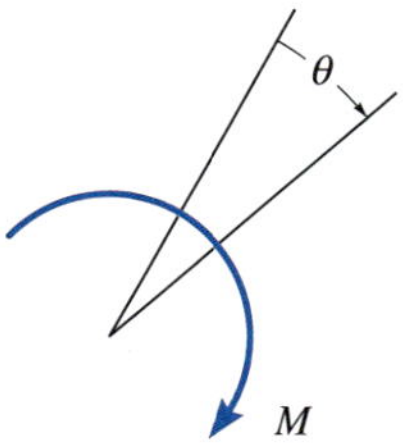

Abbildung 15.2

$$W_a = \int_0^{\theta} M \, d\bar{\theta} \tag{15.4}$$

2 Auch Gleichung (15.4) ist bei einer Winkeländerung $d\boldsymbol{\theta}$, die nicht in Richtung der Wirkungslinie des Moments $\mathbf{M}$ weist, als Skalarprodukt zu verallgemeinern: $W_a = \int \mathbf{M} \cdot d\boldsymbol{\theta}$.

Wenn das Moment, wie im Fall der diskutierten Krafteinwirkung, an einem Körper mit linear-elastischem Materialverhalten derart angreift, dass seine Größe allmählich von null bei $\theta = 0$ bis auf $M = D$ bei θ ansteigt, dann errechnet sich die Arbeit zu

$$W_a = \frac{1}{2} D\theta \tag{15.5}$$

Wenn an dem Körper aber bereits ein Moment wirkt, und eine zusätzliche Belastung eine weitere Drehung des Körpers um θ' verursacht, dann ist die Arbeit des ursprünglichen Moments

$$W_a' = D\theta'$$

Formänderungsenergie Wenn äußere Belastungen an einem Körper angreifen, dann deformiert sich der Körper. Unter der Voraussetzung, dass keine Energie in Form von Wärme verloren geht, dann wird die infolge der Belastungen verrichtete äußere Arbeit in innere Arbeit, ***Formänderungsenergie*** genannt, umgewandelt. Diese Energie, die *immer positiv* ist, wird im Körper gespeichert und hat ihre Ursache in den Normal- oder Schubspannungen im Körperinneren.

Normalspannung. Liegt eine Normalspannung σ_z am Volumenelement in Abbildung 15.3 vor, so ist die an den oberen und unteren Begrenzungsflächen auftretende Schnittkraft $dN_z = \sigma_z dA = \sigma_z dxdy$. Wenn die Kraft auf das Element allmählich einwirkt, wie die zuvor diskutierte Kraft F, dann steigt ihre Größe von null bis auf dN_z an, während das Element eine Längenänderung $d\Delta_z = \epsilon_z dz$ erfährt. Die durch dN_z verrichtete Arbeit ist deshalb $dW_i = \frac{1}{2} dN_z \, d\Delta_z = \frac{1}{2}\left[\sigma_z dxdy\right]\epsilon_z dz$. Da das Volumen des Elements $dV = dxdydz$ ist, erhalten wir somit

$$dW_i = \frac{1}{2}\sigma_z \epsilon_z dV \tag{15.6}$$

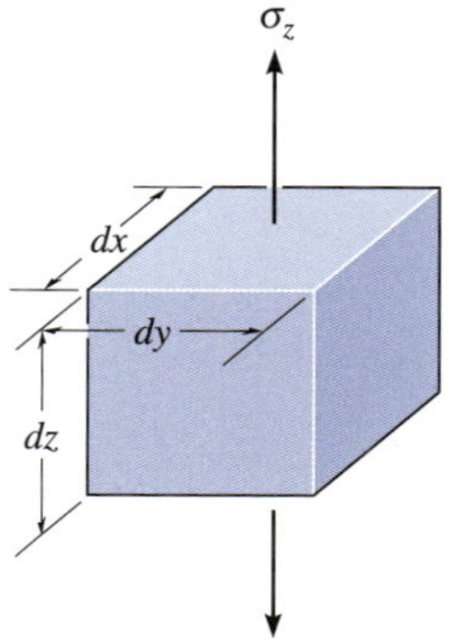

Abbildung 15.3

Beachten Sie, dass W_i *immer positiv* ist, selbst wenn σ_z eine Druckspannung darstellt, den σ_z und ϵ_z haben immer das gleiche Vorzeichen.

Liegt also in einem Körper allein eine einachsige *Normalspannung* σ mit einer festgelegten Richtung vor, dann ergibt sich die Formänderungsenergie in der Form

$$W_i = \int_V \frac{\sigma\epsilon}{2} dV \tag{15.7}$$

da sich das Material linear-elastisch verhält. Es kann das Hooke'sche Gesetz $\sigma = E\epsilon$ angewandt und die Formänderungsenergie durch die Spannung allein ausgedrückt werden:

$$W_i = \int_V \frac{\sigma^2}{2E} dV \tag{15.8}$$

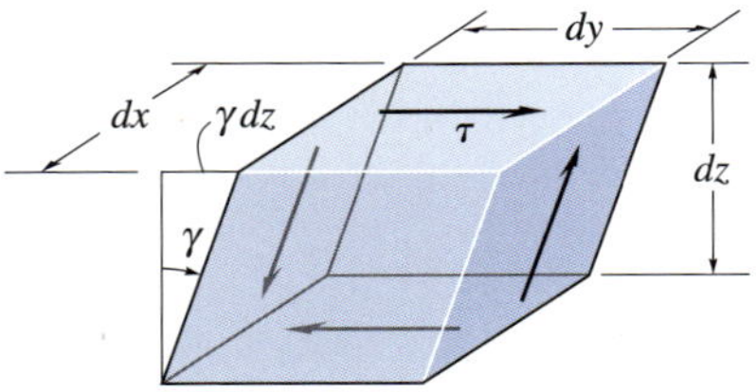

Abbildung 15.4

Schubspannung. Einen zur Normalspannung analogen Formelausdruck kann man aufstellen, wenn in dem betrachteten Körper eine Schubspannung vorliegt. Betrachten sie das Volumenelement in Abbildung 15.4. Hier verursacht die Schubspannung eine Verformung des Elements in der Weise, dass lediglich die Querkraft $dQ = \tau\ (dx\ dy)$, die an der Oberseite des Elements angreift, um γdz relativ zur Unterseite verschoben wird. Die Vertikalseiten verdrehen sich nur, deshalb verrichten die Querkräfte an diesen Seiten keine Arbeit. Somit ist die gespeicherte Formänderungsenergie

$$dW_i = \frac{1}{2}\left[\tau\left(dxdy\right)\right]\gamma\, dz$$

oder

$$dW_i = \frac{1}{2}\tau\gamma\, dV \tag{15.9}$$

wobei $dV = dxdydz$ das Volumen des Elements ist. Wir integrieren über das gesamte Körpervolumen, um die im Körper gespeicherte Formänderungsenergie zu ermitteln und erhalten

$$W_i = \int_V \frac{\tau\gamma}{2} dV \tag{15.10}$$

Wie im Fall der Normalspannung ist die Formänderungsenergie immer positiv, denn τ und γ haben dasselbe Vorzeichen. Bei linear-elastischem Materialverhalten ist das Hooke'sche Gesetz $\gamma = \tau/G$ gültig und wir können die Formänderungsenergie wiederum allein durch die Schubspannung ausdrücken:

$$W_i = \int_V \frac{\tau^2}{2G} dV \tag{15.11}$$

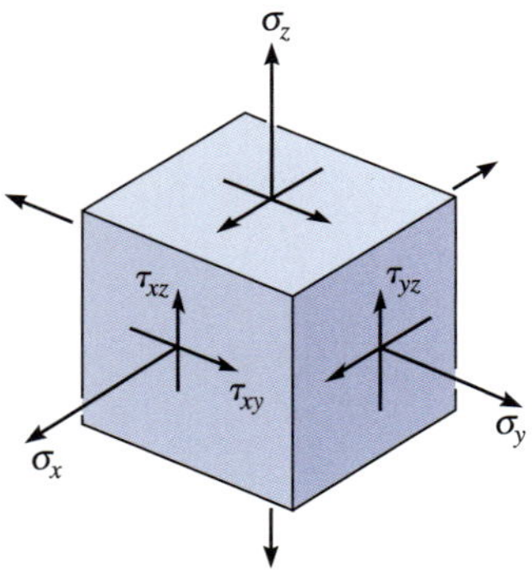

(a)

Abbildung 15.5

Im nächsten Abschnitt verwenden wir die Gleichungen (15.8) und (15.11), um entsprechende Formelausdrücke für die in Bauteilen gespeicherte Formänderungsenergie zu erhalten, wenn diese kombinierten Belastungen ausgesetzt sind. Danach werden wir in der Lage sein, die Energiemethoden zur Berechnung von Verschiebungen und Verformungswinkeln an bestimmten Punkten eines Bauteils anzuwenden.

Mehrachsiger Spannungszustand. Die bisherigen Überlegungen lassen sich auf die Bestimmung der Formänderungsenergie eines elastischen Festkörpers ausdehnen, wenn in diesem ein allgemeiner räumlicher Spannungszustand vorliegt, Abbildung 15.5a. Die auf jede der Normal- und Schubspannungsanteile entfallende Formänderungsenergie kann über die Gleichungen (15.6) und (15.9) angegeben werden. Da die Energie eine skalare Größe ist, ergibt sich die gesamte Formänderungsenergie in einem Körper demzufolge als Summe

$$W_i = \int_V \left[\frac{1}{2}\sigma_x \epsilon_x + \frac{1}{2}\sigma_y \epsilon_y + \frac{1}{2}\sigma_z \epsilon_z + \frac{1}{2}\tau_{xy}\gamma_{xy} + \frac{1}{2}\tau_{yz}\gamma_{yz} + \frac{1}{2}\tau_{xz}\gamma_{xz} \right] dV \quad (15.12)$$

der Einzelanteile. Die Verzerrungsterme können mit Hilfe des allgemeinen Hooke'schen Gesetzes, formuliert in Form der *Gleichungen (11.27)* und *(11.28)* eliminiert werden. Nach einigen Umstellungsschritten erhalten wir die Formänderungsenergie allein als Funktion der Spannungen:

$$W_i = \int_V \left[\frac{1}{2E}\left(\sigma_x^2 + \sigma_y^2 + \sigma_z^2\right) - \frac{\nu}{E}\left(\sigma_x\sigma_y + \sigma_y\sigma_z + \sigma_x\sigma_z\right) + \frac{1}{2G}\left(\tau_{xy}^2 + \tau_{yz}^2 + \tau_{zx}^2\right) \right] dV \quad (15.13)$$

Wird der allgemeine Spannungszustand durch seine Hauptspannungen σ_1, σ_2, σ_3 am entsprechend orientierten Volumenelement beschrieben, Abbildung 15.5b, dann erhält die Gleichung eine einfachere Form, und zwar

$$W_i = \int_V \left[\frac{1}{2E}\left(\sigma_1^2 + \sigma_2^2 + \sigma_3^2\right) - \frac{\nu}{E}\left(\sigma_1\sigma_2 + \sigma_2\sigma_3 + \sigma_1\sigma_3\right) \right] dV \quad (15.14)$$

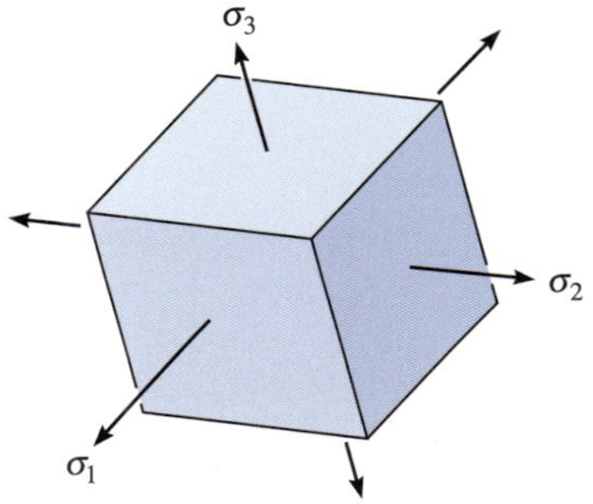

(b)

Abbildung 15.5

Wie Sie feststellen können, haben wir diese Gleichung in *Abschnitt 13.1* bereits als Grundlage für die Formulierung der Gestaltänderungshypothese verwendet.

15.2 Formänderungsenergie für verschiedene Belastungsarten

Mit Hilfe der Gleichungen für die Formänderungsenergie im elastischen Bereich, die im vorigen Abschnitt angegeben wurden, formulieren wir nachfolgend die in einem Bauteil gespeicherte Formänderungsenergie, wenn das Bauteil einer Normalkraft, einem Biegemoment, einer Querkraft und einem Torsionsmoment ausgesetzt ist. Anhand von Beispielen wird gezeigt, wie die Formänderungsenergie in Bauteilen berechnet wird, die diesen Belastungen ausgesetzt sind.

Normalkraft Betrachten wir einen Stab mit veränderlichem Querschnitt, der durch axiale Kräfte belastet wird, die mit der Mittelachse des Stabes zusammen fallen. Die innere Normalkraft an einem Schnitt in der Entfernung x von einem der Stabenden ist N, siehe Abbildung 15.6. Hat der Querschnitt an diesem Schnitt die Fläche A, dann ist die resultierende Normalspannung $\sigma = N/A$. Unter Anwendung von Gleichung (15.8) erhalten wir

$$W_i = \int_V \frac{\sigma_x^2}{2E} dV = \int_V \frac{N^2}{2EA^2} dV$$

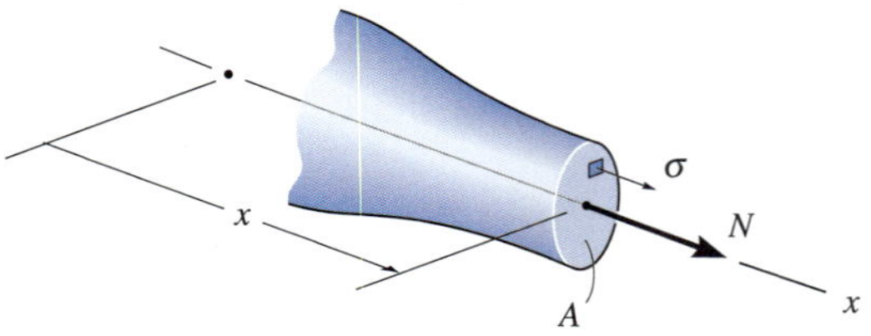

Abbildung 15.6

Mit einem scheibenförmigen Volumenelement infinitesimaler Dicke dx, d.h. das Volumen ist $dV = A\,dx$, ergibt sich die Formänderungsenergie des Stabes unter Zug-/Druckbeanspruchung dafür zu

$$W_i = \int_0^L \frac{N^2}{2EA} dx \qquad (15.15)$$

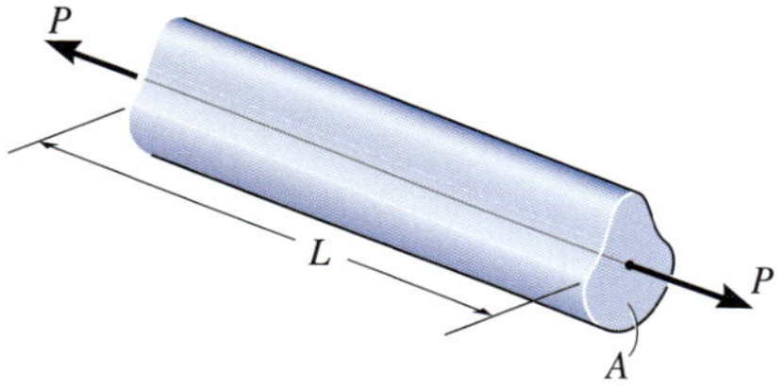

Abbildung 15.7

Für den Fall eines Stabes endlicher Länge L mit konstanter Querschnittsfläche A und konstanter Normalkraft N (hervorgerufen durch die Axialbelastung P), Abbildung 15.7, ergibt sich bei einer Integration von Gleichung (15.15) das Ergebnis

$$W_i = \frac{N^2 L}{2EA} = \frac{P^2 L}{2EA} \qquad (15.16)$$

Aus dieser Gleichung ist erkennbar, dass sich die elastische Formänderungsenergie des Stabes bei einer Verlängerung oder Verringerung des Elastizitätsmoduls bzw. der Querschnittsfläche *erhöht*. Zum Beispiel speichert ein Aluminiumstab [E_{Al} = 70 GPa] ungefähr dreimal soviel Energie wie ein Stahlstab [E_{St} = 200 GPa] gleicher Größe und gleicher Belastung. Andererseits verringert sich bei einer Verdopplung der Querschnittsfläche eines gegebenen Stabes die gespeicherte Energie bei gegebener Belastung um die Hälfte. Das nachfolgende Beispiel illustriert diesen Sachverhalt anhand von Zahlenwerten.

Beispiel 15.1 Eine der beiden hochfesten Stahlschrauben A und B, dargestellt in Abbildung 15.8, wird zur Aufnahme einer plötzlich auftretenden Zugbelastung ausgewählt. Für die Auswahl ist es erforderlich, den höchsten Wert der elastischen Formänderungsenergie zu bestimmen, den jede Schraube aufnehmen kann. Schraube A hat den Durchmesser d_{A1} bei einer Länge a_1 und einem kleinsten Durchmesser d_{A2} im Gewindebereich der Länge a_2. Schraube B hat im Bereich $b_1 = a_1$ einen reduzierten Durchmesser $d_B = d_{A2}$, so dass als Durchmesser über die gesamte wirksame Länge $b = a_1 + a_2$ der Wert $d_B = d_{A2}$ angenommen werden kann. Vernachlässigen Sie in beiden Fällen das zusätzliche Material, aus dem das Gewinde besteht.

$E_{St} = 200(10^3)$ MPa, $\sigma_F = 310$ MPa, $d_{A1} = 20$ mm, $a_1 = 50$ mm, $d_{A2} = 18$ mm, $a_2 = 6$ mm

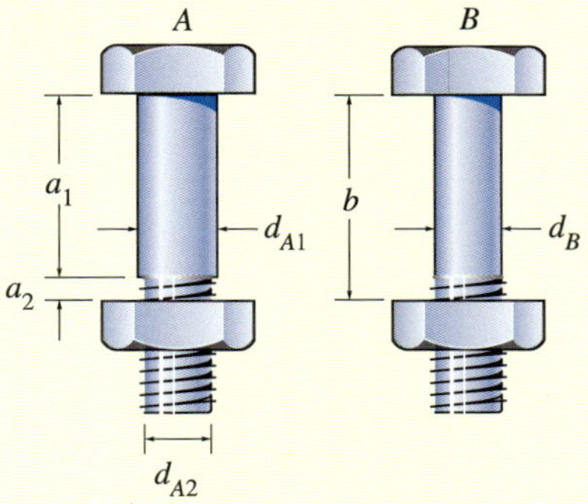

Abbildung 15.8

Lösung

Schraube A Wenn die Schraube der maximalen Zugbelastung ohne zu versagen ausgesetzt ist, dann tritt die maximale Normalspannung unterhalb der zulässigen Fließgrenze σ_F innerhalb des Bereiches mit dem Durchmesser d_{A2} auf. Die Zugkraft ist

$$P_{max} = \sigma_F A = \sigma_F \pi \left(\frac{d_{A2}}{2}\right)^2 = (310\,\text{N/mm}^2)\left[\pi\left(\frac{18\,\text{mm}}{2}\right)^2\right]$$

$$P_{max} = 78{,}89\ \text{kN}$$

Bei Anwendung der Gleichung (15.16) auf jeden Bereich der Schraube erhalten wir

$$W_i = \sum \frac{N^2 L}{2EA} = \frac{N^2 a_1}{2E\pi\left(\frac{d_{A1}}{2}\right)^2} + \frac{N^2 a_2}{2E\pi\left(\frac{d_{A2}}{2}\right)^2}$$

$$= \frac{\left(78{,}89(10^3)\text{N}\right)^2(50\,\text{mm})}{2\left(210(10^3)\text{N/mm}^2\right)\pi\left(\frac{20\,\text{mm}}{2}\right)^2} + \frac{\left(78{,}89(10^3)\text{N}\right)^2(6\,\text{mm})}{2\left(210(10^3)\text{N/mm}^2\right)\pi\left(\frac{18\,\text{mm}}{2}\right)^2}$$

$$W_i = 2707{,}8\ \text{Nmm} = 2{,}71\ \text{J}$$

Schraube B Hier wird angenommen, dass die Schraube einen einheitlichen Durchmesser $d_B = d_{A2}$ über die gesamte Länge b besitzt. Gemäß der Berechnung für Schraube A kann Schraube B auch eine maximale Zugkraft $P_{max} = 78{,}89$ kN aufnehmen. Somit ergibt sich

$$W_i = \frac{N^2 L}{2EA} = \frac{N^2 b}{2E\pi\left(\frac{d_B}{2}\right)^2} = \frac{\left(78{,}89(10^3)\text{N}\right)^2(56\,\text{mm})}{2\left(210(10^3)\text{N/mm}^2\right)\pi\left(\frac{18\,\text{mm}}{2}\right)^2}$$

$$W_i = 3261{,}6\ \text{Nmm} = 3{,}26\ \text{Nm} = 3{,}26\ \text{J}$$

Beim Vergleich beider Ergebnisse miteinander ist erkennbar, dass Schraube B 20 % mehr elastische Energie speichert als Schraube A, da ihr Schaft einen kleineren Querschnitt besitzt.

Biegemoment Eine Biegebeanspruchung eines geraden prismatischen Stabes liefert unter der Voraussetzung reiner Biegung ebenfalls nur eine Normalspannung und deshalb können wir Gleichung (15.8) zur Bestimmung der gespeicherten Formänderungsenergie infolge Biegung erneut anwenden. Betrachten wir zum Beispiel den achsensymmetrischen Stabquerschnitt, dargestellt in Abbildung 15.9. Hier ist das innere Moment M und die resultierende Normalspannung an einem Schnittflächenelement dA in der Entfernung y von der z-Achse durch den Flächenschwerpunkt beträgt $\sigma = My/I$. Wenn das Volumen des Elements $dV = dA\ dx$ gegeben ist, worin dx die axiale Dicke darstellt, dann ergibt sich die Formänderungsenergie für einen elastischen Biegebalken in der Form

$$W_i = \int_V \frac{\sigma^2}{2E} dV = \int_V \frac{1}{2E}\left(\frac{My}{I}\right)^2 dA\,dx$$

oder

$$W_i = \int_0^L \frac{M^2}{2EI^2}\left(\int_A y^2 dA\right) dx$$

Wir sehen, dass das Flächenintegral das axiale Flächenträgheitsmoment des Stabes um die horizontale Schwerpunktachse verkörpert und können damit das Endergebnis wie folgt schreiben:

$$W_i = \int_0^L \frac{M^2}{2EI} dx \tag{15.17}$$

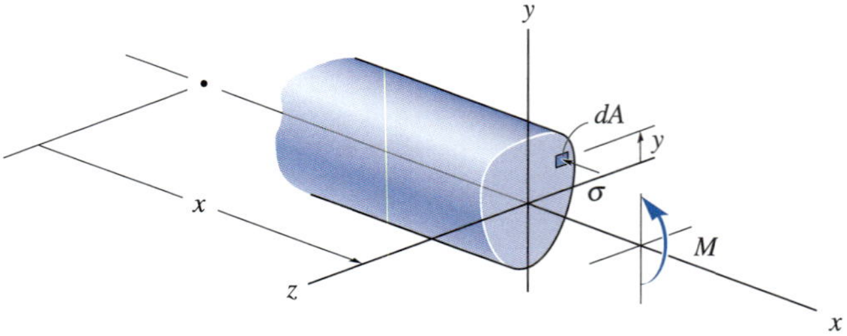

Abbildung 15.9

Zur Auswertung der Formänderungsenergie müssen wir offensichtlich zuerst das innere Moment als Funktion der Schnittkoordinate x entlang der Stabachse ausdrücken und danach über die gesamte Stablänge integrieren[3]. Die folgenden Beispiele illustrieren diese Vorgehensweise.

3 Es sei darauf hingewiesen, dass die Biegespannungsformel, wie sie hier angewendet wird, auch mit hinreichender Genauigkeit zur Bestimmung der Spannung bei schwach veränderlichem Querschnitt benutzt werden kann (siehe *Abschnitt 7.4*). So muss im allgemeinen Sinn das Flächenträgheitsmoment I in Gleichung (15.17) auch als Funktion von x formuliert werden.

Beispiel 15.2 Bestimmen Sie die Formänderungsenergie aufgrund einer elastischen Biegung des Kragträgers, wenn er einer gleichförmigen Streckenlast q_0 ausgesetzt ist, Abbildung 15.10a. Die Biegesteifigkeit EI ist konstant.

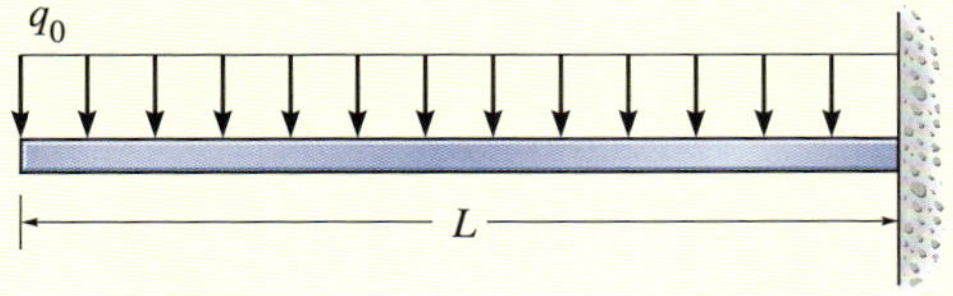

(a)

Lösung

Das innere Moment des Balkens wird unter Verwendung einer x-Koordinate berechnet, die ihren Ursprung am freien Ende hat und nach rechts gerichtet ist. Das frei geschnittene linke Balkensegment ist in Abbildung 15.10b dargestellt. Wir erhalten

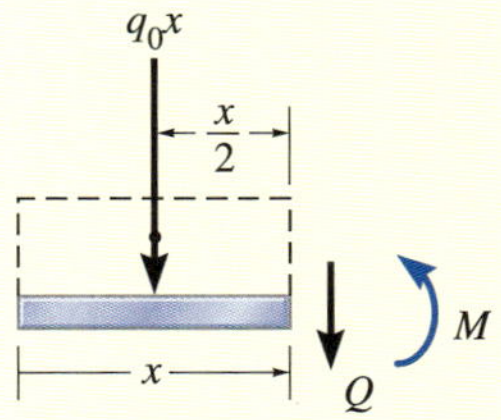

(b)

$$\sum M_{NA} = 0\,;\; M + q_0 x\left(\frac{x}{2}\right) = 0 \qquad M = -q_0\left(\frac{x^2}{2}\right)$$

Die Anwendung der Gleichung (15.17) ergibt

$$W_i = \int_0^L \frac{M^2 dx}{2EI} = \int_0^L \frac{\left[-q_0\left(x^2/2\right)\right]^2 dx}{2EI} = \frac{q_0^2}{8EI}\int_0^L x^4 dx$$

oder

$$W_i = \frac{q_0^2 L^5}{40EI}$$

Wir können die Formänderungsenergie auch unter Benutzung einer x-Koordinate auswerten, die von der Einspannung nach links gemessen wird und das frei geschnittene rechte Teilsystem betrachten, Abbildung 15.10c. Unter Beachtung der vorab berechneten Lagerreaktionen $A_y = q_0L$, $M_A = q_0L^2/2$ ergibt sich

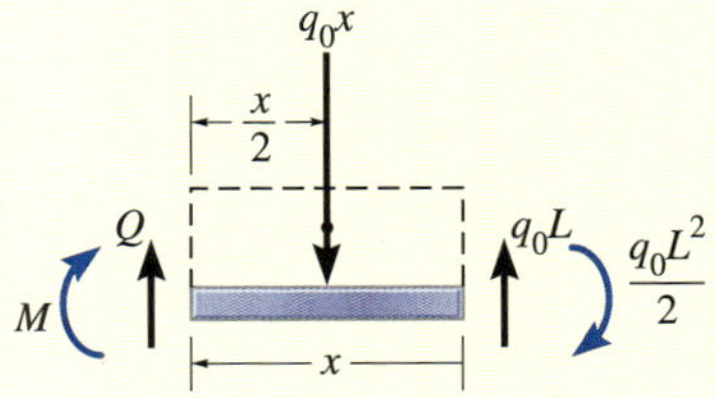

(c)

Abbildung 15.10

$$\sum M_{NA} = 0\,;\; -M - q_0 x\left(\frac{x}{2}\right) + q_0 L x - \frac{q_0 L^2}{2} = 0$$

$$M = -\frac{q_0 L^2}{2} + q_0 L x - q_0\left(\frac{x^2}{2}\right)$$

Die Auswertung von Gleichung (15.17) liefert das gleiche Ergebnis wie vorher.

Beispiel 15.3

Bestimmen sie die Formänderungsenergie infolge Biegung im Bereich AB des in Abbildung 15.11a dargestellten Balkens. Die Biegesteifigkeit EI ist konstant.

Lösung

Ein Freikörperbild des Balkens ist in Abbildung 15.11b wiedergegeben. Zur Lösung können wir das Schnittmoment als Funktion jeder der drei angegebenen x-Koordinaten ausdrücken und dann Gleichung (15.17) anwenden. Wir betrachten hier jede dieser Lösungen.

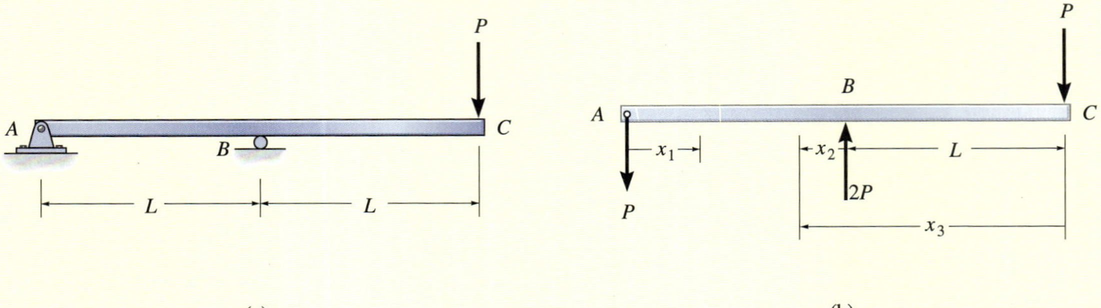

(a) (b)

$0 \le x_1 \le L$ Aus dem Freikörperbild von Abbildung 15.11c ergibt sich

$$\sum M_{NA} = 0\,; \qquad M_1 + Px_1 = 0 \qquad M_1 = -Px_1$$

$$W_i = \int \frac{M^2 dx}{2EI} = \int_0^L \frac{(-Px_1)^2\, dx_1}{2EI} = \frac{P^2L^3}{6EI}$$

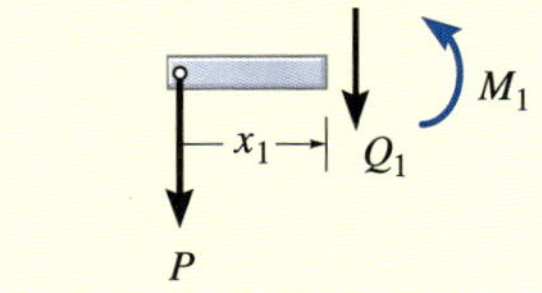

(c)

$0 \le x_2 \le L$ Die Situation am Freikörperbild des Schnittes aus Abbildung 15.11d ergibt

$$\sum M_{NA} = 0\,; \qquad -M_2 + 2P(x_2) - P(x_2 + L) = 0$$

$$M_2 = P(x_2 - L)$$

$$W_i = \int \frac{M^2 dx}{2EI} = \int_0^L \frac{\left[P\left(x_2 - L\right)\right]^2 dx_2}{2EI} = \frac{P^2}{2EI}\int_0^L \left(x_2 - L\right)^2 dx_2$$

$$= \frac{P^2}{2EI}\int_0^L (x_2^2 - 2x_2L + L^2)\, dx_2 = \frac{P^2}{2EI}\left[\frac{x_2^3}{3} - \frac{2}{2}x_2^2L + L^2x_2\right]_0^L$$

$$= \frac{P^2L^3}{6EI}$$

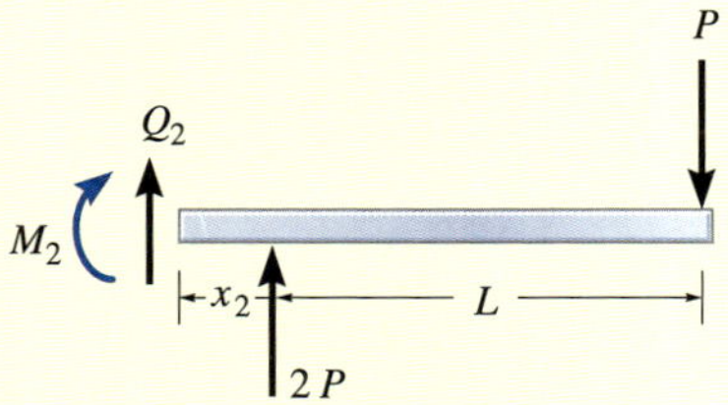

(d)

Abbildung 15.11

$L \leq x_3 \leq 2L$ Aus dem Freikörperbild von Abbildung 15.11e ergibt sich

$$\sum M_{NA} = 0\,; \qquad -M_3 + 2P(x_3 - L) - P(x_3) = 0$$

$$M_3 = P(x_3 - 2L)$$

$$W_i = \int \frac{M^2 dx}{2EI} = \int_L^{2L} \frac{\left[P(x_3 - 2L)\right]^2 dx_3}{2EI} = \frac{P^2}{2EI}\int_L^{2L} (x_3 - 2L)^2\, dx_3$$

$$= \frac{P^2}{2EI}\int_L^{2L} (x_3^2 - 4x_3 L + 4L^2)\, dx_3 = \frac{P^2}{2EI}\left[\frac{1}{3}x_3^3 - \frac{4}{2}x_3^2 L + 4L^2 x_3\right]_L^{2L}$$

$$= \frac{P^2 L^3}{6EI}$$

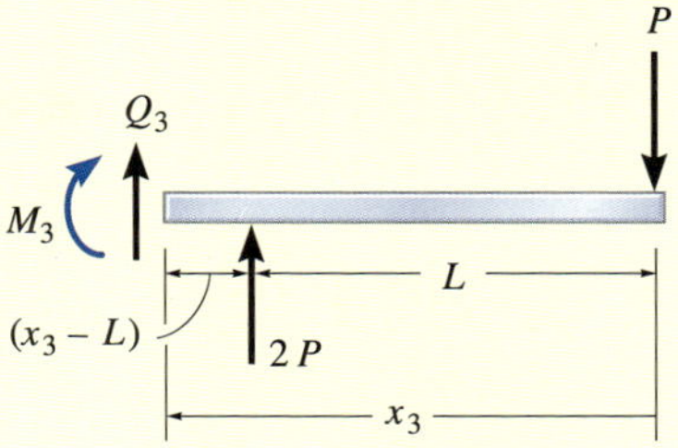

(e)

Abbildung 15.11

Dieses und das vorhergehende Beispiel verdeutlichen, dass die Formänderungsenergie für den Balken mit Hilfe *jeder* geeigneten x-Koordinate berechnet werden kann. Die Integration ist dann über den zugehörigen Koordinatenbereich zu erstrecken, für den die innere Energie bestimmt werden soll. Hier liefert die Wahl von x_1 den einfachsten Berechnungsweg.

Querkraftschub Die Formänderungsenergie, die infolge der Wirkung einer Schubspannung in einem Stab auftritt, wird über Gleichung (15.11) ermittelt. Als Beispiel betrachten wir einen prismatischen Stab mit der y-Achse als Symmetrieachse, siehe Abbildung 15.12. Bei Vorliegen einer inneren Querkraft Q am Schnitt x ergibt sich die Schubspannung, die an dem Volumenelement der axialen Dicke dx und der Fläche dA auftritt, zu $\tau = QS/It$. Setzt man diesen Ausdruck in Gleichung (15.11) ein, dann ergibt sich die Formänderungsenergie zu

$$W_i = \int_V \frac{\tau^2}{2G} dV = \int_V \frac{1}{2G}\left(\frac{QS}{It}\right)^2 dA\, dx$$

$$W_i = \int_0^L \frac{Q^2}{2GI^2}\left(\int_A \frac{S^2}{t^2} dA\right) dx$$

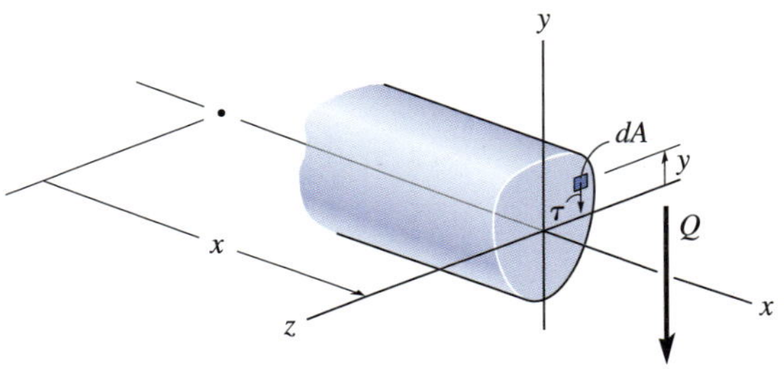

Abbildung 15.12

Das Integral in der Klammer wird über der Querschnittsfläche des Stabes berechnet. Zur Vereinfachung des erhaltenen Ausdrucks definieren wir einen *Formfaktor* für Schub und zwar

$$\chi_S = \frac{A}{I^2}\int_A \frac{S^2}{t^2}dA \tag{15.18}$$

Wir verwenden diese Beziehung in der entsprechenden Gleichung und erhalten

$$W_i = \int_0^L \frac{\chi_S Q^2 dx}{2GA} \tag{15.19}$$

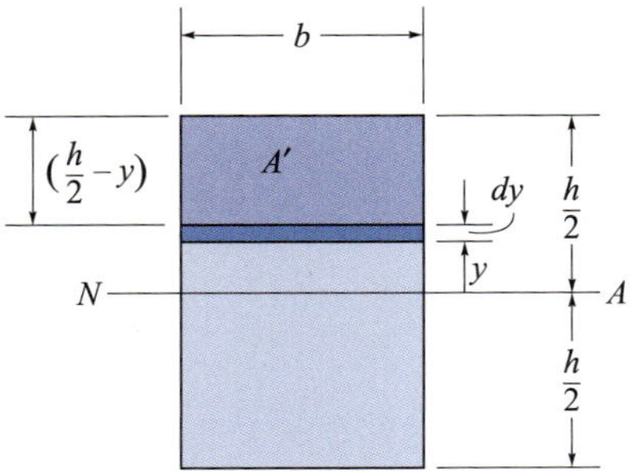

Abbildung 15.13

Der durch Gleichung (15.18) definierte Formfaktor ist eine dimensionslose Größe, abhängig von der speziellen Form der Querschnittsfläche. Besitzt der Stab zum Beispiel einen rechteckigen Querschnitt der Breite b und der Höhe h, Abbildung 15.13, dann ergibt sich beispielsweise

$$t = b$$

$$A = bh$$

$$I = \frac{1}{12}bh^3$$

$$S = \bar{y}'A' = \left(y + \frac{(h/2)-y}{2}\right)b\left(\frac{h}{2}-y\right) = \frac{b}{2}\left(\frac{h^2}{4}-y^2\right)$$

Durch Einsetzen des statischen Moments S in Gleichung (15.18) erhalten wir

$$\chi_S = \frac{bh}{\left(\frac{1}{12}bh^3\right)^2}\int_{-h/2}^{h/2}\frac{b^2}{4b^2}\left(\frac{h^2}{4}-y^2\right)^2 b\,dy = \frac{6}{5} \tag{15.20}$$

Für andere Querschnitte kann der Formfaktor in ähnlicher Weise bestimmt werden. Nach seiner Ermittlung setzt man diesen Wert in Gleichung (15.19) ein und kann dann die Formänderungsenergie für Querkraftschub ermitteln.

Beispiel 15.4 Bestimmen Sie die Formänderungsenergie in dem Kragträger infolge Schubwirkung, wenn der Balken einen quadratischen Querschnitt (Seitenlänge a) besitzt und die Streckenlast q_0 angreift, Abbildung 15.14a. Die Elastizitätskonstanten E und G sind konstant.

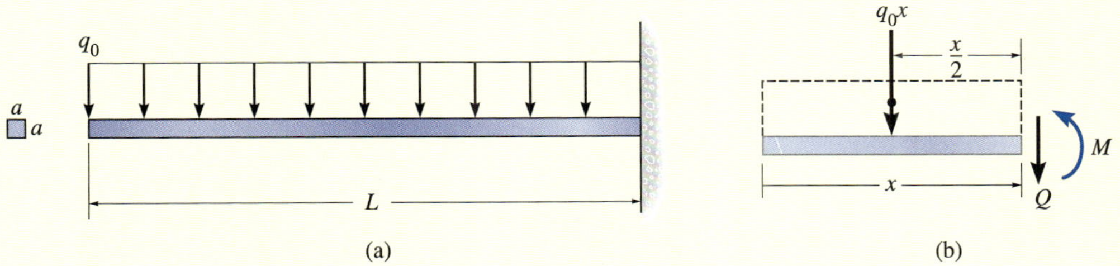

Abbildung 15.14

Lösung

Aus dem Freikörperbild des gewählten linken Teilsystems mit der allgemeinen vom linken Trägerende gemessenen Schnittstelle x, Abbildung 15.14b, ergibt sich

$$\sum F_y = 0\,; \qquad -Q - q_0 x = 0$$

$$Q = -q_0 x$$

Die Querschnittsfläche ist quadratisch, damit ist der Formfaktor $\chi_S = 6/5$, Gleichung (15.20). Somit erhält Gleichung (15.19) die Form

$$(W_i)_S = \int_0^L \frac{\frac{6}{5}(-q_0 x)^2\, dx}{2GA} = \frac{3q_0^2}{5GA}\int_0^L x^2 dx$$

$$(W_i)_S = \frac{q_0^2 L^3}{5GA}$$

Bei Verwendung der Ergebnisse von Beispiel 15.2 mit $A = a^2$, $I = a^4/12$ ist das Verhältnis der Formänderungsenergie von Schub- und Biegespannung

$$\frac{(W_i)_S}{(W_i)_B} = \frac{q_0^2 L^3}{5Ga^2}\,\frac{40E\left(\frac{1}{12}a^4\right)}{q_0^2 L^5} = \frac{2}{3}\left(\frac{a}{L}\right)^2 \frac{E}{G}$$

Weil $G = E/2(1+\nu)$ und $\nu \le \frac{1}{2}$ gilt (*Abschnitt 11.6*), ist die Obergrenze $E = 3G$, so dass sich als maximaler Grenzwert

$$\frac{(W_i)_S}{(W_i)_B} = 2\left(\frac{a}{L}\right)^2$$

ergeben kann. Es ist erkennbar, dass sich das Verhältnis vergrößert, wenn L kleiner wird. Für sehr kurze Balken mit z.B. $L = 5a$ ist der Anteil der Schub-Formänderungsenergie allerdings immer noch nur 8% der Biege-Formänderungsenergie. Aus diesem Grund wird die gespeicherte Schub-Formänderungsenergie bei der ingenieurtechnischen Bemessung von Balken üblicherweise vernachlässigt.

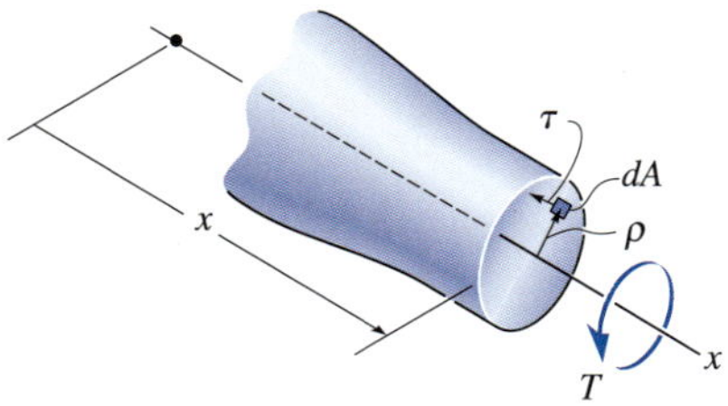

Abbildung 15.15

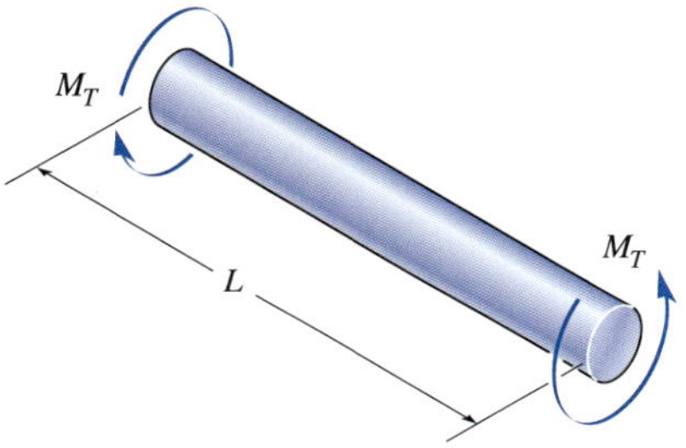

Abbildung 15.16

Torsionsmoment Zur Bestimmung der inneren Formänderungsenergie infolge eines inneren Torsionsmoments bei Wellen oder Rohren mit Kreisquerschnitt wenden wir Gleichung (15.11) an. Betrachten wir die Welle mit schwach veränderlichem Querschnitt in Abbildung 15.15. Am Schnitt in der Entfernung x vom Wellenende tritt ein inneres Torsionsmoment T auf. Die resultierende Schubspannungsverteilung ändert sich vom Zentrum des Wellenquerschnitts mit null beginnend linear mit dem radialen Abstand ρ. An einem Volumenelement der axialen Dicke dx mit der Fläche dA ist die Spannung $\tau = T\rho/I_p$ mit dem polaren Flächenträgheitsmoment I_p. Die gespeicherte Formänderungsenergie ist demzufolge

$$W_i = \int_V \frac{\tau^2}{2G} dV = \int_A \int_L \frac{1}{2G}\left(\frac{T\rho}{I_p}\right)^2 dA\,dx = \int_0^L \frac{T^2}{2G{I_p}^2}\left(\int_A \rho^2 dA\right)dx$$

Weil das Integral das polare Trägheitsmoment I_p für die Welle an diesem Schnitt verkörpert, kann das Endergebnis in der Form

$$W_i = \int_0^L \frac{T^2}{2GI_p} dx \tag{15.21}$$

vereinfacht werden. Der häufigste Fall ist der, dass die Welle (oder das Rohr) eine konstante Querschnittsfläche besitzt und das auftretende Torsionsmoment konstant ist und mit dem Lastmoment übereinstimmt ($T = M_T$), Abbildung 15.16. Die Integration von Gleichung (15.21) ergibt dann

$$W_i = \frac{T^2 L}{2GI_p} = \frac{M_T^2 L}{2GI_p} \tag{15.22}$$

Aus dieser Gleichung können wir folgern, dass genau wie bei axial belasteten Stäben die Energieaufnahme einer torsionsbeanspruchten Welle bei gegebener Belastung *abnimmt*, wenn der Durchmesser der Welle zunimmt, da dieser I_p erhöht. Die maximale Energie, die eine Torsionswelle aufnehmen kann, d.h. ihre Energieaufnahmekapazität bei gegebener Spannung τ_{max} am Außenrand, beträgt für eine Welle mit Kreisquerschnitt

$$W_{max} = \frac{\tau_{max}^2 L}{2G} \cdot \frac{I_p}{R^2} = \frac{\tau_{max}^2 L}{2G} \cdot \frac{\pi R^4/2}{R^2} \Rightarrow W_{max} = \frac{\tau_{max}^2 L}{2G} \cdot \frac{\pi R^2}{2}$$

Wird die Welle bis zur Belastungsgrenze tordiert, so steigt die gespeicherte Energie sehr wohl mit zunehmendem Radius der Welle quadratisch an.

Gleichung (15.22) muss modifiziert werden, wenn der Querschnitt der Welle oder des Rohres nicht voll- oder hohlkreisförmig ist. Ist er zum Beispiel rechteckig und hat die Abmessung $h > b$, dann kann mit Hilfe einer Berechnung auf der Grundlage der Elastizitätstheorie gezeigt werden, dass die Formänderungsenergie in der Welle mit

$$W_i = \frac{T^2 L}{2Cb^3hG} = \frac{M_T^2 L}{2Cb^3hG} \tag{15.23}$$

bestimmt wird, wobei C über

$$C = \frac{1}{16}\left[\frac{16}{3} - 3{,}336\frac{b}{h}\left(1 - \frac{b^4}{12h^4}\right)\right] \tag{15.24}$$

zu berechnen ist. Das folgende Beispiel illustriert die Bestimmung der Formänderungsenergie in einer Welle infolge Torsion.

Beispiel 15.5 Das Kreisrohr, Abbildung 15.17a, ist in der Wand eingespannt und durch die beiden Drehmomente belastet. Bestimmen Sie die gespeicherte Formänderungsenergie im Rohr infolge der auftretenden Torsionsbeanspruchung.

$M_{T1} = 40$ Nm, $M_{T2} = 55$ Nm, $t = 15$ mm, $r_a = 80$ mm, $l_1 = 750$ mm, $l_2 = 300$ mm, $G = 75$ GPa

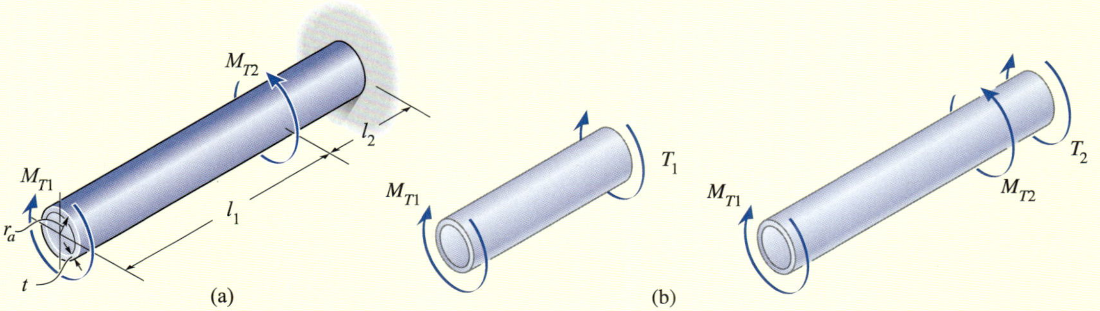

Abbildung 15.17

Lösung

Es wird zunächst durch entsprechendes Freischneiden das innere Torsionsmoment bestimmt, das bereichsweise konstant ist, wobei zwei Bereiche auftreten, Abbildung 15.17b:

$$\sum M_1 = 0\,; \qquad M_{T1} + T_1 = 0 \qquad T_1 = -M_{T1} = -40 \text{ Nm}$$

$$\sum M_2 = 0\,; \qquad T_2 - M_{T2} + M_{T1} = 0 \qquad T_2 = M_{T2} - M_{T1} = 15 \text{ Nm}$$

Obwohl sich diese Torsionsmomente in der Wirkrichtung unterscheiden, hat dies keinen Einfluss auf die Bestimmung der Formänderungsenergie, da das Torsionsmoment in Gleichung (15.22) quadratisch auftritt. Anders gesagt, die Formänderungsenergie ist immer positiv. Das polare Trägheitsmoment für die Welle ist

$$I_p = \frac{\pi}{2}\left(r_a^4 - r_i^4\right) = \frac{\pi}{2}\left[(0{,}08\,\text{m})^4 - (0{,}065\,\text{m})^4\right]$$

$$I_p = 36{,}3(10^{-6})\text{ m}^4$$

Mit Gleichung (15.22) erhalten wir

$$W_i = \sum \frac{T^2 L}{2GI_p} = \frac{T_1^2 l_1}{2GI_p} + \frac{T_2^2 l_2}{2GI_p}$$

$$= \frac{(-40\,\text{Nm})^2(0{,}75\,\text{m})}{2\left[75(10^9)\,\text{N/m}^2\right]\left[36{,}30(10^{-6})\,\text{m}^4\right]} + \frac{(15\,\text{Nm})^2(0{,}30\,\text{m})}{2\left[75(10^9)\,\text{N/m}^2\right]\left[36{,}30(10^{-6})\,\text{m}^4\right]}$$

$$W_i = 233\ \mu\text{J}$$

Wichtige Punkte zur Lösung von Aufgaben

- Eine *Kraft* verrichtet Arbeit, wenn sie sich entlang eines Weges *verschiebt*. Bei einem allmählichen, linearen Anstieg der Größe der Kraft von null auf den Wert F errechnet sich die Arbeit gemäß $W = (F/2)\Delta$, im Fall einer konstanten Kraftwirkung während der Verschiebung ist die Arbeit $W = F\Delta$.
- Ein *Moment* verrichtet Arbeit, wenn es bei einer *Rotation* eine Winkeländerung erfährt.
- Die *Formänderungsenergie* wird durch die innere Arbeit der Normal- und Schubspannungen hervorgerufen. Ihre Größe ist immer *positiv*.
- Die Formänderungsenergie kann durch die inneren Schnittgrößen N, Q, M und T ausgedrückt werden.
- Mit zunehmender Balkenlänge nimmt der Querkrafteinfluss und damit der Einfluss der Schubverformung auf die Formänderungsenergie infolge der Biegung immer weiter ab. Aus diesem Grund kann die *Schub-Formänderungsenergie* in den meisten Anwendungsfällen *vernachlässigt* werden.

15.3 Energieerhaltung

Die meisten in der Technischen Mechanik verwendeten Energiemethoden beruhen auf dem Energiegleichgewicht, auch als Energieerhaltung bezeichnet. Im Sinne der Technischen Mechanik berücksichtigen wir in diesem Kapitel in der Energiebilanz lediglich die mechanische Energie, d.h., alle durch Wärme, chemische Reaktionen und elektromagnetische Effekte erzeugte Energie wird hier vernachlässigt. Wenn demzufolge eine Belastung auf einen Körper hinreichend *langsam* einwirkt, so dass gleichfalls die kinetische Energie vernachlässigt werden kann, dann haben die äußeren Belastungen das Bestreben, den Körper so zu verformen, dass diese Belastungen dabei eine *äußere Arbeit* W_a verrichten. Diese infolge der Belastungen verursachte äußere Arbeit wird daraufhin in eine im Körper gespeicherte innere Arbeit oder Formänderungsenergie W_i umgewandelt. Bei einer nachfolgenden Entlastung des Körpers wird diese gespeicherte Formänderungsenergie wieder freigesetzt und bringt den Körper in seine ursprüngliche, unverformte Ausgangskonfiguration zurück. Voraussetzung dafür ist, dass die elastische Grenze beim Belasten des Körpers nicht überschritten wurde. Die dafür geltende Energieerhaltung kann man für einen Körper deshalb mathematisch auf folgende Art formulieren:

$$W_a = W_i \tag{15.25}$$

Wir stellen im folgenden drei Beispiele vor, wie diese Gleichung zur Bestimmung der Verschiebung eines Punktes an einem verformbaren Bauteil angewendet werden kann. Im ersten Beispiel betrachten wir das

Tragwerk in Abbildung 15.18, das durch die bekannte Kraft P belastet wird. Unter der Voraussetzung, dass P allmählich einwirkt, wird die dadurch verrichtete äußere Arbeit über Gleichung (15.2) bestimmt, d.h. $W_a = \frac{1}{2}P\Delta$, wobei Δ die vertikale Verschiebung des Tragwerks an dem Knotenpunkt ist, an dem P angreift. Unter der Annahme, dass P eine Normalkraft N in einem bestimmten Bauelement erzeugt, kann die in diesem Bauteil gespeicherte Formänderungsenergie aus Gleichung (15.16) ermittelt werden, d.h. $W_i = N^2L/(2AE)$. Bei Aufsummierung der Formänderungsenergieanteile für alle Komponenten des Tragwerkes können wir Gleichung (15.25) in folgender Form schreiben:

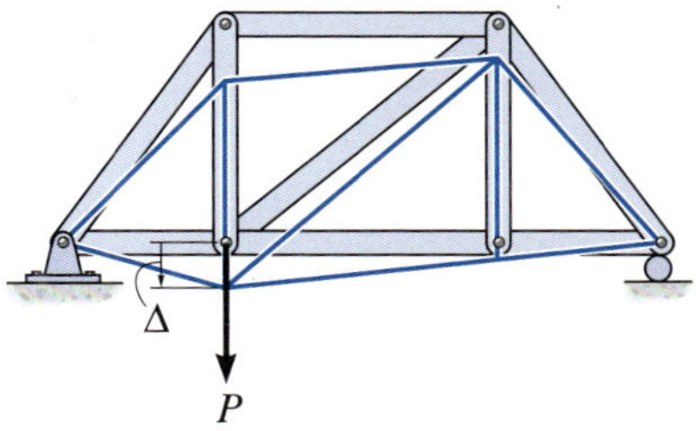

Abbildung 15.18

$$\frac{1}{2}P\Delta = \sum \frac{N^2L}{2EA} \tag{15.26}$$

Nach der Bestimmung der inneren Kräfte (N) in allen Tragwerksteilen sowie der Berechnung der Gleichungsterme auf der rechten Seite ist es sodann möglich, die unbekannte Verschiebung Δ zu ermitteln.

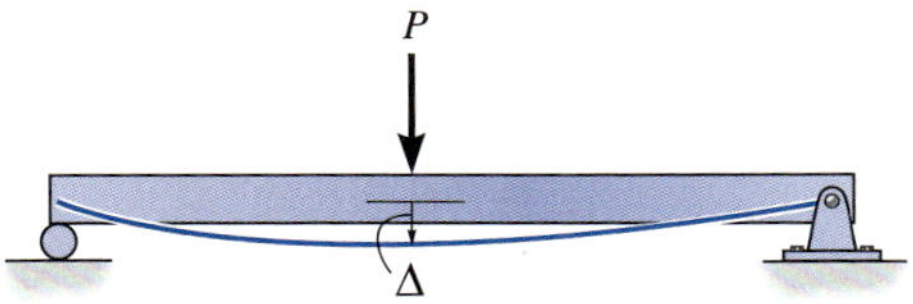

Abbildung 15.19

Im zweiten Beispiel betrachten wir die Ermittlung der Durchbiegung Δ unter Einwirkung der bekannten Last P, die an dem Balken in Abbildung 15.19 angreift. Die verrichtete äußere Arbeit ist hier wieder $W_a = \frac{1}{2}P\Delta$. In diesem Fall setzt sich die Formänderungsenergie allerdings aus der Wirkung der infolge P verursachten inneren Querkraft und des auftretenden Biegemomentes zusammen. Speziell wird der durch die Schubspannungen entstehende Anteil der Formänderungsenergie bei den meisten Problemen der Balkenbiegung *vernachlässigt*, es sei denn, der Balken ist vergleichsweise kurz und er nimmt eine sehr hohe Belastung auf (siehe Beispiel 15.4). Demzufolge wird die Formänderungsenergie des Balkens im Wesentlichen durch das innere Biegemoment M bestimmt und demzufolge kann mit Hilfe von Gleichung (15.17) die Beziehung (15.25) wie folgt geschrieben werden:

$$\frac{1}{2}P\Delta = \int_0^L \frac{M^2}{2EI}dx \tag{15.27}$$

Nachdem wir M als Funktion der Durchlaufkoordinate formuliert und das Integral ausgewertet haben, können wir Δ bestimmen.

Im letzten Beispiel betrachten wir einen Kragträger, der durch das Moment M_0 eines Kräftepaares belastet wird, Abbildung 15.20. Dieses Moment verursacht einen Neigungswinkel θ der Balkenachse an der Stelle, an der das Moment angreift. Da das Moment nur eine Arbeit verrichtet, wenn eine Winkeländerung auftritt, ergibt sich gemäß Gleichung (15.5) die äußere Arbeit zu $W_a = \frac{1}{2} M_0 \theta$. Deshalb lautet Gleichung (15.25)

$$\frac{1}{2} M_0 \theta = \int_0^L \frac{M^2}{2EI} dx \qquad (15.28)$$

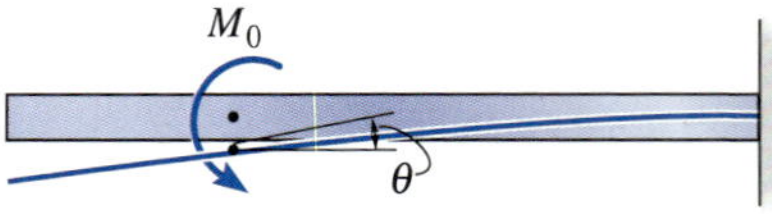

Abbildung 15.20

Offensichtlich bestimmt man die Formänderungsenergie als Ergebnis des inneren Biegemoments M, das durch die Einwirkung des äußeren Moments M_0 hervorgerufen wird. Nach Formulierung von M als Funktion der Durchlaufkoordinate x und Berechnung der Formänderungsenergie kann dann im Weiteren θ berechnet werden.

Bei jedem der drei Beispiele sollte darauf geachtet werden, dass die Anwendung von Gleichung (15.25) *begrenzt* ist, denn es darf nur eine *einzelne* externe Kraft oder ein *einzelnes* Moment an dem Bauteil wirken. Anders ausgedrückt: Die räumliche Verschiebung kann *nur* am Angriffspunkt und in Wirkrichtung der äußeren Kraft oder des äußeren Moments berechnet werden. Bei Einwirkung von mehr als einer äußeren Kraft oder eines äußeren Moments würde die verrichtete äußere Arbeit die zu jeder Belastung gehörende, unbekannte Verschiebung mit einbeziehen. Als Konsequenz könnten *alle* diese unbekannten Verschiebungen nicht bestimmt werden, denn für die Lösung steht nur die einzige Gleichung (15.25) zur Verfügung. Obwohl die Anwendung der Energierhaltungsgleichung die hier beschriebenen Einschränkungen besitzt, dient sie als Einführung für allgemeinere Energiemethoden, die wir im Laufe des Kapitels noch kennen lernen werden. Insbesondere zeigen wir in den folgenden Abschnitten dieses Kapitels, dass wir durch eine Modifizierung der Methode bei der Anwendung des Energieerhaltungssatzes in der Lage sein werden, eine vollständige Verformungsanalyse eines Bauteils durchzuführen.

Beispiel 15.6 Das dreigliedrige Fachwerk in Abbildung 15.21a ist durch eine Horizontalkraft F belastet. Bestimmen Sie bei einem für jedes Element gegebenen Querschnitt A die horizontale Verschiebung am Punkt B.

$F = 20$ kN, $A = 100$ mm², $b = 1$ m, $\alpha = 30°$, $c = 2$ m, $E = 200$ GPa

Lösung

Wir können hier den Energieerhaltungssatz zur Lösung der Aufgabe heranziehen, denn an dem Tragwerk greift nur eine *einzelne* äußere Kraft an, und die sich einstellende Verschiebung ist mit der Kraftwirkung *gleichgerichtet*. Die Reaktionskräfte verrichten keine Arbeit, denn ihre Angriffspunkte verschieben sich (in Kraftrichtung) nicht.

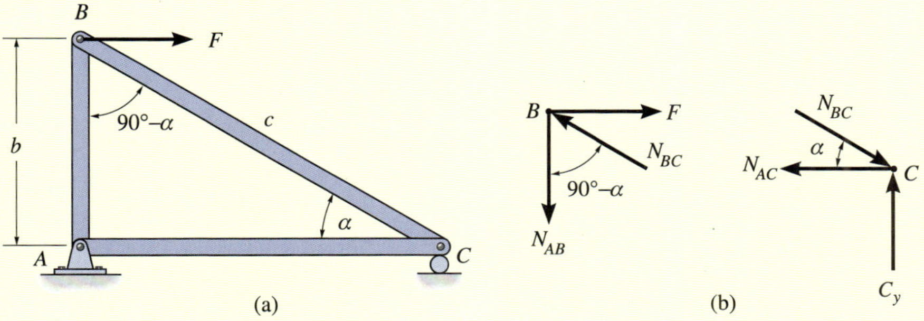

Abbildung 15.21

Mit Hilfe des Knotenpunktverfahrens wird die Kraftwirkung in jedem Fachwerkstab bestimmt, die in den Freikörperbildern der Punkte B und C angegeben sind, Abbildung 15.21b.

Punkt B:

$$N_{BC} = \frac{F}{\cos\alpha} = \frac{F}{\cos 30°} = \frac{20\,\text{kN}}{0{,}866}$$

$$N_{BC} = 23{,}094 \text{ kN}$$

$$N_{AB} = N_{BC}\sin\alpha = N_{BC}\sin 30° = (23{,}094\,\text{kN})(0{,}5)$$

$$N_{AB} = 11{,}547 \text{ kN}$$

Punkt C:

$$N_{AC} = N_{BC}\cos\alpha = N_{BC}\cos 30° = (23{,}094 \text{ kN})\ (0.866)$$

$$N_{AC} = 20 \text{ kN}$$

Bei Anwendung von Gleichung (15.26) erhalten wir

$$\frac{1}{2}P\Delta = \sum \frac{N^2 L}{2AE}$$

$$\frac{1}{2}F(\Delta_B)_h = \frac{(N_{AB})^2 b}{2AE} + \frac{(N_{BC})^2 c}{2AE} + \frac{(N_{AC})^2 c(\cos 30°)}{2AE}$$

$$\frac{1}{2}20(10^3)\mathrm{N}(\Delta_B)_h = \frac{\left[11{,}547(10^3)\mathrm{N}\right]^2(1\,\mathrm{m})}{2AE} + \frac{\left[(-23{,}094)(10^3)\mathrm{N}\right]^2(2\,\mathrm{m})}{2AE} + \frac{\left[(-20)(10^3)\mathrm{N}\right]^2(2\,\mathrm{m})(0{,}866)}{2AE}$$

$$(\Delta_B)_h = \frac{94{,}64(10^3)\,\mathrm{Nm}}{AE}$$

Beachten Sie, dass es infolge der Quadrierung von N nicht von Belang ist, ob ein Stab auf Zug oder Druck beansprucht wird. Wir setzen nun für A und E die Zahlenwerte ein und erhalten

$$(\Delta_B)_h = \frac{94{,}64(10^3)\,\mathrm{Nm}}{(100\,\mathrm{mm}^2)(1\,\mathrm{m}/1000\,\mathrm{mm})^2\,200(10^9)\,\mathrm{N/m}^2}$$

$$(\Delta_B)_h = 4{,}73(10^{-3})\,\mathrm{m} = 4{,}73\,\mathrm{mm}$$

Beispiel 15.7

Der Kragträger in Abbildung 15.22a hat einen rechteckigen Querschnitt und ist an seinem freien Ende der Last P ausgesetzt. Bestimmen Sie die Verschiebung der Last. Die Biegesteifigkeit EI ist konstant.

Lösung

In dem Träger werden die innere Querkraft Q und das Biegemoment M als Funktion von x durch einen geeigneten Freischnitt bestimmt, Abbildung 15.22b.

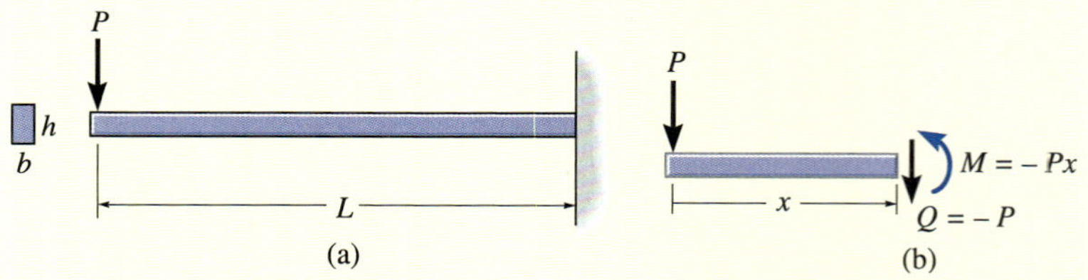

Abbildung 15.22

Bei Anwendung der Gleichung (15.25) berücksichtigen wir die Formänderungsenergie infolge Querkraft- und Biegemomentbeanspruchung. Unter Verwendung der Gleichungen (15.19) und (15.17) erhalten wir

$$\begin{aligned}\frac{1}{2}P\Delta &= \int_0^L \frac{\chi_S Q^2 dx}{2GA} + \int_0^L \frac{M^2 dx}{2EI} \\ &= \int_0^L \frac{\left(\frac{6}{5}\right)(-P)^2\, dx}{2GA} + \int_0^L \frac{(-Px)^2\, dx}{2EI} = \frac{3P^2L}{5GA} + \frac{P^2L^3}{6EI}\end{aligned} \tag{1}$$

Der erste Term auf der rechten Seite der Gleichung repräsentiert die Formänderungsenergie aufgrund der Querkraft, während der zweite die Formänderungsenergie infolge Biegung verkörpert. Wie in Beispiel 15.4 dargelegt, ist die Querkraft-Formänderungsenergie im Allgemeinen viel kleiner als diejenige infolge von Biegung. Zur Verdeutlichung, unter welchen Voraussetzungen dies für den Träger in Abbildung 15.22a der Fall ist, wird folgende Ungleichung näher untersucht:

$$\begin{aligned}\frac{3}{5}\frac{P^2L}{GA} &< \frac{P^2L^3}{6EI} \\ \frac{3}{5}\frac{P^2L}{G(bh)} &< \frac{P^2L^3}{6E\left[\frac{1}{12}\left(bh^3\right)\right]} \\ \frac{3}{5G} &< \frac{2L^2}{Eh^2}\end{aligned}$$

Weil $E \leq 3G$ ist (siehe Beispiel 15.4), muss

$$\begin{aligned}&\frac{2L^2}{Eh^2} > \frac{2L^2}{3Gh^2} > \frac{3}{5G}, \\ &\text{d.h.} \quad \left(\frac{L}{h}\right)^2 > 0.9\end{aligned}$$

gelten. Wenn somit h klein und L relativ groß im Vergleich zu h ist, dann hat der Träger eine schlanke Gestalt und die Querkraft-Formänderungsenergie kann tatsächlich vernachlässigt werden. Mit anderen Worten: Die *Querkraft-Formänderungsenergie* ist *nur* für *kurze, dicke Träger* von Bedeutung. Träger, für die z.B. $L = 5h$ gilt, haben eine 28-fach höhere Biegungs-als Querkraft-Formänderungsenergie, d.h. die Vernachlässigung der Schubverformung ruft einen Fehler von ca. $3{,}6\ \%$ hervor. Unter Berücksichtigung dieser Tatsache kann Gleichung (1) als

$$\frac{1}{2}P\Delta = \frac{P^2L^3}{6EI}$$

bzw.

$$\Delta = \frac{PL^3}{3EI}$$

vereinfacht werden.

15.4 Stoßartige Belastung

Bisher haben wir Belastungen berücksichtigt, die an einem Körper allmählich oder schrittweise aufgebracht werden und nach Erreichen des Maximalwertes konstant bleiben. Einige Belastungsarten sind aber dynamisch, d.h. sie verändern sich mit der Zeit. Ein typisches Beispiel ist die Beanspruchung eines Bauteils infolge Kollision mit einem anderen Objekt. Diese Art der Krafteinwirkung wird Stoßbelastung genannt. Im Besonderen tritt ein ***Stoß*** auf, wenn ein Objekt auf ein anderes aufschlägt, so dass sich über einen sehr kurzen Zeitraum zwischen den Objekten große Kräfte entwickeln.

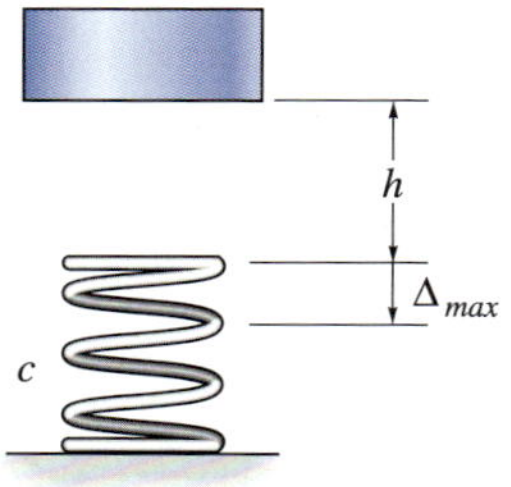

Abbildung 15.23

Wenn wir annehmen, dass während des Stoßes keine Energie verloren geht, können wir die Stossmechanik mit Hilfe des Energieerhaltungssatzes studieren. Zur Verdeutlichung der Vorgehensweise analysieren wir zunächst die Bewegung eines einfachen Masse-Feder-Systems gemäß Abbildung 15.23.

Wenn die Masse aus der Ruhelage losgelassen wird, dann stößt sie nach Durchlaufen der Fallhöhe h auf die Feder auf und drückt sie um die Strecke Δ_{max} zusammen, bevor sie momentan zur Ruhe kommt. Wenn wir die Masse der Feder vernachlässigen und annehmen, dass die Feder elastisch ist, dann muss laut Energieerhaltungssatz gelten, dass die kinetische Energie der fallenden Masse in gespeicherte Formänderungsenergie der Feder umgewandelt wird, oder anders ausgedrückt: Die durch das Gewicht der Masse verrichtete Arbeit beim Durchlaufen des Gesamtweges $h + \Delta_{max}$ ist gleich der Arbeit, die aufgebracht werden muss, um das Ende der Feder um den Betrag Δ_{max} zusammen zu drücken. Da die Federkraft zur Federzusammendrückung Δ_{max} über die Gleichung $F = c\,\Delta_{max}$ in Beziehung steht, wobei c die Federkonstante ist, erhalten wir bei Anwendung des Energieerhaltungssatzes und Gleichung (14.2) das Ergebnis

$$
\begin{aligned}
W_a &= W_i \\
F_G\left(h+\Delta_{max}\right) &= \frac{1}{2}\left(c\Delta_{max}\right)\Delta_{max} \\
F_G\left(h+\Delta_{max}\right) &= \frac{1}{2}c\Delta_{max}^2 \\
\Delta_{max}^2 - \frac{2F_G}{c}\Delta_{max} - 2\left(\frac{F_G}{c}\right)h &= 0
\end{aligned}
\qquad (15.29)
$$

Diese Stoßbarriere ist dafür vorgesehen, die Stoßbelastung von langsam bewegten Fahrzeugen aufzunehmen.

Diese quadratische Gleichung für Δ_{max} kann man lösen und erhält als Maximalwert

$$\Delta_{max} = \frac{F_G}{c} + \sqrt{\left(\frac{F_G}{c}\right)^2 + 2\left(\frac{F_G}{c}\right)h}$$

Wenn die Gewichtskraft F_G auf die Feder quasistatisch einwirkt, dann ist die maximale Zusammendrückung der Feder $\Delta_{st} = F_G / c$. Bei Anwendung dieser Vereinfachung nimmt die hergeleitete Gleichung die Form

$$\Delta_{max} = \Delta_{st} + \sqrt{(\Delta_{st})^2 + 2\Delta_{st} h}$$

oder

$$\Delta_{max} = \Delta_{st}\left[1 + \sqrt{1 + 2\left(\frac{h}{\Delta_{st}}\right)}\right] \tag{15.30}$$

an. Nach der Berechnung von Δ_{max} kann die in der Feder auftretende Maximalkraft als

$$F_{max} = c\Delta_{max} \tag{15.31}$$

bestimmt werden. Es sollte allerdings beachtet werden, dass diese Kraft und die zugehörige Verschiebung nur während eines kurzen *Augenblicks* auftreten. Unter der Voraussetzung, dass die Masse von der Feder nicht zurückprallt, beginnt die Feder mit der Masse zu schwingen, bis die Bewegung infolge Dämpfung abgeklungen ist und die Masse in der statischen Position Δ_{st} zur Ruhe kommt. Achten Sie aber darauf, dass sich die maximale Verschiebung der Masse für den Fall, dass sie unmittelbar über der Feder bei $h = 0$ gehalten und dann fallen gelassen wird, aus Gleichung (15.30) zu

$$\Delta_{max} = 2\Delta_{st}$$

ergibt. Anders gesagt: Lässt man die Masse unmittelbar aus einer Lage los, in der die Feder entspannt ist, dann ist die maximale Zusammendrückung der Feder doppelt so groß (dynamische Belastung) wie beim Aufsetzen auf die Feder und einer langsamen geführten Bewegung der Masse gegen die Feder nach unten (statische Belastung).

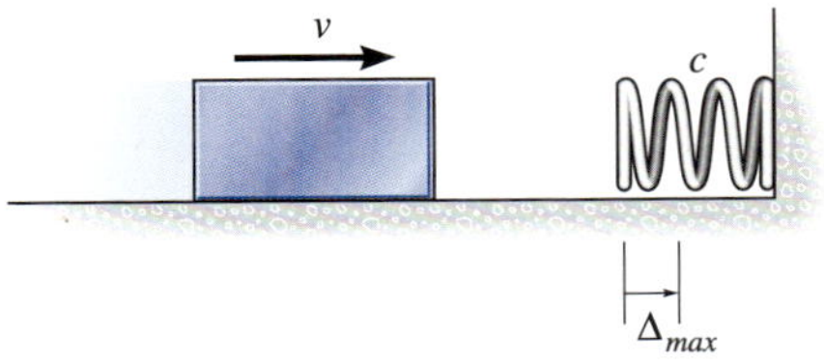

Abbildung 15.24

Mit Hilfe einer ähnlichen Rechnung kann man die maximale Verschiebung des Federendes für den Fall bestimmen, dass eine Masse auf einer horizontalen, glatten Unterlage mit einer bekannten Geschwindigkeit v gleitet, bevor sie auf die Feder stößt, Abbildung 15.24. Hierbei wird die kinetische Energie[4] $\frac{1}{2}(G/g)v^2$ der Masse in gespeicherte Federenergie umgewandelt.

4 In Hibbeler „Technische Mechanik – Dynamik" wird gezeigt, dass die Bewegungsenergie (kinetische Energie) eines Massenpunktes $mv^2/2$ beträgt, wobei die Masse m der „schweren Masse" $m = G/g$ entspricht.

Somit ergibt sich

$$W_a = W_i$$
$$\frac{1}{2}\left(\frac{G}{g}\right)v^2 = \frac{1}{2}c\Delta_{max}^2 \tag{15.32}$$
$$\Delta_{max} = \sqrt{\frac{Gv^2}{gc}}$$

Da die statische Verschiebung der Feder infolge einer darauf ruhenden Gewichtskraft G die Größe $\Delta_{st} = G/c$ annimmt, wird damit

$$\Delta_{max} = \sqrt{\frac{\Delta_{st}v^2}{g}} \tag{15.33}$$

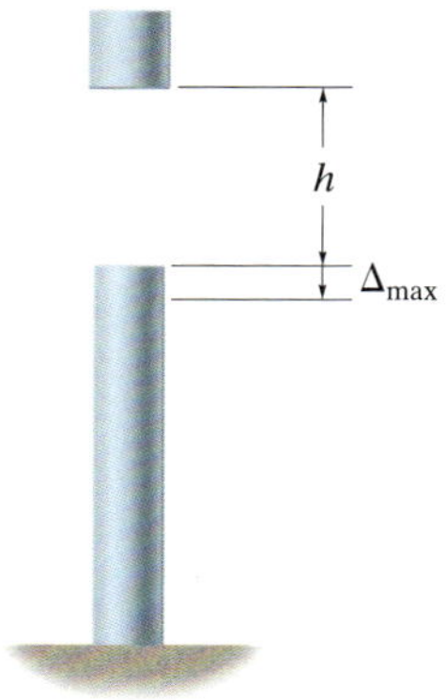

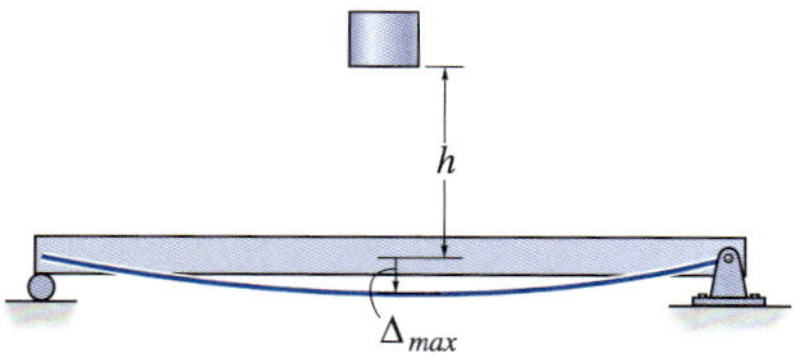

Abbildung 15.25

Die Ergebnisse dieser vereinfachten Rechnung können sowohl zur Ermittlung der ungefähren Durchbiegung als auch der damit in Zusammenhang stehenden Spannung verwendet werden, wenn ein deformierbares Bauteil einer Stoßbelastung unterliegt. Dazu müssen wir hinsichtlich der Kollision ein paar notwendige Annahmen treffen, damit das Verhalten der zusammenstoßenden Körper dem des oben diskutierten Masse-Feder-Systems ähnelt. Wir sehen den sich bewegenden Körper als *starr* an, so wie es für die Masse schon galt, während der in Ruhe verharrende Körper als deformierbar, gleich der Feder, angenommen wird. Als nächstes nehmen wir an, dass sich das Material linear-elastisch verhält. Desweiteren soll während der Kollision keine Energie in Form von Wärme oder lokal auftretenden plastischen Deformationen verloren gehen. Nach dem Zusammenstoß sollen die Körper solange in Kontakt bleiben, bis der elastische Körper seine maximale Deformation erfährt; schließlich wird während der Bewegung die Trägheit oder die Masse des elastischen Körpers vernachlässigt. Es sollte Ihnen bewusst sein, dass jede dieser Annahmen zu einer *konservativen* Abschätzung von Spannung und Durchbiegung des elastischen Körpers führt. Mit anderen Worten: die damit berechneten Werte sind höher als die tatsächlich auftretenden Größenordnungen.

Abbildung 15.25 zeigt Beispiele für Fälle, für welche die oben vorgestellte Theorie angewendet werden kann. Eine bekannte Masse fällt dabei auf einen Pfeiler oder Balken und verursacht eine Deformation mit einem Maximalbetrag Δ_{max}. Die Energie der fallenden Masse wird umgehend in Normalkraft-Formänderungsenergie im Pfeiler und in Biege-Formänderungsenergie des Balkens umgewandelt[5]. Obwohl sich Vibrationen in jedem Bauteil nach dem Stoß ausbilden, werden sie in der Praxis mit fortschreitender Zeit weggedämpft. Zur Bestimmung der Deformation Δ_{max} könnten wir den gleichen Ansatz wie bei dem Masse-Feder-System verwenden, indem wir die Energieerhaltungsgleichung für fallende Masse und Pfeiler bzw. fallende Masse und Balken formu-

5 Die Formänderungsenergie infolge von Schub wird aus den in Beispiel 15.4 diskutierten Gründen hier vernachlässigt.

lieren und diese nach Δ_{max} auflösen. Wir können die Aufgabenstellungen aber auch auf direktere Weise lösen, indem wir für den Pfeiler und den Balken ein *äquivalentes Federmodell* vorgeben. Wenn eine Kraft P zum Beispiel das obere Ende des Pfeilers um $\Delta = PL/AE$ verschiebt, dann wird die Feder mit der Federkonstanten $c = AE/L$ um den gleichen Betrag durch P verschoben werden, d.h. $\Delta = P/c$. Analog dazu biegt gemäß Anhang C eine in der Mitte eines gelenkig gelagerten Trägers angreifende Kraft P die Balkenmitte um $\Delta = PL^3/48EI$ durch, so dass die Federkonstante einer äquivalenten Feder die Größe $c = 48EI/L^3$ hat. Es ist allerdings nicht notwendig, für die Anwendung von Gleichung (15.30) oder (15.32) die äquivalente Federkonstante tatsächlich zu ermitteln. Es ist nämlich ausreichend, für die Ermittlung der dynamischen Lageänderung Δ_{max} die *statische Lageänderung* Δ_{st} infolge der Gewichtskraft F_G der Masse zu berechnen, die auf dem Bauteil ruht.

Ist dann Δ_{max} bestimmt, kann die maximale dynamische Kraft über $P_{max} = c\Delta_{max}$ berechnet werden. Wenn wir P_{max} als *äquivalente statische Last* betrachten, kann man schließlich die maximale Spannung in dem Bauteil mit Hilfe der Methoden der Statik und Festigkeitslehre ermitteln. Achten Sie darauf, dass diese Spannung lediglich für einen *Augenblick* wirkt. In Wirklichkeit breiten sich laufende Wellen aus, und die Spannung in dem Pfeiler oder dem Balken ist orts- und zeitabhängig.

Der Eisenbahnfänger muss so dimensioniert werden, dass er einer vorgeschriebenen Stoßbelastung widersteht, um einen ankommenden Eisenbahnwaggon sicher aufzuhalten.

Das Verhältnis der äquivalenten statischen Belastung P_{max} zur Last G wird *Stoßfaktor n* genannt. Da $P_{max} = c\Delta_{max}$ und $G = c\Delta_{st}$ gilt, können wir den Faktor über Gleichung (15.30) in der Form

$$n = 1 + \sqrt{1 + 2\left(\frac{h}{\Delta_{st}}\right)} \qquad (15.34)$$

angeben. Dieser Faktor verkörpert die Vergrößerung einer statisch angreifenden Belastung, so dass sie eine dynamische Kraft repräsentieren kann. Mit Hilfe von Gleichung (15.34) kann n für jedes Bauteil berechnet werden, für das eine lineare Beziehung zwischen Last und Verformung gilt. Für ein kompliziertes Tragwerksystem aus miteinander verbundenen Komponenten können die Stoßfaktoren allerdings nur noch aus der Erfahrung oder durch experimentelle Versuchsreihen ermittelt werden. Liegen die Stoßfaktoren n vor, kann man die dynamische Spannung und Verformung leicht über die statische Spannung σ_{st} und die statische Verformung Δ_{st} infolge der Gewichtsbelastung G abschätzen, indem man die Zusammenhänge $\sigma_{max} = n\sigma_{st}$ und $\Delta_{max} = n\Delta_{st}$ verwendet.

Wichtige Punkte zur Lösung von Aufgaben

- Ein *Stoß* tritt auf, wenn eine große Kraft durch das Aufeinanderprallen zweier Objekte innerhalb einer sehr kurzen Zeitspanne hervorgerufen wird.
- Wir können die Stoßwirkungen berechnen, indem wir annehmen, dass der sich bewegende Körper starr ist, das Material des zunächst in Ruhe befindlichen Körpers sich linear-elastisch verhält, keine mechanische Energie während des Zusammenstoßes verloren geht und die Trägheit des elastischen Körpers vernachlässigt wird.
- An einem Bauteil kann die dynamische Belastung wie eine statische Belastung behandelt werden, wenn man die statische Last mit einem bestimmten *Vergrößerungsfaktor* multipliziert.

Beispiel 15.8

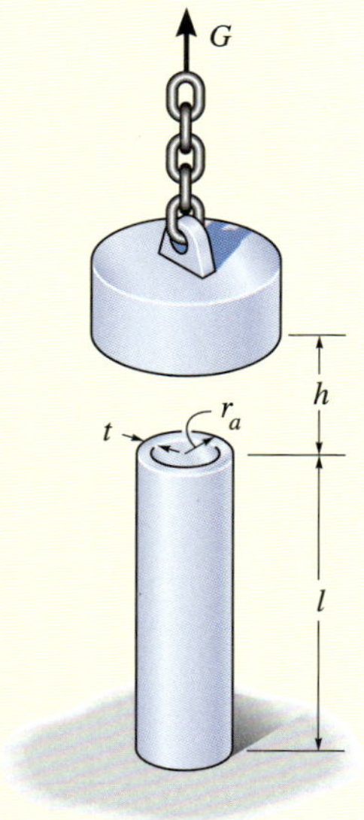

Abbildung 15.26

Das in Abbildung 15.26 dargestellte Aluminiumrohr soll eine Masse mit dem Gewicht G tragen. Bestimmen Sie die maximale Verschiebung der Rohroberseite, wenn das Gewicht (a) allmählich von null beginnend aufgebracht wird bzw. (b) plötzlich durch Fallenlassen aus einer Lage unmittelbar über der Rohroberseite ($h = 0$) wirkt. Nehmen Sie an, dass sich das Rohr elastisch verhält.

$G = 600$ kN, $r_a = 60$ mm, $t = 10$ mm, $l = 240$ mm, $E = 70(10^3)$ N/mm²,

Lösung

Teil (a) Wenn die Belastung allmählich einwirkt (statisch), dann wird die durch die Gewichtskraft verrichtete Arbeit in elastische Formänderungsarbeit des Rohres umgewandelt. Durch Anwendung des Energieerhaltungssatzes ergibt sich

$$W_a = W_i$$

$$\frac{1}{2} G\Delta_{st} = \frac{G^2 L}{2AE} = \frac{G^2 L}{2\left[\pi\left(r_a^2 - (r_a - t)^2\right)\right]E}$$

$$\Delta_{st} = \frac{GL}{\pi\left(r_a^2 - (r_a - t)^2\right)E} = \frac{(600\,\text{kN})(240\,\text{mm})}{\pi\left[(60\,\text{mm})^2 - (50\,\text{mm})^2\right](70\,\text{kN/mm}^2)}$$

$$\Delta_{st} = 0{,}5953\ \text{mm}$$

Teil (b) Hier kann Gleichung (15.30) angewendet werden, mit $h = 0$. Damit erhalten wir

$$\Delta_{max} = \Delta_{st}\left[1 + \sqrt{1 + 2\left(\frac{h}{\Delta_{st}}\right)}\right] = 2\Delta_{st} = 2(0{,}5953\,\text{mm})$$

$$\Delta_{max} = 1{,}1906\ \text{mm}$$

Somit ist die Lageänderung durch die fallende Masse doppelt so groß wie im Falle einer rein statischen Belastung gleicher Größe. Anders gesagt: Der Stoßfaktor ist $n = 2$, Gleichung (15.34).

Beispiel 15.9 In Abbildung 15.27a ist ein Stahlprofilträger vom Typ HE-B220 dargestellt. Bestimmen sie die maximale Biegespannung im Träger sowie seine maximale Durchbiegung, wenn eine Masse mit dem Gewicht G aus der Höhe h auf den Träger fällt.

$G = 6000$ N, $h = 50$ mm, $E = 210(10^3)$ N/mm², $L = 5$ m, Querschnitt siehe *Anhang B*.

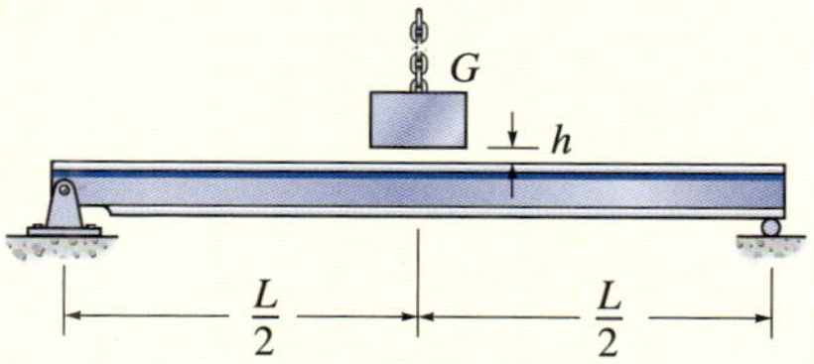

(a)

Lösung I

Wir wenden Gleichung (15.30) an. Zuerst müssen wir aber Δ_{st} berechnen. Mit Hilfe der Tabelle in *Anhang C* der begleitenden Webseite und der Geometriedaten für HE-B220 aus *Anhang B* erhalten wir

$$\Delta_{st} = \frac{GL^3}{48EI} = \frac{(6000\,\text{N})(5000\,\text{mm})^3}{48\left[210(10^3)\,\text{N/mm}^2\right]80{,}9(10^6)\,\text{mm}^4}$$

$$\Delta_{st} = 0{,}9197 \text{ mm}$$

$$\Delta_{max} = \Delta_{st}\left[1+\sqrt{1+2\left(\frac{h}{\Delta_{st}}\right)}\right]$$

$$= 0{,}9197\,\text{mm}\left[1+\sqrt{1+2\left(\frac{50\,\text{mm}}{0{,}9197\,\text{mm}}\right)}\right]$$

$$\Delta_{max} = 10{,}55 \text{ mm}$$

Dieser Durchbiegung entspricht eine äquivalente statische Belastung

$$P_{max} = \left(48EI/L^3\right)\Delta_{max}.$$

Das infolge dieser Belastung auftretende Schnittmoment hat sein Maximum in Trägermitte, so dass aus einem entsprechenden Freikörperbild gemäß Abbildung 15.27b $M_{max} = P_{max}L/4$ folgt. Wir verwenden die Biegespannungsformel zur Ermittlung der Biegespannung und erhalten

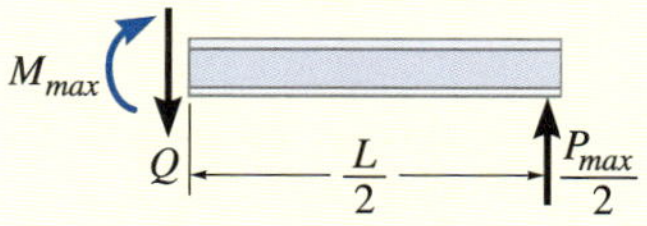

(b)

Abbildung 15.27

$$\sigma_{max} = \frac{M_{max}c}{I} = \frac{P_{max}Lc}{4I} = \frac{12E\Delta_{max}c}{L^2}$$

$$= \frac{12\left[210(10^3)\,\text{N/mm}^2\right](10{,}56\,\text{mm})(252\,\text{mm}/2)}{(5000\,\text{mm})^2}$$

$$\sigma_{max} = 134{,}12 \text{ N/mm}^2$$

Lösung II

Es ist auch möglich, die maximale dynamische Durchbiegung Δ_{max} aus entsprechenden Arbeitsmethoden zu ermitteln. Die äußere Arbeit des fallenden Gewichts G ist $W_a = G(h + \Delta_{max})$. Da sich der Träger um Δ_{max} durchbiegt und $P_{max} = 48EI\Delta_{max} / L^3$ ist, ergibt sich daher

$$W_a = W_i$$

$$G(h+\Delta_{max}) = \frac{1}{2}\left(\frac{48EI\Delta_{max}}{L^3}\right)\Delta_{max}$$

$$0 = \frac{k}{G}\Delta_{max}^2 - \Delta_{max} - h$$

$$0 = \Delta_{max}^2 - \frac{G}{k}\Delta_{max} - \frac{Gh}{k}$$

mit

$$k = \frac{1}{2}\left(\frac{48EI}{L^3}\right) = \frac{1}{2}\left[\frac{48\left[210\left(10^3\right)\text{N/mm}^2\right]\left[80,9\left(10^6\right)\text{mm}^4\right]}{(5000\text{ mm})^3}\right]$$

$$= 3261,9\,\text{N/mm}$$

Daraus folgt

$$0 = \Delta_{max}^2 - \frac{6000\,\text{N}}{3261,9\,\text{N/mm}}\Delta_{max} - \frac{(6000\,\text{N})(50\,\text{mm})}{3261,9\,\text{N/mm}}$$

$$\Delta_{max\,1/2} = \left[-\frac{(-1,8394)}{2} \pm \sqrt{\frac{(1,8394)^2}{4} + 91,97}\right]\text{mm}$$

Wir wählen die positive Lösung und erhalten
$\Delta_{max} = 10,55\text{ mm}$

Beispiel 15.10

Ein Eisenbahnwaggon, der als starr angesehen wird, hat die Masse m und bewegt sich mit der Geschwindigkeit v vorwärts, bevor er auf einen Stahlpfeiler mit quadratischer Querschnittsfläche (Seitenlänge b) bei A aufprallt, Abbildung 15.28a. Bestimmen Sie die maximale horizontale Verschiebung der Oberkante B des Stahlpfeilers aufgrund des Stoßes, wenn dieser im Boden bei C fest eingespannt ist.

$m = 80$ Mg, $v = 0,2$ m/s, $b = 200$ mm, $h = 1$ m, $E_{St} = 200$ GPa

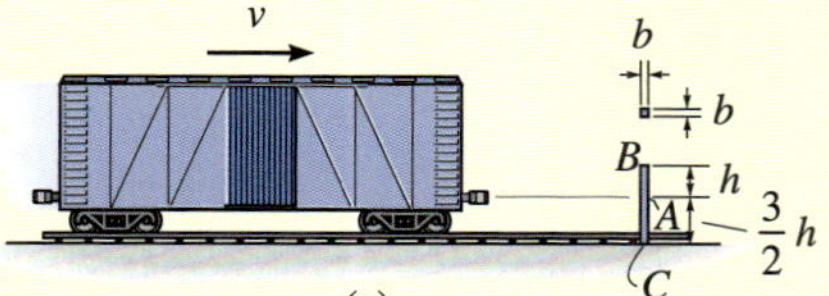

(a)

Abbildung 15.28

Lösung

Hier wird die kinetische Energie des Eisenbahnwaggons in innere Biegungs-Formänderungsenergie des Pfeilers, allerdings nur im Bereich AC, umgewandelt. Unter der Annahme, dass sich der Punkt A um $(\Delta_A)_{max}$ verschiebt, kann dann die Kraft P_{max}, die diese Verschiebung verursacht, aus den Werten der Tabelle in *Anhang C* der begleitenden Webseite bestimmt werden. Es ergibt sich

$$P_{max} = \frac{3EI(\Delta_A)_{max}}{L_{AC}^3} \qquad (1)$$

$$W_a = W_i\,; \quad \frac{1}{2}mv^2 = \frac{1}{2}P_{max}(\Delta_A)_{max}$$

$$\frac{1}{2}mv^2 = \frac{1}{2}\frac{3EI}{L_{AC}^3}(\Delta_A)_{max}^2\,; \quad (\Delta_A)_{max} = \sqrt{\frac{mv^2L_{AC}^3}{3EI}}$$

Wir setzen die Zahlenwerte ein und erhalten

$$(\Delta_A)_{max} = \sqrt{\frac{80(10^3)\,\mathrm{kg}(0{,}2\,\mathrm{m/s})^2(1{,}5\,\mathrm{m})^3}{3\left[200(10^9)\,\mathrm{N/m^2}\right]\left[\frac{1}{12}(0{,}2\,\mathrm{m})^4\right]}}$$

$$(\Delta_A)_{max} = 0{,}0116\ \mathrm{m} = 11{,}6\ \mathrm{mm}$$

Unter Verwendung von Gleichung (1) lässt sich die Kraft P_{max} schließlich zu

$$P_{max} = \frac{3\left[200(10^9)\,\mathrm{N/m^2}\right]\left[\frac{1}{12}(0{,}2\,\mathrm{m})^4\right](0{,}0116\,\mathrm{m})}{(1{,}5\,\mathrm{m})^3}$$

$$P_{max} = 275{,}4\ \mathrm{kN}$$

berechnen. Gemäß Abbildung 15.28b bleibt der obere Teil AB des Pfeilers unverformt und gerade. Zur Bestimmung der maximalen Verschiebung bei B müssen wir zuerst den Neigungswinkel bei A ermitteln. Mit Hilfe der korrespondierenden Formel aus der Tabelle in *Anhang C* der begleitenden Webseite erhalten wir

$$\theta_A = \frac{P_{max}L_{AC}^2}{2EI} = \frac{275{,}4(10^3)\,\mathrm{N}(1{,}5\,\mathrm{m})^2}{2\left[200(10^9)\,\mathrm{N/m^2}\right]\left[\frac{1}{12}(0{,}2\,\mathrm{m})^4\right]}$$

$$\theta_A = 0{,}01162\ \mathrm{rad}$$

Die maximale Verschiebung bei B kann dann wie folgt berechnet werden:

$$(\Delta_B)_{max} = (\Delta_A)_{max} + \theta_A L_{AB} = 11{,}62\ \mathrm{mm} + (0{,}01162\ \mathrm{rad})(1000\ \mathrm{mm}) = 23{,}2\ \mathrm{mm}$$

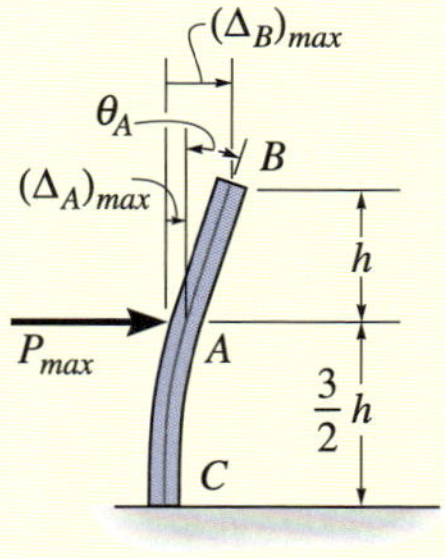

(b)

Abbildung 15.28

*15.5 Prinzip der virtuellen Kräfte

Das Prinzip der virtuellen Arbeit wurde durch Johann Bernoulli im Jahre 1717 formuliert. Genau wie andere Energiemethoden beruht es auf dem Energieerhaltungssatz.

In Hibbeler „Technische Mechanik – Statik“ wurde das Prinzip der virtuellen Arbeit zur Bestimmung von Lagerreaktionen benutzt. Dazu wurden gedachte, d.h. „virtuelle“ Verschiebungen δu eingeführt, die entsprechend den Kompatibilitätsbedingungen des Systems erfolgen müssen. Die resultierenden virtuellen Verschiebungen der Kraftangriffspunkte führen aufgrund der Beziehung

$$\delta W_j = F_j \, \delta u_j$$

zu einer resultierenden virtuellen Arbeit δW, die für ein System im Gleichgewicht gerade null sein muss.

Analog können anstatt der virtuellen Verschiebungen auch virtuelle, also „gedachte“ Kräfte oder Momente eingeführt werden. Werden diese virtuellen Lasten δP_j aufgrund einer Verformung oder Verschiebung des Systems um Δ_j verschoben, erhält man ebenfalls den Anteil einer virtuellen Arbeit

$$\delta W_j = \delta P_j \Delta_j \, ,$$

welche die Grundlage zur Ermittlung von Verformungen (z. B. Verschiebungen und Neigungswinkel an verschiedenen Stellen von Biegebalken) darstellt.

Bevor dies im Detail ausgeführt wird, sollen vorab einige einführende Bemerkungen gemacht werden. Immer wenn ein Körper an einer Bewegung gehindert wird, ist es erforderlich, dass die angreifenden Belastungen die Gleichgewichtsbedingungen und die Verformungen die Kompatibilitätsbedingungen erfüllen. Im einzelnen muss zur Erfüllung der *Gleichgewichtsbedingungen* gelten, dass die äußeren Belastungen eindeutig den inneren Schnittgrößen zugeordnet sind; zur Erfüllung der *Kompatibilitätsbedingungen* ist es erforderlich, dass die Verschiebungen und Winkeländerungen der äußeren Lasten eindeutig den inneren Deformationen zugeordnet werden können. Wenn wir zum Beispiel einen verformbaren Körper beliebiger Form und Größe betrachten und eine Reihe äußerer Kräfte P angreifen lassen, dann erzeugen diese Belastungen innere Beanspruchungen der Größe U innerhalb des Körpers. Hierbei sind die äußeren Lasten und die inneren (spezifischen) Schnittgrößen über die Gleichgewichtsbedingungen miteinander verknüpft. Da der Körper verformbar ist, werden außerdem die äußeren Belastungen um Δ verschoben und die inneren Schnittgrößen erfahren Verformungen η. Im Allgemeinen ist das Material *nicht* elastisch, und deshalb stehen die Verschiebungen zu den Belastungen dann *nicht* in einfacher Beziehung. Allerdings sind bei Kenntnis der äußeren Verschiebungen die zugehörigen inneren Verformungen eindeutig definiert, denn der Körper wird als stetig angesehen. Der Energieerhaltungssatz lautet für diesen Fall

$$W_a = W_i; \qquad \sum P\Delta = \sum U\eta \qquad (15.35)$$

Auf der Grundlage dieses mechanischen Satzes werden wir jetzt das sogenannte Prinzip der virtuellen Kräfte formulieren, damit es für die Bestimmung von Verschiebung und Neigungswinkel an *jedem Punkt* eines Bauteils angewendet werden kann. Dazu betrachten wir einen Körper beliebiger Form, wie er in Abbildung 15.29b dargestellt ist. Der Körper ist „realen" Lasten P_i ausgesetzt und an bestimmten Punkten unverschiebbar gelagert. Im Allgemeinen können die Lasten das Material des Körpers bis *jenseits* der Elastizitätsgrenze verzerren. Wir nehmen an, dass die Verschiebung Δ an irgend einem Punkt A infolge der auftretenden Belastung bestimmt werden soll. Wir ziehen dafür die Anwendung des Energieerhaltungssatzes in Betracht, Gleichung (15.35). Im vorliegenden Fall gibt es aber keine Kraft, die bei A angreift, so dass die unbekannte Verschiebung Δ in der betreffenden Gleichung *nicht* als ein „äußere Arbeit" verrichtender Anteil in Erscheinung treten kann.

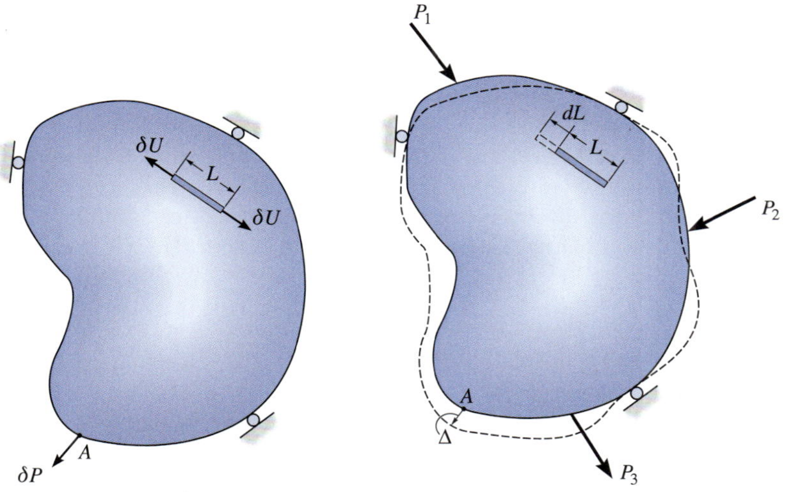

Belastung durch eine virtuelle Last
(a)

Reale Lasten
(b)

Abbildung 15.29

Zur Umgehung dieser Einschränkung, platzieren wir gedanklich eine sogenannte *virtuelle* Kraft δP am Punkt A des Körpers, so dass δP in die *gleiche Richtung* wie Δ wirkt. Außerdem greift diese Kraft an dem Körper *vor* Einwirkung der wirklichen Kräfte an, Abbildung 15.29a. Dieser äußeren virtuellen Last ist eine innere virtuelle Schnittgröße δU an einem repräsentativen Volumenelement oder an einer Faser des Körpers zugeordnet, wie dies in Abbildung 15.29a angedeutet ist. Es wird erwartet, dass δP und δU durch die Gleichgewichtsbedingungen miteinander in Beziehung stehen. Aufgrund von δP und δU erfahren der gesamte Körper, aber auch das Volumenelement jeweils eine virtuelle Verrückung, wobei deren Größe *uninteressant* ist. Nach „Aufbringen" der virtuellen Belastung und nachfolgender Einwirkung der realen Lasten P_i wird Punkt A um die reale Größe Δ verschoben, wodurch eine Verformung des Elements um dL auftritt, Abbildung 15.29b. Als Folge werden die äußere virtuelle Kraft δP und die interne virtuelle Schnittgröße δU entlang Δ und dL verschoben und „leisten" demzufolge an dem Körper *äußere virtuelle Arbeit* der Größe $\delta P \cdot \Delta$ und am Element *innere virtuelle Arbeit* der Größe $\delta U \cdot dL$. Wird dann *ausschließlich* die Erhaltung der *virtuellen* Energie betrachtet, ist die äußere virtuelle Arbeit gleich der an allen materiellen Punkten im Innern des Körpers geleisteten inneren virtuellen Arbeit. Dieser Sachverhalt lässt sich wie folgt schreiben:

virtuelle Belastungen

$$\delta P \cdot \Delta = \sum \delta U \cdot dL \tag{15.36}$$

reale Verschiebungen

Darin bedeuten

δP = äußere virtuelle Belastung, in Richtung von Δ wirkend
δU = innere virtuelle Beanspruchung an einem Volumenelement
Δ = äußere Verschiebung, verursacht durch die reale Belastung
dL = innere Verformung des Volumenelements in Richtung von δU, verursacht durch die reale Belastung

Über die Größe der virtuellen Kraft δP wurde zunächst nichts gesagt, da die inneren virtuellen Beanspruchungen δU auf jeden Fall proportional zu δP sind. Wird dieser Sachverhalt über $\delta U = \alpha\,\delta P$ ausgedrückt, dann lässt sich δP auf beiden Seiten der Gleichung kürzen und wir erhalten

$$1 \cdot \Delta = \sum \alpha\, dL$$

wobei α die innere Belastung aufgrund der virtuellen Kraft $\delta P = 1$ (Einheitskraft) ist.

In sehr vielen Lehrbüchern, vor allem im Bauingenieurbereich ist dieses Konzept der Einheitslast weit verbreitet. In Fällen, bei denen die Größe der resultierenden inneren Kräfte wichtig ist, z.B. bei einem nichtlinearen Materialgesetz, muss – ähnlich wie bei den virtuellen Verschiebungen in der Statik – vorausgesetzt werden, dass die virtuellen Kräfte infinitesimal klein sind. Auch für ein besseres Verständnis werden im Folgenden keine Einheitskräfte verwendet, sondern die virtuellen Kräfte δP.

In ähnlicher Form kann man eine Winkeländerung an einem Punkt des Körpers bestimmen, wenn ein virtuelles äußeres *Moment* δD an diesem Punkt angreift. Als Folge erzeugt dieses Moment virtuelle innere Beanspruchungen δU_θ an einem Volumenelement im Innern des Körpers. Unter der Annahme, dass die realen Belastungen das Element um den Betrag dL verschieben, kann man die reale Winkelverrückung θ aus der Gleichung der verrichteten virtuellen Arbeit wie folgt ermitteln:

virtuelle Belastungen

$$\delta D \cdot \theta = \sum \delta U_\theta \cdot dL \tag{15.37}$$

reale Verrückungen

Es bedeuten

δD = äußeres virtuelles Moment in Richtung der Winkeländerung θ

δU_θ = innere virtuelle Beanspruchung am Element

θ = äußere Winkeländerung, verursacht durch die reale Belastung

dL = innere Verformung des Elements in Richtung von δU_θ, verursacht durch die reale Belastung

Auch hier wird in vielen Büchern ein sogenanntes „Einheitsmoment" über $\delta U_\theta = \alpha\,\delta D$ eingeführt, wobei α die inneren Beanspruchungen aufgrund eines virtuellen Moments $\delta D = 1$ sind. Damit ergibt sich

$$\theta = \sum \alpha\, dL$$

wobei auch hier die erwähnten Einschränkungen gelten.

Die vorgestellte Form des Prinzips der virtuellen Arbeit wird deswegen das *Prinzip der virtuellen Kräfte* genannt, weil eine *virtuelle Kraft* zur Berechnung einer äußeren *realen Verschiebung* eingeführt wird. Das Prinzip der virtuellen Arbeit repräsentiert in diesem Fall eine Aussage zu den *Kompatibilitätsbedingungen* des belasteten Körpers.

Man kann das Prinzip der virtuellen Arbeit aber auch als *Methode der virtuellen Verschiebungen* formulieren. In diesem Fall werden *virtuelle Verschiebungen* des Körpers vorgesehen, wenn dieser *realen Belastungen* unterliegt. Diese Methode kann dann zur Bestimmung äußerer Reaktionskräfte auf den Körper oder einer unbekannten inneren Beanspruchung im Körper angewendet werden. Bei Anwendungen in dieser Weise repräsentiert das Prinzip der virtuellen Arbeit eine Aussage zu den *Gleichgewichtsbedingungen* des Körpers.[6]

Innere virtuelle Arbeit Die Formelausdrücke auf der rechten Seite der Gleichungen (15.36) und (15.37) repräsentieren die innere virtuelle Arbeit, die in dem Körper „verrichtet" wird. In diesen Ausdrücken können die realen inneren Verformungen dL verschiedene Ursachen haben. Zum Beispiel können sie von geometrischen Fertigungsfehlern, oder von Temperatureinflüssen herrühren oder allgemeiner ausgedrückt, durch Spannungszustände hervorgerufen werden. Im Einzelnen gibt es keine Beschränkung hinsichtlich der Größe der äußeren Belastung, so dass die Spannung selbst so groß werden darf, dass beispielsweise Fließen oder gar Verfestigung des Materials hervorgerufen wird.

Wenn wir allerdings annehmen, dass sich das Material linear-elastisch verhält und die Spannung die Proportionalitätsgrenze nicht übersteigt, dann können wir die Ausdrücke für die infolge der Spannung verursachte innere virtuelle Arbeit mit Hilfe der Beziehungen für die in Abschnitt 15.2 angegebene elastische Formänderungsenergie ausdrücken. Die Formänderungsenergien sind in der Mittelspalte von Tabelle 15.1 aufgeführt. Achten Sie darauf, dass jeder dieser Ausdrücke davon ausgeht, dass die Schnittgrößen N, Q, M oder T langsam von null beginnend auf den jeweiligen Endwert vergrößert werden. Deshalb ist die durch die Schnittgrößen verrichtete Arbeit die *Hälfte* des Produkts der Schnittgrößen und deren Verschiebung (bzw. Winkeländerung).

6 Siehe R.C. Hibbeler „Technische Mechanik – Statik", Pearson, 2012.

Tabelle 15.1

Verformungsursache	Verzerrungsenergie	Innere virtuelle Arbeit
Normalkraft N	$\int_0^L \frac{N^2}{2EA}dx$	$\int_0^L \frac{\delta N \cdot N}{EA}dx$
Querkraft Q	$\int_0^L \frac{\chi_S Q^2}{2GA}dx$	$\int_0^L \frac{\chi_S \delta Q \cdot Q}{GA}dx$
Biegemoment M	$\int_0^L \frac{M^2}{2EI}dx$	$\int_0^L \frac{\delta M \cdot M}{EI}dx$
Torsionsmoment T	$\int_0^L \frac{T^2}{2GI_p}dx$	$\int_0^L \frac{\delta T \cdot T}{GI_p}dx$

Im Falle des Prinzips der virtuellen Kräfte wird jedoch davon ausgegangen, dass die „volle“ virtuelle Belastung bereits vorhanden ist, wenn die realen Belastungen korrespondierende Verschiebungen verursachen. Daher ist die Arbeit der inneren virtuellen Beanspruchung einfach das Produkt aus innerer virtueller Schnittgröße und der zugehörigen realen Verschiebung. Werden diese inneren virtuellen Schnittgrößen (δU) mit δN, δQ, δM und δT bezeichnet, so ergeben sich für die virtuelle Arbeit infolge Normalkraft, Querkraft, Biegemoment und Torsionsmoment die in der rechten Spalte von Tabelle 15.1 dargestellten Ausdrücke. Im elastischen Fall gilt, dass die virtuellen Schnittgrößen proportional zur äußeren virtuellen Last sind, z.B.

$$\delta N = \bar{N}\delta P, \quad \delta Q = \bar{Q}\delta P, \quad \delta M = \bar{M}\delta P, \quad \delta T = \bar{T}\delta P$$

so dass das Prinzip der virtuellen Arbeit für einen Körper, der einer allgemeinen Belastungssituation ausgesetzt ist, in der Form

$$\Delta = \int \frac{\bar{N}N}{EA}dx + \int \frac{\bar{M}M}{EI}dx + \int \frac{\chi_S \bar{Q}Q}{GA}dx + \int \frac{\bar{T}T}{GI_p}dx \qquad (15.38)$$

geschrieben werden kann, weil sich die äußere virtuelle Last herauskürzt, wie dies bei den Gleichungen (15.36) und (15.37) angedeutet wurde.

In den folgenden Abschnitten werden wir die erhaltene Gleichung für Aufgabenstellungen anwenden, welche die Verformung von Fachwerken, Balken und anderen Bauteilen zum Thema haben. Wir erörtern zudem die Auswirkungen von Fertigungsfehlern und Temperaturunterschieden.

*15.6 Prinzip der virtuellen Kräfte bei Fachwerken

In diesem Abschnitt werden wir das Prinzip der virtuellen Kräfte zur Berechnung von Knotenverschiebungen bei Fachwerken anwenden. Zur Illustration der Methode bestimmen wir die vertikale Verschiebung des Knotens B des Fachwerks, Abbildung 15.30c. Diese Verschiebung wird infolge der „realen“ Belastungen P_1 und P_2 verursacht und weil diese Kräfte in den Fachwerkstäben nur Normalkräfte hervorrufen, ist es lediglich notwendig, die innere virtuelle Arbeit aufgrund einer Axialbelastung der Stäbe zu berücksichtigen, siehe Tabelle 15.1. Zur Berechnung dieser virtuellen Arbeit nehmen wir an, dass jeder Stab eine konstante Querschnittsfläche A besitzt; die virtuelle innere Beanspruchung δN aufgrund einer virtuellen Kraft sowie die Schnittgröße N aufgrund der realen Belastung durch die Kräfte P_1 und P_2 sind über die gesamte Stablänge konstant. Demzufolge ist die virtuelle Arbeit für einen Fachwerkstab

$$\int_0^L \frac{\delta N N}{EA} dx = \frac{\delta N N L}{EA}$$

und die Gleichung der virtuellen Arbeit für das gesamte Fachwerk ist damit unter Verwendung von $\delta N = \bar{N} \cdot \delta P$

$$\delta P \cdot \Delta = \sum \frac{\bar{N} \delta P N L}{EA}$$

Man erkennt, dass sich die virtuelle äußere Last auf beiden Seiten der Gleichung herauskürzt. Man kann deshalb hier δP als Einheitslast interpretieren, die eine dimensionslose virtuelle Normalkraft $\bar{N}$ in den Stäben hervorruft, so dass die gesuchte reale Knotenpunktverschiebung Δ direkt berechnet werden kann:

$$\Delta = \sum \frac{\bar{N} N L}{EA} \qquad (15.39)$$

Es bedeuten

Δ = Knotenverschiebung, verursacht durch die realen Lasten am Fachwerk

$\bar{N}$ = innere dimensionslose virtuelle Normalkraft in einem Fachwerkstab, verursacht durch äußere virtuelle Einheitskraft

L = Länge des betreffenden Fachwerkstabes

A = Querschnittsfläche eines Fachwerkstabes

E = Elastizitätsmodul eines Fachwerkstabes

Die Gleichung folgt in natürlicher Weise aus der allgemeinen Formulierung in Abschnitt 15.5. Hierbei erzeugt die äußere virtuelle Einheitskraft die dimensionslosen inneren virtuellen Normalkräfte $\bar{N}$ in jedem der Fachwerkstäbe, Abbildung 15.30b. Wenn die realen Lasten am Fachwerk angreifen, dann verursachen sie die Verschiebung Δ des betreffenden Fachwerkknotens in Richtung der virtuellen Einheitslast, Abbildung 15.30c, und jeder Fachwerkstab erfährt die resultierende Verschiebung NL/AE in die gleiche Richtung wie die korrespondierende dimensionslose virtuelle Normalkraft $\bar{N}$. Demzufolge ist die äußere virtuelle Arbeit $\delta P \cdot \Delta = 1 \cdot \Delta$ gleich der inneren virtuellen Arbeit oder der inneren (virtuellen) Formänderungsenergie, die in allen Fachwerkstäben gespeichert ist, d.h. es gilt Gleichung (15.39).

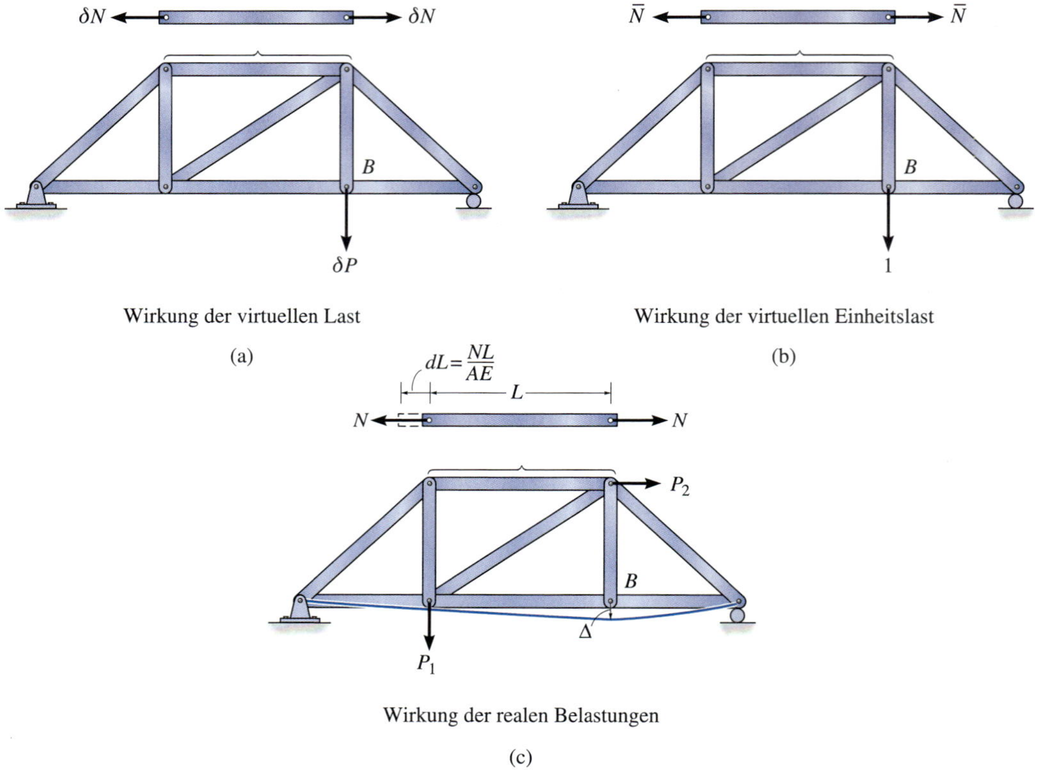

Abbildung 15.30

Temperaturänderung Fachwerkstäbe können ihre Länge auch aufgrund von Temperaturänderungen ändern. Wenn α_T der thermische Ausdehnungskoeffizient der Fachwerkstäbe ist und ΔT die Temperaturänderung charakterisiert, dann ergibt sich die Längenänderung eines Stabes zu $\Delta L = \alpha_T \Delta TL$, *Gleichung (4.4)*. Damit können wir die Längenänderung eines ausgewählten Fachwerkstabes infolge Temperaturänderung über Gleichung (15.36) bestimmen:

$$\delta P \cdot \Delta = \sum \delta N \alpha_T \Delta T L$$

Wird über $\delta N = \bar{N} \delta P$ wieder die Normalkraft $\bar{N}$ aufgrund einer virtuellen Kraft $\delta P = 1$ eingeführt, dann kürzt sich δP auf beiden Seiten der Gleichung und wir erhalten

$$\Delta = \sum \bar{N} \alpha_T \Delta TL \qquad (15.40)$$

Hierbei sind

$\bar{N}$ = innere dimensionslose virtuelle Normalkraft im Fachwerkstab, verursacht durch die äußere virtuelle Einheitslast

Δ = Knotenverschiebung, verursacht durch Temperaturänderung

α_T = thermischer Ausdehnungskoeffizient eines Fachwerkstabes

ΔT = Temperaturänderung eines Fachwerkstabes

L = Länge eines Fachwerkstabes

Fertigungsfehler Gelegentlich treten bei der Herstellung der Fachwerkstäbe Längenfehler auf. In diesem Fall kann die Verschiebung eines Knotens aus der erwarteten Position in eine bestimmte Richtung direkt aus Gleichung (15.36) bestimmt werden. Entsprechende Überlegungen mit $\bar{N}$ infolge $\delta P = 1$ ergeben

$$\Delta = \sum \bar{N}\,\Delta L \qquad (15.41)$$

Es bedeuten

$\bar{N}$ = innere dimensionslose virtuelle Normalkraft im Fachwerkstab, verursacht durch die äußere virtuelle Einheitslast

Δ = Knotenverschiebung, verursacht durch Fabrikationsfehler

ΔL = Abweichung der Länge eines Fachwerkstabes von der beabsichtigten Länge infolge Fertigungsfehler

Eine Kombination der rechten Seiten der Gleichungen (15.39) bis (15.41) wird dann notwendig, wenn an dem Fachwerk äußere Lasten angreifen und die Fachwerkstäbe einer Temperaturänderung unterliegen oder in falschen Abmessungen hergestellt wurden.

Lösungsweg

Der folgende Lösungsweg beschreibt die Vorgehensweise zur Bestimmung der Verschiebung eines Fachwerkknotens mit Hilfe des Prinzips der virtuellen Kräfte im Einzelnen.

Virtuelle Kräfte δN

- Platzieren Sie die virtuelle Kraft an dem Knoten, dessen Verschiebung bestimmt werden soll. Die Kraft muss in Richtung der zu bestimmenden Verschiebung angreifen.
- Berechnen Sie mit der so platzierten virtuellen Last – und dem von allen realen Belastungen *befreiten* Fachwerk – die innere virtuelle Normalkraft δN infolge der virtuellen Belastung in jedem Fachwerkstab. Nehmen Sie an, dass Zugkräfte positiv und Druckkräfte negativ sind.
- Da die virtuellen Normalkräfte δN der virtuellen Last proportional sind, lässt sich später δP auf beiden Seiten der Gleichung kürzen und eine virtuelle Last der Größe 1 einführen, um die zugehörigen Normalkräfte $\bar{N}$ zu bestimmen.

Reale Kräfte N

- Bestimmen Sie die ausschließlich durch die real am Fachwerk angreifenden Kräfte hervorgerufenen Normalkräfte N in jedem Fachwerkstab. Nehmen Sie auch hier wieder an, dass Zugkräfte positiv und Druckkräfte negativ sind.

Prinzip der virtuellen Kräfte

- Verwenden Sie die Gleichung der virtuellen Arbeit zur Ermittlung der gewünschten Verschiebung. Es ist wichtig, beim Einsetzen der Ausdrücke in die Gleichung das jeweilige Vorzeichen für die entsprechenden virtuellen Normalkräfte δN und der realen Normalkräfte N beizubehalten.
- Wenn die resultierende Summe $\sum \delta N N L/(AE)$ positiv ist, dann ergibt sich eine Knotenverschiebung Δ in Richtung der virtuellen Last. Bei einem negativen Ergebnis ist Δ entgegengesetzt dazu gerichtet.
- Beachten Sie bei Anwendung von $\delta P \cdot \Delta = \sum \delta N \alpha_T \Delta T L$, dass ΔT *positiv* ist für den Fall, dass ein Fachwerkstab eine *Temperaturerhöhung* erfährt. Entsprechend ergibt eine *Temperaturabsenkung* für ΔT einen *negativen* Wert.
- Hinsichtlich der Anwendung von $\delta P \cdot \Delta = \sum \delta N \Delta L$ bei Fabrikationsfehlern ergibt eine zu *große* Länge eines Fachwerkstabes einen *positiven* Wert für ΔL, eine zu *kurze* Länge bedeutet einen *negativen* Wert.
- Bei der Anwendung des Verfahrens sollte man der Konsistenz der Einheiten besondere Beachtung schenken. Die virtuellen Normalkräfte $\bar{N}$ aufgrund einer virtuellen Einheitslast sind dabei stets dimensionslos.

Beispiel 15.11

Bestimmen Sie die vertikale Verschiebung des Knotens C des Stahlfachwerkes in Abbildung 15.31a. Jeder Stab hat die Querschnittsfläche A.

$A = 400\ \text{mm}^2$, $l = 2\ \text{m}$, $h = 2\ \text{m}$, $E = 200\ \text{GPa}$, $P = 100\ \text{kN}$

Lösung

Virtuelle Kräfte δN Da die vertikale Verschiebung des Knotens C bestimmt werden soll, platzieren wir nur eine vertikale virtuelle Einheitslast am Punkt C. Die Stabkräfte werden durch die Knotenpunktmethode berechnet. Die Ergebnisse dieser Berechnung sind in Abbildung 15.31b dargestellt. Gemäß der Vorzeichenvereinbarung weisen positive Zahlenwerte auf Zugstäbe und negative Zahlenwerte auf Druckstäbe hin.

$\delta N_{CD} = \delta P$, $N_{AC} = -1{,}414\delta P$, $\delta N_{BC} = 0$, $\delta N_{AB} = 0$

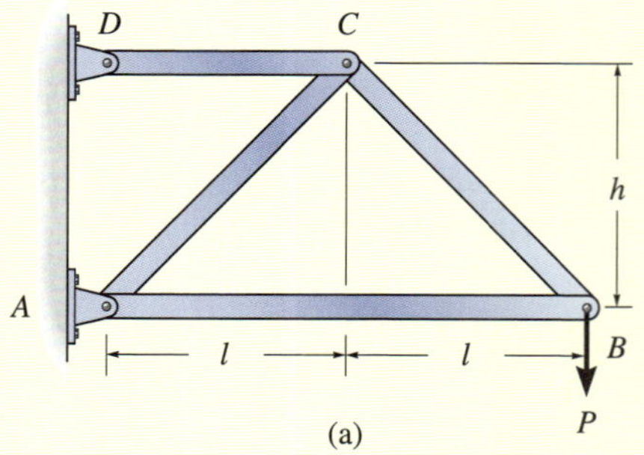

Abbildung 15.31

Reale Kräfte N Die angreifende Last P erzeugt Kräfte in den Fachwerkstäben, die über die Knotenpunktmethode ermittelt werden können. Die Ergebnisse dieser Berechnungen sind in Abbildung 15.31c dargestellt.

$N_{AB} = -100$ kN, $N_{BC} = 141{,}4$ kN, $N_{CD} = 200$ kN, $N_{AC} = -141{,}4$ kN

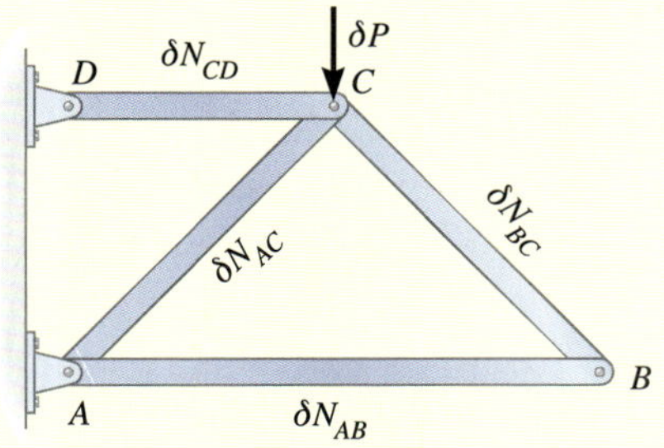

Virtuelle Belastungen

(b)

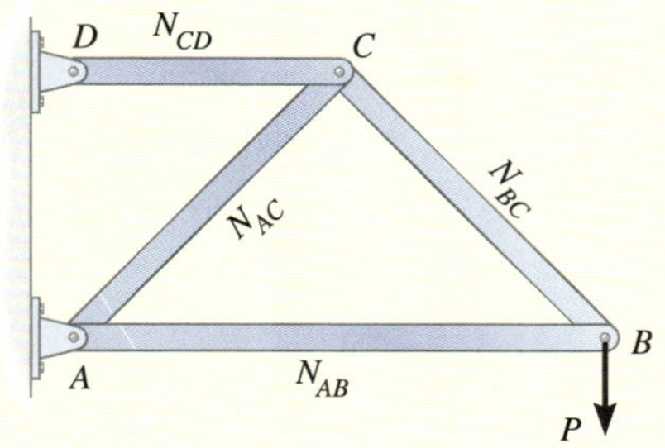

Reale Belastungen

(c)

Abbildung 15.31

Gleichung der virtuellen Arbeit Die Anordnung der Daten in Tabellenform ergibt

Stützelement	δN	N	L	$\delta N\,NL$
AB	0	−100 kN	4 m	0
BC	0	141,4 kN	2,828 m	0
AC	$-1{,}414\delta P$	−141,4 kN	2,828 m	565,7 kNm δP
CD	$1\,\delta P$	200 kN	2 m	400 kNm δP
				$\sum$ 965,7 kNm δP

Damit lautet die Gleichung insgesamt

$$\delta P \cdot \Delta_{Cv} = \sum \frac{\delta N \cdot NL}{AE} = \frac{965{,}7\,\text{kNm} \cdot \delta P}{AE}$$

Bei Einsetzen der Zahlenwerte für A und E erhalten wir nach Kürzen von δP

$$\Delta_{Cv} = \frac{965{,}7\,\text{kNm}}{\left[400\left(10^{-6}\right)\text{m}^2\right]200\left(10^6\right)\text{kN/m}^2}$$

$$\Delta_{Cv} = 0{,}01207\,\text{m} = 12{,}1\,\text{mm}$$

Beispiel 15.12

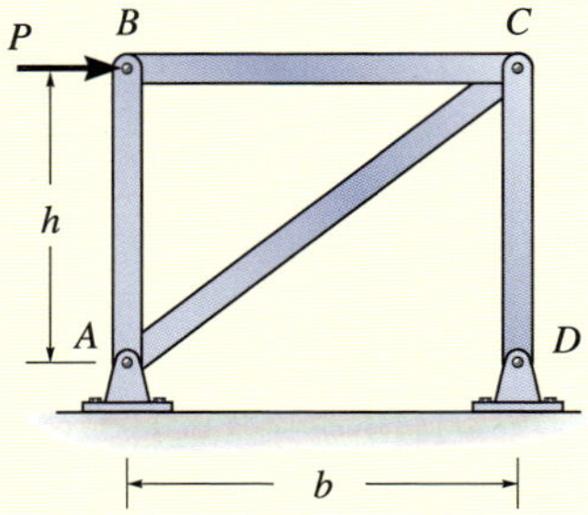

(a)

Abbildung 15.32

Für jeden Stab des Stahlfachwerkes in Abbildung 15.32a ist die Querschnittsfläche A und der Elastizitätsmodul E gegeben. (a) Bestimmen Sie die horizontale Verschiebung von Punkt C, wenn an dem Fachwerk bei B eine Kraft P angreift. (b) Wie groß ist die horizontale Verschiebung des Knotens C, wenn an dem Fachwerk keine äußeren Belastungen wirken und das Element AC um den Betrag x zu kurz hergestellt wurde?

$A = 300\ \text{mm}^2$, $E = 210\ (10^3)\ \text{MPa}$, $x = 6\ \text{mm}$, $P = 60\ \text{kN}$, $h = 1{,}5\ \text{m}$, $b = 2\ \text{m}$

Lösung

Teil (a)

Virtuelle Kräfte δN Es soll die *horizontale Verschiebung* des Knotens C bestimmt werden; deshalb lassen wir eine virtuelle Kraft bei C angreifen. In jedem Stab wird die entsprechende virtuelle Stabkraft δN aufgrund der äußeren virtuellen Kraft durch die Knotenpunktmethode bestimmt, dargestellt am Fachwerk in Abbildung 15.32b. Wie üblich verkörpert ein positiver Zahlenwert einen Zug- und ein negativer Wert einen Druckstab.

Reale Kräfte N Stabkräfte, die durch die äußere Kraft P hervorgerufen werden, sind in Abbildung 15.32c dargestellt.

Gleichung der virtuellen Arbeit Da die Dehnsteifigkeit AE aller Stäbe konstant ist, wird $\sum \delta NNL$ wie folgt berechnet:

Stützelement	δN	N	L	$\delta N NL$
AB	0	0	1,5 m	0
AC	$1{,}25\delta P$	75 kN	2,5 m	$234{,}375\ \text{kNm}\ \delta P$
CB	0	−60 kN	2 m	0
CD	$-0{,}75\delta P$	−45 kN	1,5 m	$50{,}625\ \text{kNm}\ \delta P$
				$\sum 285\ \text{kNm}\ \delta P$

Die Gleichung der virtuellen Arbeit ist damit

$$\delta P \cdot \Delta_{Ch} = \sum \frac{\delta NNL}{AE} = \frac{285\ \text{kNm}\delta \text{P}}{AE}$$

$$\Delta_{Ch} = \frac{285\,\text{kNm}\left(1000\,\text{mm/m}\right)}{\left(300\,\text{mm}^2\right)210\left(10^6\right)\text{kN/m}^2\left(1\,\text{m}/1000\,\text{mm}\right)^2}$$

woraus die Knotenpunktverschiebung berechnet werden kann:

$$\Delta_{Ch} = 4{,}524\,\text{mm}$$

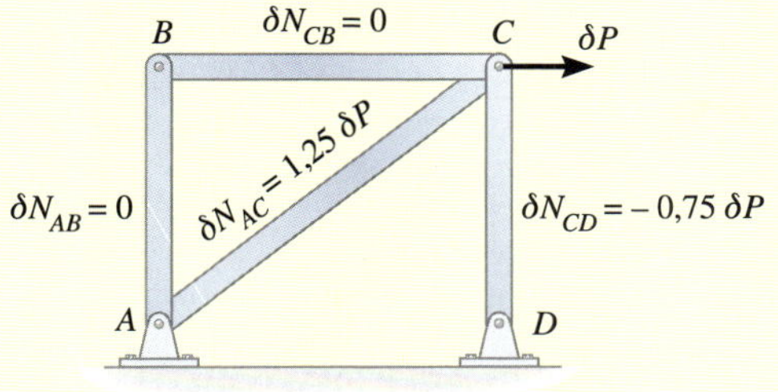

Virtuelle Belastungen

(b)

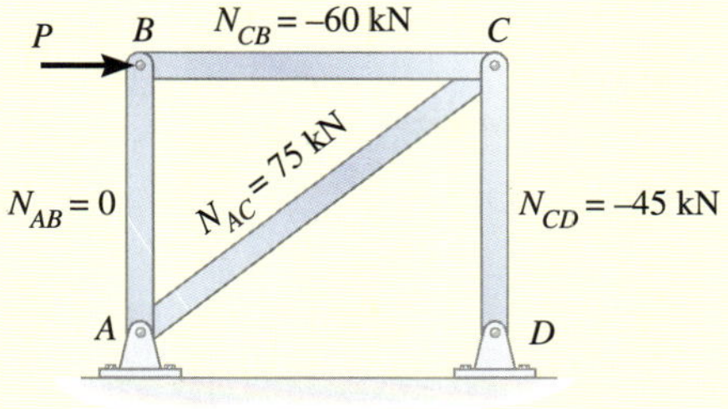

Reale Belastungen

(c)

Abbildung 15.32

Teil (b)

Hierfür müssen wir Gleichung (15.41) anwenden. Da die horizontale Verschiebung von C bestimmt werden soll, können wir die Ergebnisse aus Abbildung 15.32b verwenden. Mit der Kenntnis, dass der Fachwerkstab AC um $x = \Delta L = 6\ \mathrm{mm}$ *verkürzt* ist, erhalten wir

$$\delta P \cdot \Delta = \sum \delta N \Delta L\,; \quad \delta P \cdot \Delta_{Ch} = \delta N_{AC} \cdot x = 1{,}25(-6\,\mathrm{mm}) \cdot \delta P$$

$$\Delta_{Ch} = -7{,}5\,\mathrm{mm}$$

Das negative Vorzeichen weist darauf hin, dass der Knoten C nach links verschoben wird, entgegengesetzt zur Richtung der virtuellen Last.

Beispiel 15.13

Bestimmen Sie die horizontale Verschiebung des Knotens B des Fachwerks in Abbildung 15.33a. Infolge Wärmestrahlung erfährt der Fachwerkstab AB eine Temperaturerhöhung ΔT. Die Stützelemente bestehen aus Stahl mit den gegebenen Kennwerten α_T und E sowie der Querschnittsfläche A für jeden Stab.

$\Delta T = +60°\mathrm{C}$, $\alpha_T = 12(10^{-6})$ 1/K, $E = 200$ GPa, $l = 4$ m, $A = 250\ \mathrm{mm}^2$, $\theta = 30°$, $P = 6$ kN,

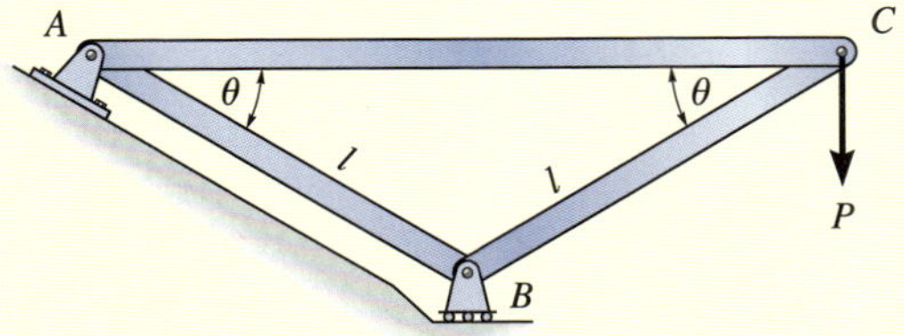

(a)

Abbildung 15.33

Lösung

Virtuelle Kräfte δN Am Knoten B des Fachwerks wird eine horizontal wirkende, virtuelle Kraft platziert, Abbildung 15.33b.

Reale Kräfte N Da die dadurch hervorgerufenen virtuellen Normalkräfte δN der Stäbe AC und BC null sind, brauchen die realen Kräfte N für diese Stäbe nicht bestimmt zu werden. Warum? Der Vollständigkeit halber sind aber sämtliche „realen" Kräfte in Abbildung 15.33c sowie in der Tabelle angegeben.

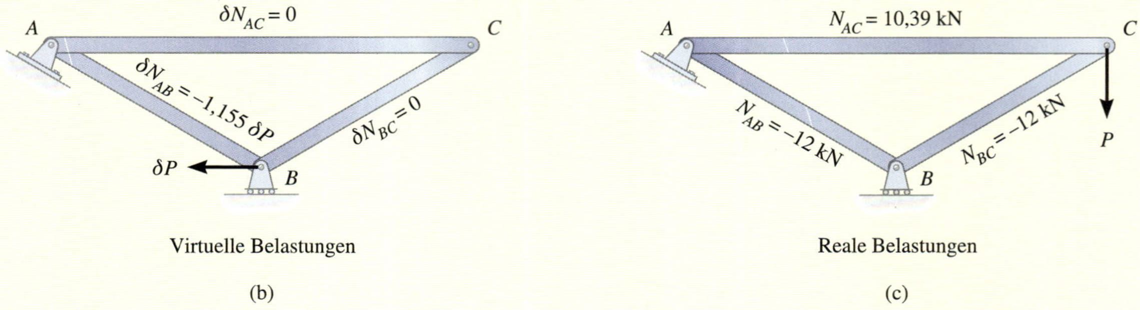

Abbildung 15.33

Gleichung der virtuellen Arbeit Sowohl die Belastung als auch die Temperaturänderung beeinflussen das Verformungsverhalten, deshalb werden die Gleichungen (15.39) und (15.40) miteinander kombiniert.

Stützelement	δN	N	L	$\delta N\,NL$
AB	$-1{,}155\delta P$	-12 kN	4 m	55,44 kNm δP
AC	0	10,39 kN	6,93 m	0
BC	0	-12 kN	4 m	0
				$\sum$ 55,44 kNm δP

Die Gleichung der virtuellen Arbeit ist

$$\delta P \cdot \Delta_{Bh} = \sum \frac{\delta N NL}{AE} + \sum \delta N \alpha_T \Delta TL = \frac{\delta N_{AB} N_{AB} l}{AE} + \delta N_{AB} \alpha_T \Delta T l$$

$$= \frac{55{,}4\,\text{kNm} \cdot \delta \text{P}}{\left[250\left(10^{-6}\right)\text{m}^2\right]\left[200\left(10^6\right)\text{kN/m}^2\right]}$$

$$+\left(-1{,}155\right)\left[12\left(10^{-6}\right)1/\text{K}\right]\left(60\,\text{K}\right)\left(4\,\text{m}\right)\cdot \delta P$$

Damit ergibt sich die zu bestimmende horizontale Verschiebung

$$\Delta_{Bh} = -0{,}00222\,\text{m}$$

Das negative Vorzeichen weist wieder darauf hin, dass sich das Rollenlager B nach rechts bewegt, in die entgegengesetzte Richtung der virtuellen Einheitslast, Abbildung 15.33b.

*15.7 Prinzip der virtuellen Kräfte bei Biegebalken

In diesem Abschnitt werden wir das Prinzip der virtuellen Kräfte zur Bestimmung der Durchbiegung und des Neigungswinkels an bestimmten Stellen des Trägers anwenden. Zur Illustration des Prinzips wird der Biegepfeil Δ des Punktes A bestimmt, siehe Abbildung 15.34b. Diese Verschiebung wird durch die „reale" Streckenlast q verursacht. Weil diese Belastung eine Querkraft und ein Biegemoment innerhalb des Trägers verursacht, müssen wir die innere virtuelle Arbeit hinsichtlich dieser beiden Schnittgrößen betrachten. In Beispiel 15.7 wurde allerdings gezeigt, dass Trägerdurchbiegungen aufgrund der Querkraft im Vergleich zur Verformung durch das Biegemoment vernachlässigbar sind, insbesondere dann, wenn der Träger schlank ist. Da diese Voraussetzung hier gegeben ist, betrachten wir hier nur die virtuelle Formänderungsenergie aufgrund von Biegung, Tabelle 15.1. Mit Hilfe von Gleichung (15.36) erhält die Gleichung der virtuellen Arbeit damit die Form

$$\delta P \cdot \Delta = \int_0^L \frac{\delta M M}{EI} dx \tag{15.42}$$

Es sind

δP = äußere virtuelle Kraft am Träger in Richtung Δ wirkend

Δ = Verschiebung, verursacht durch die realen Belastungen, die am Träger wirken

δM = inneres virtuelles Biegemoment im Träger, angegeben als Funktion von x und erzeugt durch die äußere virtuelle Last δP

M = inneres Biegemoment im Träger, angegeben als Funktion von x und verursacht durch die realen Belastungen

E = Elastizitätsmodul des Materials

I = axiales Trägheitsmoment der Querschnittsfläche bezüglich seiner horizontalen Achse durch den Flächenschwerpunkt

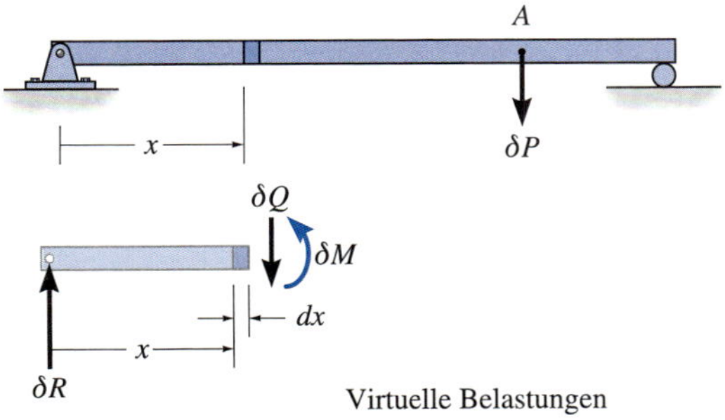

Virtuelle Belastungen

(a)

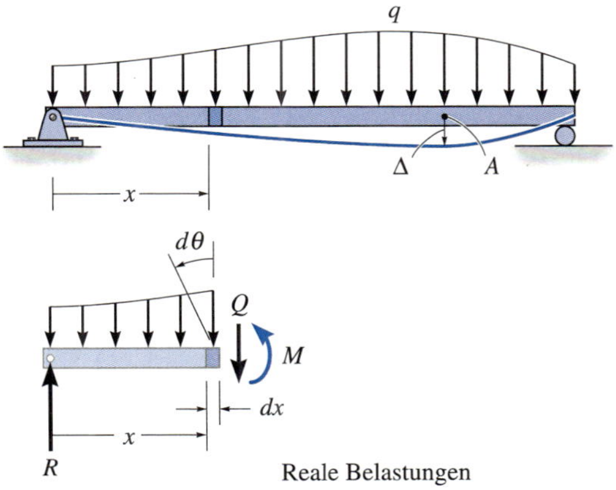

Reale Belastungen

(b)

Abbildung 15.34

Wenn der Neigungswinkel θ an einem Punkt des elastisch gekrümmten Träger bestimmt werden soll, dann muss auf ähnliche Art an diesen Punkt ein virtuelles äußeres Moment δM_B wirken und das entsprechende innere virtuelle Moment δM ist zu ermitteln. Wenn wir für diesen Fall Gleichung (15.37) benutzen und die Effekte der Schubverformungen vernachlässigen, erhalten wir

$$\delta M_B \cdot \theta = \int_0^L \frac{\delta M M}{EI} dx \tag{15.43}$$

Beachten Sie, dass die Aufstellung der Gleichungen (15.42) und (15.43) natürlich aus der Formulierung in Abschnitt 15.5 abgeleitet wurde. Zum Beispiel erzeugt die äußere virtuelle Last δP ein inneres virtuelles Moment δM an der Stelle x im Träger, Abbildung 15.34a. Wenn die reale Streckenlast q wirkt, dann hat das eine Verformung des Elements dx an der Stelle x oder eine Winkeländerung $d\theta$ an der gleichen Stelle zur Folge, Abbildung 15.34b. Unter der Voraussetzung, dass sich das Material elastisch verhält, ist $d\theta$ gleich $(M/EI)\,dx$. Folglich ist die äußere virtuelle Arbeit $\delta P{\cdot}\Delta$ gleich der inneren virtuellen Arbeit für den gesamten Träger, $\int [\delta M M/(EI)]dx$, Gleichung (15.42).

Im Gegensatz zu den hier diskutierten Biegebalken können in Bauteilen auch erhebliche Formänderungsenergieanteile infolge Normalkraft, Querkraft und Torsionsmoment auftreten. Ist dies der Fall, dann müssen wir die Energieausdrücke für diese Belastungen einbeziehen, wie dies in Gleichung (15.38) ausgeführt ist.

Bei Anwendung der Gleichungen (15.42) und (15.43) ist es wichtig zu erkennen, dass die Integrale auf der rechten Seite die in dem Träger *gespeicherte*, virtuelle Biege-Formänderungsenergie darstellen. Wenn Einzelkräfte oder Momente infolge von Kräftepaaren an dem Träger angreifen oder die Streckenlast nur stückweise stetig ist, dann ist es *nicht möglich*, eine einzige Integration über die gesamte Länge des Trägers durchzuführen. Stattdessen müssen Bereiche festgelegt werden, die keine Belastungsdiskontinuitäten enthalten, wofür dann die Integration bereichsweise mit entsprechenden x-Koordinaten auszuführen ist. Es ist dabei nicht erforderlich, dass jede x-Koordinate den gleichen Ursprung hat. Allerdings muss die zur Bestimmung des realen Moments M gewählte x-Koordinate mit derselben zur Bestimmung des virtuellen Moments δM innerhalb des betreffenden Bereiches *übereinstimmen*. Betrachten wir zum Beispiel den in Abbildung 15.35 dargestellten Träger. Zur Ermittlung der Verschiebung bei D können wir x_1 zur Bestimmung der Formänderungsenergie im Bereich AB benutzen, x_2 für den Bereich BC, x_3 für den Bereich DE und x_4 für DC. In jedem Fall sollte jede x-Koordinate so gewählt werden, dass M und δM ohne Schwierigkeiten formuliert werden können.

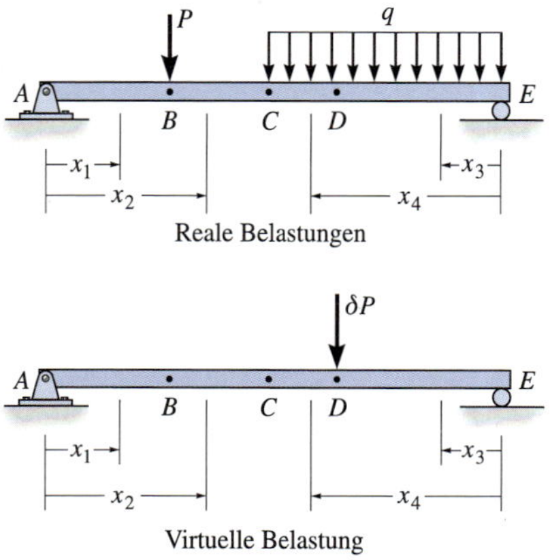

Abbildung 15.35

Lösungsweg

Der folgende Lösungsweg beschreibt die notwendigen Rechenschritte zur Ermittlung des Biegepfeils und des Neigungswinkels an einem Punkt des elastisch gekrümmten Biegebalkens mit Hilfe der Methode der virtuellen Arbeit im Einzelnen.

Virtuelle Schnittmomente δM

- Platzieren Sie eine *virtuelle Last* an dem interessierenden Punkt des Trägers in Richtung der gewünschten Verschiebung.
- Wenn der Neigungswinkel bestimmt werden soll, dann platzieren Sie ein *virtuelles Moment* an diesem Punkt.
- Führen Sie geeignete x-Koordinaten ein, die innerhalb der Bereiche des Trägers verwendbar sind, in denen keine Unstetigkeiten der realen oder der virtuellen Belastung auftreten.
- Berechnen Sie mit der geeignet platzierten virtuellen Last und dem von realen Lasten *befreiten* Träger das innere Moment δM als Funktion der x-Koordinaten.
- Nehmen Sie an, dass δM in positive Richtung gemäß Vorzeichenvereinbarung Abbildung 7.3 wirkt.

Reale Momente

- Bestimmen Sie mit den *gleichen* Koordinaten, die Sie für δM eingeführt haben, die inneren Biegemomente M, die von den realen Belastungen herrühren.
- Aufgrund der Annahme, dass δM in die konventionelle „positive" Richtung wirkt, ist es wichtig, dass positive Momente M in *dieselbe Richtung* angreifen. Dies ist erforderlich, weil eine positive oder negative innere virtuelle Arbeit vom Richtungssinn sowohl der virtuellen Belastung, definiert durch $\pm\delta M$, als auch der Verschiebung, verursacht durch $\pm M$, abhängt.

Gleichung der virtuellen Arbeit

- Verwenden Sie die Gleichung der virtuellen Arbeit zur Berechnung des gewünschten Biegepfeils Δ oder des Neigungswinkels θ. Es ist wichtig, das Vorzeichen jedes Integrals, das innerhalb eines speziellen Bereichs berechnet wurde, beizubehalten.
- Wenn die Summe aller Integrale für den gesamten Biegebalken positiv ist, dann sind Δ oder θ gleich gerichtet zur virtuellen Einheitslast bzw. zum virtuellen Moment. Bei einem negativen Ergebnis sind Δ oder θ den virtuellen Lasten entgegen gerichtet.
- Unter Umständen kann die Rechnung vereinfacht werden, wenn anstatt einer beliebigen virtuellen äußeren Last eine Einheitslast genommen wird, da die virtuellen Schnittmomente der virtuellen Last proportional sind.

Beispiel 15.14

Bestimmen Sie den Biegepfeil von Punkt B des Trägers, dargestellt in Abbildung 15.36a. Die Biegesteifigkeit EI ist konstant.

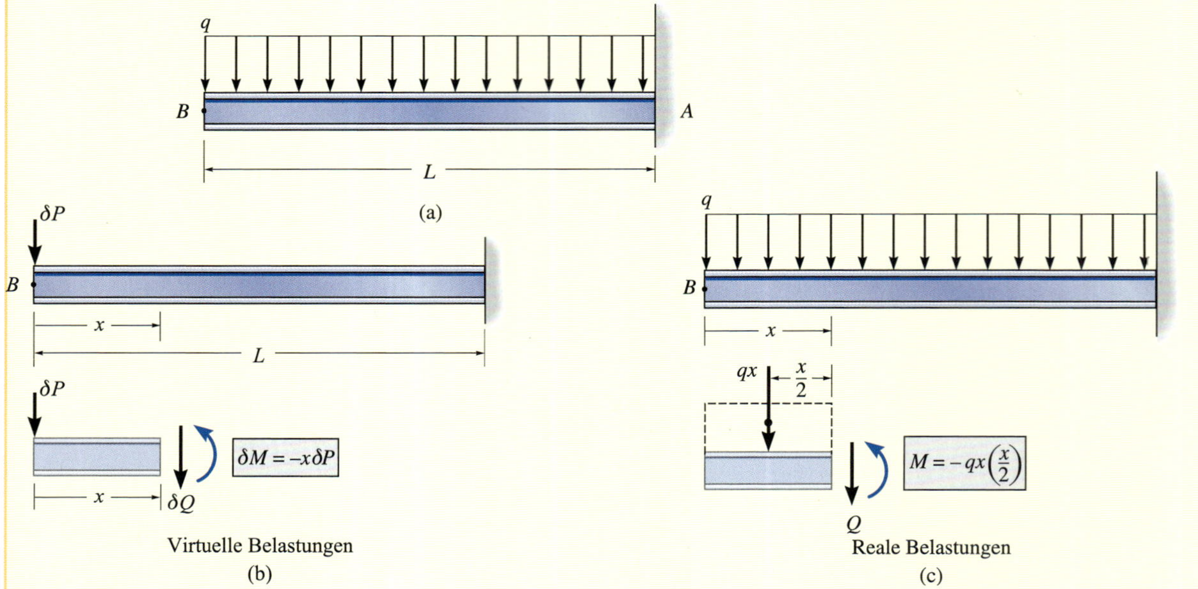

Abbildung 15.36

Lösung

Virtuelles Moment δM Die virtuelle Verschiebung von Punkt B wird durch Platzieren einer virtuellen Kraft δP an diesem Punkt ermittelt, Abbildung 15.36b. Es liegen keine Unstetigkeiten der Belastung vor und zwar *sowohl* für die virtuellen *als auch* für die realen Belastungen. Somit reicht eine x-Koordinate zur Bestimmung der virtuellen Formänderungsenergie aus. Der Koordinatenursprung wird bei B gewählt, denn die Lagerreaktionen bei A müssen dann für die Ermittlung der inneren Biegemomente δM und M nicht errechnet werden. Durch entsprechendes Freischneiden ermittelt man das innere Moment δM, siehe Abbildung 15.36b.

Reales Moment M Mit derselben x-Koordinate wird das innere Moment M berechnet, Abbildung 15.36c.

Gleichung der virtuellen Arbeit Der vertikale Biegepfeil kann damit aus

$$\delta P \cdot \Delta_B = \int \frac{\delta M M}{EI} dx = \int_0^L \frac{(-\delta P x)(-qx^2/2)dx}{EI}$$

berechnet werden:

$$\Delta_B = \frac{qL^4}{8EI}$$

Beispiel 15.15 Bestimmen Sie den Neigungswinkel des Trägers am Punkt B, dargestellt in Abbildung 15.37a. Die Biegesteifigkeit EI des Trägers ist konstant.

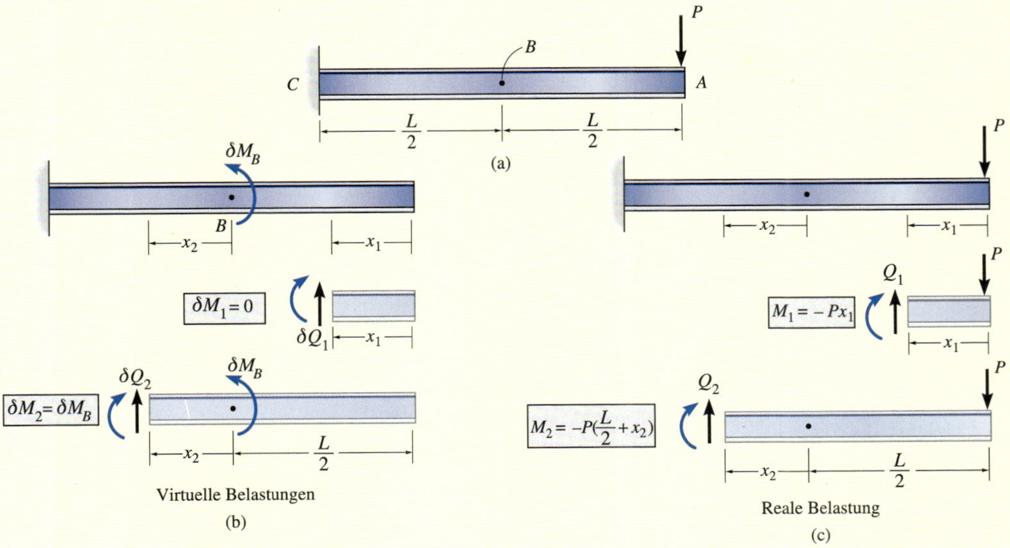

Abbildung 15.37

Lösung

Virtuelle Momente δM Der Neigungswinkel bei B wird durch die Platzierung eines virtuellen Moments δM_B an diesem Punkt ermittelt, Abbildung 15.37b. Zur Bestimmung der gesamten virtuellen Formänderungsenergie des Trägers sind zwei x-Koordinaten zweckmäßig. Die Koordinate x_1 dient der Berechnung der Formänderungsenergie innerhalb von Segment AB, die Koordinate x_2 innerhalb von Segment BC. Für jeden Bereich werden die inneren Momente δM infolge der virtuellen Last δM_B aus dem zugehörigen Freikörperbild gemäß Abbildung 15.37b berechnet.

Reale Momente M Mit denselben Koordinaten x_1 und x_2 (warum?) berechnet man die inneren Momente M, die in Abbildung 15.37c dargestellt sind.

Gleichung der virtuellen Arbeit Der Neigungswinkel bei B berechnet sich aus

$$\delta M_B \cdot \theta_B = \int \frac{\delta M\, M}{EI} dx = \int_0^{L/2} \frac{0(-Px_1)\,dx_1}{EI} + \int_0^{L/2} \frac{\delta M_B\{-P[(L/2)+x_2]\}\,dx_2}{EI}$$

zu

$$\theta_B = -\frac{3PL^2}{8EI}$$

Das negative Vorzeichen weist darauf hin, dass θ_B *entgegengesetzt* zum virtuellen Moment δM_B gerichtet ist, Abbildung 15.37b. Erneut erkennt man, das sich die virtuelle Last, hier das Moment δM_B, in der virtuellen Arbeit auf beiden Seiten der Gleichung herauskürzt. Man hätte deshalb das Moment δM_B als Einheitsmoment annehmen können.

Beispiel 15.16

Bestimmen Sie den Biegepfeil von Punkt A des in Abbildung 15.38a dargestellten Stahlträgers.

$q_0 = 45$ kN/m, $l = 3$ m, $I = 175{,}8(10^{-6})\text{m}^4$, $E = 200$ GPa,

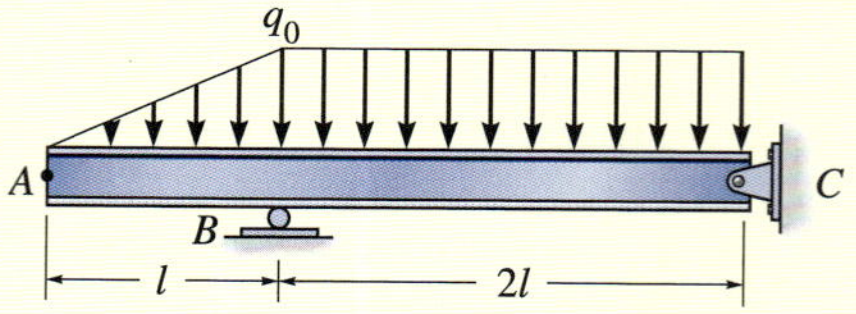

(a)

Lösung

Virtuelle Momente δM Der Träger wird bei A einer virtuellen Kraft δP ausgesetzt; anschließend werden die virtuellen Lagerreaktionen berechnet, Abbildung 15.38b. Wie man sieht, müssen zur Erfassung des gesamten Trägers zwei Bereiche mit zwei Koordinaten x_1 und x_2 eingeführt werden. Für die Integration ist es am zweckmäßigsten, die Ursprünge bei A und C zu wählen. Die zugehörigen Freikörperbilder liefern Bestimmungsgleichungen für die inneren Momente δM, dargestellt in Abbildung 15.38b:

$$\sum \delta M_1 = 0\,; \quad \delta M_1 + \delta P\, x_1 = 0 \qquad \delta M_1 = -\delta P\, x_1$$

$$\sum \delta M_2 = 0\,; \quad \delta M_2 - \delta C\, x_2 = 0 \qquad \delta M_2 = -0{,}5\delta P\, x_2$$

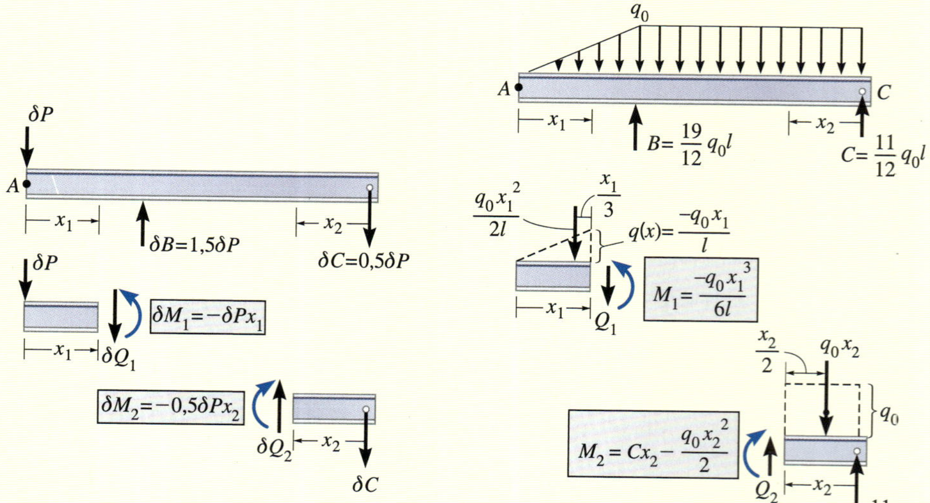

Virtuelle Belastungen
(b)

Reale Belastungen
(c)

Abbildung 15.38

Reale Momente M Zuerst werden die Lagerreaktionen des Trägers unter der realen Belastung berechnet, Abbildung 15.38c. Danach folgt die Ermittlung der inneren Biegemomente M, wobei *dieselben* x-Koordinaten wie für δM benutzt werden:

$$\sum M_1 = 0\,; \quad \frac{1}{2}\left(\frac{q_0}{l}x_1\right)x_1\left(\frac{x_1}{3}\right) + M_1 = 0 \qquad M_1 = -\frac{1}{6}\frac{q_0}{l}x_1^3$$

$$\sum M_2 = 0\,; \quad -M_2 + Cx_2 - \frac{q_0 x_2^2}{2} = 0 \qquad M_2 = Cx_2 - \frac{q_0 x_2^2}{2}$$

Gleichung der virtuellen Arbeit Wir wenden die Gleichung der virtuellen Arbeit auf den Träger an und erhalten

$$\delta P \cdot \Delta_A = \int \frac{\delta M\, M}{EI}dx = \int_0^l \frac{(-\delta P x_1)\left(-\frac{q_0}{6l}x_1^3\right)dx_1}{EI} + \int_0^{2l} \frac{(-0{,}5\delta P x_2)\left(Cx_2 - \frac{q_0 x_2^2}{2}\right)dx_2}{EI}$$

$$\Delta_A = \frac{1}{EI}\int_0^l \frac{q_0}{6l}x_1^4 dx_1 + \frac{1}{2EI}\int_0^{2l}\left(-Cx_2^2 + \frac{1}{2}q_0 x_2^3\right)dx_2$$

$$= \frac{1}{EI}\frac{q_0}{30}l^4 + \frac{1}{EI}\left(-\frac{4}{3}Cl^3 + q_0 l^4\right)$$

woraus der Biegepfeil

$$\Delta_A = -\frac{17}{90}\frac{q_0 l^4}{EI}$$

bestimmt werden kann. Wir setzen die Zahlenwerte ein und erhalten

$$\Delta_A = -0{,}0196 \text{ m} = -19{,}6 \text{ mm}$$

Das negative Vorzeichen weist darauf hin, dass der Punkt A sich nach oben durchbiegt.

15.8 Einflusszahlen, Sätze von Maxwell und Betti

Bei sehr vielen Problemen kann vorausgesetzt werden, dass das Materialverhalten linear-elastisch ist und somit eine lineare Beziehung zwischen den Belastungen und den Verformungen des Systems besteht.

Betrachten wir beispielsweise den Biegebalken in Abbildung 15.39, der durch zwei Kräfte F_j und F_k belastet wird. Die Verschiebungen Δ_j und Δ_k der Kraftangriffspunkte von F_j und F_k können als

$$\Delta_j = \alpha_{jj}F_j + \alpha_{jk}F_k = \Delta_{jj} + \Delta_{jk} \tag{15.44}$$

$$\Delta_k = \alpha_{kj}F_j + \alpha_{kk}F_k = \Delta_{kj} + \Delta_{kk} \tag{15.45}$$

geschrieben werden, da ein linearer Zusammenhang zwischen den Kräften und den Verschiebungen vorausgesetzt wurde. Die α-Werte werden Einflusszahlen (Krafteinflusszahlen) genannt.

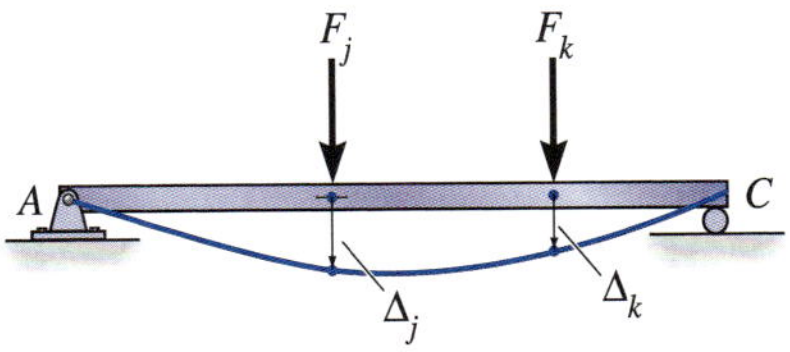

Abbildung 15.39

Verallgemeinernd betrachten wir als zweites Beispiel das räumliche System gemäß Abbildung 15.40, an dem n Kräfte P_1 bis P_n angreifen. Die Verschiebung Δ_j eines beliebigen Körperpunktes A_j in Richtung einer gegebenen Achse kann dann mit

$$\Delta_j = \alpha_{j1}P_1 + \alpha_{j2}P_2 + \ldots + \alpha_{jn}P_n \tag{15.46}$$

angegeben werden.

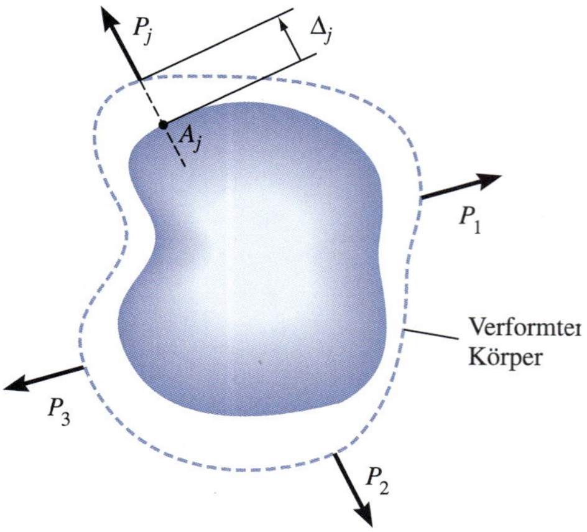

Abbildung 15.40

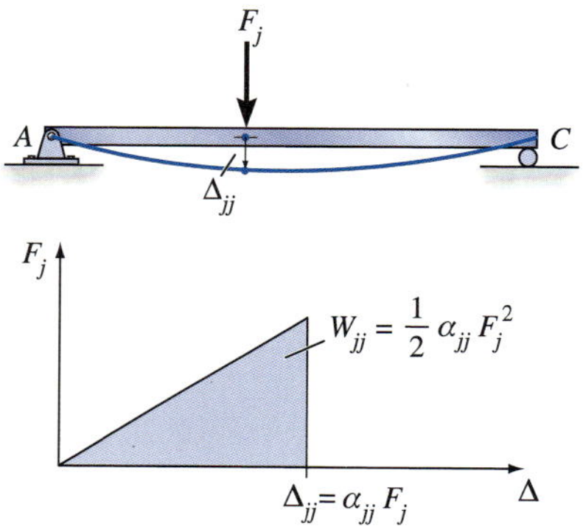

(a)

Abbildung 15.41

Bei der Bestimmung der Arbeit der äußeren Kräfte haben wir (beim ersten Beispiel) zwei Möglichkeiten. Zum einen können wir zunächst die Kraft F_j und dann die Kraft F_k aufbringen. Zum anderen kann man zuerst die Kraft F_k und dann die Kraft F_j wirken lassen. Betrachten wir zunächst die erste Möglichkeit. Nach Aufbringen von F_j ergibt sich das in Abbildung 15.41a dargestellte Verformungsbild und da die Kraft allmählich von null auf F_j ansteigt, beträgt die zugehörige Arbeit

$$W_{jj} = \frac{1}{2}\alpha_{jj}F_j^2.$$

Im zweiten Schritt wird dieses System zusätzlich durch die Kraft F_k belastet. Dies führt zu einer zusätzlichen Verschiebung Δ_{jk} des Kraftangriffspunktes von F_j , während sich der Kraftangriffspunkt von F_k um Δ_{kk} verschiebt, siehe Abbildung 15.41b. Dabei verrichtet die Kraft F_j die Arbeit

$$W_{jk} = \Delta_{jk}F_j = \alpha_{jk}F_kF_j,$$

und die Arbeit der Kraft F_k, die allmählich von null auf den Endwert ansteigt, ist

$$W_{kk} = \frac{1}{2}\alpha_{kk}F_k^2.$$

Die gesamte Arbeit der Kräfte ergibt sich somit in der Form

$$W_{a1} = W_{jj} + W_{jk} + W_{kk} = \frac{1}{2}\alpha_{jj}F_j^2 + \alpha_{jk}F_kF_j + \frac{1}{2}\alpha_{kk}F_k^2$$

Werden die Kräfte in der umgekehrten Reihenfolge aufgebracht, so ergibt die Belastung durch F_k das in Abbildung 15.41c dargestellte Verformungsbild und ihre Arbeit beträgt

$$W_{kk} = \frac{1}{2}\alpha_{kk}F_k^2.$$

Die anschließende Belastung durch F_j führt auf die zusätzlichen Verschiebungen Δ_{jj} des Kraftangriffspunktes von F_j und Δ_{kj} von F_k , siehe Abbildung 15.41d. Die entsprechenden Arbeiten der Kräfte F_j und F_k sind

$$W_{jj} = \frac{1}{2}\alpha_{jj}F_j^2$$

und

$$W_{kj} = \alpha_{kj}F_jF_k.$$

Die gesamte Arbeit der äußeren Kräfte berechnet sich in diesem Fall zu

$$W_{a2} = W_{kk} + W_{kj} + W_{jj} = \frac{1}{2}\alpha_{kk}F_k^2 + \alpha_{kj}F_jF_k + \frac{1}{2}\alpha_{jj}F_j^2$$

Da die Arbeit der äußeren Kräfte unabhängig von der Reihenfolge des Aufbringens der Kräfte sein muss,

$$W_{a1} = W_{a2}$$

folgt der *Satz von Betti*

$$W_{jk} = W_{kj}$$

von der Gleichheit der Ergänzungsarbeiten. Gleichzeitig folgt daraus der *Satz von Maxwell* von der Symmetrie der Einflusszahlen:

$$\alpha_{jk} = \alpha_{kj}$$

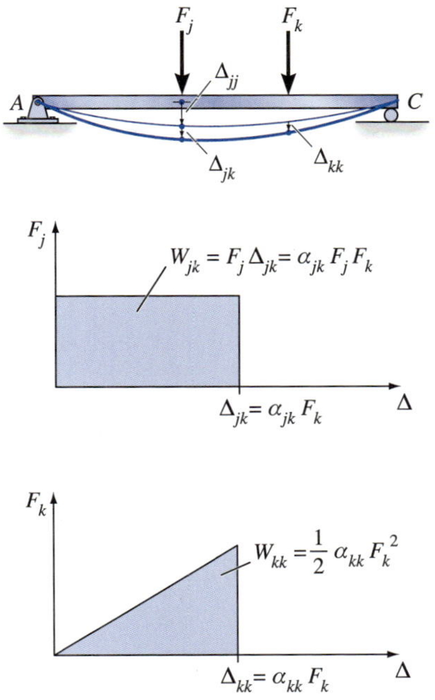

(b)

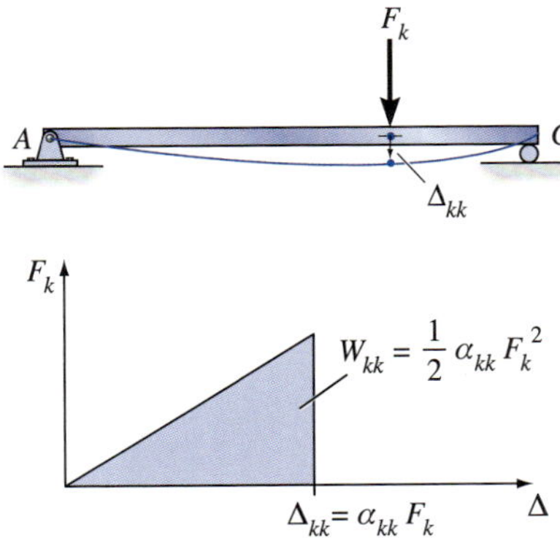

(c)

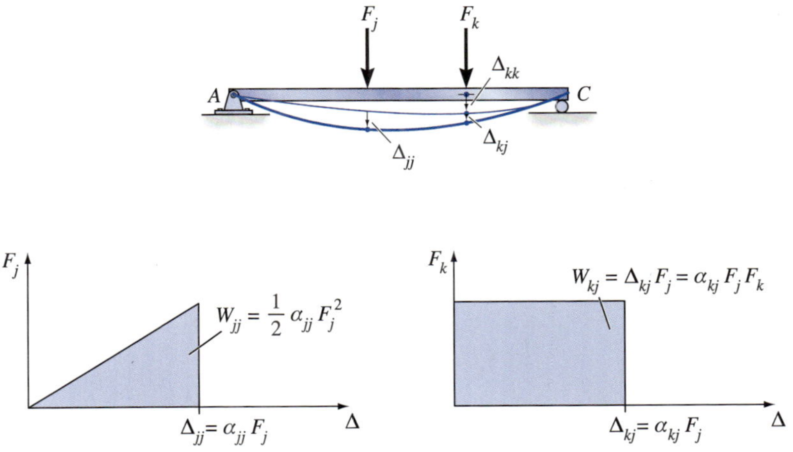

(d)

Abbildung 15.41

Der Name Einflusszahl rührt daher, dass α_{jk} den Einfluss der Last F_k auf die Stelle r_j beschreibt. Wie schon beim Prinzip der virtuellen Kräfte kann auch hier eine Einheitslast eingeführt werden. Die Verschiebungen aufgrund einer Einheitslast $F_j = 1$ sind dann direkt durch α_{jj} und α_{kj} gegeben, siehe Abbildung 15.42a. Entsprechend führt die Einheitslast $F_k = 1$ direkt auf Verschiebungen α_{jk} und α_{kk}, Abbildung 15.42b.

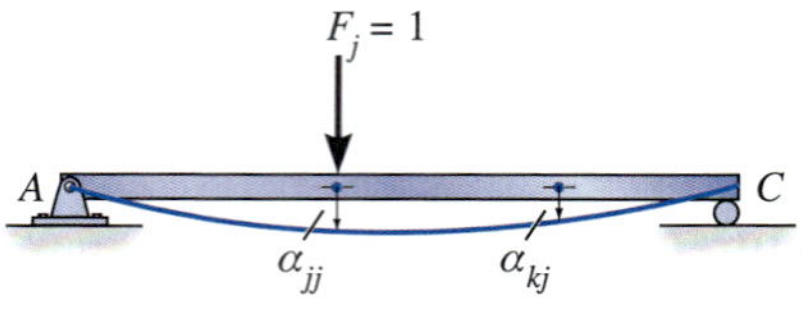

(a)

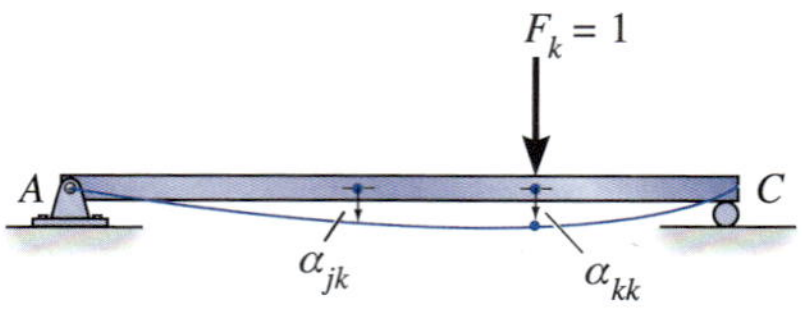

(b)

Abbildung 15.42

Anhand der Abbildung 15.42a und Abbildung 15.42b und aufgrund $\alpha_{jk} = \alpha_{kj}$ wird deutlich, dass die Verschiebung an der Stelle r_j aufgrund einer Last F_k dieselbe ist wie die Verschiebung an der Stelle r_k, wenn die gleiche Last bei r_j angreift.

Die Arbeit der äußeren Kräfte kann nach Einsetzen der Beziehungen (15.44) und (15.45) auch in Abhängigkeit allein der Verschiebungen der Kraftangriffspunkte angegeben werden:

$$W_{a1} = \frac{1}{2}\beta_{jj}\Delta_j^2 + \beta_{jk}\Delta_j\Delta_k + \frac{1}{2}\beta_{kk}\Delta_k^2$$

wobei für die reziproken Einflusszahlen ebenfalls

$$\beta_{jk} = \beta_{kj}$$

gilt.

Bei Verallgemeinerung des vorgestellten Verfahrens auf n Lasten F_j in Form von Kräften und Momenten, folgt gemäß Gleichung (15.46) zunächst für die Verschiebungen

$$\Delta_j = \sum \alpha_{jk} F_k$$

und in der Umkehrung

$$F_j = \sum \beta_{jk} \Delta_k$$

In Matrizenform lauten die Gleichungen

$$\begin{bmatrix} \Delta_1 \\ \vdots \\ \Delta_n \end{bmatrix} = \begin{bmatrix} \alpha_{11} & \cdots & \alpha_{1n} \\ \vdots & \ddots & \vdots \\ \alpha_{n1} & \cdots & \alpha_{nn} \end{bmatrix} \begin{bmatrix} F_1 \\ \vdots \\ F_n \end{bmatrix} \qquad \mathbf{\Delta} = \mathbf{HF}$$

bzw.

$$\begin{bmatrix} F_1 \\ \vdots \\ F_n \end{bmatrix} = \begin{bmatrix} \beta_{11} & \cdots & \beta_{1n} \\ \vdots & \ddots & \vdots \\ \beta_{n1} & \cdots & \beta_{nn} \end{bmatrix} \begin{bmatrix} \Delta_1 \\ \vdots \\ \Delta_n \end{bmatrix} \qquad \mathbf{F} = \mathbf{K\Delta}$$

mit der *Nachgiebigkeitsmatrix* **H** und der *Steifigkeitsmatrx* **K**. Wegen des Satzes von Maxwell sind beide symmetrisch. Für die Arbeit der Kräfte ergibt sich eine entsprechende Verallgemeinerung

$$W_a = \frac{1}{2}\sum_j \sum_k F_j \alpha_{jk} F_k = \frac{1}{2}\mathbf{F}^T\mathbf{H}\mathbf{F}$$

oder

$$W_a = \frac{1}{2}\sum_j \sum_k \Delta_j \beta_{jk} \Delta_k = \frac{1}{2}\Delta^T\mathbf{K}\Delta$$

Die äußere Arbeit ist damit eine homogen quadratische Form entweder der Kräfte oder der Verschiebungen allein.

15.9 Sätze von Castigliano und Menabrea

Im Jahre 1879 veröffentlichte Alberto Castigliano, ein italienischer Eisenbahningenieur, ein Buch, in dem er ein Verfahren zur Bestimmung der Verschiebung und des Neigungswinkels an einem Punkt in einem Körper beschrieb. Dieses Verfahren, das als (erster) *Satz von Castigliano* bezeichnet wird, ist nur für Körper gültig, die bei konstanter Temperatur linear-elastisches Verhalten aufweisen. Für die Bestimmung der Verschiebung an einem Körperpunkt sagt der Satz aus, dass die Verschiebung gleich der ersten partiellen Ableitung der Formänderungsenergie im Körper bezüglich der an dem Punkt wirkenden Kraft in Richtung der Verschiebung ist. In gleicher Weise ist der Neigungswinkel der Tangente an einem Punkt im Innern des Körpers gleich der ersten partiellen Ableitung der Formänderungsenergie im Körper bezüglich des an diesem Punkt wirkenden Moments in Richtung der Winkeländerung.

Zur Ableitung des Satzes von Castigliano betrachten wir einen Körper beliebiger Form, der n Kräften F_1, F_2, …, F_n ausgesetzt ist, Abbildung 15.43. Da die infolge dieser Kräfte verrichtete äußere Arbeit gleich der in dem Körper gespeicherten Formänderungsenergie ist, können wir den Energieerhaltungssatz anwenden, d.h.

$$W_i = W_a$$

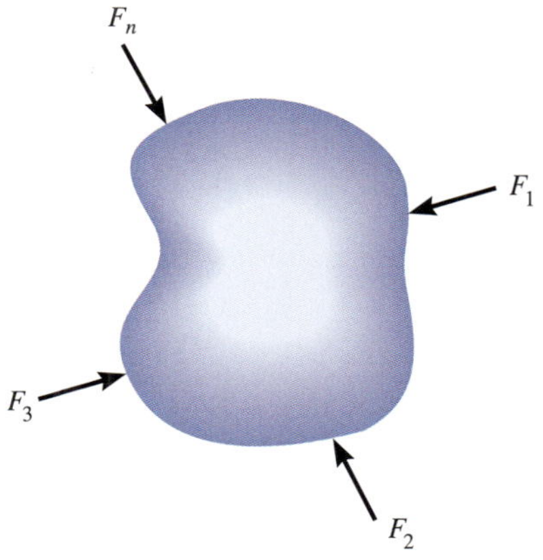

Abbildung 15.43

Im vorigen Abschnitt wurde hergeleitet, dass bei linear-elastischem Verhalten die Arbeit der äußeren Kräfte durch

$$W_i = W_a = f\left(F_1,\ldots,F_n\right) = \frac{1}{2}\sum_j \sum_k F_j \alpha_{jk} F_k$$

gegeben ist. Damit ist die innere Arbeit gleichfalls eine Funktion der äußeren Belastungen.

Wird die äußere Arbeit partiell nach der Last F_l abgeleitet, so folgt

$$\frac{\partial W_a}{\partial F_l} = \frac{1}{2}\sum_j \sum_k \alpha_{jk}\left(\frac{\partial F_j}{\partial F_l}F_k + F_j\frac{\partial F_k}{\partial F_l}\right)$$

Da die partielle Ableitung von F_j nach F_l null ergibt außer für $F_j = F_l$, gilt

$$\frac{\partial F_j}{\partial F_l} = \begin{cases} 0, & j \neq l \\ 1, & j = l \end{cases}, \qquad \frac{\partial F_k}{\partial F_l} = \begin{cases} 0, & k \neq l \\ 1, & k = l \end{cases}$$

und wir erhalten

$$\begin{aligned} \frac{\partial W_a}{\partial F_l} &= \frac{1}{2}\sum_k \alpha_{lk} F_k + \frac{1}{2}\sum_j \alpha_{jl} F_j = \frac{1}{2}\sum_k \alpha_{lk} F_k + \frac{1}{2}\sum_k \alpha_{lk} F_k \\ &= \sum_k \alpha_{lk} F_k \end{aligned}$$

Diese Beziehungen gelten, da $\alpha_{jk} = \alpha_{kj}$ gilt und in der zweiten Summe der Summationsindex j durch k ersetzt wurde. Laut Voraussetzung des vorhergehenden Abschnitts entspricht das erhaltene Ergebnis gerade der Verschiebung Δ_l des Kraftangriffspunktes der Kraft F_l:

$$\Delta_l = \sum_k \alpha_{lk} F_k = \frac{\partial W_a}{\partial F_l}$$

Da die innere Arbeit der äußeren gleich ist, kann die Verschiebung Δ_l über

$$\Delta_l = \frac{\partial W_i}{\partial F_l} \qquad (15.47)$$

berechnet werden.

Die Verschiebung Δ_l des Angriffspunktes einer Last F_l in Richtung dieser Last ist also gleich der ersten partiellen Ableitung der Formänderungsenergie bezüglich der Last F_l, wie dies bereits eingangs als Inhalt des ersten Satzes von Castigliano genannt wurde.

Der Satz kann auch zur Berechnung der Verschiebungen von Punkten des Tragwerks in eine bestimmte Richtung benutzt werden, an denen überhaupt keine Last angreift. Man führt dann eine Hilfskraft F_H ein und fasst sie als Teil der gegebenen äußeren Belastung auf. Man bestimmt dann die Funktion $W_i(F_1, F_2, \ldots, F_n, F_H)$, leitet sie partiell nach F_H ab und setzt *danach* F_H wieder null.

Neben dem ersten existiert auch noch der zweite Satz von Castigliano. Wiederum wird ein beliebiges elastisches System unter der Wirkung von n äußeren Kräften F_1 bis F_n mit den zugehörigen Verschiebungen Δ_1 bis Δ_n betrachtet. Wird jetzt die Formänderungsenergie als Funktion der Verschiebungen allein ausgedrückt,

$$W_i = f(\Delta_1, \ldots, \Delta_n)$$

dann ergibt eine analoge Auswertung die Beziehung

$$F_j = \frac{\partial W_i}{\partial \Delta_j} \qquad (15.48)$$

die als zweiter Satz von Castigliano bekannt ist: Die partielle Ableitung der Formänderungsenergie nach der Verschiebung Δ_j eines bestimmten Tragwerkpunktes ist gleich der Kraft F_j an der betreffenden Stelle in Richtung der Verschiebung.

Es sollte angemerkt werden, dass die Sätze von Castigliano gemäß Gleichung (15.47) und (15.48) unter der Voraussetzung gelten, dass *nur konservative Kräfte* auftreten. Diese Kräfte können in beliebiger Reihenfolge wirken und zwar derart, dass die geleistete Arbeit vom Weg selbst unabhängig ist und damit keine Energieverluste auftreten. Solange sich der Körper linear-elastisch verhält, bleiben die einwirkenden Kräfte konservativ und die hergeleiteten Sätze sind somit gültig. Während der erste Satz von Castigliano eine Aussage hinsichtlich der *Kompatibilitätsanforderungen* darstellt, denn diese stellt eine Bedingung an die Verschiebungen dar, ist der zweite Satz von Castigliano eine Alternative, die *Gleichgewichtsbedingungen* für einen Körper auszudrücken. Er ist allerdings nur begrenzt anwendbar und wird deshalb hier nicht weiter diskutiert.

Interessant ist die Anwendung des ersten Satzes von Castigliano auf Systeme, für welche die Verschiebung Δ_j in Lastrichtung null ist. Solche Lasten sind im Allgemeinen Reaktionskräfte (oder -momente) F_j^R ($j = 1,\ldots,m$). Dafür wird

$$\frac{\partial W_a}{\partial F_j^R} = 0\,,$$

d.h. wegen $W_a = W_i$ ist aber auch

$$\frac{\partial W_i\left(F_1,\ldots,F_n,F_1^R,\ldots,F_m^R\right)}{\partial F_j^R} = 0 \qquad (15.49)$$

Dies ist der Satz von Menabrea, der aussagt, dass die genannten Reaktionskräfte F_j^R solche Werte annehmen, dass die Formänderungsarbeit zum Extremwert, d.h. in der Praxis zum Minimum wird.

15.10 Anwendung des ersten Satzes von Castigliano auf Fachwerke

Da ein Fachwerkstab nur auf Zug oder Druck belastet ist, wird die Formänderungsenergie durch Gleichung (15.16) repräsentiert, d.h. $W_i = N^2L/(2AE)$. Durch Einsetzen dieser Gleichung in Gleichung (15.47) und Weglassen des Index l erhalten wir

$$\Delta = \frac{\partial}{\partial F}\sum \frac{N^2 L}{2AE}$$

Im Allgemeinen ist es einfacher, bei der Auswertung Differenziation und Summation zu vertauschen, so dass für die konstanten Parameter L, A und E die Knotenpunktverschiebung gemäß

$$\Delta = \sum N\left(\frac{\partial N}{\partial F}\right)\frac{L}{AE} \qquad (15.50)$$

ausgerechnet werden kann. Es bedeuten

Δ = interessierende Knotenpunktverschiebung
F = äußere Kraft am betreffenden Knoten in Richtung von Δ
N = innere Normalkraft im Fachwerkstab, hervorgerufen durch die gegebene Belastung einschließlich der Kraft F

L = Stablänge
A = Querschnittsfläche des Stabsegmentes
E = Elastizitätsmodul des Materials

Zur Bestimmung der partiellen Ableitung $\partial N/\partial F$ ist es erforderlich, F als eine *Variable* zu behandeln und nicht als bekannte numerische Größe. Anders gesagt: Jede innere Normalkraft N muss als Funktion von F formuliert werden.

Im Vergleich ist der Satz von Castigliano gemäß Gleichung (15.50) der Gleichung (15.39) der virtuellen Arbeit $\Delta = \sum \bar{N}NL/(EA)$ ähnlich, mit der Ausnahme, dass $\bar{N}$ durch $\partial N/\partial F$ ersetzt wird. Die beiden Terme $\bar{N}$ und $\partial N/\partial F$ sind jedoch gleich, denn sie repräsentieren die Änderungsrate der inneren Normalkraft bezüglich der Belastung F, d.h. die Normalkraft pro Einheitskraft.

Lösungsweg

Der nachfolgend beschriebene Lösungsweg stellt eine Methode zur Verfügung, Knotenpunktverschiebungen in Fachwerken mit Hilfe des Satzes von Castigliano zu berechnen.

Äußere Kraft F

- Platzieren Sie eine Hilfskraft F an einem Fachwerkknoten, dessen Verschiebung ermittelt werden soll, wenn nicht bereits eine entsprechende äußere Last F dort angreift. Diese Kraft wird als *Variable* und nicht als numerischer Wert angenommen und sollte in Richtung der zu bestimmenden Verschiebung angreifen.

Innere Normalkräfte N

- Bestimmen Sie die infolge der (zahlenmäßig) vorgegebenen Belastung und der Kraft F erzeugte Normalkraft N in jedem Fachwerkstab. Nehmen Sie an, dass Zugkräfte positiv und Druckkräfte negativ sind.
- Ermitteln Sie die entsprechende partielle Ableitung $\partial N/\partial F$ für jeden Stab.
- Nach der Bestimmung von N und $\partial N/\partial F$ weisen Sie F die vorgegebene Größe zu, wenn diese tatsächlich eine der am Fachwerk angreifenden Kräfte repräsentiert. Ansonsten setzen Sie F gleich null.

Der erste Satz von Castigliano

- Wenden Sie den Satz von Castigliano zur Bestimmung der interessierenden Verschiebung Δ an. Es ist wichtig, die Vorzeichen für die zugehörigen Werte von N und $\partial N/\partial F$ beizubehalten, wenn diese Ausdrücke in die Gleichung eingesetzt werden.
- Ist die resultierende Summe $\sum N(\partial N/\partial F)L/(AE)$ positiv, dann geht Δ in dieselbe Richtung wie die Kraft F. Bei einem negativen Ergebnis geht Δ in die zu F entgegengesetzte Richtung.

Beispiel 15.17 Bestimmen Sie die horizontale Verschiebung des Knotens C des in Abbildung 15.44a dargestellten Stahlfachwerkes. Die Querschnittsfläche ist für jeden Stab gegeben.

$P = 40$ kN, $A_1 = 1250$ mm^2, $A_2 = 625$ mm^2, $l_1 = 4$ m, $l_2 = 3$ m, $E = 210(10^3)$ MPa

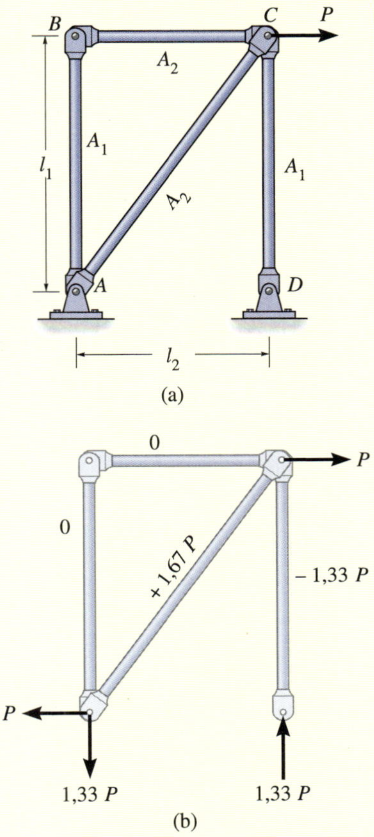

Abbildung 15.44

Lösung

Äußere Kraft P Es soll die horizontale Verschiebung von C bestimmt werden, deshalb darf die am Knoten C in horizontaler Richtung wirkende Kraft P, Abbildung 15.44b, nicht sofort durch den Zahlenwert ersetzt werden, sondern muss als Variable betrachtet werden. Später setzen wir diese Kraft gleich dem vorgegebenen Wert von P.

Innere Normalkräfte N Mit Hilfe der Knotenpunktmethode werden alle Stabkräfte N berechnet. Die Ergebnisse sind in Abbildung 15.44b dargestellt. Die Zusammenstellung der Daten in Tabellenform ergibt

Stützelement	N		L	
AB	0	0	l_1	0
BC	0	0	l_2	0
AC	$\frac{\sqrt{l_1^2+l_2^2}}{l_2}P$	$\frac{\sqrt{l_1^2+l_2^2}}{l_2}$	$\sqrt{l_1^2+l_2^2}$	$\frac{l_1^2+l_1^2}{l_2^2}P\sqrt{l_1^2+l_2^2}$
CD	$-\frac{l_1}{l_2}P$	$-\frac{l_1}{l_2}$	l_1	$\frac{l_1^2}{l_2^2}Pl_1$

Erster Satz von Castigliano Mit Gleichung (15.50) bezüglich der Last P erhalten wir

$$\Delta_{Ch} = \sum N\left(\frac{\partial N}{\partial P}\right)\frac{L}{AE} = 0+0+N_{AC}\left(\frac{\partial N}{\partial P}\right)_{AC}\frac{L_{AC}}{A_2E}+N_{CD}\left(\frac{\partial N}{\partial P}\right)_{CD}\frac{L_{CD}}{A_1E}$$

$$= 4{,}24\,\text{mm} + 1{,}08\,\text{mm}$$

$$\Delta_{Ch} = 5{,}32\ \text{mm}$$

Beispiel 15.18

Bestimmen Sie die vertikale Verschiebung des Knotens C des in Abbildung 15.45a dargestellten Stahlfachwerkes. Die Querschnittsfläche ist für jeden Fachwerkstab mit A gegeben.

$P_1 = 100$ kN, $A = 400$ mm^2, $E = 200$ GPa, $l = 2$ m

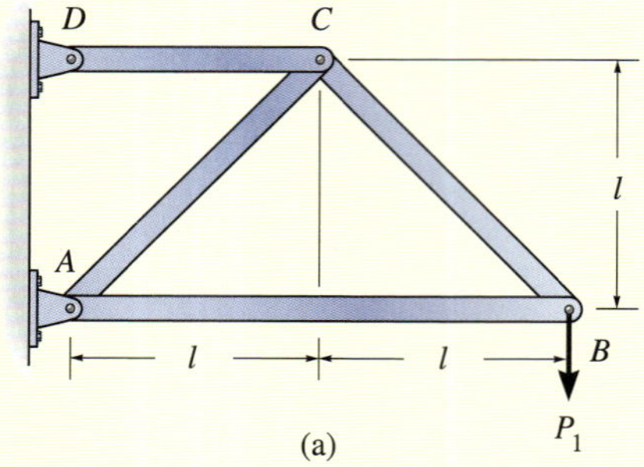

(a)

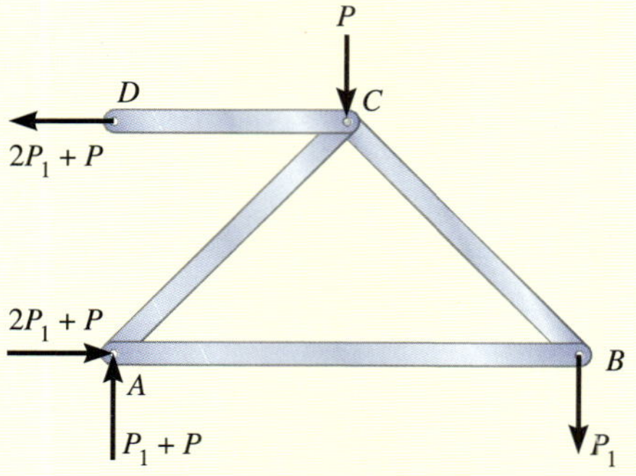

(b)

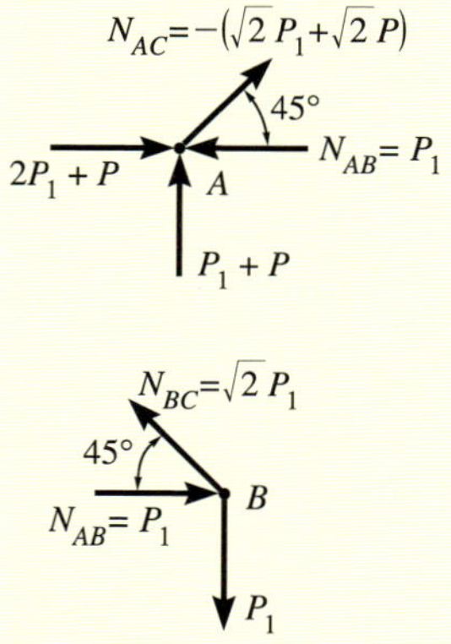

(c)

Abbildung 15.45

Lösung

Äußere Kraft P Am Knoten C wird eine variable Hilfskraft $F_H=P$ in vertikaler Richtung platziert, denn das ist der Punkt, an dem die vertikale Verschiebung ermittelt werden soll, Abbildung 15.45b.

Innere Kräfte N Es werden zunächst die Lagerreaktionen bei A und D berechnet. Abbildung 15.45b zeigt die Ergebnisse. Mit Hilfe der Knotenpunktmethode werden dann alle Stabkräfte bestimmt, Abbildung 15.45c[7]. Zusammen mit den partiellen Ableitungen $\partial N/\partial P$ sind alle Ergebnisse in der folgenden Tabelle zusammengefasst. Beachten Sie, dass die Forderung $P = 0$ erfüllt werden muss, weil P keine reale vorgegebene Belastung des Fachwerkes darstellt.

Stützelement	N		$N(P = 0)$	L	
AB	$-P_1$	0	$-P_1$	$2l$	0
BC	$\sqrt{2}P_1$	0	$\sqrt{2}P_1$	$\sqrt{2}\,l$	0
AC	$-\sqrt{2}\,(P_1+P)$	$-\sqrt{2}$	$-\sqrt{2}P_1$	$\sqrt{2}\,l$	$2\sqrt{2}\,lP_1$
CD	$2P_1+P$	1	$2P_1$	l	$2P_1l$
					$\sum 2\left(\sqrt{2}+1\right)P_1l$

7 Es wäre einfacher, das Fachwerk nur mit der Belastung durch P_1 zu berechnen und danach den Vorgang mit der daran wirkenden Last P zu wiederholen. Die Ergebnisse ergeben addiert die Normalkräfte N.

Erster Satz von Castigliano Wir wenden Gleichung (15.50) an und erhalten

$$\Delta_{Cv} = \sum N\left(\frac{\partial N}{\partial P}\right)\frac{L}{EA} = \frac{2\left(\sqrt{2}+1\right)P_1 l}{EA}$$

Wir setzen für A und E die Zahlenwerte ein und lösen endgültig

$$\Delta_{Cv} = 0{,}01207 \text{ m} = 12{,}07 \text{ mm}$$

Die Lösung sollte unter Anwendung des Prinzips der virtuellen Kräfte mit der Lösung von Beispiel 15.11 verglichen werden.

15.11 Anwendung des ersten Satzes von Castigliano auf Biegebalken

Die innere Formänderungsenergie setzt sich aus Biege- und Schubanteilen zusammen. Wie in Beispiel 15.7 bereits erwähnt, kann die Formänderungsenergie infolge Querkraftschub im Vergleich zur reinen Biegung jedoch vernachlässigt werden, wenn der Balken schlank ist. Unter der Annahme, dass dies der Fall ist, nimmt die Gleichung der Formänderungsenergie für einen Biegebalken die Form $W_i = \int M^2\, dx/(2EI)$, Gleichung (15.17), an. Wir setzen $\Delta_l = \partial W_i/\partial F_l$ ein, siehe Gleichung (15.47), ersetzen P_l durch F und erhalten den Ausdruck

$$\Delta = \frac{\partial}{\partial F}\int_0^L \frac{M^2 dx}{2EI}$$

Im Allgemeinen ist es auch hier bei der Auswertung einfacher, die Differenziation vor der Integration durchzuführen. Unter der Voraussetzung, dass E und I konstant sind, ergibt sich dann

$$\Delta = \int_0^L M\left(\frac{\partial M}{\partial F}\right)\frac{dx}{EI} \qquad (15.51)$$

wobei die Symbole wie folgt festgelegt sind:

Δ = Verschiebung des Balkenpunktes infolge der am Balken wirkenden realen Belastungen

F = äußere Kraft am betreffenden Balkenpunkt in Richtung Δ

M = inneres Biegemoment im Balken als Funktion von x, hervorgerufen durch P und die reale Belastung

E = Elastizitätsmodul des Materials

I = axiales Trägheitsmoment der Querschnittsfläche bezüglich einer Achse durch den Schwerpunkt

Wenn der Neigungswinkel θ an einem Punkt des elastisch verformten Balkens bestimmt werden soll, dann muss man die partielle Ableitung des inneren Moments M bezüglich eines angebrachten äußeren Momentes M_B, das an diesem Punkt wirkt, berechnen. In diesem Fall gilt

$$\theta = \int_0^L M\left(\frac{\partial M}{\partial M_B}\right)\frac{dx}{EI} \qquad (15.52)$$

Die Gleichungen (15.51) und (15.52) haben wiederum Ähnlichkeit mit denen, die innerhalb des Prinzips der virtuellen Kräfte gelten, Gleichungen (15.42) und (15.43), wenn man dort δM in der Form $\delta M = \bar{M}\delta F$ bzw. $\delta M = \bar{M}\delta M_B$ proportional zur virtuellen Belastung δF bzw. δM_B annimmt und dann $\bar{M}$ durch $\partial M/\partial F$ bzw. $\partial M/\partial M_B$ ersetzt.

Für den Fall, dass die Belastung in einem Bauteil zu einer Formänderungsenergie infolge Normalkraft, Querkraft sowie Biege- und Torsionsmoment führt, dann sind die Wirkungen aller dieser Beanspruchungen bei der Anwendung des Satzes von Castigliano mit zu berücksichtigen. Dazu müssen die in Abschnitt 15.2 hergeleiteten Formänderungsenergien zusammen mit ihren zugehörigen partiellen Ableitungen benutzt werden. Das Ergebnis ist

$$\Delta = \sum N\left(\frac{\partial N}{\partial F}\right)\frac{L}{AE} + \int_0^L \chi_S Q\left(\frac{\partial Q}{\partial F}\right)\frac{dx}{GA} + \int_0^L M\left(\frac{\partial M}{\partial F}\right)\frac{dx}{EI} + \int_0^L T\left(\frac{\partial T}{\partial F}\right)\frac{dx}{GI_p} \qquad (15.53)$$

Die Anwendung dieser allgemeinen Formulierung gleicht der Benutzung der Gleichungen (15.51) und (15.52).

Lösungsweg

Der im Folgenden beschriebene Lösungsweg beschreibt die Anwendung des ersten Satzes von Castigliano.

Äußere Kraft F oder äußeres Moment M_B

- Platzieren Sie eine Kraft F an einem Punkt des Balkens, wobei diese in Richtung der gewünschten Verschiebung angreifen muss.
- Wenn der Neigungswinkel des Balkens bestimmt werden soll, dann platzieren Sie an der betreffenden Stelle ein Moment M_B.
- Nehmen Sie an, dass F und M_B beide Variablen ohne Zahlenwerte sind.

Innere Momente M

- Führen Sie geeignete Längskoordinaten ein, die innerhalb der Bereiche eines Balkens gültig sind, in denen keine Unstetigkeit der Belastung auftritt.
- Berechnen Sie die inneren Momente M als Funktion von F oder M_B sowie die partiellen Ableitungen $\partial M/\partial F$ oder $\partial M/\partial M_B$ für jeden Bereich des Balkens.
- Nach Berechnung von M und $\partial M/\partial F$ oder $\partial M/\partial M_B$ weisen Sie F oder M_B ihre vorgegebenen Werte zu, wenn sie tatsächlich eine reale Kraft oder ein reales Moment ersetzten. Andernfalls setzen Sie die Hilfslasten F oder M_B gleich null.

Erster Satz von Castigliano

- Verwenden Sie die Gleichungen (15.51) oder (15.52) zur Ermittlung der gewünschten Verschiebung Δ oder des Neigungswinkels θ. Es ist dabei wichtig, die Vorzeichen für M und $\partial M/\partial F$ oder $\partial M/\partial M_B$ beizubehalten.

- Wenn die resultierende Summe aller bestimmten Integrale positiv ist, dann sind Verschiebung Δ oder Neigungswinkel θ und angebrachte Last F oder M_B gleichgerichtet. Bei einem negativen Ergebnis sind Δ oder θ entgegen zu F oder M_B gerichtet.

Beispiel 15.19 Bestimmen Sie die Verschiebung des Balkenpunktes B, siehe Abbildung 15.46a. Die Biegesteifigkeit EI ist konstant.

Lösung

Äußere Kraft P Am Balken wird bei B eine vertikale Hilfskraft $F_H{=}P$ platziert, siehe Abbildung 15.46b.

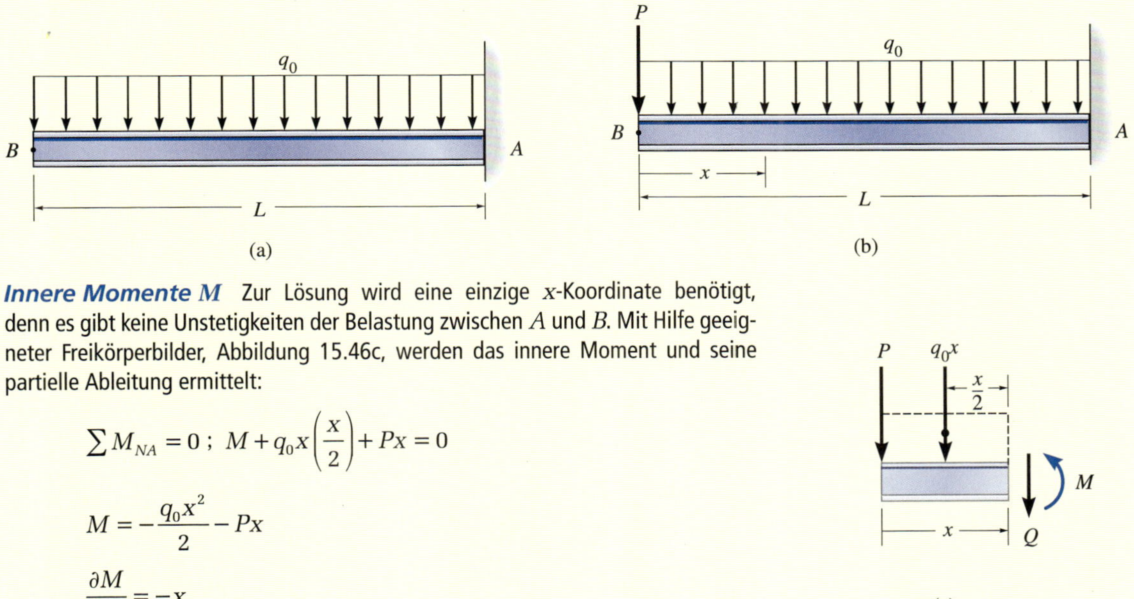

Abbildung 15.46

Innere Momente M Zur Lösung wird eine einzige x-Koordinate benötigt, denn es gibt keine Unstetigkeiten der Belastung zwischen A und B. Mit Hilfe geeigneter Freikörperbilder, Abbildung 15.46c, werden das innere Moment und seine partielle Ableitung ermittelt:

$$\sum M_{NA} = 0\,;\quad M + q_0 x\left(\frac{x}{2}\right) + Px = 0$$

$$M = -\frac{q_0 x^2}{2} - Px$$

$$\frac{\partial M}{\partial P} = -x$$

Wir setzen $P = 0$, da diese keine reale Belastung ist, und erhalten

$$M = -\frac{q_0 x^2}{2} \quad \text{und} \quad \frac{\partial M}{\partial P} = -x$$

Erster Satz von Castigliano Unter Verwendung von Gleichung (15.51) erhalten wir

$$\Delta_B = \int_0^L M\left(\frac{\partial M}{\partial P}\right)\frac{dx}{EI} = \int_0^L \frac{\left(-q_0 x^2/2\right)\left(-x\right)dx}{EI} = \frac{q_0 L^4}{8EI}$$

Die Ähnlichkeit der Auswertung samt Ergebnis mit der Vorgehensweise bei Anwendung des Prinzips der virtuellen Kräfte, Beispiel 15.14, sollte beachtet werden.

Beispiel 15.20

Bestimmen Sie den Neigungswinkel des Balkens bei Punkt B, Abbildung 15.47a. Die Biegesteifigkeit EI ist konstant.

Lösung

Äußeres Moment M_B Da der Neigungswinkel am Punkt B bestimmt werden soll, platziert man ein äußeres Hilfsmoment M_B an diesem Punkt des Balkens, Abbildung 15.47b.

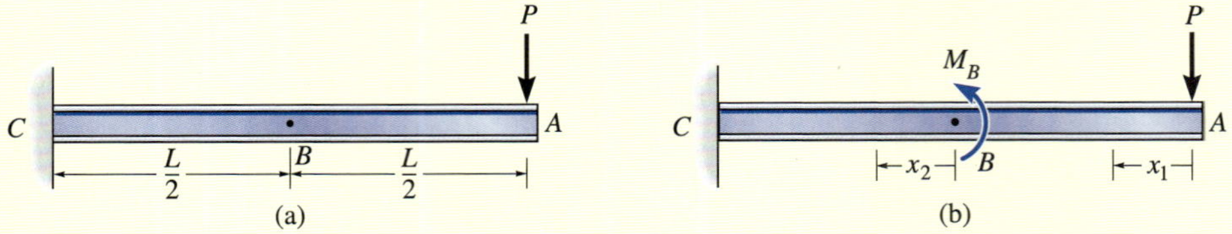

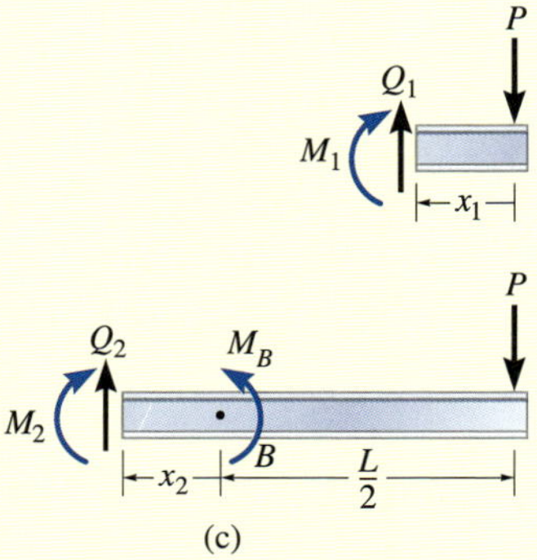

Abbildung 15.47

Innere Momente M Es werden zwei Bereiche mit den Koordinaten x_1 und x_2 zur Bestimmung der inneren Momente in dem Balken benötigt, denn es gibt eine Unstetigkeit durch M_B bei B. Wie in Abbildung 15.47b dargestellt, reicht x_1 von A bis B und x_2 von B bis C. Mit Freikörperbildern gemäß Abbildung 15.47c ermittelt man die inneren Momente und die partiellen Ableitungen:

Für x_1:

$$\sum M_{NA} = 0; \qquad -M_1 - Px_1 = 0 \qquad M_1 = -Px_1$$

$$\frac{\partial M_1}{\partial M_B} = 0$$

Für x_2:

$$\sum M_{NA} = 0; \qquad -M_2 + M_B - P\left(\frac{L}{2} + x_2\right) = 0$$

$$M_2 = M_B - P\left(\frac{L}{2} + x_2\right)$$

$$\frac{\partial M_2}{\partial M_B} = 1$$

Erster Satz von Castigliano Wir setzen $M_B = 0$, verwenden Gleichung (15.52) und erhalten

$$\theta_B = \int_0^L M\left(\frac{\partial M}{\partial M_B}\right)\frac{dx}{EI}$$

$$= \int_0^{L/2} \frac{(-Px_1)(0)\,dx_1}{EI} + \int_0^{L/2} \frac{-P[(L/2)+x_2](1)\,dx_2}{EI} = -\frac{3PL^2}{8EI}$$

Das negative Vorzeichen zeigt an, dass θ_B entgegengesetzt zur Drehrichtung des Moments M_B gerichtet ist. Es sei auf die Ähnlichkeit zwischen dieser Lösung und der von Beispiel 15.15 hingewiesen.

Beispiel 15.21 Bestimmen Sie die vertikale Verschiebung des Punktes C des in Abbildung 15.48a dargestellten Stahlträgers.

$P = 5$ kN, $q_C = 4$ kN/m, $M_B = 18$ kNm, $l_1 = 6$ m, $l_2 = 4$ m, $E = 200$ GPa, $I = 125(10^{-6})$ m^4

Lösung

Äußere Kraft P Am Punkt C wirkt die äußere vertikale Kraft P, Abbildung 15.48b. Später setzen wir diese Kraft gleich dem vorgegebenen Wert.

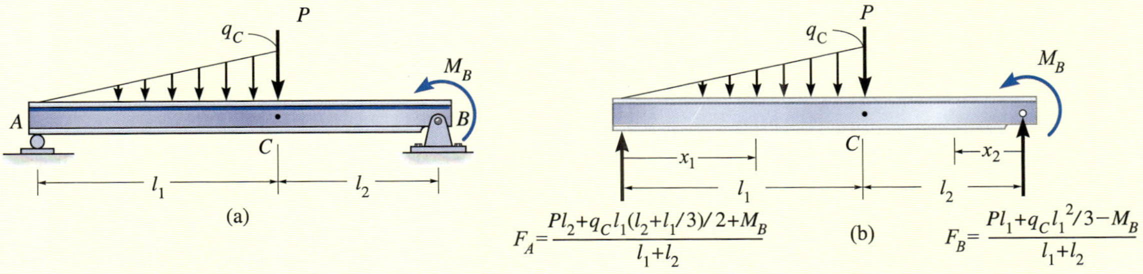

Innere Momente M In diesen Fall sind zwei Bereiche mit den zugehörigen x-Koordinaten für die Integration erforderlich, denn die Belastung ist bei C unstetig. Mit Hilfe des in Abbildung 15.48c dargestellten Freikörperbildes bestimmt man die inneren Momente und die partiellen Ableitungen, wobei die Lagerreaktionen wie in Abbildung 15.48b gezeigt, berechnet wurden:

Für x_1:

$$\sum M_{NA} = 0\,; \qquad M_1 - F_A x_1 + \frac{q_C}{l_1}\frac{x_1^2}{2}\frac{x_1}{3} = 0$$

$$M_1 = F_A x_1 - \frac{q_C}{l_1}\frac{x_1^2}{2}\frac{x_1}{3} = \frac{Pl_2 + q_C l_1\left(l_2 + l_1/3\right)/2 + M_B}{l_1 + l_2}x_1 - \frac{q_C}{l_1}\frac{x_1^3}{6}$$

$$\frac{\partial M_1}{\partial P} = \frac{l_2}{l_1 + l_2}x_1 = 0{,}4x_1$$

Für x_2:

$$\sum M_{NA} = 0\,; \qquad -M_2 + M_B + F_B x_2 = 0$$

$$M_2 = M_B + F_B x_2 = M_B + \frac{Pl_1 + q_C l_1^3/3 - M_B}{l_1 + l_2}x_2$$

$$\frac{\partial M_2}{\partial P} = \frac{l_1}{l_1 + l_2}x_2 = 0{,}6x_2$$

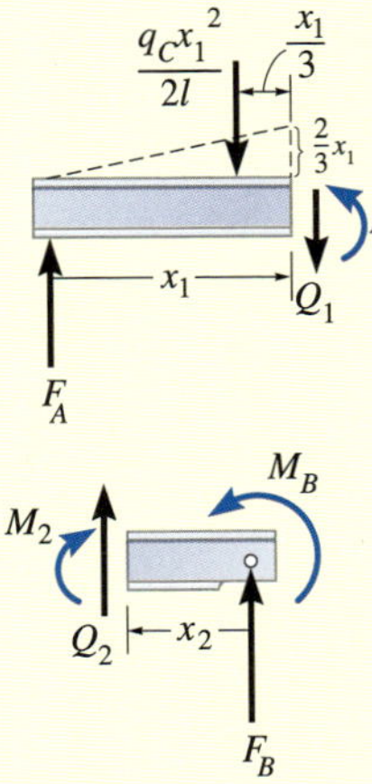

(c)

Abbildung 15.48

Erster Satz von Castigliano Wir setzen $P = 5$ kN, verwenden Gleichung (15.51) und erhalten nach kurzer Rechnung unter Berücksichtigung beider Bereiche

$$\Delta_{Cv} = \int_{<0}^{L} M\left(\frac{\partial M}{\partial P}\right)\frac{dx}{EI} = \frac{1}{EI}\int_0^{l_1}\left(\frac{Pl_2 + q_C l_1 (l_2 + l_1/3)/2 + M_B}{l_1 + l_2}x_1 - q_C\frac{x_1^3}{6l_1}\right)\frac{l_2}{l_1 + l_2}x_1 dx_1$$
$$+\frac{1}{EI}\int_0^{l_2}\left(M_B + \frac{Pl_1 + q_C l_1^3/3 - M_B}{l_1 + l_2}x_2\right)\frac{l_1}{l_1 + l_2}x_2 dx_2$$
$$= 0{,}0287 \text{ m} = 28{,}7\text{mm}$$

15.12 Anwendung des ersten Satzes von Castigliano auf statisch unbestimmte Systeme

Falls ein System statisch überbestimmt gelagert ist, d.h. die Zahl der Lagerwertigkeiten größer ist als die Zahl der Gleichgewichtsbedingungen, die für das System formuliert werden können, können mit Hilfe des ersten Satzes von Castigliano so viele zusätzliche Verformungsbedingungen aufgestellt werden, dass die Berechnung der Lagerreaktionen möglich wird. Wir setzen dabei voraus, dass das statisch unbestimmte System ohne äußere Lasten nicht vorgespannt ist. Im unbelasteten Zustand sind also alle Lagerkräfte und -momente null, wenn auch das Eigengewicht unberücksichtigt bleibt. Wenn wir die Lager des statisch unbestimmten Systems in Abbildung 15.49a in Gedanken modifizieren, indem wir Lager entfernen oder in bestimmte Richtungen beweglich machen, so dass ein statisch bestimmtes System entsteht, dann können die verbleibenden Lagerreaktionen formal bestimmt werden. Allerdings müssen wir berücksichtigen, dass anstatt der Lager an den entsprechenden Punkten äußere Lasten angebracht werden müssen, um ein äquivalentes System zu erhalten, das nach wie vor im Gleichgewicht ist. Diese Lasten, die den Lagerreaktionen entsprechen, sind zunächst unbekannt, Abbildung 15.49b.

Für das statisch bestimmte System ergeben sich Verschiebungen Δ_C und Δ_D infolge der gegebenen äußeren Lasten und der noch unbekannten Lagerreaktionen, die über

$$\Delta_j = \frac{\partial W_i}{\partial P_j}$$

bestimmt werden können. Da an diesen Stellen in Wirklichkeit (in der betrachteten Richtung) unverschiebbare Lager vorliegen, muss $\Delta_j = 0$ gelten. Dies führt auf die zusätzlichen Gleichungen

$$\frac{\partial W_i}{\partial P_j} = 0$$

die zusammen mit den Gleichgewichtsbedingungen auf ein lineares Gleichungssystem zur Bestimmung der Lagerreaktionen führen.

Die zusätzlichen Gleichungen entsprechen offenbar dem im vorhergehenden Abschnitt formulierten Satz von Menabrea und bestätigen damit an dieser Stelle seine Bedeutung bei der Behandlung statisch unbestimmter Systeme, ausgehend vom ersten Satz von Castigliano.

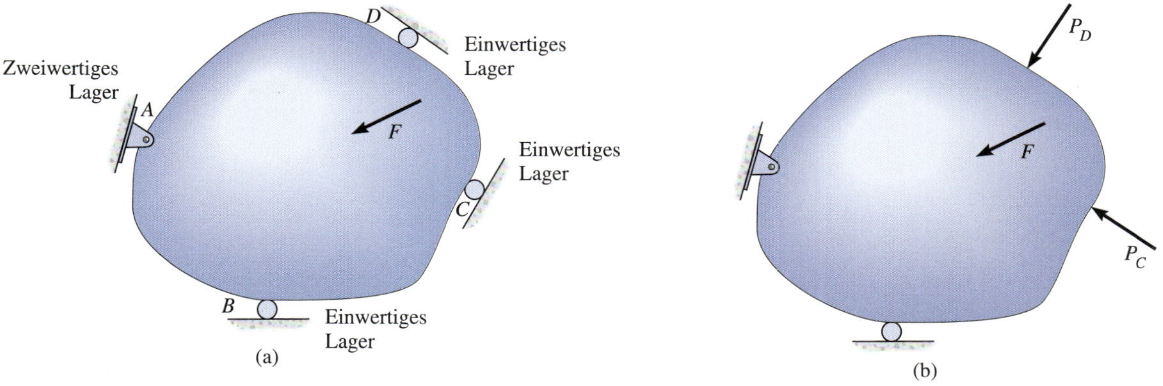

Abbildung 15.49

Lösungsweg

Der im Folgenden beschriebene Lösungsweg beschreibt die Vorgehensweise zur Bestimmung der Lagerreaktionen eines statisch unbestimmt gelagerten Systems.

Statisch bestimmtes Hauptsystem

- Reduzieren Sie die Zahl der Lagerwertigkeiten so, dass ein statisch bestimmtes System entsteht.
- Entfernen Sie dazu bestimmte Lager oder reduzieren Sie die Wertigkeit einzelner Lager.
- Ersetzen Sie die entfernten Lager oder Lagerwertigkeiten durch unbekannte Lagerreaktionen (Kräfte oder Momente).
- Stellen Sie die maßgebenden Gleichgewichtsbedingungen auf und stellen Sie damit Zusammenhänge zwischen den verbleibenden Lagerreaktionen, den gegebenen äußeren Lasten und den zuvor eingeführten unbekannten Lagerreaktionen auf.

Verformungsgleichungen aus dem Satz von Menabrea

- Berechnen Sie die innere Formänderungenergie W_i. Dafür sind unter Umständen bereichsweise die Schnittgrößen als Funktion der gegebenen äußeren Lasten und der eingeführten unbekannten Lagerreaktionen zu ermitteln.
- Bestimmen Sie die Verschiebungen oder Verdrehungen der Lagerpunkte mit Hilfe des ersten Satzes von Castigliano und setzen Sie diese im Sinne des Satzes von Menabrea gleich null.
- Ermitteln Sie aus diesen zusätzlichen Gleichungen die unbekannten Lagerreaktionen. Aus den Gleichgewichtsbedingungen können dann die verbliebenen Lagerreaktionen berechnet werden.

Beispiel 15.22

Der beidseitig unverschiebbar gelagerte Zugstab wird in C durch die äußere Kraft F belastet, Abbildung 15.50a. Die Dehnsteifigkeit EA des Stabes ist konstant.

Lösung

Statisch bestimmtes Grundsystem Wir reduzieren das Lager B um eine Wertigkeit, indem wir es horizontal verschiebbar machen und zusätzlich die unbekannte Kraft F_B anbringen, Abbildung 15.50b.

Das horizontale Kräftegleichgewicht liefert

$$\sum F_x = 0; \qquad F_A - F_B - F = 0 \tag{1}$$

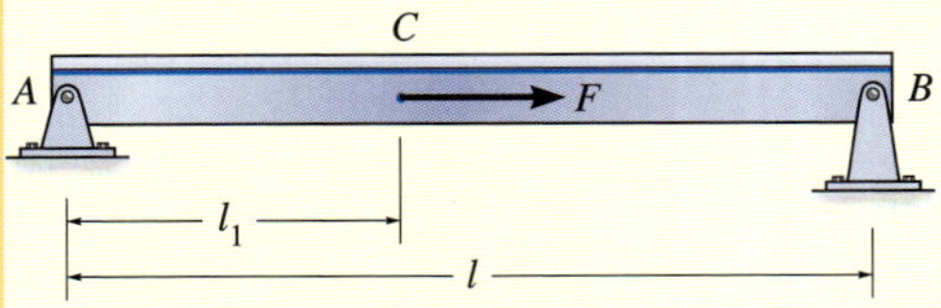

(a)

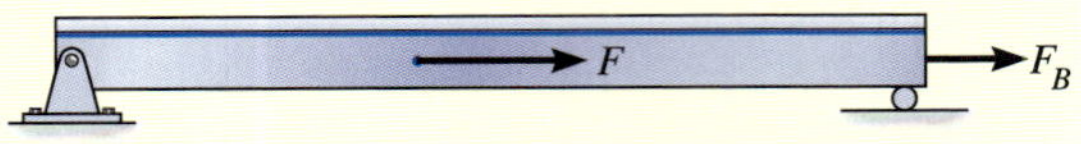

(b)

Innere Formänderungsenergie Zur Angabe der inneren Formänderungsenergie muss der Schnittgrößenverlauf im Stab als Funktion der gegebenen Last F und der unbekannten Lagerreaktion F_B berechnet werden. Es ist eine Unterteilung in zwei Bereiche $0 \le x_1 \le l_1$ und $l_1 \le x_2 \le l$ notwendig, weil bei C die Einzellast F eingeleitet wird.

Im Bereich $0 \le x_1 \le l_1$ gilt

$$N_1 = F_A = F + F_B, \quad Q_1 = 0, \quad M_1 = 0$$

und im Bereich $l_1 \le x_2 \le l_2$

$$N_2 = F_B, \quad Q_2 = 0, \quad M_2 = 0$$

siehe Abbildung 15.50c.

Der Träger wird also nur durch Normalkräfte beansprucht, und für die innere Energie ergibt sich

$$W_i = \int_0^l \frac{N^2}{2EA} dx = \int_0^{l_1} \frac{(F+F_B)^2}{2EA} dx_1 + \int_{l_1}^{l} \frac{F_B^{\,2}}{2EA} dx_2$$

$$= \frac{(F+F_B)^2}{2EA} l_1 + \frac{F_B^{\,2}}{2EA}(l - l_1)$$

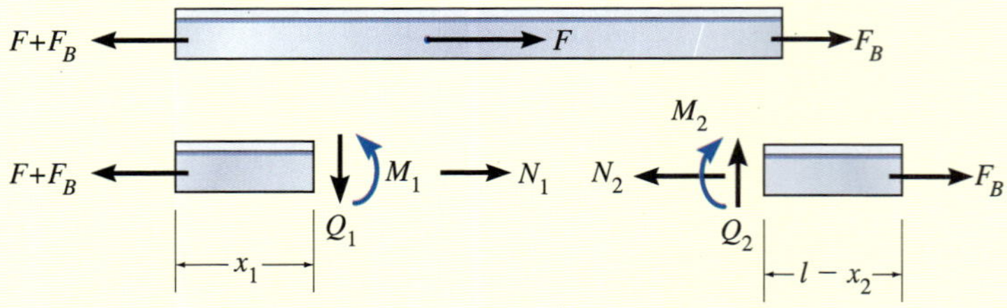

(c)

Abbildung 15.50

Lagerreaktionen Die Verschiebung Δ_B des Lagerpunktes B in Richtung von F_B beträgt gemäß dem ersten Satz von Castigliano

$$\Delta_B = \frac{\partial W_i}{\partial F_B} = \frac{F + F_B}{EA} l_1 + \frac{F_B}{EA}(l - l_1) = \frac{F_B l + F l_1}{EA}$$

Da diese null sein muss, folgt im Sinne des Satzes von Menabrea

$$F_B l + F l_1 = 0 \tag{2}$$

woraus die unbekannte Lagerreaktion F_B sofort berechnet werden kann:

$$F_B = -\frac{l_1}{l} F$$

Aus der Geichgewichtsbedingung (1) kann dann abschließend auch die verbliebene Lagerkraft F_A zu

$$F_A = F + F_B = \left(1 - \frac{l_1}{l}\right) F$$

bestimmt werden.

Beispiel 15.23 Der Träger in Abbildung 15.51a wird durch eine dreieckförmige Streckenlast $q(x)$ belastet. Er ist an einem Ende starr eingespannt und am anderen Ende durch ein unverschiebbares Gelenklager auf der Unterlage befestigt. Der Träger hat die Dehnsteifigkeit EA und die Biegesteifigkeit EI, die beide konstant sind.

Lösung

Der Träger ist zweifach statisch unbestimmt gelagert. Er soll im unbelasteten Zustand, $q(x) = 0$, ohne Vorspannung sein.

Statisch bestimmtes Grundsystem Um ein statisch bestimmt gelagertes System zu erhalten, wird das Lager in B durch zwei Kräfte B_x und B_y in horizontaler und vertikaler Richtung ersetzt, Abbildung 15.51b.

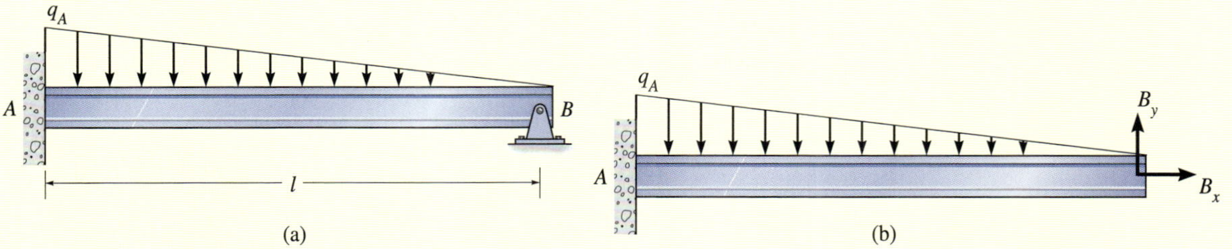

Abbildung 15.51

Die Gleichgewichtsbedingungen ergeben drei Gleichungen für die drei Lagerreaktionen A_x, A_y und M_A der Einspannung bei A und den Unbekannten B_x und B_y als Funktion der gegebenen Belastung $q(x)$. Ist man nur an den Lagerkräften B_x und B_y interessiert, müssen die restlichen Lagerreaktionen hier nicht explizit bestimmt werden (Warum?). Ein Schnitt an der Stelle x (Koordinatenursprung in B), siehe Abbildung 15.51c, ergibt

$$N = B_x$$

$$Q = \frac{q_A x^2}{2l} - B_y$$

$$M = B_y x - \frac{q_A x^2}{2l} \cdot \frac{x}{3}$$

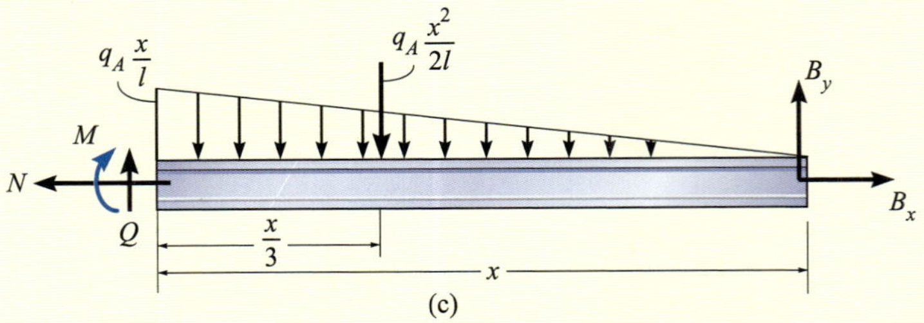

Abbildung 15.51

Innere Formänderungsenergie Wenn wir voraussetzen, dass die Verformungen infolge von Querkraft vernachlässigt werden können, ergibt sich die Formänderungsenergie zu

$$W_i = \int_0^l \frac{N^2}{2EA} dx + \int_0^l \frac{M^2}{2EI} dx = \int_0^l \frac{B_x^2}{2EA} dx + \int_0^l \frac{\left(B_y x - \frac{q_A}{6l} x^3\right)^2}{2EI} dx$$

Eine Auswertung der Integrale wird an dieser Stelle nicht vorgenommen.

Unbekannte Lagerkräfte Durch Ableiten der Formänderungsenergie erhalten wir

$$\Delta_{Bx} = \frac{\partial W_i}{\partial B_x} = \int_0^l \frac{B_x}{EA} dx = \frac{B_x l}{EA}$$

$$\Delta_{By} = \frac{\partial W_i}{\partial B_y} = \int_0^l \frac{\left(B_y x - \frac{q_A}{6l} x^3\right) x}{EI} dx = \frac{B_y}{EI} \int_0^l x^2 dx - \frac{q_A}{6lEI} \int_0^l x^4 dx$$

$$= \frac{B_y l^3}{3EI} - \frac{q_A l^4}{30EI}$$

Da diese Verschiebungen null sein müssen, folgt

$$B_x = 0$$

$$B_y = \frac{1}{10} q_A l$$

Mit diesen Ergebnissen können aus den erwähnten drei Gleichgewichtsbedingungen noch die drei Lagerreaktionen bei A bestimmt werden.

ZUSAMMENFASSUNG

Wirkt eine Kraft (bzw. ein Moment, z.B. eines Kräftepaares) auf einen elastisch verformbaren Körper, verrichtet diese Belastung eine äußere Arbeit, wenn er sich verschiebt (bzw. dreht). Die dadurch im Innern des Körpers hervorgerufenen Spannungen führen bei den sich einstellenden Dehnungen und Gleitungen auf die so genannte elastische Formänderungsenergie, die im Material gespeichert wird. Der Energieerhaltungssatz besagt, dass die durch die Last verrichtete äußere Arbeit gleich der inneren elastischen Formänderungsenergie infolge der Spannungen im Körper ist:

$$W_a = W_i$$

siehe Abschnitte 15.1-15.3

Der Energieerhaltungssatz lässt sich auch heranziehen, um Probleme beim elastischen Stoß zu lösen, wobei hier angenommen wird, dass der aufprallende Körper starr ist und die gesamte Formänderungsenergie im zweiten, zunächst ruhenden Körper gespeichert wird. Dies führt zur Verwendung eines Stoßfaktors

$$n = 1 + \sqrt{1 + 2\left(\frac{h}{\Delta_{st}}\right)}$$

siehe Abschnitt 15.4

der die Vergrößerung einer statischen Last verkörpert, so dass sie eine dynamische Kraft repräsentiert. Er dient dazu, die maximale Spannung und die maximale Verschiebung des zunächst ruhenden Körpers am Punkt des Zusammenstoßes zu bestimmen.

Mit dem Prinzip der virtuellen Arbeit lässt sich die Verschiebung eines Knotens in einem Fachwerk oder die Durchbiegung und der Neigungswinkel an einem Punkt des verformten Biegebalkens bestimmen. Dazu ist es erforderlich, eine äußere virtuelle Kraft (bzw. virtuelles Moment) an dem Punkt zu platzieren, dessen reale Verschiebung (bzw. Drehung) bestimmt werden soll. Die resultierende äußere virtuelle Arbeit wird dann der internen virtuellen Verformungsenergie in der Struktur aus virtueller innerer Schnittgröße (erzeugt durch die virtuelle äußere Last) und realer innerer Schnittgröße (erzeugt durch die reale äußere Belastung) gleichgesetzt.

siehe Abschnitte 15.5-15.7

Der erste Satz von Castigliano lässt sich ebenfalls zur Lösung der genannten Aufgabenstellung verwenden. Dazu wird die äußere Kraft F (bzw. das Drehmoment M) an dem Punkt platziert, dessen Verschiebung (bzw. Neigung) bestimmt werden soll. Die innere Schnittgröße wird dann als Funktion von P (bzw. M) und ihrer partiellen Ableitung in Bezug auf P (M) ermittelt. Dann wendet man den ersten Satz von Castigliano

$$\Delta = \sum N\left(\frac{\partial N}{\partial F}\right)\frac{L}{AE}$$

$$\Delta = \int_0^L M\left(\frac{\partial M}{\partial F}\right)\frac{dx}{EI}$$

$$\theta = \int_0^L M\left(\frac{\partial M}{\partial M_B}\right)\frac{dx}{EI}$$

siehe Abschnitte 15.8-15.10

an, um die gewünschte Verschiebung (bzw. Drehung) zu erhalten.

Register

G

H

I

K

L

M

N

O

P

Q

R

S

T

U

V

W

Y

Z

Geometrische Eigenschaften von Linien- und Flächenelementen

Linien- bzw. Flächenschwerpunkt

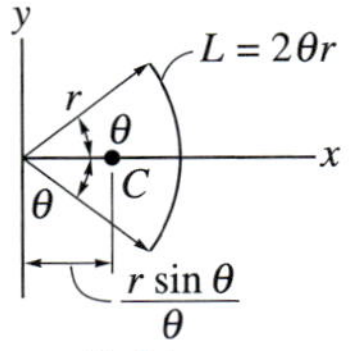

Kreisbogen

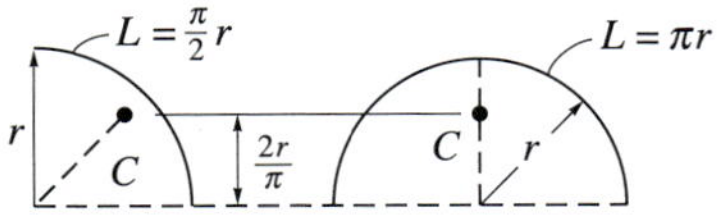

Viertel- und Halbkreisbogen

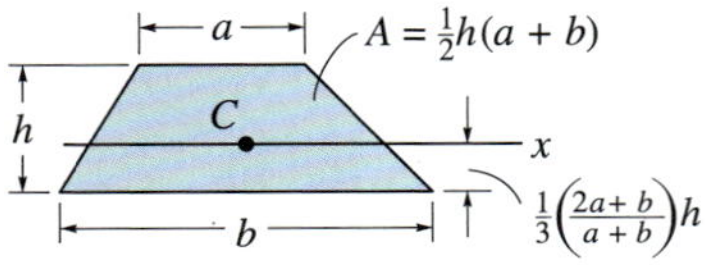

Trapezfläche

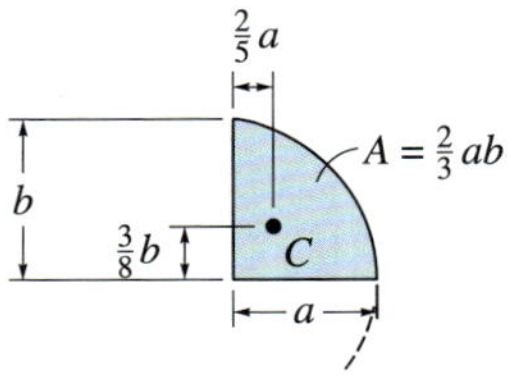

Halbparabelfläche

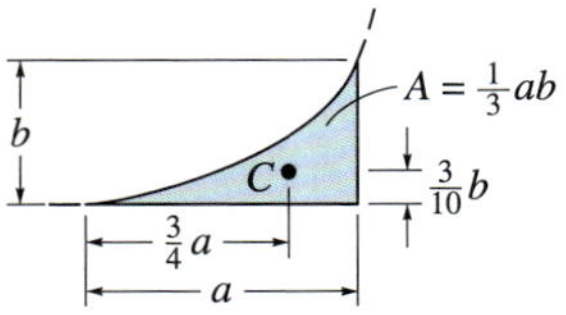

Parabelachsabschnitt

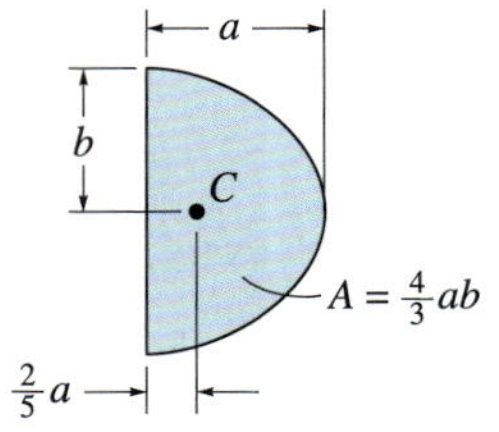

Parabelfläche

Flächenschwerpunkt

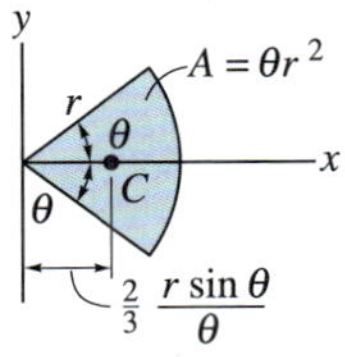

Kreissektorfläche

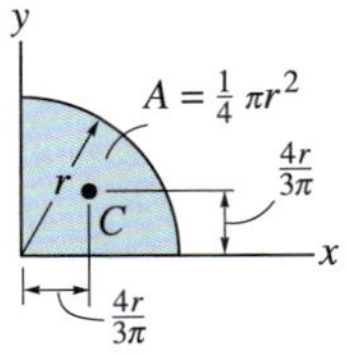

Viertelkreisfläche

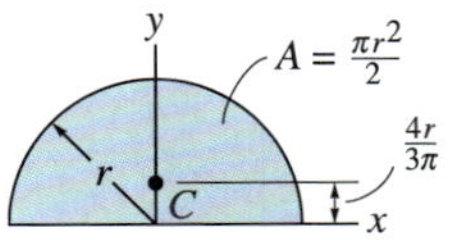

Halbkreisfläche

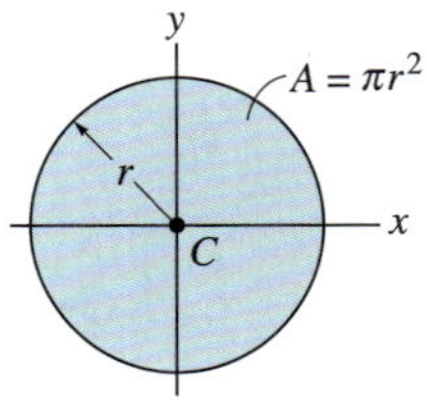

Kreisfläche

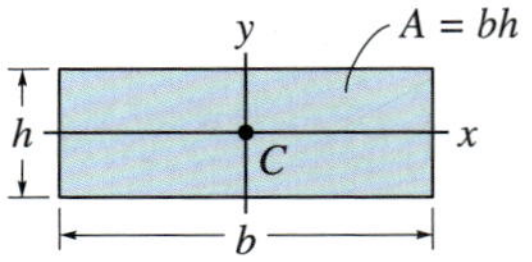

Rechteckfläche

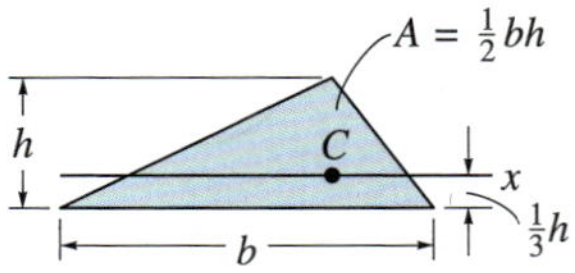

Dreiecksfläche